雷清泉 院士

雷清泉院士于 2016 年 4 月 8 日在西安交通大学 120 周年校庆上代表校友发表题为"不负青春年华，少年自当努力"的讲话

雷清泉院士于 2009 年 6 月 23~25 日组织召开了第 354 次香山科学会议并做主题评述报告（北京）

雨游门

张家界·武陵园

海造景观真神妙，
石峰拔地冲九霄。
十里画廊数神医，
天桥飞架心惊跳。
贺帅军威振五洲，
铜像屹立山更娇。
藏峡奇险难攀登，
张老吟诗醉人倒。

雷清泉偕夫人李晓庆同游
二〇一〇·十·十七日

学到深处
夯实基础
问到根处
培养创新

雷清泉 二〇〇六·九·二三

雷清泉院士书法作品

中国工程院 院士文集

Collections from Members of the Chinese Academy of Engineering

雷清泉文集

A Collection from Lei Qingquan

北京
冶金工业出版社
2017

内 容 提 要

本文集选录了雷清泉院士及其团队、合作者在不同时期发表的中文学术论文与外文学术论文，内容涵盖工程电介质的极化、电导、击穿、空间电荷效应、树枝放电及老化特性，材料结构表征及先进测试技术，还涉及高分子半导体、电流变及生物技术。特别收录了他关于工程电介质物理基础理论、空间电荷效应、纳米电介质复合物的关键科学问题等综述文章。

本文集对从事工程电介质、高电压与微电子绝缘技术、高分子材料学科等领域的研究生、教师及相关科研人员具有一定的学术参考价值。

图书在版编目(CIP)数据

雷清泉文集／雷清泉著．—北京：冶金工业出版社，2017.8
(中国工程院院士文集)
ISBN 978-7-5024-7465-2

Ⅰ.①雷… Ⅱ.①雷… Ⅲ.①电介质—文集 ②绝缘—文集 Ⅳ.①O48-53 ②TM05-53

中国版本图书馆 CIP 数据核字(2017)第 178916 号

出 版 人 谭学余
地　　址 北京市东城区嵩祝院北巷39号　邮编　100009　电话　(010)64027926
网　　址 www.cnmip.com.cn　电子信箱　yjcbs@cnmip.com.cn
策　　划 任静波　责任编辑　杨盈园　美术编辑　彭子赫
版式设计 孙跃红　责任校对　王永欣　责任印制　李玉山
ISBN 978-7-5024-7465-2
冶金工业出版社出版发行；各地新华书店经销；固安华明印业有限公司印刷
2017年8月第1版，2017年8月第1次印刷
787mm×1092mm　1/16；50印张；2彩页；1157千字；784页
158.00元

冶金工业出版社　投稿电话　(010)64027932　投稿信箱　tougao@cnmip.com.cn
冶金工业出版社营销中心　电话　(010)64044283　传真　(010)64027893
冶金书店　地址　北京市东四西大街46号(100010)　电话　(010)65289081(兼传真)
冶金工业出版社天猫旗舰店　yjgycbs.tmall.com

(本书如有印装质量问题，本社营销中心负责退换)

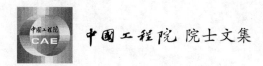

《中国工程院院士文集》总序

2012年暮秋，中国工程院开始组织并陆续出版《中国工程院院士文集》系列丛书。《中国工程院院士文集》收录了院士的传略、学术论著、中外论文及其目录、讲话文稿与科普作品等。其中，既有院士们早年初涉工程科技领域的学术论文，亦有其成为学科领军人物后，学术观点日趋成熟的思想硕果。卷卷文集在手，众多院士数十载辛勤耕耘的学术人生跃然纸上，透过严谨的工程科技论文，院士笑谈宏论的生动形象历历在目。

中国工程院是中国工程科学技术界的最高荣誉性、咨询性学术机构，由院士组成，致力于促进工程科学技术事业的发展。作为工程科学技术方面的领军人物，院士们在各自的研究领域具有极高的学术造诣，为我国工程科技事业发展做出了重大的、创造性的成就和贡献。《中国工程院院士文集》既是院士们一生事业成果的凝炼，也是他们高尚人格情操的写照。工程院出版史上能够留下这样丰富深刻的一笔，余有荣焉。

我向来认为，为中国工程院院士们组织出版院士文集之意义，贵在"真、善、美"三字。他们脚踏实地，放眼未来，自朴实的工程技术升华至引领学术前沿的至高境界，此谓其"真"；他们热爱祖国，提携后进，具有坚定的理想信念和高尚的人格魅力，此谓其"善"；他们治学严谨，著作等身，求真务实，科学创新，此谓其"美"。《中国工程院院士文集》集真、善、美于一体，辩而不华，质而不俚，既有"居高声自远"之澹泊意蕴，又有"大济于苍生"之战略胸怀，斯人斯事，斯情斯志，令人阅后难忘。

读一本文集，犹如阅读一段院士的"攀登"高峰的人生。让我们翻开《中国工程院院士文集》，进入院士们的学术世界。愿后之览者，亦有感于斯文，体味院士们的学术历程。

2012年7月

中国工程院 院士文集

序

雷清泉院士文集是他50余年从事绝缘电介质基础理论、材料及其应用研究成果的具体体现。他着眼于从最初的绝缘电介质，不断扩展成功能（压电、铁电、多铁）、信息（光纤、光子晶体）及生物（血管、骨骼）电介质，相比之下，电介质（俗称绝缘体）比三大类材料中的金属、半导体具有更广泛的工程应用价值；此外，电与绝缘相伴而生。随着对电能的需求的持续增长，网架结构与城市占地日益增加，输电电压从高压–超高压–特高压等级的不断提升，为保证电网安全可靠便于维护及经济性，对电力设备绝缘要求将更加苛刻。以上就成为他浓厚的科学兴趣与潜心研究的动力。

他本着美国工程院院长C. M. Vest"随着生命科学、物理学和信息科学在微米和纳米尺度上的日趋融合，工程师在21世纪前沿技术领域开展的研发将带来突破性的新技术"，以及扫描隧道显微镜（STM）的发明者，1986年Nobel物理学奖获得者H. Rohrer"20世纪70年代重视微电子技术的国家，如今都先后成为发达国家，现在重视纳米科技的国家，很可能成为21世纪的先进国家"的科学预示（科学爆炸性的石墨烯就是一典型例子）。2002年，他首次申请并承担了纳米电介质复合物的介电与老化特性研究的国家自然科学基金重点项目，并坚信这是21世纪绝缘电介质基础理论及材料研究的主题。在2008年，中国电力科学研究院第一届院士论坛上，他做了题为"如何认识纳米科技在提升电力设备绝缘品质上的重要性与前沿性"报告，推动了我国学者重视与迈向此前沿领域，去占领国际研究的制高点，至今已初见成效。不断总结，推陈出新，他成功申请与主持了2009年354次香山科学会议，并做了"纳米电介质的结构与运动的时空多层次性及其思考"的主题评述报告，提出了纳米电介质研究的9个关键科学问题及4点思考，为我国今后纳米电介质研究提出了战略性的规划及解决问题的具体措施。目前，他已按照自己提出的关于利用"纳米结构调控电介质的宏观性能"的研究构想在国际上率先迈出了一步，并已取得初步的结果。

他本着"肩负使命，教书育人"的理念，长期为本科生讲授"电介质物理学"及"电介质物理专题"，为研究生讲授"量子力学""固体物理""半导体物理""固体的光学性能"及"导电高分子的电磁性能"等课程。在2003年当选工程院院士后，他把主要精力用于纳米电介质的研究现状及发展趋势研究，以及工程电介质理论基础知识的传授上。他分别在不同类型院士论坛、高等院校、研究所、公司与企业相继做了近30余场关于工程电介质基础理论、材料及其应用等系列学术报告。特别是2007年4月24~25日在清华大学电机系70周年关于工程电介质的理论基础及研究进展的系列专题学术报告，这几乎涵盖了他一生对工程电介质理论材料及应用的科学总结。最近又在西安交通大学、清华大学、重庆大学与中国电力科学研究院做了题为"如何理解工程电介质中极化与电导两个基本物理过程"的科学讲座。他深受广大师生、工程师与研究人员的赞许，培养了年轻人的崇尚科学与创新思维。

本文集的出版将为我国从事工程电介质、高电压与绝缘技术、高分子材料科学及复合材料等科学工作者提供有价值的参考。

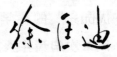

中国工程院 院士文集

前　言

本文集选录了雷清泉院士的中外文论文77篇，综述论文6篇，大会学术报告2篇，主要学术讲座4篇。当然，这些成果是由他及他的学生、同事与合作者组成的团队共同完成的，也与国家、高校及企业的大力支持密不可分。特别应指出，在2003年当选院士后，本着传授科学知识的原则，他投入了大量精力，撰写了许多综述性、学术性论文，以及香山会议主题评述报告等，以期全面提升国内对绝缘电介质理论、材料及应用的研究水平，使其发挥应有的作用。

一、强化基础研究，注重学科交叉

早期（1984~1995年）发表的论文，首次观测到低密度聚乙烯在50℃附近出现湿致电流峰；提出了聚酰亚胺薄膜在180℃高温下的离子陷阱模型；提出了一种自动分离复杂热激电流峰的新方法；发现了本征半导电聚省醌自由基高聚物粉末材料在高压力下的导电新规律，扩展了诺贝尔物理学奖得主N. F. Mott-$T^{1/4}$规律的高温（20~125℃）适用性，以此制成了压力-温度双参数传感器，为国际首创，并成为此领域的开拓者，在国内外油田得到广泛应用；此后，提出了低密度聚乙烯高电场下空间电荷呈波包输运的耿氏模型；通过氟化低密度聚乙烯与环氧树脂极大抑制了直流高电场下注入的空间电荷；显著提高了热塑性陶瓷复合物与表面改性碳纳米管为基的三相逾渗模型复合物的介电特性；系统评论了纳米电介质的短时击穿与长时破坏的特性；在测量先进技术方面，率先自制热激电流与热发光联合谱测量装置，光激电流测量装置，以及高电场下电致发光测量等装置；在生物电介质领域，利用高电压脉冲诱导细胞膜电穿孔注入外源基因以改良动物品种及防治疾病；国内最早开展纳米电介质复合物的基础理论研究，它是电介质物理学、表面与界面科学、高分子物理及工程材料科学的交叉，研究成果有利于这一新型科学在国内研究的快速发展，目前在国际上已占有一定的学术地位。

二、纵观学科趋势，启迪创新思维

（一）在关于工程电介质中几个经常涉及的问题与思考的论文中，随着工程电介质领域研究的发展，诸多没有得到公认解释的问题逐渐出现，论文从纳米电介质的定义和性能、纳米电介质的界面、空间电荷限制电流、空间电荷测量的 PEA 方法等方面阐述了工程电介质中经常涉及的问题，对纳米电介质的准确理解，无机/聚合物界面的重新认识以及研究如何改善纳米电介质宏观性能等问题将具有积极意义，考虑离子电导和电子电导共同作用时的 SCLC 特性对研究复杂高聚物的导电特性具有重要作用，PEA 方法虽然是目前广泛应用的固体电介质空间电荷测量的有效手段，但因其具有一些明显的缺点而无法直接反映物理现象的本质，随着工程电介质研究的不断发展和深入，将会促进目前存在的问题逐渐得到合理的解决和完善。

（二）在"谈谈对绝缘电介质的模糊认识——从事此领域五十年后的体会与深度迷茫"的论文中，通过综述功能电介质与绝缘电介质的对比，深感对绝缘电介质的研究肩负重任，但随着绝缘电介质在电气工程领域应用的不断扩展，前景似乎十分茫然，即便尽全力，也难去面对这种巨大的挑战，同时，也期待纠正一种学界的错误认识，例如，前者有理论，不断涌现新技术，再加上信息及互联网发展的重大需求，更显科学、高端，而后者理论性相对不成熟，纯工程技术就缺科学，相对低端，我想建议读者阅读一下诺贝尔物理奖获得者被誉为"当代牛顿"的德热纳的科普读物《软物质与硬科学》，其中多次提到的富兰克林精神以及他对日常生活所需品的研发及工程应用的酷爱。但应提醒，正如美国提出的 20 世纪最伟大的技术成就"电气能源"位于榜首，电与绝缘相伴而生，特别是近期急速发展的超/特高压输电技术及太阳能风能的联网技术，对绝缘电介质提出了更严格更苛刻的要求，足见，电介质绝缘更为重要，当然，这种对比并无实际价值，仅供大家思考。

（三）近期提出了绝缘电介质物理学是世界最难的科学之一，理由是：凝聚态物理学涵盖的热学、半导体、磁学、超导、金属、电介质、高分子物理等分支科学，他们建立在量子力学、统计力学等基础上，现代微电子、半导体电子、光电子、磁电子、超导等均有坚实的甚至统一的理论基础，测试表征方法先进、优良的 MEMS、NEMS 等加工技术，相对成熟，其发展与日俱增，相比之下，绝缘电介质物理学以量子力学、统计力学、高分子物理以及非均质材料物理为基础，学科交叉广，测试表征及加工方法均相对落后，材料与绝缘结构 40~50 年换代，根本不存在坚实而统一的理论基础，仅为工业界重视，学界不重视，以免进入怪圈，去啃世界科学上最硬的骨头之一。前者：由材料结构、能带、微纳尺寸周期性排列（维度，超晶格，0D-量子点，1-D 纳米线，2D-GE 拓扑相变等）及各种物理化学效应等，决定或调控材料及器件的性能；后者是多重结构复相结构、宏观尺度，不存在自身的理化效应，仅能决定但不能调控材料及绝缘结构的性能。

三、关键科学问题与对策

2009 年 6 月在香山科学会议第 354 次学术讨论会关于"纳米电介质的结构及运动的时空多层次性及其思考"的主题评述报告中提出：

（一）关键科学问题：不同（绝缘体内，体外与金属、金属/半导体和绝缘体的）类型界面、表面的结构特征、理化特征及其作用的研究；纳米电介质的结构以及力、电、热、光学等性能与尺度关系（效应）的研究；如何去发现纳米电介质或半绝缘性纳米介质中是否存在量子限域或量子尺寸效应？如何解决纳米粒子的均匀分散，团聚结构的不确定性等因素，因而导致宏观性能变化的无规律性、矛盾性以及表征和测试结果的局限性和不良重复性？如何建立 Micro-Meso（nano）结构-Macro 性能的相互关系，简称 3M 关系？能否利用纳米结构设计一种类似于高热电转换系数（电子晶体与声子玻璃）的反体，构建一种新概念高绝缘导热材料（电子玻璃及声子晶体）？该问题在 2010 年后的许多高影响因子期刊，特别是在 Nature Letter 523，576~580（2015）已经得到了部分证实；新型纳米电介质材料体系的设计、组装及其结构-性能关系的探索；在诸多老化元素：温度（热）、电压、机械力、环境

（O_2，H_2，辐射，腐蚀物）单个或联合作用下，绝缘电介质老化从 Å 级—nm 级—μm 级—mm 级—cm 级或以上演化过程，机理、表征和测量方法，寿命预测等；应加强纳米电介质在极低温度下特性的研究；在极端或特殊条件下（陡和超快脉冲，强磁场，超高真空，极低温等），纳米电介质性质的研究；目标：构筑新材料，寻找新效应和新应用，构建新的纳米电介质科学体系，实现真正的跨科学交叉。

（二）对策：切实关注电介质中物理过程、结构和运动的时空多层次性，从材料讲，高分子材料及其微纳米复合物的应用愈加广泛，高分子材料本身结构复杂，加上纳米复合物 Meso-Macro（介观-宏观）跨接的材料，以及界面结构的复杂性及多变性；人为制造具有某种结构材料，研究多层次（时间）性，例如微区的性质，注意实验条件决定的多层次性，特别是在外推（量级以上尺度）所遇到的困难；首次提出如何发挥介观结构在理论研究和调控电介质的宏观性能中的重要作用；如何寻求非均匀电介质材料及击穿老化破坏过程中不同层次（时空）的结构，特别是研究并建立结构-性能-寿命之间的相互关系；纳米复合材料中聚集结构的分形与逾渗理论，放电、击穿的分形理论，老化引起的结构损伤及演化过程中形成的非均质结构（损伤相与完好相）的分形与逾渗理论。

最后应指出，近期他首次构建了"一种一维纳元胞超电绝缘体的原型"，发现了纳结构对高电场下电子运动的调控作用，无疑，这一原创成果将推动纳米电介质研究从技术型过渡到科学型的革命性进展，论文发表在 Nano Energy Vol 39, 95-100, 2017。

四、肩负使命，传承知识

雷院士分别在不同类型院士论坛、高等院校、研究所、公司与企业相继做了近 30 余场关于工程电介质基础理论、材料及其应用等系列学术报告。

在 2007 年清华大学电机系 70 周年关于工程电介质的理论基础及研究进展的系列专题学术报告，包括：电介质物理的理论基础，主要内容为：量子力学简介，电介质的极化，电介质电导，电介质击穿以及电介质放电结构；电介质中的空间电荷效应，主要内容为：概述，空间电荷的形成，空间电荷的极性和分布，空间电荷的释放，空间电荷的效应，空间电荷的抑制及应用以及至今仍普遍存在的空间电荷问题；纳米高聚物介电复合物的研究现状、方法及思考，主要内容为：微纳米高聚物介电复合物的研究现状及发展趋势，物理学研究的尺度层次，纳米微粒与结构的基本物理效应，微纳米高聚物复合物的结构与性能，纳米材料的结构表征与性能测量技术，如何去发现纳米复合材料中的量子（波）效应以及总结与体会；介电现象及其近代应用，主要内容为：概述，介电现象，绝缘应用以及近代应用，他按照绝缘、功能、信息及生物电介质类型，分别描述了它们的原理及应用，还扩充至新材料，例如，电流变智能电介质复合物与高温超导电材料，特别是针对1964年 Little 与 Ginzberg 分别提出的一维与二维夹层或层状电子-激子超导模型，提出了利用聚省醌自由基半导电高分子的强（分子链）极化性，作为有机高温超导体后选者的一种新猜想。

彭苏萍

2017.6

中国工程院院士

能源与矿业学部主任

中国工程院 院士文集

目　录

中文学术论文

一、论文篇

- 空间电荷对 PE 薄膜电击穿的影响 …… 3
- 低密度聚乙烯的热激电流峰温与场强关系 …… 7
- 炭黑-聚乙烯复合物的导电特性 …… 10
- 低密度聚乙烯的矿物填料改性 …… 17
- 温度及湿度对不同应力模式下低密度聚乙烯薄膜电击穿强度的影响 …… 21
- 电极材料表面改性对交联聚乙烯内空间电荷注入的影响 …… 28
- 聚酰亚胺薄膜表面电荷的开尔文力显微镜研究 …… 34
- 复杂运行条件下交联电缆载流量研究 …… 45
- 低温胁迫对鲤红细胞膜表面结构的影响及相关基因分析 …… 55
- Mg：Mn：Fe：$LiNbO_3$ 晶体的全息存储性能 …… 67
- 双酚 A 环氧树脂/脂环族环氧树脂的共混改性研究 …… 73
- 基于统计分析和模糊推理的运行交联聚乙烯电力电缆绝缘老化诊断 …… 81
- 聚酰亚胺/TiO_2 纳米杂化薄膜耐电晕性能的研究 …… 97
- 聚乙烯/银纳米颗粒复合物的分子动力学模拟研究 …… 106
- 局部放电超高频信号时频特性与传播距离的关系 …… 118
- 静电力显微镜研究二相材料及其界面介电特性 …… 126
- 多铁材料 $BiFeO_3$ 的制备与表征 …… 134
- 太赫兹波段表面等离子光子学研究进展 …… 142
- 改性纳米 Fe_3O_4 与低密度聚乙烯组成复合介质的介电谱分析 …… 156
- 导电炭黑填充 EVA 半导电电极对聚乙烯中空间电荷注入的影响 …… 166
- 聚合物/无机纳米复合电介质介电性能及其机理最新研究进展 …… 174
- LDPE 中掺入浮石粉对其空间电荷分布特性的影响 …… 192
- 基于类耿氏效应的低密度聚乙烯中空间电荷包行为的模拟仿真 …… 199
- 高直流电场下 PET 薄膜的电致发光及其可靠性 …… 208

- 高介电常数的聚合物基纳米复合电介质材料 ··· 215
- TSC/TSL 联合谱在绝缘聚合物电老化研究中的应用 ··· 223

二、综述篇

- 谈谈对绝缘电介质的模糊认识——从事此领域五十年后的体会与深度迷茫 ··· 230
- 工程电介质理论的回顾、思考及对策 ··· 236
- 纳米高聚物复合材料的结构特性、应用和发展趋势及其思考 ··· 242
- 关于工程电介质中几个经常涉及的问题与思考 ··· 254
- 量子力学的希尔伯特空间矢量表示法 ··· 265
- 固体电介质的高场电导 ··· 281

三、报告篇

- 纳米电介质的结构及运动的时空多层次性及其思考 ··· 290
- 纳米电介质的结构及运动的时空多层次性及其思考（ICPADM） ··· 303

四、讲授篇

- 电介质物理的理论基础 ··· 311
- 高压直流绝缘介质中的空间电荷效应及其抑制方法 ··· 320
- 纳米高聚物介电复合物的研究现状、方法及思考 ··· 330
- 介电现象及其近代应用 ··· 344

外文学术论文

- Der Einfluβ von Feuchtigkeit auf das Ladungsspei Cherungsverhalten von Polyethylen bei hoher Gleichspannungsbeanspruchung ··· 357
- Thermally Stimulated Current Studies on Polyimide Film ··· 374
- Effect of Temperature and High Pressure on Conductive Behaviour of Polyacene Quinone Radical Polymers ··· 379
- A New Method of Auto-separating Thermally Stimulated Current ··· 386
- Electrical and Magnetic Properties of New Polyacene Quinone Radical Co-polymers Synthesized by Condensation ··· 393
- Electrical Properties of Polymer Composites: Conducting Polymer-polyacene Quinone Radical Polymer ··· 400
- Simultaneous Thermoluminescence and Thermally Stimulated Current in Polyamide ··· 404
- Improvement Upon Our Previous Method for Auto-separating Thermally Stimulated Current Curves ··· 410
- Preparation and Characterization of Polyimide/Al_2O_3 Hybrid Films by

- Sol-gel Process 419
- AFM Images of G_1-phase Premature Condensed Chromosomes: Evidence for 30nm Changed to 50nm Chromatin Fibers 432
- Effects of Oxygen Plasma Treatment Power on Surface Properties of Poly (p-phenylene Benzobisoxazole) Fibers 442
- Bipolar High-repetition-rate High-voltage Nanosecond Pulser 451
- Short-term Breakdown and Long-term Failure in Nanodielectrics: A Review 460
- The Effects of Coupling Agents on the Properties of Polyimide/Nano-Al_2O_3 Three-Layer Hybrid Films 483
- Effect of Deep Trapping States on Space Charge Suppression in Polyethylene/ZnO Nanocomposite 491
- Theory of Modified Thermally Stimulated Current and Direct Determination of Trap Level Distribution 496
- Effect of Corona Ageing on the Structure Changes of Polyimide and Polyimide/Al_2O_3 Nanocomposite Films 504
- A Method to Observe Fast Dynamic Space Charge in Thin Dielectric Films 513
- Synthesis of Polyacene Quinone Radical Polymers by Solvothermal Method 520
- Electrical and Mechanical Property Study on Three-component Polyimide Nanocomposite Films with Titanium Dioxide and Montmorillonite 527
- The Property and Microstructure Study of Polyimide/Nano-TiO_2 Hybrid Films with Sandwich Structures 536
- Growth of Carbon Nanofibers Catalyzed by Silica-coated Copper Nanoparticles 547
- FTIR and Dielectric Studies of Electrical Aging in Polyimide under AC Voltage 555
- Investigation of Electrical Properties of LDPE/ZnO Nanocomposite Dielectrics 569
- Thermal Pulse Measurements of Space Charge Distributions under an Applied Electric Field in Thin Films 582
- Surface Morphology and Raman Analysis of the Polyimide Film Aged under Bipolar Pulse Voltage 592
- Reduction of Space Charge Breakdown in E-beam Irradiated Nano/Polymethyl Methacrylate Composites 602
- Characteristics and Electrical Properties of Epoxy Resin Surface Layers Fluorinated at Different Temperatures 609
- Rapid Potential Decay on Surface Fluorinated Epoxy Resin Samples 625

- Space Charge Suppression Induced by Deep Traps in Polyethylene/ Zeolite Nanocomposite ··· 638
- Smart Electrorheological Behavior of Cr-doped Multiferroelectric FeBiO$_3$ Nanoparticles ·· 645
- Enhanced Dielectric Performance of Amorphous Calcium Copper Titanate/ Polyimide Hybrid Film ·· 665
- Numerical Analysis of Packetlike Charge Behavior in Low-density Polyethylene by a Gunn Effectlike Model ·· 670
- Stepwise Electric Field Induced Charging Current and Its Correlation with Space Charge Formation in LDPE/ZnO Nanocomposite ···························· 687
- The Application of Low Frequency Dielectric Spectroscopy to Analyze the Electrorheological Behavior of Monodisperse Yolk-shell SiO$_2$/TiO$_2$ Nanospheres ·· 702
- Flexible Self-healing Nanocomposites for Recoverable Motion Sensor ··· 719
- Enhanced Dielectric Performance of Three Phase Percolative Composites Based on Thermoplastic-ceramic Composites and Surface Modified Carbon Nanotube ·· 731
- Evolutions of Surface Characteristics and Electrical Properties of the Fluorinated Epoxy Resin during Ultraviolet Irradiation ······························· 740
- High Performance of Polyimide/CaCu$_3$Ti$_4$O$_{12}$@Ag Hybrid Films with Enhanced Dielectric Permittivity and Low Dielectric Loss ························· 756

附 录

- 院士手迹 ·· 767

中文学术论文

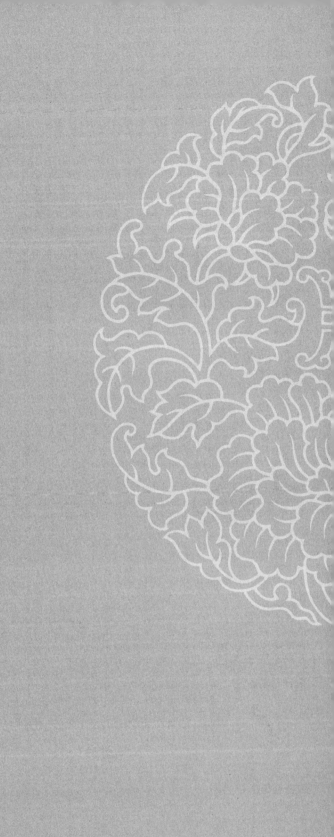

空间电荷对 PE 薄膜电击穿的影响[*]

摘　要　本文通过对干、湿两种 LDPE 薄膜试样在不同模式电压作用下电击穿场强的试验研究，说明了脉冲击穿的预直流效应。脉冲击穿场强为直流击穿场强的 88%，助场时击穿场强上升到与直流击穿场强相等，而反场时击穿场强随预应力的增加而线性下降。试样吸潮后其直流击穿场强几乎未发生变化，脉冲击穿场强下降，反场时其空间电荷对电击穿的影响更加显著。干、湿试样的反场击穿时延远大于脉冲和助场时的击穿时延。脉冲发生器输出 $1/15000\mu s$ 的准方波且采用记忆示波器观察电压幅值和击穿时延。

The Effect of Space Charge on the Electrical Breakdown in PE Films

Abstract　This paper describes the effect of DC pre-stress on impulse breakdown by investigating experimentally the LDPE film samples both dried and waterabsorped under various modes of applied voltage. Impulse breakdown strength is only 88% of DC breakdown strength. The breakdown strength at the fields aiding is increased to the same value as that of DC breakdown strength, but is decreased linearly with increasing of the pre-stressed field at the field opposing. For humidified samples, no DC electrical breakdown strength change have been observed at all, however, the impulse breakdown strength reduces, and the effect of space charge on electrical breakdown is increasingly at the fields opposing. The values of breakdown time delay at the fields opposing is considerably larger than that at the other two modes of electrical field. The experiments are carried out by use of a surge generator of $1/15000\mu s$ and a storage oscilloscope.

1　试验方法

试样为 65mm×65mm 厚度约 $40\mu m$ 的 LDPE 薄膜。在薄膜中部两相对面上真空蒸发成具有扩散边缘的铝电极，两电极直径分别为 7mm 和 25mm，如图 1（a）所示。将试样置于球-板电极之间，然后浸入硅油媒质内，保持恒定温度，如图 1（b）所示。

试验装置如图 2 所示，直流发生器和脉冲发生器可分别独立使用，也可联合使用。脉冲发生器输出波形为 $1/15000\mu s$，最大电压幅值为 50kV 的负极性准方波脉冲，并且使用电容分压器和 SJ-3A 记忆示波器观察脉冲幅值和击穿时延。空载输出波形和试样击穿的截波如图 3 所示。

试验前将镀铝电极的薄膜在 70℃下短路加热 4h，以消除其中剩余电荷，从而获得

---

[*] 本文合作者：薛天贵。原文发表于《哈尔滨电工学院学报》，1985，8（1）：28~32。

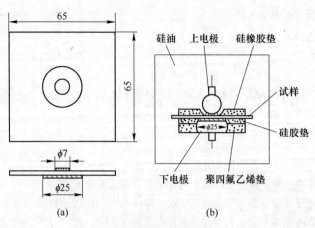

图 1　试样和电极系统
（a）试样；（b）电极系统

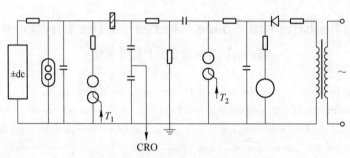

图 2　直流脉冲联合电压装置原理图

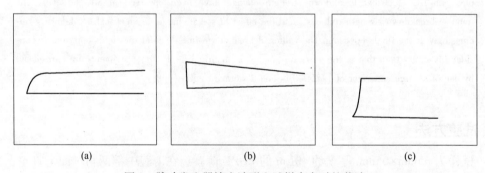

图 3　脉冲发生器输出波形和试样击穿时的截波
（a）空载输出波形（2μs/div）；（b）空载输出波形（2ms/div）；（c）试样击穿时载波（5μs/div）

干燥试样。将经上述处理过的试样在100%湿度下吸潮108h，从而获得吸湿试样。

施加电压有三种模式。（1）直流电压作用：在大约90s内对试样从零开始逐渐升高电压至击穿以获得预直流参考点——直流击穿场强 E_{db}。（2）脉冲电压作用：首先施加一适当幅值的脉冲电压，此后以每步≤1.2kV逐渐升高电压直至击穿，从而获得另一参考点——脉冲击穿场强 E_{ib}。（3）直流和脉冲电压联合作用：分两种情况，即助场——预直流电压与脉冲电压极性相同；反场——预直流电压与脉冲电压极性相反。直流电压与脉冲电压分别测量，计算总体击穿电压时将两者相加（助场时）或者相减（反场时）。预直流电压施加时间规定为 5min。所有的击穿位置均应保证在镀铝电极之内。

利用恒温箱使全部试验在 25℃下进行。

2 试验结果

干、湿试样的试验数据和曲线分别见表 1 和图 4。这里假定数据服从正态分布。

表 1 各种模式电压下的电场强度及方差

模式	最大/mV·cm^{-1}		平均/mV·cm^{-1}		最小/mV·cm^{-1}		试样数 n		方差 S	
	干	湿	干	湿	干	湿	干	湿	干	湿
直流	5.67	5.56	4.71	4.72	3.45	3.42	28	24	0.529	0.506
脉冲	4.83	4.57	4.16	3.96	3.43	3.43	27	26	0.395	0.338
25%(助)	4.89	4.67	4.48	4.19	3.92	3.52	11	10	0.194	0.411
50%(助)	5.06	4.98	4.73	4.48	4.40	3.81	10	10	0.226	0.394
75%(助)	5.26	4.84	4.85	4.60	4.48	4.36	10	10	0.270	0.197
25%(反)	4.19	4.34	3.62	3.24	2.85	2.51	10	10	0.473	0.554
50%(反)	3.45	2.87	2.96	2.39	2.45	1.82	10	10	0.342	0.393
75%(反)	2.59	2.35	2.16	1.64	1.54	0.64	10	10	0.366	0.574

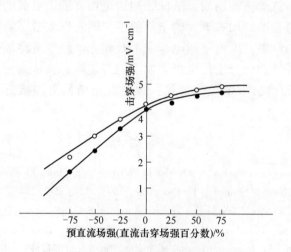

图 4 PE 薄膜电击穿的预直流效应
○—干燥试样；●—吸潮试样

对于干燥试样其 $E_{ib}/E_{db}=88\%$，助场时击穿场强与直流击穿场强无显著差异，反场时击穿场强随预直流场强增加而线性下降。对于吸潮试样其直流击穿场强与干燥试样的相比几乎完全相同，但其脉冲击穿场强较干燥试样的低，致使 E_{ib}/E_{db} 降至 84%，反场击穿场强随预应力增加而线性下降的斜率更大。对干、湿试样在不同模式电压作用下击穿时延的观察，得到了与 Bradwell 等[1]大致相同的结果，即脉冲击穿时延和助场时的击穿时延绝大部分小于 5μs，而反场击穿时延绝大多数大于 45μs。

3 讨论

在预直流过程中由于电极发射使电子在电极附近集聚在浅陷阱内，形成空间电荷，负电荷在阴极附近，正电荷在阳极附近，假设前者的密度大于后者的密度[1,2]。对于助场而言空间电荷的存在削弱了电极附近的电场强度，从而抑制了电荷的进一步注入，因此击穿场强提高。又因为试样体内的电场强度大于电极附近的电场强度，所以只要阴极场强达到使电子注入的临界值，则击穿应迅速发生，表现为短的击穿时延。对于反场的情形用两种方法加以解释，前提都是新阴极前积聚正电荷，新阳极前积聚负电荷，使得两电极处的电场强化，击穿场强下降。不过其中一种方法强调阴极的作用，另一种方法更注重于阳极的作用。其一，尽管新阴极处电场强化，但正空间电荷密度比较低，不足以立即引起电子崩的形成。假设正空间电荷在阴极处受到局部闭锁，在较低电场作用下正空间电荷逐步积累，最后由强的场致发射引起击穿。由于这个过程进行缓慢，所以表现为击穿时延较长。其二，新阳极电场强化后一方面有利于正流注的发展，正流注有较强的电场。另一方面由于试样内电场强度较小，来自于新阴极处的电子崩减小，但阳极在电子崩到达前即已加强，起到了正反馈的作用。由于试样内部电场强度较低，电子崩发展速度很慢，所以击穿时延较长。

直流击穿场强比脉冲击穿场强高的原因是在缓慢升高电压的过程中存在与助场类似的同极性空间电荷效应的结果。

水是一种电负性强的极性物质，试样吸潮后更加有助于电荷的陷入[3]，所以反场时其击穿场强随预直流的增加有更大的下降斜率，同时直流击穿场强并不因吸潮而降低。脉冲电压上升时间短，因而空间电荷来不及建立。脉冲击穿场强在试样吸潮后之所以稍有下降可能是因为水分子使电极表面发射势能降低，从而更易促使电子崩的发展所致。据此，我们得出一个重要结论：脉冲击穿场强更加接近于PE电击穿的真实值。

参 考 文 献

[1] A. Bradwell, R. Cooper, B. Varlow. Conduction in Polythene with Strong Electric Fields and the Effect of Prestressing on the Electric Strength [J]. Proc. IEE, 1971, 118: 247-254.

[2] O. Dwyer. Theory of Electrical Conduction and Breakdown in Soli Dielectrics, OXFORD, 1973.

[3] G. Sawa, M. Kawade, D. C. Lee, M. Ieda. Thermally Stimulated Current from Polyethylene in High-Temperature Region [J]. Japanesed Journal of Applied Physics, 1974, 13 (10).

低密度聚乙烯的热激电流峰温与场强关系*

最近热激电流（简称 TSC）技术已被广泛地应用于研究固体电介质的陷阱参数和偶极弛豫参数。一些作者[1~4]在不同试验条件下，发现一些聚合物电介质的 TSC 峰温随电场变化，并借用 Poole-Frenkel（简称 PF）效应[5]来解释它。

本文主要介绍低密度聚乙烯（LDPE）的 TSC 峰温与场强关系。

试样是由工程纯 LDPE 粒料经过加热模压制而成。试样有一定形状，以避免在强电场下极化时发生局部放电。为了提高周围媒质局部放电起始电压，极化箱内充有高气压（400kPa）的六氟化硫。试样在高真空下喷镀金属电极。试样厚度约 0.8mm。

在强电场下，用电子注入方式使试样预先极化。TSC 测量原理是，将预先极化的试样线性升温，记录在此过程中，测量回路中所产生的热激活退极化电流，其测量装置如图 1 所示。

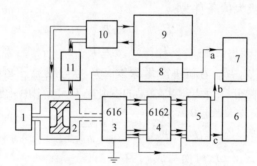

图 1　记录 TSC 的测量装置

1—直流电源；2—测量箱；3—电流计（Keithley 616）；
4—隔离输出/控制（Keithley 6162）；5—辅助线路；
6—TSC 极性和量程的单臂记录仪；7—双臂（X-Y）记录仪；
8—测量电桥；9—温度控制器；10—恒温器；11—连续冷却器

试验参数如下：极化电场 $E_p=0$、49、64、81、100kV/mm；极化时间 $t_p=1$h；极化温度 $T_p=20$℃；偏压场 E_b-450V/mm（即并非在短路下，而是在 $E_b \ll E_p$ 条件下，测量 TSC）；线性升温速率 $b=\dfrac{\mathrm{d}T}{\mathrm{d}t}=30$K/h。

图 2 为不同 E_p 下 LDPE 的 TSC 谱，其中曲线 5（$E_p=0$）代表电介质内电导背景电流，其余曲线是从测量总电流中减去背景电流而得。由图可知，背景电流在高温区影响大，必须减去它。TSC 峰温 T_m 随 E_p 增加而明显地移向低温，电流峰值 I_m 随 E_p 增加而非线性增加，这是电子脱陷 TSC 区别于偶极退极化 TSC 的显著标志。

上述实验结果的理论解释如下：人所共知，在聚合物电介质中，由于物理和化学

---

* 原文发表于《物理》，1985，14（9）：548~549。

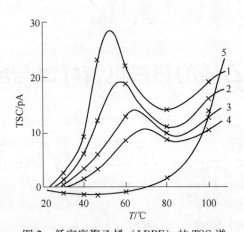

图 2 低密度聚乙烯（LDPE）的 TSC 谱

E_p/kV·mm^{-1}：曲线 1—100；曲线 2—81；曲线 3—64；曲线 4—49；曲线 5—0

的缺陷，会在禁带内形成不同能量的浅和深陷阱能级。可以通过不同的带电（极化）方法，电晕放电，电子注入，从而使载流子长期俘获在陷阱内，此后用加热使受陷电荷脱陷，测得 TSC 谱，以求出陷阱深度、俘获截面等。依据单一陷阱深度的受陷电子 TSC 理论，导出的 I_{TSC} 极大值条件为：

$$\frac{H_t}{kT_m} = \ln\left(\frac{BkT_m^2}{bH_t}\right) \tag{1}$$

式中，k 为玻耳兹曼常数，H_t 为陷阱能量深度，B 为与载流子再陷过程快慢有关的常数。对式（1）两端求微分，可以得出峰温的变化 ΔT_m 与陷阱深度的变化 ΔH_t 的关系：

$$\frac{\Delta H_t}{H_t} = \frac{\Delta T_m}{T_m}\left[1 + 1/\left(1 + \frac{H_t}{kT_m}\right)\right] \tag{2}$$

通常 $H_t/kT_m \gg 1$，式（2）可简写成

$$\frac{\Delta H_t}{H_t} \simeq \frac{\Delta T_m}{T_m} \tag{3}$$

由于极化场 E_p 增加使峰温移向低温，如图 2 所示，再由式（3）可推知，E_p 增加使陷阱深度降低，即促进载流子的脱陷过程；又由于 $E_b \ll E_p$，偏压场只能影响 TSC 的方向，而对 H_t 的影响可以忽略。因此，可以认为 T_m 变化与 TSC 测量前在试样上所加的极化场 E_p，即与 TSC 测量前试样的历史有关[6]。但在高极化场下，注入电子在空间电荷限制条件下所形成的空间电荷场，决定了电介质内各处的真实电场（有时此电场可达 100kV/mm[7]），微观地说，电场将改变陷阱参数（如载流子在一定能量深度陷阱内俘获或发射概率）。此时由陷阱占据程度所确定的准费米能级并不等于自由电子占据所确定的费米能级，即通过电场会使费米能级发生位移[6]。

Schottky 效应取决于电极-介质界面接触时电荷镜象力和外电场作用所产生的位垒下降，这就使发射载流子数增加。而 PF 效应是电场引起电介质内可电离中心的库仑位垒降低，使热发射载流子数目增加。众所周知，空间电荷内电场所引起的 PF 效应可用来解释陷阱能量深度的变化。假定陷阱为类施主型，即它空着时带正电，占据时为电中性，若忽略空间电荷扩散，近似认为内电场等于极化场 E_p[4]。由 PF 方程可得陷阱

深度 H_t 与 $E_p^{\frac{1}{2}}$ 的关系：

$$H_t = H_{t0} - \beta_{PF} E_p^{\frac{1}{2}} \tag{4}$$

式中，H_{t0} 为零电场时陷阱能量深度，$\beta_{PF} = \left(\dfrac{e^3}{\pi \varepsilon_r \varepsilon_0}\right)^{\frac{1}{2}}$ 为 PF 系数。根据 TSC 理论，电流在起始上升区符合 Arrhenius 图形，即 $I_{TSC} \propto \exp\left(\dfrac{-H_t}{kT}\right)$，试验结果如图 3 所示。由该直线斜率可求得在 $E_p = 100\text{kV/mm}$，$T_m = 323\text{K}$ 时，$H_t = 1.14\text{eV}$。

现以 $T_m = 323\text{K}$，$H_t = 1.14\text{eV}$ 为参考值，并根据图 2 和式（3）算出对应的陷阱深度 H_t，然后作出陷阱深度 H_t 与极化电场平方根 $E_p^{\frac{1}{2}}$ 的关系曲线，如图 4 所示。从图 4 直线的斜率可以得出 $\beta_{PF} = 2.3 \times 10^{-9} \text{eV}(\text{m/V})^{\frac{1}{2}}$。若取工程纯 LDPE 的介电系数 $\varepsilon_r = 2.3$，则可求得 PF 系数的理论值 $\beta_{PF} = 5.0 \times 10^{-5} \text{eV}(\text{m/V})^{\frac{1}{2}}$。可知，PF 系数的实验值与理论值是十分相近的。

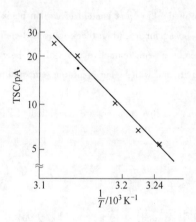 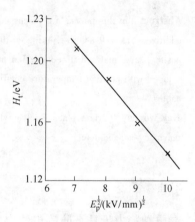

图 3　在 $E_p = 100\text{kV/mm}$ 时，TSC 的起始上升图形　　图 4　H_t 与 $E_p^{\frac{1}{2}}$ 的关系曲线

综上所述，TSC 技术是研究固体电介质内 PF 效应的一种有效工具，而电介质中实际内电场是导致 $T_m(H_t)$ 位移（变化）的重要因素。

参 考 文 献

[1] I. Chen. J. Appl. Phys., 1976, 47: 2988.
[2] M. Zielinski, M. Samoć. J. Phys. D., 1977, 10: L105.
[3] Y. Suzuoki, et al. Japan. J. Appl. Phys., 1978, 17: 1215.
[4] T. Mizutani, et al. J. Phys. D., 1981, 14: 1139.
[5] J. Frenkel. Phys. Rev., 1938, 54: 647.
[6] G. A. Dussel, R. H. Bube. J. Appl. Phys., 1966, 37: 2797.
[7] N. Klein. J. Appl. Phys., 1982, 53: 5828.

炭黑-聚乙烯复合物的导电特性

摘 要 本文将讨论炭黑与附加剂种类及含量、交联等因素对炭黑-聚乙烯复合物的导电特性的影响,分析其导电机理。借此制成一种电阻的温度系数为正、工作温度较高的半导电电缆料。

关键词:炭黑-聚乙烯复合物　正温度系数(PTC)　高分子半导体

Conductivity Behaviour of Carbon Black-polyethylene Composites

Abstract In this paper, we discussed the influence of the kind and content of carbon black and additives, as well as crosslinking on the conductivity behaviour in carbon black-polyethylene composites, and analyzed its conduction mechanism. Thereby a semiconductive material has been developed with positive temperature coefficient of resistivity and with higher operating temperature for cables.

Key words Carbon black-polyethylene composites, positive temperature coefficient (PTC), polymer semiconductor

1 引言

导电塑料由于具有防静电、自加热、吸收电磁辐射等特征,而日趋获得广泛的应用,例如,利用某些导电塑料在高聚物熔触区的电阻率急剧上升,可制成自控温加热电缆及热电开关,因此激励人们对其导电机理作深入研究。

虽然大多数纯态高聚物是优良的绝缘体,其电阻率 ρ 大于 $10^{12}\Omega\cdot cm$,但是,通过掺杂与加入导电填料(金属粒、炭黑、炭纤维等),就会制成高分子半导体(ρ 小于 $15^5\Omega\cdot cm$)。应当指出,由这两种方法所得到的材料的导电特性是极不相同的,如图 1 (a) 及 (b) 所示[1,2]。在低电场下,掺杂高聚物的电阻率 ρ 随温度的上升其指数下降,如图 1 (a) 所示,这与载流子的热活化及热跳跃电导机理有关。与此相反,导电粒子填充的高聚物的电阻率 ρ 随温度上升基本上呈增加趋势,且大体上可分成三个区域,如图 1 (b) 所示:Ⅰ区,$T<T_c$,ρ 的数值相当低且变化缓慢;Ⅱ区,$T=T_c$ (在高聚物的熔融区域内),ρ 急剧变化,可达几个数量级;Ⅲ区,$T>T_c$,ρ 或者缓慢增加,或者在某种情况下急剧地下降,这时材料的电阻率具有负温度系数(NTC)。显然,在制作自控温加热电缆时应消除这种效应[3~5]。

---

* 本文合作者:张清悦、李毓庆。原文发表于《哈尔滨电工学院学报》,1990,13(1):49~55。

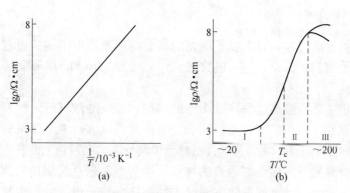

图 1　导电聚合物电阻率 ρ 的对数的典型温度曲线
(a) 掺杂高聚物；(b) 导体高聚物

2　样品制备及测量方法

2.1　样品的配方

靠一种结晶高聚物作基料制成的 PTC 半导电料是不理想的，因此选用两种不同熔点（最好两者相差 75℃）的结晶高聚物作为基料。为了找到自控温加热电缆的 PTC 半导电料的合理组成，对表 1 所列的样品进行了导电特性的研究。

表 1　样品的配方（重量比）

材料 \ 样品号	1	2	3	4	5	6	7
低密度聚乙烯（熔点 T_m 为 135℃）	100	100	100	100	100	100	100
乙烯醋酸乙烯共聚物（EVA，T_m 为 85℃）	30	30	30	30	30	30	30
炭黑（平均直径 300Å）	变量	定值	定值	定值	定值	定值	定值
交联剂（过氧化二异丙苯 DCP）	有	有	有	无	有	有	有
防老剂 D	有	有	有	有	有	有	有
助剂 1	10	10	10	10	无	10	10
助剂 2	15	15	15	15	15	15	变量

2.2　样品制备及实验

将配料后的各组分在开炼机中混合，混炼时间为 20min，混炼温度为 105℃，制成坯料，然后将称量好的坯料放在压模内，再放入平板硫化机中，在压力为 10MPa，温度为 190℃下进行交联，以制成直径为 10cm，厚度为 0.1cm 的样片。

首先用乙醇擦去样品两面的污物，在其两面贴上直径为 5cm 的铝电极，放在恒温箱中，用惠斯顿电桥测量它们的电阻与温度的关系曲线。

3 导电理论简介

像引言中提及的那样，导电粒子填充的高聚物体系的电子输运过程主要受下列三个基本物理过程控制：渗流、量子隧穿效应[6]以及最近由 Sheng 等发展的热起伏增强的量子隧穿效应[7~9]、热膨胀。

液体可以借扩散及渗流过程穿过无序的媒质。以一维随机行走为例容易看出两者存在着明显的差别。对于扩散行走，处于空间任意一点上的粒子都具有一向下一个点（左或右）运动的有限且非零的几率，而对于渗流行走，在网格上总存在一些能够俘获粒子的点，也就是粒子向任何邻近点的转移几率为零。烟在房间内的弥散为扩散，水被吸进黏土内为渗流，渗流输运的主要标志是在导电粒子填充的高聚物中存在一密度阈。在超过这一渗流阈时，媒质的输运系数（如空隙率）将发生尖锐的变化，从微观上讲，渗流阈是开始出现宏观长度连续链的点。以黏土为例，当黏土的堆积超过某一临界密度时，水就决不会滋润大过表面的一薄层。而如果低于此值，则水将容易穿过整个体积渗透。对于人们关心的小颗粒状的导体及高聚物的复合物，其电阻率也会呈现类似的特性。例如，当导电组分的体积分数增加到某一临界值时，电阻率就会从绝缘体时的高数值突然降到只有导体时的低数值。

量子隧穿模型：通常炭黑-高聚物体系中相邻导电粒子间的距离（抛物形势垒的宽度）小于 100Å，这时电子可以在两相邻导体间进行量子隧穿，而不涉及载流子在绝缘体的导带或价带中运动。因此，可以借用 Simmons[6]在分析由绝缘薄膜分隔的两金属平板导体间正常量子隧穿时得到的理论式进行分析。但是，其理论式基本上与 Fowler-Nordneim 场致发射公式[10]相同，这说明，虽然两个理论采用的势垒形状不同，但场致发射的基本隧穿过程与穿过薄膜的相同。当然，粒子间间隙缩小，电子隧穿几率将剧增，体系的电阻率将明显降低。

Sheng 等在讨论炭黑-聚氯乙烯（C-PVC）复合物的低温载流子输运机理时提出，C-PVC 复合物的输运性质主要由载流子在受热活化起伏调制的势垒间隧穿控制。炭粒（炭黑聚集体）直径的典型值为 100~400Å，它们分散在绝缘的 PVC 网络中，后者使炭粒间形成势垒（相当于隧道结）。当炭黑的浓度很低，以致不出现在横穿样品的连续炭粒路径时，电导就受电子在体内两个导电粒子间的势垒贯穿控制。Sheng 等得出的低电场下 C-PVC 复合物的电阻率与温度 T 的关系式为[7~9]：

$$\rho(T) = \rho_0 \exp\left(\frac{T_1}{T+T_0}\right) \tag{1}$$

式中，T_1 可以认为与一个电子在隧穿炭黑间的 PVC 间隙所需要的能量有关，其值为数十至上百开（K）；T_0 与势垒高度及宽度等有关，一般其值为数开，比 T_1 小得多；ρ_0 是低温时与温度 T 无关的隧道电阻率。因为，当 $T\to 0$（或 $T\ll T_0$）时，$\rho_0 = \exp(-T_1/T_0)$。因此，Sheng 理论包含了普通场致（冷）发射电流理论，即发射电流随势垒宽度增加而指数下降，但 Sheng 理论还能解释在 $T\gg T_0$ 时，通过量子起伏控制的隧穿效应将使在温度上升时，隧道电流增加，电阻率降低。

热膨胀：高聚物的热膨胀系数通常比炭黑或金属粒状材料大得多。因此，填充物的体积分数及邻近填充粒子间的距离将随温度而发生变化，Sherman 等[2]依据炭黑聚合

物的简单几何结构模型提出,隧道结长度:

$$l_g = l - l_c \quad (2)$$

与温度有关。式中,l 为晶格边缘的长度,与温度有关;l_c 为球形炭粒(直径约200Å)融合在链内的长度(大于0.1μm)。可以从被研究高聚物的比体积(cm³/g)的数据导出 l 与温度的关系。由于在高聚物熔融温区内 l 会极大地增加,因此由隧穿效应所预示的电阻率将明显增加,Sheng 等依据热起伏增强隧穿及热膨胀减弱隧穿,解释他们所观察到的 C-PVC 复合物的电阻率在某一温度下出现极小值的现象,正好与图1(b)存在极大值相反。

4 实验结果与讨论

图2为室温下样品1号的电阻率对数与炭黑含量 x_c 的关系曲线。从图可见,当 $x_c > 25\%$ 时,复合物的电阻率将比 $x_c = 5\%$ 时的值降低12个数量级左右。这与渗流及量子隧穿模型的预示相吻合,因为,按照后者电子通过隧穿炭黑粒子间的势垒进行输运,当粒子间距离降低到使电子隧穿几率显著时,复合物的电阻率将剧降。应指出,粒间平均距离因受许多因素:例如炭粒的浓度、结构、尺寸及形状,它的尺寸分布,混合效率以及温度等影响,而使理论上的精确计算更为困难。从图2还可看出,对于所研究的炭黑-聚乙烯复合物,仅当炭黑含量达到浓度阈(质量分数约10%)时才实现由绝缘体至导体或半导体的转变,因为,临界渗流阈预示开始形成一连续导电链的体系。

图3为2号样品的电阻率对数与温度的关系曲线。显然,该样品具有显著的 PTC 效应,其 PTC 强度($\rho_{峰值}/\rho_{室温}$),即使在较高炭黑含量时仍可达 10^4。对比文献[4]中的图1可知,不仅配料的 PTC 强度高出约一个数量级,居里点(ρ 峰处的温度)约高20℃,而且室温下的 ρ 约低三个数量级。这对制成加热自控温电缆是有利的,因为当温度增加到高聚物的熔点时,材料发生剧烈膨胀,炭黑聚集体的位移急剧增大。宏观上讲,几乎所有的导电通路发生中断,微观上看,相当于电子隧穿的势垒宽度显著增加,从而电阻率突增。完全符合电子隧穿几率随势垒宽度少量增加而发生几个数量级降低的理论预示[11]。

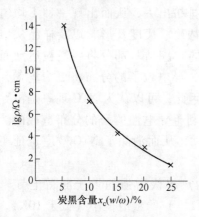

图2 室温下1号样品的电阻率对数与炭黑含量 x_c 的关系曲线

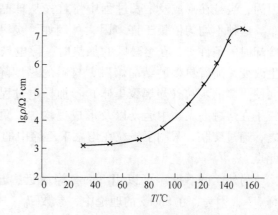

图3 2号样品的电阻率对数与温度的关系曲线

图 4 为 3 号及 4 号样品的 $\lg\rho$ 与温度 T 关系曲线。显然，加入交联剂不仅增加了 PTC 强度，更重要的是消除了在温度超过居里点时所呈现的 NTC 效应。

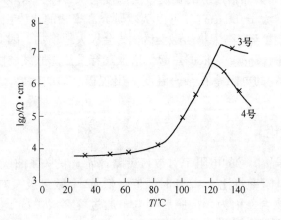

图 4 3 号及 4 号样品的 $\lg\rho$ 与温度 T 的关系曲线

聚乙烯既可进行化学交联，又可进行辐射交联。化学交联是在超过聚乙烯熔点下通过模压完成的，而辐射交联是在室温下进行的，它们都使碳-碳相偶联，将饱和聚乙烯变为热固性材料，交联聚乙烯具有高的耐热性、耐开裂及抗蠕变性，特别是它能够吸收大量的填充物并保持良好的机械性能，由于炭黑粒子可以牢固地附着在交联聚乙烯的网格中，甚至在超过熔融区的温度下，经过几小时后也不会从这些网格中分开，因此，可以预示，这种牢固附着就降低了在熔融区炭黑粒子运动的自由度，从而消除了不利于实际应用的 NTC 效应。然而未交联聚乙烯是一种热塑性体，在冷/热循环过程中产生的收缩/膨胀过程将引起在居里点后固体导电粒子的显著运动，以致不能回到原始位置。因此，热塑性材料 ρ 与温度 T 关系曲线重复性不好，并且还显示 NTC 效应。从实用观点看，NTC 效应的存在是一种严重的不足，因为由 PTC 效应给予复合物的开关特性（图 2）就会继 NTC 效应的出现而失去其意义。目前对产生 NTC 现象的原因了解甚少，也许这与导电粒子在半晶高聚物（如聚乙烯）的复杂分布有密切关系，因为，炭粒在形成及增长过程中将首先从球晶中排挤出去，从而出现一种不均匀分布。这种不均匀依赖于许多因素：例如，炭黑的浓度、尺度及形状以及样品从熔融冷却时的条件等，在熔融区的加热时，导电粒子的"冻结"部分将因炭粒运动而发生改变，随着更多的结晶熔融，材料的黏度降低，导电粒子的分布将更为均匀，从而使更多的炭粒（炭黑聚集体）参加导电过程，因此，可以认为 NTC 现象是由导电粒子在熔融高聚物中运动以及形成更均匀、更有利于导电性的新的分布造成的。反之，通过交联，限制了炭粒在熔融聚乙烯中的运动，从而消除了 NTC 效应也证实了此点[5]。

另外，也不排斥可以用 Sheng 等最近提出的热起伏增强的量子隧道电导来解释[7~9]。因为，在 Sheng 的理论中，参数 T_0（式（1））的数值很小（低于 10K），故即使温度很低（低于 100K），也满足 $T \gg T_0$ 的条件。但是，应注意，由于 T_0 与有效隧穿截面 σ_{eff} 成正比，与势垒宽度 l_g 成反比，增加 σ_{eff}，降低 l_g，可使 T_0 增加，如果只有

在居里点后才满足 $T \gg T_0$，则可以将 Sheng 理论扩展用于高温下的导电，解释温度上升，热起伏使量子隧穿几率增加，电阻率 ρ 下降，即所谓的 NTC 效应。

图 5 及图 6 分别为 5 号样品及 6 号样品在经过 110℃、192h 老化后及未经老化时的 $\lg\rho$ 与温度 T 关系曲线。对比图 6 中的曲线 1 和曲线 2 可知加入助剂 1 的 6 号样品，在老化后的 ρ 与温度 T 关系曲线与老化前的几乎一致，这就进一步保证了 PTC 半导电料的工作稳定性及寿命，且说明助剂 1 起到了使炭黑粒子在高聚物网格中结构更加稳定的效果。当然，对助剂 1 在炭黑-聚乙烯复合物中的作用机理还有待于进一步研究。

图 7 为 7 号样品的电阻率对数与温度的关系曲线，显然，助剂 2 的加入，提高了材料的 PTC 强度，这时制造自控温加热电缆料是有利的，对比文献［3］中的图 3、图 4、图 6 可知，该配方在较高炭黑含量下，既获得了较低的室温电阻率，而且通过适当助剂 2 的加入，又获得了较高的 PTC 强度，说明上述配方是成功的。

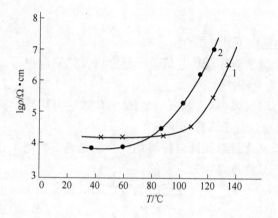

图 5　5 号样品在经过 110℃、192h 的 $\lg\rho$ 与温度 T 的关系曲线
1—未老化；2—老化后

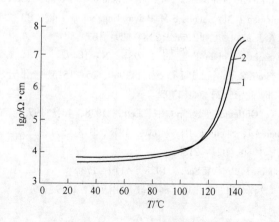

图 6　6 号样品在经过 110℃、192h 的 $\lg\rho$ 与温度 T 的关系曲线
1—未老化；2—老化后

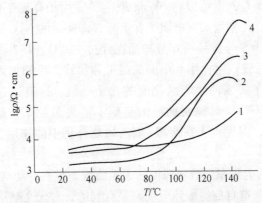

图7　7号样品（不同含量的助剂2）的电阻率对数与温度的关系曲线
1—0℃；2—7℃；3—9℃；4—13℃

5　结论

本文结论主要包括以下几个方面：

（1）利用渗流、量子隧穿及热起伏量子隧穿以及热膨胀模型，可以成功地分析炭黑-聚乙烯复合物的导电特性。

（2）超过居里点时炭黑-聚乙烯复合物的NTC效应可用化学交联的方法消除，可用Sheng等的热起伏增强量子隧穿理论解释。

（3）各类助剂及其含量对保证自控温加热半导电电缆料的工作稳定性，既有较低电阻率、又有较高PTC强度是十分重要的。

本文曾得到哈尔滨电缆厂及研究所的经费赞助以及实验工作的大力支持，在此深表谢意。

参 考 文 献

[1] Mott N F, Davis E A. Electronic Processes in Non-Crystalline Materials. Clarendon Press. Oxford, 1979.
[2] Sherman R D, Middleman L M, Jacobs S M. Polym. Eng. Sci., 1983, 23：36.
[3] Narkis M, Vaxman A. J. Appl. Polym. Sci., 1984, 29：1639.
[4] Narkis M, Ram A, Stein Z. Polym. Eng. Sci., 1981, 21：1049.
[5] Narkis M, Ram A, Stein Z. J. Appl. Polym. Sci., 1980, 25：1515.
[6] Simmons J. J. Appl. Phys., 1963, 34：1793.
[7] Sheng P, Sichel E K, Gittleman J I. Phys. Rev. Lett., 1978, 40：1197.
[8] Sichel E K, Gittleman J I, Sheng P. Phys. Rev., 1978, B18：5712.
[9] Sheng P. Phys. Rev., 1980, B21：2180.
[10] Fowler R H, Nordheim L. Proc. R Soc., 1928, A119：173.
[11] 周世勋. 量子力学教程 [M]. 北京：高等教育出版社，1979：49.

低密度聚乙烯的矿物填料改性*

摘　要　通过加入经表面处理的矿物填料，以改善中高压电缆用低密度聚乙烯的击穿特性及树枝特性，从而探索出一种对聚乙烯改性而不用交联，同时又能提高工作场强以减薄绝缘厚度的新方法。

关键词　低密度聚乙烯　矿物填充剂　改性处理

前言

聚乙烯（PE）由于具有优异的介电性能及良好的工艺性能，在电缆工业中获得了广泛的应用。但它存在着容易开裂，长期工作温度低（75℃）和耐电晕性差等缺点。为此，通常采用两种方法对其进行改性：一种是常用的化学或物理交联方法，使之成为工作温度显著提高（90℃）的交联聚乙烯（XLPE）料；但因其耐电晕性仍较低，而且击穿场强随温度增加会较明显地下降，故不利于提高工作场强。另一种是通过添加剂对聚乙烯进行改性，以制成高压电缆料。作者遵循后一种方法，用经表面处理的矿物填料对低密度聚乙烯（LDPE）进行改性。

1　对矿物填料的要求

聚乙烯作为高压绝缘材料，由于内部存在着结构缺陷，以及在生产、运输及运行过程中造成的杂质、气隙和水分等外部因素的影响，在高电场长期作用下，当局部场强集中超过材料本身或该处气隙所能承受的场强时，就会发生局部放电，引发树枝生长，造成高聚物局部的不可逆损伤，直至整个绝缘体系破坏。因此，在不降低材料理论寿命的前提下，提高聚乙烯绝缘工作场强，从而降低绝缘厚度的主要途径是[1]：

（1）降低缺陷处的局部电场强度；
（2）减少固定位置空间电荷引起的电场集中；
（3）减少导致聚乙烯发生不可逆破坏的自由电子数目；
（4）阻止树枝生长：
1）化学上俘获高能电子（电压稳定剂）；
2）电学上使放电通道的增长速度变慢；
3）增加体积电导，使电场均匀化；
4）使气隙或放电通道内壁表面导电；
5）物理上妨碍树枝扩散（精细地分隔固体）。

而水树枝的引发，也主要归结于电场集中，杂质粒子、气泡以及水分的存在，因

---

*　本文合作者：李毓庆、张晓虹。原文发表于《电线电缆》，1990（2）：24~26。

此也可将多数阻止电树枝的方法用于水树。

2 改性后击穿特性

2.1 实验

首先将填料改性及未改性的低密度聚乙烯，经过混料及热压制成为所需形状的样坯。在交流击穿实验时，选用直径为60mm，厚度约0.5mm的试片，并将它在70℃下进行短路处理，以消除在混料及热压中产生的残余电荷。试验时采用直径为$\phi_1=\phi_2=$25mm的标准测试电极。为了消除边缘效应，将试片与电极放在纯净的变压器油中，并把整个测试系统放进恒温箱内，然后以1000V/s的升压速度均匀升压，测量不同温度下的击穿电压。由于制备试片的工作量大，测试数据取5个样品的平均值；若其中某一试片的数根出现偏离平均值±15%时，则再测5个试样，取10个试样的平均值。

2.2 实验结果与讨论

图1为低密度聚乙烯及含填料低密度聚乙烯的击穿场强E_b与温度的关系曲线。从图1可见：对于纯LDPE试样（曲线1），当温度在50~60℃以下时，随着温度上升而击穿场强E_b增加。这是由于温度升高使分子或链段的热振动加剧，对电子的散射几率增加，致使电子难以积聚足够的能量去产生碰撞电离，因此击穿场强提高。这符合电子雪崩击穿理论。但在高温区，纯LDPE的击穿场强随温度增加而降低，如果聚乙烯处于高弹态，可用热击穿、无定形由介质的集合击穿以及自由体积击穿理论解释，如果聚乙烯处于黏流态，则可用电-机械击穿理论说明[3]。对于含经过不同表面处理的矿物填料的LDPE试样（曲线2及曲线3），其低温区的击穿场强的变化与纯LDPE的变化大体相同，但随温度增加（甚至在高温时）一直有上升的趋势。据此，填料的作用可能有以下几个方面：

（1）矿物填料作为晶核剂与活性形态改性剂，在聚乙烯内起到了终止无定形区中高分子链端的作用，提高了材料的质量密度，增加了对电子的散射[4]；

（2）填料一般在高聚物结晶时被排出在无定形区内，通过成核作用，使高聚物体内的界面增多，而界面既有俘获电子、又有对能量的吸收和对电子的散射作用，从而

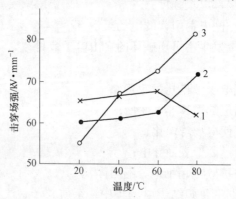

图1 低密度聚乙烯（曲线1）及含不同表面处理的矿物填料的低密度聚乙烯（曲线2和曲线3）的击穿场强与温度的关系

使电场中的电子不易成为高能电子或热电子；

（3）通过填料产生的离子电导，削弱空间电荷的积聚，从而减缓了材料体内的电场集中现象，起到了均化电场的作用；

（4）通过热激电流测量结果证实[5]，矿物填料因电负性大，容易吸附电子，并在聚乙烯体内形成深陷阱能级，俘获注入的电子和本征电子，使温度高于80℃时不易释放，并能压低高场电子电导。

总之，填料使改性聚乙烯在高温下的击穿属于电子击穿，这对提高电缆绝缘的高温击穿场强及改善寿命特性是十分有意义的。因为，高温区对实际应用是很重要的，当然对这种反常的高温击穿特性仍有待深入研究。

3 改性后的电树特性

3.1 实验

实验选用 3mm×15mm×25mm 的试样，采用针-板电极系统。先将针在钻床上以约 30°的倾角，将针尖的曲率半径磨成 5μm。再将磨好的针放在显微镜下进行精选。试样在 100℃下加热 10min，用插针器将针缓缓地插入聚乙烯内，直到距底边 3mm 的地方为止。在同样温度下，将插好针的全部试样放在恒温箱内退火 5min，再每隔 30min 降 10℃，直至冷却为止，以达到消除插针时引起的内应力。最后用半导电漆均匀涂覆在底边上，并保持其平整光滑。

在室温下，将试样放在变压器油中，针尖接高压端，半导电漆为接地端，以 1000V/s 的升压速度均匀升压至 10kV。此时，按 Mason 公式计算出针尖处的场强为 514kV/cm。然后，在显微镜下观察 60min 内树枝的生长情况。

3.2 实验结果与讨论

室温下 10kV 时，纯 LDPE 及含填料 LDPE 的树枝长度与加压时间的关系，分别如图 2 中曲线 1 及曲线 2、曲线 3 所示。显然，改性料对树枝有明显的抑制效果。依据实验结果，我们认为填料对电树枝的抑制机理主要有以下几个方面：

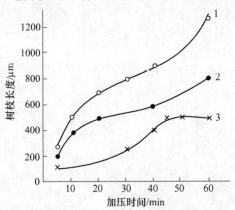

图2 室温 10kV 下纯 LDPE（曲线 1）及含经不同表面处理填料的 LDPE（曲线 2 和曲线 3）的树枝长度与加压时间的关系曲线

（1）树枝起始是由局部电场集中产生的局部放电所引发，因此使聚乙烯离子电导增加的矿物填料，会降低瞬时阴极或阳极前的异极空间电荷密度，既削弱了异极空间电荷引起的电场集中，抑制了局部放电的发生，又降低了异极电荷（如电子）的往返运动对高聚物分子的不断轰击，从而延缓了树枝的生长；

（2）因为树枝是沿聚乙烯球晶之间的无定形区内发展成为通道的，作为晶核剂及活性形态改性剂的矿物填料进入无定形区后，将使其形成一些新的精细结构，增加了对树枝生长的阻力；

（3）矿物填料形成的电子深陷阱能级，使自由电子的平均自由时间缩短，不易在电场中积聚能量，减轻了对分子链的轰击。

4 结论

经表面处理的矿物填料，作为聚乙烯的晶核剂、活性形态改性剂及深电子陷阱能级，通过进入无定形区，将其形成一些新的精细结构等作用，使低密度聚乙烯具有优异的高温击穿特性及对树枝的良好抑制效果。由此，可探索出一条将聚乙烯改性，并用作高压电缆绝缘的新路。

参 考 文 献

[1] K. D. Eckhardt. Doctoral Dissertation. Hannover University, West Germany, 1984.
[2] C. C. Ku, R. Liepins. Electrical Properties of Polymers, Hanser Publishers, 1978.
[3] M. Ieda. IEEE Trans. on Electr. Iusul, 1980, 15.
[4] V. A. Marichin, A. I. Shuzeker, A. A. Yastrebinsky. Phys. Solid (Russian). 1975, 7.
[5] 雷清泉. 哈尔滨电工学院学报, 1984, 1.

温度及湿度对不同应力模式下低密度聚乙烯薄膜电击穿强度的影响*

摘 要 本文讨论温度及湿度对不同应力模式下低密度聚乙烯（LDPE）薄膜电强度的影响。发现水分子既可作受主，俘获电子，又可作增塑剂，从而给高聚物的介电击穿特性带来复杂的影响。直流预应力越高，注入到更深陷阱中的电荷就越多。由于深陷阱中的电荷在直到70℃的温度范围内仅部分消失，因此反场下干样品的归一化脉冲击穿场强 E_{fo}/E_{ib} 的恢复特性变慢甚至消失。这些推论可由热激及载流子输运测量证实。

Effect of Temperature and Humidity on Electrcal Breakdown Strength of Low-Density Polyethylene Film for Various Stressing Modes

Abstract The present paper discusses the effect of temperature and humidity on the electric strength of low-density polyethylene (LDPE) film for various stressing modes. We have found that the water molecule can act either as an acceptor or as a plasticizer, thus exerting a complicated influence on the dielectric breakdown in the polymers. The higher the direct prestressing, the more the charges are injected into deeper traps. Because the space charge in deeper traps only partly disappears in the temperature range up to 70℃, the recovery of the normalized impulse breakdown strength E_{fo}/E_{ib} of dry specimens with field opposing becomes slow and even ceases. These inferences can be firmly supported by thermally stimulated current and charge carrier transport measurements.

1 前言

温度与湿度，以及由它们和其他因素所决定的空间电荷的注入、输运及消失过程对聚合物电击穿特性影响的研究，无疑对电介质的实际应用及深入理解电介质破坏的机理都是十分重要的。虽然一些作者深入地研究了高聚物电强度的空间电荷效应[1~3]及温度关系[2~6]，但是很少有人研究空间电荷的产生及衰减过程对不同应力模式下电强度的影响。

本文首次讨论了温度及湿度是如何影响直流预应力下空间电荷的注入及衰减，进而如何影响低密度聚乙烯薄膜的击穿特性，从中我们得出了一些有价值的结果，并且已由Ieda等[7,8]和我们的热激电流TSC（Thermally Stimulated Current）[9,10]以及注入载流子跳跃输运动力学[11]特性所证实。

---

* 本文合作者：盛守国。原文发表于《电工技术学报》，1990（4）：49~53。

2 实验

2.1 样品制备

将国产 Q-200 型低密度聚乙烯粒料加工成厚度约 40μm 的薄膜，热后切成 65mm× 65mm 的方形样品，并分别在其两面真空蒸发铝电极，上、下电极直径分别为 7mm 与 25mm，其中一电极的直径较小，是为了尽量缩小电极面积，从而减少弱点击穿的可能性。为了避免局部放电及边缘击穿，使其面积小的上电极具有扩散边缘，如图 1 所示。采用自行设计的这种电极结构，再加上测量时将夹有样品的整个电极系统置于硅油中，这就从根本上保证了每次击穿几乎都发生在电极中部。将蒸有铝电极的样品，经过在 70℃下短路处理 4h，以消除其中的剩余电荷，然后暴露在干燥（相对湿度 $RH \approx 0\%$）及潮湿（$RH \approx 95\%$）的空气中，分别经 36h 和 108h 的处理，以获得干、湿样品。

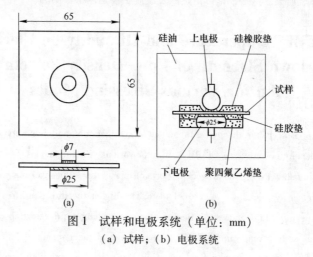

图 1 试样和电极系统（单位：mm）

（a）试样；（b）电极系统

2.2 测量装置

本实验使用的装置包括：可换正负极性的直流高压发生器，自行设计与安装的负极性准方波（1/13000μs）脉冲高压发生器及相应的测量系统。根据需要，直流及方波脉冲发生器既可单独使用，又可通过触发及延迟系统按特定方式联合使用，如图 2 所示。例如，利用触发及延迟系统在可从样品上移去直流电压后 19μs 内将脉冲电压附加其上，利用 SJ-3A 型记忆示波器记录击穿瞬间脉冲电压的幅值及衰减。

2.3 实验方法

施加电压模式有以下三种：

（1）直流电压单独作用，记直流击穿场强为 E_{db}，以它作为直流预应力的参考点。

（2）脉冲电压单独作用，记脉冲击穿场强为 E_{ib}。

（3）直流与脉冲电压联合作用，反场（field opposing，即直流预应力与脉冲电压的极性相反）时脉冲击穿场强记为 E_{fo}，助场（field aiding，即两者的极性相同）时记为 E_{fa}，加直流后无时延时，反场为脉冲与直流电压之差，助场为两者之和，有时延时，仅为脉冲电压值。

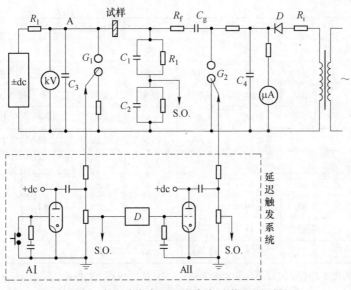

图 2　直流冲击高电压联合实验装置原理图

所有样品附加直流预应力的时间为 5min。

直流及脉冲单独作用时的击穿场强 E_{db} 及 E_{ib} 至少为 30 个样品的平均值,联合作用模式时的击穿场强至少为 10 个样品的平均值。

3　结果与讨论

表 1 示出干、湿样品在不同应力模式下 25℃时电强度的数值及方差。由表可见,干、湿样品两者的直流击穿场强 E_{db} 比各自的脉冲击穿场强 E_{ib} 高。这是因为,完成直流击穿加电压的时间较长,在电压不断上升的过程中,从阴极注入的电荷将逐渐积聚并在其附近形成同极空间电荷,从而降低阴极处的电场,为此阻止电极发射,故击穿场强上升。这与 O'Dwyer 空间电荷提高临界电场的结论[12]是一致的。此外,湿样品的 E_{ib} 比干样品的低,在忽略脉冲电压注入载流子的前提下,可用 Artbauer 自由体积击穿理论[5]来解释。因为吸收的水分子作为增塑剂,会使聚合物的自由体积增加,从而使电子的平均自由程增加,电强度降低。可是,值得注意的是,干与湿样品两者的直流击穿场强 E_{db} 却几乎相同。这说明,水分子作为陷阱中心促进在直流预应力期间电子注入,阴极附近的过剩同极电荷将压抑载流子发射。如果这个效应完全能补偿水分子作为增塑剂在降低击穿场强方面的作用,则将使湿样品的 E_{db} 增加而接近干样品的值。由此看来,湿度对高聚物电强度的影响是十分复杂的,正、负及补偿效应都可能发生。因此,在分析击穿特性时,必须找出何种效应占优势。

表 1　干、湿样品在 25℃及不同应力模式下的电强度及其方差的数值

电强度	Max/MV·cm^{-1}		Mean/MV·cm^{-1}		Min/MV·cm^{-1}		方差/(MV/cm)^2	
应力模式	干	湿	干	湿	干	湿	干	湿
E_{db}	5.67	5.56	4.71	4.72	3.45	3.42	0.53	0.52
E_{ib}	4.83	4.57	4.16	3.96	3.43	3.41	0.40	0.34

续表1

电强度	Max/MV·cm^{-1}		Mean/MV·cm^{-1}		Min/MV·cm^{-1}		方差/(MV/cm)^2	
应力模式	干	湿	干	湿	干	湿	干	湿
fa—25%E_{db}	4.98	4.67	4.48	4.19	3.92	3.52	0.20	0.41
fa—50%E_{db}	5.06	5.04	4.73	4.50	4.41	3.81	0.23	0.39
fa—75%E_{db}	5.26	4.84	4.85	4.60	4.48	4.36	0.30	0.21
fo—25%E_{db}	4.20	4.34	3.63	3.24	2.85	2.51	0.50	0.55
fo—50%E_{db}	3.43	2.90	2.96	2.40	2.45	1.82	0.34	0.40
fo—75%E_{db}	3.09	2.40	2.16	1.64	1.60	0.64	0.37	0.57
fo'—25%E_{db}	4.35	3.69	3.79	3.52	3.24	2.51	0.34	0.46
fo'—50%E_{db}	3.83	3.14	3.41	3.04	2.50	2.14	0.36	0.35
fo'—75%E_{db}	3.29	2.76	2.99	2.57	1.79	1.80	0.42	0.25

注：fo'代表移去直流电压后19μs才加方波脉冲电压，即时延为19μs下的情况，其余为没有时延的情况。

图3表示干、湿样品归一化脉冲电强度在反场时E_{fo}/E_{ib}和助场时E_{fa}/E_{ib}与直流预应力的关系曲线。其数值取自表1。从图清楚可见，干及湿样品两者的E_{fa}/E_{ib}随直流预应力增加而缓慢增加，且不断趋于饱和。与此相反，E_{fo}/E_{ib}却迅速且几乎线性地下降，这与Bradwell[1]的结果是一致的。它充分说明，反场下异极性空间电荷会增强阴极发射，从而使电强度降低。值得注意的是，无时延时，湿样品的E_{fo}/E_{ib}比干样品的低，且前者降低得比后者的快。再次证明水分子作为受主会促进电子注入。水分子容易俘获电子的行为，已由Ieda观察到的低密度聚乙烯薄膜在50℃附近的热激电流峰随含湿量增加而显著上升[7,8]，以及作者在中温区（60~70℃）发现的低密度聚乙烯样品

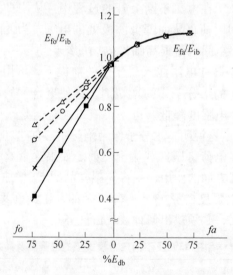

图3　干、湿样品在25℃归一化的脉冲电强度
E_{fa}/E_{ib}及E_{fo}/E_{ib}与直流预应力的关系
△—干样品，19μs延迟；○—湿样品，19μs延迟；
×—干样品，无延迟；■—湿样品，无延迟

一附加的湿致 TSC 峰[9,10]的实验结果所证实。从图 3 还可以发现，经 19μs 时延后湿样品 E_{fo}/E_{ib} 的恢复比干样品的快一些，再次证实，作为增塑剂的水分子，在短路后的瞬间促进载流子从陷阱中释放[13]，从而使已驻极（极化）的湿样品的异极性空间电荷消失。

图 4 示出干样品脉冲击穿场强的温度关系曲线。从图可见，E_{ib} 随温度上升而明显地下降，因为测量温度显著地超过低密度聚乙烯的玻璃化转变温度 T_g（约为 -20℃），因此材料处于橡胶态。大分子主链大规模微布朗运动将使非晶区的自由体积增加，当然，电子容易在这里被加速。按照自由体积击穿理论[3]

$$E_b \approx \frac{W_2 - W_1}{el_x} = \frac{\Delta W}{el_x}$$

式中，e 为电子电荷、E_b 为高聚物电强度，ΔW 为自由电子在通过其沿电场方向平均投影长度为 l_x 的自由体积后的能量增量，W_1 为开始加速时电子的能量，W_2 为能使高聚物最后破坏的电子能量。显然，W_1 与 W_2 与高聚物的结构有关，很难具体知道。为了使实验结果与自由体积击穿理论相拟合，对给定的聚合物必须选择一个合适的 ΔW 值。例如，聚乙烯的 $\Delta W = 1\text{eV}$ [4~6]。首先，虽然这个 ΔW 值比分子的电离能低得多，但是，恰巧它近似等于由 50℃ 附近热激电流峰所确定的陷阱深度（$H_t = E_c - E_t$，E_c 为导带底能量，E_t 为电子在禁带内的陷阱中的能量）[7,8,14]。其次，按照 Fröhlich 非晶态材料的电击穿理论[12]，击穿场强随温度上升而下降，其程度明显依赖于载流子的浅陷阱深度。依据这两个理由，我们认为，可以将相应于电介质破坏区，例如用热激电流法所得到的陷阱深度作为自由体积击穿理论的能量判据。当然，这个推论是相当粗略的，需要更多的实验数据证实。

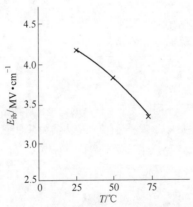

图 4　干样品脉冲电强度 E_{ib} 与温度的关系曲线

为了弄清低密度聚乙烯中空间电荷的消失过程对脉冲击穿场强的影响，我们将讨论不同温度下于样品反场时归一化的脉冲击穿场强 E_{fo}/E_{ib} 与直流预应力场强的关系曲线（图 5）。从此图可见，如果温度保持不变，则 E_{fo}/E_{ib} 随直流预应力增加而下降，支持了异极性空间电荷对介电强度下降的作用。可是，在给定的直流预应力下，受空间电荷数量的影响，也就是，空间电荷释放速率使 E_{fo}/E_{ib} 的温度变化特性更为复杂。例如，在低直流预应力（$25\% E_{db}$）下，E_{fo}/E_{ib} 随温度增加而不断上升，最后接近于 1，

即 E_{fo} 近似与不存在空间电荷时的纯脉冲击穿场强相等；在中等直流预应力（50%E_{db}）下，温度上升，E_{fo}/E_{ib} 也有恢复之势，但不能达到 1；在高直流预应力（75%）下，E_{fo}/E_{ib} 几乎不随温度发生改变，显然，E_{fo}/E_{ib} 不仅依赖于温度增加时受陷载流子的加速释放特性，而且还依赖于不同电场下载流子的注入特性。从低密度聚乙烯薄膜的热激电流测量结果[7,9,13,15]可知，一个在 50~70℃ 附近的峰，来自在非晶区与晶区界面缺陷构成的陷阱（陷阱深度约 1eV）内载流子的释放，另一个在 90℃ 附近的峰，可能归结于在晶区内深陷阱（陷阱深度约 1.4eV）中载流子的释放。另外，从注入电荷场强关系的饱和特性[11]可知，低场时载流子首先注入到浅陷阱内，随电场上升，载流子填充势垒的高度通过 Poole-Frenkel 效应而降低，故高场促进了俘获过程，使载流子逐渐注入到较深的陷阱内，从而注入电荷达到饱和。由我们的实验结果也证实：低场下电极注入的大多数电荷被俘获在浅陷阱内，当然，它们在温度 50~70℃ 范围内几乎全部释放。因此，温度上升时，空间电荷不断释放，E_{fo}/E_{ib} 逐渐上升，当它们全部脱离陷阱时，E_{fo} 就几乎等于 E_{ib}。这些结果也说明，直流预应力愈高，注入到深陷阱中的电荷就愈多。因测量温度仅到 70℃，深陷阱中的电荷仅部分消失或几乎不消失，故 E_{fo}/E_{ib} 的恢复变慢，甚至停止。

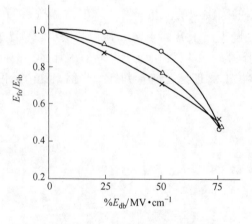

图 5　不同温度下干样品的归一化脉冲击穿
场强 E_{fo}/E_{ib} 与直流预应力的关系曲线
×—25℃；△—50℃；○—70℃

4　结论

本文主要得到以下结论：
（1）如果温度超过玻璃化转变温度，脉冲击穿场强 E_{ib} 服从自由体积击穿理论。
（2）相应于给定温度区的陷阱深度可作为自由体积击穿理论的能量判据。
（3）水分子作为受主可促进载流子注入，而作为增塑剂会加速电子释放，因此，水分子将给聚合物的击穿特性带来复杂的影响。
（4）直流预应力愈高，注入到深陷阱内的电荷就愈多，当温度增加到 70℃ 时，因深陷阱内的电荷仅部分消失或根本不消失，故 E_{fo}/E_{ib} 的恢复变慢，甚至停止。

参 考 文 献

[1] A. Bradwell, R. Cooper, B. Varlow. Conduction in Polyethylene with Strong Electric Fields and the Effect of Prestressing on the Electric Strength [J]. Proc. IEE, 1971, 118: 247-254.

[2] M. Ieda. Dielectric Breakdown Process of Polymers [J]. IEEE Trans, 1980, EI-15 (3): 206-244.

[3] Y. Inuishi. Effect of Space Charge and Structure on Breakdown of Liquid and Solid [J]. IEEE Trans, 1982, EI-17 (67): 488-492.

[4] K. Yahaqi, Y. Maeda. Temperature Dependence of Electrical Impulse Breakdown Strength in Elongated polyethlene Film [J]. Japan. J. Appl. Phys., 1977, 16: 1259-1260.

[5] J. Artbauer. Elektrische Festigkeit von Polymeren [J]. Kolloid Z. and Z. Polymere, 1967, 202: 15.

[6] S. Pelisson, H. St. Onge, M. R. Wertheimer. Dielectric Breakdown in Polyethylene at Elevated Temperature [J]. IEEE Trans, 1984, EI-19: 241-245.

[7] G. Sawa, M. Kawade, D. C. Lee, M. Ieda. Thermally Stimulated Currents from Polyethylene in high-Temperature [J]. Region, Japan. J. Appl. Phys., 1974, 13: 1547-1553.

[8] M. Ieda. In Pursuit of Electrical Insulating Solid Polymers. Present Status and Future Trends [J]. IEEE Trans, 1986, EI-21: 793-802.

[9] M. Beyer, K. D. Eckhardt, Q. Q. Lei. Der Einflu B von Feuchtigkeit auf des Ladungsspei cherungsverhalten von Polyethylene bei Hoher Gileichspannungsbeanspruchung [J]. etz-Archiv, 1985, 7: 41-49.

[10] Q. Q. Lei. Effect of Humidity on Thermally Stimulated Currents in High Field-Charged Low-Density Polyethylene with and without a Mineral filler. Proc. 5th Int. Symp. on Electrets [J]. Heidelberg, 1985: 126-131.

[11] H. von Berlepsch. Trap-Controlled Hopping in LDPE [J]. Proc. 5th Int. Symp. on Electrets, Heidelberg, 1985: 316-321.

[12] J. J. O'Dwyer. The theory of Electrical Conduction and Breakdown in Solid Dielectrics [M]. Oxford: Clarendon Press, 1973: 225-237.

[13] M. Ieda. Electrical Conduction and Carrier Traps in polymeric Materials [J]. Proc. 1st Int. Conf. Sol. Dielec. Toulouse, 1983: 1-33.

[14] 雷清泉. 低密度聚乙烯的热激电流峰温与场强关系 [J]. 物理, 1985, 14 (9): 548-549.

[15] G. M. Sessler. Elecrets, Topics in Applied Physics [J]. Springer-verlag, Berlin, 1987, 33.

电极材料表面改性对交联聚乙烯内空间电荷注入的影响

摘 要 使用溅射镀膜法在纯铜片上溅射金属 Mo，将表面改性后的铜片作为电极，利用电声脉冲法（PEA）测试不同溅射电压制备的铜片作电极时交联聚乙烯（XLPE）内的空间电荷分布情况。结果表明：随着制备铜片电极时溅射电压的增加，注入 XLPE 内的空间电荷量减少，溅射电压为 440V 时，XLPE 内部几乎没有空间电荷积聚。将 PEA 测试后的 XLPE 试样进行热刺激电流（TSC）分析，发现镀 Mo 后，随着溅射电压的升高，被陷阱捕获的空间电荷量逐渐减小。

关键词 电极材料 交联聚乙烯 空间电荷 电声脉冲法

Effect of Electrode Surface Modification on Space Charge Injection in XLPE

Abstract A pure copper sheet was sputtered molybdenum by magnetron sputtering method, and the modified copper sheet was used as electrode, then the space charge distribution in XLPE was tested by pulsed electro-acoustic (PEA) method when the copper electrode was prepared under different sputtering voltages. The results show that with the increase of sputtering voltage, the injected space charge amount in XLPE decrease. When the sputtering voltage is 440V, little space charge accumulates in the XLPE. The XLPE samples were conducted thermally stimulated current (TSC) test after PEA test, and we found that with the increase of sputtering voltage, the space charge amount captured by trap decreased gradually.

Key words electrode materials, cross-linked polyethylene (XLPE), space charge, pulsed electro-acoustic

1 引言

自从 1999 年世界上第一条采用高压直流电缆的输电工程开始，高压直流电缆已在美国、澳大利亚、丹麦、挪威等国家的多个直流输电工程中得到成功应用。迄今为止，我国直流输电线路总长度达 7085km，输送容量达 1856 万千瓦，交联聚乙烯（XLPE）电缆以其优异的性能被广泛应用于直流高压电力输电网中。

空间电荷在直流电流内部不同位置的积聚将引发对电场的畸变作用，这种畸变作用能使电场强度提高 8~10 倍[1]。有学者研究指出[2~4]：当电缆绝缘材料内电场畸变率达到 50% 时，绝缘的寿命将会降低 60 倍。研究证实 XLPE 中空间电荷的积聚是导致电

---

* 本文合作者：赵文博、郝春成、于庆先。原文发表于《绝缘材料》，2015, 48（2）：49~52。国家自然科学基金项目（51077075）。

缆绝缘早期失效的主要原因[5,6]。

抑制空间电荷的途径主要有两种[7,8]：一种是从注入电极材料入手，抑制同极性空间电荷；另一种是从改变材料本身的性质入手，即抑制异极性空间电荷。利用表面改性的方法改变电极的表面化学组分[9]，电极的表面功函数将发生变化，由电极注入到绝缘层的空间电荷也将发生变化。本研究通过磁控溅射在铜电极上溅射 Mo 颗粒，研究不同溅射电压下交联聚乙烯内的空间电荷分布情况。

2 试验

2.1 试样制备

将直径 25mm、厚度 1mm 的纯铜片用表面抛光机双面抛光，采用磁控溅射法在铜片上镀 Mo。

将聚乙烯颗粒（北欧化工 Supercure LS4201S 绝缘料，内含稳定剂、DCP 交联剂）用 50T 型平板硫化机（上海群翼橡塑机械有限公司）在 150℃热压 5min，然后用 25T 型平板硫化机冷压 5min，取出试样。试样直径约为 10cm，厚度约为 400μm。

2.2 测试方法

空间电荷测试：采用电声脉冲法测试空间电荷的分布[11]，将 XLPE 试样夹在不锈钢上下电极之间进行短路处理，再将试样及电极整体置于 80℃的真空烘箱中烘 24h，使得 XLPE 内基本没有残余电荷。将处理后的试样上下面涂少量硅油，紧贴下电极平放，排出试样与电极之间的空气，安装好上电极后固定整个试样台。上电极采用镀 Mo 铜电极，下电极为铝电极，声耦合剂为硅油。在室温下，分别施加 10kV/mm、30kV/mm 以及 50kV/mm 的场强 60min，测量空间电荷注入情况。

热刺激电流测试[10]：采用 Novocontrol 宽频介电和阻抗谱仪测试，升温速率 2℃/min，升温区间为 20~90℃，由于 XLPE 试样已经过 PEA 空间电荷测试，XLPE 已经极化，所以测试过程不需要加极化电压。

表面功函数测试：采用表面功函数测试仪（上海大学）进行测试。

3 结果与讨论

3.1 PEA 结果

图 1 为改性铜片作电极，分别施加 10kV/mm、30kV/mm 及 50kV/mm 的场强时 XLPE 试样的空间电荷分布。从图 1 可以看出，场强为 10kV/mm 时，XLPE 内几乎没有空间电荷注入，随着场强的增加，XLPE 内沿厚度方向有大量同极性空间电荷注入。

试验中的镀 Mo 电压即为靶材的溅射电压，随着溅射电压的增加，溅射腔体内电子的能量升高，电子的速度增大，靶材粒子更易电离溅射到铜基底上，从而提高靶材的溅射效率。图 2 为镀 Mo 电压分别为 340V、370V、440V 时，XLPE 绝缘层单层试样在施加不同电场情况下的空间电荷分布。

由图 2 可知，镀 Mo 电压分别为 340V 和 370V 时，与图 1 相比，XLPE 试样内同极性空间电荷注入量减少。镀 Mo 电压为 440V 时，只在 50kV/mm 的场强下有少量空间电

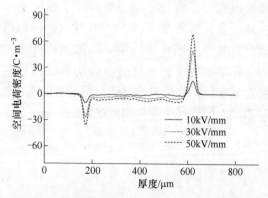

图 1 不同场强下 XLPE 试样中的空间电荷分布
Fig. 1 Space charge distribution of XLPE under different electric field strength

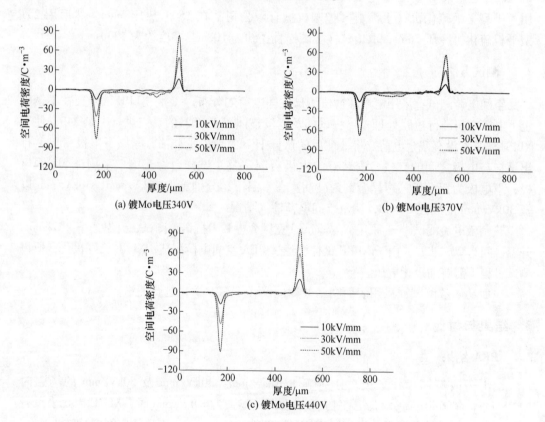

(a) 镀Mo电压340V

(b) 镀Mo电压370V

(c) 镀Mo电压440V

图 2 不同镀 Mo 电压下 XLPE 试样中的空间电荷分布
Fig. 2 Space charge distribution of XLPE under different voltages

荷积聚，沿厚度方向几乎没有电荷注入。

通常，单层吸附物质对表面功函数的影响可以通过吸附物的电负性来预测。如果吸附物比基底的电负性高，电子将向吸附层转移，那么表面出现过多的负电荷，吸附物内出现过多的正电荷[12,13]。由于电子自旋溢出，将会产生负的偶极子，并增强原有的表面偶极子,导致功函数增加。因为钼的电负性大于铜的电负性,通过功函数测试仪测得镀钼铜电极的功函数提高了0.4~0.5eV,金属的逸出功增大,电极发射电子受到抑制,同极性电荷难以越过势垒注入到XLPE内,使得XLPE试样内部的空间电荷减少。

随着镀Mo电压的升高,XLPE绝缘层内空间电荷量逐步减少。这是因为随着镀Mo电压的升高,溅射到纯铜片上的Mo颗粒增多,颗粒之间排列更紧密。因此,当镀Mo电压达到440V时,镀膜电极发射的电子大量减少,阴极附近感应到的空间电荷也急剧减少。所以镀Mo电压升高有助于抑制XLPE绝缘层内空间电荷的注入。

3.2 TSC测试结果

为了准确的研究PEA测试后注入到XLPE内的空间电荷量,将PEA测试后的XLPE试样进行热刺激电流测试。利用公式(1)计算得到TSC电荷量,式中,β为升温速率,$\beta=1℃/min$。因温度和时间近似成正比,因此电流对温度的积分乘以一个比例系数(升温速率$\beta/60s$的倒数),就可得到陷阱释放出的电荷量。表1为不同溅射电压的陷阱参数,图3为镀Mo铜作电极时,不同镀Mo电压下的TSC测试曲线。由图3和表1可知,随着温度的升高,XLPE内深浅陷阱释放的电子增多,热刺激电流逐渐增大,所以陷阱电荷量也随之增加。纯铜作电极时,从37℃开始XLPE内出现热刺激电流,说明注入到XLPE内部浅陷阱的电子或空穴较多,当温度达到46℃时,陷阱释放的空间电荷量最大。温度约为85℃时,又出现一个电荷峰,越深的陷阱需要的能量越大,所以在高温下XLPE内深陷阱又释放少量空间电荷。镀Mo铜作电极时,XLPE内峰值电流和陷阱电荷量都小于铜作电极时的值。随着镀Mo电压的增大,出现峰值电流的温度向高温移动,当镀Mo电压为440V时,陷阱内电荷量仅为铜电极时的十分之一。所以镀Mo电压的增大,空间电荷的注入难度加大,XLPE内由陷阱释放的空间电荷量减少。

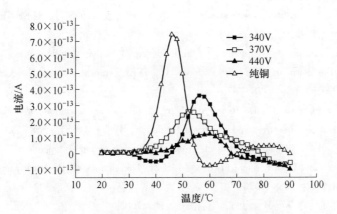

图3 不同镀Mo电压下的TSC测试曲线

Fig. 3 TSC test curves under different voltages

$$Q_{TSC} = \int_{T_0}^{T_1} I(t) \, dt = \frac{60}{\beta} \int_{T_0}^{T_1} I(T) \, dT = 60 \times \int_{T_0}^{T_1} I(T) \, dT \tag{1}$$

表1 不同镀Mo电压陷阱参数

Table 1 Trapping parameters under different voltages

试样	镀Mo电压/V	峰值电流/A	峰值温度/℃	陷阱电荷量/C
1号	340	3.625×10^{-13}	56	2.13×10^{-10}
2号	370	2.607×10^{-13}	52	1.60×10^{-10}
3号	440	1.264×10^{-13}	60	3.41×10^{-10}
4号	—	7.449×10^{-13}	46	2.23×10^{-10}

注：4号为纯铜。

4 结论

利用磁控溅射法在纯铜上沉积Mo的薄膜，测试镀膜金属的表面功函数。将不同镀Mo电压的铜作为电极，对XLPE绝缘层试样进行空间电荷分布和热刺激电流测试，主要得出如下结论：

（1）镀Mo铜的表面功函数增加了0.2～0.3eV，电子难以越过势垒注入到XLPE内，可抑制同极性空间电荷向XLPE内注入。

（2）随着Mo电压的升高，XLPE绝缘层内空间电荷的注入量减少。当镀电压达到440V时，镀膜电极发射的电子大量减少，XLPE内的空间电荷也急剧减少，几乎没有电荷积聚。

（3）比较不同镀Mo电压下XLPE试样的TSC测试曲线发现，随着镀Mo电压的增大，陷阱电荷量和峰值电流减小，当镀Mo电压为440V时，陷阱内电荷量仅是纯铜作电极时的十分之一。因此镀Mo电压增大，注入到XLPE试样陷阱内的空间电荷减少，可以有效抑制电荷的注入。

参 考 文 献

［1］Hammer F, Kuchler A. Insulating System for HVDC Power Apparatus［J］. IEEE Transactions on Electrical Insulation, 1992, 27（3）：601-609.

［2］Zhang Yewen, Lewiner J, Alquie C, et al. Evidence of Strong Correlation between Space-charge Buildup and Breadown in Cable Insulation［J］. IEEE Transaction on Dielectrics and Electrical Insulation, 1996, 3（6）：778-783.

［3］Damamme G, Le Gressus C, De Reggi A S. Space Charge Characterization for the 21th Century［J］. IEEE Transaction on Dielectrics and Electrical Insulation, 1997, 4（5）：558-583.

［4］Hozumi N, Suzuki H, Okamoto T, et al. Direct Observation of Time-dependent Space Charge Profiles in XLPE Cable under High Electric Fields［J］. IEEE Transactions on Dielectrics and Electrical Insulation, 1994, 1（6）：1068-1076.

［5］殷之文. 电介质物理学［M］. 北京：科学出版社, 2003.

［6］欧阳本红, 赵健康, 陈铮铮, 等. 交联聚乙烯电缆空间电荷与理化性能的关系［J］. 绝缘材料, 2012, 45（3）：47-50.

［7］陈广辉, 王安妮, 何东欣, 等. 交联聚乙烯绝缘空间电荷研究进展［J］. 绝缘材料, 2012, 45（4）：27-30.

［8］尹毅, 肖登明, 屠德民. 空间电荷在评估绝缘聚合物电老化程度中的应用研究［J］. 中国电机工

程学报,2002,22(1):43-48.

[9] 王云杉,周远翔,王宁华,等.聚乙烯表面形貌对其空间电荷特性的影响[J].绝缘材料,2008,41(4):42-45.

[10] 李鸿岩,刘斌,姜其斌,等.聚酰亚胺/氧化铝纳米复合材料的热刺激电流研究[J].绝缘材料,2009,42(5):38-40.

[11] Zheng Feihu, Lin Chen, Liu Chuandong, et al. A Method to Observe Fast Dynamic Space Charge in Thin Dielectric Films [J]. Applied Physics Letters, 2012, 101 (17): 172904.

[12] 侯柱锋,朱梓忠,黄美纯,等.Ag,Au,K吸附W(001)表面上的功函数随外加电场的变化[J].物理学报,2002,51(7):1591-1595.

[13] Ieda M. Electrical Conduction and Carrier Traps in Polymeric Materials [J]. IEEE Transactions on Electrical Insulation, 1984 (3): 162-178.

聚酰亚胺薄膜表面电荷的开尔文力显微镜研究*

摘要 为在微纳米尺度下研究无机纳米掺杂对聚酰亚胺表面电荷特性的影响,采用开尔文力显微镜测量了杜邦公司生产的原始聚酰亚胺薄膜和纳米掺杂耐电晕聚酰亚胺薄膜两种材料,在被导电微探针注入电荷后的表面电荷发生、发展特性。实验发现,在相同的电荷注入条件下,耐电晕薄膜上表面电荷积累量约为原始聚酰亚胺薄膜上电荷积累量的50%;耐电晕薄膜上电荷消散速度较快,约为原始聚酰亚胺薄膜上的4～5倍。分析可知,耐电晕薄膜由于掺杂了纳米颗粒 Al_2O_3,使得薄膜的注入势垒增大、电阻率减小,这些因素减少了耐电晕薄膜表面电荷的积累,避免了局部电场畸变,进而增强了材料的耐电晕特性。

关键词:聚酰亚胺 开尔文力显微镜 表面电荷 纳米杂化 耐电晕

Research on Surface Charges of Polyimide Films by the Kelvin Force Microscope

Abstract To investigate the effect of inorganic nanoparticles on the surface charge properties of polyimide (PI) at the micro/nano scale, the measurement on surface charge was carried out with both the original PI film and nano-Al_2O_3 filled corona-resisting PI film by Kelvin Force Microscope (KFM). Experimental results show that: the surface charge accumulation on corona-resisting PI film under the same constraints reduced to 50% of that on original PI film, and charge dissipate quickly for the corona-resisting PI film. Time constant of exponential decay on original PI is four to five times to the corona-resisting PI. It could be deduced from above results that due to doping of Al_2O_3 made the injection barrier increases and the resistivity decreases for corona-resisting PI film than original PI film. These factors lead to reduce the surface charge accumulation and avoid distortion of local electric field. Hence, the corona resistant performance is enhanced.

Key words polyimide film, Kelvin Force Microscope, surface charge, nano-doping, corona-resistance

1 引言

聚合物纳米电介质由于其优异的性能,而广泛应用于各种电气设备当中。在外施电场条件下,电荷容易累积在电介质表面形成表面电荷,这会造成绝缘系统的电场畸变,容易引起放电,造成绝缘的老化失效。以往的研究[1-4]多是在宏观条件下测量的样品特性平均值,为了进一步揭示聚合物绝缘材料表面电荷的成因、特性以及发展规律,

---

* 本文合作者:孙志、王暄、韩柏。原文发表于《中国电机工程学报》,2014,34(12):1957~1964。国家重点基础研究发展计划项目("973"计划)(2012CB723308);国家自然科学基金青年项目(51307037);黑龙江省自然科学基金项目(QC2013C042)。

需要对聚合物电介质材料表面的微区展开细致研究[5~7]。聚合物薄膜表面微区电荷的表征测试，对于了解材料结构性能、理解聚合物纳米电介质电老化机制以及绝缘材料的合成改性有重要的科学意义。

目前常用的表面电荷测量方法主要有：粉尘图法、静电探头法、感光成像法和电光效应法等[8~10]。但是，这些方法中，空间分辨率最高通常只能到毫米级，电压分辨率是V级，这很难满足日益发展起来的纳米电介质的研究需要。开尔文力显微镜（Kelvin force microscope，KFM）是在原子力显微镜（Atomic force microscope，AFM）基础上衍生发展起来的，通过探测针尖的静电力来测量样品表面电势的测量方法[11,12]。尽管由于采用抬起扫描模式以及导电涂层使微探针曲率半径加大的影响，使得KFM的空间分辨率低于通常的AFM，但依然可以保持在亚微米级，KFM的电压灵敏度分辨率可达到10mV级。所以采用KFM方法研究绝缘材料表面电荷时，尤其使得信号的空间分辨率有了极大的提高，是对表面电荷测量的一个有益补充。

现在国内外采用KFM方法表征材料的电性能方面已经做了大量工作。但主要的工作大都围绕半导体[13,14]、铁电薄膜[15,16]、光电[17~19]材料进行的，而对利用KFM方法表征聚合物材料，尤其是聚合物纳米掺杂复合电介质材料性能的研究相对较少[20]，所以在该领域仍有大量工作需要做。

本文实验中以杜邦公司生产的原始聚酰亚胺薄膜（original polyimide，100HN型）和纳米掺杂耐电晕聚酰亚胺薄膜（corona-resistant polyimide，100CR型）两种薄膜作为研究对象。100CR耐电晕聚酰亚胺薄膜是杜邦公司20世纪90年代推出的Kapton系列新型聚酰亚胺薄膜，其在保持100HN原始聚酰亚胺膜各项优异性能的同时，耐电晕老化能力比100HN提高了上百倍，在变频电机绕组的绝缘方面得到了广泛使用，根据相关专利文献[2, 4, 21, 22]，100CR薄膜性能的改善主要源于无机纳米成分（Al_2O_3）的掺杂，然而其机制仍然不清楚。电晕使得电荷在绝缘材料表面积累，会引起材料表面电场分布的变化，局部电场畸变，导致材料加速老化甚至绝缘失效。本文通过KFM测量100CR和100HN聚酰亚胺薄膜表面微区电荷的发生、发展特性，研究了纳米掺杂对耐电晕材料中表面电荷积累的影响。

2 开尔文力显微镜

开尔文力显微镜在测定样品表面电势的过程中，需要给针尖悬臂施加交流调制电压驱动，使其在共振频率附近振动。作用到针尖微悬臂且频率与施加到针尖的调制电压频率相等的驱动力F可表示为[23,24]：

$$F = \frac{1}{2}\frac{dC}{dz}(U_{tip} - U_S)^2 \quad (1)$$

式中，dC/dz是针尖-样品之间电容在Z方向的导数；U_{tip}为针尖电压；U_S为样品的表面电势。

由式（1）可知，作用于针尖的驱动力依赖于施加到针尖的直流电压，当调整针尖电压与样品表面电势相等时，作用于针尖上的驱动力等于零。此时记录的针尖电压值U_{tip}就是被检测样品的表面电势大小。在表面电势测量中，显微镜的机械驱动力关闭，针尖振动主要来自于一定频率调制电压的驱动。并且在做抬起扫描的时候，反馈系统是开启的,控制作用到针尖的直流电压,使针尖受到调制作用力为零。

导电探针对样品表面进行扫描检测时的抬起扫描,是为了能够准确控制针尖-样品之间的距离以及消除作用到针尖上的近程力,而对样品表面的每一行都进行两次扫描:第一次扫描采用轻敲模式(Tapping Mode)进行扫描,得到样品在这一行的形貌高低起伏并记录下来;然后再采用抬起模式(Lift Mode)进行扫描,如图1所示。

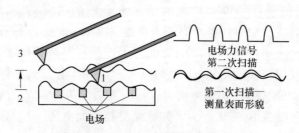

图 1　抬起工作模式的参数
1—第一次测量表面形貌;2—悬臂抬起一定高度;3—第二次扫描,
在抬起的高度上,悬臂依照第一次扫描形貌所记录的轮廓曲线进行
扫描,感知并记录电场力所带来的影响
Fig. 1　Parameters of lift mode principles

让探针抬起一定的高度(Lift Height,通常为 10~200nm),并按之前轻敲模式记录的样品表面起伏轨迹进行第二次扫描,由于探针被抬起且按样品表面轮廓轨迹扫描,故第二次扫描过程中探针不与样品表面接触,克服了针尖与样品间原子的短程斥力,尽量消除样品表面形貌带来的影响,探针受到的力梯度主要由长程静电力引起。探针因受到长程静电力的作用而引起振幅和相位变化。因此,将第二次扫描过程中探针的调制电压、振幅和相位等变化记录下来,就能反映出样品表面电势、电荷分布状况,从而得到样品的部分电学性能信息。

3　实验

3.1　实验材料

实验中,以 100HN 和 100CR 两种薄膜作为研究对象,表 1 给出了两种薄膜样品的典型值[25]。

表 1　两种聚酰亚胺薄膜部分参数的典型值
Table 1　Characteristic paramerer of polymide

样品	体电阻率/Ω·cm	表面电阻/Ω	介电常数	粗糙度[6]/nm
100HN	$1.5×10^{17}$	$1.9×10^{17}$	3.4	8.03
100CR	$2.3×10^{16}$	$3.6×10^{16}$	3.9	44.2

实验前先用丙酮将聚酰亚胺薄膜表面清理干净,然后将其放置于 150℃ 烘箱中,放电预处理 24h,将干燥后的薄膜使用导电胶粘在样品台上用于 KFM 实验,薄膜厚度为 25μm。

3.2　实验设备

实验使用的主要设备为美国 Veeco 公司生产的 Multimode-Nanoscope ⅢA 型多功能

扫描探针显微镜，所用探针为该公司提供的 MESP 型号的导电探针，针尖表面镀有钴铬合金的导电层，弹性系数为 2.8N/m，共振频率为 75kHz，针尖曲率半径约为 25nm。

3.3 实验过程

电荷注入的实验示意图，如图 2 所示。将样品放置在扫描器顶部，扫描寻找到一块形貌起伏较小、图像信号均一的位置作为待加工区域。注入电荷时，采用接触扫描模式，确保针尖与样品的稳定接触，在导电针尖与聚酰亚胺之间施加不同的注入偏压 $U_{inj} = -12 \sim 12$V（设备硬件的最大工作范围）。

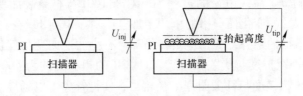

图 2　采用导电探针注入电荷示意图

Fig. 2　Schematic diagram of inject charge with conductive tip

薄膜 100CR 是一种抗电晕材料，其表面形貌粗糙度起伏较大，采用单点的方式[7]注入电荷效果差，电荷不稳定，不易观测表征。为了使得电荷的注入效果稳定，扩大了注入电荷的面积，在位于样品扫描区域的中央 1μm×1μm 的范围内，进行带电针尖的接触扫描注入电荷，每次注入的位置相距 20μm 以上，相互之间不会产生电信号的干扰。之后，采用 KFM 工作模式，对样品进行原位的形貌、电势表征。实验在大气环境下进行，环境控制在温度 25℃，湿度 20%~30%。

4　实验结果与讨论

4.1　不同注入电压对注入电荷极性的影响

注入电荷完成后，薄膜上对应区域的表面电势与注入电压 U_{inj} 之间总体上呈现增函数关系，如图 3 所示。

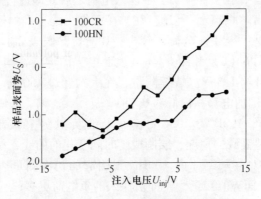

图 3　注入电压与表面电势的关系曲线

Fig. 3　U_{inj} and U_S relationship curve

由图 3 可知，两薄膜表面电势均能随着注入电压的上升而上升，但是注入之后的表面电势极性与针尖电压极性并不能完全对应，显示出明显的极性效应，负电荷更容易被注入到聚酰亚胺表面[26,27]。

对于 100CR 薄膜，U_{inj} 小于 0V 时，负电荷被注入，产生负电势；$0V<U_{inj}<5V$ 时，尽管注入电压极性为正，但是对应位置表面却是负的表面电势，负电荷被正极性的电压注入到样品表面；当 U_{inj} 大于 5V 以后，薄膜表面才出现正的表面电势，正电荷被注入到材料表面。对于 100HN 薄膜，在针尖电压 U_{inj} 的变化范围内（−12~12V），对应区域的表面电势均为负值，即此实验条件下，100HN 上只能被针尖注入负电荷。

在变换注入电压 U_{inj} 注入电荷的过程中，对于 100HN 材料表面所产生的表面电势值大小，基本随着 U_{inj} 的变化而严格的单调增加；而对于 100CR 材料，表面电势值大小随着 U_{inj} 的增加而增加的趋势不变，但是在局部会有小的逆向变化起伏。这主要可能是由于两种材料的表面粗糙度起伏差异较大，100CR 的粗糙度约为 100HN 的 5 倍，如表 1 所示参数。100CR 粗糙度与针尖曲率半径相当，使得针尖下电场局部分布不均匀，造成的注入电荷不均匀。

4.2 表面电势的衰减

在电荷被注入到聚酰亚胺薄膜表面后，电荷的衰减也与之伴随，这也可以从表面电势随时间变化情况中得到体现。

图 4 为 100HN 薄膜，在 $U_{inj}=-12V$ 被注入电荷之后立即进行 KFM 测量的情况。从注入电荷到 KFM 成像得到可读取的数据时间大约需要 2min。其中在图 4（a）的中心位置有一块"白斑"，对应着注入电荷的 $1\mu m \times 1\mu m$ 区域，该斑点可能是由于局部电荷积累较多，静电力信号对形貌成像信号形成干扰而导致的，周围区域平坦均匀。在图 4（b）和图 4（c）中，出现一个"凹坑"，比周围区域表面电势低约 4.00V。在对该位置的持续测量中，"白斑"、"凹坑"均逐步减弱、消失。在大约经过 220min 后，如图 5 所示，"白斑"基本消失，"凹坑"与周围的电势相比低约 0.25V。实验是在大气环境下进行的，表面积累的电荷容易弥散衰减，所以使得对应位置的表面电势绝对值降低，电荷对形貌图像的干扰也逐渐减小。

图 6 为 100CR 薄膜，在 $U_{inj}=-12V$ 被注入电荷之后立即进行 KFM 测量的情况。图 6（a）形貌图中，没有"白斑"，但还存在被接触加工的边框痕迹，有一个 $1\mu m \times 1\mu m$ 的方框区域，这可能是由于注入电荷比较少，100CR 薄膜表面起伏大，电荷信号对形貌的干扰相对较小。图 6（b）和图 6（c）表面电势图像中，同样出现一个"凹坑"，比周围区域表面电势低约 1.35V。持续测量，在大约经过 150min 后电势衰减后，如图 7 所示，"凹坑"与周围的电势相比低约 0.18V。

将 $U_{inj}=-12V$ 时，100HN、100CR 表面上的负电势衰减，以及 $U_{inj}=12V$ 时，100CR 表面上的正电势衰减的情况，绘制成随时间变化的曲线，如图 8 所示。

由图 8 可知，在 $U_{inj}=-12V$ 时，100HN 上引起的初次测量表面势 U_{S2}（注入电荷 2min 后 KFM 测到的表面势值）最大，即被注入的负电荷更多；利用 Origin 软件进行曲线拟合，可以发现电势的衰减基本符合指数衰减规律，即：

$$U_S = U_{S2} e^{-\frac{t}{\tau}} \tag{2}$$

 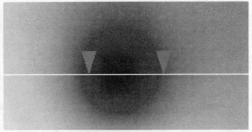

(a) 形貌图(10μm×5μm)　　　　　　　　(b) 表面电势

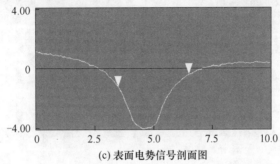

(c) 表面电势信号剖面图

图 4　100HN 薄膜 $U_{inj}=-12V$ 电荷注入（2min 后）

Fig. 4　Inject charge with $U_{inj}=-12V$ of 100HN
（2min later）

(a) 形貌图(10μm×5μm)　　　　　　　　(b) 表面电势

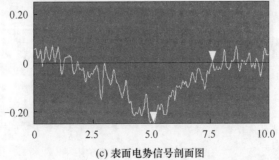

(c) 表面电势信号剖面图

图 5　100HN 薄膜 $U_{inj}=-12V$ 电荷注入（220min 后）

Fig. 5　Inject charge with $U_{inj}=-12V$ of 100HN
（220min later）

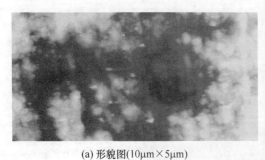

(a) 形貌图(10μm×5μm)

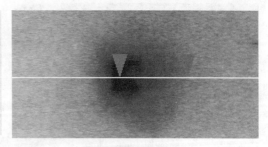

(b) 表面电势

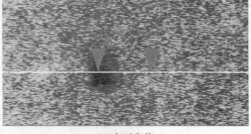

(c) 表面电势信号剖面图

图 6 100CR 薄膜 $U_{inj}=-12V$ 电荷注入（2min 后）

Fig. 6 Inject charge with $U_{inj}=-12V$ of 100CR

（2min later）

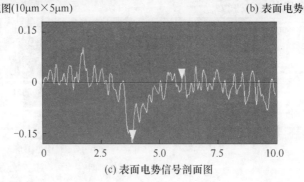

(a) 形貌图(10μm×5μm)   (b) 表面电势

(c) 表面电势信号剖面图

图 7 100CR 薄膜 $U_{inj}=-12V$ 电荷注入（150min 后）

Fig. 7 Inject charge with $U_{inj}=-12V$ of 100CR

（150min later）

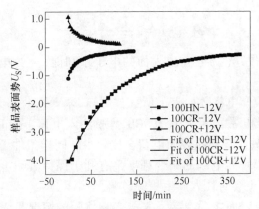

图 8 表面电势的衰减曲线
Fig. 8 Decay curve of surface potential

100HN 中的衰减常数 τ_{HN} = 97.67min 较大，是同样条件下 100CR 衰减常数 τ_{CR} = 24.17min 的 4 倍左右，100HN 薄膜上面电荷衰减扩散的过程较为缓慢，而 100CR 薄膜上电荷弥散得快，这避免了表面电荷积累引起的局部电场畸变，100CR 使用过程中稳定性更高。

4.3 表面电荷注入与消散的分析与结果

实验中采用曲率半径数十纳米的微探针施加偏压对电介质进行电荷注入。就电极上的电子向介质中发射的机制而言，主要可分为热电子发射和场致发射两种。

对导电微针尖施加偏压后，针尖和基底的纳米级间隙中局部可能会形成一个 $10^7 \sim 10^{10}$ V/m 的强电场[28,29]，该场强下可以诱发微针尖的场致发射。但在实际中，电荷注入应该是以上两种因素综合作用的结果[30,31]。这是因为：虽然热电子发射电流密度较小（最高值为 120A/cm²），而场致发射电流密度可高达 10^7 A/cm²，但由于场致发射只集中在电场强度最高的某些"点"，作用面积约 $1 \sim 100$ nm²，仅仅集中在数百个原子或分子的微小区域内；而热电子发射却在电极上任何部位都可能产生，作用面积往往是前者的 10^5 倍以上；因此，热发射电流可以同场发射电流相比拟，甚至可以高出场发射电流，所以热发射电流不能忽略，甚至是主要因素。

另外，在实际实验中采用的微针尖的曲率半径，会在测试过程中产生磨损，半径略变大；样品的表面粗糙度不均匀，产生的电场也会有所降低；针尖偏压不是持续施加的，而是隔行施加。这些因素也会使得场致发射削弱。

因此，综合以上考虑，在本实验过程中电极的电子向介质中发射的机制主要是热电子发射，但同时伴随有场致发射。

在热电子发射机制情况下，当两种具有不同费米能级的材料相接触时，会引起载流子的迁移直至在接触面处费米能级相平衡。在金属-电介质（导电针尖-聚酰亚胺）接触过程中，伴随着电荷在二者之间的转移，使得聚合物上产生表面电荷，所以采用导电针尖带电接触的方式，可以在聚酰亚胺表面注入电荷。

由于金属-电介质间的势垒阻止电荷注入电介质，因此电荷注入的程度主要由界面处的势垒高度决定，势垒高度[32]为：

$$\varphi(x_{max}) = \varphi_m - \chi - \sqrt{\frac{e^3 E}{4\pi\varepsilon\varepsilon_0}} \tag{3}$$

式中，φ_m 为金属功函数；χ 为电介质表面的电子亲和能；e 为电荷电量；ε 为介电常数；E 为恒定电场。

两种聚酰亚胺薄膜介电常数如表 1 所示，可知 $\varepsilon_{HN} < \varepsilon_{CR}$，那么在其他条件一致时，由式（3）可得，对介电常数较大的 100CR 薄膜注入电荷，此时势垒高度也比较高，所以注入到 100CR 聚酰亚胺样品表面电荷会比较少。同样条件下，100CR 表面电荷积累得较少，减小了薄膜表面电场的畸变程度，有利于保持其耐电晕特性。其他因素如探针涂层功函数 φ_m 等也会对注入产生相应影响[7]。

电荷被注入到样品表面之后，接下来与之相伴随的情况是表面电荷的衰减，衰减速度主要与材料的电阻率及试验空气环境相关[33~35]。本实验均在大气环境下进行，差别主要是两种材料电阻率（如表 1 所示），纳米掺杂的 100CR 薄膜电阻率减小，利于电荷弥散，所以伴随着更快的电荷衰减速度，更少的残余电荷，这同时也有利于保持其耐电晕特性。

100CR 薄膜中掺杂了 Al_2O_3 无机颗粒[2]（介电常数 ε 约为 9.0，电阻率 ρ 约为 $10^{15}\Omega\cdot cm$），100CR 的介电常数大于 100HN，而电阻率减小，这种现象的原因主要是：

一方面是由于加入的无机成分相对于聚酰亚胺基体具有较高的介电常数和较低的电阻率，根据材料性能的逻辑分析[36]，介电常数和电阻率均属于满足材料"和性能"（sum properties）的性能参量。对非均质材料，一般情况下这些"和性能"参量具有确定的界限，即它们可能满足下面的界限不等式：$\varepsilon_{min} < \varepsilon < \varepsilon_{max}$，$\rho_{min} < \rho < \rho_{max}$。这使得 100CR 的介电常数和电导率均比原始的 100HN 薄膜有所增加。

另一方面，对于介电常数，由于纳米 Al_2O_3 颗粒庞大的界面中存在大量悬挂键、空位、空位团以及空洞等缺陷，电荷运动的结果是在界面的缺陷处聚积，形成电偶极矩，即异号电荷位移引起松弛极化，导致纳米复合材料具有较高的介电常数；对于电阻率而言，Al_2O_3 颗粒以微晶形式存在于聚合物中[4]，其具有较小的禁带宽度，较宽的导带，因而热激发到导带的电子密度较大，这有可能增加聚合物中自由载流子密度，导致电阻率下降。

前面实验中发现的 100HN 更容易被注入负电荷的结果，目前还缺少一个合理的原因解释。但是，对于聚合物表面类似的电荷积累现象，ieda 等人[37]发现，在栅极控制的电晕注入条件下，聚乙烯、聚酰亚胺等更容易被注入负电荷。而聚氟乙烯、聚偏二氟乙烯、聚四氟乙烯等聚乙烯的氟化物，由于电负性较大的氟原子的存在，提供了较多的电子陷阱，抑制了负电荷的积累，所以容易积累正电荷。而 100CR 与 100HN 相比，100CR 中电负性相对较大的氧原子含量增加，那么可以推断 Al_2O_3 的复合掺杂使得 100CR 中的电子陷阱增加，这抑制了负电荷的注入，使得 100CR 在较低的电压下也能够被注入正电荷。

掺杂对复合物介电特性的影响是非常复杂的，不同的研究人员得出不同的结论。研究表明，复合物的介电特性与填充物本身的介电常数、粒子形状、尺寸、体积分数及基体材料等因素有关[38]，与填充物在基体中的分散程度和分散均匀性有关，相关规律有待于进一步研究。

5　结论

通过研究，本文得到以下结论：

（1）采用 KFM，利用带有导电涂层的微探针在聚合物表面微米区域稳定注入电荷，并且可以原位观察电荷的产生与变化情况。

（2）研究了两种聚酰亚胺薄膜（原始 100HN 和耐电晕 100CR）的电荷注入与衰减特性。发现 100CR 薄膜较难被注入电荷，且表面电荷衰减得较快，表面电荷积累减少：约为 100HN 积累量的 50%、消散加快：约为 100HN 的 4~5 倍。

（3）分析表明 100CR 由于掺杂了 Al_2O_3 使得注入势垒增大、电阻率减小等因素导致其耐电晕性能得到加强。

参 考 文 献

[1] 李鸿岩，郭磊，刘斌，等．聚酰亚胺/纳米 Al_2O_3 复合薄膜的介电性能［J］．中国电机工程学报，2006，26（20）：166-170.

[2] 张沛红．无机纳米—聚酰亚胺复合薄膜介电性及耐电晕老化机理研究［D］．哈尔滨：哈尔滨理工大学，2006.

[3] 吴广宁，吴建东，周凯，等．高压脉冲电压下聚酰亚胺的电老化机理［J］．中国电机工程学报，2009，29（13）：124-130.

[4] 雷清泉，石林爽，田付强，等．电晕老化前后 100HN 和 100CR 聚酰亚胺薄膜的电导电流特性实验研究［J］．中国电机工程学报，2010，30（13）：109-114.

[5] 廖瑞金，唐超，杨丽君，等．电力变压器用绝缘纸热老化的微观结构及形貌研究［J］．中国电机工程学报，2007，27（33）：59-64.

[6] 孙志，韩柏，张冬，等．耐电晕聚酰亚胺薄膜表面电荷特性［J］．纳米技术与精密工程，2010，7（6）：532-536.

[7] 孙志，韩柏，李振凯，等．电场力显微镜不同探针对表面电荷注入的影响［J］．电子显微学报，2012，22（3）：217-220.

[8] 穆海宝，张冠军，铃木祥太，等．交流电压下聚合物材料表面的电荷分布特性［J］．中国电机工程学报，2010，30（31）：130-136.

[9] Kumada A，Shimizu Y，Chiba M，et al．Pockels surface potential probe and surface charge density measurement［J］．Journal of Electrostatics，2003（58）：45-58.

[10] 高宇．聚合物电介质表面电荷动态特性研究［D］．天津：天津大学，2009.

[11] 朱传凤，王琛．扫描探针显微术应用进展［M］．北京：化学工业出版社，2007：7-12.

[12] 白春礼．扫描力显微术［M］．北京：科学出版社，2000：198-211.

[13] Dumas C，Ressie L R，Grisolia J，et al．KFM detection of charges injected by AFM into a thin SiO_2 layer containing Si nanocrystals［J］．Microelectronic Engineering，2008，85（12）：2358-2361.

[14] Hu Xiaodong，Guo Tong，Xing Fu，et al．Nanoscale oxide structures induced by dynamic electric field on Si with AFM［J］．Applied Surface Science，2003（217）：34-38.

[15] Guo Huifen，Cheng Gang，Wang Shujie，et al．Path-related unexpected injection charges in $BaTiO_3$ ferroelectric thin films studied by Kelvin force microscopy［J］．Applied Physics Letters，2010，97（16）：162902.

[16] Kim Y，Hong S，Kim S H，et al．Surface potential of ferroelectric domain investigated by Kelvin force

microscopy [J]. Journal of Electroceramics, 2006 (17): 185-188.

[17] 王凌凌, 杨文胜, 王德军, 等. 利用 Kelvin 探针力显微镜研究纳米尺度下 n-AlGaN/GaN 薄膜的表面电荷性质 [J]. 高等学校化学学报, 2011, 32 (1): 139-142.

[18] Jaramillo R, Ramanathan S. Kelvin force microscopy studies of work function of transparent conducting ZnO: Al electrodes synthesized under varying oxygen pressures [J]. Solar Energy Materials & Solar Cells, 2011 (95): 602-605.

[19] Xu Tingting, Venkatesan S, Galipeau D, et al. Study of polymer/ZnO nanostructure interfaces by Kelvin probe force microscopy [J]. Solar Energy Materials & Solar Cells, 2013 (108): 246-251.

[20] Li Jixiao, Zhang Yewen, Zheng Feihu, et al. Space charge accumulation and micro-structure of cross-linked polyethylene [J]. Japanese Journal of Applied Physics, 2004, 43 (12): 8130-8134.

[21] Mcgregor C W. Magnet wire insulation for inverter duty motors: USA, 6403890 [P]. 2002-06-11.

[22] Yin W J. Pulsed voltage surge resistant magnet wire: USA, 565409 [P]. 2001-01-30.

[23] Qi Guicun, Yan Hao, Guan Li, et al. Characteristic capacitance in an electric force microscope determined by using sample surface bias effect [J]. Journal of Applied Physics, 2008 (103): 114311.

[24] Qi Guicun, Yang Yanlian, Yan Hao, et al. Quantifying surface charge density by using an electric force microscope with a referential structure [J]. The Journal of Physical Chemistry C, 2009 (113): 204-207.

[25] DuPont Company. Technical information of dupont films [EB/OL]. [2013-05-01]. http://www.dupont.com/search.html?ss=&site=default_collection&output=xml_no_dtd&q=100cr&SiteSearch_SiteSearch2Button=.

[26] 何曼君, 张红东, 陈维孝, 等. 高分子物理 (第三版) [M]. 上海: 复旦大学出版社, 2007: 275-277.

[27] 金日光, 华幼卿. 高分子物理 (第二版) [M]. 北京: 化学工业出版社, 2000: 226-227.

[28] Gomer R. Extensions of the field-emission fluctuation method for the determination of surface diffusion coefficients [J]. Applied Physics A, 1986, 39 (1): 1-8.

[29] 焦念东, 王越超, 席宁, 等. 基于原子力显微镜的阳极氧化技术及其在碳纳米管氧化切割与焊接中的应用 [J]. 中国科学 E 辑: 技术科学, 2009, 39 (9): 1614-1622.

[30] 张士勇. 场致发射公式的研究 [J]. 仪器仪表学报, 1997, 18 (3): 251-256.

[31] Bonard J M, Dean K A, Coll B F, et al. Field emission of individual carbon nanotubes in the scanning electron microscope [J]. Physical Review Letters, 2002, 89 (19): 197602.

[32] 陈季丹, 刘子玉. 电介质物理学 [M]. 北京: 机械工业出版社, 1982: 224-225.

[33] Kindersberger J, Lederle C. Surface charge decay on insulators in air and sulfurhexafluorid [J]. IEEE Transactions on Dielectrics and Electrical Insulation, 2008, 15 (4): 941-957.

[34] Burgo A L, Rezende A, Bertazzo S, et al. Electric potential decay on polyethylene: Role of atmospheric water on electric charge build-up and dissipation [J]. Journal of Electrostatics, 2011 (69): 401-409.

[35] Nishitani J, Makihara K, Ikeda M, et al. Decay characteristics of electronic charged states of Si quantum dots as evaluated by an AFM/Kelvin probe technique [J]. Thin Solid Films, 2006 (508): 190-194.

[36] Cewen N. Physics of inhomogeneous inorganic materials [J]. Progress in Materials Science, 1993, 37 (1): 1-116.

[37] Ieda M, Mizutani T, Ikeda S. Electrical conduction and chemical structure of insulating polymers [J]. IEEE Transactions on Electrical Insulation, 1986, 21 (3): 301-306.

[38] 张明艳. PI/SiO_2 纳米杂化薄膜的制备及性能研究 [D]. 哈尔滨: 哈尔滨理工大学, 2006.

复杂运行条件下交联电缆载流量研究[*]

摘　要　载流量是决定电力电缆经济可靠性最重要的参数。针对城市地下电力电缆电网运行条件复杂化，电缆线路载流量因素难于确定的状况，首次在国内开展了 110kV 交联电缆载流量的试验研究，模拟实际条件进行了 110kV 交联电缆在大埋深、多回路以及在各种负荷状态等条件下的电缆载流量试验。通过试验研究，给出了不同运行条件下电缆载流量，得到了不同敷设形式、负荷状况下电缆的负荷电流、导体温度、表面温度间的关系数据，并对电缆线路载流量的主要影响因素进行了分析。通过研究得到了几种特定敷设条件下电缆载流量试验的数据，给出了电缆线路典型的外部热环境参数参考值。研究结论能够直接用于城市电网的实际运行，并能作为电缆线路设计、优化以及运行时载流量控制的指导数据。

关键词　载流量　地下电缆　试验研究　复杂运行条件　多回路　大埋深

Experimental Research on Ampacity of Extruded Power Cable under Complex Operating Condition

Abstract　Ampacity under nonuniform operating conditions is difficult to be exactly determined by theoretic calculation because of the limitation for the theoretic model. The experimental research of ampacity for 110kV extruded power cable was conducted. In order to simulate the actual operating conditions, four full-size cable trenches were constructed, and different loads were also applied to the power cables. The main affecting factors of the ampacity for the power cables under uniform conditions are discussed in detail according to test results. The reference values of thermal resistance for soil and different backfills in the experimental research as well as a whole year temperature chart of the soil for test site were presented. The test data were used to determine the ampacity of the power cables in practical engineering, the measured values of thermal resistance and temperature will be used to adjust the reference operating conditions for theoretic calculation in practical.

Key words　ampacity, underground cable, experimental research, complex operating conditions, multi loop, large burial depth

1　引言

电缆线路载流量值对于电缆线路的设计、敷设以及运行都具有非常重要的意义[1,2]。实际运行中，电缆线路的载流能力受到许多因素的影响[3~5]。

对于 XLPE 电缆，规定其最高运行导体温度为 90℃，并由此确定电缆线路载流量。以前，国内电缆的制造、设计以及使用部门一般根据 IEC 60287 系列标准[6~9]，通过理

---

[*] 本文合作者：赵健康、王晓兵、樊友兵、刘松华。原文发表于《高电压技术》，2009，35（12）：3123~3128。中国南方电网广东电网公司重点科技进步项目（JA2006036）。

论计算的方式，确定简单、均匀敷设条件下的电缆载流量[7~11]，并将其作为整条线路载流量的运行限值。计算时运行条件参数的取值是参考 IEC 60287 标准规定的其他国家和地区电缆运行条件参数[12]，并且适当折算，保留出很大的裕度从而保证线路的安全。尽管通过这种方式得出的载流量值的合理性有待研究，然而由于实际电缆线路负荷低，所以这种具有很大安全裕度的载流量数据被视为一种安全可靠的标准数据。

近几年，国内大部分城市的电网建设呈现出加速状态，交联电缆在城市电网中的应用越来越广，规模不断扩大，电压等级、线路的密集程度不断上升。500kV 交联电缆在城市电网也已经出现[13]，一些非常规的敷设方式也开始大量使用，如多回路电缆并排敷设，非开挖穿管深埋敷设技术、改变电缆介质回填技术、密集排管敷设等[14]。同时电缆线路的负荷不断上升，运行条件越来越复杂，常规计算方法已经不能完全满足这些复杂运行条件下的计算，其理论计算结果的准确性需要从各方面进行修正或者验证。因此，通过试验来确定复杂运行条件下的电力电缆载流量非常必要。

通过电缆载流量试验研究，不仅可以得到电力电缆在复杂运行条件下的电缆载流量，而且可以有效全面地对影响电缆载流量的因素进行定量分析与研究，其结论还可以作为建立复杂运行条件下载流量理论计算的基础。国内详细介绍复杂运行条件下电缆载流量，研究成果仅见文献［15］。对复杂运行条件下的电缆载流量试验研究已经得到了越来越多运行与设计部门的重视。

为配合城市电网建设的需要，本文模拟 110kV 电缆线路实际的敷设与运行环境，开展了各种非标准规定运行方式下的载流量试验研究，从试验与理论两个方面，对这些运行条件下电缆线路的载流量进行了研究。

2 研究条件与试验方法

2.1 试验条件

试验场地为 30m×20m 的自然场地。采用三相 380V 交流电源供电给单相调压器，然后采用阻抗耦合的方式对试验回路施加电流。试验电流的调节范围为 10~5000A；电流调节最大误差为 10A。进行载流量试验时的试验装置示意图参见图 1。

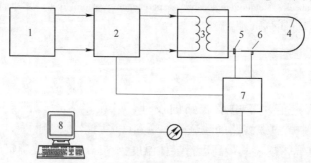

图 1　单相载流量时试验装置示意图
1—三相试验电源；2—单相调压器；3—电流耦合变压器；4—电缆回路；5—电流互感器；
6—测温热电偶；7—现场测量与控制单元；8—实验室测量与控制终端
Fig.1　Test layout of the single phase current rating

系统的控制部分和执行机构相互独立分开，实现强弱电分离，相互之间通过光纤进行传输，提高设备的抗电磁干扰能力。

试验装置的电流测量经检测，整套系统中设备电流测量功能的误差小于1.5%。

2.2 试验方法

对电缆导体施加一定电流，记录稳态下电缆导体温度。电缆在一定负荷与一定敷设条件下的导体温度一般符合指数上升规律。电缆导体温度的上升规律存在有一定的时间常数τ，其大小一般决定于电缆本体参数以及外部环境的热阻系数以及热容常数，简化的导体温升$\theta(t)$表达式为

$$\theta(t)=\theta_e(t)\left(1-e^{-t/\tau_n}\right) \tag{1}$$

式中，$\theta_e(t)$为理论上电缆导体的稳定温度，℃；τ_n为考虑电力电缆在所处的环境下，导体温升的热时间常数。

图2是单根电缆直埋敷设时的电缆导体温升曲线。理论上，由于热时间常数的影响，在恒定电流下，电缆导体温度无限接近于理论稳定状态，因此本研究中特别规定当电缆导体温度在4h内变化不大于1.0℃时，作为电缆导体温度达到稳定状态的判断标准。根据图2的试验结果，可以看出，当加热时间到104h时，电缆导体温度可视为平衡状态。

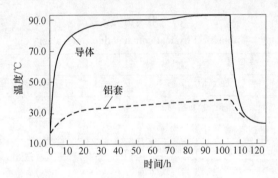

图2 单根电缆直埋温升曲线
Fig. 2 Temperature curve of the direct buried cable

3 研究方案

3.1 回路布置

按照广州地区电缆敷设的实际状况，在电缆载流量试验场共设置了6条回路，包括电缆直埋回路、水平穿管敷设回路、充沙电缆沟直埋回路、深埋电缆回路。具体布置参见图3。

3.2 试验内容

项目内容包括110kV交联电缆在不同敷设形式（直埋、穿管）、不同排列形式（水平、三角形）、不同敷设深度时在持续负荷下、周期负荷下和紧急负荷下的载流量试验研究。同时，由于电缆均敷设在地下，考虑到地温随季节周期性的变化，对电缆所处环境的土壤温度进行了同步监测。

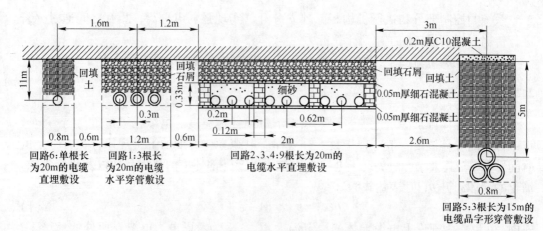

图 3 电缆载流量试验回路布置图

Fig. 3 Cross-section of the tested cable configuration

3.3 电缆主要的结构参数

实测电缆主要结构参数见表1。

表 1 电缆结构参数

Table 1 Physical construction parameters

电缆结构	参 数	测量值
导体	导体材料	Cu
	导体截面积/mm^2	630
	导体直径/mm	30.3
	导体20℃下直流电阻率/$\Omega \cdot km^{-1}$	0.0261
	半导电层平均厚度/mm	1.3
绝缘	绝缘平均厚度/mm	16.5
	绝缘屏蔽层平均厚度/mm	1.0
	绝缘屏蔽层外径/mm	68.0
阻水带	阻水带材料	半导电缓冲阻水层
	阻水带厚度/mm	2×1.5
	缆芯外径/mm	73.0
金属套	材料	Al
	金属套内径/mm	74.5
	金属套外径/mm	88.5
	金属套厚度/mm	2.0
外护层	材料	HDPE
	平均厚度/mm	5.5
	最小厚度/mm	3.7
	电缆外径/mm	99.1

4 载流量试验研究结果

4.1 电缆敷设环境

4.1.1 回填媒质热阻系数的影响

本次研究中,回填材料为4种,包括:(1)回填土热阻系数;(2)0.8m深处回填石粉热阻系数;(3)电缆沟内细沙热阻系数;(4)试验场地原始土壤热阻系数。这些材料的热阻系数实测值见表2。

表2 回填材料热阻系数
Table 2 Thermal resistivity of backfills (K·m/W)

媒质	测量值1	测量值2	测量值3	平均值
回填土壤	0.835	0.806	0.816	0.819
0.8m深处石粉	0.583	0.557	0.547	0.562
电缆沟内细沙	0.481	0.499	0.485	0.488
原始土壤1.0m	0.539	0.553	0.544	0.545

表2中,回填土壤的热阻系数远大于原始土壤的热阻系数,原因在于两种土壤的密实程度不同,原始土壤经过10多年的沉积,密实程度远比开完后回填的土壤密实。同时,测得细沙的热阻系数远远小于2.5K·m/W[10],原因在于地下水的影响导致电缆沟内的细沙含水量高,热阻系数降低。

4.1.2 土壤温度变化的影响

为了研究土壤温度随季节的变化,在国网电力科学研究院选定一个区域进行了土壤温度变化的连续监测。图4是1.0m深地温连续监测结果,测量时间为2007年12月~2008年12月。图4中每个测温点数据是4个1.0m深地温探测点测量到地温的平均值。

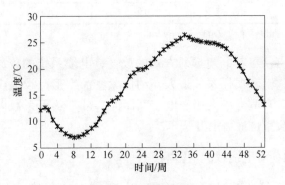

图4 1.0m地温测量结果
Fig. 4 Temperature of soil underground 1.0m

由图4测量结果可以看出,1.0m土壤温度随季节变化而随之变化。2007年12月~2008年12月,土壤温度在7.2~26.5℃间变化。而且可以看出,全年内土壤温度在大于25℃和小于10℃均各有大约1个月的时间。

4.2 排列与接地方式的影响

实际运行中，同回电缆一般采用品字形或平行敷设。由于排列方式的不同，将引起电缆的铝套损耗、外部热阻不同，从而造成电缆载流量的差异。

将穿管直埋电缆分别按照紧密品字形和水平排列两种方式敷设。具体布置参见图 3 中的回路 1。施加试验电流为 800A。穿管为 HDPE 穿管，内径 110mm，外径 120mm。水平敷设方式参见图 3 中的回路 1，品字形敷设为 3 根穿管紧密接触的品字形敷设，敷设深度为 1.1m，实测外部环境温度为 27.5℃。试验结果见表 3。

表 3 单回穿管电缆试验结果
Table 3 Test results of the single loops in conduit

排列方式	导体温度/℃	铝套温度/℃	环境温度/℃
紧密品字形	57.9	39.6	27.5
平行敷设	61.3	42.0	27.2

由表 3 可以看出，施加相同电流时，品字形排列电缆导体温度相对水平排列电缆导体温度高约 4℃，品字形敷设导体温度明显高于平行敷设。表 4 给出了根据试验结果推算出不同排列方式下电缆运行的参数以及载流量。

表 4 不同敷设方式下电缆载流量计算结果
Table 4 Calculated results of the single loops in conduit

敷设方式	相邻电缆间距/mm	载流量/A	铝套损耗系数	外部热阻系数/K·m·W^{-1}
品字形	紧密	806	0.18	1.56
平行	紧密	769	0.35	1.54
	200	891	0.09	1.32
	300	940	0.04	1.20

注：敷设条件：深度 1.0m，土壤热阻系数 1.0K·m/W，温度 25℃。

由表 4 可以看出，随着电缆排列方式的改变，电缆系统的载流量也随之变化。采用平行紧密排列时，铝套损耗系数最大，约比紧密品字形敷设大 1 倍，因此载流量相对较小。平行敷设时当适当增大相邻电缆间距时，外部热阻系数以及铝套损耗系数均明显降低，回路载流量也显著上升。

4.3 多回路不等负荷对电缆载流量影响

试验为三回路不等负荷试验。在回路 2、3、4 上进行，电缆布置的编号如图 5 所示。

对回路 2、3、4 同时施加电流，其中回路 2 电流为 700A，回路 3 电流为 800A，回路 4 电流为 700A，采用三相电流进行试验，试验时土壤温度 22.7℃。试验结果见表 5。

由表 5 试验结果可以发现，三回路不等负荷下，最外侧电缆与最中间电缆导体温度相差约 16℃，占中间电缆导体相对于环境温升的 40%。

图 5 三回路电缆布置编号

Fig. 5 Circuit installation of the three loops

表 5 三回路不等负荷电缆载流量试验
Table 5 Test results of the three loops with different load current

电缆编号	导体温度/℃	外护温度/℃	电缆编号	导体温度/℃	外护温度/℃
1	46.7	35.5	6	57.1	43.4
2	47.7	36.4	7	54.6	40.0
3	53.7	39.6	8	47.2	39.1
4	56.5	41.8	9	45.3	36.1
5	62.7	43.8			

4.4 不同负荷状态对电缆载流量的影响

对于高压与超高压电缆系统，其载流能力也取决于电缆系统的负荷形态。稳恒电流作用下的电缆载流量比周期性负荷载流量要小，负荷形状直接决定了电缆系统的载流能力。通常采用日周期性负荷进行电缆线路周期性负荷载流量的分析。

本文的研究中，根据实际运行数据确定了一条48h周期负荷曲线，最大负荷电流1200A。试验在回路2上进行。图6为周期性负荷载流量试验结果。

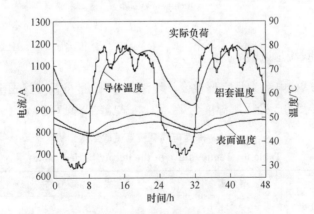

图 6 周期性负荷时电缆温度变化曲线

Fig. 6 Temperature curve of hottest cable under periodical load current

在第1个24h周期内，最高温度点对应时间为17:24，温度为78.6℃，而第2个24h负荷周期内，最高温度点对应时间为17:36，温度为79.6℃。由图6还可以看出，导体温度与周期性负荷电流之间存在有约 45min 滞后，这是由于电缆本身与周围环境的热时间常数引起的。导体温度的最大值与最小值取决于该周期性负荷的波形。

电缆线路应急过负荷能力主要体现在过负荷幅度与持续时间上[16]。其决定因素有：（1）过负荷前电缆线路的状态；（2）过负荷的持续时间和幅度；（3）过负荷期间电缆的运行状态。世界各国对紧急过负荷时电缆导体的最高温度均有规定。本文的试验中，设计的应急过负荷试验程序为：施加 800A 电流待电缆温度达到稳态后，负荷电流增加为 1200A 电流，直至电缆导体温度达到 90℃。

应急过负荷情况下电缆导体升温曲线参见图7。由图7可见，在图3中回路2运行时，土壤温度为 22℃，过负荷前持续 800A 电流的状态下，电缆线路 6h 应急过负荷能力为 1200A。

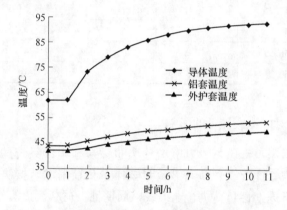

图 7 应急过负荷情况下电缆温度相应曲线
Fig. 7 Temperature curve of the hottest cable under emergency load

4.5 大埋深电缆载流量试验

施加电流 800A，电缆为品字形敷设，埋深 5m。回路布置参见图3回路5。试验期间平均气温 30℃，5.0m 处土壤温度为 14.7℃。试验结果见表6。

表 6 深埋电缆载流量试验结果
Table 6 Temperature of the deeply buried cable

电缆位置	导体温度/℃	电缆表面温度/℃	穿管温度/℃
下北	51.7	35.5	34.9
中	56.5	37.2	35.2
下南	53.4	36.4	33.0

表7是试验开始前监测到的土壤热阻系数以及试验期间监测到的土壤温度测量结果。

表7 土壤物理性能

Table 7 Thermal characteristic of the soil

深度/m	热阻系数/K·m·W^{-1}	温度/℃
1.2	0.80	23.0
5.0	0.57	14.7

由表7可以看出，大埋深时，电缆外部土壤热阻系数降低，同时土壤温度也随着深度的增加而减小到14.7℃，远低于同期1.0m处土壤温度23.2℃。对比1.0m埋深品字形穿管敷设电缆，可以发现，电缆载流量并没有随着敷设深度的增加而降低。其原因在于：（1）5.0m深土壤温度显著降低；（2）5.0m深土壤热阻系数相对1.0m深的土壤热阻明显偏小。

电缆散热环境越不利，载流量将越易迅速下降。但是随着敷设深度的增加，地温也随之发生变化。实测不同深度地温的典型值为：1.0m深为25℃，3.0m深为20℃，5.0m深为16℃。

上述土壤性状的变化在实际电缆线路的设计、管理与维护中应加以考虑。

5 结语

本文通过试验研究，确定了110kV XLPE电力电缆在穿管敷设、多回路充沙电缆沟直埋敷设、大埋深敷设时，在不同负荷条件下电缆载流能力以及应急过负荷能力的主要影响因素，为复杂运行条件下电缆线路的运行以及管理提供了准确的试验数据和技术参考；同时，通过试验系统研究了电缆线路的运行条件参数对电缆载流量的影响，给出了试验中回填材料的热阻系数以及试验场地土壤的年温度变化曲线，为实际电缆线路载流量的准确计算与提升提供了可靠的技术支撑。

参 考 文 献

[1] 郑肇骥，王焜明. 高压电缆线路［M］. 北京：水利电力出版社，1983.

[2] 门文汉，崔国璋，王海. 电力电缆及电线［M］. 北京：中国电力出版社，2001.

[3] 赵健康，樊友兵，王晓兵，等. 高压电力电缆金属护套下热阻特性分析［J］. 高电压技术，2008，34（11）：52-54.

[4] 梁永春，柴进爱，李彦明，等. 基于FEM的直埋电缆载流量与外部环境关系的计算［J］. 电工电能新技术，2007，26（4）：10-13.

[5] 刘毅刚，罗俊华. 电缆导体温度实时计算的数学方法［J］. 高电压技术，2005，31（5）：52-54.

[6] IEC 60287-1-1 Electric cables–calculation of the current rating, part 1：current rating equations (100% load factor) and calculation of losses, section 1：general［S］, 2006.

[7] IEC 60287-1-2 Electric cables–calculation of the current rating, part 1：current rating equations (100% load factor) and calculation of losses, section 2：sheath eddy current loss factors for two circuits in flat formation［S］, 2006.

[8] IEC 60287-2-1 Electric cables–calculation of the current rating, part 2：thermal resistance, section 1：calculation of thermal resistance［S］, 2006.

[9] 杨小静. 交联电缆额定载流量的计算 [J]. 高电压技术, 2001, 27 (8): 11-12.

[10] 牛海清, 王晓兵, 张尧. 基于迭代法的单芯电缆载流量的研究 [J]. 高电压技术, 2006, 32 (11): 41-44.

[11] Hwang C C, Chang J J, Chen H Y. Calculation of ampacities for cables in trays using finite elements [J]. Electric Power Systems Research, 2000 (54): 75-81.

[12] FAN You-bin, MENG Shao-xin, MIAO Fu-gui, et al. Calculation of current rating for medium and low voltage XLPE cable in clustered layout [C] //2008 Annual Report Conference on Electrical Insulation Dielectric Phenomena. Québec City, Canada: IEEE, 2008: 122-124.

[13] CAO Xiao-long, LIU Ying, FANG Hao. 500kV power supply cable project for city central zone of Shanghai [C]. CIGRE 2008. Paris, France: CIGRE, 2008.

[14] 王晓兵, 蚁泽沛. 管道内填充介质提高电缆载流量的研究 [J]. 高电压技术, 2005, 31 (1): 79-80.

[15] 赵健康, 姜芸, 杨黎明. 中低压交联电缆密集敷设载流量试验研究 [J]. 高电压技术, 2005, 31 (10): 55-58.

[16] 刘英, 王磊, 曹晓珑, 等. 电力电缆短期允许负载电流的计算 [J]. 高电压技术, 2005, 31 (11): 52-54.

低温胁迫对鲤红细胞膜表面结构的影响及相关基因分析*

摘 要 以荷包红鲤（Cyprinus carpio var. wananensis）耐寒品系（♂，耐低温）与云南大头鲤（Cyprinus pellegnini pellegnini Tchang）（♀，不耐低温）的杂交 F_2 为研究对象，研究抑制消减杂交技术构建的鲤耐低温差异表达基因 cDNA 文库中 2 个具有多态性的新差异表达基因［克隆号为 CC005（GenBank_Accn 为 FF339846）和 CC062（GenBank_Accn 为 FF677502）］与低温下鲤红细胞膜形态之间关联性，结果显示，活力正常的实验鱼红细胞膜边缘有数个棘状凸起，直径在 500nm 左右，高度为 300nm 左右；两个未知新基因 CC005 和 CC062 在膜表面结构凸起组和正常组（相对正常）之间基因型组合分布存在极显著差异（$X^2 = 21.345$，$P<0.01$），推测这 2 个与低温相关的基因对低温下鲤红细胞膜表面出现的凸起结构有协同效应，这一实验结果将为鲤的耐低温机理研究和标记辅助选择育种提供理论依据。

关键词 鲤 低温 红细胞膜 差异表达基因

Erythrocyte Membrane Surface Structure of Different Vitality of Cyprinus Carpio under Low Temperature Conditions and Analysis of Related Genes

Abstract Cold tolerance is one of the major economic characteristics in fish. Although lots of research has been conducted by fish biologists, the molecular mechanism about cold tolerance is still not available. Experiments were conducted to study: (1) the polymorphism of the new CC005 (Genbank Accession Number was FF339846) and CC062 (Genbank Accession Number was FF677502) differentially expressed genes and (2) the relationship between the carp erythrocyte structures under the temperature of $(4.0±2.0)$ ℃. The F_2 of purse red carp cold-tolerant strains (*Cyprinus carpio* var. wananensis) and Boshi carp (*C. pellegrini*) were used as experimental objects in this study. Erythrocyte membrane surface structure with different vitality experimental fish was compared under atomic force microscope (AFM). The results showed that: the length of erythrocytes from normal vitality fish is $(11.990±1.457)$ μm and the short axis is $(7.225±1.158)$ μm; the length of erythrocytes from slower fish is $(11.938±0.969)$ μm and the short axis is $(7.394±0.864)$ μm; the length of erythrocytes from the sick fish group is $(12.860±1.080)$ μm and the short axis is $(8.635±0.864)$ μm. The variance analysis showed that there is no significant difference in both the length ($F=0.853$, $P>0.05$) and the short axis of the erythrocytes ($F=3.081$, $P>0.05$). Under $3μm×3μm$ scanning reach, different size particles on the membrane surface were observed and found to be the exposed part of the erythrocyte membrane protein molecules. The erythrocytes from the normal vitality fish had several spine-uplifts on the edge. It was

---

* 本文合作者：丁雷、李勇、李言、常玉梅、梁利群。原文发表于《中国水产科学》，2009，16（4）：496~505。

also found that all erythrocytes had same spin-uplifts. Being measured, these uplifts are about 500nm in diameter and 300nm high. The erythrocyte structures from sick fish with white spots differed from those from normal and slow vitality fish. In addition, Analysis showed that the two unknown genes CC005 and CC062 have significant differences in their genotypes between the membrane surface structure with uplifts group and the normal surface structure group ($\chi^2 = 21.345$, $P < 0.01$). Thus, we can assume that the carp erythrocyte membrane structure is controlled by the genes related to the low-temperature. The result of this study would provide theoretical basis for the study of carp cold tolerance and breeding using marker-assisted selection.

Key words *Cyprinus carpio*, low temperature, erythrocyte membrane, differentially expressed genes

研究鱼类对环境温度的适应性有助于在理论上阐明鱼类进化、自然选择等原理，也可在实践中为鱼类遗传改良和定向培育新品种提供基础数据。近年来，通过众多研究人员的不懈努力，鱼类对环境适应的相关研究已经取得了长足的进展。Hazel[1]发现，当温度骤降时，虹鳟（*Oncorhynchus mykiss*）体内脂肪生成过程中，不饱和脂肪酸比例升高。冷驯化的虹鳟，脂肪酸去饱和作用（尤其参与生成 n-3/n-6 家族的长链多不饱和脂肪酸 PUFA）明显快于暖驯化的虹鳟。Dey 等[2]通过对海水和淡水鱼肝脏磷脂膜的分子结构研究发现，冷驯化鱼类（5~10℃）比暖驯化鱼类（25~27℃）含有较高的多不饱和脂肪酸，但长链多不饱和脂肪酸 DHA 似乎并不参与低温适应过程，而单不饱和脂肪酸油酸（18∶1）在低温条件下含量增高。Devries[3] 1969 年在南极海峡一种鱼（Antarctic nothothenioid）的血液中首次发现抗冻蛋白，后经研究发现，多数极地鱼类和冷水鱼类都能产生抗冻蛋白或抗冻糖蛋白，这些蛋白质能将鱼的体液冰点降至 -2.2℃（海水的冰点约为 -1.9℃），从而使之在海水冰点之下仍能保持体液的流动性。

中国水产科学研究院黑龙江水产研究所自 1996 年开始研究鲤（*Cyprinus carpio*）的耐低温机理，首次应用分子标记技术，获得了 9 个与鲤耐低温性状相关的 RAPD 分子标记，并将其中的 1 个标记定位在鲤鱼遗传连锁图谱上，由此提出鲤的耐低温性状属于数量性状，受多基因控制[4]。梁利群等[5]以荷包红鲤（*Cyprinus carpio var. wananensis*）抗寒品系和大头鲤（*Cyprinus pellegnini pellegnini* Tchang）的杂交 F_2 为研究对象，获得低温差异表达基因序列，在因特网上通过 BLAST 比对，同源性较高的基因克隆中包括质膜钙转运腺苷三磷酸酶 3、AMP-acid 连接酶、斑马鱼跨膜蛋白、膜内在蛋白质 GPR137B、跨膜蛋白 50A、活性钙钾离子通道亚基 alphal 等，更有大量的未知基因序列。本实验根据已有的实验材料和取得的研究结果，利用原子力显微镜对低温下活力表现不同的实验鱼的红细胞膜结构进行观测，同时利用低温下特异表达的基因标记进行相关性分析，以期对与低温相关的功能基因的克隆鉴定提供科学依据。

1 材料与方法

1.1 实验材料

1.1.1 实验鱼

实验鱼荷包红鲤耐寒品系（♂，耐低温）与云南大头鲤（♀，不耐低温）的杂交 F_2，由中国水产科学研究院黑龙江水产研究所培育。从中随机选取体质量在 200~250g 的健康鱼 28 尾进行实验。依次编号为 1~28。

1.1.2 耐低温相关基因标记

低温差异表达基因序列是以温度为坐标、以所选实验鱼为研究对象,通过抑制消减杂交法获得。采用 Primer 5.0 和 Oligo 6.0 软件设计引物,由上海生工生物工程技术服务有限公司合成。通过筛选,其中 CC005 和 CC062 的扩增结果具多态性,引物详细信息见表1。

表1 引物序列及退火温度
Table 1 Primers' sequences and annealing temperature

引物 Primer	引物序列5′~3′ Primer sequence5′~3′	片段长度/bp Fragment size	退火温度/℃ Annealing temperature
CC005	F: TGCACAAACACGAATGAATG R: CCGTTCATAATGTGCTGCTC	208	50
CC062	F: GCCGCCAACATTTTTCTAA R: GTGGGCAGATTGTTGGACTT	194	54

1.2 实验方法

1.2.1 低温胁迫实验设计

降温实验模型是在 Trueman 等[6]报道的基础上稍加修改而设计的。常玉梅等[7]已对室内控温循环水族箱内的过滤养殖用水进行水质分析,各项指标基本符合养殖用水标准。将实验鱼做鳍条标记后,放入水温为 (16.0±2.0)℃的室内控温循环水族箱,水族箱四周及敞口区用保温板密封。实验开始第1天将水温从 16.0℃以 1.0℃/h 降至 10.0℃,实验鱼在 (10.0±2.0)℃进行驯化4d后,再以 1.0℃/h 降温至 4.0℃。在 (4.0±2.0)℃维持1个月后进行各项测试。同时,观察记录在不同温度下实验鱼的活动状态。

1.2.2 红细胞膜原子力显微镜标本制备

以 (4.0±2.0)℃冷驯化下的实验鱼作为实验样本,将注射器中吸入 100μL 枸橼酸钠,尾静脉采血 1mL,轻轻摇匀,避免凝血,低速离心(2000r/min,3min),弃上清,然后用 pH7.4 等渗磷酸缓冲液反复洗涤、离心,直至上层澄清。将下层红细胞用等渗磷酸缓冲液10倍稀释,取 10μL 稀释液滴于直径为 15mm 圆形载玻片上,2.5%戊二醛固定,4℃下放置5min。去离子水冲洗,干燥。

1.2.3 红细胞膜原子力显微结构观测

将制备好的标本置于原子力显微镜(简称 AFM,NanoScope Ⅲa,Digital Instruments Inc.)载物台上,利用 Nikon 倒置显微镜观察细胞的分散情况,选择细胞分散无重叠区域进行单个细胞扫描。在操作软件中选择轻敲模式(Tapping mode),调整激光到针尖(型号:RTESP7)处,并将探测器的激光光斑置于中心圆点。在操作软件中选择自动调频,然后进行样品逼近操作,直至针尖接触到样本,开始扫描。对计算机显示屏上显示细胞的相应图像进行保存,并利用软件对所需参数进行测量、分析。每个样本制2张片,每张片扫描 2~3 个细胞,扫描顺序依次为单个红细胞、红细胞膜部分结构,扫描范围为 2.8~14.0μm,扫描频率为 2.01Hz。

1.2.4 基因组DNA提取

取活体实验鱼鳍条每1mg加入200μL裂解液（含200μg/mL Proteinase K，200μmol/L EDTA和0.5%十二烷基肌氨酸钠）后，50℃消化4~5h，加入等体积饱和苯酚+氯仿+异戊醇混合液（体积比25:24:1）400μL抽提，7500r/min，离心10min，取上清液，再重复抽提2次；于上清液中加入2倍体积的预冷无水乙醇-20℃沉淀过夜，12000r/min，离心15min，70%乙醇洗涤、干燥，加入50μL的TE（含10mmol/L Tris-HCl（pH8.0），1mmol/L EDTA（pH8.0））溶解，4℃保存备用。

1.2.5 PCR扩增反应

PCR反应体系：体积为15μL，含50mmol/L KCl，10mmol/L Tris-HCl，1.5mmol/mL MgCl$_2$，100μg/mL明胶，4种dNTP各100μmol/mL，0.1%Triton X-100，0.1%NP-40，正反引物终浓度为0.25μmol/mL，*Taq*酶1U（TAKARA，日本），DNA模板30~50ng。

反应程序：94℃预变性3min；26个循环（92℃20s，退火20s，72℃30s）；延伸72℃10min。

1.2.6 聚丙烯酰胺凝胶电泳

PCR产物用8%聚丙烯酰胺凝胶电泳5~6h（100V）进行检测，银染，利用扫描仪成像。

1.3 数据处理与统计分析

采用直接计数法分别计算CC005和CC062两种基因扩增片段中出现的每种基因型的数量，等位基因及基因型频率，确定每种基因型在群体间的分布关系。用POPGENE 3.2软件检验该实验组的基因组DNA在2个位点是否处于Hardy-Weinberg平衡状态。其他统计分析用SPSS 13.0完成。采用卡方（χ^2）检验。

2 结果与分析

2.1 温度变化与鱼体反应

水温从16.0℃降到10.0℃时，实验鱼并未出现任何不良反应，游动自如，且群聚活动，在随后的4d冷驯化中，表现亦正常。当水温继续从10.0℃降至4.0℃时，部分实验鱼开始出现游动缓慢，上浮，分散独游等现象，其中28号个体死亡（由于夜间死亡，其红细胞膜结构未测）。在随后维持的2个月后，另有21号和24号个体鱼体表面出现白斑（视为病鱼），其他实验鱼体表面光滑，2、6、10、11、12、13号个体活动正常，其他个体游动稍有缓慢。

2.2 低温下活动能力表现不同实验鱼的红细胞膜结构差异分析

图1显示，在14μm×14μm扫描范围下，不同活力鲤红细胞多呈椭圆形，长径（12.057±1.293）μm，短径为（7.412±1.107）μm。在不同的扫描范围下均可看出不同活动能力实验鱼红细胞膜表面结构存在差异：活动能力正常的实验鱼红细胞膜边缘有数个棘状凸起，对多个细胞进行扫描，均有此现象。同时对低温下活动能力不同的鱼进行分组，分别测其长短径，结果显示：活动能力正常的红细胞长径为（11.990±1.457）μm，短径为（7.225±1.158）μm；活动缓慢组红细胞长径（11.938±0.969）μm，

短径为（7.394±0.864）μm；鱼体表面出现白斑（病鱼）实验鱼组红细胞长径为（12.860±1.080）μm，短径为（8.635±0.864）μm。方差分析表明，各实验组之间长、短径均无显著差异（$F_{长}=0.853$, $P>0.05$；$F_{短}=3.081$, $P>0.05$）。

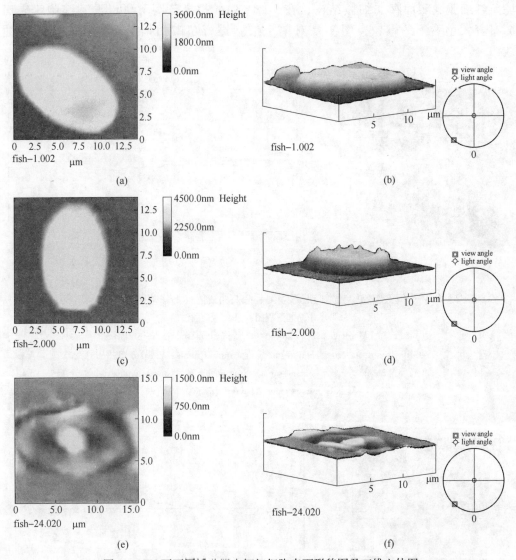

图1 AFM下不同活动能力鲤红细胞表面形貌图及二维立体图
(a) 游动缓慢鱼红细胞表面图；(b) 游动缓慢鱼红细胞立体图；(c) 游动正常鱼红细胞表面图；
(d) 游动正常鱼红细胞立体图；(e) 疾病鱼红细胞表面图；(f) 病鱼红细胞立体图
扫描范围：(a)、(b)、(c)、(d) (14μm×14μm)；(e)、(f) (15μm×15μm)

Fig. 1 AFM images and three-dimensional map of different vigor fish erythrocyte
(a) AFM images of erythrocyte of swimming slowly fish;
(b) Three-dimensional map of erythrocyte of swimming slowly fish;
(c) AFM images of erythrocyte of swimming actively fish;
(d) Three-dimensional map of erythrocyte of swimming actively fish;
(e) AFM images of erythrocyte of the ill fish. (f) Three-dimensional map of erythrocyte of the ill fish
Scanning range: (a), (b), (c), (d) (14μm×14μm); (e), (f) (15μm×15μm)

图 2 为活动能力正常实验鱼红细胞膜表面单个凸起的超微形貌图（扫描范围为 2.8μm×2.8μm）和截面曲线图，对该凸起进行测量，直径在 500nm 左右，高度为 300nm 左右；当原子力显微镜扫描范围缩小时，可观察到低温下活动缓慢实验鱼红细胞膜表面存在细微结构，在 3μm×3μm 扫描范围下可以看到细胞膜表面分布着大小不等的颗粒，图 3 是对单个细胞进行超微扫描的形貌图及横截面曲线图。

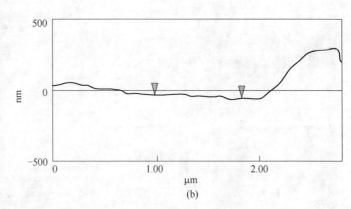

图 2　AFM 下鲤红细胞膜异常凸起形貌图和截面曲线图（扫描范围：2.8μm×2.8μm）
（a）单个凸起形貌图；（b）截面曲线图
Fig. 2　AFM images of membrane surface ultrastructure of abnormal
erythrocyte and its cross section curve（Scanning range：2.8μm×2.8μm）
（a）is AFM images of membrane surface ultrastructure of abnormal erythrocyte；
（b）is the cross section of figure（a）shown by line

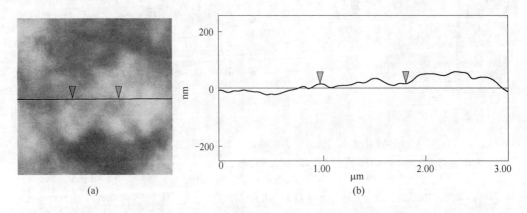

图 3　AFM 下鲤红细胞膜表面颗粒状物质超微结构形貌图及横截面曲线图（扫描范围：3μm×3μm）
（a）红细胞膜表面超微形貌图；（b）横截面曲线图
Fig. 3　AFM images of membrane surface ultrastructure of a erythrocyte and its cross section curve
（Scanning range：3μm×3μm）
（a）is AFM images of membrane surface ultrastructure of a erythrocyte；
（b）is the cross section of figure（a）shown by line

2.3 PCR 扩增产物聚丙烯酰胺凝胶检测

在利用低温下特异表达的基因引物 CC005 和 CC062 对低温下活动能力不同的实验鱼进行基因型分析发现，2 个引物扩增结果中均存在 3 种基因型，2 种纯合型和 1 种杂合型，CC005 引物扩增出 3 种基因型，分别定义为 AA、AB、BB 型；CC062 基因扩增的 3 种基因型，将其定义为 MM、MN、NN 型（图4、图5）。所观测的 27 尾实验鱼中个体 2、6、10、11、12、13 号在低温下活动能力正常，红细胞表面具有棘状凸起结构；21、24 号个体为病鱼个体，本部分实验中未对其进行分析，其余 19 个个体在低温下游动缓慢，其红细胞膜表面结构相对于凸起结构来说视为正常。以下均将其简称为凸起组和正常组。

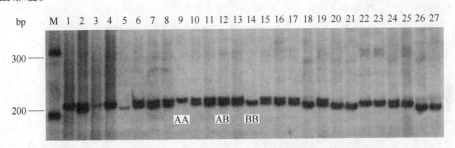

图 4　引物 CC005 扩增鲤 F_2 个体基因组 DNA 得到的聚丙烯酰胺凝胶电泳图谱

M：DNA Marker Ⅰ；2、6、10、11、12、13 号鱼红细胞表面具有棘状凸起结构；除 21、24 号外，其余 19 尾鱼细胞膜表面结构正常；AA、AB、BB 分别为引物 CC005 扩增出的 3 种基因型

Fig. 4　PAGE of carp F_2 genomic DNA amplified by primer CC005

M：DNA Marker Ⅰ；Except 21 and 24, the membrane surface of 2、6、10、11、12 and 13 had spine-uplifts on the edge; the others are normal. AA、AB and BB are 3 genotypes amplified by primer CC005

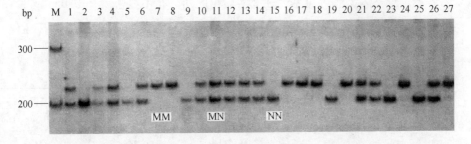

图 5　引物 CC062 扩增鲤 F_2 个体基因组 DNA 得到的聚丙烯酰胺凝胶电泳图谱

M：DNA Marker Ⅰ；2、6、10、11、12、13 号鱼红细胞表面具有棘状凸起结构；除 21、24 号外，其余 19 尾鱼细胞膜表面结构正常；MM、MN、NN 为引物 CC062 扩增出的 3 种基因型

Fig. 5　PAGE of carp F_2 DNA amplified by primer CC062

M：DNA Marker Ⅰ；Except 21 and 24, the membrane surface of 2、6、10、11、12 and 13 had spine-uplifts on the edge; the others are normal. MM、MN and NN are 3 genotypes amplified by primer CC062

2.4 CC005基因频率和基因型频率分析

由表2可见，红细胞膜表面正常组存在3种基因型AA、AB和BB，且3种基因型分布均匀，凸起组却仅存在1种杂合基因型AB。对2组基因型进行显著性检验，该位点基因型在红细胞膜表面结构正常组与凸起组之间分布差异显著（$X^2 = 8.553$，$P<0.05$），等位基因频率分布差异不显著（$P>0.05$）。

表2　红细胞膜表面正常组与凸起组的CC005位点的基因型频率和等位基因频率分布

Table 2　Genotype and allele frequencies of CC005 between normal erythrocyte surface and abnormal groups

组别 Group	数量（总数） Number（Total）	基因型（个体数） Genotype（Nos.）	基因型频率 Genotype frequency	等位基因（频率） Allele（frequency）
Ⅰ	19（25）	AA（7） AB（6） BB（6）	0.3684 0.3158 0.3158	A（0.5263） B（0.4737）
Ⅱ	6（25）	AA（0） AB（6） BB（0）	0.000 1.000 0.000	A（0.500） B（0.500）

注：Ⅰ组—膜表面正常；Ⅱ组—膜表面凸起。

Note: Group Ⅰ—Normal in erythrocyte surface; Group Ⅱ—Abnormal in erythrocyte surface.

2.5 CC062基因频率和基因型频率分析

红细胞膜表面结构正常组在CC062位点扩增出3种基因型MM、MN和NN；红细胞膜表面结构凸起组扩增出2种基因型，杂合子基因型的比率占83.3%（表3），卡方检验表明，该位点基因型和等位基因在2实验组之间分布不显著（$P>0.05$）。

表3　红细胞膜表面正常组与凸起组的CC062位点的基因型频率和等位基因频率分布

Table 3　Genotype and allele frequencies of CC062 between normal erythrocyte surface and abnormal groups

组别 Group	数量（总数） Number（Total）	基因型（个体数） Genotype（Nos.）	基因型频率 Genotype frequency	等位基因（频率） Allele（frequency）
Ⅰ	19（25）	MM（7） MN（6） NN（6）	0.3684 0.3158 0.3158	A（0.5263） B（0.4737）
Ⅱ	6（25）	MM（0） MN（5） NN（1）	0.0000 0.8333 0.1667	A（0.417） B（0.583）

注：Ⅰ组—膜表面正常；Ⅱ组—膜表面凸起。

Note: Group Ⅰ—Normal in erythrocyte surface; Group Ⅱ—Abnormal in erythrocyte surface.

2.6 基因型组合与红细胞膜结构的关联分析

将19尾红细胞膜结构表现正常与6尾膜结构表现凸起的实验鱼在CC005和CC062两个位点上所能扩增出的基因型进行组合,组合基因型分别为AA+MM、AB+MM、BB+MM、AA+MN、AB+MN、BB+MN、AA+NN、AB+NN、BB+NN。由表4可以看出,有凸起结构的实验组基因型组合主要以AB+MN为主,而且这种基因型组合在红细胞膜结构正常组中不存在。卡方检验发现,2个实验组基因型分布频率差异极显著(χ^2 = 21.345,$P<0.01$)。

表4 红细胞膜表面正常组与凸起组的CC005和CC062位点组合基因型分布
Table 4 Combination genotype frequencies of CC005 and CC062 between erythrocyte surface normal and abnormal groups

组合基因型 Combination genotype		正常 Normal		凸起 Abnormal	
CC005	CC062	n	%	n	%
AA	MM	0	0	0	0
AB	MM	4	21.1	0	0
BB	MM	3	15.8	0	0
AA	MN	4	21.1	0	0
AB	MN	0	0	5	83.3
BB	MN	2	10.5	0	0
AA	NN	3	15.8	0	0
AB	NN	2	10.5	1	16.7
BB	NN	1	5.3	0	0
Total		19		6	

3 讨论

3.1 原子力显微镜在鱼类耐寒性研究中的应用

对AFM在生物学上的应用已有很多的报道。人们利用AFM已对DNA分子[8,9]、RNA分子[10]、蛋白质分子[11]、多糖分子[12]等的表面形态结构及生物力学特性[13]、蛋白质-酶反应过程[14]、细胞表面抗原-抗体反应过程[15]的动力学特征、生物材料的微力学特性、生物大分子间的定量作用力等方面进行了大量的研究和总结。近年来AFM在结构生物学、分子生物学等学科领域的最新研究成果,特别是用AFM对生物分子成像、AFM在定量研究生物分子间的相互作用力方面的研究成果已有较详尽的论述[16~18]。

本研究应用原子力显微镜观察低温条件下不同活力鲤血液红细胞膜表面结构,14μm×14μm扫描范围下红细胞多数呈椭圆形,长径(12.057±1.293)μm,短径(7.412±1.107)μm,与葛慕湘等[19]对几种鱼类学细胞形态进行观测所得结果[鲤红细胞长径（11.98±0.34）μm，短径（7.76±0.48）μm]相比，低温下鲤红细胞长径变化较大，短径无太大变化。本研究中结果与杨严鸥等[20]所得结果亦相吻合，分析这一结果的产生可能是由于温度的变化导致细胞膜的某些组分发生改变以维持细胞膜的相对流动性，从而使细胞发挥正常的生理功能。同时对不同活力实验鱼的红细胞大小进行比较，活力正常的红细胞长径为（11.990±1.457）μm，短径为（7.225±1.158）μm；活动缓慢组红细胞长径为（11.938±0.969）μm，短径为（7.394±0.864）μm；病鱼组红细胞长径为（12.860±1.080）μm，短径为（8.635±0.864）μm。方差分析表明，各实验组之间长、短径无显著差异（$F_{长}$=0.853，$P>0.05$；$F_{短}$=3.081，$P>0.05$），说明同种鱼类的红细胞的长、短径与低温适应性无必然联系。

在3μm×3μm成像范围时，AFM下可观测到细胞膜表面存在颗粒聚集，推断这些颗粒应是红细胞膜蛋白分子暴露于膜表面的部分，这些膜蛋白颗粒可能作为受体、载体、离子通道、抗原和特异性酶在低温条件下发挥不同的生理作用。这一现象对深入研究鱼类红细胞膜上的活性物质与温度的相关性奠定了基础。同时，在对红细胞膜进行扫描时，扫描范围14μm×14μm和2.8μm×2.8μm下均可观测到活动能力不同的实验鱼红细胞膜表面结构存在差异。与活动缓慢实验鱼相比，活力正常实验鱼的红细胞膜表面凸起更为明显，这一凸起的产生，一方面可能是细胞膜表面某些膜蛋白发生聚集，以增大细胞膜表面积，从而增加细胞膜的通透性[9]；另一方面可能细胞结构发生遗传变异，新的基因在细胞膜上表达，产生了新的膜蛋白，以适应环境温度的降低[10]；也可能是某种膜蛋白分子结构发生了变化，从而影响膜质的流动性[11]，以维持细胞的正常生理功能。本实验过程中严格控制了所用试剂的pH值，以避免红细胞发生变形对实验结果的影响。本实验是对低温下活动能力不同的鲤红细胞膜结构的一个初步探索，今后还将利用低温下差异表达的基因对低温下不同活力实验鱼的基因组DNA进行分析，筛选与低温相关的主效基因，同时通过细胞膜的原位杂交、基因的克隆等方法对鲤的低温适应性状做深入研究，以期确定红细胞膜表面出现凸起现象与鲤的耐低温性状是否存在某种必然的联系。

3.2 CC005和CC062扩增结果及与膜结构的关联性分析

在对实验鱼基因组DNA进行PCR检测中，尽管本研究已经在设计引物时采用尽量严格的条件来选择引物，并通过精细的调整退火温度来优化PCR反应的条件，但是仍出现个体扩增产物大小与预期片段不一致现象。这种情况出现的原因可能是由于在基因组DNA中经常存在内含子序列，所选取的CC005和CC062这2个基因序列是从EST中发掘出来的，如果CC005和CC062的引物位点跨越了数目不定的内含子序列，而引物的位置恰好位于内含子的两侧，就会造成扩增片段长度的明显增加。

在高等真核生物中，内含子通常是有序或组成性地从mRNA前体中被剪接，然而，也存在内含子的变位剪接，即在个体发育或细胞分化时可以有选择性地越过某些外显子或某个剪接点进行变位剪接，产生出组织或发育阶段特异性mRNA。已有研究发现果蝇中存在与性别分化相关基因的特异性剪接，雌果蝇*sxl*基因前体mRNA中的第3个外显子直接被切除，形成功能型SXL蛋白（外显子2和4相连）。由于这个蛋白的存在，使雌果蝇*tra*基因第2个外显子的切割位点发生变化，产生功能型TRA蛋白。最后，在功能型蛋白 TRA 和一组 SR 蛋白的作用下，特异性剪接 dsx 基因的前体 mRNA，产生雄性和雌性特征性 DSX 蛋白，参与性别分化中的一系列生理生化反应。另外，许多人类疾病是内含子剪接异常引起的，如地中海贫血病人的珠蛋白基因中，大约有 1/4 的核苷酸突变发生在内含子的 5′或 3′边界保守序列上，或者虽然位于内含子中间但干扰了前体 mRNA 的正常剪接[12]。在本研究中，2 个引物均扩增出片段大小不等的 2 条带，可能原因是内含子剪接过程中发生异常所导致，真核基因平均含有 8 个内含子，前体分子一般比成熟 mRNA 大 4~10 倍，如果该基因的前体 mRNA 在剪接过程中发生特异性，其中的某个外显子被剪接，而使间隔的另外 2 个外显子相连，从而导致某种特定蛋白的表达，或是这 2 个基因是由 2 个或 2 个以上外显子所构成，EST 序列中不存在该内含子序列，而基因组 DNA 中却存在多个内含子，从而导致扩增结果具多态性。

CC005 基因引物在低温条件下凸起和正常细胞膜表面结构有差异的实验鱼基因组 DNA PCR 分析中基因型分布存在显著差异（$\chi^2 = 8.553$，$P<0.05$），膜结构表现出凸起组的基因型只有 AB，而正常组中存在 3 种基因型；CC062 基因引物在凸起组中的基因型也以杂合基因型为主，但是卡方检验表明 2 个细胞膜表面结构有差异的实验组中 CC062 的基因型分布不显著（$P>0.05$）；而 CC005 和 CC062 的基因型组合在 2 个实验组中分布存在极显著差异（$\chi^2 = 21.345$，$P<0.01$）即：用这 2 个引物对基因组扩增时都出现杂合型基因型，实验鱼在低温下的活力正常，其红细胞膜有棘状凸起结构。因此，推测 CC005 和 CC062 基因多态性间对低温下游动正常鲤红细胞膜表面出现超微凸起结构的形成有协同效应，从而使个体间在低温下能够表现出不同活力。本课题组的研究现已表明，CC062 基因在黑龙江野鲤中的表达量高于海南野鲤、俄罗斯高背鲤和建鲤（文章待发）。本研究的结果分析有助于对这 2 个未知新基因做进一步的克隆和功能鉴定。杂合基因型协同作用对鲤红细胞膜的结构和及其鱼体对低温的适应性育种研究具有一定的意义。这 2 个基因能在鲤低温适应性分子标记辅助选择育种中应用还需要进一步验证。

参 考 文 献

[1] Hazel J R. Effects of temperature on the structure and metabolism of cell membranes in fish [J]. Am J Physiol, 1984, 246: 60-70.

[2] Dey I, Buda C, Wiik T, et al. Molecular and structural composition of phospholipids membranes in livers of marine and freshwater fish in relation to temperature [J]. Proc Natl Acad Sci USA, 1993, 90 (16): 7498-7502.

[3] Devries A L, Chen L, Cheng C H C. Convergent evolution of antifreeze glycoproteins in Antarctic notothenioid fish and Arctic cod [J]. Proc Natl Acad Sci USA. 1997, 94: 3817-3822.

[4] 常玉梅, 孙效文, 梁利群. 鲤鱼耐寒性状研究 [J]. 上海水产大学学报, 2003, 12 (2): 102-105.

[5] 梁利群, 李绍戊, 常玉梅, 等. 抑制消减杂交技术在鲤鱼耐寒研究中的应用 [J]. 中国水产科学, 2006, 13 (2): 193-199.

[6] Trueman R J, Tiku P E, Caddick M X, et al. Thermal thresholds of lipid restructuring and Δ9-desaturase expression in the liver of carp (*Cyprinus carpio* L.) [J]. J Exper Biol, 2000, 203: 641-650.

[7] 常玉梅, 匡友谊, 曹鼎臣, 等. 低温胁迫对鲤血液学和血清生化指标的影响 [J]. 水产学报,

2006, 30 (5): 701-706.

[8] Pope L H, Davies M C, Laughton C A, et al. Force-induced melting of a short DNA double helix [J]. Eur Biophys, 2001, 30 (1): 53-62.

[9] Martinkina L P, Klinov D V, Kolesnikov A A, et al. Atomic force and electron microscopy of high molecular weight circular DNA complexes with synthetic oligopeptide trivaline [J]. Biomol Struct Dyn, 2000, 17 (4): 687-695.

[10] Medalia O, Heim M, Guckenberger R, et al. Gold-tagged RNA-A probe for macromolecular assemblies [J]. Struct Biol, 1999, 127 (2): 113-119.

[11] Walkinshaw M D, Taylor P, Sturrock S S, et al. Structure of ocr from bacteriophage T7, a protein that mimics B-form DNA [J]. Mol Cell, 2002, 9 (1): 187-194.

[12] Baker A A, Miles M J, Helbert W. Internal structure of the starch granule revealed by AFM [J]. Carbohyd Res, 2001, 330 (2): 249-256.

[13] AI-Assaf S, Phillips G O, Gunning A P, et al. Molecular interaction studies of the hyaluronan derivative, hylan A using atomic force microscopy [J]. Carbohyd Polym, 2002, 47 (4): 341-345.

[14] Ellis D J, Dryden D T F, Berge T, et al. Direct observation of DNA translocation and cleavage by the EcoK1 endonuclease using atomic force microscopy [J]. Nat Struct Biol, 1999, 6 (1): 15-17.

[15] Willemsen O H, Snel M M E, Van Der Werf K O, et al. Simultaneous height and adhesion imaging of antibody-antigen interactions by atomic force microscopy [J]. Biophys J, 1998, 75 (5): 2220-2228.

[16] Daniel M C, Iwamoto H, Shao Z F. Atomic force microscopy in structural biology: from the subcellular to the submolecular [J]. Electron Microsc, 2000, 49 (3): 395-406.

[17] Willemsen O H, Snel M M E, Cambi A, et al. Biomolecular interactions measured by atomic force microscopy [J]. Biophys J, 2000, 79 (6): 3267-3281.

[18] Alatanova J, Lindasay S M, Leuba S H. Single molecule force spectroscopy in biology using the atomic force microscope [J]. Prog Biophys Mol Biol, 2000, 74 (1-2): 37-61.

[19] 葛慕湘, 靳晓敏, 王华彬, 等. 几种鱼类血细胞的形态观察 [J]. 水利渔业, 2006, 26 (2): 19-21.

[20] 杨严鸥, 姚峰, 吴继鹏, 等. 温度对黄颡鱼血细胞数量及血清生化成分的影响 [J]. 长江大学学报, 2005, 2 (11): 58-62.

[21] 人民教育出版社生物室. 生物教育教学用书 [M]. 北京: 人民教育出版社, 2002: 20-25.

[22] 关维, 纪小龙, 范丽娜. 原子力显微镜对正常细胞、肿瘤细胞细胞膜表面形态结构的观察 [J]. 中国实验诊断学, 2006, 10 (9): 951-954.

[23] 施岩, 杨建中, 周子亮. 红细胞膜蛋白结构变化对膜脂流动性的影响 [J]. 承德医学院学报, 2002, 19 (2): 94-95.

[24] 朱玉贤, 李毅. 现代分子生物学 (第2版) [M]. 北京: 高等教育出版社, 2002: 91-92.

Mg：Mn：Fe：LiNbO$_3$ 晶体的全息存储性能*

摘 要 在同成分铌酸锂晶体中掺入（质量分数）0.03%Fe$_2$O$_3$ 和 0.1%MnO$_2$，分别掺入（摩尔分数）0，1%，3%，4.5%，6%的 MgO，用提拉法生长了一系列 Mg：Mn：Fe：LiNbO$_3$ 晶体。检测了 Mg：Mn：Fe：LiNbO$_3$ 晶体的红外光谱和抗光损伤能力。掺 0，1%，3%，4.5%Mg 的 Mg：Mn：Fe：LiNbO$_3$ 晶体的 OH$^-$ 红外振动峰位于 3484cm^{-1}，而掺 6%Mg 的 Mg：Mn：Fe：LiNbO$_3$ 晶体红外振动峰移到 3535cm^{-1}。采用波长为 632nm 的 He-Ne 激光器作为光源，通过二波耦合方法测试晶体的全息存储性能。结果表明：Mg：Mn：Fe：LiNbO$_3$ 晶体的写入时间和动态范围随掺镁量的增加而显著减小，而光折变灵敏度略有上升，抗光损伤性能增强，其中掺镁量为 3%Mg：Mn：Fe：LiNbO$_3$ 晶体更适合作为全息存储介质。

关键词 镁锰铁掺杂铌酸锂晶体 提拉法 红外光谱 全息存储

Holographic Storage Properties of Mg：Mn：Fe：LiNbO$_3$ Crystals

Abstract A series of lithium niobate (Mg：Mn：Fe：LiNbO$_3$) crystal doped with 0.03%Fe$_2$O$_3$ and 0.1%MnO$_2$ (in mass) and with different the MgO contents of 0, 1%, 3%, 4.5% and 6% in mole were grown by the Czochralski method from congruent melting. Their infrared spectrum and photodamage resistance ability were measured. The results show that the OH$^-$ absorption peak of the Mg (0, 1%, 3%, 4.5%)：Mn：Fe：LiNbO$_3$ crystals is at 3484cm^{-1}, while that of 6%Mg doped Mg：Mn：Fe：LiNbO$_3$ shifts to 3535cm^{-1}. Holographic storage properties of crystals were measured with He-Ne laser at the wavelength of 632nm by two wave coupling method. The results show that the response time and dynamic range of crystals decrease, but photorefractive sensitivity and photodamage resistance ability improve with the increase of Mg doping concentration in crystals. Mg：Mn：Fe：LiNbO$_3$ crystal with the optimal doping concentration of 3%Mg is suitable for holographic storage medium.

Key words magnesium, manganese and iron doped lithium niobate crystal, Czochralski method, infrared spectrum, holographic storage

Lithium niobate (LiNbO$_3$) crystal is one of extensively investigated electro-optical materials due to its many important applications, e.g., data holographic storage, optical image processing, optical amplification, optical switching and phase conjugation[1]. Since the discovery of photorefractive effect in this material[2], a number of reports on LiNbO$_3$ have appeared regarding data holographic storage. However, there are many deficiencies in practical

---

* 本文合作者：郑威、桂强、徐玉恒。原文发表于《硅酸盐学报》，2007，35（8）：1013-1016。

use, of which the one key is the volatility of the stored information due to photorefractive effect during readout. To solve the problem, two-color or photon-gated fixing holography[3,4] was employed in LiNbO₃ crystal co-doped with two photorefractive sensitive elements, such as Mn:Fe:LiNbO₃[5], Mn:Ce:LiNbO₃[6] and Ce:Co:LiNbO₃[7]. These crystals exhibit long response time and low photodamage resistance ability when they are used in multiple holographic storage processing. In this work, a series of Mg:Mn:Fe:LiNbO₃ crystal were grown by the Czochralski method. Transition elements Fe and Mn were chosen as the additives in LiNbO₃ crystal to increase photorefractive effect and adding element Mg increases the resistance photodamage and obtain fast response. Photodamage resistance ability and holographic storage properties of crystals are determined. The effect of doping ions, especially Mg ions on the holographic storage properties of Mg:Mn:Fe:LiNbO₃ crystal have been studied systematically.

1 Experimental Procedure

1.1 Crystal growth and sample preparation

The starting materials used in the test include Nb_2O_5, Li_2CO_3, MnO_2, MgO and Fe_2O_3 with a purity of 99.99%. Mg:Mn:Fe:LiNbO₃ crystals were grown from congruent melt (molar ratio of Li to Nb is 48.6/51.4) doped with 0.1%MnO_2 and 0.03%Fe_2O_3 (in mass) and a certain amount of MgO (0, 1%, 3%, 4.5%, 6%, molar fraction, marked as samples S1, S2, S3, S4, S5) by the Czochralski method at the optimized conditions, Which include a pulling speed of 0.5~1mm/h and seed rotating rate of 15~25r/min and axial temperature gradient is 30~40℃/cm. The size of as-grown crystals is about ϕ30mm×40mm, showing high optical homogeneity. The as-grown crystals were placed in a furnace for polarizing at electric current intensity 5mA/cm² for 30min at 1250℃ and then annealed for 8h to room temperature. The crystals were cut to sheets with size of 9mm×2mm×8mm ($a×b×c$). The (010) face of all crystals are polished to obtain the surface with the optical quality for characterization.

1.2 Measurement of infrared spectrum

The infrared vibration spectra of Mn:Fe:LiNbO₃ crystals were determined with Spectrum I type infrared spectrometer produced by American PE Corporation in the wave number range of 3000~4000cm^{-1} at room temperature.

1.3 Measurement of photodamage resistance ability

The photodamage resistance, *i.e.*, photodamage threshold is measured by the light spot deformation method, the test setup shown in Fig. 1. An Ar$^+$ laser with wavelength of 488.0nm was employed as light source. After passing the diaphragm and convex lens, the laser beam was focused on crystal placed on focal point of lens. The transmitted light spot projected on the screen was deformed in c-direction of crystals when the photodamage in crystal occurs. The variation of light spot shape is observed by adjusting the output power of Ar$^+$ laser.

The photodamage threshold, K, is defined as the beam density on the crystal when transmittance light spot on observation screen begins to deform, which is expressed as:

$$K = \frac{W}{S} = \frac{4W}{\pi D^2} \quad (1)$$

where W is the intensity of beam through the light attenuator, S is the area of light spot irradiation on the crystal and D is diameter of the spot. When the crystal is placed on the focal plane of the lens, the beam diameter is calculated from the following equation:

$$D = 1.22 \times 2 \times \frac{f\lambda}{d} \quad (2)$$

where f is focal length; λ is laser wave length and d is beam diameter before going through the lens.

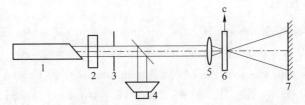

Fig. 1 Set-up for measurement of photodamage threshold
1—Ar$^+$ laser; 2—Adjustable light attenuator; 3—Diaphragm;
4—Detector; 5—Convex lens; 6—Crystal sample;
7—Observation screen

1.4 Measurement of holographic storage property

The holographic storage properties at a wavelength of 632.8nm were determined by the two-wave coupling method, the test setup is shown in Fig. 2. The intensity of reference light I_{10} and signal light I_{20} are equal to of 150mW/cm^2, with crossing angle 2θ of 32°. The grating vector was set along the crystal c-axis to utilize the largest electro-optic coefficient r_{33}. In the formation process of grating, diffracted beam I_{2d} was detected when I_{20} was covered in 5s interval. The diffraction efficiency η is defined as:

$$\eta = \frac{I_{2d}}{I_1} \times 100\% \quad (3)$$

where I_1 is transmitting intensity of signal light I_{10} before the photorefractive grating forming in crystal. The writing time τ_w is the time when diffraction efficiency is up to maximum η_s.

During erasure process of index grating signal beam was shut up, while maintaining reference light irradiating on the crystal and detecting diffracted beam I_{2d} simultaneously. The erasing time, t_e, is available by fitting data with computer according to the following equation:

$$\eta = \eta_s (e^{-t/t_e}) \quad (4)$$

where t represents time.

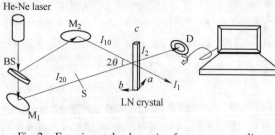

Fig. 2 Experimental schematic of two wave coupling

M_1 and M_2—Mirrors; BS—Beam splitter; D—Detector; S—Shutter;

I_1 and I_2—Transmitting beam of the reference and signal

2 Results and Discussion

2.1 Infrared spectrum

During crystal growing process H^+ ions from moisture in air access crystal to form O—H bond by attracting. It is a probe to research crystal defect structure since that OH^- absorption peak position varies with the increase of Mg doping amount. Fig. 3 shows infrared spectra of Mg : Mn : Fe : $LiNbO_3$ crystals. The O—H absorption peak of samples S1, S2, S3 and S4 is at $3484 cm^{-1}$, while that of sample S5 shifts to $3535 cm^{-1}$. Based on Li vacancy model theory, there are Li vacancy $(V_{Li})^-$ defects in Mn : Fe : $LiNbO_3$ that attract H^+ to form $(V_{Li})^-$—OH groups vibrating at $3482 cm^{-1}$. Mg ions doped into Mn : Fe : $LiNbO_3$ locate at Li sites firstly instead of at $(Nb_{Li})^{4+}$ (Nb at Li site) and exist as $(Mg_{Li})^+$ defects. When the Mg doping amount increases to a threshold, it will enter normal Nb site forming $(Mg_{Nb})^{3-}$ defects, which attract H^+ to form $(Mg_{Nb})^{3-}$—OH groups vibrating at higher energy $3535 cm^{-1}$ due to strong inducing effect. The doping concentration of MgO in sample S5 (6%) is up to threshold.

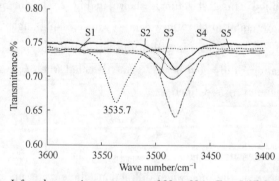

Fig. 3 Infrared transmittance spectra of Mg : Mn : Fe : $LiNbO_3$ crystals

2.2 Holographic storage properties

As a holographic storage medium, two of the most important system parameters are photorefractive sensitivity S and dynamic range $M^\#$, which describes the ability to establish photorefractive grating utilizing unit power and to record hologram in unit volume in crystal, respectively. From single-hologram recording and erasing curve, S and $M^{\#}$ can be calculated using the following equations:

$$S \approx (\sqrt{\eta_s}/\tau_w)/IL \tag{5}$$

$$M^{\#} \approx (\sqrt{\eta_s}/\tau_w) t_e \tag{6}$$

where I is total light intensity; L is the crystal thickness.

Holographic storage properties and photodamage threshold of Mg : Mn : Fe : LiNbO$_3$ crystals are listed in Table 1. The higher Mg doping level is, the less the saturation diffraction efficiency is and the smaller the writing or erasing time is. Anti-site Nb, $(Nb_{Li})^{4+}$, that forms photorefractive center $(Nb_{Li})^{4+}/Nb^{5+}$ also contributes to photorefractive effect besides the main Fe^{2+}/Fe^{3+} and Mn^{2+}/Mn^{3+} molar ratios in Mn : Fe : LiNbO$_3$. Before Mg is doped to the threshold, it replaces $(Nb_{Li})^{4+}$, which leads to the improvement of photoconductivity, so that the writing time and diffraction efficiency decrease slightly and photodamage threshold increases. When Mg doped is reached to the threshold, it replace $(Fe_{Li})^{2+}$ and drive Fe ions from Li to Nb site to form $(Fe_{Nb})^{2-}$ defects whose ability is weaker than $(Fe_{Li})^{2+}$ and the writing time and diffraction efficiency decrease considerably compared with the above process. According to equation (5), photorefractive sensitivity is proportional to $\sqrt{\eta_s}$ and inversely to τ_w. Photorefractive sensitivity of Mg : Mn : Fe : LiNbO$_3$ crystal does not vary greatly with the increase of Mg doping amount which results from the increase of photoconductivity. In another word, photoconductivity has not great effect on photorefractive sensitivity. Dynamic range of Mg : Mn : Fe : LiNbO$_3$ decreases with the increase of Mg doping amount, which is attributed to the decrease of η_s. Sample S3 is the most excellent suited for holographic storage among this crystal series due to having sensitivity 0.19mm/J and considerable photodamage threshold intensity 2.3×10^3 W/J at the low cost of dynamic range 1.41.

Table 1　Holographic storage properties of Mg : Mn : Fe : LiNbO$_3$ crystals

Crystal	$\eta/\%$	τ_w/s	t_e/s	$S/mm \cdot J^{-1}$	$M^{\#}$	$K/W \cdot J^{-1}$
S1	77	1755	3542	0.11	1.77	7.6×10
S2	48	1130	2314	0.14	1.41	6.0×10^2
S3	54	875	1689	0.19	1.41	2.3×10^3
S4	36	440	788	0.25	1.07	8.9×10^3
S5	25	245	322	0.47	0.65	4.1×10^4

3　Conclusions

Mn : Fe : LiNbO$_3$ can be utilized in non-volatile holographic storage, but its response speed is slow and photodamage resistance ability is low. When was doped Mg element into Mn : Fe : LiNbO$_3$ can be grow Mg : Mn : Fe : LiNbO$_3$ crystal. With the increase of Mg doping level, the response speed of the crystal is faster and photodamage resistance ability increases. The Mg doping amount of sample S5 of 6% is up to the threshold value of 6% according to infrared spectrum analysis of Mg : Mn : Fe : LiNbO$_3$ crystals. According to photorefractive sensitivity, dynamic range and photodamage threshold intensity which are comprehensive merits of holographic storage, 3%Mg : Mn : Fe : LiNbO$_3$ is the most excellent holographic storage medium.

References

[1] GUNTER P, HUIGNARD J P. Photorefractive Materials and Their Applications I [M]. Berlin: Springer-Verlag, 1998: 46-47.

[2] COUFAL H, PSALTIS D, SINCERBOX G. Holographic Data Storage [M]. Berlin: Springer-Verlag, 2000: 27-28.

[3] GUENTHER H, WIFFMANN G, MACFARLANE R M. Intensity dependence and white-light gating of two-color photorefractive gratings in LiNbO$_3$ [J]. Opt Lett, 1997, 22 (17): 1305-1307.

[4] BUSE K, ADIBI A, PSALTIS D. Non-volatile holographic storage in doubly doped lithium niobate crystals [J]. Nature, 1998, 393: 665-669.

[5] LIU Youwen, LIU Liren, ZHOU Changhe, et al. Experimental study on self-diffraction effect during holographic storage in (Fe, Mn) LiNbO$_3$ crystals [J]. Acta Photonica Sin (in Chinese), 1999, 19 (10): 1437-1438.

[6] LEE M, TAKEKAWA S, FURUKAWA Y, et al. Volume holographic storage in near-stoichiometric LiNbO$_3$: Ce, Mn [J]. Phys Rev Lett, 2000, 84 (5): 875-878.

[7] ZHENG Wei, LIU Caixia, XU Yuheng. The study on the photorefractive properties of Ce : Co : LiNbO$_3$ crystals [J]. Acta Photonica Sin (in Chinese), 2003, 32 (12): 1492-1494.

双酚 A 环氧树脂/脂环族环氧树脂的共混改性研究[*]

摘 要 通过脂环族环氧树脂改性双酚 A 坏氧制得共混改性体系，采用 TGA、DMA 和 SEM 等手段对改性体系的力学性能、热性能和电气性能进行分析。结果表明：加入适当脂环族环氧树脂可以改善体系的弯曲性能、冲击性能、耐热性能、耐电弧和耐电痕化性能。当脂环族环氧树脂添加量为 10 份时，体系的力学性能最佳，弯曲强度提高了 10%，拉伸强度提高了 6.67%，冲击强度提高了 4.35%。

关键词 双酚 A 环氧树脂 脂环族环氧树脂 力学性能 电气性能 热性能

Study on Blend Modification of Bisphenol-A/Alicyclic Epoxy Resin

Abstract A blend modification system was prepared through using alicyclic epoxy resin to modify bisphenol A epoxy resin, and its mechanical properties, thermal properties, and electrical properties were analyzed by TGA, DMA, and SEM. The results indicate that the addition of alicyclic epoxy resin could improve the flexural strength, impact strength, heat resistance, arc resistance, and tracking resistance of the system. When the addition amount of alicyclic epoxy resin is 10 phr, the system has the best mechanical properties. The flexural strength increases by 10%, the tensile strength increases by 6.67%, and the impact strength increases by 4.35%.

Key words bisphenol A epoxy resin, alicyclic epoxy resin, mechanical properties, electrical properties, thermal properties

1 引言

双酚 A 型环氧树脂是由双酚 A 与环氧氯丙烷在氢氧化钠催化作用下制得，由于原材料来源方便、成本低，所以在环氧树脂中的应用最广，产量最大，约占环氧树脂总产量的 85% 以上。双酚 A 型环氧树脂的工艺性好，固化物具有很高的强度和粘接强度、较高的耐腐蚀性和电性能，主要缺点是耐热性和韧性不高，耐湿热性和耐候性较差[1~6]。

脂环族环氧树脂是含有 2 个或多个脂环族环氧基的化合物，环氧基通常通过氧化法形成。脂环族环氧树脂由于分子结构中的环氧基直接连接在脂环上，因此具有耐候性好、电绝缘性能优异、工艺性能好等优点。其中 S-186 型脂环族环氧树脂是一种分子结构中含有 1 个脂环族环氧基和 2 个缩水酯基的 3 官能团环氧树脂，兼有脂环族环氧

---

[*] 本文合作者：何少波、陈允、崔博源、夏宇、刘焱。原文发表于《绝缘材料》，2016，49（3）：11~15。国家电网公司科技项目（GY71-14-011）。

和缩水酯环氧的双重特性。因存在高反应活性的缩水酯基，故反应活性比一般的脂环族环氧树脂高，环氧值较高，黏度较低（约为 E-51 环氧树脂的 1/10~1/5），与固化剂混溶性好，可采用脂肪族和芳香族胺类、酸酐及咪唑类作为固化剂，固化产物热稳定性好，耐高温、高强度、高刚性、耐候，高温绝缘性好，耐电弧、耐电痕化优异，高温粘接性更为突出。用于配制环氧树脂耐高温结构胶黏剂，150℃下的剪切强度达到 17.5~22MPa，约为双酚 A 型环氧树脂的 6~8 倍，T 形剥离强度提高 50%，200℃时强度保持率为 87%[7~15]。

然而，脂环族环氧树脂的制备工艺复杂，生产成本昂贵，限制了其大规模应用。因此，降低成本是其重要的发展方向，共混改性是降低成本的有效途径。本研究采用廉价的双酚 A 型环氧树脂与脂环族环氧树脂共混，研究脂环族环氧树脂对共混物力学性能、热性能、电气性能的影响规律。其中双酚 A 固体环氧树脂能提高体系的韧性和强度，脂环族环氧树脂能提高体系的耐热性、耐电弧、耐电痕化以及高温黏结性等性能[16~19]。

2 实验

2.1 实验材料

双酚 A 环氧树脂：HE-411 固体环氧树脂，上海雄润树脂有限公司；S-186 脂环族环氧树脂（S 环氧），湖北新景新材料有限公司；固化剂：HH-106 固化剂，上海雄润树脂有限公司。

2.2 试样的制备

将计量好的双酚 A 环氧树脂（HE-411）加热到 130℃，按配比加入脂环族环氧树脂，搅拌均匀，加入计量的 HH-106 固化剂，搅拌 5min，搅拌均匀后，真空脱气 10min，然后将混合料浇注到预热的模具中，放置在烘箱中加热固化，固化条件为 110℃/2h+140℃/5h。

2.3 测试与表征

弯曲强度和拉伸强度采用深圳市瑞格尔仪器有限公司生产的微机控制 R-4050 型电子万能试验机进行测试。弯曲强度按照 GB/T 9341—2000 测定，试样尺寸为 80mm×10mm×4mm，跨距为 64mm。拉伸强度按 GB/T 1040—2006 测定，试样类型为 1A 型试样。冲击强度采用承德普惠检测仪器制造有限公司生产的 XJJ-50 简支梁冲击试验机，按照 GB/T 1043—2008 进行测试，试样类型为 1 型试样。

断面形貌采用日本 Quanta 200 扫描电镜进行分析。选择浇注体的冲击断面进行观察，断面需进行喷金处理。

介电常数 ε 和介质损耗因数 $\tan\delta$ 采用上海精密科学仪器有限公司生产的 QS30 高压电桥，按照 GB/T 1409—2006 进行测试。

动态力学性能（DMA）采用美国 TA 公司生产的 Instrument DMA Q800 进行测试，升温速率为 5℃/min。

热失重分析（TGA）采用德国耐驰公司生产的 TG 209F3 型热重分析仪进行测试，

氮气气氛，样品质量为8~10mg，升温速率为5℃/min，温度范围为50~700℃。

耐电弧性能采用北京冠测仪器有限公司生产的NDH-A型耐电弧测试仪按照GB/T 1411—2002进行测试。

耐电痕化指数（PTI）采用青岛正衡电子衡器有限公司生产的LDQ-1漏电起痕测试仪，按照GB/T 4207—2003进行测试，试样尺寸为15mm×15mm×4mm，污染液采用A溶液。

3 结果与讨论

3.1 脂环族环氧树脂对体系力学性能的影响

S环氧的用量对改性体系弯曲强度的影响如图1所示。从图1可以看出，当S环氧树脂含量低于10份时，树脂体系的弯曲强度随S环氧含量的增大而增大；当含量为10份时，弯曲强度达到最大值153MPa，相比未改性体系的139MPa提高了约10%；当S环氧含量高于10份后，树脂体系的弯曲强度随S环氧含量的增加而降低。这是由于S环氧的官能团较多，在一定范围内随着S环氧含量的增加，体系交联密度增加，能够提升体系的刚性，但是当S环氧含量过多时，体系的脆性明显增加，从而导致弯曲强度下降。

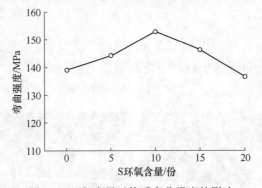

图1 S环氧含量对体系弯曲强度的影响

Fig.1 Influence of S epoxy content on the bending strength of the system

图2为S环氧含量对体系拉伸强度的影响。从图2可以看出，当S环氧含量为10份时，树脂体系的拉伸强度达到最大值80MPa，相比未改性体系的拉伸强度75MPa提高了6.67%。

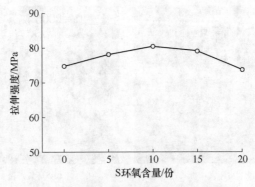

图2 S环氧含量对体系拉伸强度的影响

Fig.2 Influence of S epoxy content on the tensile strength of the system

图 3 为 S 环氧含量对体系冲击强度的影响。从图 3 可以看出，体系的冲击强度随 S 环氧含量的变化趋势与弯曲、拉伸强度相似，都是随着 S 环氧含量的增加先提高后降低。当 S 环氧含量为 10 份时，树脂体系的冲击强度达到最大值 24kJ/m^2，相比未改性体系的冲击强度 23kJ/m^2 提高了 4.35%。

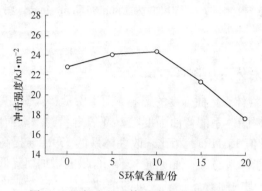

图 3　S 环氧含量对体系冲击强度的影响

Fig. 3　Influence of S epoxy content on the impact strength of the system

3.2　断面形貌分析

通过断面形貌分析可观察裂纹的起源以及应力传播时周围材料的形变状态，从而得出材料的断裂方式等信息。图 4 为改性体系典型的断面 SEM 照片。

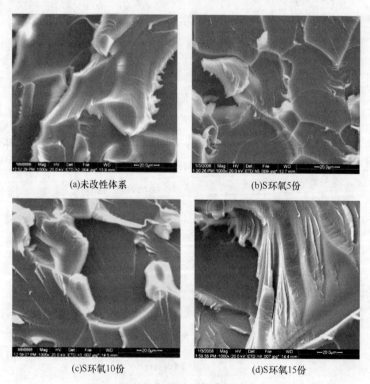

图 4　冲击断面 SEM 照片

Fig. 4　SEM of impact fracture section

从图 4 可以看出，随着 S 环氧含量的增加，材料的断面越来越粗糙，"韧窝"的分布越来越明显，说明 S 环氧可以明显提高改性体系的韧性，这与材料的力学性能测试结果相符。从图 4（b）和图 4（c）可以看出，粗糙的断面由越来越多的裂缝组成，表明体系韧性的增加主要是由于这些裂缝不仅可以引发微裂纹，且可以改变这些裂纹的增长方向，能量耗散途径的增加提高了抗脆性断裂的能力。

3.3 脂环族环氧树脂对体系耐热性的影响

材料的热性能可以通过起始分解温度（IDT）表征，起始分解温度越高，则材料的耐热性能越好，本研究中 IDT 定义为材料失重 5% 时的温度。图 5 为改性环氧体系的 TGA 曲线。由图 5 可知，IDT 随 S 环氧含量的增加而提高。S 环氧含量为 10 份、20 份的改性体系的 IDT 分别为 371℃、382℃，而未改性环氧体系的 IDT 则为 358℃。这种变化的原因主要是由于 S 环氧树脂固化后具有较高的交联密度，其耐热性能高于普通环氧树脂，因此 S 环氧含量较高时改性体系的耐热性能大幅提升。适当的提升体系的交联密度不仅可以提高耐热性，也可以改善材料的力学性能，但是交联密度过大则会导致体系韧性下降，脆性增加。因此，控制 S 环氧的加入量，适当提高交联密度可达到改善耐热性能又不降低固化物韧性的目的。

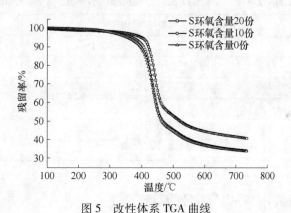

图 5　改性体系 TGA 曲线
Fig. 5　TGA curve of modified system

通过 DMA 法测定改性环氧树脂体系的 T_g，其值为损耗角正切与温度曲线的最高峰所对应的温度。图 6 为改性环氧体系的 DMA 测试曲线。从图 6 可以看出，改性后 T_g 得到明显的提升，S 环氧含量为 10 份、20 份的改性体系的 T_g 分别为 130.4℃ 和 131.9℃，而未改性环氧体系的 T_g 为 126.3℃，由于玻璃化转变过程与分子运动有关，低于玻璃化转变温度时材料的分子运动被冻结，材料的力学、电气等性能均优。高于玻璃化温度时高分子材料的分子链段开始运动，材料的力学性能下降。

表 1 是改性环氧体系在常态和高温 150℃ 下的弯曲强度。由表 1 可以看出，随着 S 环氧树脂含量的增加，固化树脂的力学性能保持率（150℃ 与常温条件下的弯曲强度之比）都高于未改性树脂。这是因为 S 环氧树脂对体系同时存在两方面的影响，一方面 S 环氧基团含量大，增加了固化树脂的交联密度，使其性能保持率提高；另一方面 S 环氧树脂本身耐热性好，两者综合作用，使得体系的力学性能保持率随 S 环氧树脂含量

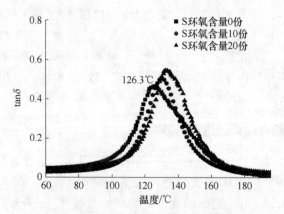

图 6 环氧体系的 DMA 测试曲线法

Fig. 6 DMA test curves the epoxy of system

的增加而提升。在 150℃下，未添加 S 环氧树脂的弯曲强度保持率从 51.1%提升到 S 环氧含量为 20 份时的 64.2%，弯曲强度保持率提升了 13.1%。

表 1 改性体系在常温和高温下的弯曲强度

Table 1 Temperature characteristics of bending strength of the modified system

S 环氧树脂含量/份	弯曲强度/MPa		保持率/%
	常温	150℃	
0	139	71	51.1
5	144	74	52.0
10	153	81	53.1
15	146	84	57.5
20	137	88	64.2

3.4 脂环族环氧树脂对体系电气性能的影响

通常环氧树脂固化物均具有优异的电气性能，包括电气强度、电阻率、介电性能等。但是对于应用于特高压输变电领域的树脂体系，不仅要求具有优异的电气性能，还要求树脂体系具有优异的耐电弧、耐电痕化等性能。表 2 为改性体系固化物的电气性能。由表 2 可以看出，S 环氧树脂的引入对改性体系的电气强度、体积电阻率、介质损耗因数等电气性能没有明显影响。

表 2 S 环氧改性体系的电气性能

Table 2 Electrical properties of the modified system

S 环氧含量/份	电气强度/MV·m^{-1}	体积电阻率/Ω·m	介电常数	介质损耗因数
0	24.9	2.41×10^{14}	3.48	0.10
10	25.1	2.44×10^{14}	3.48	0.11
20	25.0	2.43×10^{14}	3.47	0.11

表3为改性体系的耐电弧性能和耐电痕化指数（PTI）。从表3中可以看出，随着S环氧树脂含量的增加，固化树脂的耐电弧性能和耐电痕化指数均有较大幅度的增加。总体上，S环氧树脂对体系耐电弧性能的影响较大，主要原因是由于S环氧树脂本身结构特殊，具有优异的耐电弧性能，因此随着S环氧树脂含量的增加，改性体系的耐电弧性能大幅提升，当S环氧树脂含量达到30份时，体系的耐电弧性能达到191s。说明改性体系具有优异的电气性能，能够保证其在特高压交流输变电领域中的应用优势。

表3 S环氧含量对改性体系耐电弧和PTI的影响
Table 3 Effect of S epoxy content on the arc resistance and PTI of the modified system

S环氧含量/份	耐电弧性/s	PTI/V
0	158	400
5	175	600
10	181	600
15	184	600
20	188	600
30	191	600

4 结论

本文得出如下结论：

（1）加入一定量的脂环族环氧树脂能够改善双酚A环氧树脂体系的韧性。当脂环族环氧添加量为10份时，改性体系的力学性能最佳，此时弯曲强度为153MPa，拉伸强度为80MPa，冲击强度为24kJ/m^2，相比未改性体系分别提高了10%、6.67%和4.35%。

（2）脂环族环氧的引入能够提升体系的耐热性能。加入10份、20份脂环族环氧的体系的IDT分别为371℃和382℃，T_g分别为130.4℃和131.9℃，而未改性体系的IDT为358℃，T_g为126.3℃。

（3）改性体系具有优异的电气性能，特别是耐电弧性能和耐电痕化性能优异。

参 考 文 献

［1］陈平,王德忠.环氧树脂及其应用［M］.北京：化学工业出版社,2004.
［2］孙曼灵.环氧树脂应用原理与技术［M］.北京：机械工业出版社,2002.
［3］田浩,郝留成,刘随军,等.GIS绝缘件用高性能环氧浇注材料的研究［J］.绝缘材料,2013,46（3）：9-14.
［4］孔德忠.环氧树脂增韧改性研究的新进展［J］.绝缘材料,2010,43（6）：25-27.
［5］钱军民,李旭祥.环氧树脂改性研究进展［J］.绝缘材料,2001,34（5）：27-31.
［6］陈勇,苏明社.环氧树脂增韧改性研究进展［J］.绝缘材料,2012,45（5）：25-29.
［7］曾强,徐懿,崔博源,等.GIS用环氧树脂的增韧改性研究［J］.绝缘材料,2015,48（3）：40-46.
［8］Chakraborty R, Soucek M D. Synthesis of Telechelic Methacrylic Siloxanes with Cycloaliphatic

Substituents Groups for UV-curable Applications [J]. European Polymer Journal, 2008, 44 (10): 3326-3334.

[9] Shah R S, Wang Q, Lee M L. Cycloaliphatic Epoxy Resin Coatings for Capillary Electrophoresis [J]. Journal of Chromatograph A, 2002, 952 (1-2): 267-274.

[10] 于浩, 田呈祥. 脂环族环氧化合物的应用 [J]. 化工新型材料, 1999, 27 (3): 10-13.

[11] 王忠刚, 刘万双, 赵琳妮, 等. 高性能脂环族环氧树脂分子设计与合成研究进展 [J]. 高分子通报, 2011 (9): 13-21.

[12] Wu S, Jorgensen J D, Skaja A D, et al. Effects of Sulphonic and Phosphonic Acrylic Monomers on the Crosslinking of Acrylic Latexes with Cycloaliphatic Epoxide [J]. Progress in Organic Coatings, 1999, 36 (S1-2): 21-33.

[13] Nograro F F, Llano-Ponte R, Mondragon I. Dynamic and Mechanical Properties of Epoxy Networks Obtained with PPO based Amines/mPDA Mixed Curing Agents [J]. Polymer, 1996, 37 (9): 1589-1600.

[14] 付东升, 张康助, 孙福林, 等. 电器灌注用环氧树脂的研究进展 [J]. 绝缘材料, 2003, 36 (2): 30-33.

[15] 陶志强, 陈伟明, 王俊峰, 等. 新型高强高韧环氧基体树脂体系研究 [J]. 宇航材料工艺, 2007 (6): 25-28.

[16] Tomas G, Benedikt H. Curing of Epoxy Resins with Dicyandiamide and Urones [J]. Journal of Applied Polymer Science, 1993, 50 (8): 1453-1459.

[17] Jain P, Choudhary V, Varma I K. Effect of Structure on Thermal Behavior of Epoxy Resins [J]. European Polymer Journal, 2003, 39 (1): 181-187.

[18] 梁平辉. 户外用脂环族环氧树脂浇注料的研制与应用 [J]. 绝缘材料, 2006, 39 (3): 9-11.

[19] 张小平, 张志森, 徐伟箭, 等. 电子塑封用脂环族环氧树脂研究进展 [J]. 热固性树脂, 2006, 21 (3): 47-49.

基于统计分析和模糊推理的运行交联聚乙烯电力电缆绝缘老化诊断*

Insulation Diagnosis of Service Aged XLPE Power Cables Using Statistical Analysis and Fuzzy Inference

Abstract Cables that have been in service for over 20 years in Shanghai, a city with abundant surface water, failed more frequently and induced different cable accidents. This necessitates researches on the insulation aging state of cables working in special circumstances. We performed multi-parameter tests with samples from about 300 cable lines in Shanghai. The tests included water tree investigation, tensile test, dielectric spectroscopy test, thermogravimetric analysis (TGA), fourier transform infrared spectroscopy (FTIR), and electrical aging test. Then, we carried out regression analysis between every two test parameters. Moreover, through two-sample t-Test and analysis of variance (ANOVA) of each test parameter, we analyzed the influences of cable-laying method and sampling section on the degradation of cable insulation respectively. Furthermore, the test parameters which have strong correlation in the regression analysis or significant differences in the t-Test or ANOVA analysis were determined to be the ones identifying the XLPE cable insulation aging state. The thresholds for distinguishing insulation aging states had been also obtained with the aid of statistical analysis and fuzzy clustering. Based on the fuzzy inference, we established a cable insulation aging diagnosis model using the intensity transfer method. The results of regression analysis indicate that the degradation of cable insulation accelerates as the degree of in-service aging increases. This validates the rule that the increase of microscopic imperfections in solid material enhances the dielectric breakdown strength. The results of the two-sample t-Test and the ANOVA indicate that the direct-buried cables are more sensitive to insulation degradation than duct cables. This confirms that the tensile strength and breakdown strength are reliable functional parameters in cable insulation evaluations. A case study further indicates that the proposed diagnosis model based on the fuzzy inference can reflect the comprehensive aging state of cable insulation well, and that the cable service time has no correlation with the insulation aging state.

Key words XLPE cable, in-service aging, multi-parameter tests, insulation diagnosis, statistical analysis, fuzzy clustering

1 Introduction

Deterioration of cross linked polyethylene (XLPE) cable insulation often takes place due

---

* Copartner: Liu Fei, Jiang Pingkai, Zhang Li, Su Wenqun. Reprinted from *High Voltage Engineering*, 2013, 39 (8): 1932-1940.

to electrical, thermal, mechanical, and environmental stresses. Water treeing phenomenon is the main reason causing the aging of XLPE cables, especially that of the middle and low voltage XLPE cables[1~6]. In the early 1980s, the condition-based maintenance system for XLPE cables has been established. In some countries, such as Germany, Japan, *etc*., it has been proposed that the insulation aging state of in-service cables can be obtained by testing fault samples taken from the same cable line[7].

Lots of underground cables that have been in service for over 20 years in Shanghai, a city with abundance surface water, tend to fail more frequently due to different cable accidents. In order to diagnose the insulation aging state of cables working under unique service conditions, a large number of XLPE cable samples with rated voltage ranging from 10kV to 100kV are taken from in-service cable lines by Shanghai Electric Power Company. Some physical and chemical properties of these samples are tested.

Fuzzy diagnosis has been used extensively in the fault diagnosis and condition assessment of power transformer[8~11]. Various artificial intelligence techniques, including fuzzy expert system[12], fuzzy logic[13], and artificial neural networks (ANNs)[14,15], have been presented to tackle the uncertainties in fault diagnosis[16]. For the fuzzy diagnosis of cable insulation, few researches are known[17~19]. In those researches, the characteristic parameters of fuzzy diagnosis were usually the electrical parameters commonly used in preventive tests of cables, and the thresholds of membership functions were determined using division rules of insulation state which were taken from previous evaluation standards.

In this research, the characteristic parameters for fuzzy diagnosis of cable insulation and the thresholds of membership functions are determined using additional statistical analysis and fuzzy clustering of the test data which is more advantageous as compared with previous researches.

2 Insulation Tests

Six insulation tests are performed with 466 samples taken from about 300 in-service power cable lines which are removed from operation due to insulation failure or replacement schedule.

2.1 Water tree investigation

The insulation of each cable sample is sliced along radial direction into 80 wafers with thickness of 0.2mm. All the wafers are dyed in methylene blue and placed under a XYH-3A optical microscope (Shanghai Optical Instrument Factory, Shanghai, China) to investigate water treeing condition. In order to characterize water treeing degree of a service aged cable, the amount of water trees per unit volume is counted as water tree content C_1 and the maximum length of water trees C_2 is measured.

2.2 Dielectric spectroscopy test

The dielectric properties are measured using an impedance analyzer (Agilent 4294A,

USA) in the frequency range from 40kHz to 80MHz. A characteristic dielectric loss (tanδ) peak of cable samples is found to appear in the frequency range from 30MHz to 50MHz. A thermal aging test on 10kV new cables in an air oven indicates that the peak value increases with temperature and aging time (Fig. 1). The dielectric loss peak value C_3 is used for characterization of the degree of thermo-oxidative aging in cable insulation.

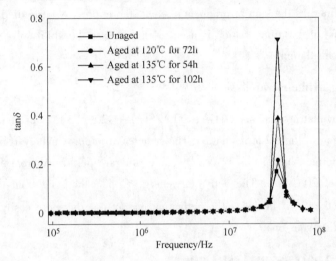

Fig. 1 Frequency dependences of tanδ for thermal aged 10kV cables

2.3 FTIR spectroscopy

The wafers with thickness of 0.2mm are used for FTIR spectroscopy test. A Perkin-Elmer FTIR instrument (Perkin Elmer Cetus Instruments, Norwalk, CT) is used to obtain the results. The carbonyl index has been calculated as the ratio of the absorption at 1720cm^{-1} (carbonyl band) to the absorption at 2010cm^{-1} (internal thickness band), which is not sensitive to oxidation[20]. The carbonyl index C_4 is also used for characterization of the degree of thermo-oxidative aging in cable insulation.

2.4 Tensile test

The tensile tests are performed according to ASTM D638—2003 standard by using an Instron series IX 4465 materials tester, with a grip separation rate of 250mm/min. The wafers of cable insulation are further processed into dumbbell test pieces for tensile test. The tensile strength C_5 and elongation at break C_6 are used to obtain the degree of thermal decomposition and thermal oxidation decomposition in cable insulation.

2.5 Electrical aging test

The AC step voltage breakdown test is performed on wafers with thickness of 0.2mm sliced from cable insulation at the room temperature using an AHDZ-10/100 power frequency dielectric strength tester (Shanghai Lanpotronics Corp., Shanghai, China). A sphere-plate electrode system immersed in the silicon oil is used. The radii of the sphere and plate electrodes are 10mm. During testing, the applied voltage is raised step by step with a time period of 5min. The voltage increment between adjacent steps is 3kV. The initial applied voltage is 10kV, the rate-of-rise of the test voltage is 2kV/s. Thus, the accumulative breakdown strength C_7 is defined as the sum of products of each step applied electric filed strength and the corresponding time of duration, which is used to characterize the ability of electrical aging resistance of cable insulation.

2.6 Thermo-gravimetric analysis

Thermo-gravimetric analysis (TGA; NETZSCH TG209 F3) is used to investigate the thermal degradation of the cable insulation. The samples are approximately 10mg. All the measurements are performed in the flow of N_2. Dynamic runs are performed from 50℃ to 700℃ at the heating rate of 20℃/min. The activation energy C_8 is calculated from the TG curve by Coast-redfern method[21]. The lower the activation energy is, the more easily the thermal decomposition reaction goes on.

3 Statistical Analysis on Test Data

There are 8 test parameters referred to the above 6 insulation tests. The regression analysis has been performed between every two test parameters. In addition, for each test parameter, the Two Sample t-Test and the Analysis of Variance (ANOVA) have been performed to analyze the influence of laying method and sampling section, respectively on the degradation of cable insulation. All the statistical analysis are performed using Minitab™ software. The results of statistical analysis with strong correlation in the regression analysis and significant differences in the t-Test or ANOVA analysis are displayed below.

3.1 Regression analysis

The results of regression analysis are shown in Fig. 2 and Table 1. The symbol "$\propto$" in Table 1 means positive correlation.

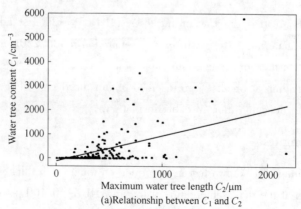

(a) Relationship between C_1 and C_2

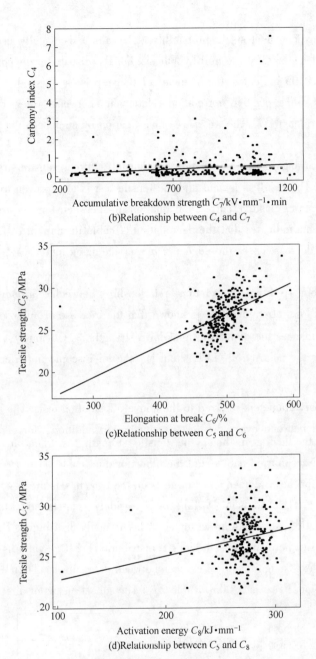

(b)Relationship between C_4 and C_7

(c)Relationship between C_5 and C_6

(d)Relationship between C_5 and C_8

Fig. 2　Regression plots of test parameters

Table 1　Results of regression analysis

Correlated variables	P-value	Amount of data sets	Amount of abnormal observation points	Percentage of the total/%
$C_1 \propto C_2$	0	278	17	6.1
$C_4 \propto C_7$	0.015	266	14	5.3
$C_5 \propto C_6$	0	265	15	5.7
$C_5 \propto C_8$	0.001	265	22	8.3

In statistical hypothesis test, a probability (P-value) is usually used to quantify the strength of the evidence against the null hypothesis. For the distribution hypothesis test of a linear regression, $P<0.05$ indicates that a linear relationship is established.

There is very strong positive correlation relationship between water tree content C_1 and maximum water tree length C_2. The water tree investigation by microscope is proven to be effective.

There is very strong positive correlation relationship between tensile strength C_5 and elongation at break C_6. The result is logical and the tensile test is also proven to be effective.

There is very strong positive correlation relationship between tensile strength C_5 and activation energy C_8. This indicates that the degradation of cable insulation tends to be accelerated (activation energy decreases) as the degree of in-service aging increases (tensile strength decreases).

There is strong positive correlation relationship between carbonyl index C_4 and accumulative breakdown strength C_7. It is known that the increase of microscopic imperfections in solid material enhances the dielectric breakdown strength[22]. Obviously, the thermo-oxidative aging increases the polarity of XLPE, that is, the microscopic imperfections in XLPE increases.

3.2 Two sample t-Test

According to the laying method, the tensile strength test data are divided into two subsets, one for direct-buried cables and the other for duct cables. The P-values obtained by Minitab^{TM} software for the Andersen-Darling tests on the two subsets are 0.451 and 0.103, respectively (Fig. 3). The Andersen-Darling test is a widely used statistical test for normality. If P-value exceeds 0.005, the data are assumed to be normally distributed. Then, a two sample t-Test is performed (where t means student's t-distribution). If P-value is below 0.01, it is believed that there exists significant differences between data subsets. The P-value obtained by Minitab^{TM} software for t-Test is 0.003 (Table 2). The subset means of direct-buried and duct

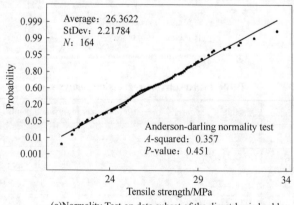

(a) Normality Test on data subset of the direct-buried cables

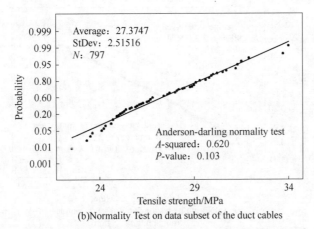

(b)Normality Test on data subset of the duct cables

Fig. 3 Results of the Anderson−Darling test for normality on the tensile strength test data subsets

cables are 26.36 and 27.37, respectively, according to the Andersen−Darling tests (Fig. 3). It indicates that the direct−buried cables are more susceptible to insulation degradation than the duct cables. The inference is reasonable because the surrounding environment of direct−buried cables is usually believed to be more hash than duct cables. Tensile strength is also proven to be an effective test parameter for identifying the cable insulation aging state.

Table 2 Results of t−Test hypothesis for the tensile strength test data

95% confidence interval for difference	t−value	P−value
(−1.668, −0.356)	−3.05	0.003

3.3 Analysis of variance (ANOVA)

Each data subset needs to be tested for conformance to normality before the ANOVA test and the two sample t−Test.

3.3.1 Influence of sampling section on tensile strength

According to sampling section, the tensile strength test data are divided into three subsets, one for samples taken from the non−fault section of cable line, one for samples from fault section experienced operating troubles of cable line, and one for samples from fault section experienced external injury of cable insulation. All the subsets have passed the Andersen−Darling test for normality. The P−values obtained with Minitab^{TM} software for these tests are 0.514, 0.125 and 0.297, respectively (Fig. 4). Analysis of variance (ANOVA) is used to find how significantly subsets are different from each other. If P−value doesn't exceed 0.01, the subset means are assumed to be significantly different. The P−value obtained with Minitab^{TM} software for ANOVA is 0.01 (Table 3, where, DF is the degrees of freedom; SS is the sum of squares; MS is the mean square; F is the F ratio; P is the P−value), which indicates that the tensile strength is significantly different with respect to different sampling sections. The 95% confidence intervals for mean indicates that the tensile property of cables taken from fault section experi-

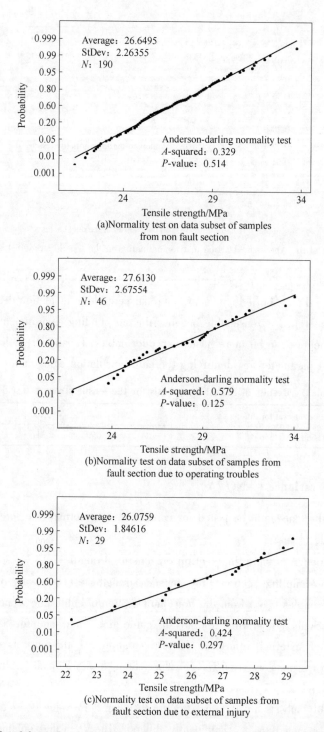

Fig. 4 Results of the Anderson-Darling test for normality on the tensile strength test data subsets

enced external injury is inferior to cables from fault section experienced operating troubles on the whole, with cables from non-fault section in between (Table 4, where, N is the number of samples; Mean is the average value; StDev is the standard deviation).

Table 3 ANOVA analysis for the tensile strength test data

Source	DF	SS	MS	F	P
Factor	2	49.36	24.68	4.67	0.010
Error	262	1385.94	5.29		
Total	264	1435.30			

Table 4 95% confidence intervals for mean in ANOVA analysis for the tensile strength test data

Data subset of cables from	N	Mean	StDev
Non fault section	190	26.649	2.264
Fault section due to operating troubles	46	27.613	2.676
Fault section due to external injury	29	26.076	1.846

3.3.2 Influence of sampling section on the accumulative breakdown strength

The accumulative breakdown strength test data is also divided into three subsets according to cable sampling section. All the subsets have passed the Ryan-Joiner test for normality and another statistical test for normality based on correlation. The correlation coefficients R obtained by Minitab™ software for these tests are 0.98, 0.96 and 0.97, respectively (Fig. 5).

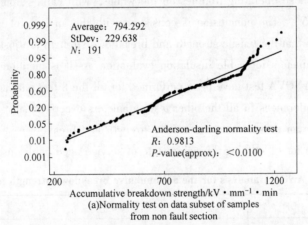
(a) Normality test on data subset of samples from non fault section

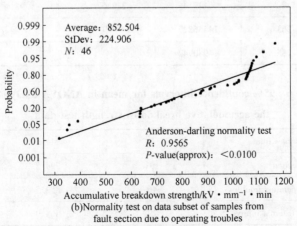
(b) Normality test on data subset of samples from fault section due to operating troubles

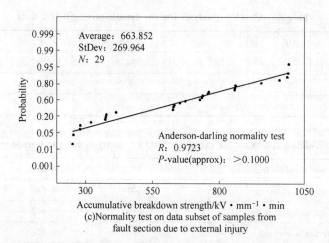

(c) Normality test on data subset of samples from fault section due to external injury

Fig. 5 Results of the Ryan-Joiner test for normality on the accumulative breakdown strength test data subset

The P-value obtained by Minitab^{TM} software for ANOVA is 0.003 (Table 5), which indicates that the accumulative breakdown strength is significantly different with respect to different sampling sections. The 95% confidence intervals for mean indicates that the breakdown strength of cables taken from fault section experienced external injury is inferior to cables from fault section experienced operating troubles on the whole, with cables from non-fault section in between (Table 6). The conclusion is consistent with the analysis of variance for tensile strength. It is known that the tensile strength and breakdown strength are just the two commonly used functional parameters for cable insulation evaluation. As it is mentioned above, the two sample t-Test and ANOVA test have been performed for all the 8 test parameters. But there exists no significant differences in all the other test parameters except tensile strength and breakdown strength. So it can be sure that the tensile strength and breakdown strength are effective diagnosis parameters for identifying the aging state of service aged cable insulation.

Table 5 ANOVA analysis for the accumulative breakdown strength test data

Source	DF	SS	MS	F	P
Factor	2	644714	322357	5.91	0.003
Error	263	14336227	54510		
Total	265	14980942			

Table 6 95% confidence intervals for mean in ANOVA analysis for the accumulative breakdown strength test data

Data subset of cables from	N	Mean	StDev
Non fault section	191	794.3	229.6
Fault section due to operating troubles	46	852.5	224.9
Fault section due to external injury	29	663.9	270.0

4 Fuzzy Diagnosis of Cable Insulation

The fuzzy clustering diagnosis method is used as well as the fuzzy C-means clustering[23].

4.1 Determination of input and output variables

A set of characteristic parameters showing strong correlation in the regression analysis or significant differences in the t-Test or ANOVA analysis are selected as input variables of fuzzy diagnosis, which comprehensively reflects various aging phenomenon (Table 7).

Table 7 Input variables

Symbol	Characteristic parameter	Comment
C_1	Water tree content	Characterization of water treeing degree
C_5	Tensile strength	Characterization of thermal decomposition and thermal oxidation decomposition
C_7	Accumulative breakdown strength	Characterization of electrical aging
C_8	Activation energy	Characterization of thermal decomposition

The state parameter A is defined as output variable of fuzzy diagnosis. It is a comprehensive evaluation parameter of cable insulation aging state.

4.2 Fuzzy clustering

It is not difficult to understand that the characteristic parameters reflecting the same aging phenomenon must be strongly correlated with each other. So the data of test parameters showing strong correlation in regression analysis can be combined into a multi-dimensional data set for fuzzy clustering. The obtained clustering centers can be taken as the thresholds for dividing insulation aging states of the corresponding aging phenomenon reflected by the correlated test parameters. By this means, the valuable data for fuzzy clustering are able to be obtained from a huge amount of seemingly disordered test data of service aged cable samples. Therefore, the data of strongly correlated parameters water tree content C_1 and maximum water tree length C_2, tensile strength C_5 and activation energy C_8, carbonyl index C_4 and accumulative breakdown strength C_7 are combined into three two-dimensional data sets. The clustering centers obtained by fuzzy C-means clustering of the above three two-dimensional data sets are shown in Table 8.

Table 8 Clustering centers

Clustering center	C_1	C_5	C_7	C_8
1	17.6	27.3	1127.2	287.0
2	240.8	26.3	790.3	266.2
3	2752.8	25.8	413.8	207.5

4.3 Translation of input and output variables into fuzzy variables

4.3.1 Characteristic fuzzy variables and state fuzzy variables

The input and output variables are translated into three fuzzy linguistic variables – mild, moderate and severe. The fuzzy variables are shown in Table 9 and Table 10. For example, variable C_1 is translated into three fuzzy variables C_{11}, C_{12} and C_{13} with linguistic values displayed in Table 9.

Table 9 Characteristic fuzzy variables

Characteristic fuzzy variable	Comment
C_{11}, C_{12}, C_{13}	Water tree content is mildly, moderately, severely large
C_{51}, C_{52}, C_{53}	Tensile strength is mildly, moderately, severely small
C_{71}, C_{72}, C_{73}	Accumulative breakdown strength is mildly, moderately, severely small
C_{81}, C_{82}, C_{83}	Activation energy is mildly, moderately, severely small

Table 10 State fuzzy variables

State fuzzy variables	Comment
A_1, A_2, A_3	Cable insulation is mildly, moderately, severely aged

4.3.2 Establishment of membership function

(1) Types of membership functions

Because the universe of fuzzy sets is continuous, the typical functions are used as membership functions. The trapezoid type membership function $\mu_{VS}(x)$ and $\mu_{VL}(x)$ is used to describe the fuzzy variable with the trend of being small and the fuzzy variable with the trend of being large, respectively. The triangle type membership function $\mu_{VM}(x)$ are adopted to describe the fuzzy variable with the trend of being moderate. The three membership functions are shown in Fig. 6, where a, b and c are thresholds of membership functions.

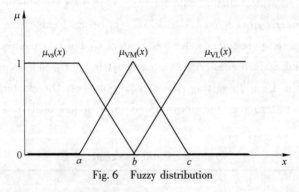

Fig. 6 Fuzzy distribution

(2) Threshold of membership function

The clustering centers obtained by fuzzy clustering are taken as the thresholds of membership functions. The membership functions describing the characteristic fuzzy variables are shown in Table 11.

Table 11 Membership functions of characteristic fuzzy variables

Characteristic fuzzy variable	Function type	Thresholds of membership function (a, b, c)
C_{11}, C_{12}, C_{13}	$\mu_{VS}(x)$, $\mu_{VM}(x)$, $\mu_{VL}(x)$	(17.6, 240.8, 2752.8)
C_{51}, C_{52}, C_{53}	$\mu_{VL}(x)$, $\mu_{VM}(x)$, $\mu_{VS}(x)$	(25.8, 26.3, 27.3)
C_{71}, C_{72}, C_{73}	$\mu_{VL}(x)$, $\mu_{VM}(x)$, $\mu_{VS}(x)$	(413.8, 790.3, 1127.2)
C_{81}, C_{82}, C_{83}	$\mu_{VL}(x)$, $\mu_{VM}(x)$, $\mu_{VS}(x)$	(207.5, 266.2, 287.0)

4.4 Rules of fuzzy diagnosis

Using the results of fuzzy clustering and experience of experts, the rules of fuzzy diagnosis are summarized as the 10 items using fuzzy if-then language (Table 12).

Table 12 Rules of fuzzy diagnosis

No.	Fuzzy if-then rules
1	If C_{13} then A_3
2	If C_{73} then A_3
3	If C_{53} and C_{83} then A_3
4	If C_{12} and C_{52} and C_{83} then A_3
5	If C_{12} and C_{72} and C_{81} then A_2
6	If C_{12} and C_{72} and C_{82} then A_2
7	If C_{12} and C_{51} and C_{72} and C_{83} then A_2
8	If C_{12} and C_{52} and C_{71} and C_{82} then A_2
9	If C_{11} and C_{51} and C_{71} and C_{81} then A_1
10	If C_{11} and C_{52} and C_{71} and C_{81} then A_1

The accuracy of fuzzy rules is influenced by expertise and experience of diagnosis experts, sample capacity and source of samples. With the supplement of fault examples, the rules can be updated to improve the accuracy of diagnosis.

4.5 Fuzzy inference

The fuzzy inference analysis is performed using intensity transfer method. The results are as follows:

(1) $\mu_{A1}(x) = \max(\min(\mu_{C11}, \mu_{C51}, \mu_{C71}, \mu_{C81}), \min(\mu_{C11}, \mu_{C52}, \mu_{C71}, \mu_{C81}))$.

(2) $\mu_{A2}(x) = \max(\min(\mu_{C12}, \mu_{C72}, \mu_{C81}), \min(\mu_{C12}, \mu_{C72}, \mu_{C82}), \min(\mu_{C12}, \mu_{C51}, \mu_{C72}, \mu_{C83}), \min(\mu_{C12}, \mu_{C52}, \mu_{C71}, \mu_{C82}))$.

(3) $\mu_{A3}(x) = \max(\mu_{C13}, \mu_{C73}, \min(\mu_{C53}, \mu_{C83}), \min(\mu_{C12}, \mu_{C52}, \mu_{C83}))$.

where μ_{A1} and μ_{C11} are membership grades of state fuzzy variable A1 and characteristic fuzzy variable C11 respectively, the rest can be deduced from this.

The result of fuzzy diagnosis is A_j, where $\mu_{A_j}(x) = \max(\mu_{A1}(x), \mu_{A2}(x), \mu_{A3}(x))$.

5 Case Study

The information of cable lines for case study is shown in Table 13. The results of fuzzy diagnosis are shown in Table 14. We take 3 from 9 cable lines as examples to illustrate the accuracy of fuzzy inference. It can be seen that water treeing of cable line 1 is severe and, hence, the insulation is severely aged by fuzzy diagnosis ($\mu_{A3} = 1$, greater than μ_{A1} and μ_{A2}). For cable line 5, all four test parameters have moderate values, thus the insulation is diagnosed to be moderately aged. For cable line 9, no water tree is observed in cable insulation and all the other test parameters have satisfactory large values, the result of fuzzy inference indicates that the insulation is mildly aged. The case study indicates that the diagnosis model based on the above fuzzy inference can reflect the comprehensive aging state of cable insulation well. Moreover, we can also see that there is no correlation between aging state and service time of cable. Therefore, cable service time should not be taken as a primary concern when utility makes replacement schedule.

Table 13 Information of cable lines

No. of cable line	Date of bringing into service	Laying method	Sampling section
1	2001-10-20	Direct-buried	Fault section (external injury)
2	1996-10-18	Direct-buried	Fault section (operating troubles)
3	2006-08-24	Duct	Fault section (external injury)
4	2001-09-14	Direct-buried	Non-fault section
5	2006-04-27	Direct-buried	Non-fault section
6	2006-11-01	Duct	Non-fault section
7	2004-03-01	Duct	Non-fault section
8	2007-01-29	Duct	Non-fault section
9	2005-10-24	Direct-buried	Non-fault section

Table 14 Case study

No. of cable line	Water tree content C_1/cm^{-3}	Tensile strength C_5/MPa	Accumulative breakdown strength $C_7/\text{kV} \cdot \text{mm}^{-1} \cdot \text{min}$	Activation energy $C_8/\text{kJ} \cdot \text{mol}^{-1}$	Membership grades of state fuzzy variables ($\mu_{A1}, \mu_{A2}, \mu_{A3}$)	Result of fuzzy diagnosis
1	5793.2	25.2	652	278.8	(0, 0, 1)	Severely aged
2	85.5	25.7	855	216.9	(0, 0.2, 0.8)	Severely aged
3	305.7	23.5	1023	104.0	(0, 0, 1)	Severely aged
4	243.4	28.30	703	274.9	(0, 0.6, 0.2)	Moderately aged
5	239.8	26.6	842	267.4	(0, 0.8, 0)	Moderately aged
6	326.3	31.9	685	277.7	(0, 0.6, 0.3)	Moderately aged
7	7.6	30	988	291.2	(0.6, 0, 0)	Mildly aged
8	0.0	26.7	1043	283.5	(0.6, 0, 0)	Mildly aged
9	0.0	32.2	1233	303.8	(1, 0, 0)	Mildly aged

6 Conclusions

(1) The degradation of cable insulation tends to be accelerated as the degree of in-service aging increases. The direct-buried cables are more susceptible to insulation degradation than duct cables.

(2) The rule showing that the increase of microscopic imperfections in solid material enhances the dielectric breakdown strength is validated by statistical method.

(3) As commonly-used functional parameters for cable insulation evaluation, the tensile strength and breakdown strength are proven to be reliable.

(4) The effective parameters for identifying and quantifying the aging state of XLPE cable insulation are obtained, including water tree content, tensile strength, accumulative breakdown strength, and activation energy.

(5) A cable insulation aging diagnosis model is developed based on the fuzzy inference, which is proven to be applicable by case study. The case study also indicates that cable service time has no correlation with insulation aging state.

References

[1] DU Boxue, MA Zongle, GAO Yu, et al. Insulation evaluation of water-tree aged 10kV XLPE cables using thermal step method [J]. High Voltage Engineering, 2011, 37 (1): 143-149.

[2] WANG Jinfeng, LI Yanxiong, LIU Zhimin, et al. Influence of temperature on water treeing in polyethylene [J]. High Voltage Engineering, 2012, 38 (1): 181-187.

[3] YANG Junsheng, HUANG Xingyi, WANG Genlin, et al. Effects of Styrene-B- (Ethylene-Co-Butylene) -B-Styrene on electrical properties and water tree resistance of cross-linked polyethylene [J]. High Voltage Engineering, 2010, 36 (1): 946-951.

[4] LI Jian, FENG Bo, ZHANG Huazhong, et al. Properties of water tree growing in low density polyethylene/montmorillonite nano-composite [J]. High Voltage Engineering, 2012, 38 (9): 2410-2416.

[5] YAN Mengkun, XU Mingzhong, MIAO Fugui, et al. Effects of various vulcanization methods on power frequency breakdown property of water treeing retardant XLPE power cable [J]. High Voltage Engineering, 2012, 38 (9): 2424-2429.

[6] WANG Jinfeng, LIU Zhimin, LI Yanxiong, et al. Influence of chemical cross-linking on water treeing in polyethylene [J]. High Voltage Engineering, 2011, 37 (10): 2477-2484.

[7] DU Boxue, MA Zongle, HUO Zhenxing, et al. Recent research status of techniques for power cables [J]. High Voltage Apparatus, 2010, 46 (7): 100-104.

[8] FU Qiang, CHEN Tefang, ZHU Jiaojiao. Transformer fault diagnosis using self-adaptive RBF neural network algorithm [J]. High Voltage Engineering, 2012, 38 (6): 1368-1375.

[9] CHEN Xiaoqing, LIU Juemin, HUANG Yingwei, et al. Transformer fault diagnosis using improved artificial fish swarm with rough set algorithm [J]. High Voltage Engineering, 2012, 38 (6): 1403-1409.

[10] Morais D R, Rolim J G. A hybrid tool for detection of incipient faults in transformers based on the dissolved gas analysis of insulating oil [J]. IEEE Transactions on Power Delivery, 2006, 21 (2): 673-680.

[11] Castro A R G, Miranda V. Knowledge discovery in neural networks with application to transformer

failure diagnosis [J]. IEEE Transactions on Power Systems, 2005, 20 (2): 717-724.

[12] Lin C E, Ling J M, Huang C L. An expert system for transformer fault diagnosis using dissolved gas analysis [J]. IEEE Transactions on Power Delivery, 1993, 8 (1): 231-238.

[13] Yang H T, Liao C C. Adaptive fuzzy diagnosis system for dissolved gas analysis of power transformers [J]. IEEE Transactions on Power Delivery, 1999, 14 (4): 1342-1350.

[14] Ferreira T V, Germano A D, Silva K M, et al. Ultra-sound and artificial intelligence applied to the diagnosis of insulations in the site [J]. High Voltage Engineering, 2012, 38 (8): 1842-1847.

[15] XU Jianyuan, ZHANG Bin, LIN Xin, et al. Application of energy spectrum entropy vector method and RBF neural networks optimized by the particle swarm in high-voltage circuit breaker mechanical fault diagnosis [J]. High Voltage Engineering, 2012, 38 (6): 1299-1306.

[16] Huang Y C. A new data mining approach to dissolved gas analysis of oil-insulated power apparatus [J]. IEEE Transactions on Power Delivery, 2003, 18 (4): 1257-1261.

[17] Sun J T, Li G F, Gao K L, et al. Fuzzy comprehensive evaluation for insulation diagnosis of high voltage cable [C] //2010 International Conference on Power System Technology. Hangzhou, China: [s. n.], 2010: 1-3.

[18] Huan J J, Wang G, Li H F, et al. Risk assessment of XLPE power cables based on fuzzy comprehensive evalution method [C] //2010 Asia-Pacific Power and Energy Engineering Conference. Chengdu, China: [s. n.], 2010: 1-4.

[19] Bühler J, Balzer G. Evaluation of the condition of medium voltage urban cable networks using fuzzy logic [C] //2009 IEEE Bucharest Power Technology Conference. Bucharest, Romania: IEEE, 2009: 1-8.

[20] Roya P K, Surekha P A, Rajagopal C A, et al. Effect of cobalt carboxylates on the photo-oxidative degradation of low-density polyethylene [J]. Polymer Degradation and Stability, 2006, 91 (9): 1980-1988.

[21] Coats A W, Redfern J P. Kinetic parameters from thermogravimetric data. II [J]. Journal of Polymer Science Part C: Polymer Letters, 1965, 3 (11): 917-920.

[22] CHEN Jidan, LIU Ziyu. Dielectric physics [M]. Beijing, China: China Machine Press, 1980: 270-271.

[23] Bezdek J C, Ehrlich R, Full W. FCM: The fuzzy c-means clustering algorithm [J]. Computers & Geosciences, 1984, 10 (2/3): 191-203.

聚酰亚胺/TiO₂ 纳米杂化薄膜耐电晕性能的研究*

摘 要 通过原位聚合法制备聚酰亚胺/二氧化钛（PI/TiO₂）纳米杂化薄膜并研究其耐电晕性能。利用光激发放电方法（photon-stimulated discharge, PSD）与光度计测试杂化薄膜的陷阱状态与紫外吸收光谱，通过扫描电镜与小角X射线散射技术（small angle X-ray scattering, SAXS）表征薄膜表面的形貌与分形特征。实验结果表明：引入TiO₂增加了薄膜中的陷阱密度，提高了薄膜的质量分形维数，在5%组分时出现表面分形，薄膜结构变得致密；随着TiO₂组分的增加，薄膜的耐电晕寿命由3.9h（0%）增加到49h（7%），薄膜的紫外吸收能力提高；随着电晕时间增加，杂化薄膜表面的聚酰亚胺分解，TiO₂颗粒逐渐积累，起到屏蔽电晕侵蚀的作用。因此，有机-无机界面的陷阱状态、TiO₂的特性以及薄膜整体分形结构的协同效应提高了杂化薄膜耐电晕性能。

关键词 纳米二氧化钛 聚酰亚胺 耐电晕 组分 杂化

Study on Corona-resistance of the Polyimide/Nano-TiO₂ Hybrid Films

Abstract Polyimide/nano-TiO₂ (PI/TiO₂) hybrid films were fabricated via in-situ dispersive polymerization and corona-resistance of films was studied. The trap state and ultraviolet absorption spectra of the films were measured by photon-stimulated discharge (PSD) and ultraviolet spectrophotometer. The surface morphology and fractal characteristics of the films were also analyzed by SEM and small angle X-ray scattering (SAXS). The results show that the trap density and mass fractal dimensions of hybrid films increase as TiO₂ is filled into PI. Meanwhile, surface fractal appears at 5% doping. The variation of fractal characteristics proves hybrid films with more compact and complex structure. With the TiO₂ doping concentration increasing, the time-to-breakdown of the hybrid films can be lengthened from 3.9h (0%) to 49h (7%), and ultraviolet absorptive capacity is improved. With the corona ageing continuing, PI matrix on the surface of films decomposes. Then, a large number of TiO₂ particles are gradually accumulated and play a role in shielding further erosion. The corona-resistance of hybrid films is enhanced by synergistic effects which are composed of trap state in the interface, TiO₂ particles properties and film fractal characteristics.

Key words nano-TiO₂, polyimide, corona-resistance, concentration, hybrid

---

* 本文合作者：冯宇、殷景华、陈明华、刘晓旭。原文发表于《中国电机工程学报》，2013，33（22）：142~147。国家自然科学基金项目（51077028）；黑龙江省自然基金项目（A201006）；黑龙江省青年科学基金项目（QC2011C106）。

1 引言

纳米科技的兴起给纳米材料科学带来了广阔的发展空间，其中有机/无机纳米杂化材料的研制与开发更是受到广泛关注[1-4]。有机/无机纳米杂化材料既可做结构材料，又可做功能材料，在能源、航空、交通与电力电子等领域发挥着巨大的作用。与传统的有机聚合物相比，纳米材料的引入改善了聚合物的很多电学性能，党智敏等[5]将$BaTiO_3$颗粒添加到聚偏氟乙烯中，制备出高介电常数的聚合物基电介质材料；章华中等[6]发现蒙脱土可以延缓低密度聚乙烯中电树枝的引发与生长；Singha S等[7]发现少量纳米TiO_2颗粒的引入使环氧树脂的介电常数与介电损耗减小；Okuzumi Y等[8]发现掺杂纳米MgO颗粒可以提高低密度聚乙烯的体积电阻率与直流击穿场强。近年，由于聚酰亚胺（PI）在合成与性能方面突出的特点，各国都将其列为重点发展的工程材料，聚酰亚胺薄膜作为其最早的商品之一，被普遍应用在电机的槽绝缘及电缆绕包材料上，在变频电机中，脉冲过电压引起的热、电、机械以及环境等因素的共同作用会导致纯聚酰亚胺材料快速老化并发生击穿，所以提高材料的耐电晕性能是延长变频电机寿命的主要途径。国内外研究显示，在聚酰亚胺基体中加入无机纳米颗粒，如TiO_2、AlN、ZnO等，可以有效地延长杂化薄膜的耐电晕寿命[9,10]。美国杜邦公司于1996年生产的杜邦100CR耐电晕薄膜，主要就是在聚酰亚胺基体中引入了含Al无机物，它在20kV/mm的电场下，耐电晕寿命达到10^5h，接近云母纸水平[11]；PhelpsDodge公司生产的具有3层漆膜耐电晕漆包线，中间层采用纳米TiO_2与耐高温聚合物的杂化材料使耐电晕性能提高了100倍[12]。纳米颗粒普遍具有良好的电学、热学与力学性能，而且在与有机聚合物掺杂后会产生庞大的相界面（有机-无机），基于以上考虑，在无机纳米杂化提高耐电晕性能的研究方面，国内外学者提出多种机制，但目前尚未达成统一的共识。高聚物的结构以无序居多，无机纳米颗粒的结构以有序居多，纳米量级的尺寸使颗粒本身具有精细的结构，这涉及比表面积、表面形貌、分子极性与电子态密度等，所以在研究二者复相构成的非均匀系统的性能（极化、电导、树枝化与击穿）时，可以使用分形、逾渗等数学概念去解释复合物中的一些实验结果[13]。

纳米TiO_2颗粒以优异的化学稳定性、热稳定性以及耐腐蚀性作为重要的无机材料与聚合物进行改进性复合，PI/TiO_2杂化薄膜表现出优良的电学、光学特性[14]。本文采用原位聚合法制备PI/TiO_2纳米杂化薄膜，通过观察杂化薄膜电晕前后的表面形貌，分析薄膜中陷阱密度的变化、薄膜的紫外吸收光谱与分形特征，从颗粒的性质出发，到界面区域的陷阱状态，再到薄膜整体的结构特征，研究杂化薄膜的耐电晕性能。

2 实验材料与测试方法

2.1 实验材料与样品制备

本文选用的纳米TiO_2颗粒的性质如表1所示。可知纳米TiO_2颗粒有较小的粒径，较大的比表面积以及优异的电学、热学与光学特性。

其他实验原料分别为4,4′-二氨基二苯醚（ODA）、均苯四甲酸酐（PMDA）和

N,N-二甲基乙酰胺（DMAC），杂化薄膜的制备流程如图1所示。采用原位聚合方法制备 TiO_2 的重量百分比分别为0%、1%、2%、3%、5%及7%的聚酰亚胺杂化薄膜，薄膜厚度为（25±3）μm。

表1 纳米 TiO_2 颗粒的物理性质
Table 1 Physical properties of nano-TiO_2

粒径/nm	比表面积/$m^2 \cdot g^{-1}$	介电常数	熔点/℃
20~40	80~200	52	1830~1850
相对密度/$g \cdot cm^{-3}$	折射率	电阻率/$\Omega \cdot cm$	热导率/$W \cdot (m \cdot K)^{-1}$
4.3	2.71	10^{10}	1.80

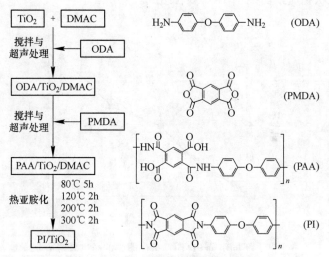

图1 PI/TiO_2 杂化薄膜的制备流程图
Fig. 1 Schematics of PI/TiO_2 films preparation process

2.2 实验装置和测试方法

电晕老化性能测试采用 GB/T 22689（IEC60343）标准，电压频率为工频，一种组分样品试验5个试样，记5个试样的平均值为测量值。在中国科学院高能物理研究所同步辐射装置的4B9A光束线上的小角散射实验站进行SAXS实验。初始实验数据利用计算机程序进行去背底，归一化处理得到样品的散射强度。陷阱状态采用PSD测量。样品形貌由FEI-Quant200型扫描电镜观测。利用TU-1901型紫外可见分光光度计测试薄膜的紫外吸收光谱。

3 实验结果与分析

3.1 薄膜的耐电晕寿命及表面形貌

图2为不同组分 PI/TiO_2 杂化薄膜耐电晕寿命。由图2可知，纯PI薄膜的耐电晕

寿命为 3.9h，随着纳米 TiO_2 组分的增加，杂化薄膜的耐电晕寿命增加，当组分为 7% 时，薄膜耐电晕寿命为 49h，是纯 PI 薄膜的 13 倍。通过拟合，发现杂化薄膜的耐电晕寿命与 TiO_2 的组分几乎呈线性关系，直线的斜率为 6.32，即杂化薄膜中无机组分每增加 1%，薄膜的寿命就延长 6.32h。图 3 和图 4 分别为 7% 组分的 PI/TiO_2 薄膜电晕前与经 12h 电晕后的表面形貌。由图 3 可以看出 TiO_2 颗粒较均匀地分散在聚酰亚胺基体中，未出现明显的团聚现象，薄膜表面较光滑；由图 4 可以看出电晕对薄膜表面造成侵蚀，薄膜表面粗糙度上升，很多颗粒状物残留在薄膜表面。

表 2 为 7% 组分的 PI/TiO_2 薄膜电晕前后表面的元素分布。由表 2 可知经过 12h 的电晕放电后，碳元素的重量百分比（W）与原子数百分比（A）减少，氧元素和钛元素增加，因为电晕老化主要对聚合物基体有比较大的作用，而对于无机纳米颗粒而言，侵蚀性比较小，所以当颗粒周围的高分子链分解后，纳米颗粒残留在杂化薄膜的表面，所观察到的颗粒状物应该由纳米 TiO_2 颗粒组成。

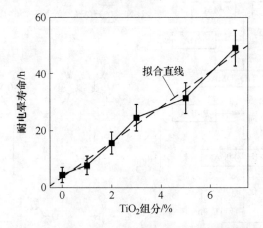

图 2　不同组分 PI/TiO_2 杂化薄膜的耐电晕寿命

Fig. 2　Time-to-breakdown of PI/TiO_2 hybrid films with different concentration of nano-TiO_2

图 3　7% 组分的 PI/TiO_2 薄膜电晕前的表面形貌

Fig. 3　Surface morphology of the 7%PI/TiO_2 before corona ageing

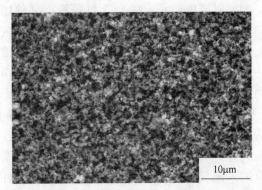

图 4　7%组分的 PI/TiO₂ 薄膜经 12h 电晕后的表面形貌

Fig. 4　Surface morphology of the 7%PI/TiO₂ after 12h of corona ageing

表 2　7%组分的 PI/TiO₂ 薄膜电晕前后表面元素分布

Table 2　Surface elemental distribution of 7%PI/TiO₂ pre and post corona

元素	W/A（电晕前）	W/A（电晕后）
C	78.10%/85.27%	66.87%/77.12%
O	16.00%/13.12%	23.07%/19.97%
Ti	5.90%/1.61%	10.06%/2.91%

3.2　杂化薄膜的耐电晕机制

3.2.1　薄膜的陷阱状态与耐电晕性能

PSD 是一种研究聚合物内部陷阱结构与空间电荷贮存特性的非破坏性实验手段。样品中的陷阱密度越大，外部测试电流越大；陷阱能级越深，空间电荷脱离陷阱时需要的光子能量越高，即波长越短[15]。图 5 为不同组分 PI/TiO₂ 杂化薄膜的 PSD 谱，在光源激发下，纯 PI 薄膜的电流曲线在 300~375nm 波长范围内出现了带状峰，但峰值较

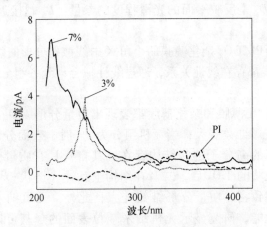

图 5　不同组分 PI/TiO₂ 杂化薄膜的 PSD 谱

Fig. 5　PSD spectra of PI/TiO₂ hybrid films with different concentration of nano-TiO₂

小，表明电荷量很少，即陷阱密度较小。随着无机颗粒组分的增加，测试电流峰向短波长方向，即高能方向移动，峰值变大，说明纳米颗粒掺杂引入深陷阱且增大陷阱密度，这与Smith R C等人[16]通过TSC、电致发光图谱等测试得出的结论相同。聚合物形态结构的特点是能带中存在着大量的局限态（陷阱），当其捕获载流子后形成空间电荷，这些载流子在脱离陷阱时释放的能量对薄膜的破坏很大，因此限制空间电荷的产生与减少载流子入陷-脱陷的频率可以有效地提高薄膜的老化寿命。屠德民等[17]通过能带理论解释了深陷阱抑制空间电荷形成的机制，在非极性聚合物中加入极性的TiO_2颗粒，在界面区域引入大量的深陷阱，陷阱深度的增加，提高了空间电荷在陷阱中的寿命，降低了空间电荷的入陷与脱陷的几率，降低了由于电荷注入、抽出产生的机械疲劳损伤[18]；但是，如果在交流电的正半周期注入的正电荷入陷于深陷阱，未脱陷，当达到负半周期后，向同一陷阱注入的负电荷会与之前注入的正电荷发生复合作用，产生光发射。由于电荷入陷的陷阱深，因此复合释放的能量也大，将会导致材料的紫外老化[19]。所以，陷阱的深度、密度与杂化薄膜电晕老化寿命之间的量化分析还需要未来更为细致地研究与探讨。总之，纳米TiO_2颗粒掺杂改变薄膜陷阱能级与密度，陷阱状态的改变将影响杂化薄膜耐电晕性能。

3.2.2 薄膜的分形特征与耐电晕性能

SAXS测试与理论[20,21]可以对不同成分的复合材料体系进行研究，解析有关散射体的微观结构，包括散射体的尺寸、颗粒与基体间界面情况等。如果体系具有分形特征，反射强度也必定会反映出该体系的分形结构特性。SAXS曲线的强度可以用以下关系式（1）描述：

$$I(q) \propto Cq^{-k} \tag{1}$$

在无限长狭缝准直的情况下，做出$\ln[I(q)]$-$\ln(q)$的关系曲线，如果曲线的中间部分存在直线区域则表明薄膜存在着分形的现象。$\ln[I(q)]=-k\ln(q)$，若$0<k<3$则属于质量分形，分形维数$D_m=k$，D_m是反映物质内部质量分布的参量，D_m越大，说明在单位体积内的物质分布越集中，复合材料的结构越致密；若$3<k\leq4$，则属于表面分形，分形维数$D_s=6-k$，D_s是反映平面的光滑程度的参量，D_s越接近3，说明这个平面越粗糙。

图6为不同组分PI/TiO_2杂化薄膜的小角X射线散射分形曲线，在$-2<\ln(q)<0$区间，$\ln[I(q)]$曲线都存在线性关系，通过线性拟合得到各组分杂化薄膜的分形维数如表3所示。

由表3可知，纯PI薄膜和杂化薄膜都表现出质量分形（D_m），经纳米TiO_2颗粒掺杂后，薄膜质量分形维数变大；当无机组分为5%时，表面分形（D_s）出现。因为纯聚酰亚胺以非晶态的高分子链状结构存在，其自身具有质量分形结构，但分形维数较小，当引入颗粒状的TiO_2后，二者在结构上互补（链状-球状），使杂化薄膜在三维空间内结构更加致密，质量分形维数变大；此外，无机纳米颗粒拥有相当大的比表面积与表面活化能，研究显示无机纳米颗粒表面的羟基可以与聚酰亚胺链的末端以氢键的方式相结合，所以在杂化薄膜的制备过程中，无机组分的增加可能引起颗粒的局部分解与重组，在颗粒的表面形成了自相似的分形结构，此时，表面分形在杂化薄膜中出现，表面分形的出现同时也证明了纳米颗粒的分布、聚结是一种随机、不可逆的非线性过程。通过对薄膜分形特征的分析，发现纳米 TiO_2 颗粒的引入使杂化薄膜整体结构更加致密，颗粒表面结构更加复杂，这不仅减少了薄膜内部的自由体积，而且还可以起到延缓导电通道形成的作用，从而提高了薄膜整体的耐电晕性能。

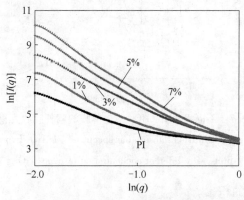

图 6　不同组分 PI/TiO_2 杂化薄膜的分形曲线

Fig. 6　Fractal curves of PI/TiO_2 hybrid films with different concentration of nano-TiO_2

表 3　不同组分 PI/TiO_2 杂化薄膜的分形维数

Table 3　Fractal dimensions of PI/TiO_2 hybrid films with different concentration of nano-TiO_2

薄膜	D_m（质量）	D_s（表面）
PI	2.32	—
1%	2.64	—
3%	2.95	—
5%	2.78	2.47
7%	2.86	2.44

3.2.3　TiO_2 颗粒的紫外吸收与薄膜耐电晕性能

图 7 是不同组分 PI/TiO_2 杂化薄膜的紫外吸收光谱。由图 7 可知，纯 PI 薄膜在紫外线波段 350～400nm 范围内的吸收率只有 40%，添加 TiO_2 颗粒后，杂化薄膜在此波段对紫外线的吸收能力明显加强，且随无机组分的增加，吸收强度呈上升趋势，7%组分的杂化薄膜的紫外吸收率甚至达到 80%。在电晕放电过程中，带电粒子复合产生"光"，发光的光谱中除了可见光外，还有可以降解高分子材料的紫外光，TiO_2 颗粒可以有效地吸收电晕放电所产生的紫外线，降低高聚物发生紫外降解的概率。

即使薄膜表面的聚合物遭到破坏，拥有高耐电晕性能的 TiO_2 颗粒也可以免于放电侵蚀而逐渐在薄膜表面积累，起到屏蔽电晕的作用。

从介观角度出发，纳米 TiO_2 颗粒在薄膜表面形成的紧密聚集态，可以有效地减小颗粒间隙，减少放电所产生的离子或者电子获得加速的几率，从宏观角度出发，TiO_2 的热导率比 PI 基体高[22]，一部分电离能可以转换为热能，这些热能可以被纳米颗粒更

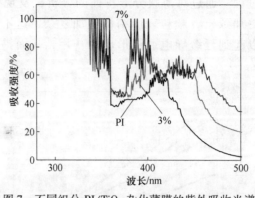

图 7 不同组分 PI/TiO$_2$ 杂化薄膜的紫外吸收光谱

Fig. 7 Ultraviolet absorption spectra of PI/TiO$_2$ hybrid films with different concentration of nano-TiO$_2$

及时地散发，避免热量的积累。

3.2.4 PI/TiO$_2$ 杂化薄膜的耐电晕性能分析

综上所述，纳米 TiO$_2$ 颗粒提高薄膜耐电晕性能起到以下作用：

（1）随无机纳米颗粒的增加，增加了两相界面积，提高薄膜内部陷阱密度和陷阱能级。

（2）掺杂后，薄膜质量分形维数变大，表面分形出现，说明球状无机颗粒与链状高聚物的复合使杂化薄膜结构更加致密，当载流子在薄膜中运动时，致密结构阻碍载流子迁移，延长载流子的运动路程，消耗载流子的能量，延缓导电通道的形成。由于这种致密结构与自相似性使杂化薄膜抗劣化能力得到提高。

（3）当外加电场持续对杂化薄膜作用，表面的聚酰亚胺被侵蚀，裸露出的纳米颗粒通过电学（较高的介电常数、耐电晕性能）、热学（热导率）与光学（较高的散射率与紫外吸收能力）等特性有效地屏蔽高能粒子与电晕紫外线对高聚物基体的侵蚀。

4 结论

本文通过对 PI/TiO$_2$ 纳米杂化薄膜耐电晕性能的研究，得到如下结论：

（1）随着 TiO$_2$ 组分的增加，薄膜的耐电晕寿命由 3.9h（0%）增加到 49h（7%）；

（2）随着电晕时间增加，杂化薄膜的表面积累大量 TiO$_2$ 颗粒，起到屏蔽高能粒子与紫外线的作用，提高薄膜耐电晕性能；

（3）纳米颗粒在有机-无机界面中引入大量深陷阱，并使薄膜结构更加致密、复杂。界面陷阱状态与 TiO$_2$ 的特性以及薄膜分形结构的协同效应提高了薄膜的耐电晕性能。

参 考 文 献

[1] 陈炯，尹毅，李喆，等. 纳米 SiO$_x$/聚乙烯复合介质强场电导的预电应力效应研究 [J]. 中国电机工程学报，2006，26（7）：146-151.

[2] Lewis T J. Interfaces: nanometric dielectrics [J]. Journal of Physics D: Applied Physics, 2005 (38):

202-212.

[3] Lewis T J. Interfaces are the dominant feature of dielectrics at the nanometric level [J]. IEEE Transactions on Dielectrics and Electrical Insulation, 2004, 11 (5): 739-753.

[4] 王霞, 吴超一, 何华琴, 等. 茂金属聚乙烯改性低密度聚乙烯中空间电荷机理的研究 [J]. 中国电机工程学报, 2006, 26 (7): 158-162.

[5] 党智敏, 王海燕, 彭勃, 等. 高介电常数的聚合物基纳米复合电介质材料 [J]. 中国电机工程学报, 2006, 26 (15): 100-104.

[6] 章华中, 李剑, 梁勇, 等. 低密度聚乙烯-蒙脱土纳米复合材料的电树枝生长特性 [J]. 中国电机工程学报, 2010, 30 (31): 137-142.

[7] Singha S, Thomas M J. Dielectric properties of epoxy nanocomposites [J]. IEEE Transactions on Dielectrics and Electrical Insulation, 2008, 15 (1): 12-23.

[8] Okuzumi Y, Hozumi S, Murata Y. DC conduction and electrical breakdown of MgO/LDPE nanocomposite [J]. IEEE Transactions on Dielectrics and Electrical Insulation, 2008, 15 (1): 33-39.

[9] Wu G N, Wu J D, Zhou L R, et al. Microscopic view of aging mechanism of polyimide film under pulse voltage in presence of partial discharge [J]. IEEE Transactions on Dielectrics and Electrical Insulation, 2010, 17 (1): 125-132.

[10] 查俊伟, 党智敏. 聚酰亚胺/纳米 ZnO 耐电晕杂化膜的绝缘特性 [J]. 中国电机工程学报, 2009, 29 (34): 122-127.

[11] Meloni. High temperature polymeric materials containing corona resistant composite filler, and methods thereto: US, 7015260 [P]. 2006-06-25.

[12] Yin W, Barta D J. Pulsed voltage surge resistant magnet wire: US, 6180888 [P]. 2001-01-30.

[13] Liu Xiaoxu, Yin Jinghua, Sun Daobin, et al. Small angle X-ray scattering study on the nanostructures of polyimide films [J]. Chinese Physics Letters, 2010, 27 (9): 96103-96106.

[14] 查俊伟. 耐电晕聚酰亚胺/无机纳米复合薄膜的制备与电性能研究 [D]. 北京: 北京化工大学, 2010.

[15] 朱智恩, 张冶文, 安振连, 等. 电介质陷阱能量分布的光刺激放电法实验研究 [J]. 物理学报, 2010, 59 (7): 5067-5072.

[16] Smith R C, Liang C, Landry M, et al. The mechanisms leading to the useful electrical properties of polymer nanodielectrics [J]. IEEE Transactions on Dielectrics and Electrical Insulation, 2008, 15 (1): 187-196.

[17] 屠德民, 王霞, 吕泽鹏, 等. 以能带理论诠释直流聚乙烯绝缘中空间电荷的形成和抑制机理 [J]. 物理学报, 2012, 61 (1): 17-104.

[18] 田付强, 杨春, 何丽娟, 等. 聚合物/无机纳米复合电介质介电性能及其机理最新研究进展 [J]. 电工技术学报, 2011, 26 (3): 1-10.

[19] Bamji S S, Bulinski A T, Densley R J. Degradation of polymeric insulation due to photoemission caused by high electric fields [J]. IEEE Transactions on Electrical Insulation, 1989, 24 (1): 91-98.

[20] 孟昭富. 小角 X 射线散射理论及应用 [M]. 长春: 吉林科学技术出版社, 1996: 10-138.

[21] Bartholome C, Beyou E, Bourgeat-Lami E. Viscoelastic properties and morphological characterization of silica/polystyrene nanocomposites synthesized by nitroxide-mediated polymerization [J]. Polymer, 2005 (46): 9965-9973.

[22] 何恩广, 刘学忠. 纳米 TiO_2 填料对变频电机耐电晕电磁线绝缘性能的影响 [J]. 电工技术学报, 2003, 18 (1): 72-76.

聚乙烯/银纳米颗粒复合物的分子动力学模拟研究*

摘 要 通过分子动力学模拟对聚乙烯/银纳米颗粒复合物的结构、极化率和红外光谱、热力学性质、力学特性进行计算，分析其随模拟温度和银颗粒尺寸的变化规律。模拟结果表明：聚乙烯/银纳米颗粒复合物为各向同性的无定形结构，温度升高可提高银纳米颗粒的分散均匀性；银纳米颗粒表面多个原子层呈现无定形状态，并在银颗粒和聚乙烯基体的界面形成电极化层，界面区域随颗粒尺寸和温度的增加分别减小和增加；与聚乙烯体系相比，聚乙烯/银纳米颗粒复合物的极化率高很多，且随温度的升高和银颗粒尺寸的减小而增大；银颗粒尺寸直接影响界面电偶极矩的强度和振动频率，红外光谱峰强度和峰位随颗粒尺寸发生变化；聚乙烯/银纳米颗粒复合物具有比聚乙烯体系更高的等容热容和与聚乙烯体系相反的负值热压力系数，热容随颗粒尺寸的变化较小，但随温度的升高而明显减小，具有显著的温度效应；热压力系数随温度的变化较小，但随颗粒尺寸的增加而减小，具有明显的尺度效应，温度稳定性更好；聚乙烯/银纳米颗粒复合物的力学特性表现出各向同性材料的弹性常数张量，具有比聚乙烯体系更高的杨氏模量和泊松比，并且都随温度的升高和银颗粒尺寸的增大而减小，加入银纳米颗粒可有效改善聚乙烯的力学性质。

关键词 分子动力学模拟　聚合物纳米复合物　纳米颗粒

Molecular Dynamics Simulation of Polyethylene/Silver-nanoparticle Composites

Abstract Molecular dynamics simulations of polyethylene/silver-nanoparticle composites are implemented to calculate the structures, electrical, thermal and mechanical properties, thereby investigating their relationships with the nanoparticle dimension and simulation temperature. The results show that polyethylene/silver-nanoparticle composites are of isotropic amorphous structure, and the dispersion of nanoparticles in composite can be enhanced at a relatively higher temperature. Multi-layers of atoms on nanoparticle surface change into amorphous configurations, and electrical polarization interface layers are formed between silver nanoparticles and polyethylene matrix. The interface region shrinks and expends respectively with nanoparticle dimension and temperature increasing. Compared with polyethylene system, the polyethylene/silver-nanoparticle composite presents explicitly high polarizability which increases with temperature and nanoparticle size rising simultaneously. The silver nanopaticle dimension directly influences the intensity and frequency of interfacial dipole moment, resulting in corresponding variations of peak position and intensity in infrared spectrum. The polyethylene/silver-nanoparticle composite also shows higher isometric heat capacity and negative thermal

---

* 本文合作者：李琳、王暄、孙伟峰。原文发表于《物理学报》，2013，62（10）：106201。国家重点基础研究发展计划（2009CB724505）。

pressure coefficient with better temperature stability, which decreases explicitly with temperature and nanoparticle size increasing respectively, than polyethylene system. The mechanical property of polyethylene/silver–nanoparticle composite shows isotropic elastic constant tensor with considerably higher Young modulus and Poisson ratio than the polyethylene system, both of which decrease with temperature and nanoparticle dimension increasing, which indicates the improvement on mechanical property with Ag nanoparticle filler.

Key words molecular dynamics simulation, polymer nanocomposite, nanoparticle

1 引言

虽然纳米技术已经广泛用于半导体、生物和探测领域，但介电材料的纳米技术发展还处于初始阶段，亟待发展，对各方面性能调控作用的研究将是未来十年发展的重点[1,2]。纳米复合物新材料主要是指在传统材料中加入不同材料和结构的填充物（纳米颗粒、纳米带、纳米层）后形成的混合物、共聚物等，特别是在聚合物介电材料中加入几纳米到几十纳米的无机非金属氧化物、金属或石墨烯纳米颗粒形成的聚合物/纳米颗粒复合物（聚合物纳米复合物）具有突出的改性特性，加入纳米颗粒可显著提高聚合物的多种性能，如介电常数、电晕电阻、力学和热学性能等，目前，其制备和性能研究备受关注[3~5]。传统的微米尺度聚合物复合材料在性能提高方面有一定局限性，一些性能的提高总是伴随着另一些性能的降低，例如填充普通颗粒的聚合物普通复合物的热学、力学特性和阻燃性能会有所提高，但电学强度明显降低[6]。当填充材料的尺寸降到纳米尺度（几纳米到几十纳米）情况就有所不同，聚合物纳米复合物的特性一般会有全面提高，例如，在环氧树脂中形成纳米尺度高阶结构可以在其他性能未降低或有所提高的情况下抑制声子散射和提高热导率，成为一种多功能材料[7]；纳米复合物的耐电压特性、空间电荷分布、抗腐蚀性都有所提高[8]。由于纳米粒子具有极高的比表面积，与聚合物普通复合材料相比，聚合物纳米复合材料中的纳米粒子对于聚合物基体性能的影响更为显著，使其具有广泛的应用前景。例如，提高相对介电常数能够增加电容的能量密度，这在普通的复合物电介质中是无法实现的[9,10]。

聚合物纳米复合物（也称纳米电介质）实际上是聚合物和纳米颗粒的混合物，其性能主要受到纳米颗粒的大小、形状、分布、填充区域、聚合物分子重量以及纳米颗粒与聚合物基体相互作用等。只有当纳米颗粒在聚合物基体中的分散和分布满足一定要求时，各方面性能的提高才会实现[11]。电绝缘性能不仅依赖于电学性质，在某些应用中力学和热学性质是决定绝缘性能的主要因素，例如大型电器中的很多绝缘复合物在电失效前都会先出现明显的力学和热学性质变化，在某些专业领域的应用中要考虑电弧电阻和热膨胀系数等[12]。电绝缘失效在很多情况下是由于介电材料的力学和热学以及环境原因造成的，电失效机制如电机械和热击穿等都需要考虑非电学性质的变化[13]。

聚合物纳米复合物中的颗粒与聚合物界面比较复杂，高比表面积会使界面向空间延伸并形成径向尺度约为10~20nm的相互作用区域，这些纳米颗粒周围形成的界面作用区域对聚合物纳米复合物的各种特性起主要作用，而对于微米尺度颗粒形成的普通复合物，可以简单地看作颗粒嵌入聚合物基体当中[14]。聚合物纳米复合物可以看成是由很多界面组成的无定形体系，尽管是由基体聚合物和纳米颗粒复合而成，但其特性取决于复合体系的界面区域而不是单独的组成材料。这意味着形成了一种与基体聚合物完全不同的新材料。因此对界面区域的理解和控制是提高性能和设计应用的关键，而这些界面区域的材料特性可以看作是填充颗粒内部到基体材料的过渡[15]。当填充颗粒尺寸降到纳米尺度，量子效应和颗粒形状对局域电场分布有重要影响（对于微米颗粒的复合物不必考虑），特别是界面极化层的形成（Maxwell-Wagner 效应）会显著改变微观局域电导，因而对界面主导特性的聚合物纳米复合物的宏观电学性质起重要作用[16]。

由于尺度效应和界面效应的作用，局限在实验现象和反应机理上的研究无法满足对聚合物材料的改性和设计要求[17,18]，纳米电介质的电学、热学和力学特性等需要从分子/原子尺度进行研究。分子动力学（MD）模拟是通过计算相互作用的多粒子（分子或原子）运动方程来获得结构和运动状态随时间的变化，并从统计学计算宏观特性的方法，通过模拟分子水平上的结构获得实验很难或无法得到的数据。虽然不如计算量要求较高的从头计算精确，但 MD 模拟方法可以在纳米尺度上较精确地模拟大量分子组成的体系。银纳米颗粒与聚合物构成的纳米复合材料具有很多独特的物理性质，在电绝缘、抗菌、自洁净、热稳定和共混增强复合材料等诸多方面表现出广阔的应用前景，但对于银纳米颗粒与聚合物复合效应的分子机制仅从实验难以获得清晰的认识。分子动力学模拟在材料改性与设计领域是一种十分重要的方法，已经应用于聚合物纳米电介质的研究[19,20]，而对聚乙烯/银纳米颗粒复合物的分子动力学研究尚未见文献报道。本文利用多种方法对聚乙烯/银纳米颗粒复合物进行分子动力学模拟，对多种特性进行系统的分析，并与纯聚乙烯进行比较，为理解纳米复合的分子机制提供了有益的途径。

2　MD 模拟方法

采用 Materials studio 4.4 软件包的 Discover 模块对组成纳米复合物的各聚乙烯（PE）分子和银（Ag）纳米颗粒（或称团簇）进行能量最小化的结构优化，再用 Amorphous Cell 模块将优化后的各组成分子和原子团构建成无定形单胞来模拟纳米复合物非晶体系[21,22]，并且对无定形单胞结构精修，建构体系温度分别设定为 298K、400K 和 500K。用 Discover 模块对构建的无定形纳米复合体系进行分子动力学模拟。使用 Discover 模块进行结构几何优化和构建无定形纳米复合物单胞以及分子动力学模拟时，都采用适合于聚合物和多种过渡金属计算的半经验量子力学 PCFF 力场，用原子基加和方法计算范德华力和库仑相互作用，截断距离（cutoff distance）为 15.50Å，缓冲宽度为 2.00Å。结构优化采用共轭梯度（conjugate gradient）方法，能量收敛水平为 1×10^{-5} kcal/mol，最大迭代次数设为 2×10^4。分子动力学模拟中采用 NVT 系综（固定粒子数、体积、温度），使用 Nosé-Hoover 恒温控制方法[23]，恒定温度设在 298~500K 范围，步数为 1×10^4，时间步长 1.0fs，动力学模拟时间为 10.0ps，积分容忍度的能量偏移设为 5000.0kcal/mol。

采用直径约为 40Å、50Å、60Å 的球状单晶 Ag 纳米颗粒（含有 1961、3884、6603 个 Ag 原子，点对称群 Oh）以及扭转角和支链连接位置随机分布的多支链 PE 分子（支链与主链聚合度之比为 1/20，支链率 10%）构建纳米颗粒尺寸不同的三种纳米复合体系以便进行比较。图1为直径约50Å的Ag纳米颗粒和PE分子优化结构的示意图。用Discover和Forcite模块的Analysis工具对分子动力学模拟的轨迹文件进行结构（胞参数、密度、原子径向分布等）、能量（势能、静电能、范德华能等）、动力学（各关联函数）、力学特性的计算和分析。为了探讨聚乙烯复合Ag纳米颗粒以后的变化，即Ag纳米颗粒的作用，还用相同的方法对聚乙烯无定形体系进行分子力学和分子动力学计算并进行比较。

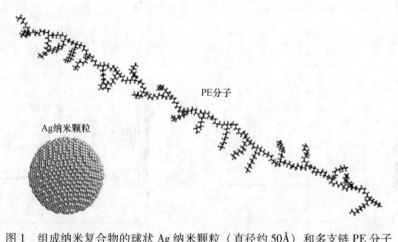

图1 组成纳米复合物的球状Ag纳米颗粒（直径约50Å）和多支链PE分子
（主链聚合度100）优化结构的示意图
(各种小球分别代表Ag、C、H原子)

3 结果与讨论

3.1 动力学过程分析

为了考查分子动力学模拟是否产生确定的统计系综，分析了模拟过程中各体系的能量和温度变化。图2给出了不同模拟温度下Ag颗粒直径50Å的聚乙烯/银纳米颗粒（PE/Ag-NP）复合物和PE体系（见表1）的总能量和瞬时温度随模拟时间的变化除了温度500K的PE体系以外，各模拟体系的能量和瞬时温度在动力学模拟开始后约1.5~2.0ps内波动起伏、逐渐减弱并很快达到恒定值（收敛），说明体系很快达到设定条件下的热力学平衡结构；之后体系的内势能和瞬时温度围绕某一平均值（热力学平衡温度即为设定模拟温度）缓慢地发生微小起伏（标准偏差足够小）。这是由于模拟中采用热浴恒温控制，体系内势能和动能还会发生微小转换，需要不断调整体系瞬间温度（粒子速度或动能）使其统计平均值和标准偏差满足热力学温度控制要求。此外，小颗粒尺度的PE/Ag-NP复合物更容易达到平衡。在298K和400K温度下，PE体系达到平衡比PE/Ag-NP复合物略微缓慢，但在500K温度时，分子动力学模拟的PE体系能量和瞬时温度都急剧升高，趋于发散，未能实现PE固态体系平衡结构，模拟失败。这说明本文建构的PE体系在500K温度下不存在固相平衡态，而处于熔融或气化状态，同时也表明加入Ag纳米颗粒到PE基体中可使熔点或熔化温度范围升高（大于500K）。以上结果说明分子动力学模拟满足预设统计系综的条件（除了温度500K的PE体系），并且模拟过程中的动力学起伏具有确定的统计热力学意义。

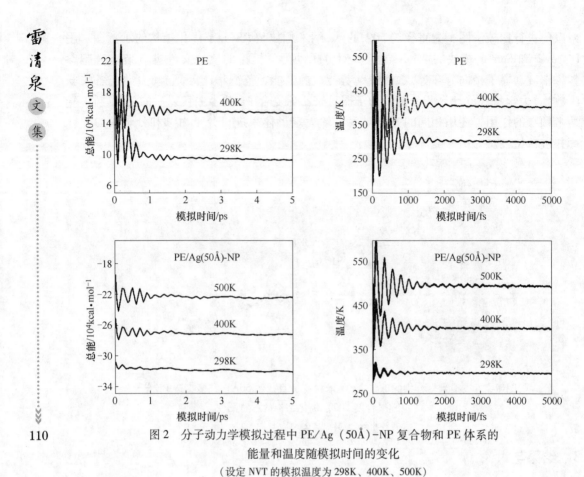

图 2 分子动力学模拟过程中 PE/Ag（50Å）-NP 复合物和 PE 体系的
能量和温度随模拟时间的变化

（设定 NVT 的模拟温度为 298K、400K、500K）

3.2 结构

分子动力学模拟获得的 PE/Ag-NP 复合物在 298K 和 500K 温度下的平衡结构如图 3 所示。表 1 列出了模拟纳米复合物所构建的无定形单胞中包含的成分，包括由不同直径 Ag 纳米颗粒组成的三种纳米复合物（Ag 原子数百分比相近），每种复合物都包含三种主链聚合度分别为 80、100、120 的 PE 分子。由图 3 可以看出在 298K 温度下 Ag 纳米颗粒未能均匀分散到 PE/Ag-NP 复合物无定形单胞中，趋于团聚结构，而在 500K 温度下 Ag 颗粒比较均匀地分散于 PE 基体当中，说明温度增加可明显改善复合物中纳米颗粒的分散均匀性。为了进行比较，用相同方法模拟 PE 无定形体系，所含不同聚合度 PE 分子的比例与 PE/Ag-NP 复合体系相同，且无定形单胞中的原子数相近（不算 H 原子），但不包含 Ag 纳米颗粒。模拟结果表明 PE/Ag-NP 复合物和 PE 无定形体系都是各向同性的。表 2 列出了 298K 温度下分子动力学模拟（5~10ps 已达到热力学平衡）PE/Ag-NP 复合物和 PE 体系的能量组成以及无定形单胞参数和密度的动力学统计结果，各模拟体系的无定形胞尺寸和角度（约 90°）在各个方向基本相同，差别很小可忽略。从能量上看，PE/Ag-NP 复合物比 PE 体系的范德华能、势能、总能量低很多，且随颗粒尺寸增加而略有降低，说明 Ag 纳米颗粒与 PE 基体之间通过较强的范德华（色散力）作用结合在一起，使能量急剧下降，结构更加稳定，达到改性的目的。图 4 给出了 298K 温度下 PE/Ag（50Å）-NP 复合物和 PE 体系在各个方向上的原子面密度分布函数,在无定形单胞(100)、(110)、(111)面上的原子面密度曲线都围绕同一确定值做相同幅度的波动,说明体系是原子密度随机分布的无定形结构。另外,PE/Ag(50Å)-NP复合物原子面密度随距离发生较明显的变化,而PE体系原子面密度曲线变化很小,这是因为Ag纳米颗粒的原子密度较高,当考察平面经过Ag纳米颗粒时,原子面密度会出现较大的波动。Ag单晶体的密度要远大于PE体系且PE/Ag-NP复合物中Ag颗粒与PE分子结合比较紧密(如图3(a)),因而PE体系和Ag纳米颗粒形成复合体系后密度有明显增加,且由于Ag原子数百分比基本相同,所以纳米颗粒直径不同的PE/Ag-NP复合物密度相同,如表2所示。

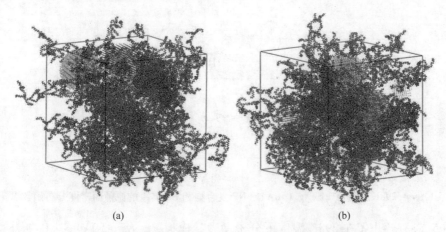

(a)　　　　　　　　　　　　　　(b)

图3　分子动力学模拟的PE/Ag-NP复合物最终平衡结构
(a)温度298K;(b)温度500K

表1　PE/Ag-NP复合体系的无定形单胞组成(n为PE分子主链聚合度)

种　类	数量	原子数(不包括H原子)	原子数百分比/%
Ag纳米颗粒(直径40Å/50Å/60Å)	6/3/2	1961×6/3884×3/6603×2 = 11766/11652/13206	32.6/32.4/35.2
PE($n=80$)	20	288×20=5760	15.9/16.0/15.4
PE($n=100$)	20	400×20=8000	22.2/22.2/21.3
PE($n=120$)	20	528×20=10560	29.3/29.4/28.1

表2　298K下PE/Ag-NP复合物和PE体系的能量组成、无定形单胞参数和密度

能量/kcal·mol^{-1}	PE/Ag(40Å)-NP	PE/Ag(50Å)-NP	PE/Ag(60Å)-NP	PE
范德华能	−316115±757	−390125±772	−454324±860	5354±605
静电能	−96.48±13.11	−74.86±16.80	−75.16±18.14	−120.47±13.01
动能	66867±207	68890±206	69707±194	97636±302
势能	−318010±854	−391024±943	−454173±1064	16044±441
总能量	−251142±899	−322133±994	−384465±1098	113681±465

续表2

能量/kcal·mol^{-1}	PE/Ag(40Å)-NP	PE/Ag(50Å)-NP	PE/Ag(60Å)-NP	PE
单胞参数/Å, (°)	a=132.21, α=90.39 b=132.07, β=89.89 c=132.58, γ=90.24	a=138.24, α=89.97 b=138.81, β=90.16 c=137.92, γ=90.26	a=142.93, α=90.18 b=143.29, β=90.31 c=143.38, γ=89.79	a=112.79, α=90.17 b=111.31, β=90.82 c=112.08, γ=89.83
密度/g·cm^{-3}	1.000327	1.000328	1.000328	0.59225

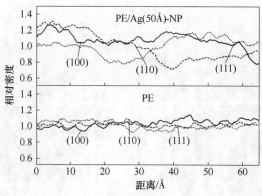

图4　298K温度下PE/Ag(50Å)-NP复合物和PE体系的原子面密度分布函数

图5(a)给出了在298K温度下分子动力学模拟PE/Ag(50Å)-NP复合物最终平衡结构的C-C和Ag-Ag原子对关联函数(径向分布函数), 图5(b)和图5(c)则给出了同样方法得到的PE体系的C-C原子对关联函数和50Å单晶Ag纳米颗粒的原子径向分布函数。C-C对关联函数在径向尺度大于4Å区域未出现关联峰, 仅在小于4Å的区域出现4个(PE/Ag(50Å)-NP)和3个(PE)特征关联峰, 对应于聚乙烯分子中的C—C键, 明显表现出短程有序但长程无序的无定形结构特征, 如图5(a)和图5(b)所示。PE/Ag-NP复合物的C-C对关联函数中有3峰值的位置与PE体系相同, 但强度明显增高, 并且还新出现了一个强度较小的峰值, 说明复合物PE基体与

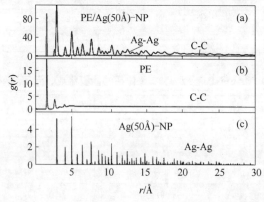

图5　分子动力学模拟平衡结构的原子对关联函数
(a) PE/Ag(50Å)-NP复合物; (b) PE体系; (c) 单晶Ag纳米颗粒(50Å)
(模拟温度298K)

纯 PE 体系有所不同，主要原因是 Ag 纳米颗粒表面附近 PE 分子 C—C 键产生了变化。50Å 单晶 Ag 纳米颗粒的原子径向分布函数（Ag-Ag 关联函数）在 25Å 以内出现多个峰值，对应于纳米颗粒中周期排列的 Ag 原子，说明表面 Ag 原子排列也有一定的周期性，如图 5（c）所示。相比之下，PE/Ag-NP 复合物的 Ag-Ag 关联函数在小于 20Å 范围内也有许多峰值，但尖锐程度下降，而对应于 Ag 颗粒表面 20~25Å 内的 Ag-Ag 峰消失，如图 5（a）所示。以上结果表明，在 PE 基体作用下形成纳米复合体系后，Ag 纳米颗粒并未改变其内部原子周期性排列的总特征，但表面 2~3 个 Ag 原子层完全转变为无定形状态，内部 Ag 原子排列周期性也有所下降，而聚乙烯则仍保持无定形结构。此外，Ag-Ag 关联函数峰消失的径向范围即界面区域随颗粒尺寸和温度的增加分别减小和增加。

3.3 极化率和红外光谱

使用 Amorphous Cell 模块的 Protocols 工具对 PE/Ag-NP 复合物和 PE 体系动力学模拟过程中的极化率进行计算，计算（外加电场 10^7V/m）得到的极化率张量的对角线各元素基本相等，且非对角线元素几乎为零（小两个数量级），表现为各向同性，图 6 给出了在不同温度下各模拟体系的极化率（5ps 以后张量对角线元素平均值的统计平均值）。PE/Ag-NP 复合物的极化率比 PE 体系明显增高，随温度的升高和 Ag 纳米颗粒尺寸的减小而增大，且颗粒尺寸愈大其随温度的变化愈明显，甚至在较高温度下大颗粒复合物的极化率比小颗粒复合物还要高。可以推断，Ag 纳米颗粒和 PE 分子之间的界面层（空间尺度亦随温度升高而增大）对介电性能的提高起重要作用。

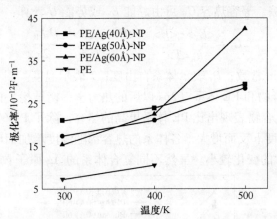

图 6　PE/Ag-NP 复合物和 PE 体系的极化率随模拟温度的变化

对分子动力学模拟过程中 PE/Ag-NP 复合物和 PE 体系的电偶极矩自关联函数（2ps 以后热力学平衡）进行傅里叶变换得到不同温度下的红外光谱，如图 7 所示。与 PE 体系相比，PE/Ag-NP 复合物的红外光谱中多出了一些强度较高的峰值，说明 Ag 纳米颗粒与附近 PE 基体之间形成了明显的电偶极矩，发生了电荷转移，在二者之间的界面附近形成一定的空间电荷层（界面极化层）。随着温度增加，PE/Ag-NP 复合物红外谱中的峰强度变化较小而峰位发生较大移动，低频成分明显增强，PE/Ag-NP 界面形成的空间电荷层也变厚，PE 分子和 Ag 纳米颗粒中的电子费米能级之差增大使电荷转移增强。随着 Ag 颗粒尺寸的增大，红外光谱中出现更多峰值，且峰值强度分布更加均匀，尤其是在相对较低的温度下。这说明 Ag 纳米颗粒尺寸直接影响界面电偶极矩的强度和振动频率。

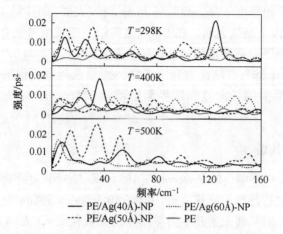

图7　298K、400K、500K 模拟温度下 PE/Ag-NP 复合物和 PE 体系的红外光谱

3.4　热力学性质

通过分子动力学模拟的统计起伏分析可以计算热力学量，如热容、绝热和热压缩性等。对于 NVT 系综，等容热容 C_V 可由总能 E_T 或势能 U 计算：

$$C_V = \frac{<E^2>-<E>^2}{k_B<T>^2} = \frac{<U^2>-<U>^2}{k_B<T>^2} + \frac{D_f k_B}{2} \tag{1}$$

式中，k_B 为 Boltzmann 常数；D_f 表示体系自由度；T 表示温度。图8给出了不同模拟温度下 PE/Ag-NP 复合物和 PE 体系（2ps 以后的热力学平衡结构）的等容摩尔热容计算结果。PE/Ag-NP 复合物表现出比 PE 体系更高的热容，除了 PE/Ag（40Å）-NP 复合物的热容在 500K 温度下反而增大，各体系的热容都随温度增加而明显减小，但在所考察范围内随颗粒尺寸的变化较小。虽然不同复合体系的 Ag 原子数比例相近，但 Ag 纳

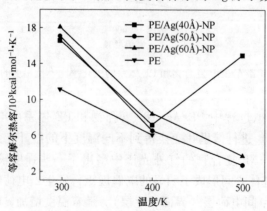

图8　PE/Ag-NP 复合物和 PE 体系的等容摩尔热容与温度的关系

米颗粒表面无定形态原子层厚度随温度升高而增大，显然尽管附近有 PE 分子，但表面 Ag 原子受到的束缚作用远不如颗粒内部的 Ag 原子，在承载热振动的能力上失去了单晶 Ag 原子的特征，使得热容随温度的变化比 PE 体系更加明显。同样还可以获得分子动力学模拟 NVT 系综的等容热压力系数，图 9 给出了不同模拟温度下 PE/Ag-NP 复合物和 PE 体系（2ps 以后的热力学平衡结构）的等容热压力系数计算结果。PE/Ag-NP 复合物的热压力系数（负值）比 PE 体系的热压力系数（正值）的绝对值明显要低，且随温度变化更为平缓（PE 体系的热压力系数随温度升高迅速下降），说明温度变化对两种体系压力的影响正好相反，且复合物温度稳定性更好。可以预测，在某些条件下合适地填充 Ag 纳米颗粒能够提高聚合物材料的耐温性，特别是对于耐高温聚合物材料是有益的。另外，热压力系数随颗粒尺寸的增加而降低，具有明显的尺度效应。

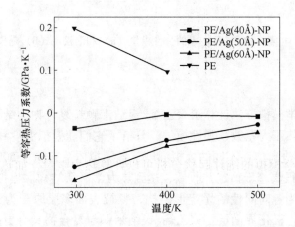

图 9　PE/Ag-NP 复合物和 PE 体系的等容热压力系数与温度的关系

3.5　力学特性

各向同性材料是正交各向异性材料的一种特例，即有无数个对称平面的情况，这时独立弹性常数只有两个，即杨氏模量和泊松比本文用 Discover 程序的 Analysis 工具对分子动力学模拟平衡结构（5ps 热力学平衡以后）的力学特性进行计算，弹性常数张量按照正交无定形单胞计算，得到的张量对角线元素和非零（小一个数量级的元素可认为是零）的非对角线元素各自近似相等，即只有两个独立的弹性常数，并且假定体系为各向同性计算得到的杨氏模量和泊松比与这两个基本相等，进一步说明 PE/Ag-NP 复合物和 PE 体系的各向同性。图 10 给出了按各向同性计算的不同模拟温度下 PE/Ag-NP 复合物和 PE 体系的杨氏模量和泊松比（5ps 以后的平均值）。PE/Ag-NP 复合物的杨氏模量和泊松比明显高于 PE 体系，且都随温度的升高和 Ag 纳米颗粒尺寸的增大而减小。Ag 颗粒尺寸较小的复合物随温度变化更加显著，甚至在 500K 温度下小颗粒尺寸复合物的杨氏模量和泊松比更小。因此，掺入 Ag 纳米颗粒形成复合物可以提高 PE 体系的力学特性，同时，弹性模量具有一定的尺度效应，可通过改变 Ag 纳米颗粒尺寸进一步改善力学特性。

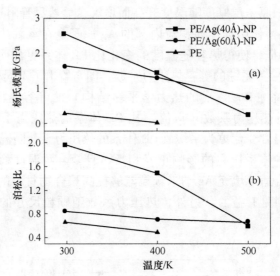

图10 PE/Ag-NP 复合物和 PE 体系的弹性模量（a）和泊松比（b）随模拟温度的变化

4 结论

通过分子动力学模拟方法计算了聚乙烯/银纳米颗粒复合物的结构、极化率和红外光谱、等容热容和热压力系数、弹性模量，分析了它们随模拟温度和颗粒尺寸的变化。模拟在 NVT 系综下进行，在不同的模拟温度下各模拟体系（除了 500K 温度下的 PE 体系）的能量和温度很快趋于稳定并收敛，达到热力学平衡结构。模拟结果表明聚乙烯/银纳米颗粒复合物为各向同性的无定形结构，颗粒表面多层原子为无定形结构并与聚乙烯基体之间形成电极化界面层。聚乙烯/银纳米颗粒复合物具有更高的极化率，随温度的升高和颗粒尺寸的减小而增大。界面电偶极矩强度和振动频率以及相应的红外光谱峰强度和峰位随着银颗粒尺寸的减小而发生变化。界面区域具有明显的尺度效应和温度效应，对复合物的特性起重要作用。聚乙烯/银纳米颗粒复合物的等容热容比纯聚乙烯更高，随温度增加而迅速减小，受颗粒尺寸的影响较小，但热压力系数符号相反（负值）且绝对值更低，随颗粒尺寸的增加而明显降低，温度稳定性更好。聚乙烯/银纳米颗粒复合物的杨氏模量和泊松比明显高于纯聚乙烯，并且都随温度的升高和颗粒尺寸的增大而减小。综上，加入银纳米颗粒到聚乙烯基体形成一种新的纳米复合物，多种特性将会得到改善。

参 考 文 献

[1] Dissado L A, Fothergill J C. Trans. IEEE DEI, 2004, 11, 737.
[2] Tanaka T, Montannari G C, Mülhaupt R. Trans. IEEE DEI, 2004, 11, 763.
[3] Stevens G C. J. Phys. D 2005, 38, 174.
[4] Tanaka T. IEEJ Trans. Fundam. Mater. 2006, 126, 1019.
[5] Tanaka M, Karttunen M, Pelto J, Salovaara P, Munter T, Honkanen M, Auletta T, Kannus K. Trans. IEEE DEI, 2008, 15, 1224.
[6] Ueki M M, Zanin M. Trans. IEEE DEI, 1999, 6, 876.

[7] Fukushima K, Takahashi H, Takezawa Y, Kawahira T, Itoh M, Kanai J. IEEJ Trans. Fundam. Mater. 2006, 126, 1167.
[8] Tanka T, Ohki Y, Ochi M, Harada M, Imai T. Trans. IEEE DEI, 2008, 15, 81.
[9] Mcmanus A, Siegel R, Doremus R, Bizios R. Annals Biomed. Eng., 2000, 28, S15.
[10] Vaia R, Giannelis E. MRS Bull., 2001, 26, 394.
[11] Nelson J K, Hu Y Proc. Int. Conf. on Prop. & Appl. of Dielectr. Mater. Bali, Indonesia, 2006, p150.
[12] Nelson J K, Schadler L S. Trans. IEEE DEI, 2008, 15, 1.
[13] Nelson J K, Hu Y J Phys. D, 2005, 38, 213.
[14] Raetzke S, Kindersberger J. IEEJ Trans. Fundam. Mater., 2006, 126, 1044.
[15] Smith R C, Liang C, Landry M, Nelson J K, Schadler L S. Trans. IEEE DEI, 2008, 15, 187.
[16] Lewis T J. IEEE Int. Conf. Solid Dielectr., 2004, 2, 792.
[17] Starr F, Schroder T, Glotzer S. Phys. Rev. E, 2001, 64, 021802.
[18] Smith G, Bedrov D, Li L, Byutner O. J. Chem. Phys., 2002, 117, 9478.
[19] Adnan A, Sun C T, Mahfuz H. Compos. Sci. Technol., 2007, 67, 348.
[20] Zeng Q H, Yu A B, Lu G Q. Prog. Polym. Sci., 2008, 33, 191.
[21] Rigby D, Roe R J. J. Chem. Phys., 1987, 87, 7285.
[22] Rigby D, Roe R J. J. Chem. Phys., 1988, 89, 5280.
[23] Nosé S. Prog. Theor. Phys. Suppl., 1991, 103, 1.

局部放电超高频信号时频特性与传播距离的关系

摘 要 超高频（UHF）检测法具有频带宽、信息量大、抗干扰能力强等一系列优点，近年来在局部放电检测中得到了广泛应用。为此，建立了变压器油纸绝缘局部放电模型，研究了超高频电磁波信号与脉冲电流之间的对应关系，以及超高频电磁波信号与传播距离的关系。实验结果表明：（1）随着传播距离的增加，超高频电磁波信号的能量和幅值均呈非线性衰减趋势；（2）局部放电超高频电磁波信号幅值与脉冲电流幅值成正比关系，超高频电磁波信号能量与脉冲电流幅值的平方成正比关系，且比例系数随着超高频电磁波信号传播距离增加而减小；（3）超高频电磁波信号中高频分量随着传播距离增加而衰减很快。以上结论有助于更加详细地了解局部放电超高频电磁波信号的辐射规律，是超高频检测法用来检测电力设备局部放电的依据。

关键词 局部放电（PD） 超高频（UHF） 电磁波（EMW） 辐射特性 传播距离 微带天线

Relationship between Characteristic in Time and Frequency Domain of Partial Discharge Ultra-high Frequency Signals and the Radiation Distance

Abstract The ultra-high frequency (UHF) method has been widely used for partial discharge (PD) monitoring in recent years for its striking advantages, such as having broad bandwidth, rich information, and strong anti-interference performance and so on. Thus, an oil-filled paper-insulated void discharge model is set up to investigate the relationship between the pulse current and the electromagnetic wave with ultra-high frequency electromagnetic wave (UHFEMW) and the relationship between UHFEMW and its radiation distance. The experimental conclusions are drawn as follows. (1) as propagation distance increases, the energy and amplitude of UHFEMW decrease gradually and non-linearly. (2) There are proportional relations between the amplitude of UHF PD signals to the amplitude of pulse current and between the energy of UHFEMW and the square of the amplitude of PD current, of which both the ratios decrease with increasing radiation distance. (3) The high frequency components of UHF PD signals decrease sharply with the increasing radiation distance. The conclusions above contribute to a more detailed understanding of propagation characteristic of the UHF PD signals, and they can provide a solid basis for applying UHF method in detections of transformer insulation faults.

Key words partial discharge (PD), ultra-high frequency (UHF), electromagnetic wave (EMW), radiation characteristic, radiation distance, micro strip antenna

---

* 本文合作者：彭超。原文发表于《高电压技术》，2013，39（2）：348~353。

1 引言

局部放电是影响电力设备安全稳定运行的重要因素，如何快速有效地检测局部放电并进行放电类型和位置的识别一直是科研工作者和现场运行人员十分关注的问题[1~3]。文献[4~6]建立了局部放电测量系统，文献[7~13]提出了许多有效的局部放电去噪方法。由于局部放电超高频检测具有较宽的检测频带，相比传统的脉冲电流检测方法，能够获得更多的局部放电信息，所以通过超高频电磁波信号分析局部放电特征，利用超高频电磁波信号对局部放电类型和放电位置进行识别已经得到越来越多的重视和应用[14~19]。近年来国内外研究人员针对电磁波在变压器中的传播规律进行了仿真分析，得出了绕组和铁芯对电磁波传播的影响[20,21]，文献[22,23]对于局部放电激发的超高频电磁波信号辐射特性进行了实验研究，为超高频电磁波信号传播特性的实验研究提供了借鉴。但上述研究中关于局部放电超高频电磁波信号时频域特征与传播距离之间关系的研究相对较少，本文建立了变压器油纸绝缘局部放电模型，研究了传播距离对超高频电磁波信号与脉冲电流之间的影响以及超高频电磁波信号时频域特征与传播距离间的关系。

2 实验平台

图1为实验平台。局部放电模型采用3层油纸结构。电极为平板电极，高压铝电极为直径5cm的圆柱形，并以环氧树脂浇注，地电极直径为6cm。中间1层油纸中心为直径2mm的空隙，每层油纸的厚度为1mm。

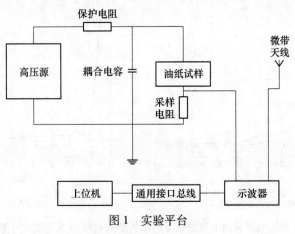

图1 实验平台
Fig. 1 Experimental setup

实验中同时采集局部放电脉冲电流和超高频电磁波信号。使用微带天线采集超高频电磁波信号，使用4个200Ω纯电阻并联作为局部放电脉冲电流耦合装置。示波器的采样频率为5GHz，采样带宽为500MHz。

实验中在距局部放电源不同测量距离处采集超高频电磁波信号，并记录相应的局部放电脉冲电流波形。图2为所测的局部放电脉冲电流波形和超高频电磁波信号电压波形，其中局部放电脉冲电流的脉宽为25ns，上升沿时间为3ns。

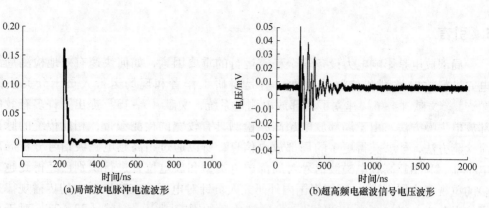

(a)局部放电脉冲电流波形 　　　　　　　(b)超高频电磁波信号电压波形

图2　局部放电脉冲电流波形与超高频电磁波信号电压波形

Fig. 2　PD waveform and UHFEMW signals

3　实验结果分析

3.1　超高频电磁波信号电压最大值、峰峰值和能量与传播距离的关系

图3（a）为在超高频电磁波信号的电压最大值、峰峰值与测量距离的关系曲线，图3（b）为超高频电磁波信号的能量随测量距离增加而衰减的曲线。由图3可见，在传感器距局部放电源的测量距离为20cm的范围内局部放电超高频电磁波信号的电压最大值、峰峰值和能量衰减剧烈，随着测量距离的增加，超高频电磁波信号的电压最大值、峰峰值和能量的衰减变得缓慢。实验中的局部放电脉冲电流脉宽 t_h 为12ns，幅值 I_0 为100mA。

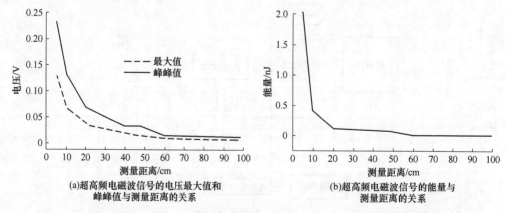

(a)超高频电磁波信号的电压最大值和峰峰值与测量距离的关系　　　　　　　(b)超高频电磁波信号的能量与测量距离的关系

图3　局部放电激发的超高频电磁波信号的最大值、峰峰值以及能量与测量距离的关系

Fig. 3　Relationship between the radiation distance and the peak value, peak-peak value and energy induced by electromagnetic field

3.2　传播距离对超高频电磁波信号电压幅值和能量与脉冲电流峰值之间关系的影响

图4所示为在距局部放电源的测量距离为20cm处测得的超高频电磁波信号的电压幅值和能量 E 与局部放电脉冲电流峰值的关系。从图4可以看出，超高频电磁波信号的电压幅值与脉冲电流峰值成线性关系，超高频电磁波信号的能量与脉冲电流峰值成

曲线关系。超高频电磁波信号能量 E 的计算式如式（1）所示

$$E = \frac{\Delta t}{R} \sum_{i=1}^{L} u_i^2 \qquad (1)$$

式中，L 为采样波形的长度；u_i 为第 i 个采样点的电压；R 为采集系统匹配电阻，取值为 50Ω；Δt 为采样时间间隔，取值为 1ns。由于超高频电磁波信号的能量与超高频电磁波信号的电压幅值是曲线关系，而该幅值与脉冲电流峰值是线性关系，所以超高频电磁波信号的能量与脉冲电流峰值成曲线关系。

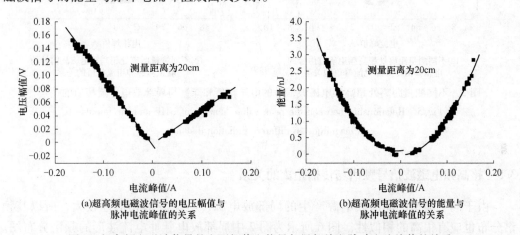

(a) 超高频电磁波信号的电压幅值与
脉冲电流峰值的关系

(b) 超高频电磁波信号的能量与
脉冲电流峰值的关系

图 4　超高频电磁波信号的电压幅值和能量与局部放电脉冲电流峰值的关系

Fig. 4　Relationship between the peak value, energy of UHF and the impulse magnitude

图 5 所示为局部放电脉冲电流峰值与不同测量距离处所测超高频电磁波信号电压幅值和能量的关系。从图 5 可以看出，在传感器距局部放电源的测量距离为 20cm 处，超高频电磁波信号的电压幅值与脉冲电流峰值的线性关系的斜率比其他测量距离（40cm、60cm、80cm）的斜率大，测量距离为 40cm、60cm、80cm 处的超高频电磁波信号的电压幅值与脉冲电流峰值之间线性关系的斜率大致相同，如表 1 所示。这是由于在距局部放电源一定测量距离后超高频电磁波信号衰减缓慢所造成的。同样脉冲电流峰值与不同测量距离处超高频电磁波信号的能量之间曲线关系在测量距离为 20cm 处的开口值小于其他 3 个测量距离处的曲线开口值，其他 3 个测量距离处的曲线开口值基本一致。

表 1　不同测量距离处超高频电磁波信号的电压幅值与局部放电脉冲电流峰值的线性拟合关系

Table 1　Rate of slop for fitting curve of the relationship between the UHF peak value and the PD magnitude

传感器位置/cm	曲线拟合斜率	
	负半周	正半周
20	−0.01465	0.00937
40	−0.00521	0.00647
60	−0.00499	0.00574
80	−0.00464	0.00602

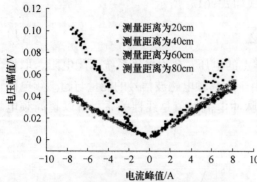
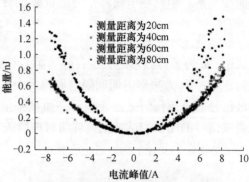

(a) 不同测量距离处超高频电磁波信号的
电压幅值与脉冲电流峰值的关系

(b) 不同测量距离处超高频电磁波信号的
能量与脉冲电流峰值的关系

图 5　不同测量距离处超高频电磁波信号的电压幅值和能量与局部放电电流峰值的关系

Fig. 5　Relationship between the peak value, energy of UHF and the impulse magnitude in different radiation distance

3.3　超高频电磁波信号频谱与传播距离的关系

由于同一类型的局部放电源产生的局部放电脉冲电流波形相似性较大，所以其频谱分布也应有很高的相似性。图 6 所示为图 2 中局部放电脉冲电流波形的频谱分布图。从图 6 可以看出，其频率主要分布在 0~50MHz 范围内，同时在 100~350MHz 范围内有少量的频谱分布。

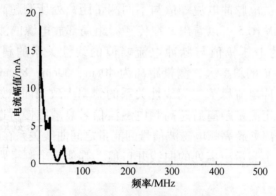

图 6　局部放电电流波形的频谱分布

Fig. 6　Frequency spectrum of PD waveform for different radiation distance

不同测量距离处局部放电超高频电磁波信号电压波形的频谱分布如图 7 所示。从图 7 可以看出，测量距离为 20cm 处的频谱分布与 40cm、60cm、80cm 处的频谱分布不同，20cm 处的频谱分布含有更多的高频分量（大于 100MHz），而 40cm、60cm、80cm 处的频谱中几乎不含高频部分；这 3 个测量距离处测得的超高频电磁波信号频谱相似度较高，且都集中在 0~50MHz 范围内，说明在测量距离大于 40cm 之后，超高频电磁波信号中的高频分量迅速衰减，但低频分量的分布特征不变。由此可知高频信号的衰减十分剧烈，只有在距局部放电源的测量距离很短时才能够获得高频信号，而在测量距离较长时则只能获得低频信号。

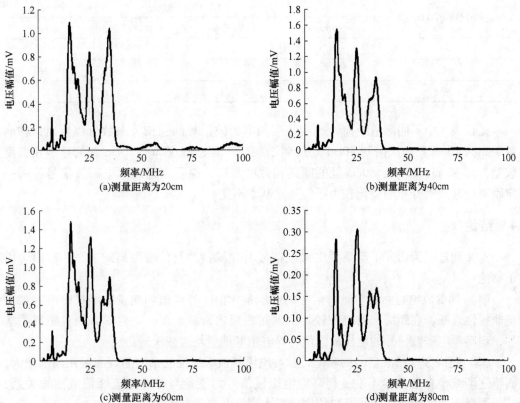

图7 不同测量距离处局部放电超高频电磁波信号电压波形的频谱分布
Fig. 7 Frequency spectrum of UHF in different radiation distance

求出不同测量距离处所测超高频电磁波信号的频谱并进行归一化后，计算相同测量距离和不同测量距离处超高频电磁波信号频谱的相关系数，分别如表2、表3所示。比较表2中同一测量距离处所测超高频电磁波信号的自相关系数可以看出，频谱的自相关系数大于0.95，说明在同一测量距离处所测来自同一局部放电源的超高频电磁波信号的频谱相似度很高。

表2 自相关系数
Table 2 Correlation coefficient

测量距离/cm	20	40	60	80
自相关系数	0.9895	0.9913	0.9501	0.9776

表3 互相关系数
Table 3 Cross correlation coefficient

测量距离/cm	互相关系数			
	20cm	40cm	60cm	80cm
20	1	0.9319	0.8965	0.8487

续表 3

测量距离/cm	互相关系数			
	20cm	40cm	60cm	80cm
40		1	0.9613	0.9290
60			1	0.9362
80				1

比较表 3 中不同测量距离处所测超高频电磁波信号的互相关系数可以看出，在测量距离为 20cm 处的频谱与 40cm 处的频谱相近，但是与 60cm、80cm 处的频谱相似度较差，而 40cm、60cm、80cm 处的频谱相似度较高，说明在超高频电磁波信号传播一定距离后其频谱分布的变化较为缓慢甚至基本不变。

4 结论

本文通过实验研究了超高频电磁波信号时频域特性与传播距离的关系，得出了以下结论：

（1）局部放电超高频电磁波信号的电压最大值、峰峰值和能量随测量距离增加而呈非线性衰减，在距局部放电源较短的测量距离内衰减剧烈，之后随着测量距离的增加，超高频电磁波信号的电压最大值、峰峰值和能量均衰减缓慢。

（2）超高频电磁波信号的幅值与脉冲电流峰值成线性关系，随着测量距离的增大，斜率逐渐减小直至基本不变；超高频电磁波信号的能量与脉冲电流峰值成曲线关系，随着测量距离的增大，曲线开口值缓慢增大直至开口值基本不变。

（3）局部放电超高频电磁波信号中高频分量（大于 100MHz）随着测量距离的增加而衰减很快，只有在距局部放电源很短的测量距离内含有高频分量，而在较长的测量距离处则只含有低频分量。

参 考 文 献

[1] 王国利，郝艳捧，李彦明，等. 电力变压器局部放电检测技术的现状和发展 [J]. 电工电能新技术，2001，20（2）：52-57.

[2] 郭俊，吴广宁，张血琴，等. 局部放电检测技术的现状和发展 [J]. 电工技术学报，2005，20（2）：29-35.

[3] 张毅刚，郁惟镛，黄成军，等. 发电机局部放电在线监测研究的现状与展望 [J]. 高电压技术，2002，28（12）：32-35.

[4] 张泽华，陆国俊，王勇，等. 变压器局部放电带电测试在电网中的应用 [J]. 高电压技术，2007，33（10）：217-218，221.

[5] 王国利，郝艳捧，刘味果，等. 电力变压器超高频局部放电测量系统 [J]. 高电压技术，2001，27（4）：23-25.

[6] 方琼，冯义，王凯，等. 电力变压器用数字化局部放电在线监测系统 [J]. 高电压技术，2002，28（7）：25-27.

[7] 王晓宁，王凤学，朱德恒，等. 局部放电现场监测信号中干扰的分析与抑制 [J]. 高电压技术，2002，28（1）：3-5.

[8] 唐炬,孙才新,宋胜利,等.局部放电信号中的白噪声和窄带干扰[J].高电压技术,2002,28(12):8-10.

[9] 黄成军,郁惟镛.基于小波分解的自适应滤波算法在抑制局部放电窄带周期干扰中的应用[J].中国电机工程学报,2003,23(1):107-111.

[10] 孙才新,李新,杨永明,等.从白噪声中提取局部放电信号的小波变换方法研究[J].电工技术学报,1999,14(3):47-50.

[11] 刘云鹏,律方成,李成榕,等.基于数学形态滤波器抑制局部放电窄带周期性干扰的研究[J].中国电机工程学报,2004,24(3):169-173.

[12] 唐志国,王彩雄,陈金祥,等.局部放电UHF脉冲干扰的排除与信号的聚类分析[J].高电压技术,2009,35(5):1026-1031.

[13] 王国利,郑毅,郝艳捧,等.用于变压器局部放电检测的超高频传感器的初步研究[J].中国电机工程学报,2002,22(4):154-160.

[14] 王伟,唐志国,李成榕,等.用UHF法检测电力变压器局部放电的研究[J].高电压技术,2003,29(10):32-34.

[15] 王伟,李成榕,丁燕生,等.局部放电UHF信号检波及其仿真[J].高电压技术,2004,30(2):32-33,47.

[16] 王颂,赵晓辉,方晓明,等.变压器局部放电超高频信号的外部检测[J].高电压技术,2007,33(8):88-91.

[17] 丁燕生,唐志国,李成榕,等.变压器的UHF法局放故障定位初探[J].高电压技术,2005,31(11):18-20.

[18] Hikita M, Ohtsuka S, Matsumoto S. Recent trend of the partial discharge measurement technique using the UHF electromagnetic wave detection method [J]. IEEE Transactions on Electrical and Electronic Engineering, 2007, 2: 504-509.

[19] Tenbohlen S, Denissov D, Hoek S M. Partial discharge measurement in the ultra high frequency (UHF) range [J]. IEEE Transactions on Dielectrics and Electrical Insulation, 2008, 15 (6): 1544-1552.

[20] 孟延辉,唐炬,许中荣,等.变压器局部放电超高频信号传播特性仿真分析[J].重庆大学学报:自然科学版,2007,30(5):70-74.

[21] 常文治,唐志国,李成榕,等.变压器局部放电UHF信号传播特性的仿真分析[J].高电压技术,2009,35(7):1629-1634.

[22] 王颂,李香龙,李军浩,等.变压器局部放电超高频信号外传播特性的试验研究[J].高压电器,2007,43(2):101-105.

[23] 王国利,单平,袁鹏,等.变压器局部放电超高频电磁波的传播特性[J].高电压技术,2002,28(12):26-28.

静电力显微镜研究二相材料及其界面介电特性*

摘 要 利用静电力显微镜（EFM）研究了二相材料不同区域的介电特性。制备了高定向石墨/聚乙烯、云母/聚乙烯等层叠状二相材料复合物，在 EFM 相位检测模式下观测二相材料过渡界面处，可以发现二相材料中介电常数较大的材料会引起较大的相位滞后角 $\Delta\theta$ 该相位滞后角正切值 $\tan(\Delta\theta)$ 与探针电压 V_{EFM} 存在二次函数关系，且函数二次项系数与样品的介电常数存在增函数关系，进而可在微纳米尺度下区分不同微区域内材料的介电常数差异。研究表明 EFM 可用于对材料介电特性的微纳米尺度测量，这对分析复合材料二相界面区域特性有积极意义。

关键词 静电力显微镜 界面 介电常数

Dielectric Property of Binary Phase Composite and Its Interface Investigated by Electric Force Microscope

Abstract Dielectric property of two-phase stack-up sample is studied by electric force microscopy (EFM). Highly oriented pyrolytic graphite (HOPG)/polyethylene (PE) and mica/PE are fabricated. The phenomenon that phase shift ($\Delta\theta$) of conducting probe varys with dielectric constant of material is discovered near the interface between the two materials by using phase detection EFM. The characteristic curves of $\tan(\Delta\theta)$ versus tip voltage V_{EFM} are of parabolic type. Quadratic coefficient increases with dielectric constant ε increasing. An approach to the qualitative analysis of the dielectric property near the interface between different material at the micro/nanometer scale, is provided in this paper.

Key words electric force microscope, interface, dielectric constant

1 引言

复合电介质具有非常优异的性能，广泛应用于电力能源、轨道交通、航空航天等行业中。随着应用领域的不断扩展迫切需要全面提高其电气性能。电气性能的全面改善取决于对复合电介质显微结构和导电机理的深入认识[1,2]，在以往的研究中介电谱是研究电介质介电常数变化的主要技术[3,4]，该技术存在的不足之处在于其缺少空间分辨率，这一点对于单组分、均质材料等并无太大影响，但对于存在大量界面态、材料局部性质会有变化的复合电介质来说这是一个急需弥补的缺陷。

静电力显微镜（electric force microscope，EFM）是在原子力显微镜（atomic force

---

* 本文合作者：孙志、王暄、韩柏、宋伟、张冬、郭翔宇。原文发表于《物理学报》，2013，62（3）：030703。国家自然科学基金（5097702）；国家重点基础研究发展计划（2009CB724505）；黑龙江省介电质工程国家重点实验室培育基地前沿项目预研基金（DE2012B07）；哈尔滨理工大学青年科学研究基金（2011YF013）。

microscopy，AFM）基础上发展起来的一种可用于研究表面电学性质的表征技术，其利用导电探针可以同时获得形貌，又获得局域电学方面的信息。具有分辨率高、工作环境要求低、成像载体种类多以及制样简单等优点，大大扩展了研究电介质材料微观局域电学信息的空间，这对于研究纳米复合电介质材料具有十分重要的意义[5~7]。

现在国内外采用 EFM 方法表征材料的电性能方面已经做了大量工作。最初，EFM 方法是由 IBM 研究中心的 Yves 等[8]于 20 世纪 80 年代在 AFM 基础上发展起来的一种测量微区静电力、电势分布以及电容大小的方法；随后，各国科研人员利用 EFM 方法在微电子工业、半导体材料以及无机材料方面的研究开展了许多有意义的工作[9~16]。对于有机高分子材料，Albrecht 等[17]采用 EFM 原位注入并观测单组分聚合物表面的电荷、电势产生变化情况，分析了聚合物微区在不同温度、湿度环境下的摩擦带电现象。Riedel 等[18,19]利用镜像电荷法、Krayev 等[20,21]采取电容法，分别计算了多组分聚合物材料上的微纳米区域介电特性。Lewis[22,23]认为，界面的电场、力场、化学势场和熵梯度的耦合，会使得纳米电介质产生一系列奇异的性能，并且不同界面对外加电场反应方式不同。Tanaka 等[24]，提出了纳米电介质多核模型用来解释界面区的结构及其电荷行为。在国内，中国科学院的韩立课题组[25]做了一些探索性的工作，他们建立了基于 EFM 的绝缘材料表面电荷微纳尺度测量系统，可以模拟室外紫外线照射情况，以及各种非腐蚀性气体环境；国家纳米科学中心 Qi 等[26~28]利用 EFM，标定了导电探针的特征电容，并根据与已知电荷密度的球状样品的对比方法，测量了试样表面的电荷密度。以上的研究选用多是聚合物本体单一材料组分，而对于日益发展起来的纳米复合电介质的研究还有不足。

本文利用 EFM 相位检测模式研究了高定向石墨/聚乙烯、云母/聚乙烯等二相层叠状复合材料在导电探针影响下不同区域表现出来的介电特性的差异，尤其关注了材料界面处表面电势、相位滞后角的变化。结果显示二相材料由于各相介电特性的不同，界面处的性质存在明显的过渡变化、引起不同材料的相位滞后角正切 tan ($\Delta\theta$) 与针尖电压 V_{EFM} 曲线随介电性能的变化而改变，这种改变对应着材料介电常数的变化。分析了导电探针与材料之间电容力相互作用。旨在利用 EFM 的高分辨率特性，在微纳米尺度内研究纳米电介质材料不同微区及界面区的介电特性。

2 实验

2.1 实验材料及其制备

云母（Mica）：Electron Microscopy Sciences 公司生产，MUSCOVITE MICA V-1 QUALITY；高定向热解石墨（highly oriented pyrolytic graphite，HOPG）：NT-MTD 公司生产，ZYB 级；聚乙烯（polyethylene，PE）：Arya Sasol Polymer 公司生产。Mica 和 HOPG 均具有容易解理的层状结构，PE 为最常用的电介质材料，PE 与前二种材料之间两组相互挤压后再剥离，易形成二相材料覆盖层叠的结构（HOPG/PE，Mica/PE）。压片采用天津市科器高新技术公司生产的 769YP-15A 压片机，工作压力大小约为 5MPa，压制 5min。样品在 EFM 测试前均需做表面放电处理，尽量减少表面残余电荷对实验的影响。

2.2 仪器设备与实验方法

实验采用了 Veeco 公司生产的 MultiMode-Nanoscope ⅢA 型多功能扫描探针显微镜。使用 AppNano 公司生产的 ANSCM-Pt 型导电探针，Si_3N_4 材质，外表面镀 Pt 导电涂层。

EFM 采用导电探针对样品表面扫描检测时，对样品表面的每一行都进行两次扫描：第一次扫描采用轻敲模式（tapping mode），得到样品在这一行的高低起伏并记录下来；然后采用抬起模式（Lift mode），让探针抬起一定的高度（通常为 10~200nm），并按样品表面起伏轨迹进行第二次扫描，由于探针被抬起且按样品表面起伏轨迹扫描，故第二次扫描过程中探针不接触样品表面，克服针尖与样品间原子的短程斥力，尽量消除样品表面形貌的影响，探针受到的力梯度主要由长程静电力引起。探针因受到的长程静电力的作用而引起的振幅和相位变化。因此，将第二次扫描中探针的振幅和相位变化记录下来，就能反映出样品表面电场、电荷分布状况，从而得到样品的部分电学性能。一般而言，相对于探针的振幅，其振动相位对样品表面电场变化更敏感，因此相移成像技术是静电力显微镜的重要方法，其结果的分辨率更高、细节也更丰富。

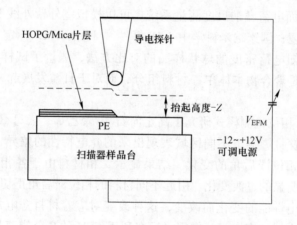

图 1 EFM 工作示意图

探针相位变化被定义为探针实际振动相位与自由振动相位的差值，在静电力模式情况下探针振动的相位差与力梯度的关系可以表示为[26]

$$\tan(\Delta\theta) \propto -\frac{Q}{k_C}F' \tag{1}$$

式中，k_C 为探针弹性系数；Q 为探针质量因子；F' 为所有作用于探针的力梯度。

作用于探针的长程力主要是针样之间的电容力，可表示为

$$F = -\frac{1}{2} \cdot \frac{\partial C}{\partial Z} \cdot (V_{EFM} - V_S)^2 \tag{2}$$

其力梯度

$$F' = -\frac{1}{2} \cdot \frac{\partial^2 C}{\partial Z^2} \cdot (V_{EFM} - V_S)^2 \tag{3}$$

式中，V_S 为样品表面势；$V_{EFM}-V_S$ 为针样之间的电势差；Z 为针样之间的距离抬起高度；C 为针样组成的系统电容。

除了电压因素外，力梯度 F' 主要由针样电容结构、样品介电常数决定。在 EFM 模式下探针振动的相位差与电压之间的关系可以表示为

$$\tan(\Delta\theta) \propto a \cdot (V_{EFM}-V_S)^2 \qquad (4)$$

式中，a 为系统因数（抛物线系数），a 与探针形状、实验环境等不确定条件以及材料介电常数 ε 等有关。而根据多种针样电容模型[20,21,26~31]的结果可知，系统因数 a 与样品介电常数 ε 存在增函数关系：$\frac{\partial a}{\partial \varepsilon}>0$。因此在其余参数基本固定的情况下，通过改变施加到探针的直流偏压 V_{EFM}，EFM 扫描得到探针振动相位差的正切值 $\tan(\Delta\theta)$ 与探针偏压 V_{EFM} 之间呈现抛物线关系。由抛物线系数可以判断样品不同组成相之间介电常数及介电性能的变化。该方法可以部分消除探针形状、实验环境等不确定条件带来的影响。因此可以在 EFM 的基础上利用其较高的空间分辨，进而区分不同微区、界面的介电性能差异。

3 测量结果与讨论

3.1 HOPG-PE 界面

图 2 是 HOPG-PE 界面的扫描图。图 2（a）为界面形貌图，可以看到 PE 表面覆盖有 HOPG 片层（左侧 HOPG、右侧 PE），由于 HOPG 解理的不完整性，图 2（a）左半侧可以发现几个石墨台阶；而右半侧为 PE 表面，较为平坦。图 2（a）中下部的突起部分，从形貌上不容易判别其归属于哪一部分。但在图 2（b）和图 2（c）中的信号里，其与左侧 HOPG 部分几乎融为一体，由此可以判断其为 HOPG 片层的突起。

图 2（b）为界面处的表面电势图像，从中可以看到样品左侧 PE 区域表面势较高，并且在图像中部存在一个明显的变化过程。图 2（b）中表面势的差异主要是由于两种材料的功函数不同和残余表面电荷引起。

图 2（c）为表面的 EFM 相位图，抬起高度 50nm，此时针尖所施加电压 $V_{EFM}=+12V$，右侧 PE 区域的相位滞后角与左侧 HOPG 区域差别明显，HOPG 区部分显示突起信号，但是对比形貌图的起伏，作者认为引起这些相位突变主要是受到形貌的起伏变化引起的。

图 2（d）为图 2（c）中剖面线位置的 EFM 单线扫描图（slow scan axis disable），二维图从上至下变换针尖所施加电压 V_{EFM} 从 $+12\sim-12V$（步长为 $-2V$），V_{EFM} 的变化引起相位滞后角的变化。剖面图中，红色剖面线为 $V_{EFM}=12V$ 时该扫描线上的相位变化情况，与图 2（c）中剖面线类似；绿色剖面线为 HOPG 区一单点位置的相位随针尖所施加电压 V_{EFM} 变化情况，白色剖面线为 PE 区情况，两条相角变化的剖面线形状接近于抛物线，但不完全对称，这可能是由于样品表面的功函数和残余电荷影响，是由于表面电势的绝对值不为零引起的。在同样 V_{EFM} 电压条件下，HOPG 区相位滞后角更大，体现出探针在两种材料表面静电力梯度的不同，这种差异与材料的介电常数相关。

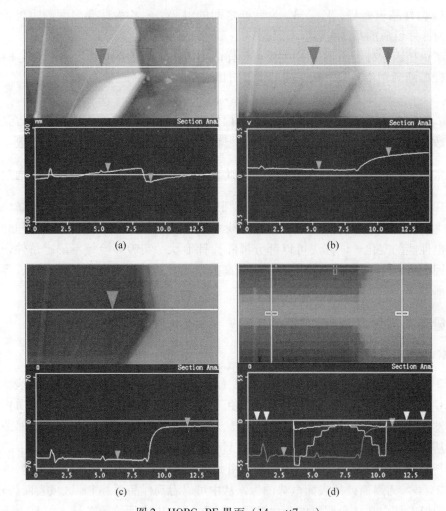

图2 HOPG-PE 界面（14μm×7μm）

(a) 形貌图（Z 轴：nm）；(b) 表面电势图（Z 轴：V）；(c) 静电力相位图（Z 轴：(°)），$V_{EFM}=12V$；(d) 单线扫描相位图（Z 轴：(°)）

3.2 Mica-PE 界面

图3是 Mica-PE 界面的扫描图，左侧为 Mica，右侧为 PE。图3(a)为界面表面处形貌图，两侧材料过渡区域是一条约 1μm 宽的过渡带，在表面电势和电场力显微镜的图像中，也可以发现两侧的显著不同。Mica 区的相位滞后角更深。图3(d) 单线扫描相位图中 Mica 区与 PE 区的相位滞后角剖面线差异较明显。

3.3 特征曲线

将图2(d)和图3(d)的各个样品区域的相位滞后角取出，并绘制针尖滞后角正切 $\tan(\Delta\theta)$ 与针尖偏压 V_{EFM} 曲线，如图4所示。四条曲线分别代表 HOPG, Mica 以及两组样品上的聚乙烯材料 H-PE, M-PE，通过 Origin 拟合，发现 $\tan(\Delta\theta)$-V_{EFM} 曲线与抛物线拟合得很好，与式(4)相符合，抛物线二次项系数 $a_{HOPG}>a_{Mica}>a_{PE}$，而 $\varepsilon_{HOPG}>$

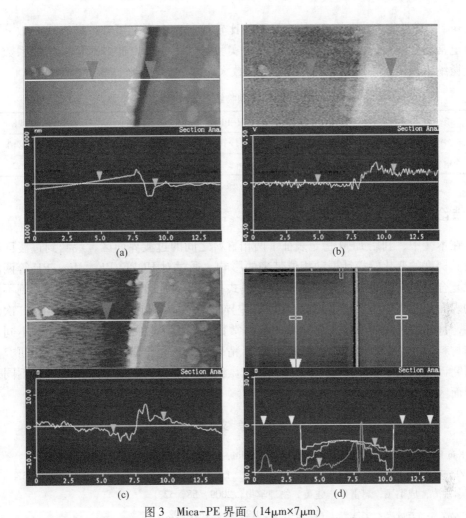

图 3　Mica-PE 界面（14μm×7μm）

(a) 形貌图（Z 轴：nm）；(b) 表面电势图（Z 轴：V）；(c) 静电力相位图（Z 轴：(°)），$V_{EFM}=12V$；(d) 单线扫描相位图（Z 轴：(°)）

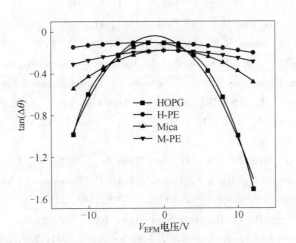

图 4　针尖滞后角正切与针尖偏压曲线及拟合

$\varepsilon_{Mica} > \varepsilon_{PE}$,详见表1。两条PE的曲线形状比较接近。由表1可知,抛物线系数a与材料介电常数存在对应的增函数关系,同一实验条件下,可以通过对比抛物线系数a来判断微纳米尺度下不同组分微区的介电常数大小。

表1 tan($\Delta\theta$)-V_{EFM}抛物线系数及材料介电常数

项目	HOPG	H-PE	Mica	M-PE
拟合二次项系数 a	7.89×10^{-3}	4.61×10^{-4}	2.33×10^{-3}	$6.11E\times10^{-4}$
介电常数 ε	$\varepsilon_{导体}\rightarrow\infty$	≈ 2.2	$\approx 7.0\sim9.0$	≈ 2.2

4 结论

在本文中,利用EFM稳定表征了两相材料之间的过渡界面区,观测到过渡区电容力及其梯度的变化给探针振动相位带来的影响。通过对HOPG/PE、Mica/PE等两相层叠状复合材料样品表面的EFM相位检测模式扫描图对比分析,发现界面区两侧不同材料的表面势、相位滞后角$\Delta\theta$均存在明显差异。tan($\Delta\theta$)与探针电压V_{EFM}存在二次函数关系,且函数二次项系数a与样品的介电常数存在增函数关系,进而可区分不同微区域内材料的介电常数差异。如何利用EFM精确地测量介电常数还有待进一步研究。这些研究旨在利用EFM的高分辨率特性,在微纳米尺度内研究纳米电介质材料不同微区及界面区的介电特性。

参 考 文 献

[1] Kao K C, Hwang W. Electrical Transport in Solid, Oxford:Pergamon Press, 1981, P168.

[2] Zhang P H, Fan Y, Wang F C, Xie H, Li G, Lei Q Q. Chin. Phys. Lett., 2005, 22, 1253.

[3] 李盛涛, 成鹏飞, 赵雷, 李建英. 物理学报, 2009, 58, 523.

[4] 成鹏飞, 李盛涛, 李建英. 物理学报, 2012, 61, 187-302.

[5] Holger S, Julius G V. Scanning Force Microscopy of Polymers, Deutschland:Springer Press, 2010:10.

[6] 雷清泉, 范勇, 王暄. 电工技术学报, 2006, 21, 1.

[7] Belaidi S, Girard P, Leveque G. J. Appl. Phys., 1997, 81, 1023.

[8] Yves M, David W A, Kumar H W. Appl. Phys. Lett., 1988, 52, 1103.

[9] Paula M V, Yossi R, Angus K. Scanning Probe Microscopy:Characterization, Nanofabrication, and Device Application of Functional Materials, Netherlands:Kluwer Academic Publishers, 2005:289.

[10] Jones J T, Bridger P M, Marsh O J, McGill T C. Appl. Phys. Lett., 2009, 75, 1326.

[11] Marchi F, Dianoux R, Smilde H J H, Mur P, Comin F, Chevrier J. J. Electrostat., 2008, 66, 538.

[12] Zhu Y F, Xu C H, Wang B, Woo C H. Comp. Mater. Sci., 2005, 33, 53.

[13] Jeandupeux O, Marsico V, Acovic A, Fazan P, Brune H. Microelectron Reliab., 2002, 42, 225.

[14] Okur S, Yakuphanoglu F. Sensor Actuat A Phys., 2009, 149, 241.

[15] Benstetter G, Biberger R, Liu D P. Thin Solid Films, 2009, 517, 5100.

[16] Doukkali A, Ledain S, Guasch C, Bonnet J. Appl. Sur. Sci., 2004, 235, 507.

[17] Albrecht V, Janke A, Drechsler, Schubert G, Németh E, Simon F. Progr Colloid Polym. Sci.,

2006, 1, 32-48.

[18] Riedel C, Arinero R, Tordjeman P. J. Appl. Phys., 2009, 106, 024315.

[19] Riedel C, Schwartz G A, Arinero R. Ultramicroscopy, 2010, 110, 634.

[20] Krayev A V, Talroze R V. Polymer, 2004, 45, 8195.

[21] Krayev A V, Shandryuk G A, Grigorov L N, Talroze R V. Macromol. Chem. Phys., 2006, 207, 966.

[22] Lewis T J. IEEE Tran. Dielect. El. In., 1994, 1, 812.

[23] Lewis T J. IEEE Tran. Dielect. El. In., 2004, 11, 739.

[24] Tanaka T, Kozako M, Fuse M, Ohki Y. IEEE Tran. Dielect. El. In., 2004, 12, 669.

[25] 赵慧斌, 韩立. 纳米技术与精密工程, 2008, 6, 89.

[26] Qi G C, Yang Y L, Yan H, Guan L, Li Y B, Qiu X H, Wang C. J. Phys. Chem., 2009, C 113, 204.

[27] Qi G C, Yan H, Guan L, Yang Y L, Qiu X H, Wang C, Li Y B, Jiang Y P. J. Appl. Phys., 2008, 103, 11, 4311.

[28] 张冬冬, 王锐, 蒋烨平, 戚桂村, 王琛, 裘晓辉. 物理, 2011, 40, 573.

[29] Piarristeguy A A, Ramonda M, Pradel A. J. Non-Cryst. Solids., 2010, 356, 2402.

[30] Mesa G, Dobado Fuentes E, Sáenz J J. J. Appl. Phys., 1996, 79, 39.

[31] Kazuya G, Kazuhiro H. J. Appl. Phys., 1998, 84, 4043.

多铁材料 BiFeO$_3$ 的制备与表征*

摘 要 以硝酸铁和硝酸铋为反应物，柠檬酸为络合剂，硝酸为催化剂，采用柠檬酸溶胶-凝胶法制备粒径分布均匀的多铁性材料 BiFeO$_3$ 纳米粉体，通过 TG-DSC、XRD、FT-IR、SEM 及 AFM 等手段对样品的结构、形貌及纯净度进行表征。研究结果表明，在溶胶过程中前驱液的 pH 值以及干凝胶的煅烧温度等合成条件对 BiFeO$_3$ 纳米粉体的制备和纯净程度都有一定的影响，最佳的合成条件是前驱溶液的 pH=7~8，干凝胶的煅烧温度为 600℃。在该条件下得到的 BiFeO$_3$ 纳米粉体中无杂相 Bi$_{25}$FeO$_{40}$ 和 Bi$_2$Fe$_4$O$_9$ 等，纳米颗粒尺寸在 100nm 左右，分散性良好，饱和磁化强度 M_s = 1.08A·m^2/kg，剩余磁化强度 M_r = 0.13A·m^2/kg，矫顽力 H_c = 15.76kA/m。

关键词：多铁性材料 铁酸铋 溶胶-凝胶 纳米粉体

Preparation and Characterization of Multiferroics BiFeO$_3$

Abstract The multiferroic materials BiFeO$_3$ nanopowders of dispersion uniformity were synthesized by the citric acid Sol-Gel method, using the iron (Ⅲ) nitrate and bismuth nitrate as the reactants and dilute nitric acid as the catalyst. The physical and chemical characteristics, such as structure, morphology and purity of BiFeO$_3$ nanopowders were investigated by TG-DSC, XRD, FT-IR, SEM and AFM, respectively. The results indicate that the preparation and purity of BiFeO$_3$ nanopowders have a profound influence on the precursor solution pH value of sol process and the calcined temperature of the xerogel. The optimum reaction conditions are the precursor solution pH=7-8 and calcined temperature of 600℃. It is found that BiFeO$_3$ nanopowders with 100nm in size, good dispersion and without Bi$_{25}$FeO$_{40}$ and Bi$_2$Fe$_4$O$_9$ impurity phase are synthesized under the optimum reaction conditions. The saturation magnetization (M_s), the remanent magnetization (M_r) and the coercivity (H_c) of BiFeO$_3$ nanopowders under the optimum reaction conditions are 1.08A·m^2/kg, 0.13A·m^2/kg and 15.76kA/m, respectively.

Key words multiferroics, BiFeO$_3$, Sol-Gel, nanopowders

多铁材料自从法国科学家 Valasek 首次发现以来，凭借它的特殊的铁电性、铁磁性及铁弹性而备受诸多学者的关注[1~4]。铁酸铋（BiFeO$_3$）是一种由于结构参数有序而导致在室温下同时存在铁电有序和反铁磁有序的材料。早期的多晶 X 射线衍射结果显示 BiFeO$_3$ 具有菱形畸变类钙钛矿结构，Hill[5]和 Reyes[6]等研究结果也进一步支持这一结论，并指出 BiFeO$_3$ 属于 R3c 空间群。从结构对称性角度看，这种结构既允许铁电性的存在，也允许弱铁磁性出现。BiFeO$_3$ 较高的居里温度（T_c=1123K）和尼尔温度（T_N=650K）使其成为具有广泛应用前景的材料之一，有较大的探索价值，有望应用于

---

* 本文合作者：宋伟、王暄、张冬、孙志、韩柏、何丽娟。原文发表于《无机材料学报》，2012，27（10）：1053~1057。国家重点基础研究发展计划（2009CB724505，2012CB723308）；国家自然科学基金（5097702）。

滤波器、传感器及非线性光学器件中。

在多铁材料中，能产生与外加电场 E 成正比的磁化强度 M 或与外加磁场 H 成正比的电极化强度 P，也就是所谓的磁电效应。即当外加磁场或电场时，这类材料的自发磁极化或自发电极化的方向会发生相应的调整变化[7]。铁电性和磁性的共存以及磁电耦合性质使其在高密度、低功耗、非挥发新型存储器件及自旋电子等方面有重要的应用前景。从基础研究角度来看，具有磁电效应的多铁性材料因其自旋、电荷、轨道、晶格之间的相互作用而会具有丰富的物理内涵，也成为了近几年来凝聚态物理和材料物理研究人员重点关注的领域[7,8]。

由于 $BiFeO_3$ 性能的优异，制备单相 $BiFeO_3$ 纳米粉体受到广泛关注。目前合成 $BiFeO_3$ 纳米粉体的方法主要有高温固相法、快速液相烧结法、水热合成法和共沉淀法。溶胶-凝胶法制备多铁性材料 $BiFeO_3$ 纳米粉体，与传统的固相反应法和快速液相烧结法相比，它具有产物粒子纯度高，组成精确可控，易进行微量成分添加，操作方便，合成条件简单等优点[9~11]；与水热合成法相比，它具有产物粒度细，可在 100nm 左右，并且粒径分布较窄，均匀性好，反应条件温和易控制等优点[12~15]。本工作采用柠檬酸溶胶-凝胶法制备多铁性 $BiFeO_3$ 纳米粉体。

1 实验方法

1.1 柠檬酸溶胶-凝胶法合成 $BiFeO_3$

采用柠檬酸溶胶-凝胶法合成 $BiFeO_3$ 纳米粉体的流程工艺如图 1 所示。将等摩尔的硝酸铁和硝酸铋溶解在一定量的蒸馏水中搅拌，再向其中加入柠檬酸作为络合剂，继续充分搅拌，加入稀硝酸作为催化剂，最后用氨水来调解反应溶液的pH值，将得到的溶液过滤最终获得前驱体反应液。将前驱液在80℃下水浴加热7~9h直至溶液蒸干得到干凝胶，再放置到90℃的烘箱中干燥12h，最后放入管式电阻炉中高温煅烧，得到疏散蓬松的砖红色 $BiFeO_3$ 粉体。

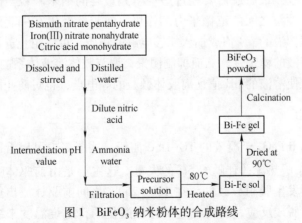

图 1 $BiFeO_3$ 纳米粉体的合成路线

Fig. 1 Synthesis routes of the $BiFeO_3$ nanopowders

1.2 特性

采用德国 NEZSCH STA 449C 型号的 TG-DSC（Thermogravimetry-differential scanning calorimetry）热分析系统来分析随温度的变化干凝胶前驱体产生的分解和氧化过程，测试条件是在空气气氛下，室温开始，以 10℃/min 升温到 1000℃。采用日本理学公司 D/max-ⅢB 型的广角 X 射线衍射 WAXRD（Wide-angle X-ray diffraction）对样品粉末进行定性分析，测试条件是 CuKα（λ=0.15406nm），辐射电压为 40kV，辐射电流为 30mA，扫面速度 8°/min。采用德国布鲁克 EQUINOX55 型号的傅里叶变换红外光谱 FT-IR Spectrometer 对样品进行红外光谱测定，研究分子中各原子间的振动情况，实验是 KBr 作为背景，波数范围 4000~50cm^{-1}。采用日本日立公司 S-4800 型号的扫描电子显微镜 SEM（Scanning electron microscope）来观察样品表面的微区形貌。采用美国 Veeco 公司 Nano Scope ⅢA 型号的原子力显微镜 AFM（Atomic Force Microscope）对材料的纳米区域的形貌进行探测，测试范围形貌分辨率横向达 0.1nm，纵向可达 0.01nm。

2 结果与讨论

2.1 柠檬酸溶胶-凝胶的反应原理

溶胶-凝胶法是一种可以制备从零维到三维材料的湿化学制备方法，主要反应机理是反应物分子（或离子）母体在水溶液中进行水解和聚合。即分子态—聚合体—溶胶—凝胶—晶态（或非晶态），可以通过反应机理和有效的控制来合成一些特定结构和聚集态的固体化合物或材料。溶胶—凝胶方法的优点在于可以将反应物均匀地分散在溶剂中形成低黏度的溶液，在短时间内达到分子水平的均匀性；反应较容易进行，合成温度较低，并且体系中组分的扩散在纳米尺度的范围内，是一种有效的合成纳米尺度材料的方法。

溶胶-凝胶法制备过程需要经过溶液、溶胶、凝胶及固化四个阶段，金属盐反应物分散到水中吸引水分子形成 M$(H_2O)_{n-1}(OH)_{z-1}$ 溶剂单元低黏度的溶液体系，溶液体系在加热过程中羟基化合物逐步发生缩聚反应形成溶胶，继续加热直至水蒸发掉，真空干燥，得到干凝胶。最后还需要经过煅烧得到最终的纳米颗粒。但是此过程中由于胶体体系中的胶体颗粒之间的范德华力的作用，使胶体聚集在一起而形成团聚体，此时，需要通过调解溶液的 pH 值或加入能够电解的物质，可以阻止静电吸引。加入柠檬酸可以影响胶体溶液的稳定性，从而抑制团聚；调节胶体溶液体系的 pH 值可影响胶体表面电荷的分布，使溶液的 pH 值远离胶体颗粒的等电点，也可防止团聚的发生。

2.2 TG-DSC 分析

图 2 为合成的 $BiFeO_3$ 干凝胶的 TG-DSC 曲线，从图 2 中可以看出，干凝胶在 20~180℃ 之间出现一个吸热峰并伴随着 5% 的失重．这主要是由前驱体吸附的水及其受潮的水分子吸收热量发生脱附导致的。在 180~250℃ 之间前驱体放出热量，这是由于柠檬酸盐与空气发生脱羧反应，同时也达到柠檬酸盐的自燃烧温度来维持反应的顺利进行，反应释放出大量的气体，大约伴随 70% 的失重。温度继续升高，部分的 Fe 和 Bi 离子开始发生氧化反应初步形成 $BiFeO_3$ 晶体，因此在 250~350℃ 之间又出现一个放热峰。而之后前驱体中未氧化的 Fe 和 Bi 离子进一步完全氧化生成 $BiFeO_3$ 晶体，并且晶体结构发生变化。

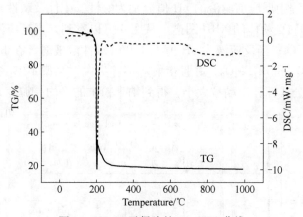

图2 BiFeO₃ 干凝胶的 TG-DSC 曲线

Fig. 2 TG-DSC curves of BiFeO₃ xerogel

2.3 XRD 分析

图3为溶胶过程中反应前驱液的 pH 值为 7~8,干凝胶煅烧温度分别为 400℃、500℃、600℃、700℃及800℃获得的 BiFeO₃ 纳米粉末的 XRD 图谱。从图3可以看出,煅烧温度为400℃和500℃时,出现微弱衍射峰,说明在该条件下还没有形成完善的晶相结构;煅烧温度升高到600℃、700℃和800℃时,XRD 图谱出现了几个尖锐的衍射峰,通过与 BiFeO₃ 的标准图谱对照,证实这些峰均来源于钙钛矿相结构。随着煅烧温度的升高,钙钛矿结构的衍射峰信号明显增强并且有些峰出现了分裂,这是由于随着煅烧温度的升高可使 BiFeO₃ 钙钛矿晶相结构更加完美。但是当煅烧温度超过600℃时晶体相中会存在微量的无定形中间体。在700℃和800℃的图谱中,存在着杂相 $Bi_{25}FeO_{40}$ 和 $Bi_2Fe_4O_9$,在600℃的图谱中存在着 Bi_2O_3 化合物的特征峰,Bi_2O_3 可以用稀硝酸除掉。

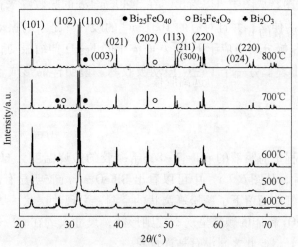

图3 不同温度煅烧的 BiFeO₃ 粉体的 XRD 图谱

Fig. 3 XRD patterns of BiFeO₃ nanopowders calcined at different temperatures, pH value of the Sol-Gel solution is 7~8

图 4 为溶胶过程中反应前驱液的 pH 值分别为酸性、中性及碱性，干凝胶煅烧温度为 600℃时获得 BiFeO$_3$ 粉体的 XRD 图谱。从图 4 可以看到，当反应液为酸性时，图谱不符合 BiFeO$_3$ 特征峰；当反应液为 pH 值大于 9 的碱性溶液时，在 BiFeO$_3$ 纳米粉体中存在着杂相 Bi$_{25}$FeO$_{40}$ 和 Bi$_2$Fe$_4$O$_9$，并且衍射峰不够尖锐、晶型不够完美。通过 XRD 图谱，利用 Scherrer 公式计算出晶粒大小，得到纳米粉末的平均晶粒度 D_c 为 60nm 左右。

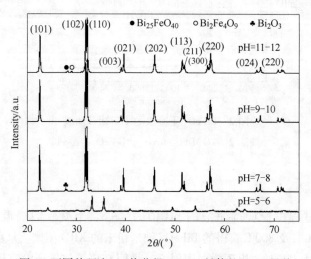

图 4 不同前驱液 pH 值获得 BiFeO$_3$ 粉体的 XRD 图谱

Fig. 4 XRD patterns of BiFeO$_3$ nanopowders at different pH value of the precursor solution and calcined at 600℃

2.4 FT-IR 分析

图 5 是溶胶过程中前驱液的 pH = 7~8，干凝胶煅烧温度为 600℃条件下制备的 BiFeO$_3$ 的红外光谱图，从图中可以看出，在 3440cm^{-1} 处的吸收峰来自于 H$_2$O 和 OH 基团的对称和反对称的伸缩，并且对应的 1631cm^{-1} 的吸收峰是水的振动产生的。453cm^{-1} 和 609cm^{-1} 处的吸收峰分别对应于 FeO$_6$ 八面体中的 Fe—O 伸缩振动和弯曲振动[16]。同时，在 811cm^{-1} 处出现了另一个 Fe—O 振动吸收峰。说明样品形成了高度晶相 BiFeO$_3$ 晶体[17]。

2.5 SEM 分析

图 6 是溶胶过程中前驱液的 pH = 7~8，干凝胶的煅烧温度为 600℃条件下制备的 BiFeO$_3$ 的 SEM 照片，从图 6（a）中可以看出 BiFeO$_3$ 干凝胶明显有烧结的现象，煅烧过程中反应物释放气体而留下了蓬松蜂窝状的空洞，呈现片层状。从图 6（b）中可以看出绝大部分 BiFeO$_3$ 粉体的颗粒呈现不规则形状，尺寸大约在 50~200nm 之间，纳米粉体的分散性比较好，彼此之间没有粘连现象。

2.6 AFM 分析

图 7 为溶胶过程中前驱液的 pH = 7~8，干凝胶的煅烧温度为 600℃条件下制备的

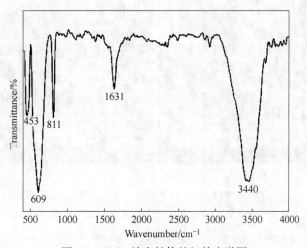

图 5 BiFeO₃ 纳米粉体的红外光谱图

Fig. 5 FT-IR spectrum of BiFeO₃ nanopowders, pH value of precursor solution is 7~8, calcination temperature is 600℃

BiFeO₃ 的原子力显微镜照片，其中图 7（a）为高度图，图 7（b）为相图。测试样品是粉体分散在无水乙醇中，滴加到云母片上制得。可以看出，颗粒的大小在 100nm 左右，并且颗粒尺寸较小，分布比较均匀，与 SEM 的结果一致。

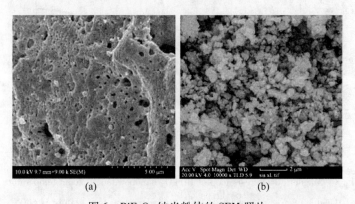

图 6 BiFeO₃ 纳米粉体的 SEM 照片

Fig. 6 SEM images of BiFeO₃ nanopowders, pH value of precursor solution is 7~8, calcinations temperature is 600℃

2.7 磁性能

图 8 为溶胶过程前驱液的 pH = 7~8，干凝胶的煅烧温度为 600℃条件下制备的 BiFeO₃ 纳米粉体的磁滞回线，纳米颗粒的尺寸在 100nm 左右。磁滞是铁磁材料一个重要的磁性特点，磁滞回线是介质内部磁场强度 H 和磁化强度 M 的关系曲线[17,18]。从图中可以看出，饱和磁化强度 M_s 为 1.08A·m²/kg。有剩余磁化强度存在，但磁化强度的值不大，M_r 为 0.13A·m²/kg。磁滞回线比较窄，矫顽力也比较小，H_c 为 15.76kA/m。

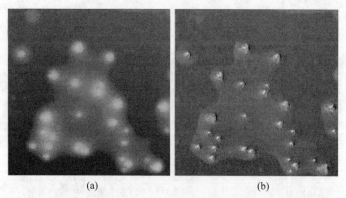

图7 BiFeO$_3$ 纳米粉体 AFM 照片（a）高度图（b）相图

Fig. 7 AFM images of BiFeO$_3$ nanopowders (a) topography (b) phase, pH value of precursor solution is 7~8, calcination temperature is 600℃

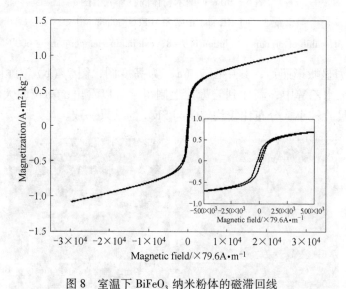

图8 室温下 BiFeO$_3$ 纳米粉体的磁滞回线

Fig. 8 Magnetic hysteresis loop of BiFeO$_3$ nanopowders at room temperature, pH value of precursor solution is 7~8, calcination temperature is 600℃

3 结论

（1）纯相的 BiFeO$_3$ 纳米粉体由硝酸铁和硝酸铋，加入柠檬酸络合剂，采用溶胶-凝胶燃烧法制备得到。并且反应温和，操作方便，合成条件简单，易于控制。

（2）TG-DSC 表明在煅烧温度达到 180~250℃ 时柠檬酸发生自燃烧来维持反应充分顺利进行，并且使晶型不断完善。

（3）通过 XRD 测试结果表明：当反应液的 pH 为 7~8，干凝胶的煅烧温度为 600℃ 时，得到无杂相纯净的 BiFeO$_3$ 纳米粉体，通过 FT-IR 也可证实。SEM 与 AFM 表明烧结后的纳米颗粒呈现不规则形状，颗粒为 100nm 左右，分散性较好。

（4）从 BiFeO$_3$ 纳米粉体的磁滞回线中可以看出，饱和磁化强度 M_s 为 1.08A·m^2/kg，剩余磁化强度 M_r 为 0.13A·m^2/kg，矫顽力 H_c 为 15.76kA/m。

参 考 文 献

[1] Hill N A. Why are there so few magnetic ferroelectrics? [J]. J. Phy. Chem. B, 2000, 104 (29): 6694-6709.

[2] Murari N M, Kumar A, Thomas R, et al. Fabrication of $BiFeO_3$ Capacitors Structures with Reduced Leakage Current [J]. 17th IEEE International Symposium on the Applications of Ferroelectrics, USA, 2008, 23-28.

[3] Liu J M, Gao F, Yuan L, et al. Ferroelectric and magnetoelectric behaviors of multiferroic $BiFeO_3$ and piezoelectric-magnetostrictive composites [J]. J. Electroceram, 2008, 21 (1): 78-84.

[4] Chu Y H, He Q, Yang C H, et al. Nanoscale control of domain architectures in $BiFeO_3$ thin films [J]. Nano. Lett., 2009, 9 (4): 1726-1730.

[5] Hill N A, Rabe K M. First principles investigation of ferromagnetism and ferroelectricity in bismuth manganite [J]. Phys. Rev. B, 1999, 59 (13): 8759-8769.

[6] Reyes A, Vega C, Fuentes M E, et al. $BiFeO_3$: synchrotron radiation structure refinement and magnetoelectric geometry [J]. J. Eur. Ceram. Soc., 2007, 27 (13): 3709-3711.

[7] Sun Y, Huang Z F, Fan H G, et al. First-principles investigation on the role of ions in ferroelectric transition of $BiFeO_3$ [J]. Acta Physica Sinica, 2009, 58 (1): 193-200.

[8] Wu Z H, Wang Y L, Zhu L Z, et al. First-principles study for the electronic structure of $BiFeO_3$ [J]. Journal of Atomic and Molecular Physics, 2008, 25 (5): 1281-1286.

[9] Yao Y B, Ploss B, Mak C L, et al. Pyroelectric properties of $BiFeO_3$ ceramics prepared by a modified solid-state-reaction method [J]. Appl. Phys. A, 2010, 99 (1): 211-216.

[10] Valant M, Axelsson A K, Alford N. Peculiarities of a solid-state synthesis of multiferroic polycrystalline $BiFeO_3$ [J]. Chem. Mater., 2007, 19 (22): 5431-5436.

[11] Awan M S, Bhatti A S. Synthesis and multiferroic properties of BFO ceramics by melt-phase sintering [J]. Journal of Materials Engineering and Performance, 2010, 20 (2): 283-288.

[12] Chen C, Cheng J R, Yu S, et al. Hydrothermal synthesis of perovskite bismuth ferrite crystallites [J]. Journal of Crystal Growth, 2006, 291 (1): 135-139.

[13] Miao H Y, Zhang Q, Tan G Q, et al. Co-precipitation/hydrothermal synthesis of $BiFeO_3$ powder [J]. Journal of Wuhan University of Technology-Mater. Sci. Ed., 2008, 23 (4): 507-509.

[14] Qiu Z C, Zhou J P, Zhu G Q, et al. Hydrothermal synthesis of $BiFeO_3$ powder under loose conditions [J]. Chinese Journal of Inorganic Chemistry, 2009, 25 (4): 751-755.

[15] Li S, Lin Y H, Zhang B P, et al. $BiFeO_3$ particles: morpholog control by KNO_3-assisted hydrothermal synthesis and visible-light photocatalytic activities [J]. Chinese Journal of Inorganic Chemistry, 2010, 26 (3): 495-499.

[16] Subba Rao G V, Rao C N R, Ferraro J R. Infrared and electronic spectra of rare earth perovskites: ortho-chromites, -manganites and-ferrites [J]. Applied Spectroscopy, 1970, 24 (4): 436-445.

[17] Voll D, Beran A, Schneicler H. Variation of infrared absorption spectra in the system $Bi_2Al_{4-x}Fe_xO_9$ ($x=0-4$) structurally related to mullite [J]. Phys. Chem. Minerals, 2006, 33 (8/9): 623-628.

[18] 赵凯华, 陈熙谋. 电磁学 [M]. 北京: 高等教育出版社, 2003: 238-251.

太赫兹波段表面等离子光子学研究进展*

摘 要 表面等离子光子学是研究金属、半导体纳米结构材料独特的光学特性,是目前光子学中最有吸引力、发展最快的领域之一。伴随着微/纳制造技术与计算机模拟技术的进步,表面等离子光子学在可见光、红外、太赫兹以及微波频域得到了广泛研究,在高灵敏生化传感、亚波长光波导、近场光学显微、纳米光刻等领域有潜在的应用价值。特别是人工超材料的发展,为自然界长期缺乏响应太赫兹波的材料和器件奠定了基础,从而也促进了太赫兹波段表面等离子光子学的研究。本文从太赫兹表面等离子波的激发、传导、最新应用及未来发展趋势等几个方面进行了回顾和讨论,将最新研究成果展示给读者。

关键词 太赫兹波 表面等离子光子学

Progress in Terahertz Surface Plasmonics

Abstract Plasmonics, which deals with the unique optical properties of metallic and semiconductor nanostructure, is one of the most fascinating and fast-moving areas of photonics. Its board scale research in the visible, infrared, terahertz and microwave frequencies has driven by the advances in the micro/nano fabrication and the computational simulation technologies, as well as the potential applications in areas of high sensitivity bio-chemical sensing, sub-wavelength light-guiding, near-field microcopy, and nanolithography. Especially, the development of the artificial metamaterial has laid the good foundation for the material and devices in the terahertz frequency range, which is barely responded by the nature materials, and furthermore, has promoted the progress of terahertz surface plasmonics. In this paper the generation, propagation, new applications, and perspective of terahetz surface plamonics are reviewed and discussed.

Key words terahertz, surface plasmonics

1 引言

表面等离子波的研究重新引起了物理、化学、材料与生物学家的极大兴趣,成为近年来科学界的研究热点[1,2]。它是沿着导体表面传播的具有独特性质的电磁波。通过改变导体表面形貌可以调控表面波与光的相互作用,这为新型小型化光子器件的发展提供了良好的机遇,表面等离子器件的研究成功将极大地提高光子回路的集成度。

在研究快速电子通过金属薄膜时能量损耗的开创性工作中,Ritchie 预测到金属表面有自持的集体激发现象存在[3]。这与 Pine 和 Bohm 等人研究金属中价电子间的长距

---

* 本文合作者:王玥、王暄、贺训军、梅金硕、陈明华、殷景华。原文发表于《物理学报》,2012,61(13):137301。国家自然科学基金(60871073,51005001);毫米波国家重点实验室项目(K201208);黑龙江省教育厅科学技术项目(12521110);哈尔滨工业大学青年科学基金(2009YF025,2009YF026)。

离库仑作用时产生的集体等离子（Plasma）共振相似，共同解释了利用快速电子轰击金属薄膜时的实验现象[4,5]。Ritchie 进一步研究了金属薄膜边界对集体激发产生的影响，发现边界效应导致了一种低损耗新颖现象的出现，而这种现象是由表面集体振荡激发引起的。两年后，电子能量损耗实验证实了这种集体激发的存在，后被 Stern 和 Ferrel 命名为表面等离子体（Surface Plasmon-SP）[6]。从此，在凝聚态物质和表面物理领域有大量卓有成效的理论和实验工作研究 SP 现象，这些研究成果对揭示各种固体材料特别是薄膜材料的基本特性以及对各种实验结果的解释具有举足轻重的作用。目前，对 SP 的研究扩展到各个领域，从电化学、表面刻蚀与生物传感到扫描隧道显微、表面离子发射、纳米颗粒生长、SP 显微以及 SP 共振技术等。而对纳米结构材料电磁特性的研究成为 SP 新的研究热点，其中最具吸引力的研究是当光照射到具有周期性亚波长孔径的金属薄膜时产生的透射增强现象[7]。

早在 20 世纪初，Zenneck 和 Sommerfeld 分别研究平面界面和圆柱界面时预测并定义了表面波，后被称为表面等离子激元（Surface Plasmon Polaritons, SPPs）。它是指导体-介质界面产生的电荷集体振荡现象。如图1所示，上半部分为电介质（介电常数为 ε_1），下半部分是导体（介电常数为 ε_m）。当电磁波作用到导体-介质的界面时，导体中的自由电子与电磁波相互作用，导致自由电子浓度涨落，当入射电磁波的频率与引起自由电子的集体振荡频率一致时，便产生了强烈限制在金属表面传播、在垂直表面的方向上能量急剧衰减的具有独特性质的 SPPs。随着对金属纳米结构独特的局域化 SPPs 的不断深入研究，出现了在纳米尺度操控光子的新型技术，这些具有前景的技术使得"等离子光子学"（Plasmonics）应运而生。它是研究 SPPs 的产生、传输、调制和探测以实现 SPPs 在未来光子集成回路、生物传感器、表面近场光学、纳米光刻技术等领域的应用[8,9]。

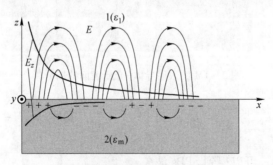

图1　表面等离子波产生示意图

尽管过去对 SPPs 的研究主要集中在可见光波段，但是，在太赫兹（THz）波段，SPPs 在 THz 互联、THz 成像、THz 传感以及下一代产生和探测 THz 波的光电导天线等领域具有重要的应用价值。而 THz 波段 SPPs 透射增强可应用于 THz 近场光学显微技术，这与 THz 波导相结合，通过共振 SPPs 耦合 THz 波，以实现新一代光子器件[10,11]。

本文结合作者的研究经历，针对 THz 波段 SPPs 的产生，传输以及 THz SPPs 在不同领域的应用的最新研究进展讨论，以满足读者对该方向的最新研究动态的把握。

2　THz 波段 SPPs 的激发

通常来说，SPPs 是形成于金属-介质表面，是由入射的电磁波中随时间变化的电场分量引起金属中自由电子产生的位移极化并在库仑力作用下产生振荡而后与入射光子耦合形成的。它具有双面性，即在金属一侧体现出等离子特性，而在介质一侧体现出电磁波特性。并且在垂直表面两侧，电场分量以指数形式衰减，在界面处有最大值[12]。

2.1 SPPs 的色散关系

由于 SPPs 是由入射电磁波引起的，因此，其色散关系可以通过求解 Maxwell 方程并结合边界条件得到。同时，SPPs 是 P 极化波，电场平行于入射面，因此，只有在 TM 波入射到金属-介质表面时，才会产生 SPPs。如图 2 所示，在 TM 波入射时，其电场与磁场分量为：$E=(E_x, 0, E_z)$，$H=(0, H_y, 0)$。则在介质 1 和导体 2 中的场分量分别为：

$$E_1 = (E_{1x}, 0, E_{1z}) e^{i(k_{1x}x-\omega t)} e^{ik_{1z}z}$$
$$H_1 = (0, H_{1y}, 0) e^{i(k_{1x}x-\omega t)} e^{ik_{1z}z} \tag{1}$$

$$E_2 = (E_{2x}, 0, E_{2z}) e^{i(k_{2x}x-\omega t)} e^{ik_{2z}z}$$
$$H_2 = (0, H_{2y}, 0) e^{i(k_{2x}x-\omega t)} e^{ik_{2z}z} \tag{2}$$

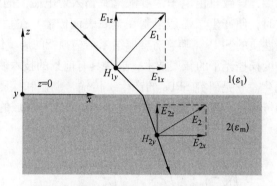

图 2　TM 波入射导体-介质表面的场分量

利用边界条件 $E_{1x} = E_{2x}$ 与 $H_{1x} = H_{2x}$，可得 $\dfrac{k_{1z}}{\varepsilon_1} = \dfrac{k_{2z}}{\varepsilon_m}$，其中 $k_{1z} = -\sqrt{\varepsilon_1 \left(\dfrac{\omega}{c}\right)^2 - k_x^2}$，$k_{2z} = \sqrt{\varepsilon_m \left(\dfrac{\omega}{c}\right)^2 - k_x^2}$。因此，可以得到 SPPs 波矢

$$k_x = \dfrac{\omega}{c} \sqrt{\dfrac{\varepsilon_m \varepsilon_1}{\varepsilon_m + \varepsilon_1}}, \quad \left(k_0 = \dfrac{\omega}{c}\right) \tag{3}$$

式（3）即为 SPPs 的色散关系，其中 k_0 为自由空间波矢。在式（3）中，通常金属的介电特性由 Drude 模型描述

$$\varepsilon_m = 1 - \dfrac{\omega_p^2}{\omega(\omega - i\gamma_c)} \xrightarrow{\omega \gg \gamma_c} 1 - \dfrac{\omega_p^2}{\omega^2} \tag{4}$$

其中，γ_c 为弛豫频率；ω_p 是等离子共振频率，$\omega_p = \sqrt{\dfrac{ne^2}{m_0 \varepsilon_0}}$；$n$ 为电子浓度；m_0 为电子质量。图 3 所示的是典型金属的 SPPs 色散关系，图中斜虚线是光线，实线是 SPPs 波

矢随角频率的变化,从图中可以看出,在 ω 从 0 到 $\omega_p/\sqrt{1+\varepsilon_1}$ 频率范围内,SPPs 色散曲线在光线的右侧,同频率下 SPPs 波矢大于自由空间波矢 k_0。由于金属的 ε_m 与频率息息相关,而 ε_1 对频率的依赖很弱。因此 k_x 与 k_0 的偏离程度取决于频率的高低。当入射光频率接近表面等离子频率 $\omega_{sp}=\omega_p/\sqrt{1+\varepsilon_1}$ 时,k_x 达到无穷大。这说明金属表面能够传播频谱较宽的 SPPs。

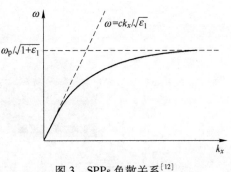

图 3　SPPs 色散关系[12]

对于普通金属 Cu、Ag、Au 和 Al,其电子浓度 $n \sim 10^{23}$,因此决定了该等离子频率位于可见光和紫外区域。对于这些良导体,要想获得低频波段的等离子体频率是很困难的,如何才能实现 THz 波段的等离子体频率?如何在这么长的波长范围内存在 SPPs 现象,将是我们面临的问题,下面就这些问题展开讨论。

2.2　产生 THz 波段 SPPs 的方法

由于金属的介电常数通常是复数,具有负的实部,只有当 $-\mathrm{Re}(\varepsilon_m)=\varepsilon_1$ 时,才能达到等离子频率 ω_{sp}。然而,在 THz 波段,金属的介电常数迅速增加,其实部是介质介电常数的数倍,此时,金属在 THz 波段的电导率非常大,对 THz 波显示出透明性。因此 SPPs 色散曲线接近光线部分,即 $k_x \approx k_0\sqrt{\varepsilon_1}$。结果,垂直于界面的波矢 $k_{1z}=\left|\sqrt{\varepsilon_1 k_0^2-k_x^2}\right|$ 是非常小的,从而对表面波的限制非常弱。这样的表面波,即为 Sommerfeld 或者 Zenneck 波,已经在 THz 波段研究过[13-15]。从这个角度分析,上述 THz 表面等离子波对实际应用有很大限制。为了获得 THz 波段 SPPs,目前采用的主要方法有两种,其基本思想是采用等效介质降低导体的等离子频率,从而将 SPPs 频率从光频段降低到红外、THz 频域。

2.2.1　通过金属表面的周期性凹槽、圆孔等微结构激发 SPPs

为了将等离子频率从光波段降低到红外、THz 波段,一种可行的方法是通过减小材料的电子浓度而获得较低的等离子频率。按照 Pendry 的研究结果[16],在金属薄膜中制作周期性排列的矩形或圆形孔亚波长微结构,增强表面波与微结构的相互作用,从而获得等效介质中较低的等离子体频率[17,18]。图 4 中是利用周期正方形 Cu 孔实现了 THz 波表面等离子波的限制和传导[19]。从物理角度来说,这是由于金属方孔或圆孔可以增加电磁波在金属中的渗透,在表面改变了场匹配条件,从而限制和传导 THz 表面等离子波。利用这种思想,甚至在超薄金属膜中制作周期小孔也可以激发 SPPs。

此外,基于金属的等离子左手介质也是一种实现 THz 波段 SPPs 的好方法。在金属表面刻蚀亚波长光滑的不同纹理结构可以实现 SPPs[20],如图 5 所示。同时,基于这种思想的 SPPs 效应在微波波段已经得到了验证[21]。

2.2.2　利用半导体材料与纳米材料激发 SPPs

与普通金属相比,半导体材料的载流子浓度远低于金属中自由电子浓度。其等离子体频率由导带载流子浓度决定。因此半导体表面等离子波特性可以通过掺杂、光、

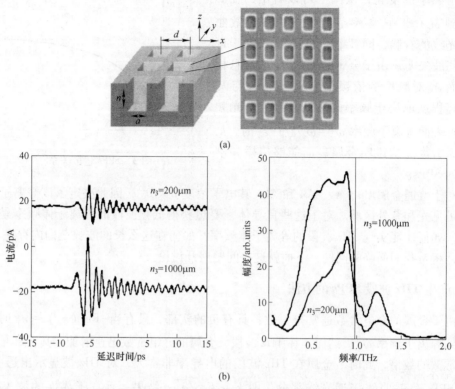

图 4 周期性 Cu 结构单元（a）和 THz 时域和频域图（b）[19]

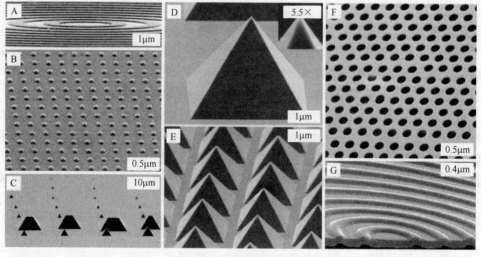

图 5 A~G 各种不同金属微结构激发 SPPs[20]

热、电等方式激励可在 THz 频域内实现调制。而且，窄带半导体材料在室温下的本征载流子浓度恰好能够激发 THz 波 SPPs，而且对 SPPs 有较强的限制，导致 SPPs 的能量损耗很低。目前，已报道的利用半导体材料研究 THz 波段 SPPs 的主要材料集中在重掺杂 n-Si、n-GaAs、多孔 Si、InN 与本征 InSb[22~26]。而且，它们在 THz 的介电特性与金属在光频段的介电特性相似，Drude 模型仍然适用。图 6（a）和图 6（b）分别是利用未掺杂的 InSb 研究 THz 波 SPPs 的共振透射特性与 SPPs 沿表面的传播特性示意图。通过测试 InSb 与聚合物薄膜表面的 SPPs 可以获得厚度是入射波长 3 倍的聚合物薄膜的光学特性，这将在传感领域具有重要的应用价值[27,28]。

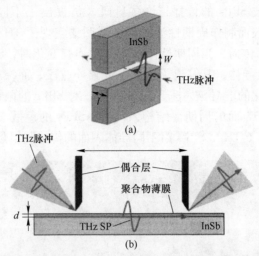

图 6　InSb THz SPPs 的透射结构（a）和 THz SPPs 在 InSb 表面的传播装置（b）[27,28]

纳米碳材料由于其独特的结构特点决定了它们具有不同寻常的导电特性。石墨烯的导电特性强烈依赖于频率、电荷浓度、温度以及外加电场、磁场，更具吸引力的是，它的电导率虚部在不同化学势情况下可以出现负值[29~33]。因此，这为研究 THz 波 SPPs 的特性提供了良好的机遇[34]。Jablan 等[35]认为石墨烯表面等离子波现象为科研人员研究红外与 THz 频域纳米光子学和左手介质提供了又一机遇。研究发现石墨烯对场的局域化和增强因子大约在 200，并且等离子波的传播长度 10 倍于等离子波长，而普通 Ag 金属增强因子约在 20，其传播长度只有等离子波长的十分之一。Dubinov 等人[36]研究在强光照射单层与多层石墨烯时，产生的表面等离子的吸收系数为负值，从而具有增益现象，这种效应可能被应用于 THz 激光器。

其次，利用碳纳米管薄膜也可以实现 THz 波段 SPPs。Wang 等人[37]利用等效介质理论分析碳纳米管薄膜在 THz 波段的介电特性，得到了特定频率范围内的负介电常数，利用周期性栅结构获得了 SPPs。

从上面的论述可知，是否能够获得 THz 波段 SPPs，主要取决于材料本身特性和材料本身在何种程度上受掺杂、光、电、磁、热、温度等条件调制以实现可控的介电特性。而现在微纳制造技术的发展完全可以实现调控材料的电、光学特性，特别是人工合成的超材料——左手介质（Metamaterial）的出现，在弥补自然界长期缺乏响应 THz 波段的材料扮演了重要的角色，它将与等离子光子学相结合共同书写 THz 这个曾被认为是"Gap"的具有重要应用价值频域的美丽华章。

3　THz 波段 SPPs 的传导

在过去的几年里，光通过亚波长小孔栅结构的超透现象引起了表面等离子光子学领域的研究热潮。表面等离子光子技术被预言将是下一代光子芯片设计和研发的关键技术。为了实现这一目标,目前所面临的主要挑战是如何能够控制表面等离子共振的传输。

3.1 金属-介质波导

为了限制 THz 波 SPPs 的传播,许多科研人员提出了不同波导结构[38~46]。Maier 等[47]在圆柱良导体表面制作周期性波纹状金属凹槽实现了 THz 波段 SPPs 受控于导体表面并沿着导体表面传播,当周期性凹槽的深度连续变化时,SPPs 出现聚焦现象。前面曾分析过,对于良导体,其等离子频率在近紫外波段,而在 THz 波段,金属表面的 SPPs 完全是退局域化的弱导波。采用这种方法,对 SPPs 的限制并不依赖金属的电导率,而是完全依赖于表面的周期性结构,同时,SPPs 的色散关系也由表面结构决定。图 7 中所示的是在 0.6 THz,SPPs 沿不同导体表面的传播和聚焦效应。

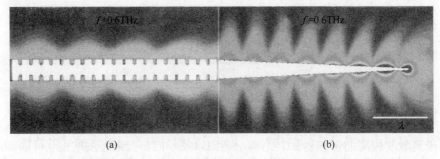

图 7　0.6 THz 时 SPPs 传播(a)与聚焦(b)[47]

在可见光和微波波段,金属 V 形槽可以传导低损耗、高限制的表面波[48,49]。Dominguez 等[50]利用同样的思想研究了 THz 波段良导体 V 形槽结构的 SPPs 传播特性。当在金属表面制作周期为 $200\mu m$ 的 100 个 V 形槽,并以不同半径弯曲 90°角来观察 SPPs 的传播时,发现这样的 V 形结构完全可以传导 SPPs,而且弯曲损耗很低,比报道的利用金属线传播 SPPs 的损耗小很多[51],随着弯曲半径的增加,其传输率增加。如图 8(a)所示不同弯曲半径时 THz 波 SPPs 的传播特性。这种传播距离长、弯曲损耗低的波导在传导 THz 波应用中具有一定的潜力。图 8(b)中是利用 Domino 结构设计的 THz 波 SPPs 波导[52]。

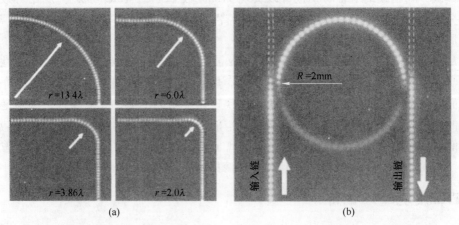

图 8　不同弯曲半径 V 形槽对 SPPs 的传导(a)[51]和 Domino 波导(b)[52]

除了金属-介质波导结构外，Tian 等[53]设计了一种"三明治"结构的 THz 波 SPPs 波导。中间层是由介质构成，上下两层是对称的金属栅结构。测试得到了长距离表面波的传播，而且由于上下两层 SPPs 的耦合，此结构同时实现了 SPPs 的增强传输效应。

由于生物分子的振动和转动能级恰好在 THz 波段，因此 THz 波在探测和识别生物组织方面具有得天独厚的优势。但是，由于 THz 波在水中的衰减很强，大部分研究采用冷冻的或干燥的样品粉末，甚至掺杂聚乙烯进行 THz 时域测试[54~57]。因而，这样的方法只能获得生物样品表面的信息，对于生物体信息的获取存在不足。考虑到生物组织都是处于液态系统中，Chen 等[58]将由亚波长铜线构成的栅结构放入水中，研究其 THz 的传输特性，并且提取了等效介质的光学参数。其研究结果对探测处于液态的生物材料的属性具有重要价值。

3.2 半导体-介质波导

因 THz 表面等离子波导可以应用于 THz 调制器、量子级联激光器、近场光学以及传感器而得到广泛研究[59~62]。在光波段，利用表面等离子波作为传感元探测单层介质薄膜传感器已近商业化。但是，在 THz 波段很难达到这样的灵敏度，因为这样薄的单层薄膜与 THz 等离子模相比，其厚度近似忽略不计。为了提高其探测灵敏度，Shu 等人在 p-Si 衬底上制备多孔硅介质层，由于多孔硅具有较大的内部表面，从而可以实现 THz 波段灵敏度较高的传感器，其结构示意图以及不同多孔硅厚度的磁场分布如图 9 所示。从图 9 中可以看出，随着多孔 Si 厚度 d 的增加，其场分布幅度增加。

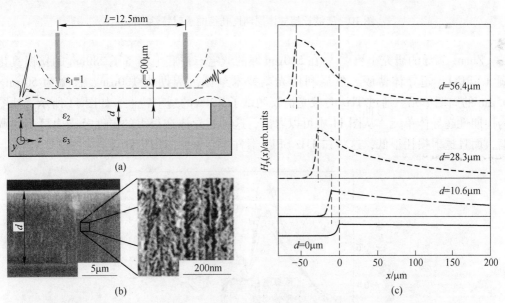

图 9　测试结构图（a），多孔 Si 形貌（b）和不同厚度多孔 Si 的 SPPs 场分布（c）[24]

3.3 超导体波导

在 THz 波段，半导体是研究有源等离子光子学的良好材料，THz SPPs 的热、光、电、磁控开关在过去的几年中得到广泛的研究,并且可以对 SPPs 共振进行有源控制。但是利用除金属外的半导体材料制作等离子器件时,存在较高的能量损耗。为了弥补这个缺陷,采用高温超导体取代半导体与金属薄膜实现对 SPPs 的传导具有划时代意义。已经证实,超导体的确是等离子体光子学介质。例如,铜酸盐超导体具有较强的各向异性并且拥有多层 Cu_2O 超导体,在 Cu_2O 层之间存在 Josephson 等离子共振效应,而这种效应处于微波与 THz 波频域[63]。

Tsiatmas 等[64]首次从实验上研究了蓝宝石衬底上高温超导周期性亚波长孔在微波波段(0.07~0.11 THz)的 SPPs 的透射增强效应,获得的结果比采用金属薄膜时的损耗小得多。同时证实了高温超导薄膜具有负的介电常数。图 10 中显示超导薄膜的超透特性,插图表示实验装置。

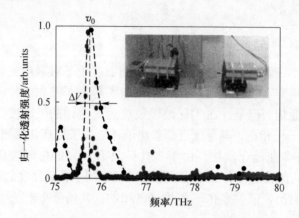

图 10 亚波长超导体周期性孔径的透射特性[64]

Zhang 领导的研究小组[65~67]在 500μm 厚的蓝宝石衬底上制备了 280nm 的钇钡氧化铜(YBCO)超导体薄膜,然后利用光刻技术刻蚀出周期为 100μm、长宽为 50μm×65μm 的周期单元。通过 THz 时域光谱仪测试了 SPPs 的透射特性,如图 11 所示,插图为周期性超导体单元。从图 11 中可以看出,这种超导体在很大的温度范围内可实现调谐,而且透射损耗很低,这将在 THz SPPs 器件中有重要应用价值。

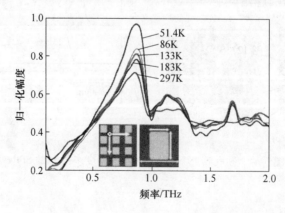

图 11 YBCO THz SPPs 的透射特性(插图为超导体微结构)[65]

4 THz 波段 SPPs 的最新应用

4.1 THz 表面等离子传感应用

由于 THz 波的非电离特性以及大多数分子的光谱响应落在这个波段，因此更多的研究兴趣集中在利用 THz 光谱分析生物、化学物质[68,69]。而 THz 时域光谱仪的诞生为研究生物体的光谱特性提供了强有力的工具。早期在光学频段的研究工作表明[70]，在 Au 表面的有机物薄膜可以产生表面等离子共振，从而可以利用这种现象实现对有害气体的探测[71]。然而，THz 波段所对应的波长在 30~3000μm，由于衍射极限，利用这样的波长去探测小体积物质是很难实现的。最近研究表明利用 THz 表面等离子能够以高灵敏度探测到介质折射率的微小变化[72,73]，这个特性是实现表面等离子共振传感的核心所在，这样可以监控隐藏在生物表面极其复杂的变化过程[74]。

Hassani 等[75]利用 30μm 铁电聚偏二氟乙烯（PVDF）涂覆在由直径为 1480μm 的特氟龙（Teflon）构成的多孔光纤表面，光纤内部有 4 层孔，孔的直径为 76μm，间距为 86μm。在孔中间填充不同介质，实现其 SPPs 传感功能，在以空气作为研究对象时，当折射率变化 0.01 时，获得的传感灵敏度和损耗如图 12 所示。从图 12 中可以看出，当折射率变化 0.01 时，会导致损耗峰值发生 4μm 的移动，其灵敏度分辨能力达到了 4μm/Δn（Δn=0.01），这种高灵敏度传感器可以应用于各种气体的探测。

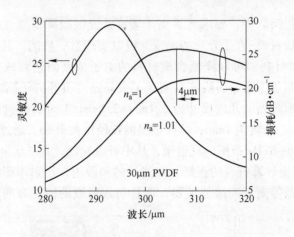

图 12 SPPs 传感器的灵敏度和损耗特性[75]

在前面的 2.2.2 中已经讨论过，石墨烯可以产生 THz 波 SPPs，在传感器中有广泛应用[76,77]。当其他物质分子或者外延层吸附到石墨烯表面时，在光谱中会有 THz 峰值出现，这样的特征谱线可以用于 THz 指纹识别。由于每个分子都有自己特定的峰值谱线，而且不同分子会引起电导率的变化，这使得石墨烯可作为高选择性、高灵敏度的 THz 信号传感器和发生器。Rangel 等[78]利用石墨烯层间的等离子体特性和表面的敏感性成功研制成一个混频器，实现了多信号输入的和频、差频以及高阶频率探测。而且，这些输入信号可来自于分子的振动，从而这样的混频器在 THz 频段的传感科学与工程领域有重要的应用。

4.2 表面等离子在 THz 量子级联激光器的应用

量子级联激光器（QCLs）的出现为 THz 频域相干激光源的发展开辟了新的道路。THz QCLs 正处于快速发展阶段，在成像、传感和化学药品的外差探测领域有潜在的应用[79~82]。利用双金属波导设计的 THz QCLs，其激光有源区位于金属平板与金属带之间，因具有较高的光限制和良好的导热性能，可以工作在较高的温度而且具有较低的阈值电流[83~85]。但是，这在亚波长激光孔径中导致非-菲涅尔反射，从而引起低效功率输出。这对 THz 外差探测非常不利，因为 THz QCLs 的激光输出必须聚焦到非常小的肖特激光电二极管的接收面上。Yu 等[86]通过设计 SP 结构可以调制 QCLs 中重掺杂半导体表面的 SPPs 色散关系，从而改善激光器光束发散角，激光器的方向性由原来的 5dB 提高到 16dB。Liu 等[87]利用半绝缘半导体的 SPPs 波导设计了特征温度为 57.5K、工作频率在 2.94THz 的 QCL，激光器在 70K 时的光功率能达到 1mW。

4.3 THz 等离子高通滤波器

对于普通金属材料，通过自由电子气理论可以描述其对电磁波的响应特性。金属的介电特性由 Drude 模型描述，其中等离子频率 ω_p 则由金属的电子浓度和电子质量决定。由于大部分金属的自由电子浓度在 $10^{23} cm^{-3}$ 量级，这样决定了金属的等离子频率在可见光到紫外区域。

在许多实际工程问题中，要求将等离子频率从光波段降低到红外、太赫兹以及微波波段。而人工合成材料 左手介质的出现，可以实现这一目的。其思想基础是通过构建亚波长金属-介质材料，可以降低合成材料的电子浓度而达到减小等离子频率的目的。Wu 等[88]通过制备二维金属线阵列实现了太赫兹波段等离子高通滤波器。如图 13 插图所示，二维金属阵列的几何尺寸为 2.1mm×2.1mm×1mm，阵列周期为 120μm，金属线的半径为 30μm，长度为 1mm，这样金属的长径比大于 30。通过傅里叶红外变换分光镜测试得到了 0.6~6THz 范围的反射谱，从中可以发现，其二维金属阵列的等离子频率在 0.7THz，与理论计算符合的很好。在测试的频段内，反射率很低，证实了这样的器件可以用作太赫兹等离子高通滤波器，而且对入射波的极化方向的反射谱不同，也

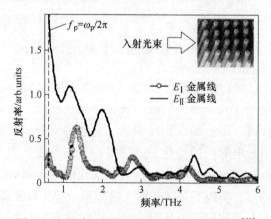

图 13　金属阵列结构在太赫兹波段的反射谱[88]

可以用作太赫兹波段的极化敏感滤波器。同时，通过调整二维金属线的几何尺寸，可以实现不同波段的滤波器[89,90]。

上述所列 THz SPPs 应用只是冰山一角，限于篇幅，其他的 THz 表面等离子光子学的应用，如各种波导、近场光学、THz 近场显微镜以及有源 THz 表面等离子光子学等不在此列出。

5 总结与发展趋势

本文就 THz 波段 SPPs 的产生、传导及主要应用领域做了较为详细的归纳。文中提到的 THz SPPs 产生方法目前主要集中在实验室研究阶段，并且不断有新的结果出现。除了向实用化方向迈进以外。笔者认为，今后在本领域的热点研究方向如下：

新一代纳米制造技术的快速、全面的发展为研究人员合成人工超材料提供了绝好的机遇。这些材料的设计完全可以控制其与电磁波的相互作用。目前，这个领域正处于快速发展阶段。自然间的固体材料，由其原子、分子的量子能级结构决定了电磁响应只能处于光学波段，相反，人工超材料的电磁特性由其亚波长等离子共振特性决定，其电磁响应从可见光延伸到红外、THz 以及微波波段。因此，未来一段时间内，人工超材料的 THz SPPs 将是研究的热点。此外，基于人工超材料的 THz 有源（可控的，具有增益或非线性效应材料）等离子光子学在传感和能源等领域的应用也会得到广泛的研究。而基于光学变换所实现对"电磁空间"的控制提供了另一个发展机遇。

就笔者所了解的情况，另一个发展趋势也是很明朗的，那就是利用纳米材料（如碳纳米管，石墨烯）、量子电磁材料以及超导材料取代目前的金属、半导体以及超材料实现 THz 波段的 SPPs 控制。因为，传统的金属、半导体材料激发的 SPPs 能量损耗不可避免，为了实现 SPPs 超长距离传输以及控制不同路径的传播，采用光、电、力学性能优异的材料是不可避免的，特别是超导材料在 THz 波段激发 SPPs 的研究将掀起另一个研究热点。

参 考 文 献

[1] Xue W R, Guo Y N, Zhang W M. Chin. Phys. B, 2010, 19, 017302.
[2] Liu B C, Yu L, Lu Z X. Chin. Phys. B, 2011, 20, 037302.
[3] Ritchie R H. Phys. Rev., 1957, 106, 874.
[4] Pines D. Bohm D. phys. Rev., 1952, 85, 338.
[5] Pines D. Rev. Mod. Phys., 1956, 28, 184.
[6] Stern E A, Ferrell R A. Phys. Rev., 1960, 120, 130.
[7] Pitarke J M, Silkin V M, Chulov E V. Echenique P M. Rep. Prog. Phys., 2007, 70, 1.
[8] Li H H. Chen J, Wang Q K. Chin. Phys. B, 2010, 19, 114203.
[9] Brongersma M L, Shalaev V M. Science, 2010, 328, 440.
[10] Hubert A J, Keilmann F, Wittborn J, Aizpurua J. Hillenbrand R. Nano Lett., 2008, 8, 3766.
[11] 胡海峰，蔡利康，白文理，张晶，王立娜，宋国峰. 物理学报, 2011, 60, 014220.
[12] Maier S A. Plasmonics: Fundamentals and Applications, New York: Springer, 2006, 1: 20.
[13] Saxler J. Phys. Rev. B, 2004, 69, 155427.
[14] Wang K, Mittleman D M. Nature, 2004, 432, 376.
[15] Jeon T I, Grischkowsky D. Appl. Phys. Lett., 2006, 88, 061113.
[16] Pendry J B, Martin-Moreno L, Garcia-Vidal F J. Science, 2004, 305, 847.

[17] Todorov Y, Tosetto L, Teissier J, Andrews A M. Klang P, Colombelli R, Sagnes I, Strasser G, Sirtori C. Opt. Express, 2010, 18, 13886.
[18] Shen L F, Chen X D, Zhang X F, Agarwal K. Plasmonics, 2011, 6, 301.
[19] Williams C R, Andrews S R, Maier S A, Ferna A I. Nature Photon. 2008, 2, 175.
[20] Nagpal P, Lindquist N C, Oh S H, Norris D J. Science, 2009, 325, 594.
[21] Hibbins A P, Evans B R, Sambles J R. Science, 2005, 308, 670.
[22] Jeon T I, Grischkowsky D. Phys. Rev. Lett., 1997, 78, 1106.
[23] Huggard P G, Cluff J A. Moore G P, Shaw C J, Andrews S R, Keiding S R, Linfield E H, Ritchie D A J. J. Appl. Phys., 2000, 87, 2382.
[24] Shu-Zee L, Thomas E M. Appl. Phys. Lett., 2010, 96, 110401.
[25] Shubina T V, Andrianov A V, Zakhar'in A O. Jmerik V N, Soshnikov I P. Appl. Phys. Lett., 2010, 96, 183106.
[26] Grant J, Shi X, Alton J, Cumming D R S. J. Appl. Phys., 2011, 109, 054903.
[27] Isaac T H, Rivas J G, Sambles J R, Barnes W L, Hendry E. Phys. Rev. B2008, 77, 113411.
[28] Isaac T H, Barnes W L, Hendry E. Appl. Phys. Lett., 2008, 93, 241115.
[29] Novoselov K S, Geim A K. Morozov S V, Nature, 2005, 438, 197.
[30] Geim A K, Novoselov K S. Nature Mater., 2007, 6, 183.
[31] Hanson G W. J. Appl. Phys., 2008, 103, 064302.
[32] Andersen D R. J. Opt. Soc. Am. B, 2010, 27, 818.
[33] Orlita M, Potemski M. Semicond. Sci. Technol., 2010, 25, 063001.
[34] Vakil A. Engheta N. Science, 2011, 332, 1291.
[35] Jablan M, Buljan H, Soljacic M. Phys. Rev. B, 2009, 80, 245435.
[36] Dubinov, Aleshkin V Y, Mitin V, Otsuji T, Ryzhii V. J. Phys: Condens. Matter, 2011, 23, 145302.
[37] 王玥, 贺训军, 吴昱明, 吴群, 梅金硕, 李龙威, 杨福杏, 赵拓, 李乐伟. 物理学报, 2011, 60, 107301.
[38] Wang K L, Mittleman D M. Nature, 2004, 432, 376.
[39] Maier S A, Andrews S R. Appl. Phys. Lett., 2006, 88, 251120.
[40] Zhu W, Agrawal A, Nahata A. Opt. Express, 2008, 16, 6216.
[41] Navarro-Cía M. Beruete M, Agrafiotis S, Falcone F, Sorolla M, Maier S A. Opt. Express, 2009, 17, 18184.
[42] Fernández-Domínguez A I, Moreno E. Martín-Moreno L, García-Vidal F J. Opt. Lett., 2009, 34, 2063.
[43] Paul R O, Beigang R, Rahm M. Opt. Lett., 2010, 35, 1320.
[44] Gao Z, Zhang X F, Shen L F. J. Appl. Phys., 2010, 108, 113104.
[45] Kumar G. Cui A, Pandey S, Nahata A. Opt. Express, 2011, 19, 1072.
[46] 贾智鑫, 段欣, 吕婷婷, 郭亚楠, 薛文瑞. 物理学报, 2011, 60, 057301.
[47] Maier S A. Andrews S R, Martin-Moreno L, Garcia-Vidal F J. Phys. Rev. Lett., 2006, 97, 176805.
[48] Bozhevolnyi S I, Volkov V S, Devaux E. Ebbesen T W. Phys. Rev. Lett., 2005, 95, 046802.
[49] Bozhcvolnyi S I, Volkov V S, Devaux E, Laluet J Y, Ebbesen T W. Nature, 2006, 440, 508.
[50] Fernández-Domínguez A I, Moreno E, Martín-Moreno L, García-Vidal F J. Phys. Rev. B, 2009, 79, 233104.
[51] Wang K, Mittleman D M J. Opt. Soc. Am. B, 2005, 22, 2001.
[52] Fernandez-Dominguez A I. Martin-Cano D, Nesterov M L, Garcia-Vidal F J, Martin-Moreno L, Moreno E. Opt. Express, 2010, 18, 754.
[53] Tian D B, Zhang H W, Wen Q Y. Xie Y S. Song Y Q. Chin. Phys. Lett., 2010, 27, 044221.

[54] Woodward R M. Wallace V P, Arnone D D, Linfeild E H, Pepper M. J. Biol. Phys., 2003, 29, 257.
[55] Walker G C. Berry E, Smye S W, Brettle D S. Phys. Med. Biol., 2004, 49, 363.
[56] Zhang C F, Tarhan E, Ramdas A K, Weiner A M, Durbin S M. J. Phys. Chem. B, 2004, 108, 10077.
[57] Chen H, Qu Y G, Peng W X, Kuang T Y, Li L B, Wang L. J. Appl. Phys., 2007, 102, 074701.
[58] Chen H, Wu X M, Yang W X. Chin. Phys. Lett., 2010, 27, 010701.
[59] Jeon T I. Grischkowsky D. Appl. Phys. Lett., 2006, 88, 061113.
[60] O'Hara J, Averitt R, Taylor A. Opt. Express, 2005, 13, 6117.
[61] Wang K, Mittleman D M. Nature, 2004, 432, 376.
[62] Agrawal A. Cao H, Nahata A. New J. Phys., 2005, 7, 249.
[63] Thorsmølle V K, Averitt R D. Maley M P, Bulaevskii L N, Helm C, Taylor A J. Opt. Lett., 2001, 26, 1292.
[64] Tsiatmas, Buckingham A R. Fedotov V A. Wang S, Chen Y, De Groot P A J, Zheludev N I. Appl. Phys. Lett., 2010, 97, 111106.
[65] Tian Z. Singh R, Han J G, Gu J Q, Xing Q R, Wu J, Zhang W L. Opt. Lett., 2010, 35, 3586.
[66] Gu J Q, Singh R J, Tian Z, Cao W, Xing Q R, He M X, Zhang J W, J Han G, Chen H T, Zhang W L. App. Phys. Lett., 2010, 97, 071102.
[67] Tian Z, Han J G, Gu J Q, He M X, Xing Q R, Zhang W L. Chin. Opt. Lett., 2011, 9, S10403.
[68] Upadhya P C. Shen Y C, Davies A G, Linfield E H. Vibrational Spectroscopy, 2004, 35, 139.
[69] Ikeda T, Matsushita A, Tatsuno M, Minami Y, Yamaguchi M, Yamamoto K, Tani M, Hangyo M. Appl. Physi. Lett., 2005, 87, 034105.
[70] Gordon J G, Swalen J D. Opt. Communications, 1977, 22, 374.
[71] Nylander C, Liedberg B, Lind T. Sensors and Actuators, 1982-1983, 3, 79.
[72] Hooper R. Sambles J R. J. Appl. Phys., 2004, 96, 3004.
[73] Stewart C E, Hooper I R, Sambles J R. J. Phys. D, 2008, 41, 105408.
[74] Mitchell J S, Wu Y, Cook C J, Main L. Steroids, 2006, 71, 618.
[75] Hassani A, Skorobogatiy M. Opt. Express, 2008, 16, 20206.
[76] Rangel N L, Seminario J M. J. Chen. Phys., 2010, 132, 125102.
[77] Rangel N L, Seminario J M. J. Phys., 2010, B 43, 155101.
[78] Rangel N L, Gimenez A. Sinitskii A. Seminario J M. J. Phys. Chen., 2011, C 115, 12128.
[79] Kim S M. Appl. Phys. Lett., 2006, 88, 153903.
[80] Lee A W M. Appl. Phys. Lett., 2006, 89, 141125.
[81] Hübers H W. Appl. Phys. Lett., 2006, 89, 061115.
[82] Hajenius M. Opt. Lett., 2008, 33, 312.
[83] Williams B S. Nature Photon., 2007, 1, 517.
[84] Belkin M A. IEEE J. Sel. Top. Quantum Electron., 2009, 15, 952.
[85] Scalari G. Laser Photon. Rev., 2009, 3, 45.
[86] Yu N F, Wang Q J, Kats M A, Fan J A, Khanna S P, Li L H. Davies A G, Linfield E H, Capasso F. Nature Mat., 2010, 9, 730.
[87] Liu J Q, Chen J Y, Liu F Q, Li L, Wang L J, Wang Z G. Chin. Phys. Lett., 2010, 27, 104205.
[88] Wu D M, Fang N, Sun C, Zhang X. Appl. Phys. Lett., 2003, 83, 201.
[89] Drysdale T D, Gregory I S, Baker C, Linfield E H. Tribe W R. Cumming D R S. Appl. Phys. Lett., 2004, 85, 5173.
[90] Gallant J, Kaliteevski M A, Brand S, Wood D, Petty M, Abram R A, Chamberlain J M. J. Appl. Phys., 2007, 102, 023102.

改性纳米 Fe_3O_4 与低密度聚乙烯组成复合介质的介电谱分析*

摘 要 纳米 Fe_3O_4 是典型的顺磁性材料，将其与低密度聚乙烯（low density polyethylene，LDPE）复合，会给 LDPE 基体的磁、电等性能带来影响。为研究纳米 Fe_3O_4 加入对 LDPE 介电性能的影响，采用共沉淀法制备纳米级 Fe_3O_4，并用不同方法对其进行改性，制备了不同条件的纳米 Fe_3O_4 粒子。将此纳米 Fe_3O_4 按质量分数 0.25%～1% 分别以熔融共混法与 LDPE 复合制得 Fe_3O_4 与 LDPE 的复合材料。以宽频介电谱仪进行了该 Fe_3O_4 与 LDPE 复合材料介电谱的研究，试验结果表明：纳米 Fe_3O_4 的加入及磁化对 LDPE 的介电常数和介电损耗均有影响，且其大小与掺杂方法及纳米 Fe_3O_4 质量分数有关。

关键词 介电谱 共沉淀法 纳米 Fe_3O_4 低密度聚乙烯（LDPE） 熔融共混 磁化

Dielectric Spectrum Analysis of Compound Dielectric with NanoFe₃O₄ Modified and Low Density Polyethylene

Abstract Nano Fe_3O_4 is a typical paramagnetic material, and its doping into low density polyethylene (LDPE) may affect the magnetic, dielectric and other properties of the LDPE matrix. To research the influence of doping nano Fe_3O_4 on the dielectric properties of LDPE, we prepared Fe_3O_4 ferrite nanoparticles used for preparation of polyethylene (PE) composite by the chemical co-precipitation method and modified by different methods, and prepared the nano Fe_3O_4 and LDPE composite materials with different mass fractions from 0.25% to 1% by melt blending. Moreover, we investigated the relationship of permittivity and dissipation factors dependence of frequency by broadband dielectric spectrometer. The conclusions can be drawn that doping Fe_3O_4 and magnetization will affect permittivity and dissipation factors, and the influential degree is related to the doping methods and quality percentage of Fe_3O_4 ferrite nanoparticles.

Key words dielectric spectrum, chemical co-precipitation method, nano Fe_3O_4, low density polyethylene (LDPE), melt blending, magnetization

1 引言

无机纳米与聚合物复合材料在宏观上表现出区别于普通聚合物介质的特殊性能，特别是在光、电、磁和热等方面展示出广阔的应用前景，已成为材料科学中的一个令人关注的研究方向[1,2]。当前，在电气绝缘领域中，多数学者主要以交联聚乙烯（crosslinked polyethylene，XLPE）与低密度聚乙烯（low density polyethylene，LDPE）等为基础材料，进行不同浓度及不同种类无机纳米复合材料的各种介电特性的初步研究。

---

* 本文合作者：张冬、宋伟、孙志、韩柏。原文发表于《高电压技术》，2012，38（4）：807~813。国家重点基础研究发展计划（2009CB724505）；国家自然科学基金（50977020）。

一般常用的与 LDPE 复合的纳米无机粉体有 TiO_2、MgO、ZnO、碳纳米管等。DEBASHIS SARMAH 等研究了 LDPE 与 TiO_2 复合材料作为未来微波天线基体的可行性[3]；何恩广等研究了纳米 TiO_2 填料对变频电机耐电晕电磁线绝缘性能的影响[4]；Tavernier K 等研究了非线性填料对 LDPE 绝缘材料电性能的改善[5]；Y Murata 等研究了 MgO 填料粒径对 LDPE 与 MgO 纳米复合物直流电现象的影响[6]；成霞等研究了纳米 ZnO 对聚乙烯电老化过程中空间电荷及击穿特性的影响[7]；Zhihong Yang 等研究了 LDPE 与 ZnO 纳米复合物中 Zn^{2+} 释放及复合物表面特性[8]；张晓虹研究了 LDPE 与蒙脱土（montmorillionite，MMT）纳米复合物的电击穿与耐局放性能[9]；尹毅、Chen Jiong 研究了 LDPE 与 SiO_x 纳米复合物的强场电导特性[10,11]。但对顺磁性纳米 Fe_3O_4 和聚合物复合的研究主要集中在磁性漆、靶向载体、磁性微球及吸波材料等方面。如刘学忠等研究了纳米无机粉末填充电磁线漆的介电特性[12]；初立秋等研究了反相微乳液法制备壳聚糖季铵盐与 Fe_3O_4 复合磁性纳米粒子[13]；韩笑等研究了用于吸波的 Fe_3O_4 质量分数对纳米磁性导电聚苯胺电磁参数的影响[14]；Lei Chen 等研究了 Fe_3O_4 与聚 4-乙烯基吡啶纳米复合物的制备[15]；Wu Chenglin 等研究了用于靶向释药的 $Fe_3O_4@SiO_2@PEG-b-PAsp$ 纳米微球[16]；Ruixue Li 等研究了具有壳核结构的交联聚 β-环糊精与 Fe_3O_4 纳米复合微球的制备与性能[17]。而纳米 Fe_3O_4 与 LDPE 复合材料及其电磁性能方面的研究却未见报道。近期，本课题组通过纳米 Fe_3O_4 与 LDPE 复合制得纳米 Fe_3O_4 与 LDPE 复合材料，并对其进行介电谱性能测试[18-23]，通过试验测得 Fe_3O_4 的加入对复合材料的介电常数和介电损耗均有影响。希望能在未来为 LDPE 基复合材料的应用开辟一个新的方向。

2 Fe_3O_4 与 LDPE 复合材料的制备

（1）纳米 Fe_3O_4 的制备：采用共沉淀法制备。首先按一定摩尔比配制 $FeCl_3 \cdot 6H_2O$ 与 $FeSO_4 \cdot 7H_2O$ 混合溶液。再加入一定量的饱和 $NH_3 \cdot H_2O$，调节溶液 pH 至 13 左右，加入适量的不同表面活性剂，于 80℃下水浴加热 30min 并不断搅拌。并用热水洗涤抽滤至 pH 值大致为 7。再用甲醇洗涤抽滤 4~5 次，采用室温干燥至质量几乎不变后，分别用表面活性剂包覆法和溶剂分散法对其进行改性。

（2）材料的复合：将制得的各种纳米级 Fe_3O_4 分别作为添加剂，与 LDPE 按一定质量比在双辊式流变仪中熔融共混 1h，共混温度为 433K（160℃），制成颗粒状纳米 Fe_3O_4 与 LDPE 复合材料。

（3）测试样品的制备：将颗粒样品在平板硫化机上压制成膜，热压温度为 403K（130℃），压强为 10MPa，热压时间为 20min，最后得到厚度为 0.1~0.2mm 的纳米 Fe_3O_4 与 LDPE 复合薄膜。纯 LDPE 采用同样条件压制成薄膜。分别制备了纳米 Fe_3O_4 质量分数为 0.25%、0.5% 和 1% 的纳米 Fe_3O_4 与 LDPE 复合膜。

（4）样品的磁化：将制好的样品薄膜中一部分用英普磁电体系进行磁化。将英普磁电体系的温度升高到 403K（130℃）后放入薄膜夹紧。使样品薄膜在 1T 的磁场强度下 403K 温度中磁化 30min，至温度降至低于 333K（60℃），取出磁化后的样品。

3 样品形貌及介电谱测定

3.1 原子力显微镜测定

取上述方法制备的纯 LDPE 和 Fe_3O_4 与 LDPE 的复合膜利用 Nanoscope ⅢA

MultiMode型原子力显微镜（atomic force microscope，AFM），采用轻敲工作模式测定各样品膜的表面结构，工作环境为温度20℃、湿度40%。

3.2 介电谱测量

把上述方法制备的纯LDPE薄膜和纳米Fe_3O_4与LDPE复合膜放入353K（80℃）恒温烘箱中，在上、下不锈钢电极中间短路放电24h。样品上下表面对称喷镀铝电极，电极直径$\phi=25cm$。介电谱测量使用Alpha-A高性能频率测试仪，测试频段为1~10MHz，测试温度为室温。

采用上述方法分别测量了3组、共18种不同方法掺杂、不同纳米Fe_3O_4质量分数的样品。

4 结果与讨论

在各方法制得的薄膜中，分别选择1种作为代表，测得的AFM结果如图1所示。图1（a）是纯LDPE膜的AFM图，其中小亮点应为聚乙烯（polyethylene，PE）的晶

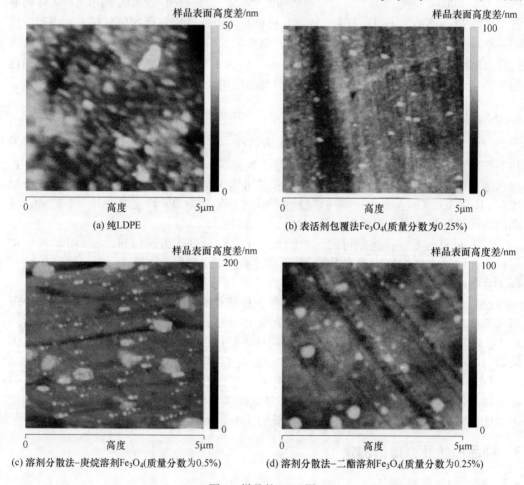

(a) 纯LDPE
(b) 表活剂包覆法Fe_3O_4(质量分数为0.25%)
(c) 溶剂分散法-庚烷溶剂Fe_3O_4(质量分数为0.5%)
(d) 溶剂分散法-二酯溶剂Fe_3O_4(质量分数为0.25%)

图1 样品的AFM图

Fig. 1 AFM photographs of the samples

粒；图1（b）是表面活性剂包覆法 Fe_3O_4 质量分数0.25%的复合膜 AFM 图，其掺杂的 Fe_3O_4 较均匀，粒径大约为100~150nm；图1（c）是 Fe_3O_4 质量分数为0.5%的用庚烷作溶剂的溶剂分散法制得的样品的 AFM 图，其掺杂的 Fe_3O_4 较不均匀，粒径较大的为400~500nm，较小的约为100nm；图1（d）是 Fe_3O_4 质量分数为0.5%、用二酯作溶剂的溶剂分散法制得样品的 AFM 图，其掺杂的 Fe_3O_4 稍有不均匀，粒径在100~300nm 之间。

图2和图3分别是用表面活性剂包覆法得到的不同质量分数下纳米 Fe_3O_4 与 LDPE 复合介质的相对介电常数 ε 和介电损耗 $\tan\delta$ 分布图，所有横坐标均采用对数坐标。从图2中可以发现：用该方法制得的复合介质的 ε 总变化趋势随着 Fe_3O_4 加入量的增加而减小；且 Fe_3O_4 质量分数越增大，ε 的减小越明显。在 Fe_3O_4 质量分数较小时（小于0.5%），Fe_3O_4 的加入对 LDPE 的 ε 影响不大，均在2.36左右；Fe_3O_4 质量分数增大到1%时，ε 从纯 LDPE 的2.36左右降至2.27。所有复合介质的 $\tan\delta$ 均小于纯 LDPE 的，且随 Fe_3O_4 加入量的增加，$\tan\delta$ 呈现先减小又增大趋势，其中 Fe_3O_4 质量分数为0.5%时 $\tan\delta$ 最小。

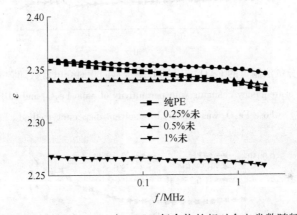

图2 表活剂包覆法制得的 Fe_3O_4 与 LDPE 复合物的相对介电常数随频率变化曲线

Fig. 2 Curve of frequency changing with permittivity of nano Fe_3O_4 and LDPE composites in which Fe_3O_4 was prepared by Surfactant coating method

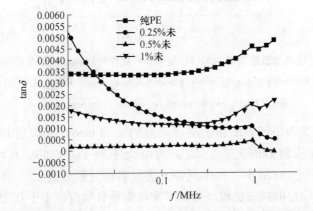

图3 表活剂包覆法制得的 Fe_3O_4 与 LDPE 复合物的 $\tan\delta$ 随频率变化曲线

Fig. 3 Curve of frequency changing with dissipation factor of nano Fe_3O_4 and LDPE composites in which Fe_3O_4 was prepared by surfactant coating method

图 4 和图 5 分别是用溶剂分散法得到的不同质量分数下纳米 Fe_3O_4 与 LDPE 复合介质的 ε 和 $\tan\delta$ 分布图。其中在 Fe_3O_4 低质量分数段，ε 随 Fe_3O_4 加入量增大而减小，而当进一步加大 Fe_3O_4 添加量时，ε 又开始增大。原因可能是用该方法制备的复合物中，随着 Fe_3O_4 的加入量增大，溶剂相对加入量也增大（该溶剂的相对介电常数约为 5），此浓度由于溶剂加入引起的 ε 变化量要大于 Fe_3O_4 的影响。$\tan\delta$ 总的趋势则是：复合介质的 $\tan\delta$ 都小于纯 LDPE 的，且各百分质量分数之间变化不大。

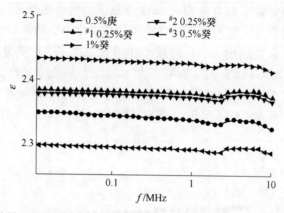

图 4 溶剂分散法制得的 Fe_3O_4 与 LDPE 复合物的相对介电常数随频率变化曲线
Fig. 4 Curve of frequency changing with permittivity of nano Fe_3O_4 and LDPE composites whose Fe_3O_4 was prepared by solvent dispersing method

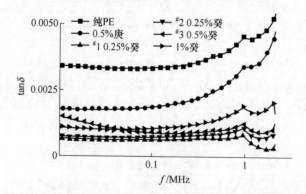

图 5 溶剂分散法制得的 Fe_3O_4 与 LDPE 复合物的 $\tan\delta$ 随频率变化曲线
Fig. 5 Curve of frequency changing with dissipation factor of nano Fe_3O_4 and LDPE composites in which Fe_3O_4 was prepared by solvent dispersing method

比较图 2~图 5 中不同方法掺杂复合介质的 ε 和 $\tan\delta$，可知当 Fe_3O_4 质量分数为 0.25%时，3 种方法制得的复合介质 ε 均略大于纯 LDPE 的，其中又以标记为 #1 0.25%癸的样品曲线变化最小（具体制备方法与名称对照见表 1），原因可能是在该法混料的过程中，Fe_3O_4 的损失比较严重，其实际质量分数应该小于 0.25%，相对于其他样品其 Fe_3O_4 对复合物的影响最小；复合物的 $\tan\delta$ 则都小于 LDPE 的，且这 3 种方法得到的复合物的 $\tan\delta$ 之间变化不大，说明在 Fe_3O_4 质量分数为 0.25%时，制样方法对复合物 $\tan\delta$ 的影响不大。

比较图 2~图 5 中当 Fe_3O_4 质量分数为 0.5% 时不同方法掺杂复合介质的 ε 和 $\tan\delta$，可知 3 种方法均使 ε 有所降低，其中又以二酯做溶剂的溶剂分散法得到的复合物的 ε 降低最多（从 2.36 降至 2.30）。Fe_3O_4 质量分数为 0.5% 的复合介质 $\tan\delta$ 均较纯 LDPE 的 $\tan\delta$ 有所降低，且图 3 中 ε 降低最多的溶剂分散法（图中标记为 #3 0.5% 癸）得到的复合物的 $\tan\delta$ 曲线亦降低较多。总的来说相对于纯 LDPE，在 Fe_3O_4 质量分数为 0.5% 的复合物中，溶剂分散法得到的复合介质介电性能改善的效果最好。

比较图 2~图 5 中 Fe_3O_4 质量分数为 1% 时不同方法掺杂复合介质的 ε 和 $\tan\delta$ 大小，可知表面活性剂包覆法的 ε 较小，癸二酸溶剂分散法则较大；各方法掺杂均可降低 $\tan\delta$，且 3 种方法之间影响不大。

图 6~图 9 分别是相对于图 2~图 5 的各样品磁化后 ε 和 $\tan\delta$ 分布图。具体分析如表 1 所示。

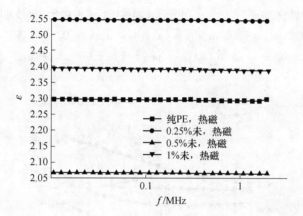

图 6　表活剂包覆法制得的 Fe_3O_4 与 LDPE 复合物磁化后的相对介电常数随频率变化曲线

Fig. 6　Curve of frequency changing with permittivity of nano Fe_3O_4 and LDPE composites after magnetization in which Fe_3O_4 was prepared by surfactant coating method

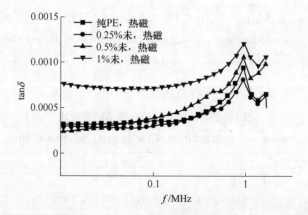

图 7　表活剂包覆法制得的 Fe_3O_4 与 LDPE 复合物磁化后的 $\tan\delta$ 随频率变化曲线

Fig. 7　Curve of frequency changing with dissipation factor of nano Fe_3O_4 and LDPE composites after magnetization in which Fe_3O_4 was prepared by surfactant coating method

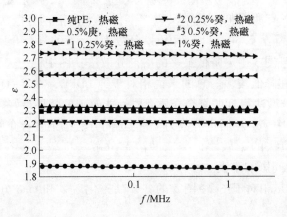

图 8　溶剂分散法制得的 Fe_3O_4 与 LDPE 复合物磁化后的相对介电常数随频率变化曲线

Fig. 8　Curve of frequency changing with permittivity of nano Fe_3O_4 and LDPE composites after magnetization in which Fe_3O_4 was prepared by solvent dispersing method

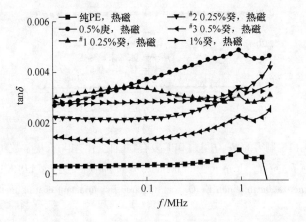

图 9　溶剂分散法制得的 Fe_3O_4 与 LDPE 复合物磁化后的 $\tan\delta$ 随频率变化曲线

Fig. 9　Curve of frequency changing with dissipation factor of nano Fe_3O_4 and LDPE composite after magnetization in which Fe_3O_4 was prepared by solvent dispersing method

表 1　各样品磁化前后介电谱数据对比

Table 1　Dielectric spectral data contrast of the samples before and after magnetization

比较对象	ε 变化情况	$\tan\delta$ 变化	制备方法
纯 LDPE 磁化前后	磁化前为 2.36, 磁化后为 2.30	磁化前：在 $1 \leqslant f \leqslant 2\times10^5$ 时基本维持在 3.5×10^{-3}，$f>2\times10^5$ 时缓慢增大；至 $f=9\times10^5$ 时升至 4.5×10^{-3} 后基本稳定；磁化后：在 $1 \leqslant f \leqslant 2\times10^5$ 时基本维持在 3×10^{-4}，$f>2\times10^5$ 时缓慢增大；至 $f=9\times10^5$ 时升至 9×10^{-4}，随 f 增大又稍有减小	

续表1

比较对象	ε 变化情况	$\tan\delta$ 变化	制备方法
0.25%末，磁化前后	磁化前为2.35，磁化后升至2.55	磁化前：在 $1\leqslant f\leqslant 2\times10^5$ 时从 5.2×10^{-3} 缓慢降至 1.5×10^{-3}；$f>2\times10^5$ 时先维持基本不变后稍增大，至 $f=9\times10^5$ 时升至 2×10^{-3} 后基本稳定； 磁化后：在 $1\leqslant f\leqslant 2\times10^5$ 时基本维持在 3×10^{-4}；$f>2\times10^5$ 时缓慢增大，至 $f=9\times10^5$ 时升至 1×10^{-3}，随 f 增大又稍有减小	表面活性剂包覆法
0.50%末，磁化前后	磁化前约为2.34，磁化后降至2.07	磁化前：在 $1\leqslant f\leqslant 2\times10^5$ 时基本维持在 1×10^{-4}；$f>2\times10^5$ 时缓慢增大，至 $f=9\times10^5$ 时升至 5×10^{-4} 后基本稳定； 磁化后：在 $1\leqslant f\leqslant 2\times10^5$ 时基本维持在 2.5×10^{-4}；$f>2\times10^5$ 时缓慢增大，至 $f=9\times10^5$ 时升至 8×10^{-4}，随 f 增大又稍有减小	表面活性剂包覆法
1.00%末，磁化前后	磁化前为2.27，磁化后升至2.4	磁化前：在 $1\leqslant f\leqslant 2\times10^5$ 时基本维持在 1×10^{-4}；$f>2\times10^5$ 时缓慢增大，至 $f=9\times10^5$ 时升至 5×10^{-4} 后基本稳定； 磁化后：在 $1\leqslant f\leqslant 2\times10^5$ 时基本维持在 2.5×10^{-4}；$f>2\times10^5$ 时缓慢增大，至 $f=9\times10^5$ 时升至 8×10^{-4}，随 f 增大又稍有减小	表面活性剂包覆法
0.50%庚，磁化前后	磁化前约为2.34，磁化后降至1.88	磁化前：在 $1\leqslant f\leqslant 2\times10^5$ 时基本维持在 1.8×10^{-3}；$f>2\times10^5$ 时缓慢增大，至 $f=2\times10^6$ 时为 4×10^{-3}； 磁化后：从 2.7×10^{-3} 缓慢增大；$f=9\times10^5$ 时升至 4.5×10^{-3}，随 f 增大又稍有减小	溶剂分散法-庚烷作溶剂预混后加入流变仪
#1 0.25%癸，磁化前后	磁化前为2.38，磁化后降至2.33	磁化前：在 $1\leqslant f\leqslant 6\times10^4$ 时从 3×10^{-3} 缓慢升至 3.3×10^{-3}；$6\times10^4\leqslant f\leqslant 6\times10^5$ 时缓慢降至 2.7×10^{-3}；$f>6\times10^5$ 时缓慢增大，至 $f=9\times10^5$ 时升至 3×10^{-3}，后又稍有下降； 磁化后：在 $1\leqslant f\leqslant 2\times10^5$ 时基本维持在 2.5×10^{-4}；$f>2\times10^5$ 时缓慢增大，至 $f=9\times10^5$ 时升至 8×10^{-4}，随 f 增大又稍有减小	溶剂分散法-二酯做溶剂直接加入流变仪混料
#2 0.25%癸，磁化前后	磁化前为2.38，磁化后降至2.22	磁化前：在 $1\leqslant f\leqslant 2\times10^5$ 时基本维持在 7.5×10^{-4}；$f>2\times10^5$ 时缓慢增大，至 9×10^5 时升至 1×10^{-3} 后基本稳定； 磁化后：在 $1\leqslant f\leqslant 2\times10^5$ 时基本维持在 2.25×10^{-3}；$f>2\times10^5$ 时缓慢增大，至 $f=9\times10^5$ 时升至 3×10^{-3}，随 f 增大又稍有减小	溶剂分散法-二酯做溶剂预混后加入流变仪
#3 0.50%癸，磁化前后	磁化前为2.29，磁化后升至2.56	磁化前：在 $1\leqslant f\leqslant 2\times10^5$ 时从 1.5×10^{-3} 缓慢降至 1×10^{-3}；$f>2\times10^5$ 时缓慢增大，至 $f=9\times10^5$ 时升至 1.25×10^{-3} 后基本稳定； 磁化后：在 $1\leqslant f\leqslant 2\times10^5$ 时基本维持在 1.5×10^{-3}；$f>2\times10^5$ 时缓慢增大，至 $f=9\times10^5$ 时升至 2×10^{-3}，随 f 增大又稍有减小	溶剂分散法-二酯做溶剂预混后加入流变仪
1.00%癸，磁化前后	磁化前为2.43，磁化后升至2.73	磁化前：基本维持在 1×10^{-3}； 磁化后：基本维持在 2.8×10^{-3}；在 $f=9\times10^5$ 时升至 3×10^{-3} 后又恢复至 2.8×10^{-3} 左右	溶剂分散法-二酯做溶剂预混后加入流变仪

由表 1 可见，磁化对表面活性剂包覆法的影响为：随着 Fe_3O_4 质量分数增大，磁化使 ε 变化的趋势是增大—减小—增大；$\tan\delta$ 均增大。磁化对溶剂分散法的影响为：随着 Fe_3O_4 质量分数增大，磁化使 ε 先减小后增大；$\tan\delta$ 则均增大。分析其原因可能为磁化是由外磁场作用带动整个体系发生沿磁场方向的取向过程。其中纯 LDPE 由于本身对磁场不敏感，在外加磁场作用后相对介电常数未发生明显变化；而随着纳米 Fe_3O_4 的加入，复合膜对外加磁场的反应越来越明显，取向程度越高，使磁化作用表现得更明显，ε 和 $\tan\delta$ 的变化程度越高，但具体增大还是减小还与复合方法、掺杂比例等其他因素有关。

5 结论

（1）制得的各种掺杂膜的分散情况由于分散方法和质量分数不同而稍有区别，Fe_3O_4 的粒径均在 100~500nm 之间。

（2）纳米 Fe_3O_4 的加入对 LDPE 的介电常数和介电损耗均有影响：介电常数由于掺杂方法和质量分数不同，各有增大或减小，而介电损耗均减小。

（3）磁化对样品的介电常数和介电损耗均有影响：介电常数由于掺杂方法和质量分数不同，各有增大或减小，而介电损耗均增大。

经试验验证纳米 Fe_3O_4 的加入及样品磁化对复合介质的介电常数和介电损耗均有所影响。但各掺杂方法之间的具体选择仍需配合其他性能试验综合对比才能得到。

参 考 文 献

[1] 黄明福，于九皋，林通．聚合物基纳米复合材料性能及理论研究［J］．高分子通报，2005（1）：38-59．

[2] Zou Wenjun, Peng Jin, Yang Yun. Effeet of nano-SiO_2 on the performance of Poly（MMA/BA/MAA）/EP［J］. Materials Letters, 2007（61）：725-729.

[3] Sarmah D, Deka J, Bhattacharyya S, et al. Study of LDPE/TiO_2 and PS/TiO_2 composites as potential substrates for microstrip patch antennas［J］. Journal of Electronic Materials, 2010, 39（10）：2359-2365.

[4] 何恩广，刘学忠．纳米 TiO_2 填料对变频电机耐电晕电磁线绝缘性能的影响［J］．电工技术学报，2003，18（1）：72-76．

[5] Tavernier K, Auckland D W, Varlow B R. Improvement in the electrical performance of electrical insulation by non-linear fillers［C］//IEEE Proceeding of International Conference on Conduction and Breakdown in Solid Dielectrics. Vasteras, Sweden：IEEE, 1998：5332-5338.

[6] Murata Y, Murakarni Y, Nemoto M, et al. Effects of nanosized MgO-filler on electrical phenomena under DC voltage application in LDPE［C］//IEEE Annual Report Conference on Electrical Insulation and Dielectric Phenomena. Tennessee, USA：IEEE, 2005：159-161.

[7] 宋伟，张冬，杨春，等．LDPE 中介聚合物阻挡层后其交流电场下的电树特性分析［J］．高电压技术，2010，36（7）：1651-1657．

[8] Yang Zhihong, Xie Changsheng, Xia Xianping, et al. Zn^{2+} release behavior and surface characteristics of Zn/LDPE nanocomposites and ZnO/LDPE nanocomposites in simulate duterine solution［J］. Journal of materials science-materials in medicine, 2008, 19（11）：3319-3326.

[9] 张晓虹，高俊国，张金梅，等．PE/MMT 纳米复合材料的电击穿与耐局放性能［J］．高电压技术，2008，34（10）：2124-2128．

[10] 尹毅, 陈炯. 纳米 SiO$_x$/聚乙烯复合材料强场电导特性的研究 [J]. 电工技术学报, 2006, 21 (2): 22-26.

[11] Chen Jiong, Yin Yi, Li Ze, et al. The effect of SiO$_x$ partical on high field conduction in low-density polyethylene [C] //IEEE Proceedings of the 9th ICPADM. Harbin, China: IEEE, 2009: 638-642.

[12] 韩柏, 孙志, 何丽娟, 等. LDPE 中掺入浮石粉对其空间电荷分布特性的影响 [J]. 高电压技术, 2010, 36 (6): 1398-1402.

[13] 初立秋, 陈煜, 苏温娟, 等. 反相微乳液法制备壳聚糖季铵盐/四氧化三铁复合磁性纳米粒子 [J]. 高分子材料科学与工程, 2011, 27 (1): 39-42.

[14] 韩笑, 王源升. Fe$_3$O$_4$ 的含量对纳米磁性导电聚苯胺电磁参数的影响 [J]. 高校化学工程学报, 2007, 21 (6): 1024-1029.

[15] Chen Lei, Yang Wengjun, Yang Changzheng. Preparation of nanoscale iron and Fe$_3$O$_4$ powders in a polymer matrix [J]. Journal of Materials Science, 1997, 32 (13): 3571-3575.

[16] Wu Chenglin, He Huan, Gao Hongjun, et al. Synthesis of Fe$_3$O$_4$/SiO$_2$/polymer nanoparticles for controlled drug release [J]. Science China Chemistry, 2010, 53 (3): 514-518.

[17] Li Ruixue, Liu Shumei, Zhao Jianqing, et al. Preparation and characterization of cross-linked β-cyclodextrin polymer/Fe$_3$O$_4$ composite nanoparticles with core-shell structures [J]. Chinese Chemical Letters, 2011, 22 (2): 217-220.

[18] 张周胜, 马爱清, 盛戈皞. 高压交联聚乙烯电缆局部放电脉冲的时频特性识别方法 [J]. 高电压技术, 2011, 37 (8): 1997-2003.

[19] 许海如, 张冶文, 郑飞虎. 绝缘介质介电频谱测量方法的研究 [J]. 绝缘材料, 2010, 43 (1): 66-71.

[20] Yu Yanli, Bai Wei, Zhao Kongshuang, et al. The toxicity of Cu^{2+} to microcystis aeruginosa using dielectric spectroscopy [J]. Science China Chemistry, 2010, 53 (3): 632-637.

[21] 张超, 未治奎, 余大书. PZT9505 型陶瓷介电谱表征 [J]. 武汉工程大学学报, 2011, 33 (4): 65-68.

[22] 吴锴, 陈曦, 王霞, 等. 高压直流电缆用纳米复合聚乙烯的研究 [J]. 绝缘材料, 2010, 43 (4): 1-2.

导电炭黑填充 EVA 半导电电极对聚乙烯中空间电荷注入的影响*

摘 要 为探索导电炭黑填充 EVA 半导电电极对聚乙烯中空间电荷注入的影响,分别将炭黑以 3 种不同的比例填充到 EVA 中作为聚乙烯的电极,炭黑的体积分数分别为 27%,32% 和 34%。高压下,采用压力波法研究聚乙烯中空间电荷的注入情况,并对测量结果进行定性的比较和分析。结果表明,聚乙烯样品中空间电荷的注入量随着电极中炭黑填充率的增大,空间电荷的注入量反而减小。这与理论预测相符,电极中炭黑的填充率越大,与聚合物接触的界面处炭黑颗粒的排列就越密集,颗粒表面最高场强就越低,且表面局部高场区在平均场强的延伸范围就越小,从而就减少了空间电荷的注入。

关键词 半导电电极 空间电荷 炭黑 低密度聚乙烯(LDPE) 乙烯醋酸乙烯酯共聚物(EVA) 局部电场 填充率

Space Charge Injection in LDPE by Semi-conductive Electrode with Different Carbon Black Filling Rates

Abstract Electrode materials may play an important role in space charge accumulations. Semi-conductive electrodes, carbon black (CB) with ethylene vinyl acetate copolymer (EVA) at three different filling rates, 27%, 32%, and 34%, respectively, were adopted to study their space charge injection by the pressure wave ropagation (PWP) method. Results show that, higher CB filling rate induces lower space charge injection than the electrode with lower CB filling rate. It is in agreement with the theoretical analysis. Both the large CB particle size and low CB filling rate can obviously lead to high local electric field near the surface of the CB particles and a large region of high field, which may cause more charge injection.

Key words semi-conductive electrode, space charge, carbon black, low density polyethylene (LDPE), ethylene vinyl acetate copolymer (EVA), local electric field, filling rate

1 引言

聚乙烯树脂以其良好的绝缘性、稳定的化学性质以及易加工等特性成为目前高压输电领域极为重要的绝缘材料之一。然而伴随着电力工业的迅猛发展,聚乙烯树脂在输电领域的应用更加广泛,高压输电技术也亟待提高,因此聚乙烯中的空间电荷问题成为不可忽视的问题,因为它不仅是引发电力系统故障的重要因素之一,也成为制约电力电缆向超高压发展的主要障碍之一。由于绝缘介质内空间电荷的局部积累,导致

---

* 本文合作者:张冶文、牛奋英、安振连、郑飞虎、马朋。原文发表于《高电压技术》,2011,37(8):1904~1909。国家自然科学基金(51077101,50807040);国家重点基础研究发展计划(2009CB724505)。

局部电场畸变,使局部电场比平均电场高出 5~11 倍[1],严重的可直接导致绝缘电击穿。近几十年来,人们对聚合物中空间电荷行为进行了大量的研究,为了抑制聚合物中空间电荷的注入,人们采用了各种方法。抑制聚乙烯中空间电荷的方法可分为两类,一类是向聚乙烯中添加电荷抑制剂[2~6],如掺入无机纳米粉末等[5];另一类是修饰聚乙烯的界面,通过改变聚乙烯界面的性质来达到抑制空间电荷的目的,如对聚乙烯表面进行氟化改性等[7,8]。然而对于第 2 类方法,还可以从接触界面的另一侧电极材料进行考虑,通过研究电极的性质,同样可以达到抑制电荷注入的目的。以往对电极的研究较少,且已有的少数报道中大多集中在对使用不同电极材料样品的空间电荷注入特性的比较[9~12],如有研究表明,使用炭黑填充乙烯醋酸乙烯酯共聚物(ethylene vinyl acetate copolymer,EVA)半导电材料、铝、金以及铜 4 种材料作为聚乙烯的电极,空间电荷注入量和注入速度由大到小依次为:炭黑填充 EVA 半导电电极>铝>铜>金[13]。关于这一界面现象的复杂机理,已有几种理论试图解释,但没有形成统一的意见。如有研究者认为表面态和界面态可能导致电荷注入的临界值不同,而且空间电荷的积累基于能带理论[14,15]。也有文献把电极材料生产过程中引入的副产品作为界面处陷阱的浓度和陷阱能级深度改变的原因[16,17]。此外,还有报道认为导电性、电荷的迁移率以及激发能等也影响界面处电荷的分布和迁移率[18~20]。以上理论虽各有道理,但仍不能圆满地解释这一现象。然而综合比较几种金属电极的功函数后,发现空间电荷的注入量随着功函数的增大而减小。金属的逸出功越大,空间电荷就越难以越过界面势垒而注入到聚合物中,对空间电荷的抑制作用就越显著。但是对于使用半导电电极空间电荷的注入量会最大的原因依旧很难解释,石墨的功函数范围很大没有一个确切的理论值,而半导电电极的功函数至今没有文献报道。

最近有理论认为,半导电电极材料与聚合物接触界面的场强极大地影响空间电荷的注入[21]。已经有清晰的扫描电镜照片表明这一界面并非理想的平面,它可能会严重影响着聚乙烯中空间电荷的注入。

电极材料内含有的无数微小导电球体,在通高压的条件下电极与绝缘层接触处的导电球体的表面存在高场区,在高场区下电荷更容易注入。该处的局部场强约为同等条件下理想平板电极间平均场强的 2 倍。相同疏密排列的颗粒其表面最高场强以及高场区在平均场强的延伸范围正比于球半径,颗粒的半径越大,表面高场强越高,高场区在平均场强的延伸范围越大;颗粒粒径相同,疏密程度不同时,随颗粒间距的增大,其表面最高场强迅速升高,高场区在平均场强方向的延伸范围扩大。因此,如果在生产半导电电极材料时,采用的炭黑颗粒粒径越细小,填充率越高,那么它抑制空间电荷的作用就应越显著。但是,在实际中很难找到几种仅仅粒径不同而其他性质完全相同的导电纳米炭黑粉末。鉴于此,本文仅研究了将同种导电纳米炭黑以 3 种不同的比例填充到 EVA 中混炼制得的半导电电极对低密度聚乙烯中空间电荷注入的影响。

2 实验方法

本实验采用的聚乙烯样品为埃克森美孚公司的低密度聚乙烯 LDPE(low density polyethylene),密度为 0.918g/cm;而作为半导电电极原料的 EVA 则由美国杜邦(DuPont)公司提供,型号为 Elvax 260,密度为 0.955g/cm。

聚乙烯颗粒通过熔融挤压工艺压制成厚度约1mm、直径约15cm的样品。将炭黑以3种不同的比例添加到EVA中，采用密炼机混炼0.5~1h，取出之后剪碎，压制成厚度约为0.4mm的薄片，再热压在聚乙烯试样上。所得电极炭黑的体积分数分别为27%、32%、34%。测量空间电荷采用压力波脉冲法（PWP）[22,23]。测量前先将样品在40℃的恒温下预热4~5h，使其内部温度分布均匀。所加电压为-40kV直流高压，这样样品内的外加场强约为40MV/m。

采用PHILIPS公司的XL30FEG XL Series场发射环境扫描电子显微镜（ESEM）观察导电炭黑纳米粉末以及半导电电极材料中的炭黑颗粒分布，该设备具备最高分辨率为3.5nm。扫描电镜下可以清楚地看到炭黑颗粒以葡萄状聚集成团，团与团之间并非紧密堆积在一起，存在明显的空隙，如图1所示。

图1 炭黑粉末的SEM图，放大倍数为4万倍
Fig. 1 SEM topography of CB powder （×40000）

3 结果与讨论

3.1 使用不同比例炭黑填充EVA半导电电极的LDPE中空间电荷的注入结果

不同炭黑填充率（指体积分数，下同）下半导电电极材料的方块电阻（如表1所示）基本相同。可见这3种比例已经超过导电电阻的逾渗值，再增大炭黑的体积分数时，其电阻率并未明显下降。

表1 不同的炭黑填充率下半导电电极的方块电阻
Table 1 Square resistance of semi-conductive electrodes with three CB filling rates

炭黑填充率/%	方块电阻/kΩ
27	2~3
32	1~2
34	1~2

图2为聚乙烯样品通过采用不同炭黑填充率的半导电电极材料进行直流高压注入的电荷分布图。图2中每条曲线分别代表某一时刻下样品中已注入的空间电荷。当使

用炭黑的填充率为27%的半导电电极时，分别记录了样品开始加压后的第10s、30min和3h这3个时刻的电荷注入情况，如图2（a）所示。为了更全面地研究增大EVA中炭黑的填充率对聚乙烯样品中空间电荷注入的影响，使用其余两种填充率下电极的聚乙烯样品均将加压时间延长为12h，记录的4个时刻分别是样品开始加压后的第10s、30min、3h和12h。样品所加外场均为40MV/m。

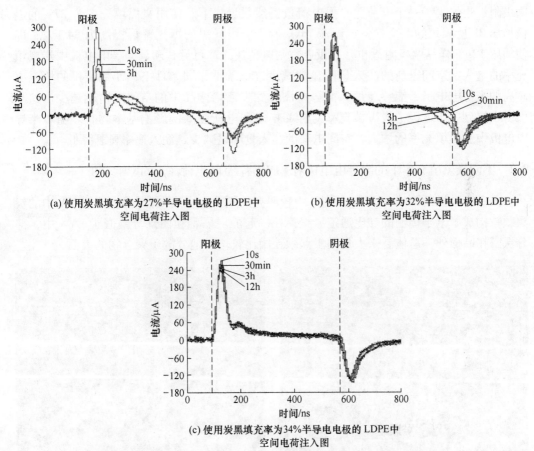

图2 使用不同炭黑填充率的半导电电极的LDPE中空间电荷注入情况

Fig. 2 Space charge injection of LDPE by semi-conductive electrode with different CB filling rates

根据图中的电荷分布情况分析，样品在外加负高压时，当采用炭黑填充率为27%的半导电电极时，正负电极附近均有同极性电荷包产生，这是因为平行板间具有匀强场。最初空间电荷注入峰随时间快速增高，即电荷的注入量越来越多，前半个小时注入速率最快，当加压30min后两极已有明显的电荷包，半小时后空间电荷的注入速率有所减慢，但仍有注入。加压3h后，电荷包基本趋于稳定，样品内部没有电荷包。这主要是两方面因素所致：一方面，已经注入的大量的同极性空间电荷累积造成了注入界面内外的电势差降低，不利于后来同极性电荷的继续注入。另一方面，随着时间的延长，已注入的或者正在注入的两种极性的电荷在样品内相向而行，一部分在中间区域相遇中和，在电荷分布图上表现为内部静电荷为零，另一部分迁移到更远的另一侧，与另一侧注入的异号电荷相互中和，所以样品两侧的电荷包没有随着时间的延长一直增大，而是形成一个相对稳定的电荷包。此外，还必须考虑到，随着时间的推移，样品中有限的陷阱也逐渐被空间电荷填满，样品本身驻留空间电荷的量已接近饱和，故注入能力相应下降。

而当采用炭黑的填充率为32%的电极时，加压30min后样品两极附近空间电荷注入很不明显，加压3h后在阴极附近才有些许空间电荷注入，最后直至加压12h，虽在阴极附近也聚集了一个电荷包，但电荷量仍然很少，不及使用炭黑填充率为27%的电极加压3h所累积的电荷量，如图2（b）所示。当炭黑的填充率再提高为34%时，即使加压12h，样品两极附近也几乎没有空间电荷注入。可见，随着半导电电极中炭黑填充率的增大，空间电荷的注入量明显地减少，也就是相同条件下，使用炭黑的填充率越高的半导电电极，能够越过界面势垒注入到聚乙烯样品中的空间电荷就越少。这与引言中提到关于电极中炭黑填充率对样品中空间电荷注入的影响基本吻合。随着半导电电极中炭黑填充率的增大，空间电荷的注入量明显减少，注入速率显著降低。

3.2 不同炭黑填充率下的半导电电极对LDPE中空间电荷注入的影响分析

图3为电极断面的SEM图，图3中较明亮的颗粒为炭黑颗粒，填充于EVA中的炭黑颗粒构成了电子传输的导电通道。聚集在一起的炭黑颗粒团部分镶嵌于EVA中，部分裸露在断面外，总体看来大量的炭黑颗粒团比较均匀地分散于聚合物的表面。

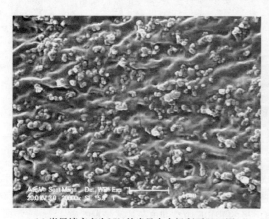 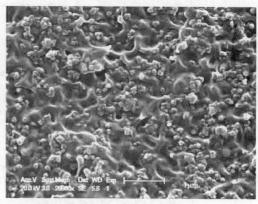

(a) 炭黑填充率为27%的半导电电极断面SEM图　　(b) 炭黑填充率为34%的半导电电极断面SEM图

图3　电极断面的SEM图，放大倍数为2万倍

Fig. 3　SEM topography of cross section from electrodes（×20000）

高压下，聚乙烯与贴合在其两侧的电极构成了平行板电容器，聚乙烯电极界面处的场强受电极的影响将大于外电场的场强。理论计算表明[10,11]，由无数微小导电球体网络构成的电极材料，在高压下电极与绝缘层接触处的导电球体的表面存在高场区，即该处的局部场强约为同等条件下理想平板电极间平均场强的2倍，在高场区电荷更加容易注入。模拟计算认为，当炭黑的填充率在25%~74%（颗粒以面心立方密堆积时的计算值）之间时，颗粒表面的最高场强以及高场区在平均场强的延伸范围，随颗粒粒径的增大而增大，以及随界面处颗粒间距的增大而迅速增大。一般情况下半导电电极中炭黑的粒径不大于1μm，当炭黑的填充率为25%时，颗粒表面的最高场强约为平

均场强的 2.4 倍；当填充率为 50%时，颗粒表面最高场强约为平均场强的 2 倍；而填充率为 74%时，最高场强约为平均场强的 1.8 倍。当炭黑的填充率一定时，炭黑的粒径越小，颗粒表面最高场强在平均场强方向的衰减速度越快。相同条件下，当炭黑的填充率较高时，电极内部颗粒排列紧密，与聚乙烯接触的界面上颗粒之间的间距较小，导致颗粒表面的最高场强以及最高场强在平均场强的延伸范围均小于同一粒径低填充率的电极材料，因此空间电荷的注入量较少。

尽管观察电极断面的 SEM 图时，图 3（a）和图 3（b）中颗粒分布的差异不易被察觉，但空间电荷的注入与宏观上界面处炭黑颗粒的整体作用效果有关。因而，假设 EVA 中炭黑的填充率非常小或非常大时，根据电极断面的 SEM 图，可以得到电极材料中炭黑颗粒分布的理想化平剖模型图（见图 4），图 4 中的圆圈代表填充于 EVA 中的炭黑颗粒，背景中的斜线表示 EVA。当炭黑颗粒的填充率较低时（见图 4（a）），电极内部炭黑颗粒的分布极为稀疏，剖面上颗粒之间的平均间距很大。而当炭黑的填充率很高时（见图 4（b）），电极内部炭黑颗粒分布特别稠密，剖面上颗粒非常紧密地镶嵌于 EVA 中，颗粒间的平均间距比前者小得多。因此，可以把与 LDPE 样品接触的电极界面类比为此模型图。高填充率下，界面处炭黑颗粒分布要比低填充率时紧密，那么颗粒间的平均间距就较小，依据前面提到的理论，颗粒表面的最高场强和高场区在平均场强的延伸范围均随颗粒间距的减小而降低，那么注入到 LDPE 中的空间电荷就少于使用低填充率的电极材料。

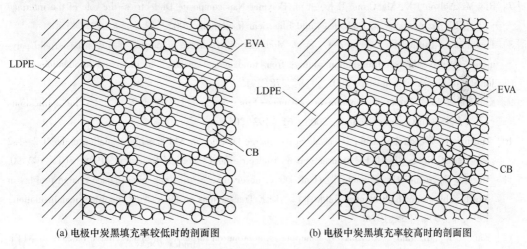

(a) 电极中炭黑填充率较低时的剖面图　　　　(b) 电极中炭黑填充率较高时的剖面图

图 4　半导电电极的剖面模型图
Fig. 4　Models of electrodes profile

4　结论

（1）使用不同比例导电炭黑填充到 EVA 中混炼所得电极，LDPE 中空间电荷的注入量随炭黑填充率的增大而显著减少。

（2）半导电电极对空间电荷的影响主要原因为，在一定范围内，炭黑的填充率越低，颗粒分布越稀疏，界面处炭黑颗粒之间的间距就越大，而颗粒表面的最高场强以及局部高场区在平均场强的延伸范围均随颗粒间距的增大而增大，在高场区空间电荷注入更加容易。高炭黑填充率的EVA半导电电极，与聚乙烯接触的界面场强较小，有利于抑制空间电荷的注入。

（3）半导电电极的微结构对空间电荷的注入有显著影响。

参 考 文 献

[1] Zhang Yewen, Lewiner Jacques, Alquié Claude. Evidence of strong correlation between space charge buildup and breakdown in cable insulation [J]. IEEE Transactions on Dielectrics and Electrical Insulation, 1996, 3 (6): 778-783.

[2] Terashima K, Sukuki H, Hara M, et al. Research and development of ±250kV DC XLPE cables [J]. IEEE Transactions on Power Delivery, 1998, 13 (1): 7-15.

[3] 党智敏, 亢婕, 屠德民, 等. 三梨糖醇对PE空间电荷和耐水树性能的影响 [J]. 高电压技术, 2001, 27 (1): 16-20.

[4] 尹毅, 陈炯, 肖登明. 自由清除剂对电老化聚乙烯中空间电荷分布的影响 [J]. 苏州市职业大学学报, 2004, 15 (3): 63-65.

[5] Khalil M S, Zaky A A, Hansen B S. The influence of TiO_2 and $BaTiO_3$ additive on the space charge distribution in LDPE [C] //Conference on Electrical Insulation& Dielectric Phenomena Anniversary. [S. l.]: [s. n.], 1985.

[6] Kwang S Suh, Ho Gyu Yoon, Chang Ryong Lee, et al. Space charge behavior of acrylic monomer-grafted polyethylene [J]. IEEE Transactions on Dielectrics and Electrical Insulation, 1999, 6 (3): 282-287.

[7] Roy M, Nelson J K, MacCrone R K, et al. Polymer Nanocomposite Dielectrics-the role of the interface [J]. IEEE Transactions on Dielectrics and Electrical Insulation, 2005, 12 (4): 629-643.

[8] Tressaud A, Durand E, Labrugère C, et al. Modification of surface properties of carbon-based and polymeric materials through fluorination routes: from fundamental research to industrial applications [J]. Journal of Fluorine Chemistry, 2007, 128: 378-391.

[9] Kharitonov A P. Direct fluorination of polymers-From fundamental research to industrial applications [J]. Progress in Organic Coatings, 2008, 61: 192-204.

[10] Hozumi N, Takeda T, Suzuki H, et al. Space charge behavior in XLPE cable insulation under 0.2~1.2 MV/cm DC fields [J]. IEEE Transactions on Dielectrics and Electrical Insulation, 1998, 5(1): 82-90.

[11] Hozumi N, Suzuki H, Okamoto T, et al. Direct observation of time-dependent space charge profiles in XLPE cable under high electric fields [J]. IEEE Transactions on Dielectrics and Electrical Insulation, 1994, 1 (6): 1068-1076.

[12] Kaneko K, Mizutani T, Suzuoki Y. Computer simulation on formation of space charge packets in XLPE films [J]. IEEE Transactions on Dielectrics and Electrical Insulation, 1999, 6 (2): 152-158.

[13] 肖春, 宣华芸, 张冶文. 电极材料对聚乙烯中空间电荷注入影响的比较 [J]. 材料科学与工程学报, 2008, 26 (5): 709-712.

[14] Mizutani T. Behavior of charge carriers near metal/polymer interface [C] //Proceedings of 2005 International Symposium on Electrical Insulating Materials. Kitakyushu, Japan: [s. n.], 2005: 1-6.

[15] Neagu E R. Dias C. Charge injection/extraction at a metal-dielectric interface: experimental validation [J]. IEEE Electrical Insulation Magazine, 2009, 25 (1): 15-22.

[16] Chen G, Tanaka Y, Takada T, et al. Effect of polyethylene interface on space charge formation [J]. IEEE Transactions on Dielectrics and Electrical Insulation. 2004. 11 (1): 113-121.

[17] Murakami Y, Mitsumoto S, Fukuma M, et al. Space charge formation and breakdown in polyethylene in-

fluenced by the interface with semiconducting electrodes [J]. Electrical Engineering in Japan. 2002, 138 (3): 19-25.

[18] Bodega R, Perego G, Morshuis P H F, et al. Space charge and electric field characteristics of polymeric-type MV-size DC cable joint models [C] //2005 Annual Conference on Electrical Insulation and Dielectric Phenomena, Nashville. Tennessee, USA: [s. n.], 2005: 507-510.

[19] Miyake H, Iida K, Tanaka Y, et al. Space charge formation at interface between polyethylene and other polymeric materials [C] // Proceedings of the 7th International Conference on Properties and Applications of Dielectric Materials. Nagoya, Japan: [s. n.], 2003: 665-668.

[20] Rogti F, Mekhaldi A, Laurent C. Space charge behavior at physical interfaces in cross-linked polyethylene under DC field [J]. IEEE Transactions on Dielectrics and Electrical Insulation, 2008, 15 (5): 1478-1485.

[21] Xiao Chun, Zhang Yewen, Zheng Feihu, et al. Electric field analysis of space charge injection from a conductive nano-filler electrode [J]. Chinese Physics Letters, 2010, 27 (7), 077303.

[22] Laurent C, Mayoux C, Noel S. Mechanism of electroluminescence during aging of polyethylene [J]. Journal of Applied Physics, 1985, 58 (11): 4346-4353.

[23] 郑飞虎, 张冶文, 吴长顺, 等. 用于固体介质中空间电荷的压电压力波法与电声脉冲法 [J]. 物理学报, 2003, 52 (5): 1137-1142.

聚合物/无机纳米复合电介质介电性能及其机理最新研究进展*

摘　要　聚合物/无机纳米复合电介质由于其优异的电、热、机械等性能而成为电介质领域研究的热点。本文综述了该领域的最新研究进展，涉及纳米电介质的结构特性和介电性能及其机理，重点阐述了纳米电介质的界面特性和电阻率、介电常数、介质损耗、击穿场强、耐电晕老化、电树枝老化、陷阱、空间电荷等介电特性及其对应的微观和介观机理，并展望了纳米电介质未来的研究方向。

关键词　纳米电介质　结构特性　界面模型　介电特性

Recent Research Advancement in Dielectric Properties and the Corresponding Mechanism of Polymer/Inorganic Nanocomposite

Abstract　Polymer based inorganic nanocomposite dielectrics have drawn much interest in the field of dielectrics due to its excellent electrical, thermal and mechanical properties. This paper reviews the recent research advancement and progress in polymer based nanodielectrics. The structure characteristic, dielectric properties including the corresponding mechanism are discussed. The emphasis is put on the characteristic of interface structure and dielectric properties such as electrical resistivity, dielectric permittivity and loss, electrical strength, resistance on corona aging, electrical treeing aging, traps, space charge, etc. The prospect of research on nanodielectrics is described.

Key words　Nanodielectrics, structure characteristic, interface model, dielectric properties

1　引言

聚合物纳米电介质是无机填料以纳米尺度均匀分散于聚合物中而形成的复合体系。1994 年 T. J. Lewis[1] 提出纳米电介质的概念并作为电介质未来的研究方向，使得电介质的研究从传统的德拜松弛理论转向纳米尺度的介观理论[1,2]。前者主要用统计学理论研究材料宏观上的平均性质，而后者主要研究微小尺寸的特殊效应及其对材料宏观性质的影响。纳米介电现象是介于宏观物质与微观原子尺度之间的介观现象，它的研究需要综合应用传统电介质理论与微观量子理论。纳米尺度的介电现象不仅涉及到电气与电子绝缘介质，也包括传感和功能电介质、非线性光学电介质以及生物电介质等中的微观介电行为。对纳米尺度介电现象的研究有助于理解聚合物/无机纳米复合电介质宏

---

* 本文合作者：田付强、杨春、何丽娟、韩柏、王毅。原文发表于《电工技术学报》，2011, 26 (3): 1~12。
国家自然科学基金（50537040, 50977020）；国家 973 计划（2009CB724505）；北京交通大学优秀博士创新基金（141054522）。

观介电性能所对应的微观结构机理，并有可能大幅度提升电力设备和电力电子器件的绝缘品质，开拓电介质应用的新领域[2]。

鉴于纳米电介质潜在的巨大应用价值和纳米级介电现象研究的重大理论意义，纳米电介质近年来得到了工程界和学术界的极大关注。由于纳米添加物自身具有大的比表面积、高的表面活性和一些奇异的理化效应，少量的纳米掺杂就可以显著改善聚合物电介质的某些性能，包括电阻率[3,4]、介电常数和介电损耗[5,6]、击穿场强[7,8]、局部放电[9,10]、树枝化[11]、空间电荷行为[12,13]等介电性能，热导率[14]、玻璃化温度[14,15]、耐热性[16]等热学性能以及抗张强度[14,17]、硬度[14,17]、冲击强度[14,17]等机械性能。然而导致这种性能改善的内部机理仍然不完全清楚。目前人们普遍认为，当颗粒尺寸缩小到纳米级时，界面的作用就将变得重要而且最终将完全占据统治地位[1,11,18]，对界面作用、纳米颗粒之间的相互作用、纳米颗粒和基体之间的作用以及相关的输运过程的理解对纳米电介质的研究至关重要。日本学者T. Tanaka[19]提出的界面区多核（multi-core）模型虽然比较粗糙，但可以解释纳米电介质的一些试验现象。

近年来关于纳米电介质的文献资料逐年增多，随着研究的不断深入，尤其是多种结构和性能表征方法的结合使用，使得关于纳米电介质的研究更进了一步，同时也出现了一些需要深入探讨的新问题。本文系统地综述了纳米电介质近年来的这些研究进展，并对纳米电介质未来的研究方向和发展趋势进行了展望。

2 纳米电介质的结构特性

2.1 纳米颗粒的基本效应

2.1.1 表面效应

当微粒尺寸下降到纳米级时，表面原子数与颗粒总原子数之比会急剧增加，例如10nm时为20%，1nm时为99%[20]。由于表面原子周围缺少相邻的原子，有许多悬空键，具有不饱和性，故表现出很高的化学活性。随着粒径的减小，纳米颗粒的比表面积增大，表面能增大，表面张力上升，表面活性增加，表面原子极不稳定，很容易与其他原子结合，如出现粒子吸附、团聚和凝聚等现象。这将导致一方面纳米电介质制备过程中纳米填料难于分散，容易出现颗粒团聚，目前这正是纳米电介质制备中的一个难题。另一方面纳米颗粒与聚合物基体之间可能会由于强的相互作用而形成非常复杂的界面结构，从而改变材料的电、热、机械等性能，这是纳米掺杂改性的理论基础。

2.1.2 量子尺寸效应

纳米微粒的尺寸小到某一值时，金属费米能级附近的电子能级由准连续变为离散能级的现象与纳米半导体微粒存在不连续的最高被占据分子轨道和最低未被占据的分子轨道能级的现象，以及能隙变宽现象均称为量子尺寸效应[21]。这一效应可使纳米粒子具有高的光学非线性、特异催化性和光催化性质等。

2.1.3 小尺寸效应

当微粒尺寸与光波的波长、传导电子的德布罗意波长以及超导态的相干长度或穿透深度等物理特征尺寸相当或更小时，对于晶体其周期性的边界条件将被破坏，对于非晶态纳米粒子其表面层附近原子密度减小，这会导致材料声、光、电、磁、热、力学等特性发生变化[21]。

2.1.4 量子限域效应

当纳米颗粒的半径与电子的德布罗意波长、相干波长及激子玻尔半径可比拟时，电子的平均自由程受小粒径的限制，局限在很小的范围，电子的局域性和相干性增强，将引起量子限域效应。

2.2 纳米电介质的界面及其结构模型

界面区是一个纳米系统，其厚度取决于界面力的作用性质，如果是短程力作用，则厚度将小于1nm，如果是长程力作用，例如在电介质中，界面区带电，其厚度可能达到10nm以上。界面在控制电荷输运过程中起着重要作用已经是一个公认的事实[22]。纳米电介质的许多优异性能都被认为与界面结构和行为有关。R. C. Smith 认为[23]，在热塑性聚合物中，纳米掺杂能够改变界面聚合物的结晶度、分子运动、链构象、分子量、链缠结密度等；对无定形聚合物系统来说，聚合物分子链运动性的改变取决于聚合物基体和纳米颗粒相互作用的性质，如果是相互吸引，则分子链运动性增加；反之，如果是相互排斥，则分子链运动性降低。由于界面区域的电荷分布、载流子迁移率、自由体积等理化特性不同于聚合物基体和纳米颗粒，陷阱深度和密度有可能随之而改变。

Tanaka[19,24]最近提出了多核模型用来解释界面区的结构及其电荷行为。该模型认为界面区域的组成包括（参见图1）：（1）键合层（第一层）：存在强的相互键合作用，有几个纳米厚度；（2）束缚层（第二层）：与第一层及纳米颗粒存在非键合作用，产生深陷阱，10nm 左右；（3）松散层（第三层）：有较大的局部自由体积，产生离子陷阱或浅的电子陷阱，几十纳米厚；（4）与以上三层叠加的一个偶电层。第一层是一个过渡层，通过偶联剂（如硅烷）的键合作用紧紧地将无机纳米颗粒和有机基体联结起来。第二层是一个界面区，包含的聚合物分子链被第一层和无机颗粒的表面紧紧束缚，其厚度一般为 2~10nm，这个值取决于聚合物-颗粒相互作用的强度，作用越强，受束缚的聚合物比重越大。第三层与第二层存在松散的耦合和相互作用。一般认为，松散层的分子链构象、可动性、自由体积、结晶度等与聚合物基体不同。除了上面从化学角

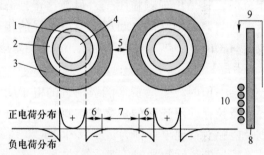

图1 解释纳米复合物介电现象的多核模型[19,24]

1—键合层；2—束缚层；3—松散层；4—纳米颗粒；5—纳米颗粒之间的距离；
6—德拜屏蔽层厚度；7—不同纳米颗粒界面松散层和纳米颗粒表面电荷区的重叠区域；
8—积累电荷所对的电极；9—电荷在高场强下的肖特基发射注入过程；10—注入电荷

Fig. 1 Multi-core model for interpreting several phenomena inherent to nanocomposites[19,24]

度对界面结构分析得到的一般结论外，界面区还存在库仑力相互作用的叠加，尤其是当研究电介质或绝缘材料的性质时。一个纳米颗粒可能带正或负的电荷，当聚合物中有可动电荷载流子时，它们在界面区建立德拜屏蔽层（厚度一般为几十纳米），或者叫 Gouy Chapman 扩散层。由于该层是一个电荷迁移区，它对纳米颗粒的分散和纳米电介质的介电及电导特性都有重要影响[19]。

T. J. Lewis 指出[18,22]，根据界面相对外加电场响应方式的不同，可以将其分为被动电介质（passive dielectrics）和活性电介质（active dielectrics）。界面相作为被动电介质，在外加电场作用下，可以将其视为具有有限厚度和确定介电常数的电介质，它的介电性能不同于纳米颗粒与基体聚合物，并且不随外加电场而改变。整个纳米复合物的介电响应由纳米颗粒的性质、形状、含量、定向、分布及其相互作用、聚合物本身的性质和界面相的性质共同决定，界面相的作用非常有限。尽管存在界面极化，但界面相是非电活性的。界面相作为活性电介质，在电场作用下，必须考虑界面两个方面的活性作用：纳米颗粒表面上的电荷及界面屏蔽电荷和界面双电层。纳米颗粒的表面电荷来自于离子吸附或纳米颗粒表面电子态的电离。如果纳米颗粒本身绝缘性很好（如 SiO_2 或 Al_2O_3），则电离后的纳米颗粒表面可以形成深能级的陷阱电荷能态，它与基体中的异极性扩散电荷形成稳定的空间电荷分布。在强外加电场的作用下，纳米颗粒的表面电荷脱陷，导致界面区的异极性扩散电荷系统解体，引起界面系统的重组。这种纳米颗粒表面电荷陷阱效应和充放电效应已经被用于存贮器件的研究。界面区域的第二种活性的形成与界面双电层有关。双电层内的电荷浓度对纵向电场很敏感，同时界面区域侧向层内的反离子具有显著的迁移率（在等位面内），这两个特征是相互耦合的。因此，通过改变双电层的纵向电场或电位，就可以调节界面横向层内反离子浓度，进而改变侧向电流。这种调节功能十分重要，其实际应用正在开发中。

基于对界面的描述，界面区域对聚合物介电性能的可能影响可以总结如下[19,23]：

（1）纳米颗粒表面改变了聚合物结构（自由体积、载流子迁移率等）和局部电荷分布。

（2）随着填料尺寸的减小，界面区域的聚合物相对体积逐渐增大，界面作用开始占据主导地位。

（3）由于界面可能引起局部结构以及陷阱深度和密度的变化，如果载流子频繁入陷，那么它们将被局限在更小的范围内加速，因而会减小载流子迁移率和能量。这与散射对载流子运动能量的影响是一样的，可以降低电子撞击对聚合物的破坏，从而可能增加聚合物的寿命。

（4）载流子入陷导致电极附近同极性电荷的聚集，这会减小界面电场从而增加电荷从电极注入所需要的电场，从而提高短时击穿电压。由于该同极性电荷的积累需要一定时间，因而击穿场强是电压变化速率的函数，空间电荷对交流、直流或冲击电压耐受强度是不一样的。

（5）只要不超过渗透阈值，也就是相邻的界面区域不重合，那么体积电导不受影响，而可动电荷的扩散层产生的局部电导能够降低电荷的积累。

（6）在微米掺杂的复合物中，界面机理也可能起一定作用，但被微米掺杂引入的缺陷以及场增强效应所掩盖。而在纳米电介质中，由于界面区域相对整个聚合物的体积很大，界面的作用占主导地位。这可能就是界面极化只在微米复合中出现的原因。

（7）在界面区域，聚合物构象的有序性从第一层到第三层依次降低，因而对应的电荷陷阱依次变浅，深陷阱存在于第一层和第二层，而浅陷阱存在于第三层，陷阱能够捕获正还是负电荷取决于其摩擦电性。

（8）纳米颗粒与聚合物之间的化学键对多核模型的影响还有待进一步的研究。目前所能够说的就是，这些键可能是离子键、共价键、氢键或范德华力。键的强度会影响第二层和第三层的形成及其构象。例如，离子键或共价键在第一层形成的紧束缚将会在第二层和第三层之间形成很好的界面。

3 纳米电介质的介电性能

3.1 电阻率和电导率

电阻率（电导率）是电介质最基本的性能参数之一。电介质中的电导根据载流子类型不同可分为两种：一种是电子电导，另一种是离子电导。在没有外来可电离杂质的电介质中，电子电导占主导电位。在晶体中，电子电导根据导电机理的不同可分为两种，一种是能带电导，另一种是极化子的跳跃电导。在聚合物电介质中，由于聚合物的结构无序而引入了大量的局域态，在这种情况下，聚合物中参与导电的载流子主要来自于局域态向导带的热激发（通常情况下能带本征激发很小），载流子的输运方式主要是跳跃电导，基本过程为：陷阱电子—热激发—导带电子—再入陷—陷阱电子。由于载流子在深陷阱的寿命要远远大于其在浅陷阱的寿命，并且深陷阱中电子的热激发概率很低，故而参与导电的自由电子的浓度应随着浅陷阱密度的增加而增加，而载流子的迁移率应随深陷阱数目的增加而降低。因而浅陷阱和深陷阱在改变聚合物电导方面所起的作用应该是相反的。

很多文献都对纳米掺杂引起的聚合物电阻率的变化做了研究。K. S. Shah[14]等人研究了未处理和经过 Silane 或（和）Titanate 处理的 HDPE/Clay 纳米复合物的体积电阻率和表面电阻率。研究结果显示见表1，在所研究的掺杂范围内（0~10%），体积电阻率和表面电阻率都随掺杂含量的增加而明显增加，原始 HDPE 的体积电阻率为 2.6×10^{12}，表面电阻率为 5.1×10^{11}，10%纳米掺杂后体积电阻率和表面电阻率分别增大为 10.8×10^{12} 和 18.8×10^{11}。并且，对相同的黏土掺杂量（5%），随着所用偶联剂的增加电阻率显著增加，而且两种偶联剂混合使用后电阻率增加更多。不同含量纳米掺杂和偶联剂处理后电阻率变化见表1。Y. Cao[25]等人研究了聚酰亚胺/无机纳米复合电介质的电导特性，研究表明2%纳米掺杂后材料的电导率比未掺杂和微米掺杂的都要小。

表 1 HDPE-clay 纳米复合物的电阻率[14]

Table 1 Resistivity of HDPE-clay nanocomposite[14]

黏土含量/wt%	硅烷含量/wt%	钛酸盐含量/wt%	体积电阻率/$\Omega \cdot cm$	表面电阻率/Ω
—	—	—	2.6×10^{12}	5.1×10^{11}
1	—	—	3.2×10^{12}	8.5×10^{11}
3	—	—	6.8×10^{12}	9.4×10^{11}

续表1

黏土含量/wt%	硅烷含量/wt%	钛酸盐含量/wt%	体积电阻率/$\Omega \cdot cm$	表面电阻率/Ω
5	—	—	9.6×10^{12}	16.9×10^{11}
7	—	—	9.6×10^{12}	18.8×10^{11}
10	—	—	10.8×10^{12}	18.8×10^{11}
5	1	—	1.7×10^{14}	9.4×10^{12}
5	3	—	1.5×10^{15}	1.3×10^{14}
5	5	—	3.7×10^{15}	8.5×10^{14}
5	0.5	0.5	1.7×10^{14}	1.5×10^{13}
5	1.5	1.5	3.8×10^{15}	2.2×10^{14}
5	2.5	2.5	19.6×10^{14}	9.9×10^{14}

根据前面对纳米电介质界面结构的描述，纳米掺杂所形成的界面区域的结构不同于聚合物基体，存在大量的界面态，有可能改变复合物体内的陷阱密度和陷阱能级。纳米掺杂后材料的电阻率增大，可能是由于纳米掺杂通过物理化学作用在界面区引入了大量的深陷阱或使得原有的陷阱能级变深，降低了载流子迁移率，从而致使电阻率增大和电导率减小。Y. Cao 通过 TSC 试验发现纳米掺杂后聚酰亚胺薄膜的 TSC 峰温移向了高温，这也证实了纳米掺杂引入深陷阱的假设。M. Meunier[26,27]等人对聚乙烯中陷阱深度的仿真表明，物理构象缺陷引入的陷阱能级一般都低于 0.3eV，而化学缺陷引入的陷阱能级较深，可能大于 1eV。

T. Takada 等人[12]对 LDPE/MgO 纳米复合电介质陷阱特性的研究表明，纳米掺杂可引入 1.5~5eV 较深的陷阱能级。根据这一结论，纳米电介质中的深陷阱可能是由界面的化学键合作用（共价键、离子键、配位键、氢键、静电作用、亲水疏水平衡及范德华力等）引起的。而微米掺杂产生更多的物理缺陷，因而增加了浅陷阱的密度。这正好可以解释 K. S. Shah 的试验结果[14]，纳米掺杂含量越高，偶联剂使用量越大，引入的深陷阱越多，使得材料的电导率越低，电阻率越高，这是因为纳米颗粒含量越高或偶联剂使用量越大都会导致界面区域引入的化学缺陷增加，从而引入更多的深陷阱。

3.2 介电常数和介电损耗

介电常数和介电损耗可以反映电介质内部的介电弛豫过程，也就是电介质对外加电场的响应过程。介电弛豫是了解聚合物高分子结构和有关材料性能的重要手段，对研究固体中的空间电荷和晶体中的缺陷有重要意义，而且材料和器件的老化现象也与长时间弛豫效应有关。热力学对弛豫的定义是，一个宏观体系在经历外加作用后，或者是周围环境变化后，由于其内部热运动的原因而重新建立热平衡态的过程称为弛豫。介电弛豫有两种主要机构：一种是体系中的取向极化[28]。系统中存在大量微观固有偶极子时，其取向变化与分子的旋转热运动有关，弛豫时间取决于分子转动所需要克服的阻力的大小，一般主要考虑空间位阻的影响，其取向分布恢复到热平衡态玻耳兹曼分布所需要的时间用纳秒至毫秒来衡量。另一种弛豫机构是系统中存在许多微观的亚稳态，由一个亚稳态过渡到另一亚稳态或基态须跨越位垒，过渡时间与位垒高度有关。

这使得相应的恢复热平衡分布所需时间可能短到以微秒或更短的单位来衡量，也可能长到以秒、小时、日、甚至以年计。参与这些弛豫过程的实体主要有原子、离子、偶极子、空间电荷，相应的弛豫过程有电子位移极化、偶极子转向极化、离子弹性位移极化、界面极化、空间电荷极化等。

对聚合物/无机纳米（或微米）复合电介质来说，聚合物基体、无机颗粒、界面区域三部分的电学性质完全不同，它们都有可能引起不同性质的极化。另外电介质与电极的界面处也可能产生极化。对不同的填充物，起主导作用的极化过程也不一样。例如，一维金属纳米线填充聚合物后，由于金属电子的量子限域效应，电子在纳米尺度上的位移引起极化，从而有可能得到超大介电常数的介质[29]。许多文献研究表明，无机微米掺杂聚合物复合电介质的介电常数一般比聚合物基体的要大，主要是因为填料本身的介电常数比较大，其次是因为存在 Maxwell-Wagner 界面极化，微米掺杂复相材料的介电常数值一般用 Lichtenecker-Rother 混合对数率来解释。然而对纳米掺杂来说，复合物的介电常数许多情况下都比微米掺杂小，有的比基体的也要小，这可能与纳米颗粒和聚合物形成的界面区域的物理化学作用有关，用传统的极化理论难以解释。目前一般认为，纳米掺杂后复合物介电常数的变化与纳米颗粒的表面处理、纳米颗粒粒径分布、纳米颗粒在聚合物中的分散性、复合物的制备方法以及聚合物基体和纳米颗粒本身的性质等因素有关。

J. K. Nelson[30] 等人研究了 Epoxy/Micro TiO$_2$ 和 Epoxy/Nano TiO$_2$ 掺杂（10%）的复合物介电常数和介质损耗（参见图2和图3）。实验发现，在高频时，微米掺杂的复合物介电常数比纳米掺杂和基体聚合物都大，而纳米掺杂后的介电常数比基体及微米掺杂都要小。这主要是由于掺杂的微米颗粒本身的介电常数很大（约为99）。在温度为393K 频率为1kHz 时基体、微米掺杂、纳米掺杂对应的介电常数实部分别为 9.99、13.8 和 8.49。根据 Lichtenecker-Rother 对数律，复合物的介电常数 ε 与两种材料的介电常数 ε_1 和 ε_2 及体积分数 y_1 和 y_2 有如下关系：

$$\lg\varepsilon = y_1\lg\varepsilon_1 + y_2\lg\varepsilon_2$$

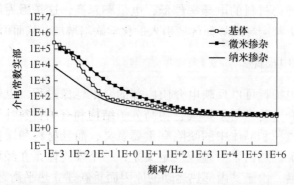

图2 未掺杂、10%微米或纳米掺杂 Epoxy 在 293K 时的相对介电常数[11,30]

Fig. 2 Relative permittivity of unfilled and 10% Micro and Nano-filled Epoxy at 293K[11,30]

由此计算得到的 10%掺杂所对应的复合物的介电常数为 10.1。这比微米掺杂所对应的 13.8 要小而比纳米掺杂所对应的 8.49 要大，这可能意味着微米掺杂后引入了界面极化，从而使得其介电常数增大；而纳米掺杂后界面区域对复合物的介电常数有重要

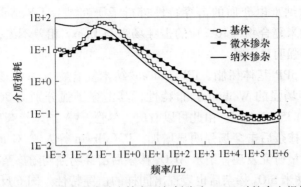

图 3　未掺杂、10%微米或纳米掺杂环氧树脂在 293K 时的介电损耗[11,30]
Fig. 3　Loss tangent of unfilled and 10% Micro and Nano-filled Epoxy at 293K[11,30]

影响。如前所述，界面区域的第一层和第二层分别是键合层和束缚层，这两层的聚合物分子与纳米颗粒之间都存在着较强的相互作用，从而可能阻碍了该区域极性高分子链段或侧基的转向。纳米颗粒对聚合物基体分子链的锚定作用也得到了形貌分析的证实。在 0.1~100Hz 的频率范围内，基体树脂的介电常数比纳米复合物的稍大，但变化趋势基本一样。而微米掺杂复合物的介电常数随着频率的降低而明显增大，这进一步证实了微米掺杂可能带来明显的 Maxwell-Wagner 界面极化，而纳米掺杂后界面区域高分子可能被纳米颗粒锚定。在频率低于 0.1Hz 的范围内，微米复合物和基体介电常数趋于一致，而纳米复合物则与之有明显差别。纳米复合物介电常数的实部斜率在低频时为-1，与其虚部一样。这种情况在电荷载流子被局限于局部位置运动时会出现。在纳米复合电介质中，界面区域的 Gouy-Chapman 层是一个空间电荷扩散层，电导率相对较高，电荷载流子沿着弯曲的路径在其中的局部移动是可能的。因而，在极低频下，纳米电介质的界面区域可能发生空间电荷极化。

P. Murugaraj 等人[31]用原位聚合法制备了 PI/Al_2O_3 和 PI/SiO_2 纳米复合物，研究发现，对 15%含量的纳米掺杂来说，二者的介电常数分别为 11 和 9.5，而 PI、Al_2O_3、SiO_2 的介电常数分别为 3.5、9.8 和 3.9。纳米复合物的介电常数明显高于无机相和聚合物，也大于由 Maxwell-Wagner 界面极化理论得到的值，而且随纳米颗粒含量的增加而增大，即出现所谓的介电增强现象。介电常数增大的程度与复合物中纳米颗粒的总表面积有一定关系。P. Murugaraj 计算得到的 PI/Al_2O_3 和 PI/SiO_2 纳米复合物中界面相的介电常数分别为 280 和 19.24，远高于纳米颗粒和聚合物基体的介电常数。这意味着界面区聚合物官能团和纳米颗粒表面之间存在着很强的相互作用。由于空间电荷极化在 10kHz 以上的频率范围内可以忽略，而偶极极化在 10MHz 以上还可以进行。所以界面介电常数的增大预示着界面区形成了高极化率的偶极子，这些偶极子的本质可能是化学偶联剂与纳米颗粒表面之间所形成的共价键或氢键。

3.3　击穿场强

电介质的短时电击穿主要是一个电子过程，而长期电老化引起的击穿则涉及到很多因素，如材料中的缺陷与杂质、空间电荷效应、电机械疲劳等。这里先介绍纳米电介质的短时击穿特性，长期电老化引起的击穿将在电树部分进行介绍。

许多文献都对纳米电介质的击穿特性进行了研究[11]。J. K. Nelson[32]等人研究发现，Epoxy/TiO$_2$ 纳米复合物（10%）的击穿场强与 Epoxy 相差不大，而相同含量的微米掺杂后其击穿场强明显下降。

图4[11]反映了 iPP 基体树脂、iPP/Silicate 纳米复合物、EVA 基体和 EVA/Silicate 纳米复合物的击穿场强的 Weibull 分布特性，其击穿场强分别为 360kV/mm、430kV/mm、350kV/mm 和 350kV/mm。由此可以看出，尽管 EVA 纳米掺杂后的击穿场强变化不大，但 iPP 纳米掺杂后击穿场强明显增加。P. C. Irwin 等人[33]对 PI 纳米掺杂前后的击穿特性进行了大量研究发现，纳米 Al$_2$O$_3$ 掺杂后击穿场强均随掺杂量的增加而稍有增大（参见图5），纳米 SiO$_2$ 掺杂后也表现出同样的击穿特性。图6反映了5%不同种类纳米颗粒掺杂后 PI 的短时击穿场强[32]。可以看出，纳米 SiO$_2$ 和 Al$_2$O$_3$ 掺杂后击穿场强增加，而 BaTiO$_3$、TiO$_2$、ZnO、SiC 掺杂后击穿场强均下降。这可能与 BaTiO$_3$ 等本身具有很大的介电常数和介质损耗有关，如 SiC 的介电常数和介质损耗分别为 30~50 和 0.7。D. Ma 等人[34]研究发现掺杂前纳米颗粒的表面化学状态对复合物的击穿特性有重要影响。纳米 TiO$_2$ 掺杂 LDPE 前进行干燥处理后其击穿场强比未经干燥的提高了50%。而纳米 TiO$_2$ 经 AEPS 表面处理后击穿场强提高了40%。

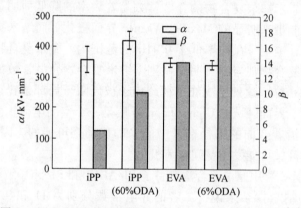

图4　iPP/EVA 及其纳米复合物的 Weibull 击穿场强特性[11]

Fig. 4　The Weibull characteristic of breakdown strength of iPP, EVA and their nanocomposite[11]

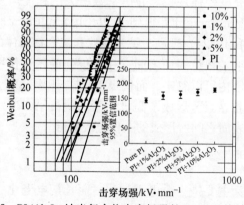

图5　PI/Al$_2$O$_3$ 纳米复合物击穿场强的 Weibull 统计[33]

Fig. 5　The Weibull statistic of breakdown strength of PI/Al$_2$O$_3$ nanocomposite[33]

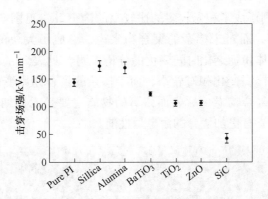

图 6 5%掺杂的 PI/inorganic fillers 纳米复合物的交流击穿场强[33]
Fig.6 The AC breakdown strength of PI/ nanofillers nanocomposite[33]

  T. Tanaka 用他提出的多核模型对纳米电介质的介电击穿行为进行了解释[11]。多核模型认为纳米电介质由基体聚合物、低密度且柔软松散的第三层、高密度且坚硬的第二层、键合层（第一层）和纳米颗粒组成，纳米颗粒分散后的间距一般为几十纳米，界面区三层的厚度与此应在同一数量级。一般认为第三层的自由体积较大，电导率较高。电极注入或电离产生的电子容易沿着松散层组成的路径传输。根据固体击穿的自由体积理论，电子在松散层传输更易积累能量，从而引起击穿，因而纳米电介质的击穿场强应该下降。然而实际并非如此，因为尽管松散层自由体积大，但同时它可能含有大量可以形成电荷载流子陷阱的缺陷，这些缺陷可能存在于松散层与聚合物基体的界面附近。载流子在松散层的入陷和与束缚层的碰撞使得其运动的自由程变短，电场作用下积聚的能量变小，这可能是纳米掺杂提高聚合物击穿场强的原因之一。值得注意的是松散层的低密度区应该是分立的而不是连续的。

3.4 耐电晕老化性能

  无机纳米掺杂能够大幅度提高聚合物电介质的耐电晕老化性能已经得到了很多实验的证实。尽管目前关于纳米电介质的耐电晕机理并不确定，但聚合物无机纳米复合电介质很早就已经被用在了电晕频繁的场合中，如 DuPont 100CR PI 薄膜被广泛用作变频电机的匝间绝缘材料。

  张明艳[35]采用两相原位同步聚合法制备 PI/SiO$_2$ 纳米复合薄膜，对其耐电晕性能的研究发现，纳米复合物的耐电晕能力得到明显提高。电晕老化后的表面形貌分析表明，老化区域的聚合物明显减少，而无机成分显著增多，并且出现了纳米颗粒的大量团聚。张明艳认为，纳米复合物耐电晕能力的提高正是源于电老化过程中 SiO$_2$ 纳米粒子的团聚。因为电晕老化过程中，薄膜中将有大量的热积聚，而 SiO$_2$ 的高导热性使其极易吸收电晕过程中积聚的热能，SiO$_2$ 消耗和传导热能，从而推迟了热击穿的发生，使杂化薄膜的耐电晕能力得到提高。张沛红[36]研究了用溶胶-凝胶法制备的 PI/Al$_2$O$_3$ 纳米复合薄膜的耐电晕性能，发现纳米掺杂后聚合物的耐电晕时间明显增大。

  P. Maity 等人[9]研究了纳米掺杂前后 Epoxy 的耐电晕老化性能。TEM 分析表明，老化过程中，纳米颗粒及其周围的界面相基本上没有发生变化（呈现为亮点，形状像弧岛），而在颗粒之间则形成了相对较多的比较窄的沟壑（参见图7）。对微米复合来说，形成了少而宽的沟壑，而对未掺杂的聚合物来说，形成了大块的老化区域。粗糙度、老化深度、烧蚀掉的体积随老化时间变化的分析表明（见表2），纳米复合物老化前后粗糙度和老化损失的体积变化相对较小，而未掺杂的聚合物则变化十分明显。AFM及成分分析表明，纳米复合物老化后表面留下的物质主要是无机纳米颗粒。从而说明聚合物纳米复合电介质具有更加优异的耐电晕性能。

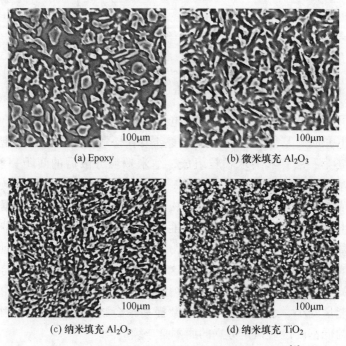

(a) Epoxy　　　　　　　(b) 微米填充 Al_2O_3

(c) 纳米填充 Al_2O_3　　　　(d) 纳米填充 TiO_2

图7　Epoxy 及其复合物电晕老化后的 SEM 表征[9]

Fig. 7　The SEM images of Epoxy and its composites[9]

表2　Epoxy 及其复合物 6h 老化后的表面粗糙度参数[9]

Table 2　Surface roughness parameters of neat epoxy and its composites after 6h degradation[9]

表面粗糙度参数	环氧基体		纳米 Al_2O_3 掺杂		纳米 TiO_2 掺杂		微米 Al_2O_3 掺杂	
	BD	AD	BD	AD	BD	AD	BD	AD
平均粗糙度 $R_a/\mu m$	0.05	3.04	0.08	1.54	0.07	1.15	0.04	2.13
平均最大高度 $R_z/\mu m$	3.13	115.36	3.21	24.44	3.03	11.15	2.3	54.79
方均根粗糙度（RMS）/μm	0.14	838	0.17	2.09	0.16	1.45	0.15	6.97
总粗糙度 $R_t/\mu m$	6.71	268.17	5.76	54.51	6.28	17.71	5.95	228.75

Marity 提出的老化机理认为，无机纳米颗粒及其周围的界面相具有较强的耐电晕能力，当老化发生后，大量界面相的存在使得老化损失掉的聚合物相对较少，并且随着老化的进行，越来越多的纳米颗粒聚集到表面，抵抗了电晕对内部聚合物的进一步侵蚀。

M. Kozako 等人[37]研究了 Polyamide/Silicate 层状纳米复合物的耐电晕老化特性。实验发现，局部放电（电晕）老化后，原始材料、微米掺杂材料、纳米掺杂材料的表面粗糙度依次降低，表明纳米掺杂后介质的耐局部放电性能明显提高。其可能机理是，电晕老化区主要是表面的非晶态区，无机纳米或微米颗粒的耐电晕性能相对非晶态的聚合物要高很多，所以电晕老化时，非晶态区的聚合物高分子变成小分子而挥发掉，表面粗糙度降低，露出了无机颗粒，这些无机颗粒可以抵挡电晕侵蚀。纳米颗粒由于其体积小，与聚合物接触的表面积大，故当与其作用的周围聚合物被侵蚀掉后就立即暴露出来，形成一层无机纳米颗粒层以抵挡电晕的进一步侵蚀。而微米掺杂则不一样，一方面是其与聚合物之间的作用较弱，致使周围聚合物高分子易被侵蚀，另一方面是其与聚合物的接触面积较小，周围聚合物分子挥发后，其对电晕老化进一步的侵蚀的阻挡十分有限，使得其周围没有被无机微米颗粒覆盖的聚合物继续受到老化侵蚀，故其耐老化性能没有纳米掺杂的聚合物复合介质好。

T. Tanaka 用他提出的三核模型对 PA/Silicate 层状纳米复合物的耐电晕机理进行了解释[2]。该理论认为 Silicate 与 PA 所形成的界面区域的第一层存在离子键合。第二层具有一定程度的结构有序性，存在包裹第一层的球晶，而且与纳米颗粒之间存在较强的相互作用，具有较强的耐电晕能力。第三层较薄，且与相邻纳米颗粒界面的第三层相交叠。电晕老化应该从界面的第三层逐渐向里发展。由于第三层相对体积少，所以电晕老化很快就发展到第二层，而第二层的球晶结构可以抵挡电晕的进一步侵蚀，从而保护了该区域的聚合物分子。

3.5 电树枝老化特性

电树枝老化是聚合物电介质长期在电场应力作用下老化损伤的主要原因之一，也是聚合物长期老化和击穿最常见的形式，尤其对用作电缆绝缘材料的聚合物。因此，电树枝老化特性是评价聚合物电介质介电性能的一个重要手段。

聚合物/无机纳米或微米复合电介质的电树枝老化特性近年来受到了广泛的关注。B. R. Varlow[38]研究了微米 Al_2O_3 掺杂含量对环氧树脂电树枝老化的影响。研究发现：（1）微米掺杂增强了基体 Epoxy 的耐电树枝性能，延长了电树老化击穿时间；（2）电树生长到失效所用的时间随掺杂含量的增加而增加；（3）根据 B. R. Varlow 之前的研究结果[39]，电介质的耐电树老化能力随电树分形维数的增加而增大。而微米掺杂后在微米颗粒的周围形成了许多亚微米级空洞缺陷，这些缺陷能够扩展电树枝尖端破坏区，使得树枝分支增多，分形维数增加，从而提高了聚合物基体的抗电树枝老化能力，延长了其电树老化击穿寿命。另外，B. R. Varlow 等人还研究了纳米或微米 ZnO 掺杂对 Epoxy 基体电树发展特性的影响[40]。实验发现，少量的纳米或微米 ZnO 掺杂就可以明显提高基体的电树老化击穿时间，纳米掺杂改善 Epoxy 基体耐电树枝老化击穿的效果要比微米掺杂显著得多。B. R. Varlow 认为纳米颗粒具有大的比表面积，相同掺杂量的纳米颗粒数目明显多于微米掺杂，颗粒周围所产生的亚微米空洞使得树枝分支增多，消耗了树枝发展的能量。

T. Tanaka[11]认为电树的引发主要是由电荷注入和拉出过程所产生的机械疲劳引起的。空间电荷测量已经证实纳米掺杂抑制了空间电荷的形成，从而提高了树枝引发电场和延长了树枝引发时间。另外，纳米颗粒对树枝引发和发展有阻挡作用。其可能机理是，纳米颗粒及其界面区域扭曲了树枝发展路径。当树枝引发后，纳米颗粒的高介电常数使得电树枝向纳米颗粒附近发展，而纳米颗粒本身及其界面区域的键合层、束缚层都有较强的耐放电老化特性，从而阻碍了电树的进一步发展或使得其发展路径更加曲折，从而延长了复合物的电树老化击穿时间。

3.6 陷阱与空间电荷

在绝缘体或半导体的禁带能隙内存在很多的俘获能级，这些俘获能级由许多可作为陷阱或复合中心的定域态构成，主要是由晶体的不完整性造成的，这种不完整性由结构缺陷或杂质，或两者共同生成。一般认为分立的俘获能级与引入在晶格中的化学杂质有关，准连续的俘获能级分布与晶体结构的不完整性有关。陷阱大致分为两种，一种是结构缺陷形成的陷阱，一种是化学缺陷形成的陷阱。空间电荷一般指陷阱电荷，即被陷阱捕获后停留在介质体内的那部分电荷，也可以指由于不均匀极化引起的极化电荷。

如前所述，纳米掺杂可能在界面区域引入深陷阱并增大陷阱密度。这与R.C.Smith等人的观点是完全一致的，R.C.Smith等人通过分析热刺激电流（TSC）谱图、电致发光谱图、吸收电流谱图和空间电荷分布对此观点给予了证实[23]。R.C.Smith认为，纳米颗粒与聚合物所形成的界面存在大量的界面态，当电荷载流子填充这些界面态后使得界面区域的能带弯曲，从而改变了其中的电荷分布。界面区域中的陷阱密度和深度都有所改变，载流子在迁移过程中不断地被陷阱捕获，使其运动的自由程减小，从而降低了载流子的迁移率和能量。XLPE纳米掺杂前后的TSC谱图表明，纳米掺杂后空间电荷所对应的TSC谱峰移向高温而且电流值增大了至少3倍。根据TSC理论，这意味纳米掺杂增加了陷阱密度和深度。XLPE纳米掺杂前后的吸收电流研究发现，电流初始阶段遵循经典的$I(t) \propto t^{-n}$形式，当注入电荷到达对面电极时，曲线的斜率明显发生变化，纳米掺杂前后所对应的时间分别为500s和1000s，这意味着纳米掺杂后载流子迁移率可能减小为原来的1/2。其次，纳米掺杂后等温衰减电流的衰减指数也从1.34减小为1.04，这与前面的结论也完全一致。电致发光（EL）谱图中纳米掺杂后使得EL峰位由450nm变为400nm，这意味着纳米掺杂后载流子的能量降低。XLPE、微米掺杂XLPE、Vinyl Silane表面处理过的纳米颗粒掺杂XLPE的空间电荷分布如图8所示[23]。由图8可以发现，XLPE基体中在阴极前面出现了同极性空间电荷，并且一直由阴极延伸到了阳极。微米复合物在阴阳两极前面都出现了异极性空间电荷。纳米复合物阴阳两极前面都出现了同极性空间电荷。这些现象可以用微米或纳米掺杂前后载流子迁移率的变化来解释。对基体XLPE，阴极注入的电子迁移率较高，注入后就很快向阳极迁移，所以其空间电荷分布从阴极延伸到了阳极。对微米掺杂XLPE，其载流子迁移率可能很高，阴极注入的电子和阳极注入的空穴在测量时已经迁移到了对面电极，从而在两电极前面呈现为异极性空间电荷。而纳米掺杂后，载流子迁移率很小，测量时注入电荷仍然停留在注入电极附近，从而呈现为同极性空间电荷。直流击穿场强的比较发现，微米掺杂最小，基体次之，纳米复合后最高。其原因一方面可能是纳米掺杂后引入的是同极性空间电荷，降低了电极附近的电场，并使得载流子注入所需要的场强提高。而微米掺杂则相反，引入的是异极性空间电荷，使得电极附近电场增大，降低了载流子注入所需要的电场。另一方面是纳米掺杂引入的大量陷阱使得载流子自由程变短，迁移率降低，在电场作用下积累的动能也降低，减少了对聚合物分子链的撞击破坏，从而提高了击穿场强。

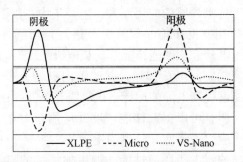

图 8　PEA 测得空间电荷分布（撤除电压 10s 后）[12]
Fig. 8　Space charge profiles from the PEA experiment 10 seconds after power-off[12]

T. Takada 等人[12]研究了纳米 MgO 颗粒掺杂前后 LDPE 中的空间电荷和电场分布。发现基体 LDPE 在 200kV/mm 的场强下在阴极附近出现大量的异极性空间电荷，而纳米掺杂后阴阳两极附近几乎没有出现空间电荷。由此可见，纳米掺杂明显抑制了空间电荷的出现。另外纳米掺杂后复合物体内的最大电场也明显降低，而且随着掺杂含量的增大而减小，这有利于提高其击穿场强。

田付强等人[41]利用改进的等温衰减电流法直接得到了杜邦原始 Polyimide 100HN 和纳米掺杂 Polyimide 100CR 的陷阱能级密度分布，如图 9 所示。由图 9 可以看出，纳米掺杂引入了大量的深陷阱，使得陷阱密度增大为原来的两倍左右。这是对纳米掺杂所带来的陷阱变化的最直接证实。

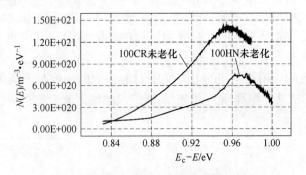

图 9　PI 100HN 和 100CR 的陷阱能级分布
Fig. 9　Trap level distributions of PI 100HN and 100CR

4　发展展望

随着纳米电介质研究的深入和拓展，根据其目前的研究现状，其未来发展可以分为三个阶段[2]：

（1）短期：研究的材料以无机纳米填料掺杂形成的复合物为主，主要用于电磁线、电缆绝缘、电磁屏蔽等。

(2) 中期：多层掺杂的纳米电介质（一维或二维纳米填料掺杂），主要用于电缆和电机绝缘、各向异性热电导、电梯度材料。

(3) 远期：超分子组装纳米电介质，主要用于超级电容器，电致伸缩材料、传感器/执行器、智能/自适应电介质材料等。

就纳米电介质在电工技术领域的应用而言，主要集中在以下几个方面[38]：（1）电机绝缘：纳米电介质的应用有助于缩小尺寸、改进运行可靠性和降低总造价。另外，纳米电介质具有更好的耐电晕老化性能，能够延长电机绝缘寿命；（2）高压挤出电缆：纳米电介质能够更好地抑制空间电荷积累，并改善内电场分布，具有更加优异耐树枝老化性能和击穿特性，能够提高电缆的运行电压等级和可靠性；（3）电容器绝缘介质：以纳米电介质作为绝缘介质，可以提高储能密度（应用超大介电常数的纳米电介质），并能耐受更高的工作电压应力，降低交流电力电容器的损耗；（4）中低压 PE 电缆绝缘：纳米电介质具有优异的耐水和环境性能，如更加优异的阻隔性能和阻燃性；（5）模塑高压组件及其附件用绝缘介质（户外或户内绝缘子、GIS、变电所设备、电缆接合部位或终端绝缘）：纳米电介质的应用能够提高设备的综合性能和可靠性。

目前国内外学者普遍认为，界面对纳米电介质中的介电现象起着决定作用，但界面的作用机理还不清楚。认为以下的研究有助于进一步认识纳米电介质优异电性能所对应的微观机理：

(1) 对深陷阱和浅陷阱的理化本质进行研究，并将其与界面区的理化特征联系起来。

(2) 建立合适的表征聚合物及其纳米复合物中陷阱能级分布的理论和方法。

(3) 对纳米电介质中电荷存储和输运特性进行研究，尤其是界面区的捕获和散射对电荷输运的影响。

(4) 对偶联剂类型和含量对纳米电介质介电性能的影响及其机理进行研究。

(5) 对界面区域的理化结构特性进行表征，结合光谱技术、SEM、TEM、AFM、XRD、正电子湮灭等微观表征技术对界面区域的形貌、化学组成和结构及其电老化前后的变化等进行研究。

(6) 界面区域的作用在不同的电介质中对电性能的影响是不同的（可能形成被动电介质，也可能形成活性电介质），因而不同组成的纳米复合物的界面特性的对比研究很有意义。

5 结论

本文系统综述了聚合物/无机纳米电介质近年来的最新发展概况，并对其应用领域和未来发展方向进行了展望。研究表明，无机纳米掺杂有可能显著改善聚合物的某些介电性能，如提高电阻率、增大或减小介电常数、降低介电损耗、提高击穿场强、提高耐电晕老化能力和耐电树枝化老化能力、抑制空间电荷等。目前普遍认为界面区域及其与聚合物和纳米颗粒的物理化学作用对这些介电性能的改善起着重要作用。另外，纳米颗粒本身的特性（如热导率、介电常数、电阻率等）及其理化效应等因素也对复合物介电性能有很大影响。尽管国内外对聚合物/无机纳米复合电介质介电性能的研究取得了很大进展，但目前对界面理化特性及其作用机理还不清楚，不同类型的纳米颗粒填充、不同表面处理的纳米颗粒填充等在改变聚合物介电性能方面的效果相差很大，这些都有待进一步的研究。

参 考 文 献

[1] Lewis T J. Nanometric dielectrics [J]. IEEE Transactions on Dielectrics and Electrical Insulation, 1994, 1 (5): 812-825.

[2] Tanaka T, Montanari G C, Mulhaupt R. Polymer nanocomposites as dielectrics and electrical insulation-perspectives for processing technologies, material characterization and future applications [J]. IEEE Transactions on Dielectrics and Electrical Insulation, 2004, 11 (5): 763-784.

[3] Singha S, Thomas M J. Dielectric properties of epoxy nanocomposites [J]. IEEE Transactions on Dielectrics and Electrical Insulation, 2008, 15 (1): 12-23.

[4] Murakami Y, Nemoto M, Okuzumi S, et al. DC conduction and electrical breakdown of MgO/LDPE nanocomposite [J]. IEEE Transactions on Dielectrics and Electrical Insulation, 2008, 15 (1): 33-39.

[5] Singha S, Thomas M J. Permittivity and tan delta characteristics of epoxy nanocomposites in the frequency range of 1MHz ~ 1GHz [J]. IEEE Transactions on Dielectrics and Electrical Insulation, 2008, 15 (1): 2-11.

[6] Zhao G F, Ishizaka T, Kasai H, et al. Ultralowdielectric-constant films prepared from hollow polyimide nanoparticles possessing controllable core sizes [J]. Chemistry of Materials, 2009, 2 (2): 419-424.

[7] Hoyos M, Garcia N, Navarro R, et al. Electrical strength in ramp voltage AC tests of LDPE and its nanocomposites with silica and fibrous and laminar silicates [J]. Journal of Polymer Science Part B-Polymer Physics, 2008, 46 (13): 1301-1311.

[8] Tuncer E, Sauers I, James D R, et al. Enhancement of dielectric strength in nanocomposites [J]. Nanotechnology, 2007, 18 (32): 325704.

[9] Maity P, Basu S, Parameswaran V, et al. Degradation of polymer dielectrics with nanometric metal-oxide fillers due to surface discharges [J]. IEEE Transactions on Dielectrics and Electrical Insulation, 2008, 15 (1): 52-62.

[10] Maity P, Kasisomayajula S V, Parameswaran V, et al. Improvement in surface degradation properties of polymer composites due to pre-processed nanometric alumina fillers [J]. IEEE Transactions on Dielectrics and Electrical Insulation, 2008, 15 (1): 63-72.

[11] Tanaka T. Dielectric nanocomposites with insulating properties [J]. IEEE Transactions on Dielectrics and Electrical Insulation, 2005, 12 (5): 914-928.

[12] Takada T, Hayase Y, Tanaka Y, et al. Space charge trapping in electrical potential well caused by permanent and induced dipoles for LDPE/MgO nanocomposite [J]. IEEE Transactions on Dielectrics and Electrical Insulation, 2008, 15 (1): 152-160.

[13] Motyl E, Moron L, Karas K. Space charge measurements on epoxy resin filled with micro- and nano-sized particles [J]. Przeglad Elektrotechniczny, 2008, 84 (10): 112-116.

[14] Shah K S, Jain R C, Shrinet V, et al. High density polyethylene (hdpe) clay nanocomposite for dielectric applications [J]. IEEE Transactions on Dielectrics and Electrical Insulation, 2009, 16 (3): 853-861.

[15] Minkova L, Peneva Y, Tashev E, et al. Thermal properties and microhardness of HDPE/clay nanoposites compatibilized by different functionalized polyethylenes [J]. Polymer Testing, 2009, 28 (5): 528-533.

[16] Green C D, Vaughan A S, Mitchell G R, et al. Structure property relationships in polyethylene/montmo-

rillonite nanodielectrics [J]. IEEE Transactions on Dielectrics and Electrical Insulation, 2008, 15 (1): 134-143.

[17] Njuguna J, Pielichowski K, Desai S. Nanofillerreinforced polymer nanocomposites [J]. Polymers for Advanced Technologies, 2008, 19 (8): 947-959.

[18] Lewis T J. Interfaces are the dominant feature of dielectrics at the nanometric level [J]. IEEE Transactions on Dielectrics and Electrical Insulation, 2004, 11 (5): 739-753.

[19] Tanaka T, Kozako M, Fuse N, et al. Proposal of a multi-core model for polymer nanocomposite dielectrics [J]. IEEE Transactions on Dielectrics and Electrical Insulation, 2005, 12 (4): 669-681.

[20] 张立德, 牟其美. 纳米材料和纳米结构 [M]. 北京: 科学出版社, 2001: 51-67.

[21] 倪星元, 沈军, 张志华. 纳米材料的理化特性与应用 [M]. 北京, 化学工业出版社, 2006.

[22] Lewis T J. Interfaces: nanometric dielectrics [J]. Journal of Physics D-Applied Physics, 2005, 38 (2): 202-212.

[23] Smith R C, Liang C, Landry M, et al. The mechanisms leading to the useful electrical properties of polymer nanodielectrics [J]. IEEE Transactions on Dielectrics and Electrical Insulation, 2008, 15 (1): 187-196.

[24] Tanaka T. Interpretation of several key phenomena peculiar to nano dielectrics in terms of a multi-core model [C]. Annual Conference on Electrical Insulation and Dielectric Phenomena, USA, 2006: 298-301.

[25] Cao Y, Irwin P C. The electrical conduction in polyimide nanocomposites [C]. Annual Report Conference on Electrical Insulation and Dielectric Phenomena, USA, 2003: 116-119.

[26] Meunier M, Quirke N, Aslanides A. Molecular modeling of electron traps in polymer insulators: Chemical defects and impurities [J]. Journal of Chemical Physics, 2001, 115 (6): 2876-2881.

[27] Meunier M, Quirke N. Molecular modeling of electron trapping in polymer insulators [J]. Journal of Chemical Physics, 2000, 113 (1): 369-376.

[28] 雷德铭, 李景德. 电介质材料物理和应用 [M]. 广州: 中山大学出版社, 1992.

[29] Saha S K. Nanodielectrics with giant permittivity [J]. Bulletin of Materials Science, 2008, 31 (3): 473-477.

[30] Nelson J K, Fothergill J C. Internal charge behaviour of nanocomposites [J]. Nanotechnology, 2004, 15 (5): 586-595.

[31] Murugaraj P, Mainwaring D, Huertas N Mora. Dielectric enhancement in polymer/nanoparticle composites through interphase polarizability [J]. Journal of Applied Physics, 2005, 98 (5): 1-6 (54304).

[32] Nelson J K, Hu Y, Thiticharoenpong J. Electrical properties of TiO_2 nanocomposites [C]. Annual Report Conference on Electrical Insulation and Dielectric Phenomena, 2003: 719-722.

[33] Cao Y, Irwin P C, Younsi K, et al. The future of nanodielectrics in the electrical power industry [J]. IEEE Transactions on Dielectrics and Electrical Insulation, 2004, 11 (5): 797-807.

[34] Ma D, Hugener T A, Siegel R W, et al. Influence of nanoparticle surface modification on the electrical behaviour of polyethylene nanocomposites [J]. Nanotechnology, 2005, 16 (6): 724-731.

[35] 张明艳. PI/SiO_2纳米杂化薄膜的制备及性能研究 [D]. 哈尔滨: 哈尔滨理工大学, 2006.

[36] 张沛红. 无机纳米-聚酰亚胺复合薄膜介电性及耐电晕老化机理研究 [D]. 哈尔滨: 哈尔滨理工大学, 2006.

[37] Kozako M, Kido R, Fuse N, et al. Difference in surface degradation due to partial discharges between polyamide nanocomposite and microcomposite [C]. Annual Report Conference on Electrical Insulation and Dielectric Phenomena (CEIDP), 2004: 398-401.

[38] Ding H Z, Varlow B R. Filler volume fraction effects on the breakdown resistance of an epoxy microcomposite dielectric [C]. Proceedings of the IEEE International Conference on Solid Dielectrics (ICSD), 2004 (2): 816-820.

[39] Ding H Z, Varlow B R. A new model for propagation of electrical tree structures in polymeric insulation [C]. Annual Report Conference on Electrical Insulation and Dielectric Phenomena, 2002: 934-937.

[40] Ding H Z, Varlow B R. Effect of nano-fillers on electrical treeing in epoxy resin subjected to AC voltage [C]. Annual Report Conference on Electrical Insulation and Dielectric Phenomena, 2004: 332-335.

[41] Lei Qingquan, Tian Fuqiang, Yang Chun, et al. Modified isothermal discharge current theory and its application in the determination of trap level distribution in polyimide films [J]. Journal of Electrostatics, 2010, 68 (3): 243-248.

LDPE 中掺入浮石粉对其空间
电荷分布特性的影响*

摘要 为研究低密度聚乙烯和掺杂浮石粉的聚乙烯中的空间电荷分布规律，采用热共混法制备了掺杂不同质量分数浮石粉的低密度聚乙烯（LDPE）材料，并利用脉冲电声法，分别测试了在不同电场强度下以及短路状态下的空间电荷分布随时间的变化。得出在电场的作用下，纯聚乙烯中的空间电荷主要积聚在电极附近且大部分为同极性电荷；相对地，浮石粉复合聚乙烯中则有大量的异极性电荷在阴极附近出现，并且电荷量随着浮石粉质量分数的提高而增加，而当浮石粉质量分数为5%时，且电场强度较高时，有大量正电荷从阳极注入并向阴极移动的空间电荷包现象；短路实验的结果表明，纯聚乙烯和浮石粉的质量分数为1%的复合聚乙烯中的空间电荷衰减较快，然而浮石粉质量分数为2%和5%的复合聚乙烯中的空间电荷衰减较慢。测试结果表明，浮石粉复合低密度聚乙烯材料中出现的异极性电荷和正电荷注入将有助于改善空间电荷分布，从而提高高聚物材料的介电性能。

关键词 低密度聚乙烯 空间电荷 脉冲电声法 分布 复合 浮石粉

Space Charge Distribution in Low-density Polyethylene (LDPE)/Pumice Composite

Abstract In order to find the discipline of space charge distribution in low-density Polyethylene (LDPE) / Pumice composites, composites with different pumice weight percentage (1%, 2% and 5%) were prepared by melt blending process in torque rheometer. Space charge distribution in composites and pure LDPE were investigated with the pulsed electro-acoustic method (PEA). The results indicate that most of the space charge in pure LDPE under high electric field is homo-polarity space charge and gathers near both sides of the two electrodes. Oppositely, there is a great amount of hetero-polarity space charge appeared near cathode in LDPE/pumice composites. Meanwhile, the quantity of hetero-polarity space charge increases with the increasing of pumice content. A great amount of positive charge is injected in LDPE/Pumice composite with pumice 5% near the anode side and moves toward to the cathode of the sample when the electric field strength increases to 30kV/mm and 50kV/mm. As the circuit is shorted, the space charge in pure LDPE and LDPE/Pumice composite with pumice 1% decays rapidly, nevertheless, the space charge in LDPE/Pumice composite with pumice 2% and 5% decays more slowly. The results show that the hetero polarity space charge which appears in the LDPE/Pumice composite and the positive charge is injected in LDPE/ Pumice can contribute to improving the space charge distribution in LDPE and increasing the dielectric properties of polymer materials.

Key words LDPE, space charge, PEA, distribution, composite, pumice

---

* 本文合作者：韩柏，孙志，何丽娟，王暄。原文发表于《高电压技术》，2010，36（6）：1398~1402。国家自然科学基金（50977020）；国家重点研究发展计划（2009CB724505）。

1 引言

聚乙烯作为重要的绝缘材料，在高压电缆等许多工业领域有着广泛的应用。而高电场下空间电荷在聚乙烯中的积聚是影响绝缘材料击穿场强的重要因素[1~3]，空间电荷的积聚会引起局部电场的畸变从而引发局部放电或电树枝导致击穿。因此一直以来都有大量的报道关注着电介质材料中空间电荷的产生、分布和移动[4~6]。为了避免空间电荷的积聚，许多研究尝试在聚合物中掺杂纳米或微米级的无机氧化物以改善材料的介电性能，目的是通过无机填料提供更多的深陷阱能级，或利用其精细结构对电树枝的生长产生抑制和阻挡作用[7~9]。尽管已有许多有关空间电荷分布和纳米无机掺杂的研究，但这个领域中仍有许多问题有待解决，例如：空间电荷的产生机制，空间电荷的存在形式，空间电荷的移动；以及无机掺杂的微观特性与宏观性能之间的联系等。本文尝试利用主要成分为纳米级 SiO_2 和 Al_2O_3 的天然浮石粉掺杂低密度聚乙烯材料，得到的复合材料通过脉冲电声法测量其在不同电场强度下和短路条件下的空间电荷分布情况。探索这种复合聚乙烯材料在浮石粉的作用下对聚合物中空间电荷分布的改善，并分析产生这种变化的主要原因。

2 实验条件

2.1 原料

低密度聚乙烯（LDPE），型号 18D，大庆石油化工厂生产，其密度为 $0.92g/cm^3$，熔融指数 20；浮石粉型号为 NCS-3，原产自美国马拉德，主要成分为 SiO_2（质量分数 79.6%，不含非晶 SiO_2），Al_2O_3（质量分数 13.9%），平均粒度小于 $3\mu m$。

2.2 样品制备

（1）纯聚乙烯样品经热混炼挤出后在平板硫化机上压制成膜，热混炼温度为 423K（150℃），压强为 10MPa，加热压制时间 30min，最后得到厚度在 0.35~0.4mm 的纯聚乙烯薄膜。

（2）在双辊式流变仪中将纯聚乙烯粒料与浮石粉末加热共混 20min，共混温度为 423K（150℃），之后用与纯聚乙烯相同的条件压制成复合聚乙烯薄膜。分别制备了浮石粉质量分数为 1%、2% 和 5% 的复合聚乙烯薄膜。

3 空间电荷测量

把上面所述方法制备的纯聚乙烯薄膜和浮石粉复合聚乙烯薄膜放在不锈钢上下电极中间短路，同时放入 353K（80℃）的恒温烘箱中干燥 24h。所有的样品表面都没有喷镀电极，以防止电极对空间电荷测量和分布的影响[3]。

空间电荷的分布采用脉冲电声法（PEA）[10~12]，图 1 中给出了脉冲电声法测量空间电荷分布的原理图。

在本文使用的 PEA 测量系统中，脉冲幅宽为 800V，脉冲宽度为 20ns，PVDF 传感器的厚度为 $30\mu m$。

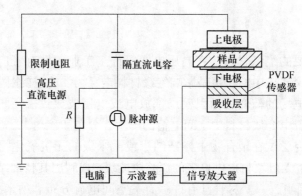

图 1 PEA 法测试空间电荷原理

Fig. 1 Diagram of PEA space charge distribution measurement system

分别测量了电场强度分别为 0kV/mm、30kV/mm 和 50kV/mm 时所有样品中的空间电荷分布情况，然后接通短路电路，测量短路情况下的空间电荷分布，表 1 中列出了不同条件下的测量时间。

表 1 不同电场强度下的空间电荷测试时间

Table 1 Time of space charge measurement under different electrical field strength

电场强度/kV·mm^{-1}	10	30	50	短路
PEA 测试时间/min	30	30	60	60

4 结果与讨论

图 2 是纯聚乙烯在不同电场强度下的空间电荷分布情况（横坐标 X 代表样品厚度方向的坐标，用来参考样品的厚度），图 3、图 4 和图 5 则分别是浮石粉质量分数为 1%、2% 和 5% 的复合聚乙烯的空间电荷分布情况。从图中可以看到，在较高的电场强度下，纯聚乙烯样品的电极附近有明显的电荷注入，随着电场强度从 10kV/mm 提高到 30kV/mm 和 50kV/mm 注入的电荷量逐渐增加。这些电荷基本上均为同极性电荷并且聚集在两端电极附近，同时材料中间部分则有较少量的电荷注入。这种空间电荷分布情况容易造成聚乙烯中局部电荷聚集，当电源极性反转时，两端的同极性电荷转变为异极性电荷，造成材料的击穿场强大幅下降，导致局部击穿或树枝放电的发生。

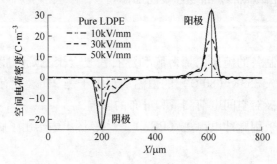

图 2 不同电场强度下纯聚乙烯中的空间电荷分布

Fig. 2 Space charge distribution of pure LDPE at different electrical field

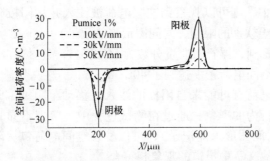

图 3 浮石粉质量分数 1%复合聚乙烯中的空间电荷分布
Fig. 3 Space charge distribution of Pumice 1% composite LDPE at different electrical field

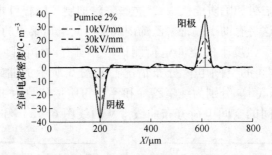

图 4 浮石粉质量分数 2%复合聚乙烯中的空间电荷分布
Fig. 4 Space charge distribution of Pumice 2% composite LDPE at different electrical field

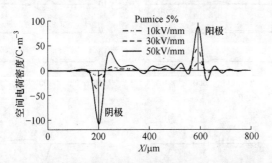

图 5 浮石粉质量分数 5%复合聚乙烯中的空间电荷分布
Fig. 5 Space charge distribution of Pumice 5% composite LDPE at different electrical field

浮石粉质量分数为 1%的复合聚乙烯样品的空间电荷分布情况与纯聚乙烯类似。如图 3 所示，大部分空间电荷为同极性电荷，但值得注意的是复合聚乙烯样品阴极附近的空间电荷量小于纯聚乙烯的，尤其是当电场强度为 50kV/mm 时电荷量减小十分明显。这里可以认为复合聚乙烯中阴极附近有部分异极性电荷出现并随着电场强度的增大而增加，因为此时浮石粉质量分数较低，聚乙烯本身的性质仍占主要作用，所以在图 3 中表现为同极性电荷量减少。

当浮石粉质量分数增加到 2%和 5%时，复合聚乙烯中空间电荷的分布情况与前面的样品相比则有很大的变化。从图 4 中就可以清楚地看到，当电场强度仅为 10kV/mm 时，样品阴极附近就已经有一定量的异极性电荷出现，而当电场强度增加至 50kV/mm 时，阳极附近也出现了异极性电荷。与此同时，一定量的正电荷注入到样品中，而在

PEA 的实验测量过程中,则可以观察到这些电荷被注入并从阳极附近逐渐向样品中间部分移动的过程(限于软件的限制,时间图形未能记录)。

在图 5 中则可以看到,浮石粉质量分数为 5% 的复合聚乙烯在电场强度为 50kV/mm 时,样品阴极附近的空间电荷密度达到了 40C/m^3 以上,这说明有大量的正电荷被注入到了样品中,这些正电荷有可能来自阳极的注入并移动至阴极。此外,在图 5 中可以发现类似空间电荷包行为的现象,通过在测试过程中观察到不同时间的电荷分布情况(限于软件的限制,时间图形未能记录),可以发现空间电荷包从阳极附近产生并向阴极方向移动,这与其他文章中报道的现象相符合[13,14]。

复合聚乙烯中出现的异极性电荷以及正电荷的注入,分布和移动,与纯聚乙烯有很大的差别,所掺杂的浮石粉中所含的 SiO_2 和 Al_2O_3 极大地改变了材料中的电荷分布规律,提供了更多的陷阱和陷阱能级[15],这些陷阱抑制了同极性电荷的产生并提供了更多的异极性电荷,这将有助于改善聚乙烯内局部空间电荷聚集的现象。

在进行过不同电场强度下的空间电荷测试后,所有的样品随后进行了短路实验,并记录了不同短路时间的空间电荷分布情况,如图 6 所示的曲线。图 6 (a)、图 6 (b)、图 6 (c)、图 6 (d) 分别为纯聚乙烯和浮石粉质量分数为 1%、2%、5% 的复合聚乙烯在不同短路时间的空间电荷分布曲线。从曲线图 6 (a) 和图 6 (b) 中可以看

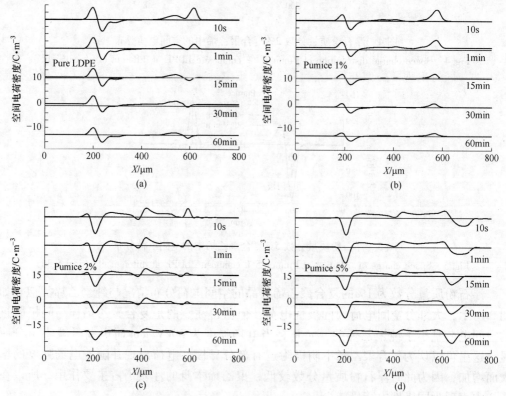

图 6 不同短路时间下 (a) 纯聚乙烯,浮石粉质量分数 (b) 1%,
(c) 2% 和 (d) 5% 复合聚乙烯中空间电荷衰减曲线

Fig. 6 Space charge decay in (a) pure LDPE, pumice (b) 1%,
(c) 2% and (d) 5% at different short-circling time

到，纯聚乙烯和浮石粉质量分数较低的复合聚乙烯中空间电荷短路时衰减的较快，在短路时间超过60min时，样品内部几乎没有空间电荷剩余，这表明纯聚乙烯和浮石粉质量分数为1%的复合聚乙烯样品中的同极性空间电荷属于电极注入且为浅陷阱型，或由高分子电离而产生。当浮石粉质量分数增加到2%和5%时，曲线图6（c）和图6（d）上可见空间电荷衰减明显减慢，且在测试过程中逐渐减少。在测试时间超过60min时，仍有部分空间电荷存在。在图6（d）上，这种现象比较明显，相当部分的正电荷在整个测试过程中一直存在，可以认为这些电荷属于深陷阱型且被束缚的比较牢固[16]，这些电荷应该来自于高电场下的阳极注入。

5 结论

通过上面的实验与分析，可以得到以下初步结论：

（1）纯聚乙烯中的空间电荷绝大部分属于同极性电荷且聚集在电极附近。浮石粉质量分数为1%的复合聚乙烯样品中的空间电荷分布与纯聚乙烯类似，但是电荷量明显减少，可以认为是样品中已有一定量的异极性电荷，由于浮石粉质量分数较低，聚乙烯性质仍占主要作用，故而表现为电荷量减少。

（2）浮石粉质量分数为2%和5%的复合聚乙烯样品中的空间电荷分布与纯聚乙烯有很大不同。随着电场强度的增加在电极两端有异极性电荷的产生，在电场强度较高时，浮石粉质量分数为5%的复合聚乙烯中有大量的异极性电荷注入，且在阴极附近的电荷密度最高超过了40C/m³。此外，在实验的过程中可以观察到样品中有大量正电荷注入，并同时出现了类似空间电荷包行为，正电荷从阳极注入后向阴极方向移动。这归功于浮石粉中的无机氧化物SiO_2和Al_2O_3所带来的更多陷阱和更多的陷阱能级。

（3）在短路实验中，纯聚乙烯和浮石粉质量分数为1%的复合聚乙烯中的空间电荷在短路过程中衰减较快，这些同极性电荷可以认为属于浅陷阱型，并由自由电荷或高分子的电离产生。相比之下，浮石粉质量分数为2%和5%的样品中空间电荷的衰减则缓慢得多，在短路时间超过60min时，样品中仍有部分空间电荷存在。这些电荷较为稳定的束缚在材料中间，这可能是掺杂的无机氧化物中深陷阱的数量增加从而导致空间电荷的束缚现象。

参 考 文 献

［1］Takada T. Space charge formation in dielectrics［J］. IEEE Trans on Electr Insul, 1986, 21（6）: 873-877.

［2］王霞，屠德民，尹毅，等. 固体介质中空间电荷畸变电场分布的有限元分析［J］. 高电压技术, 2001, 27（5）: 51-53.

［3］盛海芳，曹晓珑，陈建国. 绝缘材料中的空间电荷问题［J］. 绝缘材料通讯, 1998, 27（3）: 31-37.

［4］Hayase Y, Matsui K, Tanaka Y, et al. Packet-like charge behavior in various kinds of polyethylene［C］// 2007 Annual Report Conference on Electrical Insulation and Dielectric Phenomena. Vancouver, Canada:［s. n.］, 2007: 446-448.

［5］Matsui K, Tanaka Y, Takada T, et al. Space charge behavior in low-density polyethylene at pre-breakdown［J］. IEEE Trans on Dielectrics and Electrical Insulation, 2005, 12（3）: 406-415.

[6] Meunier M, Quirke N. Molecular modeling of electron trapping in polymer insulators [J]. J Chem Phys, 2000, 113 (1): 367-369.

[7] Tanaka T, Montanari G C, Muilhaupt R. Polymer nanocomposites as dielectrics and electrical insulation-perspectives for processing technologies, material characterization and future applications [J]. IEEE Trans on Dielectrics and Electrical Insulation, 2004, 11 (5): 763-784.

[8] Taima J, Inaoka K, Maezawa T, et al. Observation of space charge formation in ldpe/mgo nano-composite under DC stress at high temperature [C] // Annual Report of CEIDP. Kansas City, America: [s. n.], 2006: 302-305.

[9] Xiaobing Dong, Yi Yin, Zhe Li, et al. Space charge in low-density polyethylene/micro-SiO_2 composite and low-density polyethylene/nano-SiO_2, composite with different metal electrode pairs [C] // 2007 International Conference on Solid Dielectrics. Winchester, UK: [s. n.], 2007: 377-380.

[10] 刘越, 朱用昌, 屠德民. 固体介质中空间电荷分布测量的频域分析电声脉冲法 [J]. 电工技术学报, 1994, 11 (1): 44-49.

[11] Li Y, Yasuda M, Takada T. Pulsed electroacoustic method for measurement of charge accumulation in solid dielectrics [J]. IEEE Trans on Dielectrics and Electrical Insulation, 1994, 1 (2): 188-195.

[12] Maeno T, Fukunaga K, Tanaka T. Signal processing in the high-resolution PEA charge measurement system [J]. Trans IEE Japan, 1995, 11 (5-A): 405-410.

[13] Matsui K, Tanaka Y, Takada T, et al. Numerical analysis of packet-like charge behavior in low-density polyethylene under DC high electric field [J]. IEEE Trans on Dielectrics and Electrical Insulation, 2008, 15 (3): 841-850.

[14] Tanaka Y, Mastui K, Takada T, et al. Analysis of packet-like space charge behavior in Low-density polyethylene [C] // 2007 International Conference on Solid Dielectrics. Winchester, UK: [s. n.], 2007: 482-485.

[15] Lehmann B, Friedrich K, Wu Chunlei, et al. Improvement of notch toughness of low nano-SiO_2 filled polypropylene composites [J]. Journal of Materials Science Letters, 2003, 22 (11): 1027-1030.

[16] Takada T, Hayase Y, Tanaka Y. Space charge trapping in electrical potential well caused by permanent and induced dipoles [C] // Electrical Insulation and Dielectric Phenomena. Vancouver, Canada: [s. n.], 2007: 417-420.

基于类耿氏效应的低密度聚乙烯中空间电荷包行为的模拟仿真*

摘 要 低密度聚乙烯材料中的空间电荷包现象通常会引起严重电场畸变而影响其击穿特性。本文借鉴半导体中的耿氏效应的负微分迁移率机理来描述电荷包的形成机理,并结合载流子的注入条件及体内陷阱对电荷迁移的影响等因素,对文献中报道的两类外加场强不同且迁移趋势各异的空间电荷包行为进行了模拟仿真,模拟的电荷包大小随电场变化规律,电荷包迁移速率随时间变化规律等与相应实验结果符合。模拟结果表明,产生耿氏效应的负微分迁移率是造成电荷包非弥散传输的主要原因,其与材料电极注入情况及体内陷阱态的共同作用导致了空间电荷包行为迁移的多样性。

关键词 空间电荷包 耿氏效应 模拟仿真 负微分迁移率

Numerical Simulation of Charge Packet Behavior in Low-density Polyethylene Based on Gunn Effect-like Model

Abstract Packet-like space charge behavior usually induces the electric field distortion and strongly affects the electrical performance of low-density polyethylene. In this paper, we analyze the influence of charge injection, carriers migration and interaction between the free charge and trap in polyethylene on packet-like space charge behavior and introduce the mechanism of Gunn effect to describe the generating process of space charge packet. Based on this, we simulated two kinds of packet-like space charge behaviors with different variation trends and in different applied fields reported by different research groups. The simulated space charge packet shows very good fitting with the experiment data in both packet amplitude and migration velocity. The simulation results also indicate that the injection conditions and trap level depth play an important role in the diversity of packet-like space charge behavior.

Key words packet-like charge, Gunn effect, numerical simulation, negative differential mobility

1 引言

空间电荷是影响聚合物材料电气性能和使用寿命的重要因素。强电场作用下,样品内部积累的空间电荷产生的电场畸变,可能引发局部击穿放电或电树枝的产生[1~3]。因此空间电荷问题在聚合物材料中的产生,传输及积累过程对研究聚合物材料击穿机理和抗老化性能等方面有重要作用。

目前广泛应用于固体聚合物材料中电荷分布的无损测量方法如压力波法(pressure

---

* 本文合作者:夏俊峰、张冶文、郑飞虎。原文发表于《物理学报》,2010,59(1):508~514。国家自然科学基金重点项目(50537040);国家自然科学基金(50807040);上海市科学技术委员会(07DZ22302)。

wave propagation) 和电声脉冲法 (pulsed electro-acoustic) 有效地揭示了空间电荷在介质内积累及传输过程, 也发现了一些电荷在材料内的特殊输运方式[4,5]。例如, 在对某些聚乙烯材料施加一定高场强后, 空间电荷会在材料内部以一种相对孤立的波包状形态进行迁移, 称为"空间电荷包现象"。早期 Hozumi 等发现在对交联聚乙烯 (XLPE) 材料施加高于 100 MV/m 外场时, 样品内出现了正空间电荷包[6]。Kon 等人在超过 120 MV/m 电场下的 XLPE 材料中观察到负空间电荷包[7]。类似的, 电荷包也出现在低密度聚乙烯 (LDPE) 材料中, 如 Matsui 等人在高场下 (大于 100 MV/m) 的低密度聚乙烯 (LDPE) 中观测到正空间电荷包[8]。而我们课题组发现在较低场强 (50 MV/m) 下的低密度聚乙烯中就能产生正空间电荷包[9]。这些实验中观测到的电荷包在电荷极性, 产生过程, 变化趋势等方面都存在差异, 其形成机理在国际上也一直没有十分合理的解释。

目前国内外不少学者针对空间电荷包行为已提出不少物理模型[10,11]。这些模型虽然很成功地模拟了各自实验中出现的空间电荷包现象, 但都无法同时解释多种不同的电荷包迁移现象。研究发现, 不同电荷包行为发生时存在一些共性, 如存在阈值场强, 迁移速度随局部场强增大而减小, 迁移中存在电流振荡等。本文将这些特点与半导体中的耿氏效应 (Gunn effect) 相类比, 提出负微分迁移率的假设来描述载流子迁移速率与电场关系, 同时考虑了载流子注入以及电荷与陷阱的相互作用等因素对电荷包行为的影响, 在此基础上建立模型对低密度聚乙烯中两种具有代表性的空间电荷包行为进行了模拟。

2 空间电荷包行为的物理过程

由于目前尚没有完善的理论或模型可以有效地解释聚合物中的电子输运与俘获机理, 因此在研究空间电荷包行为时, 可以将空间电荷包行为抽象为电荷的注入, 迁移, 脱陷与入陷三个基本过程, 并对每个过程做一些合理假设, 使模拟问题可以得到简化。本文限于篇幅, 只对仿真中使用的理论做简单介绍, 对电荷包产生的物理过程的详细描述请见文献 [12]。

电荷注入通常与界面功函数差, 表面陷阱态等众多因素有关。有文献认为, 聚合物的电荷注入遵循电场限制空间电荷模型 (field-limited space-charge, FLSC), 只有在电极电场高于阈值 E_0 时才能产生电荷注入[13,14]。这一过程可用式 (1) 来表述:

$$j_0'' = \begin{cases} j_0 = J(0)\exp(B_{stt}E^{\frac{1}{2}}) & E \geq E_c \\ \theta_{j_0} \quad (\theta \ll 1) & E < E_c \end{cases} \quad (1)$$

式中, j_0 为无陷阱状态下的注入电流密度; θ 为调制电流发射系数; E_c 为注入阈值电场。

空间电荷包的传输表现为电荷以非弥散的波包状传输, 在背电极复合后产生电流振荡。这些特征与半导体中的耿氏效应类似。耿氏效应的产生机理是迁移速率与电场关系曲线存在负微分迁移率区域, 也称为负阻区, 在负阻区, 载流子迁移速率随着电场升高而减小。如果聚合物材料中亦存在类似效应时, 体内电荷产生的电场畸变会对载流子的迁移速率产生影响, 导致空间电荷进一步积累从而产生空间电荷包[15]。关于负微分迁移率导致电荷包形成的具体机理可参考文献 [12]。

聚合物中陷阱的作用机理十分复杂，为简化问题的讨论，我们假定样品只存在单极性注入，材料内只存在单一陷阱能级，并且忽略位移电流对总电流的贡献，在这些假设下，自由电荷的动态方程可用式（2）描述[16]：

$$\frac{\partial n_{c_{in}}(x,t)}{\partial t} = \nu_t n_{t_{in}}(x,t) - \gamma_i v_{c_{in}}(x,t) \times (M - n_{t_{in}}(x,t)/e) \times n_{c_{in}}(x,t) + \frac{\partial j(x,t)}{\partial x} \quad (2)$$

式中，$n_{c_{in}}(x,t)$ 为体内自由电荷密度；$n_{t_{in}}(x,t)$ 为体内陷阱电荷密度，二者都是位置 x 与时间 t 的函数；$j(x,t)$ 为传导电流密度；ν_t 为场致陷阱电荷逃逸频率，根据 Poole-Frenkel 效应可写为式（3）。[16]

$$\nu_t = \nu_0 \exp[-(U - \beta_{pf}\sqrt{E})/kT] \quad (3)$$

3 对不同空间电荷行为的模拟结果及讨论

3.1 模拟算法及参数

通过以上分析，我们对文献中报道的不同电荷包行为进行了仿真计算。模拟中使用的参数见表 1。一些参数的取值参考了相关文献及实验结果[17~20]。对负微分迁移率曲线采用线性近似来简单实现[17~20]。对于模型中一些重要参数如负微分迁移阈值电场及陷阱能级因无法从实验及文献中得到准确数值，我们根据实验结果对这些参数做了近似估计。对高电场（大于 100 MV/m）下的空间电荷包行为的实验结果的模拟中，由于电荷注入量较大，电荷包迁移时间较长且未发现有明显的电荷被陷阱俘获，根据模型我们对模拟参数设置了较大的电荷注入量，较高的负微分迁移率阈值电场与较浅的陷阱能级。而低电场（50 MV/m）下的空间电荷包行为的实验结果中，电荷注入量较小，电荷包在迁移时有一定衰减，因此模拟参数中设置了较小的电荷注入量，较低的负微分迁移阈值电场与较深的陷阱能级。

表 1 模拟参数表

项 目	样品 1（高场）	样品 2（低场）
热电子发射电流密度 $J(0)/\text{pA}\cdot\text{m}^{-2}$	780	164
电流发射系数 θ	0.1	0.1
电荷最大迁移速率 $V_1/\text{m}\cdot\text{s}^{-1}$	1.7×10^{-7}	1.5×10^{-9}
电荷最小迁移速率 $V_2/\text{m}\cdot\text{s}^{-1}$	1.0×10^{-10}	1.0×10^{-11}
电极注入阈值电场 $E_0/\text{MV}\cdot\text{m}^{-1}$	40	44
负微分迁移率区的起始电场 $E_1/\text{MV}\cdot\text{m}^{-1}$	90	46
负微分迁移率区的截止电场 $E_2/\text{MV}\cdot\text{m}^{-1}$	550	80
电荷尝试逃逸频率[17~20] ν_0/s^{-1}	10^{20}	10^{22}
单位体积内陷阱总数[17~20] M/m^{-3}	3.2×10^{21}	3.2×10^{21}
捕获截面[17~19] γ_i/m^{-2}	1.00×10^{-13}	1.00×10^{-13}
陷阱能级深度 U/eV	1.2	1.4
外加电压 V/kV	13~52	42.5
样品厚度 d/mm	0.13	0.85

模拟计算中一维有限差分法求解各微分方程，算法的基本思想是：对样品沿长度方向剖分成若干单元层，给定初始电荷分布后，可以通过泊松方程近似求出各层的电场，再根据材料的迁移速率与电场关系曲线，求出下一个 Δt 时间后，各层自由电荷和陷阱电荷的改变量，从而得出下个时刻的电荷分布，多次迭代可得到任意时刻的电荷分布。

文中给出实验结果来自于国内外不同学者的研究工作，测量方法为激光压力波法或电声脉冲法，其原理决定了测量出的电荷峰一般呈高斯分布，而模型中将电荷包的电荷量近似为小薄层内的均匀分布，为了更好地与实验结果进行比较，模拟中对其进行了高斯卷积处理，并保证其宽度与实验分辨率一致。

3.2 低场下空间电荷包的模拟结果

我们课题组曾在 50 MV/m 外加电场下的低密度聚乙烯材料中观测到了空间电荷包行为，图 1（a）是实验测得的电荷分布情况[9]，可以看到明显的电荷包迁移过程。我们对其的模拟结果如图 1（b）所示。根据式（2），当材料存在负微分迁移率且当陷阱能级较深时，电荷被陷阱俘获后就难于脱陷，自由电荷密度将由电荷入陷率和传导电流密度的变化决定。尽管在电场处于负微分迁移率区时，传导电流会促进电荷的积累，然而由于聚乙烯内分布较大数量的电荷陷阱，因此会导致被陷阱俘获的电荷多于因负微分迁移率引起的电荷增量，使电荷包在迁移过程中逐渐衰减，从模拟图中可以看到，电荷包在阳极产生后，移动过程中缓慢衰减，最后到达阴极处中和，这一现象与实验结果十分符合。虽然图 1（b）未明显反映出电荷包移动过程中被陷阱俘获的那部分电荷，但对空间电荷包迁移时材料内部电场分布的模拟结果显示（见图 2），在阳极到电荷包后沿位置之间的电场有缓慢上升的过程，说明在电荷包经过的区域内存在被陷阱俘获的电荷，由于入陷电荷与电荷包电荷相比较少，因此未明显反映在电荷分布图中，而实验结果中的空间电荷分布也未反映出明显的陷阱电荷，可能是由于我们实验中使用的测量方法为激光压力波法，陷阱电荷的电荷密度低于压力波法的最大分辨率所致。从电场分布的模拟结果中，我们还可以看到，在整个迁移过程中，阳极处场强维持不变且近似等于注入阈值电场，而在实验结果中也有相同特征，我们认为其原因在于当电极处电场高于注入阈值电场时，电荷将从电极向体内注入。由于负微分迁移率的影响，电荷包逐渐增大而降低阳极处电场，当阳极处电场减小到注入阈值电场 E_0 以下时，电荷包由于得不到电荷的补充而逐渐向阴极移动。在到达新位置后，电荷包又将重复这一过程从而造成了电极处电场近似不变。另外，注意到模拟中电荷包前沿电场随时间逐渐升高，在负微分迁移率的假设下，随着电场升高，电荷迁移应变慢，这意味着电荷包的迁移速率应随时间下降。为此，我们对实验中各时刻的电荷包迁移速率进行了计算，图 3（a）给出了计算结果，相应模拟结果如图 3（b）所示，二者都显示出迁移速率随时间逐渐减小的变化趋势，它们之间的差异主要在于实验结果显示迁移速率呈指数下降并伴有小幅振荡，而模拟结果中，迁移速率近似线性下降。其原因在于模型中对迁移速度与电场关系曲线采用线性近似假设过于简化，未能准确反映出真实情况下载流子迁移速率随电场变化情况。

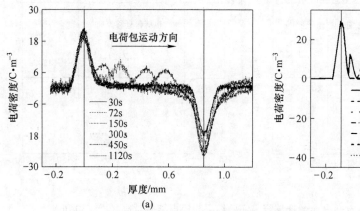
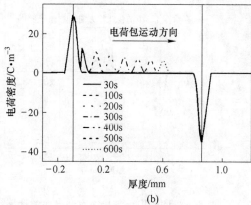

图1 50MV/m 外场下空间电荷包迁移行为实验结果与模拟结果对比（$d=0.85$mm）

(a) 实验结果[9]；(b) 模拟结果

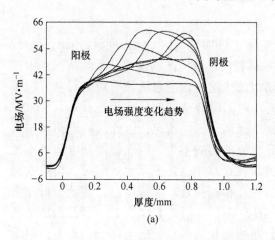
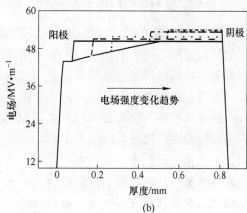

图2 50MV/m 外场下空间电荷包迁移时样品内部电场分布

(a) 实验结果[9]；(b) 模拟结果

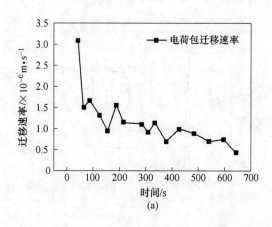
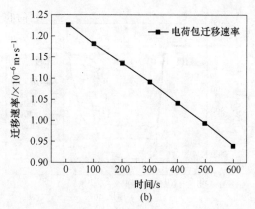

图3 电荷包迁移速率随时间变化曲线

(a) 实验结果；(b) 模拟结果

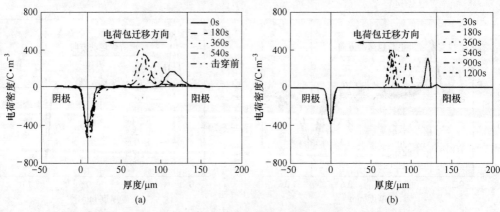

图 4 330MV/m 外场下空间电荷包迁移行为实验结果与模拟结果对比（$d=130\mu m$）
(a) 实验结果[10]；(b) 模拟结果

3.3 高场下电荷包的模拟结果

图 4 (a) 是文献 [10] 中报道的外加高场（330MV/m）下低密度聚乙烯电荷包行为的实验结果，图 4 (b) 是击穿前电荷包在材料内迁移情况的模拟结果。从图 4 中可以看到，模拟结果与实验结果反映了较为相似的传输特征。与低场下观测到电荷包相比，电荷包在迁移中逐渐增大，这是由于高场对陷阱势垒的削弱作用比低场（50MV/m）条件下更强，根据式（3），电荷脱陷概率远高于低场情况，因此脱陷电荷量与入陷电荷量会在较短时间内达到平衡，对传导电流的影响不大，因此被俘获电荷量不足以抵消负微分迁移率引起的电荷增量，电荷包在迁移中会逐渐增大。同时，模拟电荷包的迁移速率随时间减小，在电荷包在材料内迁移到接近最大深度时，移动变得非常缓慢，这种变化和材料体内电场分布有关。图 5 (a) 和图 5 (b) 给出了样品内部电场随时间变化的实验结果与模拟结果，电场分布的形状与低场下的电场分布相近，但电荷包引起的电场畸变更加严重，阳极注入处电场维持在略高于注入阈值电场的较低水平，而阴极附近电场却随着电荷包的迁移大大增强，当电荷包迁移到最大深度时，阴

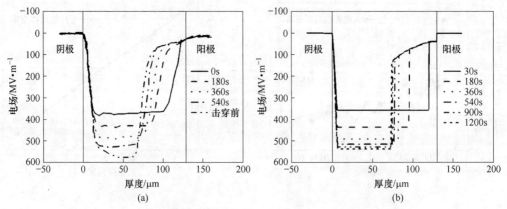

图 5 330MV/m 下空间电荷包迁移时样品内部电场分布
(a) 实验结果[10]；(b) 模拟结果

极电场达到了530MV/m，这么高的场强也超过了负微分迁移率区的最高阈值场强E_2，从表1中可以看出，阈值电场E_2对应的迁移速度远小于最大迁移速度V_1，因此电荷包在接近最大深度时，迁移速率已经非常有限，几乎静止不动。

为了研究电荷包行为与外加电场的关系，我们对不同电场下电荷包的迁移情况也进行了模拟，图6（a）和图6（b）给出了不同场强下的电荷包迁移到最大深度时空间电荷分布的实验与模拟结果，图7（a）和图7（b）则分别给出了相应的电场分布，模拟结果与实验结果在电荷包最终停留位置，电场分布曲线上都十分相近。图中显示，除了在100MV/m外场时，电荷包能迁移到阴极以外，其余场强下，电荷包都只能迁移到样品内部某处，最大迁移距离与外加电场成反比。尽管所加外场不同，但阳极处场强及高场区场强都基本相同，分别为40MV/m与530MV/m非常接近注入阈值场强E_0及最小速率V_2对应的阈值场强E_2。不同电场下电荷包迁移距离不同的原因在于，越靠近背电极的电荷包对电荷包前沿（以电荷迁移方向为正方向）电场的提升幅度越大，高电场下，电荷包迁移较短的距离就使得电荷迁移速率降至较低的水平。

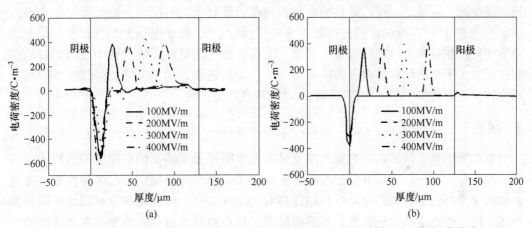

图6 不同高场下（100~400MV/m）电荷包迁移至最大深度时样品内空间电荷分布
（a）实验结果[10]；（b）模拟结果

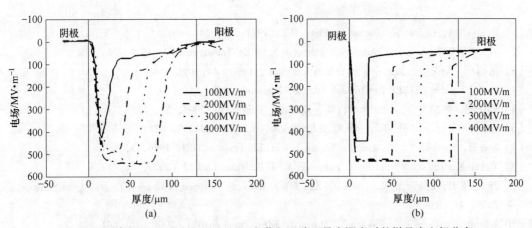

图7 不同高场下（100~400MV/m）电荷包迁移至最大深度时的样品内电场分布
（a）实验结果[10]；（b）模拟结果

3.4 对不同陷阱模型下模拟结果的讨论

以上我们对两种不同电场及型号的低密度聚乙烯材料中的空间电荷包行为进行了仿真计算。模拟结果与实验结果基本一致。从模拟结果中可以发现：首先，阳极处注入电场基本不随外加电场及电荷包在材料内部的迁移情况变化，都维持在注入阈值场强 E_0 左右，这一点在实验结果中也得到了验证。这说明低密度聚乙烯中的空间电荷包的电荷来源主要来源于电极注入电荷，电荷的逐步积累会削弱注入电极处场强，当电极处场强降低至阈值电场 E_0 以下时，根据 FLSC 模型，电荷注入量的急剧减小使得电荷包在电场作用下发生迁移，在迁移一段距离后，电荷包在阳极处引起的电场改变减弱，注入电场高于注入阈值电场 E_0，电荷又重新开始注入，使电荷包在新的位置上达到平衡。这种不连续的注入过程造成了电荷包的迁移。其次，当电荷迁移速率与电场存在负微分迁移率关系时，内电场的不均匀分布产生的迁移速率差会导致电荷包在一个较小波层内增长而不发生弥散。实验观测到的两种电荷包在迁移过程中的速率都是逐渐变小的，这预示了聚乙烯材料中存在负微分迁移率的可能性。当负微分迁移率区的起始阈值电场 E_1 及截止阈值电场 E_2 一定的情况下，外加电场大小将影响电荷包的电量变化及在材料内的迁移深度。最后，电荷包的电荷量在迁移过程中受到陷阱的调制作用。由于聚乙烯材料内部的陷阱态受材料原料选取，加工工艺及外部条件等因素影响较大，因此造成了电荷包迁移行为的多样性和复杂性。

4 结论

本文采用基于耿氏效应的物理模型对两类不同外加电场下的空间电荷包行为进行了计算机仿真分析，大部分模拟参数均来源于实验结果，模拟结果与多位作者所报道的实验结果符合很好。通过对电荷包迁移时的速率变化，体内场强分布以及不同外加电压下样品内的电荷包迁移变化的模拟研究，初步解释了电荷包行为存在多样性的原因，并证明该模型在模拟空间电荷包迁移行为上具有一定的普适性。

参 考 文 献

[1] Bradwell A, Cooper R, Varlow B. Proc. IEE, 1971, 28, 247.
[2] Zhang Y W, Lewiner J, Alquie C, Hampton N. IEEE Trans. on DEI, 1996, 36, 778.
[3] 屠德民，刘荣生，吕永康，西安交通大学学报，1990, 24, 109.
[4] Li Y, Tanaka T. IEEE Electrical Insulation. Magazine, 1994, 10, 16.
[5] 郑飞虎，张冶文，吴长顺，李吉晓，夏钟福．物理学报，2003, 52, 1137.
[6] Hozumi N, Suzuki H, Okamoto T. IEEE Trans. on DEI, 1994, 5, 82.
[7] Kon H, Suzuoki Y, Mizutani T, Yoshifuji N. IEEE Trans on DEI, 1996, 3, 380.
[8] Matsui K, Takada T, Fukao T, Fukunaga K. IEEE Trans on DEI, 2005, 12, 9.
[9] Zheng F H, Zhang Y W, Gong B, Zhu J W, Wu C S. Science in China（Technological Science），2005, 48, 354.
[10] Matusi K, Tanaka Y, Takada T, Maeno T. IEEE Trans on DEI, 2008, 15, 841.
[11] Kaneko K, Mizutani T. IEEE Trans on DEI, 1999, 6, 152.
[12] 夏俊峰，张冶文，郑飞虎，雷清泉．物理学报，2009, 58, 8529.

[13] Dissado L A, Laurent C, Montanari G C, Morshuis P H F. IEEE Trans on DEI, 2005, 12, 612.
[14] Zeller H R. Proceeding of CEIDP, 1990: 8.
[15] Jones J P, Llewellyn J P, Lewis T J. IEEE Trans on DEI, 2005, 12, 951.
[16] 夏钟福. 驻极体 [M]. 北京：科学出版社, 2001: 122.
[17] Roy S L, Segur P, Teyssedre G, Laurent C. J. Phys. D: Appl. Phys., 2004, 37, 298.
[18] Fabiani D, Montanari G C, Dissado L A, Laurent C, Teyssedre G. IEEE Trans on DEI, 2009, 16, 241.
[19] Boufayed F, Teyssèdre G, Laurent C. J. Appl. Phys., 2006, 100, 104105-1.
[20] 杨强, 安振连, 郑飞虎, 张冶文. 物理学报, 2008, 57, 3834.

高直流电场下 PET 薄膜的电致发光及其可靠性*

摘 要 用自制电致发光（Electrolum inescence-EL）测量装置测试了直流高电场下聚对苯二甲酸乙二酯［poly（ethylene terephthalate）-PET］薄膜 EL 的光强和光谱。实验表明：PET 的发光光强随所加电场而增大，在 4.00MV/cm 附近发生预击穿。EL 光谱在 300～400nm、400～460nm、500～600nm 和 680nm 附近存在发射峰，其中 500～600nm 峰带相对较强，预击穿信号出现后 680nm 附近的峰带增加很快。为了评价 PET 的介电性能，本文对实验数据用双参数 Weibull 分布解析法计算，得出了该薄膜在（24±1）℃，阶跃加压条件下的寿命和击穿电场的累积失效概率和可靠度方程，Weibull 假设检验结果表明，实验结果服从 Weibull 分布。

关键词 聚对苯二甲酸乙二酯 电致发光 Weibull 分布 可靠性

Study on the Electrolum Inescence and Reliability of PET Films under High DC Fields

Abstract The EL intensity and the spectrum of the PET films were tested under dc high electric fields by home-made experimental set-up. The result shows that the light emission intensity of the PET films increases along with the electric fields; the pre-breakdown field is about 4.00MV/cm. The EL spectra have emission peaks at 300~400nm, 400~460nm, 500~600nm and 680nm, the peaks between 500nm and 600nm is higher. The peak of 680nm increases quickly after the pre-breakdown phenomenon appears. In order to value the dielectric character of the PET films, the experimental data were analyzed by the analysis of two-parameter Weibull distribution, the life time, the cumulative failure probability of the breakdown field and the reliability equation were found out under the voltage power increased step by step at (24±1)℃. After the verification of assumption, its found that the experimental results subm it Weibull distribution.

Key words poly ethylene terephthalate, electrolum inescence, Weibull distribution, reliability

1 引言

聚合物以其优越的物理和化学性能作为绝缘介质有着广泛的应用。但其中包含杂质、结构和化学缺陷、晶态和无定形态单元间的界面，材料在电应力作用下，杂质可能引起电离，界面可能引起极化，结构和化学缺陷将成为陷阱，这些都直接影响绝缘聚合物的短期和长期的运行[1]。

绝缘聚合物的电老化和击穿与空间电荷有密切关系[1,2]。当外电场增加到某一数值

---

* 本文合作者：林家齐、杨文龙、王玮。原文发表于《发光学报》，2008，29（1）：56～60。国家自然科学基金重点项目（50137010）；黑龙江省自然科学基金（E2001-03）资助项目。

时，材料内部带电粒子急剧增加，可以在空间电荷区域形成强电场导电。这种现象与可见光光子的激发联系起来，静电能损耗的一部分通过电致发光（EL）辐射出去，当聚合物释放的能量达到一个确定的界限时，将导致材料结构的老化，EL是预击穿的一个信号，为研究材料结构老化的机理提供了一个很好的证据。它对详细解释电老化的开始和研究耗散机制都有意义，也能为监控老化率提供基础[1]。

聚对苯二甲酸乙二酯（PET）是对苯二甲酸与乙二醇的缩聚物，它以其优异的韧性、电绝缘性能和耐热性在电子电气工程中广泛应用。本文测试了PET薄膜高电场下的EL发光光强、光谱，对实验数据用双参数Weibull分布解析法计算，并进行了假设检验。

2 实验

2.1 样品

实验采用样品为美国杜邦公司生产的23m厚的聚对苯二甲酸乙二酯（PET）薄膜。

2.2 测量装置

实验采用自制的电致发光测量装置，见参考文献［3］。测量装置空载时，光子计数器暗噪声均值为16cps（测试温度20℃），光子计数器的灵敏度为2.3×10^{-17}W；装置的灵敏度为3.0×10^{-17}W，分辨率为4nm，重复误差不大于2nm。实验电源采用高压直流电源；实验温度为（24±1）℃；样品室工作真空度为10^{-4}Pa。

2.3 实验步骤

（1）对样品先后用蒸馏水和丙酮清洗，进行烘干，利用HSJD-500磁控镀膜机在薄膜两侧都镀上一层30nm左右的半透明金膜作电极。

（2）EL统计。对样品均采用阶梯式加电压：每20min加压1次，从1150V开始，加压幅度1150V，加压速率250V/min；4600V后加压幅度460V，加压速率125V/min；6900V后加压幅度230V，加压速率75V/min，直到发生击穿为止。考虑到加压后达到相对稳定的状态所需的时间，在加压10min后进行测量，测量时间为10min。记录平稳阶段发光量与时间的关系，最后用Origin 7.0处理得到PET的光强特性曲线，如图1所示；光谱特性曲线，如图2所示；整个加压过程的EL累积光谱如图3所示。

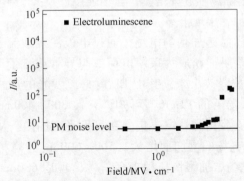

图1 直流电场下PET薄膜的EL强度与场强关系曲线

Fig. 1 Relationship between EL intensity and dc electric field for PET films

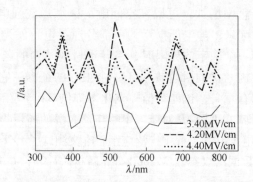

图 2　PET 薄膜在不同直流电场下的 EL 光谱特性曲线
Fig. 2　EL spectra for PET films under different dc electric fields

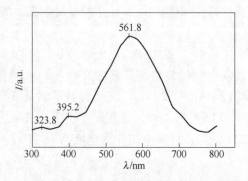

图 3　PET 薄膜在直流电场下的累积 EL 光谱特性曲线
Fig. 3　EL accumulative spectrum for PET films under dc electric fields

3　结果与讨论

3.1　EL 光强与光谱特性

由图 1 可计算得到 PET 膜在直流高电场下的预击穿场强约为 4.00MV/cm。当外加电场强度小于约 2.00MV/cm 时 EL 强度与背景噪声相近；当外加电场强度大于约 2.00MV/cm 时，EL 强度随场强逐渐增大；当场强接近及大于 4.00MV/cm 时，EL 强度快速增加；场强继续增加，出现击穿。

实验用平板电极对样品施加均匀电场，通过电极注入载流子。双极注入的载流子在有机层内迁移，或被陷阱捕获成为束缚电荷或与异号载流子形成激子，当它们处于激发态时其能量就可能被释放出来，其中 EL 就是以发光的形式释放能量。由图 2 中 PET 薄膜在不同直流电场下的 EL 光谱可知，它在 300～400nm、400～460nm、500～600nm 和 680nm 附近存在发射峰，主要集中在可见光范围内。从图 2 也可以看出 PET 薄膜的电致发光强度随电场的增加而增大，500～600nm 的峰相对较强，300～400nm 和 680nm 附近的峰随电场增加很快，预击穿信号出现后 680nm 附近成分强度和宽度明显增强，这可能是碰撞激发或碰撞电离后的化学降解所致[4]。750nm 附近成分被认为是金属电极上电荷注入所激发的表面等离子激元的衰退辐射谱，因此和聚合物的响应无关[5]。

由 PET 薄膜在直流电场下整个过程的 EL 累积光谱图（见图 3）可知，500~600nm 的发射带是 PET 薄膜 EL 的主要成分，并在 560nm 附近出现极大值。根据 Mary 等[4]的报道，PEN 的 EL 在 550~650nm 的峰带较强，极大值出现在 579618nm。PEN 的骨架是由一个萘环加上一个平面的羰基构成，而 PET 的骨架是由一个苯环加上一个平面的羰基构成，从化学结构来看 PET 的 EL 峰位相对于 PEN 的 EL 峰位向短波方向移动是合理的。

3.2 实验数据的统计与检验

3.2.1 Weibull 分布函数及线性化

双参数 Weibull 分布的密度函数[6]为

$$f(t) = \frac{m}{\eta}\left(\frac{t}{\eta}\right)^{m-1} e^{-\left(\frac{t}{\eta}\right)^m} \quad t \geq 0, \ m, \ \eta \geq 0 \tag{1}$$

分布函数为

$$F(t) = 1 - e^{-\left(\frac{t}{\eta}\right)^m} \tag{2}$$

其中 m 称为形状参数，t 称为尺度参数。由式（2）得

$$\ln\left[\ln\frac{1}{1-F(t_i)}\right] = m\ln t_i - m\ln\eta \tag{3}$$

令

$$\begin{cases} y_i = \ln\left[\ln\dfrac{1}{1-F(t_i)}\right] \\ x_i = \ln t_1 \\ a = -m\ln\eta \\ b = m \end{cases} \tag{4}$$

则

$$y_i = a + bx_i \tag{5}$$

如果 t_i 服从 Weibull 分布，$\{x_i, y_i\}$ 呈线性关系，通过最小二乘法线性回归，解得 a，b，则

$$m = b \tag{6}$$

$$\eta = e^{-\left(\frac{a}{b}\right)} \tag{7}$$

3.2.2 样品阶跃加压寿命和击穿场强的 Weibull 统计

本实验测试了 9 个相同的 PET 膜，其寿命和击穿场强，见表 1。

表 1 样品的失效寿命、击穿场强的计算结果
Table 1 The calculation of life time and breakdown fields for the PET films

失效序号	累积失效概率 $F(t)$ /%	失效时间 T/min	x_i^t	x_i^E	$y_i^t(y_i^E)$
1	10	215	5.37064	1.09861	-2.25037
2	20	257	5.54908	1.16315	-1.49994
3	30	289	5.66643	1.19392	-1.03093

续表 1

失效序号	累积失效概率 $F(t)$ /%	失效时间 T/min	x_i^t	x_i^E	$y_i^t(y_i^E)$
4	40	340	5.82895	1.25276	-0.67173
5	50	382	5.94542	1.30833	-0.36651
6	60	494	6.20254	1.38629	-0.08742
7	70	543	6.29711	1.43508	0.18563
8	80	572	6.34914	1.50408	0.47588
9	90	648	6.47389	1.50408	0.83403

Weibull 分布的累积失效概率[7]可由下式计算：

$$F(t) = \frac{i}{n+1} \qquad (8)$$

其中，$i=1, 2, 3, \cdots, 9, n=9$。

样品寿命的 x_i^t, y_i^t 与击穿场强的 x_i^E, y_i^E 可分别由式（4）计算得到，见表 1。

将 (x_i^t, y_i^t) 和 (x_i^E, y_i^E) 绘在平面直角坐标系中并对其进行线性回归，由图 4、图 5，得方程

$$y = 2.4968x - 15.38298 \qquad (9)$$
$$y = 6.4256x - 8.94791 \qquad (10)$$

由图 4、图 5 可见这些点基本呈线性分布，说明 PET 阶跃加压寿命和击穿场强服从 Weibull 分布。

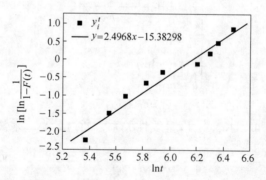

图 4 PET 阶跃加压寿命的 Weibull 分布累积失效概率的线性回归图

Fig. 4 Linear regression of Weibull distribution cumulative failure probability of the life time for PET films when the voltage power increased step by step

由式（6）和式（7）可解得

$$m' = 2.4968, \quad m^E = 6.4256 \qquad (11)$$
$$\eta' = 473.95, \quad \eta^E = 4.03 \qquad (12)$$

将式（11）和式（12）代入式（2）可得样品阶跃加压寿命和击穿场强 Weibull 分布的累积失效概率函数分别为：

$$F(t) = 1 - e^{-\left(\frac{t}{473.95}\right)^{2.4968}} \qquad (13)$$
$$F(E) = 1 - e^{-\left(\frac{E}{4.03}\right)^{6.4256}} \qquad (14)$$

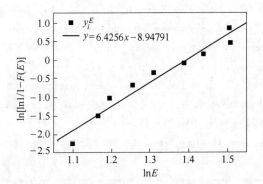

图 5 PET 阶跃加压击穿场强 Weibull 分布累积失效概率的线性回归图

Fig. 5 Linear regression of Weibull distribution cumulative failure probability of the breakdown field for PET films when the voltage power increased step by step

可靠度函数分别为：

$$R(t) = 1 - e^{-\left(\frac{t}{473.95}\right)^{2.4968}} \quad (15)$$

$$R(E) = 1 - e^{-\left(\frac{E}{4.03}\right)^{6.4256}} \quad (16)$$

数据是否服从 Weibull 分布，可以根据线性相关系数 $R \to 1$ 的程度来判断，R 越接近 1，则线性相关度越好。

算得 PET 的阶跃加压寿命和击穿场强的线性相关系数分别为 $R = 0.98465$ 和 $R = 0.97686$，可见两组数据均能较好地服从 Weibull 分布。

3.2.3 样品中值寿命和中值击穿场强

样品的中值寿命和中值击穿场强即概率为 0.5 时的寿命和击穿场强。当 $F(t) = 0.5$ 时，算得 $t = 409.2$ min；当 $F(E) = 0.5$ 时，算得 $E = 3.80$ MV/cm。

4 结论

（1）经过多个样品的测量统计得到 PET 膜在直流高电场下的预击穿场强约为 4.00MV/cm。

（2）PET 薄膜的 EL 光谱主要由 320nm，400nm 附近以及 500～700nm 的带组成，并在 560nm 附近出现极大值。

（3）通过 Weibull 统计及假设检验发现阶跃加压情况下 PET 薄膜的寿命和击穿场强服从 Weibull 分布，其累积失效概率函数分别为：$F(t) = 1 - e^{-\left(\frac{t}{4.03}\right)^{6.4256}}$，$F(E) = 1 - e^{-\left(\frac{E}{4.03}\right)^{6.4256}}$，其中值寿命为 409.2min，中值击穿场强 3.80MV/cm。

参 考 文 献

[1] Laurent C, Massines F, Mayoux C. Optical emission due to space charge effects in electrically stressed polymers [J]. Insul. Mag., IEEE Trans. on DEI, 1997, 4 (5): 585-603.

[2] Kosaki M, Shimizu N, Horii K. Treeing of Polyethylene at 77K [J]. IEEE Trans. EI, 1977, 12 (1): 40-45.

[3] Lin Jiaqi, Zhong Zhibai, Li Caixia, et al. On the electroluminescent spectrum of polyimide film in DC

high electric field [J]. Chin. J. Materials Research, 2006, 20 (4): 386-388.

[4] Mary D, Albertini M, Laurent C. Understanding optic emission from electrically stressed insulating polymers: electroluminescence in poly (ethylene terephthalate) and poly (ethylene 2, 6 - naphthalate) films [J]. J. Phys. D: Appl. Phys., 1997, 30 (2): 171-184.

[5] Mazzanti G, Montanari G C, Alison J M. A space-charge based method for the estimation of apparent mobility and trap depth asmarkers for insulation degradation-theoretical basis and experim ental validation [J]. IEEE. Trans. on DEI, 2003, 10 (2): 187-197.

[6] Jin Xing, Hong Yanji, Shen Huairong, et al. Reliability Data and Application [M]. Beijing: National Defence Industry Press, 2003: 42-43.

[7] Li Hongyan, Wang Feng, Zhang Botao, et al. A reliability study on corona-resistant film of polyimide [J]. Insulating Materials. 2006, 39 (3): 40-45.

高介电常数的聚合物基纳米复合电介质材料*

摘　要　高介电常数的聚合物基电介质材料无论是在电力工程，还是在微电子行业都具有十分重要的作用。研究中主要以聚偏氟乙烯（PVDF）为基体，以纳米和微米尺度的高介电常数的铁电陶瓷钛酸钡（BT）的前驱体粉末为功能添加组分，采用特殊的工艺制备了高介电常数的聚合物基纳米功能电介质复合材料。研究了制备工艺、添加物含量以及微米/纳米BT的体积比等因素对复合电介质材料介电性能的影响。发现在无水乙醇中，通过纳米BT与PVDF颗粒之间强烈的吸附作用以及热模压工艺，可以制备高度分散性的BT/PVDF纳米复合材料。同时通过合理的组合微米/纳米BT的体积比，在BT同样的体积含量时，微米/纳米BT的共混物对复合材料介电性能的提高有明显协同效应。利用该效应可以制备介电常数高的聚合物基电介质材料。

关键词　纳米复合材料　吸附作用　介电性能　聚偏氟乙烯　协同效应

Polymer-based Nanocomposite Dielectric Materials with High Dielectric Constant

Abstract　High dielectric constant polymer-based dielectric materials are very important in electrical engineering and micro-electronics fields. In this study, high dielectric constant polymer-based nanocomposites consisting of polyvinylidene fluoride (PVDF) and ferroelectric $BaTiO_3$ (BT) powder were fabricated by using special processes. Effect of preparation process, BT concentration and the volume ratio (micron/nanometer) of BT on the dielectric property of the composites were studied. The homogenous BT/PVDF nanocomposites are prepared via a strong absorption action happened between the nanosized BT and PVDF particles in free-water ethanol solvent and subsequently a hot-press process. A synergistic effect for increasing the dielectric constant is discovered when the BT powders with micron and nanometer are filled into the PVDF. The result shows that the high dielectric constant polymerbased composites may be produced by means of the effect.

Key words　nanocomposite, absorption action, dielectric property, polyvinylidene fluoride, synergistic effect

1　引言

　　随着信息、电子和电力工业的快速发展，以低成本生产具有高介电常数和低介电损耗的聚合物基复合材料成为行业关注的热点。在同样的体积情况下，为了获得重量轻和高储能密度的大功率电容器，则必须采用以密度小、介电常数高的电介质材料作为电荷储存的薄膜，按照有机薄膜电容器的制备工艺生产大电容值的电力电容器。因

---

* 本文合作者：党智敏、王海燕、彭勃。原文发表于《中国电机工程学报》，2006，26（15）：100~104。北京市自然科学基金项目（2063031）；教育部博士点基金项目（20050010010）。

此，研究具有高介电常数的聚合物基复合材料具有十分重要的学术意义和实用价值。

对于高储能密度电容器而言，评价其储存能量的潜力可由式（1）和式（2）给出：

$$W = \frac{1}{2}CU^2 \tag{1}$$

$$C = \varepsilon A/t \tag{2}$$

对于形状给定的电容器，电容 C 与电容器的介电常数 ε 成正比，所以在相同的工作电压 U 下，形状一定的电容器储存的电能由所使用介质材料的介电常数决定。同时，电容器的散热能力也是一个重要的性能指标。当电容器达到热平衡时有：

$$P = 2\pi f CU^2 \tan\delta \tag{3}$$

在电压 U、频率 f 以及电容 C 相同时，电容器的发热性决定于介质损耗 $\tan\delta$，所以要求电容器材料具有高的介电常数，尽量低的介质损耗。同时，在要求等量的电容时，高的介电常数可以减少介质材料的使用量，从而可以大大减小电容器的体积和质量[1]。

近年来，在这种聚合物基复合电介质材料的研究领域，多是将具有高介电常数的陶瓷微粉作为功能组分，通过特殊的工艺制备这种高介电常数的复合介质材料[2~7]。这是因为，陶瓷微粉/聚合物复合介质材料结合了陶瓷的高介电常数特性以及聚合物的易低成本加工的性能。因此，这个领域的研究经常多有报道。然而，目前研究所用的陶瓷微粉的直径达微米级（甚至达 $10\mu m$），由于大颗粒的陶瓷与聚合物之间差的黏结性能，因此当复合材料中陶瓷体积含量超过 50%时，几乎无法制备力学性能良好的高介电复合材料。且由于陶瓷颗粒尺度的影响，使得复合材料的膜厚不得小于 $10\mu m$，这对于目前发展的小于 $5\mu m$ 的薄膜来说是一个极大的挑战，在这方面人们做了大量的工作[8,9]。在解决了纳米材料分散的基础上[10,11]，利用纳米功能组分提高复合薄膜的各项性能具有潜在的价值。

本文主要以纳米尺度的 BT 作为高介电填料，以 PVDF 为黏结剂，通过特殊的工艺制备均质的 BT/PVDF 纳米复合材料，这种材料所表现出的特性可以满足新型高介电介质材料的需求，具有重要的应用前景。

2 复合介质材料的制备和试验

2.1 实验材料

热塑性聚偏氟乙烯（PVDF）聚合物来自于上海三氟（3F）公司，为白色粉末，软化点约为200℃。采用溶剂直接合成法（DSS）制备研究中所用的纳米 BT（30~60nm 的球形粉末），分散剂为分析级无水乙醇。对于微米/纳米 BT 共用的体系，所用的 BT 来自于山东国腾电子陶瓷有限公司，其粒径分别为 $0.7\mu m$ 和 $0.1\mu m$。

2.2 BT/PVDF 纳米复合材料的制备

通过高能超声处理，可以促使纳米尺度 BT（30~60nm 的球形粉末）比较均匀地分散在无水乙醇中，形成 BT 的悬浮液。然后将 BT 的悬浮液与事先已经在无水乙醇中分散好的 PVDF 悬浮液充分混合，混合溶液进一步被超声处理 20min。将完全混合均匀的 BT/PVDF 混合液倾倒在玻璃盘中，在50℃温度下干燥 3h，以确保无水乙醇完全挥发。最后，将完全干燥的 BT/PVDF 复合粉末以特殊的工艺在压力约 10MPa、温度 200℃条件下热压成圆形薄片,薄片厚度约为 1mm、直径约 12mm。研究中制备了不同 BT 含量(BT 体积分数从 0 到 0.50)的 BT/PVDF 纳米复合材料。为了获得高密度填充的高介电常数复合材料,通过干法物理共混和后续同样的热压工艺,制备了粒径为 $0.7\mu m$ 和 $0.1\mu m$ 的 BT 同时填充 PVDF 的复合材料,其中所用的不同粒径的 BT 体积分数固定为 4/1。

2.3 材料实验方法

采用透射电镜(TEM,JEOL JEM-1200EX)分别研究了 BT/PVDF 复合粉末以及 BT/PVDF 纳米复合材料的微观形貌。采用 X 射线衍射(XRD,Japan)分别研究了纳米尺度 BT 粉末、PVDF 粉末以及 BT/PVDF 纳米复合材料的相态结构。在进行复合材料样品介电性能测试前,先将样品两面以导电银浆涂覆电极(三明治式结构),然后用 HP 4191A 阻抗分析仪在室温下测试样品在 100Hz~40MHz 频率范围内的交流介电性能。

3 结果和分析

3.1 复合材料的 TEM 和结构分析

图 1 是 BT(30~60nm 的球形粉末)体积分数分别为 0.20 和 0.40 的干燥 BT/PVDF 复合粉末的 TEM 照片。从图 1 中可以看到纳米尺度的 BT 颗粒没有明显的团聚,同时可以看到大量的 BT 颗粒明显吸附在较大的 PVDF 颗粒的表面上,形成如图 1 所示的形貌。分析认为,一方面,当纳米颗粒被分散在无水乙醇介质中时,空隙的氢离子可能存在于 BT 的晶界里,从而与分散剂乙醇有一种较强的化学作用,可以促使 BT 和 PVDF 有强的相互作用。由于 PVDF 颗粒的尺寸几乎是纳米 BT 颗粒尺寸的 5 倍,在这种情况下,小颗粒具有强烈地吸附在大颗粒表面的倾向。另一方面,随着 BT 颗粒尺寸的降低,其表面能快速增加,从而使得 BT 粉末的吸附中心增多,使 BT 颗粒比较容易吸附在 PVDF 颗粒的表面上。同时,为了尽可能降低表面能,纳米 BT 颗粒也倾向于互相吸附,最终 BT/PVDF 复合粉末的状态由这两种吸附效应共同决定。另外,从图 1 可见,BT 体积分数为 0.40 的复合粉末具有明显的 BT 包覆 PVDF 的形貌,而 BT 体积分数为 0.20 的复合粉末包覆情况稍差,这是因为随着复合粉末中 BT 含量的增加,纳米 BT 颗粒的数量急剧增加,而 PVDF 大分子的数量却在降低,导致了在 BT 颗粒和 PVDF 颗粒之间有效碰撞的增加,因此 BT 体积分数为 0.40 的复合粉末的 TEM 照片显示了纳米 BT 几乎完全包封着 PVDF 颗粒。结果说明,具有适当的 BT/PVDF 体积比的复合体系中,纳米 BT 颗粒几乎完全吸附在 PVDF 颗粒表面上,并形成包封 PVDF 的状态。

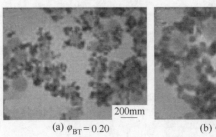

(a) $\varphi_{BT}=0.20$ (b) $\varphi_{BT}=0.40$

图 1 BT/PVDF 复合粉末的 TEM 照片

Fig. 1 TEM micrographs of the dry BT/PVDF mixtures

图 2 是体积分数分别为 0.20 和 0.40 的 0-3 型连通型 BT/PVDF 复合材料的 TEM 照片。从图 2 中可以看到，在 BT/PVDF 复合材料中几乎没有明显的纳米 BT 团聚，仅在 BT 体积分数为 0.40 的复合材料中有微小的团聚，且团聚的尺寸小于 100nm。然而，在 BT 体积分数为 0.20 的复合材料中，BT 纳米颗粒的分散并不完全均匀，这是因为在低 BT 含量的复合材料中，当制备 BT/PVDF 的复合粉末时，由于 PVDF 的含量相对较高，从而使得许多 PVDF 颗粒无法被纳米 BT 吸附。根据现有的知识以及我们的研究结果，认为当在 BT/PVDF 复合材料中 BT 和 PVDF 具有合适的体积比时，可以利用 BT 和 PVDF 之间的吸附效应制备均质的 BT/PVDF 纳米复合材料。

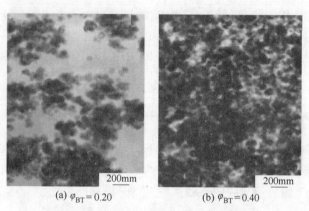

图 2　BT/PVDF 纳米复合材料的 TEM 照片
Fig. 2　TEM micrographs of the BT/PVDF nanocomposites

图 3 分别是纯 PVDF、纳米尺度 BT 以及 BT/PVDF 纳米复合材料的 XRD 结果。从图 3 中可以看到纳米 BT 颗粒具有纯的钙钛矿相结构。通过比较实验中获得的 XRD 结果，可以发现这些图谱间存在一定的区别，尽管当纳米尺度的 BT 分散在 PVDF 聚合物中并没有发现 BT 的相变，但 BT 相的强度随着复合材料中 BT 含量的增加而增加，这是因为该强度依赖于复合材料中 BT 的体积分数以及它的线性吸收系数。纯 PVDF 在 $2\theta = 19.5°$ 有强的吸收峰，然而在 BT/PVDF 纳米复合材料中，PVDF 相的吸收峰很弱，其强度随着 BT 含量的变化几乎没有明显的变化，这是因为分散在复合材料中的纳米 BT 颗粒在热压的过程中可能破坏了 PVDF 分子的规整排列，从而影响到 PVDF 的结晶度，使得复合材料中 PVDF 的无定型相增加。另外，当 BT/PVDF 纳米复合材料被冷却时，

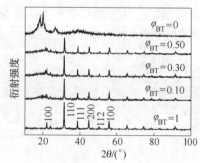

图 3　PVDF、纳米 BT 以及 BT/PVDF 纳米复合材料 XRD 结果
Fig. 3　XRD results of PVDF, nanosize BT and the BT/PVDF nanocomposites

PVDF 的结晶结构也可能发生改变。众所周知，铁电材料的电极化是陶瓷/聚合物复合材料实现功能效应的本质所在。仅有 β 相结构的 PVDF 具有明显的电极化过程，根据这个观点，随着复合材料中 BT 含量的增加，PVDF 的结晶过程受到严重的破坏。结果说明，聚合物基体的结晶和相变过程对于 BT/PVDF 纳米复合材料介电性能可能有重要的影响。

为了研究不同粒径 BT 对复合材料结构和介电性能的影响，特别选取粒径差别较大的两种 BT 颗粒（0.7μm 和 0.1μm）以固定体积比 4∶1 填充的复合材料。图 4 显示了具有同样的 BT 体积分数（0.50）填充的复合材料的截面形貌。相对于图 4（b）而言，可以看到图 4（a）具有显著的 BT 颗粒稠密填充的显微结构。从图中也可以看到，由于图 4（a）中含有一定的纳米尺度的 BT 颗粒，可以带来复合材料具有明显优于仅含有微米尺度 BT 复合材料的相界面结构。因此，这种不同尺度填充的纳米复合材料可能具有比较优越的机械性能和介电性能。

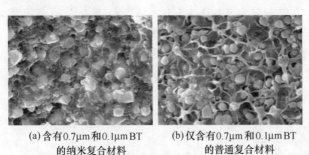

(a) 含有0.7μm和0.1μm BT 的纳米复合材料　　(b) 仅含有0.7μm和0.1μm BT 的普通复合材料

图 4　BT 体积分数为 0.5 的复合材料 SEM 照片

Fig. 4　SEM micrographs of the composites with BT volume fraction 0.5

3.2　介电性能分析

图 5 分别是在 1kHz 和 10MHz 测试频率时，BT/PVDF 纳米复合材料的介电常数和介电损耗与复合材料中纳米 BT 含量（φ_{BT}）的关系。从图中看到，复合材料的介电常

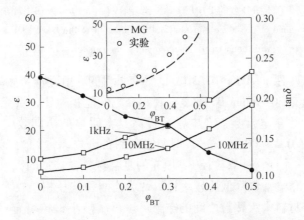

图 5　不同频率时 BT/PVDF 纳米复合材料介电常数和损耗与 φ_{BT} 的关系

Fig. 5　Dependence of dielectric constant and loss of the BT/PVDF nanocomposites on φ_{BT} at frequencies

数随着纳米 BT 含量的增加而增加。在 1kHz 测试频率时，BT 体积分数为 0.50 的复合材料的介电常数是 40.74，低频时复合材料的介电常数明显高于高频时材料的介电常数。在 10MHz 测试频率时，复合材料的介电损耗随着 BT 含量的增加反而降低，实验中发现复合材料的介电损耗为 0.11~0.23 之间，然而在 1kHz 的测试频率时，复合材料的介电损耗均小于 0.05。为了进一步说明和比较实验的结果，图 5 的插图给出了通过 Maxwell-Garnett（MG）近似计算出的复合材料的介电常数与 BT 体积分数的关系。可以看到实验结果与采用 MG 近似计算得到的结果非常接近，这种接近归功于通过纳米 BT 颗粒与 PVDF 之间的吸附作用，可以获得均质的 BT/PVDF 纳米复合材料。

图 6 给出了纯 PVDF 以及不同 BT（30~60nm 的球形粉末）含量的 BT/PVDF 纳米复合材料的介电常数和介电损耗与频率的依赖关系。纯 PVDF 以及所有复合材料的介电常数均随着频率的增加而降低。在低频时，高 BT 含量的 BT/PVDF 纳米复合材料具有明显高的介电常数。当实验频率小于 1MHz 时，复合材料的介电常数降低非常缓慢。然而，复合材料的介电损耗在 10kHz~5MHz 频率范围内随频率的增加而增加，这恰恰是 PVDF 聚合物的松弛过程。该松弛过程使得复合材料在这个频率范围内的介电常数也明显降低，如图 6（a）所示。100Hz 频率时，BT 体积分数为 0.5 的复合材料的介电常数约为 45 左右，约高于纯 PVDF 介电常数 5 倍。

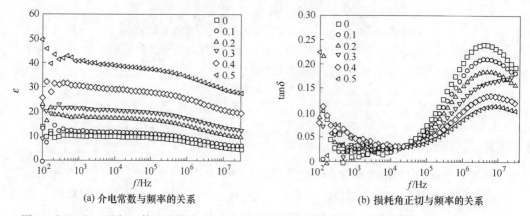

(a) 介电常数与频率的关系　　　　　　　　(b) 损耗角正切与频率的关系

图 6　室温下，不同 BT 体积分数的 BT/PVDF 纳米复合材料介电常数和损耗角正切与频率的关系
Fig. 6　Dependence of dielectric constant and loss tangent of the BT/PVDF nanocomposites with nanosize BT on frequency at room temperature

图 7 给出了以两种不同粒径 BT 填充的复合材料的介电性能与频率的关系。可以看到，与图 6 中仅填充 30~60nm BT 的复合材料介电性能相对比，填充两种粒径 BT 的复合材料具有明显大的介电常数，介电常数提高具有明显的协同效应。在 BT 最高含量（0.60（0.7μm）+ 0.15（0.1μm））时复合材料的介电常数约为 200，是 PVDF 介电常数的 20 倍之多。并且这种双粒径 BT 填充的复合材料在较宽的频率范围内比较稳定，频率大于 10^6Hz 时介电常数降低比较缓慢。认为当两种粒径相差较大的 BT 同时填充到复合材料时，复合材料中大颗粒之间的空隙可以再次被小颗粒填充，这有利于增大 BT 总的填充量，同时带来了复合材料中较大的相界面，图 4（a）中复合材料的形貌结果充分证明了这一点，而相界面的增加对于复合材料介电常数的增加有明显的促进作用。

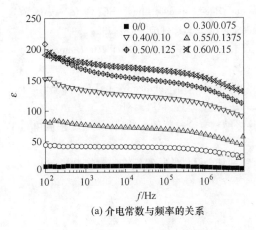
(a) 介电常数与频率的关系

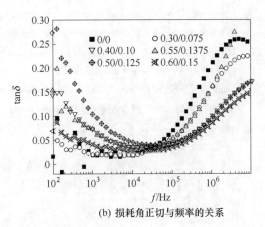
(b) 损耗角正切与频率的关系

数字分别表示 0.7μm 和 0.1μm BT 的体积分数

图 7 室温时含有 0.7μm 和 0.1μm BT 的 BT/PVDF 纳米复合材料的介电常数和损耗角正切与频率的关系

Fig. 7 Dependence of dielectric constant and loss tangent of the BT/PVDF nanocomposites with 0.7μm and 0.1μm BT on frequency at room temperature

4 结论

在无水乙醇中，通过纳米 BT 颗粒与 PVDF 之间强烈的吸附作用以及合适的热压工艺，可以得到均质的 BT/PVDF 纳米复合材料。

在无水乙醇中具有合适的 BT/PVDF 体积比的复合粉末，可以促使纳米 BT 颗粒吸附在 PVDF 上，该吸附作用对于获得均质 BT/PVDF 纳米复合材料具有重要的作用。

粒径差异较大的 BT 填充的复合材料的介电常数具有明显的协同效应，通过合理配合颗粒尺度和含量可以进一步提高复合材料介电常数。

制备的均质纳米复合材料具有优秀的介电性能，在未来电子工业中具有潜在的应用前景。

参 考 文 献

[1] 李杰, 韦平, 汪跟林, 等. 高介电复合材料及其介电性能研究 [J]. 绝缘材料, 2003, 36 (5): 3-6.

[2] Bai Y, Cheng Z Y, Zhang Q M. High-dielectric-constant ceramicpowder polymer composites [J]. Applied Physics Letters, 2000, 76 (25): 3804-3806.

[3] Kuo D H, Chang C C, Su T Y, et al. Dielectric behaviors of multidoped $BaTiO_3$/epoxy composites [J]. Journal of the European Ceramic Society, 2001 (21): 1171-1177.

[4] Sinha D, Pillai P K C. Ceramic-polymer composites as potential capacitor material [J]. Journal of Materials Science Letters, 1989, 8 (3): 673-674.

[5] Adikary S U. Characterisation of proton irradiated $Ba_{0.65}Sr_{0.35}TiO_3$/P (VDF-TrFE) ceramic-polymer composites [J]. Composites Science and Technology, 2002, 62 (16): 2161-2167.

[6] Luan W L, Gao L, Guo J K. Size effect on dielectric properties of finegrained $BaTiO_3$ ceramics [J]. Ceramics International, 1999, 25 (8): 727-729.

[7] Cho S D, Lee J Y. Study on epoxy/BaTiO$_3$ composite embedded capacitor films (ECFs) for organic substrate applications [J]. Materials Science and Engineering B, 2004, 110 (3): 233-239.

[8] Dang Z M, Wu J B, Nan C W. Dielectric behavior of Li and Ti co-doped NiO/PVDF composites [J]. Chemical Physics Letters, 2003, 376 (3-4): 389-340.

[9] Dang Z M, Shen Y, Nan C W. Dielectric behavior of three-phase percolative Ni-BaTiO$_3$/polyvinylidene fluoride composites [J]. Applied Physics Letters, 2002, 81 (25): 4814-4816.

[10] 蔡登科, 喻剑辉, 文习山, 等. RTVSR/SiO$_2$电绝缘纳米复合材料的性能研究 [J]. 中国电机工程学报, 2004, 24 (4): 162-167.

[11] 冯军强, 徐曼, 郑晓泉, 等. Ag/PVA 纳米聚合物基复合材料的制备及其电性能研究 [J]. 中国电机工程学报, 2004, 24 (6): 92-95.

TSC/TSL 联合谱在绝缘聚合物电老化研究中的应用[*]

摘要 该文测量了纯聚乙烯和含自由基清除剂的聚乙烯试样老化过程中的 TSC/TSL 联合谱。通过测得的谱图查明了聚乙烯在电老化过程中陷阱和发光中心的密度变化，并分析了老化过程中聚乙烯分子链的运动形式的变化。根据视在陷阱总量和发光中心总量的计算，表明在电老化过程中陷阱的密度变化比复合发光中心的更明显。这种自由基清除剂主要是通过抑制老化过程中陷阱的产生，尤其是深陷阱的产生，实现抑制电老化的功效。这对今后研究提高聚乙烯耐电老化的途径有明显的指导意义。

关键词 聚乙烯　自由基清除剂　热刺激电流/热刺激发光联合谱　电老化

Application of TSC/TSL-United-Spectra in Investigation of Electrical Aging in Insulating Polymer

Abstract Thermally stimulated current (TSC)/Thermally stimulated luminescence (TSL) United Spectra in polyethylene samples (with and without the free radical scavenger (FRS)) during electrical aging process were measured. The variations of density of traps and combination centers in polyethylene during the aging process were investigated through those spectra, then the variation of molecular motion of polyethylene was discussed. From the calculation of apparent amounts of traps and luminescense centers, it is shown that the amount of variation of trap centers was much obvious than that of luminescence centers during the aging process. Thus it could be deduced that this kind of FRS inhibited electrical aging of polyethylene through suppressing the produce of traps, especially deeper traps. It is noteworthy that this deduction mentioned above is much more valuable for improving electrical strength of polymer further.

Key words polyethylene, free radical scavenger, TSC/TSL United Spectra, electrical aging

1 引言

虽然聚合物以其优越的电气和机械性能而被广泛用于电气绝缘领域，但是在使用过程中，电老化现象困扰着电气工程人员。为了能够延长聚合物的绝缘寿命，提高电力设备的可靠性，人们作了大量的研究，并提出了许多理论[1,2]。K. C. Kao 和屠德民等人提出的聚合物电老化的陷阱模型已经得到许多实验的验证，并以此为指导提高了塑料电缆的工作场强[3]；S. S. Bamji 则提出聚合物的电老化主要是电荷在复合过程中发出的紫外光，引起聚合物的降解[4]，这两种是目前聚合物电树枝化引发的主要观点。为了研究聚合物中陷阱和发光中心数量、能级以及分子链运动形式的变化，采用 TSC/

---

[*] 本文合作者：尹毅、肖登明、屠德民、王暄。原文发表于《中国电机工程学报》，2002，22（3）：1~5。国家自然科学基金资助项目（59777001）；中国博士后基金资助（第 28 批）。

TSL联合谱。根据Ieda的研究，陷阱的形成与分子链的运动形式有密切的关系。但是Ieda没有就老化过程中的分子链运动形式以及复合中心的变化过程作出研究[5]。本文就是为了获取更多关于电老化过程中陷阱和复合中心的信息，通过TSC/TSL联合谱测试仪测量电老化过程中热刺激电流和热刺激发光谱，分析老化过程中聚乙烯分子链的运动形式，建立陷阱和发光中心数量与老化时间的定量关系，并对电压稳定剂抑制聚乙烯电老化的物理机制作了进一步的研究。

2 实验方法

2.1 老化试样的制备

低密度聚乙烯（大庆18D）及电压稳定剂（$w = 0.5\%$，一种自由基清除剂，它的功效在其他文章中已有阐述）[6]，在开式混炼机上混合均匀，混炼温度为383K，然后在平板硫化机上压制成型，成型温度413K，试样的厚度为0.2mm。

2.2 试样的电老化

试样采用圆柱形黄铜（$\phi 25$）作为电极，为防止边缘放电，电极用环氧树脂包封，电极边缘的曲率为1.5mm，平板电极均匀工频电场下老化，试样处于变压器油（45号）媒质的保护下，老化电场50kV/mm。

2.3 用于TSC/TSL的试样的制备

取出2.1中不同老化时间的试样置于丙酮和无水乙醇中漂洗。漂洗后的试样置于真空烘箱中（真空度10^{-2}Torr），在323K下去气干燥24h。将处理好的试样在平板硫化机上压制成$50 \pm 5\mu m$的片状试样。压制温度为383K。样品一面蒸镀$\phi 20$mm的铝电极，另一个电极溅射$\phi 20$mm金电极，厚度为30nm，以保证电极半透明性。

2.4 TSC/TSL的测量

将2.3中制备的试样放入测量装置，装置如图1所示[7]，样品在343K真空短路干燥48h。根据试样厚度调整极化电压，保证极化电场50kV/mm，极化时间30min，随后迅速将样品冷却至-123K，在样品保持极化电压的条件下，以500W高压汞灯照射样品20min，进行光极化，光源与样品距离15cm，然后移去激发源，接入光子计数器和静电计，进行等温衰减，整个极化过程如图2所示。当信号不再衰减时，以5K/min的速率线性升温，记录热刺激电流和热刺激发光信号。

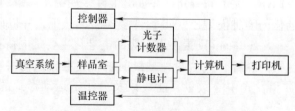

图1 TSC/TSL联合谱测试装置示意图

Fig. 1 Schematic diagram of united spectrum instrument for TSC and TSL

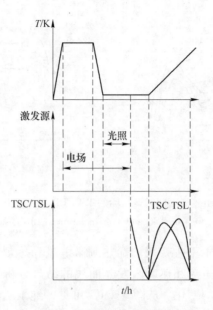

图 2　极化过程示意图
Fig. 2　Schematic diagram of polarization process

3　实验结果

图 3 和图 4 分别为聚乙烯和含自由基清除剂的聚乙烯试样的热刺激电流和热刺激发光曲线。从这些图中可以发现，自由基清除剂的加入并没有使聚乙烯的热刺激电流曲线和热刺激发光曲线增加新的峰值，峰的位置没有明显的变化，大致的形状相同，说明这种自由基清除剂基本不改变聚乙烯的近、远程结构。在这些曲线中可以发现含自由基清除剂的试样的曲线较纯聚乙烯试样的要低一些，反映到曲线所包围的面积小于纯聚乙烯试样的，面积反映的是陷阱和复合中心的视在总量。因此从这里可以看出，自由基清除剂对聚乙烯老化的抑制作用，不是通过改变聚乙烯的化学和物理形态，而是通过抑制聚乙烯老化过程中陷阱的产生，尤其是较深能级的陷阱的产生。

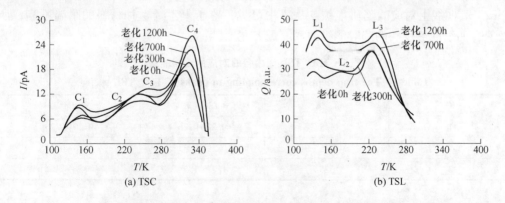

图 3　纯聚乙烯的 TSC/TSL 谱与老化时间的关系
Fig. 3　Effect of aging time on TSC and TSL spectrum in pure LDPE samples

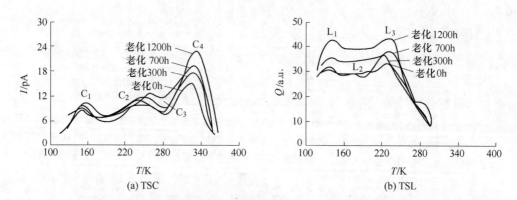

图 4 含自由基清除剂的聚乙烯的 TSC/TSL 谱与老化时间的关系
Fig. 4 Effect of aging time on TSC and TSL spectrum in LDPE samnles containing FRS

鉴于自由基清除剂基本不改变聚乙烯热刺激电流和热刺激发光曲线的形状,所以这里以纯聚乙烯的热刺激电流和热刺激发光曲线的结果分析老化过程中聚乙烯的陷阱和复合中心以及分子链等的变化。从图 3(a)可见,纯聚乙烯的曲线上明显地有三个峰,随着老化时间的增加,峰的幅值上升,而在高温区的峰的位置也轻微地向高温方向移动。从图 3(b)可见,在未老化时,试样有三个峰,当试样经过老化后,中间的峰消失,转变为一个平台,随着老化时间的增加,处于高温区的那个峰的位置向着高温方向轻微地移动。从图 3 还可以发现,尽管在 TSC 和 TSL 曲线上分别有三个峰 C_1 ~ C_3 和 L_1 ~ L_3,但其中的两个峰的温度并不完全相同。从图中可见,曲线 C_1 和 C_3 峰温略大于 TSL 曲线上对应的 L_1 和 L_3 峰的温度,对此,Chen R. 认为是由于电子性复合在脱陷以前就发生了[8]。并且在 TSL 曲线上,没有 L_4 峰与 TSC 曲线上的 C_4 峰对应,这是因为在温度较高时,复合的效率大大降低了。在 Ieda M. 测得的 TSC/TSL 曲线中有 C_2 峰的存在,而本文的曲线中不是很明显,这可能是由于实验的条件以及试样的不同造成的[9]。对于聚乙烯的 TSC 和 TSL 曲线,Ieda M. 分析认为,试样的不同区域的分子运动导致电子从陷阱处的释放。在 TSC 曲线上的这三个峰与机械谱中测得的关于分子运动的三个峰 γ、β 和 α 对应,因此认为这三个峰对应于三种不同的松弛形式。关于 C_3 和 C_4 峰的另外一种可能是由于在试样的晶区处存在着缺陷[9]。表 1 是本文测得的 TSC/TSL 曲线上对应的陷阱能级。从表中可见,鉴于聚乙烯这种材料的耐温不高,所以 TSC 曲线能够反映的陷阱能级的深度最大在 1.34eV。

表 1 TSC/TSL 谱中各峰对应的陷阱能级
Table 1 The trap depths corresponding to peaks of TSC/TSL spetra

峰	T_m/K	TSC/eV	TSL/eV
1	148	0.22~0.26	0.20~0.25
2	245	0.29~0.33	0.28~0.34
3	325	1.23~1.34	—

从图 3 可见,尽管随着老化时间的增加,C_1 峰的高度增加,但是它的位置却没有随老化时间发生变化。这意味着由该峰对应的陷阱密度随着老化时间而增加,但是它

的陷阱能级却没有发生相应的变化。C_3和C_4随着老化时间的增加,峰高和峰的位置都发生了变化,峰高增加,位置向着高温区移动。这意味着随着老化时间的增加,与此分子运动相关的陷阱的密度以及陷阱能级都增加。在老化过程中,分子链被打断,分子链的长度减小,部分分子链将发生交联。从上面提到的现象,可分析出C_1和L_1是由链单元(或端基)的运动引起的,而峰C_3和C_4则是由于链段和分子链的运动引起的,或者是由于结构的缺陷引起的[9]。通过上述的结果分析,电老化使所有的陷阱密度都增加,并使以分子链和链段形式或以结构缺陷形式存在的陷阱能级发生变化,但是却没有使以链单元形式表现的陷阱的能级发生变化。

4 讨论

TSC/TSL联合谱所包含的信息非常丰富,从曲线中不仅可以了解分子链的运动形式,而且它还包含了陷阱和复合中心视在总量的信息。为了定量地了解陷阱和发光中心对电老化程度的反映,可以通过陷阱和发光中心视在总量与老化时间的关系获得。将纯聚乙烯和含自由基清除剂的试样的TSC和TSL曲线积分,是对陷阱和复合发光中心的视在总量的反映。取纵坐标为视在陷阱量和发光中心量,积分可得不同老化时间下的视在陷阱总量和视在复合发光中心总量的曲线,如图5和图6所示。从图5可见,纯聚乙烯和含自由基清除剂的聚乙烯试样的视在陷阱总量随老化时间的增加而增加,其中纯聚乙烯的视在陷阱总量的增长速率超过含自由基清除剂的聚乙烯试样。根据文献[10]的研究结果,陷阱密度、外施老化电场以及老化时间之间的关系如式(1)所示

$$\Delta N_t = DE^n t \tag{1}$$

式中,ΔN_t为陷阱密度增量,$\Delta N_t = N_t - N_{t_0}$;$N_t$为$t$时刻试样中的陷阱密度;$N_{t_0}$为$t_0$时刻试样中的陷阱密度;$E$为外施老化电场;$D$和$n$为随外施老化电场作一定变化的值。

从式(1)可见,在外施老化电场保持恒定时,陷阱密度的增量与老化时间呈线性关系,所以我们对实验数据的处理也是与它基本符合的。从图5和图6可见,当聚乙烯添加自由基清除剂后,试样中的陷阱总量和发光中心总量都比纯聚乙烯中的少。图中直线的斜率代表相应量的增长率。从图6可知,聚乙烯中发光中心随老化时间的增长速度略大于含电压稳定剂的聚乙烯试样;从图5也知,含自由基清除剂的聚乙烯试样中陷阱总量随老化时间的增长速度比纯聚乙烯的快得多。

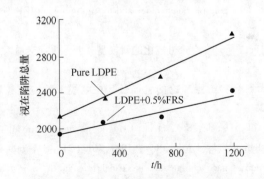

图5 视在陷阱总量与老化时间的关系

Fig.5 The total amount of traps as a function of aging time

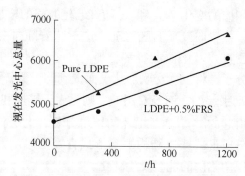

图 6 视在发光中心总量与老化时间的关系
Fig. 6 The total amount of luminescence centers as a function of aging time

电荷在复合过程中发出的紫外光能导致聚乙烯分子链的断裂，链的断裂必然引起陷阱密度的增加，如果复合是引起电老化的唯一原因，那么图 5 中两种试样中的陷阱总量随老化时间的增长速度，应该与图 6 中所示的发光中心的增长速度相当，比较接近。实际上，电压稳定剂使陷阱总量的增长大大减少，聚乙烯的电老化寿命大大延长[6]，说明在聚乙烯的电老化过程中，复合引起的发光不是破坏材料的唯一因素（图5）。电荷在陷阱过程中通过 Auger 效应的非辐射能量转移产生热电子[3]，也是引起聚乙烯分子链破坏的另一个原因。因此本文的实验间接证明了聚合物电老化的陷阱理论的正确性。

5 结论

（1）电老化过程增加了所有陷阱的密度以及由分子松弛运动引起的脱陷。它增大了链段和分子链运动（或结构缺陷）的活化能，但不增加链单元运动的活化能。

（2）在老化过程中视在陷阱总量和视在复合中心总量随老化时间增加而线性增加。

（3）自由基清除剂在抑制陷阱的产生方面的作用比抑制复合发光中心的作用大。

（4）在聚乙烯的电老化过程中，同时存在着电荷复合引起的光破坏作用，也存在着电荷在陷阱过程中形成的热电子的破坏作用。

参 考 文 献

[1] Montanari G C, Simoni L. Aging phenomenology and modeling [J]. IEEE Trans on EI. 1993, 28 (5)：755-776.

[2] 屠德民，谢恒堃，刘东，等. 聚乙烯树枝化的新模型 [J]. 西安交通大学学报，1986，20 (3)：1-10.

[3] 屠德民，阚林. 高氏聚合物击穿理论的验证及其在电缆上的应用 [J]. 西安交通大学学报，1989，23 (2)：19-23.

[4] Bamji S S, Bulinski A T, Densley R J, et al. Evidence of near-ultraviolet emission during electrical tree initiation in polyethylene [J]. J Appl Phys, 1987, 61 (2)：694-699.

[5] Ieda M. Carrier injection, space charge and electrical breakdown in insulating polymers [J]. IEEE Trans on EI, 1987, 22：261-267.

[6] 尹毅，屠德民，王新生，等. 自由基清除剂作聚合物电压稳定剂的实验研究 [J]. 高电压技术.

1999, 25 (4): 18-20.

[7] 王暄. 聚合物热发光与热激电流联合谱仪的研究 [D]. 西安：西安交通大学, 1999.

[8] Chen R Method for kinetic analysis of thermally stimulated processes [J]. J Mat Science, 1976, 11: 1521-1541.

[9] Ieda M. Electrical conduction and carrier traps in polymeric materials [J]. IEEE Trans on EI, 1984, 19 (3): 162-178.

[10] 王新生. 聚合物电老化击穿的陷阱理论 [D]. 西安：西安交通大学, 1992.

二、综述篇

谈谈对绝缘电介质的模糊认识
——从事此领域五十年后的体会与深度迷茫*

摘 要 作者已从事电介质研究五十余年,对绝缘电介质的发展过程和现状做了认真思考和分析,提出绝缘电介质研究领域中的难点与困惑,对比分析了功能电介质和绝缘电介质的差异,提出了功能电介质和绝缘电介质的结构、结构与性能的关系等问题研究方法、理论体系的不同特点,阐述了功能电介质和绝缘电介质在工程应用上的性能需求,认为探索电介质材料结构与性能关系的极大挑战在于研究高聚物运动及结构的时空多层次性,预测纳米科技有望在指导电介质结构设计和应用上有新的突破。

关键词 绝缘电介质 功能电介质 绝缘

Understanding of Insualted Dielectrics
——Experience and Confusion after Being Engaged in Dieletric Research for Fifty Years

Abstract The author has being engaged in dielectrics in the past fifty years. The development and present study in insulated dielectrics were discussed. The study features and puzzle in dielectrics field were proposed. Functional dielectrics and insulated dielectrics were compared and analyzed. Several study methods and features of theory in this field were introduced to reveal the structure and relationship between structure and property. Property demand in engineering application of functional dielectrics and insulated dielectrics was discussed. Studying the hierarchical levels of movements and structures of polymer in time and space is the great challenge to explore the relationship between structure and property of dielectric materials. It is forecasted that the nanotechnology will revolutionize the structure design and application of dielectrics.

Key words insulated dielectrics, functional dielectrics, insulation

1 电介质与绝缘

按照 19 世纪 Faraday 的原始定义,电介质是在电场作用下一种具有极化能力贮存电能,且仅能通过极微弱电流的物质。因为电与绝缘相伴而生,随着科学技术的发展,特别是 19 世纪至今的绝缘传感技术、微电子技术和生物技术、纳米技术的蓬勃发展,电介质从传统的电绝缘电介质拓宽到功能(铁电、压电、热释电、驻极体等)电介质、光学(光纤、电光、光子晶体等)电介质与生物电介质(细胞膜、生物组织、器官等)。

---

* 原文发表于《青岛科技大学学报》(自然科学版),2016,37(1):1~4。

在电气工程领域，随着电力设备容量及电压等级的不断提高[1]，特别是我国开辟了交直流特高压输电领域后，亟须要提高绝缘电介质的击穿场强，延长其工作寿命、缩小设备体积，降低成本及运输安装维护费用。从电气工程应用的时间先后可大致将绝缘电介质分为三代：第一代出自天然材料，例如空气、矿物油、植物油、玻璃、云母、陶瓷、天然橡胶、沥青；第二代出自各种人工合成材料，例如 SF_6、硅油、高分子材料，以及它们与天然材料的复合物；随着纳米科技的迅猛发展，极大地推动了纳米电介质科学与材料的进步，纳米电介质材料有望成为第三代具有综合高绝缘性能的材料[2,3]。

与主要利用电气绝缘介质耐高压、导电能力极弱之特性的电气工程领域极不相同，功能与信息技术领域主要是利用电介质的极化能力、非线性和相变特性，其应用领域极为广泛，例如：压电、热释电、铁电、驻极体、透光、电光、光折变及非线性光学等效应，信息技术、铁电薄膜、光电子器件与集成光学器件、光纤传输与传感技术等。

微电子技术领域似乎与绝缘无关，但王阳元教授[4]指出：限制微电子技术发展的3个瓶颈分别是微纳加工技术、高介（栅绝缘）和低介（线间与层间绝缘）电系数绝缘介质，其中绝缘介质占2个，可见其重要性。

2 功能电介质与绝缘电介质研究现状的差异

电介质涵盖功能电介质与绝缘电介质，两者在科学研究层面和工程应用层面的研究成果有一定的差异，具体见表1和表2。

表1 从科学研究层面看功能电介质与绝缘电介质的主要差别
Table 1 Main differences between functional dielectrics and insulated dielectrics at scientific research

功能电介质	绝缘电介质
有确定的物理与化学效应	有非确定的综合性效应
机理、理论相对成熟，有普遍性	理论相对不成熟，普遍性差
多为无机材料，结构相对易测定	多为高分子材料及其复合物，结构相对难测定
结构-性能关系相对易测定	结构-性能关系相对难测定

表2 从工程应用层面看功能电介质和绝缘电介质的主要差别
Table 2 Main differences between functional dielectrics and insulated dielectrics at engineering application research

功能电介质	绝缘电介质
用于功能、信息与微电子技术领域	用于电力绝缘领域
应用环境相对稳定	应用环境恶劣、极端、变化大
设备的监测与更换容易	设备的监测与更换极难
外界影响因素单一、稳定，寿命短、评价易	外界影响因素多、突变，寿命长、评价极难
安全要求不十分苛刻	安全第一
被动型保护	主动型防御
性能要求相对单一	不同性能的综合要求与相互影响

3　功能电介质与绝缘电介质在科学研究中的特点

3.1　功能电介质

功能电介质可延拓到微电子、信息、多层膜等材料，具有典型的物理效应（模型），例如压电、热释电、铁电、铁磁、光热电、光电、多铁、电光、磁光、声光、自旋等，应用的工程领域极为广泛[6]。

（1）晶体具有理想的平移对称性。以固体物理为基础，理论相对成熟。有严格的范式与普适性。

（2）对于晶体中的点、线、面缺陷、表面结构，多层膜的界面结构的研究，多以晶体结构为基础，理论也相对成熟。

（3）利用 XRD、现代电子显微术及能谱分析技术，易于对晶体、晶界、缺陷、界面、表面结构以及不同类型准粒子（电子、声子、等离激元、自旋波、激子、极化子等）进行表征与测定。

（4）凭借计算物理学或计算实验物理学，可获得或预测不同类型的结构特征或图像，以及微观结构与宏观性能之间的关系。

（5）借用统计力学、量子力学相对容易建立微观结构–宏观性能，或较方便建立介观结构–宏观性能之间的关系。

（6）具有诸多的典型物理效应，例如压电、热释电、铁电、热电、光电、铁磁、多铁电子自旋、电光、声光、磁光等。再加上性能稳定性、重复性好，已在诸多工程领域广泛应用。

（7）调控方式有控制缺陷、掺杂、界面，及多层膜组装等。

3.2　绝缘电介质

绝缘电介质包括气体、液体、非晶固体、高聚物或相互构成的复合材料，为不同程度的短程有序到完全无序的体系。

（1）不存在平移对称性，如液体、陶瓷、玻璃、高聚物（除去石墨烯、碳纳米管、C60 等材料）等，可借鉴固体物理中的某些基础概念，建立相应的理论模型，不具有严格的范式与普适性。

（2）对无序（非晶）体系的自身结构不能完全描述，常用连续无规网路，无规密堆积，无规线团模型做近似的处理，缺陷、表面与界面的组成与结构更为复杂，难以建立理论模型。

（3）也可用 XRD、显微及能谱分析技术，但难以准确地对缺陷、晶/非晶界面、表面、相界面以及电子、声子等准粒子进行表征与测定，会出现结构图像弥散、能谱展宽等现象。

（4）计算物理学或计算实验物理学在表征与预测不同类型结构特征或图像上、在建立微观结构与宏观性能之间的关系上均受到不同程度的限制。

（5）可利用分布函数和关联函数获得局部或近程有序结构，但难以建立局部有序或介观结构与宏观性能之间的关系。

(6) 与具有多种功能的晶体、弱掺杂的功能电介质、微电子及信息材料、及叠层结构的材料不同，电绝缘介质主要用于高电压绝缘领域，有的也兼有某种物理效应。

(7) 高聚物的结构与运动具有完全不同于无机固体的独特的时空多层次性，时间尺度可以 10s 至几年，空间尺度以 $10^{-10} \sim 10^{-3}$ m。这是一个具有前瞻性、挑战性、跨接多时空特征的重大科学问题。

(8) 进入 21 世纪后，电绝缘介质已步入第三代，即纳米复合电介质，由于纳米粒子或其团聚体与基体之间构成的硬-软界面结构最为复杂，且难以表征，完全不同于多数无机材料及其多层结构的硬-软界面[5]。因此，极难区分纳米粒子与基体构成的复杂界面（介观）结构对宏观性能的影响，极大地增加了在工程应用上的难度。

4 功能电介质与绝缘电介质的工程应用及特点

4.1 功能电介质

功能电介质的工程应用及特点包括以下几个方面：

（1）主要应用在传感、微电子与信息技术等领域，器件工作条件或环境相对稳定，或采用较为简单的人为措施使其稳定，器件采用独立保护，组件保护及整机保护等措施，即自保护较差，多为被保护。

（2）集中性设备或器件、嵌或单片、组件、模块甚至整机便于安装调制，可在线或离线检测与更换。

（3）驱动力相对单一，存在多场或效应耦合，器件尺度范围窄，从纳米，微米至毫米级，器件工艺造成的缺陷少，寿命模度（或连续工作次数）相对简单，寿命评估相对容易。

（4）因材料的不断更新或效应的发现，微纳加工技术的不断发展，器件将不断小型化，多功能化，信息传递与处理高速化，器件也将不断更新，工作年限（或重复工作次数）将不断缩短。

（5）多以材料成分、组织结构、多层结构调节宏观性能，容易设计与制作。

（6）元器件即使发生事故危及系统，其经济损失并不大，并易于更换和修复。

（7）器件的结构设计主要依靠材料自身的功能性，加上封装与散热等，相对较为简单，也容易制作与合成。

4.2 绝缘电介质

绝缘电介质的工程应用及特点包括以下几个方面：

（1）主要应用在电气绝缘领域。除线缆绝缘外，户内装置工作条件或环境相对稳定，或采用人为措施使其稳定，户外包括架空绝缘导线、高压绝缘子、变电站等，受大气环境、沙尘、冰雪、低气压、高海拔、雷电、太空强电磁辐射、深海海水侵腐蚀等各种因素影响。高电压绝缘还受到内外逆电压的影响，保护措施难度极大，名目繁多，因而电压线及绝缘子等，正在从被保护转向自保护，例如绝缘子防积污、防湿润及防覆冰等。

（2）应用于集中性或单台电器设备，由于电压等级较高，容量与体积增加，运输受到极大限制，其至运到现场安装调试，在线与离线检测与更换难。对于长至数百上至数千千米的架空、深海、埋地电力电缆，上述工作将更难。

（3）电气装备与系统中的装置绝缘因受电、热、力、环境等因素作用强弱差异极为显著，如发电站、万伏高压电缆、变压器、绝缘子、开关等介电与绝缘强度受上述单个或综合因素的影响，绝缘尺度范围从厘米、米至千米以上，一般要求寿命20a、30a、40a，核岛的绝缘到40a。老化尺度可以从0.1纳米至数厘米，这些使建立绝缘的寿命模型与进行寿命评估十分困难，常采用降低工作场强或增加厚度，从而增加装置体积来解决。高铁机车电磁驱动系统中的绝缘受到周期性方波脉冲的作用，其电、磁、热、机械力均呈瞬态，不仅难于测量材料的介电特性，其老化机理判定与寿命评估也是遇到的前所未有的最大困难。

（4）纳米科技使绝缘电介质迈向新三代，典型的例子是无机纳米/低密度聚乙烯复合物成功应用于高压直流电缆绝缘；无机纳米/聚酰亚胺复合薄膜成功应用于高铁电力机车电机绝缘，这还停留在传统的无机/有机互补改性的低级阶段，离利用纳米材料结构调控构筑新材料，从而达到极大地缩小装备体积，延长寿命，增加设备可靠性的目的甚远。

（5）多以加工助剂、添加剂、分子化学结构、多层次结构、形态、分子量及分布、组织结构等改善材料的宏观性能，特别是纳米高聚物因存在复杂的界面结构，粒子难于均匀分散，以及团聚结构的不确定性等因素，从而导致宏观性能变化的无规律性，矛盾性以及测试与表征结果的局限性与不良重复性。

总之，电气设备中绝缘材料是最薄弱的环节，运行过程中的老化和破坏在多数情况下将造成电网事故，产生巨大的经济损失。

5　结语

通过综述功能电介质与绝缘电介质的对比，深感对绝缘电介质的研究肩负重任。但随着绝缘电介质在电气工程领域应用的不断扩展，前景似乎十分茫然，即便尽全力，也难去面对这种巨大的挑战。同时，也期待纠正一种学界的错误认识，例如前者有理论，出现新技术加上信息，加互联网就科学、高端，而后者理论性相对不成熟，纯工程技术就缺科学，相对低端。我想建议读者阅读一下诺贝尔物理奖获得者被誉为"当代牛顿"的德热纳的科普读物《软物质与硬科学》，其中多次提到的富兰克林精神以及他对日常生活所需品的研发及工程应用的酷爱。当然，也可以从与较传统的功能电介质材料领域对比扩充到现代分子电子学、量子电子学与磁电子学等前沿的热点领域，我们不熟悉后面的有些领域，只知道它们对信息有革命性贡献，代表现代材料研究的前沿与热点。但应提醒，正如美国提出的20世纪最伟大的技术成就"电气能源"位于榜首，电与绝缘相伴而生，特别是近期急速发展的超/特高压输电技术，及太阳能风能的联网技术，对绝缘电介质提出了更严格更苛刻的要求，足见，电介质绝缘更为重要。当然，这种对比并无实际价值，仅供大家思考。

参 考 文 献

[1] 汤广福．高压直流输电装备核心技术研发及工程化[J]．电网技术，2012，36（1）：1-6.

［2］ 雷清泉. 纳米电介质的结构及运动的时空多层次性及其思考［C］//香山科学会议. 科学前沿与未来（2009—2011）. 北京：科学出版社，2011：158-169.

［3］ 雷清泉，李盛涛. 关于工程电介质中几个经常涉及的问题与思考［J］. 高电压技术，2015，41（8）：2473-2480.

［4］ 王阳元，黄如，刘晓彦. 面向产业需求的21世纪微电子技术的发展［J］. 物理，2004，33（7）：480-487.

［5］ 雷清泉，石林爽，田付强，等. 电晕老化前后100HN和100CR聚酰亚胺薄膜的电导电流特性实验研究［J］. 中国电机工程学报，2010，30（13）：109-114.

［6］ 雷清泉，赵晓旭，范勇，等. 新型聚省醌自由基高聚物的电磁性能［J］. 材料研究学报，1998，12（6）：659-662.

工程电介质理论的回顾、思考及对策*

摘 要 回顾了在热力学（唯象理论）、统计力学、量子力学及固体物理等理论的基础上所建立的单相均匀介质的微观（电子、原子、离子、分子等）结构-宏观（介电、导电、击穿、老化等）性能之间的相互关系。由于工程电介质常用的高聚物绝缘材料是一类软物质，结构上具有极宽（$10^{-10} \sim 10^{-3}$ m）的空间尺度，运动单元和运动形式也有极宽的松弛时间谱（$10^{-10} \sim 10^{-4}$ s），同时为了改善单相材料的宏观性能，优化在不同外界因素作用下材料的综合性能，常采用多相复合电介质，其微观结构在空间上极为复杂，且运动时间尺度也极为广泛。因此，依据物理学的还原论和层展现象，提出了要建立这类材料的介观结构-宏观性能之间的相互关系，要从材料微观尺度与短时的破坏建立（或外推）出它的寿命目前仍有许多问题有待解决。并首次提出了如何从时空层次去深入理解和控制材料宏观性能的新概念。

关键词 电介质理论 多尺度效应 软物质 纳米复合物 结构层次 宏观性能

Review, Thinking and Countermeasure about Engineering Dielectric Theory

Abstract Here we have firstly summarized the relationship between microscopic (electron, atom, ion and molecule) structure and macroscopic (dielectric, conductive, breakdown and aging) property established by using the thermodynamic, statistic, quantum mechanics and solid state physics, and based both on the multi-hierarchy of space scale of architectures and relation time of motive units and forms for conventional polymeric insulating materials and their corresponding composites, especially nanocomposites with very complex molecular, morphological and organic structures; and on the reductionism of physics and emergent phenomena; secondly presented that there are still many unsolved problems, mainly in establishing the relationship between mesoscopic structure and macroscopic property, and in predicting the life-time of insulating materials from the microscopic, even mesoscopic scales and short-term damage or aging extent, finally offered a new concept firstly of how to understand in depth and control the macroscopic property of materials by using space-time hierarchy.

Key words dielectric theory, size effect, soft matter, nano-composite, hiberarchy, macroscopic property

1 物理学中的还原理论及层展现象

1.1 还原论

这是一种将复杂还原为简单，然后再从简单重建复杂的理论。物理学家，特别是

---

* 本文合作者：王暄、何丽娟、张东、韩柏、宋伟、孙志。原文发表于《高电压技术》，2007，33（12）：1~4。

理论物理学家，习惯于还原论的方法，Einstein 曾将其简单总结为："物理学家的无上考验在于达到那些普适的基本规律，再从它演绎出宇宙"。

回顾物理学科的发展进程，从原子物理学到原子核物理学，最终进入粒子物理学，处处可见还原论的思维。气体、液体、固体被分解为分子或原子的聚集体；固体能带理论忽略了核的微观结构，仅考虑价电子；遗传学依赖于 DNA 的分子结构，而无需考虑原子核的壳层结构[1]。

1.2 层展现象

以往科学家研究自然现象时，多采用"还原论"的方法，即将复杂客体还原为简单（例如基本粒子），然后再从简单去构建复杂的宇宙。但是大量研究事实证明从简单构筑复杂并不像还原论者想象的那样简单。1972 年诺贝尔奖得主 P. W. Anderson 对还原论方法提出质疑：将万事万物还原成简单的基本规律的能力，并不包含着以这些规律重建宇宙的能力……当面对尺度与复杂性的双重困难时，重建的假设就崩溃了，其结果是大量基本粒子的复杂聚集体的行为并不能依据少数粒子的性质作简单外推就能得到理解，取而代之的是每一复杂性的发展层次中呈现了全新的性质，例如，纳米粒子。因此在每一个聚集层次，物质都会展现全新的性质，这些性质已经超出组成系统的粒子性质，连研究的方法也全不相同，称这些性质为层展性质，这种现象称为层展现象[1]。

2 经典电介质物理学的基本问题和理论框架

2.1 单相均匀电介质

以热力学（唯象理论）、统计力学、量子力学和固体物理学为理论基础，建立了这类电介质的微观（电子、原子、离子、分子）结构—宏观性能之间的相互关系[2~4]。其基本问题及理论体系如下：

（1）电介质材料的一般特性。其稳态过程由本构（响应）方程，$S_i = K_i F_1$ 描述，式中，S_i 为宏观响应函数，$K_i = f(n_1, \alpha, \mu)$ 为微观—宏观参数方程，F_1 为作用函数。瞬态过程由动力学方程描述，用时域、频域特性表示。

（2）终极特性。涉及材料的击穿行为，已经发展了气体、液体、固体及复合电介质电子碰撞电离理论，雪崩理论，场（隧道）发射理论。一般采用阈值（判据）方程，$eF_2\lambda \geq I$，$A(E_1, u) \geq B(u)$ 描述，式中 I，$B(u)$ 为阈值条件。

（3）极化。其中主要涉及极化强度 $P = n_i \alpha_i E$，式中，n_i 为单位体积参加极化的质点数，α_i 为分子平均极化率，E 为作用在极化质点上的平均有效电场。计算偶极子取向平均极化率时，利用 Maxwell-Boltzman 统计。忽略分子间相互作用时偶极子极化的 Debye 时域、频域方程，计及分子间相互作用时对 Debye 理论的相应修正，包括松弛时间分布，直接利用修正系数，变指数响应等。这些时域及频域响应可由下列一组方程式描述：

Debye 响应：响应函数 $\qquad f(t) \approx e^{-t/\tau}$ (1)

式中，τ 为松弛时间。

在单一松弛时间，忽略电导时，交变电场下复介电系数为：

$$\varepsilon^* = \varepsilon_\infty + \frac{\varepsilon_s - \varepsilon_\infty}{1 + j\omega\tau} \tag{2}$$

式中，ε_∞ 为光频（或极高频）介电系数；ε_s 为静态介电系数；ω 为电场角频率。在具有松弛时间分布并忽略电导时，交变电场下复介电系数为：

$$\varepsilon^* = \varepsilon_\infty + \int \frac{f(\tau)\mathrm{d}\tau}{1 + j\omega\tau} \tag{3}$$

式中，$f(\tau)$ 为松弛时间分布函数。

$$\varepsilon^* = \varepsilon_\infty + \frac{\varepsilon_s - \varepsilon_\infty}{1 + (j\omega\tau)^\alpha}, \quad \varepsilon^* = \varepsilon_\infty + \frac{\varepsilon_s - \varepsilon_\infty}{(1 + j\omega\tau)^\beta} \tag{4}$$

Curie-Schweidler 响应：

$$f(t) \approx t^{-n}, \quad \varepsilon^* \approx (j\omega)^{n-1} \tag{5}$$

Kohlrauch 响应：
$$f(t) \approx \exp[-(t/\tau)^m] \tag{6}$$

以上拉伸指数公式中参数 α，β，n，m 在 [1, 0] 之间。

（4）电导及电荷输运。其中主要涉及电导率 $\gamma = n_2 Q \mu$，式中 n_2 为载流子浓度；Q 为载流子电荷；μ 为载流子沿电场方向的平均迁移率。电子、离子、带电胶粒等的输运过程、载流子的浓度及其分布，服从 Maxwell-Boltzman 统计、Fermi-Dirac 统计和能带理论。导电机理与温度 T、电场强度 E 有关的载流子发射，电荷注入，倍增效应，Richardson-Dushman、Richardson-Schottky、Fowler-Nordheim 等发射，碰撞电离或雪崩理论（非线性）以及环境等多种因素有关[4,5]。

（5）击穿。其中主要涉及碰撞电离，雪崩，Hipple，Froehlich 等理论[6]。对于气体，包括电子-分子（原子）相互作用，电离过程，倍增过程，雪崩，放电过程。对于液体，包括电子-分子相互作用，共振吸收，碰撞电离，雪崩，树枝化放电。对于固体（晶体），包括电子-声子相互作用，电子散射，电子-电子变换能量，碰撞电离，雪崩击穿，还有在高电场作用下的电极化过程，即 Schottky 效应，Fowler-Nordheim 效应，Onsager 效应等[3]。

（6）老化。其中主要涉及原子、分子过程中的激发、断键、电离、复合等，这属于微观亚纳米级及亚纳秒级过程。以反应速率理论构建的热力学（唯象）模型，电-机械模型，空间电荷模型，双阱模型，其空间尺度为纳米级。从微观分子-破坏微区（介观，nm）到宏观（裂纹）破坏演化过程[6]。

老化过程包括极其广泛的时间和空间尺度，其时间尺度为（响应或运动特征时间）：10^{-16}—10^{-12}—10^{-9}—10^2—10^6s（更长）。空间尺度包括微观缺陷、杂质、界面、粒子聚集态（团簇）、分子聚集态结构、形态、形貌，组态结构等，涵盖了微观—介观—宏观。其中长时击穿或老化（破坏演化）时间尺度为 min—10^3h，短时击穿的时间尺度为 ms—μs—ns。击穿与老化空间尺度，nm 薄膜—μm—mm—cm—m。

2.2 复相（合）电介质

特别是近期纳米复合电介质，主要涉及 Maxwell-Wagner 界面（无结构）极化及等值电路模型；简单界面结构情况下，由宏观介电参数差异造成的宏观松弛响应及类

Debye 方程；填充粒子（mm，μm，nm）基体复合物及织态结构复合物，其界面及聚集态结构十分复杂[7~10]。主要内容及理论概括为：

（1）复合材料中显微结构的主要特征，其中包括微域的几何性质，即相对含量、尺寸、形状、取向及分布；微域的拓扑性质，即空间排列分布、连接度；微域间的相互作用，即界面。

（2）复合材料的宏观性能，由性能参数 $K^* = F(K, g)$ 描述，K 为材料中的局部组元的性质，与组元的微观结构，原子组成有关；g 代表显微结构的几何与拓扑性质，与制备工艺有关，更大程度上决定了材料的宏观性质。因此，要建立 Meso（介观）- Macro（宏观）的相互关联，确定 g，在理论及实验上均难解决。对于非均匀材料，显微结构-宏观性质往往是定性的，能够应用于工程，但难以形成理论。

（3）理论方法方面，一方面利用统计方法，求关联函数，但难于实验验证。另一方面利用界限技术，令 $K_{\min} \leq K^* \leq K_{\max}$，由宏观性能出发，无需考虑材料的复杂显微结构。利用微扰理论，可表示非均匀材料的局部参数 $K(x) = K_0 + K'(x)$，K_0 为与空间位置无关的性能参数，$K'(x)$ 为微扰项。对于非均匀材料，局部场 $F(x)$ 与性能参数 $J(x)$ 为空间位置的函数：$\langle J(x) \rangle = \langle K(x)F(x) \rangle = K^* \langle F(x) \rangle$，式中 $\langle \rangle$ 代表空间系综平均，K^* 为与 x 无关的有效（等效）性能参数，因空间平均难，采用体积平均后性能参数 $\langle J \rangle = K^* \langle F \rangle = \langle KF \rangle = \langle K \rangle \langle F \rangle$，$K^* = \langle K \rangle$。最后得到简单的串联、并联及复联法则，以及对数混合法则。对于低粒子浓度：$K_0 = K_m$，K_m 为基体参数，无相互作用称为平均 t-矩阵近似（ATA）。对于高粒子浓度相互作用体系，$K_0 = K^*$，K^* 为复合物参数，称为自洽有效媒质近似（SCEMA）。

依据上述 2 种近似，可将 K_0 写为

$$K_0 = K_m + a(K^* - K_m) \tag{7}$$

式中，a 在 [0，1] 之间。当 $a=1$ 时，$K_0 = K^*$；当 $a=0$ 时，$K_0 = K_m$。

当粒子为各向同性球体时，

$$\frac{K^*}{K_m} = 1 + \frac{df\beta}{1-f\beta}, \ \beta = \frac{K-K_m}{K+(d-1)K_m} \tag{8}$$

式中，f 为球形粒子相体积浓度；K 为粒子相的性能参数；d 为材料的空间维数。

对于三维块体，二相复合材料，

$$\frac{K^* - K_m}{K^* + 2K_m} = f \frac{K - K_m}{K + 2K_m} \tag{9}$$

这称为 Maxwell-Garnett（MG）或 Maxwell-Wagner（MW）方程。若将基体相与弥散相互换，则 MG 方程变为：

$$\frac{K^* - K}{K^* + 2K} = (1-f) \frac{K_m - K}{K_m + 2K} \tag{10}$$

对于各向同性的球形粒子，多种粒子混合，

$$\sum_j f_j \frac{K_j - K^*}{K_j + (d-1)K^*} = 0 \tag{11}$$

这是著名的 Bruggeman-Laudauer（BL）方程。

对于二相复合材料，

$$\frac{K_m}{K^*} = 1 - df \frac{K - K_m}{K + (d-1)K^*} \quad (12)$$

2.3 高聚物电介质（软物质）

高聚物具有结构的多层次性和多尺度性。其结构（层次）可分为：分子链结构，即结构单元及立体化学结构（构型）；分子链结构与形状（构象）；凝聚态结构，其中均相体包括晶态、非晶态、高弹态、粘流态，多相体系的组态（织态）结构包括共混态和共聚态。在空间尺度上，价键长度约为 10^{-10}m，链段和大分子链约为 $10^{-9} \sim 10^{-7}$m，多相体系的相结构约为 $10^{-6} \sim 10^{-3}$m。

运动单元和运动形式也具有多层次性，具体表现为键长、键角、键段运动、晶型变化、分子整链运动、相态和相区的转变等。每种运动具有特征的运动时间，即松弛时间谱（时间尺度），从 10^{-10} 秒→几分钟→几小时→几天→几年。松弛时间是高分子材料的本征特性，描述不同外场频率下运动的响应特性。例如：在高频区，表现为力学上弹性，代表小尺度运动单元的响应。在低频区，表现为黏性，代表分子链运动的响应[4,11]。

运动特性是代表对外界作用的响应，以实证及理论上实现多尺度上的贯通仍有问题，包括时间与时间尺度，Micro（微观）-Meso（介观，涵盖 Nano）-Marco（宏观），简称 3M 关系，连接了多个尺度的科学问题，是一个具有前瞻性，挑战性的重大科学问题，是当前研究高分子多尺度的焦点，因为不同尺度间的巨大断层需要解决：从 Micro-Meso 衔接已有一些方法和例证，从 Micro-Macro 已有很多先例，从 Meso-Macro 衔接远远不够。

无论从 Micro-Meso 的粗粒化过程，还是从 Macro-Meso 的细粒化过程，所面临的困难都是要逾越界面相或界面区的衔接与关联问题。

由于物理学的层展性，即不能将一个尺度（层次）上的性质简单的演绎或归纳出另一个尺度（层次）上的性质。Meso 比 Nano 的尺度范围更宽：nm—μm—mm。

3 思考及对策

基于目前电介质材料理论及实践的现状，在以下几个方面值得关注、思考及深入研究：

（1）切实关注电介质中物理过程、结构和运动的多层次性。从材料讲：高分子材料及其微纳米复合物的应用愈加广泛。高分子材料本身结构复杂。加上 Meso-Macro 跨接复合物，又增加界面结构的复杂性及多变性。

（2）界面、粒子尺寸、团聚结构、形态结构所导致的结构复杂性，难于建立这类体系的 Meso 结构-Macro 特性相互关系。

（3）人为制造某种介观结构研究多层次（时空）性，例如微区的性质，注意实现条件决定的多层次性，特别是在外推（量级以上尺度）所遇到的困难。

（4）首次提出如何发挥介观结构在理论研究和调控电介质的宏观性能中的重要作用。

（5）如何寻求非均质电介质材料及击穿老化破坏过程中的不同层次（时空）的结

构，特别是研究其特性，并建立结构-性能、寿命之间的相互关系。

（6）复合材料中聚集结构的分形与逾渗理论，放电、击穿的分形理论，老化的结构损伤及演化过程中形成的非匀质结构（损伤相与完好相）的结构分形及逾渗理论。

参 考 文 献

[1] 冯端，金国钧. 凝聚态物理学（上卷）[M]. 北京：高等教育出版社，2003.
[2] 殷之文. 电介质物理学 [M]. 2版. 北京：科学出版社，2003.
[3] O'Dwyer J J. The theory of electrical conduction and breakdown in solid dielectrics [M]. Oxford：Clarendon Press Oxford，1973.
[4] 雷清泉. 高聚物的结构与电性能 [M]. 武汉：华中理工大学出版社，1990.
[5] 高观志，黄维. 固体中的电输运 [M]. 雷清泉译. 北京：科学出版社，1991.
[6] Crine J P. A molecular model to evaluate the impact of aging on space charge in polymer dielectrics [J]. IEEE Trans on Dielectr and Electr Insul，1997，4（5）：487-495.
[7] 南策文. 非均匀材料物理-显微结构-性能关联 [M]. 北京：科学出版社，2005.
[8] 阎守胜，甘子钊. 介观物理 [M]. 北京：北京大学出版社，2000.
[9] 张立德，牟季美. 纳米材料和纳米结构 [M]. 北京：科学出版社，2001.
[10] Dissado L A，Forthergill J C. Dielectrics and nanotechnology, and other papers [J]. IEEE Trans on Dielectr and Electr Insul，2004，11（5）：737-839.
[11] 吴其晔. 高分子凝聚态物理及其进展 [M]. 上海：华东理工大学出版社，2006.

纳米高聚物复合材料的结构特性、应用和发展趋势及其思考*

摘 要 综述了纳米粒子及纳米结构材料的基本物理效应；微纳米高聚物复合物的微结构，界面（相）的作用及性能；影响宏观性质及测试技术的一些典型的物理尺度与几何尺度，测量时间尺度与响应的时间尺度；微纳米高聚物复合物的介电松弛理论、结构和性能的简单对比、复合物介电理论的问题以及击穿与树枝行为；微纳米高聚物复合材料的研究现状及发展趋势；以及如何去发现纳米高聚物复合物中的量子（波）效应等。

关键词 纳米复合物 结构特征 发展趋势

Structure Properfy Applications and Developing Trends of Polymer Nanocomposites

Abstract In present paper, main physical effects of nanoparticles and nanostructured materials, structure and behaviors, their applications and developing trends of polymer nanocomposites are summaried. In addition, some ideas about how to find the quantum or wave effect occurring in these materials are offered.

Key words nanocomposites, structure properties, developing trend

1 引言

纳米材料与纳米结构中会产生许多未知的结构形式与新奇现象[1]，很难用传统的物理及化学理论进行全面解释。例如，纳米复合材料中的显微结构（微域的性质；微域的几何特性，如相对含量、尺寸、形状、取向及分布；微域的拓扑性质，如空间排列分布、连接度；微域间相互作用，如界面）将对其宏观性能产生决定性作用。复合材料中微域的性质依赖于材料的组成及分子结构，因此必须建立微观结构-显微结构-宏观性能三者之间的相互关系[2]。目前纳米高聚物复合物主要用作结构材料，有的作者提出利用界面的多种力耦合效应制作敏感元件，例如 MEMS 或 NMES 中的传感器或执行器等[3]，并提出如何设计新的复合材料结构去突现其中低维纳米结构单元（0D，1D，2D）的量子或波效应。

2 纳米微粒与纳米结构材料的基本物理效应[4,5]

当微粒子尺寸不断减小，在一定尺度下（$d \leqslant d_c$），会引起材料的宏观物理、化学及生物学性质发生异常变化。

---

* 本文合作者：范勇、王暄。原文发表于《电工技术学报》，2006, 21（2）：1~12。

2.1 量子尺寸效应

宏观尺寸物体,按能带结构理论,金属的费米能级 E_F 处的能级是准连续的。随尺寸下降,能级变成离散的。半导体的禁带宽度 E_g 上升。这称为量子尺寸效应。

依据久保理论:低温、微粒的原子数 N 很少时,电子能级的裂距:

$$\delta \sim \frac{1}{d^3} \sim \frac{1}{N} \quad T \sim \frac{\delta}{K_B} \sim \frac{1}{d^3}$$

$T=1K$ 时,$d=20nm$;当 $T>1K$,$\delta/K_B>1$ 时,$d\ll 14nm$。

δ 大于超导体的凝聚能、热能 kT、磁能、电场能时,产生量子尺寸效应。可见,成立的条件是低温、小尺寸物体。

吸光-红移或蓝移,发生从导体到绝缘体、铁电体到顺电体和超导体到正常态等转变,比热、磁化率和催化性与电子数的奇偶性有关。

因为 $\delta/KT_c \approx 1$,$\delta \sim 10^{-4}eV$,依据 $\tau > h/\delta$,电子的寿命很长,因此纳米级 Ag 粒子的电阻大,为绝缘体。

量子尺寸效应是微电子、光电子及分子器件的理论基础。

2.2 小尺寸效应

当粒子尺寸与光波波长 λ_0,电子 De Broglie 波长 λ_{dB},超导态的相干长度 ξ,电子平均自由程 λ,以及激子波尔半径 R_B 等物理特征尺寸相当或更小时,晶体的周期性边界条件受到破坏,非晶态纳米颗粒表面层附近原子密度下降,导致 A(声),O(光),E(电),M(磁),T(热),F(力)学等特性呈现突变的现象,称为小尺寸效应。例如:金属从块体的五光十色到黑色(吸收,反射改变),铁磁体到顺磁体,超导体到常导体,有序到无序等转变。

2.3 表面效应

当微粒尺寸下降到纳米级时,表面原子数与总原子数之比会急剧增加,例如 10nm 时 20%;1nm 时 99%。表面原子数增加,原子配位不够,表面能上升,表面张力上升,悬挂键及缺陷密度增加,出现台阶,表面活性增加,材料极不稳定。例如,会发生金属粒子燃烧,粒子吸附增加,团聚和凝聚等现象。

2.4 宏观量子隧道效应

微观粒子借波动性而穿过高势能的概率不为零,称为隧道效应。这些年来,人们发现纳米粒子的磁化强度 M,超导体的磁通密度 Φ 也具有隧道效应,称为宏观量子隧道效应(TE)。在低温时,超细镍微粉本应为铁磁体,但仍保持顺磁性。Fe-Ni 薄膜中畴壁运动速度在低于某一临界温度 T_c 基本上与温度无关,即使仅 0K 时,纳米粒子的磁化矢量仍能取向,而弛豫时间 τ_m 仍有限。

3 微纳米高聚物复合物的结构与性能

3.1 复合物的(微)结构特性

(1)复合结构原则:复合基体(陶瓷、金属、高聚物等);复合相态(单相、多

（复）相）；复合效应（加和、乘积、函数与功能等）。例如，调节、增强、互补、新效应（生物细胞、超导态、巨磁阻、光子晶体等）；复合联结性（0、1、2、3 维度，或分形维数）。

（2）复合介质原则：微米复合；纳米复合；杂化、原子、分子水平结合，超分子化学，依赖除共价键外的其他分子间作用力组装成超分子体系。非共价键的弱相相互作用，例如 H-键，范氏力，偶极间互作用，亲水-疏水互作用以及它们之间协同作用而产生的特定结构与功能。

（3）纳米材料微结构[4]：颗粒组元（晶粒、非晶，准晶组元）：尺寸，形态，分布；界面：形态，分子组态或键组态；缺陷的种类（位错，三叉晶界。空位，空位团及空洞），数量，组态，化学成分，杂质；界面结构模型：类气体（无序），有序，或并存，结构特征分布模型。

3.2 按晶粒聚集体尺寸大小排序（分类）[6]

（1）分散晶粒结构：当两相合金材料中含量小的相（弱相，minor phase）的比例低时，晶粒将随机分散在这相中（基相、连续相、matrix phase）。

（2）聚集晶粒结构（aggregated grain structure）：弱相的 $V/V\%$ 增加，构成晶粒团聚簇。

（3）逾渗型晶粒团簇网络结构（percolation like cluster structure）：当弱相 $\varphi = \varphi_c$，即逾渗阈值。除了少数的晶粒团簇，大多数弱相晶粒将连成一连续随机走向的键状网络。

（4）晶粒的连续性（connectivity）：对于二相合金有十种晶粒连接方式：0-0、0-1、1-1、0-2、1-2、2-2、0-3、1-3、2-3、3-3。

其中 0-0、0-1、0-2、0-3 为分散晶粒结构；1-2、2-3、1-3 型对应聚集晶粒结构，1-3 弱相 grain 聚集成单链状，1-2、2-3 型中晶粒成密堆积；1-1、2-2 型晶粒聚集结构呈特殊情况，弱相晶粒按一定方向聚集成片状结构；2-2（层状）或线装 1-1、3-3，对应逾渗集团网络结构，两相材料相互穿透构成 3D 网络，即形成逾渗集团。

3.3 复合物的界面结构、特性及作用[3]

3.3.1 界面力

两相复合物 A/B，各相均有自己的热力学性质，相界面（纳米级尺度）属过渡区。相内的每个原子与分子通过短程及长程力与其周围建立平衡。界面性质的变化源于穿过 A/B 相的原子或分子间力。硬芯力是短程的量子力学排斥力，源于单个电子云间的重叠互作用。

电子与核间的静电吸引力和排斥力，依赖于单个原子或分子是中性或带净的正、负电荷。即便是电中性，亦因电子和核在一个分子或原子的非对称分布或产生多极力，因随距离迅速下降，故偶极力占优势。离子间力是强的长程库仑力。

固有偶极子存在，会有弱的偶极-偶极力，离子-偶极力，或感应偶极力，它们属于 Debye 力。所有偶极子的极化力均属于中程力，通常具有吸引性质，通称范氏力。

氢键是一种对于特定结构产生的具有高度方向性的短程静电力。例如施主（氢原子）与受主（电负性原子）构成共价键。

决定纳米尺度结构介电性能最重要的应是强的长程相互作用力，是一种静电力（源于电荷）。电荷会诱导电子极化（离子-感应偶极子相互作用）以及固有偶极子取向（离子-偶极子相互作用）。

第一类屏蔽作用源于介质极化，Nano-电介质经常在粒子 A 的表面或至少一部分带电，B 相产生屏蔽的异号电荷。A/B 界面的相互作用极化能服从 Born 公式：

$$P - \frac{q^2}{8\pi a} \frac{1}{\varepsilon_0}\left(1 - \frac{1}{\varepsilon_e}\right) \tag{1}$$

式中，a 为 nano 粒子 A 的有效离子半径；ε_0 为真空介电常数；ε_e 为 B 相的介电系数。在屏蔽建立的瞬态条件下，ε_e 位于光频介电系数 ε_∞ 与静态值 ε_s 之间（$\varepsilon_\infty < \varepsilon_e < \varepsilon_s$）。

第二类屏蔽作用，假如 B 相中有移动离子，在库仑力作用下，并在 A 相粒子周围建立扩散的屏蔽双层电荷。可用球形对称结构，也可用简化的 Helmholtz 平板偶电层结构，也可用复杂的胶体化学中的 Stern 双电层，类似于半导体器件中的 P-N 结。

3.3.2 界面（相）的作用

纳米复合物的最显著特征是界面结构。代表相间过渡区（纳米级，甚至分子级）的微结构，存在上述分子间的相互作用，例如高分子链在无机纳米相上的锚定或纠缠。

均相材料，通过热力学、统计力学、量子力学建立材料微观（分子）结构-宏观性能的关系。

复合材料（0-3 结构）：微米级客质（分散）相，界面所占体积比小，其作用可以忽略，性能取决于两相成分的变化，但在两相性质相差很大时，可能在某一临界浓度下，发生向单相性质的突变（逾渗相变）。纳米级客质相，界面所占体积比大，界面的作用十分显著，可作为独立相处理。因其界面结构十分复杂，可呈类晶态、类非晶态或中间态。例如，分子规则取向，呈液晶态，加上表征困难，因此对纳米电介质复合物的结构-性能研究，目前仍处于探索阶段，不能用独立三组分的简单三角形相图描述。

界面相作为被动电介质，由于纳米粒子与基质构成了界面相，不仅粒子的性质不能全部由界面和它与环境的相互作用决定，而且，它的量子尺寸效应、小尺寸效应、量子局域效应也受到极大的掩盖，除极个别现象外，这类现象甚至被消除。界面性质将显著影响复合物的力学，空间电荷特性、载流子输运、极化、击穿、老化等电学和光学特性。

界面相作为活性电介质，例如，界面双电层将起重要作用。纵向是高度极化区。侧向层内的反离子具有显著的迁移率（在等位面内），因此，通过改变双电层的电位 Ψ_0，调节层内反离子浓度，达到侧向改变电流 i_1 的目的，这种调节功能十分重要，但研究不多，它类似于 MOSFET。表面双电层的活性，特别是通过表面离子电导提高球形介质正电介质中复合物的低频介电系数，使介质球形成一个大偶极子。而在高频或低离子电导时，复合物介电系数与 ε_1，ε_2 及其浓度有关。例如，吸水的石块的低频介电系数明显高于水或石块的值且随 ω 增加，ε_e 下降，归之为两相界面极化。按传统复合介质理论，$\varepsilon_1 < \varepsilon_e < \varepsilon_2$，适用于固体和液体气溶胶体系、乳液、固体悬浮物、高分子凝胶和生物体。

研究干式高聚物电解质（氧化聚乙烯）掺入微米（400μm）及纳米（30nm）的聚碳酸酯多孔膜中的导电性发现，由于电解质双电层在纳米孔中受限制，随着孔径尺寸下降，电解液的导电性（侧向）增加2个量级，再降低至分子水平时，可解释生物膜中孔通道输运的协同相关性。

限制在双电层中的导电性也许是生物细胞间相互作用和通信的重要特点。虽然极大注重细胞的跨膜过程，但是，也存在着显著的细胞内的nano通路，因此可通过细胞活性调节导电方向，类似于MOSFET模式。

绝缘子吸水性及泄漏电流是极为严重的工程问题，因为在绝缘子表面存在微米级或纳米级的双电层离子通道，水分子会在带电表面形成近似三个分子厚的层，由表面电荷的极性确定其结构，完全与体水结构不同，沿表面的离子电导，特别是关系水分子间的质子跳跃对此类亚纳米有序结构十分灵敏。

界面作为敏感单元，界面作为电-力学传感单元。界面内电场不但诱导极化与导电行为，而且也同时诱导应力场。电场诱导界面层的压应变（沿电场方向）及切应变（垂直电场方向），后者（切向或横向效应）是十分重要的、周期性电场将诱导界面结构的疲劳与破坏。A（极性）/B（非极性）相，在高温高电场作用下，会在A/B界面诱导扩散的双电层，产生电致伸缩与压电活性。此类双电层具有相对的稳定性。双电层区内电场增加，A/B相内电场下降，多晶$Pb(ZrTi)O_3$经单晶PZT具有更多的界面。

多孔（蜂窝状）高聚物薄膜具有优良的电致伸缩及压电性，也与nano-结构界面过程有关。界面特性主要依据电化学（电双层）及电-机械效应。特别在功能及活性方面，要注重研究界面的侧向特性（载流子）运动，依据局域空间电荷构建多种界面调控的记忆元件。在这些系统中，有序平面内侧向电荷输运更容易，既具有MOSFET功能性，又具有控制载流子优势方向的输运能力，对绝缘介质的导电、击穿、树枝特性会有明显的作用。

生物学领域的界面，独特的生物膜既是壁障，又能开启所有生命过程，由背对背的双脂层构成，A相（细胞膜）为纳米级，B相为水性电解液，在侧向平面内，膜也有十分特殊的局部调节流行活性和孔特性的能力。膜的特点是柔顺性，并在严重的作用下仍保持它的性质，是一个软界面。

应指出，对界面类型结构及其作用的理解目前了解得还不是很深入。

3.4 一些典型的物理尺度与几何尺度[7]

一些典型的物理尺度与几何尺度如表1所示。

表1 典型的物理尺度与几何尺度

界面厚度/nm	0.5~10	电树枝长度/nm	2000~5000
电子平均自由程λ_e/nm	~200（G），~10（L.S）	X射线的波长λ/nm	0.01~100
屏蔽长度Debye等离子激光/nm	7	紫外波长/nm	400
多晶硅表面峰-谷高度/nm	100	超导（Nb-Ti）相干长度/nm	4
Cooper对尺度/nm	<100	电偶极-偶极相互作用长度（0.02eV）/nm	5

续表1

De-Broglie 波长 λ_b/nm	10~100 (S), 0.1 (M)	棒球 De-Broglie 波长 λ_{Ball}/nm	10^{-25}
Fermi 波长/nm	0.1 (M), 200 (S) 经典、高温、n_s 小, ~1000 (I)	高分子自由体积/nm	<10
分子长度 (myosin) /nm	150~160	DNA 直径/nm	1
质膜通道孔/nm	<1	蛋白质/nm	1~20
病毒/nm	10~30	细胞膜厚度/nm	4~7
晶格常数/nm	1	碳纳米管直径/nm	1
PE 的单体尺度/nm	0.7, 0.5, 0.2	硅表面粗糙度/nm	0.73
多孔硅石 (Zoilite) 孔径/nm	0.6	晶粒间界/nm	0.5~1.0
$BaTiO_3$ 晶格常数/nm	0.4	离子半径 (A1) /nm	0.252
金属电子半径 $\left(r_s \sim \dfrac{1}{n^{\frac{1}{3}}}, \dfrac{r_s}{a_0}=2\right)$ /nm	0.1	原子半径/nm	0.1
核半径/nm	10^{-5}	电子的经典半径/nm	10^{-6}
电子的定域半径/nm	1 (S), ~∞ (M)	Fermi 能级处态密度 $N(E_F)$ /$eV^{-1} \cdot cm^{-3}$	10^{18}~10^{20}
量子点 (原子数 10^3~10^6 个) /nm	1~100	纳米粒子 (原子) /个	10^3~10^4
高聚物片晶厚度/nm	5~20	插层高分子厚度/nm	2~3
微纳米电子学芯片的导线直径/nm	4.8	绝缘层厚度/nm	1~2
绝缘栅厚度/nm	2~5		

注：S—固体，半导体；L—液体；G—气体；M—金属；I—绝缘体。

应指出，物理特征长度受材料种类以及外界环境的影响极大。

3.5 时间尺度与运动响应时间[8,9]

电场频率：dc、ac、无线电、射频、微波、可见光；

测不准关系：$\Delta E \cdot \Delta t \geq h$；

运动响应：极化，偶极子取向 10^{-9}~10^{-2}s

离子位移 10^{-13}~10^{-12}s

电子位移 10^{-15}~10^{-14}

等离子体振荡周期 10^{-16}~10^{-15} (M)；

电荷输运：电子碰撞自由时间 τ：10^{-14}s (M)，10^{-13}~10^{-12}s (S)，10^{-9}~10^{-4}s (I)；

破坏时间：热击穿 >min

电击穿 10^{-6}~10^{-9}s

老化 h-a

载流子陷落（束缚）时间：依赖于受陷位置的陷阱深度 E_t。

$$\tau_t = \tau_0 \exp\left(\frac{E_t}{KT}\right), \quad \tau_0 = 10^{-13} \sim 10^{-12} \text{s}$$

离子电导响应时间：$\tau > 10^{-8} \sim 10^{-7}$s；

空间电荷决定的气体放电时间（频率）特性（包括：局部电晕、电晕及其他放电过程或阶段）；

细胞的脉冲电场效应[10]：微秒级，质膜电穿孔电场小于5kV/cm；细胞膜可逆电穿孔约为2nm；纳秒级，细胞器内发生程序性死亡，电场大于50kV/cm。

3.6 粒子复合物的介电松弛理论[2,11]

3.6.1 早期有效媒质（EM）（Maxwell，或 Bruggeman）理论

$$c\frac{\varepsilon_1 - \varepsilon_m}{\varepsilon_1 + 2\varepsilon_m} + (1-c)\frac{\varepsilon_2 - \varepsilon_m}{\varepsilon_2 + 2\varepsilon_m} = 0$$

3.6.2 基本符合 Jonscher 普适响应（时域，频域的幂律性）理论

$$\varepsilon' - \varepsilon'_\infty \sim \omega^{-b}, \quad \varepsilon'' \sim \omega^{-b}$$

式中，ε'_∞ 为复合物高频介电系数，幂指数 b 没有直接物理意义，为拟合参数，b [0, 1]。

它们并未考虑例子的自身特性、分布特性和结构特性（分散相结构）。

3.6.3 一般化有效媒质理论（GEM）

Mclachlan 在研究复相高聚物微波松弛动力学时，在标准 Bruggeman EM 中引入临界指数 s，t 以及电导率阈值浓度 ϕ_c，得出如下方程：

$$(1-\phi)\frac{\varepsilon_2^{\frac{1}{s}} - \varepsilon_m^{\frac{1}{s}}}{\varepsilon_2^{\frac{1}{s}} + \Lambda\varepsilon_m^{\frac{1}{s}}} + \phi\frac{\varepsilon_1^{\frac{1}{t}} - \varepsilon_m^{\frac{1}{t}}}{\varepsilon_1^{\frac{1}{t}} + \Lambda\varepsilon_m^{\frac{1}{t}}} = 0$$

式中，ε_1，ε_2 为两相的介电系数，ϕ 为电导率高的成分的体积分数，临界指数 s 代表当 ϕ 从绝缘侧接近 ϕ_c 时（$\phi<\phi_c$），直流电导率的发散特性、指数 t 代表 $\phi>\phi_c$ 时，直流与交流的电导率，$A = \frac{1-\phi_c}{\phi_c}$，$\phi_c$ 为逾渗阈值的体积浓度。应指出，临界指数与普适性的概念在 GEM 中起核心作用。在逾渗理论中，s，t 是临界特征的普适描述，它们仅依赖于材料的几何维度，对 3D 体系，计算机模拟得出 $0.8 \leq s \leq 1$，$1.5 < t < 2.0$，$t_{理论} = 1.65$。依据 $\phi_c = 1/3$，$s = t = 1$，可简化为原始的 EM：

$$(1-\phi)\frac{\varepsilon_2 - \varepsilon_m}{\varepsilon_2 + 2\varepsilon_m} + \phi\frac{\varepsilon_1 - \varepsilon_m}{\varepsilon_1 + 2\varepsilon_m} = 0$$

实际结果，例如炭黑/BN，$s=0.4$，但 $t=4.8$，后者大大超过计算机模拟的普适响应值，前者处于预示区，应考虑临界指数随导电粒子几何各向异性的变化，导电性的临界指数可呈反常增大。

应指出，s，t，ϕ_c 这三个附加的自由度表征了正复合物体系中，各组分的介观结构及连通性。由于体系内部的复杂性，目前不存在满意的逾渗体系的电导网络理论，而理解它的复介电系数则较为简单。

3.7 高频或微波区的介电特性[11]

辐射波长为 λ，表征复合物不均匀性的特征长度为 ξ，若 $\lambda \gg \xi$，分散粒子不会散射电磁波（EMW），低频区，材料透波性好，可忽略微观和介观的细节区，以及粒子团聚与吸附等作用；$\lambda \ll \xi$，发生材料内部（微）结构对 EMW 的衍射、折射、辐射，出现多重散射损失，材料透波性差。

3.8 微纳米粒子高聚物复合物的结构和性能的简单对比

微纳米粒子高聚物复合物的结构和性能的简单对比见表 2。

表 2 微纳米粒子高聚物复合物的结构和性能对比

微米复合物	纳米复合物
比表面积小（1）	比表面积大（10^3）
活性小	活性大
界面（或相）间作用小	界面（或相）间作用大：化学或物理成键，活性区，互作用区，偶电场层
法线方向	法相，切向
制备简单，分散易	制备复杂，分散难
材料性能变化大，掺量大（>50%）	掺量小（5%~10%）
粒子不易团聚	凝聚成复杂的或分形结构
特性易处理，正常	特性不易处理，日常难发现反常（量子尺寸效应）
第一代复合物	第二代复合物
粒子密度：1，粒子间距大（μm）	粒子密度：10^9，粒子间距小（nm）
光透过率小	光透过率小
Micro-filler-added Polymers	Nono-particle-filled Polymers
性能改善作用小	明显改善阻燃、耐漏痕、环保、E_b、耐 PD、机械强度与热导、高 K、低 K 等性能

3.9 纳米高聚物复合物的介电理论问题[2,5]

目的：建立纳米结构单元和基体的结构-复合物的微结构（界面相结构）-介电性能的相互关系。

有效媒质理论，未计及界面相的作用。

逾渗理论虽然利用三个附加的自由度参数，s，t，ϕ_c 表征复合物中各组分的介观（微）结构及连通性，但并不能完全表征体系内部的复杂性。

等效电路理论，可用宏观参数等效界面相，它是对复相材料物性的体积平均的结果，在抹平过程中，难免将无序体系的某些特征也一同抹掉了。

微结构特征，复合物材料中的相分布及界面结构十分复杂，它对建立微结构与物性之间的关系是至关重要的。对于完全分散的粒子和片（层、膜）状聚集结构，问题已初步解决，可用有效媒质、Maxwell-Wagner 以及逾渗模型处理。

对大多数粒子构成的聚集结构，除非已知粒子间的关联函数，否则解决此问题几乎不可能，对于相分布的对关联函数可由光散射、小角中子衍射和 X 射线衍射测量。界面（准晶、非晶）的结构特征应用描述原子径向分布函数（RDF）表征，常用它描述非晶态与液态。界面形态和结构依赖于各类界面力，相互作用类型，空间电荷特性及行为。

3.10 微纳米复合物的击穿与树枝行为[12]

粗略讲，微纳米复合物的击穿场强 E_b 的数值有所下降，击穿场强的分散性增加，但耐电晕性及耐树枝放电能力会有明显增强。理由是无机填料自身阻挡作用、界面作用、空间电荷作用、改变树枝通道（类似于不同介电系数材料对光传播产生的折射）作用。

电击穿，电树枝密切与金属/电介质的界面电荷转移（注入）有关。对于微纳米复合物，可能导致不均匀的界面电荷注入，因此，电荷与相区的分布及相的表面能态有关。

界面态源于界面区结构畸变产生的高聚物本征态；高聚物表面的氧化态；金属电极沉积时形成的附加氧化态；高聚物表面吸收气体或液体分子诱导的界面态。

4 微纳米高聚物复合物材料的研究现状及发展趋势[13]

近期：纳米粒子填充，强调界面结构及作用，常用经典近似的方法，限于定性分析，侧重实验研究，电磁线、电缆、EMI 屏蔽；

中期：1D、2D 纳米填料，耐电晕性、各向异性、热导、电缆；

远期：纳米构筑（组装、结构）材料包括：超级电容器、电致伸缩、电-光、电介质-MEMS，传感器/执行器、智能/自适应电介质材料。

5 如何去发现纳米复合材料中的量子（波）效应[4,14,15]

5.1 基本理论

微观粒子具有波粒二象性，例如电子、光子、分子、原子等。经典粒子用概率，加和原理粒子用概率幅（相位），叠加原理描述。

粒子在一维无限深势阱中

$$U(x) = \begin{cases} \infty & \text{当 } x \leq 0,\ x \geq a \\ 0 & \text{当 } 0 < x < a \end{cases}$$

E_1（基态）$= \dfrac{\hbar^2}{2m}\left(\dfrac{\pi}{a}\right)^2$，势垒宽度 a 小，E_1 大。相当于粒子限域，$\Delta x \Delta k \geq \hbar$，$\Delta x = a$，很小时，$\Delta k$ 大，ΔE 大。服从微观粒子测不准关系，当 $\Delta x \to \infty$，$\Delta k \to 0$，能级连续，对于纳米粒子，E_g 增加，E_F 连续能级发生分裂。

温度和密度作用：量子判据。

电子 de-Beoglie 热波长：

$$\lambda_{db}^T = \frac{h}{\sqrt{3mKT}}$$

粒子间距离：

$$a = \sqrt[3]{\frac{3}{4\pi n}}$$

当 $\lambda_{db}^T \sim a$ 粒子显示波动性，热平衡时量子简并温度：$T_0 = \frac{h^2}{3mK_B a^2}$。$T<T_0$，$\lambda_{db}^T \geqslant a$ 波动性（波的小孔衍射，几何光学到波动光学）。$T>T_0$，经典性，例如，宏观物体 m 大，T_0 小，密度低，a 大，互作用弱。

电子在固体中的散射-相位相干（波动性）：

散射 $\begin{cases} 格波-声子，非弹性，相位破坏，失相干性，高温为主 \\ 杂质及缺陷-弹性，相位不变，相干性，低温为主 \end{cases}$

散射的特殊作用：电子波弱定域性，量子相干性。

电子由非弹性散射决定的退（失）去相位相干的长度 L_φ，成为电子相干长度，又代表电子非弹性散射的平均距离，或相当于要求 L_φ 应大于电子弹性散射的平均自由程 L_e。

低温，声子较少，L_φ 长，例如，液氦下，金属的 $L_\varphi = 10\mu m$。

介观（量子）体系 L 应满足 $L_e < L < L_\varphi$。

在 $L_\varphi = 10\mu m$ 尺度内，电子受到的弹性碰撞次数 10^3 或弹性散射平均自由程 $L_e = 10nm$，$L_e \ll L_\varphi$。

电子在 L_φ 尺度内运动是相干的，代表电子通过 L_φ 距离且未受到非弹性散射，或散射仅是弹性的，故它的波函数因保持相位记忆位而有确定的相位。

散射或外场引起的量子相干效应：弱定域性，电阻增加，A-B 效应，普适电导涨落（普适量 $\frac{e^2}{h} \sim 4 \times 10^{-5}S$）。

电子输运的类型如下：

扩散型：λ_F（电子的 Fermi 波长）$<L_e<L<L_\varphi$ 金属区，杂质、位形及缺陷的作用，类似无规行走，体扩散系数 $D = \frac{v_F L_e}{3}$。

弹道型：$\lambda_F<L_e \sim L<L_\varphi$，与杂质，缺陷及位形无关，电导 $\sigma = T\frac{e^2}{h}(S)$，$T$ 为电子透射概率，电子仅在边界散射，因此只有电导起作用，而非电导率。

强定域：$\lambda \gg \xi$，绝缘区或非扩散区，ξ 为无序引起的电子定域长度；在金属和弹道区，电子弱定域，相当于 $L_\varphi \ll \xi$，介观（相位相干）体系，$\xi \to \infty$。

应指出，λ_F（电子的 Fermi 波长）、λ_{db}（热或加速电子束）、L_φ、L_e，这些特征长度随材料差异十分大，特别是受外界（温度，磁场）等因素的影响极大。

库仑阻塞条件：单电子隧穿引起静电能（改变）$U_e = \frac{e^2}{2C} \gg kT$，当结电容

（MIM）$C \sim 10^{-15}\mathrm{F}$，$T_c = \dfrac{e^2}{2Ck} \sim 1\mathrm{K}$，故在 $10^{-3}\mathrm{K}$ 才能出现库仑阻塞现象。

电器的尺寸：$0.1\mu\mathrm{m} \times 0.1\mu\mathrm{m}$，$d = 1.0\mathrm{nm}$。因此，结尺寸（或电容 C）足够小，工作温度足够低，此外，量子涨落足够小，$U_e \gg \dfrac{h}{R_T C}$（测不准关系）。因此结隧穿电阻 $R_T \gg R_Q \approx \dfrac{h}{e^2}$，$\dfrac{h}{e^2} \approx 26\mathrm{k\Omega}$ 为量子电阻。

5.2 方法[15]

（1）材料：制备具有量子尺寸效应的低维材料或结构，例如超晶格（量子阱）、量子线、量子点。

方法：模板合成法，LME，MOCVD，LB 膜，非杂型（非共价键）或杂型（共价键）超分子自组装体系。

发现量子效应必须严格控制材料的结构。

（2）理论：建立复合物分散体的相结构、粒子间以及粒子与基体间的相互作用以及它与材料宏观性能的关系（完善经典理论）。

发现微结构（介观尺寸）区的电子或光子的限域现象，发现介电限域（异质结中界面引起体系的介电增强）现象，以及反应波特性的现象，或理化性能反常现象。

（3）表征方法：AFM，EFM，TEM，SEM 等。

6 结论

本文综述了如下内容：

（1）纳米微粒与纳米结构材料的基本物理效应。

（2）微纳米高聚物复合物的结构与性能。

（3）微纳米高聚物复合物材料的研究现状及发展趋势。

（4）如何去发现纳米复合材料中的量子（波）效应。

参 考 文 献

[1] 薛增泉，维民. 纳米电子学 [M]. 北京：电子工业出版社，2003.

[2] 南策文. 非均质材料物理—显微结构—性能关联 [M]. 北京：科学出版社，2005.

[3] 张立德，牟季美. 纳米材料和纳米结构 [M]. 北京：科学出版社，2003.

[4] 阎守胜，甘子钊. 介观物理 [M]. 北京：北京大学出版社，1995.

[5] 冯端，金国钧. 凝聚态物理学（第1卷）[M]. 北京：高等教育出版社，2003.

[6] Lewis T J. Nanometric dielecerics [J]. IEEE Trans on DEI，1994，1（5）：812-822.

[7] Frechette M F，Trudeau M L，Alamdari H D，et al. IEEE Trans on DEI，2004，11（5）：808-818.

[8] 殷子文. 电介质物理学 [M]. 2版. 北京：科学出版社，2003.

[9] 雷清泉. 高聚物的结构与电性能 [M]. 武汉：华中理工大学出版社，1990.

[10] Schoenbach K H. Bioelectrics-new applications for pulsed power technology [J]. IEEE Trans on Plasma Sci.，2002，30（1）：293-300.

[11] Brosseau C，Talbot P. Elective permittvity of nanocomposite powder compacts [J]. IEEE Trans on DEI，

2004, 11 (5): 819-832.
[12] Dissado L A, Forthergill J C. Electrical Degradation and Breakdown in Polymers [M]. London: Pereginus Ltd, 1992.
[13] Cao Y, Irwin P C, Younsi K. The future of nanodielectrics in the electrical power industry [J]. IEEE Trans on DEI, 2004, 11 (5): 797-807.
[14] 杜磊, 庄奕琪. 纳米电子学 [M]. 北京: 电子工业出版社, 2004.
[15] 基泰尔 C. 固体物理导论 [M]. 8版. 北京: 化学工业出版社, 2005.

关于工程电介质中几个经常涉及的问题与思考*

摘 要 随着工程电介质领域研究的发展,诸多没有得到公认解释的问题逐渐出现,为此,本文提出了几个重要的问题及思考以供相关研究工作者参考。1994 年 Lewis 首次提出了纳米电介质,2003 年至今已成为工程电介质领域的研究热点,但从 20 余年该领域的研究内容、作者的原意以及新近又提出的纳米结构电介质来看,我们认为应把名称改为纳米电介质复合物,并按照低维物理对纳米电介质作了重新定义。分析了 Lewis 和 Tanaka 界面的具体含义,提出了纳米高聚物复合物硬/软界面及其具有结构复杂性、不确定性与易变性的新概念,并剖析了硬、软表面的尺度及理化特性。提出了从 A. Einstein 还原论、P. W. Anderson 的层展现象与 R. P. Feynmann 的思维方法以启迪相关研究的新思维。从空间电荷限制电流(SCLC)存在条件的约束和高聚物或其复合物中由于自身结构的多层次性、复杂界面、电极接触以及共存的电子与离子电导等因素的严重影响,提出了从欧姆区过渡到高场区(即电极注入的 SCLC 区)不完全是由一种与注入载流子相同的载流子决定的想法,特别是要严格审视在测量条件确定时,离子电导对低场与高场区电流的贡献。为此,列出了离子电导与电子电导的主要特征与区别方法。针对脉冲有关的测量空间电荷的方法,特别是已成为国际上测量空间电荷主流方法的脉冲电声(PEA)方法,提出了 PEA 的优点与不足之处,以及如何去校准测量结果的正确性、重复性,如依据高聚物结构的特征,建立压激电流(pressure stimulated current, PSC)装置,正确判断电子、离子、偶极子梯度产生的空间电荷,以弥补 PEA 测量的严重不足。

关键词 工程电介质 纳米电介质复合物 硬/软界面 结构层次 空间电荷限制电流 脉冲电声法 压激电流

Several Important Issues and Thinking about Engineering Dielectrics

Abstract With the development of studies in engineering dielectrics, more and more unaccepted questions arise. To provide peer reviews for these questions, we propose several important issues and thinking. The concept of nanometric dielectrics was firstly proposed by T. J. Lewis in 1994, and it has become the research focus of engineering dielectrics since 2003. However, from the point of view of the research results for more than 20 years, the original intention of the author and some recently-proposed nanostructured dielectrics, we believe that nanometric dielectrics should be renamed nanodielectric composites, and be redefined in accordance with low dimensional physics. The specific meaning of Lewis interface and Tanaka interface is analyzed, hard/soft interface of nano polymeric composites is proposed, new concepts of structural complexity, uncertainty

---

* 本文合作者:李盛涛。原文发表于《高电压技术》,2015,41(8):2473~2480。

and mutability are described, and the scale and physical and chemical properties of hard and soft surfaces are analyzed. New thoughts are inspired from the perspective of Einstein reductionism, emergent phenomena of P. W. Anderson, and scientific prediction of R. P. Feynmann. Constraints of existent conditions of space charge limited current (SCLC) are studied, and hierarchical levels of its self-structure, complex interface, electrode contact, concomitant electronic and ionic conductivity and other factors in polymers or their composites have serious impacts on SCLC. It is proposed that SCLC is not solely determined by carriers which are the same as injected carriers in the transition from ohmic region to high field region, i.e., electrode injection SCLC region. In particular, the contribution of ionic conductivity to the current in low and high field region is of close scrutiny when measurement conditions are determined. Therefore, the main features and distinction methods of ionic and electronic conductivity are listed. In view of pulse related space charge measurement methods, especially pulsed electroacoustic (PEA) method has been mainly adopted in the world, advantages and disadvantages of PEA, and the method for verifying the accuracy and repeatability of measurement results are proposed. According to the features of polymer structure, a pressure stimulated current (PSC) device should be built up for distinguishing space charges derived from concentration gradient of electrons, ions, and dipoles to compensate the serious shortcomings of PEA measurements.

Key words engineering dielectrics, nanodielectric composites, hard/soft interface, hierarchy, space charge limited current, pulsed electro-acoustic method, pressure stimulated current

1 引言

工程电介质尤其是纳米电介质在电力能源、电子通信、军事航空等领域有着重要的应用，其微观、介观理论与宏观性能的研究具有重要的科学意义和工程价值。自1994年T. J. Lewis[1]提出纳米电介质的概念以来，国内外学者在纳米电介质的研究领域发表了很多论文。笔者长期从事工程电介质领域的相关研究工作，一直关注在IEEE Transactions on Dielectrics and Electrical Insulation (TDEI)、国外EI收录期刊和国内《高电压技术》等刊物中有关固体电介质的论文。依据自己多年科研经历，笔者对事物或测量结果进行了判断，包括它们是否符合常规理论和基本理化常识，数量级范围是否准确（数量级范围是指判断事物存在与属性的重要特征量，如按电导率数量级可划分为绝缘体、半导体、导体与超导体），在特定条件或材料中存在的现象能否直接推广，以及某种测量方法所得结果的物理本质与其属性如何进行判断等[2]。笔者认为，在认识事物时应认真思考和全面分析，用严谨的科学态度和缜密的逻辑思维去加以衡量，而且提出科学问题比解决问题更为重要。

随着工程电介质领域研究的不断推进，特别是纳米电介质制备手段的发展、多种表征方法和计算模拟技术的应用，在微观、介观理论有了一定发展的同时，一些长期存在或者刚出现的问题得到了研究者的重视。针对1994年T. J. Lewis提出的纳米电介质的概念，1997年T. J. Lewis[3]和2003年T. Tanaka[4]提出的纳米电介质的界面，固体绝缘电介质中空间电荷限制电流（space charge limited current, SCLC）[5~7]，以及空间电荷测量方法如脉冲电声法（pulsed electro-acoustic method, PEA）[8]等得到广泛研究的问题，笔者提出自己的认识与见解，以供本领域研究者思考和讨论。

2 纳米电介质

2.1 纳米电介质的定义

在高电压绝缘电介质研究领域，纳米材料与纳米结构材料都应该有严格的定义。纳米材料（nanomaterials）是指处于纳米尺度范围的零维、1 维、2 维或分别冠"准"维的单一材料。纳米结构材料（nanostructured materials）是指材料中至少含有一相处于纳米尺度的零维、1 维或 2 维物质单元按一定规律相互连接而成的体（3 维）材料，并且该材料存在某种确定的理化特性。

早期的纳米电介质（nanometric dielectrics，ND）的概念是在 1994 年由 T. J. Lewis[1] 提出的。ND 的界面区可用一个两相的连续模型去近似描述，其密度函数或势函数是连续的。T. Tanaka[4] 在 2003 年提出了纳米电介质界面的电荷模型，尺度在纳米级。纳米电介质的纳米粒子和高聚物基体的界面处于纳米尺度，由于纳米粒子的随机分布，界面区与晶体的晶胞不同而不具有平移性，因此纳米电介质除了抽象的界面结构以外不存在具体的纳米尺度结构。

有些学者把纳米电介质称为纳结构电介质（nanostructured dielectrics），这种定义方式目前至少是不够准确的，因为前面已提到界面区不存在任何确定的结构。而软物质（包括液晶、高聚物等）存在具体的介观结构，把这类物质称为结构液体是恰当的[9]。

因此，针对目前高电压绝缘电介质研究领域的成果及各种存在的问题，把纳米电介质定义为纳米电介质（复合）材料（nanodielectric composites，NDC），即含有少量的体均匀分布的零维、1 维或 2 维物质的纳米材料，更为确切[10~11]。

2.2 纳米电介质复合材料的性能

纳米电介质复合材料性能改善的研究成果可概括为：在改善基体电介质材料的耐电晕老化、耐电树枝、耐表面漏电痕，以及提高导热性与阻燃性等方面有较一致的结果。纳米电介质材料相对基体材料的性能提高主要归因于无机纳米颗粒的掺入（在分析纳米电介质复合材料性能的时候体现了还原论的思想，见附录 A）。Dupont 耐电晕聚酰亚胺薄膜是一种类云母带结构，目前已广泛应用在变频电机中，它也是纳米电介质复合材料成功运用的一个典例。

纳米电介质的其他特性，如介电常数与介电损耗、导电特性、材料微观形态、陷阱的深浅等，均因纳米粒子分散性及团聚结构的不确定性，出现其表征和测试结果的局限性和不良重复性，以及其本身的无规律性甚至矛盾性。

3 无机纳米颗粒/高聚物界面

纳米电介质的无机纳米颗粒/高聚物界面十分复杂，具有结构的不确定性和时空的易变性（在不同的聚集层次，材料的性质会有所不同，即层展现象，见附录 A）。目前国际上常用的纳米电介质界面模型有 2 个，一个是 T. J. Lewis 提出的连续过渡区界面，另一个是 T. Tanaka 提出的类似于胶体的多核模型。纳米电介质中存在硬界面和软界面。硬界面可用硬球表征，其表面张力和弹性模量的比值处于原子尺度，即硬球的表面尺度为原子尺度。软界面可用软球表征，表面尺度范围在纳米级、微米级至毫米级。

3.1 T. J. Lewis 界面

1945 年诺贝尔物理学奖获得者 W. E. Pauli 的名言"上帝制造了固体，魔鬼制造了表面"（God made the bulk; surfaces were invented by the devil）[12]，一语道出了由表面构成的界面的复杂性与易变性。界面的存在会极大改善或提高材料与器件的多种性质，得到了广泛的应用，如微机电系统（MEMS）中黏附、吸合，半导体中的 PN 结，微电子中的 MOSEFT，以及超导的 Josephson 绝缘隧道结等。

T. J. Lewis 界面是一种理想界面，界面区的两相不存在组成与结构上的明显差异，只有近似对称的过渡区，过渡区尺寸约为数纳米至数微米。但 Lewis 并未把界面结构具体化、特定化或理想化。这种界面类似于陶瓷的晶界和相界结构，或无机半导体 PN 结等硬性界面。

3.2 T. Tanaka 界面

T. Tanaka 界面是一种类似于胶体的固/液界面模型，也是一种硬/软界面。其中液体是具有各向同性的连续电解质，因此在界面区存在某种电荷分布占优势的电荷层。液相连续性界面层厚度通常在 10nm 左右。依据 Debye 电荷屏蔽长度的定义，对于具有不同粒子浓度的电解质稀溶液，该界面层厚度可在纳米至微米尺度。由于数学极限与物理机制可能存在差异，如果该界面层厚度超过数百纳米或微米范围，那么定义界面就失去了物理意义。

3.3 无机/高聚物界面

无机/高聚物界面也是一种硬/软界面，尤其对热塑性或弹性体而言。基体具有高分子化学（一级）结构，高分子链（二级）结构，聚集态（三级），织态（高级）等不同层次（级）的结构，且运动响应尺度跨越 10 个数量级以上，是一种具有不连续结构的非对称（非均匀）性的物质。这种硬/软界面的软表面（接触界面）尺度可从纳米级、微米级至毫米级[13]。

3.4 界面电荷层

T. J. Lewis 界面是代表能带结构差异或载流子浓度梯度等引起电荷自发转移而形成的偶电层。T. Tanaka 微纳界面是一种异性电荷相互作用或约束而自发形成的偶电层，受温度与离子浓度影响极大。例如当热运动动能大于静电势能时，偶电层会消失，即 T. Tanaka 界面本身就带有温度、电解质浓度的限制条件。相比之下，无机/高聚物界面结构极为复杂，且纳米颗粒与聚合物基体的宏观电、热、机械等性能差异极大，会造成界面结构的复杂性与易变性。因此，无机/高聚物的界面结构不完全由一种因素决定。即便界面区有电荷转移，也应该不会形成均匀、连续的理想界面区。

综上可知，T. J. Lewis 界面和 T. Tanaka 界面这两种常用的界面模型用于无机/高聚物界面是不恰当的,而且在某种程度上可能会产生误导。但是,纳米粒子具有比表面积大等优点,可以改善聚合物薄膜的性能,因而可以制备出具有优异性能的纳米电介质薄膜,如 Dupont 耐电晕聚酰亚胺薄膜等(科学预测的思维可以帮助我们改善材料特性,参见附录 A)。因此,纳米粒子和基体界面区的存在可以改善材料的性能,但这种推测仍具有人为性(分析和设计界面时应考虑的一些问题详见附录 B)。

有充分理由预见,为制造高性能的绝缘电介质材料,必须从宏观性能研究及其传统制造技术向介观性能研究及其微纳结构化制造技术方向发展。

4 固体电介质中的空间电荷限制电流(SCLC)

4.1 SCLC 的演变

Child 最早研究了真空二极管在导通状态下因空间电荷积累而出现偏离欧姆区的伏安特性,这称为无陷阱作用的 SCLC。Mott[5] 将其应用于晶体或非晶体半导体二极管,发展成 Mott-Gurney SCLC。它需要满足的条件是,假设平板电极只有一种载流子注入,则空间电荷会在注入电极附近积聚,对于电子注入(n 型半导体)的情况,阴极电场 $E_c=0$,对于空穴注入(p 型半导体)的情况,阳极电场 $E_a=0$。对于不同类型的半导体,空间电荷代表了多子在禁带内被俘获。通常半导体的多子浓度远大于少子浓度,在特定温度下可忽略少子对电导电流的贡献,因此从欧姆区过渡到 SCLC 区均为单一(同种)载流子的逾渗输运。

4.2 对 SCLC 特性的理解

对于无机半导体,平板电极注入单一载流子(电子或空穴)形成 SCLC 或 Lampert 三角形[6,7]。在欧姆区,电流为热生载流子的贡献。当电压达到转折电压或过渡电压 U_{tr},近似为均匀电场 $E_{tr} \approx U_{tr}/d$ 时(其中 d 为电介质厚度,一般为微米级或毫米级),注入同类型载流子占优势,电荷输运受陷阱(局域态)能级调制,此时有效迁移率远低于欧姆区扩展态自由载流子的迁移率,即从 Child 规律过渡到 Mott-Gurney 定律。

在转折(过渡)电压 U_{tr} 下,SCLC 公式经简单处理,还必须满足 $T_t \approx T_d$ 条件,其中载流子渡越时间 T_t 为:

$$T_t = \frac{d}{\mu_n E_{tr}} \tag{1}$$

式中,陷阱调制迁移率 $\mu_n=\mu_0\theta$,θ 为自由电荷密度与总电荷密度之比,μ_0 为自由电荷的载流子迁移率,一般 $\theta=10^{-4} \sim 10^{-7}$,因此 $\mu_n \ll \mu_0$;介电弛豫时间 T_d 为:

$$T_d = \frac{9\varepsilon_0\varepsilon_r}{8q\mu_0 n_0} \tag{2}$$

式中,ε_0 为真空介电常数;ε_r 为介质相对介电常数;q 为电荷电量;n_0 为热生载流子浓度。需要注意的是,弛豫时间 T_d 与外加电场无关。

由 $T_t \approx T_d$ 可知,当 T_d 较小时,导电性较好的电介质空间电荷消失快,则 U_{tr} 增加,d 下降。反之,对 T_d 大的高绝缘电介质,U_{tr} 下降,d 增加。因此,不能单一测量

SCLC，还要测量绝缘电介质空间电荷的消失（或弛豫）时间，从而判断结果的正确性，增加对特定参数作用的理解。半导体比绝缘体的电荷注入与导电机理更简单，同时两者电导率差异极大。因此，要区分开它们的 SCLC 特性，并且绝缘电介质的 SCLC 分析更为复杂。

高聚物电介质的禁带宽度一般为 6~9eV，远高于无机半导体的 1~3eV，可认为欧姆区的低场（低于电极 Schottky 注入电场，一般约为 10kV/mm）电导主要是高聚物低分子杂质离解产生的离子电导。特别地，聚合物中电子与离子电导存在本质上的区别，电子按能带模型处理，包括导带中的自由电子、禁带中的局域电子，前者波函数为 Bloch 型，后者为 Anderson 型。绝缘体中电子服从 Fermi-Dirac 量子分布，离子服从 Maxwell-Boltzmann 经典分布。电介质中不存在自由离子，而是离子在外电场作用下克服势垒跃迁产生离子跳跃电导。依据上述特点，一般电子电导在高场低温下占优势，离子电导在低场高温下占优势。因此，在高聚物中同时有电子和离子参加电导过程，其中电子主要来自金属电极注入，而离子源于体内杂质离解。研究具有高绝缘电阻的非极性低密度聚乙烯（LDPE）的离子电导-温度特性发现，在电极弱注入时（电场强度 E 小于 5kV/mm），电子电导与 1kV/mm 下离子电导有相同数量级。若对于极性高聚物，如环氧、聚乙烯醇等，在低电场下，离子电导比电子电导更占优势，可能不存在 SCLC。可见，在低电场欧姆区，绝缘高聚物存在两种不同特征的载流子（电子、离子）对电流的同时贡献，不服从平板电极单一注入载流子情况下的 SCLC 理论判断。在高于转折电压时，电流与电压的关系满足 SCLC 的判据。应该注意到，高聚物中既存在非自由的弱束缚离子形成热活化跳跃电导，又存在强束缚离子形成热离子极化。后者会在注入极形成异极性电荷，加强电场，破坏 $E_c=0$ 的条件。

在绝缘电介质中，同时会存在至少两种载流子，即电子与离子，它们具有不同的特征。在特定条件下，电子或离子可能分别占优势，但在某些情况下电子电导与离子电导可能均存在。因此要以两者的特征去区分绝缘电介质中的空间电荷以及判断 SCLC 的性质。根据电介质中电子电导与离子电导的主要特征及区别（详见附录 C），可知电子电导在高电场低温下占优势，离子电导在低电场高温下占优势，特别地，对于高聚物，离子电导主要存在于低电场（小于 10kV/mm）、高温（温度 t 大于玻璃化转变温度 t_g）的条件下。因此，在 t 大于 20℃ 时测量的低密度聚乙烯（LDPE）的 SCLC 正确与否，需要在 $t<t_g$（这里 t_g 为 -50℃）下测量 SCLC 进行对照。这种方法也可以推广到具有 t_g 远低于室温（20℃）的其他高聚物。因此，在研究复杂高聚物中的 SCLC 特性时，若存在高离子电导，则高聚物的离子电导与极化对欧姆区与转折电压值是有影响的，可能对 SCLC 限定条件产生破坏。在超过 U_{tr} 的区域，除注入电荷受陷会使电流密度下降之外，还应考虑 Poole-Frenkel 效应使载流子脱陷而导致电流密度增加。

本文在此提出对复杂高聚物中 SCLC 的一些需要慎重考虑的问题：

（1）低温下 SCLC 区受到陷阱调制的电子电导占优势。

（2）在高温区，离子电导占优势，有可能在阴极附近受陷形成异极性电荷，使阴极电场 $E_c \neq 0$，会加强阴极电子发射，从而使 SCLC 区的电流增加。

（3）离子参与电导会使电介质中的总电流增加，电极发射电流低于电介质体内输运电流，从而由体限制电导（SCLC）变为电极限制电导（阴极注入电流密度$j_c=0$）。

总之，在绝缘电介质中由于陷阱对电子或空穴迁移率的显著调制，SCLC存在的条件能够完全满足。但要注意，与离子电导有关的温度、湿度以及与电子电导有关的电极接触类型（欧姆、阻挡）会对SCLC产生影响。

5 空间电荷的脉冲电声法（PEA）测量

目前测量固体电介质空间电荷应用最广泛的方法是1983年由日本武藏工业大学（现东京都市大学）的T. Takada[8]提出的脉冲电声法（PEA）。PEA已经被国内外很多高校和企业应用到固体电介质薄膜、电缆等空间电荷的测量上。以下对PEA法存在的一些优点和不足进行简单归纳[14]。

优点主要包括：

（1）可以显示空间电荷的时空分布，其分辨率在微米级。

（2）可以显示高电场下注入的波包运动以及击穿前的空间电荷运动特性。

（3）能够研究绝缘介质老化与空间电荷积聚与分布的关系。

（4）操作简捷方便，已成为测量空间电荷的主流方法或标准。

缺点主要包括：

（1）不能判断空间电荷的本质、类型（电子或离子），不能确定陷阱深度及相关参数。

（2）不能判断复杂的空间电荷分布特性，不能除去错误的信息。例如在相同材料与电极条件下且电极一端接地时，会存在电荷峰几乎相同的同极性空间电荷，即双注入。

（3）仅依据测量压电传感器信号，通过卷积求出绝缘电介质中空间电荷分布及相应的电场分布，缺乏对信号本质的认识，未提出空间电荷增加或衰减的速率方程。从测量退极化的时间来看，可能短路波形反映的是一种由金属-绝缘界面电荷释放的快过程。

（4）测量重复性差，不能统一或得出公认的结果。没有关于空间电荷测量的专著出版，而介电绝缘或热激介电弛豫至少有6本以上的著名专著。关于不同类型的空间电荷的图形特性，仅用单一方法可能会得出部分甚至片面的结论，要全面判断极化（也包括空间电荷）性质与响应特性，应该从不同角度去审视。空间电荷极化可能并非一种机制，它受到电极与电场、温度等诸多因素的影响，会呈现非线性关系，不能采用叠加原理或Kronig-Kramers变换等。

从上面归纳的缺点可以看出，PEA提供的空间电荷信息与物理现象本质的关联性并不十分清晰，有必要进一步加深对以PEA为典型的不同类型脉冲测量空间电荷方法的理解与认识。建议从两个方面理解这些方法：

（1）承认并保留PEA测量的空间电荷分布结果，思考用其他方法（电、热、光等）去鉴别与PEA测出的空间电荷分布是否存在差异；

（2）采用人为方法检验，可用激光、电子束、离子束对试样进行辐照，在试样中形成不同类型的空间电荷分布（例如试样两侧具有同极或异极性空间电荷，或两侧具有电子与离子共存的空间电荷），再用 PEA 去校核。

为了能够区分空间电荷（电子、离子、偶极子）的类型，建议对试样尝试做压激电流（pressure stimulated current，PSC）测量，尤其是对玻璃化转变温度低于室温的高聚物材料，如聚乙烯等。试样在经过较低压力、较高电场条件下的极化后，保持压力不变，对试样短路使快极化电荷消失，然后线性升压，高聚物受到压力作用从而自由体积 V_f 下降，相邻定域态电子波函数重叠增加，使受限电子释放，外电路电流增加。反之，若压力线性下降，则 V_f 增加，离子或偶极子释放，外电路电流也增加。由于外施压强至少需要达到 500MPa，所以笔者在前期仅做了一些尝试性试验，在原理上验证了该方法是可行的，但搭建完整的测量装置有难度。

6 结论

工程电介质尤其是纳米电介质一直是电气、电子、航空航天等领域研究的重点之一。随着国内外学者对工程电介质理论研究的逐渐深入和应用研究的日趋多样化，其中没有得到公认解释的诸多问题也逐渐出现。本文从纳米电介质的定义和性能、纳米电介质的界面、空间电荷限制电流、空间电荷测量的 PEA 方法等方面阐述了工程电介质中经常涉及的问题。对纳米电介质的准确理解和无机/聚合物界面的重新认识对于研究改善纳米电介质宏观性能等问题具有积极意义。考虑离子电导和电子电导共同作用时的 SCLC 特性对研究复杂高聚物的导电特性具有重要作用。PEA 方法虽然是目前广泛应用的固体电介质空间电荷测量的有效手段，但因其具有一些明显的缺点而无法直接反映物理现象的本质。工程电介质研究的不断发展和深入，将会促进目前存在的问题逐渐得到合理的解决和完善。

附录 A 物理学中的还原论及层展现象

1 还原论

还原论是一种将复杂还原为简单，然后再从简单重建复杂的理论。物理学家，特别是理论物理学家，习惯于还原论的方法，A. Einstein 曾将其简单总结为："物理学家的无上考验在于达到那些普适的基本规律，再从它演绎出宇宙"[15]。

2 层展现象

1977 年诺贝尔奖得主 P. W. Anderson 对还原论方法提出质疑："将万事万物还原成简单的基本规律的能力，并不包含着以这些规律重建宇宙的能力……当面对尺度与复杂性的双重困难时，重建的假设就崩溃了，其结果是大量基本粒子的复杂聚集体的行为并不能依据少数粒子的性质作简单外推就能得到理解，取而代之的是每一复杂性的发展层次中呈现了全新的性质"[16]。

3 科学的预测或构想

1965 年诺贝尔物理学奖得主 R. P. Feynmann 说："量子力学本身就存在着概率振幅、量子势以及其他许多不能直接测量的概念。科学的基础是它的预测能力，预测就是说出一个从未做过的实验中会发生什么……找出我们的预测是什么，这对于建立一种理论体系是绝对必要的"[17]。

附录 B　纳米粒子/高聚物复合物界面的特征与复杂性

1　分析纳米粒子与高聚物的主要角度

建议在设计与分析纳米粒子与高聚物基体界面时应考虑以下几个方面因素的影响：

（1）固体粒子表面特征：

1）表面尺度：原子或分子尺度（Å范围）。

2）表面理化特征：能带结构、表面能级、电离能、电子亲和势、悬挂键、吸附、表面张力与活性、表面结构稳定性、浸润性等。

3）表面理化修饰：偶联剂、相容剂、电、磁、辐射处理。

（2）基体高聚物特性：

1）表面尺度：纳米级、微米级、毫米级。

2）类型：热塑性、热固性、橡胶。

3）物理状态：晶态、非晶态、玻璃态、橡胶态、黏流态。

4）表面理化特性：能带结构、电子亲和势、极性、非极性、表面张力、不同类型静电力、表面扩散、表面张力与活性、吸附、表面形态结构易变性。

（3）粒子/基体界面相（硬/软相）：这里的"硬"是指内能作用远大于熵，"软"是指熵的作用可以与内能相比拟。

1）界面特性：两相接触会因为软/硬相的理化性质不同而出现极大差异。在过渡区会呈现理化性质不同的复杂结构；同时，随着外界环境不同、应力作用以及时间的推移，界面具有易变性。

2）粒子未处理：表面自由能大，会吸附软相，改变构象状态、分子排布、局部电荷转移、物理键合，两相为软联结。

3）粒子表面处理：界面成键会改变软相的结构形态、理化特性。

（4）界面的作用：界面可以改善或提高材料电、力、热等性能，关键问题是分散的均匀性和界面结构的确定性。

2　纳米高聚物复合材料的典型应用

一些纳米高聚物复合材料在电气工程上的典型包括耐电晕聚酰亚胺薄膜，非线性材料，防晕材料，电磁屏蔽材料，以及各类涂层与带材等。这些材料大多是薄膜，其中某些材料的界面结构是确定的，但纳米高聚物复合物大多作为体材料使用，因而分析界面结构和研究界面作用的难度要大得多。

附录 C　绝缘电介质的基础知识——电子电导与离子电导的特征与区别[18]

绝缘电介质的电子电导和离子电导的主要特征与区别的总结见表1。

表 1 电子电导与离子电导的特征与区别
Table 1 Features and differences between electronic conductivity and ionic conductivity

特征与属性	电 子	离 子
基本物理属性	量子粒子 满足 Fermi-Dirac 分布	经典粒子 满足 Maxwell-Boltzmann 分布
电导特征	能带电导（Bloch 平面波） 定域态跳跃电导（Anderson 波） 陷阱调制电导 迁移率与电子在能带中的位置或电子能级的关系极大 电子在定域态跳跃概率与势垒高度和形状均有关，对应 Poole-Frenkel 效应	弱束缚离子 热与电场活化电导 双陷阱模型 跳跃概率对应 Poole 效应，仅与势垒高度有关
极化	同极性空间电荷 金属-绝缘界面极化 定域态空间电荷极化 等效于束缚偶极子取向极化	异极性空间电荷 金属-绝缘界面极化 强束缚离子的热离子极化
导电规律	高电场低温占优势 欧姆区：难证实 温度关系：复杂（量子效应） 电场关系：复杂 例如： 在中低场强时，电流密度 $j(E)$ 与电场强度 E 的关系为 $j(E) = A_1 E^n \begin{cases} n=0, 饱和区 \\ n=1, 欧姆区 \\ n=2, 空间电荷限制电流区 \\ n>2, 非线性区（如 ZnO） \end{cases}$ 式中，A_1 为与介电常数、载流子迁移率、试样厚度有关的系数；n 为场强的指数系数。 在高场强时，电流密度 $j(E)$ 与电场强度 E 的关系为： $j(E) = A_2 \exp(-bE^m) \begin{cases} m=1/2 \text{ 当 } b<0 \\ \quad \text{Schottky 效应或 Poole-Frenkel 效应} \\ \quad \text{且 } |b|=\beta_s=2\beta_{PF} \\ m=1 \text{ 当 } b<0 \text{ Poole 效应} \\ m=-1 \text{ 当 } b>0 \text{ Fowler-Nordheim 效应} \end{cases}$ 式中，A_2、b 为与功函数有关的系数；β_s 为肖特基系数；β_{PF} 为 Poole-Frenkel 系数；m 为场强的指数系数	低电场高温占优势 欧姆区：易证实 温度关系：Arrhenius 定律 电场关系：Poole 效应
Farady 电解效应	无	有
外界压力增加	增加	减小
固化、交联	增加	减小
$t>t_g$	复杂	增加
$t>t_m$	减小	增加
电极影响	大	小
吸潮影响	小	大

参 考 文 献

［1］ Lewis T J. Nanometric dielectrics［J］. IEEE Transactions on Dielectrics and Electrical Insulation, 1994, 1（5）：812-825.

［2］ Lei Q Q, Wang F L. Thermally stimulated current studies on polyimide film［J］. Ferroelectrics, 1990, 101（1）：121-127.

［3］ Lewis T J. Interfaces are the dominant feature of dielectrics at the nanometric level［J］. IEEE Transactions on Dielectrics and Electrical Insulation, 2004, 11（5）：739-753.

［4］ Tanaka T, Kozako M, Fuse N, et al. Proposal of a multi-core model for polymer nanocomposite dielectrics［J］. IEEE Transactions on Dielectrics and Electrical Insulation, 2005, 12（4）：669-681.

［5］ Mott N F, Davis E A. Electronic processes in non-crystalline materials［M］. Oxford, UK：Oxford University Press, 1979.

［6］ 高观志, 黄维. 固体中的电输运［M］. 雷清泉译. 北京：科学出版社, 1991.

［7］ Lampert M A Mark P. Current injection in solids［M］. New York, USA：Academic Press, 1970.

［8］ Takada T, Sakai T. Measurement of electric fields at a dielectric/electrode interface using an acoustic transducer technique［J］. IEEE Transactions on Electrical Insulation, 1983（6）：619-628.

［9］ Witten T A, Pincus P A. Structured fluids：polymers, colloids, surfactants［M］. Oxford, UK：Oxford University Press, 2004.

［10］ Balazs A C, Emrick T, Russell T P. Nanoparticle polymer composites：where two small worlds meet［J］. Science, 2006, 314（5802）：1107-1110.

［11］ 雷清泉. 纳米电介质的结构及运动的时空多层次性及其思考［C］//香山科学会议. 科学前沿与未来（2009-2011）. 北京：科学出版社, 2011：158-169.

［12］ Jamtveit B, Meakin P. Growth, dissolution and pattern formation in geosystems［M］. Berlin, Germany：Springer Netherlands, 1999.

［13］ 赵亚溥. 表面与界面物理力学［M］. 北京：科学出版社, 2012.

［14］ Takada T, Maeno T, Kushibe H. An electric stress-pulse technique for the measurement of charges in a plastic plate irradiated by an electron beam［J］. IEEE Transactions on Electrical Insulation, 1987（4）：497-501.

［15］ Von Baeyer H C. Information：the new language of science［M］. Boston, USA：Harvard University Press, 2004.

［16］ Anderson P W. More is different［J］. Science, 1972, 177（4047）：393-396.

［17］ Feynman R P, Zee A. QED：The strange theory of light and matter［M］. Princeton, USA：Princeton University Press, 2006.

［18］ 雷清泉. 高聚物的结构与电性能［M］. 武汉：华中科技大学出版社, 1990.

量子力学的希尔伯特空间矢量表示法[*]

摘 要 本文概述了希尔伯特空间矢量的性质，并指出其与函数的相似性，从而介绍了狄喇克左矢及右矢的表达形式，以及这种形式表达出来的若干量子力学基本原理。

1 欧几里得空间

（1）在平面与立体解析几何中，矢量的基本运算只有加法与数量乘法，统称为线性运算。矢量用坐标的有序数组（x、y）或（x、y、z）来表示。

（2）对 n 元（x_1, x_2, $\cdots$, x_n）的 n 个联立线性方程组，

$$\begin{cases} a_{11}x_1 + a_{12}x_2 + \cdots + a_{1n}x_n = b_1 \\ a_{21}x_1 + a_{22}x_2 + \cdots + a_{2n}x_n = b_2 \\ \qquad\qquad\qquad \vdots \\ a_{n1}x_1 + a_{n2}x_2 + \cdots + a_{nn}x_n = b_n \end{cases} \quad (1)$$

若其系数矩阵

$$\boldsymbol{A} = \begin{bmatrix} a_{11} & a_{12} & \cdots & a_{1n} \\ a_{21} & a_{22} & \cdots & a_{2n} \\ \vdots & \vdots & & \vdots \\ a_{n1} & a_{n2} & \cdots & a_{nn} \end{bmatrix}$$

的行列式，$d=|\boldsymbol{A}|\neq 0$，则方程组（1）有解，并且解是唯一的。若得出解为 n 个有序数组（$a_1 a_2 \cdots a_n$），作为元素的 n 维矢量空间称解空间。对于它们也有加法和数量乘法。

（3）全体定义在闭区间 $[a, b]$ 的连续函数，它们的和以及连续函数与实数的乘积也是连续函数。

按上述，可定义在数域 P 上的线性空间 V。它的矢量应满足下面的四条加法规则：

1）结合律 $(\boldsymbol{\alpha}+\boldsymbol{\beta})+\boldsymbol{\gamma}=\boldsymbol{\alpha}+(\boldsymbol{\beta}+\boldsymbol{\gamma})$；2）交换律 $\boldsymbol{\alpha}+\boldsymbol{\beta}=\boldsymbol{\beta}+\boldsymbol{\alpha}$；3）零元素的存在 $\boldsymbol{\alpha}+0=\boldsymbol{\alpha}$，且 X 中只有一个零元素；4）负元素的存在：有 $\boldsymbol{\alpha}+\boldsymbol{\beta}=0$ 其中 $\boldsymbol{\beta}$ 称为 $\boldsymbol{\alpha}$ 的负元素，对应于每一个 $\boldsymbol{\alpha}$ 只有一个 $\boldsymbol{\beta}$。又应满足下面的两条数量乘法规则：1）结合律 $K(l\boldsymbol{\alpha})=(Kl)\boldsymbol{\alpha}$；2）单位元素的存在 $l\boldsymbol{\alpha}=\boldsymbol{\alpha}$，且 V 中只有一个单位元素。又应满足分配律 $(K+l)\boldsymbol{\alpha}=K\boldsymbol{\alpha}+l\boldsymbol{\alpha}$。

在线性空间中只有矢量间的加法与数乘的运算。它们统称为线性运算。这些运算

---

[*] 原文发表于《哈尔滨电工学院学报》，1981，4（1）：53~69。

并没有直接反映出几何中矢量的长度和夹角等性质,事实上可通过如解析几何中矢量的内积来表达这些量。

设 V 是实数域 R 上的一个线性空间,在 V 上定义了一个二元实函数,称为内积,记为 $(\boldsymbol{\alpha}, \boldsymbol{\beta})$,它具有以下性质:$(\boldsymbol{\alpha}, \boldsymbol{\beta}) = (\boldsymbol{\beta}, \boldsymbol{\alpha})$;$(K\boldsymbol{\alpha}, \boldsymbol{\beta}) = K(\boldsymbol{\alpha}, \boldsymbol{\beta})$;$(\boldsymbol{\alpha}+\boldsymbol{\beta}, \boldsymbol{\gamma}) = (\boldsymbol{\alpha}, \boldsymbol{\gamma}) + (\boldsymbol{\beta}, \boldsymbol{\gamma})$,$(\boldsymbol{\alpha}, \boldsymbol{\alpha}) \geqslant 0$,当且仅当 $\boldsymbol{\alpha} = 0$ 时,$(\boldsymbol{\alpha}, \boldsymbol{\alpha}) = 0$;式中 $\boldsymbol{\alpha}, \boldsymbol{\beta}, \boldsymbol{\gamma}$ 为 V 中任意矢量,K 为 R 中任意实数,这样的线性空间称为欧几里得空间。

例如:在线性空间 R^n 中,定义内积为:

$$(\boldsymbol{\alpha}, \boldsymbol{\beta}) = \sum_{i=1}^{n} a_i b_i$$

$\boldsymbol{\alpha} = (a_1, a_2, \cdots, a_n)$,$\boldsymbol{\beta} = (b_1, b_2, \cdots, b_n)$,$\boldsymbol{\alpha}, \boldsymbol{\beta} \in R^n$,$R^n$ 构成欧氏空间。

又如:在闭区间 $[a, b]$ 上构的连续函数全体构成线性空间,对其中的矢量 $f(x)$ 和 $g(x)$ 定义内积为:

$$(f, g) = \int_a^b f(x) g(x) \mathrm{d}x$$

则构成欧氏空间,由几何空间中的矢量可推广至有穷维空间矢量,以及为整数但 $n \to \infty$ 的无穷维空间向量,其内积 $(\boldsymbol{\alpha}, \boldsymbol{\beta}) = \sum_{i=1}^{\infty} a_i b$,$\boldsymbol{\alpha} = (a_1 a_2 \cdots a_n, \cdots)$,$\boldsymbol{\beta} = (b_1 b_2 \cdots b_n, \cdots)$,当且仅当无穷级数收敛时才有意义。若 n 值连续改变且至无穷,这样相当于一个函数可由无穷多点构成,所以,可用无穷维空间的一个矢量来决定一个函数。因此,可用类似几何的空间来定义两个函数的内积,这里当然要用积分代替求和。

应用最广且最重要的无穷维空间之一就是希尔伯特函数空间。其函数或矢量 $f(x)$ 的长度,按内积定义:

$$|f(x)| = \sqrt{\int_a^b f^2(x) \mathrm{d}x}$$

要注意 $|f(x)|$ 代表 $f(x)$ 的长度,而不是 $f(x)$ 的绝对值。所以有时写成 $\|f(x)\|$ 叫做希氏函数空间中 $f(x)$ 的范数。

2 酉空间

欧氏空间是定义在实数域 R 上的线性空间,而酉空间实际上的复数域上 C 的欧氏空间。

设 V 为复数域 C 上的线性空间,在 V 上定义一个二元复函数,称为内积,记作 $(\boldsymbol{\alpha}, \boldsymbol{\beta})$,它具有以下性质:$(\boldsymbol{\alpha}, \boldsymbol{\beta}) = (\boldsymbol{\beta}, \boldsymbol{\alpha})^*$,这里 $(\boldsymbol{\beta}, \boldsymbol{\alpha})^*$ 是 $(\boldsymbol{\beta}, \boldsymbol{\alpha})$ 的共轭复数;$(K\boldsymbol{\alpha}, \boldsymbol{\beta}) = K(\boldsymbol{\alpha}, \boldsymbol{\beta})$,$(\boldsymbol{\alpha}, K\boldsymbol{\beta}) = K^*(\boldsymbol{\alpha}, \boldsymbol{\beta})$,这里 K^* 为 K 的共轭复数;$(\boldsymbol{\alpha}+\boldsymbol{\beta}, \boldsymbol{\gamma}) = (\boldsymbol{\alpha}, \boldsymbol{\gamma}) + (\boldsymbol{\beta}, \boldsymbol{\gamma})$;$(\boldsymbol{\alpha}, \boldsymbol{\alpha})$ 为非负实数,当且仅当 $\boldsymbol{\alpha} = 0$ 时,$(\boldsymbol{\alpha}, \boldsymbol{\alpha}) = 0$,这里 $\boldsymbol{\alpha}, \boldsymbol{\beta}, \boldsymbol{\gamma}$ 为 V 中任意矢量,K 为 C 中的任意复数,这种复数线性空间称为酉空间。

在复数线性空间中,非零矢量的长度,若按实线性空间定义,可以为零,例如,平面 E_2 中以 $(1, \mathrm{i})$ 为分量的矢量长度就为零,因为长度为 $\sqrt{1 \times 1 + \mathrm{i} \times \mathrm{i}} = 0$;而若按 $(\boldsymbol{\alpha}, \boldsymbol{\beta}) = (\boldsymbol{\beta}, \boldsymbol{\alpha})^*$ 的定义,$(\boldsymbol{\alpha}, \boldsymbol{\beta}) \equiv \sum a_i b_i^*$,若 $\boldsymbol{\alpha} = (1, \mathrm{i})$,$\boldsymbol{\beta} = \boldsymbol{\alpha} = (1, \mathrm{i})$,则 $\sqrt{\boldsymbol{\alpha}, \boldsymbol{\alpha}} = \sqrt{1 + (\mathrm{i})(-\mathrm{i})} = \sqrt{2}$。由此可体会出为什么要这样下定义。

在量子力学中，因为波函数满足线性叠加原理，且为复变数的，所以复函数构成的希氏空间的内积定义为：$(f(x), g(x)) \equiv \int_a^b f(x)g(x)^* dx$。

3 希尔伯特函数空间的性质

德国数学家大卫·希尔伯特最有成效的成果之一就是指出函数与矢量间在形式上的完全一致，因此，函数与矢量两者会满足相同的公理。现将它们对照如下：

（1）一个 n 维矢量 a 定义为，对下标 ι（$i=1, 2, \cdots, n$）的每一整数可给出一个代表该矢量分量 a_1，而分量是一个数。

函数 $f(x)$ 定义为，对每一个自变量 x 的值（大多数情况，$-\infty < x < +\infty$）可给出代表该函数的数，即所谓函数的值。

（2）矢量 a 和 b 相加后构成新矢量 C，其任意分量 $C_i = a_i + b_i$，函数 $f(x)$ 和 $g(x)$ 相加构成新函数 $h(x)$，其任意一点的函数值 $h(x_1) = f(x_1) + g(x_1)$。

（3）两个矢量 a 与 b 的内积 $(a, b) = \sum_i a_i b_i$，两个定义在实数域 R 上的函数 f 和 g 的内积为 $(f, g) \equiv \int f(x)g(x)dx$，积分区域与应用时的物理条件有关。

一个矢量或一个函数的长度或模，可定义为它们自身内积的算术平方根，当为复函数时，应定义为它与其共轭复函数之乘积，

$$|a| = \sqrt{a \cdot a} \qquad |f| = \sqrt{(f \cdot f^*)}$$

假定函数平方可积，即符合勒贝格积分的函数构成的空间之条件。

（4）两个矢量或两个函数间的夹角 φ 可同样借内积来定义

$$\cos\varphi = \frac{(a, b)}{|a| \cdot |b|} \qquad \cos\varphi = \frac{(f, g)}{|f| \cdot |g|}$$

（5）两个矢量或两个函数正交时其内积为零，

$$a \perp b \Longleftrightarrow (a, b) = 0 \qquad f \perp g \Longleftrightarrow (f, g) = 0$$

（6）当两个矢量或两个函数满足下式时，

$$a \parallel b \Longleftrightarrow a = Kb \qquad f \parallel g \Longleftrightarrow f = lg$$

称为平行（或线性相关）。

在量子力学中，为了处理方便，有时要把波函数视为函数，有时又视为矢量，根据就在于矢量与函数的对应。

4 矩阵和算子

矩阵最重要的运算是它与矢量 a 的积得出另一个矢量 b，即 $b = Ma$，此时 a 为列阵（或行阵），如为列阵则记为 $\begin{pmatrix} a_1 \\ \vdots \\ a_n \end{pmatrix}$，而矩阵 M 应满足矩阵乘法的要求：M 的列数应等于 a 的行数。显然，这样矩阵 b 也为列阵 $\begin{pmatrix} b_1 \\ \vdots \\ b_n \end{pmatrix}$，若将 a 转置，记为 a^T，应为行阵 $(a_1,$

$a_2, \cdots, a_n$)。经过转置，$b^T = (Ma)^T = a^T M^T$，或一般 a 为行阵时，记为 $b = aM$，按 $b = Ma$，b 的分量为 $b_i = \sum_{k=1}^{n} m_{ik} a_k$，$b_i$ 代表矩阵 M 第 i 行与矢量 a 的内积。因为矩阵 M 使一个矢量变成另一矢量，相当于一个函数 f 使每个变数 x 的值变成函数值。如果一个矩阵作于用矢量，若与矢量相乘，结果为那个线性矢量的函数，依据线性运算条件，$M(a+b) = Ma + Mb$；$M(\lambda a) = \lambda(Ma)$。

一个算子作用于一个函数与一个矩阵作用于一个矢量是相同的。算子 $\mathbf{A}$ 可使一个函数变为另一函数，$g = \mathbf{A}f$。对一个满足线性运算的线性算子，$\mathbf{A}(f_1 + f_2) = \mathbf{A}f_1 + \mathbf{A}f_2$，$\mathbf{A}(cf) = c\mathbf{A}f$。

算子举例：$\mathbf{A}f = f + a$（加一个常数），$\mathbf{A}f = af$（乘一个常数）；$\mathbf{A}f = xf$（乘一个 x）；$\mathbf{A}f = \dfrac{d}{dx} f$（微分算子）；$\mathbf{A}f = \int K(x, x') f(x') dx' = g(x)$，含核 $K(x, x')$ 的积分算子。

通常一个算子对一个函数或一个矩阵对一个矢量有两种作用，伸缩（变长度）和旋转（变方向）。在量子力学中不起旋转作用的算子是十分重要的，即 $\mathbf{A}f = af$，函数 f 称为算子 $\mathbf{A}$ 的属于本征值 a 的本征函数。若有不同的本征函数都属于一个相同的本征值，则本征函数是简并的（或称退化的）。

量子力学采用线性厄米（或称自轭）算子，代表可观察量，它对任意两个函数 f 和 g 的作用满足：$f^* \cdot \mathbf{A}g = (\mathbf{A}^* f^*) \cdot g$，按函数内积的定义应代表对整个区域的积分。

厄米算子的本征函数和本征值在应用时有特别方便之处。例如，一个厄米算子属于不同本征值的本征函数是相互正交的。一个厄米算子作用在复函数上，始终有实本征值，因为可观察量的测值应为实数。现证明前者，$\mathbf{A}f_1 = a_1 f_1$ ①，$\mathbf{A}f_2 = a_2 f_2$ ②，式中，$a_1 \neq a_2$，将①取复共轭与 f_2 作内积，$\mathbf{A}^* f_1^* \cdot f_2 = a_1 f_1^* \cdot f_2$ ③，将②与 f_1^* 作内积，$f_1^* \cdot \mathbf{A} f_2 = a_2 f_1^* \cdot f_2$ ④，③－④得 $\mathbf{A}^* f_1^* \cdot f_2 - f_1^* \cdot \mathbf{A} f_2 = (a_1 - a_2)(f_1^* \cdot f_2)$，依据算子 $\mathbf{A}$ 厄米性，等式左端为零，所以 $(a_2 - a_1) \cdot (f_1^* \cdot f_2) = 0$，因为 $a_2 \neq a_1$，所以 $f_1^* \cdot f_2 = 0$，此即 $f_1 \perp f_2$，即相互正交。现证明后者：因为 $f^* \mathbf{A} f = f^* \cdot af = af^* \cdot f$，而 $\mathbf{A}^* f^* \cdot f = a^* f^* \cdot f$，但依据算子厄米性，左端相等，所以 $a = a^*$。

正交函数 f_o 可以归一化而成为正交归一化函数，$f_{o,n} = f_o / |f_o|$。

若 f_1 与 f_2 是同一本征函数，则 $f^* \cdot f = 1$ 意为对应概率在整个空间的积分为 1。

一般采用类似于克隆尼克符号，将正交归一化的本征函数记为：$f_{n'} \cdot f_n \equiv \int f_{n'}^* \cdot f_n d\tau = \delta \equiv \begin{cases} 0 & n \neq n' \\ 1 & n = n' \end{cases}$。

5 狄喇克的左矢与右矢

为了描述量子力学系统的态，我们引入称为态矢量的矢量（即一般所谓的波函数），不管是有限维空间或无限维空间，把它们称为右矢，记为 $|\ >$。对特定状态，例如氢原子的波函数 $\psi(\xi, t)$，以波函数的指数 $a(n, l, m)$ 代表一组描写状态的物理量或相应量子数的值，因此称 a 为态指数。这时态矢量（右矢）记为 $|a>$，如果借坐标的函数来描述体系状态，则此波函数称为在坐标表象中。坐标表象中归一化的波函数

之绝对值平方确定了该状态在给定坐标 ξ 值下的概率。波函数之值所依赖的全部变量值组的 ξ 称为表象指数。

除了使用以前的符号 $\psi_a(\xi)$ 代表坐标表象的波函数外，也可采用狄喇克括号 < | >，代表一个函数。

$$\psi_a(\xi) \equiv < \xi \mid a > \qquad (2)$$

既然右矢 | a > 代表一个量子体系的任意态 a。借助量子力学的叠加原理，可将右矢相加（进行线性组合），或以数相乘而得出一个新的右矢，代表新的态，这就反映了态叠加的物理事实。所有可能的右矢之集合就构成了一个抽象的无限维复矢量空间，这也是希氏空间。右矢的对偶（镜像）称为左矢，记为 < a |。如果用矩阵表示态矢量，则左矢是右矢的行列转置再将每一元取其共轭复数，写作 | a >$^+$ = < a |。如对波函数的其一值来说，即其共轭复数。

左矢 < a | 与右矢 | b > 的内积 < a | b >，即

$$\int_\infty a(x) b^*(x) \mathrm{d}x$$

为一个复数，且满足 < a | b > = < b | a >* 的关系。

态矢量既可用右矢，又可用左矢。所有可能的左矢构成的空间为右矢空间的对偶空间，也是希氏空间。注意左矢和右矢是不同的（它们属于不同空间，不能相加），因此它们不能用如 $R = \dfrac{z + z^*}{2}$ 的方法去求实部（一个实数），它们根本就不能分为实部与虚部。这就是为什么狄喇克把它们叫作"共轭虚量"（conjugate imaginary）而不叫作共轭复数的缘故。

设有厄米算子 $\mathbf{A}^+ = \mathbf{A}$，从左方作用在右矢上或从右方作用在左矢上，即形成一个新的右矢和左矢。

$$\mid b > = \mathbf{A}^+ \mid a > = \mathbf{A} \mid a >$$

对上式两端取"+"后得 < b | = (**A** | a >)$^+$ = < a | **A**$^+$ = < a | **A**。

现在证明厄米算子的两个本征矢量若属于不同的本征值，则正交。| a_1 > 和 | a_2 > 为算子 **A** 的两个本征矢量，分属本征值 a_1 和 a_2，则 **A** | a_1 > = a_1 | a_1 > (3)，**A** | a_2 > = a_2 | a_2 > (4)，第(3)式取共轭转置得 < a_1 | **A** = a_1 < a_1 |，用 | a_2 > 右乘得 < a_1 | **A** | a_2 > = a_1 < a_1 | a_2 > (5)，(4)式用 < a_1 | 左乘 < a_1 | **A** | a_2 > = a_2 < a_1 | a_2 > (6)，(5) - (6) 得 < a_1 | **A** | a_2 > - < a_1 | **A** | a_2 > = (a_1 - a_2)(< a_1 | a_2 >)，因为 $a_1 \neq a_2$，所以 < a_1 | a_2 > = 0，即内积为零，故 a_1 与 a_2 相互正交。

采用狄喇克记号，即内积为零，本征矢量的集合满足下列两个条件：

（1）正交归一化条件：如果 a 的本征值是分立的（它构成分立谱），则此条件为：

$$< a_1 \mid a_2 > = \begin{cases} 0 & \text{当 } a_1 \neq a_2 \\ 1 & \text{当 } a_1 = a_2 \end{cases} \qquad (7)$$

可写为
$$< a_1 \mid a_2 > = \delta_{12}$$

式中，δ 为克隆尼克符号，当它两个下标相同时等于 1，不同时等于 0。

如果 a 的本征值是连续的（它构成连续谱），则需要以狄喇克的 δ 函数来代替克隆尼克 δ 符号。δ 函数的定义如下：

$$\int_{-\infty}^{+\infty} \delta(x)\,dx = 1 \tag{8}$$

式中，当 $x \neq 0$ 时，$\delta(x) = 0$；$x=0$，$\delta(x) = \infty$。

δ 函数可看出具有下列性质：

$$\int_{-\infty}^{+\infty} f(x)\delta(x)\,dx = f(0) \tag{9}$$

由此可知

$$\int_{-\infty}^{+\infty} f(x)\delta(x-a)\,dx = f(a)$$

连续谱之正交归一化条件为 $\quad <a_1 \mid a_2> c\delta(a_1 - a_2) \tag{10}$

(2) 完备性（或封闭性）条件：在狄喇克符号中，一个任意的函数 f 可借本征函数 $\mid a_1, a_2 \cdots >$ 展开，在本征值为分立谱时可写成，

$$\mid f > = \sum_{a_1, a_2, \cdots} \mid a_1, a_2, \cdots > \alpha_{a_1, a_2, \cdots}$$

其展开系数可以借正交关系求出为：

$$\alpha_{a_1, a_2, \cdots} > = a_1, a_2, \cdots \mid f >$$

则 $\quad \mid f > = \sum_{a_1, a_2, \cdots} \mid a_1, a_2 \cdots > <a_1, a_2, \cdots \mid f >$

因此，

$$\sum_{a_1, a_2, \cdots} \mid a_1, a_2 \cdots > <a_1, a_2, \cdots \mid = \mathbf{I} \tag{11}$$

式（11）左端等于单位算子 $\mathbf{I}$。

在本征函数所属的本征值为连续谱时，有式（12）。

$$\int \mid a > <a \mid da = 1 \tag{12}$$

6 坐标、动量与能量表象

在坐标表象中，$\psi_a(\xi) \equiv <\xi \mid a >$，相当于态矢 $\mid a >$ 与所有坐标 ξ 值的内积（其中 $<\xi \mid$ 已经是归一化了，即为单位矢量）。换句话说，$<\xi \mid a >$ 的值代表态矢 $\mid a >$ 在左矢 $<\xi \mid$ 的完备基上的投影。当然也满足 $\psi_a(\xi) = <\xi \mid a > = <a \mid \xi >^*$。波函数之值 $<\xi \mid a >$，像其他内积一样，通常为复数。

一个态矢量的坐标象是唯一的。恰如在一个几何空间中任一个三维矢量可以由它在任选的三个正交单位矢量 e_1，e_2 和 e_3（正交基）上的投影来唯一决定一样，希氏空间中的态矢量也可这样确定。不过希氏空间中的基矢量是一组完备正交基矢或基函数。因为在量子力学中任何厄米算子全部本征函数构成一组完备正交的函数，因此可用它作为基。当然波函数的值就是态矢量 $\mid a >$ 在坐标 ξ 表象中的各分量。另外同一态矢量，像几何空间中可用不同坐标轴上的投影来表示那样，在量子力学中也可用不同表象来表征。

态矢量 $\mid a >$ 借助算子 $\mathbf{F}$ 的本征函数而展开为 $\mid a > = \sum_F \mid \mathbf{F} > <\mathbf{F} \mid a >$，其中系数 $<\mathbf{F} \mid a >$，称为态矢量对于算子 $\mathbf{F}$ 的表象或简称 $\mathbf{F}$ 表象，如能量表象（E-表象），

动量表象(p-表象)等。

我们用下面的例子来说明。为简单起见，考虑单个质点的态。选择两种基本函数系来描述态矢量：（1）具有分立本征值谱的算子对应的本征函数；（2）具有连续本征值谱的算子对应的本征函数。很容易将此结果推广到算子同时具有分立和连续本征谱的情况，例如，氢原子分别在束缚态与电离态时具有分立和连续谱，为了保证本征函数的封闭性就应同时包括连续和分立谱的情况。

（1）能量表象（E-表象）：选择有分立本征值谱的哈密尔顿算子的本征函数来描写态矢量$|a>$，这些本征函数在坐标表象中应写成：

$$\psi_{E_n}(\xi) = <\xi|E_n> \tag{13}$$

其复共轭本征函数的坐标表象为

$$\varphi^*_{E_n}(\xi) \equiv <\xi|E_n>^* = <E_n|\xi> \tag{14}$$

因此，
$$<E_n|\xi> = <\xi|E_n>^+ \tag{15}$$

当分立谱时，本征函数$\varphi_E(\xi)$之正交性公式为：

$$\int_\infty \varphi^*_{E_m}(\xi)\varphi_{E_n}(\xi)d\xi = \delta_{mn} \tag{16a}$$

或用狄喇克括号：

$$<E_m|E_n> = \delta_{mn} \tag{16b}$$

当连续谱时，正交性条件为：

$$<E_m|E_n> = \delta(E_m - E_n)$$

若要从态矢量的坐标表象变换至态矢量的能量表象，必须借助本征函数（13）表示展开坐标表象的函数，即以本征函数为基矢量而求其投影，即：

$$\psi_a(\xi) = \sum_n (\xi)\psi_a(E_n)$$

或
$$<\xi|a> = \sum_n <\xi|E_n><E_n|a> \tag{17}$$

式中，$<E_n|a>$为态矢量在能量表象中之波函数。

以上是分立谱。在连续谱时，$<\xi|a> = \int <\xi|E_n><E_n|a>dE$ 积分区域遍及全部连续谱值。

当体系能量为分立谱时，能量为E-表象中波函数值的独立变量。E-表象中波函数绝对值的平方决定了发现体系具有相应能量值的概率，即：

$$W(E_n) = |\psi_a(E_n)|^2 = |<E_n|a>|^2$$

而在连续谱中：
$$WdE_n = |<E_n|a>|^2 dE$$

若坐标表象中的函数是归一化的，则新表象中的函数也是归一化的，可将

$$<a|\xi> = \sum_n <a|E_n><E_n|\xi>, \text{以及} <\xi|a> = \sum_n <\xi|E_n><E_n|a>$$

代入坐标表象中（ξ-表象）的函数归一化条件中，再利用式（16a）就很容易证明此点。因为

$$\int <a|\xi><\xi|a>d\xi = \int d\xi \sum_{E_m,E_n} <a|E_m><E_m|\xi>$$

$$<\xi|E_n><E_n|a> = \sum_{E_m,E_n} <a|E_m> (\int d\xi <E_m|\xi><\xi|E_n>)$$

$$<E_n|a> = \sum_{E_m,E_n} <a|E_m> \delta_{E_m E_n} <E_n|a> = \sum_{E_n} <a|E_n>$$

$<E_n|a> = 1$,证毕。因此,$\sum_n <a|E_n><E_n|a> \equiv \sum_n |\psi_a(E_n)|^2 = 1$,这就是波函数在 E-表象中也归一化的条件(分立谱)。而在连续谱的情形是 $\int <a|E_n><E_n|a> dE = 1$。

利用式(13)的正交性(16a),从式(17)可得到反变换:

$$\psi_a(E_n) = \int \varphi_{E_m}^*(\xi) \psi_a(\xi) d\xi$$

或 $<E_n|a> = \int <\xi|E_n>^* <\xi|a> d\xi = \int <E_n|\xi><\xi|a> d\xi$ (18)

从式(18)可知,从坐标表象的函数值 $<\xi|a>$ 变换至能量表象的函数值 $<E_n|a>$ 是借函数 $<\xi|E_n>^+$ 得到的。而式(17)的变换是把能量表象的函数值变到坐标表象的函数值,是由 $<\xi|F_n>$ 实现这种变换的,此函数正是哈密尔顿算子在坐标表象中的本征函数。

(2)动量表象(p-表象):动量表象的基函数是动量算子的本征函数

$$\varphi_p(\xi) = <\xi|p> \tag{19}$$

满足正交归一化条件(连续谱)

$$\int \varphi_{p'}^*(\xi) \varphi_p(\xi) d\xi = \delta(p' - p)$$

或 $\int <p'|\xi><\xi|p> d\xi = \delta(p' - p)$ (20)

分立谱为:$<E_m|E_n> = \delta_{mn}$

将态 a 的函数 $\psi_a(\xi)$ 借式(19)的完备函数系展开可得,

$$\psi_a(\xi) = \int \varphi_p(\xi) \psi_a(p) dp$$

或 $<\xi|a> = \int <\xi|p><p|a> dp$ (21)

此为连续谱。若分立谱,为 $<\xi|a> = \sum_n <\xi|p_n><p_n|a>$。

函数 $\psi_a(p) = <p|a>$ 代表在动量表象中的态矢量 $|a>$。此函数绝对值平方等于在动量空间中的概率密度,

$$\rho(p) = \frac{dw(p)}{dp} = |<p|a>|^2 = |\psi_a(p)|^2 \tag{22}$$

与式(21)相反的变换形式为:

$$<p|a> = \int <p|\xi><\xi|a> d\xi$$

因此系统的态矢量 $|a>$ 可由取决于不同变量的几种波函数来描述,或写成:

$$|a> \to \begin{vmatrix} <\xi|a> & \xi-\text{表象} \\ <E_n|a> & E-\text{表象} \\ <p|a> & p-\text{表象} \\ \vdots & \vdots \end{vmatrix}$$

从任意表象中，如 m 表象中确定态的波函数$<\boldsymbol{m}\mid \boldsymbol{a}>$到另一表象，称为表象的变换，由式（23）得到

$$<\boldsymbol{q}\mid \boldsymbol{a}>=\sum_{m}<\boldsymbol{q}\mid \boldsymbol{m}><\boldsymbol{m}\mid \boldsymbol{a}> \tag{23}$$

式中，变换函数$<\boldsymbol{q}\mid \boldsymbol{m}>$为对应物理量 m 的算子在 q-表象中的本征函数（相当于矢量在坐标系中的分量）。式（23）的逆变换为：

$$<\boldsymbol{m}\mid \boldsymbol{a}>=\sum_{q}<\boldsymbol{m}\mid \boldsymbol{q}><\boldsymbol{q}\mid \boldsymbol{a}> \tag{24}$$

式中，变换函数$<\boldsymbol{m}\mid \boldsymbol{q}>=<\boldsymbol{p}\mid \boldsymbol{m}>^{+}$是物理量 q 对应的算子在 m-表象中的本征函数。$<\boldsymbol{m}\mid \boldsymbol{q}>=<\boldsymbol{q}\mid \boldsymbol{m}>^{+}$满足厄米条件。若式（23）中的 m 或式（24）中的 q 为连续变量，则求和必须用对变量全部数值的积分来表示。

式（23）和式（24）证明中采用了狄喇克括号，在我们从一个表象过渡至另一表象时是十分方便的。

的确，利用算子的本征函数的完备关系可得：

$$\sum_{m}\mid a_{m}\mid^{2}\equiv\sum_{m}\mid \boldsymbol{m}><\boldsymbol{m}\mid=\mathbf{I}$$

或

$$\int\mid \boldsymbol{a}_{p}\mid^{2}\mathrm{d}p\equiv\int\mid \boldsymbol{q}><\boldsymbol{p}\mid \mathrm{d}p=\mathbf{I} \tag{25}$$

利用式（25）可将方程像式（23）那样写得略有不同，

即：

$$<\boldsymbol{q}\mid \boldsymbol{a}>=\int<\boldsymbol{q}\mid \boldsymbol{p}><\boldsymbol{p}\mid \boldsymbol{a}>\mathrm{d}p$$

重复此过程，就有：

$$<\boldsymbol{q}\mid \boldsymbol{a}>=\int<\boldsymbol{q}\mid \boldsymbol{p}><\boldsymbol{p}\mid \boldsymbol{a}>\mathrm{d}p=\int<\boldsymbol{q}\mid \boldsymbol{p}><\boldsymbol{p}\mid \boldsymbol{\xi}><\boldsymbol{\xi}\mid \boldsymbol{a}>\mathrm{d}p$$

让我们考查从一种表象至另一表象的变换的某些显函数形式。例如，在一维空间中单个粒子在态 a 时的薛定谔波函数形式为，

$$<\boldsymbol{\xi}\mid \boldsymbol{a}>=\psi_{a}(\xi)$$

在 ξ 点处发现粒子的概率为：

$$W_{a}(\xi)=\mid<\boldsymbol{\xi}\mid \boldsymbol{a}>^{2}=\mid\psi_{a}(\xi)\mid^{2}$$

坐标表象和动量表象间的变换函数为：

$$<\boldsymbol{\xi}\mid \boldsymbol{p}>=\frac{1}{\sqrt{h}}\exp(ip\xi)\text{，而}<\boldsymbol{p}\mid \boldsymbol{\xi}>=<\boldsymbol{\xi}\mid \boldsymbol{p}>^{*}=\frac{1}{\sqrt{h}}\exp(-ip\xi)$$

利用式（25）的完备性质，可得：

$$\psi_{a}(\xi)=<\boldsymbol{\xi}\mid \boldsymbol{a}>=\int<\boldsymbol{\xi}\mid \boldsymbol{p}><\boldsymbol{p}\mid \boldsymbol{a}>\mathrm{d}\xi=\frac{1}{\sqrt{h}}\int\exp(ipx)>d\mid a>\mathrm{d}p$$

同样，利用$\int\mid \boldsymbol{\xi}><\boldsymbol{\xi}\mid \mathrm{d}\xi=1$

得到：

$$<\boldsymbol{p}\mid \boldsymbol{a}>=\int<\boldsymbol{p}\mid \boldsymbol{\xi}><\boldsymbol{\xi}\mid \boldsymbol{a}>\mathrm{d}\xi=\frac{1}{\sqrt{h}}\int\exp(-ip\xi)<\boldsymbol{\xi}\mid \boldsymbol{a}>\mathrm{d}\xi$$

$$=\frac{1}{\sqrt{h}}\int\exp(-ip\xi)\psi_{a}(\xi)\mathrm{d}\xi$$

这些关系如众所周知是由坐标表象到动量表象的傅里叶变换和其逆变换。

7 算子的矩阵表象

算子 **A** 的本征函数或本征矢量满足：

$$A|a> = a|a> \tag{26}$$

设想另一个算子 **B**，它并不必须与 **A** 互易，即 $|a>$ 不一定为 **B** 的本征矢量。当 **B** 作用于 $|a>$ 就会得出另外的新函数，若本征函数 $|a>$ 是完备的，则就可将新函数借此系展开，

$$B|a> = \sum_{a'} |a'><a'|B|a> \tag{27}$$

类似于 $f = \sum_{a'} |a'><a'|f> = \sum_{a'} |a'> \psi_i(a')$，而把这种展开式中的常系数称为算子 **B** 的矩阵表象：

$$<a'|B|a> \equiv \int (\psi_a'^* B \psi_a) d\xi \tag{28}$$

在 a' 与 a 为某特殊数值时，$<a'|B|a>$ 为一个数。若差 a' 与 a 跑过它们的所有可能值，就可获得这样一些数的排列（即矩阵），a' 与 a 分别构成矩阵的行与列的指数。设任一个算子 c 的矩阵表象也可以依据本征函数系 $|a>$ 展开写出：

$$c|a> = \sum_{a'} |a_t><a'|c|a> \tag{29}$$

将算子 **B** 与 **C** 依次序作用于函数 $|a>$，就可以看出：

$$BC|a = \sum_{a'} B|a'><a'|C|a> = \sum_{a', a''} |a''><a''|B|a'><a'|C|a> \tag{30}$$

由定义式（27）可知算子 **BC** 的矩阵应为：

$$BC|a = \sum_{a''} |a''><a''|BC|a> \tag{31}$$

对比式（30）和式（31），则有：

$$<a''|BC|a> = \sum_{a'} <a''|B|a'><a'|C|a> \tag{32}$$

这遵守完备条件：

$$\sum_{a'} |a'><a'| = I \tag{33}$$

若掌握了矩阵代数，就可以看出方程（32）的右边恰好是矩阵乘积的定义。方程（32）说明，依据几个算子作用在方程（27）所描述的本征函数系上的矩阵表象，代表两个算子积的这个矩阵就是分别代表这两个算子的两个矩阵之乘积。如果，两个算子为互易的，则相应的矩阵也是互易的。

8 从一个至另一个正交基系的酉变换

算子 **A** 在它自己的本征函数 $|a>$ 上的矩阵表象是一个对角矩阵，这是因为对应同一本征值之不同本征函数是彼此正交的。

$$<a'|A|a> = <a'|a|a> = a<a'|a> = a\delta_{a', a} \tag{34}$$

现在，假定有另一个厄米算子 **B**，它与 **A** 为非互易的，

$$[B, A] \neq BA - AB \neq 0 \tag{35}$$

算子 **B** 也可以定义一个本征函数：

$$B|b> b|b> \tag{36}$$

借本征函数 $|b>$，算子 **B** 的矩阵表象也是对角矩阵，但 **A** 在 $|b>$ 中的矩阵表象是非对角线的。我们可以从一个矩阵表象按下述方法变至另一个矩阵表象：设 $|b>$ 是一个能借本征函数 $|a>$ 展开的一个函数：

$$|b> = \sum_a |a><a|b> \tag{37}$$

其共轭复数式：

$$<b'|\sum_{a'}<b'|a'><a'| \tag{38}$$

方程（37）与方程（38）成为一种变换，它从函数 $|a>$ 系为基的表象变至以 $|b>$ 为基的表象。假定已知一个算子 **C** 以函数 $|a>$ 为基的表象，采用下面方法即找出算子 **C** 在函数 $|b>$ 中的一个矩阵表象：

$$<b'|C|b> = \sum_{a, a'} <b'|a'><a'|C|a><a|b> \tag{39}$$

变换矩阵 $<a|b>$，使我们从一个正交函数系变至另一个正交函数系，它具有这样的特性，即它的共轭转置等于它的逆阵，联合方程（37）与方程（38），并利用 $|b>$ 与 $|a>$ 函数系皆具有正交性，可看出这一点，

$$<b'|b> = \sum_{a, a'} <b'|a'><a'|a><a|b> = \sum_{a, a'} <b'|a'> \delta_{a', a} <a|b>$$
$$= \sum_a <b'|a><a|b> = <b'|b> = \delta_{b', b} \tag{40}$$

因此，矩阵 $<a|b>$ 与它的共轭转置 $<b|a>$ 的乘积为单位矩阵。

当一个矩阵的共轭转置等于其逆矩阵时，则此矩阵称为酉矩阵，它作的变换称为酉变换，方程（40）说明，$<a|b>$ 是酉矩阵，联系两个正交函数系（如方程（37））的变换矩阵一定是酉矩阵。当一个矩阵的共轭转置等于其本身时，即 $A^+ = (A^*)^T = A$，称此矩阵为厄米矩阵，或自轭矩阵。在一个正交函数系上的一个厄米算子的矩阵表象一定是一个厄米矩阵。

9 厄米矩阵对角线化

酉变换有极重要的应用。假设，要解方程（36），不知道其解 $|b>$，但可以设法求得它。另一方面，若碰巧知道方程（26）解的完备函数系 $|a>$。若能借函数 $|a>$ 写成方程（36），则此方程 $B|b> = b|b>$ 就变为：

$$0 = (B - b)|b> = \sum_a (B - b)|a><a|b> \tag{41}$$

将方程（41）与 $<a'|$ 作内积，就可以给出久期方程：

$$\sum_a (<a'|B|a> - b\delta_{a', a})<a|b> = 0 \tag{42}$$

方程（42）实际上是变换矩阵 $<a|b>$ 系数的联立齐次代数方程。为使方程组有非平凡（非零）解，必须使久期行列式为零，即：

$$d = |<a'|B|a> - b\delta_{a', a}| = 0 \tag{43}$$

矩阵对角线化的例子：假定$<a'|\mathbf{B}|a>$构成二阶方阵，且

$$<a'|\mathbf{B}|a> = \begin{pmatrix} \delta & \varepsilon \\ \delta & \varepsilon \end{pmatrix} \tag{44}$$

则久期方程组（42），当$<a|$取$<a_1|$与$<a_2|$时变为，

$$\begin{cases} (\delta-b)<a_1|b> + \varepsilon<a_2|b> = 0 \\ \varepsilon<a_1|b> + (\delta-b)<a_2|b> = 0 \end{cases} \tag{45}$$

如式（45）有非平凡解，久期行列式必须为零：

$$d = \begin{vmatrix} \delta-b & \varepsilon \\ \varepsilon & \delta-b \end{vmatrix} = (\delta-b)^2 - \varepsilon^2 = 0$$

方程（45）有两个根：

$$b_1 = \delta + \varepsilon \quad b_2 = \delta - \varepsilon$$

把b_1代入式（45）中任意一式得：

$$(\delta - \delta - \varepsilon)<a_1|b_1> + \varepsilon<a_2|b_1> = 0$$

则

$$<a_1|b_1> = <a_2|b_1> \tag{46}$$

这样还不能完全确定$<a_1|b_1>$与$<a_2|b_1>$，但是从酉变换条件，应有：

$$<a_1|b_1>^2 + <a_2|b_1>^2 = 1 \tag{47}$$

则式（46）和式（47）的解为：

$$<a_1|b_1> = 1/\sqrt{2}, \quad <a_2|b_1> = 1/\sqrt{2}$$

类似地将b_2代入久期方程，就可求得另一个本征函数内系数$<a_1|b_2> = -1/\sqrt{2}$，$<a_2|b_2> = 1/\sqrt{2}$，现在就可得出整个的变换矩阵：

$$<a|b> = \begin{pmatrix} <a_1|b_1> & <a_2|b_1> \\ <a_1|b_2> & <a_2|b_2> \end{pmatrix} = \frac{1}{\sqrt{2}} \begin{pmatrix} 1 & 1 \\ -1 & 1 \end{pmatrix} \tag{48}$$

也就是将本征函数$|b>$借已知函数$|a>$表示出（见式（37））。可见$<a|b>$是酉矩阵，因为它乘以它的转置（实数矩阵，不用共轭）后得到一个单位矩阵，即：

$$\frac{1}{2}\begin{pmatrix} 1 & 1 \\ -1 & 1 \end{pmatrix}\begin{pmatrix} 1 & -1 \\ 1 & 1 \end{pmatrix} = \frac{1}{2}\begin{pmatrix} 2 & 0 \\ 0 & 2 \end{pmatrix} = \begin{pmatrix} 1 & 0 \\ 0 & 1 \end{pmatrix} \tag{49}$$

方程（38）中的酉变换，是使$<a'|\mathbf{B}|a>$在$|b>$表象中成立，且对角线化的，采用代数记法，其变换类似于：

$$\sum_{a,a'} <b'|a'><a'|\mathbf{B}|a><a|b> = <b'|\mathbf{B}|b> = b\delta_{b',b} \tag{50}$$

借矩阵写出方程（44）与方程（48），则式（50）变换为：

$$\frac{1}{2}\begin{pmatrix} 1 & -1 \\ 1 & 1 \end{pmatrix}\begin{pmatrix} \delta & \varepsilon \\ \varepsilon & \delta \end{pmatrix}\begin{pmatrix} 1 & 1 \\ -1 & 1 \end{pmatrix} = \frac{1}{2}\begin{pmatrix} 1 & -1 \\ 1 & 1 \end{pmatrix}\begin{pmatrix} \delta-\varepsilon & \delta+\varepsilon \\ \varepsilon-\delta & \varepsilon+\delta \end{pmatrix}$$

$$= \begin{pmatrix} \delta+\varepsilon & 0 \\ 0 & \delta-\varepsilon \end{pmatrix} = \begin{pmatrix} b_1 & 0 \\ 0 & b_2 \end{pmatrix} = b\delta_{b'b}$$

10 再谈函数与矢量间的类似

在厄米算子的正交本征函数系与一个多维空间中相互正交（垂直）的单位矢量系

之间也存在一种数学类似。设想图1所示的二维空间，两个单位矢量 u_a 与 $u_{a'}$ 具有正交关系：
$$u_a \cdot u_{a'} = \delta_{a,a'} \tag{51}$$
则 $F = u_a(u_a \cdot F) + u_{a'}(u_{a'} \cdot F) = u_a f_a + u_{a'} f_{a'}$，展开式中的系数是 F 分别与 u_a，$u_{a'}$ 作内积而得，这就类似于一个任意函数借正交函数系的傅里叶展开式。F 类似于原函数，u_a 与 $u_{a'}$ 类似于基函数，而 f_a 与 $f_{a'}$ 类似于展开式的傅里叶系数。

任意一矢量 F 可以表示为单位矢量的线性组合。设此处有两个单位矢量，$F = \sum_a u_a f_a$，利用单位矢量的正交关系可以求出展开式中的系数 $f_a = (u_a \cdot F)$，同时也可以利用示于图2中的另一组基矢量 u_b 来表示。它与旧基矢量的关系是单纯的旋转，$u_b = \sum_a u_a (u_a \cdot u_b)$。因此式相当于把每个 u_b 视为 F，但要对 b 求和。所以 $u_a \cdot u_b$ 为矩阵，因为新基矢量也是正交的，其变换矩阵 $(u_a \cdot u_b)$ 必须是酉矩阵，
$$(u_a \cdot u_b) = \sum_{a',a} (u_{a'} \cdot u_{b'})(u_a \cdot u_a)(u_b \cdot u_b) = \sum_{a',a} (u_b \cdot u_{a'}) \delta_{a',a}(u_a \cdot u_b)$$
$$= \sum_a (u_b \cdot u_a)(u_a \cdot u_b) = \delta_{b',b} \tag{52}$$

事实上，如图2所示，变换矩阵为
$$(u_a \cdot u_b) = \begin{pmatrix} \cos\theta & -\sin\theta \\ \sin\theta & \cos\theta \end{pmatrix} \tag{53}$$
它显然是酉矩阵，因为
$$\begin{pmatrix} \cos\theta & \sin\theta \\ -\sin\theta & \cos\theta \end{pmatrix} \begin{pmatrix} \cos\theta & -\sin\theta \\ \sin\theta & \cos\theta \end{pmatrix} = \begin{pmatrix} 1 & 0 \\ 0 & 1 \end{pmatrix} = \mathbf{I} \tag{54}$$

因此，旋转操作使一个基矢量组变至另一组，类似于两个展布在相同希氏空间中不同正交函数的酉变换。

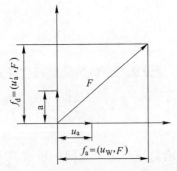

图1 二维空间中任意一矢量 F 分解成两个单位矢量 u_a 与 $u_{a'}$ 方向上的分量

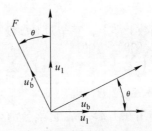

图2 矢量 F 分解为另外两个单位矢量 u_b 与 $u_{b'}$，以及两组单位矢量间的关系

希尔伯特注意到这种类似性。本征函数的正交系类似于正交单位矢量系，而变至另一个基函数系的酉变换类似于基矢的旋转，相当于算子 $\mathbf{A}$（旋转 θ 角）。而 θ 为实数，$\mathbf{A}(\mathbf{A}^*)^+ = \mathbf{A}\mathbf{A}^+ = \mathbf{I}$。这种类似性使他想到了函数之间的关系。他引入了由一个本征函数系展布的多维函数空间的概念。一般地说，系中本征函数的数目可以是无穷的，因此为无穷维空间。换句话说，可把函数想象为无穷维空间中（希氏空间）的一个矢

量。一个厄米算子的本征函数系是完备的，假若它能展布在遵守相同边界条件的所有函数所构成的希氏空间上的话。这个积分为：

$$f_a = \int \psi_a^*(\xi) f(\xi) \mathrm{d}\xi \equiv <a|f> \tag{55}$$

对应于函数 $f(\xi)$ 在本征函数 $\psi_a(\xi)$ 上的"投影"，即 f 与 ψ_a 的内积。狄喇克符号有下列优点：可同时当作函数和矢量用。下面介绍把它作为函数使用。

11 投影算子

希尔伯特空间可以分成子空间，类似于三维几何空间可分成一维与二维空间。例如，把一个函数 $f(x)$ 展开成傅里叶正弦函数，此展开式仅包括 n 的头 N 个值，$n>N$，则：

$$f(x) = \sum_{n=1}^{N} \sqrt{\frac{2}{L}} \sin\left(\frac{\pi n x}{L}\right) f_n \equiv \sum_{n=1}^{N} |n><n|f> \tag{56}$$

另外，若将基函数的扩大至无穷，但从 $f_{N+1}, f_{n+e}, \cdots, \infty, =0$，则：

$$f(x) = (f_1, f_2, \cdots) = (f_1, f_2, \cdots, f_N, 0, 0, \cdots) \tag{57}$$

因此，可以说函数 f 完全展布在由 N 个基函数 $|1>, |2>, \cdots |N>$ 所展布的希氏空间内的一部分内。现在假定，有另一函数 $g(x)$，它的希氏空间正弦级数展开式仅包括基函数 $|N+1>, |N+2>, \cdots$，

$$g(x) = \sum_{n=N+1}^{\infty} |n><n|g> = (g_1, g_2, \cdots) = (0, 0, \cdots, 0, g_{N+1}, g_{N+2}, \cdots) \tag{58}$$

可知 $f(x)$ 与 $g(x)$ 的内积为零，即：

$$(f, g) = \int_0^L f^*(x) g(x) \mathrm{d}x = f_1^* g_1 + f_2^* g_2 + \cdots = 0 \tag{59}$$

这一点必须始终如一。当两个函数出现在希氏空间中不同部分时，（这两个函数所在的希氏子空间当然应是正交的）算式：

$$\mathbf{P} = \sum_{n=1}^{N} |n><n| \tag{60}$$

作用在函数 $|f>$ 上，完全对 $|f>$ 没有影响，因为函数经分解与合成后还是其自身，

$$\mathbf{P}|f> = \left(\sum_{n'=1}^{N}|n'><n'|\right)\left(\sum_{n=1}^{N}|n>f_n\right) = \sum_{n', n=1}^{N}|n'>\delta_{n'n}f_n = \sum_{n=1}^{N}|n>f_n = |f> \tag{61}$$

而若 $\mathbf{P}$ 作用在 $|g>$ 上，它就会消灭 $|g>$，因为 P 所对应特定子空间中所有基矢量与 $|g>$ 正交。若 P 作用在一普通函数上，它保持这个函数的一些部分，这些部分位于由基函数 $|1>, |2> \cdots |N>$ 所展布的希氏空间内，而另一部分，它位于外边，就会消失。我们把这类算子称为投影算子，它把一个在希氏空间的一个特定子空间内函数分量投影出来。当希尔伯特空间分成子空间时，单位算子就会分解成一串投影算子，每个投影算子对应一个特定的子空间。例如，我们可写：

$$I = \sum_{n=1}^{\infty} |n><n| = \sum_{n=1}^{N} |n><n| + \sum_{n=N+1}^{\infty} |n><n| P + P' \tag{62}$$

像式（62）这样的方程叫做单位算子的谱分解。对应于希尔伯特空间的一定子空

间的投影算子对任意函数的影响是，把这个函数放在子空间外的分量割弃。另一方面，若这个函数已经完全地放在子空间内，则它不会有任何影响。

12 投影算子之一例

若有投影算子 M：
$$M = |n><n|$$
则其平方为：
$$M^2 = |n><n|n><n| = |n|^2|n><n| = |n|^2 M$$
如 $|n>$ 为单位矢量，则得：
$$M^2 = M$$
即它是满足以下代数方程的：
$$M^2 - M = 0$$
由此易看出它的本征值 M'
$$M|M'> = M'|M'>$$
由代数方程得出有两个值，$M'=0$ 及 $M'=1$，其对应本征函数 $|M'>$ 我们写为 $|0>$ 及 $|1>$。这两个本征函数应该是正交的，即
$$<0|1> = 0$$
这两个本征函数为基，可以生成一个二维空间。在此二维空间中，单位算子具有如下关系
$$I = |0><0| + |1><1|$$
当以此两个本征函数（须满足正交归一条件）为基时，投影算子应为对角矩阵，而且其对角线各元的值就是它的各本征值，故投影算子为
$$M = \begin{vmatrix} 1 & 0 \\ 0 & 0 \end{vmatrix}$$
因为这两个本征函数 $|0>$ 及 $|1>$ 须满足
$$M|0> = 0|0>$$
$$M|1> = 1|1>$$
所以必然为
$$|0> = \begin{vmatrix} 0 \\ 1 \end{vmatrix}$$
$$|1> = \begin{vmatrix} 1 \\ 0 \end{vmatrix}$$
欲求 M 以 $|0>|1>$ 之表达式，借助于 $MI=M$ 便可得出
$$M = |1><1|$$
这与上一节所述单位矩阵为投影矩阵之和相符。

任何一个二维右矢 $|b>$ 可以按 $|0>$ 及 $|1>$ 分解
$$|b> = b_1|0> + b_2|1>$$
又
$$I|b> = |0><0|b> + |1><1|b>$$
故
$$|b> = b_1|0> + M|b>$$
其中
$$b_1 = <0|b>$$
投影算子在例如基本粒子的研究中很有用途，但这里不谈了。

参 考 文 献

[1] 北京大学数学力学系. 高等代数 [M]. 北京：人民教育出版社，1978.
[2] 狄喇克. 量子力学原理 [M]. 陈咸亨译. 北京：科学出版社，1979.
[3] Gyrthsen, Kneer, Vogel. Physik [M]. Berlin, Springer-Verlag, 1977.
[4] Frederik W, Byron Jr, Robert, W. Fullef. Mathematics of Classical and Quantum Physics [M]. Addison-Wesley, 1969.
[5] John Avery. The Quantum Theory of Atoms, Molecules, and Photons [M]. McGraw-Hill, 1972.

固体电介质的高场电导*

1 引言

固体电介质电导本质的研究一直引人注目，不仅因为它对高压设备中绝缘材料和半导体器件有极为重要的工程价值，而且还有探索材料结构和性能关系的理论价值。按照能带理论，理想绝缘体不存在自由载流子（电子或空穴）。然而，实际电介质由于本征或杂质机理，例如从电极注入或杂质（施主或受主）的热电离，在其扩展态（导带或价带）内存在少量自由载流子，而有一定的导电性。电介质在均匀电场 E 中的电流密度为：

$$j = nev_E = ne\mu E = \sigma E$$

式中，n 为自由载流子密度；μ 为自由载流子迁移率；σ 为自由载流子电导率。因此，计算电导率必须计算载流子密度 n 和其迁移率 μ。

确定电介质的电导机理，必须研究电导率和时间、温度以及电场强度的关系。本文介绍电介质稳态电导和场强的非线性关系，阐明经典 Poole-Frenkel（简写成 PF）效应和一些作者[1~7]在对 PF 效应所作的补充和修改后而导出的电导率-场强公式。

2 高场电导机理——PF 效应

电介质高场电导公式多数是依据 Schottky 和 Poole-Frenkel 效应建立的。Schottky 效应取决于电极-电介质界面接触时电荷镜象力和外电场作用而产生位垒下降，使发射载流子数增加，显然它与电极材料有关。PF 效应是电场使电介质体内可电离中心的库仑位垒降低，因而热发射载流子数增加，它与电介质中杂质、缺陷以及晶区和非晶区界面所引起的陷阱有关。

2.1 单一（孤立）PF 中心电导

Hill[1]认为，当电介质中可电离 PF 中心密度不大，以致邻近 PF 中心的库仑场不会相互叠加时称为单一 PF 中心。依据两个邻近中心最短距离为位垒极大值处至中心距离的两倍的假设，求出 PF 中心密度的绝对上限为：

$$N_{\max} = \frac{1}{(x_{\min})^3} = (eE^{1/2}\beta_{\text{PF}}^{-1})^3$$

β_{PF} 为 PF 系数。当 $N > N_{\max}$，邻近中心库仑场相互叠加，称为多重中心。

2.1.1 一维 PF 效应

设电介质内一个电子处在位置固定的单个电荷的正离子库仑场中。加电场 E 后位

---
* 原文发表于《物理》，1985，11（5）：262~267。

能变化如图 1 所示。将载流子释放位垒降低方向称为前进方向，位垒升高方向称为逆动方向。前进方向位能为：

$$\phi_x = -\frac{e^2}{4\pi\varepsilon_0\varepsilon_r x} - eEx \tag{1}$$

存在极大值，依据 $\frac{\partial \phi_x}{\partial x}=0$，求得：

$$x_{PF} = \left(\frac{e}{4\pi\varepsilon_0\varepsilon_r E}\right)^{\frac{1}{2}} \tag{2}$$

$$\Delta\phi_{PF} = \left(\frac{e^3 E}{\pi\varepsilon_0\varepsilon_r}\right)^{\frac{1}{2}} = \beta_{PF} E^{1/2} \tag{3}$$

$$\beta_{PF} = \left(\frac{e^3}{\pi\varepsilon_0\varepsilon_r}\right)^{\frac{1}{2}} \tag{4}$$

式中，e 为电子电荷；ε_0 为真空介电系数；ε_r 为相对高频介电系数。对 Schottky 效应，$\beta_S \equiv \frac{1}{2}\beta_{PF}$。

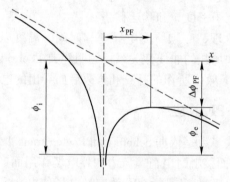

图 1　一维 PF 效应位能图
ϕ_i—零场电离能

按习惯以电子作载流子，对空穴可类似处理。通常，计算电子前进方向位垒不会有困难，可是确定逆动方向位垒变化会有许多困难，因此一些作者为改进 PF 效应就依据各种不同极限条件而提出假设。

第一种极限条件（简称条件 A）：Frenkel 假定电场很强，逆动方向电子位垒增高以至无限，电子受电场压抑而根本不能释放，当然实际电介质厚度有限，位垒不会无限增加。从图 1 可知释放电子的有效位垒高度 $\phi_e = \phi_i - \Delta\phi_{PF} = \phi_i - \beta_{PF}E^{\frac{1}{2}}$，求得平衡时自由电子密度

$$n = N\exp\left(-\frac{\phi_e}{2kT}\right) = n_0\exp\left(\frac{\beta_{PF}E^{\frac{1}{2}}}{2kT}\right) \tag{5}$$

式中，$n_0 = N\exp\left(-\frac{\phi_i}{2kT}\right)$ 为零场时自由电子密度；N 为可电离中心密度。公式（5）适合于本征或掺杂的非补偿半导体和某些非晶态电介质，因为载流子复合数比例为 n^2，对

掺杂补偿半导体，因为载流子复合数比例为 n，则平衡时自由电子密度为：

$$n = N\exp\left(-\frac{\phi_e}{kT}\right) = N\exp\left(-\frac{\phi_i}{kT}\right)\exp\left(\frac{\beta_{PF}E^{\frac{1}{2}}}{kT}\right) \tag{6}$$

PF 效应所给出的电导率和场强的公式为：

$$\sigma = \sigma_0\exp\left(\frac{\beta_{PF}E^{\frac{1}{2}}}{2kT}\right) \tag{7}$$

式中，σ_0 为低场电导率。$\ln\sigma - E^{\frac{1}{2}}$ 图形的斜率，在恒定温度下完全与电介质介电系数有关。

2.1.2 三维 PF 效应

2.1.2.1 电子释放方向是分立的

Adamec 和 Calderwood[2] 采用简化方法，将可电离中心置于三个相互垂直的轴上，其一的半轴沿外电场方向，因此，电子有六个分立的释放方向。

在上述的条件 A 下自由电子密度为：

$$n = 4\cdot\frac{N}{6}\exp\left(-\frac{\phi_i}{2kT}\right) + \frac{N}{6}\exp\left[-\left(\frac{\phi_i - \beta_{PF}E^{\frac{1}{2}}}{2kT}\right)\right] = n_0\cdot\frac{4 + \exp\left(\frac{\beta_{PF}E^{\frac{1}{2}}}{2kT}\right)}{6} \tag{8}$$

第二种极限条件（简称条件 B）：假设外电场低而不改变电子逆动方向释放位垒高度，这是一种近似。此时自由电子密度为：

$$n = n_0\cdot\frac{5 + \exp\left(\frac{\beta_{PF}E^{\frac{1}{2}}}{2kT}\right)}{6} \tag{9}$$

实际条件应介于条件 A 与条件 B 之间，简称条件 C，粗略解答时，Hill[1] 假设逆动方向位垒增加与前进方向位垒下降值相等，但认为这没有物理依据。Adamec 和 Calderwood[2] 也认为在逆动方向，电子与正电 PF 中心的距离大到位垒增量和前进方向位垒减量相等时就是自由的，可得自由电子密度和电导率分别为：

$$n = n_0\cdot\frac{2 + \cosh\left(\frac{\beta_{PF}E^{\frac{1}{2}}}{2kT}\right)}{3} \tag{10}$$

$$\sigma = \frac{\sigma_0}{3}\left[2 + \cosh\left(\frac{\beta_{PF}E^{\frac{1}{2}}}{2kT}\right)\right] \tag{11}$$

2.1.2.2 电子释放方向是连续的

通常电子释放方向沿空间连续变化。假设电子受位于 $r=0$ 的正离子吸引，在均匀电场 E 中电子位能为：

$$\phi_r = -\frac{e^2}{4\pi\varepsilon_0\varepsilon_r r} - eEr\cos\theta$$

式中，θ 为 r 与 E 间夹角。当 $0 \leq \theta \leq \frac{\pi}{2}$，电子释放位垒降低，属于前进方向的半球面。

依据 $\frac{\partial \phi_r}{\partial r} = 0$，同理可得：

$$r_{PF} = \left(\frac{e}{4\pi\varepsilon_0\varepsilon_r E\cos\theta}\right)^{\frac{1}{2}} \tag{12}$$

$$\Delta\phi_{PF} = \beta_{PF}(E\cos\theta)^{\frac{1}{2}} \tag{13}$$

Jonscher[3]依据上述条件 A，假定电子释放概率为球形对称，导出自由电子密度为：

$$n = \frac{N}{2}\int_0^{\frac{\pi}{2}} \exp\left(-\frac{\phi_i - \Delta\phi_{PF}}{kT}\right)\sin\theta d\theta = N\exp\left(-\frac{\phi_i}{kT}\right)\{\alpha^{-2}[1+(\alpha-1)\exp(\alpha)]\} \tag{14}$$

式中，$\alpha = \frac{\beta_{PF}E^{\frac{1}{2}}}{kT}$。

Hartke[4]依据条件 B 求得：

$$n = \frac{N}{2}\int_0^{\frac{\pi}{2}} \exp\left(-\frac{\phi_i - \Delta\phi_{PF}}{kT}\right)\sin\theta d\theta + \frac{N}{2}\int_{\frac{\pi}{2}}^{\pi} \exp\left(-\frac{\phi_i}{kT}\right)\sin\theta d\theta$$

$$= N\exp\left(-\frac{\phi_i}{kT}\right) \times \left\{\alpha^{-2}[1+(\alpha-1)\exp(\alpha)] + \frac{1}{2}\right\} \tag{15}$$

Adamec[5]依据条件 C 导出：

$$n = \int dn = \frac{N}{2}\int_0^{\frac{\pi}{2}} \exp\left[-\frac{\phi_i - \beta_{PF}(E\cos\theta)^{\frac{1}{2}}}{2kT}\right]\sin\theta d\theta + \frac{N}{2}\int_0^{\frac{\pi}{2}} \exp\left[-\frac{\phi_i + \beta_{PF}(E\cos\theta)^{\frac{1}{2}}}{2kT}\right]\sin\theta d\theta$$

$$= N\exp\left(-\frac{\phi_i}{2kT}\right) 2\omega^{-2}(1 + \omega\sinh\omega - \cosh\omega) \tag{16}$$

式中，$\omega = \frac{\alpha}{2} = \frac{\beta_{PF}E^{\frac{1}{2}}}{2kT}$，采用 $2kT$ 或 kT 取决于电介质内陷阱中心的特征分布或上述的本征或杂质半导体的特性。

将式（16）推至条件 A，积分后得：

$$n = N\exp\left(-\frac{\phi_i}{2kT}\right)\omega^{-2}[1+(\omega-1)\exp(\omega)] \tag{17}$$

推至条件 B，积分后得：

$$n = N\exp\left(-\frac{\phi_i}{2kT}\right) \times \left\{\omega^{-2}[1+(\omega-1)\exp(\omega)] + \frac{1}{2}\right\} \tag{18}$$

Adamec[5]计算式（16）、式（17）和式（18）并作图，如图 2 所示。显然，低场时在逆动方向释放的载流子的正确解答应在极限条件 A 与条件 B 之间，所以条件 C 有道理。高场时因前进方向的半球内释放载流子剧增，因此按条件 A、条件 B 和条件 C 计算的结果相近$\left(设 n_0 = N\exp\left(-\frac{\phi_i}{2kT}\right)\right)$。

2.1.2.3 Ieda 等[6]对 PF 效应的改进

Mott 和 Davis[8]在叙述高场 PF 效应时，援引 Jonscher[3]和 Hartke[4]的三维 PF 效应修改公式，并认为要把 β_{PF} 的实验值和理论值作对比似乎时机不成熟。后来，Mott 和

Davis[9]在论述同一内容时，改用了Ieda等[6]的改进，道理在于逆动方向的位垒计算有清晰的物理概念。

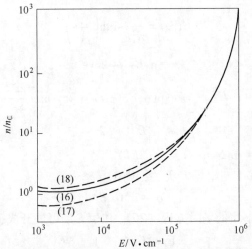

图2 按条件C，条件A和条件B所得的方程（16），方程（17）和
方程（18）计算的相对载流子密度与场强的关系曲线

Ieda等认为要确定逆动方向位垒增加虽有许多困难，但是依据物理概念预示电子逆动方向位能只能增至一定数值。因为固体电介质中，当电子离开带正电离子一定距离就可认为是自由的，一般为5~10倍晶格离子间距，约为15~30Å。可以设想电子和晶格振动相互作用交换能量，而存在一种状态，此时电子转移至自由空间（导带）的概率大于至基态的概率。他们用δ表示此状态的能量，依赖于晶格热振动，约为kT。因此，Ieda等假定受电场畸变的导带底下部的电子获得能量$\delta \sim kT$后就成为自由电子，根据这点就可确定所有方向位垒高度的改变。

从图3可知，在逆动方向$[-e(\boldsymbol{E} \cdot \boldsymbol{r})<0]$，按假定可确定自由电子与正离子的距离为：

$$r_\delta = e^2/(4\pi\varepsilon_0\varepsilon_r\delta) \quad (19)$$

计算后得位垒增量为：

$$\Delta\phi_\delta = \beta_{PF}^2 E\cos\theta/(4\delta) \quad (20)$$

在前进方向$[-e(\boldsymbol{E} \cdot \boldsymbol{r})>0]$，当$\delta$小，$r_\delta \geqslant r_{PF}$，即$\beta_{PF}(E\cos\theta)^{\frac{1}{2}} \geqslant 2\delta$，可得位垒减量为：

$$\Delta\phi_{PF} = \beta_{PF}(E\cos\theta)^{\frac{1}{2}} - \delta \quad (21)$$

当δ大，$r_\delta \leqslant r_{PF}$，即$\beta_{PF}(E\cos\theta)^{\frac{1}{2}} \leqslant 2\delta$，则：

$$\Delta\phi_{PF} = \Delta\phi_\delta = \beta_{PF}^2 E\cos\theta/(4\delta) \quad (22)$$

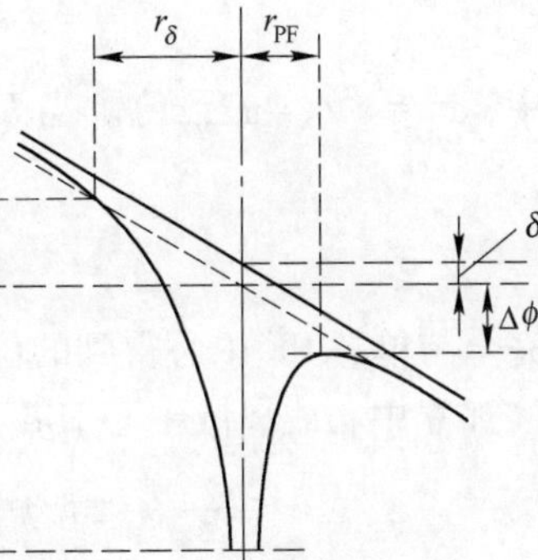

图3 均匀电场中束缚于正离子的电子位能图

假定电子释放方向是球形对称的，则自由电子密度：

$$n = \frac{N}{4\pi}\int_0^{\frac{\pi}{2}} \exp\left(-\frac{\phi_i - \Delta\phi_{PF}}{2kT}\right) 2\pi\sin\theta d\theta + \frac{N}{4\pi}\int_0^{\frac{\pi}{2}} \exp\left(-\frac{\phi_i + \Delta\phi_\delta}{2kT}\right) 2\pi\sin\theta d\theta$$

积分上式后得：

$$n = N\exp\left(-\frac{\phi_1}{2kT}\right)G(E) = n_0 G(E) \qquad (23)$$

$$G(E) = \frac{4r}{\alpha_1^2 E}\sinh\left(\frac{\alpha_1^2 E}{4r}\right)$$

$$\alpha_1 E^{\frac{1}{2}} \leqslant 2r \qquad (24)$$

$$G(E) = \frac{1}{\alpha_1^2 E}\left[(\alpha_1 E^{\frac{1}{2}} - 1)\exp(\alpha_1 E^{\frac{1}{2}} - r) - 2r\exp\left(\frac{-\alpha_1^2 E}{4r}\right) + \exp(r)\right]$$

$$\alpha_1 E^{1/2} \leqslant 2r \qquad (25)$$

式中，$\alpha_1 = \beta_{PF}/(2kT) = \alpha/2\sqrt{E}$，$r = \delta/(2kT)$。

假定自由电子迁移率与电场 E 无关，则电导率为：

$$\sigma = \sigma_0 G(E) \qquad (26)$$

式中，σ_0 为低场电导率。低场时方程（26）中 $G(E)$ 可展开成幂级数，则：

$$\sigma = \sigma_0\left[1 + \frac{1}{6}\left(\frac{\alpha_1^2 E}{4r}\right)^2 + \frac{1}{120}\left(\frac{\alpha_1^2 E}{4r}\right)^4 + \cdots\right] \qquad (27)$$

因此，低场电导率服从欧姆定律。高场时，方程（24）和方程（25）接近单一的指数特征。

2.2 多重 PF 中心电导

Johnsen 和 Weber[7] 研究三个邻近 PF 中心库仑场的叠加。无外电场时由于库仑场叠加而使载流子基态电离能降低 $\Delta\phi$，如图 4（a）所示。假定 PF 中心空着时带正电，电子占据时为中性。一维时加电场 E 后电子前进方向位垒降低为 ϕ_{1m}，逆动方向位垒升高为 ϕ_{2m}，如图 4（b）所示。位垒可示为 PF 中心距离 s 和电场 E 的函数，则：

$$\phi_{1m}(E, s) = \phi_1 - \frac{\alpha_2}{s}f(E, s) \qquad (28)$$

式中，$\alpha_2 = e^2/(4\pi\varepsilon_0\varepsilon_r)$。当 $E = 0$，$\frac{\alpha_2}{s}f(0, s) = 4\frac{\alpha_2}{s}$，高场时：

$$\phi_{1m} = \phi_1 - \beta_{PF}E^{1/2}$$
$$\phi_{2m} = \phi_{1m} + eEs$$

这完全与单一 PF 中心得到的位垒降低相一致，所以 PF 效应给出了高场和中心间距离远（孤立中心或离散中心 Hill[1]）时的极限情况。

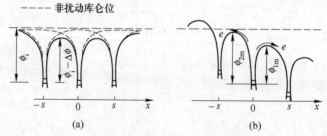

图 4 多重 PF 中心库仑位叠加
（a）无电场；（b）有电场

经过计算得高场时电导率具有 PF 效应的特征。低场时，由于 PF 中心库仑场叠加而使电导率增加，因此低场时电导影响大于高场。

3 理论与实验结果的对照

按 PF 机理，$\ln\sigma$-$E^{\frac{1}{2}}$ 图形应为直线，其斜率在定温下取决于 β_{PF}。一些材料如晶态白云母和非晶态锗和碳具有 PF 电导。Simmons[10]发现材料内含带电陷阱、施主中心和中性陷阱时也有 PF 电导。Staryga 和 Swiatek[11]发现多晶对联二苯薄膜具有 PF 机理。在计算 β_{PF} 的理论值时取 $\varepsilon_r = 3.5$，其理论值和实验值如表 1 所示，可见两者极为相近，其微小差异可能是试样内存在施主或受主中心或电场不均匀所致。

Ieda 等[6]将 Hirai 和 Nakada[12]研究聚丙烯腈薄膜的电导率测量数据绘于图 5。从该图可知，Ieda 等[6]的改进公式与实验数据十分一致。

表 1 PF 系数的理论值和实验值

薄膜厚度/μm	温度/K	$\left(\dfrac{\beta_{PF}}{kT}\right)_{exp}$ / $m^{\frac{1}{2}} \cdot V^{-\frac{1}{2}}$	$\left(\dfrac{\beta_{PF}}{kT}\right)_{theor}$ / $m^{\frac{1}{2}} \cdot V^{-\frac{1}{2}}$
2.6	298	1.2×10⁻³	1.8×10⁻³
3.5	298	1.7×10⁻³	1.8×10⁻³
1.7	298	1.4×10⁻³	1.8×10⁻³

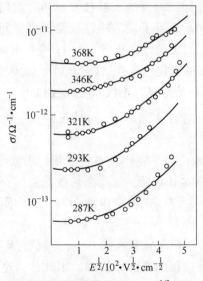

图 5 聚丙烯腈薄膜的 $\ln\sigma$-$E^{1/2}$ 曲线

[数据引自 Nakada 等[12]，实线代表从方程（24）和方程（25）的计算值]

Adamec 和 Calderwood[2]将测量聚合物电导率的数据和他们的理论计算作对比，发现两者有很好的一致关系。例如，图 6（a）表示 80℃时聚对苯二甲酸乙二酯（PET）稳态电导率和场强关系，取 $\varepsilon_r = 3.7$，$\sigma_0 = 1.3 \times 10^{-17} \Omega^{-1} \cdot cm^{-1}$ 按方程（11）作理论曲线；图 6（b）为 250℃时聚酰亚胺（PI）的电导率和场强的关系[13]，取 $\varepsilon_r = 2.5$，$\sigma_0 =$

$5.2\times10^{-14}\Omega^{-1}\cdot cm^{-1}$ 按方程（11）作理论曲线。

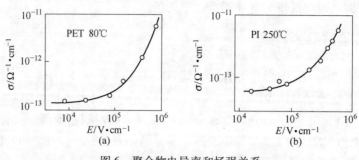

图6 聚合物电导率和场强关系

4 结论与讨论

本文的结论与讨论主要有以下几个方面：

（1）PF效应是电介质高场电导的重要机理，有着理论和重大实用价值。一些作者[1~7]为改进PF效应而导出的理论公式与特定的实验结果虽然很好一致，但缺乏普适性，这说明理论与实验二者皆有不足之处。通常 $(\beta_{PF})_{exp} = (0.5\sim1)(\beta_{PF})_{theor}$，其道理在于电介质中施主、受主和陷阱的能级分布，Schottky效应在电场作用下载流子有效温度高于晶格温度[14]等皆使实际的 β_{PF} 下降。另外，理论公式中许多参数值往往不是唯一的，因而不能建立详细的机理，各种公式和参数的选择必须依据电场 E 和温度指数的物理合理性或能够足够区分详细机理的实验技术。还有均匀电场的假设，对存在陷阱的非晶态材料，由于电极注入载流子被陷阱俘获而形成空间电荷会畸变电场，特别在中场区影响更大，且存在空间电荷限制电流（SCLC），出现电流密度 $j\propto E^2$ 的特性曲线。同时各种慢速极化引起的极化电流会给稳态电导测量带来极大的困难。

（2）Ieda等[6]导出的 σ-E 方程，不仅适合高场极限的PF方程，还适合低场极限欧姆定律。因此，公式适合的场强范围大，同时 $\ln\sigma$-$E^{\frac{1}{2}}$ 图形的理论斜率稍有减小，较普通PF方程更接近实验结果。

（3）Hill[1]对经典PF效应作了完整和系统分析，考察了单一和多重PF中心的电导，单纯隧道电导和热促进隧道电导，认为高场或低温区，从陷阱能级至导带的隧道效应占优势，高温或低场区，应以热促进电离为主，而中间区应以热促进隧道电离表征，并作了理论分析。

（4）Jonscher和Ansari[14]在研究非晶态SiO薄膜的光电导时，发现光电导也服从PF定律，但不能借普通PF过程的概念来解释。因此认为电场促进类施主中心电导过程，并不是像普通PF效应那样在导带产生自由载流子，而是局域载流子在陷阱能级内作热跳跃（hopping）运动，以及在陷阱密度高时会引起载流子有效温度分布且高于晶格温度。Kulshrestha和Srivastava[15]在研究溶液生长聚苯乙烯高场电导时，发现 $\log\sigma$-$V^{\frac{1}{2}}$ 实验曲线完全服从Jonscher和Ansari对PF机理的改进。

（5）在定常温度下，PF效应决定的 $\ln\sigma$-$E^{\frac{1}{2}}$ 曲线的斜率，只与介电系数 ε_r 有关。因此选择 ε_r 就极为重要。许多作者对 ε_r 选择存在不确定性，例如一些作者模糊地写成介电系数；Jonscher[3]和Ieda等[6]认为ε_r为高频介电系数；Mott和Davis[9]认为大概为高频介电系数；Adamec[2]认为ε_r是静态介电系数，因为载流子在离开PF中心的库仑位区要经过几次受陷和脱陷过程，所以离开缓慢，会使周围媒质建立稳态极化。Hill[1]认为：PF电离中心的主要特征是存在一个局域的库仑场，PF效应的系数β_{PF}的绝对值与库仑场的数值有关，对由杂质、局部的非化学计算物质或缺陷构成的PF中心的系统可认为β_{PF}是常数，但不能直接进行计算，因为作用在载流子上的库仑力由有效介电系数决定是值得怀疑的。所以，从目前的试验结果还没有足够事实对β_{PF}的绝对值下定义。在Hill[1]的讨论中，认为ε_r既不是整个电介质的低频又不是高频介电系数，或许为有效介电系数$(\varepsilon_\infty^{-1}-\varepsilon_s)^{-1}$，$\varepsilon_\infty$和$\varepsilon_s$分别为高频和低频介电系数，适合于Mott和Gurney为极性材料提出的理论公式。用于非极性材料却成问题，因为当ε_∞与ε_s相近时，有效介电系数为无限大，$\beta_{PF} \to 0$。另外，电子引起周围晶格的畸变而产生的自陷态与杂质或缺陷引起的局域态是有差别的，自陷态没有固定中心，永远跟着电子从晶体内一处移至另一处，而PF中心是不可移动的。因此，对ε_r的确定仍有待于继续研究。

参 考 文 献

[1] R. M. Hill. Phil. Mag., 1971, 23: 59.
[2] A. Adamec, J. H. Calderwood. J. Phys. D., 1975, 8: 551.
[3] A. K. Jonscher. Thin Solid Films, 1967, 1: 213.
[4] J. L. Hartke. J. Appl. Phys., 1968, 39: 4871.
[5] A. Adamec. In 1977 World Electrotechnical Congress, in Moscow, 1977, 6: 21-25.
[6] M. Ieda, et al. J. Appl. Phys, 1971, 42: 3737.
[7] U. Johnsen, G. Weber. Progr. Colloid of Polymer Soi, 1978, 64: 174.
[8] N. F. Mott, E. A. Davis. Electronic Processes in Non-Crystalline Materials, Oxford, 1971: 266.
[9] N. F. Mott, E. A. Davis. Electronic Processes in Non-Crystalline Materials, Oxford, 1979: 96.
[10] J. G. Simmons. Phys. Bev, 1968, 166: 912.
[11] E. Staryga, J. Swiatek. Thin Solid Films, 1979, 56: 311.
[12] T. Hiari, N. Nakada. Japan. J. Appl. Phys., 1968, 7: 112.
[13] J. R. Hanscomb, J. H. Calderwood. J. Phys. D, 1973, 6: 1093.
[14] A. K. Jonscher, A. A. Ansari. Phil. Mag., 1971, 23: 205.
[15] Y. K. Kulshrestha, A. P. Srivastava. Thin Solid Films, 1980, 69: 269.

三、报告篇

纳米电介质的结构及运动的时空多层次性及其思考[*]

1 学术讨论会主题的重要性

1.1 纳米电介质的主要研究内容

纳米电介质材料的含义：包括纳米点，纳米线或管，纳米薄膜或多层膜材料；将纳米结构单元自身通过物理或化学方法构筑的或组装成的材料，或将其加入到不同类型基体中形成的纳米复合材料。

研究内容：在传统的电介质微观结构—宏观性能理论的基础上，加强介观或纳米尺度结构对微观结构及宏观性能之间关联的作用，以及介观结构对宏观性能的调控作用等基础研究，探索建立微观结构（各相的分子结构、微粒类型、尺寸与分布）—介观结构（表面、界面和形态结构）—宏观性能（力学、介电、击穿与电老化）三者之间的相互关系与理论模型。纳米电介质学科研究涉及过去从未研究过的非宏观、非微观的介观领域，从而将开辟认识电介质学科的新层次，极大地提升电介质学科的基础理论研究水平，发现新材料，建立新概念和新学科体系。

学科交叉：涉及凝聚态物理学、材料科学、表面与界面科学、电气与电子工程以及信息科学与工程等多学科交叉。

1.2 电介质材料及其相应的电介质理论发展趋势

电介质材料粗略分为：绝缘，功能和信息电介质材料等。与其他电介质材料一样，电力工程的发展与绝缘材料的改性及更新换代休戚相关。电与绝缘始终相伴而生，第一代出自天然材料，如玻璃、云母、陶瓷、空气、矿物油、植物油、天然橡胶、木材、沥青等，第二代出自人造或合成材料，如SF_6，硅油，高分子材料等；目前包括在用于交直流超高电压绝缘的第二代材料已进入到成熟期，从工程应用上看，不仅对中、高电压的应用存在许多弊端，而且远远不能满足超高电压技术的发展。因此，取而代之的应是第三代纳米电介质绝缘材料。

绝缘纳米电介质材料的发展：近期以添加或杂化无机氧化物到高分子基体中为主，远期将以纳米结构单元组装技术为主。

能源领域：包括产能，输能，用能，节能，储能研究领域。电介质作为主要储能材料，要关注设计制备低维材料及复合物研究的储能，放能材料损伤机理，提高储能

---

[*] 原文发表于香山科学会议第354次学术讨论会，2009。

密度，缩小体积，延长储能时间，缩短放电时间。

功能及信息电介质，除分立元件外，紧跟微电子微加工及信息科技，可以按 K、M、G、T 划分四代。纳电子学，分子电子学就应运而生。

由于电介质理化结构、性能及应用的特殊性，明显不同于金属和半导体的行为，很难发现其中的量子尺寸效应。目前集中在研究小尺寸效应，特别是界面和表面效应，即以过去从未研究过的非微观、非宏观的介观领域为重点，有益于促进传统理论的发展。

1.3 高聚物（软物质）的结构和响应作为多层次性的典例

高聚物材料具有质量轻，易加工，价格低，性能优异等特点，其应用已扩展到各个领域，特别是它是通向了解生命特性的阶梯石。因此，以它作为典型材料介绍。

高聚物具有结构的多层次性和多尺度性。其结构（层次）可分为，分子链结构，即结构单元及立体化学结构（构型）；分子链结构与形状（构象）；凝聚态结构，其中均相体包括晶态、非晶态、高弹态、黏流态，多相体系的组态（织态）结构，包括共混态和共聚态。

在空间尺度上，价键长度约为 10^{-10} m，链段和大分子链约为 $10^{-9} \sim 10^{-7}$ m，多相体系的相结构约为 $10^{-6} \sim 10^{-3}$ m。

运动单元和运动形式也具有多层次性，具体表现为键长、键角、键段运动、晶型变化、分子整链运动、相态和相区的转变等。每种运动具有特征的运动时间，即松弛时间谱（时间尺度），从 10^{-10} 秒—几分钟—几小时—几天—几年。松弛时间是高分子材料的本征特性，描述不同外场频率下运动的响应特性。

例如：在高频区，表现为力学上弹性，代表小尺度运动单元的响应。在低频区，表现为黏性，代表分子链运动的响应。

运动特性是代表对外界作用的响应，以实证及理论上实现多尺度上的贯通仍有问题，包括空间尺度与时间尺度。Micro-Meso（介观，涵盖 Nano）-Macro，简称 3M 关系，是连接多个尺度的科学问题，也是一个具有前瞻性，挑战性的重大科学问题，是当前研究高分子多尺度的焦点，因为不同尺度间的巨大断层需要解决：从 Micro-Meso。衔接已有一些方法和例证，从 Micro-Macro 已有很多先例，但从 Meso-Macro 衔接仍远远不够。

2 纳米电介质极化、输运、击穿与老化现象或特征中的多尺度效应

主要讨论介观尺度对电介质常规性能的影响以及传统电介质理论的应用，因为纳米电介质中电子输运极少发现量子限域或量子相干效应。

2.1 概述

2.1.1 传统电介质理论

传统介电学包括由 Debye、Kirkwood 和 Onsager 等建立的微观质点体系的统计平均量微观量的单一材料（相）的宏观介电理论，晶体电子结构的能带理论，非晶体由电子定域的 Anderson-Mott 理论，Maxwell 与 Wagner 依据电路原理建立的复合体系（相）

的内外界面极化理论，Richardson-Dushman、Schottky 与 Fowler-Nordheim（F-N）分别建立的金属-真空（电介质）外界面电子的热、场助热和隧道（场）发射理论以及体内的 Poole-Frenkel 受陷电子发射理论，Boltzmann 的载流子（准粒子）散射的微观理论，即输运方程；Froehlich 和 Hipple 的电子击穿理论；电或多应力联合老化的热力学唯象理论。近期随着纳米科技、微电子及生物科技的迅猛发展，使研究纳米结构体系特别是表面及界面结构对材料的介电、击穿、老化等特性的影响已成为学科发展的前沿与热点，预期对纳米介电现象的研究，如同纳米物理学，纳米化学等新型学科将受到极大的关注。

上述传统理论均服从热力学极限的宏观体系，其几何尺度远远大于其物理尺度，例如，电子或离子平均自由程 λ，电畴及畴界尺寸，雪崩尺寸，Debye 屏蔽长度，Schottky 发射时 $\Phi(x)$ 取极大值的距离 x_m，自由体积尺寸，球晶尺寸，界面与表面尺度，FN 发射势垒宽度等。亦即传统电介质理论并未涉及当材料尺度与物理尺度相近时的介电现象与输运特性的研究，例如，并未考虑表面和界面结构及特性对宏观性能的影响。

2.1.2 表面与界面特性与作用

2.1.2.1 界面力

两相复合物 A/B，各相均有自己的热力学性质，相界面（纳米或分子级尺度），属过渡区。相内的每个原子与分子通过短程及长程力与其周围建立平衡。界面性质的变化源于穿过 A/B 相的原子或分子间力，硬芯力源于单个电子云间的重叠互作用，是短程的量子力学排斥力。

其余力：离子间强的长程库仑力，固有偶极子存在，会有弱的偶极-偶极力，离子-偶极力，或感应偶极力，它们属于 Debye 力。所有偶极子的极化力均属于中程力，通常具有吸引性质，通称范氏力，还有一种对于特定结构产生的具有高度方向性的短程静电力就是施主（氢原子与电负性原子构成共价键）与电负性受主原子形成的氢键。

决定纳米尺度结构介电性能最重要的应是强的长程相互作用力，是一种静电力（源于电荷）。电荷会诱导电子极化（离子-感应偶极子相互作用）以及固有偶极子取向（离子-偶极子相互作用）。第一类屏蔽作用源于介质极化，Nano-电介质经常在粒子 A 的表面或至少一部分带电，B 相产生屏蔽的异号电荷。A/B 界面的相互作用极化能服从 Born 公式。第二类屏蔽作用，假如 B 相位有移动离子，在库仑力作用下，并在 A 相粒子周围建立扩散的屏蔽双层电荷属界面电化学效应。可用球形对称结构，也可用简化的 Helmholtz 平板偶电层结构，也可用复杂的胶体化学中的 Stern 双电层，其厚度约等于离子半径，类似于半导体器件中的 P-N 结。

2.1.2.2 界面（相）的作用

纳米复合物的最显著特征是界面结构。代表相间过渡区（纳米级，甚至分子级）的微结构，存在上述分子间的相互作用，例如高分子链在无机纳米相上的锚定或纠缠。

复合材料（0-3 结构）：微米级客质（分散）相，界面所占体积比小，其作用可以忽略，性能取决于两相成分的变化，但在两相性质相差很大时，可能在某一临界浓度下，发生向单相性质的实变（逾渗相变）。纳米级客质相，界面所占体积比大，界面的作用十分显著，可作为独立相处理。因其界面结构十分复杂，可呈类晶态，类非晶态或中间态，例如，分子规则取向，呈液晶态，加上表征困难，因此对纳米电介质复合物的结构及性能的研究，目前仍处于探索阶段，不能用独立三组分的简单三角形相图描述。

界面相作为被动电介质：由于纳米粒子与基质构成了界面相，不仅粒子的性质不能全部由界面和它与环境的相互作用决定，而且，它的量子尺寸效应、小尺寸效应、量子局域效应也受到极大的掩盖，除极个别现象外，这类现象甚至被消除。界面性质将显著影响复合物的力学，空间电荷特性、载流子（电子、声子、光子）输运、极化、击穿、老化等电学和光学特性。

界面相作为活性电介质，例如，界面双电层将起重要作用。横（纵）是高度极化区。侧向层内的反离子具有显著的迁移率（在等位面内），因此，通过改变双电层的电位ψ_0，调节层内反离子浓度，达到侧向改变电流i_1的目的，这种调节功能十分重要，但研究不多，它类似于 MOSFET。表面双电层的活性，特别是通过表面离子电导提高球形介质在电介质中复合物的低频介电系数，使介质球形成一个大偶极子。

界面作为敏感单元：界面内电场不但诱导极化与导电行为，而且也同时诱导应力场，因此界面可作为电-力学传感单元。电场诱导界面层的压力变（沿电场方向）及切应变（垂直电场方向），后者（切向或横向效应）是十分重要的。周期性电场将诱导界面结构的疲劳与破坏。A（极性）/B（非极性）相，在高温高电场作用下，会在A/B界面诱导扩散的双电层，产生电致伸缩与压电活性，此类双电层具有相对的稳定性。

多孔（蜂窝状）高聚物薄膜具有优良的电致伸缩及压电性，也与 nano-结构界面过程有关。界面特性主要依据电化学（电双层）及电-机械效应。特别在功能及活性方面，要注重研究界面的侧向特性（载流子）运动，依据局域空间电荷构建多种界面调控的记忆元件。在这些系统中，有序平面内侧向电荷输运更容易，既具有 MOSFET 功能性，又具有控制载流子优势方向的输运能力，对绝缘介质的导电、击穿、树枝特性会有明显的作用。

2.2 电介质极化的尺度效应

（1）通过将液体限制在纳米尺度的空间范围内，或将高聚物在衬底上制成 nm 尺度薄膜的实验发现，它们的玻璃化转变温度 T_g 将明显下降，即材料内部分子运动更为容易。例如，将 1.5~2.5nm 的高分子材料限域在 nano 层的硅酸盐化合物的两平行固体表面时，高分子在玻璃化转变区的 α（介电或其他类型）弛豫比相同高分子体材料的快得多。通过测量聚甲基苯硅氧烷（PMPS）的介电弛豫谱证实，当高分子限制的空间尺度小于体 PMPS 在 T_g 时的协同运动尺寸 ξ 时，体材的弛豫时间 τ_α（$T=229.5K$）是 1s，而相同温度下，尺寸受限制的 PMPS 的 τ_α 约 10^{-6}s。这表明，限域使分子协同运动尺寸下降，分子链沿平行层面取向。众所周知，慢结构弛豫 α 的时间函数并不符合理想的 Debye 指数函数，在多数情况下可以近似表示成 Kohlrausch 拉伸指数函数：

$$\varphi(t) = \exp\left[-\left(\frac{t}{\tau_\alpha}\right)^\beta\right] \quad (0 < \beta < 1) \tag{1}$$

式中，τ_α 为等效 α 弛豫的时间；β 为自由或非协同运动参数。总之，当材料从体材变成 nano 膜时，β 增加，分子约束下降，体内高斯线团状分子变成为直线取向，T_g 下降，τ_α 下降。

（2）按照 Gorkov 和 Eliashberg（GE）预示，人们构筑具有完整绝缘晶格缺陷的超细（小于 1nm）Ag 粒子纳米绳。其介电常数表示为：

$$\varepsilon \sim (q_s l_0)^2 \tag{2}$$

式中，q_s 为导电电子数的 Fermi-Tomas 屏蔽波矢；l_0 为线长。当电场角频率 ω 在 10Hz 和 1kHz，线直径 $D=15$nm，长度 $l_0=50\mu$m，$q_s^2=10^{19}/m^2$ 时，其介电常数可达 10^{10}。这归结为电子波在晶格绝缘缺陷处的限域。

（3）对于不同尺度 10~1000nm 厚 VDF/TFE 共聚物薄膜，通过测量介电谱，利用体表层串联模型证实：存在约 2nm 厚的表层，其介电系数明显低于体层，且并不具有铁电性，呈非晶态。

2.3　电介质输运过程中的尺度效应

传统的输运理论描述粒子，热、声、光、物质波等的扩散输运过程。

2.3.1　输运特点

对绝缘介质，载流子的退相干长度 L_φ 很难确定，故很难发现输运中的量子限域及波的相干性，因此以载流子扩散输运为主。

2.3.2　界面及其调控作用

例如：已发现在氧化钇-氧化锆/钛酸锶异质结构中，J~E 特性服从改进的 Schottky 模型，YSZ 纳米超薄膜（1~62nm）的离子电导增加 8 个数量级。使其固体氧化物燃料电池能够在室温时得到实际应用。两种结构类型十分不同（氟石/钙钛矿）的固有界面会提高载流子浓度，同时降低离子迁移活化能或提高迁移率 μ_0，因此，半导体/绝缘体界面会显著提高导电性。

在复杂氧化物的界面处，可产生非寻常高迁移率的电子系统。例如在两种绝缘钙钛矿氧化物 $LaAlO_3$ 与 $SrTiO_3$ 间的界面处会形成电子气的超电导性，体现了界面导致绝缘-超导电性转变。电子气是限制在界面薄层内的 2D 超导体，在超导电层约 10nm 时，T_c 的上限温度约 200mK。

在 $LaAlO_3/SrTiO_3$ 界面会感应高迁移率的电子系统。发现了在 I/I 界面区会产生电子气，部分是因为复杂的离子结构，以及特殊的相互作用，会诱导新的电子相。但相对于体相并不始终是稳定的，这些结果引起了对导电层产生的激烈争论，或是非本征的，出自 STD 单晶中的氟空位，或是本征的，出自 $LaAlO_3$ 结构的极性。

研究 $(BiFeO_3)_m(SrTiO_3)_m$（$m=5$）超晶格（总厚度 240nm，周期 4nm）dc 泄漏电流与导电机理，在 303~380K 温度范围，体限制的 Poole-Frenkel 发射控制 dc 导电电流。在温度达到 473K 时，会观测到 SCLC，求出受陷载流子活化能 0.06~0.25eV，明显低于单一层 BFO（0.65~0.8eV）的值，将其归结为界面应力场，缺陷。例如应力松弛的失配位错，以及界面处的氧空位。因此 BFO/STO 界面为浅陷阱。当电压增加，电流迅速升高，出现 SCLC。

通过研究薄壁碳纳米管（SWNT）/SiO_2 界面电荷证实，在偏压下电荷聚积在 SWNT

周围，在不同温度下电荷耗散证实了水层的作用。通过电荷峰漂移速度与浓度的关系，求出因理化结构缺陷形成的表面陷阱活化能为0.53eV。远低于体陷阱（1.8～1.9eV）。因此SiO_2的体-表电荷耦合，表面电荷容易扩散。

研究高聚物电解质（聚氧乙烯）掺入微米（400nm）及纳米（30nm）的聚碳酸酯多孔膜中的导电性发现，由于电解质双电层在纳米孔中受限制，随着孔径尺寸下降，电解液的侧向导电性增加2个量级。

2.3.3 电极表面场发射及导电的尺度效应

2.3.3.1 表面发射特性

由于在金属电极的表面或界面处存在侧向势，使电荷发生横向或侧向输运，使其明显不同于垂直界面的纵向运动。

此外，在界面处存在中间定域态，电子或空穴在势垒间发生量子隧穿的概率为：

$$\rho = \nu\exp(-2\alpha R)\exp\left(-\frac{w}{kT}\right) \tag{3}$$

电子或空穴在势垒间发生量子隧穿的概率与界面的微结构以及电极表面微观不均匀性有关。式中，ν为电子企图逃逸频率；w为电子占据态与空穴（未占据态）的能量差；R为两定域态间的距离；α^{-1}为定域态半径。式（3）类似于非晶固体中电荷的量子跳跃转移。因此，电荷在电极—电介质间的界面处的发生转移明显不同于经典的Schottky或FN发射。

纳米结构材料电子场致发射中，量子尺寸效应的存在会严重影响场发射特性，因此，可通过发射体特征半径R这一物理参数研究发射的尺寸效应，对FN发射理论模型进行修正。尽管因场发射的表面电势分布不用FN理论中的场增强系数β，而用影响场发射特征的场增强因子——发射体半径R。理论计算结果表明，R缩小，所需外加电场下降。例如，$R=5nm$的针尖发射体，$E_\alpha=1.2V/\mu m$，$R\to\infty$的平面发射体，$E_\alpha=682V/\mu m$。这充分反映nano位置电场的极大增强。同时，R下降，电子的平均能量增加约0.05eV。当然，这也可解释平板电极粗糙度对电子场致发射，丝状注入，电流斑以及引发M-I界面绝缘起始损伤等的影响。

2.3.3.2 纳米尺度间隙导电特性

SCLC，FN发射研究铝电极真空纳米间隙的SCLC证实当间隙尺寸距离d在70～110nm时，$\frac{d}{\lambda_0}=(1\sim1.5)\times10^3$，式中$\lambda_0=\frac{\hbar}{\sqrt{2m_eeV}}$为空间电荷电子的De Broglie波长，当$d$降到与$\lambda_0$相近时，SCLC不服从传统的真空Child定律了，改变电极间隙为90nm，此时Child定律再现的电压大于45V。在$d=110nm$，体系显示纯经典特性。在有空间电荷作用时，电流或者由经典SCLC决定，或者由量子SCLC决定。这依赖于$\frac{V(\lambda_0)}{d}$，传统SCLC和FN发射，2D无限大平板电极，此时$\frac{d}{w}\to\infty$，相当于1D体系。对于纳米级间隙，对于有限大平板电极体系，传统SCLC应作维度修正为$\frac{J(2)}{J(1)}\approx(1+0.3145)\frac{d}{w}$，

若 $\frac{w}{d} \geq 0.1$，则 $\frac{J(2)}{J(1)} = 1.1$。基本保持 $J(1)$ 的关系。考虑量子效应，传统 SCLC 应修正。量子 SCLC 的表达式为 $J_{QSCLC} = q_0 \frac{V^{\frac{1}{2}}}{e^{\frac{1}{2}} m_e^{\frac{3}{2}} d^4}$。此式依据维度分析，并可精确定量计算。$d$ 下降，对 J_{QSCLC} 的影响比 J_{SCLC} 更显著，d 下降，FN 陡峭上升电压会低，在 d = 70nm 时，从量子 SCLC 过渡到 FN 的过渡电压为 11V，而从传统 SCLC 过渡到 FN 上升至 30V，$J_{SCLC} \sim V^{\frac{3}{2}}$，$J_{QSCLC} \sim V^{\frac{1}{2}}$。当 d 增至 110nm FN 效应消失，完全过渡到经典 J_{SCLC} 体系。

2.4 纳米电介质击穿和破坏过程中的尺度效应

电子碰撞电离 $\begin{cases} \text{与原子和分子碰撞、电离能高，本征击穿} \\ \text{与陷阱中电子碰撞、电离能低，缺陷击穿} \end{cases}$

2.4.1 典型尺度判据

气液固体介质的电子碰撞电离条件：$eE_i\bar{\lambda} \geq I$，$\bar{\lambda}$ 为电子平均自由程；

均匀电场下，电子雪崩尺寸 $\sim e^{\alpha x} = 10^9$，α 为电子碰撞电离系数；

Townsend 理论：$\alpha d \approx \ln\left(\frac{1}{1+\gamma}\right) \approx 4$，尺度判据；

流注理论：$\alpha d_k = 17.7$；

均质固体：典型 Seitz 四十代雪崩击穿理论：$2^i = 2^{\alpha d} = 2^{40} = 10^{12}$，介质厚度在微米~毫米量级。

2.4.2 纳米尺度的界面击穿或弱点击穿

介质电击穿发生在亚微米或纳米尺度的弱区，特别是由电极-电介质界面，或体内的相界面。例如：双电层纳米区内的空间电荷电场可达 10^7V/cm，明显超过体电介质的击穿电场。通过界面注入空间电荷电场会引发电树枝老化，杂质和电极尖端的纳米级突出物会引起的电场集中或电荷注入，使介质内局域场明显超过体平均电场。

高分子材料，如聚乙烯，其存在晶区—非晶区界面，杂质或添加剂通常集中的非晶区，满足纳米区强双电层条件。电荷沿晶区与非晶区的边界面或弱点和缺陷的界面运动更为容易，这种电荷运动路径就代表着高分子材料局部击穿的树枝结构。

最后应指出：为了理解凝聚相中树枝产生的原初过程，必须集中研究载流子在纳米尺度的界面上，特别是它们的侧向或横向运动的性质。

2.4.3 表面（沿面）闪络放电

陷阱密度与陷阱能量（深度）分布也是十分重要的问题。静电学计算表明最大电荷密度可达 $10^{-2} \sim 10^{-3}$ 电子/原子，其局部电场高达 $10^8 \sim 10^9$V/cm，已经发现在半导体-氧化物界面可达到这样高场强的电荷密度。在大多数复合材料中，存在着大量杂质、缺陷、粒界面，局部电荷密度也可达到这样高的值。估计相应的基元带电畴的直径约为 3nm，利用近场光学成像技术证实最小的击穿前体（发源地）的尺寸约 5nm。

通过沿面滑闪放电的光发射实验表明，滑闪的前驱体是从受陷电荷某些点发出的，且可能是一种自持的电荷退陷波。因为贮存在带电绝缘体的能量达到了某一临界值时，释放能量速率就会超过能量损失速率，从而产生载流子的集合退陷。击穿前临界电荷的概念，这与引起击穿的注入电荷达到临界值，以及击穿时间 t_{bd} 等新概念是一致的。表面滑闪起始于表面电荷密度达到 $10^2 \sim 10^3 C/m^2$ 时，这意味着电荷分布在仅 3~4 个原子层内，相当于滑闪或电荷退陷波仅波及到表面层的一部分，或深度约 1nm。

2.4.4 不同尺度的放电特性

（1）固体电介质：从一般规律讲，绝缘厚度在厘米级以上的热击穿，过渡到毫米~微米级的电子碰撞电离的电击穿，再过渡到纳米级电子场发射（FN）量子击穿。或缺陷的逾渗击穿均发生击穿机理的转变。

（2）气体放电，以小间隙（纳米级）的均匀 Townsend 击穿过渡到厘米~米级的树枝状流注和先导放电，直到千米级雷电放电，其放电机理与放电图形均发生重大改变。

（3）综上所述，电介质厚度对击穿场强的影响在确定击穿机理上是十分重要的。例如：脉冲热击穿场强与厚度无关，而稳态热击穿场强近似与 $d^{-\frac{1}{2}}$ 成正比。超过某一临界尺度，体电介质的电击穿场强或沿面闪络电压也服从幂律。比例于 d^{-n}，d 为极间距离，n 为幂指数。依据电子与陷阱的碰撞电离理论，具有浅陷阱的电介质，击穿场强低，深陷阱的击穿场强高。

（4）例如，SiO_2 纳米膜：厚度为 8nm，E_b 为 20MV/cm，厚度为 35nm，E_b 为 10MV/cm，服从 $E_b \sim d^{-\frac{1}{2}}$。厚度为 1nm 时，$E_b$ 甚至可达到 50MV/cm，而氢原子的库仑击穿场强约 $2.0 \times 10^{11} V/m = 2 \times 10^3 MV/cm$。

（5）利用导电原子力显微镜对 3nm 厚的 SiO_2 膜的准击穿成像发现，准击穿涨落起源于薄膜的微区，典型在 1~2 个陷阱间的隧穿电流涨落，求出表面陷阱间距为 1.4~3nm，隧穿势垒高度为 2.5eV，平均电荷陷阱电容约 0.15aF，势垒降低约 0.52eV。

2.5 电介质老化演化过程中的尺度特征

2.5.1 老化尺度特征

原子尺度，纳米尺度，缺陷或纳孔、微米尺度，气泡（低密度区，电树枝），宏观尺度（分形，逾渗）。缺陷类型、尺寸、应力、非均质材料类型对老化的作用，微米缺陷，电子易碰撞电离，形成闪络放电。均质材料，电子通过 nano/meso 缺陷运动不易积聚能量，因此老化和局放难以发生。

老化会引起在纳米尺度上材料性质的变化，导致介观与微米尺度上的变化，最后引起 PD 与树枝。

纳米粒子及界面对老化的抑制和延缓作用。例如在聚酰亚胺中加入约 20% 的 Al_2O_3 纳米粒子，可使其杂化膜相对于原始膜的耐电晕老化时间延长约 500 倍。

2.5.2 纳米缺陷尺度的空间电荷老化特性

（1）Crine，Dissado 等分别提出了空间电荷老化的唯象模型。在 Crine 老化模型中，依据 Eyring 的速率理论，将在空间电荷引起的电-机械应力超过高聚物的内聚能时所产生的亚微孔作为老化的先兆，导出了高应力下的寿命方程：

$$t = \frac{h}{2kT}\exp\left(\frac{\Delta G - \sigma \Delta V}{kT}\right) \tag{4}$$

式中，σ 为内聚能，ΔV 为应力活化体积。理论计算表明，当临界应力 σ_c 达到 10^7N/m^2 数量级时，$\Delta V \approx 10^{-27} \text{m}^3$，相当于 5～20nm 级尺寸的微孔，老化过程是微孔的扩大、生长。

Dissado 等依据 Eyring 的速率理论，提出了空间电荷加速的热活化老化模型，即空间电荷使老化的自由能垒降低。此电热老化模型限于直流电场时，微腔或微裂纹（约 10nm 级）形成时间不能用于击穿时间，因为形成大孔（微米级）需要足够长的时间，其间会发生其他破坏机理。空间电荷源于电极注入、局部放电或电场和热电离，这些电荷通常受俘获。而脉冲电声法证实，低密度聚乙烯在 0.2MV/cm 电场下需数百小时。

高电场时，电寿命与机械应力寿命有类似的公式：

$$t = \frac{h}{2kT}\exp\left(\frac{\Delta G - e\lambda F}{kT}\right) \tag{5}$$

式中，λ 为势垒宽度，或电子散射距离；$e\lambda F$ 为电场使势垒形变对电子所作的功。

低电场区，$\frac{e\lambda F}{kT} \ll 1$，电场的影响弱。最大值 λ_{max} 等于高聚物非晶区的厚度约 4～20nm，与力学破坏的亚微孔起始尺寸 5～20nm 相当。

（2）Zeller 依据中等电场时机械老化，提出了电断裂机理。当埋入聚乙烯针尖处因注入空间电荷产生的应力达到 $1 \times 10^7 \text{N/m}$ 时，满足裂纹起始形成条件。应力使电树枝起始时间缩短，因为裂纹会加速快（高能）电子注入。

（3）Sanche 的电子老化模型，电介质承受不同老化因素包括：热、力场、电场及环境（O_2、H_2O、辐射等）的单一或联合作用。在电压与空间电荷作用下，将材料中的 nano-尺度上物理与化学变化过程称为电子老化。即使电子老化过程最终导致电介质材料的宏观特征改变，但是在外界力作用下材料的早期损伤是从 nano-尺度上发端的，即老化的原初过程，是由于热（低能）电子（0～20eV）与介质的原子和分子相作用，通过非热反应，产生一类具有特定能量的中间活性粒子（原子、分子类），包括高活性的自由基、正负离子、激发的原子和分子、新的化合物等造成的。

2.6 微纳米绝缘介质复合物的性能对比

微纳米绝缘介质复合物性能对比见表1。

表1 微纳米绝缘介质复合物性能对比

微米复合物	纳米复合物
比表面积小（1）	比表面积大（10^3）
活性小	活性大
界面（或相）间作用小	界面（或相）间作用大：化学或物理成键，活性区，互作用区，偶电层
载流子沿法向方向运动	载流子可沿法向或切向方向运动
制备简单，分散易	制备复杂，分散难
掺杂量大（质量分数大于50%）	掺杂量小（质量分数为5%～10%）

续表1

微米复合物	纳米复合物
粒子可以不处理	粒子必须理化修饰
第一代复合物	第二代复合物
粒子密度：1，粒子间距大（μm）	粒子密度：10^9，粒子间距小（nm）
光透射率小	光透射率大
性能改善作用小	明显改善阻燃、耐漏痕、环保、击穿场强高、耐局部放电，机械强度与热导大、高介电系数、低介电系数等性能

3 纳米电介质研究现状与启示——以纳米高聚物复合为例

纳米电介质的研究现状包括以下几个方面：

（1）根本原因：高分子体系时空层次复杂。同时，纳米粒子自身构成的复杂的结构形态以及形成的复杂界面和表面。因此，它是非均匀纳米电介质最复杂的体系。

（2）制约因素：制备方法相对落后，粒子分散性不均匀；表征与测试技术落后；测试结果重复性差，甚至相互矛盾。

（3）研究成果：新材料开发与应用少，理论分析局限于定性，定量少。

（4）总结与启迪：宏观尺度摩擦定律一般不能用于纳米尺度的接触表面，但研究证明，虽然连续介质力学在纳米尺度上被打破，但在还没有更合适的理论情况下，仍然采用经典摩擦定律。

结合纳米电介质的研究现状，有以下几个方面的启示：

（1）极化：电子、原子、离子及偶极取向，或分子运动不涉及尺度，但受表面与界面结构的影响，仍可用传统及普通介电响应。主要是分子取向。聚合物分子链段受影响，突显是玻璃化转变温度 T_g 以及极化松弛的特征的变化。对于铁电薄膜，存在明显的尺寸效应。铁电-顺电转变，但仍是经典的相变理论，超细金属绳-绝缘缺陷结构，存在电子波函数。

（2）输运：仍服从传统的载流子扩散（Boltzmann）输运方程，电极发射及体内载流子发射与受陷，包括输运动力学方程亦如此。差异在于：纳米电极的场发射特性及参数的改变，界面对离子输运的限制，对电子、离子输运的调控作用，包括使 S/I 界面具有金属性，使 I/I 界面具有超导性。其余仍涉及尺度对金属发射、PF 发射，低场与高场输运、SCLC 之间特性的过渡（或转变），表、体陷阱深度及输运特征的改变，金属及界面场畸变对载流子侧向、横向输运特性的影响。

（3）击穿：对于纳米膜介质，其基本机理是电子碰撞电离，电子雪崩击穿和隧道击穿（包括因表面陷阱间隧穿涨落引起的准击穿），以及膜内缺陷连续引起的逾渗击穿，仍沿用传统击穿理论。但与厚度为毫米~厘米级的绝缘击穿场强存在完全不同的厚度关系。$E_b \sim d^{-n}$ 可以归结为尺度效应。对于纳米/高聚物绝缘介质击穿，主要受纳米尺度界面以及粒子分散，团聚和与基体是否相容等因素的影响。E_b 提高归结为载流子受界面散射等因素。但因为理化结构缺陷可能使击穿概率的 Weibull 分布的形状因子下降，即分散性增加。主要利用传统的电介质击穿理论，界面特性，高聚物结构与形态变化等分析纳米复合电介质的纳米的类型参量有粒子形状、分布及表面理化处理，以及浓度等对击穿特性及机理的影响，特别要强调表面及界面深、浅陷阱的作用。

（4）老化特征：主要利用传统的指数老化模型及幂函数老化模型，分析无机纳米复合物的纳米组分的类型、含量、粒子的形状、分布及表面处理、温度、电压类型等对老化特性及机理的影响，特别强调表面及界面深浅陷阱、无机材料自身及层状结构、导热因子等的作用。其缺陷是，对老化演化过程这一多时空层次的研究极为不够。我们提出应从原子、分子（Å级，相当于老化的原始期）、微缺陷（纳米级，相当于老化的诱发期）、微米~毫米级（气泡、裂纹、电水树、局部放电）、寿终期、事故期（厘米级）。

总之，纳米电介质——单一的低维材料或其复合物，存在着小尺寸效应或尺寸限域效应（或作用），以及十分突出的表面和界面效应（或作用）。不仅对材料介电性质的改善有极为显著的作用，而且也会对力学、光学、声学、热学、化学等性能造成明显影响。目前并未孕育新理论体系的诞生。

最后应指出：介观物理中指的小尺寸效应，是指在材料几何尺度与物理尺度相比拟时，后者不是固定值，受材料类型如金属、半导体、绝缘体，环境条件，特别是温度与磁场的影响极大。

尺寸的典型效应会诱导 M-I、FE-PE、FM-PM、SC-NC、有序-无序转变等效应。而纳米电介质只能发现类似这些转变的某种程度的改变，但不一定十分显然。对输运特性就十分难估计退相干长度。

建议：单一低维材料、高聚物、纳米复合物、信息材料及高储能密度材料等要各自依据其自身的特点来研究时空层次与宏观性能的关系。

4 纳米电介质的关键科学问题

纳米绝缘电介质科学特点主要为无机纳米粒子/高聚物复合物除了复杂，庞大的体内界面、材料表面、M/I 界面，几乎未发现其他类型纳米材料的量子限域和量子尺寸效应。唯一的是加入纳米 Ag 粒子，这时 Ag 粒子由于量子限域效应而成为绝缘体，可提高复合物的绝缘电阻及击穿场强以及纳米金属线的超介电系数 10^{10} 外。

纳米电介质即使是单个纳米粒子，制成 MIM，MIS 体系也会有界面，因此界面和表面是关键的科学问题。

（1）不同（绝缘体内，体外与金属、金属/半导体和绝缘体的）类型界面、表面的结构特征、理化特性及其作用的研究。

（2）纳米电介质的结构以及力、电、热、光学等性能与尺度关系（效应）的研究。

（3）如何去发现纳米电介质或半绝缘性纳米介质中是否存在量子限域或量子尺寸效应。

（4）如何解决纳米粒子的均匀分散。团聚结构的不确定性等因素，因而导致宏观性能变化的无规律性、矛盾性以及表征和测试结果的局限性和不良重复性。

（5）如何建立 Micro-Meso（nano）结构-Macro 性能的相互关系，简称 3M 关系。

（6）能否利用纳米结构设计一种类似于高热电性纳米高聚物复合材料（电子晶体，声子玻璃）的反体，一种新概念高绝缘导热材料（电子玻璃及声子晶体）。

（7）新型纳米电介质材料体系的设计、组装及其结构-性能关系的探索。

（8）在诸多老化因素：温度（热）、电压、机械力、环境（O_2、H_2、辐射、腐蚀物）单个或联合作用下，绝缘电介质老化从 Å 级→纳米级→微米级→毫米级→厘米级的演化过程中，其机理、表征和测量方法，寿命预测等。

（9）应加强纳米电介质在极低温度下特性的研究。

（10）在极端或特殊条件下（陡和超快脉冲、强磁场、超高真空、极低温等），纳米电介质性质的研究。

目标：构筑新材料，寻找新效应和新应用，构建新的纳米电介质科学体系，实现真正的跨科学交叉。

5　思考与对策

5.1　思考

还原论：这是一种将复杂还原为简单，然后再从简单重建复杂的理论。物理学家，特别是理论物理学家习惯于还原论的方法。Einstein 曾将其简单总结为："物理学的无上考验在于达到那些普适的基本规律，再从它演绎出宇宙。"

经典电介质理论：均相电介质，建立微观结构-宏观性能的关系；复相电介质，Maxwell-Wagner 界面极化、局部放电、复合介质击穿，均忽略界面结构。

层展现象：1977 年诺贝尔得主 P. W. Anderson 对还原论方法提出质疑："将万事万物还原成简单的基本规律的能力，并不包含着以这些规律重建宇宙的能力……当面对尺度与复杂性的双重困难时，重建的假设就崩溃了，其结果是大量基本粒子的复杂聚集体的行为并不能依据少数粒子的性质作简单外推就能得到理解，取而代之的是每一复杂性的发展层次中呈现了全新的性质。"例如，纳米粒子及其纳米结构材料。

针对高聚物（软物质）自身结构（空间）以及运动单元响应在时空上的多层次性、绝缘老化演变规律的时空多层次（广域或阶段）性，因此，我们必须注重因实验上时空的放大与缩小而呈现的层展现象。

科学的预测或构想：1965 年诺贝尔物理家奖得主 Feynman 说："量子力学本身就存在着概率振幅、量子势以及其他许多不能直接测量的概念。科学的基础是它的预测能力，预测就是说出一个从未做过的实验中会发生什么……找出我们的预测是什么，这对于建立　种理论体系是绝对必要的。"

纳米科技的飞速发展，就充分证实了 1959 年 Feynman 的科学预言"如果有朝一日人们能把百科全书存储在一个针头大小的空间内并能够移动原子，那么这将给科学带来什么？"因此，面对上述的科学问题，应考虑用科学预测这一有效方法。

5.2　对策

切实关注电介质中物理过程、结构和运动的时空多层次性。从材料讲，高分子材料及其微纳米复合物的应用愈加广泛。高分子材料本身结构复杂，加上纳米复合物 Meso-Macro（介观-宏观）跨接的材料，以及界面结构的复杂性及多变性。

人为制造具有某种结构材料，研究多层次（时间）性，例如微区的性质，注意实验条件决定的多层次性，特别是在外推（量级以上尺度）所遇到的困难。

首次提出如何发挥介观结构在理论研究和调控电介质的宏观性能中的重要作用。

如何寻求非均匀电介质材料及击穿老化破坏过程中不同层次（时空）的结构，特别是研究并建立结构-性能-寿命之间的相互关系。

纳米复合材料中聚集结构的分形与逾渗理论，放电、击穿的分形理论，老化引起的结构损伤，及演化过程中形成的非匀质结构（损伤相与完好相）的分形及逾渗理论。

纳米电介质的结构及运动的
时空多层次性及其思考（ICPADM）

The Multi-Time-Space Hierarchy in the Structures and Motion Forms of Nanodielectrics, and Some Deep Thoughts on It

1　It's Importance of This Talk

(1) Main research tasks are:

To establish the correlation of nanostructure (unit) with microscopic structure and macro-property;

To search the control role of nanostructure itself or its forming interface in macro-property;

To explore the establishment of the relationship among micro-, mesoscopic structure and macro-property, simply called as 3M relations.

(2) The developing trend of dielectric materials and theories:

Basing on the traditional dielectric theory of microscopic structure – macroscopic property relationship;

Modifying the above-mentioned theory in terms of the quantum confinement effect, small scale effect, and surface & interface effect in mesoscopic physics;

At present, focusing on study of small-scale or size confinement effect, especially surface and interface effect, and percolation effect, thereby promoting the advance of the traditional dielectric theory;

What deserves special mention is that it will take a long term to both establish the 3M relations and realize nanodielectric engineering.

(3) The polymers and its nano-composites are widely used for the electrical and electronic insulation. However, the pure polymer itself is a typical example with multi-time-space hierarchy in structure and movement form.

The space scales change between 0.1nm (bond length), 1~100nm (chain segment), 1μm~1mm (phase structure), respectively.

The time scales of movement units or forms change between 100ps, several minutes, hours, days, years, responsible for bond length and angle, chain segment motion, macromolecule motion, and transition of phase region and phase state, respectively.

2 The Scale Effect of Polarizations, Charge Transport, Breakdown (Discharge), and Ageing of Nanodielectrics

(1) The scale effect of polarization

1) Example: If the molecules of liquid or polymer are confined in scaling region of 1.5~2.5nm, one could find experimentally that the glass transition temperature T_g and τ_α of relaxation time of polymer decrease, the polarization response obeys the Kohlrauch stretched exponential function.

2) Example: Anomalous increase in carbon capacitance at pore size less than 1nm.

Experiment shows when pore diameter d is larger than the solvated ionic size d_c, if d increases, capacitance increases almost linear, but, $d<d_c$, d decreases, capacitance increases remarkably.

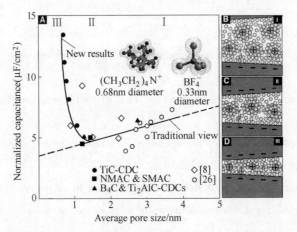

Fig. 1 (A) Plot of specific capacitance normalized by BET SSA for the carbons,
(B to D) Drawings of solvated ions residing in pores with distance between
adjacent pore walls (Science 313 (22) 2006 p1762)

3) Example: The interface interaction (e.g. interface phase) of nano-composites shifts the percolation threshold toward lower volume fraction of nano-particles, additionally, makes the effective permittivity growth up.

(2) The scale effect of charge transport—control role of interfaces.

1) Example: Colossal ionic conductivity at interface of ZrO_2 : Y_2O_3/$SrTiO_3$ hetero-structures. Experiment finds that the coherent interface (fluorite/perovskite, S/I) accounts for the many orders of magnitude increase in conductivity of semiconductor YSZ, because the interface provides a long-distance ionic conductive way, which equally causes the transition between electrolyte-semimetal.

2) Example: Superconducting interfaces between two insulating oxides of $LaAlO_3$ and $SrTiO_3$.

Experiment finds that the 2DEG system with very high electron mobility ($\sim 10^3 cm^2/(V \cdot s)$) could form at the interface of complete insulating oxides, and has superconductivity, which

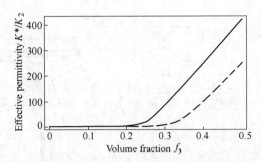

Fig. 2 Normalized effective permittivity of nanocomposite as function of volume fraction of nanoparticles; the dashed line ignores the interfacial effect, while the solid line takes into account the interphase

(Appl. Phys. Lett. 90 132901-2, 2007)

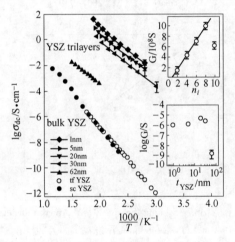

Fig. 3 Dependence of the logarithm of the long-range ionic conductivity of the trilayers STO/YSZ/STO versus inverse temperature

(Science 321 (1) 2008 p678)

fully embodies the interface causing the transition between insulator-superconductor.

3) Example: Experiment on mobility at SWNT/SiO_2 interface charge observes that the activation energy 0.53eV of surface traps produced by structure defects in SiO_2 nano-films is much smaller than 1.8~1.9eV of bulk traps.

4) Example: Experimental study of space-charge limited current in nano-gap (air or vacuum).

As the electrode gap or area scales to several tens nanometers, the dimension has to be modified, then it finds that the current is governed by either the classical SCLC, or the quantum SCLC laws depending markedly upon both applied voltage V and electrode gap d, the smaller is d, the obvious is quantum effect.

(3) The scale effect of breakdown or discharge.

1) Example: The criterion of the typical scales:

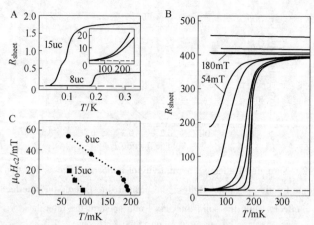

Fig. 4 Transport measurements on $LaAlO_3/SrTiO_3$ heterostructures

(Science 317 (31) 2007 p1197)

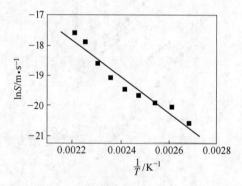

Fig. 5 Plot of $\ln S$, S being the speed of the peak movement, as a function of $1/T$ reveals an activation energy of $\sim 0.53 eV$

(Appl. Phys. Lett. 93, 093509-3, 2008)

The electron impact.

The electron avalanche size.

Townsend theory.

Seitz 40 generations theory of avalanche.

Breakdown.

Free volume breakdown.

2) Example: The characterization of local breakdown in ultrathin SiO_2 films using STM and STS.

One observed a leakage current at the quasi-breakdown spots with feature of topograph, like atomic steps that passed through defect sites in this SiO_2 nanofilms.

3) Example: The scale effect of short-term breakdown.

For solid dielectrics, generally speaking, the thermal, electron impact ionization, and electron field emission breakdown occurs at scale in order of cm, mm-μm, and nm, respectively. Thus, at different scales, their breakdown mechanisms will have the marked change or

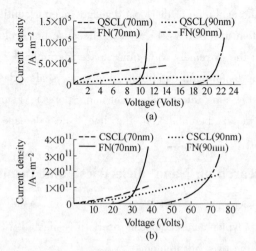

Fig. 6 (a) FN to quantum SCL transition for 70nm sample ($\beta=20$) and 90nm sample ($\beta=12.5$). (b) FN to classical SCL transition for 70nm sample ($\beta=20$) and 90nm sample ($\beta=12.5$)

(Appl. Phys. Lett. 92, 191503-2, 2008)

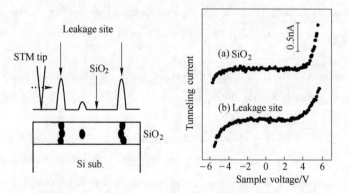

Fig. 7 Tunneling spectra obtained after electrical stressing of a 1-nm-thick SiO_2 film grown on a Si (111) substrate

(J. Appl. Phys. 85 (9) 1999 p6707)

transition.

For gas dielectrics, the Townsend, the tree-like streamer, the leader, and the lightning discharge appears at scale in order of μm–cm, m, and km, respectively. Their discharge mechanism and pattern also have the similar conclusion above.

4) Example: The scale effect of breakdown & discharge.

The thickness dependence of electric strength of bulk dielectric, or surface flashover voltage follows the power laws, expressed as $\sim d^{-n}$. Such as, for SiO_2 nano-films, E_b at 8nm is 20MV/cm, E_b at 35nm is 10MV/cm, E_b at 1nm could even reach 50MV/cm.

(4) The scale effect of ageing or damage.

Under single stress or multi-stress actions, Prigogine and De Gennes, the Nobel Prize

Winners, consider that the evolution of the local damage, ageing, until final destruction of materials is a difficult problem unsolved world-widely. Because the evolution of materials ageing is a typical example with the extremely wide time-space hierarchy.

Depending on ageing factors and conditions, the space scale (damage extent) covers the atomic scale (free radical), nm (micro-defect, or nano-pores), (small void, low density region, tree), mm-cm (fractal, percolation), the time scale (damage evolution), covers ps, s, min, h, d, y.

3 The Present Research on Nano-dielectrics, and Inspiration

(1) The present research.

1) We choose the polymer nano-composite to be investigated widely, as a typical example, in order to find out the existing problems:

2) Complexity: the polymer itself has a complex time-space level; in addition, nano-particle itself also has rather complicated morphological structures and interfaces, thus the nano-polymer dielectrics are a very complex heterogeneous system.

3) Limited factors: the preparation methods were relatively lagging, thus dispersion of particles was inhomogeneous, besides, characterization and measuring techniques were not advanced, which make the repeatability of measuring results bad, even contradictory to each other.

4) Achievements: R&D of new dielectric nano-materials is relatively slow; the theoretical analysis remains a quantitative stage.

(2) Inspiration.

We may quote the following viewpoint of friction laws at the nanoscale both to analyze the nano dielectric behaviors and to modify the corresponding traditional dielectric theories and models. Namely, before the new friction law at nanoscale has been established, the classical friction law can be applied.

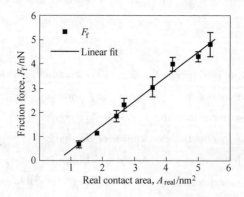

Fig. 8 Friction force versus contact area. F_f is measured over

five lattice periods of the sample's surface

(Nature 457 2009 p1118)

4 The Key Scientific Problems of Nanodielectrics Research

(1) The scale effect of polarization of clusters and interfaces.

(2) The structure characterization, physical & chemical behaviors, action mechanisms of different interfaces and surfaces.

(3) The scale dependence of mechanic, electric, thermal and optical properties.

(4) How to solve the existing problems of irregularity of macroscopic property change, as well as, the bad repeatability of the measured results caused by the uncertainty of the nano-particle size, distribution and agglomeration in preparation and processing?

(5) How to find out whether or not the quantum confinement or quantum scale effect existing in nanodielectics?

(6) How to establish micro-, meso (nano) -structures and macro-property relationship?

(7) The design and assembly of the new nanostructured materials for studying and controlling their structure - property relationship.

(8) The properties of nanodielectrics under the extreme or special conditions.

(9) The characteristic and measuring techniques of mesoscopic structures (or micro-areas) and their properties.

(10) The evolution, mechanism, and life time prediction of the insulating ageing in wide time-space scale range.

The target is the architecture of new materials, the search of new effects and applications, the construction of new scientific system, and realization of multi-disciplinary.

5 Methodology and Countermeasure

(1) Methodology.

The Reductionism is frequently used. It can make the complex things simple, then the simple things complex. It is used to build up the classical dielectric theories, and so far, usually to analyze the nanodielectric behaviors.

The emergent theory, distinguished from the reductionism, emphasizes that the completely new properties appear in each complicated structure or evolution hierarchy, to which is not paid any attention in studying the properties of materials with multi-scale effect, such as the polymers and its nanocomposites, and the evolution of ageing. It is especially important in studying the properties of nanodielectrics with multi-levels.

1) The scientific prediction tells what will happen in an experiment that has never been done. To find out what our predictions are, it is quite necessary to establish a new theory system. The rapid development of nano-ST clearly proves the scientific predictions of Feynman. It should be a source of innovation in designing new materials, controlling their properties, and creating new theories and models.

2) It should be mentioned that these three scientific theories are all important in studying

structure-property relationship of nanodiectrics.

(2) Countermeasure.

1) To pay close attention to multi-time-space levels of structures and motion forms in nano-dielectrics.

2) To design some materials with the artificial mesoscopic structures to study theoretically its important role in controlling the dielectric macroscopic properties and scale dependent behaviors.

3) To pay close attention to the important role of clusters and percolation structures in scale-dependent properties.

4) To deeply investigate important role of electrode materials and its behaviors, and the metal-insulation interfaces.

电介质物理的理论基础

1 量子力学简介

1.1 原子模型，电子束缚态，能量量子化（分立能级）

$$r_n = \frac{n^2 h^2 \varepsilon_0}{\pi e^2 m}$$

$$E_n = -\frac{me^4}{8\varepsilon_0 h^2 n^2} = -E_0/n^2 \qquad E_0 = -\frac{me^4}{8\varepsilon_0 h^2}$$

1.2 统计力学基础

（1）Maxwell·Boltzmann 统计：可区分全同粒子、坐标、动量，可同时精确测量，许多粒子可占据同一能量状态。

$$f(E) = Ae^{-E/KT}$$

类似于地面上气体分子密度（压强）的分布

$$p_h(n_h) = p_0(n_0)e^{-mgh/KT}$$

（2）Femi-Dirac 统计：全同粒子，不可区分，服从泡利（Pauli）不相容原理，坐标与动量不可同时测量。

$$f(E) = 1/\exp\left(\frac{E - E_F}{KT}\right) + 1$$

E_F 为费米能级或化学势，与电子密度有关。E_F 附近的电子对材料的电光和超导性能起重要作用。自旋为 1/2 奇数倍的粒子、电子、质子、中子。

（3）Einstein-Bose 统计：全同粒子，不可区分，坐标与动量不可同时精确测量。许多粒子可占据同一能量状态。

自旋为 1/2 偶数倍的粒子、光子、介子。

$$f(E) = \frac{1}{A\exp(E/KT) - 1}$$

1.3 量子力学基本原理及应用

（1）波粒二相性。

$$E = \hbar\omega = h\nu \qquad p = h/\lambda = \hbar K$$

（2）测不准原理。

$$\Delta E \cdot \Delta t > \hbar \qquad \Delta p \cdot \Delta x > \hbar$$

(3) 薛定谔方程。

$$i\hbar \frac{\partial \psi}{\partial t} = \hat{H}\psi \quad (\hat{H} = \left[-\frac{\hbar^2}{2m}\nabla^2 + V(r)\right] \text{含时})$$

$$\hat{H}\psi = E\psi \quad (E \text{ 为能量本征值，定态，不含时})$$

(4) 薛定谔方程的应用。

1) $V(r) = 0$（自由粒子，De-Broglie 平面波）

$$\psi(r) = Ae^{i/\hbar(E \cdot t - \vec{p} \cdot \vec{r})} \quad (E, p \text{ 取连续值})$$

$$E = \frac{\hbar^2}{2m}K^2 \quad (\text{为抛物线})$$

2) 一维无限势阱中的粒子。

$$V(x) = \begin{cases} 0 & 0 < x < a \\ \infty & x \leq 0 \quad x \geq a \end{cases} \quad \left[-\frac{\hbar^2}{2m} \cdot \frac{\partial^2}{\partial x^2} + V(x)\right]\psi = E\psi$$

驻波解：$\psi(x) = \sqrt{\frac{2}{a}} \sin n \frac{\pi}{a} \cdot x \quad (n = 1, 2, 3, \cdots)$

$$E_k = \frac{\hbar^2}{2m}\left(\frac{\pi}{a}\right) \cdot n^2 = E_1 n^2 \quad K_n = \left(\frac{\pi}{a}\right) \cdot n \quad (\text{分立值，束缚态})$$

3) 一维有限势垒的散射。

$$V(x) = \begin{cases} V_0 & 0 \leq X \leq a \\ 0 & x < 0 \quad x > a \end{cases}$$

$$\psi(x = a) \sim e^{-K'a}$$

隧穿概率：

$$D \sim [\psi(x = a)]^2 \sim e^{-\alpha K'a}$$

$$K' = \sqrt{\frac{2m(U_0 - E)}{\hbar^2}}$$

4) 一维无限周期性晶格。

$$\left[-\frac{\hbar^2}{2m} \cdot \frac{\partial^2}{\partial x^2} + V(x)\right]\psi = E\psi \quad V(x) = V(x + a) = \cdots$$

Block 函数　　　　周期性调幅平面波

$\psi_K = u_K(x)e^{iKx} \quad u_K(x) = u_K(x + a) = \cdots$

能带结构满足 Born-Karman 周期性边界条件。

$e^{iKL} = 1$，$L = Na$，K 准连接，E 取分立值，准连续。

2　电介质的极化

电介质是指具有极化能力，且仅能通过极微弱电流的物质。极化：在外电场作用下电介质表面呈现感应电荷的物理显现。

2.1　极化类型

2.1.1　分子极化率（线性，低电场）

$$\vec{\mu} = \alpha \vec{E} \quad \alpha = \alpha_e + \alpha_i + \alpha_d$$

(1) α_e 电子位移极化：任何物质，与温度无关，谐振频率 $10^{15} \sim 10^{16}$ Hz；

(2) $\alpha_{i(a)}$ 离子（原子）位移极化：离子或其他固体，与温度几乎无关，谐振频率 $10^{12} \sim 10^{13}$ Hz；

(3) α_d 偶极子取向极化：极性介质，与温度有关，松弛频率 $10^2 \sim 10^9$ Hz；

(4) 离子松弛极化：弱束缚离子，极化频率 $10^2 \sim 10^5$ Hz 玻璃，结构松散的离子晶体；

(5) 电子松弛极化：离子晶体 F 心的弱束缚，松弛频率 $10^2 \sim 10^9$ Hz。

2.1.2 宏观极化

(1) Maxwell-Wagner 界面，或空间电荷极化，载流子运动范围大。取决材料体积浓度，介电系数与电导率的差异，松弛频率极低，一般小于 1 Hz；

(2) 自发极化，铁电体等。电畴（宏畴，微畴或原子畴的极化取向）。

2.1.3 空间电荷极化

驻极体，高电场，电离或光辐射引起的空间电荷极化，非线性光学材料。

2.2 宏观极化方程

$$D = \varepsilon_0 E + p = \varepsilon_0 E + \chi \varepsilon_0 E = (1 + \chi)\varepsilon_0 E = \varepsilon_0 \varepsilon E$$

$$p = n\alpha E_i$$

$$\varepsilon = 1 + \frac{Nd}{\varepsilon_0} E_i \qquad \text{Clausius 方程}$$

2.3 松弛/极化随时间建立

(1) 德拜松弛（无相互作用粒子）

$$p_r(t) = p_{os}(1 - e^{-t/\tau}) \qquad (极化)$$

$$p_r(t) = p_s e^{-t/\tau} \qquad (退极化)$$

$$\tau = \tau_0 \exp(V/KT) \qquad (线性指数)$$

(2) dc 极化电流

$J = J_0 e^{-t/\tau}$ Debye 型非耦合

$J = J_0 t^{-n}$ $0 < n < 1$，Caire 型

$J = J_0 \exp[-(t/\tau)^\beta]$ Kahlrausch 伸长指数型，松弛单元的耦合型，$0 < \beta \leq 1$，$\beta \to 1$ Delye 型

(3) ac 极化电流：通过对 $J(t)$ 的富氏变换（FT）

1) Debye 型：介质复极化率。

$$\chi^*(\omega) = \frac{\chi_0}{1 + i\omega\tau}$$

2) Caire 型：普适性。

$j(t) \sim t^n$ $t \ll \tau$ 短时

$j(t) \sim t^{m-1}$ $t \gg \tau$ 长时   （类似于高分子，$\alpha\beta\gamma\varepsilon$ 松弛）

偶极型：$\chi_0 \sim \chi_1(\omega) \sim \chi_2(\omega) \sim \omega^m$ $(\omega < \omega_p)$ n, m 在 [0, 1] 之间

$$\chi_1(\omega) \sim \chi_2(\omega)^{n-1} \quad (\omega > \omega_p) \quad \text{有峰相应}$$

χ_1、χ_2 分别为 $\chi^*(\omega)$ 的实部与虚部。

载流子型：反常低频弥散（ALFD）。

$$\chi_1(\omega) \sim \chi_2(\omega) \sim \omega^{-\beta} \quad (\omega < \omega_c)$$
$$\chi_1(\omega) \sim \chi_2(\omega) \sim \omega^{n-1} \quad (\omega > \omega_c)$$

ω_c 为特征频率，n，β 在 [0, 1] 之间，无峰相应。

3 电介质电导

3.1 电导率方程

$$\gamma = nq\mu \quad \mu = V_E/E \quad \gamma = \sum n_i q_i \mu_i$$

3.2 基本导电特性

（1）迁移率 μ：

1）自由载流子（空气中，导带，价带）$\mu_0 = e/KT<v.\lambda>$ 载流子受散射，温度增加，散射概率上升，μ 下降，无须活化，类金属电导。

2）受束缚载流子（L，S 中的弱束缚离子，禁带中的载流子等），$\mu \sim \mu_0 \exp(-V/KT)$，$V$ 为迁移活化能。活化过程，发生在半导体与绝缘体中。

3）在禁带中的载流子，迁移率与载流子陷阱深度（活化能）有关。$\mu(E_t)$ E_t 增加，μ 指数下降。

$$\mu_1 = \frac{eR^2}{KT} v_{ph} \exp(-2\alpha R - w/KT)$$

4）定域态对扩展态内载流子迁移的调制作用：

$$\mu' = \mu_0 \cdot \frac{t_f}{t_f + t_t} \sim \mu_0 \exp(-E_t/KT)$$

t_f 与 t_t 分别是载流子在导带中和定域态停留时间，一般 $t_f \ll t_t$。

（2）载流子产生 n：

1）外界电离作用（光，电，磁辐射，高能粒子）。

2）内部：电子碰撞电离，热电离，场致电离，Poole，Poole-Frenkel 效应。

3）电极发射，光发射，热发射，场助热发射，场致发射。

$$h\gamma \geq \phi$$

R – D $\quad J \sim \exp(-\phi/kT) \quad \phi$ 为金属功函数

Schottky $\quad J \sim \exp(-\phi/kT)\exp(\beta_s E^{1/2}/kT)$

$$\beta_s = \sqrt{e^3/4\pi\varepsilon_0} \quad \beta_{PF} = \sqrt{e^3/\pi\varepsilon_0\varepsilon}$$

F – N $\quad J \sim \exp(-\beta/E)$

（3）J-E 关系

1）幂函数 $\quad J = AE^n \begin{cases} n=0, & \text{饱和区} \\ n=1, & \text{欧姆定律} \\ n=2, & \text{SCLC} \end{cases}$

2) 指数函数 $J=A\exp(-bE^m)$ $\begin{cases} b<0, & m=1 \quad \text{Poole 效应} \\ b<0, & m=1/2 \quad \text{Poole-Frenkel, Schottky 效应} \\ b>0, & m=-1 \quad \text{F-N 效应} \end{cases}$

4 电介质击穿

4.1 击穿类型

4.1.1 电击穿

电击穿的一般实验规律是：

（1）大多数电介质的电击穿在室温或更低的温度下发生；

（2）击穿场强（或介电强度，耐电强度）E_b（在均匀电场下介质单位厚度的击穿电压）与电极材料及电介质的几何尺寸无关，称为本征击穿，它代表在一定温度下材料的特性；

（3）晶体电介质的放电路径在某种程度上沿一定方向优先发展；

（4）击穿场强与外施电压的波形（从直流，交流至微秒级脉冲）大体无关，完成击穿过程所需时间为微秒级或更短；

（5）按照电子雪崩击穿理论，厚样品的击穿场强是介质厚度的缓变函数，而薄样品的却迅速变化，在厚度 d 小于 10^{-5}m 时，d 下降，击穿场强 E_b 上升，称为薄层强化作用。

4.1.2 热击穿

热击穿与电介质的焦耳效应以及向周围媒质（或环境）的散热效应的平衡状态的破坏有关。因此，热击穿场强不能代表电介质的特性。热击穿理论是建立在电介质发热与散热的平衡被破坏基础上的，依据电导率（交流时应是有效电导率）与介质温度的关系确定临界场强。热击穿理论是建立在经典物理学基础上的。而电击穿理论要处理强电场中电子的倍增（如碰撞电离，隧道电离等）过程，故它是在固体物理学基础上用量子力学作为工具逐步发展起来的。与电击穿相比，热击穿的场强较低（通常低 1~2 个数量级），产生的温度较高，时间也较长。热击穿的一般实验规律是：（1）高温易产生热击穿，因为温度上升，电导率指数增加；（2）热击穿场强与样品尺寸及形状，电极和媒质的几何形状以及热特性有关，击穿过程所需时间至少为毫秒级；（3）脉冲热击穿场强与样品的形状和尺寸的关系不大；但受脉冲宽度 T_i 的影响大，T_i 变小，击穿场强上升；（4）通常交流比直流的击穿场强低；因为电介质每秒的能量损失随电场频率提高而增加，且交流损耗比直流的高。

4.1.3 次级效应、空间电荷、老化击穿、界面树枝击穿

（1）空间（表面）电荷击穿。n_e，释放能量，引发树枝；畸变电场，触发击穿。

（2）界面树枝与击穿。

介质电击穿发生在亚微米或纳米尺度的弱区，特别是由电极-电介质界面，或体内的相界面。例如双电层纳米区内的空间电荷电场可达 10^7V/cm，明显超过体电介质的击穿电场。通过界面注入空间电荷电场会引发电树枝老化，杂质和电极尖端的纳米级突出物会引起的电场集中或电荷注入，使介质内局域场明显超过体平均电场。

高分子材料，例如聚乙烯存在晶区-非晶区界面，杂质或添加剂通常集中的非晶区，满足纳米区强双电层条件。电荷沿边界比直穿晶区-非晶区界面更为容易，通过电场矢量选择的这种电荷运动路径就代表着高分子材料局部击穿的树枝结构。

传统 Hippie、Freohlich 电子击穿理论，皆考虑电子从电场获能率与电子失能率的临界关系，或由电子碰撞电离以及雪崩引起的击穿。近期认为受陷（或定域）的空间电荷是支配固体电介质击穿的一个重要因素。空间电荷不仅引起电场畸变，而且通过热或其他因素释放成为自由电子源而诱导击穿。通常沿外电场方向运动的电荷会受陷于电介质表面或界面，分子的链端及交联点上，使带电区域的电介质产生应力及电应变，从而改变界面的结构，以及载流子的电导路径。现在认为，附加剂，例如聚乙烯中的抗氧剂的作用，并不是体内化学作用，而是它在界面上的表面活性作用，它会改变电荷沿界面迁移，将电子沿场方向变为斜方向，或切方向，阻止电子加速，提高电介质的击穿场强。

最后应指出：为了理解凝聚相中树枝产生的原初过程，纳米尺度的界面上，特别是它们的侧向或横向运动的性质。必须集中研究载流子在纳米尺度的界面上，特别是它们的侧向或横向运动性质。

4.1.4 老化模型

Crine、Dissado 等分别提出了空间电荷老化的唯象模型。在 Crine 老化模型中，依据 Eyring 的速率理论，将在空间电荷引起的电-机械应力超过高聚物的内聚能时所产生的亚微孔作为老化的先兆，导出了高应力下的寿命方程：

$$t = \frac{h}{2KT} \exp\left(\frac{\Delta G - \sigma \Delta V}{KT}\right)$$

式中，σ 为内聚能；ΔV 为应力活化体积。理论计算表明，当临界应力 σ_c 达到 $10^7 N/m^2$ 数量级时，$\Delta V \approx 10^{-27} m^3$，相当于 5~20nm 级尺寸的微孔，老化过程是微孔的扩大，生长。

Dissado 等依据 Eyring 的速率理论，提出了空间电荷加速的热活化老化模型，即空间电荷使老化的自由能垒降低。此电热老化模型限于直流电场时，微腔或微裂纹（约 10nm 级）形成时间不等于击穿时间，因为形成大孔微米（级）需要足够长的时间，其间会发生其他破坏机理。空间电荷源于电极注入、局部放电或电场和热电离。这些电荷通常受俘获，但并不必要，它们也可以稳定存在。激光压力脉冲法证实，环氧树脂中空间电荷在 2.5MV/cm 强电场下约数秒达到准平衡，而脉冲电声法证实，低密度聚乙烯在 0.2MV/cm 电场下需数百小时。因此，电场愈低，平衡时间愈长，但是，空间电荷建立时间仍比击穿时间短几个数量级。

Zeller 依据中等电场机械老化，提出了电断裂机理。当埋入聚乙烯针尖处因注入空间电荷产生的应力达到 $1\times10^7 N/m$ 时，满足裂纹起始形成条件。应力使电树枝起始时间缩短，因为裂纹会加速快（高能）电子注入。高电场时，电寿命与机械应力寿命有类似的公式：

$$t = \frac{h}{2KT} \exp\left(\frac{\Delta G - e\lambda F}{KT}\right)$$

式中，λ 为势垒宽度，或电子散射距离；$e\lambda F$ 为电场使势垒形变对电子所作的功。

低电场区，$e\lambda F/KT \ll 1$，电场的影响弱。最大值 λ_{max} 等于高聚物非晶区的厚度约 4~20nm，与力学破坏的亚微孔起始尺寸 5~20nm 相当。电老化的临界电场 F_c 类似于电荷注入的起始电场，可以从测量直流电压下空间电荷限制电流以及电致发光（EL）等的起始电压得到。可将亚微孔的尺寸、浓度及分布与老化程度相联系。提高交流电压的频率会加速电压老化，但临界频率 $f_c \geq$ 2kHz，一般取 7~10kHz。实验得出，聚乙烯的 $F_c \geq$ 10kV/mm，λ_{max} 在 8~15nm 之间，约等于非晶相区的厚度。通过小角 X 射线散射可证实，亚微孔出现在非晶相。因为非晶相有更多的自由体积可以重排，内聚能密度比晶相低。因此电老化的演化过程是：亚微孔形成→积聚→微孔→破坏。通过测量已知电场下的寿命曲线，从直线的斜率可导出 λ_{max}，例如，三元乙丙胶的为 27nm，而聚乙烯的为 10nm。因此，材料的非晶区厚度 L_A 增加，老化速率加快，或老化起始（临界）电场 F_c 下降。外界因素，例如，温度上升，杂质，特别是无机及金属粒子，附加剂，均会使 λ_{max} 增加，会加速材料电老化。

Sanche 的电子老化模型，电介质承受不同老化因素包括：热、力场、电场及环境（O_2、H_2O、辐射等）的单一或联合作用。在电压与空间电荷作用下，将材料中的 nano-尺度上物理与化学变化过程称为电子老化。即使电子老化过程最终导致电介质材料的宏观特征改变，但是在外界力作用下材料的早期损伤是从 nano-尺度上发端的，即老化的原初过程。假设热（低能）电子（0~20eV）是电击穿的决定性因素，它与介质的原子和分子相作用，通过非热反应，产生一类具有特定能量的中间活性粒子（原子、分子类），包括高活性的自由基、正负离子、激发的原子和分子，以及新的化合物等。可以测量电子、振动及声子激发的能量损失谱。它们可以解释在分子间、分子内（或原子）的电子或空穴载流子陷阱产生的机理。同时，纳米尺度结构信息使我们能鉴别极化子的作用。在宏观尺度上观察到的材料积累性损伤与泄漏电流增加、电子老化与空间电荷分布、电荷退陷或受陷、金属-电介质界面处的电荷注入及排出等因素有关。

5 电介质的放电结构

5.1 分形的基本概念

自相似性物体：满足标度不变性，或者说无特征长度分形体必须具有自相似性，因此具有幂函数特征。

分形分两类：

确定性（有规）分形，Koch 曲线，Sierpinski 海绵等；

统计性（无规）分形，DLA，PC，RW，SAW 等。

5.2 分形维数

分形结构通常用欧氏维数 d 以及分形（Hausdorff）维数表示。

欧氏空间：标度比率 r 下降

几何体不变，缩小，$r(N) \sim N^{-1/d}$，N 为划分的个数，$N(r) \sim r^{-d}$

几何体增大，放大，$L(N) \sim N^{1/d}$，$N(L) \sim L^d$

Hausdorff D：任何维数的几何物体，若用与它相同维数的"尺"去量它，则会得到确定数值的 N。

$$N(r) \sim r^{-D}$$
$$D = \lim_{r \to 0} \ln N(r)/\ln(1/r)$$

D 可为整数，也可为分数。

$$N(L) \sim L^D$$
$$D = \lim_{L \to \infty} \ln N(L)/\ln(L)$$

限定：L 不能趋于无穷大，r 不能趋于零。

下界：$r > a_0$；上界 L 为宏观物体或统一写成

$$N(\varepsilon) \sim (1/\varepsilon)^D \qquad r/L = \varepsilon \ll 1$$

例子：(1) Cantor 集：$D = \ln N(r)/\ln(1/r) = \ln 2/\ln 3 = 0.6309$。

(2) 有规生长：$L = 3^K$，$N(L) = 5^K$，K 迭代次数（"代"数）

$$D = \lim_{L \to \infty} \ln 5^K/\ln 3^K = 1.465$$

(3) 有规缩减：$r = (1/3)^K \qquad N(L) = 5^K$

$$D = \lim_{r \to 0} \ln N(r)/\ln(1/r) = \ln 5^K/\ln 3^K = 1.465$$

(4) 无规生长：凝聚粒子的数密度

$$\rho(R) = N(R)/R^d \sim R^{D-d}$$

R 为 DLAC 的特征长度，$d = 2$ 时，$D = 1.6 \sim 1.7$。

(5) Brownian 运动（或 RW）：

平均平方位移：$r^2 \sim t$ t 为时间，若 t 时刻走了 N 步，$N \sim r^2$。

依据质量-线度关系，$N \sim [(r^2)^{1/2}]^D$，于是 $D = 2$。

5.3 频电的分形结构与模型

（1）分枝结构。

闪电、表面放电及高聚物中的树枝，构成复杂的随机图形，整体结构表现出准确的结构相似性。

顶端效应，确定性

两者竞争结果 – 放电图形

分枝屏蔽效应，随机性

特点：放电分枝总长度 N（放电联结的格点总数）与放电半径 r 的关系服从幂律（生长）：

$$N(r) \sim r^D \qquad D \text{ 为幂指数}$$

离中心 r 处的分枝数

$$n(r) \sim \mathrm{d}N(r)/\mathrm{d}r \sim r^{D-1}$$

（2）模型。

1）介质击穿模型（DBM），又称 NPW（Niemeyer, Pietronero 与 Wiesmann）模型-不可逆生长模型忽略空间电荷，$\nabla^2 \varphi = 0$。

二维方形晶格，离散 Laplace 方程

$$\sum_{\delta} \varphi_{i+\delta} - 4\varphi_i = 0 \tag{1}$$

边界条件：
$$\varphi_{\infty} = 1, \quad \varphi_{\theta} = 0 \quad （集团上，呈短路状） \tag{2}$$

生长概率：$\rho_i \sim 1/N(\nabla \Phi)_i$ （集团在最邻近格点上）

N 为归一化因子，$\sum \rho_i = 1$；$E_i = \varphi_i$

更一般考虑：$\rho_i \sim 1/N(\nabla \Phi)_i^{\eta}$ （标度不变性） (3)

放电结构由式（1）-式（3）确定。

当 $\eta = 1$，DBM（$D = 1.70$）与 DLA（$D = 1.71$）几乎相等。

在利用 $P_j \sim E^{\eta}$ 时 Hausdorff 维数 D 与幂指数 η 的关系见表1。

表 1 Hausdorff 维数 D 与幂指数 η 的关系

η	D
0	2
0.5	1.89±0.01
1	1.75±0.02
2	~1.6

2）WZ（Wiesmann，Zeller）模型（有电阻，树枝）。

概念：SCLC 空间电荷限制电流，降低电场或阻止击穿，FLSC 空间电荷限制电场。

$$E < E_{c,m}, \mu = 0 （禁带内） < 10^{-10} \text{ m}^2/(\text{V} \cdot \text{s})$$
$$E > E_{c,m}, \mu = \mu_0 （能带输送） > 10^{-4} \text{ m}^2/(\text{V} \cdot \text{s})$$

当 $E > E_{c,m}$，载流子完全填满陷阱，出现 TFL 时的 SCLC，此时 μ 不变，陷阱调制，即从跳跃电导（$\mu \approx 0$）突升到 μ_0（带电导）。

$E_{c,m}$ 代表载流子 μ 突变的临界电场。

FLSC 效应，在 $E > E_{mc} > E_{inj}$ 时，使阴极电场随时间（或距离）变化，最终达到 SCLC 平衡，即 E^- 的 E 下降、E^+ 的 E 上升。

放电格点间存在电压降 $E_s \cdot s$，E_s 维持放电格点内高迁移率态，且在结构内部是恒定的。

形成放电新键的概率：

$p(E_{loc}) \sim E_{loc}\mu$，$E_{loc} \geq E_{c,m}$ 相应于击穿的临界场强

$p(E_{loc}) = 0$，$E_{loc} < E_{c,m}$

通常说 $\mu = 1$，线性关系，每增加一步，Laplace 方程按新边界条件求解。

WZ 模型引入两个电场参数 E_s 和 $E_{c,m}$，使破坏放电结构的自相似性，即放电图形内的 D 不是常数。

例如：$E_s = 0$（PW），$E_{c,m} \neq 0$，随 $E_{c,m}$ 增加，分枝概率（D）下降，向正面（E 方向），$E_{c,m} \neq 0$，$E_s \neq 0$，E_s 增加，分枝概率（D）上升，向侧面（偏离 E 方向）。

高压直流绝缘介质中的空间电荷效应及其抑制方法

1 概述

主要包括以下几个方面：

（1）高压直流输电是国家的重大需求。

（2）为什么要研究空间电荷效应：

1）严重畸变电场 $E_p = 2 \sim 10 E_{lap}$（几何电场）
主要因为绝缘介质中存在大量捕获载流子的陷阱，它们在外电场作用下迁移率极低；

2）降低耐电强度可达 10%~20%；

3）缩短老化寿命约（1/2 ~1/8）。

（3）定义：空间电荷（Space charge-SC）通常是指局部空间内存在的一种正或负的净电荷。可呈点、线、面及体分布。在与半导体，绝缘体有关的许多情况下都会出现空间电荷。

（4）SC 的类型：电子型、空穴型、离子型、偶极子型、极化子型和等离子体型。

（5）固体：定域态、陷阱、局域能级，代表干扰晶体周期性势场的物理及化学结构缺陷（前者阱深 0.5~1.5eV，后者可达 3~8eV）、杂质在禁带内构成的能级、表面态、表面偶极子态、体内偶极子态、体内分子离子态、杂质、端链、支链、叠链、晶区-非晶区边界、断键、极化子态、局域密度涨落等。杂质、添加剂、反应附产物，既可接受注入电荷，又可通过化学作用，增加电荷注入。

（6）液体：电极附近的双电层。

（7）气体：雪崩，正离子。

2 电介质极化与空间电荷的形成

2.1 均匀电介质极化

表面效应束缚电荷 $E_d = E_0/\varepsilon$，$\rho_{SC} = 0$。

2.2 非均匀电介质极化

（1）双层电介质，等效电路模型 Maxwell-Wagner 界面极化特点：

1）理想的几何界面。

2）介质内电场分布与加电压时间有关。$t=0^+$，按电位移分布；$t=\infty$，按泄漏电流分布。t 时刻，电场按位移电流与导电电流之和相等分布。

3）界面极化为宏观极化；极化参数（极化强度、松弛时间等）均与两种电介质的宏观参数（集合尺度、含量、介电系数、电导率等）有关。

4）界面极化存在的条件：两层的充电时间常数不相等，对平面介质，可简化为 $\theta_1 = R_1C_1 \neq \theta_2 = R_2C_2$，$\dfrac{\varepsilon_1}{\gamma_1} \neq \dfrac{\varepsilon_2}{\gamma_2}$。

故界面极化电荷 $\rho \sim \nabla\left(\dfrac{\varepsilon}{\gamma}\right)$。

5）$V_{界面}/V_{总} = 0$。

6）仅影响电场分布不均匀性。

（2）粒子填充电介质，对比 Maxwell-Wagner 极化的特点：

1）不存在理想的几何界面，或理想的界面接触，会出现两极之间的界面过渡区，或相互作用区，即存在附加的具有理化结构的界面相。

2）将界面极化作为一种宏观均匀电介质时，也可采用 MW 模型进行分析。

3）界面极化既取决于两相的宏观参数，又取决于界面理化结构及相互作用，极化十分复杂，极难用 MW 极化条件及极化方程。

4）对纳米集体复合物，界面厚度通常 5nm，$V_{界面}/V_{总} \approx 30\% \sim 50\%$，界面对复合物的宏观性质可能起主导作用，产生宏观性能的奇异特性。

5）会影响电场分布。畸变电场是指各类空间对电场分布的作用，影响电场不均匀性分布，包括：Maxwell-Wagner，电极几何尺寸形状、构型，以及电场及温度分布等因素。

3 SC 的形成

3.1 接触

（1）电接触（M-I，M-S 体系）：

1）中性接触：$\phi_m = \phi_i$，无界面电荷；

2）欧姆接触：$\phi_m < \phi_i$，注入接触（电子）、电子积累层；

$\phi_m > \phi_i$，注入接触（空穴），空穴积累层；

3）阻挡接触：$\phi_m > \phi_i$，电子从 $i \to m$，电子耗尽层，能带向上弯，阻挡势垒。

（2）化学与物理吸附，双（偶）电层，依据两相的电负性交换电荷。

（3）摩擦，流动带电、机加、挤出、压制等。

3.2 电极发射

（1）热电子发射：$J_T = AT^2 \exp\left(\dfrac{-\phi_m}{kT}\right)$ （高温区） (1)

（2）场助热电子发射：$J_E = J_T \exp\left(\dfrac{\beta_s\sqrt{E}}{kT}\right)$ $\beta_s = \left(\dfrac{e^3}{4\pi\varepsilon_0\varepsilon}\right)^{\frac{1}{2}}$ （中场区） (2)

（3）Fowler-Nordheim 发射：$J_E = A'E^2 \exp\left(-\dfrac{B}{E}\right)$ （高场区） (3)

（4）热助场电子发射：$J_0 = A'(T)\, E^2 \exp\left(-\dfrac{B}{E}\right)$ （中温区） (4)

3.3 体内 SC

(1) 杂质离子移动形成异极性 SC；

(2) 电子碰撞电离：$n \sim \exp(ad) \sim \exp\left[\alpha_0 d \exp\left(-\dfrac{U_i}{eE\lambda_i}\right)\right]$ (5)

(3) 从陷阱中释放：$n \sim n_t \exp\left(\dfrac{\beta_{PF}\sqrt{E}}{kT}\right)$ $\beta_{PF} = 2\beta_s$ (6)

(4) 隧道效应：$n \sim AE^2 \exp\left(-\dfrac{B}{E}\right)$ (7)

3.4 环境辐射效应

吸潮、物理及化学吸附，空间电磁环境，真空等。
(1) 低能（非电离）电磁辐射，光（红外、可见、紫外）0~40eV。
(2) 高能（电离）辐射、原子或原子核过程产生的辐射，包括 X 射线、γ 射线、快电子、重带电粒子（α 粒子、质子）、重离子、中子、电子束、离子束等。
(3) 辐射的作用：电子、离子→电导，俘获，受激分子、激子、激子电离→电导，发光→老化，自由基→化学反应、老化。

1) 光电子效应，$h\nu \geq \phi_m$；
   激子生成，$h\nu < E_g$。
2) 辐射感应电导，光驻极体。

3.5 非均匀（复合）电介质

(1) MW 界面极化（体内或 M-I 界面）。
(2) 不均匀性：

温度 $\dfrac{\partial T}{\partial x}$；电性能 $\dfrac{\partial r(T)}{\partial x}$，$\dfrac{\partial \varepsilon(T)}{\partial x}$；电荷 $\dfrac{\partial \rho}{\partial x}$、电场 $\dfrac{\partial E}{\partial x}$。

电流密度方程式 $\quad \nabla \cdot \vec{J} = \gamma \nabla \cdot \vec{E} + \vec{E} \cdot \nabla \gamma$ (8)

电位移方程式 $\quad \nabla \cdot \vec{D} = \varepsilon_0 \varepsilon \nabla \vec{E} + \varepsilon_0 \vec{E} \cdot \nabla \varepsilon = \rho$ (9)

局部电荷密度方程式 $\quad \rho = \left(\varepsilon_0 \nabla \varepsilon - \dfrac{\varepsilon \varepsilon_0}{\gamma} \nabla \gamma\right) \cdot \vec{E}$ (10)

3.6 PWM 作用 $\left(\dfrac{dV}{dt} = 1 \sim 20\text{kV/μs}\right)$ 下 SC 形成

如图 1 所示，低频正弦电压极化，正、负半周，电极电荷极性反转。

PWM 电压，由于电压突然反转，导致特定符号的自由电荷再吸收，但电荷符号与束缚电荷的相反，此时两种类型电荷共存。松弛时间快的偶极子对 SC 无贡献，慢的对 SC 有贡献，形成"宏观"偶极子。极性反转时，重复上述现象，最终造成表面电荷积累，因此在表面存在三种电荷：自由电荷、束缚电荷（极化）、阻挡电荷，源于 PWM 极性反转太快。

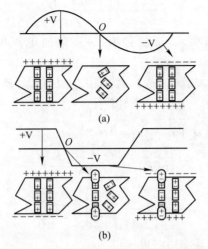

图1 正弦与PWM电压作用的极化模型

4 SC 的极性和分布

（1）按电荷与相邻电极的符号，分为同极性与异极性电荷。

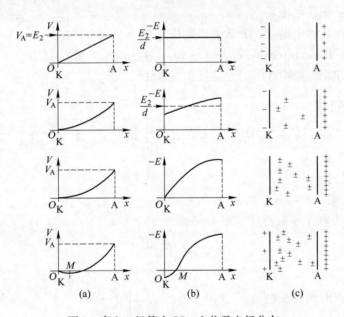

图2 真空二极管中SC、电位及电场分布

（2）空间（位置）：体、表、箱、薄层、δ分布。

（3）时间：动力学过程、电极接触、电荷产生释放、扩散、受陷、退陷、复合等。

$$\frac{\partial n(x, t)}{\partial t} = \frac{\mu(T) \partial n(x, t) E(x, t)}{\partial x} + \frac{D_n(T) \partial^2 n(x, t)}{\partial x^2} -$$

$$r(T) p(x, t) n(x, t) + \delta(T) n_t(x, t) - \frac{1}{\tau_f} n(x, t) + \frac{1}{\tau_t} n_t(x, t) \quad (11)$$

$$\frac{\partial E(x,\ t)}{\partial x} = \frac{en(x,\ t)}{\varepsilon_0 \varepsilon} \tag{12}$$

1）迁移项、2）扩散项、3）复合项、4）杂质电离项、5）再俘获项、6）退陷项。

（4）能量：深陷阱（大于 1.5eV）、浅陷阱（小于 0.5eV）、复合中心、划界能级。

1）单一陷阱能级分布， $\delta(E-E_t)$ \hfill (13)

2）多重离散陷阱能级分布， $\sum_{n=1}^{n} E_{t,i} \delta(E-E_{t,i})$ \hfill (14)

3）指数分布， $h(E) = \dfrac{H_\infty}{kT_c} \exp\left(-\dfrac{E}{kT_c}\right)$ \hfill (15)

4）离散分布， $h(x) = \dfrac{Hd}{(2x)^{\frac{1}{2}} \sigma_t} \exp\left[-\dfrac{(E-E_{tm})^2}{2\sigma_t^2}\right]$ \hfill (16)

σ_t 离散函数的偏差，E_{tm} 最高陷阱密度能级。

5 SC 的释放

（1）时间：放电电流，表面电位衰减。

（2）温度：TSC（热激电流）、热发光、热激表面电位衰减。

（3）压力：压激电流。

（4）光：光激放电电流，光激表面电位衰减。

（5）电场：Poole-Frenkel 效应、Onsager 效应-激子电离。

（6）联合作用：TSC-TSL、等温与非等温衰减。

6 空间电荷效应

（1）电场效应：直流，同极，异极电荷，工频交流，载流子注入与抽出，产生应力应变，如图 3 所示。

（2）导电特性

1）异极（离子）电荷，增加 dc 的电导率。

2）改变 Schottky 发射特性如图 4 所示：

E_a 平均电场， $J \sim \exp\left(\dfrac{\beta_s \sqrt{E_a}}{kT}\right)$ \hfill (17)

E_d 充电电流时的阴极电场， $J_c \sim \exp\left(\dfrac{\beta_s \sqrt{E_c}}{kT}\right)$ \hfill (18)

E_c 放电电流时的阴极电场， $J_d \sim \exp\left(\dfrac{\beta_s \sqrt{E_a}}{kT}\right)$ \hfill (19)

3）SCLC：

无陷阱时， $J = \dfrac{9}{8} \varepsilon_0 \varepsilon \mu \dfrac{V^2}{d^3}$ \hfill (20)

$J_\Omega = \dfrac{9}{8} \varepsilon_0 \varepsilon \mu \dfrac{V_\Omega^2}{d^3} = en\mu \dfrac{V_\Omega}{d}$ \hfill (21)

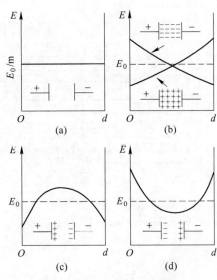

图 3　SC 对电场分布的影响

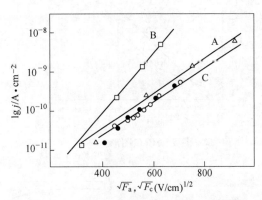

图 4　SC 畸变阴极电场的 Schottky 发射图形

有陷阱时，$j_\theta = \theta j,\ \theta < 10^{-7}$

$$\mu = \mu_0 \theta = \mu_0 \frac{n}{n+n_t} \quad (22)$$

计算：

$$n = \frac{9 V_\Omega \varepsilon_0 \varepsilon}{8 e d^2} \quad (23)$$

$$\mu = \frac{8 j_\Omega d^3}{9 V_\Omega^2 \varepsilon_0 \varepsilon} \quad (24)$$

利用 V_{TFL} 求出

$$N_t = \frac{3\varepsilon_0 \varepsilon V_{TFL}}{2 e d^2} \quad (25)$$

应指出，若陷阱能级在禁带内呈分立或连续分布，则 SCLC 的理论将更为复杂（参见图 5）。

（3）SC 波包。电荷波包源自相反电极边界类波状电荷注入，空间电荷波包调制，在边界脉冲状放电如图 6 所示。

（4）击穿特性。dc 预应力对脉冲击穿电场强度的影响：直流与脉冲同极性为助场，直流与脉冲反极性为反场如图 7 所示。

（5）SC 老化特性。

1）临界应力模型。在 Crine 老化模型中，依据 Eyring 的速率理论，将在空间电荷引起的电-机械应力超过高聚物的内聚能时所产生的亚微孔作为老化的先兆，导出了高应力下的寿命方程：

$$t = \frac{h}{2kT} \exp\left[\frac{\Delta G - \sigma \Delta V}{kT}\right] \quad (26)$$

式中，σ 为内聚能；ΔV 为应力活化体积。理论计算表明，当临界应力 σ_c 达到 $10^7 \mathrm{N/m}$ 数量级时，$\Delta V \approx 10^{-27}\,\mathrm{m}^3$，相当于 5～20nm 级尺寸的微孔，老化过程是微孔的扩大、生长。

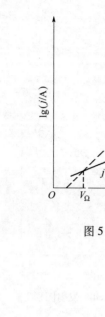

图 5　SCLC 图形

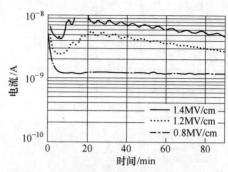

图 6　抗氧剂掺杂的氧化 XLPE 导电电流

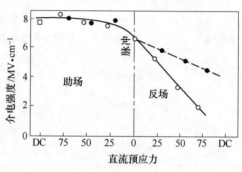

图 7　直流预应力对聚乙烯脉冲击穿场强的影响

2）电疲劳模型。依据 Eyring 的速率理论，提出了空间电荷加速的热活化老化模型，即空间电荷使老化的自由能垒降低。此电热老化模型限于直流电场时，微腔或微裂纹（约10nm 级）形成时间不等于击穿时间，因为形成大孔 μm（级）需要足够长的时间，其间会发生其他破坏机理。空间电荷源于电极注入、局部放电或电场和热电离。这些电荷通常受俘获，但并不必要，它们也可以稳定存在。激光压力脉冲法证实，环氧树脂中空间电荷在 2.5MV/cm 强电场下约数秒达到准平衡，而脉冲电声法证实，低密度聚乙烯在0.2MV/cm电场下需数百小时。因此，电场愈低，平衡时间愈长，但是，空间电荷建立时间仍比击穿时间短几个数量级。

Zeller 依据中等电场时机械老化，提出了电疲劳机理。当埋入聚乙烯针尖处因注入空间电荷产生的应力达到1×10^7N/m 时，满足裂纹起始形成条件。应力使电树枝起始时间缩短，因为裂纹会加速快（高能）电子注入。

Crine 提出高电场时，电寿命与机械应力寿命有类似的公式，

$$t=\frac{h}{2kT}\exp\left[\frac{\Delta G-e\lambda F}{kT}\right] \quad (27)$$

式中，λ 为势垒宽度或电子散射距离；$e\lambda F$ 为电场使势垒形变对电子所作的功。

低电场区，$\frac{e\lambda F}{kT}\ll 1$，电场的影响弱。最大值 λ_{max} 等于高聚物非晶区的厚度约 4～

20nm，与力学破坏的亚微孔起始尺寸 5~20nm 相当。电老化的临界电场 E_c 类似于电荷注入的起始电场，可以从测量直流电压下空间电荷限制电流以及电致发光（EL）等的起始电压得到。可将亚微孔的尺寸、浓度及分布与老化程度相联系。提高交流电压的频率会加速电压老化，但临界频率 $f_c \geqslant 2\text{kHz}$，一般取 7~10kHz。实验得出，聚乙烯的 $F_c \geqslant 10\text{kV/mm}$，$\lambda_{max}$ 在 8~15nm 之间，约等于非晶相区的厚度。

通过小角 X 射线散射可证实，亚微孔出现在非晶相。因为非晶相有更多的自由体积可以重排，内聚能密度比晶相低。因此电老化的演化过程是：亚微孔形成→积聚→微孔→破坏。通过测量已知电场下的寿命曲线，从直线的斜率可导出 λ_{max}，例如，三元乙丙胶的为 27nm，而聚乙烯的为 10nm。因此，材料的非晶区厚度 L_A 增加，老化速率加快，或老化起始（临界）电场 F_c 下降。外界因素，例如，温度上升，杂质，特别是无机及金属粒子，附加剂，均会使 λ_{max} 增加，会加速材料电老化。

（6）电树枝老化。电树枝起源 SC，前者尖端电场畸变，诱导 SC，水树枝，水通道高场电导的界面极化，以及树枝尖端高场区载流子注入。

在不均匀的发散电场中的强局部电场位置会观察到局部击穿，依据它的击穿路径称其为电树枝，直流电场下电树枝强烈受 SC 的影响。

1）直流电压树枝，线形外压时树枝始于针尖。

$\dfrac{dV}{dt}$ 增强，树枝起始电压下降；$\dfrac{dV}{dt}\uparrow$，$Q_{SC}\downarrow$，SC 阻止阴极电子发射作用小。

与此类似，dc 击穿实验，$\dfrac{dV}{dt}\uparrow$，$E_b\downarrow$，如图 8 所示。

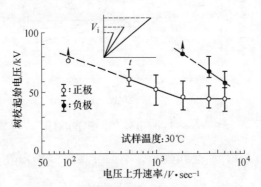

图 8　dc 树枝起始电压与升压速率的关系

2）短路树枝，因 SC 作用，短路树枝起始电压低。

稳定 SC 分布的形成时间——DC 预应力对短路树枝的作用，开始，加压（极化）时间增加，Q_{SC} 增加，短路树枝长度增加，$t_c \geqslant 20\text{min}$ 后，Q_{SC} 扩散消失，L 下降且 $T\uparrow$，受温度影响，$t_c\downarrow$。

3）极性反转树枝，在直流预应力后加脉冲电压观测树枝，在直流与脉冲电压间试样开路一段时间。稳定 SC 分布的消失时间，直流电压极性反转技术是为了改变沿直流输电线路的电功率流，极性反转会影响 SC 聚积畸变电场的分布。

停留时间 $t_r\uparrow$，脉冲极性反转树枝长度↓，直流正、负极性 SC 消失的时间不同。负极性（SC 为负），t_r~50min；正极性（SC 为正），t_r~1600min。

4）脉冲电压树枝。在高温下脉冲树枝长度大于极性反转树枝的值。

5）极性效应。树枝起始电压定义为恒定速率升压下树枝长到 $10\mu m$ 的电压。负极性树枝起始电压比正极性的高，这类似于针-板电极气体击穿，受 SC 对电场畸变的作用。

7 高压直流电缆绝缘

（1）对绝缘的要求，SC 少，电缆及附件必须承受雷电脉冲与极性反转作用，极性反转使击穿强度下降 10%。

（2）电缆绝缘测量，绝缘电阻，击穿特性，空间电荷，电应力分布，材料组成变化，长期稳定性。

（3）空间电荷畸变电场，例如 $\rho = 1\mu C/cm^2$，$d = 0.1cm$ 对于 PE，$E_{SC} = 50kV/mm > E_{cp}$。

（4）SC 来源，注入起始电场 $\geqslant 10kV/mm$，同极电荷，温度增加，迁移率增加，SC 密度下降，场助杂质的热电离（Poole 效应），异极电荷极性杂质分布 $\partial \rho / \partial x$。

（5）电场分布取决于 SC 分布，一般

$$\rho = j \cdot \nabla \left(\frac{\varepsilon_0 \varepsilon}{\gamma} \right) \tag{28}$$

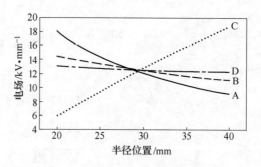

图 9　ac 与 dc 电缆中电场分布对比

$E_\gamma(T)$，$\gamma(T, E)$，T，E 空间分布，不同导电参数和内外导体不同温差时的 $E(\gamma)$ 分布图。

AC 电缆

DC 电缆，$\Delta T = 0$　$E_a = 0.8eV$　$b = 2 \times 10^{-7} m/V$

$\Delta T = 40℃$，$b = 2 \times 10^{-7} m/V$

$\Delta T = 40℃$，$E_a = 0.1eV$　$b = 3 \times 10^{-7} m/V$

直流电导率
$$\gamma = \frac{\gamma_0 \left[\exp\left(-\frac{E_a}{kT} \right) \sinh(bE) \right]}{E} \tag{29}$$

8 空间电荷的抑制方法

（1）添加剂，抗氧化剂、交联剂、树枝稳定剂，有的抗氧化剂形成深陷阱，改变材料的形态结构。

（2）接枝马来酸酐改善 PE 的形态结构，提高迁移率，降低 SC。

（3）无机氧化物，TiO_2，$BaTiO_3$，MgO 等，提高迁移率，SC 下降，改变 PE 形态结构，但 dc 击穿场强的分散性增加，例如，球晶粒尺寸下降。

（4）电缆半导电层，因为 SC 位于 S-I 界面，为此有的采用双外层和双内层 S 层，有的在 S 层内加沸石，中和 SC，阻止向绝缘体转移。

纳米高聚物介电复合物的研究现状、方法及思考

1 微纳米高聚物复合物材料的研究现状及发展趋势

近期：纳米粒子填充，电磁线、电缆、EMI 屏蔽。

中期：1D，2D 纳米填料，耐电晕性，各向异性、热导，电缆。

远期：纳米构筑（组装、结构）材料包括，超级电容器、电致伸缩、电-光，电介质-MEMS-NEMS，传感器/执行器、智能/自适应电介质材料。

2 物理学研究的尺度层次

宏观：从人们用肉眼可见的最小物体开始为下限，至无限大的宇宙天体为上限。

微观：以分子原子为上限，下限是无限小的领域。

介观：宏观与微观尺度之间的领域，包括从微米、亚微米、纳米到团簇尺寸（几个到几百个原子以上尺寸）的范围，会产生量子相干效应（突出了波的特点）。

目前将亚微米级（小于 $0.1\mu m$）体系有关现象的研究，特别是电荷输运现象的研究称为介观领域。

纳米尺度通常界定 1~100nm 范围。原子半径 0.05nm，晶格常数 0.3nm。

3 纳米微粒与结构的基本物理效应

当微粒子尺寸不断减小，在一定尺度下（$d \leq d_c$），会引起材料的宏观物理和化学及生物学性质发生异常变化。

3.1 量子尺寸效应

宏观尺寸物体，按能带结构理论，金属处的费米能级是准连续的。随着尺寸下降，能级变成离散的。半导体的禁带宽度上升。这称为量子尺寸效应。

依据久保理论：低温，微粒的原子数很少时，电子能级的裂距

$$\delta \sim \frac{1}{d^3} \sim \frac{1}{N}$$

$$T \sim \frac{\delta}{K_B} \sim \frac{1}{d^3}$$

$T=1K$ 时，$d=20nm$；当 $T>1K$，$\frac{\delta}{K_B}>1$ 时，$d=14nm$。

δ 大于超导体的凝聚能、热能 kT、磁能、电场能时，就产生量子尺寸效应。可见，其成立条件是：低温、小尺寸物体。

吸光—红移或蓝移；发生从导体到绝缘体、铁电体到顺电体和超导体到正常态等转变，比热、磁化率和催化性与电子的奇偶性有关。

因为 $\frac{\delta}{kT_c} \approx 1$，$\delta \sim 10^{-4}$ eV，依据 $\tau > \frac{\hbar}{\delta}$，电子的寿命很长，因此 nmAg 粒子的电阻大，为绝缘体。

量子尺寸效应是微电子、光电子器件的理论基础。

3.2 小尺寸效应

当粒子尺寸与光波波长 λ_0，电子 De Broglie 波长 λ_{dB}，超导态的相干长度 ξ，电子平均自由程 λ，以及激子波尔半径 R_B 等物理特征尺寸相当或更小时，晶体的周期性边界条件受到破坏，颗粒表面层附近原子密度下降，导致 A（声），O（光），E（电），M（磁），T（热），F（力）学等特性呈现突变的现象，称为小尺寸效应。例如：金属从块体的五光十色到黑色（吸收，反射改变），铁磁体到顺磁体，超导体到常导体，有序到无序等转变。

3.3 表面效应

当微粒尺寸下降到纳米级时，表面原子与总原子数之比会急剧增加，例如10nm时20%；1nm时，99%。

表面原子数增加，原子配位不够，表面能上升，表面张力上升，悬挂键及缺陷密度增加，出现台阶，表面活性增加，材料极不稳定。例如，会发生金属粒子燃烧，粒子吸附增加，团聚和凝聚等现象。

3.4 宏观量子隧道效应

微观粒子借波动性而穿过高势能的概率不为零，称为隧道效应。这些年来，人们发现纳米粒子的磁化强度 M、超导体的磁通密度 Φ 也具有隧道效应，称为宏观量子TE。在低温，超细镍微粉本应为铁磁体，但仍保持顺磁性。Fe-Ni 薄膜中畴壁运动速度在低于某一临界温度 T_c 时基本上与温度无关，即使仅0K时，纳米粒子的磁化矢量仍能取向，且弛豫时间 τ_{nt} 有限。

4 微纳米高聚物复合物的结构与性能

4.1 复合物的（微）结构特性

（1）复合结构原则。

1）复合基体（陶瓷、金属、高聚物等）；

2）复合相态（单相、多/复相）；

3）复合效应（加和、乘积、函数与功能等）。例如，调节、增强、互补、新效应（生物细胞、超导态、巨磁阻、光子晶体等）；

4）复合联结性（0、1、2、3维度，或分形维数）。

(2) 复合介质原则。
1) 微米复合；
2) 纳米复合；
3) 杂化、原子、分子水平结合，超分子化学，依赖除共价键外的其他分子间作用力组装成超分子体系。非共价键的弱相相互作用，例如：H—键、范氏力、偶极间互作用、亲水-疏水互作用以及它们之间协同作用而产生的特定结构与功能。

(3) 纳米材料微结构。
1) 颗粒组元（晶粒、非晶、准晶组元）：尺寸，形态，分布；
2) 界面：形态，分子组态或键组态；
3) 缺陷种类（位错，三叉晶界。空位，空位团及空洞）数量，组态，化学成分，杂质；
4) 界面结构模型：类气体（无序），有序，或并存，结构特征分布模型。

4.2 按晶粒聚集体尺寸大小排序（分类）

(1) 分散晶粒结构，当两相合金材料中含量小的相（弱相，minor phase）的比例低时，晶粒将随机分散在这相中（基相、连续相、matrix phase）。

(2) 聚集晶粒结构，aggregated grain Structure，弱相的 $V/V\%$ 增加，构成晶粒团聚簇。

(3) 逾渗型晶粒团簇网络结构（Percolation Like Cluster Structure），当弱相 $\varphi = \varphi_0$，即逾渗阈值。除了少数的晶粒团簇，大多数弱相晶粒将连成一连续随机走向的键状网络。

(4) 晶粒的连续性（Connectivity），对于二相合金有十种晶粒连接方式 0-0，0-1，1-1，0-2，1-2，2-2，0-3，1-3，2-3，3-3。
1) 0-0，0-1，0-2，0-3，分散晶粒结构；
2) 1-2，2-3，1-3 型对应聚集晶粒结构；
3) 1-3 弱相 grain 聚集成单链状。1-2，2-3 型中晶粒成密堆积；
4) 1-1，2-2 型晶粒聚集结构呈特殊情况，弱相晶粒按一定方向聚集成片状结构；
5) 2-2（层状）或线装 1-1，3-3，对应逾渗集团网络结构，两相材料相互穿透构成 3D 网络，即形成逾渗集团。

4.3 复合物的界面的结构、特性及作用

4.3.1 界面力

两相复合物 A/B，各相均有自己的热力学性质，相界面（nm 级尺度），属过渡区。相内的每个原子与分子通过短程及长程力与其周围建立平衡。界面性质的变化源于穿过 A/B 相的原子或分子间力。

硬芯力是短程的量子力学排斥力，源于单个电子云间的重叠互作用。

电子与核间的静电吸引/排斥力，依赖于单个原子或分子是中性或带净的正、负电

荷。即便是电中性，亦因电子和核在一个分子或原子的非对称分布或产生多极力，因随距离迅速下降，故偶极力占优势。

离子间力是强的长程库仑力。

固有偶极子存在，会有弱的偶极-偶极力、离子-偶极力或感应偶极力，它们属于 Debye 力。所有偶极子的极化力均属于中程力，通常具有吸引性质，通称范氏力。

氢键是一种对于特定结构产生的具有高度方向性的短程静电力。例如施主（氢原子）与受主（电负性原子）构成共价键。

决定纳米尺度结构介电性能最重要的应是强的长程相互作用力，是一种静电力（源于电荷）。电荷会诱导电子极化（离子-感应偶极子相互作用）以及固有偶极子取向（离子-偶极子相互作用）。

第一类屏蔽作用源于介质极化，Nano-电介质经常粒子 A 的表面或至少一部分带电，B 相产生屏蔽的异号电荷。A/B 界面的相互作用极化能服从 Born 公式，即式（1）：

$$P = \frac{q^2}{8\pi a \varepsilon_0} \left(1 - \frac{1}{\varepsilon_e}\right) \tag{1}$$

式中，a 为 nano 粒子 A 的有效离子半径；ε_0 真空介电常数，B 相的介电系数。在屏蔽建立的瞬态条件下，ε_e 位于光频介电系数 ε_∞ 与静态值 ε_s 之间（$\varepsilon_\infty < \varepsilon_e < \varepsilon_s$）。

第二类屏蔽作用，假如 B 相位有移动离子，在库仑力作用下，并在 A 相粒子周围建立扩散的屏蔽双层电荷。可用球形对称结构，也可用简化的 Helmholtz 平板偶电层结构，也可用复杂的胶体化学中的 Stern 双电层，类似于半导体器件中的 P-N 结。

4.3.2 界面（相）的作用

纳米复合物的最显著特征是界面结构。代表相间过渡区（nm 级，甚至分子级）的微结构，存在上述分子间的相互作用，例如高分子链在无机纳米相上的锚定或纠缠。

均相材料，通过热力学、统计力学、量子力学建立材料微观（分子）结构-宏观性能的关系。

复合材料（0-3 结构）：微米级客质（分散）相，界面所占体积比小，其作用可以忽略，性能取决于两相成分的变化，但在两相性质相差很大时，可能在某一临界浓度下，发生向单相性质的突变（逾渗相变）。纳米级客质相，界面所占体积比大，界面的作用十分显著，可作为独立相处理。因其界面结构十分复杂，可呈类晶态，类非晶态或中间态，例如：分子规则取向，呈液晶态，加上表征困难，因此对纳米电介质复合物的结构-性能研究，目前仍处于探索阶段，不能用独立三组分的简单三角形相图描述。

（1）界面相作为被动电介质，由于纳米粒子与基质构成了界面相，不仅粒子的性质不能全部由界面和它与环境的相互作用决定，而且，它的量子尺寸效应，小尺寸效应，量子局域效应也受到极大的掩盖，除极个别现象外，这类现象甚至被消除。界面性质将显著影响复合物的力学，空间电荷特性、载流子输运、极化、击穿、老化等电学和光学特性。

（2）界面相作为活性电介质，例如：界面双电层将起重要作用，纵向是高度极化区，侧向层内的反离子具有显著的迁移率（在等位面内），因此，通过改变双电层的电位 ψ_0，调节层内反离子浓度，达到侧向改变电流的目的，这种调节功能十分重要，但研究不多，它类似于 MOSFET。表面双电层的活性，特别是通过表面离子电导提高球形介质在电介质中复合物的低频介电系数，使介质球形成一个大偶极子。而在高频或低离子电导时，复合物电介系数与 ε_1、ε_2 及其浓度有关。例如，吸水的石块的低频介电系数明显高于水或石块的值且随 ω 增加，ε_e 下降，归之为两相界面极化。按传统复合介质理论，$\varepsilon_1 < \varepsilon_e < \varepsilon_2$，适用于固体和液体气溶胶体系，乳液，固体悬浮物，高分子凝胶和生物体。

研究干式高聚物电解质（氧化聚乙烯）掺入微米（400nm）及纳米（30nm）的聚碳酸酯多孔膜中的导电性发现，由于电解质双电层在纳米孔中受限制，随着孔径尺寸下降，电解液的导电性（侧向）增加 2 个量级，再降低至分子水平时，可解释生物膜中孔通道输运的协同相关性。

限制在双电层中的导电性也许是生物细胞间相互作用和通讯的重要特点。虽然极大注重细胞的跨膜过程，但是，也存在着显著的细胞内的 nano 通路，因此可通过细胞活性调节导电方向，类似于 MOSFET 模式。

绝缘子吸水性及泄漏电流是极为严重的工程问题，因为在绝缘子表面存在 μm 或 nm 级的双电层离子通道，水分子会在带电表面形成近似三个分子厚的层，由表面电荷的极性确定其结构，完全与体水结构不同，沿表面的离子电导，特别是关系水分子间的质子跳跃对此类亚纳米有序结构十分灵敏。

（3）界面作为敏感单元，例如电-力学传感单元。界面内电场不但诱导极化与导电行为，而且也同时诱导应力场。电场诱导界面层的压应变（沿电场方向）及切应变（垂直电场方向），后者（切向或横向效应）是十分重要的，例如：周期性电场将诱导界面结构的疲劳与破坏。A（极性）/B（非极性）相，在高温高电场作用下，会在 A/B 界面诱导扩散的双电层，产生电致伸缩与压电活性。此类双电层具有相对的稳定性。双电层区内电场增加，A/B 相内电场下降，如多晶的 $Pb(ZrTi)O_3$ 比单晶的具有更多的界面。

多孔（蜂窝状）高聚物薄膜具有优良的电致伸缩及压电性，也与 nano-结构界面过程有关。界面特性主要依据电化学（电双层）及电-机械效应。特别在功能及活性方面，要注重研究界面的侧向特性（载流子）运动，依据局域空间电荷构建多种界面调控的记忆元件。在这些系统中，有序平面内侧向电荷输运更容易，既具有 MOSFET 功能性，又具有控制载流子优势方向的输运能力，对绝缘介质的导电、击穿、树枝特性会有明显的作用。

生物学领域的界面，独特的生物膜既是壁障，又能开启所有生命过程，由背对背的双脂层构成，A 相（细胞膜）为 nm 级，B 相为水性电解液，在侧向平面内，膜也有十分特殊的局部调节流动活性和孔特性的能力。膜的特点是柔顺性，并在外力作用下仍保持它的性质，是一个软界面。

应指出，对界面类型结构及其作用的理解目前仍是十分不够的。

4.4 一些典型的物理尺度与几何尺度

表1 一些典型的物理尺度与几何尺度

项目	数值	项目	数值
界面厚度/nm	0.5~10	电树枝长度/nm	2000~5000
电子平均自由程 λ_e/nm	~200（G），~10（L,S）	X射线的波长 λ/nm	0.01~100
屏蔽长度 Debye 等离子激光/nm	7	紫外波长/nm	400
多晶硅表面峰-谷高度/nm	100	超导（Nb-Ti）相干长度/nm	4
Cooper 对尺度/nm	<100	电偶极-偶极相互作用长度（0.02eV）/nm	5
De-Broglie 波长 λ_b/nm	10~100（S），0.1（M）	棒球 De-Broglie 波长 $\lambda_{BaⅡ}$/nm	10^{-25}
Fermi 波长/nm	0.1（M），200（S），高温，n 小，~1000（I）	高分子自由体积/nm	<10
分子长度（myosin）/nm	150~160	DNA 直径/nm	1
质膜通道孔/nm	<1	蛋白质/nm	1~20
病毒/nm	10~30	细胞膜厚度/nm	4~7
晶格常数/nm	1	碳纳米管直径/nm	1
PE 的单体尺度/nm	0.7, 0.5, 0.2	硅表面粗糙度/nm	0.73
多孔硅石（Zoilite）孔径/nm	0.6	晶粒间界/nm	0.5~1.0
$BaTiO_2$ 晶格常数/nm	0.4	离子半径（Al）/nm	0.252
金属电子半径 $(r \sim \frac{1}{n^{\frac{1}{3}}}, \frac{r}{a_0}=2)$/nm	0.1	原子半径/nm	0.1
核半径/nm	10^{-5}	电子的经典半径/nm	10^{-4}
电子的定域半径/nm	1（S），~∞（M）	Fermi 能级处态密度 $N(E_r)$ $eV^{-2} \cdot cm^{-3} \cdot cm^{-2}$	10^{30}~-10^{20}
量子点/nm	1~100（原子数 10^3~10^4 个）	纳米粒子	10^3~10^4 个原子
高聚物片晶厚度/nm	5~20	插层高分子厚度/nm	2~3
微纳米电子学芯片的导线直径/nm	4.8	绝缘层厚度/nm	1~2
绝缘栅厚度/nm	2~5	S：固体，半导体；L：液体；G：气体；M：金属；I：绝缘体	

应指出，物理特征长度受材料种类以及外界环境的影响极大。

4.5 时间尺度与运动响应时间

电场频率：dc、ac、无线电、射频、微波、光。

测不准关系：$\Delta E \cdot \Delta t \geq \hbar$。

运动响应：极化，偶极子取向　　　　$10^{-9} \sim 10^{-2}$ s；
　　　　　离子位移　　　　　　　　　$10^{-13} \sim 10^{-12}$ s；
　　　　　电子位移　　　　　　　　　$10^{-15} \sim 10^{-14}$ s；
　　　　　等离子体振荡周期　　　　　$10^{-16} \sim 10^{-15}$ （M）。

电荷输运：电子碰撞自由时间 τ，10^{-14} s（M）、$10^{-13} \sim 10^{-12}$ s（S）、$10^{-9} \sim 10^{-4}$ s（I）。

破坏时间：热击穿>min；电击穿 $10^{-6} \sim 10^{-9}$ s；老化 h～a。

载流子陷落（束缚）时间：依赖于受陷位置的陷阱深度 E_t：

$$\tau_t = \tau_0 \exp\left(\frac{E_t}{kT}\right), \quad \tau_0 = 10^{-13} \sim 10^{-12} \text{ s}$$

离子电导响应时间：$\tau_i > 10^{-8} \sim 10^{-7}$ s。

空间电荷决定的气体放电时间（频率）特性（包括：局部电晕、电晕及其他放电过程或阶段）。

细胞的脉冲电场效应：微秒级，质膜电穿孔电场小于 5kV/cm；细胞膜可逆穿孔 −2nm。纳秒级，细胞器内发生程序性死亡，电场大于 50kV/cm。

4.6　粒子复合物的介电松弛理论

（1）早期有效媒质（EM）（Maxwell，或 Bruggeman）理论：

$$c\frac{\varepsilon_1 - \varepsilon_m}{\varepsilon_1 + 2\varepsilon_m} + (1-c)\frac{\varepsilon_2 - \varepsilon_m}{\varepsilon_2 + 2\varepsilon_m} = 0$$

（2）基本符合 Jonscher 普适响应（时域，频域的幂律性）理论：

$$\varepsilon' - \varepsilon'_\infty \sim \omega^{-b} \qquad \varepsilon'' \sim \omega^{-b}$$

ε'_∞ 为复合物高频介电系数，幂指数 b 没有直接物理意义，为拟合参数，$b[0, 1]$。

它们并未考虑粒子的自身特性、分布特性和结构特性（分散相结构）。

（3）一般化有效媒质理论（GEM）

Mclachlan 在研究复相高聚物微波松弛动力学时，在标准 Bruggeman EM 中引入临界指数 s、t 以及导电率阈值浓度 φ_c，得到如下方程：

$$(1-\phi)\frac{\varepsilon_2^{1/s} - \varepsilon_m^{1/s}}{\varepsilon_2^{1/s} + A\varepsilon_m^{1/s}} + \phi\frac{\varepsilon_1^{1/t} - \varepsilon_m^{1/t}}{\varepsilon_1^{1/t} + A\varepsilon_m^{1/t}} = 0$$

式中，ε_1、ε_2 为两相的介电系数；ϕ 为电导率高的成分的体积分数；临界指数 s 代表当 ϕ 从绝缘侧接近 ϕ_c 时（$\phi<\phi_c$）直流电导率的发散特性；指数 t 代表 $\phi>\phi_c$ 时，直流与交流电导率的发散特性，其中：

$$A = \frac{1-\phi_c}{\phi_c}$$

ϕ_c 为逾渗阈值的体积浓度。应指出，临界指数与普适性的概念在 GEM 中起核心作用。

在逾渗理论中，s，t 是临界特征的普适描述，它们仅依赖于材料的几何维度，对 3D 体系，计算机模拟得出 $0.8 \leqslant s \leqslant 1$，$1.5 < t < 2.0$，$t_{理论} = 1.65$。依据 $\phi_c = \frac{1}{3}$，$s=t=1$，

可简化为原始的 EM

$$(1-\phi)\frac{\varepsilon_2-\varepsilon_m}{\varepsilon_2+2\varepsilon_m}+\phi\frac{\varepsilon_1-\varepsilon_m}{\varepsilon_1+2\varepsilon_m}=0$$

实际结果，例如炭黑/BN，$s=0.4$，但 $t=4.8$，前者处于预示区，后者大大超过计算机模拟的普适响应值，故应考虑临界指数随导电粒子几何各向异性的变化，导电性的临界指数可呈反常增大。

应指出，s、t、ϕ_c 这三个附加的自由度表征了在复合物体系中，各组分的介观结构及连通性。由于体系内部的复杂性，目前不存在满意的逾渗体系的电导网络理论，而理解它的复介电系数则较为简单。

4.7 高频或微波区的介电特性

辐射波长为 λ，表征复合物不均匀性的特征长度为 ξ，若 $\lambda \gg \xi$，分散粒子不会散射 EMW，低频区，材料透波性好，可忽略微观和介观的细节区，以及粒子团聚与吸附等作用；$\lambda \ll \xi$，发生材料内部（微）结构对 EMW 的衍射、折射、辐射，出现多重散射损失，材料透波性差。

4.8 微纳米粒子高聚物复合物的结构和性能的简单对比

表 2　微纳米粒子高聚物复合物的结构和性能的简单对比

微纳米复合物	纳米复合物
比表面积小（1）	比表面积大（10^3）
活性小	活性大
界面（或相）间作用小	界面（或相）间作用大： 化学或物理成键，活性区，互作用区，偶电场层
法线方向	法相，切向
制备简单，分散易	制备复杂，分散难
材料性能大变化，掺量大（大于50%）	掺量小（5%~10%）
粒子不易团聚	凝聚成复杂的或分形结构
特性易处理，正常	特性不易处理，日常难发现反常（量子尺寸效应）
第一代复合物	第二代复合物
粒子密度：1 粒子间距大（μm）	10^9，间距小（nm）
光透过率小	光透过率大
Micro-filler-added Polymers	nono-particle-filled Polymers
性能改善作用小	明显改善： 阻燃、耐漏痕、环保、E_b、机械强度与热导、高 K、低 K 等

4.9 纳米高聚物复合物的介电理论问题

目的：建立纳米结构单元和基体的结构—复合物的微结构（界面相结构）—介电

性能的相互关系。

（1）有效媒质理论，未计及界面相的作用。

（2）逾渗理论虽然利用三个附加的自由度参数，s、t、ϕ_c 表征复合物中各组分的介观（微）结构及连通性，但并不能完全表征体系内部的复杂性。

（3）等效电路理论，可用宏观参数等效界面相，它是对复相材料物性的体积平均的结果，在抹平过程中，难免将无序体系的某些特征也一同抹掉了。

（4）微结构特征，复合物材料中的相分布及界面结构十分复杂，它对建立微结构与物性之间的关系是至关重要的。

（5）对于完全分散的粒子和片（层、膜）状聚集结构，问题已初步解决，可用有效媒质、Maxwell-Wagner 以及逾渗模型处理。

对大数粒子构成的聚集结构，除非已知粒子间的关联函数，否则解决此问题几乎不可能。对相分布的对关联函数可由光散射、小角中子衍射和 X 射线衍射测量。

界面（准晶、非晶）的结构特征应用描述原子径向分布函数（RDF）表征，常用它描述非晶态与液态。

界面形态和结构依赖于各类界面力、相互作用类型、空间电荷特性及行为。

4.10 微纳米复合物的击穿与树枝行为

粗略讲：微纳米复合物的击穿场强的数值有所下降，击穿场强的分散性增加，但耐电晕性及耐树枝放电能力会有明显增强。理由是：无机填料自身阻挡作用、界面作用、空间电荷作用、改变树枝通道（类似于不同介电系数材料对光传播产生的折射）作用。

电击穿和电树枝与金属/电介质的界面电荷转移（注入）密切有关。对于微纳米复合物，可能导致不均匀的界面电荷注入。因此，电荷与相区的分布及相的表面能态有关。

界面态源于：界面区结构畸变产生的高聚物本征态；高聚物表面的氧化态；金属电极沉积时形成的附加氧化态；高聚物表面吸收气体或液体分子诱导的界面态。

5 纳米材料的结构表征与性能测量技术

纳米微粒：TEM，粒子尺寸及分布；XRD，晶粒度；多层吸附 BET 法，比表面积。
界面层结构：Raman 光谱，X 射线衍射，FTIR，SEM，SAXD，紫外吸收。
表面形态，损伤演化及界面与体内分子运动：介电谱，DMA，高压力下 TSC，DSC。
载流子运动：TSC，TSL，J-T，J-E。
颗粒度，形貌，比表面和结构分析：TEM，STM，AFM，HREM（高分辨电镜），XRD，比表面测试仪。
结合 TEM、SEM 等电镜技术，介电谱，DSC，NMR，DMA，ESR 研究复合体系的形态及微结构。
高电场下（AC，DC）导电机理（表面电极注入，Schottky 效应，F-N 效应，体内 Poole-Frenkel 效应），J-E 关系、及击穿（短时）机理；老化（长时）机理；Weibull

系数，TSC、DMA、AC、DC 耐电晕等研究。

（1）界面微结构表征：

1）HREM、TEM：界面结构，原子结构，纳米微晶结构；

2）Moessbauer 谱：界面超精细结构；

3）介电谱，TSC：电子、原子、分子及缺陷的动态行为；

4）NMR：原子组态；

5）Raman：材料结构与键组态特征；

6）ESR：键的性质与它的组态。

（2）性能测量技术：

1）表面分析（表征）技术：扫描探针术（SPM），借用电子、离子、光子；

2）表面形貌：SEM、TEM（电子），AFM；

3）表面化学结构：IR，UPS，XPS，Raman 光子，HREELS 电子；

4）表面组分：AES（俄歇谱），XPS；

5）表面键合：HREELS 高分辨率电子能量损失谱，IR，Raman，UPS（紫外光电子谱），电子能量损失激发表面声子，吸附表面的原子与分子振动能级，激发等离子激元，表面电子能级。

6）表面能态：XPS，UPS，EELS（电子能量损失谱）。

6 如何去发现纳米复合材料中的量子（波）效应

6.1 基本理论

（1）微观粒子具有波粒二象性，例如电子、光子、分子、原子等。经典粒子用概率与加和原理；微观粒子用概率幅（相位）与叠加原理描述。

（2）粒子在一维无限深势阱中：

$$U(x)=\begin{cases}\infty, & x\leq 0, x\geq a\\ 0, & 0<x<a\end{cases}$$

E_1（基态）$=\dfrac{\hbar^2}{2m}\left(\dfrac{\pi}{a}\right)^2$ 势垒宽度 a 小，E_1 大。相当于粒子限域，$\Delta x\Delta k\geq\hbar$，$\Delta x=a$，很小时，$\Delta k$ 大，ΔE 大。服从微观粒子测不准关系，当 $\Delta X\to\infty$，$\Delta k\to 0$，能级连续，对于纳米粒子，E_g 增加，E_F 连续能级发生分裂。

（3）温度和密度作用：量子判据。

电子 de-Beoglie 热波长：$\lambda_{db}^T=\dfrac{h}{\sqrt{3mKT}}$。

粒子间距离：$a=\sqrt[3]{\dfrac{3}{4\pi m}}$，当 $\lambda_{db}^T\sim a$ 粒子显示波动性。

热平衡时量子简并温度 $T_0=\dfrac{h^2}{3mK_Ba^2}$，$T<T_0$，$\lambda_{db}^T\geq a$ 波动性（波的小孔衍射，几何光学到波动光学）。$T>T_0$，经典性，例如，宏观物体 m 大，T_0 小，密度低，a 大，互作用弱。

(4) 电子在固体中的散射—相位相干（波动性）。

散射 $\begin{cases} \text{格波-声子，非弹子，非弹性坏，失相干性，高温为主} \\ \text{杂质及缺陷，弹性，相位不变，相干性} \end{cases}$

散射的特殊作用：电子波弱定域性，量子相干性。

电子由非弹性散射决定的退（失）去相位相干的长度 L_φ，成为电子相干长度，又代表电子非弹性散射的平均距离，或相当于要求 L_φ 应大于电子弹性散射的平均自由程 L_e。

低温，声子较少，长。例如，液氦下，金属的 $L_\phi = 10\mu m$。

介观（量子）体系 L 应满足 $L_e < L < L_\phi$。

在 $L_\phi = 10\mu m$ 尺度内，电子受到的弹性碰撞次数 10^3 或弹性散射平均自由程 $L_e = 10 nm$，$L_e \ll L_\phi$。

电子在 L_ϕ 尺度内运动是相干的，代表电子通过 L_ϕ 距离且未受到非弹性散射，或散射仅是弹性的，故它的波函数因保持相位记忆位而有确定的相位。

散射或外场引起的量子相干效应：弱定域性，电阻增加，A-B 效应，普适电导涨落。

$$\text{普适量} \frac{e^2}{h} \quad (\text{约 } 4 \times 10^{-5} S)$$

电子输运的类型如下：

1）扩散型：λ_F（电子的 Fermi 波长）$< L_e < L < L_\phi$，金属区，杂质、位形及缺陷的作用，类似无规行走，体扩散系数 $D = \dfrac{v_F L_e}{3}$。

2）弹道型：$\lambda_F < L_e \sim L < L_\phi$，与杂质、缺陷及位形无关，电导 $\sigma = \dfrac{T e^2}{h}$（$S$），$T$ 为电子透射概率，电子仅在边界散射，因此只有电导起作用，而非电导率。

3）强定域：$L \gg \xi$，绝缘区，或非扩散区，ξ 为无序引起的电子定域长度；在金属和弹道区，电子弱定域，相当于 $L \ll \xi$，介观（相位相干）体系，$\xi \to \infty$。

应指出，λ_F（电子的 Fermi 波长），λ_{db}（热或加速电子束），L_ϕ，L_e，这些特征长度随材料差异十分大，特别是受外界（T，H）等因素的影响极大。

(5) 库仑阻塞。条件：单电子隧穿引起静电能（改变）$U_e = \dfrac{e^2}{2c} \gg kT$ 当结电容（MIM）$c \sim 10^{-15} F$，$T_c = \dfrac{e^2}{2ck} \sim 1K$，故在 $10^{-3} K$ 才能出现库仑阻塞现象。尺寸：$0.1\mu m \times 0.1\mu m$，$d = 1.0 nm$。

因此，结尺寸（或电容 C）足够小，工作温度足够低，此外，量子涨落足够小，$U_e \gg \dfrac{h}{R_T C}$（测不准关系）。因此结隧穿电阻 $R_T \gg R_Q \approx \dfrac{h}{e^2}$，$\dfrac{h}{e^2} \approx 26 k\Omega$ 为量子电阻。

6.2 方法

(1) 材料。制备具有量子尺寸效应的低维材料或结构，例如超晶格（量子阱），量子线，量子点。

方法：模板合成法，LME，MOCVD，LB 膜，非杂型（非共价键）或杂型（共价键）超分子自组装体系。

发现量子效应必须严格控制材料的结构。

(2) 理论。建立复合物分散体的相结构、粒子间以及粒子与基体间的相互作用以及它与材料宏观性能的关系（完善经典理论）。

发现微结构（介观尺寸）区的电子或光子的限域现象，发现介电限域（异质结中界面引起体系的介电增强）现象，以及反应波特性的现象，或理化性能反常现象。

(3) 表征方法。AFM，EFM，TEM，SEM 等。

7 完成国家自然科学基金重点项目总结与体会

(1) 测量装置：国内首次制成高聚物薄膜电致发光装置。

(2) 研究内容：在国际上首次完成了对无机氧化物掺杂聚酰亚胺薄膜复合方法-工艺-结构-介电性-耐电晕老化性的全面系统研究，尽管有的成果因多种因素制约是初步的。

(3) 制备技术：国际上率先研究了 $SiO_2+Al_2O_3/PI$ 复合物的制备技术-结构-介电性能。

(4) 陷阱深度：国际上首次利用热激电流、等温电流衰减和电导率-温度关系三种测量方法评价陷阱深度受热腐蚀的作用。

(5) 电晕老化：国际上首次全面分析了影响无机纳米聚酰亚胺复合膜的耐电晕老化因素。

(6) 高场老化：国际上首次研究了原始和无机纳米掺杂聚酰亚胺薄膜电晕老化前后的电致发光谱特征。

(7) 颗粒稳定：国际上首次发现在聚酰亚胺基体中 Al_2O_3 比 SiO_2 稳定。

(8) 国际上首次采用不同的无机前驱体来改善 PI/SiO_2 复合物的某些性能。

8 国内外对纳米/高聚物绝缘复合物的介电特性研究动态

总体：成果全面初步、局限定性、重复性差。

表3 纳米/高聚物界面结构的多态模型及它对介电行为的可能影响

（目前状况：定性，还加上可能二字）（摘自 T. Tanaka，IEEE TDEI，2005，12 (5)，925）

项 目	纳米效应	第一层（键层）（亚 nm）	第二层（束缚层）2~9nm	第三层（松散层）	粒子间的合作效应
		Couy-Chapman 扩散层 30（nm）			
离子净化				主要（离子源）	
自由体积	上升（EP）			主要	
载流子陷阱	上升（EP, PP, EVA）		可能（贡献）	主要	
50, 60Hz ε	下降（EP, PI）		主要（贡献）	主要（低密度）	
50, 60Hz tanδ	下降（EP, PI）		可能	主要（阻碍）	

续表 3

项 目	纳米效应	第一层（键层）（亚 nm）	第二层（束缚层）2~9nm	第三层（松散层）	粒子间的合作效应
		Couy-Chapman 扩散层 30（nm）			
低场电导	上升（PP, EVA）下降（PA, PI）		主要	主要	可能
高场空间电荷	SCLC 阈值：下降（PP, EVA）电流：下降（PP, EVA）	可能		主要（浅阱）（高迁移率）	主要（内部）（电极）
TSC	T_m 增加（EP, PI）	可能（深阱）	可能（深阱）		
EL	E_s 上升 响应速率上升（EP）	可能		主要（高迁移率）（复合中心）	主要（内部）（电极）
E_b	上升（EP, PI, PP, EVA）	主要（散射）	主要（散射）		可能
树枝寿命	上升（EP）	可能		主要（起始）	主要（生长）
耐 PD	上升（PA, PI, PP, EVA）	可能		主要	主要
耐电痕	上升（SR）	可能		主要	主要
热导率	上升　　主要		可能	可能	主要
T_g	上升或下降	可能		主要	
浅陷阱（聚烯烃, EVA, PP）	上升（低场电导）		上升（超低频 tanδ）		
深陷阱（PA, PI, SR, EP）	下降		上升		

（1）大多数报道是未掺杂及某一浓度掺杂的典型聚合物的介电性能的研究，极少见到关于不同掺杂浓度对电性能的影响的研究，从未见到关于对复合物制备方法和工艺-结构-介电性-耐电晕老化机理的研究报道。对 SiO_2/PI 和 Al_2O_3/PI 复合物部分电性能的报道，仅限于 TSC，耐 PD，E_b，tanδ 和陷阱深度等。

（2）纳米化对介电特性的影响［摘自 T. Tanaka, TDEI, 2005, 12 (5), 917］。

1）依赖于测量条件（高低温、电极材料与接触、环境）dc 电导率可以增加，也可以下降，可引入深或浅陷阱。

2）与微米复合物相比其界面极化下降。

3）纳米化似乎使介电系数下降，不同于微米复合物的性质。但是 ε、tanδ 的变化是复杂的，目前至少不能下结论。要更多研究如何从制备工艺保证均匀分散性。

4）空间电荷，TSC，EL 具有复杂的结果。例如 SCLC、EL 的阈值电场，SC、TSC、EL 的大小等。引入附加剂涉及产生的深和浅陷阱能级，陷阱密度亦会上升，这也许与相互作用（界面）区有关，因此需要从理化角度表征在纳米填料与高聚物基体之间界面区的特性。

5）可改善耐 PD 与耐漏电痕性，应当更深入的区分填料或相互作用区的作用。

6）可提高热导率与玻璃化转变温度。

(3) 体会：至今很难从各类纳米高聚物复合物（如 $PI/SiO_2+Al_2O_3$、PI/SiO_2 等）发现除表面和界面效应以外的其他（如量子尺寸、小尺寸）效应；同时由于界面结构、形态和各种力场耦合等因素的复杂性及多变性，以及材料的制备方法和工艺造成的纳米粒子尺寸、分布、团聚结构的不确定性等因素，因此在有些场合下会出现材料宏观性能变化的无规律性、矛盾性，以及在不同场合下对不同材料体系的测试结果的局限性和不良重复性。

总之，应加强对界面区理化性质、复合材料的显微结构特性和制备工艺及方法的研究。

介电现象及其近代应用

1 概述

所谓电介质是指具有极化能力，且仅通过微弱电流的一类物质，包括：绝缘体（结构材料）、驻极体（永电体）、压电体、热释电体、铁电体等功能材料，以及非线性光学材料及光子材料等。从广义上讲，还包括半导体生物体。

特别指出：生物电介质物理正在崛起，涉及研究生物大分子（蛋白质、核酸）、细胞、器官、组织、功能系统、甚至整个物体的电极化、载流子输运特性以及生物的电磁效应等。例如，骨骼的压电性、生物分子水平的记忆功能，均与极化有关。

2 介电现象

2.1 极化线性响应

极化是电介质在电场作用下在介质表面，或体内出现感应电荷或空间电荷的物理现象。表征极化强弱的宏观量是极化强度，介电系数或介质极化率。

$$D = \varepsilon\varepsilon_0 E \qquad D = \varepsilon\varepsilon^* E$$

各向同性介质，各参量为标量

$$j = \gamma E \qquad j = \gamma^* E$$

$$j = \frac{dD}{dt} = i\omega\varepsilon_0\varepsilon^* E = \gamma^* E \qquad \gamma^* = i\omega\varepsilon_0\varepsilon^*$$

各向异性介质，各参量为张量

依据 Maxwell 电磁场理论：$D_i = \varepsilon_0\varepsilon_{ij}E_i$

光与物质相互作用：复折射率 $n^* = \sqrt{\varepsilon^*} = n - ik$

式中，n 为折射率；k 为吸收系数，代表电磁波的衰减程度。

2.2 极化非线性响应

$$P = x^{(1)}E + x^{(2)}E \cdot E + x^{(3)}E \cdot E \cdot E + \cdots$$

E 为入射光电场，$x^{(1)}$，$x^{(2)}$，$x^{(3)}$ 分别为线性（一阶）、二阶及三阶非线性极化率。

2.3 导电规律

电导是指在外电场作用下电介质中的载流子沿电场方向发生宏观迁移的物理现象，表征参数是：载流子迁移率与电导率。

$$j \sim E^n \begin{cases} n=1;\ \text{线性} \\ n=0;\ \text{饱和} \\ n=2\ \text{或} >1;\ \text{空间电荷限制电流，或}\ n\ \text{为非整数} \end{cases}$$

$$j \sim \exp(aE^b) \begin{cases} a > 0, b = \dfrac{1}{2}; \text{Schottky 效应或 poole-Frenkel 效应} \\ a = -1, b = -1; \text{隧道效应} \\ a > 0, b = 1; \text{Poole 效应} \end{cases}$$

2.4 击穿理论

电击穿、热击穿、老化击穿等。

不列举力-电、热-电相互耦合方程。

3 绝缘应用

（1）依据电介质极化制成电容器，用于储能、改善功率因数、引爆。

（2）电与绝缘相伴相生，依据电介质中仅通过微弱电流，用于输配电绝缘，气体、液体、固体或复合材料。

（3）利用气体放电：电焊；各种日光灯，荧光灯，CO_2（N_2，H_2）气体激光器及等离子体显示板，后者含有数百万个微小的荧光灯。Ne，Xe，He 或混合气体，荧光体—红，绿，蓝。

4 近代应用

4.1 IT（信息技术）

4.1.1 概述

信息既非物质，也非能量，却是构成世界的要素。信息是资源。

信息的发展以多媒体化和数字化为特征，多媒体不仅需要处理数据、文字，还有声音及图像等。

21 世纪要处理、传输和存储量达太位 Tb（10^{12} bit）的超高容量信息；超高速的信息流（Tb/s）；高频（THz）响应。人类将进入太位（3T）时代。

发展趋势。信息技术（IT）几个主要方面（获取，传输，存储，显示，运算及处理）。20 世纪，IT 主要靠电子学和微电子学技术的发展。

随着高度及高速度信息的发展，已显示出电子学及微电子学的局限性。由于光频率高、速度快。因此，信息载体必须发展到光子，构成光子学。

电子学→光电子学→光子学

信息技术几个主要环节的发展在很大程度上依靠材料及光器件的发展。信息材料是 IT 发展的基础与先导。

4.1.2 驻极、压电、热释电及铁电材料

利用电介质极化效应（包括各向异性、非线性）。驻极体（Electrets）：一种类似于永磁体，而具有准永久电极化的电介质。

（1）驻极体的形成方法：

1）加热加电场下介质极化，冷却（冻结）极化；

2）电荷注入：电晕，电击穿，电子束辐照充电，光致极化。

(2) 驻极体的特征：介质极化、电荷贮存及其衰减机理。

(3) 驻极体材料：

1) 高分子。PVDF、PE、PP、PVC等；

2) 无机。SiO_2、Si_3N_4、白云母、Al_2O_3、陶瓷/聚合物复合材料等；

3) 生物驻极体。如蛋白质、多糖及核酸（DNA）、细胞膜电位（70~100mV）等，具有明显的驻极效应。神经信号，思维过程，生物记忆的形成均与驻极态变化有关。

4) 生物组织。骨骼，皮肤，血液及血管均带负电，动脉硬化，血管带负电下降，血流不畅。

极化特点：晶体各向异性，极化参量为张量。

(4) 驻极体的应用：

1) 传感器：声-电（话筒），电-声（耳机），静电复印，空气过滤器，静电马达及发电机；

2) 压电体：外界压力会使具有非对称中心的压电体产生极化；

3) 热释体：具有自发极化，且外加电场不能使其重新取向（反转），加热能使其极化改变的材料；

4) 铁电体：热释电体中自发极化可随外电场的反向或反转的材料。

压电、热释电及铁电材料是电介质的亚（子）类。

表1 压电材料在信息技术中的主要应用

应用类型		代表性器件
信号发生	电信号发生	压电振荡器
	声信号发生	送受话器，拾音器，扬声器，蜂鸣器，水声换能器，超声换能器
信号发射与接收		声纳，超声测声器，超声探测器，超声厚度计，拾音器，扬声器，传声器
信号处理		滤波器，鉴频器，放大器，衰减器，延迟线，混频器，卷积器，光调制器，光信转器，光开关，光倍频器，光混频器
信号存储与显示		铁电存储器（FRAM，DRAM），光铁电存储显示器，光折变全息存储器
信号检测与控制	传感器	微音器，应变仪，声纳，压电陀螺，压电加速度表，位移器，压电机械手，助听器，振动器
	探测器	红外探测器，高温计，计数器，防盗报警器，湿敏探测器，气敏探测器
	计测与控制	压电加速度表，压电陀螺，微位移器，压力计，流量计，流速计，风速计，声速计
高压弱流电源		压电打火机，压电引信，压电变压器，压电电源

表 2　几种有代表性的铁电薄膜光电子学器件和集成光学器件

器件名称	对材料的要求	首选材料	薄膜厚度/μm	制备与加工中的关键技术
热释电红外单元探测器与阵列探测器	热释电系数大；介电常数低；介电损耗小；电阻率高	钛酸铅；钛酸铅镧；钽铌酸钾	1~3	制备外延或高度择优取向的薄膜；与衬底材料兼容；适于半导体硅工艺的微细加工；光刻
光波导	电光系数大	铌酸锂；铌酸钾；锆钛酸铅镧；铌酸锶钡	0.2~2.0	外延薄膜生长；薄膜表面平滑、光滑；与衬底材料兼容；光刻
空间光调制器	光折变性能好	锆钛酸铅镧	0.5~5.0	器件设计；与衬底材料兼容；光刻
光学倍频器	非线性光学系数大；SHG 系数大	铌酸锂；铌酸钾；偏硼酸钡；三硼酸锂	0.2~2.0	薄膜的外延生长；薄膜的光学质量好；光刻

例如：EO（电光效应）为加外直流或低频电场引起介质折射率发生变化的现象。

$\Delta n \sim E$　一次（线性）EO 效应，Pockels 效应；

$\Delta n \sim E^2$　二次（平方）EO 效应，Kerr 效应。

不具有对称中心的压电晶体，都具有一次 EO 效应。

EO 晶体：在光电子学，集成光学，光波导，光调制，光偏转等都获得了广泛的应用。

光电子学（optoelectronics），基于非线性（强激光）光学发展起来。

内容包括：相干光的产生、放大、振荡、调制解调，控制光的振幅、频率、相位、偏振态及控制方向，变换频率（和、差、倍、高频等），滤波，开关，耦合，传输及应用等方面。

4.1.3　非线性光学效应与材料

在强的光频电场（激光）作用，介质极化显示明显的非线性效应。例如，二阶非线性极化率：一束 $E = E_0\cos(\omega t)$ 光波入射时，

$$x^{(2)} E \cdot E = x^{(2)} E_0^2 \cos^2(\omega t) = \frac{1}{2} x^{(2)} E_0^2 + \frac{1}{2} x^{(2)} E_0^2 \cos 2\omega t$$

两束不同频率的光波入射且方向相同时，

$$E_1 = E_{10}\cos\omega_1 t,\ E_2 = E_{20}\cos\omega_2 t$$

$$x^{(2)} E_1 \cdot E_2 = x^{(2)}(E_1 + E_2)^2$$

$$= \frac{1}{2} x^{(2)} \big[(E_{10}^2 + E_{20}^1) + E_{10}^2 \cos 2\omega_1 t + E_{20}^2 \cos^2 \omega_2 t +$$

$$2 E_{10} \cdot E_{20} \cos(\omega_1 - \omega_2) t \big] + 2 E_{10} \cdot E_{20} \cos(\omega_1 + \omega_2) t$$

五个频率，0 频（直流），$2\omega_1$，$2\omega_2$，$\omega_1 \pm \omega_2$。若 $\omega_2 = 0$（直流场），则 $x^{(2)} \sim E_{20}$，代表线性 EO 效应，即 Pockels 效应是二阶非线性光学效应的特例。例如，一些铁电薄膜材料。

表3 非线性光学聚合物驻极体的应用和展望

建议的器件应用	基本物理原理	利用聚合物的优点	尚需解决的问题
电光（EO）开关	直接耦合器的EO解调	低成本、高速	取向偶极电荷的衰减和器件的稳定性
电光（EO）解调器	干涉仪臂（Ars）EO调节	低ε、高速	介电损耗、稳定性、精度
EO偏振转换器	垂直和平行于电场截面	易极化、低成本	稳定性、极化和器件精度
波导倍频器	二次谐波产生（SHG）	常规极化（相匹配）	极化的精确控制、稳定性、成本
全光学波导器件（all optical）	二次非线性串联	常规极化、十分高速	衰减、稳定性、精度

4.1.4 光折变效应及其应用

光折变效应：photorefractive effect。O-EO。

当入射光是够强，杂质分子电离，产生正、负空间电荷（电场）诱导介质折射率改变。例如一些热释电晶体。$LiNbO_3$、$BaTiO_3$ 等。

折射率光栅，如果照射晶体的光束是相干光，其强度（空间电荷，场或折射率）产生周期性的分布。

半导体：GaAs，InP等。

材料：晶体 $LiNbO_3$、$BaTiO_3$、$KNbO_3$、KH_2PO_4、LiB_3O_5（LBO）、CsB_3O_5（CBO）、BaB_2O_4（BBO）。

有机高分子：染料与高分子复合（PI/PMMA）

NLO生色分子：A-π-D（共轭π电子桥）

A—电子受体；D—电子给体

例如，对硝基苯胺。复合方式：共混，接枝（侧链，主链）。当染料均匀分布，具有中心对称，无NLO，极化—染料分子取向—非中心对称，NLO。

采用驻极体形成的方法：高压高温极化，降温，极化冻结；电晕极化，光致极化（光使生色分子发生顺反异构，外电场使生色分子取向，破坏高聚物中心对称）。

应用：光记录，存储，SHG等。

4.1.5 光子晶体（材料）

微电子与光电子学：

光子技术与电子技术的融合是发展新一代信息技术的重要途径，光子材料与器件是光子技术的基础与支撑，而光子学微结构（Photonics microstructure）的概念对它起了十分重要的作用。

（1）定义：光子学微结构是指这样的一类光子材料与器件。它采用人工的方法，引入折射率（n）的调制与突变。其调制的周期或突变区的尺度在光波波长尺寸的量级。在这种微电子结构中光的传播或变换的模式发生分立而形成光子能隙，即光传播的允区（透明区）与禁区（全反射区）。光子学微结构，新物理效应及新型光子元器件如图1~图3与表4所示。

图1 相位栅：折射率 n 一维正统型周期调制

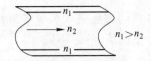

图2 光纤波导：纤芯的折射率 n_1 大于包层的折射率 n_2

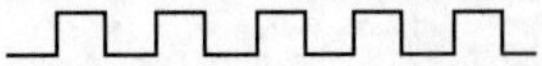

图3 多层介质膜：折射率 n 一维突变型周期调制

表4 光子学微结构、新物理效应和新型光子元器件

光子学结构的种类	折射率调制和突变类型	新物理效应	新型光子元器件
多层介质膜	一维突变型周期调制	增透，增反，分布反馈等	全透膜，高反镜，半透半反镜，分色镜，F-P标准具，激光谐振腔组件等
相位栅	一维、二维、三维正弦型周期调制	全息记录，二波耦合放大，四波混频相位共轭，窄带滤波，分光，分布反馈等	全息照片，光放大器，相位共轭器，窄带陷波滤波器，频率稳定器，现场频标，声光偏转器，声光偏转器，声光可调谐滤波器，全息光存储器，全息分光光栅等
光波导（平面、光纤）	二维突变分布	导波，波导约束光学非线性增强效应；波导约束上转换激光增强效应等	长距离光通讯光缆，集成光调制器与光开关，光纤探测头等
光波导⊕相位栅	二维突变分布⊕一维正弦型周期调制	导波，波导约束光学非线性增强效应；波导约束上转换激光增强效应等，还有窄带滤波，分布反馈，光脉冲展宽或压缩，消色散等	分布式光纤栅传感器，全光纤集成激光器，放大器，全光纤串级拉曼激光器，光纤滤波器，稳频器，光脉冲压缩器等
微腔	一维、二维、三维突变限制	腔量子电动力学效应（自发辐射禁或增强）等	零（或低）阈值激光器，垂直腔面发射激光器及其阵列，微盘激光及其阵列，微球激光器等
光子晶体	一维、二维、三维线性折射率调制	光子带隙效应，色散修饰，腔量子电动力学效应，光子定域化等	微波，红外，可见波段光子晶体等
周期极化非线性光学晶体（聚片多畴）	一维二维非线性折射率突变型周期，准周期，复合周期	准相位匹配（QPM）频率变换（差频，和频，倍频，OPO），光脉冲整形（啁啾效应）等	QPM倍频激光器，QPM可调谐参量激光器，和频或差频激光器，ps→fs激光脉冲压缩器等
光感应瞬态折射率突变	纵向瞬态突变限制，横向瞬态突变限制	自相位调制，光自陷，频率啁啾，光感应超连续谱展宽，自克尔透镜效应，纵向光孤子效应，横向光孤子效应等	光孤子激光器，超连续谱激光器，自克尔透镜效应自锁模激光器等

半导体异质结超晶格（多量子阱）。

异质结，不同能隙 E_g 不同。

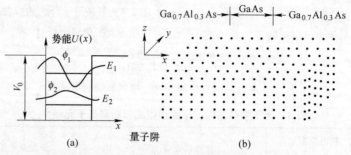

图 4　势能构形，能级 E_1，E_2 与相应的波函数 $\phi_1(x)$，$\phi_2(x)$（a）和 MBE 生长的 GaAlAs-GaAs 量子阱结构（b）

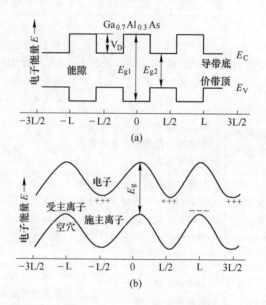

图 5　组分超晶格（a）和掺杂超晶格（b）

（2）应用：半导体的微光器，超高速迁移率晶体管。光子学微结构，电子学（半导体）微结构。

相同点：材料+器件，材料+器件。

量子阱，超晶格，量子线，量子点等结构形式。

不同点：光子限域，电子限域。

尺度：μm，nm。

折射率：空间电荷周期，n 周期；能隙，能量周期。

4.1.6　微电子材料

集成微电子电路用高耐电强度绝缘栅。随着集成电路（IC）中元件数的增加，晶体管的尺寸相应的不断下降。目前晶体管尺寸已从 100nm 下降到今天的几个纳米。这种超薄的绝缘层在 1V 的外电压下将承受十分高的电场强度 10MV/cm。由于局部电场老化最终导致绝缘击穿。此外，人或机加处理的静电效应（ESD），将是超薄绝缘损坏的另一重要因素。ESD 能够产生远超过正常工作条件的电压及电流脉冲，导致绝缘层击穿。

开发新型高耐电强度，高介电系数的绝缘介质是解决微电子发展瓶颈效应之一的关键技术。

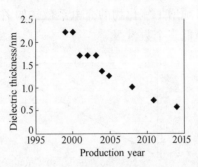

图 6　MOS 晶体管绝缘分层厚度的发展趋势

目前，最小的绝缘厚度为 2nm。2005 年降到 1.0nm，相当于 SiO_2 的三个原子层。这是 SiO_2 下降到的绝对物理极限。因此，必须开发新型绝缘材料，以配合 MOS 晶体管在将来不断缩小尺寸的发展趋势。

影响因素主要有以下几个方面：

（1）泄漏电流。从图 7 可以看出，当 SiO_2 从 3.5nm 降至 1.5nm 时，电流几乎增加 12 个数量级，表明从 Fowler-Norheim 隧穿（不经过绝缘层，又叫静电电离）过程，即直接从阴极到阳极，不经过绝缘介质导带。为了降低 J，必须增加 d。

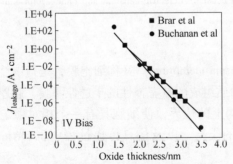

图 7　Leakage current density as a function of oxide thickness with 1V
Applied. Measured b Buchanan et al. and Brar et al

（2）SiO_2 的击穿与老化。IC 的可靠性为 10 年中破坏（失效），最大概率为 0.01%。氧化层是关键因素。老化来自于从阴极注入电子产生的缺陷。缺陷达到一定理论浓度时（建立导电通道时），发生绝缘击穿。因此：

$$t_{BD} = \frac{N_{BD}}{P_{gen}}$$

P_{gen} 为缺陷产生速率。

为了延长 t_{BD}，必须降低 P_{gen} 从而增加 SiO_2 厚度至 2.5nm。

（3）新型绝缘栅。降低氧化物绝缘栅厚度的目的是增加栅电容，氧化物电容为：

$$C_{ox} = \frac{\varepsilon_{r,ox} \cdot \varepsilon_o \cdot A_{ox}}{d_{ox}}$$

同时，提高 $\varepsilon_{r,ox}$ 也可以办到。于是等价电容时的绝缘栅厚度为 $d_{eq} = \frac{\varepsilon_{ox} \cdot d_{new}}{\varepsilon_{new}}$。因此，为了增加栅厚度，就必须增加氧化物的介电系数，如图9所示，图中 Si_3N_4 可将 d 增加一倍。此时电流可以降低三个数量级。

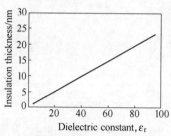

图 8　Physical thickness of insulation corresponding to a equivalent thickness of 1nm

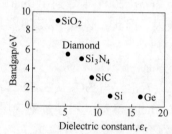

图 9　Relationship between dielectric constant and bandgap for some simple dielectrics

4.2　现代生物技术

（1）细胞质膜（Plasma membrane）又称细胞膜，是指围绕在细胞最外层，由脂类（磷脂双分子层）及蛋白质组成的具有弹性的半透性薄膜，膜厚 8~10nm。

质膜不仅是细胞结构上的边界，使细胞具有一个相对稳定的内环境。同时在细胞与环境进行物质、能量的交换，以及信息传递过程中也起着决定性的作用，如图10所示。

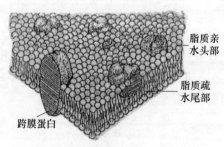

图 10　生物膜的流动镶嵌模型（引自 Singer S L，1972）

因此，细胞是生命活动的基本单位，成人有机体大约有10^{14}个细胞。一切有机体都由细胞构成，细胞是构成有机体的基本单位，细胞具有独立的，有序的自控代谢体系，细胞是代谢与功能的基本单位，细胞是遗传的基本单位，细胞具有遗传的全能性。细胞直径：0.1~50μm；细菌：0.5~5μm；动植物细胞：10~50μm。

（2）现代生物技术产业包括：组织培养、基因工程、动物胚胎工程、转基因以及基因治疗等技术，它们多数与电场（电刺激）诱导的细胞的基因注入与融合有关，离体或体内细胞电穿孔（细胞膜的可逆或不可逆电击穿）可将酶、抗体、药物、目的或外源基因导入细胞。

（3）生物电介质。2001年国际IEEE-DEIS（Dielectric and Electrical Insulation Society）建立了如下技术委员会。

液体电介质；热老化；电压老化；多应力；标准；统计；破坏机理；气体电介质；电流体动力学；生物电介质（新设）。

主要研究生物膜的介电及电击穿性质。

生物膜含有脂双层，具有介电强度超过常规电介质的值。在一定条件下，由电击穿引起膜结构的变化是可逆的，这就意味着，生物膜介质具有自愈功能。此外，人工（合成）生物膜有极高的电阻。膜结构，膜功能，介电特征及电击穿是主要的研究内容。同时涉及：可逆及不可逆电击穿，电穿孔效应在医学及生物学中的应用，包括基因治疗，癌治疗，细菌消毒等。

4.3 新材料

4.3.1 电流变智能复合材料

电流变效应（ER）及其应用：

（1）电流变效应：在外电场作用下，固-液复合物中因粒子极化排串致使液态（不能承受切应力）至准固态（能承受切应力）的转变。

（2）多学科交叉：流体力学、胶体化学、材料、高分子物理、电介质物理、机械；至少是电介质物理与高分子流变学的交叉。

（3）具体涉及：电介质的极化，电导，局部放电，热击穿等物理过程。

（4）应用：集中于汽车工业中的减振、隔振、调速、开关、密封、离合等。有的学者预言，会引起机械工业革命。美国能源部93年预测，它能带来的销售额可达数百亿美元。

（5）瓶颈问题（我国的应用技术难题）：

1）固相粒子（分散相）材料，90年代许多学者非常推崇，聚省醌自由基半导体高分子PAQR；

2）切应力不小于20kPa；

3）工作温度高于85℃；

4）稳定性：粒子凝聚，沉降，化学稳定性等。

4.3.2 高温超导材料

（1）超导体：当材料温度降低至某一临界温度T_c，出现正常相到超导相的转变，且具有零电阻及完全抗磁性及临界磁场的物理现象。

材料：元素（Al，Pb，Sn，Ru）及化合物（Nb_3Sn，Nb_3Ge，$(SN)_x$ 高聚物）。陶瓷高 T_c 氧化物超导体，铜的各类氧化物，如 La，Bi，Y 等，均为钙钛矿（$BaTiO_3$）结构，具有层状结构及四配位的 CuO 面。

（2）目的：

1）室温超导材料是公认的诺贝尔奖级的问题；

2）高 T_c 氧化物陶瓷，钙钛矿型铁电体电介质；

3）电子-激子机理，采用 D-M-D 夹层或层状结构；

4）高 T_c 超导理论主要涉及介电函数 $\varepsilon(\omega, q)$。

（3）在超导领域的几位诺贝尔奖获得者：

1913（1908），Kamerlings-OnnesHe 的液化及低温物性；

1972（1956），BCS 超导微观理论；

电子-声子 model，Barden-Cooper-Schriffer：

$$T_c \sim \theta e^{-1/g}$$

电子-声子弱耦合，$g \ll 1$，$\theta = \theta_D$ Debye 温度，一般是几百开。

$g = N(0)V$ 耦合温度，（反映势深度，势阱宽度，E_F 处粒子相互吸引的范围）。

$$T_c \sim 30 \sim 40K$$

1973（1962），Josephson，超导体正常电子的隧道效应；

1987（1986），Bednorz-Muller 高 T_c 氧化物超导体；

1964，Little 与 Ginzburg 电子-激子模型：

$$T_c \sim \theta_e \cdot e^{-\frac{1}{g_e}}$$

θ_e 激子等价温度 $10^3 \sim 10^4 K$。

（4）方法：一维与准一维系统（Little 模型），涨落干扰大，难于实现。

二维与准二维系统（Giuzbrug model）。

D-M-D 夹层和层状化合物。利用 D 或 S（半导体）中产生的激子。

理论中产生的问题：电子间相互作用和介电函数（反映在作用势能中）。电子-激子 model 未获实验证实。

聚省醌自由基高聚物，$E_g = 0.1 \sim 0.5 eV$ 相匹配，容易形成激子，具有大共轭 π 链，类似于 Ginzbeerg 用酞菁染料。

两栖材料 S.D.

（5）应用：

1）强电：电力传输、电力设备、限流器、发电机、电动机、变压器、电力电子等；

2）弱电：Jesophson 隧道效应，squid（超导量子干涉仪）；基本物理量精密测量。

外文学术论文

Der Einfluβ von Feuchtigkeit auf das Ladungsspei Cherungsverhalten von Polyethylen bei hoher Gleichspannungsbeanspruchung[*]

Mit der Messung thermisch stimulierter Ströme (TSC) wurde an hochspannungsfesten Modellproben der Einfluβ von Feuchtigkeit auf das Ladungsspeicherungsverhalten von Polyethylen niederer Dichte (LDPE) bei Raumtemperature untersucht. Dabei zeigten sich zwischen zuvor getrockneten und definiert feucht gelagerten Proben, die im vorliegenden Fall eine Wandstärke von 0.7mm und 1.0mm hatten, charakteristische Unterschiede im TSC–Spektrum zwischen 20℃ und 100℃. Zwei zusätzliche Strompeaks in feuchten Proben sind eindeutig auf die absorbierte Feuchtigkeit zurück–zuführen und resultieren aus der Freisetzung beweglicher Ladungsträger. Polarisationsvorgänge wie eine Dipolreorientierung scheiden demgegenüber als Ursache der zusätzlichen Strompeaks aus. Mit Hilfe eines physiko–chemischen Modells von Wasser in Polymeren wird versucht, die Ursachen dieser Peaks mit Ionen–bzw. Elek–tronenvorgängen im Dielektrikum zu erklären.

Thermally stimulated currents (TSC) have been used to investigate the effect of absorbed water on carrier trapping in low density polyethylene subjected to high dc voltage at room temperature.

Between samples of 0.7mm and 1.0mm size dried in vacuum and others stored under high humidity conditions for several days, there are characteristic differences in TSC in the temperature region from room temperature ($T=293K$) to $T=373K$. TSC in humid samples shows two additional peaks due to mobile carriers freed from traps, depolarization due to the reorientation of dipoles can be excluded. A physico-chemical model of water in polymers is used to discuss the origin of these peaks in terms of electron and ion processes within the dielectric.

1 Einleitung

Der Isolierstoff Polyethylen (PE), ein reiner, chemisch voll – kommen symmetrisch aufgebauter Kohlenwasserstoff, der nur sehr schwache CH_2–Dipole aufweist und damit praktisch unpolar ist (Dielektrizitätszahl $\varepsilon_r \approx 2.3$), galt lange Zeit als hydrophober Werkstoff, dessen sehr gute dielek – trische Eigenschaften auch bei Feuchtigkeitseinwirkung erhalten bleiben. Von verschiedenen Autoren ist jedoch inzwischen nachgewiesen worden, daβ auch die geringen von PE absorbierten Feuchtemengen bei hohen elektrischen Beanspruchungen ausreichen, um die Leitungsvorgänge im Dielektrikum zu beeinflussen[1]. Beispielsweise bewirkt ein hoher Feuchtegehalt der umgebenden Atmosphäre (100% relative Luftfeuchte) anstelle von

---

[*] Copartner. M. Beyer, K. D. E Ckhardt. Reprinted from *etz-Archiv*, 1985, 7: 41-49.

Vakuum bei dünnen PE-Folien und elektrischen Feldstärken>100kV/mm einen Anstieg des Leitungsstroms um etwa zwei Größenord-nungen[2]. Ungeklärt ist jedoch bislang noch die Frage, wie sich Feuchtigkeit in PE auf das Ladungsspeicherungsverhalten, also z. B. die Ausbildung ortsfester Raumladungen vor den Elektroden, auswirkt. Diese Frage ist von technischer Bedeutung, z. B. bei der Anwendung hoher Gleichspannungen bei der Prüfung von betriebsmäßig mit 50 - Hz - Wechsel - spannung belasteten Energiekabeln, die nach mehrjährigem Betrieb im Erdreich infolge von Diffusionsvorgängen Feuchtigkeit aufgenommen haben können. Auf eine eventuelle feuchtigkeitsbedingte Schädigung des Kabeldielektrikums durch die Bildung von, water treeing "an Inhomogenitäten im Innern oder an der Oberfläche der Isolierung soll dabei in diesem Zusammenhang nicht eingegangen werden.

Bei der Untersuchung von Raumladungserscheinungen in elektrischen Isolierstoffen hat in den letzten zehn Jahren ein modifiziertes Verfahren zur Messung, "thermisch-stimu-lierter Ströme" (TSC) zunehmend an Bedeutung gewonnen[3], da eine Ionen-oder Elektronen polarisation ebenso TSC - Aktivitäten auslöst wie eine Dipolreorientierung. Die Messung thermisch stimulierter Ströme hat dabei gegenüber isothermen Verfahren, z. B. der Messung transienter Lade-und Entladeströme, den außerordentlichen Vorteil, daß der benötigte Zeitaufwand aufgrund der während der Strom-messung zeitlinearen Aufheizung der Probe auf ein Minimum reduziert werden kann.

2 Theorie

Polarisationserscheinungen können bei festen Dielektrika durch verschiedene Mechanismen hervorgerufen werden:

I : Ausrichtung von permanenten Dipolen oder polaren Molekülsegmenten (z. B. OH-oder CO-Gruppen);

II : Ausbildung von Flächenladungen innerhalb des Dielektrikums (z. B. an Grenzflächen zwischen Bereichen mit lokal unterschiedlicher Leitfähigkeit und/oder Dielektrizitätszahl);

III : Ausbildung von Raumladungen durch Wanderung von Ladungsträgern über makroskopische Entfernungen (z. B. Wanderung von Ionen zu den Elektroden);

IV : Ausbildung von Raumladungen durch den Transfer von Ladungsträgern über die Grenzfläche Elektrode-Dielektrikum (z. B. Injektion von Elektronen an der Katode).

Eine Klassifizierung der genannten Mechanismen kann unter verschiedenen Gesichtspunkten vorgenommen werden, z. B.

(1) nach der räumlichen Verteilung der die Polarisation verursachenden Ladungen.

(2) nach dem Vorzeichen der Ladung in bezug auf die polarisierende Elektrode und.

(3) nach der Bewegungsart der Ladungen.

Die Mechanismen I und II führen zu einer uniformen Volumenpolarisation. Raumladungen entsprechend III und IV treten im allgemeinen nur in Teilbereichen des Isolierstoffs (z. B. vor den Elektroden) auf und sind somit als nichtuniform zu bezeichnen. Erstmals von *Gross*[4] wurde die Einteilung in Homoladung und Heteroladung benutzt; als homopolar bezeichnet man eine Polarisation, wenn die Vorzeichen der Ladungen im Dielektrikum vor und auf der polarisierenden Elektrode gleich sind (Mechanismus Ⅳ), anderenfalls liegt Heteropolarität vor (Mechanismen Ⅰ bis Ⅲ). Bei der Ladungsbewegung ist grundsätzlich zu unter-scheiden zwischen ortsfesten polaren Molekülsegmenten, die nur eine Rotationsbewegung ausführen (Mechanismus Ⅰ), und elektrisch geladenen molekularen Gruppen (Ionen) oder Elektronen, die sich auch über makroskopische Entfer-nungen bewegen können (Mechanismen Ⅱ bis Ⅳ).

Zu einer Polarisation des Dielektrikums tragen jedoch nur die sogenannten Überschußladungen bei, deren Dichte zeit-und/oder ortsabhängig ist.

Durch ein elektrisches Gleichfeld -bezogen auf die TSC-Technik spricht man von dem Formierfeld-können nun in einem Isolierstoff eine oder mehrere der genannten Polarisationserscheinungen ausgelöst werden. Der anschlie-βende Entladevorgang verursacht bei gleichzeitiger zeitlinearer Aufheizung der Probe entsprechend:

$$T = T_1 + bt \tag{1}$$

mit, T is absolute Temperatur in K, T_1 is Anfangstemperatur bei TSC-Messung in K, b is Heizrate in K/h, t is Zeit in h.

Einen temperaturabhängigen Strom, dessen auf die jeweilige Meβfläche bezogene Stromdichte $j_{TSC}(T)$ allgemein durch Gl. (2) beschrieben werden kann[5]:

$$j_{TSC}(T) = K_A \exp\left\{-\frac{W}{kT} - \frac{K_B}{b}\int_{T_1}^{T}\exp\left(-\frac{W}{kT}\right)dT\right\} \tag{2}$$

mit, W is Aktivierungsenergie in eV; k is Boltzmannkonstante (1.38054×10^{-23} J/K); K_A is Konstante in A/cm^2; K_B is Konstante in s^{-1}.

Geometrisch stellt diese Funktion eine Art Glockenkurve mit einem relativen Maximum an der Stelle $T = T_m$ dar, dessen Lage durch die Beziehung:

$$\frac{K_B}{b} = \left(\frac{W}{kT_m^2}\right)\exp\left(\frac{W}{kT_m}\right) \tag{3}$$

gegeben und somit außer von den in der Konstanten K_B enthaltenen Größen nur von der Heizrate b und der erforderlichen Aktivierungsenergie W abhängig ist. Die Konstanten K_A und K_B charakterisieren den jeweiligen Polarisationsmechanismus und sind für einige der obengenannten Fälle von verschiedenen Autoren abgeleitet worden. Die gesamte durch thermische Stimulation freigesetzte Ladung Q_{TSC} kann mit $dT = b\,dt$ durch Integration von Gl. (2) berechnet werden. Sie ist unabhängig von der Heizrate b:

$$Q_{TSC}(t) = A\int_0^{\infty}j_{TSC}(t)dt \tag{4}$$

mit, A is Meβfläche der Probe in cm^2.

2.1 TSC infolge dipolreorientierung

Nach dem bistabilen *Fröhlich* - Modell, mit dem häufig Dipolorientierungsvorgänge in

Festkörpern beschrieben werden[6], kann ein Dipol zwei unterschiedliche Orien - tierungen einnehmen. Beim Übergang von der einen zur anderen Lage muβ eine Energiebarriere W überwunden werden. Die Zeitkonstante τ, die diesen Orientierungs-prozeβ beschreibt, hängt von der Temperatur T und der erforderlichen Energie W ab:

$$\tau = \tau_0 \exp\left(\frac{W}{kT}\right) \tag{5}$$

mit, τ_0 is Zeitkonstante für $T \rightarrow \infty$ ins, und wird nach dem obengenannten Modell auch als Rezi-prokwert der Wahrscheinlichkeit für den Übergang zwischen den Orientierungen interpretiert. Unter der Voraussetzung einer einzigen Relaxationszeit wird der thermisch stimulierte Strom infolge Dipolreorientierung, erstmals abgeleitet von *Bucci* und Mitarbeitern[7], durch Cl. (2) beschrieben.

Im Bereich technisch realisierbarer Formierfeldstärken ist die gespeicherte Ladung bei gleichem Probenmaterial direkt proportional zur Formierfeldstärke E_F und umge-kehrt proportional zur Formiertemperatur T_F ("gespei-cherte Ladung" steht in diesem Zusammenhang allgemein für das Zeitintegral $\int i_{TSC} \, dt$ des thermisch stimulierten Stroms). Die Temperaturlage des Strommaximums hängt von der Heizrate b ab, nicht aber von den Formierpara-metern E_F, T_F und der Formierzeit t_F.

2.2 TSC infolge Überschuβladungen

2.2.1 Homoladung

Wird Polyethylen metallisch kontaktiert, findet aufgrund der unterschiedlichen *Fermi*-Niveaus beider Werkstoffe aus thermodynamischen Gründen ein Übergang von Elektronen aus dem Metall in den Isolierstoff statt[8]. Die Quelle weiterer elektronischer Überschuβladungen ist in einem hohen elektrischen Gleichfeld die Katode, der dominierende Injektionsmechanismus bis zu Feldstärken von etwa 200kV/mm die felderleichterte, thermische *Richardson-Schottky*-Injektion[9]. Da in einem Gleichfeld die Elektroneninjektion gegenüber der Extraktion von Ladungs - trägern überwiegt, bildet sich vor der Katode eine ortsfeste elektronische Raumladung aus. Die Elektronen werden dabei in sogenannten Haftstellen, die energetisch unterhalb des Leitungsniveaus liegen, festgehalten.

Bei der Beschreibung des thermisch stimulierten Stroms infolge ortsfester elektronischer Raumladungen nach Gl. (2) muβ unterschieden werden, ob der Wiedereinfang in Haft - stellen (fast retrapping) oder die Rekombination mit dem Valenzband (slow retrapping) überwiegt[10].

Die Lage des Strommaximums ist wiederum abhängig von der gewählten Heizrate b, vom energetischen Abstand der Haftstellen vom Leitungsniveau sowie von der Lebens-dauer der . Elektronen in den Haftstellen (slow retrapping) bzw. der Dichte der, traps auf diesem Energieniveau (fast retrapping). Zwischen der thermisch befreiten Ladungsmenge und den Formierparametern E_F und T_F besteht ein nichtlinearer Zusammenhang[10].

2.2.2 Heteroladung

Für den Fall eines heterogenen Dielektrikums mit Flächen-ladungen an Grenzflächen zwischen Bereichen mit lokal unterschiedlicher Leitfähigkeit und/oder Dielektrizitätszahl ist von *van Turnhout*[11] am Beispiel eines Zweischichten-kondensators als Modell für komplexere Anordnungen, wie sie leitfähige Partikeln in einer Polymer-Matrix darstellen, eine Beschreibung des resultierenden TSC-Stroms ent-sprechend Gl. (2) abgeleitet worden.

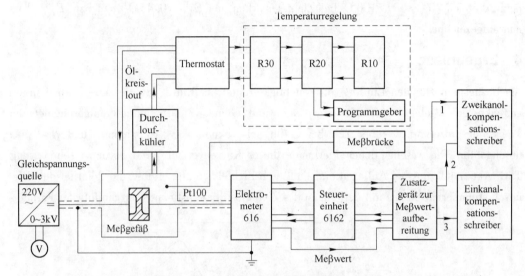

Bild 1 Blockschaltbild der TSC-Meβanordnung

1—Temperaturϑ_P; 2—Betrag des Meβwerts; 3—Polarität und Meβbereich; Pt100 Temperatur-Meβfühler

Eine analytische Beschreibung thermisch stimulierter Ströme infolge ionischer Raumladungen ist im Vergleich zu den ortsfesten elektronischen Raumladungen aufgrund der durch Diffusion und Drift vorhandenen Zeit-und Ortsabhängigkeit der Ladungsträgerdichte wesentlich kom-plizierter und führt auf nichtlineare partielle Differential-gleichungen, für die keine allgemein gültige Lösung ent-sprechend Gl. (2) angegeben werden kann.

3 Experimentelles

Unter dem Gesichtspunkt, daβ im Polyethylen vorhandenes Wasser sich aufgrund von Diffusions- und unter der Einwir- kung eines elektrischen Felds eventuell von Dissoziations- vorgängen- im Unterschied zu den ortsfest vor den Elektroden gespeicherten elektronischen Raumladungen-im gesamten Volumen des Isolierstoffs auswirken kann, wurden im Gegensatz zu vielen in der Literatur veröffent-lichten TSC-Messungen an PE-Folien mit Wanddicken im μm-Bereich die vorliegenden Untersuchungen an Modell-proben mit Isolierwandstärken zwischen 0.7mm und 1mm durchgeführt. Die Proben wurden aus granuliertem PE niederer Dichte (Lupolen 1812 DSK), einem technisch reinen Werkstoff für Kabelisolierungen, in einer Kunststoff-presse nach einheitlichem Preβprogramm hergestellt und anschlieβend unter Hochvakuum metallisch kontaktiert. Ein Blockschaltbild der verwendeten TSC-Meβeinrichtung zeigt Bild

1, detaillierte Angaben bezüglich Probenform, Meßgefäß und prinzipiellem Versuchsablauf sind einer früheren Veröffentlichung[12] zu entnehmen. An dieser Stelle seien nur noch einmal die gewählten Formier-und Meßbedingungen beschrieben. Die Formierung fand für alle Proben bei Raumtemperatur (ϑ_F = 20℃) statt, die For-mierfeldstärke wurde im Bereich von E_F = 30kV/mm bis 120kV/mm variiert, die Formierzeit t_F betrug 1 h bzw. 4 h. Die thermisch stimulierten Ströme wurden mit einer für alle Proben gleichen Heizrate von $b = 0.5$K/min im Temperaturbereich 20℃ $\leqslant \vartheta \leqslant$ 100℃ bei Ziehfeldstärken von E_Z = ±0.45kV/mm bzw. E_Z = 0kV/mm aufgezeichnet.

4 Ergebnisse

Als Bezugspunkt für den Einfluß von Feuchtigkeit sind im Bild 2 TSC-Spektren von definiert getrockneten Proben bei Messung mit und ohne Ziehspannung aufgezeichnet. Der Trocknungsprozeß wurde über 72h bzw. 240h bei Vakuum ($p < 10^{-2}$ mbar) und ϑ = 70℃ durchgeführt. Die wesent-lichen Merkmale dieser Kurvenverläufe sind darin zu sehen, daß TSC-Aktivitäten nur bei Anliegen eines äußeren Ziehfelds auftreten und die Polarität des thermisch stimulierten Stroms mit derjenigen des Ziehfelds übereinstimmt. Der Einfluß der Formier-

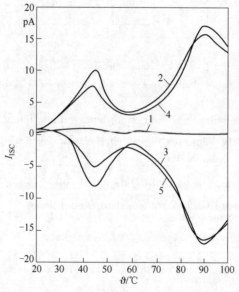

Kurve	Trocknungs-bedingungen	Formierung	Ziehfeld-stärkeE_Z /kV·mm^{-1}
1	72h		0
2	72h		+0.45
3	72h	70℃, Vakuum ($p<10^{-2}$ mbar)	E_F = 100kV/mm t_F = 1h	−0.45
4	240h		+0.45
5	240h		−0.45

Bild 2 Thermisch stimulierte Ströme I_{TSC} getrockneter
Proben Parameter: Polarität der Ziehspannung und Trocknungsdauer

feldstärke auf getrocknete Proben ist Bild 3 zu entnehmen. Kurve 1 für $E_F = 0 \text{kV/mm}$ gibt dabei den Strombeitrag des äußeren Ziehfelds an. Dieser Strom-anteil ist in den TSC-Kurven aller übrigen Proben bereits subtrahiert, da er nicht durch Ladungsspeicherung verursacht wird, sondern nut auf eine mit der Temperatur zunehmende ohmsche Leitfähigkeit zurückzuführen ist. Charakteristisch für alle trockenen Proben ist oberhalb eines gewissen Grenzwerts des Formierfelds ($>30\text{kV/mm}$) ein TSC-Spektrum mit zwei ausgeprägten Strom-Peaks bei 45℃ und 90℃. Der Einfluß unterschiedlicher Formierfeldstärken äußert sich dabei in der Peakhöhe bzw. der gespeicherten Ladungsmenge (Bild 7).

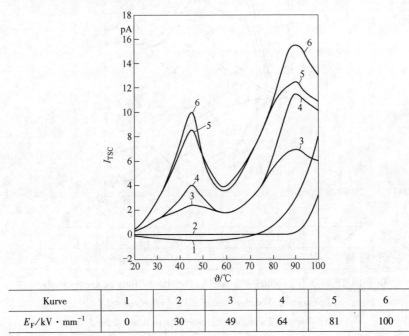

Kurve	1	2	3	4	5	6
$E_F/\text{kV} \cdot \text{mm}^{-1}$	0	30	49	64	81	100

Bild 3 Thermisch stimulierte ströme I_{TSC} getrockneter Proben Parameter: Formierfeldstärke E_F
Vorbehandlung: 72h Lagerung bei 70℃, $p < 1\text{Pa}$ Ziehfeld: positive polarität

Bild 4 zeigt wiederum für verschiedene Formierfeld-stärken die Veränderung des TSC-Spektrums bei Einwirkung geringer Mengen von Feuchtigkeit (10d Lagerung der Proben bei Raumklima: $\vartheta = 20℃$, relative Luftfeuchte $\approx 40\%$). Wird das Granulat vor der Herstellung der Prüfkörper im Vakuum getrocknet (Kurven 1a bis 4a), so erhöht sich der TSC-Strom vor allem im mittleren Temperatur-bereich zwischen 50℃ und 75℃. Bei Proben aus unvor-behandeltem Granulat (Kurven 1b bis 5b) ist zusätzlich ein Peak (bei höherer Formierfeldstärke) bzw. eine Schulter (bei geringerem Formierfeld) im unteren Temperatur-bereich zwischen 30℃ und 50℃ erkennbar. Zum Vergleich sind noch einmal die Kurven 2 und 3 aus Bild 2 für trockene Proben eingetragen. Bei längerer Einwirkung des Formierfelds ($t_F = 4\text{h}$) nimmt der Strompeak im unteren Temperaturbereich wesentlich stärker zu als der Peak im mittleren Temperaturbereich (Bild 5). Letzterer strebt gegen einen Sättigungswert, und zwar bei Überschreitung einer gewissen Formierfeldstärke ($>60\text{kV/mm}$) in Zusam-menhang mit einer gewissen Formierzeit ($>2\text{h}$ bis 4h). Eine weitere Verlängerung der Formierzeit auf beispielsweise $t_F = 8h$ ergibt keine weitere Erhöhung und keine Veränderung in der Lage des Strommaximums. Der Peak im unteren Temperaturbereich verschiebt sich hingegen kontinuierlich mit zunehmender Formierfeldstärke von $\vartheta_m \approx 44°C$ bei $E_F = 49 kV/mm$ zu $\vartheta_m \approx 38°C$ bei $E_F = 100 kV/mm$. Die TSC-Spektren im Bild 5 bleiben auch nach 16 stündigem Kurzschließen der Proben zwischen Formierung und TSC-Messung unverändert erhalten.

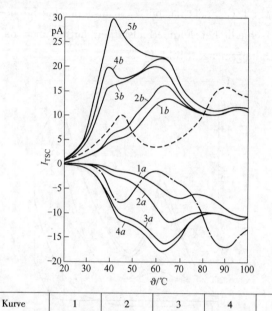

Kurve	1	2	3	4	5
$E_F / kV \cdot mm^{-1}$	49	64	81	100	121

Bild 4 Thermisch stimulierte Ströme I_{TSC} bei Raumklima gelagerter Proben
Parameter: Formierfeldstärke E_F (Lagerzeit 10 d)
------ Kurve 2 aus Bild 2; —·— Kurve 3 aus Bild 2
a—Granulat vor der Probenherstellung unter vakuum getrocknet; $E_Z = -0.45 kV/mm$
b—Granulat unvorbehandelt; $E_Z = +0.45 kV/mm$

Im Bild 6 sind die TSC-Spektren einiger Proben nach unterschiedlichen Vorbehandlungszyklen gegenübergestellt. Die größte gespeicherte Ladungsmenge wird hier nach 72 stündiger Lagerung der Probe bei 100% relativer Luftfeuchte (Kurve 2) und die geringste Ladung nach 72 stündiger Lagerung der Probe im Vakuum (Kurve 5) ausgeheizt, jeweils bei direkt an die Formierung anschließender TSC-Messung. Wird eine für 72h bei 100% relativer Luftfeuchte gelagerte Probe nach der Formierung zunächst ebenfalls für 72h im Vakuum bei 20°C gelagert, vermindert sich vor allem die im unteren Temperaturbereich ausheizbare Ladungsmenge (Kurve 3). Oberhalb von ca. 50°C treten nur geringfügige Unterschiede auf. Bei einem Wechsel in der Reihenfolge der Auslagerungsbedingungen, d. h. 72h Lage - rung im Vakuum vor der Formierung und anschließende 72stündige Lagerung bei 100% relativer Luftfeuchte, ist im unteren Temperaturbereich gegenüber einer trocken formierten Probe ohne anschließende Feuchtlagerung kein entscheidender Unterschied feststellbar (geringfügige Erhöhung im Bereich der ansteigenden Flanke des Peaks der Kurve 4). Im darüber liegenden Temperaturbereich sind

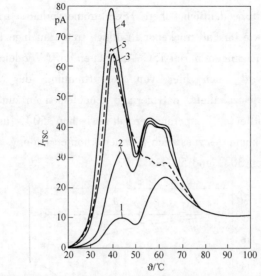

Kurve	1	2	3	4	5
$E_F/\text{kV} \cdot \text{mm}^{-1}$	49	64	81	100	100
t_F/h	4	4	4	4	1

Bild 5　Thermisch stimulierte Ströme I_{TSC} bei Raumklima gelagerter Proben
Parameter: Formierfeldstärke E_F; Formierzeit t_F (Lagerzeit 30 d)
Granulat unvorbehandelt; $E_Z = +0.45\text{kV/mm}$

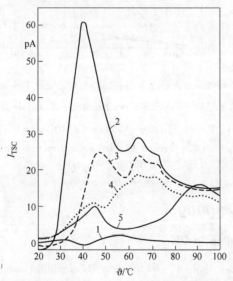

Kurve	Lagerung vor Formierung	Lagerung nach Formierung	E_Z
1	72h ⎫	–	0
2	72h ⎪ 100%rel.	–	+
3	72h ⎬ Luftfeuchte	72h, Vakuum ($p<10^{-2}$ mbar)	+
4	72h ⎪ Vakuum	72h, 100%rel. Luftfeuchte	+
5	72h ⎭ ($p<10^{-2}$ mbar)	–	+

Bild 6　Thermisch stimulierte Ströme I_{TSC}
Parameter: Vorbehandlung der Proben (Formierbedingungen: $t_F = 1\text{h}$, $E_F = 100\text{kV/mm}$)

dagegen auch bei dieser Probe deutlich höhere TSC-Ströme vorhanden als bei der trockenen Vergleichsprobe. Ähnlich wie im Fall trockener Prüflinge treten auch in feuchten Proben ohne Ziehfeld während der Aufheizung keinerlei TSC-Aktivitäten auf (Vergleichskurve 1), und die Polarität der Ströme wird auch hier von der Richtung des Ziehfelds bestimmt. Zusammenfassend ist also festzuhalten, daβ geringe Feuchtemengen zunächst zu signifikanten Verände - rungen im mittleren Temperaturbereich zwischen 50℃ und 75℃ führen. Bei größerem Feuchteangebot kommt es zusätzlich zu einer erhöhten Ladungsaktivierung im unteren Temperaturbereich zwischen 30℃ und 50℃.

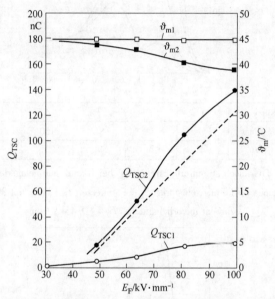

Bild 7 Bei der TSC-Messung ausgeheizte Ladung Q_{TSC} und Temperaturlage ϑ_m für den

P$_2$-Peak in Abhängigkeit von der Feldstärke E_F bei der Formierung

Index 1: Proben 72h unter Vakuum ($p<10^{-2}$ mbar) getrocknet

Index 2: Proben 30 d bei Raumklima gelagert

------ Differenz $|Q_2-Q_1|$

5 Physikalische Deutung

5.1 Elektronenhaftstellen in PE

Unter der Wirkung eines hohen elektrischen Gleichfelds werden in einem metallisch kontaktierten Isolierstoff auf der Katodenseite Elektronen injiziert und in Haftstellen gespeichert. *Bauser*[13] charakterisiert diese Haftstellen, indem er entsprechend der energetischen Lage zum Leitungsniveau zwischen flachen, mittleren und tiefen Haftstellen unterscheidet. *Perlman*[5] stellt bei seiner Unter-teilung in primäre, sekundäre und tertiäre Niveaus die Natur der Haftstellen in den Vordergrund:

(1) *Primäre Niveaus*: Durch Unregelmäβigkeiten innerhalb der Hauptkette an einzelne Atome oder Molekülgruppen gebundene Haftstellen (z. B. Carbonylgruppen oder C = C-Dop-

pelbindungen). Aktivierung durch begrenzte Kettenbewegungen bereits bei $T < T_G$ (T_G Glasübergangstemperatur; für PE ca. 343 K[5]).

(2) *Sekundäre Niveaus*: Einschluβ von Elektronen zwischen benachbarten Ketten durch die Elektronenaffinität dicht nebeneinander liegender molekularer Gruppen. Aktivierung durch Bewegung der Hauptketten ab $T \approx T_G$.

(3) *Tertiäre Niveaus*: Haftstellen an strukturbedingten Fehlstellen in kristallinen Bereichen bzw. an der Grenzschicht zwischen kristallinen und amorphen Bereichen (Fremdmoleküle, Antioxidantien). Aktivierung durch Zerstörung der kristallinen Struktur bei $T > T_G$.

Einerseits lassen sich beide Modelle recht gut mitein-ander korrelieren, wenn man die primären Niveaus als flache Haftstellen (≤ 0.5eV) und die tertiären Niveaus als tiefe Haftstellen (≥ 1eV) ansieht, andererseits ist die Unter-teilung in flache oder tiefe Haftstellen relativer Natur und abhängig vom betrachteten Zeitintervau, denn für die physikalische Wirkung einer Haftstelle ist der Zusammen-hang zwischen der energetischen Tiefe W_H der Haftstelle und der Verweilzeit t_H eines in dieser Haftstelle eingefange-nen Ladungsträgers von Bedeutung:

$$\frac{1}{t_H} = v\exp\left(\frac{w_H}{kT}\right) \tag{6}$$

mit, v is Fluchtfrequenz in Hz.

Für PE wird angegeben[14]: 10^{-2} Hz$<v<10^8$Hz.

Weitere Haftstellen können darüber hinaus auch durch niedermolekulare Verbindungen wie O_2-, CO_2- und H_2O-Moleküle bereitgestellt werden, die durch Diffusion in das Polymere gelangt sind. Derartige Haftstellen werden von *van Turnhout*[11] dem primären Niveau zugeordnet und können von der energetischen Tiefe her als flache Haftstellen angesehen werden.

5.2 Wasser in polyethylen

Voraussetzung für eine Beschreibung der Wasserstruktur innerhalb eines polymeren Feststoffs sind physiko-chemische Modelle des Wassers in flüssiger Phase, wie sie z. B. von Pople[15] oder Pauling[16] entwickelt wurden. Grundlage dieser Modelle sind in beiden Fällen Wasserstoffbrücken-bindungen, die zwischen den einzelnen Wassermolekülen bestehen. Während Pople für jeweils ein Zentralmolekül Wasserstoffbrücken zu vier Nachbarmolekülen unterstellt, geht Paulig von gröβeren Molekülkomplexen mit 20 und mehr Einzelmolekülen aus, die untereinander über Wasser-stoffbrücken in Beziehung stehen und weitere nicht-gebun-dene Wassermoleküle einschlieβen.

Wasser, das in einem polymeren Feststoff absorbiert und im Fall des teilkristallinen PE ausschlieβlich im amorphen Bereich anzutreffen ist, wird jedoch aufgrund der räum-lichen Verhältnisse zwangsläufig anders strukturiert sein als in einer verdünnten Lösung[17]. Allgemein wird bei der Betrachtung der Wechselwirkungen zwischen Wasser und dem umgebenden Polymeren davon ausgegangen, daβ Wasser in mehreren-mindestens zwei-Erscheinungs-formen im Feststoff vorliegt, und zwar in ungebundener und gebundener Form[18]. Letztere dominiert bei kleinen Wassermengen, die durch Wasserstoffbrücken mit polaren Gruppen oder Kettensegmenten verhältnismäßig fest in der Kunststoffmatrix gebunden sein können. Da eine-wenn auch verhältnismäßig geringe-Anzahl von polaren Gruppen auch in dem an sich unpolaren PE in Form von Carbonyl-Gruppen existiert, ist bei Anwesenheit von Wasser grund-sätzlich die Voraussetzung für die Ausbildung von Wasser - stoffbrücken erfüllt. Zwischen dem Wasserstoffatom und dem mit diesem durch eine Hauptvalenzbindung verknüpften Atomrumpf besteht ein Dipolfeld, dessen Wirkung auf benachbarte Moleküle (oder polare Kettensegmente) groß gegenüber der Energie der Wärmebewegung ist, so daß es zu einer dichten Aneinanderlagerung der beiden Moleküle kommt[19]. Die durch das Wasserstoffatom gekennzeich-nete Gruppe (hier H- [O-H]) wird als Donator, der sich mit dem Wasserstoff durch diese Sekundärbindung verknüp-fende Molekülteil (bier z. B. [C=O]) als Akzeptor bezeich-net. Die Wechselwirkungsenergie des Wasserstoffs zur Akzeptorgruppe ist so groß, daß sich das H-Atom unter der Wirkung eines äußeren elektrischen Gleichfelds verhältnis-mäßig leicht von seinem ursprünglichen Partner trennen läßt:

$$[>C=O...H-O-H] \to [>C=O...H]^+ + [OH]^-$$

Aus den gebundenen Wassermolekülen können damit einzelne ortsfeste, positiv geladene HCO^+-Gruppen und relativ frei bewegliche, negativ geladene OH^--Ionen entstehen. Besteht zwischen einem Wassermolekül und zwei geeignet plazierten Akzeptorgruppen eine doppelte Wasserstoffbindung, so beträgt die Aktivierungsenthalpie $\Delta H \approx -44kJ/mol$, entsprechend etwa $0.45 eV$[20]. Dieser Wert wurde bei verschiedenen Polymeren gemessen. Für PE beträgt dieser Wert dagegen nur $\Delta H \approx -22kJ/mol$[21], woraus zu schließen ist, daß bei PE einfache Wasserstoffbindungen zwischen Wassermolekülen und polaren Kettensegmenten dominieren, was aufgrund der verhältnismäßig geringen Dichte polarer Gruppen realistisch ist.

Oberhalb einer bestimmten, für jedes Polymere charakte-ristischen Menge, tritt das Wasser dann in einer zweiten Form auf, im allgemeinen, cluster "genannt. Diese, cluster" bestehen aus einer Agglomeration mehrerer Wassermoleküle, die bei polaren Polymeren wiederum über Wasserstoff-brücken-allerdings weniger fest als Einzelmoleküle-an polare Gruppen gebunden sein können oder in weniger polaren Polymeren, z. B. PE, als getrennte Phase vorliegen. In dieser zweiten, gewissermaßen flüssigen Phase, ist ein Teil der Wassermoleküle immer bereits in H^+- und OH^--Ionen dissoziiert. Eisenberg[22] gibt einen Wert von ungefährzwei, bezogen auf 10^9 Wassermoleküle, an. Da diese Ionen im Wasser sehr stark hydratisiert sind (die Hydrations-energie von H^+ beträgt bei 25℃ ca. 12eV und ist damit um mehr als 4eV höher als bei anderen einwertigen Ionen) . ist anzunehmen, daß H^+-Ionen im Wasser eine starke Bindang an H_2O-Moleküle aufweisen und somit H_3O^+-Ionen oder auch größere Kom-plexe, z. B. $H_9O_4^+$- Ionen, bilden. Die gegenüber anderen einwertigen Ionen im Wasser beträchtlich größeren Beweglichkeiten von H^+- und OH^-- Ionen [$\mu_{H^+} = 3.62 \times 10^{-3}$ cm^2/(Vs); $\mu_{OH^-} = 1.98 \times 10^{-3}$ cm$^2/(Vs)$] sind eine Folge der Wasserstoffbrücken zwischen den Molekülen, denn diese Bindungen erleichtern einen schnellen Transfer von Protonen. Eines der

Protonen eines H_3O^+ – Ions kann entlang einer Wasserstoffbrücke springen und sich an das benachbarte Wassermolekül anlagern. Auf ähnliche Weise kann ein Proton eines H_2O – Moleküls auch mit einem OH^--Ion rekombinieren. Beide Prozesse haben eine Bewegung elektrischer Ladungen und in einem elektrischen Feld einen Stromfluβ zur Folge. Die mittlere Lebensdauer eines gegebenen H_3O^+ – Ions beträgt nach[22] 10^{-12} s, die Zeit zwischen zwei Bindungszuständen liegt für ein bestimmtes Wassermolekül bei 5×10^{-4} s.

5.3 Ionenhaftstellen in PE

In einem polymeren Feststoff können nach *Barker*[23] bei vorhandener Feuchte ionische Ladungsträger grundsätzlich auf zweierlei Arten bereitgestellt werden:

(1) Absorbierte Feuchtigkeit liefert Ladungsträger durch Dissoziation in H^+ – und OH^- – Ionen sowie durch Bildung von H_3O^+-Ionen (siehe oben).

(2) Die effektive Dielektrizitätszahl (DZ) ε_r wird durch absorbierte Feuchtigkeit auf einen Wert oberhalb desjenigen des reinen Polymeren erhöht, so daβ die Schranke für die Dissoziation von in Spuren vorhandenen Verunreinigungen in Ionen stark erniedrigt wird.

Da für eine spürbare Erhöhung der DZ die aufgenommene Wassermenge schon eine beträchtliche Gröβe annehmen muβ, ist im Fall des weitgehend unpolaren hydrophoben PE der erste Mechanismus als dominierend anzusehen. In einer weiterführenden Arbeit kommt *Barker*[24] bei seiner Untersuchung ionischer Wechselwirkungen zu dem Ergebnis, daβ zwischen Ionen und den Grenzflächen zwischen amorphen und kristallinen Bereichen elektrostatische Kräfte bestehen, die durch die geringfügig unterschiedliche DZ von amorphen und kristallinen Bereichen in Verbindung mit dem elektrischen Eigenfeld des Ions verursacht werden und damit Ionenhaftstellen hervorrufen. Eine thermische Aktivierung dieser Ionen führt ähnlich wie bei der Befreiung von in Haftstellen, getrapten "Elektronen zu Strompeaks in einem Temperaturbereich", der für kleine Ionen in einem teilkristallinen Polymeren mit niedriger DZ (wie PE) oberhalb der Raumtemperatur und wegen des mit der Temperatur abnehmenden kristallinen Anteils unterhalb des Schmelzpunkts des Polymeren liegt.

5.4 Ladungsspeicherung in PE

Nachfolgend sollen auf der Basis der oben angestellten Überlegungen einige charakteristische Tendenzen der im Abschnitt 4 vorgestellten Ergebnisse diskutiert werden.

Getrocknete Proben weisen nach einer Gleichfeldformierung zwei charakteristische, TSC – Peaks bei 45℃ und 90℃ auf, im folgenden in Anlehnung an[3] auch als P_2-bzw. P_1-Peak bezeichnet. Die Ursachen dieser Peaks sind offensichtlich von der Katode injizierte und im Dielektrikum in Haftstellen gespeicherte freie Elektronen, da:

(1) die Polarität des thermisch-stimulierten Stroms der Polarität der angelegten Ziehspannung folgt.

(2) ohne Ziehspannung im äuβeren Kreis keine nennens- werten Stromaktivitäten meβbar sind-die Ladungs-träger driften in diesem Fall nur im Eigenfeld und haben somit keine Vor-

zugsrichtung-und.

(3) ohne vorherige Formierung auch mit äußerer Ziehspannung keine Strompeaks auftreten.

Ähnliche TSC-Spektren mit Peaks bei 50℃ und 85℃ werden auch von *Sawa*[25] für dünne PE-Folien bei einer Formierfeldstärke von 100kV/mm und Ziehspannungen von±0.45kV/mm angegeben. Der Peak bei 45℃ bzw. 50℃, der in verstärkter Form auch in HDPE (High-Density Polyethylene) -Folien[3] sowie in HDPE-Modellproben[26] auftritt, wird aufgrund des höheren kristallinen Anteils in HDPE Ionen-und/oder Elektronenhaftstellen in der Grenz-schicht zwischen amorphem und kristallinem Bereich zugeschrieben. Die Möglichkeit, daß sowohl Elektronen als auch Ionen in ähnlichen Haftstellen festgehalten werden und als Homo- oder Heteroladung zu einer nicht-uniformen Polarisation führen, gibt auch *Das-Gupta*[27] als Erklärung für einen in LDPE (Low-Density Polyethylene) -Folien ermittelten Peak bei 45℃ an.

Ein Hinweis auf die Wirkung von Feuchtigkeit ist bei *Sawa*[3] im Zusammenhang mit dem Peak bei 50℃ an HDPE-Proben zu finden, dessen Maximum nach sechs-tägiger Lagerung der Probe bei wassergesättigter Luft die dreifache Höhe und ein mehrfaches der gespeicherten Ladungsmenge erreicht. Diese Beobachtung stimmt mit dem in den vorliegenden Untersuchungen an feuchten Proben ermittelten TSC-Verhalten überein. Es ist nahe- liegend, daß sowohl für den Peak bei 45℃ in trockenen Proben als auch für den Peak bei 40℃ in feuchten Proben Elektronen-bzw. Ionenhaftstellen in der amorph-kristal-linen Grenzschicht verantwortlich sind. Die leichte Ver-minderung des Maximums bei zehntägiger Trocknung gegenüber dreitägiger Trocknung (Bild 2) könnte auf eine geringe verbliebene Restfeuchte zurückgeführt werden.

Das Vorhandensein von, Ionentraps ist bereits oben aufgrund der Wechselwirkung zwischen Ionen und den Grenzflächen im teilkristallinen PE in Betracht gezogen worden. Als Anzeichen dafür, daß es sich tatsächlich um eine Überlagerung von gespeicherten Elektronen und Ionen handelt, sind auch die unterschiedliche Feldstärkeabhängig-keit der gespeicherten Ladung im Temperaturbereich zwischen 20℃ und 50℃ sowie die veränderte Temperaturlage des Maximums zu werten (Bild 7). Bei trockenen Proben ist das Maximum für Feldstärken zwis-chen 50kV/mm und 100kV/mm stets bei 45℃ zu finden, es verlagert sich bei feuchten Proben-ähnlich wie bei[3]-mit zunehmender Feldstärke zu niedrigeren Temperaturen. Für die Vermutung, daß es sich im Fall des Peaks bei 40℃ um im Formierfeld erzeugte und an amorph kristallinen Grenz- schichten, getrapte" OH^--Ionen handelt, spricht auch das im Bild 6 (Kurve 4) gezeigte TSC-Spektrum für Proben, die nach trockener Formierung vor der TSC-Messung zunächst 3 d einer erhöhten Umgebungsfeuchte ausgesetzt wurden. Das Maximum bei 45℃ ist demjenigen der trocken formierten Probe (Bild 6, Kurve 5) recht ähnlich. Die ger-ing-fügige Zunahme im Bereich der ansteigenden Flanke kann durch die geringe in reinem Wasser vorhandene OH^--Ionen-dichte erklärt werden. Eine zusätzliche feldunterstützte Dissoziation von Wassermolekülen war bei dieser Probe nicht möglich, da die Feuchtlagerung erst im Anschluß an die Formierung stattfand. Im Gegensatz dazu ist bei feucht formierten Proben und Trocknung vor der TSC-Messung im unteren Temperaturbereich ein Peak vorhanden, allerdings kleiner als bei sofortiger TSC-Messung. Während der drei-tägigen Trocknungszeit können H_3O^+- und OH^--Ionen zu Wassermolekülen rekombinieren und das Dielektrikum in Form eines Diffusionsvorgangs verlassen. Eine Dipolreorien-tierung scheidet als Ursache für den P_2-Peak bei feuchten Proben aus verschiedenen Gründen aus:

(1) nach dreitägiger Feuchtlagerung müßte eine durch Wassermoleküle bedingte Dipolpolarisation auch ohne Ziehspannung einen ausgeprägten Strompeak entgegen der Formierstromrichtung-also mit positivem Vor-zeichen-aufweisen; dies ist aber nicht der Fall (Bild 6, Kurve 1);

(2) die bei Raumklima gelagerten. Proben (Bild 4) weisen einen P_2-Peak auf, auch wenn sie vor der TSC-Messung zunächst für 16 h bei Raumtemperatur kurzgeschlossen werden; eine Dipolreorientierung mit Zeitkonstanten zwischen 10^{-4} s und 10^4 s im Kabeltemperaturbereich müßte in dieser Zeitspanne abgeklungen sein;

(3) die Temperaturlage des Maximums verschiebt sich mit zunehmender Formierfeldstärke zu niedrigeren Temperaturen (Bild 7); charakteristisch für einen durch Dipol-polarisation verursachten Peak ist dagegen eine kon-stante Temperaturlage.

Ein weiteres charakteristisches Merkmal der feuchten Proben ist das Doppelmaximum (P_3, P_3') zwischen 50℃ und 70℃. Die Höhe des Maximums bzw. die gespeicherte Ladungsmenge streben mit zunehmender Formierfeldstärke sowie mit zunehmender Formierzeit gegen einen Sättigungs-wert (Bild 5). Dieses Verhalten ist nur auf eine begrenzte Anzahl von verfügbaren Haftstellen zurückzuführen, wie sie z. B. die verhältnismäßig geringe Dichte von polaren Gruppen im PE darstellt. Das Doppelmaximum könnte somit durch H_3O^+-Ionen erklärt werden, die über Wasser-stoffbrücken an polare Carbonylgruppen gebunden sind. Der P_3-Peak bei ca. 55℃, der ansatzweise auch im TSC-Spektrum der getrockneten PE-Probe vorhanden ist (unter-schiedlicher Strombetrag in diesem Temperaturbereich bei positiver bzw. negativer Ziehspannung), könnte auf einer α-Relaxation[28] beruhen. Als α-Relaxationsprozeß wird für PE in der Literatur[29] eine Bewegung von Polymer-ketten innerhalb der kristallinen Bereiche in Verbindung mit einer Bewegung der an den amorph-kristallinen Grenzflächen mit diesen Ketten verbundenen Dipole bezeichnet. Für den eng an den P_3-Peak gekoppelten P_3'-Peak bei ca. 65℃ könnten dann dieselben H_3O^+-Ionen verantwortlich sein; daß dieser Peak erst bei etwas höherer Temperatur auftritt, wäre durch eine Ladungsbewegung über makro-skopische Entfernungen zu erklären, im Gegensatz zu der lokal begrenzten Ladungsverschiebung im Fall des P_3-Peaks. Bei den Ladungsträgern könnte es sich um H_3O^+-bzw. H^+-Ionen oder um eventuell von diesen positiv geladenen Ionen angelagerte Elektronen handeln. Das Doppelmaximum P_3, P_3' ist bei feuchten Proben auch bei Trocknung vor der TSC-Messung praktisch unverändert vorhanden (Bild 6, Kurve 3), was im Zusammenhang mit der höheren Aktivie-rungstemperatur darauf hindeutet, daß ein Aufbrechen der Wasserstoffbrücken zu den polaren Gruppen oder eine Befreiung von, getrapten Elektronen eine höhere Aktivie-rungsenergie benötigt als die Befreiung von OH^--Ionen aus Grenzflächenhaftstellen im Fall des P_2-Peaks bei 40℃.

6 Zusammenfassung

Als eine der Ursachen für die vergleichsweise geringe Dauer spannungsfestigkeit dickwandiger Polyethylen (PE) -Isolie rungen wird die Existenz langlebiger, ortsfester Raum ladungen im Dielektrikum angesehen, die vor allem im Randbereich durch Ladungsträgerinjektion aus den Elektro den zu beträchtlichen Feldüberhöhungen führen können.

Das Vorhandensein dieser-elektronischen-Raum ladungen steht dabei in engem Zusammenhang mit der niedrigen Grundleitfähigkeit des PE, die ihrerseits auf die sehr geringe Ladungsträgerbeweglichkeit zurückzuführenist.

Zur Klärung der Frage, wie sich Feuchtigkeit in PE auf das Ladungsspeicherungsverhalten des Isolierstoffs aus-wirkt, wurden trockne bzw. mit Feuchtigkeit abgesättigte Modellproben von 0.7mm und 1.0mm Wandstärke in einem hohen Gleichfeld formiert und anschließend mit dem Verfahren zur Messung, thermisch stimulierter Ströme (TSC) untersucht.

Die Ergebnisse zeigen, daß zwischen getrockneten und feucht gelagerten Proben charakteristische Unterschiede im TSC-Spektrum zwischen 20℃ und 100℃ auftreten. Zwei zusätzliche Strompeaks in den feuchten Proben sind dabei eindeutig auf die absorbierte Feuchtigkeit zurückzuführen. Aus der Veränderung der TSC-Spektren bei verschiedenen Formier- und Meßbedingungen wird gefolgert, daß die zusätzlichen Strompeaks nicht dutch die Reorientierung im Gleichfeld ausgerichteter Dipole verursacht werden, sondern aus der Freisetzung beweglicher Ladungsträger wie Elektronen und Ionen resultieren.

Schrifttum

[1] Auckland D W, Cooper, R. Factors affecting water absorption by polyethylene. Konf. über, Electr. Insul, and Dielectr. Phenomena, Jber. 1974, S. 71-78.

[2] Jordan I B, Mizutani T. Role of air in polyethylene conduction. Konf. über, Electr. Insul. and Dielectr. Phenomena, Jber. 1975, S. 428-434.

[3] Sawa G, Kawade M, Lee D C, Ieda M. Thermally stimulated currents from polyethylene in high-temperature region. Jap. J. Appl. Phys., 1974, 13, S. 1547-1553.

[4] Gross B. On permanent charges in solid dielectrics II. Surface charges and transient currents in carnauba wax. J. Chem. Phys. 1949, 17, H. 10, S. 866-873.

[5] Perlman M M. Thermally stimulated currents and voltages and dielectric properties. J. Electrochem. Soc., 1972, 119, H. 7, S. 892-898.

[6] Fischer P, Röhl, P. Relaxation time spectrum of dipolar reorientation in low-density polyethylene. J. Polymer Sci., Ausg. Polymer Phys., 1976, 14, S. 543-554.

[7] Bucci C, Fieschi, R, Guidi G. Ionic thermocurrents in dielectrics. Phys. Rev., 1966, 148, S. 816-823.

[8] Bässler H. Der Ladungsübergang vom Metall zum organischen Isolator als Primärschritt der elektrostatischen Auflading. Kunststoffe, 1972, 62, S. 115-119.

[9] v. Olshausen R. Durchschlagprozesse in Hochpolymeren und ihr Zusammenhang mit den Leitungsmechanismen bei hohen Feldstärken. Habil. Univ. Hannover, 1980.

[10] Creswell R A, Perlman M M. Thermal currents from corona charged mylar. J. Appl. Phys., 41, 1970, H. 6, S. 2365-2375.

[11] v. Turnhout J. Thermally stimulated discharge of polymerelectrets. Amsterdam: Elsevier, 1975.

[12] Beyer M, Krohne R. Die Raumladungsausbildung in Polyäthylen bei hoher Gleichspannungsbeanspruchung. etzArchiv, 1980, 2, H. 1, S. 15-18.

[13] Bauser H. Ladungsspeicherung in Elektronenhaftstellen in organischen Isolatoren. Kunststoffe, 1972, 62, S. 192-196.

[14] Partridge R H. Electron traps in polyethylene. J. Polymer Sci, 1965, A3 S. 2817-2825.

[15] Pople J A. Molecular association in liquids II. A theory of the structure of water. Proc. Royal Soc., 1951, A205 S. 163-171.

[16] Pauling L. The structure of water. London: Pergamon Press, 1959.

[17] Hoeve C A J. The structure of water in polymers (in Water in polymers). Amer. Chem. Soc. Sympos., Ser. 127, Washington, 1980, S. 135-146.

[18] Rowland S P, Kuntz I D. Water in polymers (Einführung). Amer. Chem. Soc. Sympos., Ser. 127, Washington 1980, S. 1-8.

[19] Holzmüller W, Altenburg, K. Physik der Kunststoffe. Berlin: Akademie, 1961, S. 252.

[20] Franks F. Water-a comprehensive treatise. Bd. 4, New York: Plenum Press, 1975, S. 711.

[21] Yasuda H, Stannet V. Permeation, solution and diffusion of water in some high polymers. J. Polymer Sci, 1962, 57, S. 907-923.

[22] Elsenberg D, Kauzmann W. The structure and properties of water. Oxford: Univ. Press, 1969, S. 224.

[23] Barker R E, Sharbaugh A H. Ionic conduction in polymer films and related systems. J. Polymer Sci., 1965, C 10S. 139-152.

[24] Barker R E. Mobility and conductivity of ions in and into polymeric solids. Pure and Appl. Chem., 1976, 46, S. 157-170.

[25] Sawa G, Kawade M, Ieda M. Field - assisted trapping in polyethylene. J, Appl. Phys., 1973, 44H. 12, S. 5397-5398.

[26] Krohne R. Über die Ausbildung von Raumladungen in Polyäthylen bei hohen Gleich, Wechsel - und Mischspannungs beanspruchungen. Diss. Univ. Hannover, 1978.

[27] Das-Gupta D K, Doughty K. Space charge effects in polyethylene. 1st Int. Conf. on Conduction and Breakdown in Solid Dielectrics (ICSD), Toulouse 1983, Konf. bd. S. 56-60.

[28] Ieda M, Mizutani T, Suzuoki Y, Shimozato M. Carrier trapping in polymers (In Charge storage, charge transport and electrostatics with their application. Herausgeber: Y. Wada, M. M. Perlman u. H. Kokado) Amsterdam: Elsevier, 1979, S. 322-326.

[29] Matsuoka S, Roe R J, Cole H F. A comparative study of dielectric behaviour of polyethylene and chlorinated polyethylene (in Dielectric properties of polymers. Herausgeber: F. E. Karasz). New York: Plenum Press, 1972, S. 255-271.

Thermally Stimulated Current Studies on Polyimide Film*

Abstract The thermally stimulated current in polyimide film was measured under different conditions. These results, with the addition of steady state dc conduction, have clearly shown that high temperature TSC peak in the range of 160–180℃ is possibly due to depolarization of space charge of ions, bound into Frölichs two potential well, and generated through ionization of unimidized polyamic acid.

Key words thermally stimulated current, polyimide film, depolarization

1 Introduction

Because polyimide possesses predominant electrical insulating properties, some researchers[1-3] have focused their attention on and discuss electrical behaviors in extensive temperature ranges (although TSC technique has been useful tool in the study of dipole and space charge relaxation in polymers). Tanaka[4] has carefully investigated the TSC characteristics in polyimide film and suggested the low temperature peak (β) at 50℃ is due to dipole depolarization and that the high temperature (α) at 173℃ comes from trapped electron space charges.

The main purpose of the present paper, based on some results obtained from TSC and dc conduction measurement, is to examine the nature of the α peak in polyimide film.

2 Experimental

Du Pont Kapton polyimide film of 50μm thickness was sheared 40×40mm^2, and used as a specimen. The specimens were first cleaned with alcohol, then two-side-metallized with aluminum. The diameter of Al-electrodes contacting with the specimen is 20mm. The metallized films were dried at 70℃ for 24h and at 370℃ for 2h and referred to as specimen PI-1 and PI-2. Since polyimide film is sensitive to humidity all specimens were kept in a drier at room temperature before measurement. Furthermore, the films were previously purified with N, N-dimethylformamide (DMF), then Al-metallized and called specimen PI-3.

The poling parameters used in TSC measurement are as follows: poling field E_p = 2–70kV/mm, poling time t_p = 15min, 1 or 2h, poling temperature T_p = 170℃, heating rate b = dt/dt = 60 K/h. The currents were measured with a model FJ-365 electrometer.

3 Results and Discussion

Fig. 1 shows short-circuit/bias field E_b = 0/TSC spectra of specimens PI-1 and PI-2 poled

---

* Reprinted from *Progress in Colloid & Polymer Science*, 1988, 78: 119–122.

with $E_p = 50$ kV/mm at $T_p = 170$ ℃, then rapidly cooled to room temperature with liquid nitrogen, and measured. It can be seen from Fig. 1 that there is a shoulder near 70 ℃ (β) and a pronounced peak near 170 ℃ (α) in both TSC curves. The TSC spectra at different poling fields for specimen PI-2 are shown in Fig. 2.

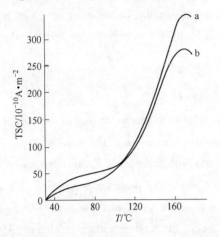

Fig. 1 Short-circuit TSC spectra of specimen PI-1 (a) and PI-2 (b) with $E_p = 50$ kV/mm at $T_p = 170$ ℃

Fig. 2 TSC spectra of specimen PI-2 at different poling fields/kV · mm^{-1}

In order to determine the mechanism of peak generation we have plotted the peak current j_m as a function of poling field E_p in Fig. 3 and Fig. 4. The linear poling field dependence of the β peak shows that the β peak should be related to unimidized polyamic acid in polyimide film. Such a result agrees with Tanaka's conclusion. It is also noteworthy that at poling field E_p (= 2kV/mm) this is much lower than that of the threshold (10kV/mm)[5], i.e., in the absence of electron injection process the α peak can also be observed. That, in addition to our later discussion, proves the probable ionic property of the α peak. Both α and β peaks of specimen PI-2 in Fig. 1 are lower than those of specimen PI-2 in Fig. 1 which in part demonstrates that the unimidized polyamic acid has further produced imidization reaction generally proceeding in the range 150–300 ℃. Consequently, the area of TSC curve can be used to assess the imidization extent.

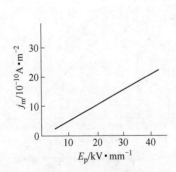

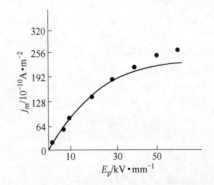

Fig. 3 β peak current as a function of poling field

Fig. 4 α peak current as a function of poling field (x-experimental value; solid curve-theoretical value)

It is well known that there are a lot of chemical and physical defects in polymers and that some of them can form electron or hole traps[6] localized in the "forbidden band" used in the band model. Some others rise to ionic traps[7] to the two-potential well applied to analyze ion conduction and polarization by thermal activation. The saturation of polarization approximately equal to the peak value, as shown in Fig. 4, implies that the polarization increases less than linearly with increasing field strength. According to Fröhlich's two-potential well[8], the polarization p is given as follows:

$$p = A\tanh\left(\frac{qdE_p}{kT}\right) \qquad (1)$$

where A is a constant independent of E_p, q is the electrical charge of carrier, d is half of carrier hopping distance, E_p is poling field, k is Boltzmann constant. The function $\tanh(qdE_p/kT)$ indicates the saturation behavior of polarization with increasing E_p. In our case $q = 1.6 \times 10^{-19}$ C, $d = 15 \times 10^{-10}$ m, $E_p = 20$ kV/mm, and $T = 443$ K (peak temperature). We assume that the value of the α peak is proportional to p and select a proper value of A to fit an experimental value; of course its magnitude never influences the tendency of curve change. After that we calculate the dependence of j_m on E_p (solid curve in Fig. 4). It can be seen that both experimental and theoretical curves are nearly consistent.

By measurement we observed that the α peak can not be ascribed to a single relaxation. Then, with peakcleaning technique, an isolated α peak is acquired as shown in Fig. 5. In terms of initial rise method the migration activation energy of carrier is evaluated to be 1.21eV. Fig. 6 shows the temperature dependence of steady-state dc conduction current and from the slope of the Arrhenius plot, we calculated the activation energy of dc conduction to be 1.31eV. Because the specimen is short-circuited during TSC measurement, the α peak should arise from the self-migration of space charges. Naturally, such a self-motion also forms dc conduction. This explains why both the activation energies responsible for the peak and dc conduction are nearly equal.

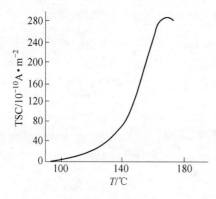

Fig. 5 Isolated α peak of specimen PI-2

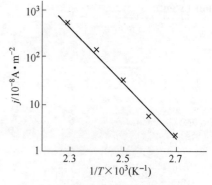

Fig. 6 Temperature dependence of dc conduction current

Fig. 7 presents the TSC spectra for specimen PI-2 at $E_p = 70\text{kV/mm}$ and $T_p = 25\,^\circ\text{C}$ for various poling times. Although such a poling field is high enough to promote Schottky emission, the α peak in all the curves disappears, whereas, when the poling field (2kV/mm) is too low to form electron injection, the α peak still exists as shown in Fig. 2. It seems that the α peak is independent of the release of trapped electrons.

By analyzing IR spectra of polyimide film, it has been seen that they contain a large amount of ions generated by dissociation of impurities and carboxylic acid groups and such ionic carriers that can contribute to TSC. The TSC spectra of specimens PI-3 and Virgin at $E_p = 70\text{kV/mm}$ are shown in Fig. 8. The peak for specimen PI-3 almost disappears, which manifests that in film treated with the solvent mentioned above, the ionic concentration is lowered significantly. In addition, it should be noted that N, N-dimethylformamide cannot solve the unimidized polyamic acid in film, but only lowers it. When we obtain purified film which contains more polar molecules, then the peak becomes higher.

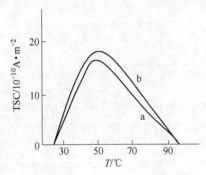

Fig. 7 TSC spectra for specimen PI-2 at
$E_p = 70\text{kV/mm}$ at $T_p = 25\,^\circ\text{C}$
a—$T_p = h$; b—$T_p = 3h$

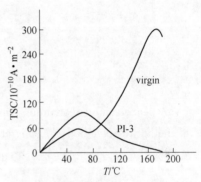

Fig. 8 TSC spectra for specimen PI-3
and virgin at $E_p = 70\text{kV/mm}$

4 Conclusion

By analyzing the results of TSC and dc conduction of Kapton film, the α peak which likely comes from depolarization of bounded ions is explained by the following: (1) the saturation behavior is possibly predicated by Frölich's two-potential well, and is more responsible for an ionic-bounded state than for an electronic one, since the latter commonly belongs to Coulombic traps; (2) even at poling fields lower that those of the threshold poling field of electron emission, the α peak still exists; (3) activation energy of the α peak is approximately equal to that of dc conduction; and (4) the α peak for the purified polyimide film basically disappears.

References

[1] Wrasidio W, J Polym Sci Polym Phys, 1973, Ed 11: 2143.

[2] Sacher E, IEEE Trans Electr Insul, 1978, EI-13, 94.
[3] Sacher E, IEEE Trans Electr Insul, 1979, EI-14, 85.
[4] Tanaka T, J Appl Phys, 1978, 49: 784.
[5] Hashimoto T, Shiraki M, Sakai T. J Polym Sci polym Phys, 1975, Ed 13: 2401.
[6] Partridge R H. J Polym Sci, 1965, A2, 3: 2817.
[7] Backer R E Jr. Pure and Appl Chem, 1976, 46: 157.
[8] Frölich H. Theory of Dielectrics [M]. Oxford: Clarendon, 1958.

Effect of Temperature and High Pressure on Conductive Behaviour of Polyacene Quinone Radical Polymers[*]

Abstract We measured the d. c. conductivity of two polymers of polyacene quinone radical type as a function of pressure at various temperatures and found that there is a kink at about 2.5×10^8 Pa on plots of log conductivity versus the square root of applied pressures in range from 0.6×10^8 Pa to 10×10^8 Pa, and that d. c. conductivity-temperature curves, even at higher temperature region (300-400K) also obey the Mott's $T^{1/4}$-law. In the present paper, we have given the possible interpretation of these experimental results.

1 Introduction

The polyacene quinone radical polymer (PAQR) has been first synthesized and extensively studied by Pohl[1-3]. These amorphous materials have inherent long-range delocalized electron orbital, consequently, high free electron concentration of about $10^{18}-10^{19}$ cm^{-3}, and consist of a series of condensed aromatic rings. In general, their long-chain molecules are planar, and are assembled in form of the randomly packed flat ribbons. Because transfer of any electron from one molecule to the next is limited by rate of thermally activated or tunnelling hopping between the molecular borders, the conductivity is closely related to pressure and temperature[1-3,4].

In this paper, we report the measured results of pressure and temperature dependences of d. c. conductivity in two highly purified PAQR materials, and suggest the further explanation for the new experimental facts.

2 Experimental Details

We selected two polymers of the PAQR type for this study. One is a co-polymer of pyrene with pyromellitic dianhydride (sample A), the other one is a co-polymer of anthraquinone with pyromellitic dianhydride (sample B). We employed the method offered by Kho and Pohl[5] for preparing and purifying the two polymers. The carefully purified PAQR materials are free of ionic impurities, and are monomeric components, thus possess fairly reproducible electronic conduction characteristics. For measuring the pressure and temperature curves of d. c. conductivity, the purified PAQR materials were ground to a fine powder, and placed between two hardened metal anvils of 6mm contact diameter. This small contact area afforded a maximum

---

[*] Copartner: Fan Yong, Shan Shufa. Reprinted from *Solid State Communications*, 1991, 79 (11): 995-998.

pressure of at least 15×10^8 Pa in the hydraulic press used. The measured sample was surrounded by a Telfon gasket preventing the materials from being squeezed at the start of the run. A thermometer was in contact with one anvil for measuring the temperature of sample. The current through sample was measured by using a Keithley digital electrometer of model 617. The measurements were most conveniently made of resistance at constant temperature as the pressure was changed.

3 Results and Discussion

The pressure dependences of d. c. conductivity at different temperatures for both sample A and B in semiconductive PAQR polymer are shown in Figs. 1 and 2, respectively. From these two figures it is clear that d. c. conductivity-pressure relations at the pressures ranging from 0.6×10^8 Pa to 10×10^8 Pa were observed to go as $\lg \sigma$ vs $p^{1/2}$, obeying the more quantitative expression presented by Pohl[1] based the theory of absolute reaction rates in considering the mobility and drift velocity of the electronic carriers, namely,

$$\ln\left(\frac{\sigma}{\sigma_0}\right) = \frac{b}{k} P^{\frac{1}{2}} \tag{1}$$

where σ is the specific conductivity at pressure P and temperature T; σ_0 is the specific conductivity at $P=0$ and $T=T$; b is the pressure coefficient of d. c. conduction; k is Boltzmann constant. The rapid increase of d. c. conductivity with rising pressure could be referred to augment orbital overlap, especially between the electron-rich aromatic units of the neighboring molecules. The increase of electron orbital overlap should make the intermolecular electron transfer easy, in terms of decreasing the distance and energy barriers to electron drift and tunnelling, and in terms of enhancing the interchain area of contact.

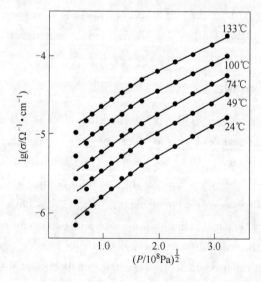

Fig. 1 Dependence of d. c. conductivity on pressure for sample A at various temperatures

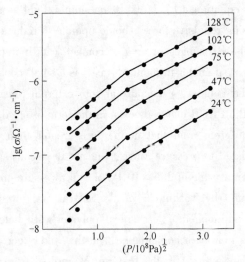

Fig. 2 Dependence of d. c. conductivity on pressure for sample B at various temperatures

In addition, we found a kink in log $\sigma-P^{1/2}$ plots of each sample appears almost at the same pressure (ca. $2.5 \times 10^8 \text{Pa}$), neither dependent on temperature nor dependent on polymeric type. The pressure coefficient of d. c. conductivity calculated from the slope of log $\sigma-p^{1/2}$ plots at the low pressure side ($\leqslant 2.5 \times 10^8 \text{Pa}$) is $11.7 \times 10^{-9} \text{eV}/(\text{Pa})^{1/2} \text{K}$ higher than $8.5 \times 10^{-9} \text{eV}/(\text{Pa})^{1/2} \text{K}$ at the high pressure side ($\geqslant 2.5 \times 10^8 \text{Pa}$), such a finding of us, as electrostatic effect was perfectly eliminated during measuring d. c. conductivity, basically corrects shortcoming of deviation from linearity, in effect, at pressure lower than $2.54 \times 10^8 \text{Pa}$, in log $\sigma-P^{1/2}$ plots obtained by Pohl[6]. Generally speaking, the increase of d. c. conductivity for eka-conjugated polymers with rising pressure is due to the compression of intermolecular separation and decrease of high energy barrier inhibiting carrier transfer. At low pressure side, we believe that the increasing pressure from $4 \times 10^7 \text{Pa}$ first renders certain side groups possibly produced by incomplete reaction, for example, $-\underset{\underset{\text{OH}}{|}}{\text{C}}=\text{O}$ in macromolecules further co-planar with main chains, which suppress their hindered effect for the development of long-range conjugation[7], then, making the intermolecular contact area or electron transfer probability increase, of course, d. c. conductivity enhances. Because the deformation of such side groups does not need to overcome strongly Coulombic repulsive potential, its force constant is small, so that the pressure coefficient is higher, obviously, the slope of linearity on log $\sigma-P^{1/2}$ plots also is larger. Whereas, at the high pressure side, for the co-plane of side groups with main chain has been completed in fact, the increasing pressure from $2.5 \times 10^8 \text{Pa}$ would cause the overlap of electron orbital, in particular between electron-rich aromatic portions of the neighboring molecules, to increase, as the increasing repulsive forces would oppose further change of intermolecular contact area, then, the force constant for compressing the intermolecular distance is greater, apparently, the conductivity pressure coefficient is smaller.

Another reason for the appearance of such a kink on log $\sigma-P^{1/2}$ plots is that the Pohl's assumptions in deriving the equation (1) is likely too simple. Pohl assumed that as compression is continued, the increasing repulsive forces should operate to reduce further change in area of contact, i.e. the accumulated changes in area of contact (its increment) will act to oppose further change, and that a parameter introduced (c'') is a small constant describing the initial "softness" of the molecular contact, especially at zero external pressure, it seems to be unlikely, since at $P=0$Pa the PAQR materials exist in the form of powder, the initial "softness" of molecular contact is different from that at pressure greater than 4×10^7Pa, therefore, it should be a parameter related to pressure range, but not be a constant.

It is noteworthy that such a value of 2.5×10^8Pa of kink pressure on $\log \sigma - P^{1/2}$ plots is nearly consistent with that found by Yoshino et al.[8], at the pressuredependence of absorption spectra of poly-(3-hexylthiophene), a typical polymer with heteroaromatic units, would considerably change, this may be a coincidence, but has likely certain connection.

From Fig. 3, also we can see that in the first run of applied pressure, the pressure coefficients of d.c. conductivity on both sides at kink pressure are higher, in the second run, they become small, after several runs, finally reach individually stable values, this indicates once again that the "softness" of molecular contact is not a constant, but a parameter related to pressure range or compactability. In addition, the value of d.c. conductivity at kink pressure is almost constant, however, below this pressure increases asymptotically beyond this one, on the contrary, drops asymptotically, thus suggesting that the soft intermolecular bonds are easily compressed, while the stiff main chains are difficultly compressed[9].

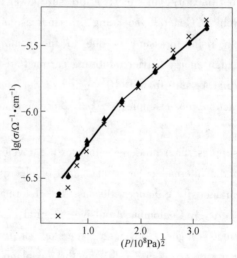

Fig. 3 Dependence of d.c. conductivity at 128℃ upon pressure for sample A. ×: 1st run; ▲: 2nd run; ●: last run upto a stable conductivity achieved

In pressure range of from 0.6×10^8Pa to 10×10^8Pa, we measured the d.c. conductivity of sample A and B of PAQR polymers as a function of temperature, as shown in Fig. 4 and Fig. 5, respectively, and found that the experimental curves, even at the higher temperatures extending to 300-400K, also obey the theoretical expectation of variable-range hopping con-

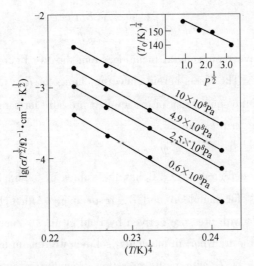

Fig. 4 Conductivity-temperature relationships at different pressures for sample A. The inset shows the change of slope (T_0 in equation (2)) as a function of the square root of the applied pressure

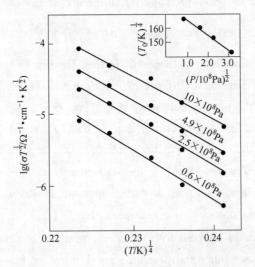

Fig. 5 Conductivity-temperature relationships at different pressures for sample B. The inset shows the change of slope (T_0 in equation (2)) as a function of the square root of the applied pressure

duction predominating only at rather low temperature, namely, Mott's $T^{1/4}$-law:

$$\sigma = \sigma_0 \exp\left[-\left(\frac{T_0}{T}\right)^{\frac{1}{4}}\right] \quad (2)$$

where T is the temperature of the material, σ_0 and T_0 are parameters of the particular model used, in Mott's original expression[10], as

$$T_0 \simeq 2.1 \times \left(\frac{\alpha^3}{kN}(E_f)\right)^{\frac{1}{4}} \quad (3)$$

$$\sigma_0' \lesssim \left(\frac{3e^2v}{2}\right) \frac{(N(E_f))^{\frac{1}{2}}}{2\alpha kT} \tag{4}$$

where all the symbols have their general meaning. From the two figures can be calculated the T_0's at different pressures. The insets herein show the change of T_0 (i.e. slope of log (σ/σ_0') $-T^{-1/4}$) as a function of the square root of the applied pressure for sample A and B. The T_0 has the following dependence on pressure:

$$T_0 = T_{0.0}(P=0) - aP^{\frac{1}{2}} \tag{5}$$

where a is the pressure coefficient of T_0. It has the values of $6.988 \times 10^{-4} K^{1/4}/(Pa)^{1/2}$ and $11.26 \times 10^{-4} K^{1/4}/(Pa)^{1/2}$ for sample A and B, respectively. Although our testing data agree well the relationship of T_0 with pressure derived by Pohl et al.[1], using transition-state reaction-rate theory for electron transport in molecular solids, we remain to try explaining this phenomenon on the decrease of T_0 with rising pressures from the essential point emphasized by Mott for deriving the $T^{1/4}$-law. Mott's intuitive argument for this law proceeds from the following approximate expression for the R (hopping distance), W (energy barrier) and T (temperature) dependence of the transition probability p of the occurrence of an energy-upward hop:

$$p \propto \exp\left(-2\alpha R - \frac{W}{kT}\right) \tag{6}$$

This expression is the product of two exponential factors. The first factor, $\exp(-2\alpha R)$, is the probability of finding the electron at distance R from its initial site. Here α is the inverse localization length describing the exponential decay $\psi(r) \propto \exp(-\alpha r)$ of the electronic wave function at large distance. The second factor, $\exp(-W/kT)$, is the Boltzmann factor, in the low-temperature limit, indicates the number of phonons of energy for being W. Within the narrow energy range about kT wide, $N(E_f)$, the state density at the Fermi level, and α^{-1} are taken to be constant, this may be right at normal pressure. However, at high pressure, they could change with varying pressure, for example: the $N(E_f)$ of the intercalated graphite and doped polypyrrole would increase with enhancing pressure[11], in other hand, when the external pressure increases, since the pressure causes the wave function overlap of localized states to rise, the hopping distances decrease[12], and localization length α^{-1} grows or the inverse localization length drops. That is the reason why T_0 and σ_0' in equation (3) and (4) decreases and increases with rising pressure, respectively.

At high pressure, since the values of both α and R decrease, it is very easy to satisfy the condition of weak localization assumed in variable range-hopping model, in order to make the exponent $(2\alpha R + W/kT)$ in equation (6) minimize, even at higher temperatures in our measuring, this requires that the hopping energy for the most frequent jumps should considerably increase, perhaps an electron will jump to the state nearer in space with considerable energy barrier. That may be an explanation of why high pressure could make the Mott's $T^{1/4}$-law also valid even at higher temperature.

4 Conclusions

From the above discussion we conclude:

(1) log $\sigma - P^{1/2}$ plots at high pressure range of 0.6-10 kbar for PAQR materials obey the Pohl's more quantitative expression.

(2) the appearance of a kink in plots of log $\sigma - p^{1/2}$ can be ascribed to the further co-plane of side groups with main chain at low pressure side, and to the increase of repulsive force opposing further change in intermolecular contact area at high pressure side, or, to the initial "softness" of molecular contact assumed by Pohl to be a parameter dependent on pressure range, rather than a constant.

(3) the temperature-dependences of d. c. conductivity, in pressure range of from 0.6 to 10 kbar, even at higher temperatures (300 - 400K), also follow the Mott's theoretical expectation (namely, $T^{1/4}$-law), this may be due to jump of an electron to the state nearer in space with considerable energy barrier.

Acknowledgements

We gratefully acknowledge the financial support of Dong Fan Insulation Material Works.

References

[1] H. A. Pohl, A. Rembaum, A. Heney. J. Amer. Chem. Soc., 1962, 84, 2699.
[2] K. Saha, S. C. Abbi, H. A. Pohl. J. Non-Cryst. Solids, 1976, 21, 117.
[3] H. A. Pohl. J. Polym. Sci., 1967, C17, 13.
[4] R. Colson, P. Nagels. J. Non-Cryst. Solids, 1980, 35-36, 129.
[5] J. H. T. Kho, H. A. Pohl. J. Polym, Sci., 1959, Part A-1, 7, 139.
[6] P. S. Vijayakumar, H. A. Pohl. J. Polym. Sci. Polym. Phys., 1984, Ed, 22, 1439.
[7] K. Yoshino, K. Nakao, M. Onado. Japan. J. Appl. Phys., 1989, 28, L323.
[8] K. Yoshino, K. Nakao, M. Onoda, R. Sugimoto. Solid State Commun, 1988, 68, 513.
[9] R. Zallen. The Physics of Amorphous Solidi [M]. New York: Wiley, 1983: 258-260.
[10] N. F. Mott. Phil. Mag, 1969, 12, 835.
[11] W. R. Salanedl. J. Phys. Collog. (France), 1984, 45, 213.
[12] W. Fuhs. Phys. Status Solids (a), 1972, 10, 201.

A New Method of Auto-separating Thermally Stimulated Current[*]

Abstract A new method of auto-separating thermally stimulated current is presented. This method allows an easy, accurate, and quick resolution of the overall thermally stimulated current (TSC) spectrum. By comparing the individual TSC curves, plotted by microcomputer, with those obtained by the peak cleaning technique, it is believed that this method is a viable alternative to the traditional complicated test methods, and may find wide use in the separation of thermally stimulated current curves.

1 Introduction

Experimental thermally stimulated current (TSC) curves are often composed of individual overlapping TSC peaks. The precise determination of relaxation parameters of specific processes requires a separation of the overall spectrum into individual peaks. Traditional approaches, such as peak cleaning[1,2] and step heating,[3,4] are generally used to separate TSC curves. The latter, however, are lengthy procedures, and both the thermal history of specimens and the test error of each step can adversely affect results. As a result, the accuracy of such techniques is low. As far as peak cleaning is concerned, it is often very difficult to select suitable temperatures at which one cleans without considerable testing.

In order to overcome the shortcomings of the above techniques, we present a new method of auto-separating the overall TSC curves by computer, based on numerical evaluation, i.e., successive approximation. The latter allows a convenient, fast, and exact resolution of the total TSC spectrum, because one is only required to measure a complex TSC spectrum rather than to separate it experimentally. Because of a high degree of correspondence between individual TSC curves plotted by computer and those obtained by peak cleaning, we conclude that the successive approximation method is a viable alternative to the traditional, more complicated methods. Thus it has great practical value.

2 Principle of Successive Approximation

The thermally stimulated current I can be described by the following equation:

$$I = A' \exp\left[-\left(\frac{E}{kT}\right) - B\int_{T_0}^{T} \exp\left(\frac{-E}{kT'}\right) dT' \right] \qquad (1)$$

where T is the absolute temperature and k is the Boltzmann's constant. If the TSC arises from

---

[*] Copartner: Wang Xuan, Fan Yong. Reprinted from *Journal of Applied Physics*, 1992, 72 (9): 4254-4257.

detrapping of electrons, E is the energy depth of the traps. A' and B are coefficients independent of T and E, but dependent on the model one uses to analyze the TSC.

By substituting I_p, T_p of the peak, and I_i, T_i of the other freely selected point, for example, on the left side of a peak, in the measured TSC curve into Eq. (1) and simplifying, we obtain:

$$a_1 + \frac{E}{k}\left(\frac{1}{T_p} - \frac{1}{T_i}\right) = -B\int_{T_i}^{T_p} \exp\left(-\frac{E}{kT}\right) dT \tag{2}$$

where $a_1 \equiv \ln(I_p/I_i)$ and $I_p > I_i$, of course, this point may also be on the right side of the peak. To find the trap depth E, the integral term in Eq. (2) can be solved numerically. By substitution of $x = E/kT$, the integral may be written as:

$$\int_{T_i}^{T_p} \exp\left(-\frac{E}{kT}\right) dT = \left(-\frac{E}{k}\right)\int_{x_i}^{x_p} e^{-x}\frac{1}{x^2}dx = \frac{E}{k}\left[\left(\frac{e^{-x_p}}{x_p} - \frac{e^{-x_i}}{x_i}\right) + \int_{x_i}^{\infty}\frac{e^{-x}}{x}dx - \int_{x_p}^{\infty}\frac{e^{-x}}{x}dx\right] \tag{3}$$

where $x_p = E/kT_p$, $x_i = E/kT_i$.

The integral in Eq. (3) is generally defined as the exponential integral, which can be also written as the asymptotic series:

$$-E_i(-u) = \int_u^{\infty}\frac{e^{-u}}{u}du \doteq \frac{e^{-u}}{u}\left(1 - \frac{1}{u} + \frac{2!}{u^2} - \frac{3!}{u^3} + \cdots\right) \tag{4}$$

It is worth noting that the main feature of this asymptotic series is that for $n \to \infty$, each term goes to infinity. This is a divergent series that has, however, properties that permit a very good approximation for the integral being used.[5] The absolute values of the terms in the alternative sign asymptotic series decrease with n from $n=1$ down to a certain $n=N$ from which the terms start increasing in an unbounded manner. Generally, $x \geq 10$ is the range of interest for the various thermally stimulated processes. For simplicity, the following example, in which the calculation is made by dropping terms after the fifth, is shown. Using the condition at the maximum of the TSC peak:

$$\frac{E}{kT_p^2} = B\exp\left(-\frac{E}{kT_p}\right) \tag{5}$$

and the substitution:

$$A = \frac{E}{k}\left(\frac{1}{T_i} - \frac{1}{T_p}\right) = x_i - x_p \tag{6}$$

we have from Eq. (2)

$$A - a_1 = B\frac{E}{k}\left[\left(\frac{e^{-x_p}}{x_p} - \frac{e^{-x_i}}{x_i}\right) + e^{-x_i}\left(\frac{1}{x_i} - \frac{1}{x_i^2} + \frac{2}{x_i^3} - \frac{6}{x_i^4}\right) - e^{-x_p}\left(\frac{1}{x_p} - \frac{1}{x_p^2} + \frac{2}{x_p^3} - \frac{6}{x_p^4}\right)\right]$$

$$= \left[1 - \left(\frac{x_p}{x_i}\right)^2 e^{-(x_i-x_p)}\right] - \frac{2}{x_i - x_p}\left[\frac{x_i - x_p}{x_p} - \frac{x_i - x_p}{x_i}\left(\frac{x_p}{x_i}\right)^2 e^{-(x_i-x_p)}\right] + \frac{6}{(x_i - x_p)^2} \times$$

$$\left[\frac{(x_i - x_p)^2}{x_p^2} - \frac{(x_i - x_p)^2}{x_i^2}\left(\frac{x_p}{x_i}\right)^2 e^{-(x_i-x_p)}\right]$$

$$= \left[1 - \left(\frac{T_i}{T_p}\right)^2 e^{-A}\right] - \frac{2}{A}\left(\frac{\Delta T}{T_i}\right)\left[1 - \left(\frac{T_i}{T_p}\right)^3 e^{-A}\right] +$$

$$\frac{6}{A^2}\left(\frac{\Delta T}{T_i}\right)^2 \left[1 - \left(\frac{T_i}{T_p}\right)^4 e^{-A}\right] \tag{7}$$

where $\Delta T = T_p - T_i$. From analogy to this expression, we obtain the following generalized equation:

$$A = a_1 + \sum_{n=0} (1 - a_2^{n+2} e^{-A}) \frac{(n+1)!}{A^n} a_3^n (-1)^n \tag{8}$$

Here $a_2 \equiv T_i/T_p$, $a_3 \equiv \Delta T/T_i$, Obviously, after calculating a_1, a_2, and a_3 from T_p, T_i and I_p, I_i; introducing them into Eq. (8), and choosing a proper value of n (here, $n=8$) we can calculate A, and estimate the energy depth of trap E from the following expression[6]:

$$E = A \frac{k T_p T_i}{T_p - T_i} \tag{9}$$

The importance of Eq. (9) consists in providing a method that not only estimates the value of E for a TSC curve with a distinct peak, but also identifies the real peak point for a TSC curve[7] without a distinct peak. This occurs because the E evaluated by Eq. (9), for a single relaxation process giving rise to a clear peak, is constant, independent of the position of the other point (I_i, T_i), i.e., the ratio I_i/I_p. If the peak is assumed to be different from the real peak point, the value of E changes with the position of I_i, T_i. Thus, using this method, we can easily define the true peak point of the high-temperature peak P_2 and the low-temperature P_1, in the TSC spectrum of polymide (PI)[8] shown in Fig. 1. The latter can be done precisely, even for a complex TSC curve consisting of closely overlapping peaks, or shoulders, only by making corrections for various values of I_p, T_p. It should be pointed out that the peak point found visually from a TSC spectrum often has higher values of I_p and T_p than the real peak point. Thus, this method can help us to avoid visual error. By substitution of the determined value of E into Eq. (1) and calculation, several points may be found on the left side of P_2 and on the right side of P_1. Thus far, we have profiled the TSC curves around both P_1 and P_2, but it is difficult to obtain a complete TSC peak from these points alone. For this

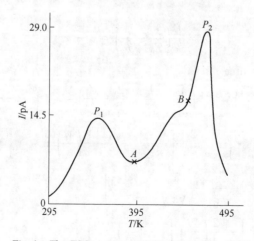

Fig. 1 The TSC spectrum of PI polarized at 493K

reason, we have used a cubic spline function to algebraically interpolate.[9] Several sectional functions can be obtained from the calculated points, and we are able to plot a complete TSC peak by computer.

We now present the process to establish a cubic spline function. If there are, for example, ten points, calculated by the above method, which are distributed around the peak point, a table of interpolation is established as follows:

T	x_0	x_1	x_2	x_3	x_4	x_5	x_6	x_7	x_8	x_9	x_{10}
I	y_0	y_1	y_2	y_3	y_4	y_5	y_6	y_7	y_8	y_9	y_{10}

where the point (x_5, y_5) is the peak.

The cubic spline function $S(x)$ should meet the following conditions:

(1) $S(x)$ is a trinomial in every subzone $[x_{j-1}, x_j]$ ($j = 1, 2, \cdots, 10$);

(2) $S(x)$, and $S'(x)$ and $S''(x)$ corresponding to first and second derivatives of $S(x)$, are continuous in the zone $[x_0, x_{10}]$. If the values of $S''(x_j)$ and $S''(x_{j-1})$ are equal to M_j and M_{j-1}, respectively, the function $S''(x)$ is easily deduced using the Lagrange interpolation formula

$$S''(x) = M_{j-1} \frac{x_j - x}{h_j} + M_j \frac{x - x_{j-1}}{h_j} \tag{10}$$

where $h_j = x_j - x_{j-1}$, By integrating Eq. (10) twice and using the interpolation conditions $S(x_{j-1}) = y_{j-1}$, $S(x_j) = y_j$, we obtain:

$$S(x) = M_{j-1} \frac{(x_j - x)^3}{6h_j} + M_j \frac{(x - x_{j-1})^3}{6h_j} + \left(y_{j-1} - \frac{M_{j-1} h_j^2}{6}\right) \frac{x_j - x}{h_j} + \left(y_j - \frac{M_j h_j^2}{6}\right) \frac{x - x_j - 1}{h_j} \tag{11}$$

Here, both M_{j-1} and M_j are unknown. In order to calculate them, we take the derivative of Eq. (11) and use the continuity of $S'(x)$, i.e., $S'(x_j-) = S'(x_j+)$, we have:

$$\mu_j M_{j-1} + 2M_j + \lambda_j M_{j+1} = d_j \quad (j = 1, 2, \cdots, 9) \tag{12}$$

where

$$\lambda_j = h_{j+1}/(h_j + h_{j+1}), \quad \mu_j = 1 - \lambda_j$$
$$d_j = 6[(y_{j+1} - y_j)/h_{j+1} - (y_j - y_{y-1})/h_j]/(h_j + h_{j+1})$$

The above equation yields nine simultaneous equations, having eleven variables. After solving for $M_1 \cdots M_q$, we can express an isolated TSC curve with ten sectional functions described by the Eq. (11).

By using the successive approximation stated above for resolving the TSC curve in Fig. 1, we easily obtain both the individual low-and high-temperature TSC peaks (P_1, P_2). It should be pointed out that even for the complex TSC curve, there are always two peaks or shoulders on the low- and high-temperature sides; thus, the following discussion has general significance. Because any TSC curve often consists of an initial rising part and a final falling part, the left part of P_1 or the right part of P_2 is certain to be caused by a single relaxation process, without overlapping other TSC curves. So we postulate the extreme value to be the peak point (I_p, T_p) corresponding to P_1 or P_2. By taking several points (I_i, T_i) from the left part of P_1, or the right part of P_2, and using the Eqs. (8) and (9), we are able to calculate the corresponding values of trap depth E. If the value of E changes with the ratio I_i/I_p, we must pick a new peak point (I_p, T_p), according to the characteristics of the change with I_i/I_p, and repeat, until the value of does not change with I_i/I_p. After the real peak point (E_p, T_p) for P_1, or P_2 is found, we can precisely determine the value of E responsible for this relaxation process. By substitution of this value of E into Eq. (1), we are able to calculate the value of several points (I_i, T_i) on the left part of P_2, or on the right part of P_1. Using a cubic spline function to algebraically interpolate, several sectional functions may be obtained from the calculated points, then, two complete individual TSC curves with P_1 and P_2 are plotted by computer, respectively, as shown in Fig. 2.

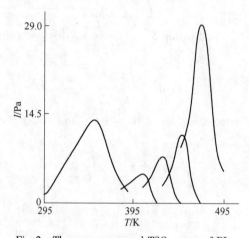

Fig. 2 The auto-separated TSC curves of PI

Thus far, we have separated the TSC curves having both the visual individual high- and low-temperature peaks of P_2 and P_1. Then, we make them overlap, and examine whether the overlapping curve fits the complex TSC curve. If so, the complex TSC curve is only composed of the two individual TSC peaks. If not, there are a group of unknown overlapping relaxation processes appearing between P_1 and P_2, i.e., segment AB in Fig. 1.

To separate all the implicit peaks in the complex TSC curve, we first subtract the high-temperature TSC peak P_2 from the complex curve. We can then obtain information provided by the other individual relaxation processes. For example, we can certainly find a maximum value from the right falling part of the new difference TSC curve, and postulate it to be a peak point (I_p, T_p). Because we had already assumed a peak point, and the right part of the TSC curve was determined by a relaxation processes, we can then define a new real peak point. Similarly, the value of E can be estimated, and a new TSC curve plotted by computer. Only by repeating the aforesaid program could we find all the isolated TSC curves, for example, three TSC curves separated between P_1 and P_2 in Fig. 2, until the overlapping (or resulting) TSC curve fits fairly well with the measured TSC spectrum in Fig 1. This is the basic principle of this successive approximation.

It is well known that a series of apparent values of activation energy can be obtained by the step heating technique. Only some of these values are independent of the maximum temperature T_p reached in each partial heating. These values in the plateau regions appearing on a plot of the apparent activation energy against T_p correspond to the activation energy of the individual peaks. In our method, by using successive approximation to separate the complex TSC spectrum, the energy depth of traps E should be determined first from the horizontal relation between E and $(I_p/I_i)^{-1}$ (note that the point i may be located on the left or the right side of the peak point, and this relation corresponds to the plateau found in step heating). Then, a complete TSC curve can be constructed using the interpolation method. These processes must be performed with the aid of a computer. Consequently, successive approximation is in fact a numerical simulation of the step heating technique.

3 Application

The auto-separating of the TSC spectrum of PI is obtained by successive approximation with an IBM-PC/XT computer, as shown in Fig. 2. For this, we developed software that included calculation of the energy depth of the traps E, a search for the peak points, and interpolation using the cubic spline function.

The energy depth of traps and frequency factor of the auto-separated TSC are given in Table 1.

In order to prove that successive approximation is successful, we also applied the peak cleaning technique to separate the implicit peaks between P_1 and P_2 Specimens of PI polarized at 413 and 433K both gave two explicit peaks close to the high-temperature peak P_2, as shown in Figs. 3 and 4, respectively. The peak temperature and energy depth E of the traps for the two explicit peaks are given in Table 1. With high correspondence between results, such as

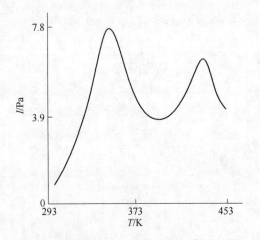

Fig. 3 The TSC curve of PI polarized at 413K

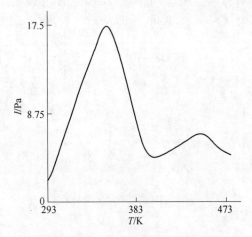

Fig. 4 The TSC curve of PI polarized at 433K

peak temperature, energy depth of traps, and profile of the TSC curve obtained by successive approximation and the peak cleaning technique, we believe that our method of auto-separating TSC curves may be a viable alternative to the traditional complicated test methods, and find wide use.

Table 1　The energy depth E of traps and frequency factor ν obtained by successive approximation

Peak current I_p/Pa	Peak temperature T_p/K	Trap depth E/eV	Frequency factor ν/Hz
19.35	348.2	0.64	3.30×10^6
4.70	404.9	0.76	5.54×10^6
7.97	426.1	0.65	6.07×10^4
11.15	447.4	0.95	7.98×10^7
29.08	468.6	1.33	3.89×10^{11}

Table 2　The energy depth of traps obtained by the peak cleaning technique

Peak temperature T_p/K	Trap depth E/eV
431.9	0.73
443.1	0.98

References

[1] M. M. Perlman, S. Unger. J. Appl. Phys., 1974, 45, 2389.
[2] C. Bucci, R. Fieschi, G. Guidi, Phys. Rev., 1966, 148, 816.
[3] R. A. Creswell, M. M. Perlman. J. Appl. Phys., 1970, 41, 2365.
[4] Y. Aoki, J. O. Brittain. J. Appl. Polym. Sci., 1976, 20, 2879.
[5] R. Chen, Y. Kirsh. Analysis of Thermally Stimulated Processes, Oxford: Pergamon, 1981: 322.
[6] S. Maeta, K. Sakagushi. Jpn. J. Appl. Phys., 1980, 19, 519.
[7] S, Maeta, T. Akiyama. Trans. IEE Jpn., 1989, 109-A, 83.
[8] Q.-q. Lei, F.-l. Wang. Ferroelectrics, 1990, 101, 121.
[9] J. Stoer, R. Bulirsch. Introduction to Numerical Analysis, New York: Springer, 1989: 97.

Electrical and Magnetic Properties of New Polyacene Quinone Radical Co-polymers Synthesized by Condensation *

Abstract We have synthesized several new polyacene quinone radical co-polymers first by condensation and experimentally found a kink at about 1.1 (kbar) on plots of log d.c. conductivity versus the square root of external pressure in a range from 0.1 to 10 (kbar); a possibility of application of Mott's $T^{1/4}$-law to higher temperature region (290-400K); and analogue trends of change between d.c. conductivity and spin concentration g factor and peak-to-peak linewidth with mole fraction of 4, 4'- (hexafluoroisopropylidene) -diphthalic anhydride (HFDA) introduced. Here, we have given the reasonable explaination of these experimental results.

1 Introduction

Organic electroactive solids exhibit a wide range of electrical properties and have attracted much attention from both fundamental and practical viewpoints. Some of them are quite conducting, even superconducting. Others have very high dielectric constant. For example, the polyacene quinone radical (PAQR) polymers are semiconductor and superd-ielectric (dielectric constant up to 300,000), and have markedly high piezo-reaistive and-capacitive effect[1-3].

We have earlier reported effect of temperature and high pressure on d.c. conductive behaviour of PAQR polymers synthesized by condensation[4]. In order to deeply study the dependence between electrical, magnetic properties and molecular structure and apply them, we have synthesized several new PAQR co-polymers first by condensing. In this paper, we report the change of their d.c. conductivity and ESR features with mole fraction of 4, 4'- (hexafluoroisopropylidene) -diphthalic anhydride.

2 Experimental Procedure

The PAQR materials were prepared by the melt condensation polymerization of various aromatic hydrocarbons of their derivatives, with acid or acid anhydrides. PAQR polymers used here are given in Table 1. The synthesis procedure is about the same that of Pohl's except for mixing two acid anhydrides.

Before measuring, the finely and carefully purified PAQR polymer powder was placed between two hardened metal anvils of 6mm contact diameter. This small contact area afforded a

---

* Copartner: San Shufa, Fan Yong, Tong Zhigang, Hao Chuncheng, Li Yuqing, Feng Xuebing. Reprinted from *Solid State Communication*, 1994, 91 (7): 507-511.

maximum pressure of about 15×10^8 (Pa) in the hydraulic press used. The sample was surrounded by a Teflon gasket so as to prevent the materials from being squeezed out at the start of the run. In order to obtain fairly reproducible experimental results, it is necessary to mold PAQR polymer powder into a small pellet with homogenious solid structure, by cyclic loading between zero and 10 kbar three times. The current through sample was measured with a 617 keithley digital electrometer. The menasurements were most conveniently made of resistance at constant temperatures as the pressure changed.

Table 1 PAQR polymers used in the investigation[①]

Sample No.	Reactant	Molar ratio
0	pyrene, PMA,[②] $ZnCl_2$ (catalyst)	1 : 1 : 2
1	pyrene, HFDA, PMA, $ZnCl_2$	5 : 1 : 4 : 10[③]
2	pyrene, HFDA, PMA, $ZnCl_2$	4 : 1 : 3 : 8
3	pyrene, PMA (a), $ZnCl_2$	2 : 1 : 1 : 4

①All the reaction temperatures and reaction times are 306℃ and 24hr. respectively;
②PMA = pyromellitic dianhydride;
③pyrene : HFDA : PMA : ZnCl.

All ESR spectra were measured by a X-band (9.36GHz) conventional spectrometer, at room temperature, 1, 1'-diphenyl-2-pieryl-hydrasyl (DPPH) was used as a reference for the estimation of g factor and spin concentration.

3 Result and Discussion

The pressure dependence of d. c. conductivity at different temperatures for various PAQR samples are shown in Fig. 1 and Fig. 2 respectively. It is evident that the d. c. conductivity-pressure relations are consistent with the theoretical expression of Pohl, namely,

$$\ln(\sigma/\sigma_o) = (b/k) p^{1/8} \tag{1}$$

here σ and σ_o are the specific conductivity at

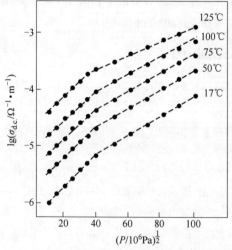

Fig. 1 Dependence of d. c. conductivity on pressure for sample 3 at various temperatures

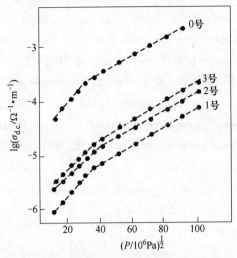

Fig. 2 Dependence of d. c. conductivity on pressure for various samples at 50℃

pressure p and $p=0$, respectively, k is Boltzmann constant, b is the conductivity pressuer coefficient, almost independent of temperature. In general, PAQR pol-ymers have inherent long range delocalization. On a molecular scale one would expect them to consist of highly conjugated chains, very entangled and very crosslinked. Van der Walls distances of molecular approach between the molecular segments would be frequent. The marked increase of conductivity with pressure should be attributed to the enhancement of orbital overlap, especially between the electron-rich aromatic units of the neighboring molecules, making the intermolecular transfer easy, via decreasing the distance and energy barrier to electron drift and tunnelling, and via enkancing the interehain areas of contact.

In addition, we also found there is a kink in $\log\sigma-p^{1/2}$ plots even for condensed PAQR co-polymers almost at the same pressure (ca. 1.1×10^8 Pa), either independent of temperature or independent of polymeric type. The mean pressure coefficient of DC conduction estimated at the low pressure side is 2.0×10^{-12} eV/Pa K higher than 1.0×10^{-12} eV/Pa K at the high pressure side. We think that at the low pressure side, the increasing pressure from 0.11×10^8 Pa first renders certain side groups possibly produced by incomplete reaction, i. g. —C=O in macro-
                                                                                                                            |
                                                                                                                           OH
molecules further co-planar with main chains, this suppress their steric hindrance effect for developing long-range conjugation[5], then, making the intermolecular contact area or electron transfer probability increase. Because the deformation of such side groups does not need to overcome strongly Coulombic repulsive force, its force constant is small, the deformation is large, so that the pressure coefficient is higher. Whereas, at the high pressure side, for the co-plane of side groups with main chain has been ended. In fact, the increasing pressure from 1.1 kbar could cause the overlap of electron orbital, especially between electron-rich aromatic portions of the neighboring molecules, to increase, as the force constant for compressing the in-

termolecular distance is greater, clearly, the conductivity pressure coefficient is smaller.

In a pressure range from 0.1×10^8 to 10×10^8 Pa, we measured the d. c. conductivity-temperature dependence of sample 3, as shown in Fig. 3 and found that the experimental curves, even at the higher temperature up to 400K, also obey Mott's $T^{1/4}$-law for three dimensional variable range hopping[6], only applciable at rather low temperature,

$$\sigma = \sigma_0' \exp(T_0/T)^{1/4} \qquad (2)$$

where T is the temperature, σ_0' and T_0 are parameter of the particular model used. And $T_0 \propto (\alpha^a/N(E_r))$, here α is the inverse localization length, $N(E_r)$ is the state density at the Fermi level. From the insert of Fig. 3, we can see that T_0 decreases linearly with $P^{1/2}$. This indicates that the pressure not only makes the wave function overlap of localizad states rise, the hopping distances decrease, hence, the localization length α^{-1} grows, but also makes the state density at Fermi level increase.

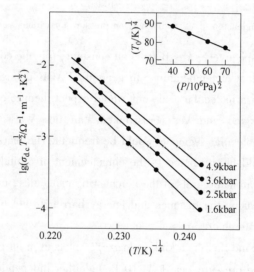

Fig. 3 Conductivity-temperature relationships at different pressures for sample 3.
The inset shows the change of slope (To in eq. (2))
as a function of the square root of the applied pressure

At high pressure, since the values of both α and R (hopping distance) decrease, it is very easy to satisfy the condition of weak localization assumed in variable range hopping models, in order to make the exponent $(2R+W/kT)$ of the transition probability of the occurence of an energy-upward hop minimize, even at higher temperature in our measuring, this requires that the hopping energy (W) for the most frequent jumps should be considerably risen, perhaps an electron will jump to the state nearer in space with considerable energy barrier. That may be one of the reasons why high pressure could make the Mott's $T^{1/4}$-law also valid, even at higher temperature.

Supposing $X_{HFDA}+X_{PMA}=1$, X_{HFDA} and X_{PMA} are mole fraction of HFDA and PMA respectively. Fig. 4. shows ESR signals of PAQR samples for various X_{HFDA}.

As it is evident from this figure, all are the symmetrical Lorentzian-type ESR signal, in the case of absence of hyperfine broadening, implying that unpaired electron is mobile, and their relative intensity N_s and peak-to-peak linewidth (ΔH_{PP}) change remarkably with X_{HFDA}. The N_s, (ΔH_{PP}) and g factor estimated from ESR spectra at room temperature for various samples, along with d. c. conductivity at 50℃ and 0.1×10^8 Pa for comparing, were summerized in Table 2.

Table 2 Electron apin resonance data (room temp.) and the value of $\sigma_{d.c.}$ (50℃, 0.1×10^8 Pa)

Sample No.	g value	ΔH_{PP} (gauss)	apins$\times 10^{-1}$/g	$\sigma_{d.c}/\Omega^{-1} \cdot m^{-1}$
0	2.00326	2.06	13.22	4.57×10^{-5}
1	2.00330	3.02	5.929	8.44×10^{-7}
2	2.00334	3.10	6.836	2.41×10^{-8}
3	2.00336	3.72	7.138	9.20×10^{-8}

Fig. 5 expresses the dependence of spin density N_s and d. c. conductivity on mole fraction X_{HFDA}. Obviously, they have similar trend of change with X_{HFDA}, clearly indicating the existance of a direct link between unpaired spin and charge carrier, just contrary to the case of other conjugated polymers, i. g. polyacetylene with a reverse spin-charge relation. This corresponding relation between N_s and σ is consistent with Pohl's results[7], it also demonstrates both carriers and unpaired spins coming from excited states. Because PAQR polymer is a intrinsic ekaconjugated semiconductor, the excitation energy of π-electrons to triplet and other excited states is considerably low. The initial marked decline of N_s and σ in $X_{HFDA} < 20\%$ is mainly due to dramatic interuption of ekaconjugated structure by HFDA. Thus, the intramolecular excitation is predominant. Later, slower increase of them appears anomalous, since, according to Pohl's viewpoint, both N_s and σ in this case should remain to rise, but it may be ascribed to increase or appearance of intermoleular exctation of carriers and unpaired spins. The F-atom here could play an important role[8]. Whereas, examining further changing trend of d. c. conductivity, for example, at $X_{HFDA} = 100\%$, the intramolecular excitation still prevail.

Fig. 6 depicts the dependence of peak-to-peak linewidth and g factor on HFDA's mole fraction. clearly, they also have the same varying trend with X_{HFDA}. The mean g factor is about 2.0033, a bit higher than that of free electron, obeying the theoretical expectation for organic radicals[9]. The small enhancement of g factor with X_{HFDA} could be attributed to supressing mobile sping, or spin-orbital coupling. The greater growth of ΔH_{PP}, from about 2.0 (gauss) to 3.7 (gauss), with X_{HFDA} could be explained in terms of the increase of specific rate of return to the ground state for stable free radicals, namelly, the decrease of relaxation time to being a measure of the mean lifetime during which a particular configuration exists. Naturally, this can also be interpreted by localization broadening, the electron wave function is bound intramoleularly in small localizing molecular orbitals.

Fig. 4 ESR signals of several samples

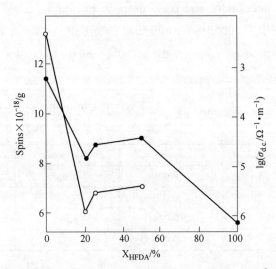

Fig. 5 Dependence of d. c. conductivity (50℃, 2.5×10⁸Pa) and spin concentration on the HFDA's mole fraction

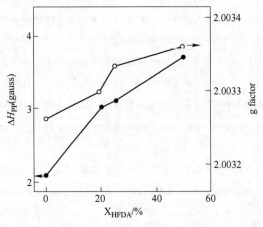

Fig. 6 Dependence of the peak-to-peak linewidth and g factor on HFDA's mole fraction

4 Conclusions

We arrive at the following conclusions:

(1) The appearance of a kink in plots of $\lg\sigma - P^{1/2}$ can be ascribed to the further co-plane of side groups with main chain at low pressure side, and to the increase of repulsive force preventing further change in intermolecular contact area at high pressure side.

(2) The temperature-dependence of d. c. conductivity, in pressure range from 1.6×10^8 to 4.9×10^8 Pa, even at high temperatures (up to 400K), also follow the Mott's $T^{1/4}$-law.

(3) The similar trend of change of N_s and σ with X_{HFDA} demonstrates both carrier and unpaired spin coming from excited states. The anomaly could due to the increase or appearance of

intermolecular excitation of them.

(4) The g factor and ΔH_{PP} increase and have the same varying trend with X_{HFDA}. The increase of ΔH_{PP} can be explained by the decrease of relaxation time, or by localization broadening.

Acknowledgements

We gratefully acknowledge the Support of Science and Technology Committee of Heilongjiang Province.

References

[1] P. S. Vijayakumer, H. A. Pohl. J. Polym. Sci. Polym. Phys., 1984, Ed. 22, 1439.
[2] H. A. Pohl, E. H. Engelhardt. J. Phys. Chem., 1962, 66, 2085.
[3] R. Colson, P. Nagels. J. Non-Cryst. Solids, 1980, 35 & 36, 129.
[4] Lei Qingquan, Fan Yong, San Shufa. Solid State Commu, 1991, 79, 995.
[5] K. Yoshino, K. Nakao, M. Onoda, R. Sugimoto. Japin J. Appl. Phys., 1989, 28, L323.
[6] N. F. Mott. Phil. Mag., 1969, 12, 835.
[7] N. A. Pohl, R. P. Chartoff. J. Polym. Sci., 1964, Part A2, 2787.
[8] M. Kletter, A. G. Macdiarmid, A. J. Heeger, E. Faulques, S. Lefrant, P. Bernier. J. Polym. Sci. Polym. Lett., 1982, Ed. 20, 211.
[9] S. A. Al'tshuler, B. M. Kozyrev. Electron Paramagnetic Resonance, New York: Academic Press, 1964: 293-295.

Electrical Properties of Polymer Composties: Conducting Polymer-polyacene Quinone Radical Polymer*

Abstract Unique electrical properties are observed in conducting polymer such as poly (3-alkylthiophene) containing various types of polyacene quinone radical polymers (PAQR) such as PMA+ Py. Electrical conductivity and its temperature dependence are strongly dependent on concentration of PAQR. Dependences of dielectric properties of the polymer composite on concentration of PAQR and temperature are also anomalous. The results are discussed in terms of electronic band schemes of both polymers.

1 Introduction

Linearly conjugated polymers named as conducting polymer have attracted much attention because they exhibit various novel electrical and optical properties. Most these conducting polymers are semiconductors or insulators with relatively small band gap and exhibit drastic change in their properties upon doping[1].

On the other hand, polyacene quinone radical polymer (PAQR) has also attracted much interest, because they consist of a series of condensed aromatic rings and therefore long-range delocalized electron orbital is formed. In PAQR, electrical conductivity is considered to be restricted by the inter-molecular charge transfer rate, and large dielectric constant is also evaluated. Temperature and pressure dependences of properties of PAQR has also been studied.

Here, in this paper, properties of PAQR doped conducting polymer, that is, those of conducting polymer-polyacene quinone radical polymer are studied.

2 Experimental

Various types of PAQR such as a co-polymer of pyrene with pyromellitic dianhydride and a co-polymer of anthraquinone with pyromellitic dianhydride were prepared by the method already reported[2-4].

Among various PAQR, samples which consist of pyrene (Py) and pyromellitic anhydride (PMA) were mainly used in this study. Soluble and fusible conducting polymer, poly (3-alkylthiophene), was prepared utilizing $FeCl_3$ as a catalyst and purified by the method already reported[5]. Among various poly (3-alkylthiophene) s, poly (3-hexylthiophene) (PAT-

---

* Copartner: X. H. Yin, K. Kobayashi, T, Kawai, M. Qzaki, K. Yoshino. Reprinted from *Synthetic Metals*, 1995, 69: 357-358.

6) was mainly used in this study.

Purified PAQR material was ground thoroughly to fine powder and mixed well with poly (3-alkylthiophene) powder by shaking the cell containing mixture strongly. The sample was placed between electrodes, pressed and then heat treated up to melting point of poly (3-alkylthiophene).

Electrical conductivity was measured by two probe method. Dielectric constant was evaluated by an impedance analyzer (YHP, 4192A).

3 Results and Discussion

Fig. 1 shows dielectric constant of PAQR as a function of hydrodynamic pressure. The dielectric constant of PAQR was relatively large as expected. It should also be noted that the dielectric constant increases markedly with increasing pressure. That is, our sample exhibits typical dielectric characteristics of PAQR.

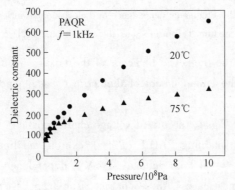

Fig. 1 The dependence of dielectric constant of PAQR on pressure at various temperatures

Fig. 2 shows temperature dependences of dielectric constant of PAT-6 containing PAQR (10%) at various frequencies. The dielectric constant of the mixture increased markedly compared with that of pure PAT-6 (about 9 at 100Hz and 6 at 10kHz at 20℃).

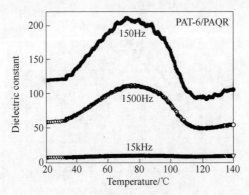

Fig. 2 Temperature dependence of dielectric constant of PAT-6 containing PAQR (10%) at various

As shown in Fig. 3, frequency dependence of dielectric constant of the mixture does not strongly depend on temperature. It should also be noted, by comparing with the inset of this figure, the frequency dispersion of dielectric constant of the mixture is much different from that of pure PAT-6.

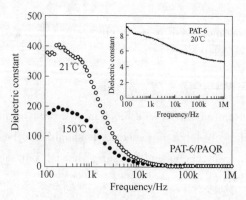

Fig. 3 Frequency dependence of dielectric constant of the mixture. The inset shows the case of pure PAT-6

These facts suggest that the dielectric behavior of the mixture maintains the characteristic of PAQR itself, except for the enhancement of dielectric constant and suppression of dielectric loss, tan δ, in the mixture.

As shown in the inset of Fig. 4, a current voltage characteristic is linear in pure PAT-6. On the other hand, PAT-6 containing PAQR (23%) exhibits nonlinear current (I) -voltage (V) characteristics. That is, at high voltage, $I \propto V^{3/2}$ dependence was observed both at low and high temperature. In most cases, these characteristics can be explained in terms of space charge limited current (SCLC) by taking the distribution of trap states into consideration. In this case, this SCLC behavior seems to reflect characteristics of PAQR because, for such a high concentration (23%) of PAQR, percolation path seems to be formed by the PAQR channel of higher conductivity between electrodes.

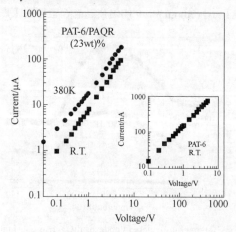

Fig. 4 Current-voltage characteristic in PAT-6 containing PAQR (23%). The inset shows that in pure PAT-6

Fig. 5 shows temperature dependence of electrical conductivity of the mixtures of various PAQR concentrations. It should be noted in this figure that electrical conductivity in the mixture is much enhanced and temperature dependence of electrical conductivity of the mixture is much different from that of pure PAT-6. The anomalous behavior of electrical conductivity of PAT-6 in the temperature dependence is common for PAT in the premelting region and interpreted in terms of fluctuation of electronic band scheme with temperature. In the mixture, the temperature dependence of electrical conductivity was much less for high concentration of PAQR. This result also supports that the concept of percolation can be applied to this mixture of even relatively low concentration of PAQR.

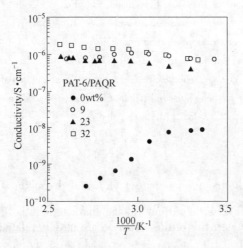

Fig. 5 Temperature dependence of electrical conductivity of
PAT-6-PAQR mixtures at various concentration of PAQR

4 Summary

In summary unique electrical properties were found in PATPAQR mixture depending on PAQR concentration, which were explained in terms of difference in the electrical properties of PAT and PAQR themselves and also by taking the concept of percolation into consideration.

Unique characteristics were also found in the electrochemical properties of PAT-PAQR mixture depending on concentration of PAQR. For example, there exist much difference in the cyclic voltammetry of PAT-6 and PAT-6-PAQR (75%) mixture. In the mixture, the effect of electron transfer to PAQR is also interpreted to plays an important role. It should also be mentioned that these electrical and electrochemical characteristics were also depending on the sort of PAQR.

References

[1] K. Yoshino, K. Kaneto, Y. Inuishi. Jpn. J. Appl. Phys. 1987, 22, L157.
[2] Q. Lei, Y. Fan, S. Shan, Sol. Stat. Commun. 1991, 79, 995.
[3] H. A. Phol, A. Rembaum, A. Heney. J. Amer. Chem. Soc., 1962, 84, 2699.
[4] H. A. Pohl, J. Polym. Sci., C17 (1967) 13.
[5] R. Sugimoto, S. Takeda, H. B. Gu, K. Yoshino. Chem. Exp., 1986, 1, 635.

Simultaneous Thermoluminescence and Thermally Stimulated Current in Polyamide*

Abstract We have firstly obtained simultaneous thermoluminescence (TL) and thermally current (TSC) spectra in two types of polyamide film, such as nylons 6 and 11 under study of electron detrapping and recombination For these are three main relaxation peaks or regions, designated γ, β and α, for convenience in order of increasing temperature in the TSC spectra, in contrast, their α relaxation peak in TL spectra disappear. Their center is located at near 180K, 230K and 310K, respectively, at the most, deviates from ± 10K. However, we also observed two anomalous phenomena: first, a very large, short-circuited, thermally stimulated discharge current, up to 10^{-8}A, but reversible in for non-polarized nylons 6 and 11, even after several times repeatedly; second, no TL signals only for nylon 6 film non-poled.

1 Introduction

It is well know that the thermoluminescence (TL) and thermally stimulated current (TSC) are powerful tools to study the storage, transport and recombination of charges in solid dielectrics. Moreover, the characteristics of these spectra are closely related to molecular motion and chemical and physical defects in polymers[1,2]. However, the TL and TSC should be measured simultaneouly on the same specimen in order to maximise the information which can be obtained from the data. Unfortunately, only few authors were engaged in simultaneous measurement[3,4]. The polyamide is a polar, ion-conducting, semicrystalline polymer. Many authors have extensively studied its mechanical and dielectric relaxation behavior[5,6]. Recently the few have reported its piezo-, pyro-and ferroelectric activities[7,8] of odd numbered nylons. But, up to now, one has only observed the TSC signal during simultaneously measuring the TSC and TL for nylon 6, and has not given any explanation for this[9]. In this paper, we will present results of simultaneouly measuring the TSC and TL for nylons 6 and 11 at different poling conditions, discuss the nature of these spectra, and the origin of traps and luminescence centre.

2 Experimental

A semitransparent gold, and an aluminum electrode 2cm of diameter, respectively, was vacuum-evaporated onto both sides of nylons 6 and 11 films of 30μm thickness. Then, these samples were dried and short-circuited for 72 hours at 120℃ and vacuum, in order to remove water molecules. The apparatus used for simultaneous measurements of the TSC and TL is shown in Fig. 1.

---

* Copartner: Wang Xuan, Fan Yong, Xiong Yanling, He Yanhe. Reprinted from *International Conference on Properties and Applications of Dielectric Matericals*, 1997: 357-360.

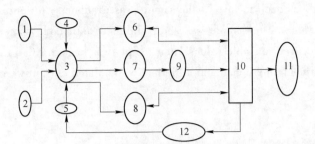

Fig. 1 block diagram of experimental apparatus

1—HV power supply; 2—500W Hg-lamp; 3—cryostat; 4—vacuum pump;
5—heater supply; 6—Keithley-617electrometer; 7—couple amplifier;
8—photoncounter; 9—A/D; 10—computer; 11—printer; 12—D/A

The sample was mounted between an electrode system in a vacuum cryostat which was kept at a pressure of 0.67MPa, as shown in Fig. 2.

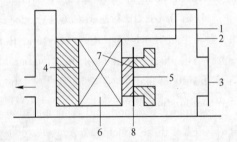

Fig. 2 A schematic cryostat diagram of a cryostat

1—stainless body; 2—Liquid Nitrogen; 3—Quartz window; 4—Cooler;
5—Front-electrode (Semitransparent electrode); 6—Heater;
7—Rear-electrode; 8—Sample

The micro-computer 586 can sample the TSC, TL and temperature signals, control the temperature, process the measured data, and plot. Moreover, it can convert the electrical connection, as shown in Fig. 3. The sample of nylons 6 and 11 was polarized at room temperature for 30min at field strength 200kV/cm, then cooled down to −170℃ with the applied

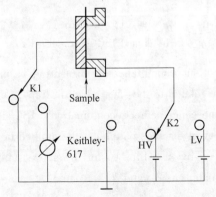

Fig. 3 Micro-computer control switching in and off

field. After the field has been removed, the sample was irradiated with ultraviolet light of wave length 300nm for 30min. The sample was short circuited until both isothermal luminescence and current were decayed to stable values Then sample was heated with a rate of 5℃/min and during which a thermoluminescence and a thermally stimulated current were recorded simultaneouly.

3 Results

The simultaneous TL and TSC spectra for nylon 11 films according the above mertioned condition were shown in Fig. 4. There are two relaxation regions, designated as α and β, at about 173K and 230K, in TL curve, the low temperature TL maximum lies at 173K. The apparent activation energy, calculated from the increase of the low temperature side of the TL curve was about 0.18eV. Four relaxtion regions occur at about 185K, 240K, 295K and 330K, referred to as γ, β, $α_1$, $α_2$, in TSC curves. The TSC maximum of γ relaxation appears at 185K, 296K, 318K. The apparent activation energy; estimated from the ascension of the low temperature side of TSC curve war, about 0.16, 0.47 and 0.67eV, for γ, $α_1$, $α_2$ peak, respectively. From Fig. 4 it can be seen that the temperature of γ and β relaxation in TL and TSC spectra coincides approximately. The disappearance of high temperature peak in TL glow curve is consistent with experimental results of many researchers [1,9], should be ascribed to increase of mobility and decrease of recombination of carriers.

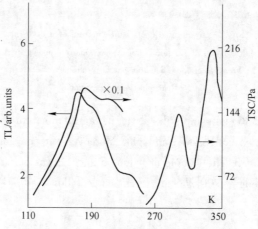

Fig. 4 The TL and TSC spectra of nylon 11

As Blake pointed out[3] that such simultaneaesly measuring TL and peaks covering much the same temperature range were related to the same electron traps, and that while the TL results from geminate electron/luminescence center recombination, TSC stems out of the motion of detrapping electron over much great distance parallel to the applied field. Fig. 5 depicts simultaneously TL and TSC spectra, for nylon 6 film. Under the above stated conditions there are also two relation regions, designated as γ and β, located at near 180K and 265K, in TL curves. The low temperature TL maximum is situated on 180K. The apparent activation energy,

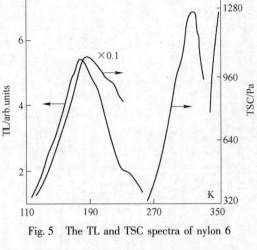

Fig. 5 The TL and TSC spectra of nylon 6

estimated from the rise of the low temperature side of the TL curve is nearly equal to 0.21eV. Three structural transition regions appear at about 190K, 235K, 320K, called as γ, β and α, in TSC curve. The TSC maximum of γ and α relaxation lies at 193K and 313K, the apparent activation energy, evaluated from the enhancement of the low temperature side of the TSC curve is about 0.17 and 0.73eV respectively. Fig. 5 also clearly demonstrates that the temperature of γ and β relaxation in TL and TSC curves is almost coincident, respectively. For more clarity, we have made a list of the peak temperature, activation energy of aliphatic linkage−$(CH_2)_{-n}$ in nylons seems to effect the main characteristics of γ, β and α relaxation. However, it is strange that before light excitation, if samples were not poled, the TL signal has hardly been observed in nylon 6, in contrast, appears in nylon 11, as shown in Fig. 6.

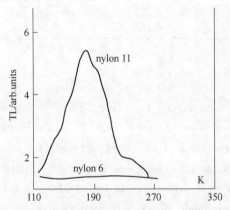

Fig. 6 The TL spectra of nylon 6 films poled and non-pled, before illamination

Moreover, we also observed that there was a short-circuited, thermally-stimulated current, even reproducible, without illumination, but, reversible in direction, in nylons 6 and 11 specimen, as shown in Fig. 7. this indicates that the sample forms the virgin polarization in different states during process of preparation. The peak temperature of the TSDC in nylon 6 is at about 330K, and is nearly to structural transition temperature.

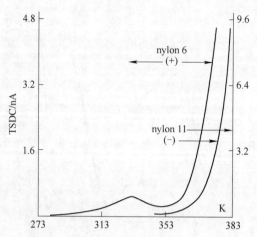

Fig. 7 The TSDC of nylons 6 and 11 films

Table 1 The peak temperature T_m and activation energy E of γ, β and α relaxation of nylons 6 and 11

		T_m / E	γ	β/K	α, $α_1$, $α_2$	
6	TL		180K	235		
			0.21eV			
	TSC		139K	235	320K	
			0.17eV		0.73eV	
11	TL		173K	230		
			0.18eV			
	TSC		195K	240	296K	330K
			0.16eV		0.47eV	0.69eV

4 Discussion

The common feature of the many diverse types of nylons is the presence of polar amide groups—(CONH)—in a chain of methylene groups—(CH_2)—. The permanent dipole moment of the amide group is 3.7D[7]. From study of dielectric and mechanic relaxation it is well known[10] that whether odd or even numbered nylons have three main strutural transition regions, designated γ, β and α relaxation. The relaxation at 140−160K is due to local motion of aliphatic groups—(CH_2)—between amide groups, the activation energy is about 0.37eV. The relaxation at 220−250K is responsible for the unfreezing of the motion of the chain units, that, in addition to methylene groups, also contain amide groups, but which are not linked via hydrogen bonds to the amide groups of the neighboring chains.

Its activation energy is near to 0.56eV. The β relaxation in nylons may be complicated and involve the mobility of complex of the water-amide type, which are interlinked with hydrogen bridges. The β relaxation strength is dependent on water content, for full-dried nylons, ever goes to zero. Thus, generally, γ relaxation strength is much higher that beta relaxation strength. Finally, α relaxation appears in glass transition region, between 320 – 360K, is caused by the movement of amide groups, interlinked via hydrogen bridges, in amorphous regions. The activation energy is about 1.0eV. According to maximum condition in various measuring spectra, The TSC and TL should belong to low frequency measurement ($10^{-2} - 10^{-4}$Hz). If the activation energy is temperature – independent constant, the peak temperature should move to lower side. Now, by comparing our TSC and TL spectra with dielectric and mechanic spectra, it can be seen that both the activation energy and peak temperature for the former were lower than that for the latter. This, once again, confirm that there is correspondence between the results from the thermally stimulated relaxation and other measurements[1]. Just as pointed out by Partidge[1] that we believe that simultaneous TL and TSC are caused by the detrapping from one type of trap in molecular chains Some traps may be amide groups with very large electron affinity. The luminescence center in nylons 6 and 11 can be ascribed to carbonyl groups not linked via hydrogen bonds to neighboring molecules.

5 Conclusions

From the above statements we can conclude:

(1) There is a correspondence between activation energies and peak temperatures of our TSC and TL spectra in nylons 6 and 11, and a complementarily with other, such as, dielectric and mechanic, results.

(2) The traps can be related to amide groups.

(3) The luminescence center can be ascribed to carbonyls notlinked by hydrogen bonds to neighboring molecules.

(4) The study for explaining two anomalous phenomena in nylon 6 is under way.

Acknowledgements

The authors wish to thank much support from The National Natural Science Foundation for this work.

References

[1] R. H. Partidge. Electron traps in polyethylene [J]. J. Polym. Sci. Part A, 1965, 3: 2817-2825.
[2] J. van Turnhout. Thermally stimulated discharge in electrets, Ed, By G. M. Sessler Springer Verlag, Berlin, 1980: 81-201.
[3] A. E. Blake, A Charlesby, K. J. Randle. Simultaneous thermoluminescence and thermally stimulated current in polyethylenee [J]. J. Phys., D. Appl. Phys., 1974, 7: 759-770.
[4] R. J. Fleming, J. Phys. D. Appl. Phys., 1988, 21: 349-355.
[5] M. I. Kohan et al, Nylon plastics [M]. New York: John Wiley & Sons, 1973.
[6] R. H. Boyd, J. Chem. Phys., 1959, 30: 1276-1282.
[7] J. W. Lee, Y. Takase, B. A. Newman, J. I. Scheinbeim. J. Polym. Sci., Part B, 1991, 29: 273-278.
[8] Y. Murata, K. Tsunashima, N. Koizumi. Japan J. Appl. Phys., 1994, 33: L354-356.
[9] M. Ieda, TSC and TL studies of carriertrapping in insulating polymers, Memoirs of the Faculty of Engineering [J]. Nagoya University, 1980, 32: 215.

Improvement Upon Our Previous Method for Auto-separating Thermally Stimulated Current Curves*

Abstract In this paper we have introduced the following improvement on our previous method for auto-separating thermally stimulated current (TSC), namely, both the general-order kinetic equation of a thermally stimulated process (TSP) and the real peak found by calculating the activation energy varying with the increment of peak temperature are used to replace the first-order kinetic equation and the peak point obtained from the experimental TSC curve, respectively. Using this method we have separated successfully the experimental TSC curve of polyimide film, and found that this complex curve is composed of six sub-curves in the temperature range 250-500K, one of which obeys second-order kinetics. Moreover, by comparing the parameters obtained with the cleaning peak method and our improved method it can be confirmed that the latter is very effective. As a result we believe that this improved method is more reasonable, and describes the real physical processes in a polymer much better than before.

1 Introduction

The thermally stimulated current (TSC) technique has been widely applied to the study of trapping parameters of solid materials[1]. It is well known that the TSC curve obtained experimentally is rather complex in most cases, and the simplicity of only a single peak or isolated peaks occurs rarely. Thus, it is necessary to separate the TSC spectrum with an experimental or calculating method[2,3]. A method of auto-separating the TSC curve was given in our previous paper[4], for which an improvement is described here. In our earlier method we made two approximate assumptions: all the sub-processes responsible for the isolated peaks obey the first-order kinetic equation, and the peak point on the sides of highest and lowest temperature in the TSC curve is the real peak point, i.e. the overlapping between the sub-processes is neglected. Based on the above we can derive the procedure of separating the TSC curve[4]. In the computing process the spline function is employed as the analytical expression of the TSC curve to accomplish the subtraction.

Obviously, our earlier method is limited to some extent because of the above approximation. To improve on it, we not only take the general-order kinetic equation into consideration, but also we do not need the peak point in the computation. Thus, the advantages of our new method are that the real physical processes, such as weak and strong retrapping, in

---

* Copartner: Fan Yong, Wang Xuan, Zhang Weiguo. Reprinted from *Journal of Physics D Applied Physics*, 1999, 32 (21): 2809-2813.

中国文史出版社

particular, are reflected well instead of presuming first-order kinetics, and the accuracy of estimating the relevant trapping parameters is enhanced significantly.

It should be pointed out that the TSC theory is based on first-order kinetics and the separating method for the TSC curve is only applicable to a single TSC peak with a clear falling side, in the case of no overlap with other peaks[5,6]. Only the space charge ρ peak of inorganic crystals such as CaF_2 in the TSC curve has been observed in second-order kinetics[7].

Here we will report the results of separating the TSC curve in the polyimide sample with discrete trap energy levels in terms of a new method and analyse the possible origin of various sub-processes, as well as have first found a second order peak.

2 Theories

TSC is one kind of thermally stimulated process (TSP). The TSP is described by the following empirical or formal equation:

$$I(t) = -\frac{dn}{dt} = \left(\frac{n}{n_0}\right)^b sn_0 \exp\left(-\frac{E}{kT}\right) \quad (1)$$

where I is the thermally released intensity, n is the density of the carrier in the trap, s is the frequency factor, n_0 is the initial concentration of the carrier in the trap, E is the activation energy, k is the Boltzmann constant, T is the absolute temperature and b is the kinetic order (usually equal to 1 or 2, describing the physical process defined, e.g. reflecting the limited cases of weak and strong retrapping in rate equations). If b has other values, it will have no correct physical meaning[7]. In equation (1), $I(t)$ shows the intensity of thermoluminescence (TL) or TSC. Based on the rate equations describing the flow of charge between the various energy levels and bands during trap emptying, we can write the TL intensity as $I(t) = -\varepsilon dn/dt$ under the weak retrapping approximation and the TSC intensity as $J(t) = -Adn/dt$ under a given condition of neglect of the retrapping and recombination of free carriers, where ε is a coefficient without dimension, A is a coefficient with dimension and dependent on the TSC models. This would mean that the TL and TSC peaks are exactly proportional to one another. This is not always the case, and in fact, it is quite common (see e.g. [8]) for the TL peak to precede its accompanying TL peak. Also, from the theoretical point of view, if one writes down the set of differential equations governing the process, TL is associated with $-dm/dt$, where m is the concentration of holes in the centres, whereas TSC is ascribed to n_c, the concentration of electrons in the conduction band. These two are not proportional to one another (see again [8]).

The solution of equation (1) is:

$$I(T) = n_0 s \exp\left(-\frac{E}{kT}\right) \exp\left[(-s/\beta)\int_{T_0}^{T} e^{-\frac{E}{kT'}} dT'\right] \quad (b = 1) \quad (2)$$

or

$$I(T) = n_0 s \exp\left(-\frac{E}{kT}\right) \times \left[1 + (b-1)\left(\frac{s}{\beta}\right)\int_{T_0}^{T} e^{-\frac{E}{kT'}} dT'\right]^{\frac{b}{1-b}} \quad (b \neq 1) \quad (2')$$

where β is the heating rate. [6] provides a method to calculate E from equation (1) directly. At first, taking logarithms of both sides of equation (1), we have:

$$\ln I(t) = b \ln\left(\frac{n}{n_0}\right) + \ln(sn_0) - \frac{E}{kT} \tag{3}$$

Taking two arbitrary points (T_1, I_1) and (T_2, I_2) on the TSP curve and substituting their values into equation (3), then subtracting one resulting equation from the other, we get:

$$\ln\left(\frac{I_2}{I_1}\right) = b \ln\left(\frac{n_2}{n_1}\right) - \frac{E}{k}\left(\frac{1}{T_2} - \frac{1}{T_1}\right) \tag{4}$$

In the same way, a similar equation will be gained:

$$\ln\left(\frac{I_3}{I_1}\right) = b \ln\left(\frac{n_3}{n_1}\right) - \frac{E}{k}\left(\frac{1}{T_3} - \frac{1}{T_1}\right) \tag{5}$$

It is very easy to obtain the following equations by solving the simultaneous equations (4) and (5):

$$E = \left[\ln\left(\frac{I_3}{I_1}\right)\ln\frac{n_2}{n_1} - \ln\left(\frac{I_2}{I_1}\right)\ln\left(\frac{n_3}{n_1}\right)\right] k / \left[\left(\frac{1}{T_2} - \frac{1}{T_1}\right)\ln\left(\frac{n_3}{n_1}\right) - \left(\frac{1}{T_3} - \frac{1}{T_1}\right)\ln\left(\frac{n_2}{n_1}\right)\right] \tag{6}$$

$$b = \left[\ln\left(\frac{I_2}{I_1}\right) + \frac{E}{k}\left(\frac{1}{T_2} - \frac{1}{T_1}\right)\right] / \ln\left(\frac{n_2}{n_1}\right) \tag{7}$$

For a simple TSC curve with an isolated peak, three arbitrary points (I_1, T_1), (I_2, T_2) and (I_3, T_3) can be used to calculate both E and b via equations (6) and (7), respectively. n in the above equation is shown as:

$$n = \frac{1}{\beta}\int_T^{T_\infty} I(T')dT' \tag{8}$$

where T_∞ is the end point at which the TSP curve approaches zero. At the peak point we have the following equations:

$$\frac{\beta E}{kT_m^2} = se^{-\frac{E}{kT_m}} \quad (b=1) \tag{9}$$

$$1 + (b-1)\frac{s}{\beta}\int_T^{T_m} e^{-\frac{E}{kT'}}dT' = \frac{bskT_m^2}{\beta E}e^{-\frac{E}{kT_m}} (b \neq 1) \tag{9'}$$

The frequency factor s can be calculated with equation (9) or (9'). So far, the three parameters E, b and s which determine the microscope process of thermally stimulated relaxation have been determined. In the course of the calculation, it is necessary to treat two integrals, namely, $\int_T^{T_\infty} I(T')dT'$ in equation (8) and $\int_T^{T_m} e^{-E/kT'}dT'$ in equation (9'). For the former, spline functions are used as the approximate analytic expression of $I(T)$, so equation (8) can be converted into the integral of segmented cubic functions. For the latter, the numerical calculation is processed by means of Gaussian quadrature. Using the above principle, we can separate a complex TSC curve. The concrete action is as follows: the separating process starts with a falling side of the high temperature peak in the composite TSC curve. At first, the E and

b are determined through equations (6) and (7), respectively, then s is calculated from equation (9) or (9′), and an isolated TSC curve can be obtained by substituting them into equation (2) or equation (2′). Finally, this subcurve is subtracted from the experimental curve. For the rest of the data, the above procedure is repeated until all the sub-TSC peaks have been separated completely. Comparing the improved method with the earlier one, we find that E can be calculated without knowing the peak value, and the general order kinetic equation is used as a substitute for the first-order one. Thus, the result obtained with the improved method can better describe the real microscope process. Indeed, the general-order kinetic equation (1) is fine dimension-wise, or say, empirical. For $b=2$, this can be written as:

$$I(t) = -\frac{dn}{dt} = n^2 s' e^{-\frac{E}{kT}} = n^2 \left(\frac{s}{n_0}\right) e^{-\frac{E}{kT}} \quad (10)$$

A better assumption for the general-order kinetics can be

$$I(t) = -\frac{dn}{dt} = n^2 s'' e^{-\frac{E}{kT}} = n^2 \left(\frac{s}{N}\right) e^{-\frac{E}{kT}} \quad (10')$$

where N is the total concentration of trapping states (rather than n_0, its initial filling). The latter can be reached by a more plausible approach (three simultaneous differential equations), making some plausible physical assumptions, such as $A_m m \ll A_n (N-n)$, $m \approx n$, $A_m = A_n$, where these symbols have their conventional meanings, whereas the former is an entirely arbitrary assumption, such as having a strong retrapping probability. For a given n_0, they have a similar peak; only when n_0 is varied can the difference between them be seen. The peak temperature should be dependent on n_0 in the latter case, so the peak will shift to higher temperatures with decreasing n_0, and independent of n_0 in the former case.

3 Application

The TSC curve of the polyimide (PI) sample is taken as an example to illustrate the separating process. The reason for this is that the nature of some isolated peaks coming from the dipole motion and ion-trap with discrete activation energy was more extensively discussed in our previous paper[9]; and that in proving the old method[4] we also used the TSC curve of polyimide. In the text the possible origin of the different isolated peaks will be discussed. The separation of the TSC curve of polyethylene trephthalate with a quasi continuous distribution of the activation energy in terms of the new method is now well under way. The 50μm thickness sample is provided with two 20mm diameter Al electrodes by vacuum evaporation, then dried at 220℃ for 30h. The treated sample is poled with 30kV/mm at 200℃ for 30min, then rapidly cooled down to −150℃ with liquid nitrogen, before removing the poling field. Finally, the sample is short-circuited until the fast component of the discharge current can almost be neglected, then warmed linearly at a rate of 3K/min to measure the TSC curve (i.e. the thermally stimulated polarization current) in the external loop with an electrometer Keithley 617, as shown in Fig. 1. There are three observable peaks, named P_1, P_2 and P_3, at temperatures of about 257K, 340K and 460K.

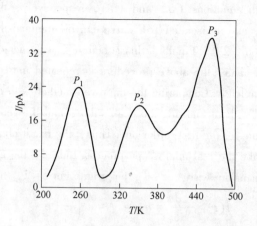

Fig. 1 The TSC curve of PI sample

The separation of the TSC curve begins at P_3. By inserting a set of points along a falling side of P_3 into equations (6) and (8), E can be estimated and then the dependence of E against T plotted, as shown in Fig. 2. There is a plateau, i. e. in which the evaluated values of E are independent of temperature, and a steep region, i. e. in which at least two sub-processes overlap each other. The E values vary markedly near the peak point, that is to say, after evaluating the true value of E from a plateau in Fig. 2 both b and s can be computed from equations (7) and (9) or (9'), respectively. Since the b value has little influence on the peak temperature, equation (9') could be replaced approximately by equation (9). For example, when $b=2$, the peak temperature is underestimated only by about 0.2%[10].

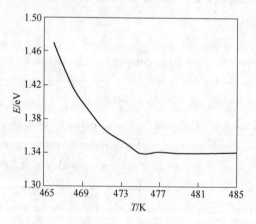

Fig. 2 The calculated value of E varies with different points on the falling side of P_3

Considering that the 460K peak of P_3 in the experimental curve is not the real value of the isolated TSC due to overlapping, we will be unable to insert it in equation (9) to estimate s. However, in order to determine the real peak temperature more accurately, we still use 460K, the peak value of P_3, to evaluate E, but, as shown in Fig. 2, there is a significant error between our value and the real value of E. For this reason, we take an increment ΔT of the peak temperature, with a corresponding decrement ΔI of the peak current. By adjusting the peak points and using equation (9), the value of E can be calculated. When the error of E against its real value, i.e. 1.34eV in Fig. 2, becomes small enough, this value is a real peak point T_m. Inserting both E and T_m into equation (9), we can estimate s. In terms of $I(T)$ of equations (2) or (2′) a TSC curve with an isolated peak can be obtained, as shown in Fig. 3.

By subtracting the isolated TSC peak from the experimental curve, the remainder of the curve was shown in Fig. 4. By repeating the above processes, all the TSC peaks can be separated. However, it should be pointed out that this separating process is not unique. We could obtain another group of peaks by selecting a new ΔT and ΔI. By fitting the resulting curve from a set of individual separated ones to the experimental curve, the best curve could be selected by a least-squares method, as shown in Fig. 5, where all the isolated TSC peaks have been obtained by the improved method and the top curve is the curve composed of the isolated TSC peaks. The parameters of every isolated TSC peak are listed in Table 1. It is worth noting that although the peak temperature of P'_3 is lower than that of P'_4, the activation energy of the

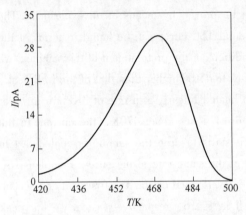

Fig. 3 An isolated peak on the high-temperature side of the TSC curve

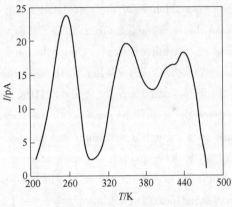

Fig. 4 The remainder after subtracting an isolated peak from the experimental curve

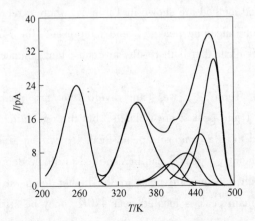

Fig. 5 The best TSC curves separated by our improved methods

former is higher than that of the latter, because their frequency factors vary. Moreover, the symmetry factors of all six peaks are consistent with the expectation of Chen and Kirsch[8]. By comparing our TSC curve composed of five peaks above room temperature with another TSC curve only having two peaks[11], we believe that the result derived from the improved method is more accurate and is a truer reflection of the actual microprocesses in polymers.

Table 1 The kinetic parameters of isolated TSC peaks, where μ_g is the symmetry factor

Peak	I_m/pA	T_m/K	s/s^{-1}	E/eV	b	μ_g
1'	27.78	257.3	1.853×10^3	0.30	1	0.422
2'	19.33	348.2	3.422×10^6	0.63	2	0.522
3'	5.14	403.3	8.417×10^6	0.76	1	0.421
4'	7.62	427.0	9.933×10^4	0.65	1	0.420
5'	12.07	447.6	4.964×10^8	1.00	1	0.423
6'	30.02	468.8	8.498×10^{11}	1.34	1	0.421

The reasonableness of the calculated result can be proved by means of an experiment. The peak on the high temperature side of the experimental TSC curve can be found in terms of the method of "cleaning peaks". Under the same conditions of the pretreatment of the sample, we measured the TSC curve. When the temperature rises to 450K higher than that of the fifth peak, the sample is cooled rapidly to about 410K, then heated linearly at a rate of 3K/min in order to activate the sixth sub-process. As the temperature reaches about 470K, the current in the sample goes through a maximum and as soon as it starts to drop the sample is cooled fast to nearly 410K once again. It is then heated linearly at the same rate to measure a complete TSC curve in order to confirm whether the cleaned peak is overlapped or not. The first-run and second-run cleaned peaks were shown as curves I and II in Fig. 6, respectively. Clearly, the peak temperature of the two curves is almost the same. Thus, such a TSC peak has not been mixed with other TSC peaks. The parameters of the P_3 peak obtained by the method of "cleaning peaks", and our improved method are shown in Table 2, where c represents the isolated peak obtained by the method of "cleaning peaks", and i represents the isolated peak obtained by the improved method. It is clear that both results are consistent, hence demonstrating that our method is rather effective.

Based on Fig. 1 and Table 1, we can divide the six peaks roughly into three groups. Obviously, peak 1 and peak 2 are isolated, but the remaining four peaks obtained via deconvolution are referred to as a composite peak. Peak 1 may stem from the rotational and vibrational motion of paraphenoxy, peak 2 can be ascribed to dipole depolarization of unimidized polyamic acid, while such a composite peak in the higher temperature region in the range 400-470K, because its main peak is located near 470K, may be attributed to the release of the space charge of ions, mainly generated by the ionization of unimidized polyamic acid and then bound into Froehlich's two potential wells with different depths. A detailed discussion was given in our early paper[9]. The separation of the TSC curve in polyethylene terephthalate with a quasi-continuous distribution of the activation energy is now well underway.

Table 2 The parameters of P_3 obtained by the "cleaning peak" method (c) and the improved method (i)

	Peak			
	Run I		Run II	
	c	i	c	i
I_m/pA	29.76	30.02	8.06	—
T_m/K	470.2	468.8	470.5	—
s/s^{-1}	7.7887×10^{11}	8.498×10^{11}	7.889×10^{11}	—
E/eV	1.34	1.34	1.34	—
b	—	1	1	—
μ_g	—	0.421	0.424	—

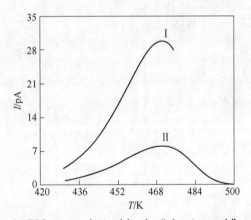

Fig. 6 TSC curves obtained by the "cleaning peak" method

4 Conclusions

We have taken general-order kinetics of each sub-process into account in the improved method and determined E by using the real peak point obtained in the separating process, rather than the peak point in the experimental curve. The results obtained by the improved method can better describe the microscopic processes. During the course of the separation of the TSC curves of the P_1 sample, a second-order kinetic process is found, as reported in some articles for other materials[12], although its mechanism is not yet clear. It is certain that the improved method can not only provide much richer information from the experimental curves and reference data for further studies of microscopic processes, but it can also be very powerful for separation of the TSC curve. Further work on separating TSC sample with quasicontinuous distribution energy level traps is now well under way.

Acknowledgements

The authors wish greatly to thank The National Natural Science Foundation of China for financial support.

References

[1] Glowacki I, Ulanski J, J. Appl. Phys., 1995, 78: 1019.
[2] Bucci C, Fieschi R, Guili G. Phys. Rev., 1966, B 148: 816.
[3] Kantorovich L N, Fogel G M. J. Phys. D: Appl. Phys., 1989, 22: 17.
[4] Lei Q Q, Wang X, Fan Y. J. Appl. Phys., 1992, 72: 4254.
[5] Singh S D, Mazumdar P S, Gartia R K, Deb N C. J. Phys. D: Appl. Phys., 1998, 31: 2636.
[6] Kitis G, Gomez-ros J M, Tuyn J W N. J. Phys. D: Appl. Phys., 1998, 31: 2636.
[7] Podgorsak E B, Moran P R. Phys. Rev., 1973, B8: 3405.
[8] Chen R, Kirsh Y. Analysis of Thermally Stimulated Processes [M], Oxford: Pergamon, 1981.
[9] Qingquan L, Fulai W. Ferroelectrics, 1990, 101: 121.
[10] Hoogenboom J E, de Vries W. Dielhof J B, Bos J J. J. Appl. Phys., 1988, 64: 3193.
[11] Tanaka T. J. Appl. Phys., 1978, 49: 784.
[12] Bordovskii A. Phys. Status Solidi, 1975, a29: K183.

Preparation and Characterization of Polyimide/ Al_2O_3 Hybrid Films by Sol-gel Process[*]

Abstract A sol-gel process has been developed to prepare polyimide (PI) /Al_2O_3 hybrid films with different contents of Al_2O_3 based on pyromellitic dianhydride (PMDA) and 4, 4′-oxydianiline (ODA) as monomers. FESEM and TEM images indicated that Al_2O_3 particles are relatively well dispersed in the polyimide matrix after ultrasonic treatment of the sol from aluminum isopropoxide and thermal imidization of the gel film. The dimensional stability, thermal stability, mechanical properties of hybrid PI films were improved obviously by an addition of adequate Al_2O_3 content, whereas, dielectric property and the elongation at break decreased with the increase of Al_2O_3 content. Surprisingly, the corona-resistance property of hybrid film was improved greatly with increasing Al_2O_3 content within certain range as compared with pure PI film. Especially, the hybrid film with 15wt % of Al_2O_3 content exhibited obviously enhanced corona-resistance property, which was explained by the formation of compact Al_2O_3 network in hybrid film. © 2008 Wiley Periodicals, Inc. J Appl Polym Sci 108: 705-712, 2008.

Key words polyimide film, alumina, sol-gel process

1 Introduction

Polyimides have been extensively applied in the fields of microelectronics and aerospace industries as a material for electronic packaging and electrical insulating due to its high thermal stability, outstanding dimensional stability, excellent mechanical properties, and low dielectric constant in a considerably wide temperature range.[1-10] With the development of advanced industry, polyimide materials with special functions are required to be developed.

In recent years, polyimide hybrid materials have attracted much attention due to improved properties than their virgin state, such as in thermal property, mechanical property, corona-resistance property, and other special properties by an introduction of small amount of inorganic compounds. Generally, polyimide hybrid films are obtained by sol-gel route,[11-22] intercalation approach,[23-25] and blending method.[26-33] Intercalation approach, generally reversible, that involves the introduction of a guest species into a host structure without a major structural modification of the host. In the strictest sense, intercalation refers to the insertion of a guest into a two-dimensional host; however, the term also now commonly refers to one-dimensional and three-dimensional host structures. Several strategies, such as in situ intercalation polymerization, exfoliation adsorption and melt intercalation, have been developed to fabricate polymer/inor-

---

[*] Copartner: Ma PengChang, NieWei, Yang Zhenhua, Zhang Peihong, Li Gang, Gao Lianxun, Ji Xiangling, Ding Mengxian. Reprinted from *Journal of Applied Polymer Science*, 2008, 108 (2): 705-712.

ganic materials nanocomposites. Among these strategies, the melt intercalation is attractive because of its versatility, its compatibility with current polymer processing techniques, and its environmentally benign character due to the absence of solvent. Compared to the intercalation approach, sol-gel processing can offer an advantage for making materials at lower temperatures because precursors are mixed in the right proportion at the very beginning of the process, i. e., in solution. And the sol-gel process includes hydrolysis of alkoxides, followed by polycondensation of the hydrolyzed intermediates. Its unique low-temperature processing characteristics provide unique opportunities to prepare polyimide hybrid materials. Many polyimide hybrid materials were prepared by sol-gel process, using $Si(OR)_4$ or $Ti(OR)_4$ as starting materials, whereas, aluminum alkoxides have been less reported in literature, although they exhibit potential applications in many fields, such as in varnishes, textile impregnation, cosmetics, and as an intermediate in pharmaceutical production.[34] The obtained aluminum oxide (Al_2O_3) is an interesting material in electrical, engineering, and biomedical areas.

$$[(CH_3)_2CHO]_3Al \xrightarrow{H_2O} AlO(OH) + Al(OH)_3$$

Scheme 1 Hydrolysis of AIP

Here, we report the preparation of polyimide-Al_2O_3 composite films by sol-gel route and in situ polymerization using aluminum alkoxides as starting materials and insoluble polyimide as the matrix. Finally, the PI/Al_2O_3 hybrids based on ODA and PMDA were obtained with different content of Al_2O_3 nanoparticles. The related properties and morphologies of the hybrid films are investigated.

2 Experimental

2.1 Materials

PMDA (pyromellitic dianhydride) and ODA (4, 4'-oxydianiline) were prepared from our laboratory and purified by sublimation under reduced pressure. Their chemical structures are shown in Scheme 2. Aluminum isopropoxide (AIP) (98%) and 3-aminopropyltriethoxysilane were purchased from ACROS. N, N-dimethyl acetyamide (DMAc) as a solvent was freshly distilled from phosphorus pentoxide. Acetyl acetone was used as received commercially and dried with molecular sieve before using.

2.2 Preparation of polyimide/Al_2O_3 hybrid films

The sol (Al(OH) or Al(OH)$_3$)/poly (amic acid) was prepared by sol-gel process (see Scheme 1) and in situ polymerization with the procedure as shown in Scheme 2. In a typical experiment, 5.21g of AIP powder was added into 70mL of DMAc and then was added proper deionized H_2O, then 0.079g 3-aminopropyltriethoxysilane was added into the resultant solution, followed by ultrasonic treatment to get homogeneous sol.[32] Then, 6.00g of ODA (0.03mol) was added to the above solution under a nitrogen atmosphere. After ODA was completely dissolved, 6.54g of PMDA (0.03mol) and additional 50.6mL of DMAc were added. The mixture was stirred at room temperature for 12h under a nitrogen atmosphere to give a homogeneous and viscous sol/poly (amic acid) solution with a concentration of 10% poly (amic acid) in DAMc. After filtration of above solution with a funnel of 30-50μm pore size, the solution was cast onto a glass substrate and followed by air-drying for 2h at 60℃. The resultant gel film was cured through a heating at a rate of 2.5℃/min from room temperature to 200℃ and holding at 200℃ for 1h, then heating at the same rate to 430℃ and holding for 1h to make the sol completely decompose. Finally, the PI hybrid film was obtained after the cooled film peeled off from the glass substrate by immersion into warm water.

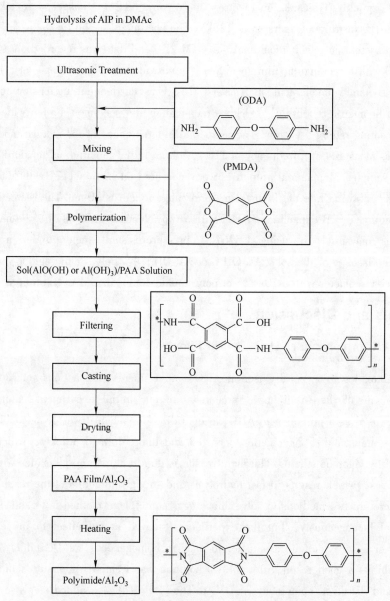

Scheme 2　Schematic of Al_2O_3/polyimide hybrid films

A series of PI hybrid film with the Al_2O_3 content of 0, 2.5, 5, 10, 12.5, 15, 20wt %, respectively, was prepared in the similar procedure. The films were $31\pm2\mu m$ in thickness.

2.3 Measurements

Aluminum contents were determined by inductively coupled plasma (ICP) using a POEMS spectrometer. FTIR spectra of films were obtained with a BRUKER Vertex 70 FTIR spectrometer. Field emission scanning electron micrographs (FESEM) were performed on a XL-30 scanning electron microscope using fractured film samples in liquid nitrogen. For FESEM measurement, polyimide and hybrid films were immersed in liquid nitrogen for 2min, then were fractured very quickly. Transmission electron microscopy (TEM) images were taken using a JEOL-JEM 1010 instrument operated at 120kV. The coefficient of the linear thermal expansion was obtained by thermal mechanical analysis (TMA), and data was recorded on a TMA V2.1 Dupont 9900 with a rectangular film specimen (5mm wide and 30mm long) at a heating rate of 5℃/min. Dynamic mechanical analysis (DMA) was carried out in tension mode with a DMTA V (Rheometric Scientific™) with a rectangular film specimen (5mm wide and 30mm long) at a heating rate of 5℃/min. The temperature dependence of the storage modulus (E') and tan δ was measured at a frequency of 1Hz, with an initial longitudinal tension of 0.5N applied to the samples. Mechanical properties were measured on Instron 1121 with 500mm× 5mm specimens at a drawing rate of 50mm/min, and gauge length is 20mm. The dielectric constant was tested on a CCJ-1B capacitance meter with a two-electrode system. The corona-resistance property was measured by using CS2674C pressureresistant meter under a voltage of 3kV. Solution viscosity of the sol (Al(OH) or $Al(OH)_3$) /poly (amic acid) was measured using a rotary viscometer with a 10wt % of poly (amic acid) in DMAc solution at $30\pm0.1℃$.

3 Results and Discussion

3.1 Synthesis of polyimide/Al_2O_3 hybrid films

Aluminum alkoxides are generally used as Al_2O_3 source in sol-gel reactions and aluminum isopropoxide is one of the widely used precursors. In our initial experiment, aluminum tri-butoxide was used as a precursor to Al_2O_3 in hybridization. When it was dropped into the solution of poly (amic acid), aggregation occurred and lumps formed quickly, which could not be dispersed by vigorous stirring. The main reason is due to aluminum alkoxides with very high reaction actives, which results in fast hydrolysis and strong interaction of the resultant sol with polymer. There are two methods to solve above aggregation. One method is to add dispersant to make the sol homogenously, but the experiments showed a bad effect to prevent aggregation. The other is to exploit ultrasonicator to reach a homogeneous sol. Definitely, the second approach exhibits a good result. After the sol solution was treated by an ultrasonicator, ODA was added and dissolved completely in DMAc. Then, PMDA was added stepwise to polycondense with the ODA to produce a homogenous and viscous solution. The rotary viscosity of the above solution was in the range of 500-600 poise at 30℃. Then, the solution was filtrated and cast on a glass substrate and followed by drying to get a selfsupported gel film. Finally, the gel film was treated at high temperature, and the PI/Al_2O_3 hybrid films with different Al_2O_3 content were obtained.

3.2 Thermal properties

Fig. 1 illustrates the temperature dependence of the tan δ for pure PI film and hybrid films. The maxima reflect glass transition (T_g) for PI matrix. They are located at 420, 441, 455, 458, 455, 454, and 444℃, corresponding to the Al_2O_3 contents of 0, 2.5, 5, 10, 12.5, 15, and 20%, respectively. It seems that the movement of polyimide molecular chains is confined in the rigid Al_2O_3 network structure, which makes the T_g increase about 20-40℃. When the Al_2O_3 content is in the range 5%-15%, the T_g of the hybrid films almost keeps at a constant level. Whereas the hybrid film with 20% of Al_2O_3, the T_g decreased abruptly but is still higher than that of pure PI film. It is attributed to a local aggregation of Al_2O_3 particles.

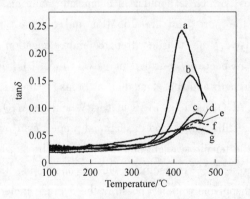

Fig. 1 Spectra of tan δ for pure PI and the hybrid films
a—0%; b—2.5%; c—5%; d—10%; e—12.5%; f—15%; g—20%

Thermal stability of the hybrid films was evaluated from TGA curves in Fig. 2. The pure PI film gives the decomposition temperatures of 575℃ at 5% weight loss under an air atmosphere. However, increasing Al_2O_3 composition, the T_5 is enhanced to 587, 590, 595, 597, 601℃ corresponding to Al_2O_3 content of 2.5, 5, 10, 12.5, 15%, respectively. With further increase of Al_2O_3 content to 20%, a slight decrease in T_5 at 592℃ was detected. The above results indicate that the thermal stability of pure PI film could be improved by an addition of Al_2O_3 particles.

3.3 Mechanical properties

The mechanical properties of the PI/Al_2O_3 hybrid films are listed in Table 1. We found that the Young's moduli of the hybrid films increase with Al_2O_3 content. For example, the Young's modulus for pure PI film is 3.20GPa. As the film incorporated with 2.5wt% of Al_2O_3, the Young's modulus slightly increased to 3.38GPa. When the Al_2O_3 content further increased to

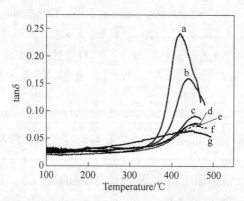

Fig. 2 TGA curves of PI/Al$_2$O$_3$ hybrid films
a—0%; b—2.5%; c—5%; d—10%; e—12.5%; f—15%; g—20%

12.5%, the Young's modulus markedly increased to 4.26GPa, which is 33.2% higher than the pure PI film. The increase in the Young's modulus reflects the reinforcement effect of Al$_2$O$_3$ particles in the composites, which is popular in composite materials. The tensile strength and elongation at break for the pure film are 265MPa and 60.1%, respectively. As the film includes 2.5wt% of Al$_2$O$_3$, the tensile strength and elongation at break decreased to 201.7MPa and 45.7%, respectively. Further increase in the Al$_2$O$_3$ content leads to a gradual decrease in the tensile strength and the elongation at break, which is probably caused by the partial aggregation of the Al$_2$O$_3$ particles in PI matrix. When the Al$_2$O$_3$ content is no more than 15%, the PI hybrid films still exhibit good mechanical properties. However, as the Al$_2$O$_3$ content increased to 20%, the tensile strength and elongation at break of the films decreased dramatically to 40.4MPa and 1.1%, respectively. On the one hand, the sol-gel reaction happened simultaneously with polymerization, possibly the average molecular weight of PI matrix was influenced by a formation of alumina. On the other hand, more alumina content readily leads to a serious aggregation of Al$_2$O$_3$ particles.

Table 1 Mechanical properties of PI/Al$_2$O$_3$ hybrid films

Al$_2$O$_3$/wt%	Tensile modulus/GPa	Tensile strength/MPa	Elongation/%
0	3.20	265	60.1
2.5	3.38	202	45.7
5	3.57	196	24.5
10	3.96	185	19.9
12.5	4.26	175	12.7
15	4.40	168	9.34
20	4.57	40.4	1.12

The storage modulus (E') of hybrid films increased remarkably with the increase of Al$_2$O$_3$ content in the range of 70–480℃ as shown in Fig. 3. The E' value of pure PI film decreased slowly from 1.93GPa at 70℃ to 0.63GPa at 380℃ while it declined dramatically only in ex-

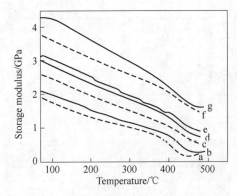

Fig. 3 Dynamic mechanical spectra (E') for pure PI and the hybrid films
a—0%; b—2.5%; c—5%; d—10%; e—12.5%; f—15%; g—20%

cess of 380℃ and then displayed a minimum at about 450℃. PI/Al_2O_3 hybrid films also show a decreased modulus with temperature, but no minimum was observed. The starting storage moduli of hybrid films are of 2.11, 2.61, 3.01, 3.15, 3.76, 4.25GPa corresponding to 2.5, 5, 10, 12.5, 15, 20% of Al_2O_3 particles. It should be mentioned that hybrid films with 15 and 20% of Al_2O_3 still possess high storage modulus of 1.48 and 1.60GPa at about 480℃, implying a good dynamic mechanical property that is important for its applications in high-temperature range. However, increasing Al_2O_3 content gives rise to an increase of E' values, which resulted from an addition of rigid Al_2O_3 network to make the segmental mobility of PI chains difficult in the composites.

3.4 Dimensional stability

It is well known that good dimensional stability is very important in a broad temperature range for microelectronic industry and space applications. Generally, addition of inorganic particles or compounds can improve the dimensional stability of composites to some extent. As reported in literature for PI/Al_2O_3 system, the hybrid film with 20wt% of Al_2O_3 has a coefficient of thermal expansion (CTE) of 31.6 ppm/℃, 15% lower than pure PI film.[24] In Fig. 4, we can find that the CTE of the PI hybrid films decreases gradually with the Al_2O_3 content as shown in Table 2. The hybrid film with 12.5wt% of Al_2O_3 has a CTE of 15.8 ppm/℃ in the range of 50-350℃, only 41.8% of that of pure PI film. As the Al_2O_3 content increased to 20%, CTE of hybrid film further decreased to 7.3 ppm/℃, only 19.3% of that of PI film. Intriguingly, an excellent linear relationship can be found in Fig. 4 between the CTE values and the alumina content, which indicates that dimensional stability of the PI film could be improved obviously by incorporation of Al_2O_3 particle through the above sol-gel route.

3.5 Electrical property

A phenomenon generally known as "corona" that could cause ionization in the insulating layer is recognized as the major reason for electric breakdown of an insulation material when the

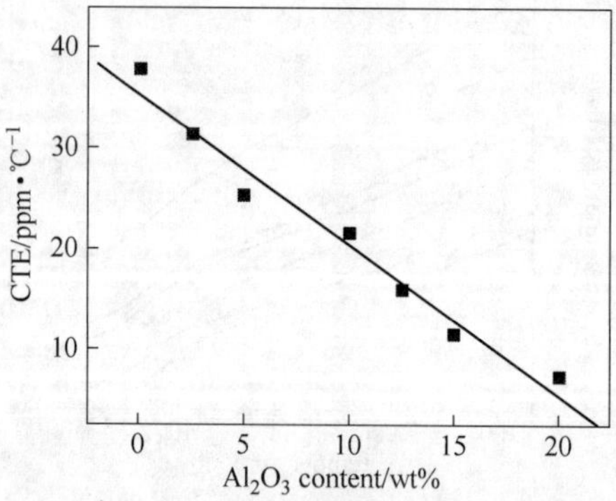

Fig. 4 Relationship between CTE of hybrid films and Al_2O_3 content

Table 2 Thermal properties of PI/Al_2O_3 hybrid films

Al_2O_3/wt%	Decomposition temperature T_5/℃	CTE/ppm·℃$^{-1}$	T_g/℃
0	575	37.8	430
2.5	587	31.4	451
5	590	25.1	465
10	595	21.4	468
12.5	597	15.8	465
15	601	11.6	464
20	592	7.3	444

voltage stress reached a critical level. Draper et al. reported that the polyimide films with addition of some ultrafine inorganic additives exhibited good corona-resistance property.[35] And of all the film materials, only KAPTON@ CR manufactured by Dupont exhibited the best corona-resistance property. Fig. 5 shows the time to failure for PI hybrid films in electrical aging test, which was determined by the breakdown time of the films under a highly constant voltage. The PI hybrid films show evidently improvement in electrical aging performance as compared with pure PI film. Surprisingly, the hybrid PI film with 15wt% of Al_2O_3 exhibits a significant enhancement, i.e., the time to failure in electrical aging at 3kV is 825min, which is 55 times longer than that of pure PI film. Definitely, the addition of Al_2O_3 gave rise to the structural change in composites. As we know, the Al—O bond energy is higher than that of C—C, C—H, C—O bond, the addition of Al_2O_3 made the composite surface ionization difficult, and FTIR spectra (see Fig. 7) indicate the O···H···O bonds formed between alumina and PI molecules in the composites. When the Al_2O_3 content is no more than a certain value, the Al_2O_3 particles could be well dispersed in the polyimide matrix to enhance the corona-resistance performance. As the Al_2O_3 content exceeds a certain value, Al_2O_3 particles are dispersed heterogeneously ant it will lead to a decrease in the corona-resistance property. The hybrid film containing 20% Al_2O_3 content confirms this hypothesis.

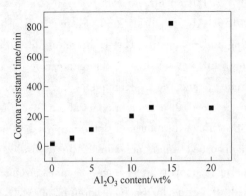

Fig. 5 Corona resistance time of PI/Al_2O_3 hybrid films in the electrical aging

Fig. 6 shows the permittivity of the PI hybrid films at different Al_2O_3 content. It can be seen that the permittivity was slightly increased at firstly with the Al_2O_3 content and then increased dramatically as the Al_2O_3 content is more than 12.5% at frequency of 10^2 Hz. The hybrid film with 12.5% of Al_2O_3 shows the permittivity of 3.5, which is about 13% higher than that of PI film (3.1). As the Al_2O_3 content increased to 15 and 20%, the permittivity increased to 4 and 4.4 at the same frequency. Generally, for the samples less than 12.5% of Al_2O_3 content, the permittivity decreased slightly as the frequency increased. It should be mentioned that the samples with 15 and 20% of show a dramatic decrease in permittivity with the frequency. Possibly, too high Al_2O_3 content results in heterogeneously dispersion of Al_2O_3 particles in the PI matrix.

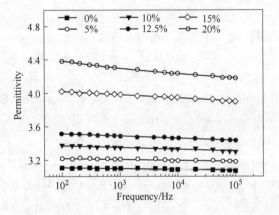

Fig. 6 Effect of Al_2O_3 content on permittivity of the hybrid films

3.6 Component, structure, and morphology

Component analysis for hybrid films using ICP showed that the Al_2O_3 content is close to the calculated values. For example, the Al_2O_3 content from ICP is 10.5wt%, close to the theoretical value 10wt%. The result indicated the aluminum precursor transferred into Al_2O_3. This result was also confirmed by FTIR spectra in Fig. 7. Fig. 7 (a) is pure polyimide film and Fig. 7 (b, c) is 5 and 15% Al_2O_3 hybrid films, respectively. The characteristic peaks of symmetric C=O stretching and asymmetric C=O stretching of the imide group are visible at 1776 and 1712cm^{-1}, which are not sensitive to inorganic component. The bending vibration of C=O appears at 725cm^{-1}, and the assignment of the stretching of the imide ring is at 1374cm^{-1}.[36] Obviously, a broad absorption appears at 3200-3700cm^{-1} after hybridization, which are characteristic stretching vibration and deformation vibration of hydroxylate (O—H from hydrated Al_2O_3 and absorbed water molecules. After hybridization, the band in 600-1000cm^{-1} become broadening, intensity at 917cm^{-1} becomes stronger while peaks at 800 and 938cm^{-1} become very weak. It is due to the incorporation of Al_2O_3 nanoparticles in PI matrix.[37]

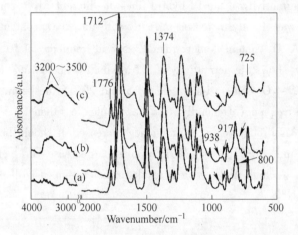

Fig. 7 FTIR spectra of (a) polyimide film, (b, c) polyimide/ Al_2O_3 with the Al_2O_3 content of 5 and 15%, respectively

To investigate the morphology of the PI/Al_2O_3 hybrids, the casting films were quenched in liquid nitrogen and then broken to obtain fracture surfaces.

Fig. 8 shows the FESEM photographs of the fracture surfaces of such hybrid films with different Al_2O_3 content. By comparison of four samples, it can be observed that the dispersion of the Al_2O_3 particles in the films becomes more even with the Al_2O_3 content increasing. The particle size of Al_2O_3 in hybrid films is about 20-30nm. The morphological structure of the hybrids was also studied by TEM (Fig. 9), and the results were consistent with FESEM results. TEM images reveal that the Al_2O_3 particle size is about 20-30nm. For the sample with 15wt% of Al_2O_3 content, an obvious linked structure between Al_2O_3 particles can be found in Fig. 9 (b). Possibly, such a compact Al_2O_3 network can serve as a good scaffold and finally lead to the significant enhancement of properties of hybrid films, such as electrical aging when the Al_2O_3 content up to 15wt%.

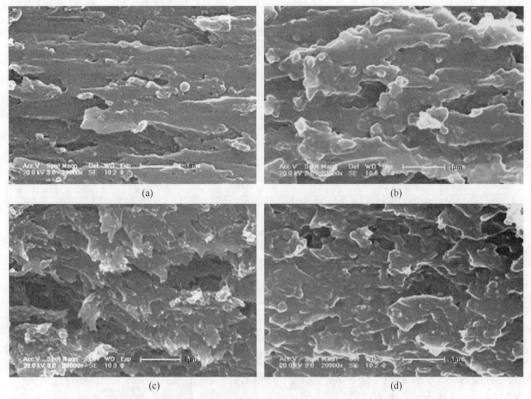

Fig. 8 FESEM images of PI/Al_2O_3 hybrid films with different Al_2O_3 content
(a) 2.5%; (b) 10%; (c) 12.5%; (d) 15%

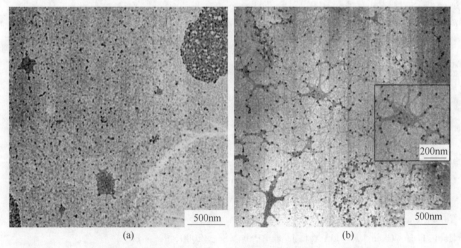

Fig. 9 TEM images of PI/Al_2O_3 hybrid films with different
Al_2O_3 content (a) 12.5%, (b) 15%, a magnification picture was inserted in the black frame

4 Conclusion

Polyimide/Al_2O_3 composite films with different Al_2O_3 content were prepared by a sol-gel process. The sol particles were successfully dispersed in the PAA solution by means of the ultrasonic treatment and finally the Al_2O_3 particles were well dispersed in the polyimide matrix. The hybrid films obtained by this approach exhibited high thermal stability, excellent dimensional stability, fairly good mechanical property and good corona-resistance property by adequate final addition of Al_2O_3. When the Al_2O_3 content is 15%, the T_g of the hybrid films increased about 20-40℃, and the decomposition temperature at 5% weight loss is enhanced to 601℃. In addition, at this content of Al_2O_3, the time to failure in electrical aging at 3kV is 825min, which is 55 times longer than that of pure PI film. The hybrid PI film with 15wt% of Al_2O_3 exhibited a significant enhancement, which may be attributed to the formation of a compact Al_2O_3 network in the polyimide matrix.

References

[1] Ghosh M K, Mittal K L. Polyimides: Fundamentals and Applications [M]. New York: Marce Dekker, 1996.

[2] Mittal K L, Ed. Polyimides: Synthesis, Characterization and Applications [M]. New York: Plenum, 1984; Vols. 1, 2.

[3] Feger C J, Khojasteh M M, McGrath J E, Eds. Polyimides: Materials, Chemistry and Charaterization, Amsterdam: Elesevier Science, 1989.

[4] Wilson D, Stenzenberger H D, Hergenrother P M, Eds. Polyimies [M]. Glasgow: Blackie, 1990.

[5] Lupinski J H, Moore R S. Eds. Polymeric Materials for Electronics Packaging and Interconnection, ACS Symposium Series 407 [M]. Washington DC: American Chemical Society, 1989.

[6] Takekoshi T. Adv Polym Sci, 1990, 94, 1.

[7] Sroog C E. Prog Polym Sci, 1991, 16, 561.

[8] Wong C P. Ed. Polymers for Electronic and Photonic Applications [M]. New York: Academic Press, 1993: 167.

[9] Numata S, Miwa T, Misawa Y, Makino D, Imaizumi J, Kinojo N. Mater Res Soc Symp Proc, 1988, 108, 113.

[10] Fay C C, Clair A K S T. J Appl Polym Sci, 1998, 69, 2383.

[11] Nandi M, Conklin J A, Salvati L, Jr Sen A A. Chem Mater, 1991, 3, 201.

[12] Mascia L, Kioul A. Polymer, 1995, 36, 3649.

[13] He Y Q, Ping Y H. Mater Chem Phys, 2003, 78, 614.

[14] Qiu W L, Luo Y J, Chen F T, Duo Y Q, Tan H M. Polymer, 2003, 44, 5821.

[15] Morikawa A, Tyoku Y, Kakimoto M A, Imai Y. Polym J, 1992, 24, 107.

[16] Chiang P C, Whang W T, Polymer, 2003, 44, 2249.

[17] Hsiue G H, Chen J K, Liu Y L. J Appl Polym Sci, 2000, 76, 1609.

[18] Joly C, Goizet S, Schrotter J C, Sanchez J, Escoubes M. J Membrane Sci, 1997, 130, 63.

[19] Morikawa A, Iyoku Y, Kakimoto M, Yami Y. J Mater Chem, 1992, 2, 679.

[20] Yang Y, Zhu Z, Qi Z. J Funct Mater, 1999, 30, 78.

[21] Wu J, Yang S, Gao S, Hu A, Liu J, Fan L. Euro Polym J, 2005, 41, 73.

[22] Zhong J, Zhang M, Jiang Q, Zeng S, Dong T, Cai B, Lei Q. Mater Lett, 2006, 60, 585.

[23] Alexandre M, Dubois P. Mater Sci Eng, 2000, 28, 1.

[24] Jimenez G, Ogata N, Kawai H, Ogihara T. J Appl Polym Sci, 1997, 64, 2211.
[25] Usudi A, Kawasumi M, Kojima Y, Okada A, Kurau C T, Kamigaito O. J Mater Res, 1993, 8, 1174.
[26] Ronald G K, Chen Q Q. Polymer, 1993, 34, 783.
[27] Tyan H L, Leu C M, Wei K H. Chem Mater, 2001, 13, 222.
[28] Chang J H, Park K M, Polym Eng Sci, 2001, 41, 2226.
[29] Yano K, Usuki A, Okada A. J Polym Sci Part A: Poly Chem, 1997, 35, 2289.
[30] Morgan A B, Gilman J W, Jackson C L. Macromolecules, 2001, 34, 2735.
[31] Delozier D M, Orwoll R A, Cahoon J F, Johnston N J, Smith J G, Connell J. W. Polymer, 2002, 43, 813.
[32] Chen X H, Gonsalves K E. J Mater Res, 1997, 12, 1274.
[33] Thompson C M, Herring H M, Gates T S, Connell J W. Compos Sci Technol, 2003, 63, 1591.
[34] Harris F. W. In Polyimides, Willson D, Stenzenberger H, Hergrnrother P, Eds, London: Blackie, 1990: 1.
[35] Draper R E, Jones G P, Rehder R H, Stutt M. U. S. Pat, 1997, 5, 989, 702.
[36] Tyan H L, Liu Y C, Wei K H. Polymer, 1999, 40, 4877.
[37] Shek C H, Lai J K L, Gy T S, Lin G M. Nanostruct Mater, 1997, 8, 605.

AFM Images of G_1-phase Premature Condensed Chromosomes: Evidence for 30nm Changed to 50nm Chromatin Fibers*

Abstract To gain evidence for 30nm changed to 50nm chromatin fibers, we used atomic force microscopy (AFM) to study the ultrastructural organization of G_1-phase premature condensed chromosomes (PCC). The surface of early G_1-phase PCC is smooth and fibrous structures exist around the chromatids. The height of early G_1-phase PCC is about 410nm and the width is $1.07\pm0.11\mu m$ ($n=30$). At late G_1-phase, the surface becomes globular. The height of late G_1-phase PCC is about 370nm and the width is $845.04\pm82.84nm$ ($n=30$). Phase image reveals that early G_1-phase PCC is composed of 50nm ($48.91\pm6.63nm$, $n=30$) chromatin fibers and these 50nm chromatin fibers tangle together, while late G_1-phase PCC is composed of 30nm ($30.96\pm4.07nm$, $n=30$) chromatin fibers. At high magnification, fibers existing around the chromatids become clear in early G_1-phase PCC. Chromatin fibers revealed by closer view of the end of chromatid are about 50nm. In late G_1-phase PCC, the surface presents globular structures. The shape of these globular structures is regular and the diameter is $118.96\pm11.70nm$ ($n=30$). Our results clearly show that 30nm chromatin fibers change to 50nm chromatin fibers in G_1-phase PCC and suggest that 50nm chromatin fibers are the basic component of the mitotic chromosomes.

Key words premature condensed chromosomes (PCC), atomic force microscopy (AFM), 50nm chromatin fibers, 30nm chromatin fibers

1 Introduction

Chromosomes are complex structures containing DNA, histones, RNA and non-histone proteins, which appear during cell division. Its higher-order structure plays a critical role in many aspects of gene regulation[1], perhaps extending even to complex processes such as aging[2]. The first order of organization is nucleosome, which is considered to be the fundamental unit of chromosome structure[3,4]. Nucleosomes further pack into 30nm chromatin fibers as the second order of organization. However, despite intense efforts the following condensation steps involving long range chromatin fiber interactions, ultimately resulting in metaphasic chromosome formation remains poorly understood. To elucidate how 30nm chromatin fibers form the structure of the higher order is still a fundamental problem in studies on mitotic chromosomes.

Premature condensed chromosomes (PCC) is a powerful experimental tool to study cell

---

* Copartner: Fan Yihui, Mao Renfang, Bai Jing, Zhang Xiaohong, Fu Songbin. Reprinted from *Applied Surface Science*, 2008, 254 (6): 1676-1683.

cycle-specific changes in the higher-order arrangement of chromatin fibers. Chromosomes decondense gradually throughout G_1-phase, reach a maximum level of dispersion at the time of replication during S-phase, and then begin a recondensation process that culminates in the formation of the maximally condensed metaphase chromosomes[5]. Therefore, precise investigation of this process will provide valuable information for understanding the higher-order organization of chromosomes.

Is 30nm or thicker fiber the basic unit of higher-order organization of mitotic chromosomes. It is a pivotal question to thoroughly understand the structure of chromosomes. Hoshi and Ushiki used atomic force microscopy (AFM) to study structure of G-banded human metaphase chromosomes and found that G-positive ridges were produced by an aggregation of fibrous structures about 50-100nm in diameter[6]. Liu et al. used AFM to investigate the surface structure of barley chromosome and found granular structures with a diameter of ca. 50nm on the surface of metaphase chromosomes[7]. Tamayo used AFM to study structure of human chromosomes treated with RNAase and pepsin, and found a granular structure with a grain size from 50 to 100nm[8]. Fukushi and Ushiki used AFM to examine the structure of c banded human metaphase chromosomes and 50nm thick chromatin fibers clearly shown in the entire length of the chromosomes[9]. As for the structure of native chromosomes, Hoshi et al. proposed globular or fibrous structures about 50nm thick on the surface of each chromatid[10]. In our previous study, we found S-phase PCC is composed of 30nm chromatin fibers[11]. Taking these results together, we infer that there might be a state that 30nm changing to 50nm chromatin fibers between S-phase and M-phase. The current study was carried out in G_1-phase PCC to find the evidence.

2 Materials and Methods

2.1 Cell culture and cell synchronization

HeLa cells were cultured in RPMI-1640 medium (GIBCO) supplemented with 10% fetal bovine serum (GIBCO) and maintained in a humidified 5% CO_2 air incubator at 37℃. To synchronize cells into G_1-phase, we cultured cells in RPMI-1640 medium without FCS for 24 h.

2.2 Induction of premature condensed chromosomes

Calyculin A (Wako Chemicals) were dissolved in dimethylsulfoxide (DMSO) as a stock solution and stored at -20℃. It was added at concentration of 50nm/L to the medium, and the cells were incubated at 37℃ 1h before harvest.

2.3 Preparation of chromosome spreads

Cell suspension was exposed to 75 mL KCl and fixed with a mixture of methanol and acetic acid (3∶1). Spreads of chromosomes were made by dropping the cell suspension onto glass slides, followed by air-drying. These glass slides were treated with 0.025% trypsin at 4℃ for

120s and stained with a Giemsa solution.

2.4 Observation by atomic force microscopy (AFM)

Glass slides were first observed by light microscopy, and the region containing an ideal karyotype of early G_1-phase or late G_1-phase PCC was marked, then AFM (Nanoscopy Ⅲa) imaging was carried out using a dynamic force mode. This nanoscopy was equipped with a piezo translator with a maximum xy scan range of 14μm width and a z range of about 1.2μm. Cantilevers were rectangular, with a constant force of 35N/m and a resonance frequency of 360kHz. All images were collected simultaneously as constant force images and variable deflection images in a dynamic force mode in air at room temperature. The constant force images were usually displayed by a computer using "gradation mode" that represents the height of specimens as color gradations.

3 Results and Discussion

3.1 Light microscopy image of G_1-phase PCC

Fig. 1(a) shows the light microscopic morphology of PCC from HeLa cells in early G_1-phase. The characteristic features are relatively short and thick single chromatids. As cells progress to late G_1-phase, the PCC appears attenuated (Fig. 1(b)).

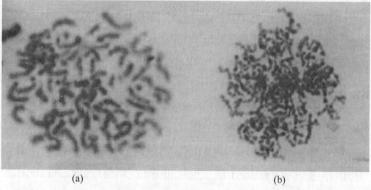

(a)   (b)

Fig. 1   Light microscopy image of G_1-phase PCC

(a) early G_1-phase; (b) late G_1-phase

3.2 AFM image of G_1-phase PCC

Fig. 2(a) shows the surface of early G_1-phase PCC is smooth. Chromatin fibers exist around the chromatids and these fibrous structures show more clearly at the end of chromatids. The height of early G_1-phase PCC is about 410nm (Fig. 2(b)) and the width is 1.07 ± 0.11μm ($n = 30$). In late G_1-phase, the surface becomes globular (Fig. 3(a)). The height of late G_1-phase PCC is about 370nm (Fig. 3(b)) and the width is 845.04 ± 82.84nm ($n = 30$). Phase image reveals that early G_1-phase PCC is composed of 50nm (48.91 ± 6.63nm, $n =$

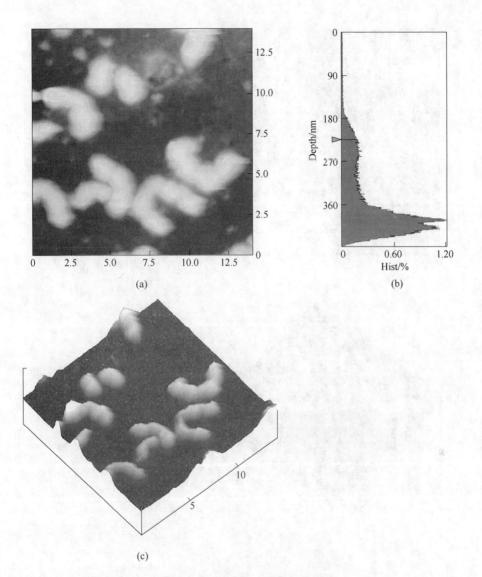

Fig. 2 AFM image of early G_1-phase PCC

(a) height image of early G_1-phase PCC; (b) bearing analyze of (a).
The height of early G_1-phase PCC is about 410nm;
(c) three-dimensional image of (a)

30) chromatin fibers (Fig. 4), while late G_1-phase PCC is composed of 30nm (30.96± 4.07nm, $n=30$) chromatin fibers (Fig. 5). Section analysis shows more clearly profiles of chromatin fibers (Fig. 4 (c) and (f); Fig. 5 (c) and (f)) and red arrows are measure points (Fig. 4 (f) and Fig. 5 (f)). In early G_1-phase, 50nm chromatin fibers tangle together and some 50nm chromatin fibers loop out of the axis (Fig. 4 (a)). In late G_1-phase, several 30nm chromatin fibers arrange in parallel or twist together (Fig. 5 (a)). AFM image shows a very distinct structure between early G_1-phase and late G_1-phase. It suggests that the

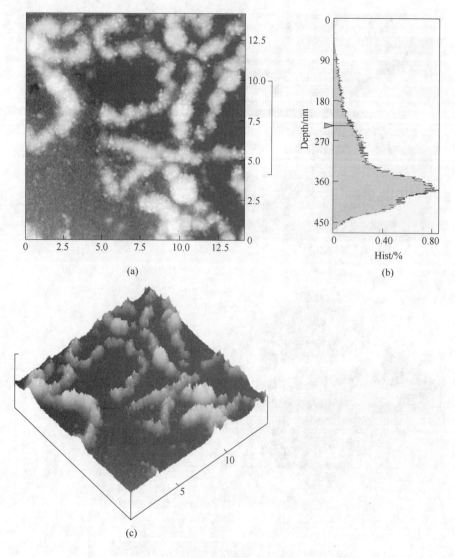

Fig. 3 AFM image of late G_1-phase PCC

(a) height image of late G_1-phase PCC; (b) bearing analyze of (a).
The height of late G_1-phase PCC is about 370nm;
(c) three-dimensional image of (a)

organization of chromosome has a vigorous dynamic change in cell cycle.

The atomic force microscope (AFM), invented by Binnig et al.[12] is a new device among the scanning probe microscopes (SPM). Scientific efforts in the past few years indicated that AFM could be a potential powerful tool for biological and biomedical research[13-15]. Sample can be imaged directly using AFM, requiring little or no sample pretreatment. Such advantages make AFM more suitable for studying physiologic ultrastructure of chromosomes. Because spatial resolution is lower than vertical resolution of AFM, mitotic chromosome is too dense to

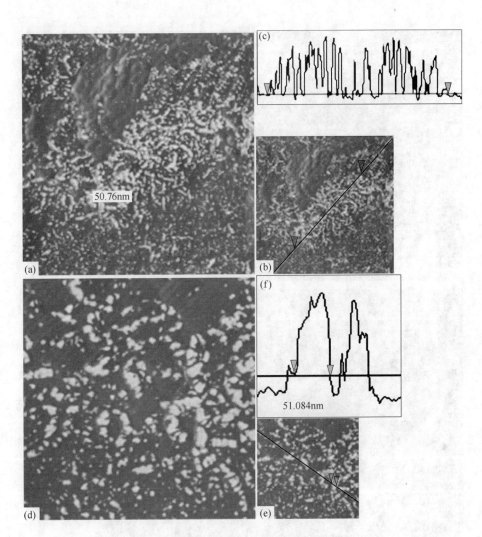

Fig. 4　Phase image of early G_1-phase PCC

(a) early G_1-phase PCC is composed of 50nm chromatin fibers. The width of chromatin fibers is noted by black box;
(c) line profile of (a), the section is indicated by the white line in (b);
(d) closer view of (a); (f) line profile of one fiber, the section is indicated by the white line in (e).
Red arrows are the measure points and the width of the chromatin fiber is 51.084nm.
(For interpretation of the references to colour in this figure legend, the reader is referred to
the web version of the article)

suit for AFM scanning. Therefore, we select more dispersed state of high-order organization of mitotic chromosomes for AFM scanning. Our present and previous studies imply that height image is fit for revealing surface feature of chromosomes and phase image is fit for revealing internal fiber organization.

3.3　High magnification image of G_1-phase PCC

Fig. 6(a) presents sharper images of fibers existing around the chromatid in early G_1-phase

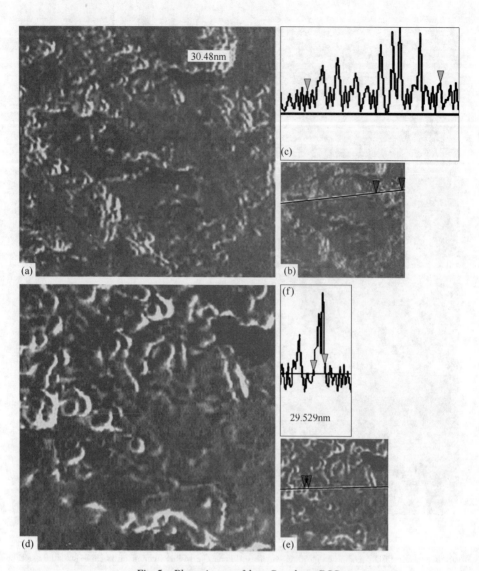

Fig. 5 Phase image of late G_1-phase PCC

(a) late G_1-phase PCC is composed of 30nm chromatin fibers. The width of chromatin fibers is noted by black box;

(c) line profile of (a), the section is indicated by the white line in (b);

(d) closer view of (a); (f) line profile of one fiber, the section is indicated by the white line in (e).

Red arrows are the measure points and the width of the chromatin fiber is 29.529nm.

(For interpretation of the references to colour in this figure legend, the reader is referred to the web version of the article)

PCC. Chromatin fibers revealed by closer view of the end of chromatids are about 50nm (Fig. 6 (c)). It is consistent with our phase image finding. In early G_1-phase PCC, the surface feature is similar to mitotic chromosomes revealed by AFM[10,16], but the fibrous structures around the chromatids are more clearly observed especially at the end of chromatids. At the end of chromatids, chromatin fibers about 50nm are demonstrated in high magnification of height image. It proves our phase image finding that 50nm chromatin fibers constitute early G_1-phase PCC. We propose that these fibers may be the basic component of the chromosomes and probably produced by a twisting of 30nm chromatin fibers. Investigators used X-ray to prove the two start helical crossed linker model of 30nm chromatin fiber[17,18]. According to this model, the 50nm chromatin fibers may be a more compact pattern of two 10nm chromatin fibers.

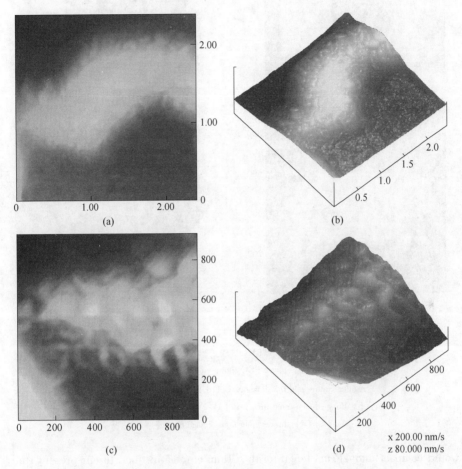

Fig. 6 High magnification of AFM image of early G_1-phase PCC

(a) height image. The surface of early G_1-phase PCC is smooth. Around the chromatid,

chromatin fibers exist; (b) three-dimensional image of (a); (c) closer view of (a).

At the end of chromatid, 50nm chromatin fibers clearly revealed;

(d) three-dimensional image of (c)

Fig. 7 presents the surface as globular in late G_1-phase PCC at high magnification. The shape of these globular structures is regular and the diameter is 118.96±11.70nm ($n=30$). Biochemical analysis of chromatin domains suggests that interphase chromatin is organized in about 50 kb domains[19]. Fig. 7 (a) widely used estimate results from the compaction of the 1200 bp associated with six nulcleosomes into one 10nm thick turn of helical chromatin fiber. 50 kb ds-

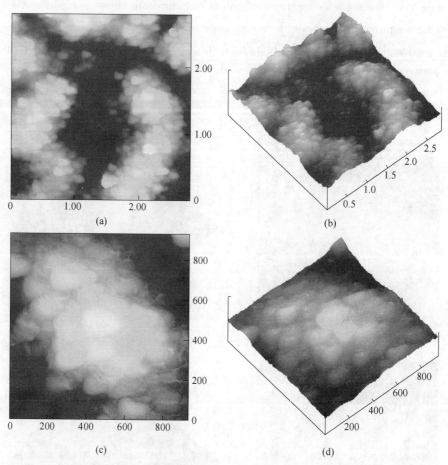

Fig. 7 High magnification of AFM image of late G_1-phase PCC

(a) height image. Late G_1-phase PCC shows globular structures. Each globe has a regular feature and the diameter is 118.96±11.70nm ($n=30$);
(b) three-dimensional image of (a); (c) closer view of (a);
(d) three-dimensional image of (c)

DNA would compact into 417nm length of the 30nm chromatin fiber. In our present study, the diameter of globe is 118.96±11.70nm. Three or four 30nm chromatin fibers unify together and the total length is about 450nm. It suggests that the globular structure might be the functional unit of chromosomes in interphase.

4 Conclusions

We used AFM to study the organization of G_1-phase PCC. The height of early G_1-phase PCC is about 410nm and the width is 1.07±0.11μm. The early G_1-phase PCC is composed of 50nm (48.91±6.63nm, $n=30$) chromatin fibers. The surface of late G_1-phase PCC presents globular structures and the diameter is 118.96±11.70nm ($n=30$). The height of late G_1-phase is about 370nm and the width is 845.04±82.84nm ($n=30$). The late G_1-

phase PCC is composed of 30nm chromatin fibers. Our results evidently show that 30nm (30.96±4.07nm, $n=30$) chromatin fibers change to 50nm chromatin fibers in G_1-phase.

Acknowledgements

Research was supported by the Hi-Tech Research, Development Program (No. 2002BA 711A08) of China; the National Natural Science Foundation (No. 30370783); and the Ph. D. Programs Foundation (No. 20040226001) of MOE to Dr. S. B. Fu.

References

[1] A. P. Wolffe, D. Guschin, J. Struct. Biol. 2000, 129: 102-122.

[2] J. Campisi. Science, 2000, 289: 2062-2063.

[3] R. D. Kornberg, Annu. Rev. Biochem, 1977, 46: 931-954.

[4] J. B. Rattner, C. C. Lin. Cell, 1985, 42: 291.

[5] H. K. Steven. Chromosoma, 1983, 88: 333-342.

[6] O. Hoshi, T. Ushiki. Arch. Histol. Cytol, 2001, 64: 475-482.

[7] X. Q. Liu, S. Sugiyamaa, Q. Y. Xua, T. Koboria, S. Hagiwaraa, T. Ohtania. Ultramicroscopy, 2003, 94: 217-223.

[8] J. Tamayo. J. Struct. Biol., 2003, 141: 198-207.

[9] D. Fukushi, T. Ushiki. Arch. Histol. Cytol, 2005, 68: 81-87.

[10] O. Hoshi, M. Shigeno, T. Ushiki. Arch. Histol. Cytol, 2006; 69: 73-78.

[11] Y. H. Fan, X. H. Zhang, J. Bai, R. F. Mao, C. Y. Zhang, Q. Q. Lei, S. B. Fu. Appl. Surf. Sci., 2007, 253: 5281-5286.

[12] G. Binnig, C. F. Quate, C. Gerber. Phys. Rev. Lett, 1986, 56: 930-933.

[13] J. H. Hoh, P. K. Hansma. Trends Cell Biol., 1992, 2: 208-213.

[14] E. Henderson. Prog. Surf. Sci., 1994, 46: 39-60.

[15] R. Lal, S. A. John. Am. J. Physiol, 1994, 266: C1-C21.

[16] O. Hoshi, R. Owen, M. Milesb, T. Ushikia. Cytogenet. Genome Res, 2004, 107: 28-31.

[17] S. Thomas. Nature, 2005, 436: 138-141.

[18] J. J. Philip, R. Daniela. Curr. Opin. Struct. Biol, 2006, 16: 336-343.

[19] D. A. Jackson, P. Dickinson, P. R. Cook. EMBO J, 1990, 9: 567-571.

Effects of Oxygen Plasma Treatment Power on Surface Properties of Poly (p-phenylene Benzobisoxazole) Fibers[*]

Abstract The effects of oxygen plasma treatment power on surface properties of poly (p-phenylene benzobisoxazole) (PBO) fibers were investigated. Surface chemical composition, surface roughness and surface morphologies of PBO fibers were analyzed by X-ray photoelectron spectroscopy (XPS), atomic force microscopy (AFM) and scanning electron microscopy (SEM), respectively. Surface free energy of the fibers was characterized by dynamic contact angle analysis (DCAA). The results indicated that the oxygen plasma treatment introduced some polar groups to PBO fiber surfaces, enhanced surface roughness and changed surface morphologies of PBO fibers by plasma etching and oxidative reactions. The polar groups and surface free energy of PBO fibers were significantly improved by the oxygen plasma treatment when the plasma treatment power was lower than 200 W. However, these two parameters degraded as the plasma treatment power went up to 300 and 400 W. PBO fibers were notably roughened by the oxygen plasma treatment. Surface morphologies of the fibers became more complicated, and surface roughness of the fibers enhanced almost linearly with the plasma treatment power increasing.

Key words PBO fibers, Oxygen plasma treatment, XPS, AFM, surface wettability

1 Introduction

In the pursuit of new structural materials that having low density, high strength, high modulus (HM) and thermal resistance properties, the rigid rod polymer poly (p-phenylene benzobisoxazole) (PBO) with extended chain conformation was developed by the US Air Force (USAF) as a result of the rigid rod polymer research program in the 1970s and 1980s[1,2]. Fibers prepared from this rodlike polymer have superior tensile strength and modulus, cut and abrasion resistance, and flame retardance[3]. After the commercialization of PBO fiber in October 1998 by the Toyobo with the trademark of Zylon, more and more researchers have been attracted towards the investigation of PBO fibers[4].

Due to the exceptionally high specific strength and modulus, excellent thermal and oxidative stability, chemical resistance and long-term retention of these properties at elevated temperatures, PBO fibers provide great potential applications as reinforcements for advanced composites in aeronautical and astronautical applications, protective garments, personnel ballistic armors and many military applications[5-13]. However, the employing PBO fibers as reinforcements have been limited by poor fiber-matrix interfacial adhesion due to the relatively

---

[*] Copartner: Chen Ping, Zhang Chengshuang, Zhang Xiangyi, Wang Baichen, LiWei. Reprinted from *Applied Surface Science*, 2008, 255 (5): 3153-3158.

smooth and chemically inactive fiber surfaces which prevent efficient physical and chemical bonding in the interface[14,15]. Therefore, surface modification of PBO fibers is of great importance in the field of composites application. Much work has been done to improve the interfacial adhesion between PBO fibers and polymer matrix, including surface treatment on PBO fibers via oxidation methods[16], plasma modification[17], γ-ray irradiation[18], and coupling agents modification[19]. It was reported that the plasma treatment is an effective method to modify the chemical and physical structures of fiber surfaces, tailoring fiber-matrix bonding strength, but without influencing the bulk properties of the fibers[20,21]. However, the effects of oxygen plasma treatment on surface properties of PBO fibers have been rarely reported in the literature.

As reported by Kang et al.[22], the plasma modification of fiber surfaces was closely related to what kind of plasma was used, how high the plasma power was, and how long the fiber surfaces were exposed to the plasma. Therefore, it is necessary to investigate the effects of plasma treatment time and plasma power on fiber surfaces modification in order to optimize the plasma treatment conditions and to improve the plasma treatment effectiveness. We have studied the influence of oxygen plasma treatment time on surface properties of PBO fibers in a previous work[23]. In this work, the effects of different plasma treatment power on surface properties of PBO fibers are further investigated. Corresponding changes in surface chemical composition of PBO fibers were analyzed by X-ray photoelectron spectroscopy (XPS). Surface roughness and surface morphologies of the fibers were examined using atomic force microscopy (AFM) and scanning electron microscopy (SEM), respectively. Surface free energy and contact angle of the fibers were characterized by dynamic contact angle analysis (DCAA).

2 Experimental

2.1 Materials

PBO fiber was received as high modulus yarn from Toyobo Co. Ltd., Japan. The fibers were washed subsequently in acetone and distilled water at room temperature. Each step took about 24 h. The fiber samples were then dried at 100℃ in a vacuum oven for another 3h.

2.2 Plasma treatment

The oxygen plasma treatment was conducted in an inductively coupled radio frequency (13.56MHz) plasma generator. The treatment system includes a vacuum chamber, three mass flow controllers, a pressure gauge, a pumping system and a radio source. Oxygen was fed into the vacuum chamber at a flow rate of about 30-50 SCCM. The operation pressure was set at 30 Pa. PBO fibers were treated by oxygen plasma for 15min with plasma power of 100, 200, 300 and 400 W, respectively.

2.3 Characterization

2.3.1 X-ray photoelectron spectroscopy

Surface chemical composition of PBO fibers were analyzed by XPS (ESCALAB 250, Thermo).

The XPS spectra were obtained using Al Kα ($h\nu = 1486.6eV$) monochromated X-ray source with a voltage of 15kV and a power of 250 W. The XPS measurements were performed at an operating vacuum better than $3.0×10^{-9}$ mbar. Spectra are acquired at a take-off angle of 90° relatively to the sample surface. The pass energy and energy step were 20 and 0.05eV, respectively. Charge neutralization was used.

2.3.2 Atomic force microscopy

Surface roughness and surface morphologies of PBO fibers were characterized by AFM (PicoScan™ 2500, MI). Two or three PBO filaments were fastened to a steel sample mount. A tapping mode was used to scan the fiber surface. AFM images of PBO fibers were obtained with a scan area of 4μm×4μm. Surface roughness of the fiber was calculated by the instrument software (PicoScan 5).

2.3.3 Scanning electron microscopy

Surface morphologies of PBO fibers were still observed by SEM (QUANTA 200, FEI). The fiber samples were adhered to an SEM mount with conductive adhesive. The microscope was operated under 60 Pa with accelerating voltage of 20kV.

2.3.4 Dynamic contact angle analysis

Surface free energy of PBO fibers was measured by a dynamic contact angle analysis system (DCA - 322, Thermo). Fiber surface free energy, which can be divided into two components: dispersive and polar, were derived from Eqs. (1) and (2):

$$\gamma_l(1 + \cos\theta) = 2\sqrt{\gamma_s^p \gamma_l^p} + 2\sqrt{\gamma_s^d \gamma_l^d} \quad (1)$$

$$\gamma_{Total} = \gamma_s^p + \gamma_s^d \quad (2)$$

where θ is the dynamic contact angle between fiber and the testing liquids, γ_l is surface tension of the testing liquid, γ_{Total} is total surface free energy of the fiber, γ_s^p and γ_s^d are the polar component and the dispersive component of the total surface free energy[24,25].

The testing liquids used in the measurement were water (polar solvent) and diiodomethane (non-polar solvent), their surface tension are 72.3 and 50.8 mN/m, respectively.

3 Results and Discussion

3.1 Effects of different plasma treatment power on surface chemical composition of PBO fibers

The effects of different plasma treatment power on surface chemical composition of PBO fibers are shown in Table 1. It was found that the carbon concentration declined, while the oxygen, nitrogen concentrations and the ratio of oxygen to carbon atoms (O/C) on PBO fiber surfaces increased after oxygen plasma treatment. The oxygen concentration and O/C kept increasing from 18% and 0.2 to 39% and 0.7, respectively, with the plasma treatment power going up to 200W. However, these two parameters degraded when the plasma treatment power enhanced to 300 and 400W. The nitrogen concentration on PBO fiber surfaces experienced little change as the plasma treatment power varied from 100W to 400W.

The effects of different plasma treatment power on the concentration of correlative functional groups which can be calculated from the related peak areas in XPS C1s spectra, are shown in Table 2. It was found that a new group with binding energy of about 289.0eV, which may be attributed to O=C—O, appeared on the oxygen plasma treated PBO fiber surfaces. In addition, the —C—C— and —C=N— concentrations declined, the —C—N—, —C=O and O=C—O concentrations increased, while the —C—O— concentration kept nearly constant when the plasma treatment power was lower than 200 W. However, as the plasma treatment power enhanced to 300 and 400 W, the —C—N—, —C—O—, —C=N— and O=C—O concentrations degraded remarkably, the —C—C— concentration returned nearly to the untreated level, while the —C=O concentration saw little change.

As can be seen from Tables 1 and 2, the oxygen concentration, the O/C and the polar groups on PBO fiber surfaces achieved to a preferable level when the plasma treatment power reached to 200W. However, these parameters degraded as the plasma treatment power went up to 300 or 400 W. This may be explained that the oxygen plasma treatment introduced some polar groups (such as O=C—O) onto PBO fiber surfaces at a relatively lower plasma treatment power. However, the newly formed polar groups or covalent bonds decomposed due to the effects of high plasma energy when the plasma treatment power was too high.

Table 1 Effects of different plasma treatment power on surface chemical composition of PBO fibers

Samples	Relative concentration of elements/%			O/C
	C	O	N	
Untreated	79	18	4	0.2
100W plasma treatment	69	24	7	0.3
200W plasma treatment	57	39	4	0.7
300W plasma treatment	65	27	8	0.4
400W plasma treatment	69	23	8	0.3

Table 2 Effects of different plasma treatment power on correlative functional groups of PBO fiber surfaces

Samples	The concentration of correlative functional groups/%					
	—C—C—	—C—N—	—C—O—	—C=O	—C=N—	O=C—O
Untreated	59	12	16	4	9	0
100W plasma treatment	41	24	16	8	6	5
200W plasma treatment	37	25	17	7	8	7
300W plasma treatment	60	14	13	5	4	4
400W plasma treatment	58	14	11	7	5	5

The results suggest that there may be an optimum treatment condition for oxygen plasma modification of PBO fibers, the polar groups on the oxygen plasma treated PBO fiber surfaces would decrease when the plasma treatment power is too high.

3.2 Effects of different plasma treatment power on surface roughness and surface morphologies of PBO fibers

As is shown in Fig. 1, the effects of different plasma treatment power on surface morphologies of PBO fibers were characterized by AFM. It was found that the untreated PBO fiber had a smooth yet streaked surface [Fig. 1(a)]. However, many visible streak flaws and spots

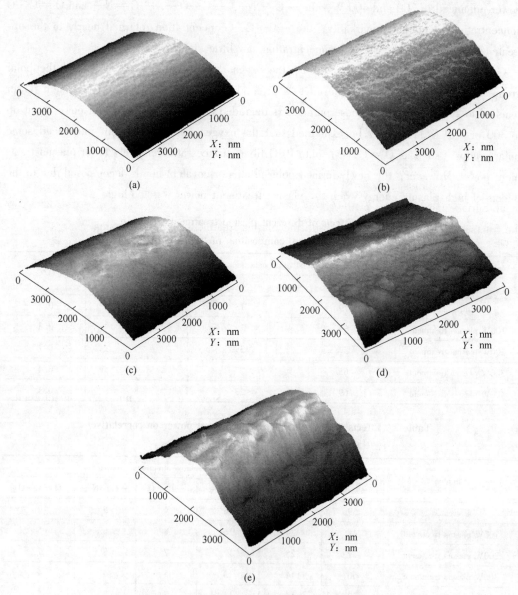

Fig. 1 AFM images of PBO fiber surfaces
(a) untreated; (b) 100W plasma treatment; (c) 200W plasma treatment;
(d) 300W plasma treatment; (e) 400W plasma treatment

[Fig. 1(b)], cone-like structures [Fig. 1(c)], small islets and notches [Fig. 1(d)], and large area of protuberances [Fig. 1(e)] were presented on the 100, 200, 300 and 400W oxygen plasma treated PBO fiber surfaces. The result suggests that PBO fibers were significantly roughened by the oxygen plasma treatment, which may be caused by etching effects and oxidative reactions of the oxygen plasma treatment[23]. Surface morphologies of the fibers became more complicated as the plasma treatment power varied from 100W to 400W.

Surface morphologies of the untreated and oxygen plasma treated PBO fibers were still observed by SEM, which are illustrated in Fig. 2. It can be found that PBO fibers were notably roughened by the plasma treatment. Moreover, the fiber surfaces were etched drastically with the plasma treatment power increasing. These results correlate well with the AFM analysis.

The effects of different plasma treatment power on surface roughness of PBO fibers are shown in Fig. 3. For the untreated PBO fiber, the surface roughness was 164.8nm. However, after 400W oxygen plasma treated for 15min, the fiber surface roughness increased remarkably to 296.3nm. The surface roughness of PBO fibers enhanced almost linearly with the plasma treatment power increasing.

These results indicate that PBO fibers were notably roughened by the oxygen plasma treatment. Surface morphologies of the fibers became more complicated, and surface roughness of the fibers enhanced almost linearly with the plasma treatment power increasing.

3.3 Effects of different plasma treatment power on surface wettability of PBO fibers

The effects of different plasma treatment power on surface wettability of PBO fibers were characterized by DCAA. The contact angles and surface free energy of the untreated and oxygen plasma treated PBO fibers are shown in Table 3. It was found that the contact angles of water, the dispersive component of surface free energy, the polar component of surface free energy, and the total surface free energy on the untreated PBO fibers were 76.6°, 40.1, 5.5 and 45.6 mN/m, respectively. After 200W oxygen plasma treatment for 15min, the contact angles of water on PBO fibers reduced to 27.3°, the polar component of surface free energy and the total surface free energy increased to 35.4 and 68.1mN/m, respectively, while the dispersive component of surface free energy decreased to 32.7mN/m. This could be explained that the oxygen plasma treatment introduced some polar groups to PBO fiber surfaces, which can enhance the surface free energy and the reactivity, and thus improve surface wettability of the fibers[23]. However, as the plasma treatment power upgraded to 300 and 400 W, the contact angles of water on PBO fibers increased, while the polar component of surface free energy and the total surface free energy declined, surface wettability of the fibers would degrade subsequently. It is likely that the polar groups on the oxygen plasma treated PBO fiber surfaces decreased when the plasma treatment power increased from 200W to 300 and 400W as already shown by XPS analysis (Tables 1 and 2).

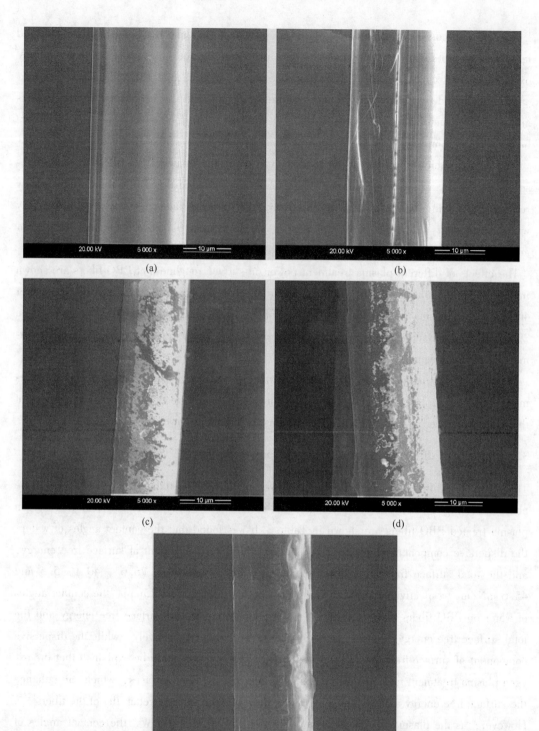

Fig. 2 SEM images of PBO fiber surfaces
(a) untreated; (b) 100W plasma treatment; (c) 200W plasma treatment;
(d) 300W plasma treatment; (e) 400W plasma treatment

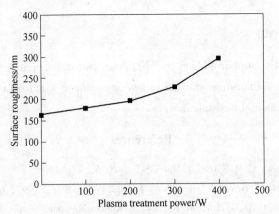

Fig. 3 Effects of different plasma treatment power on surface roughness of PBO fibers

Table 3 Effects of different plasma treatment power on the contact angles (°) and surface free energy (mN/m) of PBO fibers

Samples	Water	Diiodomethane	γ^p	γ^d	γ_{Total}
Untreated	76.6 (2.5)	39.0 (1.7)	5.5	40.1	45.6
100W plasma treatment	44.1 (3.7)	46.1 (3.6)	24.2	36.4	60.6
200W plasma treatment	27.3 (2.3)	52.8 (2.6)	35.4	32.7	68.1
300W plasma treatment	33.4 (4.3)	46.6 (1.9)	30.4	36.1	66.5
400W plasma treatment	37.2 (2.8)	43.4 (1.2)	27.4	37.9	65.3

Note: Standard deviations are in parentheses.

The results showed that the surface wettability of PBO fibers were significantly improved by the oxygen plasma treatment when the plasma treatment power was lower than 200W, which then degraded as the plasma treatment power increased to 300 and 400W.

4 Conclusions

The effects of oxygen plasma treatment power on surface properties of PBO fibers were investigated. XPS analysis showed the concentrations of polar groups on the oxygen plasma treated PBO fiber surfaces achieved to a preferable level when the plasma treatment power reached to 200W, which then declined as the plasma treatment power increased to 300 and 400W. It seemed that there may be an optimum treatment condition for oxygen plasma modification of PBO fibers. AFM and SEM analysis indicated that PBO fibers were notably roughened by the oxygen plasma treatment. Surface morphologies of the fibers became more complicated, and surface roughness of the fibers enhanced almost linearly with the plasma treatment power increasing. DCAA results suggested that the surface wettability of PBO fibers were significantly improved by the oxygen plasma treatment when the plasma treatment power was lower than 200W, however, they degraded as the plasma treatment power went up to 300 and 400W. Compared the XPS, AFM and DCAA results, it may be concluded that the polar groups contributed more than the plasma etching effects for the improvement of surface wettability of the oxygen plasma treated PBO fibers.

Acknowledgements

This work was partially supported by the National Natural Science Foundation of China (No. 50743012). The authors are grateful to senior engineer Xinglin Li and Dr. Chenbiao Xu for their skillful experimental assistance.

References

[1] G. A. Holmes, K. Rice, C. R. Snyder. J. Mater. Sci., 2006, 41, 4105.
[2] T. Kuroki, Y. Tanaka, T. Hokudoh, K. Yabuki. J. Appl. Polym. Sci., 1997, 65, 1031.
[3] X. D. Hu, S. E. Jenkins, B. G. Min, M. B. Polk, S. Kumar. Macromol. Mater. Eng., 2003, 288, 823.
[4] Y. H. So. Prog. Polym. Sci., 2000, 25, 137.
[5] T. Kitagawa, K. Yabuki, R. J. Young. Polymer, 2001, 42, 2101.
[6] S. Bourbigot, X. Flambard, F. Poutch. Polym. Degrad. Stab., 2001, 74, 283.
[7] S. Yalvac. Polymer, 1996, 37, 4657.
[8] T. Kitagawa, H. Murase, K. Yabuki. J. Polym. Sci., Part B, 1998, 36, 39.
[9] H. G. Chae, S. Kumar. J. Appl. Polym. Sci., 2006, 100, 791.
[10] T. M. Katia, V. R. Silvia, I. P. Juan, M. A. Amelia, M. D. T. Juan, A. M. M. Miguel, Macromolecules, 2003, 36, 8662.
[11] S. Bourbigot, X. Flambard, B. Revel, Eur. Polym. J., 2002, 38, 1645.
[12] T. Kitagawa, M. Ishitobi, K. Yabuki, J. Polym. Sci., Part B, 2000, 38, 1605.
[13] C. L. So, R. J. Young. Composites Part A, 2001, 32, 445.
[14] E. Mäder, S. Melcher, J. W. Liu, S. L. Gao, A. D. Bianchi, S. Zherlitsyn. J. Wosnitza. J. Mater. Sci., 2007, 42, 8047.
[15] J. M. Park, D. S. Kim, S. R. Kim. J. Colloid Interface Sci., 2003, 264, 431.
[16] G. M. Wu, C. H. Hung, J. H. You, S. J. Liu, J. Polym. Res., 2004, 11, 31.
[17] G. M. Wu. Mater. Chem. Phys., 2004, 85, 81.
[18] C. H. Zhang, Y. D. Huang, Y. D. Zhao. Mater. Chem. Phys., 2005, 92, 245.
[19] D. D. Liu, J. Hu, Y. M. Zhao, X. S. Zhou, P. Ning, Y. Wang. J. Appl. Polym. Sci., 2006, 102, 1428.
[20] R. Z. Li, L. Ye, Y. W. Mai. Composites Part A, 1997, 28, 73.
[21] R. Morent, N. D. Geyter, J. Verschuren, K. D. Clerck, P. Kiekens, C. Leys. Surf. Coat. Technol., 2008, 202, 3427.
[22] H. M. Kang, N. I. Kim, T. H. Yoon. J. Adhes. Sci. Technol., 2002, 16, 1809.
[23] C. S. Zhang, P. Chen, B. L. Sun, W. Li, B. C. Wang. J. Wang, Appl. Surf. Sci., 2008, 254, 5776.
[24] D. K. Owens, R. C. Wendt. J. Appl. Polym. Sci., 1969, 13, 1741.
[25] C. Lu, P. Chen, Q. Yu, Z. F. Ding, Z. W. Lin, W. Li. J. Appl. Polym. Sci., 2007, 106, 1733.

Bipolar High-repetition-rate High-voltage Nanosecond Pulser*

Abstract The pulser designed is mainly used for producing corona plasma in waste water treatment system. Also its application in study of dielectric electrical properties will be discussed. The pulser consists of a variable dc power source for high-voltage supply, two graded capacitors for energy storage, and the rotating spark gap switch. The key part is the multielectrode rotating spark gap switch (MER-SGS), which can ensure wider range modulation of pulse repetition rate, longer pulse width, shorter pulse rise time, remarkable electrical field distortion, and greatly favors recovery of the gap insulation strength, insulation design, the life of the switch, etc. The voltage of the output pulses switched by the MER-SGS is in the order of 3-50kV with pulse rise time of less than 10 ns and pulse repetition rate of 1-3kHz. An energy of 1.25-125 J per pulse and an average power of up to 10-50kW are attainable. The highest pulse repetition rate is determined by the driver motor revolution and the electrode number of MER-SGS. Even higher voltage and energy can be switched by adjusting the gas pressure or employing N_2 as the insulation gas or enlarging the size of MER-SGS to guarantee enough insulation level.

1 Introduction

In recent years, pulsed power technology is attractive in industry applications and scientific researches in a variety of areas, such as laser systems, high speed photography, mass spectroscopy, calibration systems, lightning simulators, particle accelerators, ultrawideband radar, ion implantation on material surface, food processing, pollution control applications including waste water purification and exhausted gas treatment, study of dielectric breakdown, and so on[1-7]. Our original design efforts were motivated mainly by study of waste water purification and dielectric film breakdown. High-voltaged pulse discharge technology for waste water treatment is based on the cooperated actions of physical and chemical effects induced by high energized electron radiation, ozone oxidation, shock wave impact, ultraviolet radiation, active radical reactions, etc. Those actions produced by electrical discharge in water can oxidize all kinds of refractory organic pollutions completely into H_2O and CO_2 ultimately. This technique is promising for it does not produce secondary pollutions.

Researches showed that if the input energy is the same, bipolar high-voltaged fast-rise pulses can acquit a much better result than monopolar pulse, exponential attenuated pulse, oscillatory attenuated pulse, and 50Hz ac pulse. In addition, an increase in repetition rate can

---

* Copartner: Tian Fuqiang, WangYi, Shi Hongsheng. Reprinted from *Review of Scientific Instruments*, 2008, 79 (6): 063503-063503-5.

also improve the operation effect and energy efficiency. Bipolar high-voltage pulser with a repetition rate more than 1kHz and a fast-rise time less than 20ns is essential for space charge implantation in order to investigate the breakdown behavior of dielectric film. Hence, the design of pulse generator which can produce bipolar high-repetition-rate high-voltage fast-rise pulses pays some sense for the study of waste water treatment and dielectric breakdown. However, the present pulsers cannot meet the application demand for their lower pulse voltage, lower pulse repetition rate, and overlong pulse rise time. For example, pulsers with a voltage more than 30kV and power more than 20kW can only operate with a repetition rate less than 200Hz.

High-voltage pulser can be divided into two categories based on energy storage mode: inductance energy-storage mode and capacitor energy-storage mode (CESM). The former have a higher energy-storage density and can produce much higher power pulses, but it is difficult to produce highrepetition-rate pulses due to the lower frequency of opening switch. In addition, better waveform cannot be easily achieved due to serious oscillation when the load is capacitor. Pulsers based on CESM are popular because they can produce almost steady rectangular pulses (when the load is low) and is suitable for any kind of load (capacitor or resistor). The performance of the pulsers based on CESM is mainly depended on the switch construction and parasitic parameters in the circuit. At the moment, solid-state switches cannot endure much higher voltage and difficult to generate pulses with the rise time less than 50ns for high power and repetitive operation; magnetic compression techniques have low energy efficiency for such kind of high-voltage pulsed power and need to reset magnetic flux. Because of the higher hold-off voltage, larger possible currents, and short operation time, spark gap switch (SGS) is one of the most cost-effective and high-performance switches for industry applications and scientific research[8]. However, operation repetition rate of present SGS is still very low due to the long recovery time (about 1ms) of the gas gap insulation strength. This paper provides a multielectrode rotating SGS (MER-SGS), which can operate at a repetition rate more than 3kHz and can improve the switch operation by novel construction. Based on MER-SGS, a repetitive high-voltage pulser was designed and its application in research of waste water treatment and dielectric breakdown was introduced.

2 Design of Bipolar High-repetition-rate High-voltage Pulser

2.1 Main circuit

Fig. 1 shows the setup and main circuit diagram of the pulser. It was composed of ac power for high-voltage supply, rectifiers D_1 and D_2, the two graded energy-storage circuit and switch. 220 V ac voltage is turned into 10kV by transformer T_1, and then rectified by two high-voltage diode-stack D_1 and D_2. C_1 and C_2 is charged to +10 and -10kV via D_1 and D_2, respectively. While S_1 and S_4 is closed synchronously, C_3 is charged to 10kV by C_1 through L_1, and R_1, C_4 discharges to the load generating a negative pulse; while S_2 and S_3 is closed, C_4 is charged to -10kV by C_2 through L_2 and R_2, C_3 discharges to the load generating a positive pulse. In this way, the bipolar high-voltage pulses are produced alternatively. All the capacitors used in the pulser have an endurable voltage 20kV, C_1 and C_2 is the ordinary capacitor, C_3 and C_4 is low-inductance capacitors with the parasitic inductance of 28 nH and can endure short circuit discharge. D_1 and D_2 are stacked by 20 diodes of 1N5408, each of which has an endurable voltage of 1kV. S_1, S_2, S_3, and S_4 are spark gaps with a gap distance of 3mm. L_1 and L_2 are resonant inductances with the value $2\mu H$. L_3 and L_4 are sum of parasitic inductances of the linking wire, capacitor, and spark channel.

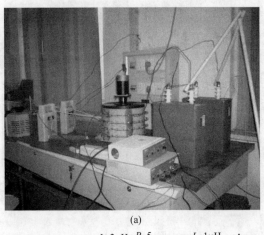

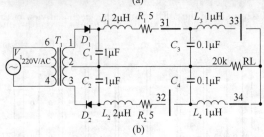

Fig. 1 AFM images of PBO fiber surfaces
(a) Setup of the pulser; (b) Main circuit diagram of the pulser

When the repetition rate is 2kHz, the average pulse voltage is 10kV and the impedance is matched, the output energy per pulse and average power can be given as:

$$W = \frac{1}{2}C_3 U_o^2 = 5J \qquad (1)$$

$$P_{av} = 2Wf = 20kW \qquad (2)$$

2.2 Multielectrode rotating spark gap switch

The MER-SGS is primarily comprised of stator, rotator, multineedle electrode, driver motor, and pedestal (Fig. 2). Rotator and stator are all made of nylon, who presents excellent performance in insulation and mechanics. There are four layer electrode of the same configuration tiering up in the stator (Fig. 3), corresponding to the switches S_1, S_3, S_4, and S_2 in Fig. 1 from the top down. There are 24 needle electrodes and are divided into two groups, arranged uniformly in each layer, the 12 electrodes in the same group are connected by wire and hold the same potential. The two neighbored electrodes have a radian difference of 15°. The rotator has four layers of electrodes too, corresponding with the layers of stator (Fig. 4). Each rotator layer has two back-to-back electrodes connected by wire. The electrodes in the lower layer have a radian difference of 7.5° with the upper layer.

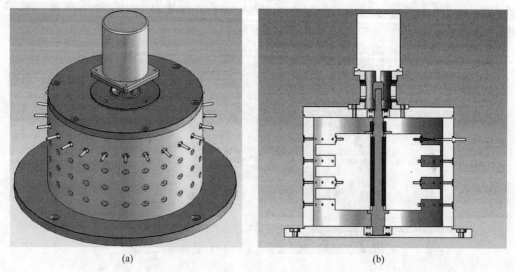

Fig. 2 (a) Overview of the MER-SGS; (b) Sectional view of the MER-SGS

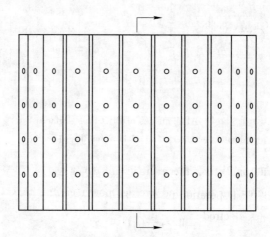

Fig. 3 Side view of the stator

When the rotator electrodes face the stator electrodes, the spark gap (between 2 and 10mm) breakdown occurs in less than several nanoseconds and the high-voltage wave is transferred through the gap quickly. The charge circuit and the discharge circuit are separated by using MER-SGS. This kind of construction improves the efficiency and pulse waveform. It also increases the maximum repetition rate of the switch enormously. The axle of the rotator is connected to the axle of the driver motor via an axle connector and with another end is fixed to the pedestal using a bearing. This makes it easier to alter the operation repetition rate of the switch by modu-

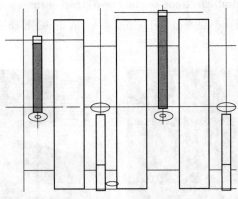

Fig. 4 Side view of rotator

lating the revolution of the driver motor. The rated power of the dc driver motor is 150W with a rating revolution of 9000 rpm. Bearings are 6304 and 6301 produced by NTN. Stainless steel is used as electrode material.

The main advantages of MER-SGS are described as follows: (1) MER-SGS can ensure higher operation reliability. The period for discharge between any two faced electrodes is more than 10ms which provides a much longer time for the recovery of spark gap insulation strength (about 1ms), even when the switch repetition rate is up to 2kHz. In addition, the longer discharge interval of time is good for the electrodes not being badly ablated; (2) insulation system is simplified and higher repetition rate and higher pulse voltage can be obtained; (3) parasitic parameter and its effect on rise time of output pulses are reduced as a result of the compact construction of the switch and the separating of the two graded energy-storage circuits; (4) pulse rise time can be altered by modulating the park gap length; (5) pulse waveform has been improved due to the remarkable electric field distortion.

3 Electric Field Calculation of MER-SGS

Maxwell Electrostatic 2D Version 10 was used to calculate the MER-SGS field. Plan model of MER-SGS was founded by using the XY plane. The field of different rotator angles was calculated to analyze the spark gap operation process and the electric field distortion effect. The voltage between the two group electrodes of the stator was 10kV. The total spark gap distance was 3mm during the calculation. Figs. 5 (a) - (e) shows electric field of the spark gap middle position of a circle with different rotator angles. It can be deduced that the gap maximum electric field of the two faced electrodes was about three times as large as the mean gap field and gas breakdown field (about 30kV/cm). This can provide a much quick closure of the switch and form a very fast pulse rise time according to the Martin theory[8]. When the rotator angle is 7.5°, the gap maximum electric field is about 1×10^6 kV/cm, which is about a third of the gas breakdown electric field and can reliably open the switch even if the voltage between the two switch electrodes is still 10kV. Eventually, the electric field is under the breakdown field when the rotator angle is 2.5° even if the voltage is still 10kV as shown by Fig. 5 (e). Therefore, the adoption of the multielectrode rotating spark gap ensures safe and quick actions of the switches as a result of electric field distortion effect even under high-repetition-rate and high-voltage situations.

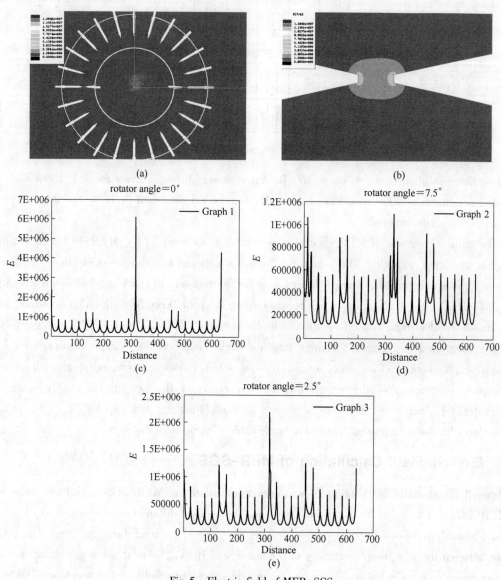

Fig. 5 Electric field of MER-SGS

(a) Model of the MER-SGS with the rotator angle = 0°;
(b) Electric field distribution between two faced electrodes when rotator angle = 0°;
(c) Electric field of the spark gap middle position of a circle when rotator angle = 0°;
(d) Electric field of the spark gap middle position of a circle rotator when rotator angle = 7.5°;
(e) Electric field of the spark gap middle position of a circle when rotator angle = 2.5°

4 Experiments and Discussion

Fig. 6 shows the output pulse waves generated by the pulser designed. The whole view and frequency of the pulses were measured by oscilloscope DS5020A with a bandwidth of 20MHz and a sampling rate of 40MHz. It can be concluded that pulses of positive and negative polarities of nearly the same waveform were alternately generated steadily with a pulse width of about 150μs and a temporary maximum repetition rate more than 3kHz, while the driver motor revolution is 8000 rpm. There is a little time spread during the pulse generation. This may be caused by asymmetry setup of the gap distance between different pairs of electrodes which was initially modulated artificially. The pulse rise time was measured by high-voltage probe of Tektronix P6015A (5000:1) with a bandwidth of 100MHz, a maximum voltage input of 20kV, a response time of 4 ns and recorded simultaneously by oscilloscope of Lecroy Waverunner 204xi, which has a bandwidth of 1GHz, a sampling rate up to 5 Gsamples/s. The pulse rise time showed in Fig. 6 (b) is 12ns. The actual pulse rise time should subtract the probe response time from the value measured. So the real pulse rise time is about 8 ns. A slight oscillation was observed. It may be a result of the unmatched impedance.

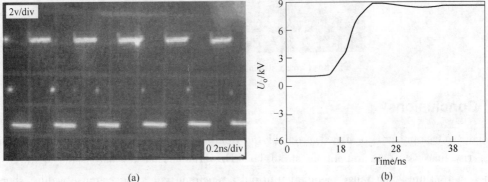

Fig. 6 Output waveforms from the capacitive divider using MER-SGS as switches

(a) Bipolar pulses with a repetition rate more than 3kHz, $R_L = 22\ k\Omega$;

(b) Rise time of a single positive pulse using MER-SGS as switches, $R_L = 22\ k\Omega$, $U_C = 9\ kV$

Pulse rise time generated by using single group electrodes as switches is 800ns and has two stages as shown in Fig. 7. It may be caused by the spark gap fore discharge due to the improper distribution of the electric field. Therefore, MER-SGS can obtain much better electric field

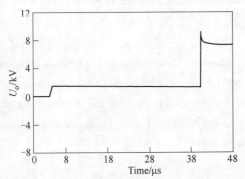

Fig. 7 Output waveforms from the capacitive divider rise time of
a single positive pulse using single-pair electrodes as switches, $R_L = 22k\Omega$, $U_C = 9kV$

distribution and distortion effect than single-pair electrodes and is of great use in generating high-repetition-rate high-voltage fastrise time pulses. Ozone was detected and insistent corona stream plasma was recorded by a camera (Fig. 8), which proved that corona plasma is obviously produced in the waste water processed by bipolar pulses. The correlation between disposing efficiency and pulse voltage, pulse rise time, pulse width, and pulse repetition rate will be studied in detail in the future. Also its application in research on dielectric breakdown and other applications are under studying.

Fig. 8　Corona stream plasma in waste water

5　Conclusions

A high-voltage pulser is designed to reliably provide bipolar pulses with period 1–500μs variable, rise time $t_r<10$ ns, repetition rate of 1–3kHz variable. The key part is the MER–SGS, which can ensure wider range modulation of pulse repetition rate, longer pulse width, shorter pulse rise time, remarkable electrical field distortion, operation reliability, and greatly favors recovery of the gap insulation strength, insulation design, the life of the switch, etc. Even higher voltage and energy can be switched by adjusting the gas pressure or employing N_2 as the insulation gas or enlarging the size of MER–SGS to guarantee enough insulation level based on the fundamental provided. The pulser produced obviously corona plasma in waste water. The further study about the pulser based on MER – SGS and its application in pulsed power technology situations will be introduced in other papers.

Acknowledgements

The authors would like to thank the teachers and students of Institute Electrical Engineering Chinese Academy of Science for their contributions to the test and experiment study of the pulser. This work was the key program supported by the National Natural Science Foundation of China under Contract No. 50537040 and the Delta Science and Technology Educational Development Key Program in 2007.

References

[1] F. Davanloo, C. B. Collins, F. J. Agee. Nucl. Instrum. Methods Phys. Res. , 2005, B 241, 276.

[2] J. Mankowski, J. Dickens, M. Kristiansen. 11th IEEE International Pulsed Power Conference (unpublished), vol. 11, p. 549.
[3] S. J. M. Gregor, O. Farish, R. Fouracre, N. J. Rowan, J. G. Anderson. IEEE Trans. Plasma Sci., 2000, 28, 144.
[4] G. E. J. M. van Heesch, A. J. M. Pemen, P. A. H. J. Huijbrechts, P. C. T. van der Lann, K. J. Ptasinski, G. J. Zanstra, P. de Jong. IEEE Trans. Plasma Sci., 2000, 28, 137.
[5] Y. S. Moka, D. J. Kohb, D. N. Shinb, K. T. Kimb, Fuel Process. Technol., 2004, 86, 303.
[6] H. W. M. Smulders, E. J. M. van Heesch, S. V. B. van Paasen, IEEE Trans. Plasma Sci., 1998, 26, 1476.
[7] J. O. Rossi, I. H. Tan, M. Ueda, Nucl. Instrum. Methods Phys. Res. B, 2006, 242, 328.
[8] J. Mankowski, Magne Kristiansen, IEEE Trans. Plasma Sci., 2000, 28, 102.

Short-term Breakdown and Long-term Failure in Nanodielectrics: A Review*

Abstract Nanodielectrics, which are concentrated in polymer matrix incorporating nanofillers, have received considerable attention due to their potential benefits as dielectrics. In this paper, short-term breakdown and long-term failure properties of nanodielectrics have been reviewed. The characteristics of polymer matrix, types of nanoparticle and its content, and waveforms of the applied voltage are fully evaluated. In order to effectively comment on the published experimental data, a ratio k has been proposed to compare the electric properties of the nanodielectrics with the matrix and assess the effect for nanoparticles doping. There is evidence that the short-term breakdown properties of nanodielectrics show a strong dependence on the applied voltage waveforms. The polarity and the cohesive energy density (CED) of polymer matrix have a dramatic influence on the properties of nanodielectrics. Nanoparticle doped composites show a positive effect on the long-term failure properties, such as ageing resistance and partial discharge (PD) properties of nanocomposites are superior than microcomposites and the matrix. The larger the dielectric constant and CED of the matrix become, the more significant improvements in long-term performance appear. Based on the reported experimental results, we also present our understandings and propose some suggestions for further work.

Key words nanodielectric, short-term breakdown, long-term degradation, cohesive energy density

1 Introduction

Nanocomposites present a series of unique properties, such as electrics[1-3], mechanics[4,5], optics[6,7] and magnetics[8,9], due to nanoparticles with a giant specific surface area, quantum size effect and the special interface between particles and polymer matrix. Nanodielectrics have attracted a great attention since the first experimental data were reported publicly in 2002[10,11]. The current research is concentrated on the short-term breakdown and the long-term failure of epoxy and other polymer matrix with inorganic nanoparticles added.

Short-term breakdown properties mainly include surface flashover and electric breakdown. The transport processes of electrons under low and high electrical field, which are affected by the quantum size effect of nanoparticles and the interface around the nanoparticles, are hard to describe clearly at the present stage but important for understanding the mechanisms of short-term breakdown. The interface is widely recognized to play a key role in determining the short-term breakdown properties, its detailed structure and properties need to firstly be under-

---

* Copartner: Li Shengtao, Yin Guilai, Chen G., Li Jianying, Bai Suna, Zhong Lisheng, Zhang Yunxia. Reprinted from *IEEE Transactions on Dielectrics and Electrical Insulation*, 2010, 17 (5): 1523-1534.

stood. Efforts have been made over the years on the possible interaction between polymeric matrix and nanoparticles. It has been known that the polarity of polymer, the type and the surface states of nanoparticles have a combinative influence on the interface. Roy and Nelson have discussed the role of interface in polymer nanocomposites[12]. A multi-core model of the interface has been constructed by Tanaka[13] and Wilke and Wen have proposed an organic and inorganic composites hybrid network model[14]. More research is required.

The homogeneous distribution of nanoparticles in polymer matrix is another problem of the interface research. Nanoparticles are dispersed in matrix chiefly by shear force diffusion and chemical modification in the majority of experiments. The viscosity of the matrix is an important factor for shear force diffusion. Chemical modification will alter the surface states of nanoparticles (such as silane couplings pretreatment) in order to increase the electrostatic force between fillers and matrix. In different production processes, the interface is in various thickness and layer numbers. In this way, the results of nanodielectric properties have little comparability and poor reproducibility, which has been confirmed by the reported data. Some groups reported that the nanoparticles can help to improve the short-term performance[13,15,16], while others experiments observed the opposite results[17], indicating that the role of nanoparticles in matrix is still unclear in the short-term breakdown. However, the long-term performances, such as PD resistance and ageing resistance, are superior to the matrix. Based on the published data, short-term breakdown properties and long-term failure properties of spherical inorganic particles in polymeric matrices nanodielectrics are reviewed in this paper. It includes five parts. The first part describes the temporal and spatial hierarchy between ageing, degradation and breakdown in dielectrics. Surface flashover characteristics and electric breakdown properties of nanodielectrics belong to the short-term breakdown, which are commented in part two. Part three consists of long-term failure behaviors. The properties of electrical ageing and PD behavior are evaluated in this section. The fourth section is discussion, in which we will present our understandings on the reported results of nanodielectrics. Summary and suggestions for further work are contained in the final section.

2 The Spatio-Temporal Relation between Ageing, Degradation and Breakdown of Dielectrics

Under a variety of field stresses, the breakdown suffered by dielectric material presents a very strong time-dependent relationship, so it can be divided into five or more kinds by breakdown speed as shown in Table 1[18]. The three formers are known as the short-term breakdown, the others are degradation[19,20].

Table 1 Different electrical breakdown in time scale

	Electric breakdown	Thermal breakdown	Electromechanical breakdown	PD and Electrical trees	Water trees
The time of breakdown/s	Short-term breakdown			Long-term failure	
	$10^{-9} \sim 10^{-6}$	$10^{-7} \sim 10^{-3}$	$10^{-6} \sim 10^{-3}$	$10^{-2} \sim 10^{7}$	hrs~yrs

Short-term breakdown shows a very strong dependence on the electrode distance (d). With the d decreasing, breakdowns of solid dielectrics are thermal breakdown (mm–cm), electron impact ionization breakdown (μm–mm) and Fowler–Nordheim electron emission breakdown (1–100nm)[20,21]. Similar relationships in space dimension could also be seen for short-term breakdown of gas and liquid dielectrics.

Although the time scale of breakdown in gas, liquid and solid dielectrics is 1μs–1ms, several μs to tens of ms and dozens to hundreds of minutes, respectively, the short-term breakdown or the long-term degradation of gas, liquid and solid dielectrics shows a very similar layers development structure.

Significant time hierarchy and space dimension were found in the ageing, degradation and breakdown of solid dielectric materials[22]. The characteristics of ageing include three aspects: aging always starts in mesoscopic scale and hard to observe directly; it is a continuous process in whole service life and exists at everywhere in the dielectric; it may decrease the system mean time between failures (MTBF), but may not lower the breakdown voltage. For degradation, it also shows three distinctive features: degradation always occurs in micrographic scale and could be observed directly, such as electrical trees; it happens in some places of the material and develops slowly from seconds to months; it can decrease both the MTBF and breakdown voltage. Breakdown (BD) is a disaster for dielectric. It starts from a void in macroscopic scale somewhere in dielectric. The process is very fast ($\ll 1s$) at only one location, then the dielectric could not be used anymore[18].

A general description of the space dimension of process of aging, degradation and breakdown in solid dielectric is as follows. Under the field stress, diameter of about 10nm nanohole appears in the insulation without defect initially. With the growth of nanohole, PD occurs in it. Electrical tree grows continuously in the surrounding polymer region until it spreads through the insulation between the electrodes and then breakdown takes place[22,23].

The characteristics of tree growth and final breakdown in solid dielectrics are relatively clear. How are the nanoholes formed in dielectric materials is currently one of the hotspots in dielectric research. Ageing processes and mechanisms in mesoscopic scale can be described by three theoretical models: the kinetic model suggested by Lewis[24-32]; the space-charge life model developed by Dissado and Montanari[33-38] and thermodynamic model of molecular presented by Crine[21,39,40]. Basic descriptions of phenomenon in mesoscopic scale are as follows. The breaking and rearrangement of molecular bonds caused by field and mechanical stresses, affects the existence of nanohole and low density areas (LDA). Then the number of nanoholes develops continuously in LDAs, which are reflected by meteorological ageing phenomenon at the same time. More LDAs appear, thermo-electrons inject and discharge produced in LDAs leading to an increase in local conductivity, these all bring the final breakdown.

3 The Properties of Short-Term Breakdown in Nanodielectrics

3.1 Surface flashover characteristics of nanodielectric in vacuum

Surface flashover of dielectric in vacuum is a typical BD at material surface. It depends on many parameters, such as the waveform of the applied voltage, profile of the insulator, bulk material, surface condition of insulator, and structure of electrodes and so on[41]. Since the surface flashover voltage of dielectric material in vacuum is far lower than the breakdown voltage of vacuum or the bulk, many failures in high electric devices were caused by surface flashover of insulator. In order to improve the surface flashover voltage of insulator in vacuum, nanoparticles and microparticles as dopants added into polymer matrix were considered and new traps could be introduced into the polymer. Type, quantity and distribution of traps will be altered in material surface. It is useful to improve the flashover voltage of dielectric material. Some works have been done in epoxy resin (EP)[42-50].

In order to effectively review the published data, a ratio k_1, which is defined as the flashover voltage of composite in vacuum divided the flashover voltage of polymer matrix in vacuum, is introduced in this paper.

Fig. 1 shows the flashover properties of microdielectric and nanodielectric at various applied voltage waveforms. It apparently indicates that the flashover voltage strongly depends on the waveform of the applied voltage. For microdielectric, when pulse rise time of applied voltage is shorter than 1μs, microparticles reduce the flashover voltage and the ratio k_1 is lower than unit. When the pulse rise time is over 1μs, microparticles present a positive effect on improving the flashover voltage and the ratio k_1 is above unit. However, the flashover voltage of nanodielectric has a slight improvement under the pulse rise time of applied voltage lower than 1μs. No experimental data is available in a longer time scale. More work should be done on the flashover breakdown of nanodielectrics in vacuum under long impulse waveform voltage. The reason for the effect of the applied voltage waveform on the ratio k_1 is unclear.

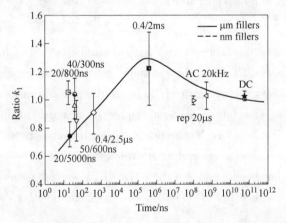

Fig. 1 The flashover properties of composites under various applied voltage waveform
(▷from [42, 43], ◁from [42, 43], ★ from [42, 43], ◇ from [44],
△ from [45], ■ from [46], ○ from [45, 47], untreated; ● from [48],
▽ from [49], □ from [50]) Nanofillers were treated in
[48, 49, 50] while untreated in others

The influence of inorganic nanoparticles on surface flashover of composite is also reviewed here and the results are shown in Fig. 2. The information that can be extracted from Fig. 2 is that the flashover property of nano Al(OH)$_3$/EP composite is superior to pure EP with about 10% ~ 20% higher surface flashover voltage, while the results of nano SiO$_2$/EP composite are opposite. For nano Al$_2$O$_3$/EP composite, the surface flashover voltage is lower than that of pure EP when the content is less than 2% and then increases slowly with the content. Apparently, nanofillers with various dielectric constant exhibited different surface flashover performances. It is generally recognized that the type and the density of traps in material influence the surface flashover properties. Some evidences indicated that new traps with different levels were introduced into composites by doping particles with various dielectric constant[49]. Thus, ratio k_1 dependence of dielectric constant of particles is associated with the new traps.

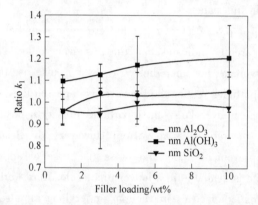

Fig. 2 Flashover properties versus nanofillers loading, impulse waveform is 40 ns/200 ns (■ from [45, 47, 49], ● from [45, 47, 50], ▼ from [45, 47]). Nanofillers were treated in [49, 50] while untreated in others

The role of traps during the flashover growing was emphasized[51], deep traps can restrain the surface flashover occurring while shallow traps are beneficial for surface flashover. When oxide fillers are doped into polymer matrix, there are two possible cases of change in trap distribution[51]. Nanofillers can introduce deep traps into material whereas mircofillers bring shallow traps[49,50,52]. That is to say, theoretically, it can improve the surface flashover voltage by optimizing the proportion of micro and nano particles co-doped. The experimental results[52] prove the point and it has been found that the surface flashover properties of nano-and-micro-particles mixture composite (NMMC) is superior to nanocomposite and microcomposite as shown in Fig. 3.

It can be seen from Fig. 3 (a) that, with microparticles doping, surface flashover voltage does not perform well. The surface flashover voltage of microcomposite decreases firstly and then increases, it reaches to the minimum point at 20% microparticles doping. This is likely due to the shallow traps introduced by the microparticles. It is known that weak static electric fields exist at the interface between microparticles and epoxy resin. Microparticles introduce shallow traps which contribute a lot to the flashover[51]. Considering an idealized situation where all the spherical shaped particles are assumed to sit on the eight corners of a cube, it is possible to calculate the separation distance between adjacent particles. For 1μm diameter particles, percolation occurs at about 20% content. "Interaction zone" overlap between two neighbor particles, which leads to the density of shallow traps decreasing when the content of micro-particles was over 20%. For nanocomposites, the addition of nanoparticles introduces deep level traps[13], which can restrain flashover to occur. Comparing Fig. 3 (a) with Fig. 3 (b), it is apparent that the surface flashover properties of NMMC are the best. The lowest flashover voltage of NMMC is observed at about 10% of microparticle content which is less than that of microcomposite.

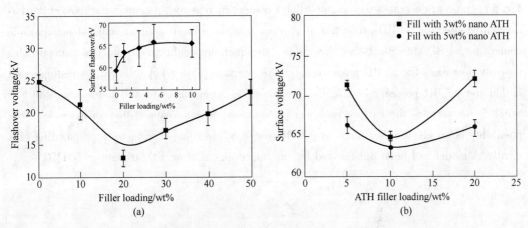

Fig. 3 (a) Flashover voltage versus micro-Al(OH)₃ loading with average diameter of 1μm (impulse waveform is 65ns/600ns) and nano-Al(OH)₃ loading with average diameter of 50nm (inset figure, impulse waveform is 40ns/300ns); (b) Flashover performance of NMMC (impulse waveform is 40ns/2.5μs). All data from [52]. All samples with the same size of diameter 60mm and thickness 1mm. Both nanofillers and microfillers were treated by silane coupling KH550

In summary, the research on the surface flashover performance and mechanism of nano-dielectric in vacuum under a wide time-scale range of applied voltage are insufficient. The influence of nano-particle and matrix on the characteristics of nano-dielectric in vacuum has not received enough attention and more effort should been made in future. It is still unclear that which factors affect the "interaction zone" and how. The reproducibility of surface flashover performance of nano-dielectric in vacuum is poor and the comparability of the results is not good due to various possible processes.

3.2 Breakdown properties of nanodielectrics

BD strength of dielectric is an extremely important electrical parameter for dielectric material in engineering. Lots of research works on nanodielectric BD properties under ac or dc voltage have been done so far[15,16,53-61]. Many useful experimental data are obtained. It's unfortunate that the

BD mechanism of nanodielectric is less clear until now.

In order to conveniently comment on the BD properties of nanocomposite, a ratio k_2 is defined as the previous section. Ratio k_2 versus nano-fillers loading under ac voltage is shown in Fig. 4. When nanoparticles content lies in between 0.05wt% and 2wt%, it is conducive to the ac BD strength improvement. It has been claimed[53] that ac BD voltage of nano-Ag / epoxy resin composites is 40% higher than that of the base epoxy resin when nano Ag particle content is about 0.05wt%. The authors suggested that nano Ag particles as "Coulomb Island" in epoxy resin matrix can cause "Coulomb Blockade Effects", which is useful to improve ac BD strength. However, when nanoparticles content is over a certain point (about 2wt% from Fig. 5), ratio k_2 decreases with nanoparticles content increasing, meaning that nano-filler has a negative effect on ac BD properties. It appears that there is an optimal value of nanoparticle content for ac BD strength. Below this value, the quantum confinement effect of nanoparticles possibly dominates the ac BD properties, or the interface plays a key role. An interesting result is that the ac BD property of NMMC is superior to nanocomposite and microcomposite[15], which is the same as the surface flashover performance. It was assumed that an increase in the possibility of an electron scattered in NMMC prevents electrical treeing from propagating efficiently. A model had been put forward for the improvement of ac BD strength in NMMC[15].

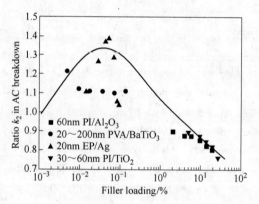

Fig. 4 The relation between ratio k_2 in ac BD and filler loading (▲ from [53], BD measurements were performed at room temperature (RT) in transformer oil according to the IEC standard. Thickness of samples is about 50μm. ■ from [54], BD measurements were performed at RT in silicon oil. Thickness of samples is 30 ± 2μm. The voltage was increased by 1kV/s. ● from [55], BD measurements were performed at 77K in an open liquid nitrogen bath. Thickness of samples is about 50μm. The voltage was increased by 500V/s. ▼ from [56], BD measurements were performed at RT in transformer oil according to the IEC standard. Thickness of samples is 40–49μm. The voltage was increased by 2.5kV/s). Nanofillers in these papers were all untreated

Under dc applied voltage[57-61], the electric strength data is compiled and illustrated in Fig. 5. With filler increasing, dc BD strength decreases for both nanocomposite and microcom-

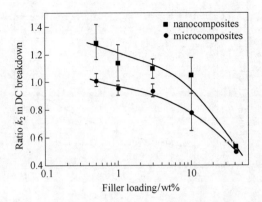

Fig. 5 Ratio k_2 in dc BD versus nano/micro-filler loading (■ from [57-62], all nanofillers in these papers were treated; ● from [57-61]) [57] dc BD tests were performed with a ramp rate of 500V/s. The thickness of specimens was ranging from 50 to 500μm. [58] dc BD test using Mckeown type electrode was performed in silicone oil at 303K with a ramp rate of 500V/s. The thickness of sample was about 0.1mm. The breakdown test using needle-plane was also carried out in silicone oil at 303K with a ramp rate of 200V/s and the thickness of samples was about 0.03mm. [59] dc BD measurements were performed as the same as reference [58]. [60] dc BD tests were conducted with a ramp rate of 500V/s and the thickness of sample was about 500-750μm. [61] dc BD tests were measured at room temperature with a ramp rate of 1kV/s. The thickness was about 200μm. [62] dc strength measurements were carried out in mineral oil at 20℃ with a ramp rate of 5kV/s. The thickness of specimens was about 400μm. Nanofillers in these papers were all treated except [61] was unclear

posite. Apparently, nanocomposite is superior to microcomposite in dc BD. Below a certain content (maybe 10wt% from Fig. 5), nanofillers indicates a positive effect on improving dc BD strength[57-62]. However, the dc BD strength is inferior to matrix for microfiller composite[57-61]. Microfillers presents a negative effect for dc BD. BD properties of nanodielectric under impulse voltage have been paid little attention and only a few literatures are available[57].

BD property of dielectrics depends on not only filler content, but also the applied voltage types. In the process of data compilation, an attractive phenomenon that needs to be pointed out is that the BD field stress presents a strong dependence on the applied voltage as shown in Fig. 6. From Fig. 6, it implies that nano-filler is beneficial to improve the BD strength of unidirectional voltage, which was affected by space charge[61].

Many polymers have been used as matrix for nanocomposites, including epoxy resin (EP), polyethylene (PE), polypropylene (PP), polyimide (PI), polyvinyl alcohol (PVA), and polyamide (PA). The physical properties of these polymers vary considerably. For an example, the cohesive energy density (CED) of PE is about 250 MJ/m^3, while it is about 670 MJ/m^3 for PVA. The CED of polymer can characterize the intermolecular force between polymer molecules, but also characterize the flexibility of molecular chains. It was evident that pure polymeric materials having a high CED yielded high electric strengths[60]. For nanodielectrics,

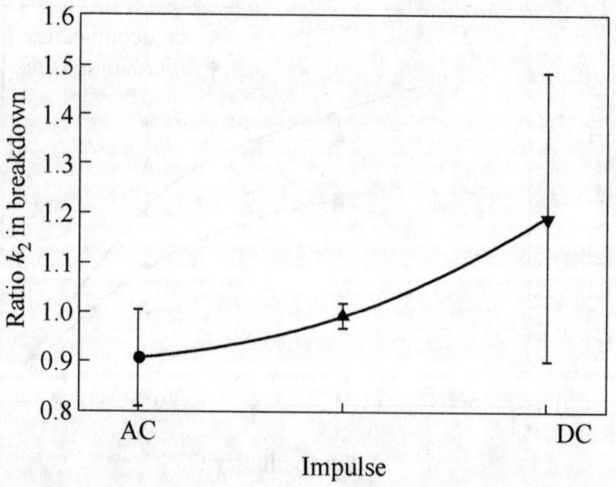

Fig. 6 Ratio k_2 of nanocomposites in BD depend on the applied voltage type (● from [53-57], [57] ac BD tests were measured with a ramp rate of 500V/s. The thickness of specimens was ranging from 50 to 500μm; ▲ from [57], impulse electric strength was measured using a standard impulse of 1/50μs. The thickness of specimens was ranging from 50 to 500μm; ▼ from [57-62])

by collating the existing data, it shows that the CED of polymer matrix also strongly affects the BD properties of nanocomposites. The ratio k_2 firstly decreases and then increases with the CED as shown in Fig. 7. Apparently, the CED dependence of electric strength of pure polymers is different from that of polymeric nanodielectrics. It is reasonably thought that it is caused by the existence of the interfacial region between polymeric matrix and nano-particles[13]. Thus it can speculate that the CED of polymeric matrix influence the interfacial bonding strength between polymer matrix and nanoparticles. It should be mentioned that some further works are required to confirm the connection.

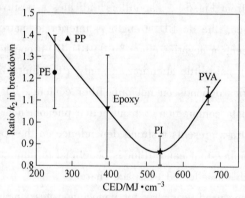

Fig. 7 The relation between BD properties and CED of matrix
(●from [58, 59, 61], ▲ from [62], ▼ from [53, 57, 60], ★ from [54, 56], ◆from [55])

In addition, the permittivity of polymer matrix also has a great influence on the ratio k_2 as shown in Fig. 8. The result illustrates a similarity to the CED, it decreases initially, then increases with the permittivity. Thus, it could be concluded that the CED and the dielectric constant of matrix cooperatively dominate the short-term properties of nanocomposite.

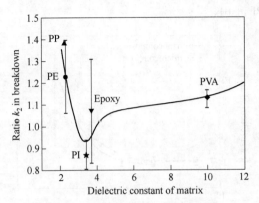

Fig. 8 The influence of matrix dielectric constant on ratio k_2 in BD
(● from [58, 59, 61], ▲ from [62], ▼ from
[53, 57, 60], ★ from [54, 56], ◆ from [55])

As mentioned above, the BD mechanism of nanodielectric is still less clear. Models on BD of nanodielectric chiefly consist of the following three: (1) Coulomb Blockade Effects (CBE)[53]. This model considers that nanoparticles scatter uniformly in polymer as "Coulomb Island", which can raise electric strength of material. It is contrary to the conventional percolation theory. (2) Space charge model[54]. Homopolar/ heteropolarity charges are accumulated to reduce / increase the electric field at the electrodes. (3) Multi-core model[13]. This model suggests that electrons lose the energy they gain from the applied voltage because they are scattered or attracted by the Coulombic force when electrons move inside the Debye shielding length. In this case, electrons are decelerated to increase breakdown voltage. Each model can explain some experimental results. The CBE model seems more suitable for nano metal particle-polymer matrix nanocomposite. The multi-core model is better to apply in nano oxide-polymer matrix composite and it's more popular than the space charge model. It is commonly thought in both the CBE model and the multicore model that the carrier mobility is restrained effectively by nano particles doping. Although several models have been proposed to illustrate the BD mechanism of nanocomposites, it's still not enough.

4 The Properties of Long-Term Failure In Nanodielectrics

4.1 Electrical ageing of nanodielectrics

As mentioned in section two, the presence of "nano-hole" and LDAs caused by the molecular chain rearrangement or bond breaking will shorten the material life. Therefore, improving the ageing resistance of dielectric material can effectively extend the material life. For the same aim, we define ratio k_3 as electrical ageing performance of nanocomposite divided by that of matrix. A great deal of experimental data supported that[63-71], adding micro and nano particles could effectively improve the ageing resistance and with the ageing time prolonging, nano-composite is superior to micro-composite as shown in Fig. 9. The same trends are observed in

Fig. 10 and Fig. 11, with the filler loading increasing, the ratio k_3 monotonically increasing in the EP matrix and the PI matrix.

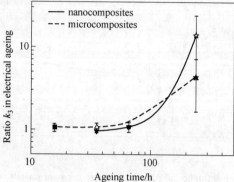

Fig. 9 Electrical ageing performance of nano and micro composites at different ageing time
(■ from [63], △ from [63], ▽ from [63], ▼ from [64],
● from [64], ☆ from [65], ★ from [65]).
Nanofillers were treated in [63, 64] while untreated in [65]

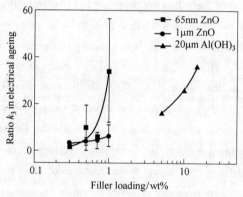

Fig. 10 Electrical ageing performance of EP based resin composite
(■ from [65], ● from [65], ▲ from [68] filler was untreated)

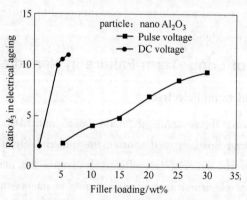

Fig. 11 Electrical ageing performance of PI/Al_2O_3 nanocomposites
under pulse voltage and dc voltage
(● from [71], ■ from [66]); nanofillers were treated in the two papers

The matrix polarity of nanocomposite plays an important role in electrical ageing performance. With the increase of matrix polarity, the ratio k_3 increases, as shown in Fig. 12. As the 2rd section described, nanohole appears in material under eletrical field due to the break of chemical bond. Since the bigger the matrix polarity, the higher the bonding strength, which leads to a better electrical ageing performance. The matrix in this review is limited to PE, PI and EP, therefore, the influence of matrix polarity on electrical ageing performance remains to be further confirmed.

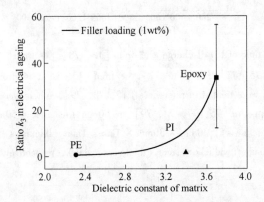

Fig. 12 Long-term electrical ageing resistance in composite, electrical ageing performance versus the dielectric constant of matrix (● from [67, 69], ▲ from [71], ■ from [65, 68]). Nanofillers were treated in [67, 69, 71] while untreated in [65, 68]

4.2 Properties in PD resistance of nanodielectrics

In this section, materials used as matrix mainly includes epoxy, polyolefin (such as PE, PP) and synthetic rubber (such as silicone rubber, PA and PI). Al_2O_3, MgO, TiO_2, SiO_2, SiC, clay and layered silicate are chosen to be fillers[72]. Researchers have tested the PD resistance[73-82], PD breakdown[73-82] and PD lifetime[64,82]. Ratio k_4 is the ratio of nanodielectrics to matrix in PD resistance performance. It is noticed that PD resistance has been improved in nanocomposites. Moreover, the longer the field stress applies, the better the PD resistance is observed (Fig. 13). Fig. 14 shows that PD resistance improves as the size of fillers decreases. The probability of electron collision with filler particles increases leading electron transport along the electric field in matrix becomes harder.

Unlike the properties of electrical strength, CED of matrix has a positive effect on PD resistance of nanocomposites, as shown in Fig. 15. With the CED increasing, PD resistance improves. Furthermore, the permittivity of the matrix is another important factor here. The PD resistance becomes better when the matrix has a higher permittivity as shown in Fig. 16.

There are several possible mechanisms to explain the improvement on the PD resistance of nanocomposites, such as the Multi-core Model[13,83], the Skeleton Model (fillers like skeleton dividing matrix into small parts), the Size Effect of Nanoparticles[48], Pile and Rear-

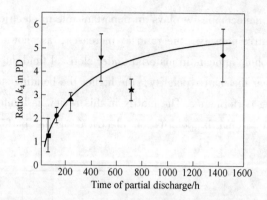

Fig. 13 Ratio k_4 vs. time of PD discharge (■ from [15, 78], ● from [15, 76, 77, 79], ▲ from [15, 75, 77], ▼ from [77], ★ from [15, 75], ◆ from [75]).
Nanoparticles were treated in references [15, 78, 79], others were untreated.
The sizes of samples in [75, 77, 78, 79] are 50mm (length) × 50mm (width) × 1mm (thickness), 30mm × 30mm × 1mm, 1mm (thickness, slab), 50mm (width) × 1mm (thickness, slab), respectively

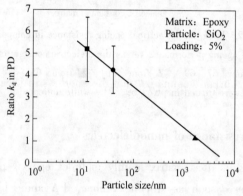

Fig. 14 Ratio k_4 vs size of fillers, all data from [75]

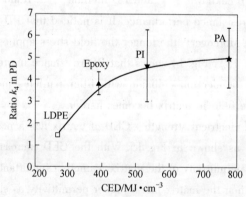

Fig. 15 Ratio k_4 vs the CED of matrix (□ from [78], ▲ from [15, 75, 77, 79], ▼ from [70, 81], ★ from [73, 74, 80]). Samples with the size of 60mm×60mm× 1mm were prepared by in-situ polymerization in [80], unclear in [81]

rangement of Fillers at Surface[77,82], Aggregative State of Space Charge[12,84-86], the Effect of the Field Homogenization and High Thermal Conductivity and Insulation Effect of Fillers[87]. However, the characteristic and function of the region between matrix and fillers are still hard to describe precisely. In addition, the distribution and the effect of space charge are not clear. More works are needed for further research.

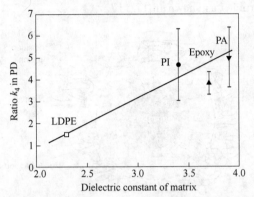

Fig. 16 Ratio k_4 vs the permittivity of matrix (□ from [78], ● from [70, 81], ▲ from [15, 75, 77, 79], ▼ from [73, 74, 80])

5 Discussion

From the above remarks, it can summarize that the short-term breakdown and the long-term failure properties are dominated by the characteristics of nanoparticles (such as polarity, size, surface states) and polymer matrix (dielectric constant and CED for instance). In the view of the interface influenced at nanolevel by the two materials, the permittivity of particles, the polarity and the CED of polymer affect the short-term breakdown properties of composites. The latter two, respectively, influence the electric ageing properties and the PD properties. Since the interface is the bridge to connect the particles with the matrix, its construction and properties are determined by both. A "Multi-Core" model has been proposed by T. Tanaka to describe the microstructures and properties of interfaces in nanocomposite[13]. It has been successfully used to explain a lot of experimental results and is generally accepted in the nanodielectric research field. However, some experimental phenomena can not be explained well. Such as, the crystallinities of both microcomposites and untreated nanocomposites were quantitatively the same as that of the pure XLPE, whereas the vinylsilane-treated nanocomposite had about 33% higher crystallinity than the other composites[12]. A large number of heterocharges developed near the electrodes in the untreated-silica/LLDPE nanodieletrics, while a very small number of homocharges in the treatedsilica/ LLDPE nanodielectrics. The treated silica agglomerates showed nucleating effect and reduced the size and perfection of the spherulites, and the measurement of water contact angle also indicated great difference between the treated and untreated silica nanocomposites[88]. The breakdown strength of treated-TiO_2/LDPE showed a nearly 40% increase than that of as-received nanoscale TiO_2-filled specimens[89]. These results mean that the surface condition of nanoparticles is the dominant factor to determine the macroscopic performances of nanodielectrics. The surface condition of particles affects the interaction between the nanofillers and polymer matrix. Therefore, it is reasonably deduced that the interfacial structure of treated nanodielectrics is different from that of untreated ones. Considering both treated and untreated, we propose a schematic of multiregion structure around spherical nanoparticles as shown in Fig. 17.

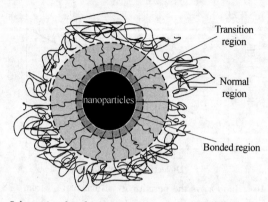

Fig. 17 Schematic of multi-region structure around spherical noparticles

(1) Bonded region: Due to abundant unsaturated bonds, hydrogen and organic groups (silane couplings) existing on the surface of nanoparticles, fillers can easily connect with the polymer matrix by covalent, ionic and hydrogen bonds. The van der Waals force is another type of interaction between filler and matrix. Moreover, the polarity of particles and matrix has a non-ignorable influence on the bonding strength. The bigger the permittivity, the stronger the force between the two kinds of material. It is important to state which kind of force is primary in the bonded region in actual cases. Bonding strength is the strongest at the interface.

According to the colloid chemistry, a Stern layer is formed due to a portion of counter ions adsorbed around nanoparticles by electrostatic Coulomb force and other forces since the Fermi level is different between inorganic particles and polymer matrix. It is speculated that a vast distortion of potential occurs in bonding region and deep traps with the highest density are introduced. Outwards from the surface of nanoparticles, the density of traps decrease and the shallow traps gradually take a dominated position. Plenty of space charges are accumulated under the applied field so that electric field increases sharply which leads to the breakdown firstly occurring in a bonded region. In general, the bonded region has a key role in short-term breakdown properties of nanocomposites.

(2) Transitional region: Molecular chain of polymer matrix consists of the transitional region and strongly bound with the bonded region and nanoparticles surface. Molecular chain arranges orderly in this region leading each chain endured an average force under electromechanical stress. The characteristic of the region is influenced chiefly by the CED of matrix. The larger the CED, the better the flexibility of molecular chain. So, more energy is needed to break the chain up. In this way, the service life of material will be extended effectively.

The chain mobility of molecular chain and crystallinity are involved in nanocomposites. The former determines directly the glass transition temperature. The latter is higher than the matrix originated from crystalline structure formed due to the existence of nanoparticles. The transitional region is considered as the crystalline structure region.

Bonded region and transitional region collaboratively determine the long-term degradation properties of composites. The thickness of the transitional region is greater than bonded region and affected by the surface condition of nano-fillers.

(3) Normal region: the properties of normal region are similar to the matrix. The molecular chains wind around the nanoparticles randomly.

Based on the knowledge of the three regions, assuming nanoparticles in an ideal dispersion, with fillers content increasing, the short-term and long-term properties are indicated as follows:

(1) The long-term failure properties of nanodielectrics are independent of the nanoparticles content at an extremely low content due to the volume of the bonded region and the transition region at a low level. However, the short-term breakdown strength indicates a high improvement. At this case, slight nano-dopant can strikingly raise the BD strength, but of no use for the long-term properties.

(2) As the nanoparticle content increases, the volume of the bonded region and the transition region increases. This will alter the glass transition temperature and melting temperature of polymeric matrix. The latter has been observed[90] in linear low density polyethylene filled with different level of alumina nanoparticles.

Analysis of the melting behavior of various nano alumina content added into linear low density polyethylene (LLDPE) was carried out using differential scanning calorimetry (DSC). The samples were placed in an aluminum can heated to 200℃ and were cooled at 1℃/min to room temperature. The DSC results were shown in Fig. 18. The information obtained from Fig. 18 is that there are two processes, one at just below 120℃ which was observed in the pure LLDPE and sample filled with 1% nano alumina particles and the other at just above 112℃ which appears in all the filled samples. An attractive phenomena should be pointed out is that only the sample with 1% filled displays both of these characteristics. This may be seen as a direct evidence for a region called transition region around the nanoparticles where the LLDPE behaves completely differently than the pure sample. This region then composes of the samples with the nanoparticles content increasing, such as 5% and 10% filled. Therefore, it is presumed that the longterm properties have a significantly improvement with filler content increasing. The shortterm breakdown strength is reduced due to the volume of bonded region increasing.

(3) Nanoparticle overlaps with its neighbor particles when nanoparticles content is over percolation threshold. The short-term properties and the long-term properties may be stable and the performance of nanoparticles gradually takes a leading role in determining nanodielectrics properties.

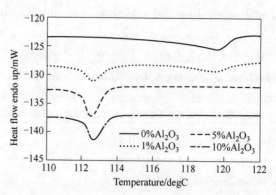

Fig. 18 DSC curves for nano alumina filled LLDPE samples [90]

Thus, the mechanism of the short-term breakdown and the long-term failure may be schematically represented in Fig. 19.

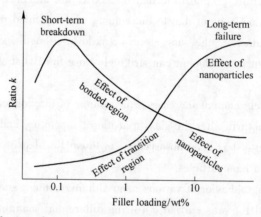

Fig. 19 The schematic diagram of the short-term breakdown and the long-term failure

6 Summary and Suggestions for Further Work

Dielectric material performance, whether conventional or nanocomposite dielectric, its aging, degradation and breakdown present a strong spatio-temporal hierarchy relationship. The BD mechanism is Fowler-Nordheim tunnel breakdown, for conventional dielectric, when the distance between electrodes is near to a nanometer. From aging, to the degradation, to the evolution of breakdown process, the aging process occurs on the nano-level, while the degradation occurs from the nanometer to the micron level. The research on the multi-hierarchical structure and the macroscopic properties of nanodielectric should not be limited to the nanocomposite dielectric, and should be extended to the conventional dielectric since aging, degradation and breakdown occurred from nanometers to microns and then to mm, multi-levels are observed in conventional dielectric material. Therefore, it is necessary to research the mechanism of aging and degradation of dielectric material on the nano-level, and improve the operating reliability of dielectric materials in a variety of working conditions.

Since the interface is affected by both matrix properties and nano-particle properties on nano-level, the following two interesting aspects of nanocomposites are summarized. On the one hand, the permittivity of nano-particle affects the vacuum surface flashover performance of the nanocomposite. The higher the particle dielectric constant, the higher the vacuum surface flashover voltage. On the other hand, the CED and the dielectric constant of matrix are closely-related with the composite electrical breakdown. When increasing matrix dielectric constant, the electrical breakdown field of the composite decreases initially and then increases, the electrical ageing performance improves all the time. Although the above two conclusions are common, further validation is still needed. In order to understand the impact of filler and matrix on short-term breakdown and long-term failure, it is also necessary to investigate the dependence of the nano-level structure of composite on permittivity of fillers, matrix dielectric constant and CED.

It can also come to the conclusion that the aggregative state of nano-particle contributes significantly to the short-term breakdown and long-term failure. The studies have indicated that as the amount of nano-particle increases, the short-term breakdown properties worsens, they can only improve with a small filler loading, while the long-term failure performance improve with filler amount increasing. Therefore, different characteristics are shown for the dependency of the amount of nanoparticles on the short-term breakdown and long-term failure properties.

From this point of view, making further efforts on the aggregative state of nano-particle, understanding the coupling effect of interface and their impact on short-term breakdown and long-term failure are meaningful. These studies may reveal the regulation and mechanism at spatial-temporal hierarchical about the short-term breakdown and long-term failure of nanocomposite.

Acknowledgements

This work is supported by the National Science Foundation for Distinguished Young Scholars of China (Grant No. 50625721), New-Century Talents Program of Ministry of Education (Grant No. NCET-05-0833) and Project by State Key Laboratory of Electrical Insulation and Power Equipment (Grant No. EIPE09106) and the National Basic Research Program of China (Grant No. 2009CB724505).

References

[1] K. S. Zhao, K. J. He. Dielectric relaxation of suspensions of nanoscale particles surrounded by a thick electric double layer [J]. Phys. Rev. B., 2006, 74: 205319-1-205319-2.

[2] P. Kim, N. M. Doss, J. P. Tillotson, P. J. Hotchkiss, M. J. Pan, S. R. Marder, J. Y. Li, J. P. Calame, J. W. Perrty. High energy density nanocomposites based on surface-modified $BaTiO_3$ and a ferroelectric polymer [J]. American Chem. Soc. Nano, 2009, 3: 2581-2592.

[3] L. Chen, G. H. Chen. Relaxation behavior study of silicone rubber crosslinked network under static and dynamic compression by electric response [J]. Polymer Composite, 2009, 30: 101-106.

[4] H. Tan, W. Yang. Toughening mechanisms of nano-composite ceramics [J]. Mechanics of Materials, 1998, 30: 111-123.

[5] H. Awaji, Y. Nishimura, S. M. Choi, Y. Takahashi, T. Goto, S. Hashimoto. Toughening mechanism and frontal process zone size of ceramics [J]. J. Ceramic Soc. of Japan, 2009, 117: 623-629.

[6] G. X. Zeng, H. Y. Zhang, L. C. Hu, Y. M. Chen. Research on complex permittivity spectrum and microwave absorption of anti-infrared In(Sn)$_2$O$_3$ (ITO) painting [J]. Aeronautical Materials, 2008, 28: 87-90.

[7] C. Zhang. Stealthy nanomaterials and its applications in the informative war [J]. Micronanoelectronic Technology, 2005, 42: 495-499.

[8] D. R. Sahu, B. K. Roul. Investigation of CMR properties in perovskite manganites [J]. American Inst. Phys. Conf. Proc. Mesoscopic, Nanoscopic, and Macroscopic Materials, 2008: 190-205.

[9] K. H. Song, B. J. Park, H. J. Choi. Effect of magnetic nanoparticle additive on characteristics of magnetorheological fluid [J]. IEEE Trans. Magnetics, 2009, 45: 4045-4048.

[10] T. Imai, Y. Hirano, H. Hirai, S. Kojima, T. Shimizu. Preparation and properties of epoxy-organically modified layered silicate nanocomposites [J]. IEEE Intern. Sympos. Electr. Insul. (ISEI), Boston, 2002: 379-383.

[11] J. K. Nelson, J. C. Fothergill, L. A. Dissado, W. Peasgood. Toward an understanding of nanometric dielectrics [J]. IEEE-CEIDP, 2002: 295-298.

[12] M. Roy, J. K. Nelson, R. K. MacCrone, L. S. Schadler, C. W. Reed, R. Keefe, W. Zenger. Polymer nanocomposite dielectrics—the role of the interface [J]. IEEE, Trans. Dielectr. Electr. Insul, 2005, 12: 629-643.

[13] T. Tanaka. Dielectric Nanocomposites with Insulating Properties [J]. IEEE Trans. Dielectr. Electrical Insul., 2005, 12: 914-928.

[14] G. L. Wilkes, J. Y. Wen. Organic/Inorganic hybrid network materials by the Sol – Gel approach [J]. Chem. Mater, 1996, 8: 1667-1681.

[15] T. Imai, F. Sawa, T. Nakano, T. Ozaki, T. Shimizu, S. Kuge, M. Kozako, T. Tanaka. Insulation properties of nano-and micro-filler mixture composite [J]. IEEE Conf. Electr. Insul. Dielectr. Phenomena (CEIDP), 2005: 171-174.

[16] S. Masuda, S. Okuzumi, R. Kurniant, Y. Murakami, M. Nagao, Y. Murata, Y. Sekiguchi. DC conduction and electrical breakdown of MgO and LDPE nanocomposite [J]. IEEE Conf. Electr. Insul. Dielectr. Phenomena (CEIDP), 2007: 290-293.

[17] J. K. Nelson, Y. Hu, J. Thiticharoenpong. Electrical properties of TiO$_2$ nanocomposites [J]. IEEE Conf. Electr. Insul. Dielectr. Phenomena (CEIDP), 2003: 719-722.

[18] J. C. Fothergill. Ageing, space charge and nanodielectrics: ten things we don't know about dielectrics [J]. IEEE Intern. Conf. Solid Dielectrics, Winchester, UK, 2007: 1-10.

[19] J. D. Chen, Z. Y. Liu. *Dielectric Physics*, Beijing: Machinery Industry Press, 1982. (in Chinese)

[20] *Dielectric Physics*, Xi'an Jiaotong University press, 1961.08. (in Chinese)

[21] J. P. Crine. A molecular model to evaluate the impact of aging on space charge in polymer dielectrics [J]. IEEE Trans. Dielectr. Electr. Insul., 1997, 4: 487-495.

[22] Q. Q. Lei, X. Wang, L. J. He. Review, thinking and countermeasure about engineering dielectric theory [J]. High Voltage Engineering, 2007, 33: 1-4. (in Chinese)

[23] J. C. Fothergill, G. C. Montanari, G. C. Stevens, C. Laurent, G. Teyssedre, L. A. Dissado, U. H. Nilsson, G. Platbrood. Electrical, microstructural, physical and chemicalcharacterization of HV XLPE cable peelings for an electrical aging diagnostic data base [J]. IEEE Trans Dielectr. Electr. Insul., 2003, 10: 514-527.

[24] T. J. Lewis, J. P. Llewellyn, M. J. van der Sluijs, J. Freestone, R. N. Hampton. A new model for electrical ageing and breakdown in dielectrics [J]. IEE DMMA, Conf. Pub. No. 430, 1996: 220-224.

[25] T. J. Lewis. Aging-a perspective [J]. IEEE Electr. Insul. Mag., 2001, 17 (4): 6-16.

[26] T. J. Lewis, J. P. Llewellyn, M. J. van der Sluijs. Electrokinetic properties of metal-dielectric interfaces [J]. IEE Proceedings-A, 1993, 140: 385-392.

[27] T. J. Lewis, J. P. Llewellyn, M. J. van der Sluijs. Electrically induced mechanical strain in insulating dielectrics [J]. IEEE Conf. Electr. Insul. Dielectr. Phenomena (CEIDP), 1994: 328-333.

[28] T. J. Lewis, J. P. Llewellyn, M. J. van der Sluijs, J. Freestone, R. N. Hampton. Electromechanical effects in XLPE cable models [J]. IEEE 5th Intern. Conf. Solid Dielectr. (ICSD), (Pub. 95CH3476-9), 1995: 269-273.

[29] P. Connor, J. P. Jones, J. P. Llewellyn, T. J. Lewis. Electric field-induced viscoelastic changes in insulating polymer films [J]. IEEE Conf. Electr. Insul. Dielectr. Phenomena (CEIDP), 1998: 27-30.

[30] P. W. Sayers, T. J. Lewis, J. P. Llewellyn, C. L. Griffiths. Investigation of the structural changes in LDPE and XLPE induced by high electrical stress [J]. IEE DMMA, Conf. Pub, 2000, (473): 403-407.

[31] C. L. Griffiths, S. Betteridge, J. P. Llewellyn, T. J. Lewis. The importance of mechanical properties for increasing the electrical endurance of polymeric insulation [J]. IEE DMMA, Conf. Pub, 2000, (473): 408-411.

[32] J. P. Jones, J. P. Llewellyn, T. J. Lewis. The contribution of fieldinduced morphological change to the electrical aging and breakdown of polyethylene [J]. IEEE Trans. Dielectr. Electr. Insul, 2005, 12: 951-966.

[33] L. A. Dissado, G. Mazzanti, G. C. Montanari. The incorporation of space charge degradation in the life model for electrical insulating materials [J]. IEEE Trans. Dielectr. Electr. Insul, 1995, 2: 15-25.

[34] L. A. Dissado, G. Mazzanti, G. C. Montanari. The role of trapped space charges in the electrical aging of insulation materials [J]. IEEE Trans. Dielectr. Electr. Insul, 1997, 4: 495-506.

[35] L. A. Dissado, G. Mazzanti, G. C. Montanari. Discussion of spacecharge life model features in dc and ac electrical aging of polymeric materials [J]. Minneapolis, 1997: 36-40.

[36] L. A. Dissado, G. Mazzanti, G. C. Montanari. A space-charge life model for ac electrical aging of polymers [J]. IEEE Trans. Dielectr. Electr. Insul, 1999, 6: 864-875.

[37] L. A. Dissado, G. Mazzanti, G. C. Montanari. Elemental strain and trapped space charge in thermoelectrical aging of insulating materials Part 1: Elemental strain under thermo-electrical-mechanical stress [J]. IEEE Trans. Dielectr. Electr. Insul, 2001, 8: 959-965.

[38] G. Mazzanti, G. C. Montanari, L. A. Dissado. Elemental strain and trapped space charge in thermoelectrical aging of insulating materials life modelling [J]. IEEE Trans. Dielectr. Electr. Insul, 2001, 8: 966-971.

[39] C. Dang, J. L. Parpal, J. P. Crine. Electrical aging of extruded dielectric cables review of existing theories and data [J]. IEEE Trans. Dielectr. Electr. Insul, 1996, 3: 237-247.

[40] J. L. Parpal, J. P. Crine, C. Dang. Electrical ageing of extruded dielectric cables - a physical model [J]. IEEE Trans. Dielectr. Electr. Insul, 1997, 4: 197-209.

[41] H. C. Miller. Flashover of insulators in vacuum: review of the phenomena and techniques to improve holdoff voltage [J]. IEEE Trans. Electr. Insul, 1993, 28: 512-527.

[42] H. Kirkici, M. Serkan, K. Koppisetty. Nano/micro dielectric surface flashover in partial vacuum [J]. IEEE Trans. Electr. Insul, 2007, 14: 790-795.

[43] M. Serkan, H. Kirkici, K. Koppisetty. Surface flashover characteristics of nano-composite dielectric materials under DC and pulsed signals in partial vacuum [J]. IEEE 27th Power Modulator Symposium,

2006: 90-92.

[44] G. J. Zhang, W. B. Zhao, N. Zheng, K. K. Yu, X. P. Ma, Z. Yan. Research process on surface flashover phenomena across solid insulation in vacuum [J]. High Voltage Engineering, 2007, 33: 30-35. (in Chinese)

[45] Liu Tong. Study on Vacuum Flashover Properties of Epoxy Resin Materials under Nano-Second Pulsed Voltages [M]. Xi'an Jiaotong University, 2006. (in Chinese)

[46] Zhang Lei. Study on new Epoxy Resin Composite Material Used in Vacuum Insulator [M]. Xi'an Jiaotong University, 2005. (in Chinese)

[47] Y. Chen, Y. H. Cheng, Z. B. Wang, K. Wu, S. T. Li. Fast pulse flashover of micro-nano-inorganic oxide and epoxy composite in Vacuum [J]. Advances in Natural Science, 2008, 18: 956-960. (in Chinese)

[48] Y. Chen, Y. H. Cheng, W. Yin, W. K. Li, G. D. Meng, Z. B. Wang, J. B. Zhou, K. Wu. Flashover property of pure epoxy and composites along the gas-solid interface under fast pulse [J]. Xi'an Jiaotong University, 2008, 42: 703-707. (in Chinese)

[49] Y. H. Cheng, Y. Chen. Study on the vacuum surface flashover characteristics of epoxy composites with different fillers under steep high-voltage impulse [J]. 9th IEEE International Conference on Solid Dielectrics, 2007: 349-352.

[50] Y. Chen, Y. H. Cheng, J. B. Zhou, Z. B. Wang, K. Wu, T. Tanaka. Pulsed vacuum flashover of Al_2O_3/epoxy nanocomposite [J]. Intern. Conf. Electrical Insulating Materials, 2008: 36-39.

[51] W. Zhao, G. Zhang, Y. Yang. Correlation between trapping parameters and surface insulation strength of solid dielectric under pulse voltage in vacuum [J]. IEEE Trans. Dielectr. Electr. Insul. , 2007, 14: 170-178.

[52] Y. Chen. Study on Pulsed Flashover characteristic of Epoxy composites in Vacuum [D]. Xi'an Jiaotong University, 2008. (in Chinese)

[53] M. Xu, J. Q. Feng, X. L. Cao. Study on preparation and dielectric properties of nano-Ag/epoxy resin composite [J]. Rare Metal Materials and Engineering, 2007, 36: 1369-1372.

[54] H. Y. Li, G. Liu, B. Liu, W. Chen, S. T. Chen. Dielectric properties of polyimide/Al_2O_3 hybrids synthesized by in-situ polymerization [J]. Materials Letters, 2007, 61: 1507-1511.

[55] E. Tuncer, R. C. Duckworth, I. Sauers, D. R. James, A. R. Ellis. Dielectric properties of polyvinyl alcohol filled with nanometer size barium titanate particles [J]. IEEE Conf. Electr. Insul. Dielectr. Phenomena (CEIDP), 2007: 225-227.

[56] H. Y. Li, L. Guo, B. Liu, W. Chen, S. T. Chen. A study of dielectric properties of polyimide/nano-titanium/dioxide composites films [J]. Insulation material, 2005, (6): 30-33. (in Chinese)

[57] Y. J. Hu, R. C. Smith, J. K. Nelson, L. S. Schadler. Some mechanistic understanding of the impulse strength of nanocomposites [J]. IEEE Conf. Electr. Insul. Dielectr. Phenomena (CEIDP), 2006: 31-34.

[58] Y. Murakami, M. Nemoto, S. Okuzumi, S. Masuda, M. Nagao. DC conduction and electrical breakdown of MgO/LDPE nanocomposite [J]. IEEE Trans. Dielectr. Electr. Insul, 2008, 15: 33-39.

[59] S. Okuzumi, Y. Murakami, M. Nagao, Y. Sekiguchi, C. C. Reddy, Y. Murata. DC breakdown strength and conduction current of MgO/LDPE composite influenced by filler size [J]. IEEE Conf. Electr. Insul. Dielectr. Phenomena (CEIDP), 2008: 722-725.

[60] J. K. Nelson, J. C. Fothergill. Internal charge behaviour of nanocomposites [J]. Nanotechnology, 2004, 15: 586-595.

[61] Y. Yin, X. B Dong, Z. Li, X. G. Li. The effect of electrically prestressing on DC breakdown strength in the nanocomposite of lowdensity polyethylene/nano-SiO$_x$ [J]. IEEE Intern. Conf. Solid Dielectrics, 2007: 372-376.

[62] C. Zilg, D. Kaempfer, R. Thomann, R. Muelhaupt, G. C. Montanari. Electrical properties of polymer nanocomposites based upon organophilic layered silicates [J]. IEEE Conf. Electr. Insul. Dielectr. Phenomena (CEIDP), 2003: 546-550.

[63] C. M. Li, R. P. Li, J. G. Gao, Y. B. Wu, X. H. Zhang. Influences of nano-montmorillonite on breakdown and electrical conductivity of polyethylene [J]. Harbin University of Sci, Techn., 2009, 12: 152-155. (in Chinese)

[64] X. H. Zhang, J. G. Gao, N. Guo. Influences of nano-montmorillonite on breakdown and electrical conductivity of polyethylene [J]. High Voltage Engineering, 2009, 35: 129-134. (in Chinese)

[65] H. Z. Ding, B. R. Varlow. Effect of nano-fillers on electrical treeing in epoxy resin subjected to AC voltage [J]. IEEE Conf. Electr. Insul. Dielectr. Phenomena (CEIDP), 2004: 332-335.

[66] H. Y. Li, G. Liu, B. Liu, W. Chen. Dielectric properties of polyimide/Al$_2$O$_3$ hybrids synthesized by in-situ polymerization [J]. Materials Letters, 2007, 61: 1501-1511.

[67] T. Tanaka. High field light emission in LDPE/MgO nanocomposite [J]. Intern. Sympos. Electrical Insulating Materials, 2008: 506-509.

[68] H. Z. Ding, B. R. Varlow. Filler volume fraction effects on the breakdown resistance of an epoxy microcomposite dielectric [J]. IEEE Intern. Conf. Solid Dielectrics, 2004, 2: 816-820.

[69] R. Kurnianto, Y. Murakami. Some fundamentals on treeing breakdown in inorganic-filler/LDPE nanocomposite material [J]. IEEE Conf. Electr. Insul. Dielectr. Phenomena (CEIDP), 2006: 373-376.

[70] M. Y. Zhang, C. Yan, F. Yong, Q. Q. Lei. Synthesis and characterization of corona-resistant nanocluster-trapped polyimide/silica composites [J]. IEEE 7th Intern. Conf. Properties and Applications of Dielectric Materials (ICPADM), Nagoya, Japan, 2003: 753-756.

[71] H. Zhou, Y. Fan, Q. Q. Lei. Synthesis and characterization of corona-resistant polyimide/alumina hybrid films [J]. IEEE 8th Intern. Conf. Properties and Applications of Dielectric Materials (ICPADM), 2006: 736-738.

[72] T. Tanaka, G. C. Montanari, R. Mülthaupt. Polymer nanocomposites as dielectrics and electrical insulation perspectives for processing technologies, material characterization and future applications [J]. IEEE Trans. Electr. Insul, 2004: 763-784.

[73] M. Kozako, R. Kido, N. Fuse, Y. Ohki, T. Okamoto, T. Tanaka. Difference in surface degradation due to partial discharges between polyamide nanocomposite and microcomposites [J]. IEEE Conf. Electr. Insul. Dielectr. Phenomena (CEIDP), 2004: 398-401.

[74] N. Fuse, M. Kozako, T. Tanaka, S. Murase, Y. Ohki. Possible mechanism of superior partial-discharge resistance of polyamide nanocomposites [J]. IEEE Conf. Electr. Insul. Dielectr. Phenomena (CEIDP), 2004: 322-325.

[75] M. Kozako, S. Kuge, T. Imai, T. Ozaki, T. Shimizu, T. Tanaka. Surface erosion due to partial discharges on several kinds of epoxy nanocomposites [J]. IEEE Conf. Electr. Insul. Dielectr. Phenomena (CEIDP), 2005: 162-165.

[76] M. Kozako, Y. Ohki, M. Kohtoh, S. Okabe, T. Tanaka. Preparation and various characteristics of epoxy/alumina nanocomposites [J]. IEEJ Trans. FM, 2006, 126: 1121-1127.

[77] T. Tanaka, Y. Matsuo, K. Uchida. Partial discharge endurance of epoxy/SiC nanocomposite [J]. IEEE Conf. Electr. Insul. Dielectr. Phenomena (CEIDP), 2008: 13-16.

[78] T. Tanaka, A. Nose, Y. Ohki, Y. Murata. PD resistance evaluation of LDPE/MgO nanocompo-site by a rod-to-plane electrode system [J]. IEEE 8th Intern. Conf. Properties and Applications of Dielectric Materials (ICPADM), 2006: 319-322.

[79] M. Kozako, S. Yamano, R. Kido, Y. Ohki, M. Kohtoh, S. Okabe, T. Tanaka. Preparation and preliminary characteristic evaluation of epoxy/alumina nanocomposites [J]. Intern Sympos. Electr. Insulating Materials (ISEIM), 2005: 231-234.

[80] M. Kozako, N. Fuse, Y. Ohki, T. Okamoto, T. Tanaka. Surface degradation of polyamide nanocompo-sites caused by partial discharges using IEC (b) electrodes [J]. IEEE Trans. Dielectr. Electr. Insul, 2004, 11: 833-839.

[81] Y. Cao, P. C. Irwin, K. Younsi. The future of nanodielectrics in the electrical power industry [J]. IEEE Trans. Dielect. Elect. Insul. , 2004, 11: 797-807.

[82] A. H. El-Hag, S. H. Jayaram, E. A. Cherney. Comparison between Silicone Rubber containing micro- and nano-size silica fillers [J]. IEEE Conf. Electr. Insul. Dielectr. Phenomena (CEIDP). 2004: 688-691.

[83] T. Tanaka, M. Kozako, N. Fuse, Y. Ohki. Proposal of a Multi-core Model for polymer nanocomposite dielectrics [J]. IEEE Trans. Dielectr. Electr. Insul, 2005, 12: 669-681.

[84] T. J. Lewis. "Interfaces are the dominant feature of dielectrics at the nanometric level [J]. IEEE Trans. Dielectr. Electr. Insul, 2004, 11: 739-753.

[85] R. C. Smith, C. Liang, M. Landry, J. K. Nelson, L. S. Schadler. The mechanisms leading to the useful electrical properties of polymer nanodielectrics [J]. IEEE Trans. Dielectr. Electr. Insul, 2008, 15: 187-196.

[86] J. C. Fothergill, J. K. Nelson, M. Fu. Dielectric properties of epoxy nanocomposites containing TiO_2, Al_2O_3 and ZnO fillers [J]. IEEE Conf. Electr. Insul. Dielectr. Phenomena (CEIDP), 2004: 406-409.

[87] X. Z. Liu, Z. W. Wu, L. S. Zhong, Z. X. Xu. Homogenizing effect of electric field caused by nano-pow-der filled in the converter motor [J]. Electrical Technology, 2004, 2: 7-13. (in Chinese)

[88] X. Y. Huang, P. K. Jiang, Y. Yin. Nanoparticle surface modification induced space charge suppression in linear low density polyethylene [J]. Appl. Phys. Lett. , 2009, 25: 242905-1-3.

[89] D. L. Ma, T. A. Hugener, R. W. Siegel, A. Christerson, E. Martensson, C. Onneby, L. S. Schadler. Influence of nanoparticle surface modification on the electrical behaviour of polyethylene nanocomposites [J]. Nanotechnology, 2005, 16: 724-731.

[90] G. Chen, J. T. Sadipe, Y. Zhuang, C. Zhang, G. C. Stevens. Conduction in liner low density polyethy-lene nanocomposite [J]. IEEE 9th Intern. Conf. Properties and Applications of Dielectric Materials (IC-PADM), Harbin, China, 2009: 845-848.

The Effects of Coupling Agents on the Properties of Polyimide/Nano-Al$_2$O$_3$ Three-Layer Hybrid Films*

Abstract PI/nano-Al$_2$O$_3$ hybrid films were prepared by ultrasonic-mechanical method. Before addition, nano-Al$_2$O$_3$ particles were firstly modified with different coupling agents. The micromorphology, thermal stability, mechanical properties, and electric breakdown strength of hybrid films were characterized and investigated. Results indicated that nano-Al$_2$O$_3$ particles were homogeneously dispersed in the PI matrix by the addition of coupling agents. The thermal stability and mechanical properties of PI/nano-Al$_2$O$_3$ composite films with KH550 were the best. The tensile strength and elongation at break of PI composite film were 119.1MPa and 19.1%, which were 14.2% and 78.5% higher than unmodified PI composite film, respectively.

1 Introduction

As an engineering material, polyimide had been extensively applied in many areas such as microelectronics, electric industries, and aerospace and so forth[1]. During the past decade, increasing attention has been paid to the polyimide organic-inorganic hybrid materials, and it has been proved that the mechanical, thermal, and electrical properties of PI hybrid films can be improved by incorporation of fillers such as carbon nanotube[2], aluminum nitride[3], silica[4-7], and titania[8] into the pristine polyimide matrix.

Among these inorganic particles, nanoalumina (Al$_2$O$_3$) is often chosen as fillers to improve insulation properties of the polymer materials due to its extremely high insulating qualities and thermal conductivity[9-13]. These polyimide/Al$_2$O$_3$ composites could widely be applied in electrical insulating fields. However, due to its huge surface areas and large surface free energy, nano-Al$_2$O$_3$ particles will aggregate with each other easily. So the combination of nano-Al$_2$O$_3$ particles with PI in nano scale is very difficult. One of the most important key points of PI/Al$_2$O$_3$ hybrid films is to control the dispersion of alumina in the polymer matrix.

The coupling agents can make organic and inorganic materials connect together and improve the compatibility between the two phases effectively. However, little information has been focused on the effects of different coupling agents on structure and properties of polyimide/Al$_2$O$_3$ hybrid films.

In our present work, a series of PI/inorganic hybrid films with different kinds of coupling

---

* Copartner: Liu Lizhu, Weng Ling, Song Yuxia, Gao Lin. Reprinted from *Journal of Nanomaterials*, 2010 (1): 139-143.

agents and different contents of each coupling agent was prepared. The microstructure and properties of these PI/nano-Al_2O_3 hybrid films were studied. Especially, the effects of different coupling agents on the microstructure and properties of hybrid films were investigated.

[a] T_0: the initial decomposition temperature.

[b] T_{10}: the decomposition temperature at 10% weight loss.

[c] T_{30}: the decomposition temperature at 30% weight loss.

2 Experiment

2.1 Materials

Pyromellitic diananocomposite (PMDA) and 4,4'-Oxydianiline (ODA) were chemic grade and purchased from Shandong Wanda Chemical Co. N,N-dimethylacetamide (DMAc) was analytical grade and purchased from Tianjin Basifu Chemical Co. $\alpha-Al_2O_3$ (30nm) was obtained from Shanghai Wanjing New Materials Co. γ-aminopropyl triethoxysilane (KH550, $NH_2(CH_2)_3Si(OCH_2CH_3)_3$), γ-glycidoxypropyl trimethoxysilane (KH560, $C_6H_{11}O_2Si(OCH_3)_3$) were purchased from Nanjing Shuguang Chemical Plant. 3-(N-Styrylmethyl-2-aminoethylamino)-propyltrimethoxysilane hydrochloride (AE3012, $C_{14}H_{21}N_2HClSi(OCH_3)_3$) was purchased from Dalian Aolikai Chemical Co. Ethanol absolute was analytical grade and purchased from Tianjin Shentai Chemical Reagent Co.

2.2 Preparation of PI/Al_2O_3 hybrid films

Nanometer alumina particles were firstly dissolved in ethanol absolute, then heated up in a water bath of 70-75℃, and 4% content of coupling agent was added with the treatment of ultrasonic wave. The mixture was stirred mechanically again for 4 h, followed by heating at 100℃ for 16 h, and then abraded to use.

Poly (amic acid) (PAA) was synthesized by appropriate PMDA and ODA in DMAc. The solid content of PAA solution was 10%. A typical synthesis of the precursors to alumina containing polymer is as follows ODA was added into a 250mL three-necked bottle, and an appropriate amount of DMAc was added into it. After the ODA was completely dissolved, PMDA was added to this solution with a certain time sequence, and the mixture was stirred to get a yellow PAA solution. A calculated quantity of modified nano-Al_2O_3 particles with KH550 content 2wt% was added to PAA solution with the aid of ultrasonic wave, and the mixture was stirred mechanically again for 10 h to form a homogeneous Al_2O_3/poly (amic acid) solution.

The Al_2O_3/PAA solution was casted on a clean glass substrate and followed by heating successively at 80℃, 100℃ and 140℃ for 1 h, 220℃ for 2 h, and 300℃ for 3h, respectively. The PI/Al_2O_3 hybrid films were obtained after the film peeled off the glass substrate.

2.3 Characterization

The fracture surfaces of film samples with aurum were examined on the FEI. Sirion Scanning

Electron Micrographs (SEMs) at the voltage of 20.0 kV. FTIR spectra of the nano-Al_2O_3 before and after treatment with the coupling agent were recorded on a BRUKER EQUINOX55 FT-IR spectrophotometer. The acquisition time was one minute at a resolution of four wave numbers. UV-Vis spectra were measured on a UV757CRT UV-Vis Spectrometer using the wavelength from 190 to 800nm. Thermogravimetric analysis (TGA) was performed on a Pyris 6 series thermal analysis system at a heating rate of 20℃/min under nitrogen atmosphere. TGA curves were recorded. The tensile-strength and elongation at break were measured on XLD-series Liquid Screen Electronic Tensile Apparatus 100×10mm with specimens in accordance with GB/T 13541—92 at a drawing rate of 50mm/min. Averages of five individual determinations were used, the values took three significant digits, and the unit was MPa, the elongation ratio computation to the integer position, by percentage expression. The electric breakdown strength was tested on the regulating assembly at boosting manually in the polymethylphenyl siloxane fluid.

3 Results and Discussion

3.1 Microstructures of PI/Al_2O_3 hybrid films

Fig. 1 shows the fractural surface microstructures of PI/Al_2O_3 hybrid films with or without coupling agents. It can be seen that all of the samples show the three-layer structure characteristics. However, there are also some obvious differences between these four samples. Sample of PI/unmodified-Al_2O_3 hybrid film (Fig. 1 (a)) shows an obvious stripping between three layers, indicating a bad structure integrity. While samples of PI/modified-Al_2O_3 hybrid films by KH560 and AE3012, respectively, as Fig. 1 (c) and Fig. 1 (d) reflect a slight stripping phenomenon. A best combinational characteristics among these four samples can be found in Fig. 1 (b), which has a flattest fracture surface with smallest stripping among these four figures. This fairly good in microstructure of Fig. 1 (b) indicates a better combinational condition than others when KH560 addition.

3.2 FTIR analysis of PI/Al_2O_3 hybrid films

Fig. 2 illustrated the FT-IR spectra of the nano-Al_2O_3 particles before and after treatment with the coupling agent KH560, which was donated as (a) and (b), respectively. The characteristic peaks in these two FT-IR spectra present near at $3407.1cm^{-1}$, $1628.5cm^{-1}$ indicate the stretching vibration and bending vibration of hydroxyl group peaks on the Al_2O_3 particles' surface. Comparing (a) and (b) spectra, it can be clearly found that the strength of O-H peaks after treatment by coupling agent was greatly weaker than that of raw Al_2O_3 particles, indicating the decrease of absorbed water and the surface hydroxyl group after treatment by coupling agent. Moreover, the band at $2931cm^{-1}$ is the C-H band stretching vibration, it also indicated the effective linkage between KH560 and Al_2O_3 particles.

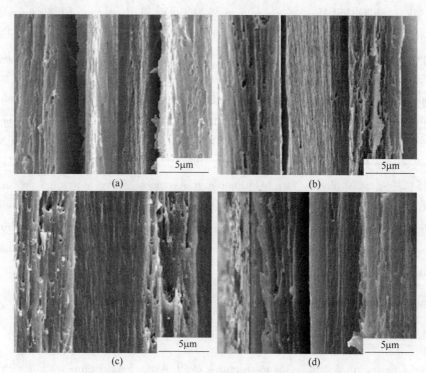

Fig. 1 SEM images of the cross-section of PI/Al$_2$O$_3$ hybrid films

(a) PI/unmodified Al$_2$O$_3$ film; (b) PI/modifided Al$_2$O$_3$ film with KH550;
(c) PI/modifided Al$_2$O$_3$ film with KH560; (d) PI/modifided Al$_2$O$_3$ film with AE3012

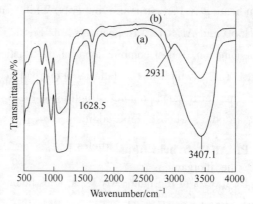

Fig. 2 FT-IR spectra of nano-Al$_2$O$_3$ particles before and after treatment by coupling agent KH560

(a) before; (b) after

3.3 UV-Vis transmittance of PI/Al$_2$O$_3$ hybrid films

UV-vis absorption spectra of PI hybrid films with unmodified and modified Al$_2$O$_3$ by coupling agents are shown in Fig. 3. The cutoff wavelengths of the films are observed at about 440–460nm. Comparing to the PI/unmodified-Al$_2$O$_3$ hybrid films, the transmittances of the PI/

modified-Al_2O_3 hybrid films by coupling agents are slightly increase, which is attributed to the effective dispersion of Al_2O_3 inorganic phases. The addition of coupling agent can connect the Al_2O_3 inorganic particles and PAA organic phase through its reactive group then improve the interfacial compatibility between inorganic/organic phases. Further investigation indicates that the transmittances of the PI/modified-Al_2O_3 by coupling agent KH560 has a highest value among these four samples when the wavelength of UV is in the range of 500~600nm. It can possibly attribute to the better interface combination of PI/Al_2O_3 hybrid films modified by coupling agent KH560 than the other three composites.

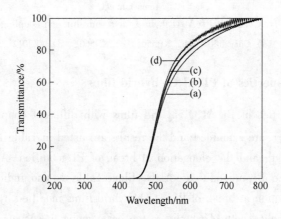

Fig. 3　UV-Vis spectra of PI/Al_2O_3 hybrid films with different coupling agents
(a) Unmodifide; (b) KH550; (c) KH560; (d) AE3012

3.4　Thermal stability of PI/Al_2O_3 hybrid films

The TGA analysis was examined to evaluate the thermal stability of the PI/Al_2O_3 hybrid films without and with coupling agents. Results are shown in Fig. 4 and Table 2. It can be found that the thermal stability of PI films with modified-Al_2O_3 addition is better than that of PI/unmodified-Al_2O_3 hybrid film. This superior in thermal stability of PI/modified-Al_2O_3 also indicates a rather good compatibility between the inorganic particles and the organic matrix by using the coupling agents to modify the inorganic particles, resulting in the occurrence of hydrogen bonds or other coordination bonds between PI and Al_2O_3 inorganic particles. These coordination bonds prevent the thermal motion of PI molecular and the breakdown of the polymer molecular chains, resulting in the increase of the breaking energy during the heating process and the improvement on thermal stability of the PI/Al_2O_3 hybrid films. Table 2 also indicates that the PI/Al_2O_3 composite film modified by KH550 has the highest value in decomposition temperature, about 624.7℃, among these four kinds of composites when 10wt% mass lose is reached. This also can be attributed to the formation of some coordination bonds between the group of-NH_2 in the KH550 and the acid anhydride groups or the carboxyl group in PAA molecular chain, which cause the improvement in thermal decomposition temperature of the composite.

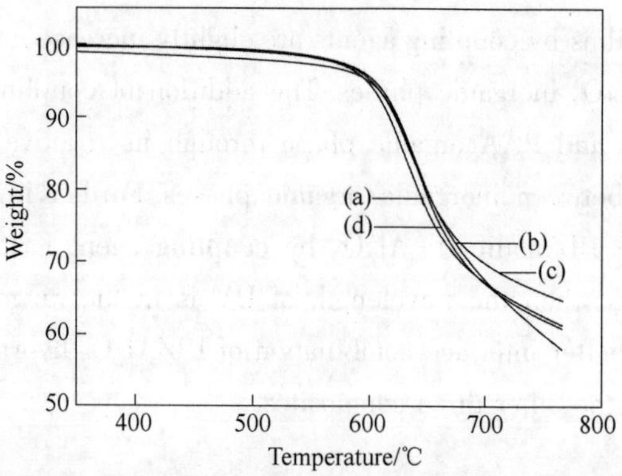

Fig. 4 TGA cures of PI/Al_2O_3 hybrid films with different coupling agents
(a) Unmodified; (b) KH550; (c) KH560; (d) AE3012

3.5 Mechanical properties of PI/Al_2O_3 hybrid films

The mechanical properties of PI/Al_2O_3 hybrid films with different coupling agent (KH550, KH560, and AE3012) are examined and the results are listed in Table 1. It can be found that all of the tensile strength and the elongation at break of PI/modified-Al_2O_3 hybrid films are higher than that of the PI/unmodified-Al_2O_3 films. Table 1 also indicates that the tensile strength and the elongation at break of PI/Al_2O_3 hybrid films modified by KH550 are 119MPa and 19.1%, respectively, both of which are the best among these four samples. This can be attributed to the formation of some coordination bonds between the $-NH_2$ structure of coupling agent KH550 and the PAA or the nano-Al_2O_3 surface, such as Al-O-Si bonds and the hydrogen bond. The formation of these two linkages leads to form the strong single molecular interfacial layers between PI matrix and Al_2O_3 particles[14,15]. The formation of these strong single molecular interfacial layers effectively improve the interactions between PI molecular and Al_2O_3 particles then increase the bonding strength between matrix and fillers, resulting in the increase in stiffness of PI composites.

Table 1 Mechanical properties of PI composite films

Samples	PI/unmodified Al_2O_3	PI/unmodified with KH550	PI/unmodified with KH560	PI/unmodified with AE3012
Tensile strength/MPa	104.3	119.1	108.5	107.5
Elongation/%	10.7	19.1	10.9	11.6

Table 2 Thermal decomposition temperature of samples under nitrogen atmosphere

Samples	T_0/℃	T_{10}/℃	T_{30}/℃
PI/unmodified Al_2O_3	597.8	617.4	679.9
PI/modified Al_2O_3 with KH550	604.3	624.7	687.0
PI/modified Al_2O_3 with KH560	601.6	622.3	698.9
PI/modified Al_2O_3 with AE3012	599.3	623.5	682.2

Note: T_0: the initial decomposition temperature. T_{10}: the decomposition temperature at 10% weight loss. T_{30}: the decomposition temperature at 30% weight loss.

3.6 Electric breakdown strength of PI/Al$_2$O$_3$ hybrid films

Being a key parameter, the electrical breakdown strength is widely used to measure the insulating capability of the dielectrics, because breakdown would cause short circuit which could be a fatal malfunction for the power equipment[9,16]. Fig. 5 shows the average electric breakdown strength of the PI/Al$_2$O$_3$ hybrid films with different coupling agent varieties. It can be found that all of the average electric breakdown strengths of the PI/Al$_2$O$_3$ hybrid films are over 260 kV/mm. Moreover, Fig. 5 also indicates that the average electric breakdown strengths of PI-modified Al$_2$O$_3$ hybrid films are higher than that of PI-modified Al$_2$O$_3$ hybrid film. Combining with the SEM microstructural analysis, we could attribute this better antielectric breakdown properties of PI/modified Al$_2$O$_3$ hybrid films to a better homogenous microstructures and a fewer structure defects than PI/unmodified Al$_2$O$_3$ film.

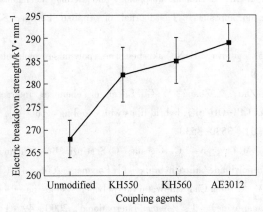

Fig. 5 Average electric breakdown strength of the PI/Al$_2$O$_3$ hybrid films with different coupling agents

Further study indicates that among the PI hybrid films added with three kinds of Al$_2$O$_3$ particles modified by KH550, KH560 and AE3012, respectively, the average electric breakdown strength of PI/modified Al$_2$O$_3$ with AE3012 is the highest, which is as high as 290 kV/mm. This can be attributed to the homogeneously dispersion of nano-Al$_2$O$_3$, particles in the PI matrix.

4 Conclusions

In this work, a series of PI/Al$_2$O$_3$ hybrid films is prepared by ultrasonic-mechanical method. The nano-Al$_2$O$_3$ particles are firstly modified by different coupling agents then dispersed homogenously in polyamic (acid) by some modes under the assistant of ultrasonic wave. Results of microstructure and performance analysis indicate that the coupling agents have a great effect on the microstructure of the PI/Al$_2$O$_3$ hybrid films. The usage of coupling agent can effectively improve the compatibility and the homogenous dispersion of nano-Al$_2$O$_3$ particles in PI matrix. Results also indicate that the PI/Al$_2$O$_3$ hybrid film modified by KH550 has the best of thermal stability and mechanical properties, while the PI/Al$_2$O$_3$ hybrid film modified by AE3012 has the highest of average electric breakdown strength.

Acknowledgements

This paper was supported by the Nation Science Foundation Grant (50137010) and the Heilongjiang Science Foundation Grant (E200907).

References

[1] L. Mascia, A. Kioul. Influence of siloxane composition and morphology on properties of polyimide-silica hybrids [J]. Polymer, 1995, 36 (19): 3649-3659.

[2] X. Jiang, Y. Bin, M. Matsuo. Electrical and mechanical properties of polyimide-carbon nanotubes composites fabricated by in situ polymerization [J]. Polymer, 2005, 46 (18): 7418-7424.

[3] L. Rubia, F. S. Vasconcelos, L. Wander. Synthesis of titania-silica materials by sol-gel [J]. Materials Research, 2002, 5: 1439-1516.

[4] S. Al-Kandary, A. A. M. Ali, Z. Ahmad. Morphology and thermo-mechanical properties of compatibilized polyimidesilica nanocomposites [J]. Journal of Applied Polymer Science, 2005, 98 (6): 2521-2531.

[5] V. A. Bershtein, L. M. Egorova, P. N. Yakushev. The polyimide molecular [J]. Macromolecular Symposia, 1999, 46: 9.

[6] J. Qin, H. Zhao, R. Zhu, X. Zhang, Y. Gu. Effect of chemical interaction on morphology and mechanical properties of CPI-OH/SiO_2 hybrid films with coupling agent [J]. Journal of Applied Polymer Science, 2007, 104 (6): 3530-3538.

[7] P. Musto, M. Abbate, M. Lavorgna, C. Ragosta, G. Scarinzi. Microstructural features, diffusion and molecular relaxations in polyimide/silica hybrids [J]. Polymer, 2006, 47 (17): 6172-6186.

[8] Y. J. Tong, Y. S. Li, M. X. Ding. Characterization of polymer systems based on sulfonated poly (2, 6-dimethyl-1, 4-phenylene oxide) [J]. Polymer International, 2000, 49 (11): 1534-1538.

[9] H. Li, G. Liu, B. Liu, W. Chen, S. Chen. Dielectric properties of polyimide/Al_2O_3 hybrids synthesized by in-situ polymerization [J]. Materials Letters, 2007, 61 (7): 1507-1511.

[10] A. M. Lowman, N. A. Peppas. Molecular analysis of interpolymer complexation in graft copolymer networks [J]. Polymer, 2000, 41 (1): 73-80.

[11] L. Lizhu, L. Bing, W. Wei, L. Qingquan. Preparation of polyimide/inorganic nanoparticle hybrid films by sol-gel method [J]. Journal of Composite Materials, 2006, 40 (23): 2175-2183.

[12] B. Zhao, B. L. N. Rao. Preparation and properties of polyimide/inorganic phase hybrid films [J]. Chemistry of Materials, 2006, 34: 37.

[13] H. Cai, F. Yan, Q. Xue, W. Liu. Investigation of tribological properties of Al_2O_3-polyimide nanocomposites [J]. Polymer Testing, 2003, 22 (8): 875-882.

[14] L. Gao, J. Sun, Y. Q. Liu. The Review of Coupling Agents, Chemical Industry Press, China, 2003.

[15] Y. Q. Li, Y. H. Zhang, M. Li, S. Y. Fu. The preparation and electric properties of polyimide composites [J]. Chinese Synthesis Research and Plastic, 2004, 21: 63.

[16] R. Magaraphan, W. Lilayuthalert, A. Sirivat, J. W. Schwank. Preparation, structure, properties and thermal behavior of rigid-rod polyimide/montmorillonite nanocomposites [J]. Composites Science and Technology, 2001, 61 (9): 1253-1264.

Effect of Deep Trapping States on Space Charge Suppression in Polyethylene/ZnO Nanocomposite*

Abstract This letter intends to reveal the mechanism of space charge suppression in low density polyethylene (LDPE) /ZnO nanocomposites. Trap level and space charge distributions were obtained from modified isothermal discharge current method and pulsed electro-acoustic (PEA) method, respectively. The results showed that ZnO nanoparticle doping introduced large amounts of deep trapping states, significantly reduced space charge accumulation and conduction current. The results can be explained in terms of deep trapping states resulted from the interface regions and morphology structure changes by nanoparticles doping, which greatly reduced the charge mobility, raised the charge injection potential at the contact and weakened impurity ionization.

Polymer electrical insulation materials are apt to capture charge carriers to form space charges under high electrical field, which is an especially major restricted factor for high voltage direct current (HVDC) cable development[1]. Space charges induce kinds of detrimental effects, seriously distorting the electrical field, generating hot electrons, leading to electrical-mechanical energy storage and release, etc[2]. Thus, the investigation of space charge suppression method and mechanism has become a main focus in the development of HVDC cable.

Recently, nanoparticle fillers are widely used for enhancing electrical properties of polymer insulation materials, especially space charge suppression under high direct current (DC) electrical field[3,4]. This letter intends to reveal the microscopic mechanism of space charge suppression in low density polyethylene (LDPE) /ZnO nanocomposite via deep trapping states determination and conduction current measurement.

The nanocomposites were prepared by melt blending method. The ZnO nanoparticles have an average particle size of about 30nm and were surface treated with 2% silane coupling agent 3-Aminopropyltriethoxysilane. LDPE and surface treated ZnO nanoparticles were melt-blended in a rheometer at 423 K. The obtained nanocomposites were pressing molded at 313K under a pressure of 10MPa to obtain films with a thickness of about 200μm. All samples were evaporated with Al electrode on both sides with a diameter of 25mm.

The sample section surface, fractured in liquid nitrogen, was observed by scanning electron microscopy (SEM, Philips Quanta 200) operated at 20kV in order to observe the dispersion of nanofillers. The trap level distribution was measured based on the modified isothermal discharge current method, which has been described in detail in previous publications by the au-

---

* Copartner: Tian Fuqiang, Wang Xuan, Wang Yi. Reprinted from *Applied Physics letter*, 2010, 99 (4): 142903-142903-3.

thor[5]. First, charges were injected into the sample under 30kV/mm at 323K for 40min. Then, the sample was short-circuited and the discharge current was measured at 323 K. Conduction current was measured by a picoammeter EST122 and a data acquisition system under DC 10kV/mm and 50kV/mm, respectively. Space charge distribution measurement was performed based on pulsed electro-acoustic (PEA) method under DC 50kV/mm at room temperature. The principle and application of PEA method have been widely discussed in previous publications[6].

Dispersion of the ZnO nanoparticles in LDPE matrix is presented by SEM image in Fig. 1. The ZnO nanoparticles are uniformly distributed in LDPE. The particle size is around 30~80nm. No large agglomerate can be observed. The border between the nanoparticles and polymer matrix is obscure, indicating significant interface region.

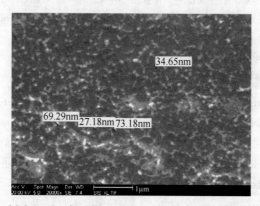

Fig. 1 (Color online) SEM section images of LDPE/ZnO 7% treated

Fig. 2 shows the trap level distributions of LDPE and LDPE/ZnO nanocomposite. The results show that the trap levels are both in the range 0.8~1.0eV with a peak density at 0.94eV, which can be regarded as deep trap levels in LDPE[7,8]. The peak trap level density in LDPE and LDPE/ZnO nanocomposite are 8×10^{20} and $4.8 \times 10^{21}/(eV \cdot m^3)$, respectively, which are in the same range as the existing results ($10^{16}-10^{22} m^3 \cdot eV$)[5,8]. As can be seen clearly, large amounts of deep traps are introduced by ZnO nanoparticle doping. Note that the space charge accumulation in the bulk of the nanocomposite is significantly suppressed (as shown

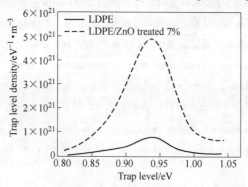

Fig. 2 (Color online) Trap level distribution LDPE and LDPE/ZnO 7% treated

later by PEA measurement), so the measured trap states are mainly located close to the surface.

LDPE is a semi-crystalline polymeric material with most of the deep trapping states (about 0.92eV proposed by Ieda) formed by physical defects mainly located in the interface regions, which most strongly affects the carrier transport in LDPE[8]. The structure of the interface regions involving physical defects, such as molecular entanglement and kinks, chain loops, chain ends, and crosslinks between the amorphous and crystalline regions, is likely to create cavity traps, which is now widely accepted in polyethylene (PE). The radius of cavity traps is about ~10nm for coulombic traps and 0.1nm for neutral traps[9]. The depth of cavity trap depends upon the size of cavity and it is approximately proportional to R^{-2} (R is the cavity radius). So, it is reasonable that the cavity trap in the interface regions with molecules tightly bounded by crystallites is deeper than in the amorphous regions since the size of cavity is smaller for the former[10].

Nanoparticle doping can generate enormous interface areas due to their huge specific surface area. The local physical properties of the interface polymers are different in free volume, chain arrangement, mobility, etc. This may increase the density and depth of the cavity trapping states[11-13]. In addition, the nanoparticles can act as heterogeneous nucleation agents during the polymer crystallization process. This can lead to the disruption of the large spherulites and result in an increase in the interface areas. As stated before, cavity trapping states are readily generated in these areas. Since the trap levels in the nanocomposite are in the same range as in pure LDPE, so the origin of the traps should be cavities rather than chemical impurity states introduced by nanoparticle surface treatment in nature as described in LDPE.

Fig. 3 describes the conduction current measurement of LDPE and LDPE/ZnO. The conduction current of the nanocomposite is about 1/10 and 1/3 of that in LDPE under 10kV/mm and 50kV/mm, respectively. Both the low field and high field conduction current are correlated to the charge mobility[14]. The measured charge mobility for LDPE is very low from 10^{-15} to $10^{-7} m^2/$(V·s) and it shows a thermally activated process via adjacent trapping states. As has been showed clearly in Fig. 2, the trap level density in the nanocomposite is about six times of that

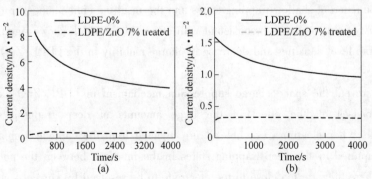

Fig. 3 (Color online) Conduction current of LDPE and LDPE/ZnO 7% treated under 10kV/mm and 50kV/mm

in LDPE. So, the conduction current reduction in the nanocomposite should be a result of the trap density increase. This, in turn, confirmed that the deep traps are introduced by ZnO nanoparticle doping.

The space charge distribution is shown in Fig. 4. Immediately after the voltage is applied, both electrons and holes are injected from the cathode and anode separately and symmetrically in LDPE. After 900s, large amounts of heterocharges and homocharges are formed around the cathode, with a maximum density of about $6C/m^3$. Heterocharges come from the ionization of impurities in LDPE. Positive ions are saturated and accumulated around the cathode quickly since it is difficult for them to neutralize via mass transport across the electrode interface. As heterocharges are formed near the cathode, the electric field near the cathode is enhanced significantly, which decreases the potential barrier for electron injection. So, the injected holes are generally covered.

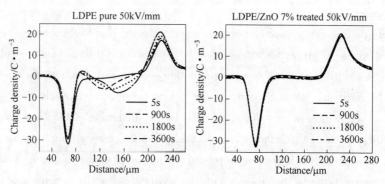

Fig. 4 (Color online) Space charge distribution in LDPE and LDPE/ZnO 7% treated under 50kV/mm

However, what calls special attention is that hardly any detectable homocharges or heterocharges are formed in the LDPE/ZnO nanocomposite. This reveals that LDPE/ZnO nanocomposite exhibits remarkable space charge suppression ability, which is of great significance in practice for HVDC cable insulation development.

Tanaka[11] have attributed the reduced space charge accumulation in nanocomposite to the possible introduction of shallow trapping states and the resulting enhancement in charge mobility[11]. Obviously, this model is inconsistent with our results, which shows significant increase in the deep trap level densities and decrease in charge mobility in the LDPE/ZnO nanocomposite.

In order to reveal the space charge suppression mechanism in LDPE/ZnO nanocomposite, the author focuses on the effect of the large amounts of deep trapping states in the nanocomposite. When electrons (or holes) are injected from the cathode (or anode), they are readily captured by the deep trapping states in the interface between the polymer and the electrode, where they are too close to the electrode to be resolved by current space charge detection methods. The trapped homocharges form a charge injection blocking by decrease the efficient electric field at the interface and raise the potential barrier for carrier injection. In addition, positive ions and electrons due to impurity ionization are limited to a strongly localized region as a result of the low charge mobility, which weakened the ionization. Thus, hetero-space charges are restricted.

In conclusion, it has been demonstrated that ZnO nanoparticles doping can remarkably suppress space charge accumulation and significantly reduce conductivity under low and high electric field in LDPE. This has been attributed to the introduction of deep trapping states resulted from the generated interface regions by nanometer ZnO doping, which can largely reduce charge carrier mobility. The investigation has its potentials for development of HVDC cable insulations.

This work was the key program supported by National Key Basis and Development Plan (973) under Contract No. 2009CB724505 and National Natural Science Foundation program under Contract No. 60871073.

References

[1] T. L. Hanley, R. P. Burford, R. J. Fleming, K. W. Barber. IEEE Electr. Insul. Mag, 2003, 19 (1), 13.
[2] G. Mazzanti, G. C. Montanari, L. A. Dissado. IEEE Trans. Dielectr. Electr. Insul, 2005, 12 (5), 876.
[3] T. Takada, Y. Hayase, Y. Tanaka, T. Okamoto. IEEE Trans. Dielectr. Electr. Insul, 2008, 15 (1), 152.
[4] X. Huang, P. Jiang, Y. Yin. Appl. Phys. Lett, 2009, 95, 242905.
[5] L. Qingquan, T. Fuqiang, Y. Chun, H. Lijuan, W. Yi. J. Electrostat, 2010, 68 (3), 243.
[6] T. Maeno, K. Fukunaga. IEEE Trans. Dielectr. Electr. Insul, 1996, 3 (6), 754.
[7] X. Wang, N. Yoshimura, Y. Tanaka, K. Murata, T. Takada. J. Phys. D: Appl. Phys, 1998, 31 (6), 2057.
[8] M. Ieda. IEEE Trans. Electr. Insul, 1984, 19 (3), 162.
[9] T. Mizutani, Y. Suzuoki, M. Hanai, M. Ieda. Jpn. J. Appl. Phys, 1982, 21 (11), 1639.
[10] M. Ieda, T. Mizutani, Y. Suzuoki. *Memoirs of the Faculty of Engineering* (Nagoya University, Japan), 1980, 32: 173.
[11] T. Tanaka. IEEE Trans. Dielectr. Electr. Insul, 2005, 12 (5), 914.
[12] F. Tian, W. Bu, L. Shi, C. Yang, Y. Wang, Q. Lei. J. Electrostat, 2010, 69 (1), 7.
[13] J. K. Nelson. *Dielectric Polymer Nanocomposites* [M]. New York: Springer, 2010.
[14] J. A. Anta, G. Marcelli, M. Meunier, N. Quirke. J. Appl. Phys, 2002, 92 (2), 1002.

Theory of Modified Thermally Stimulated Current and Direct Determination of Trap Level Distribution*

Abstract In order to investigate the trap level distribution in polymer films, a new method is proposed based on modified thermally stimulated current (TSC) theory and numerical calculation of the TSC measurement. In this method, a new function is defined to weight the contribution of every trap level to the external current. The demarcation energy is used to study the trap emptying process. The modified TSC theory shows that only the electrons with trap levels very close to the demarcation energy can significantly contribute to the external circuit at any instant temperature. Based on this method, the trap level distribution of the DuPont original polyimide film 100HN and nanocomposite polyimide film 100CR are investigated as an application example. The effectiveness of the method is confirmed by the experiments. The experimental results show that the trap level density in the 100CR PI films is about six times larger than that in the 100HN PI films through the investigated trap level ranges 06-1.3eV. The increased traps in 100CR should be introduced by nanofillers, probably come from the interfaces formed between nanofillers and the polymer matrix.

Key words thermally stimulated, trap level distribution, demarcation energy, polymer nanocomposite

1 Introduction

The characterization of the trap parameters in polymers has received considerable attention in the recent past, with possibly the greatest effort being devoted to evaluating the trap energy levels and trap level density[1,2]. The method which has been most widely adopted is the thermally stimulated current (TSC) measurement due to the ease with which experiments can be performed and the important information about the localized states which can be provided[3]. A number of theoretical and experimental investigations have been done on TSC due to dipole orientation polarization, and considerable progress has been made in understanding the relaxation mechanisms of dipoles[4]. This method has also been proved to be particularly useful for obtaining information of localized energy levels in the semiconducting materials and crystalline materials of generally ordered structure. However, considerable difficulties are encountered in extracting the carrier information and trap parameters from TSC spectra of polymers because the polymer molecules are generally in disordered state. The general energy band of a polymer can be considered as a crystal energy band containing lots of localized states, which may become the space charge traps. Thus it is reasonable that the traps in polymers are continuous rather

---

* Copartner: Tian Fuqiang, Bu Wenbin, Shi Linshuang, Yang Chun, Wang Yi. Reprinted from *Journal of Electrostatics*, 2011, 69 (1): 7-10.

than discrete in energy levels just as many TSC experiments revealed, which show the characteristic properties of distributed processes, i. e. , extension over a wide temperature range, large increasing shifts of the maximum temperature with increasing polarizing temperature, systematic variations in initial slope by applying the step-heating technique, etc[5,6]. The trap level distribution is meaningful to the knowledge of the dielectric behavior and related mechanisms of polymers dielectrics, especially the polymer based nanocomposite dielectrics. However, little work has been done in this field due to the lack of proper methods. This paper will propose a numerical calculation method for investigation of the trap level distribution in the polymer films based on the modified TSC theory.

2 Modified TSC Theory

The methods for obtaining useful information of trap parameters in case of discrete trap levels by TSC have been investigated thoroughly[7]. These methods include initial rise method, peak temperature method, curve fitting methods and so on[7]. However, some of the escape frequency calculated by these methods are less than $10^9 s^{-1}$, some even less than $10^5 s^{-1}$ in the polymer film[1], which are misunderstood as has been reported by R. Chen because the frequency should lie between 10^{12} and $10^{14} s^{-1}$ [8,9]. The errors come from the fact that the trap levels in polymers should be continuous rather than discrete as stated above.

For the sake of a brief discussion of the TSC theory, only the electrons injected from the electrode will be considered in the following. This is the case when the cathode electrode is ohmic in contact while the anode electrode is a blocking contact and a negative electric field is applied. In case of a continuous trap level distribution with the distribution function $N_t(E)$, which is spatially uniform deep into the film with a distance l, the induced current in the external circuit during TSC measurement can be calculated as follows,

$$J(T) = \int_{E_v}^{E_c} \left[\int_0^l e f_0(E) N_t(E) \frac{x}{d} e_n(E, T) e^{-\frac{1}{\beta}\int_{T_0}^T e_n(E, T) dT} dx \right] dE$$

$$= \frac{el^2}{2d} \int_{E_v}^{E_c} f_0(E) N_t(E) e_n(E, T) e^{-\frac{1}{\beta}\int_{T_0}^T e_n(E, T) dT} dE \quad (1)$$

where e is electronic charge quantity, f_0 is the initial occupancy of a trap level and is a constant, E is the trap energy (trap depth). $e_n(E, T) = \nu \exp(-E_t/kT)$ is the emission rate of electrons at trap level E and temperature T. k is the Boltzmann constant, d is the thickness of the film and β is the heating rate. ν is commonly called the frequency factor or attempt-to-escape frequency. The usual interpretation of ν is that it represents the number of times per second a bound electron interacts with the lattice phonons. The normal value expected for ν is therefore the lattice vibration frequency, typically $10^{12} - 10^{14} s^{-1}$ [9]. In this paper, ν was assumed to be $10^{12} s^{-1}$ as suggested by Mott[10].

As can be seen clearly, it is difficult to obtain the trap level distribution directly from equation (1). In order to obtain N_t from the TSC spectra directly, we introduce a new function as

Simmons did in the isothermal discharge current theory[6,11],

$$G1(E, T) = e_n(E, T) e^{-\frac{1}{\beta}\int_{T_0}^{T} e_n(E, T) dT}$$

$$= \nu e^{-E/kT_e - \frac{1}{\beta}\int_{T_0}^{T} \nu e^{-E/kT} dT} \quad (2)$$

$G1(E, T)$ determines the weighted contribution of an electron at trap level E to the current at temperature T. Then we can either numerically calculate $G1(E, T)$ function. From equation (2) directly or evaluate it by some approximation[12].

By adopting integration approximation[12,13], $G1(E, T)$ function can be simplified to be

$$G2(E, T) = \nu e^{-\frac{E}{kT_e} - \frac{\nu k T^2}{\beta E} e^{-\frac{E}{kT}}} \quad (3)$$

Plotting $G1(E, T)$ and $G2(E, T)$ as a function of energy for various values of T results in an asymmetrical bell-shaped curve which has a maximum at $E = E_m$ with a half width less than 0.1eV as illustrated in Fig. 1, from which several conclusions can be drawn[12]:

(1) During the relaxation process at temperature T, only those electrons emitted from the traps within $(E_m - 0.05\text{eV}) - (E_m + 0.05\text{eV})$ contribute significantly to the current;

(2) With temperature increased, E_m moves away from the bottom of the conduction band to the deeper levels, the traps positioned above E_m have been essentially emptied of electrons, while those below E_m are still occupied as of the initial value at that temperature, thus E_m can be defined as the demarcation energy.

Thus, $G1(E, T)$ and $G2(E, T)$ function can be approximated to be a delta function,

$$G(E, T) = A(E_m)\delta(E - E_m) \quad (4)$$

where A is a function of E_m. Assuming that all the traps are initially filled and $f_0 = 1$, then the trap level distributions can be obtained directly from the TSC measurement according to equations (1) and (4),

$$f_0(E_m) N_t(E_m) = \frac{2d}{el^2} J(T) / A(E_m) \quad (5)$$

As can be seen clearly, the trap level distribution can be obtained provided $A(E_m)$ is given.

In addition, as can be seen from Fig. 1, the approximation in $G2(E, T)$ in equation (3) can introduce errors up to 10% and may bring even larger errors (about more than 100%) in the further corresponding calculation results as done in reference[12]. This may lead to meaningless results. So the approximate method will be discarded in this paper.

However, the analytical solution of $A(E_m)$ as done in the modified isothermal discharge current theory[12] is impossible without approximation here.

In this paper, we now provide a new method for direct determination of the trap level distribution from TSC measurement based on MATLAB numerical calculation and the proposed theory. The flow chart of the MATLAB program is showed in Fig. 2 $A(E_m)$ can be derived accurately from the numerical calculation and then the trap level distribution can be obtained according to equation (5). The whole program is added in the end of the paper.

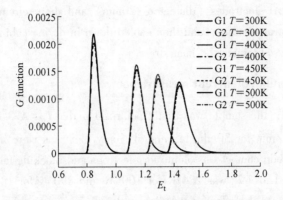

Fig. 1 Plot of $G(E, T)$ as a function of trap energy $E(eV)$ at different temperatures, $\nu = 10^{12}\ s^{-1}$

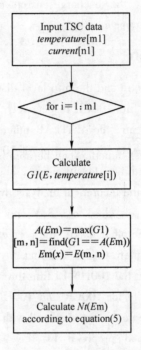

Fig. 2 Flow chart of the MATLAB program

3 Experiments

3.1 Materials

The samples were DuPont 100HN and 100CR PI films with a thickness of 25μm. 100HN is a kind of original PI film without fillers. 100CR (corona resistance) PI film is a nanometer-inorganic/ polymer composite film comprising polyimide and about 1%–35% by weight of dispersed alumina particles of a finite size less than about 100nm and having unique corona resistance increased from 10 to 100 times or more than the original 100HN PI film[14]. The samples were evaporated with Al electrodes (diameter: 20mm) and short-circuited for 24 h at 150℃ to remove water and stray charges, and then cooled down in drying cabinet at 30℃ for 8 h before the experiments to eliminate the heat stress.

3.2 Thermally stimulated current measurement

After being pretreated, the sample was firstly polarized under $T_p = 473$ K with a negative DC electric field of 40kV/mm for 30min. In general, only electrons were injected in the experiments since the electrode contact was ohmic for electrons and blocking for holes. Then the sample was quickly cooled to (T_0 was 284 K for 100CR and 290 K for 100HN) after polarization. In order to eliminate the effect of the dipolar depolarization on the measured current, the temperature was increased from T_0 to 353 K and then cooled quickly to T_0 to have the dipolar depolarization process completed. After that, under a constant heating rate $\beta = 3$ K/min, with the temperature increased from T_0, the discharge current due to the trapped electron release was measured using a 6517A electrometer.

4 Results and Discussion

Fig. 3 and Fig. 4 show the TSC spectra and the trap level distributions of the DuPont original PI film 100HN and nanocomposite PI film 100CR respectively. The trap level distributions are obtained according to equation (5) and the MATLAB numerical calculation program. A broad peak appeared at about 440 K on the TSC spectrum of 100CR and about 400K for 100HN, while the trap level distribution exhibits a density peak at about 1.25eV for 100CR and 1.15eV for 100HN. This is consistent with the theoretical analysis by the proposed method which shows that only the electrons with trap levels close to 1.3eV and 1.1eV contribute to the current at 440K and 400K respectively. On the other hand, the correction of the theory can be confirmed by this observation. It is also very interesting to find that the density of traps in 100CR PI films is about six times larger than that in the 100HN PI film through the investigated trap levels 06-1.3eV. The overall trap level density for 100CR and 100HN is in the range of 10^{21} and 10^{20} $(eV \cdot m^3)^{-1}$ respectively. They are consistent very well with the results obtained by modified isothermal discharge current method proposed by the same authors[11]. The results are reasonable because the characteristic value of trap level density for polymers lies in the orders of $10^{14}-10^{26}$ $(eV \cdot m^3)^{-1}$[15]. For instance, the trap level density in tetracene film is found to be in the range of $10^{22}-10^{23}$ $(eV \cdot m^3)^{-1}$[15]. In addition, as can be easily found, much more deep traps are introduced in the 100CR nanocomposite film. This observation was also confirmed by Irwin[16]. It is well known that the polymer chains interacting with the surface of the nanofillers have altered the polymer properties such as crystallinity, crosslink density, carrier mobility, molecular conformation and so on, which can introduce lots of defects and change the trap energy levels[17]. Thus the large amounts of traps in 100CR PI films may mainly result from plentiful interfaces between the nanofillers and polymers. This observation can be used to explain many dielectric phenomena in the polymer nanodielectrics[17,18].

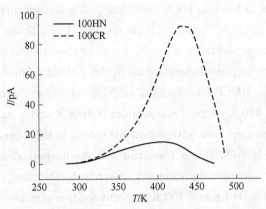

Fig. 3 TSC measurement of 100HN and 100CR polyimide film

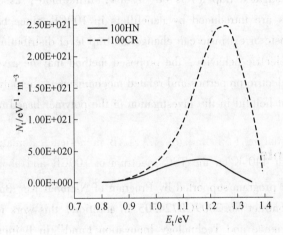

Fig. 4 Trap level distribution of 100HN and 100CR polyimide films

It should be cautiously noted that the trap level distributions obtained using the proposed method are based on the assumption that all the trap levels are initially filled. However, it is actually difficult to make all the traps filled during the present polarizing process. So the measured trap level density may be lower than the real value. It is still an open problem on how to make all the trap levels absolutely occupied by charge injection. This may also account for the differences between the trap level distributions of 100HN and 100CR polyimide film obtained by the proposed method in this paper and the modified isothermal current theory[11]. In the isothermal discharge current measurement, only the electrons in the shallow traps can be completely released, while in the thermally stimulated current measurement, deep traps can be empted.

5 Conclusions

Thermally stimulated current (TSC) theory is modified and a new method based on the theory and MATLAB numerical calculation program for direct determination of trap level density distribution in polymer film is proposed. $G(E, T)$ function analysis shows that, at any instant temperature, only electrons in the trap levels very close to the demarcation energy E_m can be released and generate a current in the external circuit. Trap levels below E_m are generally occupied by the initial electrons and those above E_m have been emptied of electrons by then. As an application example, the trap level distributions in the DuPont original polyimide 100HN and nanocomposite polyimide 100CR are investigated. The experiment results show that a broad peak appeared at about 440 K on the TSC spectrum of 100CR and a current peak at about 400 K for 100HN, while the trap level distribution exhibits a density peak at about 1.25eV for 100CR and 1.15eV for 100HN. This is consistent with the theoretical analysis by the proposed method which indicates that only the electrons with trap levels close to 1.25eV and 1.15eV contribute to the current at 440 K and 400 K respectively. It is very interesting to found that the density of traps in the 100CR PI films was about six times more than that in the 100HN PI films through the investigated trap levels 06 - 1.4eV. Furthermore, as can be easily found, much more deep traps are introduced by nanofillers in 100CR. Since both the physical and chemical defects intrinsic or extrinsic can change the trap level distribution and make a significant impact on the dielectric behavior, the proposed method may be a very useful tool in the investigating of the dielectric properties and related mechanisms of the polymer dielectrics, and especially may be most helpful in the investigation of the polymer based nanocomposite dielectrics.

Acknowledgements

This work was the key program supported by Program of National Key Basis and Development Plan (973) under Contract No. 2009CB724505. In addition, this work was also supported by "Excellent-Doctor Science and Technology Innovation Fund" in Beijing Jiaotong University under Contract No. 141054522. The authors are extremely grateful to the funders for their support.

Additions: The Matlab numerical calculation program

(The input TSC data is temperature and current matrix, i.e. temp [ ] and j [ ] .)

```
k = 1.38E-23;
v = 1E12;
B = 0.05;
T0 = 270;
echarge = 1.6E-19;
d = 2.5E-5;
l = 5E-6;
for x = 1: length(temp)
T = temp(x)
E = linspace(0, 3.2E-19, 1000);
for i = 1: length(E)
g1(i) = v * exp(-E(i)/(k * T));
```

```
f = @ ( T) exp( -E( i) /( k * T) ) ;
g2( i) = quadl( f,  T0,  T) ;
g3 = exp( -v/B * g2( i) )
G1( i) = g1( i)  * g3;
end
plot( E/( 1. 6 * 1E-19) ,  G1, 'k-')
MaxGm - max( G1)
[ m,  n] = find( G1 = = MaxGm)
Em( x) = E( m,  n)
f0Nt( x) = 2 * d * j( x)  * 1E-12/( ( 3. 14 * 1E-4)  * MaxGm * echarge * l^2)
end
plot( Em/( 1. 6 * 1E-19) ,  f0Nt, 'r-')
```

References

[1] R. M. Neagu, E. R. Neagu. Journal of Optoelectronics and Advanced Materials, 2006, 8: 949-955.

[2] S. U. Haq, J. S. Hayaram, E. A. Cherney, et al. Journal of Electrostatics, 2009, 67: 12-17.

[3] K. S. Suh, J. Tanaka, D. Damon. Electrical insulation magazine, IEEE, 1992, 8: 13-20.

[4] C. Bucci, R. Fieschi, G. Guidi. Physical Review, 1966, 148: 816.

[5] P. Braunlich, Springer-Verlag N. Y. Inc, 1979, 1979331.

[6] J. G. Simmons, M. C. Tam. Physical Review B, 1973, 7: 3706-3713.

[7] R. Chen. Journal of Materials Science, 1976, 11: 1521-1541.

[8] R. Chen, Y. Kirsh. Analysis of Thermally Stimulated Processes [M]. Oxford: Pergamon Press, 1981.

[9] S. W. S. McKeever, Thermoluminescence of Solids. Cambridge Univ Pr, 1988.

[10] N. F. Mott, R. W. Gurney. Electronic Processes in Ionic Crystals. London: Oxford University Press, 1948.

[11] Q. Q. Lei, F. Q. Tian, C. Yang, et al. Journal of Electrostatics, 2010, 68: 243-248.

[12] F. Tian, W. Bu, C. Yang, et al. in: IEEE 9th International Conference on the Properties and Applications of Dielectric Materials, Institute of Electrical and Electronics Engineers Inc., Harbin, China, 2009: 980-983.

[13] C. Furetta. Handbook of Thermoluminescence. World Scientific, 2003.

[14] D. R. Johnston, M. Markovitz. United States Patent, 1988: 634331.

[15] M. Pope, C. E. Swenberg. Electronic Processes in Organic Crystals. Oxford: Clarendon Press, 1982.

[16] Y. Cao, P. C. Irwin, In Electrical Insulation and Dielectric Phenomena, 2003. Annual Report. Conference on, 2003: 116-119.

[17] T. Takada, Y. Hayase, Y. Tanaka, et al. IEEE Transactions on Dielectrics and Electrical Insulation, 2008, 15: 152.

[18] T. Tanaka, G. C. Montanari, R. Mulhaupt. IEEE Transactions on Dielectrics and Electrical Insulation, 2004, 11: 763-784.

Effect of Corona Ageing on the Structure Changes of Polyimide and Polyimide/Al$_2$O$_3$ Nanocomposite Films[*]

Abstract In order to investigate the corona ageing mechanism of polyimide and polyimide/Al$_2$O$_3$ nanocomposites, effects of corona ageing on the structure changes of the two polymers were studied. The physical and chemical changes were studied by Atomic Force Microscope (AFM), Scanning Electron Microscope (SEM) and Fourier Transform Infrared Spectroscope (FTIR) respectively. Modified isothermal discharge current method (MIDC) was used to investigate the trap level distribution before and after corona ageing. AFM images showed that there are large amounts of nano-clusters on the surface of polyimide nanocomposite before corona ageing. The surface roughness parameters of the nanocomposite is much larger than that of the pure polyimide, and that is slightly decreased for polyimide nanocomposite and largely increased for pure polyimide after corona ageing. FTIR spectra analysis showed that possible chemical changes due to the decomposition of C–O–C bond and C–N bond occurred during corona ageing for both polyimide and its nanocomposite. Pulse corona ageing can introduce even larger structure changes than the AC corona ageing for 100HN, while 100CR was just the opposite. IDC measurements showed that the trap level density was increased evidently after corona ageing and become larger for longer ageing time in 100HN film, whereas for 100CR, the trap level density was decreased with ageing time extended. Thus conclusions can be drawn that, corona ageing is a combined process leading to physical and chemical degradation of PI film. The more serious ageing the specimen suffers, the more changes of the trap level density and the surface roughness occurs. The deposition of inorganic nanoparticles on the surface of nanocomposite can form a flat block layer for corona ageing, which can decrease both the surface roughness and the physical trap level density.

Key words polyimide, nanodielectrics, corona ageing, physical and chemical characterization

1 Introduction

The promising electrical and dielectric properties and heat resistance ability of Kapton polyimide (PI) film have opened the way to its practical application as electrical insulating materials, especially for turn insulation in induction motors[1-3]. One major problem that hinders the long term and reliable operation of polyimide is the frequent premature failure caused by gradual ageing process particularly corona ageing generated by steep-rise pulses in PWM converter-fed induction motors[4-7]. For example, the life of turn insulations of induction motors fed by PWM converters is often reduced to 1/10–1/20 and breakdown occurs only after

---

[*] Copartner: Bu Wenbin, Yin Jinghua, Tian Fuqiang, Li Guang. Reprinted from *Journal of Electrostatics*, 2011, 69 (3): 141–145.

one or two years' use[6]. Kapton 100CR is a nanometer – inorganic – polymer composite comprising polyimide and about 1%–35% by weight of dispersed alumina particles of a finite size less than about 100nm. It exhibits unique corona resistance ability increased from 10 to 100 times or more than the original 100HN PI film[8]. Much research has been done to investigate the mechanism leading to the excellent corona resistance properties of 100CR polyimide films[9-11]. However, the mechanism is far from being completely understood.

In this paper, the 100HN and 100CR are corona aged by an originally designed high repetition rate high voltage nanosecond pulser[12] and AC voltage for different time respectively. The physical and chemical changes before and after corona ageing are characterized by AFM, SEM and FTIR. In addition, the carrier trap level distributions are investigated by the MIDC method.

2 Experiments

2.1 Materials

Specimens were DuPont Kapton 100HN and 100CR PI films with a thickness of 25μm supplied by DuPont Corporation. Kapton 100HN is the original polyimide film. Kapton 100CR is a polymer composite comprising polyimide and about 1%–35% by weight of dispersed alumina particles of a finite size less than about 100nm and having unique corona resistance ability increased from 10 to 100 times or more than the original 100HN PI film[8].

2.2 Corona ageing

Corona ageing was carried out under 3kV AC voltage and 3kV pulse voltage with a needle-plate electrode system ageing system. The specimens used for corona ageing were single-face evaporated with Al electrodes ($d=20$mm). 2mm air gap was kept between the other face of the specimen and the needle electrode. The corona ageing time is 2h, 4h, 8h for MIDC analysis and 4h for other analysis.

2.3 IDC measurement

The specimen was firstly polarized under 50℃ with a negative DC electric field of 20kV/mm for 2h. In general, only electrons are injected in the experiments since the electrode contact is ohmic for electrons and block for holes. Then under a constant temperature $T_d = 50$℃, the discharge current was measured immediately after the specimen was short-circuited.

3 Results and Discussion

3.1 Morphology characterization by AFM and SEM

Fig. 1 shows the AFM images of 100HN and 100CR before and after corona ageing. As can be seen clearly from these images, 100HN looks largely flat before corona ageing, while 100CR presents a large amount of clusters with nanofillers embedded. The Rms value of 100HN is

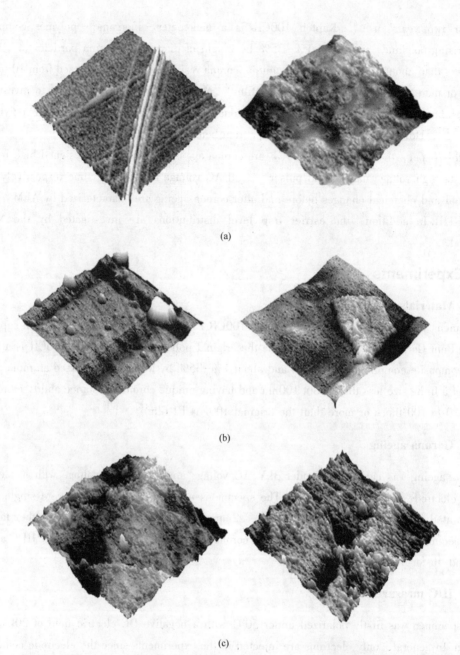

Fig. 1　AFM images of 100HN (left) and 100CR (right) before and after corona ageing
(a) unaged; (b) 500Hz 3kV pulse corona aged; (c) 3kV AC corona aged

much less than that of 100CR as shown in Table 1. After corona ageing, both films are eroded. What should be stated is that, after corona ageing, the surface roughness parameters of 100HN increased immensely, while that of 100CR decreased slightly. After corona ageing, we can find that nanoparticles deposited on the surface of 100CR flatly, which may cause the decrease of surface roughness and also block the corona erosion. In particular, the Rms (Square average roughness), Rp (Average Dept), Rz (10 point mean roughness), Ry (Maximum height) values of 100HN after pulse voltage corona ageing increased more than tenfold, while that of 100CR only decreased less than four times. The overall surface roughness changes of 100HN are much larger than that of 100CR. This means 100CR can be more coronaresistant than 100HN. In addition, 100CR is more resistant to pulse voltage corona ageing than 100HN as can be deduced from the data in Table 1.

Table 1 Surface roughness parameters of 100HN and 100CR before and after corona ageing

	Rms	Ra	Rz	Ry	Rv	Rp
100HN Unaged	2.8	1.9	13.9	31.2	10.5	20.7
100HN Pulse aged	28.5	13.3	200.4	409.7	59.9	349.8
100HN AC aged	19.3	15.2	60.3	123.4	57.9	65.5
100CR Unaged	60.8	48.1	202.5	407.2	192.1	215.1
100CR Pulse aged	26.0	20.9	107.6	224.6	67.8	156.8
100CR AC aged	15.2	11.4	80.1	164.8	111.1	53.8

Note: Rms—Square average roughness, Ra—Arithmetic mean roughness, Rz—10 point mean roughness, Ry—Maximum height, Rv—Average Height, Rp—Average Depth, unit-nm.

Fig. 2 shows the SEM images of 100HN and 100CR before and after corona ageing. It can be found that the 100HN shows a flat surface and 100CR presents a rough and irregular surface with lots of clusters before corona ageing. After corona ageing, both films are eroded. For

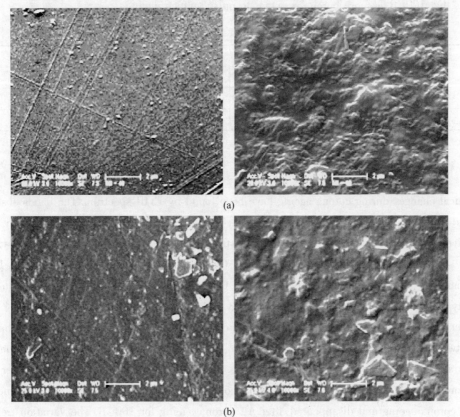

(a)

(b)

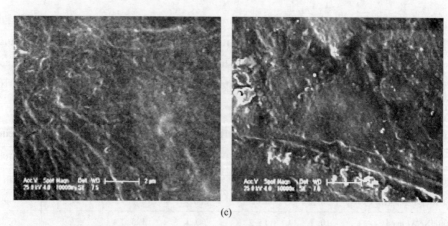

(c)

Fig. 2 SEM images of 100HN (left) and 100CR (right) before and after corona ageing

(a) unaged; (b) 500Hz 3kV pulse corona aged; (c) 3kV AC corona aged

100CR, large clusters arise. The surface chemical element was analyzed as show in Table 2. We can find that the organic elements significantly eroded by corona ageing, especially by AC corona ageing. The clusters on the surface of corona aged 100CR are mainly inorganic fillers. The corona resistant ability of 100CR may come from the fact that the large clusters generated by ageing can protect the deep-seated polymer from further erosion. The decrease of the organic elements for pulse voltage ageing is less than that for AC voltage ageing, which again means that 100CR is more corona resistant to pulse voltage ageing.

Table 2 The surface energy spectra of 100CR before and after corona ageing

Element	Unaged/%	Pulse aged/%	AC aged/%
C	75	30	24
O	15	13	13
Al	10	57	63

3.2 Chemical analysis by FTIR

Chemical changes during corona ageing have been found by FTIR spectrum. The bands observed around 717, 1079, 1160, 1230, 1367, 1494, 1601, 1703 and 1770 cm^{-1} were assigned respectively to the C=O bending, C—O—C stretching, C—C bending, C—O—C asymmetrical stretching, C—N stretching, aromatic C=C ring stretch (two peaks i.e. 1494, 1601 cm^{-1}), C=O symmetrical stretching and C=O asymmetrical stretching. This is in conformity with the FTIR analysis of Kapton-H polyimide done by the other researchers [13-15].

After corona ageing, the changes are significant. The C—O—C stretching peaks changed from two peaks at 1079 cm^{-1} into a single peak. The C—N stretching peaks changed from two peaks at 1230 into a single peak too. The C=C ring stretch at 1770 cm^{-1} becomes weaker after AC corona ageing and disappeared after pulse corona ageing for 100HN, while it weakened by pulse corona ageing and disappeared after AC corona ageing for 100CR. The variation trend is consistent very well with the AFM analysis. A new peak arose at 3750cm^{-1} (corresponding to N—H stretching) for both 100HN and 100CR after corona ageing Fig. 3. These changes indicate that chemical structure changes occurred during corona ageing. Possible chemical changes are the decomposition of C—O—C bond in diamine and C—N bond in imide ring. This is reasonable as studies have showed that C—O—C bond and C—N bond are the weakest part of polyimide molecular and can be most easily broken down by active oxygen, water, electron hit, ultraviolet radiation and heat, which can be introduced during corona ageing[16].

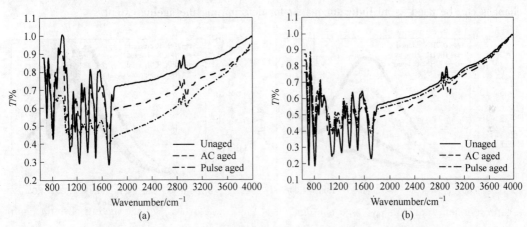

Fig. 3 FTIR spectrum of 100HN and 100CR before and after corona ageing
(a) 100HN PI film; (b) 100CR PI film

3.3 Trap level distribution measurement by MIDC method

The trap level distribution was measured according to the method proposed in Reference [17]. As can be easily found from Fig. 4, the trap level density of 100CR is about twice as much as that of 100HN before corona ageing. After corona ageing, the trap density of 100HN is significantly increased with ageing times extended. After 8h corona ageing, the peak trap level density of 100HN increased from about 7.5×10^{20} (unaged) to 4.3×10^{21} 1/(eV·m^3). Whereas for 100CR, the trap level density decreased with ageing time increased and the changes are obviously less than 100HN. Especially, as the ageing times extended, the change of the trap level density of 100CR becomes less, while that of 100HN becomes larger. This is because the deposition of inorganic nanoparticles on the surface of nanocomposite can form a flat block layer, which can decrease both the surface roughness and the physical trap level density. This is in consistent with the AFM analysis which shows that the surface roughness of 100HN was increased about ten times and that of 100CR decreased to one third after corona ageing. As has been pointed out by Tanaka[18,19], the strong binding of nanofillers with polymer matrix will form spherulites around the interface areas to enhance corona discharge resistance ability. So when corona discharge acts on the nanocomposite, both the nanoparticles and the interface areas can mitigate the destruction on organic phase by blocking the further erosion deep into the polymer. The mitigatory destruction of 100CR due to corona discharge can be confirmed by the AFM analysis as showed in Fig. 2, which shows that the surface morphology of the 100HN changed significantly, while that of 100CR decreased insignificantly. The surface roughness changes and the trap level density changes show the same variation trend. As can be clearly found, the more serious the ageing is, the more changes of the trap level density and polymer surface roughness take place. Thus, the less changes of the trap level density and AFM roughness values in 100CR can be a direct demonstration of excellent corona resistance ability of nanodielectrics. Therefore, information about trap level density and surface roughness changes can be used as an indicator maker for determining the ageing extent.

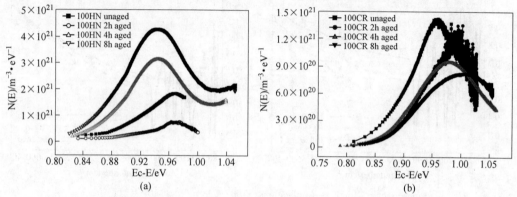

Fig. 4 Trap level distributions of Kapton PI films before and after corona ageing,
$\nu = 10^{-12}$, $d = 25\mu m$, $l = 5\mu m$
(a) 100HN before and after ageing; (b) 100CR before and after ageing

4 Conclusion

The following conclusions can be drawn based on the analysis of the experiment results.

(1) Corona ageing is a combined physical and chemical process. Both surface morphology and chemical structure changes are induced by corona ageing;

(2) The nanocomposite 100CR is more corona resistant than 100HN as can be found by AFM analysis. This may be caused by the block effect of inorganic particles and the action of interface zones.

(3) By comparing the experiment results of 100HN and 100CR PI films, we can find that the surface morphology changes and the trap level distribution changes show the same variation trend. The more serious ageing the specimen suffers, the more changes of the trap level density and the surface roughness occurs. The deposition of inorganic nanoparticles on the surface of nanocomposite can form a flat block layer for corona ageing, which can decrease both the surface roughness and the physical trap level density.

Acknowledgements

The authors would like to express sincere gratitude to all the colleagues in our project group in

Key Laboratory of Engineering Dielectric and its Application, Ministry of Education, Harbin University of Science and Technology. This work was the key program supported by National Nature Science Fund under Contract No. 51077028 and Program of National Key Basis and Development Plan (973) under Contract No. 2009CB724505. In addition, this work was also supported by "Excellent-Doctor Science and Technology Innovation Fund" (141054522) in Beijing Jiaotong University.

References

[1] R. P. Bhardwaj, J. K. Quamara, B. L. Sharmaf, et al. On the nature of space charge and dipolar relaxations in Kapton film [J]. Journal of Physics D: Applied Physics, 1984, 17: 1013-1017.

[2] M. Katz, R. J. Theis. New high temperature polyimide insulation for partial discharge resistance in harsh environments [J]. IEEE Electrical Insulation Magazine, 1997, 13 (4): 24-30.

[3] S. U. Haq, S. H. Jayaram, E. A. Cherney. Evaluation of medium voltage enameled wire exposed to fast repetitive voltage pulses [J]. IEEE Transactions on Dielectrics and Electrical Insulation, 2007, 14 (1): 194-203.

[4] D. Fabiani, G. C. Montanari, A. Cavallini, et al. Relation between space charge accumulation and partial discharge activity in enameled wires under PWM-like voltage waveforms [J]. IEEE Transactions on Dielectrics and Electrical Insulation, 2004, 11 (3): 393-405.

[5] S. Bell, J. Sung, R. Autom, et al. Will your motor insulation survive a new adjustable-frequencydrive [J]. IEEE Transactions on Industry Applications, 1997, 33 (5): 1307-1311.

[6] W. Yin. Failure mechanism of winding insulations in inverter-fed motors [J]. IEEE Electrical Insulation Magazine, 1997, 13 (6): 18-23.

[7] N. Hayakawa, H. Inano, Y. Nakamura, et al. Time variation of partial discharge activity leading to breakdown of magnet wire under repetitive surge voltage application [J]. IEEE Transactions on Dielectrics and Electrical Insulation, 2008, 15 (6): 1701-1706.

[8] D. R. Johnston, M. Markovitz. Corona-resistant insulation, electrical conductors covered therewith and dynamoelectric machines and transformers incorporating components of such insulated conductors. United States Patent: (1988) US4760296.

[9] F. Tian, W. Bu, C. Yang, et al. Study on Physical and Chemical Structure Changes of Polyimide Caused by Corona Ageing [J]. IEEE 9th International Conference on the Properties and Applications of Dielectric Materials, Harbin, China, 2009. Institute of Electrical and Electronics Engineers Inc., 2009: 1076-1079.

[10] P. H. Zhang, Y. Fan, F. C. Wang, et al. Conduction current characteristics and carrier mobility of both original and corona-resistant polyimide films [J]. Chinese Physics Letters, 2005, 22 (5): 1253-1255.

[11] P. H. Zhang, G. Li, L. Y. Gai, et al. The Conduction Current Characteristics of Both Original and Corona-resistant Polyimide Films [J]. International Symposium on Electrical Insulating Materials, Kitakyushu, Japan, 2005: 301-303.

[12] F. Q. Tian, Y. Wang, H. S. Shi, et al. Bipolar high-repetition-rate high-voltage nanosecond pulser [J]. Review of Scientific Instruments, 2008, 79 (6): 063503.

[13] E. R. Neagu, J. N. Marat-Mendes, R. M. Neagu, et al. Nonisothermal and isothermal discharging currents in polyethylene terephthalate at elevated temperatures [J]. Journal of Applied Physics, 1999, 85:

2330-2336.

[14] H. S. Virk, P. S. Chandi, A. K. Srivastava. Physical and chemical response of 70 MeV carbon ion irradiated Kapton-H polymer [J]. Bulletin of Materials Science, 2001, 24 (5): 529-534.

[15] W. U. Da - qing. Preparation and characterization of polyimide/inorganic hybrid film [J]. Materials Science and Technology, 2006: 2175-2184.

[16] D. Mengxian. New Material of Polyimide [M]. Beijing: Chinese Science Press, 1998.

[17] L. Qingquan, T. Fuqiang, Y. Chun, et al. Modified isothermal discharge current theory and its application in the determination of trap level distribution in polyimide films [J]. Journal of Electrostatics, 2010, 68 (3): 243-248.

[18] T. Tanaka. Multi-core Model for Nanodielectrics as Fine Structures of Interaction Zones, Annual Report Conference on Electrical Insulation and Dielectric Phenomena, 2005: 713-716.

[19] T. Tanaka, M. Kozako, N. Fuse, et al. Proposal of a multi-core model for polymer nanocomposite dielectrics [J]. IEEE Transactions on Dielectrics and Electrical Insulation, 2005, 12 (4): 669-681.

A Method to Observe Fast Dynamic Space Charge in Thin Dielectric Films[*]

Abstract A method is proposed to observe the fast dynamic space charge in thin dielectric film within hundreds of nanoseconds. The method is based on measuring the transient current when a polarized sample is short-circuited. The transient short-circuit current shows damped oscillating feature. For polarized dielectric films, the initial period of damped oscillating current is partly determined by the applied electric field intensity and then the subsequent periods rapidly decrease with the oscillating cycles. The phenomena were demonstrated to be due to space charge formation and fast discharge procedure of space charge by stepwise heat treatment based experiments.

Polymers are widely used as the dielectric material in high energy density capacitors, which is of great significance for the application in modern electronics and electric power system[1-4]. Due to the relative low dielectric constants of the polymers, increasing electric breakdown field is the way to improve the energy density for a given polymer. However, the enhanced applied electric field may lead to charge injection and accumulation in the dielectric bulk[5,6]. Besides the materials being probably overstressed because of the accumulating charge, part of the injected charge may rapidly discharge during the capacitor discharge, which would result in the local damage to the dielectric[7-9]. Consequently, it is necessary to observe the space charge behavior to understand the effect of the discharge of trapped charge on the dielectric. The duration of the destructive discharge of the trapped charge is often within several tens to hundreds of nanoseconds[10]. Laser intensity modulation method (LIMM)[11], thermal pulse (TP)[12] and piezo-electrically generated pressurestep method (PPS)[13] are powerful methods to measure space charge distribution in thin dielectric films. However, due to the relatively long measuring procedure, these methods can only be used for stable or slow dynamic space charge but not suitable to monitor the space charge fast migrating procedure within the duration less than hundreds of nanoseconds. A method is, therefore, proposed to observe fast dynamic space charge by measuring the oscillating short-circuit current of polarized thin films within hundreds of nanoseconds. Based on the analysis of the changing periods of the oscillating current, the fast space charge behavior was discussed.

The samples were commercially available biaxially oriented polypropylene (BOPP) films with thickness 9.8μm and melting point 169°C. Aluminum was evaporated onto the samples as the electrodes with diameter 25mm. The film sample was sandwiched by the two well-polished plate copper electrodes. The negative DC voltage ranging from 0.5kV to 4kV was applied to the film

---

[*] Copartner: Zheng Feihu, Lin Chen, Liu Chuandong, An Zhenlian. Reprinted from *Applied Physics Letters*, 2012.

samples for 1min and then immediately short-circuiting the sample. The exchange between samples being subjected to high field and being short-circuited was performed by a high-voltage relay. The size of short circuit was carefully minimized to reduce unexpected interference. The pulse current probe (Tektronix, P6022) based upon coupling the tested short circuit was used to measure the transient discharge current. Considering other possible influences of the short circuit, the transient shortcircuit current of vacuum capacitor 193 pF was also studied.

The film sample can usually be thought as the plate capacitor. For the short circuit, the total resistor consists of the circuit conducting resistor and contacting resistor. There is also self-induction in the short circuit. The self-inductance depends on the circuit shape and area, which was a constant in the study. Fig. 1 shows the transient short circuit current spectrum of BOPP films previously being subjected to various DC applied voltage 0.5-4kV for 1min. It is clear that all of the curves have the features of damped oscillations. Accordingly, the short circuit used in this investigation is considered to be equivalent to RLC series circuit where damped oscillating current is the typical feature. The damped oscillating current can be written as the followings:

$$i = -C \frac{du_c}{dt} = \frac{U_0}{\omega L} e^{-\frac{R}{2L}t} \sin\omega t \tag{1}$$

$$\omega = \frac{2\pi}{T} = \sqrt{\frac{1}{LC} - \left(\frac{R}{2L}\right)^2} \tag{2}$$

where U_0 and u_c are the applied voltage, the voltage on the sample capacitor, respectively. For an ideal RLC series circuit, the circuit parameters R, L, and C should be constants, and, therefore, the angular frequency ω is also a constant according to the Eq. (2). Herein, we term the duration of the adjacent peaks of transient discharge current as the period T. These parameters should be independent of the applied field intensity. However, Fig. 1 shows that the angular frequency of the discharge current is applied electric field intensity dependent. Higher angular frequency is found in the case of lower applied field. For higher applied field, the angular frequency gradually increases with the sequent oscillation cycles (Fig. 2), which means the decreasing periods of the subsequent cycles. When the applied voltage is low as 50V, the periods do not change during the discharge procedure. The changing periods are the characteristics of the BOPP discharge current, which cannot be found in the ideal RLC series circuit. In order to find the possible cause of the feature, the same tests were also performed on vacuum capacitor with the capacitance 193 pF. Fig. 3 shows the discharge current spectrum of vacuum capacitor previously charged under various voltages. It is clear that the duration of all the periods of the damped oscillating current for vacuum capacitor are almost the same for all of the applied voltages. The distinct difference in the period characteristics of the discharge current between BOPP samples and vacuum capacitor is thought to be due to be the samples related. As mentioned above, R and L are constants during the measurement. C is also a constant for vacuum capacitor. However, for polymer dielectrics, the material dependent threshold electric field for charge injection is about 10 MV/m[14]. Charge may be injected into the sample bulk from the electrodes under higher electric field and then be captured as trapped homo-charge. At this condition, the mean centroid of the injected homo-charge and the free charge on the adjacent electrode should be within the sample, which can be approximately equivalent to the electrode shifting into the sample bulk. In other words, the injected charge layer results in the decreasing distance between the two electrodes, and, therefore, leads to the increasing equivalent capacitance of the sample. Due to the applied field dependence of the space charge injecting rate[15], the samples being subjected to higher applied field may have larger equivalent capacitance at the end of the polarization. The BOPP films used in this study were found to be with the characteristic of bipolar homo-charge injection. According to Eq. (2), when R and L are constants, the angular frequency ω would change with the capacitance C. The different angular frequency of short-circuit discharge current spectrum in Fig. 1 can be attributed to the different equivalent capacitance of the samples after charge injection under various applied fields. Larger angular frequency is found in the lower applied field case.

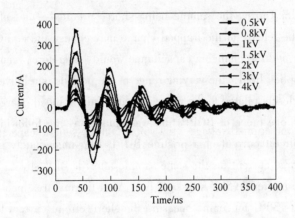

Fig. 1 The transient short-circuit current spectrum of BOPP films after being subjected to various applied DC voltages for 1min

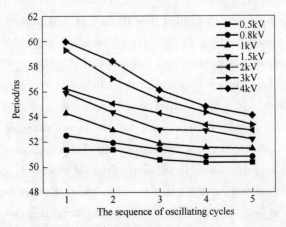

Fig. 2 The changing periods during the sequent cycles of oscillating current in BOPP films polarized under various applied field intensity

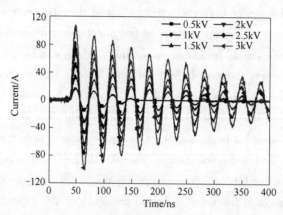

Fig. 3 The discharge current spectrum of 193 pF vacuum capacitor after being subjected to various DC voltages for 1min

Above results indicate that the trapped space charge plays an important role for the equivalent capacitance of the film. During the sample being short-circuited, part of the trapped charge would be released. The release of the trapped charge may change the equivalent capacitance of the charged sample, and the changing capacitance would, therefore, cause the change of the period. For higher applied field, the varying range of the periods is relatively larger (Fig. 2). The phenomenon is closely related to the releasing rate of the trapped charge. To further demonstrate the deduction, one piece of BOPP film was studied as the following procedure. (Ⅰ) Measure the short-circuit current of a pristine BOPP film immediately after dc 50V stress; (Ⅱ) Test the discharge current for the same sample after dc 4kV stress; (Ⅲ) Measure the discharge current again after dc 50V stress. (Ⅳ) After thermal treatment with the sample being short-circuited at 130℃ for 5min, measure the short-circuit current for the 4th time after dc 50V stress. The polarizing duration of all the above four steps was 1min. For the 9.8μm BOPP film with 50V applied voltage, the electric field is about 5MV/m, which is far lower than the threshold electric field of charge injection. For the convenience of analysis, the above discharge current data are transformed from time domain to frequency domain by Fast Fourier transform (FFT). As shown in Fig. 4, the step of sample being subjected to 4kV contains more frequency components with central peak frequency 16.78MHz. Considering Eq. (2) and the constant R and L, the relative low central peak frequency is attributed to the higher equivalent capacitance because of the formation of space charge layer under high applied electric field. The more frequency components indicate that the larger changing range of the sample equivalent capacitance during the discharge procedure. However, only part of the trapped charge was released during the sample being short-circuited process in step Ⅱ that resulted in the gradual decrease of the equivalent capacitance. The residual trapped charge did not change under the field 5 MV/m less than the threshold field of charge injection and, therefore, the charge related equivalent capacitance. This is the reason that step Ⅲ gets peak frequency (18.68MHz) higher than step Ⅱ but lower than step Ⅰ (21.93MHz). Peak temperature of short-circuit thermally stimulated depolarization (TSD) current for BOPP film approximately locates at 140℃ with peak width 30–40℃ [16]. During the heat treatment at 130℃ for 5min with the sample being short-circuited, the residual charge density further reduced. This caused further decrease of the equivalent capacitance, and consequently led to the increase of oscillating frequency (20.6MHz). Afterwards, continuing the heat treatment at 150℃ for 5min to make the residual charge entirely release, the oscillating discharge current spectrum almost the same with that of step I. These results further demonstrate that it is space charge that causes the change of the equivalent capacitance. The changes of the periods and the angular frequency of the transient oscillating current imply the accumulation and transportation of space charge.

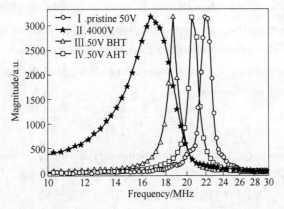

Fig. 4 The frequency spectrum characteristics of the discharge oscillating current in the order of experimental steps are obtained by FFT. The BHT and AHT mean before and after heat treatment at 130℃ for 5min

As mentioned above, there is no detectable space charge injection for 9.8μm BOPP film under 50V dc voltage. At this moment, the film sample can be approximately taken as an ideal plate capacitor with constant capacitance during the test. The period T can be obtained based on the short circuit current, and C is can be calculated by $C = \varepsilon_o \varepsilon_r S/d$. Fitting the discharge curve as damped oscillating waveform (see Eq. (1)), one can finally achieve the short circuit parameters R(0.43 ohm) and L(53 nH). As shown in Fig. 2, there are big differences between the periods for various applied fields and the periods also vary in the chronological sequence of oscillating cycles. Considering Eq. (2) and the parameters L and R previously obtained, the equivalent capacitance can be calculated within all of the oscillating cycles (Fig. 5). It is clear that the equivalent capacitance of the polarized sample is significantly larger than the pristine sample capacitance 0.975 nF. Because of the applied field dependence of space charge injecting rates, higher applied field is found to cause greater equivalent capacitance at the beginning of discharge. Supposed both of the injected homo-charge uniformly accumulates within half the sample thickness separately, the initial charge density can be calculated according to Kirchhoff's second law and $Q = U_0 \cdot C_{equivalent}$. The inset in Fig. 5 shows the relationship between the equivalent capacitance and the initial charge density at the beginning of the discharge for various applied electric field cases. During the sample being short-circuited process, part of the trapped charge may rapidly escape from the sample bulk with the repulsion of electric field generated by the trapped charge, which consequently leads to distinct change of the sample equivalent capacitance. The typical duration of the detectable oscillating discharge is about 400ns. The process of space charge transportation within the short time is almost impossible to monitor with traditional methods such as LIMM[11], TP[12], or PPS[13]. However, the analysis of the transient discharge current can obtain some features of the fast dynamic space charge in this study. It is noteworthy that the decreasing rate of the equivalent capacitance reduces as the reduction of polarized electric field. What is more, the final equivalent capacitance is always bigger than that of the pristine sample for all of the polarization cases. This demonstrates again that only part of the trapped charge escapes from the sample during being short-circuited. The released charge is thought to be with shallow trap level. The attempt to escape frequency is about $\nu = 10^{13}$ Hz at room temperature, and the dwell time of the trapped charge can be expressed as following:

$$\tau = \nu^{-1} \exp\left(\frac{E_t}{kT}\right) \qquad (3)$$

where E_t and k are the charge trap level and Boltzmann constant, respectively. The discharge current tends to zero after several oscillating cycles. Supposed the whole process takes the duration τ, the charge trap level E_t can be calculated by Eq. (3). Clearly, it is the charge captured in the trap level lower than E_t gets released within τ. E_t is about 0.4eV for BOPP film in this investigation. This means the trap level of the residual charge after sample being short-circuited should be greater than 0.4eV.

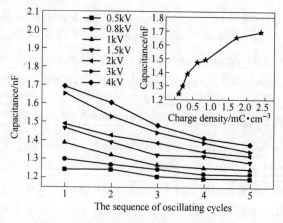

Fig. 5 The equivalent capacitance varies with the chronological sequence of the oscillating discharge process for BOPP films. The inset shows the dependence of the initial equivalent capacitance on the initial charge density

In conclusion, a method based on the measuring the transient short-circuit current of polarized dielectric material to observe fast dynamic space charge has been proposed. The short-circuit current with damped oscillating feature is found in both polarized BOPP films and vacuum capacitor, but only the period of the oscillating current of polarized BOPP films shows applied field intensity dependence. The changing period is caused by the changing equivalent capacitance. The initial charge density decides the initial equivalent capacitance and higher applied field would result in larger initial equivalent capacitance. The fast decrease of the sample equivalent capacitance during the short circuit measurement indicates the fast discharge of trapped charge. By measuring the changing periods of the oscillating current of the polarized dielectric films, it is possible to reveal fast dynamic charge behavior.

Financial support from the National Natural Science Foundation of China (NSFC 50807040, 51277133, and 51077101) is gratefully acknowledged.

References

[1] B. J. Chu, X. Zhou, K. L. Ren, B. Neese, M. R. Lin, Q. Wang, F. Bauer and Q. M. Zhang. Science, 2006, 313 (5785), 334.
[2] M. Rahimabady, S. T. Chen, K. Yao, F. E. H. Tay, L. Lu. Appl. Phys. Lett, 2011, 99 (14), 142901.
[3] Y. Wang, X. Zhou, Q. Chen, B. J. Chu, Q. M. Zhang. IEEE Trans. Dielectr. Electr. Insul, 2010, 17 (4), 1036.
[4] W. J. Sarjeant, J. Zirnheld, F. W. MacDougall. IEEE Trans. Plasma Science, 1998, 26 (5), 1368.
[5] Q. Chen, Y. Wang, X. Zhou, Q. M. Zhang, S. H. Zhang, Appl. Phys. Lett, 2008, 92 (14), 142909.
[6] L. A. Dissado, G. C. Montanari, D. Fabiani. J. Appl. Phys, 2011, 109 (6), 064104.
[7] F. Zheng, Y. Zhang, C. Xiao, J. Xia, Z. An. IEEE Trans. Dielectr. Electr. Insul. 2008, 15 (4), 965.
[8] C. Bonnelle. Phys. Rev. B, 2010, 81 (5), 054307.
[9] G. Blaise. J. Appl. Phys, 1995, 77 (7), 2916.
[10] M. D. Noskov, A. S. Malinovski, C. M. Cooke, K. A. Wright, A. J. Schwab. J. Appl. Phys, 2002, 92 (9), 4926.
[11] S. B. Lang, R. Fleming. IEEE Trans. Dielectr. Electr. Insul, 2009, 16 (3), 809.
[12] A. Mellinger, R. Singh, M. Wegener, W. Wirges, R. Gerhard-Multhaupt, S. B. Lang. Appl. Phys. Lett, 2005, 86, 082903.
[13] R. Gerhard-Multhaupt, W. Küunstler, G. Eberle, W. Eisenmenger, G. Yang. in *Space Charge in Solid Dielectrics*, edited by J. C. Forthergill and L. A. Dissado, 1997: 123.
[14] C. Laurent, G. Teyssedre, G. C. Montanari. IEEE Trans. Dielectr. Electr. Insul, 2004, 11 (4), 554.
[15] G. Teyssedre, C. Laurent, G. C. Montanari, F. Palmieri, A. See, L. A. Dissado, J. C. Fothergill. J. Phys. D: Appl. Phys, 2001, 34 (18), 2830.
[16] J. Hillenbrand, N. Behrendt, V. Altstadf, H. W. Schmidt, G. M. Sessler. J. Phys. D: Appl. Phys, 2006, 39 (3), 535.

Synthesis of Polyacene Quinone Radical Polymers by Solvothermal Method*

Abstract In this paper Polyacene quinone radical (PAQR) polymers were synthesized by the step-growth condensation of aromatic hydrocarbon derivatives reacting with pyromellitic anhydirde via a solvothermal method at 180℃ for 2h, using zinc chloride as catalyst and cyclohexane as solvent. The effects of solvents and different aromatic hydrocarbons on the synthesis and morphology of PAQR polymers were investigated.

Key words PAQR polymer, solvothermal, synthesis, morphology

1 Introduction

PAQR polymers have high dielectric constants (60–300000) which are synthesized by the step-growth condensation polymerization of aromatic hydrocarbons or heterocyclics with different anhydrides, using Lewis acid, a Friedel-Crafts catalyst. They have two salient features[1]. Firstly, as the pressure increases, the conductivity increases significantly. Secondly, compared to the usual dielectric constants that are from 3 to 80 of other materials, theirs can be high up to 300000 due to nomadic polarization. They are very stable, even above 1000℃. PAQR polymers had attracted intense interest of Phol[2] in the early 1960s since they had exhibited promising electronic properties. Phol synthesized the highly aromatized, ekaconjugated polymers in the first place, and studied the relationships between the dielectric permittivity, conductivity and applied pressure. US patent 4557978[3] formed a continuous, integral, pin-hole-free PAQR film on an insulator or a conductor, and they can be utilized as pressure transducers or heat sensors. China Patent 1253229A[4] used high pressure resistance coefficient PAQR powder to press sheet components as sensitive materials of sensors. Patent CN 1821304A[5] used PAQR polymers as a filler to mix with polymer basis material and got steady, workable composite material with high dielectric constants, which could be used in many fields such as ultra high-capacity capacitors, simulation devices, using natural energy et al.

In this paper, we reported a solvothermal method that never adopted before to synthesize PAQR polymers with flaky, spherical and rod – like morphologies, using aromatic hydrocarbons to react to pyromellitic anhydride, respectively. The reaction time required for the synthesis is 24h using zinc chloride as a catalyst and cyclohexane as a solvent. We also made a preliminary study on the effects of solvents and different aromatic hydrocarbons on synthesis and morphology of PAQR polymers.

---

* Copartner: Ma Lili, Hao Chuncheng. Reprinted from *Integrated Ferroelectrics*, 2012, 136: 22-28.

2 Experimental Section

2.1 Chemicals

Anthracene (97%, Alfa Aesar), anthraquinone (>98%, Alfa Aesar), pyrene (98%, Alfa Aesar), pyro-mellitic anhydride (97%, Alfa Aesar), zinc chloride (98%, Tianjin), cyclohexane (99.5%, Tianjin), methylbenzene (99.5%, Yantai), distilled water, hydrochloric acid (36% - 38%, Tianjin), ethanol (99.7%, Laiyang). They were all used without further purification.

2.2 Synthesis of PAQR polymers

The solvothermal method employed to synthesize the PAQR polymers is described by the following chemical reaction:

The reaction was carried out in a super high pressure polythylene reaction pot. Aromatic hydrocarbon, pyromellitic anhydride and zinc chloride powders were mixed together with a molar ratio of 1 : 1 : 2 and then dried in an oven to remove water. After that 70mL solvent was added into the pot. Later, the reaction pot was transferred into the oven with the temperature of 180℃ for 24h. After the reaction completed, the pot was moved out and cooled in the air. Finally, a filtration device was used to remove the solvent designed for getting the PAQR powders.

2.3 Purification of PAQR polymers

The PAQR powders were put into a mortar to be made small particles and dried in an oven to remove the surface water. Hydrochloric acid, distilled water, ethanol and methylbenzene were used to wash PAQR polymers, respectively, in order to remove the catalyst and unreacted monomers, each step for 24h. These powders were moved into a tubular furnace heated to 800℃ for 2h in a vacuum.

2.4 Characterization

The overview morphology of these particles was observed by scanning electron microscope

(SEM). Energy dispersive spectroscopy (EDS) was used to analysis the element content of PAQR polymers. The product was also ultrasonically dispersed in ethanol and dropped onto a copper net for transmission electron microscopy (TEM) on a JEOL JEM-2000EX. SEM micrographs and EDS pattern were obtained using JEOL JSM-6700F.

3 Results and Discussion

Fig. 1 is the EDS pattern of PAQR polymers. Zinc chloride is the important factor affecting morphologies of PAQR polymers. We can conclude that after the purification, the catalyst was completely removed, in the following characterization, the interference was excluded.

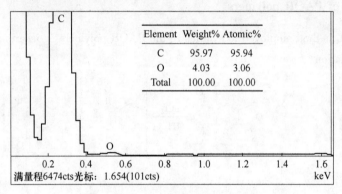

Fig. 1 EDS pattern of PAQR polymers

3.1 Selection of solvent

The Friedel-Crafts reaction happens between aromatic hydrocarbon and pyromellitic anhydride. When the activity of aromatics is lower, the reaction cannot proceed smoothly. So as a precondition, the solvent should be easy to dissolve the selected monomers. In addition, there is water generated in this reaction, so the solvents should be selected without water. Finally, we found cyclohexane was superior to the others.

3.2 Morphologies of PAQR polymers prepared by different aromatics

Our work demonstrates the use of different aromatics during the step-growth condensation polymerization. PAQR polymers synthesized with a variety of morphologies will be described in the following.

3.2.1 Morphologies of PAQR polymers using anthraquinone as the reactive monomer

Fig. 2 is the TEM images of the product with anthraquinone as the reactive monomer. Irregular and thin sheeting structures can be observed mostly, single-crystal electron diffraction patterns are shown in the inset of Fig. 2(a), revealing PAQR crystallites. It also can be seen some globular and rod-like structures with the diameter of 1μm according to the SEM images of Fig. 3. There could be several reasons for this phenomenon, but we believe that there are probably only two which are predominant. The first explanation owes to the essence of Friedel-

Crafts acylation reaction. The acylating agent formed acyl carbocation at first and then attacked aromatic ring with negative electrons to form ketone under the Lewis acid catalyst, forming different structures of PAQR polymers. The second reason was that the ketones groups on anthraquinone increase the steric to stop the attack of carbocation. So flake morphology mostly exists in this kind of PAQR polymers.

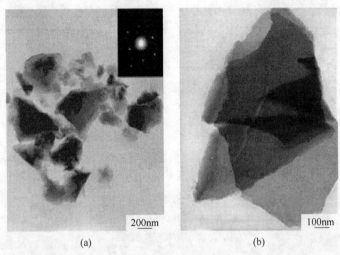

Fig. 2 TEM images of PAQR polymers using anthraquinone as the reactive monomer

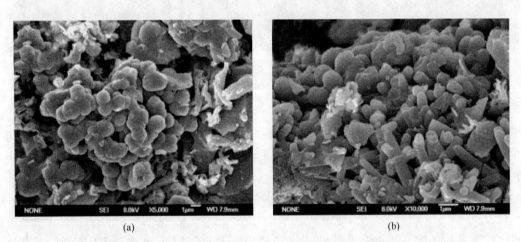

Fig. 3 SEM images of PAQR polymers using anthraquinone as the reactive monomer

3.2.2 Morphologies of PAQR polymers using anthracene as the reactive monomer

The images of flake and globular structures are shown both in Fig. 4 and Fig. 5 above. There is also crystal appeared. A general view of the product is shown in Fig. 5 (a). We can see these balls stack together to form blocks from Fig. 5 (b) and Fig. 5 (c). In contrast with the PAQR polymers using anthraquionone as the monomer which the majority of morphology is sheet-like, in this kind of PAQR polymers the majority of morphologies are globularity and flakes. This phenomenon may be explained that steric of anthracene is smaller than that of anthraquionone.

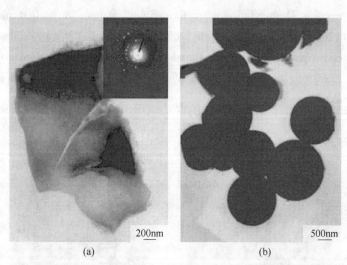

Fig. 4　TEM images of PAQR polymers using anthracene as the reactive monomer

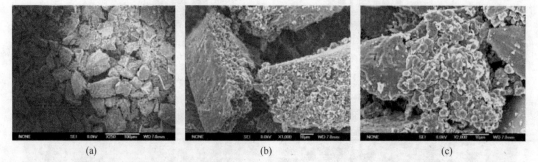

Fig. 5　SEM images of PAQR polymers using anthracene as the reactive monomer

3.2.3　Morphology of PAQR polymers using pyrene as the reactive monomer

TEM images of this kind of PAQR polymers are shown in Fig. 6. The images of Fig. 6 (a) and 6 (b) indicate that the product is composed of a large number of slabs. A general view of the product is shown in Fig. 7 (a). While Fig. 7 (b) shows the enlarge image of the flake-like samples. These flakes stack together forming blocks.

To contrast with other PAQR polymers above, there are no globular or rod-like morphologies appeared. It may be explained that the delocalization energy of pyrene is larger than of anthraquinone and anthracene, leading to the lower-energy system which makes the carbocation cannot rearrange during the electrophilic reaction, so only sheeting structure that required lower energy could be formed coupled with the higher steric hindrance. On the other hand, Friedel-Crafts acylation reaction is an electrophilic substitution which is a secondary extinction reflex. The first step is to generate σ complex compound. The second one is to get off the leaving groups, much faster than the first one. So the reaction rate is determined by the first step. The stability of σ complex compound decides the response procedures. This kind of compound formed by larger resonance energy of aromatics is more stable than others, which can lead to the higher degree of polymerization. That is why the sheeting structure seems thicker than that

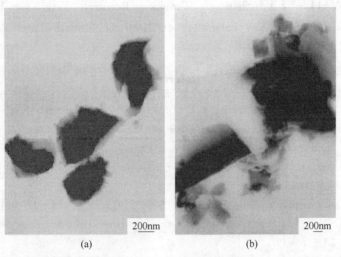

Fig. 6　TEM images of PAQR polymers using pyrene as the reactive monomer

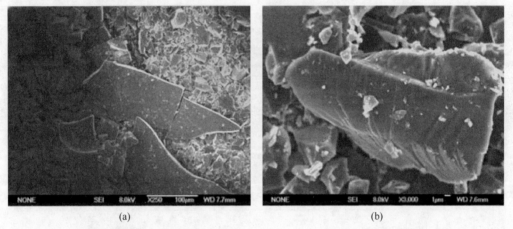

Fig. 7　SEM images of PAQR polymers using pyrene as the reactive monomer

of other two kinds of PAQR polymers.

4　Conclusions

In summary, PAQR polymers are successfully obtained by the step-growth condensation via a solvothermal method that never reported before. The route described here is very easy to maintain and control. It may provide a new method to produce PAQR polymers. Cyclohexane is regarded to be the proper solvent for it can dissolve the reactive monomers easily. We now consider that the aromatics decide the morphologies of PAQR polymers.

Acknowledgements

The authors would like to acknowledge the support by National Natural Science Foundation of China (51077075), Science and Technology Program of Shandong Provincial Education Department (J07YA11 – 1), Shandong Province Research Fund for Excellent Youth (2007BS04003) and State Key Laboratory of Electrical Insulation and Power Equipment (EIPE10207).

References

[1] Chuncheng Hao, Liyan Yu, Zuolin Cui, Qingquan Lei, Structure/conducitivity relationship of polyacene quinone radical polymers [J]. Journal of Qingdao Institute of Chemical Technology, 2001, 22: 31-33.

[2] P. S. Vijayakumar, H. A. Pohl. Giant polarization in stable polymeric dielectrics [J]. J. Polym. Sci., 1984, 22: 1439-1452.

[3] J. W. Mason. Electroactive polymeric thinfilms: U. S, 4557978 [P]. 1985-12-10.

[4] Qingquan Lei, Yong Fan. Submersible pump downhole perssure and temperature sensors: C. N, 1253 229A [P]. 2005-05-17.

[5] Dongqun Shen, Dan Zhu, Juan Zhang, Qing Yan. A high dielectric constant complex with its preparation and uses: C. N, 1821304A [P]. 2005-08-23.

Electrical and Mechanical Property Study on Three-component Polyimide Nanocomposite Films with Titanium Dioxide and Montmorillonite[*]

Abstract Polyimide (PI)-matrix composite films containing titanium dioxide (TiO_2) nanoparticles and layered montmorillonite (MMT) have been fabricated by employing in-situ polymerization and their microstructure has been investigated by synchrotron radiation small angle X-ray scattering, wide-angle X-ray diffraction and scanning electron microscopy. The effects of mixture doping concentration on volume resistivity, loss tangent, permittivity, and breakdown field strength are analyzed. The breakdown field strength of TiO_2 and MMT doped PI nanocomposite (PTM) shows a maximum value at the inorganic content of 5wt.%, which is 10% higher than that of comparable two-component PI/TiO_2 nanocomposite films. Meanwhile, the tri-layered PTM/PI/PTM nanocomposite film, prepared by in-situ polymerization, exhibits improved electrical properties than that of the monolayer PTM film.

Key words nanocomposite film, polyimide matrix, titanium dioxide nanoparticles, montmorillonite, electrical and mechanical properties

1 Introduction

Recently, polymer nanocomposites have attracted wide interest as a method of enhancing polymer properties and extending their applications[1,2]. These innovative materials have been employed for various contemporary applications such as insulation materials[3], frequency conversion motors[4], nonlinear optical devices[5], fuel cells[6], and proton conductive membranes[7]. Due to the rapid development of electrical engineering and electronic technology, polyimide (PI) with excellent insulating characteristics at a high temperature has received more and more attention in electrical and electronic fields[8-11]. The electrical and mechanical properties of pure PI films do not quite meet the requirements to be used as an insulating material in the frequency conversion motor. However, they can be improved by introducing the inorganic oxide nanoparticles into the PI matrix. Especially, the addition of inert inorganic oxides such as TiO_2, montmodlonite (MMT), SiO_2 and others in polymer matrix has attracted considerable attention as hybrid materials due to their improved mechanical stabilities and enhanced dielectric properties. Zha et al.[12,13] and Tsai et al.[14] reported that PI/TiO_2 nanohybrid materials possess exceptional characteristics due to the interesting properties of each component. H. L. Tiay et al.[15] reported that the improved morphology of the PI/MMT nanocom-

---

[*] Copartner: Liu Xiaoxu, Yin Jinghua, Kong Yunan, Chen Minghua, Feng Yu, Yan Kai, Li Xiuhong, Su Bo. Reprinted from *Thin Solid Films*, 2013, 544 (4): 352-356.

posites resulted in their enhanced mechanical and thermal properties. PI/silica hybrid films prepared via a sol-gel process exhibited good mechanical properties, too[16].

Among inorganic nanoparticles, TiO_2 is one of the most promising materials in research and application fields because of its versatile functions. Thanks to the favorable properties of TiO_2, considerable attention has been devoted to the manufacture of well-dispersed TiO_2 in polymer matrix used as the photo-catalytic activity, high refracting index and low costs[17]. The MMT is a clay mineral consisting of stacked silicate sheets with 1nm in thickness and larger than 200nm in length. These sheets have a high aspect ratio (more than 100) and a disk-like morphology. MMT has a high swelling capacity, which is essential for efficient intercalation of polymers, and it is composed of stacked silicate sheets that provide high electrical and tensile properties, as do the polymeric hybrid materials. According to the previous reports[18-21], two kinds of nanoparticles were added into the polymer matrix to take advantages of the excellent properties of TiO_2 and MMT with high volume resistivity and dielectric strength, and the desirable results would be expected.

In this paper, two inorganic nanoparticles (nano-TiO_2 and MMT) modified by employing surface chemical reaction were introduced into the PI matrix by using in-situ polymerization. The as-synthesized PI/TiO_2+ MMT nanocomposite (PTM) films show superior electrical and mechanical properties. Meanwhile, tri-layer sandwiched PTM composites have been designed and exhibited the best electrical and mechanical properties among the three kinds of composites tested (PI/TiO_2, mono-layer PTM and tri-layer structured PTM). The in-situ polymerization process is critical in dispersing the two kinds of nanoparticles into the PI matrix homogeneously to ensure the good electrical and mechanical properties of the three-component PTM nanocomposite films.

2 Experimental Details

2.1 Fabrication of the samples

PTM hybrid films were prepared by using in-situ polymerization, as shown in Fig. 1. First, modified nano-TiO_2, MMT and N, N-dimethylacetamide (DMAC) were added into a three-opening round-bottomed flask with a stirrer and the flask was placed in an ultrasonic bath. The mechanical stirrer and ultrasonic wave were simultaneously utilized until a stable suspension was obtained. Then 4, 4'-oxy dianiline (ODA) was added into the flask and dissolved in the suspension (the mixture of nano-TiO_2 and MMT particles and pyromellitic dianhydride (PMDA) in the flask exposed in ultrasonic bath for 2h in DMAC solvent). Finally, the PMDA was divided into five portions and one portion was added into the suspension at one time to ensure the complete dissolution of the portion before adding another one, until all five portions were added. Then polyamic acid (PAA) suspension is stirred for 4h at this viscosity until the suspension turns to yellow. Hybrid films were obtained after forming, heat treatments and imidization. The films are light yellow, transparent with thicknesses about 30μm. The nano-TiO_2

and MMT doping concentrations in the three kinds of composite films are 5wt%, 10wt%, 15wt% and 20wt%.

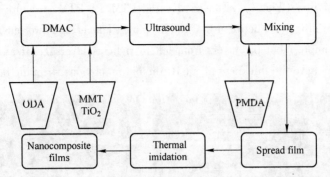

Fig. 1 Schematic representation of preparation process of PTM hybrid films

2.2 Measurements

The Fourier-transform infrared (FTIR) spectra of composite films were recorded on IRPrestige-21 analyses. FTIR spectra of the nano-TiO_2 before and after treatment with the coupling agent were recorded on a BRUKER EQUINOX55 FTIR spectrophotometer. The cross section SEM images were obtained by a JEOL field-emission scanning electron microscope under operating voltage of 15kV, model JSM-6700 F. The small angle X-ray scattering (SAXS) tests were carried out at Shanghai Synchrotron Radiation Facility, by using a wavelength of 0.124nm, a sample to detector distance of 5m, and an exposure time of 10s. The 2D scattering patterns were collected on a CCD camera, and the intensity vs. scattering angle is obtained by integrating the data from the 2D scattering patterns. All of the samples were characterized by powder X-ray diffraction (p-XRD) using a Philips X' pert Pro diffractometer (Cu Kα radiation, secondary graphite monochromator, 2°2θ per min).

The dielectric constant of hybrid PI films was tested using an impedance analyzer (Aglient 4294A) with 16451B Dielectric Test Fixture in the frequency range of $1-10^7$Hz. The dc volume resistivity measurements are performed using a Keithley electrometer with 8009 resistivity measurement kit at a voltage of 500V. The electrical strength was performed according to IEC243. The samples were placed between two standard electrodes in the silicon oil and voltage increased at a rate of 1kV/s until breakdown occurs.

3 Results and Discussion

3.1 The microstructure of nanocomposite films

Typical SEM images of fractured sections of monolayer and trilaminar PTM films with 5wt% content are shown in Fig. 2, which indicates that the nanoparticles are surrounded by PI matrix. Moreover, the SEM image of a monolayer PTM film (as shown in Fig. 2 (a)) reveals a homogeneous dispersion of nanoparticles in the PI matrix and all of the particles are separated and the nano-TiO_2 particle sizes of the hybrid containing 5wt% nano-TiO_2 are about 30-

100nm. Meanwhile agglomeration of polyimide containing clay particles is observed as indicated by the gray sheet in the SEM image. Fig. 2 (b) shows a SEM of a fractured cross-section of the tri-layer PTM film (Fig. 7). The tri-layered PTM/PI/PTM structure is clearly seen in the image and the difference between the middle pure PI layer and two outside PTM layers is visible. We can simply label the layers from left to right as layers I, II and III, respectively. All three layers have the thickness about 10μm and no obvious stripping between the layers.

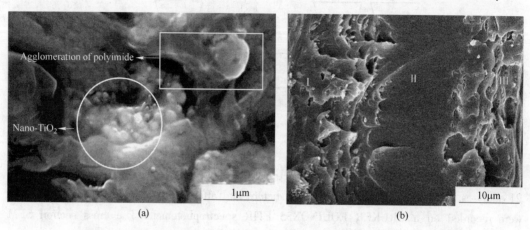

Fig. 2 SEM images of the cross-section of PTM hybrid films with content 5wt%
(a) high-magnification cross-section image of PTM film;
(b) low magnification cross section image of a sandwiched PTM film

The chemical structures of the PI/TiO$_2$, monolayer and tri-layer PTM films with 5wt% doping were characterized using FTIR technique, as shown in Fig. 3 (a). Because the energy range (with wavenumber from 400 to 3500cm^{-1}) of FTIR only covers molecular vibration bands, the similarity of all FTIR spectra of 3 nanocomposite films tested in Fig. 3 (a) indicates that similar organic molecular structures of PI and inorganic doping of one (TiO$_2$) and two components (TiO$_2$/MMT) in all three nanocomposite films do not alter PI molecular matrix significantly in PI/TiO$_2$ and PTM manufacturing processes. XRD patterns for the PI/TiO$_2$,

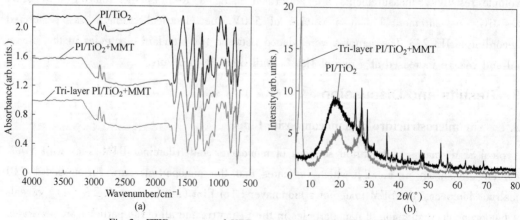

Fig. 3 FTIR spectra and XRD patterns of the PTM and PI/TiO$_2$
nanocomposite film with 5wt% inorganic doping concentration

monolayer and tri-layer PTM films all with 5wt% doping were given in Fig. 3 (b). In the XRD patterns of PTM film with the presence of MMT, the strong diffraction peak of MMT is at $2\theta = 6.04°$ ($d = 1.46$nm). A wide peak in the range of $18°-20°$ in the PI/TiO$_2$ patterns clearly demonstrates the existence of the amorphous structure of polyimide, which in another way indicates the effectiveness of our synthesizing polyimide method. In the tri-layer PTM film XRD patterns, on the other hand, the position of the wide peak is shifted to the right slightly in Fig. 3 (b), and the existence of MMT suppresses some of the sharp diffraction peaks of TiO$_2$ [e.g., (101) plane diffraction peak at $2\theta = 36°$], as comparing two XRD patterns in Fig. 3(b).

A small angle X-ray scattering (SAXS) pattern of the hybrid PI film is shown in the inset of Fig. 4 (a). This is a two-dimensional (2D) pattern of scattering intensity with scattering angle. PI/TiO$_2$ films and PTM films have quite similar SAXS patterns. SAXS data can be employed to analyze the fractal structure of microstructures of the films. The fractal dimension parameter D is used to quantify the mass or the surface changes of the scatters.

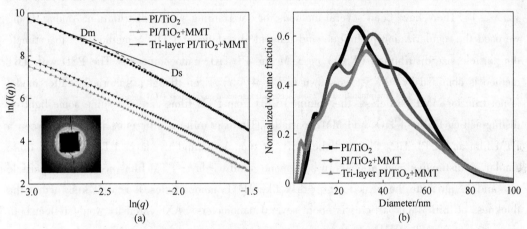

Fig. 4 Typical $\ln(I(q))$ versus $\ln(q)$ plots and nanoparticle size distribution of the PTM, tri-layer PTM and PI/TiO$_2$ nanocomposite film with 5wt% inorganic doping concentration

SAXS intensity can be described as a function of the amplitude of scattering vector in the following equation[22]

$$I(q) \propto Cq^{-\alpha} \quad (1)$$

where C is a constant. The coefficient α can be obtained from the plot of $\ln(I(q))$ vs. $\ln(q)$. For mass fractal structures, $1 \leq \alpha \leq 3$, and the mass fractal dimension $D_m = \alpha$. For surface fractal structures, $3 \leq \alpha \leq 4$, and the surface fractal dimension $D_s = 6-\alpha$. D_s reveals the surface roughness of scatters. The bigger the D_s value, the rougher a surface becomes. D_m displays the compactness of the scatters. The smaller the D_m value, the looser a surface structure becomes. The $\ln(I(q))$ vs. $\ln(q)$ plots for 5wt% doped PTM and PI/TiO$_2$ nanocomposite films, as shown in Fig. 4 (a), clearly show that mass fractal and surface fractal coexist in the two specimens, from the slope changes. The mass and surface fractal data of two films from curve fitting were collected and are shown in Table 1. Both mass and surface fractal structures exist in PTM and PI/TiO₂ nanocomposite films. The surface fractal of PTM films is larger than PI/TiO₂ films, indicating that the surface of PTM films is rougher than that of PI/TiO₂ films, due to the addition of MMT. Meanwhile, the mass fractals of PTM films are lower than that of PI/TiO₂, indicating that PTM nanocomposite structure becomes looser than that of PI/TiO₂ nanocomposite films, again due to addition of MMT.

Table 1 Microstructure and electrical property of hybrid films

Sample name	D_m	D_s	Loss tangent	Permittivity
PI/TiO₂ film (5%)	2.98	1.45	0.01194	3.62
PTM film (5%)	2.79	2.07	0.00619	3.51
Tri-layer PTM (5%)	2.51	2.75	0.00487	3.49

The particle-sizes of inorganic TiO₂ nanoparticles have certain distribution (particle counts vs. sizes). There have been several methods for determining such a distribution. Among them, we used the regularization technique and tangent-by-tangent (TBT) methods[23] to estimate the particle size distribution (PSD) of PTM and PI/TiO₂ nanocomposites. The PSD with TBT method is obtained by SAXS, as shown in Fig. 4 (b). Even though, spherical scatter model is not true for MMT particles, the obtained PSD from PTM films can still shine some light on distinguishing PSDs of TiO₂ and MMT particles. There is quite a difference in PSD between a PTM film and a PI/TiO₂ film and the PSDs of monolayer and tri-layer PTM films are quite similar. A distinctive peak appears in both mono- and tri-layer PTM films near 5nm in particle size and we attribute the peak to thin-disk like MMT nanoparticles. It is well known that the thickness of thin MMT particles is about several nanometers. SAXS intensity would reflect both orientations of MMT particles-one parallel to disk (a few nanometers in size) and one perpendicular to disk (a few hundreds of nanometers in size or larger, which is beyond the scale plotted in Fig. 4 (b)). The main, a broad (from 10nm to 40nm range) peak in PSD for the monolayer PTM film is at around 20nm and the normalized volume fraction of the peak is about 40%. We attribute the main peak to TiO₂ nanoparticles in the PTM film. For the same weight doping concentration, TiO₂ nanoparticle density in the PI/TiO₂ film is more than that of equally weight doped TiO₂/MMT film. That is why the main peak (at about 22nm) of TiO₂ nanoparticles in the PI/TiO₂ film is higher than that of PTM films. We believe that the noticeable PSD difference between a monolayer PTM film and a tri-layer PTM film comes from the fact that the thickness of the top PTM film is much thinner (about 10μm) than that of a monolayer PTM film (about 30μm). During film casting, the orientation of MMT particles in thinner PTM film tends to be more parallel with the top and bottom surfaces and less likely to be perpendicular to the surfaces, creating MMT particle orientation restrictions. Such orientation restrictions of MMT particles in tri-layer PTM film are the source of PSD difference between mono- and tri-layer PTM films. The PSD of the tri-layer PTM film having less peak height than that of monolayer PTM film near 5nm is consistent with this explanation.

3.2 The property of nanocomposite films

Thermogravimetric analysis (TGA) was performed to evaluate the thermal stability of the PI/TiO_2, monolayer and tri-layer PTM films. The results are shown in Fig. 5. It can be found that the thermal stability of the PTM film is better than that of the PI/TiO_2 hybrid film and that the tri-layer PTM composite film has the highest value in decomposition temperature, about 570.7℃, among three of the composite films tested when 5wt% mass loss is reached. This superiority in thermal stability of PTM also indicates a rather good compatibility between the inorganic particles and the organic matrix with addition of layered MMT. As these strong interactions prevent thermal motion between the molecular PI and the nanoparticles during the heating process, breaking energy increases and thermal stability of the three components PI hybrid films improves. This can also be attributed to the synergy between layered MMT and TiO_2 nanoparticles.

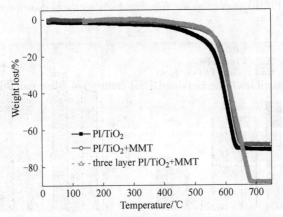

Fig. 5 TGA curves of the PTM, tri-layer PTM and PI/TiO_2 nanocomposite film with 5wt.% inorganic doping concentration

The volume resistivity, electrical breakdown strength, loss tangent and permittivity were also tested. The parameters of electrical property of three films tested are shown in Fig. 6 and summarized in Table 1. It is clearly seen that the volume resistivity and the electrical breakdown strength of 5wt% doping are the highest among all the doping concentrations available and 5wt% tri-layer PTM film has the highest breakdown strength among three films tested. Comparing to the PI/TiO_2 film and the monolayer PTM film, the breakdown strength of the tri-layered PTM film is consistently higher with the same doping concentration. Moreover, the loss tangents and permittivity of the PTM films are lower than those of the PI/TiO_2 films (see Table 1). It is well known that the dielectric constant of a material is related to its polarization, e.g., when an alternating current (AC) is applied to a dielectric material, a complicated polarization could be initiated. The microstructure of the two-component hybrid composites would determine its complicated polarization behavior. The addition of MMT into the nanocomposite films not only impedes the nano-TiO_2 particles aggregation, but also reduces the loss tangent and permittivity of PTM films. It is apparent that appropriate amount of MMT nanoparticles will improve the electrical properties of nanocomposite films, like PTM.

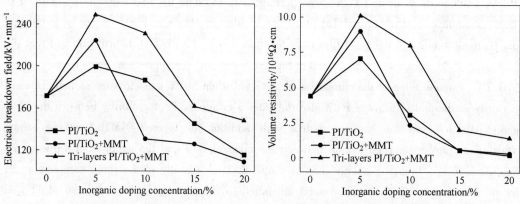

Fig. 6 The electrical breakdown strength and volume resistivity of the PTM, tri-layer PTM and PI/TiO_2 nanocomposite film with 5wt% inorganic doping concentration

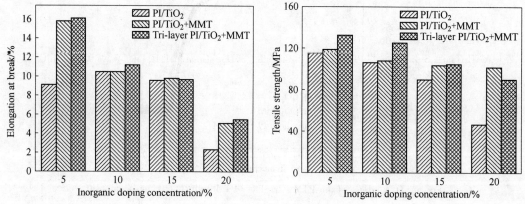

Fig. 7 The elongation at break and tensile strength of the PTM, tri-layer PTM and PI/TiO_2 nanocomposite film with 5wt% inorganic doping concentration

4 Conclusions

The PTM composites with excellent dielectric properties have been fabricated by employing in-situ dispersive polymerization. Adding MMT is an effective way to improve the dispersion of TiO_2 nanoparticles in PI matrix. Moreover, the synergistic effect between layered MMT and nano-TiO_2 has been achieved, which makes the nano-TiO_2 and MMT provide great reinforcement to the PI composites. A 5wt% sandwiched tri-layer PTM film, prepared by the same in-situ polymerization, exhibits the breakdown field strength of 246.5kV/mm and the volume of $1.1 \times 10^{17} \Omega \cdot cm$, which are 18% and 12.1% higher than those of a monolayer PTM composite film, respectively. Consequently, In-situ polymerization in producing PTM films provides an effective method to develop freestanding and strong polyimide-based composite materials with high electrical and mechanical performances and the PTM films produced show a great potential for a wide range of applications.

Acknowledgements

This work was supported in part by the NSF of China (Grant No. 51077028), NSF of Heilongjiang Province of China (Grant No. QC2011C106) and open project of State Key Laboratory Breeding Base of Dielectrics Engineering (Grant No. DE2011A04).

References

[1] A. R. Mahdavian, Y. Sarrafi, M. Shabankareh. Polym. Bull, 2009, 63, 329.
[2] A. A. Khan, A. Khan. Cent. Eur. J. Chem., 2010, 8, 396.
[3] Y. Zhu, M. Otsubo, C. Honda. Polym. Test, 2006, 25, 313.
[4] K. L. Levine, J. O. Iroh, P. B. Kosel. Appl. Surf. Sci., 2004, 23, 24.
[5] R. K. Pandey, V. Lakshminarayanan. J. Phys. Chem, 2009, C113, 21596.
[6] S. H. Liao, M. C. Hsiao, C. Y. Yen, C. C. M. Ma, S. J. Lee, A. Su, M. C. Tsai, M. Y. Yen, P. L. Liu. J. Power. Sources, 2010, 195, 7808.
[7] G. Lakshminarayana, M. Nogami. J. Phys. Chem., 2009, C113, 14540.
[8] S. Y. Yan, W. Q. Chen, X. J. Yang, C. A. Chen, M. F. Huang, Z. S. Xu, K. W. K. Yeung, C. F. Yi. Polym. Bull., 2011, 66, 1191.
[9] M. H. Tsai, S. L. Huang, P. J. Chen, P. C. Chiang, D. S. Chen, H. H. Lu, W. M. Chiu, J. C. Chen, H. T. Lu. Desalination, 2008, 233, 232.
[10] X. W. Jiang, Y. Z. Bin, M. Matsuo. Polymer, 2005, 46, 7418.
[11] T. Agag, T. Koga, T. Takeichi. Polymer, 2001, 42, 3399.
[12] J. W. Zha, Z. M. Dang, H. T. Song, Y. Yin, G. Chen. J. Appl. Phys., 2010, 108.
[13] J. W. Zha, H. T. Song, Z. M. Dang, C. Y. Shi, J. Bai. Appl. Phys. Lett., 2008, 93.
[14] M. H. Tsai, C. J. Chang, P. Chen, C. J. Ko. Thin Solid Films, 2008, 516, 5654.
[15] H. L. Tyan, C. M. Leu, K. H. Wei. Chem. Mater., 2001, 13, 222.
[16] Y. Chen, J. O. Iroh. Chem. Mater., 1999, 11, 1218.
[17] W. Owpradit, B. Jongsomjit. Mater. Chem. Phys., 2008, 112, 954.
[18] R. Lu, G. S. Jiang, B. Li, Q. L. Zhao, D. Q. Zhang, J. Yuan, M. S. Cao. Chin. Phys. Lett., 2012, 29, 058101.
[19] Q. L. Zhao, M. S. Cao, J. Yuan, R. Lu, D. W. Wang, D. Q. Zhang. Mater. Lett., 2010, 64, 632.
[20] J. Yuan, D. W. Wang, H. B. Lin, Q. L. Zhao, D. Q. Zhang, M. S. Cao. J. Alloys Compd., 2010, 504, 123.
[21] X. Liu, J. Yin, M. Chen, W. Bu, W. Cheng, Z. Wu. Nanosci. Nanotechnol. Lett., 2011, 3, 226.
[22] L. Xiao-Xu, Y. Jing-Hua, S. Dao-Bin, B. Wen-Bin, C. Wei-Dong, W. Zhong-Hua. Chin. Phys. Lett., 2010, 27, 096103.
[23] W. Wang, X. Chen, Q. Cai, G. Mo, L. S. Jiang, K. Zhang, Z. J. Chen, Z. H. Wu, W. Pan. Eur. Phys. J., 2008, B65, 57.

The Property and Microstructure Study of Polyimide/nano-TiO$_2$ Hybrid Films with Sandwich Structures*

Abstract Polyimide (PI) /Titanium dioxide (TiO$_2$) nanocomposite films were prepared by in-situ polymerization method and sandwich structures (PI-TiO$_2$/PI/PI-TiO$_2$) were obtained. The microstructures, as well as the electrical and mechanical properties of hybrid films were characterized and analyzed. The results indicate that the TiO$_2$ nanoparticles were homogeneously dispersed in the hybrid films. Among all the tested samples, the electrical insulation and mechanical properties of tri-layered PI/TiO$_2$ nanocomposite films with 5% doping concentration are the best. The breakdown field strength and volume resistivity of PI/TiO$_2$ composite film with sandwich structures are 216.5kV/mm and $0.847 \times 10^{17} \Omega \cdot cm$, which are 8% and 20% higher than those of monolayer PI composite film, respectively.

Key words polyimide/TiO$_2$, composite, sandwich structures, mechanical, electrical

1 Introduction

As an important super-engineering plastic, polyimide has been extensively applied in many areas such as electric industries, microelectronics, railway transport and aerospace and so forth[1]. The diverse applications of Polyimide (PI) can be attributed to its outstanding electrical, mechanical, thermal, and wear-resistance properties, as well as its ability to withstand radiation[2]. Despite above mentioned special properties of PI; pure PI normally does not always provide reliable and long-lasting protection against high-voltage attack and stress, which can cause ionization and eventual breakdown when voltage stress reaches a critical level. Fortunately, these issues can be drastically improved by dispersing inorganic nano-particles, such as Al$_2$O$_3$ nanoparticles[3], silica nanoparticles[4], and clay nanoparticles[5], into PI matrix. Therefore, a polyimide-based composite[6-10] is of particular investigation interest to achieve better insulating materials.

Even though incorporation of inorganic nanoparticle into a polyimide matrix can significantly improve the mechanical and electrical properties of the host polymer, however, the mechanical and electrical properties of polymer-based composites are strongly influenced by other factors as well. One is aggregation or restacking of inorganic nanoparticles which can often occur if the composite polymer manufacturing processes are not well controlled. As a consequence, the improvement of physical properties of polymer-based composites would be signifi-

---

* Copartner: Liu Xiaoxu, Yin Jinghua, Kong Yunan, Chen Minghua, Feng Yu, Wu Zhonghua, Su Bo. Reprinted from *Thin Solid Films*, 2013, 544 (10): 54-58.

cantly compromised. Another is the weak interactions between pristine inorganic nanoparticles and polymeric matrixes, which would result in interfacial slippage when a stress exceeds a threshold, limiting the improvement of mechanical properties.

It is well known that titanium dioxide (TiO_2) is an excellent doping material for PI and adding TiO_2 nanoparticles to PI films improve the electrical and mechanical properties of the resulting composite materials[11,12]. In this report, we demonstrate the in-situ synthesis of PI/TiO_2 composite films with well dispersed TiO_2 nanoparticles in a PI matrix. γ-Aminopropyltriethoxy silane (KH550) is used to modify the surface property of TiO_2 nanoparticles, to improve TiO_2 nanoparticles dispersion in PI matrix before the composite synthesis process. A sandwich structure of tri-layer (PI-TiO_2/PI/PI-TiO_2) nano-composite films is designed and obtained by three times film casting to further improve its mechanical and electrical performance.

2 Experimental Details

2.1 Fabrication of monolayer PI/TiO_2 nano-composite films

The PI/TiO_2 nanocomposite films containing TiO_2 nanoparticles were prepared using in-situ dispersive polymerization, as shown in Fig. 1. The synthesis procedure is as follows. (1) TiO_2 nanoparticles were treated with KH550 to modify their surface properties. (2) Modified TiO_2 nanoparticles and N, N-dimethylacetamide (DMAC) were added into a three-opening flask with a stirrer and the flask was placed in an ultrasonic bath. The mechanical stirrer and ultrasonic wave were simultaneously used until a stable suspension was obtained. (3) 3.6227g of 4, 4'-oxy dianiline (ODA) was added into the flask and dissolved in the suspension and applying mechanical stir and ultrasonic wave for 2h. (4) 4.0673g of pyromellitic dianhydride (PMDA) was divided into five portions and was added into the suspension one portion at a time to ensure the complete dissolution of the portion before adding another one, until all five portions were added. Then polyamic acid (PAA) was added in the suspension and continuously stirred for 4h until the mixture solution slowly turned into yellow. (5) The solution was cast on a glass plate using a metal mold to control the film thickness and cured by heating at 80°C in air for 12h until a rigid film was formed. (6) The film was then heated gradually

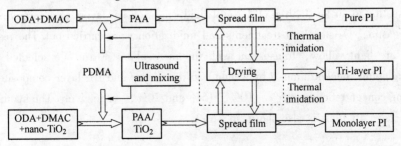

Fig. 1 Schematic flow of in-situ polymerization processes for pure PI films, monolayer PI/TiO_2 composite films and sandwich structured PI/TiO_2 composite films

with increased temperatures in the following seven steps to remove DMAC and promote imidization from PAA to PI—the heating steps (temperature, time): 1) 120℃, 0.5h; 2) 150℃, 0.5h; 3) 180℃, 0.5h; 4) 210℃, 0.5h; 5) 270℃, 0.5h; 6) 310℃, 0.5h; and 7) 350℃, 1h. The resulting yellow, transparent film was then cooled to room temperature with thickness about 30μm. All free standing and tested PI/TiO_2 nano-composite films in this study with different TiO_2 doping concentrations were obtained by above described in-situ polymerization.

2.2 Fabrication of tri-layer PI/TiO_2 sandwich nano-composite films

A pure PI layer sandwiched by two PI/TiO_2 nano-composite films forms the tri-layer sandwich structure. Its preparation process is similar to monolayer PI/TiO_2 nano-composite films, except that the final imidization step is for all 3 layers together. The detailed fabrication process is as follows.

(1) Preparation of pure PAA: First, DMAC was added into a three-opening flask with a stirrer and the flask was placed in an ultrasonic bath. The mechanical stirrer and ultrasonic wave were simultaneously used until a stable suspension was obtained. Then ODA was added into the flask and dissolved in the suspension with mechanical stirring and ultrasonic wave for 2h. Finally the PMDA was divided into five portions and added into the suspension one portion at a time to ensure the complete dissolution before adding next one, until all five portions were added. Then PAA was added in the suspension and kept stirring for 4h until the mixture solution turns to yellow.

(2) Preparation of PAA with nano-particles: Repeating the first four steps as in Section 2.1 in Fabrication of monolayer PI/TiO_2 nano-composite films, the PAA solution with nano-particles is obtained.

(3) Preparation of tri-layer PI/TiO_2 nanocomposite films: The PAA solution with nano-particles was cast on a glass plate and cured by heating in air for 0.5h at 60℃ until a first rigid hybrid film was formed. Then pure PAA solution was cast on top of the first hybrid film and cured by heating in air for 0.5h at 60℃ until a second rigid layer film was formed on top of the first. At last, the PAA solution with nano-particles was cast on top of the second layer film and cured by heating in air for 0.5h at 60℃ until rigid sandwich tri-layers were formed. After three times film casting, 7-step heat treatments and imidization were carried out. The resulting tri-layer films are light yellow, transparent with thickness about 30μm. We selected 4 different nano-TiO_2 doping concentrations (by weight) in monolayer and tri-layer composite films and the 4 doping concentrations are 5%, 10%, 15% and 20%, respectively. The synthetic procedure of tri-layer PI films is also shown in Fig. 1.

2.3 Measurements

Fourier Transform Infra-red (FTIR) spectra of the PI/TiO_2 films were recorded on a BRUKER EQUINOX55 spectrophotometer. Cross section scanning electron microscope (SEM) images were obtained on a JEOL field-emission SEM at operating voltage of 15kV, model JSM-6700F. The small angle X-ray scattering (SAXS) experiments were carried out at beam line 4B9A at Beijing Synchrotron Radiation Facility. The storage ring was operated at 2.2 GeV with current about 80mA. The incident X-ray wavelength was selected to be 0.154nm by a double-crystal Si (111) monochromator. The SAXS data were collected with Mar345 on-line image-plate detector and the sample-to-detector distance was fixed at 1.5m. All of the samples were characterized by powder X-ray diffraction (p-XRD) using a Philips X' pert Pro diffractometer (Cu Kα radiation, secondary graphite monochromator, 2°2θ per min).

The dielectric constant of hybrid films was tested using an impedance analyzer (Agilent 4294A) with 16451B Dielectric Test Fixture in the frequency range of $1-10^7$ Hz. The DC volume resistivity measurements are performed using a Keithley electrometer with 8009 resistivity measurement kit at a voltage of 500V. The electrical strength was performed according to IEC243. The samples were placed between two standard electrodes in silicon oil and applied voltage was increased at a rate of 1kV/s until breakdown occurs. The tensile strength and elongation at break were measured on XLD-series liquid screen electronic tensile apparatus with specimens in accordance with GB/T13541-92 at a drawing rate of 50mm/min. The average of five individual measurements is used with three significant digits, and the unit is MPa. The elongation ratio is computed and expressed by percentage.

3 Results and Discussions

3.1 The microstructures of nanocomposite films

Fig. 2 shows cross-section SEM image of a cold fractured cross-section of a sandwich structured sample formed by stacking PI/TiO$_2$ nanocomposite films containing 10% TiO$_2$ nanoparticles. Three distinguishable layers, labeled I, II, III are visible in the cross section SEM image, with a 7-8μm pure PI layer II in the middle. The nanoparticles can be clearly seen in PI/TiO$_2$ nano-composite layers. While the outside boundaries of layers I and III are out of field of view, we estimate that the thickness of layer I and layer III is about 10-11μm, given the total thickness of 30μm. The sample of PI/TiO$_2$ nanocomposite films shows no obvious stripping among three layers. The TiO$_2$ nanoparticles, which are about 300nm and smaller in diameter, are homogeneously dispersed in the PI matrix in two PI/TiO$_2$ layers (layers I and III).

The FTIR spectra of monolayer, tri-layer PI/TiO$_2$ films with 5% doping concentration and a pure PI are shown in Fig. 3. The molecular vibration peaks at about 1720cm^{-1}, 1780cm^{-1}, and 1380cm^{-1} are the characteristics peaks of symmetric C=O stretching, asymmetric C=O stretching, and C—N stretching of the imide group, respectively. The overall FTIR spectra of 3 films tested are quite similar as expected, since all 3 films possess same organic molecular structure of PI and FTIR only covers the energy range (from wavenumber 500 to 4000cm^{-1}) to excite molecular vibration bands. TiO$_2$ nanoparticle doping at 5% does not significant enough to alter PI molecular structures.

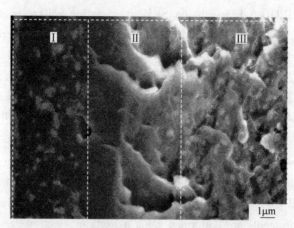

Fig. 2　SEM image of the fractured cross-section of a sandwich structured PI/TiO$_2$ nanocomposite film with 10% doping

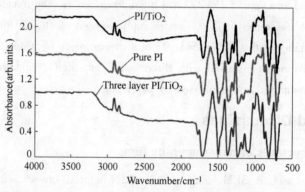

Fig. 3　FTIR spectra of a mono- and a tri-layer PI/TiO$_2$ films and a pure PI film

The X-ray diffraction (XRD) patterns of selected samples are shown in Fig. 4. TiO$_2$ nanoparticle powder of XRD shows the typical TiO$_2$ crystal peaks with a low, flat background. Those peaks are also present on top of a broad, non-flat background in the XRD pattern of mono- and tri-layer PI/TiO$_2$ composite samples, as expected, due to the existence of TiO$_2$ nanopar-

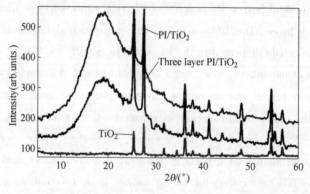

Fig. 4　XRD spectra of mono- and tri-layer PI/TiO$_2$ nanocomposite films with 5% doping a XRD spectrum of TiO$_2$ nanoparticle powder

ticles in those samples. A broad peak in the range of 18°–20° in mono- and tri-layer PI/TiO$_2$ composite samples is from the amorphous structure of PI. The background XRD patterns of mono- and tri-layer hybrid films are almost the same, as expected, since the arrangement of organic molecular chains in monoand tri-layer PI/TiO$_2$ nano-composites is no difference. Note, because the XRD spectrum of TiO$_2$ nanoparticle powder and XRD spectrum of PI/TiO$_2$ nanocomposite films were measured using two different machines and at two different times, direct comparison of diffraction peak intensity is not much meaningful here.

The small angle X-ray scattering (SAXS) patterns of hybrid PI/TiO$_2$ films with various TiO$_2$ doping concentrations are shown on the left of Fig. 5. The two-dimensional scattering pattern shows X-ray scattering intensity as a function of scattering angle. The composite films with different TiO$_2$ nanoparticles doping concentrations have quite similar SAXS patterns. The SAXS pattern of a PI/TiO$_2$ nano-composite film is round (with rotation symmetry) and the scattering intensity gradually increases with doping concentrations, which imply that the composite material is isotropic and the spherical scatters exist in the films. Through scattering curve, the char-

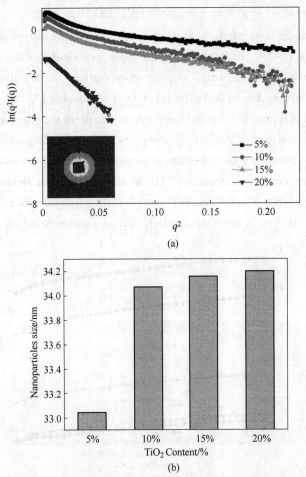

Fig. 5 SAXS patterns and Porod's curves, and radius of gyration of PI/TiO$_2$ nanocomposite films with different amounts of TiO$_2$ nanoparticles

acteristic of microstructure can be studied by classic SAXS theory[13]. The plots of ln $[q^3 I(q)]$ versus q^2 from PI/TiO$_2$ composite films with different TiO$_2$ nanoparticle doping concentrations are given on the right of Fig. 5. It is quite obvious that 20% doped film shows a large difference compared to other 3 films with relatively lower doping concentrations, indicating heavy doping induced change in electronic energy states. As shown in Fig. 5(a), the SAXS intensity plots of the PI/TiO$_2$ composite of the films do not conform to the Porod's theorem[14,15], and showing negative deviations. We believe that the interaction between organic polymer molecular chains and inorganic nanoparticles in the interfaces is responsible to the negative deviation. The average particle size (in radius) of TiO$_2$ nanoparticles can be obtained from SAXS data analysis by classic Guinier theory (see Fig. 5). The radius of gyration of PI/TiO$_2$ nanocomposite films becomes larger with the increase of TiO$_2$ nanoparticle doping concentration.

3.2 The property of nanocomposite films

Fig. 6 shows the measured dielectric constants of PI/TiO$_2$ nanocomposite films with different TiO$_2$ nanoparticle doping concentrations at room temperature as a function of frequency. The dielectric constant of a PI/TiO$_2$ nanocomposite film decreases slowly as the frequency increases and increases with the TiO$_2$ nanoparticle doping concentration, at any given frequency in the measurement range. The measured dielectric constant of 5% doping PI/TiO$_2$ nanocomposite film is quite close to that of a pure PI film and the result is consistent with another study in the same group. The dielectric constant of rutile TiO$_2$ nanoparticles is much larger than that of pure PI, about 52. It is well known that the dielectric constant of a material is related to its polarization. In the frequency range that measured (10^4 to 10^7 Hz) and the TiO$_2$ nanoparticle doping range (5% to 20%), two effects from TiO$_2$ nanoparticle doping contribution enhance overall PI/TiO$_2$ composite's dielectric constant. As TiO$_2$ doping concentration increases, the contri-

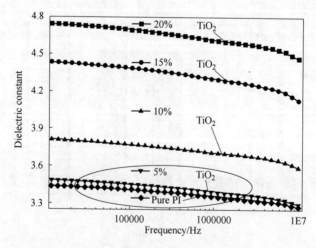

Fig. 6 Dielectric constants of PI/TiO$_2$ nanocomposite films as a function of measurement frequency for different TiO$_2$ doping concentrations

bution of TiO_2 nanoparticles ($\varepsilon = 52$) to the dielectric constant of composites increases, along with the increased polarization in the interfaces of TiO_2 nanoparticles and PI polymer matrix.

Incorporating TiO_2 nanoparticles into PI polymer matrix can improve composites' mechanical properties, as well. The tensile property improvements of PI/TiO_2 composites on the tensile properties of PI/TiO_2 with sandwich structures and monolayer PI/TiO_2 films are plotted in Fig. 7 and in Table 1 for various compositions. Typical stress-strain curves of tri-layer PI/TiO_2 films which exhibit superior mechanical properties compared to that of pure PI films or monolayer PI/TiO_2 films for various compositions are also shown in Fig. 7. The tensile modulus of a tri-layer PI/TiO_2 film containing 5% of TiO_2 nanoparticles is 150% higher than that of pure PI film, and is 30% better than that of monolayer PI/TiO_2 films. The tensile strength of a tri-layer PI/TiO_2 film containing 5% TiO_2 nanoparticles is 137MPa (about 19% greater than that of monolayer PI/TiO_2 films). Increasing TiO_2 nanoparticle doping concentration from 5% to 20% decreases PI/TiO_2 films' tensile strength down to 42.5MPa. The PI/TiO_2 composite films' tensile modulus shows the similar trend as TiO_2 nanoparticle doping concentration increases. Inorganic TiO_2 nanoparticles alone are solid and much harder than PI polymers. The mechanical property improvement of the tri-layer PI/TiO_2 films over pure PI films is easy to understand. TiO_2 nanoparticles in PI matrix act like "anchors", much like sands in cement, which restrict PI polymer movements and deformation under stress. As TiO_2 nanoparticle doping concentration increases, however, another effect would gradually sets in as the distance between TiO_2 nanoparticles gets smaller. When the TiO_2 nanoparticle doping concentration reach certain level (it is about 15% in this study), the pure PI films between TiO_2 nanoparticles become thin and "anchors" change to "grinders" under stress—damaging thin PI films between doped nanoparticles. Thus, at TiO_2 nanoparticle doping larger than 15%, the mono-layer PI/TiO_2 composite tensile strength is less than that of pure PI. However, increased TiO_2 nanoparticle doping level still restrict PI polymer deformation effectively, thus, tensile modulus of PI/

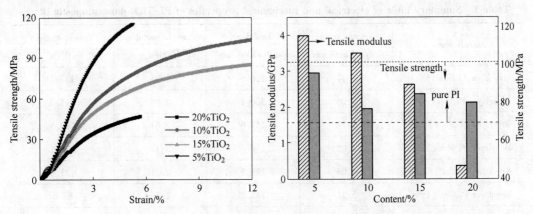

Fig. 7 Tensile modulus and tensile strength, and stress-strain curves of PI/TiO_2 films with various compositions

TiO$_2$ composite films is better than that of pure PI for all doping samples tested. It is well known that additional surfaces/interfaces in layered structures improve their mechanical properties, compared to the equal thickness single layer structures. It is no surprise that sandwich structured PI/TiO$_2$ composite films exhibit better mechanical properties than mono-layer PI/TiO$_2$ composite films with similar thickness, due to two additional interfaces introduced in 3 film castings in sandwich structured PI/TiO$_2$ composite films, until nanoparticles' "grinding" effect takes over "anchoring" effect at higher doping.

The volume resistivity and electrical breakdown strength of selected PI/TiO$_2$ composite films were tested and summarized in Table 1. The volume resistivity of PI/TiO$_2$ composite films are so high (in the order of 10^{16} $\Omega \cdot$ cm), it results in relatively larger measurement fluctuations. The general trend of volume resistivity decrease as TiO$_2$ nanoparticle doping increases is true. The volume resistivity and the electrical breakdown strength of sandwich structured PI/TiO$_2$ composite films with 5% TiO$_2$ nanoparticle doping are the highest among tested PI/TiO$_2$ composite films. Five weight percent doped sandwich structured PI/TiO$_2$ composite films exhibit the best mechanical and electrical properties among all tested PI/TiO$_2$ composite films.

Volume resistivity is reverse proportional to electrical conductivity. We believe that electrical conductivity of PI/TiO$_2$ composites is influenced by the number and mobility of charged carriers. The ionic charged carriers can be generated in the interface (PI-TiO$_2$) of the composite films from residual impurities or free ions due to high relative permittivity of inorganic TiO$_2$[16,17]. The electrical conductivity is dominated by charged carriers' hopping process from site to site with applied electrical field. Increased TiO$_2$ doping not only increases the probability of charged carrier generation, but also shortens the distances between hopping sites; thus increased electrical conductivity (i.e., decreased volume resistivity) of PI/TiO$_2$ composite films. Increased charged carriers hopping would help carriers gain more energy and gradually lead to polymer degradation; and thus the breakdown strength decreases.

Table 1 Summary table of electrical and mechanical properties of PI/TiO$_2$ nanocomposite films

Sample name	Volume resistivity /$10^{16} \Omega \cdot$ cm	Breakdown strength /kV $\cdot$ mm^{-1}	Tensile modulus /GPa	Tensile strength /MPa
Tri-layer PI film (5%)	8.47	216.6	3.85	137.1
Monolayer PI film (5%)	7.06	200.1	2.95	115.2
Tri-layer PI film (10%)	1.18	157.6	2.61	133.3
Monolayer PI film (10%)	3.05	186.6	2.13	106.1
Tri-layer PI film (15%)	4.03	128.5	2.81	121.6
Monolayer PI film (15%)	5.21	145.7	2.36	89.6
Tri-layer PI film (20%)	2.78	140.3	1.97	42.5
Monolayer PI film (20%)	2.09	115.6	1.95	46.6

4 Conclusions

The PI/TiO$_2$ nanocomposites with sandwich structures that possess superior electrical and mechanical performances have been demonstrated. The modified TiO$_2$ nanoparticles are easier to be dispersed in PI polymer uniformly. Strong interfacial interactions of TiO$_2$ nanoparticles and PI matrix provide not only great enhancement to mechanical properties, but also dielectric properties of PI/TiO$_2$ composites. Sandwich structured PI/TiO$_2$ films at 5% doping exhibit around a 150% increase in tensile modulus compared to pure PI, and 30% improvement in tensile strength compared to mono-layer PI/TiO$_2$ films. The breakdown field strength and volume resistivity of 5% PI/TiO$_2$ composite film with sandwich structures were 216.5kV/mm and $8.47 \times 10^{16} \Omega \cdot$ cm which were 8% and 20% higher than that of monolayer PI composite films, respectively. Excellent mechanical and electrical properties obtained in sandwich structured PI/TiO$_2$ composite films may provide an effective path leading to develop freestanding, strong and polyimide-based composite materials for a wide range of applications.

Acknowledgements

This work was supported in part by the NSF of China (Grant No. 51077028), NSF of Heilongjiang Province of China (Grant No. QC2011C106) and Open Project of State Key Laboratory Breeding Base of Dielectrics Engineering (Grant No. DE2011A04).

References

[1] L. Mascia, A. Kioul. Polymer, 1995, 36, 3649.

[2] J. Lee, Y. Ko, J. Kim. Macromol. Res., 2010, 18, 200.

[3] H. Y. Li, G. Liu, B. Liu, W. Chen, S. T. Chen. Mater. Lett., 2007, 61, 1507.

[4] Y. Chen, J. O. Iroh. Chem. Mater., 1999, 11, 1218.

[5] T. Agag, T. Koga, T. Takeichi. Polymer, 2001, 42, 3399.

[6] F. Nilsson, U. W. Gedde, M. S. Hedenqvist. Compos. Sci. Technol., 2011, 71, 216.

[7] L. Z. Liu, L. Weng, Y. X. Song, L. Gao, H. Zhao, Q. Q. Lei. Pigm. Resin. Technol., 2011, 40, 222.

[8] G. Danev, E. Spassova, J. Assa. J. Optoelectron Adv. M., 2005, 7, 1179.

[9] J. N. Tiwari, J. S. Meena, C. S. Wu, R. N. Tiwari, M. C. Chu, F. C. Chang, F. H. Ko. Chemsuschem, 2010, 3, 1051.

[10] H. Y. Xu, H. X. Yang, L. M. Tao, J. G. Liu, L. Fan, S. Y. Yang. High Perform. Polym., 2010, 22, 581.

[11] J. W. Zha, H. T. Song, Z. M. Dang, C. Y. Shi, J. Bai. Appl. Phys. Lett., 2008, 93.

[12] W. Zha, Z. M. Dang, H. T. Song, Y. Yin, G. Chen. J. Appl. Phys., 2010, 108.

[13] X. X. Liu, J. H. Yin, W. D. Cheng, W. B. Bu, Y. Fan, Z. H. Wu. Acta. Phys. Sin - Ch Ed., 2011, 60.

[14] X. X. Liu, J. H. Yin, D. B. Sun, W. B. Bu, W. D. Cheng, Z. H. Wu. Chin. Phys. Lett., 2010, 27.
[15] Z. H. Li, Y. J. Gong, M. Pu, D. Wu, Y. H. Sun, J. Wang, Y. Liu, B. Z. Dong. J. Phys. D Appl. Phys., 2001, 34, 2085.
[16] T. J. Lewis. J. Phys. D Appl. Phys., 2005, 38, 202.
[17] X. X. Liu, J. H. Yin, M. H. Chen, W. B. Bu, W. D. Cheng, Z. H. Wu. Nanosci. Nanotechnol. Lett., 2011, 3, 226.

Growth of Carbon Nanofibers Catalyzed by Silica-coated Copper Nanoparticles*

Abstract Silica-coated copper nanoparticles were synthesized by coating copper nanoparticles with a silica shell through microemulsion. The copper nanoparticles are 30-40nm in diameter and the silica coating is 10nm in thickness. After coating, copper nanoparticles were encapsulated in a silica matrix. These particles were used as a catalyst for the growth of carbon nanofibers in a tubular furnace. It is found that carbon nanofibers are mirror-symmetric growth and 100nm in diameter. During growth, the copper nanoparticles moved out of the silica. As the experiment progressed, the interplanar spacing of copper (220) increased from 0.1288nm to 0.1306nm indicating that (220) plane exhibited high catalytic activity. The out-of-sync growth of different faces provides new evidence for the research of growth mode in carbon nanofibers.

Key words A. Nanostructures, B. Vapor deposition, D. Catalytic properties

1 Introduction

Since the Iijima's landmark paper on carbon nanotubes (CNTs) in 1991[1], CNTs and carbon nanofibers (CNFs) have received lots of attention because of their superior electrical conductivities and mechanical properties[2-4]. Researches in the field of CNTs and CNFs have grown explosively in the past decades owing to the development of carbon materials. The major processing route towards CNFs is the catalytic decomposition of molecules containing carbon atoms[5], such as acetylene and methane. The most popular methods that are currently used are arc discharge[6] and chemical vapor deposition (CVD)[7]. As the best chance for largescale production, catalytic CVD has several important factors such as catalyst, carbon-feeding gas and temperature[8]. An essential for the successful synthesis of CNFs is the use of suitable catalyst seed particles[9]. Iron[10-12], cobalt[13], and nickel[14,15] are the three most regular catalysts as they have a free energy close to zero[16] when compound with carbon. Nishiyama[17] found the Cu-Ni alloy had a higher catalytic activity. Hansen PL[18] found that the copper particles changed their shapes during synthesis. Fan SS[19] used isotopic labeling in the synthesis of CNTs and firstly validated the top-growth mode experimentally. Cui ZL[20] proposed a mirror-symmetric growth mode ascribed to the shape changes in copper nanocrystals.

As the catalyst nanoparticles have unique, size-dependent properties, they are often unstable because of oxidation[21]. Therefore, several approaches have been developed which nanoparticles were coated by protective shells[22,23]. The use of silica as a coating material

---

* Copartner: Li Xiaojiao, Hao Chuncheng. Reprinted from *Materials Research Bulletin*, 2012, 47 (2): 352-355.

mainly lies in its anomalously high stability, easy regulation of the coating process and chemical inertness[24]. These advantages render silica an ideal material to tailor surface properties. A number of reports have been devoted to silica coating of colloidal nanoparticles by aqueous classical methods such as Stöber synthesis[25], using silane coupling agents[26], and the sodium silicate water-glass methodology[27]. The three basic categories selected on the basis of different synthetic fabrication strategies are: (1) nanoparticles such as metal colloids, magnetic nanoparticles, and semiconductor nanoparticles, coated in water-in-oil microemulsions, (2) silica coating of polymeric aggregates, surfactant vesicles, and polymer/surfactant stabilized inorganic nanoparticles, and (3) assemby of silica colloids on nano- and microparticles by different physisorption strategies[28].

In this paper, silica-coated copper (Cu@SiO$_2$) nanoparticles were employed as catalyst during the growth of CNFs. These advanced catalytic particles were rarely used for the synthesis in the growth of carbon nanofibers. After being encapsulated in silica matrix, the copper nanoparticles were with catalytic selectivity. In CVD, the copper nanoparticles with high catalytic activity move out of the silica coating firstly. CNFs would grow over those catalytic particles preferentially. The out-of-sync growth of different faces provides new evidence for the research of growth mode in CNFs.

2 Experiental

The general procedure in our study consists of three steps: preparation of copper nanoparticles, silica coating process and growth of CNFs. An outline of the synthesis is shown in Fig. 1. Materials used in our experiment were research-grade. Gases were obtained by national suppliers.

2.1 Preparation of copper nanoparticles

The copper nanoparticles were synthesized by microwaveheated chemical redox. In a typical synthesis of copper nanoparticles, 20mL ethylene glycol solution of 0.1 M copper sulfate and a small amount of polyethylene glycol were directly mixed with another 20mL ethylene glycol solution of 0.2 M hydrazine hydrate and 0.02-0.04 g sodium hydroxide. The mixture was heated by microwave for 3min. The resulting precipitates were collected by centrifugation at 3000rpm several times, washed with deionized water and ethanol thoroughly, and dried at 80℃ in an oven for 5 h.

2.2 Silica coating process

0.1g synthesized copper, 2.5g poly(vinylpyrrolidone) (PVP) was dissolved in 100ml mixed-solution (V ethylene glycol: V ethanol = 4 : 1). 1 mL tetraethyl orthosilicate was added into the mixture and dispersed by ultrasonication for 30min. Subsequently, the mixture was transfered into a 250mL three-mouth flask. To obtain a fully coated core-shell copper catalyst, the mixture was vigorously stirred for 8h at 35℃ water bath and then aged for 10h. 9mL

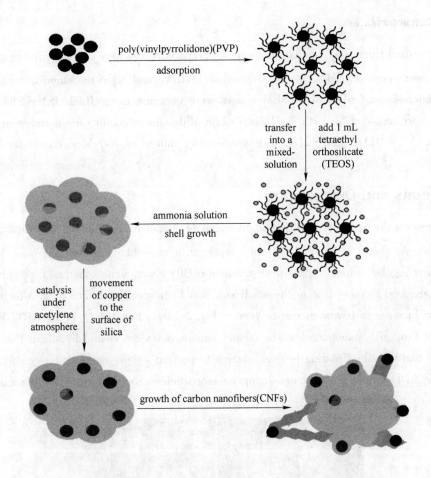

Fig. 1 Illustration of the growth of CNFs catalyzed by Cu@SiO$_2$ particles

● —copper nanoparticles; ～—PVP; ● —TEOS/SiO$_2$; ● —CNFs

ammonia solution (25% NH$_3$ in water) was added into the solution in four steps (after 1h 2mL was added, after 3h again 2mL, after 2h again 2mL, and after 2h 3mL) during stirring. The solution was centrifuged, washed with deionized water and ethanol thoroughly and then dried at 80℃ in an oven for 5h. The powder was calcined at 400℃ under hydrogen atmosphere for 4h.

2.3 Growth of CNFs

The catalytic decomposition of acetylene was carried out in a horizontal quartz tube (9cm in diameter, 90cm in length), which was heated from the outside through an electric furnace[29]. A ceramic plate containing Cu@SiO$_2$ nanoparticles was placed into the reactor. The tube was heated to 340℃ in a vacuum (vacuum degree 10^{-3}Pa). Acetylene was introduced into the reactor and kept for 20min. The sample was then taken out when the furnace was cooled to room temperature.

2.4 Characterization

The synthesized Cu@ SiO$_2$ nanoparticles and the prepared CNFs were characterized by scanning electron microscopy (SEM), X-ray diffraction (XRD) and high-resolution transmission electron microscopy (HRTEM). SEM images were obtained using JEOL JSM-6700F. XRD patterns were recorded by a Rigaku D/max-2500 diffractometer with Cu Kα radiation (40kV and 40mA). A JEOL JSM-2100 with accelerating voltage of 200kV was used for HRTEM images.

3 Results and Discussion

Fig. 2 presents the SEM and HRTEM micrographs of copper nanoparticles, and Cu@ SiO$_2$ nanoparticles. As shown in Fig. 2 (a), the copper particles, obtained from microwave heating, have rather regular shapes and a size distribution of 30-40nm. Some spherical copper nanoparticles aggregated together due to the small size and high specific surface area. After coating, diameters increase to 100nm as can be seen in Fig. 2 (b). Fig. 2 (c) is the HRTEM micrographs of Cu@ SiO$_2$ nanoparticles. The copper nanoparticles are coated by silica. The contrast indicates that the silica coating is thick enough to prevent copper nanoparticles catalyzing the growth of CNFs directly. That means copper nanoparticles should move out of the amorphous silica firstly to catalyze CNFs.

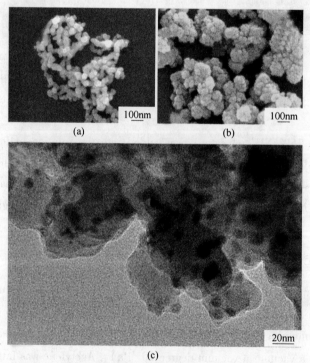

Fig. 2 SEM micrograph of copper nanoparticles (a), SEM micrograph of Cu@ SiO$_2$ nanoparticles (b), and HRTEM micrographs of Cu@ SiO$_2$ nanoparticles (c)

Fig. 3 presents the HRTEM micrographs of CNFs catalyzed by Cu@SiO$_2$ nanoparticles. The insets are the crystal structures of copper marked with arrow 1 and 2. As shown in Fig. 3 (a), copper nanoparticles are clearly observed after catalytic reaction. The arrows show some particles which locate near the surface of silica coating. And interestingly, the copper nanoparticles moved out of the silica after CVD. The inset in Fig. 3 (a) shows one copper nanoparticle marked with arrow 1. The crystal spacing with lattice distortion is 0.1288nm. The data is close to $d_{(220)}$ = 0.1278nm with the increment resulting from carburization. The particle is concluded to be just at the beginning of catalytic reaction. It is inferred that as the reaction continues, the copper nanoparticles marked with arrows may catalyze the growth of CNFs. Fig. 3 (b) shows some synthesized CNFs. It is found that the CNFs are mirror-symmetric growth and 100nm in diameter. The CNFs are helical and have regular coil pitches. Yong Qin[30] inferred that the helical morphology of the fibers resulted from the dispersion of the growth rate of fibers over the catalyst particles. Different shapes of copper, such as rhombic, quadrangular, circular, triangular, polygonal and cone-shaped, have been observed at the node of two coiled fibers[31]. These copper crystal particles had a common point which is faceted. The inset in Fig. 3 (b)

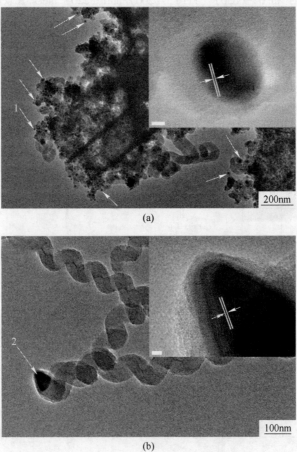

(a)

(b)

Fig. 3 HRTEM micrographs of CNFs catalyzed by Cu@SiO$_2$ nanoparticles.
The insets are the crystal structures of copper marked with arrow 1 and 2. Scale bar is 5nm

shows microstructure of the catalyst (marked with arrow 2) located at the node of CNFs. Graphitic layers grow along the surface of the copper particle. And carburization which leads to lattice distortion occurs during the growth of CNFs. The crystal planes bend to some extent with a spacing of 0.1306nm.

The same crystal structure in insets suggests a sequential reaction in the synthesis of CNFs. The thick SiO_2 coating prevents direct contact between the catalyst and carbon resource. The catalyst with lower catalytic activity would not participate in (or delay) the reaction. By contrast, the high catalytic activity would promote (220) faces to catalyze the growth of CNFs preferentially. It is inferred that the out-of-sync growth of different faces could be useful for designing single-walled CNTs. And CNTs with homogeneous small inner diameters could be catalyzed by Cu@SiO_2 nanoparticles.

Fig. 4 presents XRD patterns of copper nanoparticles, Cu@SiO_2 nanoparticles and CNFs catalyzed by Cu@SiO_2 nanoparticles, respectively. Fig. 4 (a) shows the obtained copper nanoparticles were crystalline. The peaks at 43.301°, 50.440° and 74.140° are corresponding to face center cubic copper (JCPDS No.04-0836) (111), (200) and (220) faces. A scattered peak arises in Fig. 4 (b) which is considered to be the silica peak. Three peaks corresponds to (111), (200) and (220) faces of copper. The intensity of (220) peak decreases in Fig. 4 (c) compared with Fig. 4 (b) while the other two peaks of (111) and (200) are without great changes. Meanwhile, the (220) peak moves from 74.260° [Fig. 4 (b)] to 72.260° [Fig. 4 (c)]. The left shift of (220) peak is consistent with the increase of spacing (from 0.1288nm to 0.1306nm) in Fig. 3. In accordance with Fig. 3, it can be inferred that the decrease of (220) may be caused by the consumption of catalyst during the reaction, and the catalytic activity of (220) is higher than that of (111) and (200), due to a higher surface energy. Therefore, the (220) faces may start catalytic reaction firstly in the decomposition of carbon source.

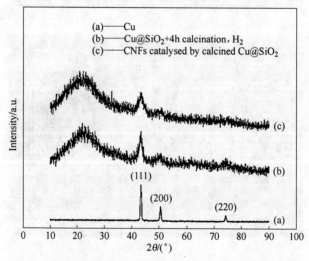

Fig. 4 XRD patterns of
copper nanoparticles (a), Cu@SiO_2 nanoparticles (b) and
CNFs catalyzed by Cu@SiO_2 nanoparticles (c)

4 Conclusions

We have investigated the growth of CNFs catalyzed by Cu@SiO$_2$ nanoparticles. Copper nanoparticles were fully coated by a silica layer before catalysis. While after acetylene decomposition, copper nanoparticles with high catalytic activity move to the surface of silica firstly. As (220) has a high surface energy, the catalysis reacted at the interface of (220) preferentially. The experiment investigation shows the interplanar spacing of (220) increased from 0.1288nm to 0.1306nm. It can be inferred that he catalytic reaction between copper and carbon may be in some sequence. The active faces, like (220), would catalyze CNFs earlier or faster than (111) and (200). The out-of-sync growth of different faces provides new evidence for the research of growth mode in carbon nanofibers.

Acknowledgements

The authors would like to acknowledge the support by National Natural Science Foundation of China (51077075), Science and Technology Program of Shandong Provincial Education Department (J07YA11 - 1), Shandong Province Research Fund for Excellent Youth (2007BS04003), State Key Laboratory of Electrical Insulation and Power Equipment (EIPE10207) and Science and Technology Planning Project of Qingdao (11-1-4-96-jch).

References

[1] S. Ijima. Nature, 1991, 354: 56-58.
[2] Z. A. Mohd Ishak. J. P. Berry, Polym. Eng. Sci., 1993, 33: 1483-1488.
[3] E. M. Woo, J. S. Chen. Polym. Eng. Sci., 1995, 35: 129-136.
[4] A. Dani, A. A. Ogale. Comp. Sci. Technol., 1996, 56: 911-920.
[5] Y. H. Zhang, X. Sun. Adv. Mater., 2007, 19: 961-964.
[6] S. Tang, Z. Zhong, Z. Xiong, L. Sun, L. Liu, J. Lin, et al. Chem. Phys. Lett., 2001, 350: 19-26.
[7] B. C. Satishkumar, A. Govindaraj, R. Sen, C. N. R. Rao. Chem. Phys. Lett., 1998, 293: 47-52.
[8] S. Takenaka, M. Ishida, M. Serizawa, E. Tanabe, K. Otsuka. J. Phys. Chem. B, 2004, 108: 11464-11472.
[9] T. Druzhinina, S. Hoeppener, U. S. Schubert. Adv. Funct. Mater., 2009, 19: 2819-2825.
[10] Y. T. Lee, J. Park, Y. S. Choi, H. Ryu, H. J. Lee. J. Phys. Chem. B, 2002, 106: 7614-7618.
[11] G. Zou, D. Zhang, C. Dong, H. Li, K. Xiong, L. Fei, et al. Carbon, 2006, 44: 828-832.
[12] R. Zheng, Y. Zhao, H. Liu, C. Liang, G. Cheng. Carbon, 2006, 44: 742-746.
[13] P. E. Anderson, N. M. Rodriguez. Chem. Mater., 2000, 12: 823-830.
[14] A. R. Naghash, Z. Xu, T. H. Etsell. Chem. Mater., 2005, 17: 815-821.
[15] M. K. Vander Lee, A. J. Van Dillen. J. W. Geus, K. P. De Jong, J. H. Bitter. Carbon, 2006, 44: 629-637.
[16] R. Ramanathan, W. A. Oates. Metall. Mater. Trans. A, 1980, 11: 459-466.
[17] Y. Nishiyama, Y. Tamai. J. Catal., 1974, 33: 98-107.
[18] P. L. Hansen, J. B. Wagner, S. Helveg. J. R. Rostrup - Nielsen, B. S. Clausen, H. Topsoe. Science, 2002, 295: 2053-2055.

[19] L. Liu, S. S. Fan. J. Am. Chem. Soc., 2001, 123: 11502-11503.
[20] Y. Qin, Z. K. Zhang, Z. L. Cui. Carbon, 2004, 42: 1917-1922.
[21] A. M. Derfus, W. C. W. Chan, S. N. Bhatia. Nano Lett., 2004, 4: 11-18.
[22] L. M. Liz-Marzan, M. Giersig, P. Mulvaney. Langmuir, 1996, 12: 4329-4355.
[23] D. Gerion, F. Pinaud, S. C. Williams, W. J. Parak, D. Zanchet, S. Weiss, et al. J. Phys. Chem. B, 2001, 105: 8861-8871.
[24] C. Graf, S. Dembski, A. Hofmann, E. Rühl. Langmuir, 2006, 22: 5604-5610.
[25] L. M. Liz-Marzán, A. P. Philipse. J. Colloids Interface Sci., 1995, 176: 459-466.
[26] L. M. Liz-Marzán, M. Giersig, P. Mulvaney. Chem. Commun., 1996: 731-732.
[27] K. Holmberg. Eur. J. Org. Chem., 2007: 731-742.
[28] A. Guerrero-Martínez, J. Pérez-Juste, L. M. Liz-Marzán. J. Adv. Mater., 2009, 22: 1182-1195.
[29] X. Qi, Y. Deng, W. Zhong, Y. Yang, C. Qin, C. Au, Y. Du. J. Phys. Chem. C, 2010, 114: 808-814.
[30] Y. Qin, Q. Zhang, Z. Cui. J. Catal., 2004, 223: 389-394.
[31] Yong Qin, Hong Li, Zhikun Zhang, Zuolin Cui. Org. Lett., 2002, 4: 3123-3125.

FTIR and Dielectric Studies of Electrical Aging in Polyimide under AC Voltage*

Abstract The Kapton 100HN polyimide films were aged under 3kV ac voltage (50Hz), and the aging evolution were studied by the Fourier transform infrared spectroscopy (FTIR) and the dielectric measurement. The FTIR spectra show that the ether linkage, and some of C—H bonds in aromatic rings and C—N—C bonds transverse stretching vibration in imide are firstly broken by corona discharge. Then, with the increase of aging time, the cleavage of the imide group including C—N—C and C=O vibrations occurs. At the same time, the oxidative degradation produces compounds such as carboxylic acid, ketones, and aldehydes. Accordingly, the variations of dielectric constant ε_1 and the dissipation factor tan δ are dependent on the formation of the polar groups and the breakage of some polar bonds in polyimide.

Key words polyimide, electrical aging, FTIR spectroscopy, dielectric properties

1 Introduction

Polymeric insulating materials, which are used as solid insulations of the electric devices such as cables, insulators, transformers and electrical machines are often subjected to several kinds of stresses (temperature, electric field, radiation, etc.), which can act separately or in combination. These stresses, especially the electric one, will lead to the degradation in time of the polymers and hence to failure. The degradation in time of the electric properties up to the breakdown of these polymeric insulating materials is called "aging phenomena" and characterized by irreversible deteriorations affecting their performances and their lifetime.

On the other hand, manufacturing processes invariably give rise to defects such as small cavities or voids in the insulating bulk, which also influence significantly the life time of insulating systems. When these polymeric insulating materials are used as solid insulations of the electric devices, the application of voltage can induce local enhancements of the electric field at these defects resulting in the initiation and development of partial discharges that can lead to partial or total deterioration of insulation, including chemical modifications of material and change of the electrical and mechanical properties[1-3].

Among various polymers, the polyimide possesses unique properties such as excellent dielectric properties, thermal stability and mechanical properties, thus is most suitable for being as solid insulations of the electric devices[4,5]. Therefore, the study of degradation in polyimide is very important, and numerous works have been devoted to the degradation in polyimide when

---

* Copartner: Yang Yang, Yin Di, Xiong Rui, Shi Jing, Tian Fuqiong, Wang Xuan. Reprinted from *IEEE Transactions on Dielectrics and Electrical Instatution*, 2012, 19 (2): 574-581.

applied under electric field[6-9]. However, these researches are far from enough. The evolution of the chemical structure with aging time prolonged is not clear. In present work, detailed analysis of the changing of the chemical bonds in polyimide with the aging time under 3kV ac electric field is taken through the Fourier transform infrared spectroscopy (FTIR). Furthermore, the changing of dielectric properties with the aging time is also present and discussed for combining the chemical structure variation.

2 Experiment

The polyimide ($C_{22}H_{10}N_2O_5$, chemical name: poly 4-4′ oxydiphenylene Pyromellitimide, PMDA-ODA) is a linear polymer comprising heterocyclic rings linked together by one or more covalent bonds. Its chain assumes a plane zigzag conformation with an oxygen ether angle of 126°. The molecular structure of repeating unit is:

It is characterized by two imide groups which are connected via a phenyl ring. Two more phenyl groups linked over an ether function are bonded to the nitrogen.

The polyimide used in the experiments is Kapton 100HN films, which were procured from Dupont and with thickness of 50μm. These polyimide films were aged under ac voltage at different times. The electric field gap consisted of one needle-shaped electrode and one plate-shaped electrode. The needle-shaped electrode was connected to 3kV ac voltage source (50Hz), and the plate-shaped electrode was connected to ground. The curvature radius of the needle electrode was 25μm, and the gap length between the two electrodes was 2mm.

The FTIR spectra were obtained by a Nicoletis10 spectrometer with reflection mode in the range 400 to 4000cm^{-1}. The samples were analyzed at 0.4cm^{-1} resolution and 32 scans co-averaged. The light source used in these measurements was an Ever-Glo laser system. The diameter of the facular is 1mm. The background of the atmosphere was measured and was automatically subtracted from each spectrum. We concentrate on the spectra from 550cm^{-1} to 4000cm^{-1}, due to the high level of background below 550cm^{-1}.

The dielectric properties of the Kapton 100HN films before and after aging were measured using a precise impedance analyzer (Agilent 4294 A) at room temperature in the frequency range 100Hz to 1MHz. The base and counter Pt electrodes were sputtered onto the two surfaces of the polyimide films at 3Pa of air. The capacitor area was 1mm ×1mm. In this way, Pt/polyimide film/Pt sandwiches were ready for the measurement of dielectric properties of the pristine and aged polyimide.

3 Results and Discussions

3.1 Ftir analysis

3.1.1 Pristine kapton 100HN polyimide

The FTIR spectrum of pristine Kapton 100HN polyimide is shown in Fig. 1. The detailed band assignments are presented in Table 1 according to literatures[10-13]. Discussion of the band assignments will be grouped into vibrations involving imide rings, aromatic rings, and noncyclic groups.

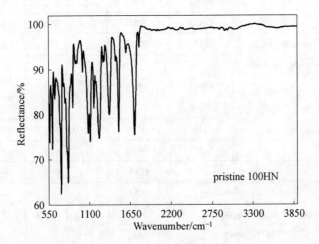

Fig. 1　FTIR spectra of pristine 100HN polyimide at 550~3900cm^{-1} at room temperature

Table 1　Vibrational band assignments of pristine Kapton 100HN polyimide and the changes of chemical bonds with aging time[10-13]

Group	Chemical bond		Wave number /cm^{-1}	Aging time				
				5h	15h	20h	25h	30h
Imide rings	C–N–C out-of-plane bending		721	↓	↓	↓	—	—
	Imide C–N–C transverse stretching		1112	↓	↓	—	—	—
	C–N–C axial stretching		1371	↓	↓	↓	—	—
	C=O out-of-phase vibration		1712	↓	↓	↓	—	—
	C=O in-phase vibration		1774	↓	↓	↓	—	—
Aromatic rings	Tangential vibrations	C_6H_4	1012	↓	↑	1014↑	1018↑	1016↑
		C_6H_4	1087	↓	1085	1083	1087	↑
		C_6H_3	1164	1162↓	↓	—	—	—
		C_6H_3	1286	↓	↓	—	—	—
		C_6H_4	1303	↓	↓	—	—	—
		C_6H_5	1496	↓	↓	↓	—	—
		C_6H_4	1596	↓	↓	—	—	—

Continued Table 1

Group	Chemical bond		Wave number /cm^{-1}	Aging time				
				5h	15h	20h	25h	30h
Aromatic rings	Radial skeletal vibrations	C$_6$H$_3$	565	↓	↓	↓	↓	↓
		C$_6$H$_4$	634	↓	↓	↓	—	—
		C$_6$H$_5$	752	↓	↓	↓	—	—
	Out-of-plane bending vibrations	C$_6$H$_3$	601	↓	↓	↓	—	—
		C$_6$H$_4$	703	↓	↓	↓	broaden	—
		C$_6$H$_4$	775	↓	↓	—	—	—
		C$_6$H$_4$	800	↓	796 ↑	794 ↑	796 ↑	↑
		C$_6$H$_4$	815	↓	↓	↓	—	—
		C$_6$H$_3$	881	↓	↓	869 broaden	865 (C$_6$H$_4$) narrow	—
		C$_6$H$_3$	914	↓	↓	—	—	—
		C$_6$H$_4$	937	↓	↓	—	—	—
non-cyclic	C-O-C		1234	↓	↓	—	—	—
	-OCH$_2$-CH$_2$ deformation		1454	↓	↓	—	—	—
New bands after aging	Out-of-plane deformation of the O-H group		661		appear	↑	↑	↑
			684				appear	—
	Phenols: interaction of O-H deformation and C-O stretching vibrations		1259		appear	↑	↑	↑
	Phenols: interaction of O-H deformation and C-O stretching vibrations		1409			appear	↑	↑
	C=O phenyl		1645					appear
	CH$_3$-CO- symmetric CH$_3$ stretching		2905			appear	↑	↑
	-CH$_3$ asymmetric stretching vibration		2962		appear	↑	↑	↑

Note: ↑: the intensity of the band increased; ↓: the intensity of the band decreased; —: the band disappeared.

3.1.2 Imide ring vibrations

The imide group exhibits five characteristic vibrational bands in infrared spectroscopy: the imide carbonyl in-phase stretching, the imide carbonyl out-of-phase stretching, the C—N—C axial stretching, the C—N—C transverse stretching, and the C—N—C out-of-plane bending[14]. The two imide carbonyl absorptions have been explained in terms of an in-phase and out-of-phase coupling between the two carbonyl groups in the imide ring. This coupling produces a characteristic doublet with the out-of-phase mode absorbing at the lower frequency, but with a much stronger intensity than the in-phase vibration[15]. In the spectrum of the pristine polyimide, the in-phase vibration occurs at 1774cm^{-1}, while the out-of-phase vibration absorbs at 1712cm^{-1}.

The vibration bands at 1371, 1112, and 721cm^{-1} represent the imide C—N—C axial stretching mode, the imide C—N—C transverse stretching mode, and the imide C—N—C out-of-plane bending mode, respectively.

3.1.3 Aromatic ring vibrations

Following the classification of phenyl ring vibrations by Varsanyi[16], the aromatic ring modes will be discussed in terms of tangential vibrations, radial skeletal vibrations, and out-of-plane vibrations.

3.1.4 Tangential vibrations

The vibrational modes, referring to the Wilson numbers (8a, 8b, 19a, 19b, 14), involve tangential C-C stretching vibrations. The vibrational pair 8b (C_6H_4) occurs at 1596cm^{-1}. The semicircle stretch mode 19a para-disubstituted phenyl groups (C_6H_5) appears as a very strong band at 1496cm^{-1}. The peak 1303cm^{-1} probably arises from mode 14 of the paradisubstituted phenyl group (C_6H_4).

Another group of tangential phenyl ring vibrations is the CH in-plane bending vibrations which include modes 3, 9a, 15, 18a, 18b. The peak at 1286cm^{-1} is attributed to mode 3 of the trisubstituted phenyl group (C_6H_3). The peak at 1164cm^{-1} is attributed to mode 15 for asymmetric trisubstitution (C_6H_3). For vibrational pair 18 in para-disustitution, the band at 1012cm^{-1} is assigned to vibration 18a (C_6H_4), while the band at 1087cm^{-1} is associated with vibration 18b (C_6H_4).

3.1.5 Radial skeletal vibrations

The radial skeletal vibrations of the aromatic ring include vibrational modes 1, 12, 6b, 13 and 7b. The band at 565cm^{-1} is identified as mode 1 for the asymmetric trisubstitution (C_6H_3). The band at 752cm^{-1} is attributed to mode 12 in paradisubstitution (C_6H_5). The band at 634cm^{-1} is attributed to mode 6b in para-disubstitution (C_6H_4).

3.1.6 Out-of-plane bending vibrations

The aromatic out-of-plane bending vibrations include the out-of-plane skeletal vibrational modes 4, 16a and the C—H out-of-plane bending modes 10a, 10b, 11 and 17a.

The band at 703cm^{-1} is attributed to ring bending mode 4 for the trisubstituted phenyl group (C_6H_4). The band at 601cm^{-1} is assigned to mode 16a for asymmetric trisubstitution (C_6H_3)[13]. For the para-disubstituted phenyl group, C—H out-of-plane bending modes include 17a, 10b and 11. The mode 10b (C_6H_4) appears at 937cm^{-1}. The mode 11 (C_6H_4), which has an identical absorption for asymmetric trisubstitution and para-disubstitution, appears at 800cm^{-1} and 815cm^{-1}[16,17]. For the asymmetric trisubstituted phenyl group, modes 10a, 10b, and 11 correspond to C—H out-of-plane vibrations. Mode 10a for asymmetric trisubstitution appears at 914cm^{-1} (C_6H_3), while mode 10b appears at 881cm^{-1} (C_6H_3).

3.1.7 Non-cyclic group vibrations

The aryl alkyl ether asymmetric stretching vibration (C—O—C) appears at 1234cm^{-1}. The methylene group (CH_2) gives rise to a band at 1454cm^{-1}.

3.1.8 AGING KAPTON POLYIMIDE

Fig. 2 and Fig. 3 show the FTIR spectra of polyimide 100HN films aged under 3kV ac voltage from 5 to 30h. The changes of chemical bonds with aging time are also present in Table 1.

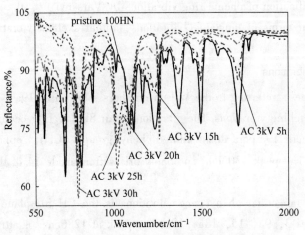

Fig. 2 FTIR spectra of pristine and aged 100HN polyimide at 550~2000cm^{-1} at room temperature

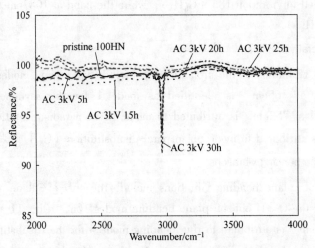

Fig. 3 FTIR spectra of pristine and aged 100HN polyimide at 2000~3900cm^{-1} at room temperature

For the sample aged for 5h, as can be seen in the FTIR spectra, the intensities of typical bands reduce, indicating that certain morphological changes have occurred in the polyimide due to corona aging. After aging for 15h, the intensities of most bands continue to decrease except for the bands at 1012cm^{-1}, 1087cm^{-1} and 800cm^{-1} related to the C—H in-plane bending vibrations (C_6H_4). Three new bands appear at 661cm^{-1}, 1259cm^{-1} and 2962cm^{-1}. The band at 661cm^{-1} corresponds to the out-of-plane deformation of the O—H group, and the band at

$1259 cm^{-1}$ relates to the interaction of O—H deformation and C—O stretching vibrations and —CH_3 asymmetric stretching vibration[18].

It was reported that the absorbed water in polyimide can get itself attached with the carbonyl groups and oxygen of the ether linkage and structure becomes cross-linked[19,20]. Thus, the appearance of these two new bands is owing to absorption of water into the aging samples, which can result in a crosslinked structure. We note that another new band appears at $2962 cm^{-1}$, which could be assigned to the C—H stretching vibration of the methyl or methylene group.

It indicates that some scission process have been occurred in the main chain for the sample aged for 15h[21].

When the aging time exceeded to 20h, significant changes were observed in the FTIR spectrum. The bands, which are related to the non-cyclic group vibrations, part of the aromatic rings vibrations and imide C—N—C transverse stretching vibrations disappear. It indicates that the ether linkage, and some of C—H bonds in aromatic rings and C—N—C bonds in imide are firstly broken by corona discharge. Two new bands at $1409 cm^{-1}$ and $2905 cm^{-1}$ have been detected, which could be attributed to interaction of O—H deformation and C—O stretching vibrations and the symmetric CH_3 stretching vibrations[18]. From the FTIR spectrum, we can conclude that the absorptions due to hydrophilic OH groups increase considerably whereas those due to hydrophobic C—H bonds and other important chemical bonds decrease. As byproducts of aging, O—H bonds, which are hydrophilic groups, are formed instead of hydrophobic C—H bonds in the aged polyimide. The autoxidation reaction usually occurs on the polymeric surface in the presence of oxygen, which can be accelerated by the applied corona discharge[22]. The autoxidation reaction could proceed as follows[23,24]:

Initial reaction:

$$RH \longrightarrow R+H$$
$$RR' \longrightarrow R+R'$$

Intermediate reaction:

$$R+O_2 \longrightarrow ROO$$
$$ROO+H \longrightarrow ROOH$$
$$ROOH \longrightarrow RO+OH$$
$$RO+H \longrightarrow ROH$$

The ultimate products are R, RO, ROO, OH and H, in which R and R' indicate the polymer components. In the case of polyimide aged under ac electric fields, ether linkage and C—H bonds in aromatic rings were cut off by the corona discharge and they combined with the OH and OOH groups generated in the autoxidation reaction. These contribute to the cross-linking and branching reactions between the OH and OOH groups and other functional groups in polyimide.

In samples aged for 25h, more chemical bonds including C—H vibrations in aromatic rings and all imide rings vibrations are broken, while the O—H vibrations increase continually. When the C—N bond of the imide structure is broken, the polyimide reverts to a state similar to the polyamic acid state[25]. At this aging time, the structure of polyimide was destroyed entirely. We notice that a new band located at 684cm^{-1} appears. The new band is also related to out-of-plane deformation of the O—H group, which is attributed to that part of the residual C—H were broken and continually combined with OH and OOH groups.

When aged for 30h, for the cross-linked polyimide, there are only nine absorption peaks in the infrared spectrum as shown in Fig. 4. The band at 1645cm^{-1} is attributed to the C=O stretching[26], which is due to the absorption of water. It can be seen in the spectrum that the other bands are only related to the oxidized groups (COOH, COH and C=O) and residual C—H vibrations. These indicate that the structure of polyimide have been totally destroyed after aging for 30h under 3kV ac electric fields.

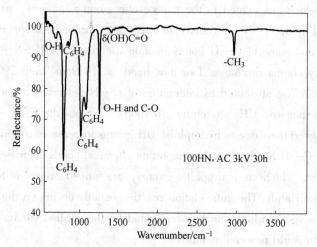

Fig. 4 FTIR spectrum of 100HN polyimide aged under
3kV ac voltage at room temperature

Polymeric insulation systems typically contain micro-voids (micro-cavities) produced during manufacture. It is most likely that electrons are injected from the electrode to the polymer by Schottky emission[27,28]. These injected electrons will quickly become trapped and then form space charge at the polymer-void interface. Thereafter, they will trigger hot-electron avalanches via impact ionization of gas molecules. Such highly energetic electronic avalanches generated by discharge in gas filled micro-voids degrade the insulation, breaking the chemical bonds which constitute the polymer chains[29,30].

In samples aged for a short time, there is no chemical bond breaking, while the absorption of water results in part of the cross-linking structure in polyimide. With aging time extending, the degradation becomes severe and is initiated by homolytic bond breaking. Under high voltage field, the hotelectron avalanches firstly break the ether linkage, and some of C—H bonds in aromatic rings and C—N—C bonds in imide. Then, with the increase of aging time, the cleavage of the imide group including C—N—C and C=O vibrations occurs, indicating that the structure of polyimide is totally destroyed by aging. Meanwhile, the oxidative degradation produces compounds such as carboxylic acid, ketones, and aldehydes. It could be seen that the infrared spectra of aging polyimide can give clear evidence for the degradation under ac electric fields. The aging caused by partial discharges, which becomes particularly severe under ac voltage when discharges in a cavity may be repeated on each half cycle, can be regarded as involving several processes of evolution including the broken and oxidation degradation.

3.2 Dielectric analysis

For pristine and aged polyimide samples, the variations of dielectric constant ε_1 with $\lg(\omega)$ and lg-scale of dissipation factor $\tan\delta$ with frequency are shown in Fig. 5 and Fig. 6.

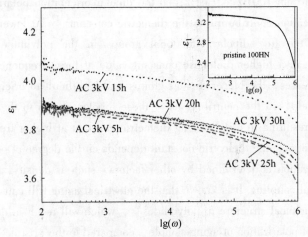

Fig. 5 Variations in dielectric constant ε_1, with lg (ω) for pristine and aged polyimide samples

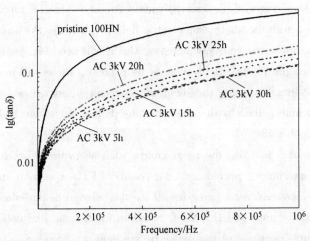

Fig. 6 Variations in lg-scale of dissipation factor $\tan\delta$, with frequency for pristine and aged polyimide samples

As can be seen in Fig. 5, in each spectrum ε_1 decreases with increasing frequency of the applied electric field, and ε_1 of sample aged for 20h drops more obviously than other samples at high frequency. The dielectric constant for each aged sample is larger than that of pristine polyimide. In addition, for the aged samples, ε_1 shows a big increase with aging time increasing from 5 to 15h. Then, it decreases largely when aging for 20h and thereafter increases slowly again as aging time extends from 20 to 30h.

Dielectric constants of polyimides, in general, are known to decrease gradually with increasing frequency of the applied electric field[31]. This behavior is attributed to the frequency dependence of the polarization mechanisms which comprise the dielectric constant. The dielectric constant of a polymer is dependent upon the ability of the polarizable units in it to orient fast enough to keep up with the oscillations of an alternating electric field. And the frequency of the present work ranges from 100Hz to 1MHz, so the dipolar orientation polarization is the dominant mode of polarization contributing to the dielectric constant[32]. At lower frequencies of applied voltage, all the free dipolar functional groups in the polyimide chain can orient themselves resulting in a higher dielectric constant value at these frequencies. As the electric field frequency increases, the bigger dipolar groups find it difficult to orient at the same pace as the alternating field, so the contributions of these dipolar groups to the dielectric constant goes on reducing, resulting in a decreasing dielectric constant at higher frequencies.

At a certain frequency, the dielectric constant depends on the degree of polarizability, while the degree of polarization is determined by other factors, such as density, cross linking, free volume and chemical coupling. It is known that the electrical aging will cause the change of the cross linking and chemical structure in polyimide[33], which will result in the increasing or decreasing of degree of polarization of aging sample, compared to the pristine sample, leading to the change of the dielectric constant ε_1. From the overall point of view, the decrease of the cross linking density under the electric stress is due to the breakage of the molecular bonds[34], which will lead to the changes of the long polymeric chains to short chains and make the oscillation of polar groups with the alternating electric field much easier. As a result, the degree of polarizability and the dielectric constant increase. Also it will need less energy for oscillation of the polar groups when the electric field changes its polarity, these will make the decrease of the dielectric loss. Normally, when the dielectric constant ε_1 increases, the bulk resistivity will decrease significantly, thereby the change of the dielectric constant will affect the insulating properties of a polyimide[35].

In samples aged from 5 to 15h, the polar groups such as hydroxyl are formed in polyimide due to the absorption of water, according to our results of FTIR spectrum. In this case, the dielectric constant ε_1 increases. After aging for 20 h, the scission of the ether linkage, some of C—H bonds in aromatic rings and C—N—C bonds in imide make the polar groups decrease, which results in a large decrease of the dielectric constant ε_1. With aging time longer than 20 hours, more polar groups are formed in polyimide because of the oxidative degradation. That is why the dielectric constant ε_1 increases again.

Fig. 6 shows that in both pristine and aged samples the dissipation factor tan δ increases with the applied frequency in high frequency. As a whole, the tan δ of the electrical aging samples show a clear decrease compare to that of the pristine sample. Furthermore, the tan δ increases with aging time increase from 5 to 20h, and then it decreases with aging time prolonged.

The dissipation factor tan δ is also a valuable quantity that gives integral information about the condition of the insulation. It describes how much energy supplied by an external electric field is dissipated as motion and heat. The orientation or displacement of polar groups in polyimide in an electric field requires a definite time, which is defined as the relaxation time. At low frequencies, where the relaxation time is considerably less than the period of the alternation of the applied field, the polarization can follow the alternation of the applied field and the dielectric loss is small. That is why no obviously distinction is observed in different aging samples at low frequency. At high frequencies, because that the polarizable units can't orient fast enough to keep up with the oscillations of an alternating electric field, the heat dissipation increases, resulting in the increase of the tan δ.

With aging time increases from 5 to 15h, the polar groups increase due to the absorption of water, which results in more polar groups participating in the polarization. The dissipated heat of these polar groups then results in the increase of the tan δ with aging time extending. For the sample aging for 20 hours, the FTIR spectra have shown that the oxidative degradation produces compounds such as carboxylic acid, ketones, and aldehydes, the polarization of these compounds makes the tanδ increase continually, although some polar groups related to the ether linkage, C—H bonds in aromatic rings and C—N—C bonds in imide decrease due to the breaking of these chemical bonds. When the aging time prolongs to 25h, the carbonyl bond in polyimide is broken. At this time, the level of the cross-linking in the aged sample becomes more severe because of the breaking of the main chain. This kind of cross-linking in samples will cause the formation a network structure, which will effectively restrict the orientation and relaxation of dipoles and thus decrease dissipation factor[36]. Thus, the dielectric loss tan δ decreases from 20 to 30h[37].

4 Conclusion

This work shows the evolution of chemical structures and dielectric properties with respect to aging time when the Kapton 100HN polyimide films were aged under 3kV ac voltage (50Hz). The following conclusions can be drawn from the present study:

(1) The FTIR spectra show that there is no chemical bond breaking in the samples aged for short time, while the absorption of water results in part of the cross-linking structure in polyimide. With aging time extending, the degradation process is initiated by homolytic bond breaking. The hot-electron avalanches firstly break the ether linkage, and some of C—H bonds in aromatic rings and C—N—C bonds in imide. Thereafter, the cleavage of the imide group including C—N—C and C=O vibrations indicates that the structure of polyimide is totally destroyed by aging. Meanwhile, the oxidative degradation produces compounds such as carboxylic acid, ketones and aldehydes. The aging caused by partial discharges involves several processes of evolution including the chemical bonds broken and oxidation degradation.

(2) In the dielectric measurements, it is observed that the dielectric constant ε_1 shows a big increase in the aged samples with aging time from 5 to 15h, and decreases largely when aging for 20h and then increases slowly again as aging time extends from 20 to 30h. For the dissipation factor tanδ, it firstly increases with aging time increase from 5 to 20h, and then decreases with aging time prolonged. In the samples aged from 5 to 15h, the dielectric constant ε_1 and the dissipation factor tanδ increase for the polar groups such as hydroxyl are formed in polyimide due to the absorption of water, which results in more polar groups participating in the polarization. After aging for 20 hours, the scission of the ether linkage, some of C—H bonds in aromatic rings and C—N—C bonds in imide make the polar groups decrease, which results in a large decrease of the dielectric constant ε_1. However, the oxidative degradation produces compounds such as carboxylic acid, ketones, and aldehydes, the polarization of these compounds makes the tanδ increase continually. With aging time longer than 20h, more polar groups are formed in polyimide because of the oxidative degradation. That is why the dielectric constant ε_1 increases again. While the level of the cross-linking in the aged sample becomes more severe and cause the formation a network structure, which will effectively restrict the orientation and relaxation of dipoles and thus decrease dissipation factor abstract as the conclusion. A conclusion might elaborate on the importance of the work or suggest applications and extensions.

5 Acknowledgements

This work was the key program supported by the Program of National Key Basis and Development Plan (973) under Contract No. 2009CB724505. In addition, this work was also supported by the Funding of Wuhan University (Grant No. 5082003).

References

[1] R. Bozzo, C. Gemme, F. Guastavino, P. Tiemblo. Measuring the degradation level of Polymer films subjected to Partial Discharges [J]. IEEE Int'l. Sympos. Electr. Insul., 1996, 2: 509-512.

[2] W. J. Yin. Failure Mechanism of Winding Insulations in Inverter Fed Motors [J]. IEEE Electr. Insul. Mag., 1997, 13 (6): 18-23.

[3] H. Sun, W. Kwok, J. Zdepski. Architectures for MPEG compressed bitstream scaling [J]. IEEE Electr. Insul. Mag., 1996, 6 (4): 191-199.

[4] M. K. Ghosh, K. L. Mittal. Polyimides: Fundamentals and Applications [M]. New York: Marcel Dekker, 1996: 12.

[5] R. R. Tummala, E. J. Rymaszewski. Microelectronics Packaging Handbook [M]. New York, Van Nostrand Reinhold, 1989: 25.

[6] E. Ildstad, S. R. Chalise. AC Voltage Endurance of polyimide Insulated Magnet Wire [J]. IEEE Conf. Electr. Insul. Dielectr. Phenomena, 2009: 85-88.

[7] F. Q. Tian, W. B. Bu, C. Yang, L. J. He, Y. Wang, X. Wang, Q. Q. Lei. Study on physical and chemical structure changes of polyimide caused by corona aging [J]. IEEE 9th Int'l. Conf. Properties and Applications of Dielectric Materials, 2009: 1076-1079.

[8] J. Y. He, G. N. Wu, B. Gao, K. G. Lei, J. D. Wu. Study on Aging Characteristics of Polyimide film Based on Dielectric Loss [J]. IEEE Int'l. Conf. Solid Dielectr., Winchester, UK, 2007: 158-161.

[9] L. R. Zhou, G. N. Wu, B. Gao, K. Zhou, J. Liu, K. J. Cao, L. J. Zhou. Study on Charge Transport Mechanism and Space Charge Characteristics of Polyimide Films [J]. IEEE Trans. Dielectr. Electr. Insul., 2009, 16: 1143-1149.

[10] H. Ishida, M. T. Huang. Infrared spectral assignments for a semicrystalline thermoplastic polyimide [J]. Spectrochimica Acta, 1995: 51A: 319-331.

[11] J. J. Pireaux, M. Vermeersch, C. Gregoire, P. A. Thiry, R. Caudano. The aluminum - polyimide interface: An electron induced vibrational spectroscopy approach [J]. J. Chem. Phys., 1988, 88: 3353-3362.

[12] H. Ishida, S. T. Wellinghoff, E. Baer, J. L. Koenig. Spectroscopic Studies of Poly [N, N'-bis (phenoxyphenyl) pyromellitimide]. 1. structures of the Polyimide and Three Model Compounds [J]. Macromolecules, 1980, 13: 826-834.

[13] K. - R. Ha, J. L. West. Studies on the Photodegradation of Polarized UV - Exposed PMDA - ODA Polyimide Films [J]. J. Appl. Polymer Sci., 2002, 86: 3072-3077.

[14] R. A. Dine-Hart, W. W. Wright. A study of some properties of aromatic imides [J]. Makromol. Chem, 1971, 143: 189-206.

[15] T. Matsuo. Carbonyl absorption bands in the infrared spectra of some cyclic imides with a five-membered ring [J]. Bull. Chem. Soc. Jpn., 1964, 37: 1844-1848.

[16] G. Varsanyi. Vibrational Spectra of Benzene Derivatives. New York: Academic Press, 1969.

[17] N. B. Colthup, L. H. Daly, S. E. Wiberley. Introduction to Infrared and Raman Spectroscopy [M]. 3rd edn. New York: Academic Press, 1990.

[18] G. Socrates, Infrared Characteristic Group Frequencies [M], New York: Academic Press, 1980.

[19] M. Garg, S. Kumar, K. J. Quamara. Thermally stimulated depolarization current behaviour of 50MeV Li$^+$ ion-irradiated kapton-H polyimide film [J]. Indian J. Pure Appl. Phys., 2001, 39: 259-262.

[20] J. Melcher, Y. Daben, G. Arlt. Dielectric Effects of Moisture in polyimide [J]. IEEE Trans. Electr. Insul., 1989, 24: 31-38.

[21] N. B. Colthup, L. H. Daly, S. E. Wiberley. Infrared and Raman Spectroscopy [M]. New York: Academic Press, 1990.

[22] Y. Zhu, M. Otsubo, C. Honda. Degradation of polymeric materials exposed to corona discharges [J]. Polymer Testing, 2006, 25: 313-317.

[23] S. Kumagai. Fundamental Research on Polymeric Materials used in Outdoor High Voltage Insulation [D], Thesis: Akita University, 2000.

[24] S. Kumagai, X. S. Wang, N. Yoshimura. Effect of UV-ray on tracking resistance of outdoor polymer insulating materials [J]. Trans. IEE Japan, 1997, 117-A: 289-298.

[25] M. C. Buncick, D. D. Denton. Effects of aging on polyimide: A study of bulk and interface chemistry [J]. Solid-State Sensor and Actuator Workshop, 4th Technical Digest, IEEE, Hilton Head Island, SC, USA, 1990: 102~106.

[26] Y. Liu, R. Wang, T. -S. Chung. Chemical cross-linking modification of polyimide membranes for gas separation [J]. J. Membrane Science, 2001, 189: 231-239.

[27] G. M. Sessier, B. Hahn, D. Y. Yoon. Electrical conduction in polyimide films [J]. J. Appl. Phys., 1986, 60: 318-326.

[28] J. R. Hanscomb, J. H. Calderwood. Thermally assisted tunneling in polyimide film under steady-state and

transient conditions [J]. J. Phys. D: Appl. Phys. , 1973, 6: 1093-1104.

[29] G. Mazzanti, G. C. Montanari, L. A. Dissado. Electrical Aging and Life Models: The Role of Space Charge [J]. IEEE Trans. Dielectr. Electr. Insul. , 2005, 12: 876-890.

[30] L. Testa, S. Serra, G. C. Montanari. Advanced modeling of electron avalanche process in polymeric dielectric voids: simulations and experimental validation [J]. J. Appl. Phys. , 2010, 108: 034110.

[31] Kapton polyimide film—summary of properties, Du Pont Co. , Polymer Products Department, Industrial Films Division, Wilmington, DE, USA, 1989.

[32] J. O. Simpson, A. K. St. Clair. Fundamental insight on developing low dielectric constant polyimides [J]. Thin Solid Films, 1997, 308-309: 480-485.

[33] M. Katz, R. J. Theis. New high temperature polyimide insulation for partial discharge resistance in harsh environments [J]. IEEE Electr. Insul. Mag. , 1997, 13 (4): 24-30.

[34] Y. Li, J. Unsworth, B, Gao. The effect of electrical aging on a cast epoxy insulation [J]. IEEE Electrical Electronics Insul. Conf. Electr. Manufacturing & Coil Winding Conference, 1993: 1-5.

[35] R. M. A. A. Majeed, A. Datar, S. V. Bhoraskar, P. S. Alegaonkar, V. N. Bhoraskar. Dielectric constant and surface morphology of the elemental difussed polyimide [J]. J. Phys. D: Appl. Phys. , 2006, 39: 4855-4859.

[36] H. Deligoz, S. Ozgumus, T. Yalclnyuvaa, S. Yildirim, D. Deger, K. Ulutas. A novel cross-linked polyimide film: synthesis and dielectric properties [J]. Polymer, 2005, 46: 3720-3729.

[37] J. I. Kroschwitz. Electrical and Electronic Properties of Polymers: A State-of-the-art Compendium [M]. New York: John Wiley & Sons, 1988.

Investigation of Electrical Properties of LDPE/ZnO Nanocomposite Dielectrics*

Abstract In order to investigate the effect of inorganic nanoparticle fillers on the electrical properties of low density polyethylene (LDPE), LDPE/ZnO nanocomposites were prepared with a variety of filler loadings by melt blending method and the corresponding electrical properties are investigated. Experiments show that, the trap density is increased by 3-5 times in the nanocomposite as compared with LDPE. The conduction current of the nanocomposite is decreased to 0.5 - 0.25 of the value of LDPE both at low and high electric fields. The electrical breakdown strength is increased at low filler contents and decreased at high contents (>1wt%). The electrical treeing life time is elongated 50 times at most in the nanocomposites. Both homo- and hetero-space charges are remarkably suppressed in the nanocomposite with 0.5 and 7wt% contents. The study indicates that the improvements on the electrical properties, especially the charge transport and space charge suppression in the nanocomposites are closely related to the significant increase of deep trap density. The effect of UV light absorption and electric field homogenization by ZnO can also contribute to the enhancement of electrical breakdown strength and elongation of electrical treeing life.

Key words nanodielectrics, LDPE/ZnO, electrical property, space charge

1 Introduction

Polymers have long been widely used as electrical insulations and dielectric materials for their excellent electrical, mechanical and thermal properties and easy processing characteristics[1]. However, improved properties are urgently expected with the growing pursuit of electrical equipments and electronic devices for high power density, high reliability, high durability in harsh conditions, etc.[2,3]. It has already been proved that the additions of inorganic nanoparticles can enhance the mechanical and thermal properties of polymers[4,5]. Recently, nanodielectrics (short for polymer based nanocomposite dielectrics) consisting of nanosized particle additives have drawn enormous attentions due to their dramatically improved electrical properties[6,7]. Amongst the possible choices, one of the options is a polymer nanocomposite system with zinc oxide (ZnO) as the filler material, considering the fact that ZnO is an important wide band-gap semiconducting material with good UV absorption capabilities[8]. Such nanocomposites are being increasingly investigated at filler loadings higher than 10% for nonlinear conductivity applications[8-11]. However, such a high filler loading can easily lead to the decrease of electrical insulation properties. Hence it would be of great interest to investigate the e-

---

* Copartner: Tian Fuqiang, Wang Xuan, Wang Yi. Reprinted from *IEEE Transactions on Dielectrics and Electrial Insulation*, 2012, 19 (3): 763-769.

lectrical properties of these nanocomposites with lower loadings of ZnO fillers. Polyethylene (PE) is frequently adopted as the polymer matrix because of its wide use as electrical insulation materials for power cables, enormous available experimental data and the relatively simple structure. It has been reported recently that the addition of nanosized MgO particles to LDPE (low density polyethylene) improved the breakdown strength and volume resistivity, suppressed space charge accumulation at high electric field while exacerbated it at low electric field[12]. In this paper, we present a systematic and comparative study of the effect of lower filler content (<10%) on the charge trap density, conduction current, electrical breakdown strength, electrical treeing life, space charge suppression properties of LDPE/ZnO nanocomposites.

2 Materials

The nanocomposites were prepared by melt blending method. The ZnO nanoparticles (untreated) have an average particle size of about 50 nm prepared by homogeneous precipitation method[13]. LDPE is provided by Daqing petrochemical Company marked as 18D. LDPE and ZnO nanoparticles were melt-blended in a Haake batch mixer at 423 K and the nanocomposites with ZnO concentrations of 0.1%, 0.5%, 1%, 3%, 5%, 7% and 10% were produced. The obtained nanocomposites were pressing molded at 393K under a pressure of 10MPa to obtain films with a thickness of about 100–200μm. All samples were evaporated with Al electrodes on both sides with a diameter of 25mm.

3 Experimental Procedures

3.1 Scanning electronic microscope imaging

The sample section surface, fractured in liquid nitrogen, was observed by scanning electron microscopy (SEM, Philips Quanta 200) operated at 20kV in order to observe the dispersion of nanofillers.

3.2 Isothermal discharge current (IDC) measurement

The trap level distributions in LDPE and LDPE/ZnO nanocomposites are determined from the modified isothermal discharge current method, which has been presented in detail in the published papers by the authors[14]. We only show the experimental process here. The specimen was firstly polarized at 323K with a negative dc electric field of 30kV/mm for 40min. Then at a constant temperature 323K, the discharge current generated by the detrapped electrons was measured immediately after the specimen was short-circuited.

3.3 Conduction current measurement

Conduction current was measured by a picoammeter EST122 and a data acquisition system. The negative dc electric field was increased by 5kV/mm from 5kV/mm to 50kV/mm and the steady state current values are recorded for each electric field. The measurement was performed under room temperature in a drying oven.

3.4 Electrical breakdown strength testing

The electrical breakdown strength was evaluated using CS2674C electrical strength test instrument. The voltage was raised from zero up to the level of breakdown at a rate of 1kV/s. When breakdown occurred, the voltage supply was interrupted automatically and the breakdown voltage was recorded. For seven groups of specimens (0, 0.1%, 0.5%, 1%, 3%, 5% and 7%), each one consisting of ten samples with the same thickness, the electrical breakdown strength was calculated and the average value and the deviation were obtained.

3.5 Electrical treeing life testing

The samples were cut to cube slabs 3cm for each side. Needle electrode (with a diameter of 1mm and radius of 3μm) were hot-inserted into the sample as the high voltage electrode and the plate semiconducting material was hotpressed to bind to the sample as the ground electrode. The distance between the needle electrode and the plate electrode is about 3 ± 0.5mm. 10kV ac voltage was applied to five samples simultaneously and the mean treeing breakdown time was recorded as the electrical treeing life of this kind of sample.

3.6 Space charge distribution measurement

Space charge distribution measurement was performed based on pulsed electro - acoustic (PEA) method under dc 50kV/mm at room temperature. The principle and application of PEA method has been widely discussed in previous publications[1]. The instrument was marked as FIVPEANUTS provided by Japan Five Lab Co., Ltd. The space resolution and charge resolution of the instrument is about 10μm and 0.16C/m^3 respectively.

4 Results and Discussion

4.1 Nanoparticle dispersion characterization

Dispersion of the ZnO nanoparticles in LDPE/ZnO 5% is presented by SEM image in Fig. 1. As showed by the SEM section image, the ZnO nanoparticles are uniformly distributed in LDPE. The particle size is in the range 80-200nm, with most particle size around 100nm. A few large agglomerates can be observed.

4.2 Trap level distributions

Fig. 2 shows the trap level distributions of LDPE and LDPE/ZnO nanocomposites with different filler loadings. The results show that the trap levels are both in the range 0.8-1.05eV with a peak density around 0.94eV, which can be regarded as deep trap levels in LDPE[15]. This is consistent very well with the results obtained by M. Ieda, who assigned the deep trap level in

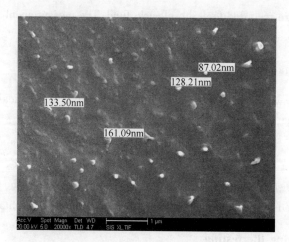

Fig. 1 Sectional morphology graph of LDPE/ZnO 5%

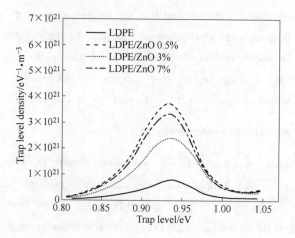

Fig. 2 Trap level distribution LDPE and LDPE/ZnO nanocomposites

LDPE to be 0.92eV[16]. The comparison of the trap level density is LDPE < LDPE/ZnO 3% < LDPE/ZnO 5% < LDPE/ZnO 0.5%. The peak trap level density in LDPE and LDPE/ZnO 0.5% nanocomposite are 8×10^{20} and $3.8 \times 10^{21}/(\text{eV} \cdot \text{m}^3)$ respectively, which are of the same order of the existing results $(10^{16}-10^{22}\text{m}^3 \cdot \text{eV})$[14,16-18].

As can be seen clearly, large amounts of deep traps are introduced by ZnO nanoparticle fillers. Traps have a profound effect on the charge carrier transport process and are closely related to most of the electrical properties of the dielectric materials in many aspects as will be showed later.

Traps are essentially localized states, where electrons (or holes) are immobilized to a certain degree. Trapping states in polymers are mainly due to chemical impurities and structure inhomogeneity. LDPE is a semi-crystalline polymeric material with most of the deep trapping states mainly located in the interface areas and amorphous regions[19], which has been demonstrated by Ieda via TSC and TL experiments[16]. In nanocomposite dielectrics, there are large amounts of interface areas between the nanoparticles and the polymer matrix due to the large specific surface area of the nanoparticles. It has already been recognized that interface areas play an important role in determine the electrical behavior of nanodielectrics[6,20,21]. As indicated by Tanaka and Nelson, the polymer molecules in the interface areas are partly immobilized due to their interaction with the nanoparticles and the space steric hindrance of the nanoparticles. The change in the local structures (free volume, chain arrangement, mobility, etc.) of the interface polymers may increase the density and depth of the charge carrier trapping states[22-24]. The fact that nanoparticle fillers can lead to a change in the polymer morphology structure and an increase in the trap level density has been confirmed by numerous experimental results[14,25,26].

4.3 Conduction current

Fig. 3 shows the conduction current of LDPE and LDPE/ZnO nanocomposites with different filler loadings. It can be clearly found that the conduction current in the LDPE/ZnO nanocomposites is much smaller (about 0.5-0.25) than that in LDPE for both low and high electric fields. The logJ-logE plot exhibits ohmic characteristic at low fields ($\leqslant$10kV/mm) and space charge limited current (SCLC) characteristic at high fields (>10kV/mm). The slope of the log J-log E in the SCLC region is larger than 2. This is the characteristic of SCLC with distributed trap levels[27-29]. The current in the presence of traps can be described as follows,

$$j = j_0 \cdot \frac{N_C}{N_t} e^{-\frac{E_t}{kT}} \qquad (1)$$

j_0 is the ohmic without charge traps. N_C and N_t are the states density of the conduction band and trap levels respectively. E_t is the trap depth. k is Boltzmann constant and T is the temperature. As it shows clearly, either the increase in the trap depth or its density can leads to a decrease in the current density. We have known that the trap level density of the nanocomposites is about 3-5 times the value of LDPE and the trap depth is generally unchanged as showed in Fig. 2. So the current decrease in the nanocomposites can be attributed to the increase in trap level density, which can leads to a significant decrease in carrier mobility or free charge density equivalently.

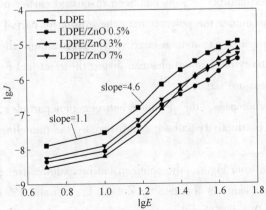

Fig. 3 Conduction current characteristic of LDPE/ZnO nanocomposite

4.4 Electrical breakdown strength

It has been recognized that short time electrical breakdown is mainly an electronic process[17,30,31]. It depends mainly on two factors, i.e. the density of free electrons and the energy they can gain. Electrons can be from electrode injection or impurity emission. The energy of the free electrons can be increased by acceleration in the electric field. If the free electrons gather enough energy, then they can cause the ionization of macromolecules and further initiate the electron avalanche. This will erode the materials in the form of partial discharge and leads to the formation of conducting channels and the final breakdown[32]. For polymers, since the free path length of electrons is short and the injected electrons from the electrode are quickly trapped after a few scatterings and spend most time in the traps. It is highly improbable that electron avalanches may occur in polymers. So it is commonly believed that large voids, or low density regions, in which electrons can gain enough energy for impact ionization, are formed at the stage of preparation for the breakdown. Large voids and micro-voids are formed during manufacture by evaporation of decomposition products in various chemical reactions induced by hot electrons and electron and hole recombination, or by impurities and additives decomposition or by migration, or by the interface defect at the large spherulite boundary, electromechanical stress induced crack, etc. [32]. In this view, any measures that can decrease the free electron density, carrier mobility, macroscopic void defects, will contribute to the enhancement of electrical breakdown strength of polymers. However, Electron emission by impurities or shallow traps at high electric field and thermal activation will increase the free electron density and then leading to the decrease of the electrical breakdown strength.

ZnO nanoparticle fillers can affect the electrical breakdown strength in the following aspects.

(1) Nanoparticles can serve as heterogeneous nucleation agent, which can accelerate the crystalline speed and prohibit the formation of large spherulites[33,34]. This will decrease the formation of macroscopic boundary voids;

(2) Nanoparticles can become scattering sources for electrons[35];

(3) The interface domain can introduce large amounts of charge traps, which will dramatically decrease the carrier mobility[36], as has been discussed earlier in part 4.2 and 4.3;

(4) Nanoparticles can hinder the polymer from the erosion of partial discharge[22];

(5) Nanoparticle aggregates can induce large void defects around them;

(6) The large permittivity of nanoparticles can distort the electrical field around them, especially when the aggregates are large;

(7) As the content increases, the distance between nanoparticles decreases, which can lead to the formation of conductivity pathways and increase the tunneling current between nanoparticles.

As can be clearly seen from Fig. 4, the ac electrical breakdown strength of the pure LDPE is 90kV/mm and the higher value is obtained for ZnO 0.1, 0.5 and 1% contents. With the ZnO contents increased from 0.1 to 7%, the electrical breakdown strength decreased from 100 to

70kV/mm. This may be due to that, at low filler loadings the decisive factors are (1) - (2); but at high filler loadings, (5) - (7) becomes dominant.

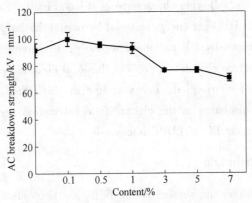

Fig. 4 AC breakdown strength of LDPE/ZnO nanocomposites

Fig. 5 shows the electrical treeing life of LDPE and LDPE/ZnO nanocomposites. The electrical treeing time of LDPE is less than 2h, while that of the nanocomposites has tremendously increased. The 10% nanocomposite has a life time more than 100h, which is more than 50 times the value of LDPE.

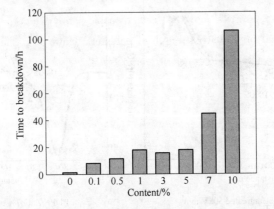

Fig. 5 Electrical treeing life of LDPE/ZnO nanocomposites

As has been confirmed by many researches, electrical tree mainly propagate along the boundary of the large spherulites, which contain lots of large void defects and impurities[19]. Molecular arrangement in their boundary can readily introduce macroscopic voids and advance the tree growing by intensifying partial discharge. It has been stated afore that nanoparticle fillers can reduce the formation of this kind of voids. Electrical tree grows and propagates mainly via partial discharge erosion at the sites of the macroscopic defects and the concentration of electric field[37]. Inorganic nanoparticles have much better discharge resistance than LDPE, so they can be a barrier for discharge development and thus can change the path of electrical treeing propagating, expending the energy for treeing. This favors the elongation of treeing life in nanocomposites. In addition, the large amounts of trap levels in the nanocomposite can depress the generation of high energy electrons, which can prohibit the corresponding chainbreak reactions. ZnO can introduce much better treeing inhibition properties in LDPE than the general nanoparticles because of the following characteristics it has. Firstly, ZnO is a super light stabilizer and it can absorb the UV light energy released by partial discharge, reducing the polymer degradation reactions induced by UV radiation. Secondly, the precipitation of semiconducting ZnO on the surface of the tree channel can relieve the local electric field concentration and homogenize the electric field distribution, behaving like the high field seeker[38-40]. This effect can alleviate the partial discharge in the electric field intensified regions. So ZnO fillers can elongate the electrical treeing life of LDPE immensely.

4.5 Space charge distribution

The space charge distributions are showed in Fig. 6. As has been clearly showed in Fig. 6, for LDPE, immediately after the voltage is applied, both electrons and holes are injected from the cathode and anode separately. The charge distribution is symmetric. After 900s, large amounts of heterocharges and homocharges are formed around the cathode, with a maximum density of about $6C/m^3$.

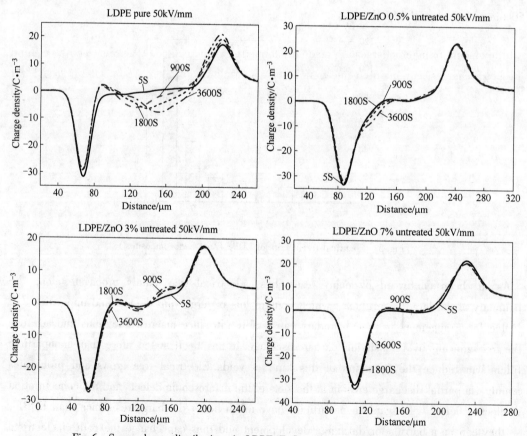

Fig. 6 Space charge distributions in LDPE/ZnO nanocomposites under 50kV/mm

Space charges in polymers can be divided into homocharges and heterocharges. Generally, homocharges are formed by electrons or holes injection from the cathode and anode. Heterocharges are from the ionization of impurities or decompositions of polymer itself. It is reasonable to assume impurities are derived mainly from fragments of polymerization catalyst, absorbed water, oxygen molecules, and additives introduced into the polymer during fabrication processes.

For LDPE, heterocharges come from the impurity ionization and ionized charge transport. If the electric field near the cathode is strong enough, then the impurities will be ionized, the positive ions accumulate near the cathode and the negative electrons move toward the anode. Positive ions are saturated and accumulated around the cathode quickly since it is difficult for them to be neutralized via mass transport across the electrode interface, while both of the electrons by ionization and cathode injection become more and more and move toward the anode gradually. As heterocharges are formed near the cathode, the electric field near the cathode is enhanced significantly, which leads to a decrease of the potential barrier for electron injection. So the hole injection is generally covered.

For the 0.5% LDPE/ZnO nanocomposite, a small quantity of electrons and few holes are injected and homocharges are formed. The injected electrons and holes are limited close to the electrode and largely immobilized. No significant heterocharges are formed. Both the homocharges and heterocharges are largely decreased as compared with LDPE. For 3% content, a little amount of heterocharges are gradually formed near the cathode. The few electrons behind the heterocharges may mainly come from ionization. Much more holes are injected from the anode. For 7% content, we are surprised to find that hardly any homocharge by the electrode injection or ionized heterocharges are formed as compared with LDPE. It exhibits remarkable space charge suppression effect. The significant suppression of space charge in LDPE/ZnO nanocomposites is important for high voltage direct current cable development.

Generally, space charge accumulation in LDPE can be inhibited via increasing the electrical conduction[41]. However, the conduction current is decreased significantly as showed before for 0.5% and 7% ZnO content. So the decreased space charge accumulation in 0.5% and 7% nanocomposites has been attributed to the introduction of deep trapping states (as showed by trap level distributions), which can largely enhance charge carrier trapping and reduce their mobility. The large amounts of deep trapping states (0.8–1eV) are helpful to promote trapping of injected charge at the interface around the electrodes. The trapped charges near the injecting contact can create a thin homocharge layer and hence an internal field opposite to the applied field, reducing the effective field for charge injection from the contact and raising the injection potential barrier of electrons (or holes). The small amount of injected charge can be easily conducted out of the bulk. Therefore the homocharge accumulation is suppressed. This is consistent with the prediction made by Tanaka[22]. In addition, ions due to impurity ionization are limited to a much localized region as a result of the low charge mobility, i.e., the ionization is weakened Thus heterospace charges are restricted[26].

The mechanism about charge (electron for example) injection inhibition in the nanocomposite will be discussed as follows.

For an ohmic contact between the electrode and the polymer, an accumulation layer of electrons will be formed in the interface between the electrode and the polymer when the equilibrium is reached and the width of the electron layer can be expressed as follows[42]

$$\lambda = \frac{\pi}{2}\left(\frac{2kT\varepsilon_r\varepsilon_0}{e^2 N_t}\right)^{\frac{1}{2}} \exp\left(\frac{\psi_i - \chi - E_t}{2kT}\right) \quad (2)$$

where k is the Boltzmann constant, T is temperature, ε_0 is the vacuum dielectric permittivity, ε_r is the relative permittivity of the polymer, e is the electron charge, N_t is the trap density, ψ_i is the work function of the polymer, χ is the electron affinity of the polymer. As can be easily found, the width of the electron accumulation layer decreases with the increase of trap density if the trap depth is unchanged. According to the trap level distribution obtained before, the trap density of the nanocomposite can be 4 times that of LDPE at most. So the width of the electron accumulation should be less than 1/2 of that in LDPE.

The compact distribution of the accumulated electrons in the nanocomposite can significantly reduce the electric field around the interface. This can significantly reduce the electron injection current as showed by Schottky emission formula[43],

$$j_{in} = AT^2 \exp\left(-\frac{e\phi}{kT}\right) \exp\left(\frac{e}{kT}\sqrt{\frac{eE(0, t)}{4\pi\varepsilon_r\varepsilon_0}}\right) \quad (3)$$

where j_{in} is the injection current density, A is constant, ϕ is the potential barrier for electron injection $E(0, t)$ is the interface electric field. If the electric field at the interface in the LDPE and the nanocomposite are 36kV/mm and 9kV/mm respectively, then the injection electron current density for the nanocomposite is about 1/20 of that for LDPE. The much less injection current will contribute to the space charge suppression in the LDPE/ZnO nanocomposites.

5 Conclusions

LDPE/ZnO nanocomposites are prepared by melt blending method. The trap level density, conduction current, electrical breakdown strength, electrical treeing life and space charge distributions are investigated. It's found that large amounts of traps are introduced by ZnO nanoparticle fillers. The conduction current is significantly decreased. The electrical breakdown strength is enhanced for lower ZnO contents. Electrical treeing life is significantly elongated. The study indicates that the improvements on the electrical properties, especially the charge transport and space charge suppression in the nanocomposites are closely related to the significant trap density increase. The effect of UV light absorption and electric field homogenization can also contribute to the enhancement of electrical breakdown strength and elongation of treeing life.

Acknowledgements

This work was the key program supported by Program of National Key Basis and Development

Plan (973) under Contract No. 2009CB724505 and National Natural Science Foundation program under Contract No. 60871073.

References

[1] V. A. Zakrevskii, N. T. Sudar, A. Zaopo, Y. A. Dubitsky. Mechanism of electrical degradation and breakdown of insulating polymers [J]. J. Appl. Phys., 2003, 93: 2135-2140.

[2] M. Katz, R. J. Theis. New high temperature polyimide insulation for partial discharge resistance in harsh environments [J]. IEEE Electr. Insul. Mag., 1997, 13 (4): 24-30.

[3] L. Minkova, Y. Peneva, E. Tashev, S. Filippi, M. Pracella and P. Magagnini. Thermal properties and microhardness of HDPE/clay nanocomposites compatibilized by different functionalized polyethylenes [J]. Polymer Testing, 2009, 28: 528-533.

[4] J. Njuguna, K. Pielichowski, S. Desai. Nanofiller-reinforced polymer nanocomposites [J]. Polymers for Advanced Technologies, 2008, 19: 947-959.

[5] T. Tanaka. Polymer nanocomposite innovating on insulating materials [J]. IEEJ Trans. Electr. Electronic Eng., 2009, 4: 8-9.

[6] J. K. Nelson, Y. Hu. Nanocomposite dielectrics - properties and implications [J]. J. Phys. D: Appl. Phys., 2005, 38: 213-222.

[7] R. J. Fleming, A. Ammala, S. B. Lang, P. S. Casey. Conductivity and space charge in LDPE containing nano-and micro-sized ZnO particles [J]. IEEE Trans. Dielectr. Electr. Insul., 2008, 15: 118-126.

[8] K. P. Donnelly, B. R. Varlow. Nonlinear dc and, ac conductivity in electrically insulating composites [J]. IEEE Trans. Dielectr. Electr. Insul., 2003, 10: 610-614.

[9] S. C. Tjong, G. D. Liang. Electrical properties of low-density polyethylene/ZnO nanocomposites [J]. Materials Chem. Phys., 2006, 100: 1-5.

[10] J. I. Hong, L. S. Schadler, R. W. Siegel, E. Martensson. Rescaled electrical properties of ZnO/low density polyethylene nanocomposites [J]. Appl. Phys. Letters, 2003, 82: 1956-1958.

[11] Y. Murakami, M. Nemoto, S. Okuzumi, S. Masuda, M. Nagao. DC Conduction and Electrical Breakdown of MgO/LDPE Nanocomposite [J]. IEEE Trans. Dielectr. Electr. Insul., 2008, 15: 33-39.

[12] C. R. Bhattacharjee, D. D. Purkayastha, S. Bhattacharjee, A. Nath. Homogeneous Chemical Precipitation Route to ZnO Nanosphericals [J]. Assam University J. Sci. Techn., 2011, 7: 122-127.

[13] L. Qingquan, T. Fuqiang, Y. Chun, H. Lijuan, W. Yi. Modified isothermal discharge current theory and its application in the determination of trap level distribution in polyimide films [J]. J. Electrostatics, 2010, 68: 243-248.

[14] T. Maeno, K. Fukunaga. High-resolution PEA charge distribution measurement system [J]. IEEE Trans. Dielectr. Electr. Insul., 1996, 3: 754-757.

[15] X. Wang, N. Yoshimura, Y. Tanaka, K. Murata, T. Takada. Space charge characteristics in cross-linking polyethylene under electrical stress from dc to power frequency [J]. J. Phys. D - Appl. Phys., 1998, 31: 2057-2064.

[16] M. Ieda. Electrical conduction and carrier traps in polymeric materials [J]. IEEE Trans. Electr. Insul., 1984, 19: 162-178.

[17] L. A. Dissado, J. C. Fothergill. Electrical degradation and breakdown in polymers [M], Peter Peregrinus Ltd, 1992.

[18] J. A. Anta, G. Marcelli, M. Meunier, N. Quirke. Models of electron trapping and transport in polyethy-

lene: Current-voltage characteristics [J]. J. Appl. Phys., 2002, 92: 1002-1008.

[19] T. J. Lewis. Polyethylene under electrical stress [J]. IEEE Trans. Dielectr. Electr. Insul., 2002, 9: 717-729.

[20] M. Roy, J. K. Nelson, R. K. MacCrone, L. S. Schadler, C. W. Reed, R. Keefe, W. Zenger. Polymer nanocomposite dielectrics-The role of the interface [J]. IEEE Trans. Dielectr. Electr. Insul., 2005, 12: 629-643.

[21] T. J. Lewis. Interfaces: nanometric dielectrics [J]. J. Phys. D: Appl. Phys., 2005, 38: 202-212.

[22] T. Tanaka. Dielectric nanocomposites with insulating properties [J]. IEEE Trans. Dielectr. Electr. Insul., 2005, 12: 914-928.

[23] J. K. Nelson, J. C. Fothergill. Internal charge behaviour of nanocomposites [J]. Nanotechnology, 2004, 15: 586-595.

[24] T. Tanaka, M. Kozako, N. Fuse, Y. Ohki. Proposal of a multi-core model for polymer nanocomposite dielectrics [J]. IEEE Trans. Dielectr. Electr. Insul., 2005, 12: 669-681.

[25] F. Tian, W. Bu, L. Shi, C. Yang, Y. Wang, Q. Lei. Theory of modified thermally stimulated current and direct determination of trap level distribution [J]. J. Electrostatics, 2010, 69: 7-10.

[26] T. Fuqiang, L. Qingquan, W. Xuan, W. Yi. Effect of Deep Trapping States on Space Charge Suppression in Polyethylene/ZnO Nanocomposite [J]. Appl. Phys. Letters, 2011, 99: 96140.

[27] S. Ne P Rek, P. Smejtek. Space-charge limited currents in insulators with the Gaussian distribution of traps [J]. Czechoslovak J. Phys., 1972, 22: 160-175.

[28] A. Rose. Space-charge-limited currents in solids [J]. Phys. Rev., 1955, 97: 1538-1544.

[29] P. Mark, W. Helfrich. Space Charge - Limited Currents in Organic Crystals [J]. J. Appl. Phys., 1962, 33: 205-215.

[30] M. Ieda. Dielectric breakdown process of polymers [J]. IEEE Trans. Electr. Insul., 1980, 15: 206-224.

[31] S. Li, G. Yin, G. Chen, J. Li, S. Bai, L. Zhong, Y. Zhang, Q. Lei. Shortterm breakdown and long-term failure in nanodielectrics: a review [J]. IEEE Trans. Dielectr. Electr. Insul., 2010, 17: 1523-1535.

[32] K. Theodosiou, I. Vitellas, I. Gialas, D. P. Agoris. Polymer films degradation and breakdown in high voltage AC fields [J]. J. Electr. Eng., 2004, 55: 225-231.

[33] X. Huang, P. Jiang, Y. Yin. Nanoparticle surface modification induced space charge suppression in linear low density polyethylene [J]. Appl. Phys. Letters, 2009, 95: 242905.

[34] J. K. Nelson. Dielectric Polymer Nanocomposites [M]. New York, Springer Verlag Press, 2010.

[35] T. Takada, Y. Hayase, Y. Tanaka, T. Okamoto. Space Charge Trapping in Electrical Potential Well Caused by Permanent and Induced Dipoles for LDPE/MgO Nanocomposite [J]. IEEE Trans. Dielectr. Electr. Insul., 2008, 15: 152-160.

[36] R. J. Fleming, A. Ammala, P. S. Casey, S. B. Lang. Conductivity and space charge in LDPE/BaSrTiO3 nanocomposites [J]. IEEE Trans. Dielectr. Electr. Insul., 2011, 18: 15-23.

[37] Y. Chen, T. Imai, Y. Ohki, T. Tanaka. Tree initiation phenomena in nanostructured epoxy composites [J]. IEEE Trans. Dielectr. Electr. Insul., 2010, 17: 1509-1515.

[38] J. Van Veldhoven, H. L. Bethlem, G. Meijer. AC electric trap for ground-state molecules [J]. Phys. Rev. Letters, 2005, 94: 83001.

[39] S. Dürr, T. Volz, A. Marte, G. Rempe. Observation of molecules produced from a Bose-Einstein condensate [J]. Phys. Rev. Letters, 2004, 92: 20406.

[40] T. Junglen, T. Rieger, S. A. Rangwala, P. W. H. Pinkse, G. Rempe. Two-dimensional trapping of dipolar molecules in time-varying electric fields [J]. Phys. Rev. Letters, 2004, 92: 223001.

[41] J. Castellon, H. N. Nguyen, S. Agnel, A. Toureille, M. Frechette, S. Savoie, A. Krivda, L. E. Schmidt. Electrical properties analysis of micro and nanocomposite epoxy resin materials [J]. IEEE Trans. Dielectr. Electr. Insul., 2011, 18: 651–658.

[42] J. G. Simmons. Conduction in thin dielectric films [J]. J. Phys. D: Appl. Phys., 1971, 4: 613–657.

[43] K. Kaneko, T. Mizutani, Y. Suzuoki. Computer simulation on formation of space charge packets in XLPE films [J]. IEEE Trans. Dielectr. Electr. Insul., 1999, 6: 152–158.

Thermal Pulse Measurements of Space Charge Distributions under an Applied Electric Field in Thin Films[*]

Abstract The thermal pulse method is a powerful method to measure space charge and polarization distributions in thin dielectric films, but a complicated calibration procedure is necessary to obtain the real distribution. In addition, charge dynamic behaviour under an applied electric field cannot be observed by the classical thermal pulse method. In this work, an improved thermal pulse measuring system with a supplemental circuit for applying high voltage is proposed to realize the mapping of charge distribution in thin dielectric films under an applied field. The influence of the modified measuring system on the amplitude and phase of the thermal pulse response current are evaluated. Based on the new measuring system, an easy calibration approach is presented with some practical examples. The newly developed system can observe space charge evolution under an applied field, which would be very helpful in understanding space charge behaviour in thin films.

Key words thermal pulse, calibration, applied electric field, space charge distribution

1 Introduction

Much attention has been paid to space charge behaviour and polarization distributions in dielectric polymer films. The non-destructive methods[1-6] for mapping space charge and polarization distributions have been developed for about four decades. The methods are very important for understanding charge behaviour. According to the external excitation sources, these methods can be classified into three categories: mechanical[4,5], electric[6] and thermal[1-3] excitation sources. For the first two categories, the currently widely used methods are the pressure wave propagation (PWP) method[4] and the pulsed electro-acoustic (PEA) method[6], respectively. Both methods have been realized for monitoring space charge evolution under an applied electric field, and the spatial resolution can be up to about 1μm after deconvolution computation[7]. The methods are commonly suitable for samples that are thicker than 150μm. The currently used thermal methods are implemented in the time domain with the thermal step method[3] and thermal pulse method[1], and in the frequency domain with the laser intensity modulation method (LIMM)[2]. The last two methods are based on the absorbance of the thermal pulse in an opaque electrode. Due to the attenuation and dispersion of the thermal pulse, the spatial resolution of the thermal method decreases fast along the direction of the sample thickness and is consequently suitable for samples with a thickness of several tens of micrometres. The spatial resolution can be up to 0.5μm in the surface region for the sample side facing

---

[*] Copartner: Zheng Feihu, Liu Chuangdong, Lin Chen, An Zhenlian, Zhang Yewen. Reprinted from *Measurement Science and Technology*, 2013, 24 (6): 1-6.

the thermal excitation[8]. However, the conventional thermalmethod may have difficulty in the calibration for the space charge density or polarization intensity[9,10]. To clarify the problem, we take the thermal pulse method as an example. This method is based on the measurement of the response short-circuit current of the sample to a thermal excitation. After absorbing a short light pulse, the temperature increase $\Delta T(z, t)$ in a free-standing sample is given by[11]

$$\Delta T(z, t) = \Delta T_0 e^{-t/\tau_{th}} + 2\Delta T_0 \sum_{n=1}^{\infty} \cos\left(\frac{n\pi z}{d}\right) e^{-n^2 t/\tau} \quad (1)$$

where $\tau = d^2/\pi^2$, D is the thermal transit time, d the sample thickness and D the thermal diffusivity. τ_{th} is the thermal time constant for reaching thermal equilibrium, $\Delta T_0 = \eta q/c\rho A d$ is the initial temperature increase at the front of the sample[12]. η is the light absorptivity of the metalized electrode, and q the incident energy of the light pulse, c the specific heat, ρ the density and A the heated sample area. The thermal pulse response of samples with space charges or polarization forms the displacement current or the pyroelectric current[13]

$$I_0(t) = \frac{A}{d}\int_0^d g(z) \frac{\partial \Delta T(z, t)}{\partial t} dz \quad (2)$$

where

$$g(z) = (\alpha_\varepsilon - \alpha_z)\varepsilon_0\varepsilon_r E(z) + P(z) \quad (3)$$

α_ε and α_z are the temperature coefficient of the permittivity and the thermal expansion coefficient, respectively. $P(z)$ is the pyroelectric coefficient. It is clear that numerous related parameters, such as the incident light intensity, the absorptivity of the sample electrode, the specific heat, the mass density of the sample, the temperature coefficient of the permittivity and the thermal expansion coefficient, need to be carefully identified before theoretically calculating $g(z)$. This means the final calibration would be rather involved. This may be why only limited results have been published in effective units[14,15], and arbitrary units are more frequently used to describe the electric field intensity or space charge density in much work with thermal methods[14-18]. In this investigation, we have developed the thermal pulse method to realize the measurement under an applied electric field, which may make it easy to calibrate the electric field and space charge distribution accurately. On the other hand, taking advantage of the fast measurement of the thermal pulse method, the newly developed method can be used for monitoring space charge evolution under an applied electric field. The principle of the calibration is presented and examined using some practical examples.

2 Experiment

Commercially available biaxially oriented polypropylene (BOPP) films with thickness 9.8μm and permittivity 2.2 were utilized in this investigation. Opaque aluminium electrodes of 14mm diameter were deposited on both sides of the sample. The BOPP films were pre-subjected to negative 3.5kV dc for 1min, which resulted in space charge injection into the sample bulk. Pristine BOPP films were also used. A schematic diagram of the proposed thermal pulse measuring system is shown in Fig. 1. The samples were sandwiched by two ring electrodes with internal diameter 13mm. The thermal pulses were generated by an infrared pulse laser (Continuum Surelite II - 10) with pulse duration 18 ns and single pulse energy 15 mJ. A clear aperture was utilized to control the size of the light spot on the samples to be about 1mm. Considering that the ring electrodes are far larger than the light spot, the film samples can be taken to be free-standing polymer films. The applied voltage circuit part $H1$ was inserted between the back of the sample and the measuring circuit $H2$. R acted as a currentlimiting resistor with a resistance of about 100MΩ, which is far lower than that of the BOPP sample. A capacitor C with a capacitance several times that of the sample was put into the circuit to restrict the dc voltage to be applied to the $H2$ part. A similar measuring circuit was also proposed in[19]. The homemade current amplifier with input resistance less than 10Ω has a bandwidth from dc to 300kHz with a gain 2×10^6 V/A. The protecting circuit with total resistance less than 1Ω and approximately 0.3V conduction voltage to the ground is used to protect the current amplifier from the risk of sudden breakdown of the sample. After averaging over 100 laser pulses, the thermal pulse response signal was recorded with a digital storage oscilloscope (Agilent DSO9104A) at a sampling rate higher than 10 MS/s. The total sampling duration of 10ms for each laser pulse is longer than the thermal time constant τ_{th} for the BOPP film to reach thermal equilibrium.

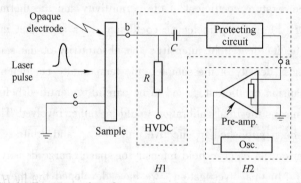

Fig. 1　Experimental implementation of thermal pulse measurement with a supplemental applied voltage circuit

3　Results and Discussion

According to equations (1) - (3), when there is no space charge in the sample bulk of non-polar dielectric material, the internal field $E(z)$ of the sample should be uniform and the response current is proportional to the applied field according to equations (2) and (3). In other words, the amplitude of the current can be expected to depend linearly on the applied field. To verify this deduction, the circuit in Fig. 1 was used to measure the thermal pulse response current with applied voltage. Fig. 2 shows a typical thermal pulse response of a pristine BOPP film under a positive 100 V dc stress. The thermal response current of pristine BOPP samples under various relatively low applied fields was also recorded. The fitting of the peak output voltage of the response shows a good linear relationship under various applied electric fields. This is consistent with the theoretical expectation, which indicates the feasibility of the proposed method.

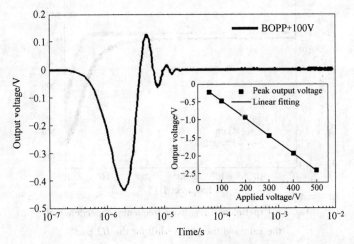

Fig. 2 The thermal pulse response signal of a BOPP film under a positive 100V
dc stress. The inset shows the linear fitting of peak output voltage of the
BOPP films under various applied fields

To further confirm the proposed method, it is necessary to evaluate the influence of the applied voltage circuit on the response signal. The response signal obtained finally is determined by the whole measuring circuit. The effect of the applied voltage circuit on the response current of the thermal pulse was defined as transferring function $H1$, and the effect of the preamplifier was defined as transferring function $H2$. To compensate the distorted signal I_m in the amplitude and phase, the measured thermal pulse response signal I_m in the time domain was transformed into the signal in the frequency domain as complex data $I_m \sim (f)$ via a discrete fast Fourier transform. The distorted current $I_m \sim (f)$ can be expressed as

$$I_m \sim (f) = I_0 \sim (f) * H1 \sim (f) * H2 \sim (f) \tag{4}$$

where the $I_0 \sim (f)$ is the original current without the distortion induced by $H1$ and $H2$. The tilde denotes complex quantities. The frequency dependence of the gain and the phase shift due to the $H2$ part used in this study are shown in Fig. 3. The gain and phase shift data should also be converted into the complex form $H2 \sim (f)$ as a function of frequency for calculation. $I_0 \sim (f)$ can be finally obtained when the transferring function $H1 \sim (f)$ is also identified[13]. The electric field distribution in the sample can consequently be computed by solving the Fredholm integral equation of the first kind (see equation (2)). The scale transformation method[8] was used to solve equation (2) in this study.

In order to evaluate the influence of applied voltage circuit $H1$ on the signal amplitude and phase, the original signal I_m obtained with and without the applied voltage circuit was compared as shown in Fig. 4 (a). Comparing with the results obtained without the circuit $H1$, less amplitude reduction was found in the circuit with higher capacitance C and a higher signal to noise ratio can therefore be expected for the higher capacitance condition. After the $H2 \sim (f)$ correction $I_m \sim (f) / H2 \sim (f)$, the slight differences among the normalized electric field

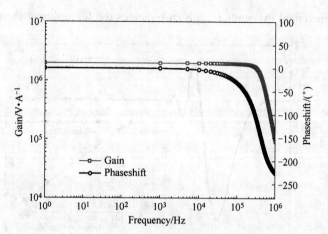

Fig. 3 Experimental results of frequency dependence of the gain and the phase-shift for the $H2$ part

profiles measured with various capacitances in the $H1$ part were thought to be negligible as shown in Fig. 4 (b). It was also found that moving $H2$ to point "c" with point "a" being grounded results in the phase reversal signal with no other effects. Consequently, for the measuring system in Fig. 1, it is reasonable to neglect the influence of the applied voltage circuit $H1$ on the signal phase correction in this study, and transferring function $H1$ can be simplified as a constant for the given circuit. The constant is equal to the quotient of $I_{\text{max amplitude}}$ (with $H1$ part) divided by $I_{\text{max amplitude}}$ (without $H1$ part). Equation (4) is therefore simplified as follows:

$$I_0 \sim (f) = (K + S) I_0 \sim = I_m \sim (f) / (H1 \times H2 \sim (f)) \tag{5}$$

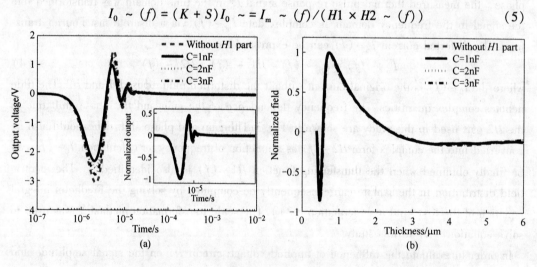

Fig. 4 (a) Influence of the applied voltage circuit $H1$ with various capacitances on the amplitude and phase of the thermal response signal. The inset shows the normalized output signal. (b) The calculated normalized electric field profiles after transferring function $H2$ correction $I_m \sim (f) / H2 \sim (f)$. The sample is a 9.8μm thick BOPP film pre-subjected to negative 3.5kV dc for 1min

Considering the bandwidth of the $H2$ part, the credible correction for the signal was thought within the frequency range lower than the cut-off frequency. The relationship between the calculated depth z and the frequency f is expressed as follows[8,20]:

$$z = \left(\frac{D}{\pi f}\right)^{0.5} \tag{6}$$

where $D = k/c\rho$ is equal to $1.4 \times 10^{-7} \, m^2 \cdot s^{-1}$ for the given BOPP film. For the given thermal diffusivity and the bandwidth of the preamplifier, equation (6) eventually determines the minimum effective depth z_{min} from the front of the sample. Information about electric field and space charge in locations shallower than z_{min} is accordingly missing as shown in Fig. 4 (b).

The above discussion has demonstrated the feasibility of the proposed thermal pulse method under an applied field, which may bring the advantage of easier calibration for electric field intensity in comparison to the conventional thermal method. Combining equations (1) – (3), the transient current of the thermal pulse after Fourier transformation is given by [13]

$$I_{0\sim}(\omega) = \Delta T_0 A \left[g_0 + i\omega \sum_{n=1}^{\infty} g_n \frac{2\tau}{n^2 + i\omega\tau} \right] \tag{7}$$

where

$$g_n = \frac{1}{d} \int_0^d g(z) \cos\left(\frac{n\pi z}{d}\right) dz, \quad n = 0, 1, 2 \tag{8}$$

Reference [13] demonstrated that the thermal pulse response current has the same functional form as the expression for LIMM. Therefore, the scale-transform data analysing method for LIMM can be used for the thermal pulse data[8]. We obtain

$$g(z) = K[(K-S)I_{0\sim}(\omega = 2D/z^2)] \tag{9}$$

where $(K-S)I_{0\sim}(\omega)$ means the difference of the real part and the imaginary part for $I_{0\sim}(\omega)$. $K = c\rho d/\eta q$ is a parameter related to the incident light, the electrode and the sample etc. For the conventional thermal pulse method and LIMM, it is troublesome to obtain all of the parameters for the final calibration of electric field. However, the proposed thermal pulse method may overcome this difficulty. To solve the problem, the thermal pulse response current for the pristine sample in an electric field lower than the space charge injecting threshold field should be measured. At this condition, no space charge injection into the sample bulk can be expected within a short stress duration, therefore the electric field in the sample is uniform and equal to the applied field. For example, for the pristine sample with $P(z) = 0$, equation (3) is simplified as

$$g(z) = (\alpha_\varepsilon - \alpha_z)\varepsilon_0 \varepsilon_r E(z) \tag{10}$$

Inserting equation (10) into equation (9), we obtain

$$\frac{K}{(\alpha_\varepsilon - \alpha_z)\varepsilon_0 \varepsilon_r} = \frac{E(z)}{(K-S)I_{0\sim}} \tag{11}$$

For the given sample, the left part of equation (11) should be a constant $M = K/(\alpha_\varepsilon - \alpha_z)\varepsilon_0 \varepsilon_r$. The part $(K-S)I_{0\sim}$ can be computed according to the result of equation (5) and $E(z)$ is equal to the applied field E_a. Thus, the value of the right part of equation (11) can be obtained. The calibration parameter M is eventually acquired. When equation (11) is applied to the nonpolar sample with unknown electric field $E_x(z)$ distribution, we have

$$E_x(z) = M[(K-S)I_{0x}] \quad (12)$$

Based on the measuring data $I_{mx} \sim (f)$, the part $(K-S)\ I_{0x} \sim$ can be obtained after $H1$ and $H2 \sim (f)$ correction (see equation (5)). Thus, the electric field $E_x(z)$ is finally obtained, and hence the space charge density distribution according to the Poisson equation. Clearly, with the calibration parameter M obtained under a low applied field, the calibration for electric field intensity and space charge density distribution becomes simple to perform for the nonpolar material. It should be emphasized that the sample for the calibration measurement must be the same as the tested sample. Otherwise, the calibration would be meaningless.

To illustrate the advantage of the thermal pulse method under an applied field for the calibration, some selected results are used as examples. Fig. 5 shows the electric field distribution calibrated by the above mentioned calibration method. The utilized calibration parameter M was based on the current measurement of a BOPP film under negative 100V dc stress. For all of the samples, the mean calibrated electric field is almost equal to the applied fields. One could envisage that the electric field evolution due to the space charge injection and transport can be monitored when space charge injection occurs under an applied field. The part in the ellipse is the distorted signal, which may be due to the compensation space charge located at the electrode surface, the bandwidth limitation of the preamplifier or the whole signal measuring system. A similar signal distortion near the sample surface was also found in the PWP method[3,21] and the PEA method[22]. The causes were thought to be related to the measuring system, and the real signals were reported to be recovered by deconvolution calculation. A thorough understanding of the problem in the thermal pulse method would need further work.

Fig. 6 shows the current spectrum, electric field intensity and space charge distribution for a 9.8μm thick BOPP sample pre-subjected to negative 3.5kV dc for 1min. Although the

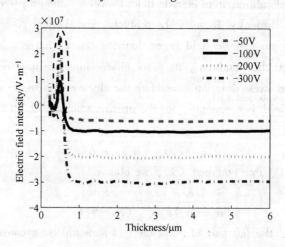

Fig. 5 Results of a calibration test for electric field distribution in the BOPP samples when being subjected to various voltages

obtained signal has the same problem as the one in Fig. 5, the calculated electric field within the distance 1 – 9μm in the film is evidently non–uniform. This non–uniform electric field means space charge accumulation in the sample bulk. According to the one–dimensional Poisson equation, the computed results based on the data in Fig. 6 (c) show bipolar space charge accumulation in the sample bulk.

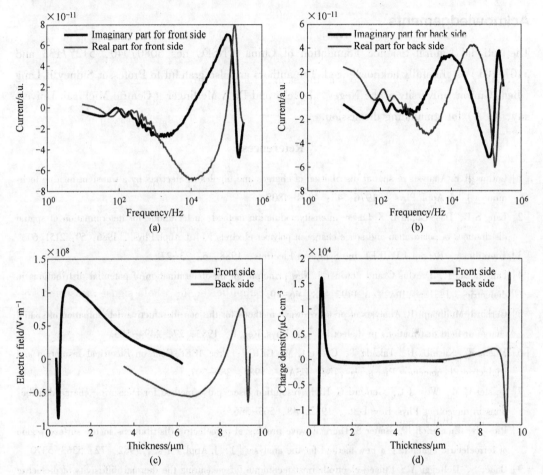

Fig. 6 The sample is a 9.8μm thick BOPP film pre-subjected to negative 3.5kV dc for 1min. The measured current spectrum for the light incident on (a) the front of the sample and (b) the back of the sample. (c) The field distribution based on the data in (a) and (b) and the calibration parameter M in figure 5 obtained by the scale transformation method. (d) The calculated space charge density based on the data in (c) according to the Poisson equation

4 Conclusions

In this study, the newly developed thermal pulse system with a supplemental circuit for applying voltage has successfully been used for measuring space charge distribution in thin solid dielectric films under an applied electric field. Based on the measuring results of the charged

BOPP films, we found that the applied voltage circuit decreases the signal amplitude, but the influence on the signal phase for the given measuring circuit can be neglected. The presented examples show that the newly developed method has the advantage of easily obtaining the calibration parameter for a nonpolar dielectric material. The method can also be used for monitoring space charge evolution within thin dielectric films under an applied electric field.

Acknowledgements

The National Natural Science Foundation of China (NSFC nos 50807040, 51277133 and 51077101) is gratefully acknowledged. The authors are also grateful to Professor Sidney B Lang (Ben-Gurion University of the Negev, Israel) and Dr A Mellinger (Central Michigan University, USA) for stimulating discussion.

References

[1] Collins R E. Analysis of spatial distribution of charges and dipoles in electrets by a transient heating technique [J]. J. Appl. Phys., 1976, 47: 4804-4808.

[2] Lang S B, Das-Gupta D K. Laser-intensitymodulation method: a technique for determination of spatial distributions of polarization and space charge in polymer electrets [J]. J. Appl. Phys., 1986, 59: 2151-60.

[3] Toureille A, Reboul J P. IEEE Int. Symp. on Electrets, 1988, 6: 23-27.

[4] Laurenceau P, Dreyfus G and Lewiner J. New principle for the determination of potential distributions in dielectrics [J]. Phys. Rev. Lett. 1997, 38: 46-49.

[5] Gerhard-Multhaupt R. Analysis of pressure-wave methods for the non-destructive determination of spatial charge or field distributions in dielectrics [J]. Phys. Rev. B, 1983, 27, 2494-503.

[6] Maeno T, Kushiba H, Takada T, Cooke C M. CEIDP: Proc. IEEE Conf. on Electrical Insulation and Dielectric Phenomena (Piscataway, NJ, USA), 1985, 389-397.

[7] Sessler G M, West J E, Gerhard G. High-resolution laser-pulse method for measuring charge distributions in dielectrics Phys. Rev. Lett., 1982, 48, 563-566.

[8] Ploss B, Emmerich R, Bauer S. Thermal wave probing of pyroelectric distributions in the surface region of ferroelectric materials: a new method for the analysis [J]. J. Appl. Phys., 1982, 72, 5363-5370.

[9] Bauer S, DeReggi A S. Pulsed electrothermal technique for measuring the thermal diffusivity of dielectric films on conducting substrates [J]. J. Appl. Phys., 1996, 80, 6124-6128.

[10] Lang S B. Laser intensity modulation method (LIMM): experimental techniques, theory and solution of the integral equation [J]. Ferroelectrics, 1991, 118, 343-361.

[11] DeReggi A S, Guttman C M, Mopsik F I, Davis G T, Broadhurst M G. Determination of charge or polarization distribution across polymer electrets by the thermal pulse method and Fourier analysis [J]. Phys. Rev. Lett., 1978, 40, 413-416.

[12] Bauer S, Ploss B. Polarization distribution of thermally poled PVDF films, measured with a heat wave method (LIMM) [J]. Ferroelectrics., 1991, 118, 363-378.

[13] Mellinger A, Singh R, Gerhard-Multhaupt R. Fast thermal-pulse measurements of space-charge distributions in electret polymers [J]. Rev. Sci. Instrum., 2005, 76, 013903.

[14] Bauer S, Bauer-Gogonea S. Current practice in space charge and polarization profile measurements using thermal techniques [J]. IEEE Trans. Dielectr. Electr. Insul., 2003, 10, 883-902.

[15] Lang S B. Fredholm integral equation of the laser intensity modulation method (LIMM): solution with the polynomial regularization and L-curve methods [J]. J. Mater. Sci., 2006, 41, 147-153.

[16] Mellinger A, Singh R, Wegener M, Wirges W, Gerhard-Multhaupt R, Lang S B. Three-dimensional mapping of polarization profiles with thermal pulses [J]. Appl. Phys. Lett., 2005, 86, 082903.

[17] Pham C D, Petre A, Berquez L, Flores-Suarez R, Mellinger A, Wirges W, Gerhard R. 3D high-resolution mapping of polarization profiles in thin poly (vinylidenefluoridetrifluoroethylene) (PVDF-TrFE) films using two thermal techniques [J]. IEEE Trans. Dielectr. Electr. Insul., 2009. 16, 676-681.

[18] Marty-Dessus D, Berquez L, Petre A, Franceschi J L. Space charge cartography by FLIMM: a three-dimensional approach [J]. J. Phys. D: Appl. Phys., 2002, 35, 3249-3256.

[19] Notingher P, Holé S, Fruchier O, Salamé B, Baudon S, Dagher G, Boyer L, Agnel S. 8ème Conférence de la Socité Francaise d'Electrostatique (Cherbourg-Octeville, France), 2012, 1-9.

[20] van der Ziel A. Pyroelectric response and D^* of thin pyroelectric films on a substrate [J]. J. Appl. Phys., 1973, 44, 546-549.

[21] Bloss P, Steffen M, Schafer H, Yang G M, Sessler G M. A comparison of space-charge distributions in electron-beam irradiated FEP obtained by using heat-wave and pressure-pulse techniques [J]. J. Phys. D: Appl. Phys., 1997, 30, 1668-1675.

[22] Li Y, Yasuda M, Takada T. Pulsed electroacoustic method for measurement of charge accumulation in solid dielectrics [J]. IEEE Trans. Dielectr. Electr. Insul., 1994, 1, 188-195.

Surface Morphology and Raman Analysis of the Polyimide Film Aged under Bipolar Pulse Voltage*

Abstract Polyimide film has the weakness of high processing temperature and low corona resistance, which restrain its further development. Kapton 100 HN polyimide films with a thickness of 50 μm were aged by needle-plane electrode under 4kV bipolar pulse voltages for 4h at different frequencies (300—900 Hz). The surface morphologies of the pristine and aged polyimide films were analyzed using an atomic force microscope, and the changes in chemical bonds during corona aging were analyzed by Raman spectra. Different surface morphologies are observed using AFM, and the parameters all have sharp increases, which reveal that the surface morphology is obviously influenced by the corona aging under the bipolar pulse voltage. Raman results show that there are peak shifts and changes of the relative band intensities, which demonstrate that the chemical bonds in the polymer chains are reoriented by the electric field. Moreover, the corona aging of the polyimide film became severe at high frequency. POLYM. ENG. SCI. , 53: 1536-1541, 2013.

1 Introduction

The pulse-width modulated (PWM) variable speed drive (inverter) is one of the newest and fastest evolving technologies in nonlinear devices used in motor drive systems. With increasing emphasis of energy conservation and low cost, the use of higher performance PWM drives has grown at an exponential rate[1]. However, the PWM drives have the disadvantage of overstressing electrical insulation with respect to the bipolar pulse supply, which demands higher level of reliability for the high-voltage insulation materials.

As essential parts of modern generation and transmission systems, the reliability of high-voltage insulation materials is critical to system performance. In recent years, polymers have largely replaced traditional materials used as highvoltage insulation due to their easy processability and low manufacturing cost. Among various polymers, polyimide possesses unique properties such as excellent dielectric properties, thermal stability, and mechanical properties, which makes it most suitable as polymeric insulation[2,3]. However, the electrical properties always deteriorate overtime and then result in the degradation when a polymeric insulation is subjected to high electric stresses[4-9]. It is reported that the electrical stress caused by the voltage gradient in the material, the thermal stress caused by a combination of losses generated in the motor and the ambient, as well as the environmental stress caused by oxidation will lead to degradation of polymeric insulation[10]. The degradation in time of the electric pro-

---

* Copartner: Yang Yang, Yin Di, Zhong Chuyu, Xiong Rui, Shi Jing, Liu Zhengyou, Wang Xuan. Reprinted from *Polymer Engineer and Science*, 2013, 53 (7): 1536-1541.

perties up to the breakdown of the polymeric insulation is called "aging phenomena" and is characterized by irreversible deteriorations affecting its performance and lifetime.

As for the polyimide, the weakness of low corona resistance restrains its further development[11-13]. Researches on the insulation aging and failure mechanism provide us information for the design of insulation structure to prolong service life. Therefore, the study of degradation of polyimide (especially the initial changes) under electric stress and high temperature is very important and attracts much attention[14-18]. Some of the initial changes cannot be observed by conventional method, but the ignorance will lead to much disaster.

In this article, our work is focused on the survey of initial surface morphology changes as well as reorientation of the chemical bonds of polyimide influenced by corona aging under bipolar pulse voltage at different frequencies using the atomic force microscope (AFM) and Raman spectra. The purpose is providing a way to improve the properties of polyimide film and prolong service life.

2 Experimental

Kapton 100 HN polyimide films with a thickness of 50μm were purchased from Dupont Company. The corona aging of the film was carried out for 4 h by needle-plane electrode with 2-mm air gap and 25-μm radius of curvature. The value of the bipolar pulse voltage was 4kV, and the frequencies were 300Hz, 500Hz, 600Hz, 800Hz, and 900Hz.

AFM measurements were done using a SPM-9500J3 (SHIMADZU) AFM in contact mode under atmospheric condition. Its horizontal resolution is 0.1nm, and the perpendicular resolution is 0.02nm. Both of planar and threedimensional graphs were taken with the sizes of 5×5μm.

Raman measurements were carried out using a Laser Confocal Raman Micro-spectroscopy (LabRAM HR800, HPRIBA JOBIN YVON) equipped with an objective (50×magnification). Spectra were acquired in the range of 100-1800cm^{-1}, and the applied laser wavelength during the experiments was 785nm. All spectra were recorded at a resolution of 1cm^{-1} using a focused laser beam with a power of 17mW. The diameter of the facula was 1-2μm, and the exposal time of the CCD camera was 10s.

3 Results and Discussion

3.1 AFM results

Fig. 1 shows the AFM results of the pristine polyimide, and the parameters obtained from the AFM are present in Table 1. The surface morphology of the pristine polyimide is smooth except for few streak-like bumps. Also, the parameters present in Table 1 reveal that the surface is flat, for example, the arithmetic mean roughness (R_a) is only 1.897nm, the average height (R_v) is 10.468nm, and the square average roughness (R_{ms}) is 2.799nm. While for the polyimide film aged under bipolar pulse voltage at 900Hz for 4h, as shown in Fig. 2, the morphology is very rough with many gulfs and swells on the surface, and the parameters have sharp increases (Table 1), especially the arithmetic mean roughness (R_a) increases from 1.897 to 43.806nm and the square average roughness (R_{ms}) increases from 2.799 to 60.106nm. The AFM results demonstrate that the surface of polyimide has been damaged by the corona aging, which can be attributed to charges' bombardment, increase of temperature on the surface, space charge accumulation, as well as the surface partial discharge (PD).

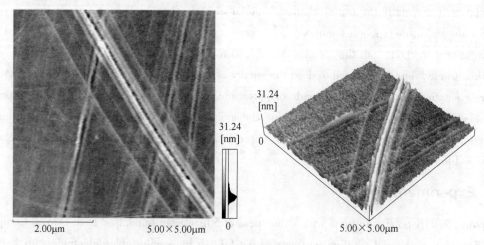

Fig. 1 AFM images of the pristine polyimide (B&W and color online)

(Color figure can be viewed in the online issue, which is available at wileyonlinelibrary.com.)

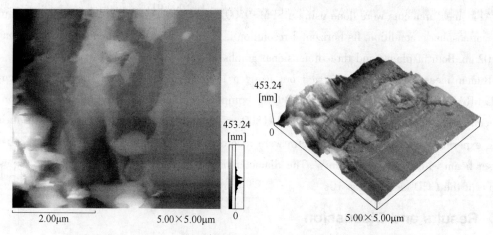

Fig. 2 AFM images of the polyimide films aged under bipolar pulse voltage of
4kV and 900Hz (B&W and color online).

(Color figure can be viewed in the online issue, which is available at wileyonlinelibrary.com.)

Table 1 Parameters of the AFM results

Parameters/nm	Pristine polyimide	Aged polyimide (Bipolar pulse voltage 4kV, 900Hz)
R_a (arithmetic mean roughness)	1.897	43.80
R_y (maximum height)	31.23	453.2

Continued Table 1

Parameters/nm	Pristine polyimide	Aged polyimide (Bipolar pulse voltage 4kV, 900Hz)
R_Z (10 point roughness)	13.92	223.3
R_{ms} (square average roughness)	2.799	60.10
R_p (average depth)	20.74	251.9
R_v (average height)	10.46	201.3

During the aging process under bipolar pulse voltage, the charges emitted from the needle point will bombard the film surface, and the fast rise time and high frequency of the bipolar pulse voltage will enable to generate local dielectric heating in the film, as a result of which local temperature increases[19]. Meanwhile, the space charges captured by impurities and defects in polyimide also have a great effect on dielectric property and are an important reason, leading to dielectric breakdown[17]. The degradation of polyimide is significantly influenced by space charge accumulation; charges stored in polyimide bulk and on the surface can produce electric field perturbations inside the insulation and in the air gap between the needle- plane electrode, respectively[20]. Also, surface morphology of polyimide film has been greatly influenced by the surface PD under the bipolar pulse voltage. The surface PD is generated between the turns of the twist when there are voltage overshoots and is the main factor accelerating insulation degradation[20]. Moreover, the energy released by the PD is another reason that makes the surface uneven and rough.

3.2 Raman analysis

Raman vibration spectroscopies were taken to assess the nature of chemical bonding, interactions, conformations, and even orientations of molecules in polyimide film. An overview of the Raman spectra of the film surfaces aged under bipolar pulse voltage at different frequencies is shown in Fig. 3. The characteristic absorption bands and the corresponding chemical bonds are present in Table 2[21-24]. Raman absorption bands can be assigned to fully cured PI (polyimide) and PAA (polyamic acid) as precursor or end-groups[25]. Characteristic bands for polyimide are imide I (C=O stretch at 1786cm^{-1}), imide II (C—N—C axial vibration stretch at 1395cm^{-1}), imide III (C—N—C transverse vibration stretch at 1124cm^{-1})[26,27]. Typical D (1340cm^{-1}) and G (1580cm^{-1}) bands, characteristic for crystalline graphitic carbon, are not observed as was done by, for example, Raimondi et al.[28] after ion radiation. It means that no carbonization happen to the polyimide after corona aging for 4h under 4kV bipolar pulse voltage. There are no significant changes in Raman spectra of the aged polyimide compared with that of the pristine one because the voltage of 4kV is not high and the aging time of 4h is not long enough to induce the breakdown of the polyimide film[29]. Besides, the rapid changes in polarity of the electric field do not allow the charges injected by electrodes to penetrate inside the insulation bulk under bipolar waveforms[20]. As a result, charges are mainly at the interfaces between electrodes and insulation, thereby causing the initial degradation of the surface. But further investigations show that both peaks positions and the relative band intensities change after the corona aging.

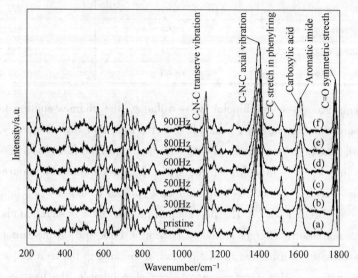

Fig. 3 Raman spectra of (a) pristine polyimide, (b) - (f) polyimide film aged under 4kV bipolar pulse voltage at 300-900Hz

Table 2 Raman characteristic absorption bands and the corresponding chemical bonds of polyimide[21-24]

Raman absorption bands/cm^{-1}	Chemical bonds
610	Monosubstituted benzene deformation
645	C-O-C bonding
730	C-H vibration
753	Aromatic imide ring in dianhydride part
820	C-H vibration
852	Diamine ring breathing
1124	C-N-C transverse vibration (imide Ⅲ)
1272	C-O-C backbone
1395	C-N-C axial vibration (imide Ⅱ)
1513	C=C bonding in the aromatic phenylene ring
1601	Ring vibration of carboxylic acid
1612	Aromatic imide ring in dianhydride part
1786	C=O asymmetric stretch (imide I)

Fig. 4 (a) - (f) shows that the peak shifts of the bands at 1612cm^{-1}, 1124cm^{-1} and 1395cm^{-1} are 2.3cm^{-1}, 2cm^{-1} and 2.8cm^{-1}, respectively, much more than other bands' shifts for about 1cm^{-1} (such as the band at 1601cm^{-1}, 1786cm^{-1} and 1513cm^{-1}). The difference of peak shifts indicates that aromatic imide ring and C—N—C bonds are much influenced by corona aging under bipolar pulse voltage[30,31]. because the reason is that the dipole moment of C=O groups in aromatic imide ring tends to vibrate in the direction of the electric field under corona aging, which allows the movement of molecular segments and orientation of the dipole in the direction of the electric vector[27]. When the electric field of bipolar pulse voltage changes its polar, the dipole moment in aromatic imide ring will vibrate in the opposite direction. Through the repeated vibration in the two opposite directions, the chemical bonds in aromatic imide ring will be much affected, and the peak shifts would be larger than other bands. In addition, we notice that the same trend in peak shifts of C=O stretching mode has been reported in the thermal aged polyimide[32], which confirms that the increase of temperature on polyimide film's surface during corona aging may be another reason for the peak shifts.

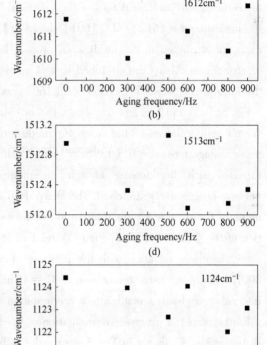

Fig. 4 (a) – (f) Variation of peak positions of pristine polyimide and aged samples with aging frequency

Fig. 5 shows the correlation between the relative band intensities and the aging frequency. It helps us to monitor the decomposition (relationship between amide/ imide bonds) and the orientation (relationship between imide bonds) after corona aging. With the 1612cm^{-1} band being chosen as a reference band correlated to aromatic imide ring structure, it permits demonstrating the orientations of different functional groups relative to the imide phenyl ring[33].

Fig. 5 (a) shows the orientation of C—O—C backbone structure relative to the aromatic imide ring [I (1272)/I (1612)] and C=O bond [I (1272)/I (1786)]. With the increase of aging frequency, both of the ratios of the relative band intensity decrease and reach the minimum value at 800Hz; the same trend is attributed to C=O bond being part of the aromatic imide ring. It demonstrates that the intensity of the band at 1272cm^{-1} has a trend of diminution——C—O—C stretch becomes relaxed, and the C=O bond becomes more stretched during corona aging. The stretch of the C=O bond is attributed to the influence of the alternating electric field. The relaxation of C—O—C can be ascribed to the influence of the radiation and hot electron. Energy will be released when the injected carriers are trapped or recombined with carriers of the opposite type. The remnant energy will be transferred through radiation or nonradiation mode to another electron and make it to be a hot electron, resulting in the bond-breaking, free radicals formation and degradation of polyimide macromolecules[34]. Unlike thermal decomposition resulting in the reversion of polyimide into its monomers[33], corona aging leads to reorientations and breakages of the chemical bonds. This can be demonstrated by the ratio of the intensities I (1612) /I (1601) shown in Fig. 5 (b); the increase of value with frequency is not attributed to the imidization process but the breakage of CONH (1601cm^{-1}) under electric stress. Also, the stretched C=O bond and breakage of CONH lead to the increase of the ratio of intensities I (1786) /I (1601) as shown in Fig. 5 (b).

Fig. 5 (c) and Fig. 5 (d) shows the orientation of C—N—C backbone structure and the C=O bond relative to the aromatic imide ring, respectively. The influences under bipolar pulse voltage for imide II (1395cm^{-1}) and imide III (1124cm^{-1}) bands are the same. The ratio rises with the increase of aging frequency, which indicates that C—N—C vibrations become progressively stretched. The sharp drop at 800Hz is attributed to influence by the orientation of C=O side groups relative to the aromatic imide ring as shown in Fig. 5d. The orientation of the C=O bond (1786cm^{-1}) relative to the aromatic imide ring (1612cm^{-1}) doesn't show the linear variation with the increase of aging frequency, but there is a sharp drop at 800Hz. The progressive orientation of C=O under corona aging may induce additional stress into polymer chains, leading to a reorientation of neighboring C—N—C bonds[33].

Furthermore, a progressive orientation of C—N—C bonds with increasing frequency is found in polyimide. As shown in Fig. 5 (e), the difference between C—N—C transverse and axial vibration is given by the relative band intensity of 1124cm^{-1} and 1395cm^{-1}. The transverse vibration decreases at high frequency in favor of the axial vibration, changing from transverse towards axial orientation and skip to a maximum at 800Hz. Also, the value of I (1124)/I (1395) is around 0.4, which indicates that the band intensity of C—N—C transverse vibration is larger than that of C—N—C axial vibration.

Fig. 5 (f) shows the ratio of I (1513)/I (1612), which corresponds to the relative band intensities of the C=C bond/aromatic imide ring. The trend demonstrates that the C=C bond is reoriented by corona aging under bipolar pulse voltage.

There is a turning point at 800Hz for almost every figure. This may be ascribed to the space-charge life model of polymers[35]. Charges emitted from the needle point will be trapped by the impurities and defects in polyimide due to the decrease of the kinetic energy. The fast rise and fall of pulses make it possible for space charges to accumulate on the surface of the film and in the bulk over a period of time[29]. A few of the charges injected by the electrodes will be confined in deep traps but most of them in shallow traps[35]. There will be a rapid accumulation with a high frequency until the charges on the surface become saturated, and then it reaches to deep traps. When all the traps are filled with space charges, PD happens and leads to the total breakdown of the sample. Thus, we consider that 800Hz is close to the frequency at which space charges fill up the shallow traps.

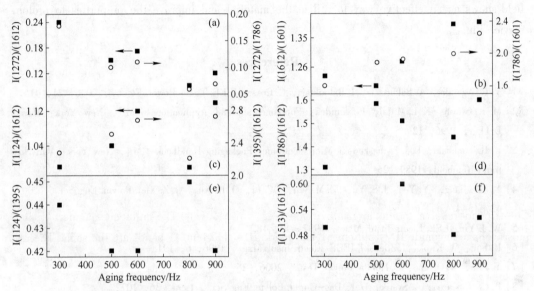

Fig. 5 Variation of relative band intensities of some characteristic absorption bands for the aged polyimide with aging frequency

Fig. 5 demonstrates that the corona aging of polyimide under bipolar pulse voltage becomes severe at high frequency. The aging phenomenon is severe when the frequency increases, leading to chain scission and breakdown of polyimide film till the end[36]. First, with the increase of aging frequency, the charge depleted at each PD does not have enough time to leave interface before polarity reversal, so the overall field after inversion is magnified and the amplitude of PD rises. The discharges happen frequently and bring much disaster to the sample. And then the intrinsic aging of the polyimide film due to electro-mechanical fatigue will increase with frequency. Finally, the increase of dielectric and polarization losses with frequency[37] and the presence of oxygen and water that arises from the atmospheric moisture will accelerate the degradation of polyimide[38]. So the corona aging will be severe, and lifetime of the samples will decrease with the increase of aging frequency[39].

4 Conclusions

In this work, the corona aging of Kapton 100HN polyimide films was performed by needle-plane electrode under 4kV bipolar pulse voltages for 4h at different frequencies in atmosphere. AFM results show that the surface morphology has been greatly changed by the charges' bombardment, the PD, as well as the dielectric heating. The large peak shifts of the bands in the Raman spectra confirm that aromatic imide rings are more influenced than other bands. The changes in relative band intensities demonstrate the breakage of the CONH bond— the C–O–C stretch becomes relaxed, and the reorientation of the C–N–C imide bond changes from transverse into axial orientation during corona aging. Moreover, the corona aging of the polyimide film is severe at high frequency, and the orientations of the chemical bonds are much influenced by the bipolar pulse voltage. The study of degradation in polyimide under the electric field shows us an effective way to utilize the material and improve the properties to prolong service life.

References

[1] V. G. Agelidis, A. Balouktsis, I. Balouktsis, C. Cossar. IEEE. Trans. Power. Electr., 2006, 21, 415.

[2] M. K. Ghosh, K. L. Mittal, Polyimides: Fundamentals and Applications [M], New York: Marcel Dekker, 1996, 12.

[3] R. R. Tummala, E. J. Rymaszewski. Microelectronics Packaging Handbook [M], New York: Van Nostrand Reinhold, 1989, 25.

[4] Y. D. Jiang, Y. Ye, J. S. Yu, Z. M. Wu, W. Li, J. H. Xu, G. Z. Xiel. Polym. Eng. Sci., 2007, 47, 1344.

[5] W. J. Yin. IEEE. Electr. Insul. Mag., 1997, 13, 18.

[6] H. Sun, W. Kwok, J. Zdepski. IEEE. Electr. Insul. Mag., 1996, 6, 191.

[7] Y. Zhu, M. Otsubo, C. Honda. Polym. Test., 2006, 25, 313.

[8] P. C. N. Scarpa, A. Svatik, D. K. Das-Gupta. Polym. Eng. Sci., 1996, 36, 1072.

[9] J. X. Lei, G. J. He, Q. M. Li, X. H. Lin. Polym. Eng. Sci., 2001, 41, 782.

[10] A. H. Bonnett. IEEE. Trans. Ind. Appl., 1997, 33, 1331.

[11] L. Y. Pan, M. S. Zhan, K. Wang. Polym. Eng. Sci., 2010, 50, 1261.

[12] L. Y. Pan, M. S. Zhan, K. Wang. Polym. Eng. Sci., 2011, 51, 1397.

[13] U. Min, J. C. Kim, J. H. Chang. Polym. Eng. Sci., 2011, 51, 2143.

[14] R. K. Giunta, R. G. Kander. Polym. Eng. Sci., 2002, 42, 1789.

[15] C. F. Chen, W. M. Qin, X. X. Huang. Polym, Eng. Sci., 2008, 48, 1151.

[16] J. W. Zha, Z. M. Dang, H. T. Song. J. Appl. Phys., 2010, 108, 094113.

[17] L. R. Zhou, G. N. Wu, B. Gao, K. Zhou, J. Liu, K. J. Cao, L. J. Zhou. IEEE. Trans. Dielectr. Electr. Insul., 2009, 16, 1143.

[18] M. Katz, R. J. Theis. IEEE. Electr. Insul. Mag., 1997, 13, 24.

[19] W. J. Yin. IEEE. Electr. Insul. Mag., 1997, 13, 18.

[20] D. Fabiani, G. C. Montanari. IEEE. Trans. Dielectr. Electr. Insul., 2004, 11, 393.

[21] H. Ishida, M. T. Huang. Spectrochimica Acta, 1995, 51A, 319.

[22] J. J. Pireaux, M. Vermeersch, C. Gregoire, P. A. Thiry, R. Caudano. J. Chem. Phys., 1988, 88, 3353.

[23] H. Ishida, S. T. Wellinghoff, E. Baer, J. L. Koenig. Macromolecules, 1980, 13, 826.

[24] K. R. Ha, J. L. West. J. Appl. Polym. Sci., 2002, 86, 3072.

[25] P. Samyn. Wear, 2008, 264, 869.

[26] P. Samyn, G. Schoukens, F. Verpoort, J. V. Craenenbroeck, P. D. Baets. Macromol. Mater. Eng., 2007, 292, 523.
[27] Q. H. Lu, Z. G. Wang, J. Yin, Z. K. Zhu. Appl. Phys. Lett., 2000, 76, 1237.
[28] F. Raimondi, S. Abolhassani, R. Brutsch, F. Geiger, T. Lippert, J. Wambach, J. Wei, A. Wokaun. J. Appl. Phys., 2000, 88, 3659.
[29] K. C. Kao, W. Hwang, Electrical Transport in Solids [M], London: Pergamon Press, 1981, 169.
[30] V. Y. Davydov, N. S. Averkiev, I. N. Goncharuk, D. K. Nelson, I. P. Nikitina, A. S. Polkovnikov, A. N. Smirnov, M. A. Jacobson, O. K. Semchinova. J. Appl. Phys., 1997, 82, 5097.
[31] Y. Li, Y. Duan, W. H. Li. Spectrosc. Spect. Anal., 2000, 20, 699.
[32] P. Samyn, G. Schoukens. Surf. Interface. Anal., 2008, 40, 853.
[33] P. Samyn, P. D. Baets, J. V. Craenenbroeck, F. Verpoort, G. Schoukens. J. Appl. Polym. Sci., 2006, 101, 1407.
[34] K. C. Kao. J. Appl. Phys., 1984, 55, 752.
[35] G. Mazzanti, G. C. Montanari, L. A. Dissado. IEEE. Trans. Dielect. Electr. Insul., 1999, 6, 864.
[36] M. Katx, R. J. Theis. IEEE Electr. Insul. Mag., 1997, 13, 24.
[37] D. Fabiani, G. C. Montanari. IEEE. Electr. Insul. Mag., 2001, 17, 24.
[38] J. A. Cella. Polym. Degrad. Stab., 1992, 36, 99.
[39] K. Zhou, G. N. Wu. J. Mater. Sci. Eng., 2008, 26, 361.

Reduction of Space Charge Breakdown in E-beam Irradiated Nano/Polymethyl Methacrylate Composites*

Abstract Fast discharge of numerous space charges in dielectric materials can cause space charge breakdown. This letter reports the role of nanoparticles in affecting space charge breakdown of nano/polymethyl methacrylate composites. Space charge distributions in the composites, implanted by electron beam irradiation, were measured by pressure wave propagation method. The results show that the nanoparticles have significant effects on the isothermal charge decay and space charge breakdown in the nanocomposites. The resistance to space charge breakdown in the nanocomposites is attributed to the combined action of the introduction of deep trapping states and the scattering effect by the added nanoparticles.

Space charge has significant effect on the electrical properties of dielectric materials. Space charge accumulation in the dielectric materials can result from charge injection under high electric field[1-3] or charged particles irradiation in the radiation environment[4]. Space charge can cause the materials being overstressing or even premature breakdown for high voltage application[5], electrical-mechanical energy storage, and the energy release associated space charge breakdown[6-8]. Herein, space charge breakdown is the define for the breakdown occurring during fast discharge of numerous trapped charges in dielectric samples without applied electric field, which is different from the conventional treeing breakdown under applied AC or DC stress and has been found in organic and inorganic dielectric materials[6-8]. Dielectric materials charging by charged particles was also identified to be the cause of electrostatic discharges (ESD) and anomalous operations on the spacecraft[9]. It is therefore significant to find the methods for alleviating or preventing such violent discharge in the dielectric materials. In recent two decades, the nanoparticles have been widely used to improve electrical properties of the dielectrics such as suppressing space charge accumulation[10-12], improving initial voltage of insulation polymer treeing[13]. Enhancing electrical breakdown strength[14,15]. However, there is only a little knowledge about charge fast discharge associated space charge breakdown in the nanocomposites for space application. The letter intends to understand the influence of nanoparticles on space charge breakdown in polymethyl methacrylate (PMMA) composites.

The nano/PMMA composites with the nanoparticles weight percentage 0.2% and 0.5% and neat PMMA were prepared by solution compounding. The nanoparticles SiO_2 and Al_2O_3 (Degussa, Germany) were with average particle size about 15nm in diameter and used as received. The nanoparticles were added to methyl methacrylate (MMA) monomer solution and

---

* Copartner: Zheng Feihu, Dong Jianxing, Zhang Yewen, An Zhenlian. Reprinted from *Applied Physics Letters*, 2013, 102 (1): 1-7.

then the mixtures were polymerized into solid composites with thickness 4mm in a set of warm water bath. Space charges were implanted into the sample's middle layer by quasi-monoenergenic electron beam with energy of 0.5MeV and current beam density of 0.72μA/cm². The irradiation duration by electron beam was about 20s for each sample. The space charge distributions in the samples were measured by pressure wave propagation (PWP) method. Typical dispersion of the nanoparticles in PMMA matrix is presented in Fig. 1. The SiO_2 nanoparticles are uniformly dispersed in the PMMA matrix. The particle sizes range from 15nm to 90nm. No large agglomerate can be observed.

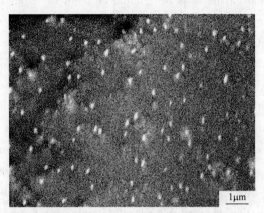

Fig. 1　SEM image of the 0.5% SiO_2/PMMA composite

Dielectrics always consist of various defects, either structural or chemical, such as micro-voids or pores, impurities, grain boundaries, free radical, double bonds. Such defects can often form local states to act as traps for carriers. Due to many structural and chemical defects in PMMA samples, injected space charge by electron beam irradiation is likely to be captured by traps. Fig. 2 shows the relaxation of the injected charge along the irradiation direction in the pure PMMA. The injected negative charge peak was initially centered at around 2mm depth. During the relaxation, the negative peak shifted towards the non-irradiated surface due to fast decay of the injected charge in the irradiated region, where was with high delayed radiation induced conductivity (DRIC)[16]. The DRIC deceases along the irradiation direction in the irradiated region from the irradiated sample surface to the charge accumulating layer[17]. The amplitudes of the two positive images peaks by PWP method decayed during the charge relaxation. The changes of image peaks suggest the bulk charge evolution on the whole. The similar charge behaviors were also found in the irradiated nano/PMMA composites and polyethylene[18].

Assuming an Arrhenius behavior of the injected charge relaxation, the charge dwell-time in the trap is given by

$$\tau = \tau_0 \exp\left(\frac{E_t}{kT}\right) \quad (1)$$

where E_t is the trap depth, T is the temperature, k is Boltzmann's constant, and τ_0^{-1} is the attempt-to-escape frequency. It can be seen from Eq. (1), the trap depth decides the charge dwell-time for given experimental temperature. Longer dwell-time means deeper trap depth. Charge-decaying rate in a charged sample therefore is decided by trap depth. However, for the irradiated PMMA sample, different part may have different charge decaying rate due to the irradiated depth associated DRIC[16]. In order to illustrate the charge relaxation in the charged samples on the whole, the amplitude decaying rates of the image charge peaks of PWP results were utilized for analysis. We used the exit peaks for considering the relatively higher amplitudes in the study (Fig. 2). Fig. 3 shows the decaying process of the normalized exit peaks during the injected charge relaxation of the various samples. In comparison to the pure PMMA samples, slower decaying rates were found at about the beginning 6h with subsequent similar decaying rates in the nanocomposites. The SiO_2/PMMA samples show slower decaying rates than Al_2O_3/PMMA samples. Considering Eq. (1), the slower decaying rates suggest the introduction of deeper trap depth due to the added nanoparticles. The deep trap depth enhanced by the added nanoparticles was also found in other dielectric matrices such as polyethylene and epoxy resin[10,14,15]. For the nanocomposites, the tremendous interface states would form between nanoparticles and the matrix, which can act as charge traps to capture the injected charge by electronphonon interactions. The coupling strength of electrons with phonons in the nanoparticles is corresponding to the charge trap depth. Due to the stronger coupling strength, trap depth found in the SiO_2-polymer is accordingly deeper than that in Al_2O_3-polymer[19]. This can be the reason that chargedecaying rate in electron beam irradiated SiO_2/PMMA sample is slower than that in Al_2O_3/PMMA samples (Fig. 3). What is more, higher weight percent of nanoparticles in the PMMA matrix would result in more interface states, which means the increase of deep trap density. Accordingly, slower charge decay can be expected in the samples with more nanoparticles. As shown in Fig. 3, the slower charge-decaying feature is found in the samples with higher weight percent of nanoparticles for the both kinds of the charged SiO_2/PMMA and Al_2O_3/PMMA samples. This accords with the above deduction. These parameters of the charge trap depth, such as trap depth and trap density, have great influence on space charge breakdown behavior of the charged samples.

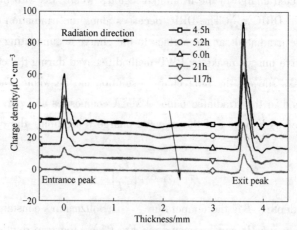

Fig. 2 The space charge relaxation (PWP method) in the pure PMMA after the termination of electron beam irradiation

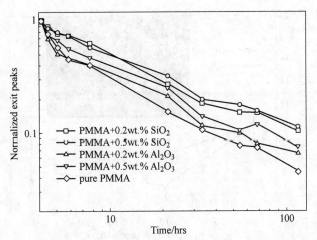

Fig. 3 The reducing amplitude of the normalized entrance peaks of PWP measurements in the irradiated nano/PMMA samples

In order to obtain the same initial charge density and distribution, the same electron beam energy and the irradiation duration were utilized for all the samples. Immediately, after the termination of electron beam irradiation, no obvious variation could be observed in the samples. At this moment, a grounded steel needle tip was used to pierce from the sample lateral face at the position of half sample thickness into the sample bulk to excite the implanted charge, the tree-like breakdown instantaneously initiated from the stimulating point and then expanded into the inside of PMMA samples within several hundreds of nano seconds[20]. The inset in Fig. 4 shows the typical image of space charge breakdown in the PMMA samples. Tree-like trace length is utilized to characterize the intensity of space charge breakdown in this study. Tree-like trace length is defined as the distance from the stimulating point to the farthest trace tip. Experimental results show that tree-like trace lengths were dispersive for the same kind of samples. We therefore used statistical average values of 10-time tests with 95% confidence level to identify the trace length for each kind of samples. Fig. 4 show that the added nanoparticles have significant effect on space charge breakdown behavior in the nano/PMMA composites. Tree-like trace lengths of all the samples doped with nanoparticles are statistically shorter than that of the pure PMMA samples. For the samples with the same kind of nanoparticles, either for Al_2O_3/PMMA or for SiO_2/PMMA samples, the stimulated samples with low weight proportion nanoparticles were with shorter breakdown trace lengths. This suggests that the samples with lower weight proportion nanoparticles have greater effect on the resistance of space charge breakdown. On the other hand, the Al_2O_3/PMMA samples show stronger resistance effect on space charge breakdown than the SiO_2/PMMA samples as shown in Fig. 4.

The resistance of space charge breakdown behavior in the nanoparticles doped samples is considered to be associated with the combined action of deep trap depth and the scattering effect of the nanoparticles. The equilibrium between Coulomb force and elastic force of the local deformed dielectrics acting on the trapped space charge is brittle. A suitable excitation such as

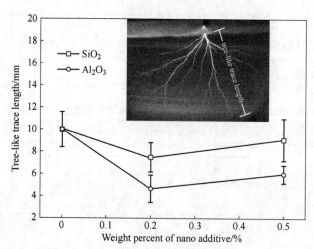

Fig. 4 The statistical average tree-liked trace lengths with confidence interval (95% confidence level) in pure and doped PMMA samples with Al_2O_3 and SiO_2 with various weight proportions

applied mechanical stress, electric field, laser pulse, or electron beam radiation can break the equilibrium and simultaneously trigger part of the trapped space charge to fast discharge with the released energy that is stored in the molecule moieties around the local trapped space charge region[6-8]. It is the released energy that leads to the space charge breakdown during the fast discharge. For the trapped charge, deeper trap depth means more energy stored around space charge, which also means less probability to escape from the traps. However, once the space charge in deeper trap depth escapes from the traps, it would release more energy and then accordingly increase the intensity of space charge breakdown. In other words, if the trapped charge can be excited, numerous charges in deeper trap depth may lead to stronger space charge breakdown. This is believed to be the cause that the intensity of space charge breakdown is higher in the SiO_2/PMMA samples than that in the Al_2O_3/PMMA samples (Fig. 4), where the former is with deeper trap depth. Supposed all the traps filled with charges, higher deep trap density, which is corresponding to higher nanoparticles doping rate, suggests more energy can be released and therefore the possibility of stronger intensity of space charge breakdown during the trapped charge being excited. Consequently, we can observe the stronger intensity of space charge breakdown in 0.5% nano/PMMA samples than that in 0.2% nano/PMMA samples.

In addition to the modification of trap depth, the nanoparticles may play as scattering centers preventing the propagation of electrical treeing and breakdown, which has been observed in the matrices such as epoxy resin (EP), polyimide (PI), polypropylene (PP), ethylene vinyl acetate (EVA)[15]. Since the similar propagating patterns, the effect of the nanoparticles on the development of space charge breakdown and on the development of electrical treeing and breakdown is considered to be similar. The treeing or breakdown traces propagate around the nanoparticles through the base matrices, where the added nanoparticles show the effect of the retardance on the trace development. This can be used to explain the shorter tree-like trace length in the PMMA composites than that in the pure PMMA.

As discussed above, the added nanoparticles can enhance the deep trap density and also act as the scattering centers of the propagating treeing or breakdown trace in the PMMA composites. The former can increase the intensity of space charge breakdown, and the latter can reduce space charge breakdown. The combined effects decide the intensity of space charge breakdown. The scattering effect of nanoparticles plays the dominant role to reduce the space charge breakdown in this study. Therefore, it may be the way to use the kinds of nanocomposites with shallower trap depth to suppress or reduce the intensity of space charge breakdown. The nanoparticles caused shallower trap depth has been found in the organophilic silicates/EVA nanocomposites[21].

In conclusion, the effect of nanoparticles (SiO_2 and Al_2O_3) in the e-bean irradiated PMMA composites on space charge breakdown has been investigated. In comparison to the pure PMMA samples, the reduced intensity of space charge breakdown is found in the nanocomposites. The reduction effect on the space charge breakdown can mainly be attributed to the scattering effect of the nanoparticles. The filled nanoparticles increase the deep trap charge density, which may inversely increase the intensity of space charge breakdown due to the more energy released during fast discharge.

Financial support from the National Natural Science Foundation of China (NSFC Nos. 51277133, 50807040, and 51077101) is gratefully acknowledged.

References

[1] G. C. Montanari. IEEE Trans. Dielectr. Electr. Insul., 2011, 18 (2), 339.
[2] L. A. Dissado, G. C. Montanari, D. Fabiani. J. Appl. Phys., 2011, 109 (6), 064104.
[3] F. H. Zheng, C. Lin, C. D. Liu, Z. L. An, Q. Q. Lei, Y. W. Zhang. Appl. Phys. Lett., 2012, 101 (17), 172904.
[4] S. A. Czepiela, H. McManus, D. Hastings. J. Spacecr. Rockets, 2000, 37 (5), 556.
[5] G. Chen, J. W. Zhao, S. T. Li, L. S. Zhong. Appl. Phys. Lett., 2012, 100 (22), 222904.
[6] G. Blaise. J. Appl. Phys., 1995, 77 (7), 2916.
[7] L. A. Dissado, G. Mazzanti, G. C. Montanari. IEEE Trans. Dielectr. Electr. Insul., 1997, 4 (5), 496.
[8] F. H. Zheng, Y. W. Zhang, C. Xiao, J. F. Xia, Z. L. An. IEEE Trans. Dielectr. Electr. Insul., 2008, 15 (4), 965.
[9] A. L. Bogorad, J. J. Likar, C. R. Voorhees, R. Herschitz. IEEE Trans. Nucl. Sci., 2006, 53 (6), 3607.
[10] F. Q. Tian, Q. Q. Lei, X. Wang, Y. Wang. Appl. Phys. Lett., 2011, 99 (14), 142903.
[11] X. Y. Huang, P. K. Jiang, Y. Yin. Appl. Phys. Lett., 2009, 95 (24), 242905.
[12] F. H. Zheng, S. J. Hao, W. Y. Wang, C. Xiao, Z. L. An, Y. W. Zhang. J. Appl. Polym. Sci., 2009, 112 (5), 3103.
[13] J. K. Nelson, Y. Hu. J. Phys. D. Appl. Phys., 2005, 38 (2), 213.
[14] S. T. Li, G. L. Yin, G. Chen, J. Y. Li, S. N. Bai, L. S. Zhong, Y. X. Zhang, Q. Q. Lei. IEEE Trans. Dielectr. Electr. Insul., 2010, 17 (5), 1523.

[15] T. Tanaka. IEEE Trans. Dielectr. Electr. Insul., 2005, 12 (5), 914.

[16] B. Gross. in Electrets, edited by G. M. Sessler (Morgan Hill, California), 1998, 1: 217.

[17] F. H. Zheng, Y. W. Zhang, J. F. Xia, C. Xiao, Z. L. An. J. Appl. Phys., 2009, 106 (6), 064105.

[18] S. Le Roy, F. Baudoin, V. Griseri, C. Laurent, G. Teyssèdre. J. Appl. Phys., 2012, 112 (2), 023704.

[19] R. Ramprasad, N. Shi, C. Tang. Dielectric Polymer Nanocomposites, J. Keith Nelson (Springer, New York), 2010: 133.

[20] M. D. Noskov, A. S. Malinovski, C. M. Cooke, K. A. Wright, A. J. Schwab. J. Appl. Phys., 2002, 92 (9), 4926.

[21] G. C. Montanari, D. Fabiani, F. Palmieri. IEEE Trans. Dielectr. Electr. Insul., 2004, 11 (5), 754.

Characteristics and Electrical Properties of Epoxy Resin Surface Layers Fluorinated at Different Temperatures*

Abstract Epoxy resin sheets were surface fluorinated in a laboratory vessel using a F_2/N_2 mixture with 12.5% F_2 by volume at the different temperatures of 25℃, 55℃, 75℃, and 95℃ for the same time of 30min, to investigate the effect of fluorination temperature on surface electrical properties. ATR-IR analyses indicate that fluorination led to substantial changes in surface chemical composition and structure, depending on fluorination temperature, and SEM surface and cross section images show an evolution of surface morphology and an increase of thickness of the fluorinated layer with fluorination temperature. Conductivity measurements reveal that the surface fluorinated samples have higher surface conductivities than the unfluorinated sample, and surface conductivity significantly increases with fluorination temperature. Surface potential measurements, performed about 10s after corona charging, indicate lower initial surface potentials for the surface fluorinated samples than the unfluorinated sample, and a decrease of the initial surface potential with surface conductivity. The initial surface potential was found to decrease dramatically above a critical surface conductivity (3.0×10^{-14} S), and almost to zero when surface conductivity increased to 10^{-12} S. Contact angle measurements and surface energy calculations show a much higher surface polarity of the surface fluorinated samples compared to the unfluorinated sample and a dramatic increase of the surface polarity with fluorination temperature. An increase in degree of chain scission is considered to be the main cause for the increases of surface conductivity and surface polarity with fluorination temperature.

Key words epoxy resin insulator, surface fluorination, fluorination temperature, surface properties, surface charge accumulation

1 Introduction

Solid insulators are essential to provide electrically insulating supports for the high voltage conductors in gasinsulated systems, such as gas-insulated switchgears (GIS) and gas-insulated transmission lines. However, the gassolid interface is known to be the most vulnerable area in the combined insulation system. This is because electrical charge is prone to accumulate at the solid insulator surface, especially under direct current high voltage. The accumulated charge would reduce the dielectric strength of the insulation system by distorting electric field along the insulator surface and give rise to an unexpected decrease in flashover voltage of the insulator[1-3].

---

* Copartner: Liu Yaqiang, An Zhenlian, Yin Qianqian, Zheng Feihu, Zhang Yewen. Reprinted from *IEEE Transactions on Dielectrics and Electrial Insulation*, 2013, 20 (5): 1859-1868.

As well known, the accumulated charge on the solid insulator can be generated by various mechanisms: bulk conduction through the insulator, inhomogeneous surface conduction along the insulator, and electric conduction in the gas[4-10]. The bulk and surface conduction mechanisms of charge accumulation can be identified for a very clean system with polished electrodes[6]. However, for the electrodes with a general industrial surface finish, the bulk and surface conduction does not seem to be the dominant mechanisms of the charge accumulation. Therefore, many authors explained their experimental observations of the charge accumulation by electric conduction in the gas[5,6,9]. Field emission from protrusions and/or conductive particles on the electrode and insulator and field emission at the triple junction of electrode-insulator-gas, due to the local field enhancement, were considered to be the main sources of charge carriers in the gas.

Great efforts have been made to reduce the charge accumulation by decreasing the protrusions on the electrode and insulator surfaces and the electric field at the triple-junction[11-14], coating the electrode with a dielectric material[11,15-17], cleaning up the environment inside the system[11,18], and optimizing the insulator profile[7,19]. In addition, a semiconductive coating for the solid insulator has been proposed as an alternative to prevent the charge accumulation[20,21]. Although there is a discrepancy in the validity of the semiconductive coating between numerical calculation results[7,20], experimental investigations have shown that such semi-conductive coatings could reduce charge accumulation on the insulators and enhance their flashover voltages[21-23]. In addition, experimental results of the insulators made of different materials also showed that the insulator with a higher surface conductivity has a higher flashover voltage[24].

Many polymers can be fluorinated even at room temperature by fluorine gas, because of its extreme reactivity and oxidizing power. Direct fluorination, one of the most effective approaches to chemical modification of polymer surfaces, has progressed from the fundamental research level to industrial application over a period of about forty years in the other fields[25,26]. Many advantages of direct fluorination for industrial applications have been outlined[25,26], e.g., the simplicity, safety, and reliability in technique and the adaptability for any shape and size of polymer articles. However, as far as we know, no work has been reported on chemical modification of the insulator surface to modulate its surface electrical properties and so as to suppress the surface charge accumulation by other authors. Just recently, we have made an attempt of suppressing charge accumulation on the epoxy insulator by direct fluorination. Our preliminary results have shown that surface fluorination at about 50℃ for only 10min can suppress the surface charge accumulation very effectively, due to an intrinsic increase in surface conductivity[27]. We have also shown an effect of fluorination time on surface electrical properties of the epoxy insulator[28].

In this work, as a continuation of the previous work, we study chemical compositions and structures and observe surface morphologies and cross sections of the epoxy resin surface layers fluorinated at different temperatures but for the same time. We measure surface electrical properties and evaluate surface polarity of the surface fluorinated samples, and try to find a correlation between the surface electrical properties and the surface physicochemical characteristics.

2 Experimental

2.1 Sample preparation and fluorination

Epoxy resin sheets with a thickness of 0.55mm were cast in a vertical steel mold from diglycidyl ether of bisphenol-A epoxy resin (DGEBA), methyltetrahydrophthalic anhydride (MTHPA) as a hardener, and 2, 4, 6-tris (dimethylamino-methyl) phenol as an accelerator, with a weight mixture ratio of 100 : 80 : 1. They were cured at 120℃ for 2h in a vacuum oven, then post-cured at 150℃ for 3h, and slowly cooled down to room temperature. Before being fluorinated or investigated, the cured sheets were carefully cleaned to remove silicone grease from their surfaces, which was smeared on the steel mold with a very thin layer to help release the sheets from the mold after curing. Afterwards they were dried at a low temperature of 50℃ in a vacuum oven thoroughly. The sample preparation was similar to that for our previous studies[27,28], but the epoxy value (0.44-0.48mol/100g) of the epoxy resin is smaller than that value (0.48-0.54mol/100g) of the previously used epoxy resin. Both of them were supplied by the same manufacturer (Shanghai Resin Co. Ltd., China).

Surface fluorination of the sheets was performed in a laboratory stainless vessel using a F_2/N_2 mixture with 12.5% F_2 by volume at 0.1MPa and the different temperatures of 25℃, 55℃, 75℃, or 95℃, but for the same time of 30min. For short in the following text, the sheets surface fluorinated at the different temperatures will be referred to as sample F 25, sample F 55, sample F 75, and sample F 95, respectively.

2.2 Characterization of chemical composition and structure, observation of surface and cross section, and measurement of contact angle

Surface chemical compositions and structures of the fluorinated samples, together with the unfluorinated (original) sample as a reference, were characterized by attenuated total reflection infrared (ATR-IR) analysis using a FTIR spectrometer (Thermo Nicolet Nexus 670). Their surfaces and cross sections were observed by a field emission scanning electron microscope (FE-SEM, XL30FEG, Philips) to determine surface morphologies and thicknesses of the fluorinated surface layers. Contact angles of water and diiodomethane droplets on the samples were measured with the sessile drop technique using a contact angle measuring instrument (OCA15, Dataphysics Instruments), and their surface energies were calculated on the basis of the measured contact angles by Wu's harmonic mean method[29], to evaluate their surface polarity.

2.3 Measurements of surface conductivity and surface potential decay

Measurements of surface conductivity and surface potential decay of the samples were performed at room temperature and the different relative humidity (RH) levels of 20%, 30%, 40%, 50%, and 60%, in a grounded stainless steel chamber with the dimensions of 320mm in diameter and 300mm in height. The lowest humidity level of 20% RH in the investigated humidity range was obtained by evacuating the chamber and filling it with high purity nitrogen gas, and the higher humidity levels of 30%, 40%, 50%, and 60% RH were achieved by successively introducing an appropriate amount of moisture supplied by a humidifier into the chamber. At each humidity level, the samples were kept for more than two hours to reach equilibrium adsorption of water on the surfaces before the measurements were carried out. The pressure in the chamber was maintained at 0.1MPa during the whole measuring process.

For surface conductivity measurement, the samples (75mm in diameter) were electroded by evaporating a thin layer of aluminium on the surfaces. One surface of the samples was given a smaller circular inner electrode surrounded by a ring electrode, and the opposite surface was coated with a single continuous film. Surface conductivity was measured using an insulation measuring device (ZC-90G, Shanghai Taiou Electronics Co., Ltd., China) at 500 V DC, according to a standard test procedure (the China Industry Standard MT113-1995).

For surface potential decay measurement, as shown in Fig. 1, the samples (48mm in diameter) metalized on one side, mounted in a holder, were first charged on their free surfaces using a grid-controlled corona charger. The grid electrode was placed 50mm below the needle electrode and 8mm above the sample. After the charging, the samples were rapidly transferred to the underside of a non-contacting probe to determine their surface potentials. The sample transfer time was controlled as short as possible (about 10s), and the probe distance to the sample surface was maintained at 4.0mm in the surface potential measurement. The surface potentials were measured by an electrostatic voltmeter (Monroe 244A) which transmits data to a computer through an electrometer (Keithley 6514). In addition, the distance between the probe and the grounded stainless steel chamber or the needle electrode was set to be 80mm or 160mm, which is large enough to avoid a possible influence of the electric field distribution in the experimental setup on the surface potential measurement[10].

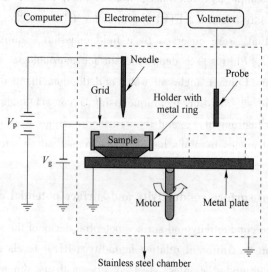

Fig. 1　Schematic illustration of the experimental setup for corona charging and surface potential measurement

3 Results and Discussion

3.1 Chemical composition and structure, thickness and surface morphology of the fluorinated surface layers

C—F bond is the strongest single bond in organic chemistry and has a bond dissociation energy of up to 544kJ/mol[30], much higher than those bond energies of C—H (414 kJ/mol) and C—OH (385kJ/mol) bonds[31]. Therefore, direct fluorination of polymers would result in the disruption of C—H and C—OH bonds and the saturation of C=C double bonds, forming CF, CF_2, and CF_3 groups, and would also lead to the chain scission[25]. Physicochemical characteristics of the formed surface layer depend on the treatment conditions of composition and pressure of the reactive mixture, fluorine partial pressure, fluorination time and temperature, and polymer nature[25].

Fig. 2 shows ATR-IR spectra (a) and (b) - (e) of the original sample and the surface fluorinated samples. For a clear observation and an easy comparison, the absorbance is multiplied by 5 in the wave number range of 2600-3850cm^{-1} for the spectra (a) - (e) or by 3 in the range of 1480-2000cm^{-1} for the spectra (b) - (e), and the absorbance in the range of 780-1420cm^{-1} for the spectra (b) - (e) is normalized for the peaks at ~ 1154cm^{-1} to have a same height. These multiplied or normalized regions of the spectra are also shown in Fig. 2. Similar to the previous original sample[27], the characteristic absorptions of epoxy groups at 915cm^{-1}[32] and anhydrides at 1777cm^{-1} and 1859cm^{-1}[33] do not appear in the spectrum (a) of the original sample. This indicates that DGEBA and MTHPA were completely consumed by the reaction of anhydrides with epoxy groups, resulting in the formation of ester groups, as evidenced by the carbonyl absorption at 1736cm^{-1}[33] in the spectrum (a). Possible assignment (see [32] and references there) of the absorptions in the spectrum (a) is given in Table 1. These absorptions were also observed for the previous original sample[27], although there are some differences in relative strength of the absorptions between the original sample and the previous original sample, due to the different epoxy resin materials used.

It needs to be pointed out that ATR absorptions of a sample with a modified surface layer arise from the modified surface layer or both the modified surface layer and the inner unmodified layer. This depends on both the thickness of the modified surface layer and the sampling depth of infrared radiation, and the latter increases proportionally with the wavelength of the infrared radiation[34]. It can be seen that the spectra (b) - (e) of the surface fluorinated samples in Fig. 2 show very different characteristics from the spectrum (a) of the original sample. All the absorptions corresponding to the original sample, except the OH absorption band in the wavenumber range of 3150-3750cm^{-1}, are significantly weakened even for the sample F 25, and most of them become almost invisible with increasing fluorination temperature for the samples F 55, F 75, and F 95. The weakening or disappearance of the characteristic absorptions is due to the substitution of fluorine atoms for hydrogen atoms, the

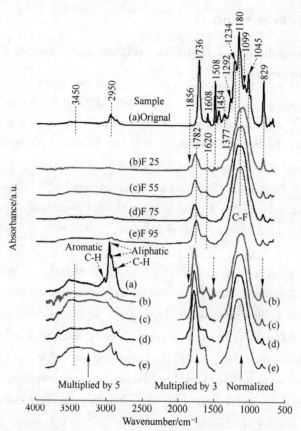

Fig. 2 ATR-IR spectra of the original sample and the surface fluorinated samples F 25, F 55, F 75, and F 95

addition of fluorine atoms to C=C double bonds, and the chain scission. The formation of C—F bonds is evidenced by the change of the absorption band in the wave number range of 940–1340 cm^{-1} in the spectra (b) – (e) compared to the spectrum (a), because the absorptions of CF and CF_2 (and/or CF_3) groups have the maxima at ~ 1183 and 1148 cm^{-1} [25]. A contribution of the inner unfluorinated layer to the absorption band (940–1340 cm^{-1}) can be discerned for the sample F 25 by a careful comparison of the spectrum (b) with the spectrum (a), but the contribution cannot be clearly seen for the samples F 55, F 75, and F 95, which is actually due to their thicker fluorinated surface layers as shown hereinafter (in Fig. 3).

The absorptions at higher wave numbers than 1508 cm^{-1} in the spectra (b) – (e) almost exclusively come from the fluorinated surface layers, because even the absorption at 1508 cm^{-1} from the inner unfluorinated layer has been not significant in the spectrum (b) or invisible in the spectra (c) – (e). The absorption band in the range of 1600–1880 cm^{-1} is a superposition of several absorption bands of the carbonyl groups in acid fluoride groups (—COF), carboxyl groups (—COOH), fluoroester (—CHF—C (=O) —O—), fluoroaldehyde (—CHF—C (=O) H), and fluoroketone (—CH_2—C (=O) —CHF—)[25]. The carboxyl groups are actually the hydrolysate of the acid fluoride groups in exposure of the surface fluorinated samples to air[25]. Due to different exposure times of the surface fluorinated samples to air before the ATR-IR measurements were performed, a small absorption peak of the acid fluoride groups can still be seen at 1856cm^{-1} in the spectra (b), (d), and even (c) in Fig. 2, and while the absorption of the acid fluoride groups cannot be clearly observed in the spectrum (e). This can explain why the OH absorption band in the wave number range of 3150–3750cm^{-1} centered around 3450cm^{-1} still exists for the surface fluorinated samples. The formation of the new oxygen-containing groups and the disappearance of the original oxygen-containing groups are also the evidence for occurrence of the chain scission during fluorination.

In addition, from the multiplied or normalized spectra in Fig. 2, we can see a reappearance of the aliphatic CH stretching absorptions around 2920cm^{-1} in the spectrum (d) and their further strengthening in the spectrum (e), although the absorption at 1508cm^{-1} is invisible in the spectra (d) and (e) like the spectrum (c) and there is no significant difference between the normalized spectra (c) – (e). A deep understanding of the phenomenon needs the information on physical characteristics of the fluorinated surface layers.

Table 1 Assignment of the Absorptions of the Original Sample

Wavenumber/cm^{-1}	Assignment
829	C—H out-of-plane bending vibration of 1, 4-disubstituted benzene
1045, 1099	C—O—C symmetric and asymmetric stretching
1234, 1292	vibrations of aromatic and aliphatic ethers
1180	C—H in-plane bending vibration of 1, 4-disubstituted benzene
1377	CH$_3$ in-plane symmetric bending vibration
1454	CH$_2$ in-plane bending vibration, and CH$_3$ in-plane asymmetric bending vibration
1508, 1608	C=C stretching vibrations of 1, 4-disubstituted benzene
1736	C=O stretching vibration of ester groups
2800–3050	C—H symmetric and asymmetric stretching vibrations of CH$_2$, CH$_3$, and aromatic ring
3150–3750	O—H stretching vibration

Thickness of a fluorinated surface layer had been measured by a laser interference method[25]. Recently, we have directly observed the fluorinated layers of epoxy and polyethylene samples by SEM imaging of the sample cross-sections[27,28,35]. This is due to the fact that the fluorinated surface layer has a higher secondary electron emission coefficient and thus appears brighter than the inner unfluorinated layer in the cross-section image. Fig. 3 shows SEM cross-section images of the surface fluorinated samples. It is clear that the fluorinated layer thickness increases with fluorination temperature from 0.56μm of the sample F 25 to 0.96, 1.07, and 1.58μm of the samples F 55, F 75, and F 95. The increase is obviously a result of the thermal promotion of fluorine penetration through the fluorinated layer to the inner unfluorinated one. This also means that a thicker fluorinated layer has a higher degree of fluorination. In addition, the large increase in fluorinated layer thickness from 1.07 to 1.58μm in Fig. 3 is because of the fact that the fluorination temperature (95℃) has exceeded the glass transition temperature (93.2℃) of the epoxy sample, determined by the differential scanning calorimeter, so that fluorine could penetrate into the sample a large distance.

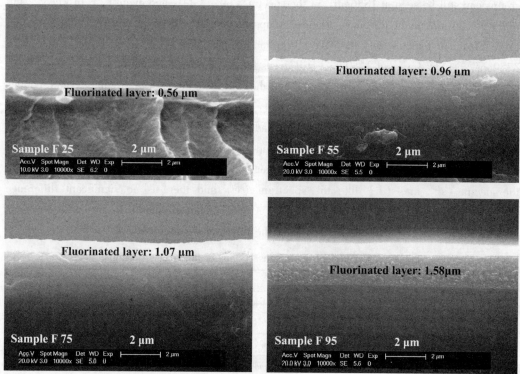

Fig. 3 SEM cross-section images of the surface fluorinated samples F 25, F 55, F 75, and F 95

SEM surface images of the surface fluorinated samples are shown in Fig. 4, where can be observed an evolution of surface morphology with fluorination temperature. Surface of the sample F 25 is flat and featureless, almost like the original sample (not shown). In contrast to this, surface cracking and roughening occur for the samples F 55, F 75, and F 95, and the cracks dividing the surface into many small domains become deeper with increasing fluorination temperature. The change in surface morphology with fluorination temperature is different from that with fluorination time at the fluorination temperature of 50℃, where a decrease in number of the cracks and an increase in compactness of the surface were observed[28]. Various authors have reported surface roughening of polymers by direct fluorination or by CF_4 plasma fluorination[36,37], where different mechanisms for the roughening behavior were proposed. For this study, surface roughening at the elevated fluorination temperatures should be due to a rapid increase in molecular volume by the addition and substitution of fluorine atoms and also due to the chain scission. On the other hand, a sufficient relaxation time for the slow increase in molecular volume and less chain scission at the low reaction temperature of 25℃ should be the reasons for the formation of the flat and featureless surface of the sample F 25.

These different physical characteristics of the fluorinated surface layers support the above-mentioned IR results. Because the migration of fluorine into the polymer is a diffusion-limited

Fig. 4 SEM surface images of the surface fluorinated samples F 25, F 55, F 75, and F 95

process, one can expect a gradual decrease in degree of fluorination along the fluorinated layer thickness. In addition, one can also expect that the addition reaction of fluorine atoms to C=C double bonds proceeds more easily than the substitution reaction of fluorine atoms for hydrogen atoms because of a lower bond energy (264 kJ/mol) of the π bond of the double bond[38] than that (414 kJ/mol) of the C—H bond. Therefore, the reappearance of the aliphatic CH stretching absorptions in spectrum (d) and their further strengthening in spectrum (e) in Fig. 2 arise from the exposure of the lower layer with lower fluorine substitution of the fluorinated layer by the cracks deepening with the fluorination temperature. The lack of the absorption at 1508cm^{-1} in the spectra (d) and (e), like the spectrum (c), is due to the fact that the C=C double bonds even in the lower layer of the fluorinated layer are saturated almost completely. Because of lower wave numbers or deeper sampling depths of infrared radiation, there should be a contribution of the inner unfluorinated layer as well as the contribution of the fluorinated layer to the absorptions in the wave number range of 780–1420cm^{-1} in the spectra (c) – (e), which depends on the wave number and the thickness and cracks of the fluorinated surface layer. This makes it difficult to compare the C—F absorptions in the spectra (c) – (e), although a slight difference can be seen around the peak between the spectra.

3.2 Surface electrical properties of the fluorinated samples

These different surface physicochemical characteristics should lead to different surface electrical properties between the samples, and thus influence charge accumulation and charge decay on the epoxy insulator during a charging process and after the charging process. This is important because electric conduction in the gas is the dominant mechanism of charge accumulation on the solid insulators in practical gas-insulated systems[5,6,9]. In order to investigate surface electrical properties of the samples and their surface charge accumulation and decay, surface conductivity and surface potential measurements were performed at room temperature and the different RH levels of 20%, 30%, 40%, 50%, and 60%, in a grounded stainless steel chamber, as described in section 2.3.

Fig. 5 shows the measurement results of the original sample and the surface fluorinated samples. It can be seen that the fluorinated samples have much higher surface conductivities than that of the original sample at each humidity level, and surface conductivity increases with fluorination temperature, which is especially significant above 55℃. A great influence of environmental humidity on surface conductivity is also observed in the investigated humidity range for the surface fluorinated samples, but only above 30% RH for the original sample. The increase in surface conductivity with environmental humidity is obviously due to an increase in water adsorption on the sample surfaces. However, the much higher surface conductivities of the fluorinated samples, especially at the low humidity level of 20% RH with little influence of water absorption, are related to the intrinsic changes in surface physicochemical characteristics. This result provides a further understanding of the effect of fluorination conditions on surface conductivity, thus is complementary to the previous result on the influence of fluorination time[28], where surface fluorination led to a significant increase of surface conductivity in the initial stage of the fluorination, but surface conductivity decreased with the duration of the fluorination.

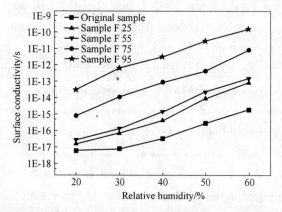

Fig. 5 Surface conductivities of the original sample and the surface fluorinated samples F 25, F 55, F 75, and F 95 at different RH levels and room temperature

Fig. 6 only shows the results of the surface potential measurements at 20% and 40% RH for the original sample and the surface fluorinated samples, although the measurement was performed also at 30%, 50%, and 60% RH. Before the measurements, the samples were corona charged for 5min with a needle voltage of −10kV and a grid voltage of −2kV, and the measurements started at about 10 s after the end of the charging period, as mentioned in section 2.3. As seen in Fig. 6, the surface fluorinated samples have a lower initial surface potential and a more rapid potential decay in comparison with the original sample, strongly depending on fluorination temperature and environmental humidity. This is obviously due to surface conduction of the deposited charge during and after the charging process, in accordance with the results of surface conductivity measurements. For example, at 40% RH, the initial surface potential values of the samples F 25, F 55, F 75, and F 95 are respectively 2050, 1990, 1447, and 16 (almost zero) V, compared to 2066 V of the original sample. It is difficult to accurately obtain the equilibrium surface potential during a charging process for a non-ideal insulator since the surface potential measurement is delayed in respect to the charging event and during the delay time surface potential decay takes place. In consideration of the short delay time (about 10s), herein we approximately regard the initial surface potential as the equilibrium surface potential.

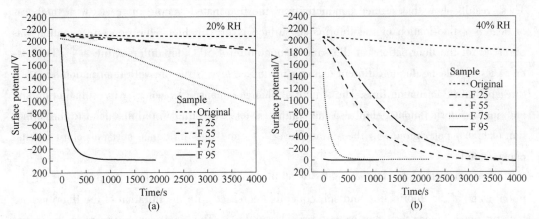

Fig. 6 Surface potential decays of the original sample and the surface fluorinated samples
F 25, F 55, F 75, and F 95 at 20% and 40% RH and room temperature

The relation between equilibrium surface potential and surface conductivity has been summarized on the basis of these results of surface potential and surface conductivity measurements, and is shown in Fig. 7. It is seen that the equilibrium surface potential does not significantly decrease with the increase of surface conductivity up to 3.0×10^{-14} S, but subsequently decreases dramatically, and almost to zero when surface conductivity increases to 10^{-12} S. The result is in good accordance with the required surface conductivity of semiconductive coatings able to prevent surface charging of the insulators in GIS under direct current high voltage[20,23]. In addition, although a significant influence of the surface conductivity on the equilibrium surface potential appears only above the critical surface conductivity (3.0×10^{-14} S), a rapid surface potential or charge decay occurs also below the critical value, as observed for the sample F 75 at 20% RH and the samples F 25 and F 55 at 40% RH in Fig. 6. This is beneficial to reduce the residual surface charge and thus its influence on the flashover voltage at the polarity reversal.

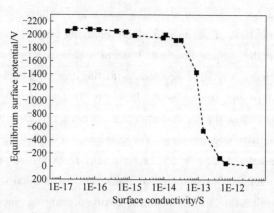

Fig. 7　Equilibrium surface potential as a function of surface conductivity

3.3　Correlation between surface electrical properties and surface physicochemical characteristics

These results show that surface conductivity of the fluorinated sample increases with thickness or degree of fluorination of the fluorinated surface layer. However, the opposite situation was observed for the fluorinations at the same temperature of 50 ℃ for different times[28]. The discrepancy should be due to different changes in surface layer structure with fluorination temperature and with fluorination time. The structural change is caused by not only the substitution and addition of fluorine atoms, but also the chain scission. The latter would also lead to the formation of highly polar groups in the surface layer[25], and thus influence surface polarity of the epoxy sample.

We have reported that surface polarity of the epoxy sample significantly increased in the initial stage of the fluorination and subsequently decreased with the duration of the fluorination, but still much higher than that of the original sample[28]. The significant increase in the initial stage is due to the introduction of polar groups (e. g. CHF groups and oxygen–containing groups) and the formation of highly polar groups by the chain scission. The subsequent decrease is mainly associated with a partial transformation of the polar CHF groups into the apolar CF_2 groups by the further substitution of fluorine, and also indicates that the change in degree of chain scission of the surface layer was not significant with the duration of the fluorination, as can be expected because of the same reaction temperature. Therefore, the change in degree of chain scission can be evaluated indirectly by surface polarity analysis.

In order to indirectly evaluate the change in degree of chain scission with fluorination temperature in this study, contact angles of water (W) and diiodomethane (D) droplets on the samples were measured and their surface energies were calculated on the basis of the contact angle measurements. Table 2 gives the measurement and calculation results. It is seen that the surface fluorinated samples, similar to the previous ones[27,28], have much smaller water contact angles and much higher polar components (γ_p) of surface energy and total surface energies (γ_t) consisting of the polar and dispersive (γ_d) components, compared with the original sample. The reasons for the increases in surface wettability and polarity are similar to those above mentioned, although the apparent contact angles and surface energies are also influenced by surface roughness, i.e. an increase in surface roughness will decrease the contact angle for a water droplet on a hydrophilic surface[39]. The high surface wettabilities of the surface fluorinated samples can also explain that their surface conductivities are more sensitive to environmental humidity than the original sample, as observed in Fig. 5. However, it is also observed in Table 2 that the water contact angle decreases and the polar component of surface energy and total surface energy increase dramatically with fluorination temperature, contrary to those changes with fluorination time[28]. This is obviously due to the increase in degree of chain scission with fluorination temperature, rather than the increase in degree of fluorination because it would lead to a contrary change in surface polarity.

Table 2 Contact angles and surface energies of the original sample and the surface fluorinated samples

Sample	Contact angle/ (°)		Surface energy/mJ · m^{-2}		
	W	D	γ_p	γ_d	γ_t
Original	104.7	51.8	0.1	35.4	35.5
F 25	56.2	67.4	25.9	22.7	48.6
F 55	50.1	74.5	31.7	19.6	51.3
F 75	31.8	75.3	43.5	19.2	62.7
F 95	10.3	75.2	52.6	19.2	71.8

Although it is difficult to find a specific correlation between the surface conductivity and the physicochemical characteristics of the fluorinated layer due to the combined influences, the present results, together with our previous ones, indicate that the apparent physical characteristics of thickness and surface morphology of the fluorinated layer are not the dominant factors of the increase in surface conductivity. Surface conductivity is determined dominantly by the chemical composition and structure of the fluorinated layer. The increase in degree of chain scission of the fluorinated layer is in favor of increasing surface conductivity of the epoxy insulator, and while the increase in degree of fluorination plays the opposite role.

4 Conclusions

This work has shown that fluorination temperature has a significant effect on surface conductivity of the epoxy insulator. The increase in fluorination temperature is in favor of enhancing the surface conductivity. This is due to not only the compositional and concomitant structural changes, but also a structural change caused by the chain scission that occurs more easily at elevated temperatures. The present results, together the previous ones, suggest that an epoxy insulator with surface conductivity high enough to completely suppress the charge accumulation may be obtained by direct fluorination at elevated temperatures for a short time. This needs to be investigated in future work.

Acknowledgements

This work was supported by the National Natural Science Foundation of China (grant numbers: 51277132, 50977065, and 51077101).

References

[1] A. Ponsonby, O. Farish. GIS barrier modeling and the effects of surface charge [J]. London: Intern. Symp. High Voltage Engineering, 1999, 248-252.

[2] X. Jun, I. D. Chalmers. The influence of surface charge upon flash-over of particle-contaminated insulators in SF_6 under impulsevoltage conditions [J]. J. Phys. D: Appl. Phys., 1997, 30: 1055-1063.

[3] S. Tenbohlem, G. Schrocher. The influence of surface charge on lightning impulse breakdown of spacers in SF6 [J]. IEEE Trans. Dielectr. Electr. Insul., 2000, 7: 241-246.

[4] K. Nakanishi. A. Yoshioka. Y. Arahata, Y. Shibuya. Surface charging on epoxy spacer at DC stress in compressed SF_6 gas [J]. IEEE Trans. Power Apparatus Syst., 1983, 102: 3919-3927.

[5] H. Fujinami, T. Takuma, M. Yashima, T. Kawamoto. Mechanism and effect of DC charge accumulation on SF_6 gas insulated spacer [J]. IEEE Trans. Power Delivery, 1987, 4: 1765-1772.

[6] T. Nitta, K. Nakanishi. Charge accumulation on insulating spacers for HVDC GIS [J]. IEEE Trans. Electr. Insul., 1991, 26: 418-427.

[7] E. Volpov. Dielectric strength coordination and generalized spacer design rules for HVAC-DC SF6 gas insulated systems [J]. IEEE Trans. Dielectr. Electr. Insul., 2004, 11: 949-963.

[8] B. Lutz, J. Kindersberger. Surface charge accumulation on cylindrical polymeric model insulators in air: simulation and measurement [J]. IEEE Trans. Dielectr. Electr. Insul., 2011, 18: 2040-2048.

[9] Q. Wang, G. Zhang, X. Wang. Characteristics and mechanisms of surface charge accumulation on a cone-type insulator under DC voltage [J]. IEEE Trans. Dielectr. Electr. Insul., 2012, 19: 150-155.

[10] S. Kumara, Y. V. Serdyuk, S. M. Gubanski. Surface charge decay on polymeric materials under different neutralization modes in air [J]. IEEE Trans. Dielectr. Electr. Insul., 2011, 18: 1779-1788.

[11] T. Hasegawa, K. Yamaji, M. Hatano, F. Endo, T. Rokunohe, T. Yamagiwa. Development of insulation structure and enhancement of insulation reliability of 500kV GIS [J]. IEEE Trans. Power Delivery, 1997, 12: 194-202.

[12] H. Hama, T. Hikosaka, S. Okabe, H. Okubo. Cross-equipment study on charging phenomena of solid insulators in high voltage equipment [J]. IEEE Trans. Diel. Electr. Insul., 2007, 14: 508-519.

[13] D. A. Mansour, H. Kojima, N. Hayakawa, F. Endo, H. Okubo. Surface charge accumulation and partial discharge activity for small gaps of electrode/epoxy interface in SF_6 gas [J]. IEEE Trans. Diel. Electr. Insul., 2009, 16: 1150-1157.

[14] O. Farish, I. AI-Bawy. Effect of surface charge on impulse flashover of insulators in SF_6 [J]. IEEE Trans. Electr. Insul., 1991, 26: 443-452.

[15] K. D. Srivastava, R. G. van Heeswijk. Dielectric coatings effect on breakdown and particle movement in GITL systems [J]. IEEE Trans. Power App. Syst., 1985, 104: 22-31.

[16] K. Sakai, D. L. Abella, J. Suehiro, M. Hara. Charging and behavior of a spherically conducting particle on a dielectrically coated electrode in the presence of electrical gradient force in atmospheric air [J].

IEEE Trans. Dielectr. Electr. Insul. , 2002, 9: 577-588.

[17] Y. Khan, S. Okabe, J. Suehiro, M. Hara. Proposal for new particle deactivation methods in GIS [J]. IEEE Trans. Dielectr. Electr. Insul. , 2005, 12: 147-157.

[18] F. Wang, Y. Qiu, W. Pfeiffer, E. Kuffel. Insulator surface charge accumulation under impulse voltage [J]. IEEE Trans. Dielectr. Electr. Insul. , 2004, 11: 847-854.

[19] A. De Lorenzi, L. Grando, A. Pesce, P. Bettini, R. Specogna. Modeling of epoxy resin spacers for the 1MV DC gas insulated line of ITER neutral beam injector system [J]. IEEE Trans. Diel. Electr. Insul. , 2009, 16: 77-87.

[20] F. Messerer, M. Finkel, W. Boeck. Surface charge accumulation on HVDC-GIS-spacer [J]. IEEE Intern. Sympos. Electr. Insul. , Boston, MA, USA, 2002: 421-425.

[21] H. Hama, T. Hikosaka, S. Okabe, H. Okubo. Cross-equipment study on charging phenomena of solid insulators in high voltage equipment [J]. IEEE Trans. Diel. Electr. Insul. , 2007, 14: 508-519.

[22] F. Messerer, W. Boeck. High resistance surface coating of solid insulating components for HVDC metal enclosed Equipment [J]. Int'l. Sympos. High Voltage Eng. , 1999, 4: 63-66.

[23] F. Messerer, W. Boeck. Gas insulated substation (GIS) for HVDC [J]. IEEE Conf. Electr. Insul. Dielectr. Phenomena (CEIDP), Victoria, BC, Canada, 2000, 698-702.

[24] Z. Jia, B. Zhang, X. Tan, Q. Zhang. Flashover characteristics along the insulator in SF_6 gas under DC voltage [C]. Asia-Pacific Power and Energy Engineering Conference (APPEEC), Wuhan, China, 2009: 1-4.

[25] A. P. Kharitonov. Direct fluorination of polymers – From fundamental research to industrial applications [J]. Prog. Org. Coat. , 2008, 61: 192-204.

[26] A. Tressaud, E. Durand, C. Labrugere, A. P. Kharitonov, L. N. Kharitonova. Modification of surface properties of carbonbased and polymeric materials through fluorination routes: From fundamental research to industrial applications [J]. J. Fluorine Chem. , 2007, 128: 378-391.

[27] Y. Liu, Z. An, J. Cang, Y. Zhang, F. Zheng. Significant suppression of surface charge accumulation on epoxy resin by direct fluorination [J]. IEEE Trans. Electr. Insul, 2012, 19: 1143-1150.

[28] Y. Liu, Z. An, J. Cang, Y. Zhang, F. Zheng. Influence of fluorination time on surface charge accumulation on epoxy resin insulation [J]. Acta Phys. Sin, 2012, 61: 158201. (in Chinese)

[29] S. Wu. Polymer Interface and Adhesion [M]. New York: Marcel Dekker, 1982.

[30] D. M. Lemal. Perspective on fluorocarbon chemistry [J]. J. Org. Chem. , 2004, 69: 1-11.

[31] S. J. Blanksby, G. B. Ellison. Bond dissociation energies of organic molecules [J]. Acct. Chem. Res. , 2003, 36: 255-263.

[32] A. Cherdoud-Chihani, M. Mouzali, M. J. M. Abadie. Study of crosslinking acid copolymer/DGEBA systems by FTIR [J]. J. Appl. Polym. Sci, 2003, 87: 2033-2051.

[33] M. Morell, X. Ramis, F. Ferrando, Y. Yu, A. Serra. New improved thermosets obtained from DGEBA and ahyperbranched poly (ester-amide) [J]. Polymer, 2009, 50: 5374-5383.

[34] D. E. Bergbreiter, G. F. Xu. Surface selective modification of poly (vinyl chloride) film with lithiated α, ω-diaminopoly (alkene oxide) s [J]. Polymer, 1996, 37: 2345-2352.

[35] Z. An, C. Liu, X. Chen, F. Zheng, Y. Zhang. Correlation between space charge accumulation in polyethylene and its fluorinated surface layer characteristics [J] . J. Phys. D: Appl. Phys. , 2012, 45: 035302.

[36] V. G. Nazarov, A. P. Kondratov, V. P. Stolyarov, L. A. Evlampieva, V. A. Baranov, M. V. Gagarin. Morphology of the surface layer of polymers modified by gaseous fluorine [J]. Polymer Science, Ser. A, 2006, 48: 1164-1170.

[37] I. Woodward, W. C. E. Schofield, V. Roucoules, J. P. S. Badyal. Super-hydrophobic surfaces produced by plasma fluorination of polybutadiene films [J]. Langmuir, 2003, 19: 3432-3438.

[38] L. G. Wade. Organic Chemistry, Pearson Prentice Hall, 2006.

[39] B. J. Ryan, K. M. Poduska. Roughness effects on contact angle measurements [J]. Am. J. Phys., 2008, 76: 1074-1077.

Rapid Potential Decay on Surface Fluorinated Epoxy Resin Samples*

Abstract Epoxy resin samples were surface fluorinated using a F_2/N_2 mixture with 12.5% F_2 by volume at 50℃ and 0.1MPa for different times of 10min, 30min, and 60min. Surface potential measurements at room temperature and different relative humidity levels of 20% to 60% on the surface fluorinated epoxy samples charged by corona discharge showed a low initial surface potential and a rapid potential decay, depending on the ambient humidity and fluorination time, in comparison with the charged unfluorinated epoxy sample. Surface conductivity measurements at the different relative humidity levels further indicated a higher surface conductivity of the fluorinated samples than the unfluorinated sample by over three orders of magnitude and an increase or decrease in surface conductivity with the ambient humidity or fluorination time, in accordance with the results of surface potential measurements. Attenuated total reflection infrared analyses and scanning electron microscope surface and cross section observations on the unfluorinated and surface fluorinated samples revealed substantial differences in physicochemical characteristics between the surface layers. The composition and structure characteristics of the surface layers are responsible for their intrinsic electrical properties and surface wettability, although surface morphology also influences the surface wettability.

1 Introduction

Epoxy resins are one of the most important classes of high-performance thermosetting polymers and are widely used as insulating, encapsulating, and structural materials in power, electronic, and aerospace industries. For example, in power industry, there are many epoxy products for indoor, outdoor, and enclosed apparatus[1], of which epoxy spacers have been used in gas-insulated switchgears (GISs) or gasinsulated lines (GILs) in high voltage alternating current (HVAC) power transmission systems for over four decades. However, nowadays, the design of a high voltage direct current GIS or GIL with the same reliability as the HVAC GIS or GIL remains a challenge[2]. The cause is mainly due to charge accumulation on the epoxy spacer surfaces, which is easy to occur at a dc electric field in comparison with an ac electric field. The accumulated surface charge may lead to a substantial distortion of the initial field distribution along the spacer surfaces and give rise to an unexpected decrease in dc flashover voltage of the spacers[3-5].

Considerable efforts have been done to reduce the surface charge accumulation mainly by op-

---

* Copartner: Liu Yaqiang, An Zhenlian, Yin Qianqian, Zheng Feihu, Zhang Yewen. Reprinted from *Journal of Applied Physics*, 2013, 113 (16): 164105-164105-8.

timizing the spacer profile[2,6,7], decreasing the micro-protrusions on the electrode surface[8,9] and the electric field at the triple-junction of the electrode/spacer/gas[10-12], and cleaning up the environment inside GIS or GIL[8,9,13]. However, it is still inevitable for charges to reach the space surface. As expected and identified, an appropriate increase in surface conductivity of the spacer without influencing its main insulation would allow the charge arriving on the surface to transfer along the surface and suppress the surface charge accumulation[10,14-16]. Therefore, surface treatment of the spacers by semiconducting coatings is frequently considered as an alternative to prevent the surface charge accumulation[2,10]. However, as far as we know, no work has been reported on chemical modification of the surface layer of the epoxy spacer to modulate its surface electrical properties and so as to suppress the surface charge accumulation by other authors.

Recently, we have made an attempt to suppress the surface charge accumulation by direct fluorination of the epoxy insulator. The preliminary results have shown that surface fluorination of the epoxy insulator for only 10min could suppress the surface charge accumulation very effectively, due to an intrinsic increase in surface conductivity[17]. As a continuation of the previous work, in this work, we investigate the behavior of surface potential decay at different ambient humidities on the epoxy resin samples surface fluorinated for different times, and try to reveal the correlation of surface electrical properties with surface physicochemical characteristics of the fluorinated epoxy resin samples.

2 Samples and Experiments

Epoxy resin sheets with a thickness of 0.55mm were cast in a vertical steel mold from diglycidyl ether of bisphenol-A epoxy resin (DGEBA), methyltetrahydrophthalic anhydride (MeTHPA) as a hardener, and 2, 4, 6-tris (dimethylamino- methyl) phenol (DMP-30) as an accelerator, with a weight mixture ratio of 100 : 80 : 1. They were cured at 120℃ for 2h in a vacuum oven, then post-cured at 150℃ for 3h, and slowly cooled down to room temperature. Before being fluorinated or investigated, the cured sheets were carefully cleaned to remove silicon grease from their surfaces, which was smeared on the steel mold with a very thin layer to help release the sheets from the mold after curing. The process consisted of washing with detergent and ultrasonically washing in acetone and deionized water. Afterwards, they were dried at a low temperature of 50℃ in a vacuum oven thoroughly.

Surface fluorination of the sheets was performed in a laboratory stainless vessel using a F_2/N_2 mixture with 12.5% F_2 by volume at 0.1MPa and about 50℃ for different times of 10min, 30min, and 60min. The 10min surface fluorination was carried out once again, as reported[17], which is to further investigate surface electrical properties of the surface fluorinated sheet and also to compare with the 30min or 60min surface fluorination. For short in the following text, the sheets surface fluorinated for the different times of 10min, 30min, and 60min will be referred to as sample F_ 10, sample F_ 30, and sample F_ 60, respectively. Surface chemical compositions of the unfluorinated (original) and surface fluorinated samples were characterized by attenuated total reflection infrared (ATR-IR) analysis using a FTIR spectrometer (Thermo Nicolet Nexus 670). Their cross sections and surfaces were observed by a field emission scanning electron microscope (FE-SEM, XL30FEG, Philips) to determine thicknesses and surface morphologies of the fluorinated surface layers. Contact angles of water droplet on the samples were measured with the sessile drop technique using a contact angle measuring instrument (OCA15, Dataphysics Instruments) to evaluate their surface wettability.

Corona charging and subsequent surface potential decay measurements of the samples metalized with aluminium on one side were performed in a grounded stainless steel chamber at room temperature and different relative humidity (RH) levels ranging from 20% to 60%. The RH inside the stainless steel chamber was regulated by evacuating the chamber and then introducing high purity nitrogen gas and an appropriate amount of moisture supplied by a humidifier into the chamber. Fig. 1 shows the corona charging and surface potential measurement system used in this study. The sample is first charged on its free surface using a grid-controlled corona charger, then is rapidly transferred to the underside of a non-contacting probe to measure its surface potential by an electrostatic voltmeter (Monroe 244A), which transmits data to a computer through an electrometer (Keithley 6514). Surface conductivity of the samples was measured also in the grounded stainless steel chamber at room temperature and the different RH levels, using an insulation measuring instrument (ZC-90 G, Shanghai Taiou Electronics Co., Ltd., China) at 500V, according to the China Industry Standard MT113-1995.

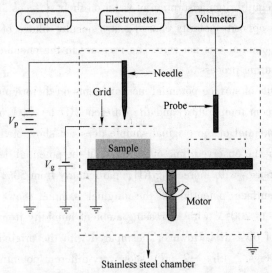

Fig. 1 Schematic illustration of experimental setup for corona charging and surface potential measurement

3 Results and Discussion

3.1 Surface potential decay at different humidity levels

Surface potential decay measurement on a corona charged sample can provide direct information about the stability of the deposited charges. As a useful and convenient method, it has been widely used for characterizing the electrical properties of many insulating materials. We have reported that the original epoxy sample had a stable surface potential after corona charging, and while surface potential of the charged sample F_10 rapidly decayed to zero in 2min or 3min under the laboratory conditions of 43% RH and 25℃, due to the transport of the deposited charges along the fluorinated surface[17]. Herein, surface potential decay measurements were performed on the samples F_30 and F_60 and also on the sample F_10 and the original sample at different RH levels, to investigate the influences of fluorination time and ambient humidity on the charge trapping properties.

As described in Sec. 2, corona charging and subsequent surface potential decay measurements on the samples were carried out in the grounded stainless steel chamber at room temperature. A low RH level of 20% inside the stainless steel chamber was obtained by evacuating the chamber and then filling it with high purity nitrogen gas. The subsequent increases in RH inside the chamber from the low level of 20% to 30%, 40%, 50%, and 60% were achieved by successively introducing an appropriate amount of moisture provided by a humidifier into the chamber. For each of the samples, corona charging and subsequent surface potential decay measurements were performed first at the low RH level and then at the higher RH levels. At a given RH, before the samples were corona charged at a needle voltage of -10kV and a grid voltage of -2kV for 5min, they were kept in the humidity environment for more than 2h to reach equilibrium adsorption of water on their surfaces and assured to have zero surface potential by an opposite polarity charging at a needle voltage of +10kV and zero-grid voltage if the surface potential was not zero. The pressure in the chamber was kept at 0.1MPa during the whole measuring process.

Fig. 2 shows the results of surface potential measurements on the original and surface fluorinated epoxy samples at room temperature and the different RH levels. From Fig. 2 (a), it can be seen that surface potential of the original sample does not show obvious decay at 20% RH and even at 30% RH in the observed time of 3600s, but the potential decay occurs at 40% RH and the decay rate increases with increasing RH, particularly from 50% to 60%. It can also be observed that initial surface potential of the original sample shows a small decrease in magnitude from 2164V to 2005V with increasing ambient humidity from the low level of 20% RH to the high level of 60% RH. However, compared with the original sample, the surface fluorinated samples in Figs. 2 (b) -2 (d) show very different potential decay characteristics and a strong correlation of the potential decay characteristics with ambient humidity.

As observed in Figs. 2 (b) -2 (d), surface potential of the surface fluorinated samples decays rapidly with time even at the low humidity level of 20% RH, and the potential decay rate increases dramatically with increasing ambient humidity. It is especially worth noting that at a given RH level initial surface potentials of the surface fluorinated samples are much smaller in magnitude than that of the original sample, although they were charged under the same conditions as mentioned above. For instance, at the low or high humidity level of 20% or 60% RH,

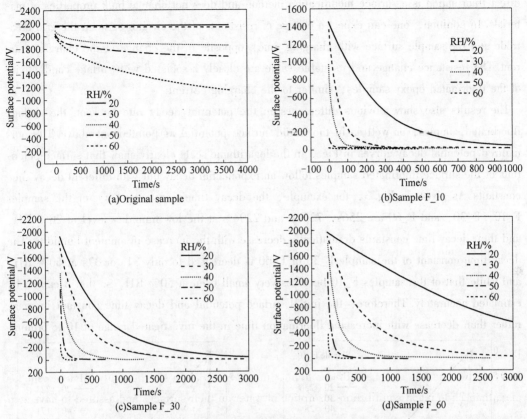

Fig. 2 Surface potential decay of the original and surface fluorinated samples at room temperature and different RH levels

the samples F_10, F_30, and F_60 have initial surface potentials of 1445V, 1932V, and 1972V or 16V, 238V, and 373V in magnitude, respectively, in comparison with the initial surface potential value of 2164V or 2005V of the original sample. The initial surface potentials can be regarded as the equilibrium surface potentials of the samples during the charging process because of an immediate potential measurement after the corona charging. It is known that a "perfect" insulator has an equilibrium surface potential slightly higher than the grid voltage during charging with a grid-controlled corona charger, and the charging current decreases with charging time from an initial maximum value to zero, following an exponential form[18]. However, for an insulator with surface and/or bulk conduction, its equilibrium surface potential cannot reach the grid voltage value due to conduction of the deposited charges along the surface and/or through the bulk, and thus its charging current does not decrease to zero with charging time and reaches a stable value smaller than the initial maximum value. Therefore, the results indicate that the deposited corona charge cannot be stored on the fluorinated surfaces, and the low initial surface potentials or equilibrium surface potentials of the surface fluorinated samples mean a small dynamic charge accumulation during the charging period, especially at higher humidity levels. This is exclusively due to surface conduction of the deposited charges because direct fluorination is a surface modification method and does not change bulk properties of materials. In addition, one can expect a change of resistance of the air gap between the grid electrode and the sample surface with charging time, opposite to the change of the charging current. The resistance change and its stable value are closely associated with surface conductivity of the fluorinated epoxy samples, similar to the charging current.

The results also show obvious differences in the potential decay rate between the surface fluorinated samples, as well as in the initial surface potential as pointed out above. The normalized potential decay curves in Fig. 3 in the logarithmic scale clearly show that surface potentials of the surface fluorinated samples follow an exponential decay but with different decay time constants. As given in Fig. 3, for example, the decay time constants (τ) of the samples F_10, F_30, and F_60 are 256s, 723s, and 2294 s at the low humidity level of 20% RH, and their decay time constants dramatically decrease with the increase in ambient humidity. The decay time constant of the sample F_30 or F_60 is decreased to only 31s or 37s at 60% RH, and while that of the samples F_10 becomes very small even at 50% RH, so that it cannot be estimated accurately. Therefore, the initial surface potential and decay time constant increase rather than decrease with increasing fluorination time in the investigated range of 10 to 60min.

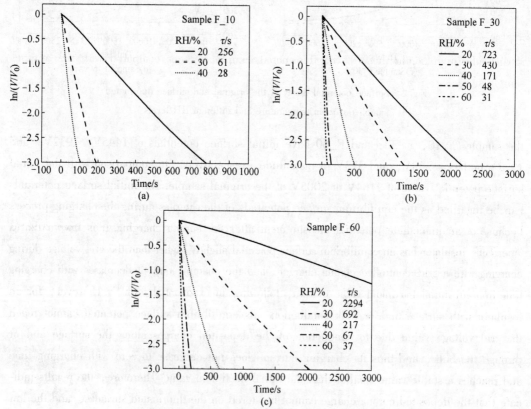

Fig. 3 Normalized surface potentials and decay time constants (τ) of the surface fluorinated samples at room temperature and different RH levels, V_0 is the initial surface potential

3.2 Surface conductivity at different humidity levels

Several physical processes of surface conduction[19] charge injection or bulk conduction[20,21], and bulk polarization[22,23] can be held responsible for surface potential decay of insulating materials with an electrode on one side after corona charging. For epoxy resin insulators, the results of a study of the surface potential decay have shown that charge injection into the bulk was not dominant, and the main process responsible for the potential decay was a slow bulk polarization, which occurred under the influence of the deposited charges[22]. This can explain the slow potential decay of the original epoxy sample at the lower RH levels of 20% and 30%, observed in this study. However, the obvious decay of surface potential at the higher RH levels should be mainly attributed to surface conduction of the deposited charges due to water adsorption. Actually, a similar study of surface potential decay on epoxy resin insulators at different RH levels has indicated the occurrence of charge lateral spreading or surface conduction at higher RH levels[24]. As pointed out above, because direct fluorination is a surface modification method, the rapid potential decay of the surface fluorinated epoxy samples is exclusively due to surface conduction of the deposited charges. In fact, we have observed a large steady state current flowing along the surface of the sample F_10 during a corona charging period under the laboratory conditions of 43% RH and 25℃[17]. The rapid potential decay, especially at the low humidity level of 20% RH with little influence of water adsorption, implies an intrinsically high conductivity of the fluorinated sample surfaces compared with the original sample surface.

Fig. 4 shows measurement results of surface conductivity of the original and surface fluorinated samples at the different RH levels. Similarly to the surface potential decay measurements, the surface conductivity measurements were performed also first at the low RH level of 20% and then at the higher RH levels. The measurement results definitely indicate that the surface fluorinated samples have surface conductivity much higher than that of the original sample by over three orders of magnitude even at the low RH level of 20%, and their surface conductivity increases in an almost exponential form with increasing ambient humidity from 20% to 60% RH, like the original sample. The measurement results also show that surface conductivity decreases with increasing fluorination time from 10min to 60min, as can be expected on the basis of the potential decay results in Fig. 2 or Fig. 3. It is well-known that surface potential decays exponentially with a time constant $\tau = \varepsilon/\sigma_v$ for a homogeneous insulator with dielectric constant ε and bulk conductivity σ_v when the potential decay is caused only by the bulk conduction. In addition, Crisci and co-authors[25] have proposed a model for the potential decay on a homogeneous insulator surface due to the surface conduction: $\tau = (R/2.41)^2(\varepsilon/d)(1/\sigma_s)$, where R, d, and σ_s are radius, thickness, and surface conductivity of the circular insulator, respectively. However, it needs to be pointed out that the proposed model cannot be used to numerically evaluate the relationship between the decay time constant in Fig. 3 and the surface conductivity in Fig. 4, because the surface fluorinated samples consist of the surface layer and the inner layer, which have different conductivities and should also have different dielectric constants. Despite this, we can still find an almost inversely proportional relationship between the decay time constant and the surface conductivity.

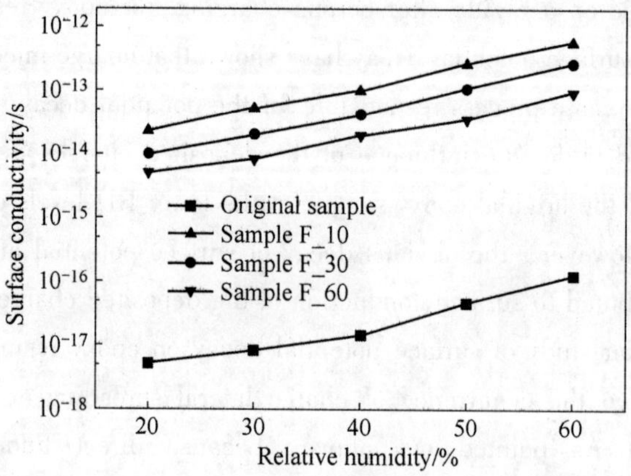

Fig. 4 Surface conductivity of the original and surface fluorinated samples at different RH levels

3.3 Surface physicochemical characteristics of the fluorinated epoxy samples

We have investigated the chemical composition and structure, thickness, and surface morphology of the surface layer of the sample F_10 by ATR-IR analysis and SEM cross-section and surface observations[17]. The methods were also used to characterize the surface layers of the samples F_30 and F_60 in this study. Fig. 5 shows ATR-IR spectra of the samples F_30 and F_60, and also those spectra of the original sample and the sample F_10 for comparison. All the absorption peaks in the spectrum (a) of the original sample and the substantial differences in chemical composition and structure between the surface layers of the sample F_10 and the original sample have been assigned and discussed in detail in the recent publication[17]. As observed in Fig. 5, almost all the peaks corresponding to those in the spectrum (a) are significantly reduced in strength or even disappear in the spectrum (b) of the sample F_10, accompanied by the appearance of a broad C-F absorption band over the wavenumber region of 940–1340 cm^{-1}. This becomes more significant with increasing fluorination time to 30 and 60 min, as seen in the spectra (c) and (d), the increased C—F absorption and the further decreased characteristic absorptions corresponding to those of the original sample or their disappearance. A gradually increasing absorption at 1763 cm^{-1} with fluorination time, like the C—F absorption, is assigned to —COOH groups, which are actually the hydrolysate of the —COF groups in exposure of the fluorinated samples to air[26]. This can, therefore, explain why the O—H absorption around 3450 cm^{-1} still exists for the surface fluorinated samples. The significant increase in C—F absorption means an increase in the amount of fluorine atoms incorporated into the surface layer with fluorination time, and the formation of —COF groups implies the occurrence of chain scission during the fluorination.

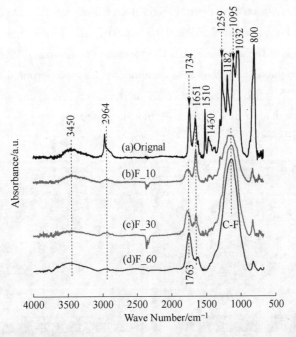

Fig. 5 ATR-IR spectra of the original and surface fluorinated samples, the band over 2300–2400 cm^{-1} corresponds to uncompensated CO_2

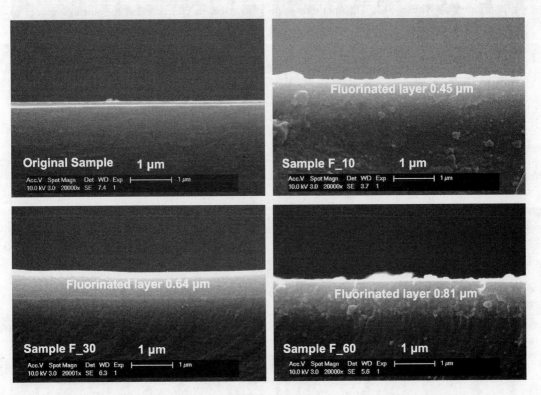

Fig. 6 SEM cross-section images of the original and surface fluorinated samples

Fig. 6 and Fig. 7 show SEM cross-section and surface images of the original and surface fluorinated samples, respectively. From Fig. 6, fluorinated layer thicknesses of the samples F_30 and F_60 can be determined to be 0.64 and 0.81μm larger than the fluorinated layer thickness (0.45μm) of the sample F_10. The increase in fluorinated layer thickness is expected because the fluorinated layer thickness is approximately proportional to the square root of fluorination time[27]. This also indicates a corresponding increase in degree of fluorination of the surface layer with fluorination time, because fluorine penetrates through the fluorinated layer to the inner unmodified layer.

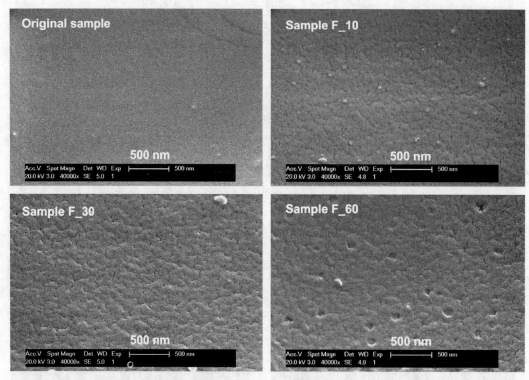

Fig. 7 SEM surface images of the original and surface fluorinated samples

An evolution of surface morphology with fluorination time can be observed in Fig. 7. The 10min fluorination (the sample F_10) resulted in a considerable change in surface morphology involving surface cracking and surface micropores, compared with the uniform and even surface of the original sample. However, with increasing fluorination time, these microcracks and micropores decrease and surface texture appears to be more compact. The formation of microcracks and micropores should be due to an increase in molecular volume by the substitution and addition of fluorine atoms for hydrogen atoms and to C=C double bonds, and due to the chain scission. It can also be a result of the heat release of the reaction, which would give rise to an uneven shrinkage of the surface layer. A similar increase in surface roughness by direct fluorination has been reported on natural rubber[28]. The subsequent decrease in surface roughness and increase in compactness of the surface layer with fluorination time are obviously due to the further introduction of fluorine atoms into the surface layer.

These differences in surface physicochemical characteristics are responsible for the intrinsic difference in surface electrical properties between the original sample and the surface fluorinated samples or between the surface fluorinated samples. However, it is hard to find an individual-specific relationship of the electrical properties with the chemical composition or the physical and chemical structure, because of a complicated dependence of the electrical properties on both of them. Molecular model calculations on tridecane to estimate trap energies of the chemical and physical defects in polyethylene have shown that chemical defects are responsible for the deep trapping of charges in polyethylene[29] and physical defects have trap depth considerably shallower than chemical defects[30]. In addition, as can be expected, there are the influence of neighboring molecules on the trap energies of the chemical and physical defects and the interaction among such defects in a real material[29,30].

The high surface conductivities of the fluorinated epoxy samples imply that the depth of charge traps in the surface layers is substantially reduced by the fluorinations, so that it cannot be evaluated by the usual thermally stimulated discharge current measurement from room temperature due to the rapid charge decay even at the starting temperature. Despite the lack of corresponding model calculations, if there is no occurrence of the structure change, the incorporation of fluorine atoms into the epoxy surface layer should lead to the formation of deep traps and thus reduce the surface conductivity, because fluorine atom has the highest electronegativity in the periodic table. However, in nature, the compositional change must be accompanied by the corresponding structural change and the chain scission may lead to a more significant structural change. Chain scission is known to occur more easily if oxygen is present in the reaction mixture or in the polymer as its chemical composition[26], such as epoxy resin. Therefore, high surface conductivity of the fluorinated epoxy samples should mainly arise from the structural change that introduces a large amount of the physical defects. On the other hand, a similar degree of chain scission can be expected for the fluorinated surface layers because they were formed under the same fluorination conditions, except the fluorination time. The decrease in surface conductivity or the increase in trap depth with fluorination time or degree of fluorination should be a result of competition between the chemical traps and the physical traps. The increase in trap depth with fluorination time is in accordance with the results on the fluorinations of polyethylene at a given temperature[31]. The results also indicate that the apparent physical characteristics of thickness and surface morphology of the fluorinated layer are not the dominant factors of the increase in surface conductivity.

Table 1 Contact angles of water on the original and surface fluorinated samples

Sample	Original	F_10	F_30	F_60
Contact angle/ (°)	97.6	17.6	31.6	65.2

We have also reported that the 10min fluorination led to a significant increase in surface wettability of the epoxy sample[17]. This is attributed to an intrinsic increase in surface polarity due to the introduction of polar groups (e.g., CHF groups and oxygen-containing groups) and the formation of highly polar groups by the chain scission in the surface layer. In addition, surface roughness also influences the surface wettability because an increase in surface roughness will decrease water contact angle on a hydrophilic surface and increase water contact angle on a hydrophobic surface[32]. As shown in Table 1, the samples F_30 and F_60 also have water contact angles of 31.6° and 65.2° much smaller than the water contact angle of 97.6° on the original sample, but larger than that of 17.6° on the sample F_10. The increase in water contact angle or the decrease in surface wettability with fluorination time is a result of a partial transformation of CHF groups into CF_2 groups in the subsequent reaction and an accompanying decrease in surface roughness. The difference in surface wettability can explain the high sensitivity of the potential decay to ambient humidity for the surface fluorinated samples compared to the original sample, and account for the difference in the humidity sensitivity between the surface fluorinated samples, as observed in Fig. 2 or Fig. 3. It has been reported that surface conductivity increases exponentially with the number of adsorbed water layers rather than RH, at different exponential rates for different materials[33]. Therefore, it is not inconsistent with the results of surface wettability that no obvious differences in the increase rate of surface conductivity with RH are observed in Fig. 4 between the samples.

4 Conclusions

This work has shown a rapid potential decay on the surface fluorinated epoxy samples due to high surface conductivity, and also indicated a significant influence of ambient humidity on the potential decay. Differing from the physical method of the semiconducting surface coatings for suppressing charge accumulation on epoxy resin insulators, there is a chemical bonding between the fluorinated surface layer and the unmodified matrix, forming an indivisible whole. Therefore, good aging properties of the fluorinated surface layer can be expected, which need to be investigated in the future work. In addition, the decrease in surface potential decay rate or surface conductivity with increasing fluorination time shows controllability of surface electrical properties of epoxy resin insulators. To obtain a wide control range of surface conductivity and so as to meet different practical needs, further investigation is needed on the influence of other fluorination conditions, such as fluorination temperature and composition of the reaction mixture.

Acknowledgements

This work was supported by the National Natural Science Foundation of China (Grant Nos. 51277132, 50977065, and 51077101).

References

[1] D. A. Bolon. IEEE Electr. Insul. Mag. (USA), 1995, 11 (4), 10.
[2] A. De Lorenzi, L. Grando, A. Pesce, P. Bettini, R. Specogna. IEEE Trans. Dielectr. Electr. Insul.,

2009, 16, 77.

[3] A. Ponsonby, O. Farish, International Symposium on High Voltage Engineering, London, UK, 22-27 August, 1999: 248-252.

[4] X. Jun. I. D. Chalmers. J. Phys. D: Appl. Phys., 1997, 30, 1055.

[5] S. Tenbohlem, G. Schrocher. IEEE Trans. Dielectr. Electr. Insul., 2000, 7, 241.

[6] E. Volpov. IEEE Electr. Insul. Mag. (USA), 2002, 18 (2), 7.

[7] E. Volpov. IEEE Trans. Dielectr. Electr. Insul., 2003, 10, 204.

[8] A. M. Imano. J. Electrostat., 2004, 61, 1.

[9] T. Hasegawa, K. Yamaji, M. Hatano, F. Endo, T. Rokunohe, T. Yamagiwa. IEEE Trans. Power Delivery, 1997, 12, 194.

[10] H. Hama, T. Hikosaka, S. Okabe, H. Okubo. IEEE Trans. Dielectr. Electr. Insul., 2007, 14, 508.

[11] D. A. Mansour, H. Kojima, N. Hayakawa, F. Endo, H. Okubo. IEEE Trans. Dielectr. Electr. Insul., 2009, 16, 1150.

[12] O. Farish, I. Al-Bawy. IEEE Trans. Electr. Insul., 1991, 26, 443.

[13] F. Wang, Y. Qiu, W. Pfeiffer, E. Kuffel. IEEE Trans. Dielectr. Electr. Insul., 2004, 11, 847.

[14] S. Kaneko, S. Okabe, T. Kobayashi, K. Nojima, M. Takei, T. Miyamoto. Electr. Eng. Jpn., 2009, 168, 6.

[15] F. Messerer, W. Boeck. Annual Conference on Electrical Insulation and Dielectric Phenomena, Victoria, Canada, 15-18 October 2000: 698-702.

[16] F. Messerer, W. Boeck, H. Steinbigler, S. Chakravorti. Gaseous Dielectrics IX [M]. New York: Kluwer Academic, 2001.

[17] Y. Liu, Z. An, J. Cang, Y. Zhang, F. Zheng. IEEE Trans. Dielectr. Electr. Insul., 2012, 19, 1143.

[18] D. S. Weiss, B. R. Benwood, D. L. Troendle. J. Imaging Sci. Technol., 2007, 51, 520.

[19] E. A. Baum, T. J. Lewis, R. Toomer. J. Phys. D: Appl. Phys., 1978, 11, 963.

[20] H. V. Berlepsch. J. Phys. D: Appl. Phys., 1985, 18, 1155.

[21] G. Chen. J. Phys. D: Appl. Phys., 2010, 43, 055405.

[22] P. Molinié, M. Goldmant, J. Gatellet, J. Phys. D: Appl. Phys., 1995, 28, 1601.

[23] D. K. Das-Gupta. IEEE Trans. Dielectr. Electr. Insul., 1990, 25, 503.

[24] B. Lutz and J. Kindersberger. Proceedings of the International Conference on Properties and Applications of Dielectric Materials, Harbin, China, 19-23 July 2009: 883-886.

[25] A. Crisci, B. Gosse. J. -P. Gosse, V. Ollier-Duréault. Eur. Phys. J. Appl. Phys., 1998, 4, 107.

[26] A. P. Kharitonov. Prog. Org. Coat., 2008, 61, 192.

[27] A. P. Kharitonov, L. N. Kharitonova. Pure Appl. Chem., 2009, 81, 451.

[28] S. Schlögl, R. Kramer, D. Lenko, H. Schröttner, R. Schaller, A. Holzner. W. Kern. Eur. Polym, 2011, 47, 2321.

[29] G. Teyssedre, C. Laurent, A. Aslanides, N. Quirke, L. A. Dissado, G. C. Montanari, A. Campus, L. Martinotto. IEEE Trans. Dielectr. Electr. Insul., 2001, 8, 744.

[30] M. Meunier, N. Quirke, A. Aslanides, J. Chem. Phys., 2001, 115, 2876.

[31] Z. An, C. Liu, X. Chen, F. Zheng, Y. Zhang, J. Phys. D: Appl. Phys., 2012, 45, 035302.

[32] B. J. Ryan, K. M. Poduska. Am. J. Phys., 2008, 76, 1074.

[33] Y. Awakuni, J. H. Calderwood. J. Phys. D: Appl. Phys., 1972, 5, 1038.

Space Charge Suppression Induced by Deep Traps in Polyethylene/Zeolite Nanocomposite*

Abstract NaY zeolite nanoparticles doped in low-density polyethylene (LDPE) is investigated. The zeolite nanoparticles are uniformly distributed in LDPE. Space charge distribution from pulsed electro-acoustic method and trap level from thermally stimulated current test are obtained. The results indicate that zeolite doping enormously suppresses space charge accumulation and reduces the conduction current by importing abundant deep traps. It can be explained that the zeolite nanoparticles increase the interface regions and introduce small size cavity traps from the porous surface of zeolite. The deep traps greatly weaken impurity ionization and carrier mobility, and raise potential barrier for charge injection.

The space charge accumulation in polymer under high electric field has been the key to restrict its application as insulating materials in electrical equipment, especially in high voltage direct current (HVDC) cable development[1]. This is mainly due to the space charge injection and accumulation will cause detrimental effects, such as distorting the electrical field, increasing the partial electric field, and causing breakdown under high electric field[2]. The application research on insulating materials in HVDC cable is mostly focused on how to suppress the space charge. In the past decades, many experimental researches show that nanoparticle doping in polymer is an effective way to improve the performance of polymer[3,4]. Although the concentration of nanoparticle dopants is very low, it also can suppress the formation and accumulation of space charge[5]. Most of the nanoparticles are inorganic oxide, such as silica, magnesia, and zinc oxide[6], which modify the material properties by their special effects in nanometer scale, especially the effect of interface between the nanoparticles and polymer. Different from ordinary inorganic oxides, this letter intends to use NaY zeolite nanoparticles with special porous structure doping in low-density polyethylene (LDPE) to improve the performance of polyethylene and to reveal the microscopic mechanism of the space charge suppression phenomena in LDPE/zeolite nanocomposite. Space charge distribution, trap level distributions, and carrier mobility are obtained from pulsed electro-acoustic (PEA) method, thermally stimulated current (TSC) spectra, and conduction current measurement, respectively.

The chemical formula of NaY zeolite nanoparticles is $Na_{56}[(AlO_2)_{56}(SiO_2)_{126}] \cdot 250H_2O$ and the average size of zeolite nanoparticles is about 50nm. The structure of NaY zeolite is based on SiO_4 and AlO_4 tetrahedra, and Na^+ ions exist in the zeolite micropore in order to

---

* Copartner: Han Bai, Wang Xuan, Sun Zhi, Yang Jiaming. Reprinted from *Applied Physics Letters*, 2013, 102 (1): 012902-012902-4.

counteract the electrovalence imbalance caused by Al^{3+}. We believe that it is the special porous structure different from other inorganic oxides that plays an important role in the performance of LDPE/ zeolite nanocomposites, which will be further explained later.

The LDPE/zeolite nanocomposites were prepared by melt blending with rheometer and the doping content of zeolite is 3wt%. First, the zeolite nanoparticles were mixed with ethanol solution and completely distributed by ultrasonic vibration. Then, the zeolite suspensions and LDPE were mixed blending in rheometer at 433K, and in the process, the ethanol solution was evaporated absolutely. The obtained nanocomposite was pressed with flat vulcanizing machine under a pressure of 10MPa at 413K to obtain films with 200μm for TSC and conduction current test, and 400μm for PEA test. The film with thickness 200μm was evaporated with aluminum electrode on both sides.

The surface appearance of this sample was observed by atomic force microscope (AFM, DI nanoscope ⅠⅢ) in tapping mode. Space charge distribution in LDPE and LDPE/zeolite was measured under 40kV/mm for 30min and under the short-circuit condition after high electrical field at room temperature, respectively. The aim of the investigation under the short-circuit condition was to obtain the features of charge decay. Using TSC method, the discharge current was tested under linear temperature program. First, charges were injected into the sample under 30kV/mm at 323K for 40min. Then, the sample was short-circuited at 253K until the discharge current was less than 1 pA. Last, the induced current that is thermally stimulated by the release of charge in the traps was measured continuously with the temperature raised up to 363K at a heating rate of 1.5 K/min. Conduction current was measured by Keithley 6517A electrometer and a data acquisition system under 10kV/mm and 50kV/mm, respectively.

The height image of the surface appearance of LDPE/zeolite nanocomposite by AFM is presented in Fig. 1. The zeolite nanoparticles are uniformly distributed in LDPE. The size of the nanoparticles is around 50nm, and the biggest one is less than 60nm. The zeolite nanoparticles doping makes the polyethylene molecular chain uniformly arranged and reduces the gaps between molecular chains, which restrict the motion of molecular chain. Hereinafter, the author will describe the special preparation process during which the purity of the LDPE/zeolite nanocomposites and the even distribution of zeolite nanoparticles are ensured. Since the zeolite nanoparticles with polar surface are easily dispersed in polar solvent, the zeolite nanoparticles are dissolved in ethanol solution. After that, the ethanol and H_2O inside the zeolite structure are evaporated in the melt blending process at temperature 433K. The polar molecules are excluded, which make the zeolite nanoparticles uniformly distributed in LDPE/zeolite nanocomposite and no other chemical impurities exist inside the nanocomposite.

The space charge distribution is shown in Fig. 2. With the increase of time, both electrons and holes are continuously injected from both electrodes into LDPE. When electric field continues for 30s, the amount of space charge injection is small, and most of them are homocharges. After 600s, large amounts of homocharges and small amounts of heterocharges are formed around both sides of the electrodes. The inflection points close to both electrodes marked with

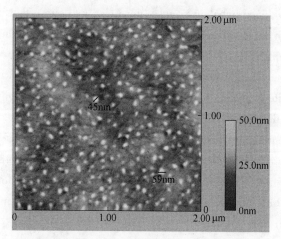

Fig. 1 AFM height section images of LDPE/zeolite 3% doped

arrows as shown in Fig. 2(a) are mainly induced by heterocharges. The heterocharges can be considered coming from the ionization of impurities in LDPE; in addition, heterocharges reduce the potential barrier for charge injection and increase the amount of space charge. After 1800s, the amount of space charge increases with time and the space charge is diffused to the middle of the material and tends to be stable. The maximum density of space charge injection is about $10C/m^3$ and $8C/m^3$ from cathode and anode, respectively. Nevertheless, the space charge injection can be hardly detected in LDPE/zeolite nanocomposite, as shown in Fig. 2 (b). There are few space charges (homocharges or heterocharges) injected in the middle of LDPE/zeolite sample, but the space charges in the form of homocharges distribute close to both sides of electrodes. This indicates that noticeable space charge suppression occurs in the LDPE/zeolite nanocomposites, which is the key to achieve the application for HVDC cable insulating materials.

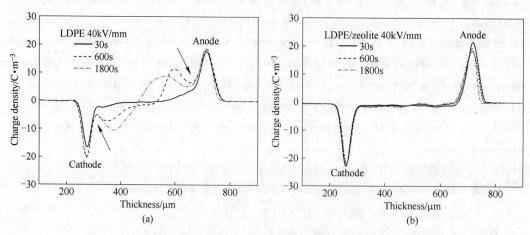

Fig. 2 Space charge distribution in LDPE (a) and
LDPE/zeolite 3% doped (b) under 40kV/mm

Fig. 3 shows the space charge distribution at shortedcircuit condition. Space charge in LDPE decays gradually during the shorted-circuit time as shown in Fig. 3 (a), which indicates that most space charges injected in LDPE belongs to shallow trapping state. However, in Fig. 3 (b), during the shorted-circuit time, the decay of space charge in LDPE/zeolite nanocomposites is unconspicuous. There are still quite a few space charges existing in nanocomposite until the shorted-circuit time is over 1800s, which indicates that the space charge in LDPE/zeolite nanocomposites belongs to deep trapping states and be trapped permanently and stably.

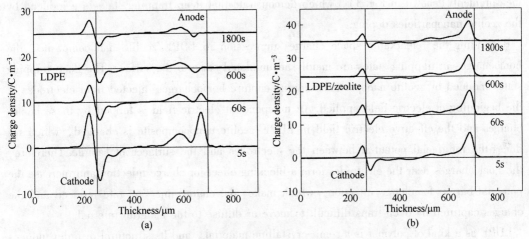

Fig. 3 Space charge distribution in LDPE (a) and LDPE/zeolite 3% doped (b) at shorted-circuit condition

The thermally stimulated current spectrum is insetted in Fig. 4. Based on the TSC theory, the current in TSC spectra is caused by the release of trap charge[7], therefore, the trap level distribution can be calculated from TSC spectrum. Using the modified TSC theory[8], the trap level distributions of LDPE and LDPE/zeolite nanocomposites are shown in Fig. 4. In LDPE, after fitting multi-peaks processing, the trap level density has two trap peaks, located at 0.81eV and 0.90eV, respectively. The peak at 0.81eV is related with the motion of molecular

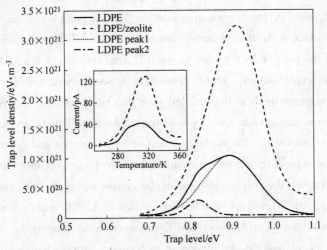

Fig. 4 Trap level distribution in LDPE and LDPE/zeolite 3% doped, the thermally stimulated current spectrum is insetted

chain, while the other peak at 0.90eV is related with the interface defect that is located between the crystalline region and amorphous region and belongs to cavity trap. In LDPE/zeolite nanocomposite, the trap level density is in the range from 0.8 to 1.0eV with only one peak density at 0.92eV, which belongs to deep trap levels. The peak of deep trap level density introduced by zeolite nanoparticles is about $3.25 \times 10^{21}/(eV \cdot m^3)$, which is 3.5 times of the biggest peak in LDPE ($0.95 \times 10^{21}/(eV \cdot m^3)$). The results are consistent with the PEA measurement (shown in Fig. 3), which demonstrate that deep trapping states are induced by the zeolite nanoparticles doping.

Reminding the remarkable space charge suppression in LDPE/zeolite nanocomposite, the homocharges in trapping states are mainly accumulated close to the surface. The deep trapping states induced by zeolite nanoparticles doping capture homocharges injected from electrodes at the beginning of electric field applied. An independent electric field is formed by these homocharges and the effective electric field in LDPE/zeolite nanocomposite is changed, which reduces the interfacial potential between the electrodes and the surfaces of sample. Therefore, the homocharges near the electrodes form a blocking effect for charge injection and increase the potential barrier for charge injection, which makes the charge injection rate reduced and the charges captured by deep traps difficult to move or diffuse to the material internal.

LDPE as a kind of polymer is a semi-crystalline material, and its structural disorder induces the continuous distribution of trap levels. The deep trapping states are caused by the defects in interface regions between the amorphous region and crystalline region. The depth of trapping states depends on the size of defects, which can be known as cavity traps and it is approximate in inverse proportion to the squared cavity radius[7]. Cavity traps are formed by local conformation of molecular chain, and the cavity size in the interface region is smaller than that in the amorphous region; therefore, the cavity trap in the interface region is deeper than that in the amorphous region. The introduction of nanoparticles can increase the interface area in LDPE due to their enormous specific surface area, and increase the cavity trap at the same time. Furthermore, the NaY zeolite nanoparticle has special porous structure, which provides greater specific surface area than normal nanoparticles and further enhance the interfacial effect. The size of the pore of NaY zeolite is about 0.7nm that is much smaller than the length of polyethylene molecular chain, which prevents the porous structure from being filled in LDPE/zeolite nanocomposite. It is the unfilled pore that provides more cavity traps with small size, which increases the amount and depth of traps. Therefore, there are more deep traps in LDPE/zeolite nanocomposite, due to the coaction of interface area and open pore provided by zeolite nanoparticle doping. In addition, as shown in AFM image, zeolite nanoparticles doping reduces the gap between the polyethylene molecular chains and makes the molecular chains arrangement uniform, which indicate that the cavity size in LDPE/zeolite nanocomposite is reduced and there are more deep traps in LDPE/nanocomposite. Meanwhile, the tight arrangement of molecular chain restricts the motion of molecular chain, which is responsible for the disappearance of the related peak at 0.81eV for LDPE/zeolite nanocomposite in TSC spectra.

Fig. 5 describes the conduction current test of LDPE and LDPE/zeolite nanocomposite. The current density of LDPE/zeolite is much smaller than that of LDPE, which is about 1/30 of that in LDPE under 10kV/mm electric field and 1/20 under 50kV/mm electric field, respectively. The reduction of conduction current in nanocomposites is induced by the increasing of deep trap density. The deep traps induced by zeolite nanoparticles doping in LDPE continuously capture and scatter the carriers in the transport process, which reduce the carrier mobility. Furthermore, charge mobility in LDPE/zeolite nanocomposite decreases due to the weakening of impurity ionization, which restricts the heterocharges in PEA test.

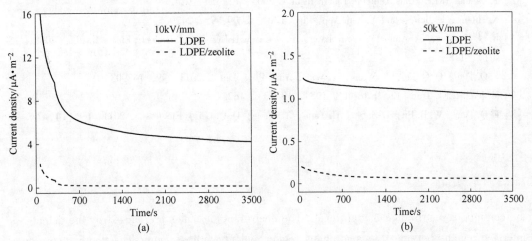

Fig. 5 Conduction current of LDPE and LDPE/zeolite 3% doped under 10kV/mm (a) and 50kV/mm (b) respectively

In conclusion, in order to research the changes of charges in LDPE/zeolite nanocomposite under high electric field, the author focuses on the study of space charge distributions, TSC spectrum, the corresponding trap distribution, and electric conduction current. The results indicate that the electrons and holes are injected into LDPE/zeolite nanocomposite rapidly and captured by deep traps close to the surface of the composite in the form of homocharges under high electric field. It is the trapped homocharges that form an independent electric field and reduce the effective electric field, which form a charge injection blocking, increase the potential barrier for charge injection; therefore, the space charge accumulation in the material internal are suppressed. There is a few homocharges close to electrodes, but heterocharges can hardly be detected in the PEA test, which indicate that the impurity ionization is suppressed in nanocomposite. Furthermore, the charges captured by deep traps are difficult to decay in short-circuit condition. Since special porous structure of zeolite increases greater specific surface area and provides more cavity traps in small size, the amount and depth of deep trap are increased. In the conduction current test, the decrease of current density results in the decrease of carrier mobility due to the deep traps introduced in LDPE/zeolite nanocomposite, which indicate that the impurity ionization is weakened as well. This investigation will provide a potential development direction for nano dielectric materials.

This work was the key program supported by the National Key Basis and Development Plan (973) No. 2009CB724505 and by the National Key Basis and Development Plan (973) No. 2012CB723308.

References

[1] T. Tanaka, T. Okamato, N. Hozumi, K. Suzuki. IEEE Trans. Dielectr. Electr. Insul., 1996, 3 (3), 345.

[2] G. Mazzanti, G. C. Montanari, and L. A. Dissado. IEEE Trans. Dielectr. Electr. Insul., 2005, 12 (5), 876.

[3] T. Tanaka. IEEE Trans. Dielectr. Electr. Insul., 2005, 12 (5), 914.

[4] X. Huang, P. Jiang, and Y. Yin. Appl. Phys. Lett., 2009, 95, 242905.

[5] R. J. Fleming, A. Ammala, S. B. Lang, P. S. Casey. IEEE Trans. Dielectr. Electr. Insul., 2008, 15 (1), 118.

[6] F. Q. Tian, Q. Q. Lei, X. Wang, Y. Wang. Appl. Phys. Lett., 2011, 99, 142903.

[7] M. Ieda. IEEE Trans. Electr. Insul., 1984, 19 (3), 162.

[8] F. Q. Tian, W. B. Bu, L. S. Shi, C. Yang, Y. Wang, Q. Q. Lei. J. Electrost., 2011, 69 (1), 7.

Smart Electrorheological Behavior of Cr-doped Multiferroelectric FeBiO₃ Nanoparticles*

Abstract A series of Cr-doped multiferroelectric FeBiO$_3$ nanoparticles were synthesized via a facile sol gel method. The resultant Cr-doped FeBiO$_3$ was characterized by means of different techniques, such as scanning electron microscopy (SEM), energy-dispersive spectroscopy (EDS), transmission electron microscopy (TEM), X-ray powder diffraction (XRD) and electrorheological (ER) tests. Under an external electric field, electrorheological properties of the suspension containing such Cr-doped and undoped FeBiO$_3$ particles were investigated by steady shear experiments. It was found that the suspension of Cr-doped FeBiO$_3$ particles possesses a better ER effect than that of pure FeBiO$_3$ particles. Furthermore, different Cr-doped concentration plays an important role on the ER behavior. Combining the dielectric analysis, the enhanced ER effect of Cr-doped FeBiO$_3$ suspension can be attributed to the improved interfacial polarization.

Key words multiferroelectric, electrorheological fluid, Cr-doped, Sol-gel, nanoparticles

1 Introduction

Multiferroelectric (or multiferroic) materials is the material containing two and more than two kinds of the basic ferroic properties, including ferroelectricity, ferromagnetism and ferroe-lasticity, etc.[1-3]. At a certain temperature, this kind of material can show spontaneous polarization and spin order sequence, which was caused by presence of the magnetoelectric coupling effect at the same time. In particular, the magnetization and dielectric polarization of ferroelectromagnets (or multiferroic magneto-electrics) can be modulated and activated by an electric field and magnetic field, respectively[4-6]. Bismuth ferrite (BiFeO$_3$), as a room-temperature multiferroic materials, is ferroelectric (Curie temperature T_C = 1100K) and G-type antiferromagnetic (Néel temperature T_N = 640 K). This polar oxide is a rhombohedrally distorted perovskite with space group R$_{3c}$. Its excellent properties come from spontaneous magnetic and electric ordering of the material, rendering this materials possible applications in many fields, such as storage devices, sensors, photovoltaic application, optical filters and intelligent equipment[7-10]. However, few researches were preceded on the electrorheological activity of BiFeO$_3$.

Electrorheological (ER) fluids, as a kind of smart materials, composed of electrically polarizable particles dispersed in insulating oils, e.g., silicone oil and transformer oil. ER fluids can exhibit fascinating field-induced rheological properties including a rapidly reversible changes in suspension microstructures, enhanced shear stress, shear viscosity, and yield stress

---

* Wang Baoxiang, Tian Xiaoli, Song Xianfen, Ma Lili, Yu Shoushan, Hao Chuncheng, Chen Kezheng. Reprinted from *Colloids and Surfaces A: Physicochemical and Engineering Aspects*, 2014, 461 (1): 184-194.

under an applied electric field[11-19]. The ER suspensions, in the absence of applied electric field, can flow freely, like water. When applied with an external electrical field, the liquid will immediately transform into a solid in a few milliseconds. Furthermore, with increasing strength of the electric field, the strength of the solid will also increase[20-32]. This phenomenon is reversible, i.e., when the field is lost, the solid can immediately return its liquid state. ER fluids now have been proposed on many devices, e.g., clutches, damping devices, actuators, and hydraulic valves, as well as some novel potential applications including the ER smart bio-droplet and tactile displays, etc.[33-35,17,36,37]. Their performances are similar to those of magnetorheological (MR) fluids under applied magnetic fields. MR colloidal suspensions are consisted of magnetic particles dispersed in nonmagnetic medium oil. They can be reversibly transformed from a fluid-like state to a solid-like one, showing dramatic changes with several orders of magnitudes in rheological properties under an applied magnetic field[38-43]. Recently, magnetic-electrical double response has attracted more and more consideration. Single-phase multiferroic $BiFeO_3$ possesses two or more of the so-called 'ferric' order parameters - ferro electricity, ferromagnetism, and ferro elasticity. Magnetoelectric coupling typically refers to the linear magnetoelectric effect and/or the induction of magnetization by an electric field or polarization by a magnetic field, respectively. In this study, the undoped and Cr-doped $FeBiO_3$ nanoparticles were fabricated via a facile sol-gelmethod. The products were characterized by SEM, TEM, XRD and EDS. ER behaviors of their suspensions in silicone oil were conducted under various applied electric fields in rotational modes. Dielectric properties were also measured to explain the ER activity. It was found that an optimizable ER behavior can be obtained by suitable Cr-doping.

2 Experimental

2.1 Synthesis of Cr-doped $FeBiO_3$ particles

All chemicals used in this study were of analytical grade and were used without further purification. Distilled water was used in all experiments. Cr-doped $FeBiO_3$ particles series were prepared by a sol-gel method. Typically, 0.02 mol $Bi(NO_3)_3 \cdot 5H_2O$, 0.02 mol $Fe(NO_3)_3 \cdot 9H_2O$ and certain amounts of $Cr(NO_3)_3 \cdot 9H_2O$ (the molar ratio of $Cr(NO_3)_3 \cdot 9H_2O$ to $Bi(NO_3)_3 \cdot 5H_2O$ as 0%, 3%, 5%, 7.5%, 10%, and 30%) were dissolved in 200mL deionized water to form a transparent solution. Then 20mL nitric acid (HNO_3) was added to above solution and stirred for 1h. Finally 10g citric acid was added into the solution and stirred until completely dissolved. The mixture was stirred at 80℃, and a yellow-brown sol was obtained upon evaporating the excess water. Thereafter, the resultant gel samples were calcined for 2 h at 550℃ to remove residual organics to obtain the Cr-doped and undoped $FeBiO_3$ particles, respectively.

The corresponding undoped $FeBiO_3$ and Cr-doped $FeBiO_3$ (0%Cr, 3% Cr, 5% Cr, 7.5% Cr, 10% Cr, 30% Cr) were labeled as 0%Cr-$FeBiO_3$, 3%Cr-$FeBiO_3$, 5%Cr-$FeBiO_3$,

7.5%Cr-FeBiO$_3$, 10%Cr-FeBiO$_3$, 30%Cr-FeBiO$_3$, respectively.

2.2 Characterization

The crystal structure was determined by the powder X-ray diffraction technique (XRD, Rigaku D/MAX-2500/PC X-ray diffractometer) with CuKα irradiation (λ = 1.54178Å), $2\theta = 4°-80°$. All measurements were taken using the same condition: scanning rate as 5°/min, a generator voltage as 40kV, and current as 100 mA. The morphology of the resultant particles was observed by a field-emission scanning electron microscope (FESEM, JEOL JSM-6700F) with an accelerating voltage of 20kV, combined with an energy-dispersive X-ray spectroscopy (EDX, INCAx-sight, Oxford instruments) for the determination of sample composition. Trans-mission electron microscopy (TEM) images were recorded with a JEOL JEM-2010 high-resolution transmission electron microscopes at accelerating voltage of 200kV. In TEM measurements, small amounts of sample was dispersed in ethanol and given an ultrasonic treatment for 5min. The sample suspension was dropped onto a copper grid covered by a hollow carbon film.

ER suspensions of Cr-doped FeBiO$_3$ particles in silicone oil were prepared using the following steps. The obtained Cr-doped FeBiO$_3$ particles were desiccated at 80℃ for 12h and then mixed with silicone oil (Tian Jin Bodi Chemical Co. Ltd. dielectric constant of 2.72-2.78, viscosity $\gamma = 500 mm^2 s^{-1}$, and specific density of 0.966-0.974 g·cm^{-3} at 25℃) to produce the ER suspensions (particle weight fraction 33.3%). The particle weight fraction was defined by the ratio of the particle weight to the total weight of the suspension. Then the ER fluids were fully grounded before rheological measurement. A modified rotary viscometer (NXS-11A; ChengDu, China) and a high-voltage DC power source (DPS-100; Da Lian, China) were used to research the rheological properties of ER fluids. The dielectric spectra of ER suspensions were measured by a Novocontrol broadband dielectric spectrometer (Novocontrol Technologies GmbH & Co. KG) in the frequency range from 0.1Hz to 1MHz to investigate their interfacial polarization. The 1V of bias electrical potential was applied to ER suspensions during the measurement. Magnetic measurement of the as-synthesized samples, including pure FeBiO$_3$ and Cr-doped FeBiO$_3$ nanoparticles, was measured on a SQUID MPMS-5XL magnetometer (Quantum Design, USA). The MR behavior of the pure FeBiO$_3$ and Cr-doped FeBiO$_3$ nanoparticles suspensions were examined using a Physica MCR302 rotational rheometer (Anton Paar GmbH, Austria) with a Physica PP20/MRD magneto-cell at 25℃. A parallel-plate measuring system with a diameter of 20mm and gap of 1mm was used.

3 Results and Discussion

3.1 Structure and morphology of the Cr-doped FeBiO$_3$ nanoparticles

Fig. 1 shows the XRD patterns of the undoped and Cr-doped FeBiO$_3$ nanoparticles with various dopants. For un-doped BiFeO$_3$, all the refection peaks in these patterns can be readily indexed to perovskite (space group R_{3c}) BiFeO$_3$ (JCPDS Card No. 20-0169) and no peaks from other phase were detected, demonstrating that well-crystallized single phase BiFeO$_3$ can be obtained under the current synthesis conditions. The diffraction peaks of undoped samples are ascribed to pure BiFeO$_3$ diffraction pattern. These reflections correspond to crystal planes 2θ = 22.490 (101), 31.808 (012), 39.509 (021), 45.813 (202), 51.376 (113), 57.012 (122), 67.087 (220), 71.338 (303), 76.082 (312) (JCPDS 20-0169). After the Cr-doping, the dominant peaks corresponding to the reflections of FeBiO$_3$ were retained. In addition, there were no X-ray reflections due to Cr oxides, which reflect the successful Cr-doping. The XRD intensity of the FeBiO$_3$ peaks gradually became weaker with increasing Cr-doping concentration. All Cr-doped sample decreased the diffraction intensities and particle sizes, which were also demonstrated in the SEM images. The peak intensities (012) became weaker as the Cr concentration increased, indicating formation of smaller FeBiO$_3$ crystallites and a decrease in crystallization degree, which is an important factor affecting ER behavior. Furthermore, at a high Cr concentration (30% Cr), the new stronger peaks appeared can be attributed to a new Bi$_{3.73}$Cr$_{0.27}$O$_{6+x}$ phase (PDF #43-0183). The peak position and relative intensity of new Bi$_{3.73}$Cr$_{0.27}$O$_{6+x}$ phase are similar to that of reported PDF#43-0183, which belongs to 2θ = 27.619 (111), 45.886 (220), and 54.405 (311), etc. Especially the stronger peak at 2θ = 27.619 was observed as a typical characteristic of the Bi$_{3.73}$Cr$_{0.27}$O$_{6+x}$ phase. Because the doped ion possess different ion radii compared with the base ion, so there will be occur the lattice distortion and defects in the FeBiO$_3$ crystalline. The regularity of FeBiO$_3$ crys-talline was partly destroyed by the substitution of doped Cr ion not only in short range, but also in long range. The XRD intensity of the FeBiO$_3$ peaks grew steadily weaker with the increase of Cr-doping concentration. The basic crystal size of pure FeBiO$_3$, calculated from the (012) plane of FeBiO$_3$ with the Scherrer equation, is about 45.9nm. For other Cr-doped FeBiO$_3$, the crystal size is calculated as 39.0nm, 38.2nm, 36.5nm, 35.9nm, and 29.1nm for 3% Cr-FeBiO$_3$, 5%Cr-FeBiO$_3$, 7.5%Cr-FeBiO$_3$, 10%Cr-FeBiO$_3$, and 30%Cr-FeBiO$_3$, respectively.

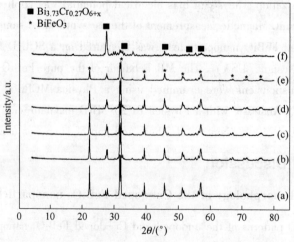

Fig. 1 XRD patterns of different molar ratio of Cr-doped FeBiO$_3$
(a) 0% Cr; (b) 3%Cr; (c) 5% Cr; (d) 7.5% Cr; (e) 10% Cr; (f) 30% Cr

The SEM micrographs of the undoped and doped FeBiO$_3$ particles are illustrated in Fig. 2. The synthesized pure FeBiO$_3$ particles by the sol-gel process are of irregular polyhedron shapes with several hundred nanometer in diameter [Fig. 2(a) and Fig. 2(b)]. These hexagonal bismuth iron oxide particles are aggregated together due to the calcination process. As observed from the images of doped samples, both the doped sample also exhibited irregular shapes. Fig. 2(c) – Fig. 2(j) shows that the Cr-doped FeBiO$_3$ particles synthesized by the sol-gel process also possess the similar morphology but their particle sizes are smaller than that of non-doped ones. Fig. S1 shows SEM images of the typical pure FeBiO$_3$ and serials of Cr-doped FeBiO$_3$ particles after calcinations at 550℃, respectively. It was found that the secondary aggregated size of obtained particles is in the range 0.5-10μm and the shape is irregular. Cr-doped one, such as 5%Cr-FeBiO$_3$, 7.5%Cr-FeBiO$_3$, 10%Cr-FeBiO$_3$, and 30%Cr-FeBiO$_3$ also shows a similar size and shape to those of pure FeBiO$_3$ particles. The polydispersed size distribution can be attributed to the sol-gel process and especially the calcinations.

Supplementary Fig. S1 can be found, in the online version, at http://dx.doi.org/10.1016/j.colsurfa.2014.07.046.

Energy – dispersive X – ray spectroscopy (EDX spectra) was used to determine the elementary composition as shown in Fig. 2(k) – Fig. 2(n). The obtained pure BiFeO$_3$ [Fig. 2(k)] reveals the existence of elemental Bi, Fe and O. The corresponding EDX patterns of Cr-doped FeBiO$_3$ Fig. 2(l) – Fig. 2(n) shows the characteristic peaks belong to the Bi, Fe, Cr and O, indicating the well doped of Cr in FeBiO$_3$. The spectra reveal that the peak of Cr element becomes more intense in proportion to Cr/BiFeO$_3$. The higher Cr doped molar ratio lead to the higher existence of Cr in FeBiO$_3$ nanoparticles.

A typical transmission electron microscopy (TEM) image of as – prepared 5% Cr – FeBiO$_3$ nanoparticles, generated at 550℃ from the current sol-gel method as described above, is shown in Fig. 3. TEM image further confirm the irregular polyhedron shape and nanoscale size.

3.2 Magnetic properties

To characterize the magnetic properties of the BiFeO$_3$ nanocrystals, magnetic measurements were performed on both the pure BiFeO$_3$ and Cr-doped BiFeO$_3$ samples. Room temperature magnetic curves of different BiFeO$_3$ samples are plotted in Fig. 4 measured at 300 K. Fig. 4 indicated a weaker ferromagnetism for pure BiFeO$_3$ particles. Furthermore, the M-H curves show an enhancement of the magnetic properties of BiFeO$_3$ on Cr doping. The saturation magnetization (M_s) value of pure BiFeO$_3$ is 0.316 emu g^{-1} (at 300 K). After the formation of Cr doping structure, the M_s value of Cr-doped particles is 0.869 emu g^{-1} for 5% Cr-doped BiFeO$_3$ at 300 K. The magnetization does not saturate up to the highest applied magnetic field (50,000 Oe) for both sample. With increasing in Cr doping, the magnetization value increases initially and then decreases, exhibiting a maximum for the 5% Cr-doped BiFeO$_3$ sample. The decrease in magnetization for the 30% Cr-doped BiFeO$_3$ samples may be due to the presence of impurity phase in the sample as seen in the powder XRD data.

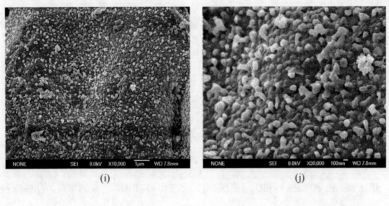

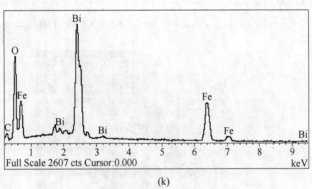

(k)

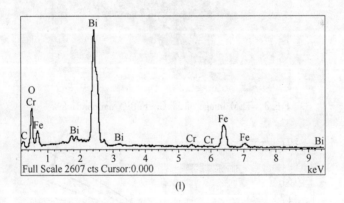

(l)

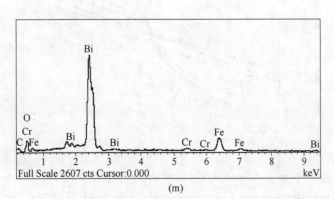

(m)

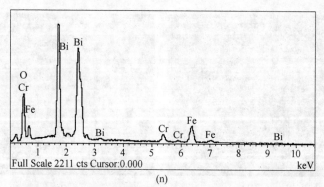

Fig. 2 SEM images of pure FeBiO$_3$ (a and b), 5%Cr-FeBiO$_3$ (c and d), 7.5%Cr-FeBiO$_3$ (e and f), 10%Cr-FeBiO$_3$ (g and h), 30%Cr-FeBiO$_3$ (i and j); EDX spectra of pure FeBiO$_3$ (k), 5%Cr-FeBiO$_3$ (l), 10%Cr-FeBiO$_3$ (m), 30%Cr-FeBiO$_3$ (n)

Fig. 3 TEM image of 5%Cr-FeBiO$_3$ nanoparticles

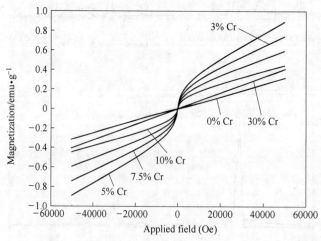

Fig. 4 Magnetization as a function of applied field of pure BiFeO$_3$ and Cr-doped BiFeO$_3$ sample measured with a vibrating sample magnetometer (VSM) at 300 K

For the application of the magnetorheological (MR) fluid, strongly magnetically materials such as γ-Fe_2O_3, Fe_3O_4 and carbonyl iron are usually used[44,45,38]. In our previous work, we found that pure Fe_3O_4 possess stronger magnetization, but poor ER activity. Aimed at electrorheological and magnetorheological double response, multiferroic $FeBiO_3$ maybe a good candidate. MR behaviors of undoped $FeBiO_3$ and 5%Cr-$FeBiO_3$ nanoparticles based suspensions were investigated in static magnetic field with a controlled shear rate (CSR) mode, respectively. Fig. 5 displays shear stress vs. shear rate curves for two MR fluids at different magnetic field strengths. Under zero magnetic field strength, the MR suspension exhibits nearly Newtonian behavior. Under different applied magnetic field strength, both undoped $FeBiO_3$ and 5%Cr-$FeBiO_3$ based MR suspensions exhibit similar Bingham plastic behavior, whereas the shear stresses increase with increasing magnetic flux density. Typically for MR fluids, the dispersed particles will be polarized under applied magnetic field and aligned along the direction of magnetic field to form a chain-like structure, which is similar to the change of ER dispersed particles under the stimulus of electric fields. Furthermore, 5%Cr-$FeBiO_3$ based MR fluids exhibit an enhanced shear stress value compared to that of the pure $FeBiO_3$ based MR fluids as shown in Fig. 5. This comparison showed that the Cr-doped $FeBiO_3$ has the positive effect on the shear stress compared to undoped $FeBiO_3$ particles, which is associated tightly with its increased magnetic properties.

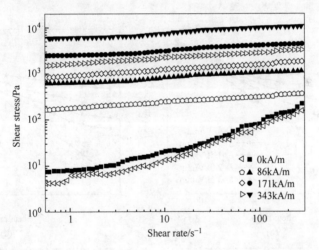

Fig. 5 Shear stress curve for the pure undoped $FeBiO_3$ (open symbols) and 5%Cr-$FeBiO_3$ (closed symbols) -based MR fluids at different magnetic field strengths

3.3 ER properties

The shear stresses of six kinds ER fluids based on Cr-doped and undoped $FeBiO_3$ (33.3% in silicone oil, CSR mode) as a function of shear rate under various electric fields are shown in Fig. 6. Normally, a typical ER behavior is shown the changes of flow type from Newtonian to Bingham model under the external electric field. In the absence of an external DC electric field, the ER fluid behaves like a Newtonian fluid, with a shear stress that increases linearly with shear rate and a slope near 1 in a log-log plot. When an external DC electric field is applied, the Cr-doped FeBiO$_3$ showed a typical Bingham fluid behavior. The ER suspensions exhibit a shear stress elevation, which is a typical rheological characteristic of an ER fluid[46-49]. FeBiO$_3$, as a multiferroic material, can response to both magnetic and electric field, which exhibit amazing ferroelectric, ferromagnetic and iron elasticity properties. However, pure FeBiO$_3$/silicone oil suspension, even as high as 33.3% particle concentration, shown a very weak ER behavior in Fig.6 (a) under external electric field. This result may be related to its low dielectric mismatch and interfacial polarization obtained from its following dielectric analysis.

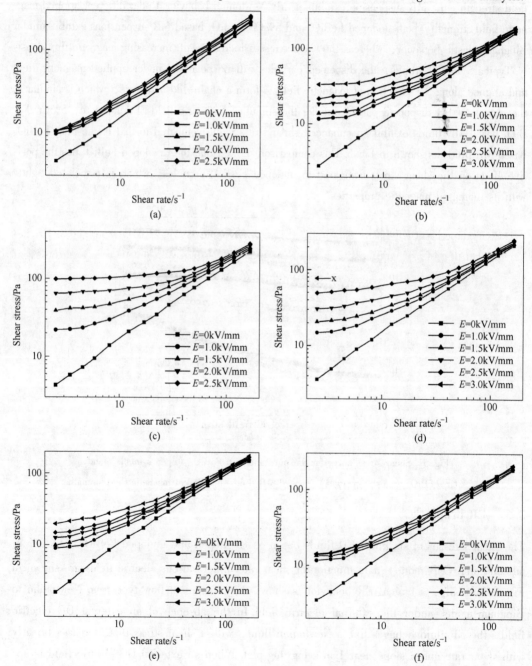

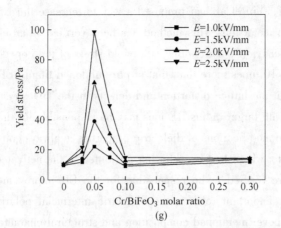

Fig. 6 Flow curves of shear stress as a function of shear rate for the suspensions:
(a) 0%Cr-FeBiO$_3$; (b) 3%Cr-FeBiO$_3$; (c) 5%Cr-FeBiO$_3$; (d) 7.5%Cr-FeBiO$_3$;
(e) 10%Cr-FeBiO$_3$ and (f) 30%Cr-FeBiO$_3$. Shear stress of Cr-doped FeBiO$_3$ ER
suspensions with different doping concentration under
an electric field (g) (particle concentration = 33.3%)

When applied to the different external electric field strength, the undoped FeBiO$_3$ particles ER fluid also shows a few enhancements.

The Cr-doped FeBiO$_3$ based ER fluid exhibits higher shear stresses and more stable ER behavior than that of undoped FeBiO$_3$ based ER fluid. Furthermore, it can be seen that the shear stress of the 5%Cr-FeBiO$_3$ suspension maintains a widest plateau level in the measured shear rate regions comparing with that of other ER suspensions under strong electric field strength as shown in Fig. 6 (c). But for the undoped FeBiO$_3$ based ER fluid, the plateau region of shear stress is not found. The wider plateau level in the wide shear rate region for the 5%Cr-FeBiO$_3$ suspension indicates that the ER structures is more stable or strong under applied electric field. The ER efficiency [$(\tau_E - \tau_0)/\tau_0$, where τ_0 is the shear stress without electric field and τ_E is the shear stress with electric field] is here about 1.30, 6.68, 19.50, 12.75, 5.72, and 2.22 at a shear rate of 2.509 s^{-1} and electric field strength E = 2.5kV·mm^{-1} for the 0% Cr-FeBiO$_3$, 3%Cr-FeBiO$_3$, 5%Cr-FeBiO$_3$, 7.5%Cr-FeBiO$_3$, 10%Cr-FeBiO$_3$, and 30% Cr-FeBiO$_3$ suspension, respectively. The highest ER efficiency of 5%Cr-FeBiO$_3$ suspension is 15 times of that of 0%Cr-FeBiO$_3$ or pure FeBiO$_3$ suspension. It is well known that smart rheological behavior of an ER suspension is the result of organization to form chain-like or column-like structures. This reversible and rapid structural change is mainly dominated by the electric-field-induced electrostatic interaction and the shear-field-induced hydrodynamic forces, which are corresponding to the organization and destruction (destroy) of chain-like structure, respectively. The large polarizability of the ER particles is important to produce strong and fast electrostatic interaction that can maintain the chain or fibrous structures stably and thus keep the rheological properties stable and strong under shear flow. So much high ER effect occurs. Considering the important influences of intrinsic structure and composition on dielectric or polarization properties, Yin et al. had proposed a way to increase the ER activity of titania by doping with rare earth metal ions. This method has been verified as an effective method for the enhancement of ER behavior. For example, the yield stress of the doped titania ER suspension was found to increase 10 times more than that of pure undoped titania ER suspension. Their investigation showed that the lattice distortion and defects in the TiO_2 crystal caused by substitution or doping for Ti with large-radius RE ions may be responsible for the obvious improvement noted above[50-52]. The modifications of dielectric properties is always considered as the physical basement of ER effect, which had been further attributed to the activated internal structure by doping. So doping were verified to be responsible for the ER improvement. In this work, the doped effect plays an important role on the dielectric interfacial polarization and ER activity. According to the above-mentioned composition and structural characterizations, it has been known that the chemical composition and crystal structure of the Cr-doped and undoped $FeBiO_3$ particles are significantly different. Too small Cr concentration, the doped effect be ignored compared with undoped one. Too much Cr concentration, Cr ion will be adsorbed on the surface of $FeBiO_3$, not doped into the crystal of $FeBiO_3$. This is because of the doping limit that makes more Cr ions fail to incorporate into $FeBiO_3$. So there should be an optimized Cr concentration. It is interesting that the ER behavior of doped $FeBiO_3$ is different for different Cr concentration. And there occur an optimized ER activity about 5%-7.5% Cr concentration, which is also tightly associated with the doped effect. The yield stress plotted as a function of electric field strength for different Cr-doped $FeBiO_3$ ER suspensions are presented in Fig. 6 (g). It is clearly seen that Cr-doping increases the yield stress and an optimum yield stress can be obtained around 5% Cr doping.

The dynamic yield stress (τ_D) defined by extrapolating the curves of shear stress as a function of the shear rates to $\gamma = 0$. τ_D were also studied as shown in Fig. 7. Furthermore, for all ER fluids based on both undoped and doped $FeBiO_3$ suspension, the values of τ_D shows the expo-

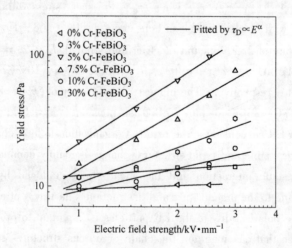

Fig. 7 Yield stress plotted as a function of electric field strengths for different suspensions (particle concentration = 33.3%)

nential function to the electric field which can be expressed by $\tau_D \propto E^\alpha$, where $\alpha = 2$ in a polarization model, $\alpha = 1.5$ in a conductivity model. The values of α depend on the electric field strength, the concentration and shapes of particles etc. The values of $\alpha = 1.64$ for 5% Cr doping agree with the dielectric polarization model and wherein have a little departure from 2. The dynamic yield stress (τ_D) as a function of the shear rates clear shown that Cr-doped $FeBiO_3$ suspension (especially for 5% and 7.5% Cr-$FeBiO_3$) have better ER activity than that of pure $FeBiO_3$ suspension, which indicated a higher solidification. The ER response was affected by complicated factors, such as a dielectric mismatch, particle concentration, intrinsic structure and interaction between particles and medium. The different slope value α reveal the Cr-doped effect on the ER behavior.

Fig. 8 shows the shear viscosity curves for both ER fluids under different electric field strengths (33.3%). Without an electric field, the ER fluid displays a Newtonian fluid-like characteristic with a constant viscosity at a low shear rate range and then it become a shear-thinning fluid with the increasing shear rate. The ER fluid shows typical shear thinning phenomenon at different electric field strength as compared to the uniform viscosity at zero electric field strength. It is an expression to show that the viscosity of 5% Cr-$FeBiO_3$ suspension exhibits a strong shear thinning behavior. A shear-thinning behavior becomes significant with the increasing shear rate and the increasing applied electric field strength. It is noted that the decrease of shear viscosity with shear rate under electric fields approximately follows the relation of $\rho \propto \gamma^{-\beta}$. The value of β for the 5%Cr-$FeBiO_3$ suspension is about 0.33, which is much larger than that ($\beta = 0.03$) of the 0%Cr-$FeBiO_3$ suspension.

3.4 Dielectric properties

Normally, the ER effect resulted from the dielectric polarization of particles suspended in a nonconducting fluid, and further focused on the dielectric mismatch – arising from the difference between the electric permittivities of the dispersed particles and the liquid medium. The dielectric property (expressed $\varepsilon^* = \varepsilon' - i\varepsilon''$, where ε' represents the dielectric constant and ε'' presents the dielectric loss) can affect the ER behaviors largely. According to the widely accepted interfacial polarization mechanism, a good ER effect requires two important factors: a large $\Delta\varepsilon'$ (($\Delta\varepsilon' = \varepsilon'_{100} - \varepsilon'_{100k}$), 100Hz–100kHz) and a strong dielectric relaxation peak in ε'' within the range of $10^2 - 10^5 Hz$[53-57]. The proper ε'' relax peak position and large $\Delta\varepsilon'$ do not only result in increased interactions between particles, but also maintain a stable chain structure formed by the polarized particles under applied electric and shear fields. The dielectric relaxation peak was related to the polarization response denoted by the relaxation time ($\lambda = 1/2\pi f_{max}$, where f_{max} is the local frequency of the relaxation peak). As the relaxation time got smaller and the higher $\Delta\varepsilon'$ within this frequency range was applied, a higher ER enhancement would be achieved.

Since the ER effect is induced by an external electric field, the particle polarization is believed to be important and the dielectric properties play a dominant role. The dielectric

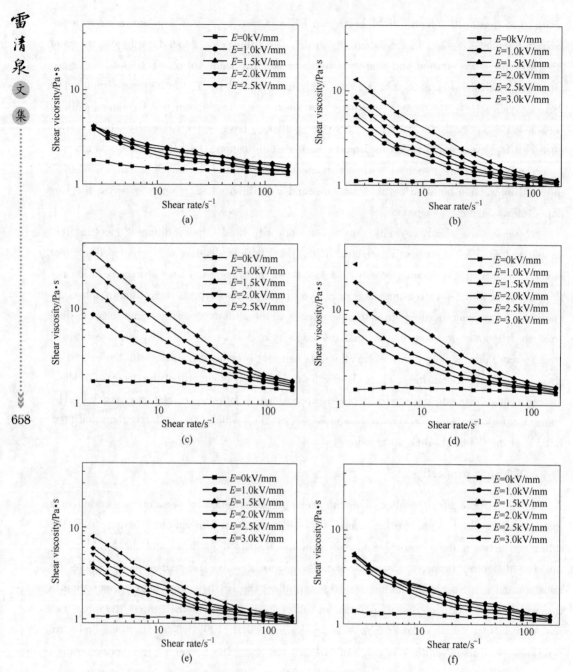

Fig. 8 Shear viscosity vs. shear rate curves for undoped and Cr-doped $FeBiO_3$ based on ER fluids under various electric field strengths
(a) 0%Cr-$FeBiO_3$; (b) 3%Cr-$FeBiO_3$; (c) 5%Cr-$FeBiO_3$; (d) 7.5%Cr-$FeBiO_3$;
(e) 10%Cr-$FeBiO_3$; (f) 30%Cr-$FeBiO_3$ (particle concentration = 33.3%)

constants of 5wt% Cr doped $FeBiO_3$ suspensions are much larger than that of pure $FeBiO_3$ suspension especially at low frequency. Specially, ε' at low frequency and $\Delta\varepsilon' = \varepsilon'_{100Hz} - \varepsilon'_{100kHz}$ are also found to show an obvious dependence on doping degrees. The maximum of $\Delta\varepsilon' = \varepsilon'_{100Hz} -$

ε'_{100kHz} can be found when Cr concentration is about 5wt%. Too high Cr concentration (30%) also led to the decrease of ε' and $\Delta\varepsilon' = \varepsilon'_{100Hz} - \varepsilon'_{100kHz}$ at low frequency.

The dielectric spectra showed in Fig. 9 (a) and Fig. 9 (b) illustrate that the ER fluids based on 5% Cr-FeBiO$_3$ possess relatively large $\Delta\varepsilon'$ and a clear and higher dielectric loss peak. These results are two factors related to the interfacial polarization and enhancement of ER effect. Whereas 0%Cr-FeBiO$_3$ suspension shown a relatively low $\Delta\varepsilon'$ value and no obvious dielectric loss peak was observed, which leads to a weak ER effect. The large $\Delta\varepsilon'$ and the dielectric loss peak resulted from the dielectric mismatching between the doped-bismuth ferrite and silicone oil can lead to the enhanced interfacial/surface polarization for 5%Cr-FeBiO$_3$ ER suspension. Thus, the higher ER efficiency was achieved for 5%Cr-FeBiO$_3$ ER suspension compared with other suspension.

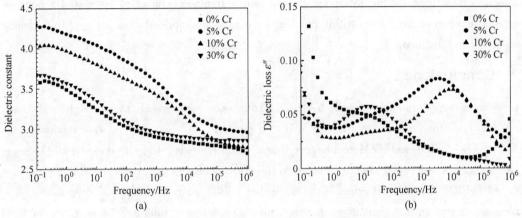

Fig. 9 Dielectric spectra of undoped and doped FeBiO$_3$ based ER fluids

It was generally accepted that the polarization of dispersed particle, in particular inter facial polarization, was important to the ER effect. Doping with Cr ions increases the interfacial polarization of the suspension, which can be reflected by the obvious appearance of loss peak at about 10^2-10^5Hz and the larger $\Delta\varepsilon'$ at low frequency. This maybe resulted from the increase of defects and impurities due to doping, which is verified via the research of Yin et al[59]. It is noted that both Cr-doped FeBiO$_3$ suspensions exhibit dielectric relaxation with clear loss peak, whereas the pure FeBiO$_3$ suspension did not show any loss peak. This strong dielectric relaxation may be mainly originated from the interfacial polarization between the dispersed Cr-doped BiFeO$_3$ and medium oil.

It is well-known that the polarization mechanism (or dielectric properties) strongly depends on the natural structure of particle materials, such as crystal or molecular structure, microstructure, nanostructure, and so on[60]. Through the research of Yin et al., it is an effective way to modify the polarization properties (or dielectric and conduction properties) to increase ER behavior by designing the active structure of ER dispersed materials[50-52,58,59]. Based on above mechanism, we further adopted Cr-doped FeBiO$_3$ as an ER dispersed materials. In this work, the Cr-doped FeBiO$_3$ suspension shows higher ER effect compared to the corresponding suspension containing pure undoped FeBiO$_3$. And the ER effect of the Cr-doped FeBiO$_3$ suspension depended on the Cr-doping concentration. The enhanced dielectric interfacial polarization of Cr-doped FeBiO$_3$ suspension has an obvious improvement than that of pure undoped FeBiO$_3$ suspension. The dielectric relaxation peak is related to a suitable polarization response that is denoted by relaxation time λ, $\lambda = 1/2\pi f_{max}$ (f_{max} is the frequency of loss peak). Note that $\Delta\varepsilon'$ shows the degree of polarization corresponding to the electrostatic interactions between particles and λ reflects the rate of interfacial polarization related to the shear stress increase during deformation. Considering the relaxation time, λ, because the corresponding relaxation frequency is about 4590Hz, 9000Hz, and 21.1Hz for 5%Cr-FeBiO$_3$, 10%Cr-FeBiO$_3$ and 30%Cr-FeBiO$_3$ ER suspension respectively. The corresponding relaxation time is 3.46×10^{-5}s, 1.76×10^{-5}s and 7.54×10^{-3}s for DC electric fields. Smaller $\Delta\varepsilon'$ and longer λ fluid result in a weak ER activity. As the relaxation time within a frequency range of 10^2-10^5Hz became smaller and higher $\Delta\varepsilon'$ values within this frequency range are applied, the higher ER enhancement will be obtained.

4　Conclusions

In conclusion, chromium doped bismuth ferrite was synthesized by a facile sol-gel method. The structure and morphology of Cr-doped and undoped FeBiO$_3$ were confirmed by XRD, EDS, SEM and TEM techniques. Under electric fields, the Cr-doped FeBiO$_3$ suspension shows higher ER effect compared to the corresponding suspension containing pure undoped FeBiO$_3$. And the ER effect of the Cr-doped FeBiO$_3$ suspension depended on the Cr-doping concentration. It is concluded that the enhanced dielectric interfacial polarization of Cr-doped FeBiO$_3$ play an important role in the improvement for the ER efficiency. The present result possibly provides a potential approach to enhance the ER effect by employing multiferroic materials.

Acknowledgment

We gratefully acknowledge financial support from the National Natural Science Foundation of China (NSFC 51072087, 51077075), Science and Technology Program of Shandong Provincial Education Department (J07YA11-1), Shandong Province Research Fund for Excellent Youth (2007BS04003), Shandong Distinguished Middle-aged and Young Scientist Encourage and Reward Foundation (BS2011CL016), the Opening Project of State Key Laboratory of Polymer Materials Engineering (Sichuan University, KF201303) and State Key Laboratory of Electrical Insulation and Power Equipment (Xi'an Jiaotong University, EIPE13210), the Project Sponsored by the Scientific Research Foundation for the Returned Overseas Chinese Scholars, State Education Ministry.

References

[1] J. Wang, J. B. Neaton, J. Wang, H. Zheng, V. Nagarajan, S. B. Ogale, B. Liu, D. Viehland, V.

Vaithyanathan, D. G. Schlom, U. V. Waghmare, N. A. Spaldin, K. M. Rabe, M. Wuttig, R. Ramesh. Epitaxial BiFeO$_3$ multiferroic thin film heterostructures [J]. Science, 2003, 299: 1719-1722.

[2] M. Fiebig, T. Lottermoser, D. Frohlich, A. V. Goltsev, R. V. Pisarev. Observation of coupled magnetic and electric domains [J]. Nature, 2002, 419: 818-820.

[3] S. Li, Y.-H. Lin, B.-P. Zhang, Y. Wang, C.-W. Nan. Controlled fabrication of BiFeO$_3$ uniform microcrystals and their magnetic and photocatalytic behaviors [J]. J. Phys. Chem. C, 2010, 114: 2903-2908.

[4] T. J. Park, G. C. Papaefthymiou, A. J. Viescas, A. R. Moodenbaugh, S. S. Wong. Size-dependent magnetic properties of single-crystalline multiferroic BiFeO$_3$ nanoparticles [J]. Nano Lett, 2007, 7 (3): 766-772.

[5] J. Lou, P. A. Maggard. The synthesis and photocatalytic activity of core-shell nanocomposite oxides [J]. Adv. Mater., 2006, 18: 514-517.

[6] F.-Z. Mou, J. G. Guan, Z. G. Sun, X. A. Fan, G. X. Tong. In situ generated dense shell-engaged Ostwald ripening: a facile controlled-preparation for BaFe$_{12}$O$_{19}$ hierarchical hollow fiber arrays [J]. J. Solid State Chem., 2010, 183: 736-743.

[7] P. Chen, X. S. Xu, C. Koenigsmann, A. C. Santulli, S. S. Wong, J. L. Musfeldt. Size-dependent infrared phonon modes and ferroelectric phase transition in BiFeO$_3$ nanoparticles [J]. Nano Lett., 2010, 10: 4526-4532.

[8] T. Zhao, A. Scholl, F. Zavaliche, K. Lee, M. Barry, A. Doran, M. P. Cruz, Y. H. Chu, C. Ederer, N. A. Spaldin, R. R. Das, D. M. Kim, S. H. Baek, C. B. Eom, R. Ramesh. Electrical control of antiferromagnetic domains in multiferroic BiFeO$_3$ films at room temperature [J]. Nat. Mater., 2006, 5: 823-829.

[9] T. Choi, S. Lee, Y. J. Choi, V. Kiryukhin, S.-W. Cheong. Switchable ferroelectric diode and photovoltaic effect in BiFeO$_3$ [J]. Science, 2009, 324: 63-66.

[10] R. Ramesh, N. A. Spaldin. Multiferroics: progress and prospects in thin films [J]. Nat. Mater., 2007, 6: 21-29.

[11] K. Zhang, Y. D. Liu, H. J. Choi. Carbon nanotube coated snowman-like particles and their electro-responsive characteristics [J]. Chem. Commun., 2012, 48: 136-138.

[12] W. L. Zhang, B. J. Park, H. J. Choi. Colloidal graphene oxide/polyaniline nanocomposite and its electrorheology [J]. Chem. Commun., 2010, 46: 5596-5598.

[13] R. Shen, X. Z. Wang, Y. Lu, D. Wang, G. Sun, Z. X. Cao, K. Q. Lu. Polar-molecule-dominated electrorheological fluids featuring high yield stresses [J]. Adv. Mater., 2009, 21: 4631-4635.

[14] R. Tao, J. M. Sun. Three-dimensional structure of induced electrorheological solid [J]. Phys. Rev. Lett., 1991, 67: 398-401.

[15] J. Y. Hong, J. Jang. Highly stable, concentrated dispersions of graphene oxide sheets and their electroresponsive characteristics [J]. Soft Matter, 2012, 8: 7348-7350.

[16] J. B. Yin, X. Xia, L. Q. Xiang, X. P. Zhao. Coaxial cable-like polyaniline@titania nanofibers: facile synthesis and low power electrorheological fluid application [J]. J. Mater. Chem., 2010, 20: 7096-7099.

[17] P. Tan, W. J. Tian, X. F. Wu, J. Y. Huang, L. W. Zhou, J. P. Huang. Saturated orientational polarization of polar molecules in giant electrorheological fluids [J]. J. Phys. Chem. B, 2009, 113: 9092-9097.

[18] J. L. Jiang, Y. Tian, Y. G. Meng. Structure parameter of electrorheological fluids in shear flow [J]. Langmuir, 2011, 27: 5814-5823.

[19] M. Sedlacik, M. Mrlik, Z. Kozakova, V. Pavlinek, I. Kuritka. Synthesis and electrorheology of rod-like titanium oxide particles prepared via microwave-assisted molten-salt method [J]. Colloid Polym. Sci., 2011, 291: 1105-1111.

[20] W. L. Zhang, Y. D. Liu, H. J. Choi, S. G. Kim. Electrorheology of graphene oxide [J]. ACS Appl. Mater. Interfaces, 2012, 4 (4): 2267-2272.

[21] P. Tan, J. P. Huang, D. K. Liu, W. J. Tian, L. W. Zhou. Colloidal electrostatic interactions between TiO_2 particles modified by thin salt solution layers [J]. Soft Matter, 2010, 6: 4800-4806.

[22] J. Y. Hong, J. Jang. A comparative study on electrorheological properties of various silica-conducting polymer core-shell nanospheres [J]. Soft Matter, 2010, 6: 4669-4671.

[23] H. R. Ma, W. J. Wen, W. Y. Tam, P. Sheng. Dielectric electrorheological fluids: theory and experiment [J]. Adv. Phys., 2003, 52: 343-383.

[24] H. J. Choi, M. S. Jhon. Electrorheology of polymers and nanocomposites [J]. Soft Matter, 2009, 5: 1562-1567.

[25] A. Lengalova, V. Pavlinek, P. Saha, J. Stejskal, T. Kitano, O. Quadrat. The effec of dielectric properties on the electrorheology of suspensions of silica particles coated with polyaniline [J]. Physica A, 2003, 321: 411-424.

[26] M. J. Espin, A. V. Delgado, J. Plocharski. Electrorheological properties of hematite/silicone oil suspensions under DC electric fields [J]. Langmuir, 2005, 21 (11): 4896-4903.

[27] M. M. Ramos-Tejada, F. J. Arroyo, A. V. Delgado. Negative electrorheological behavior in suspensions of inorganic particles [J]. Langmuir, 2010, 26: 16833-16840.

[28] Y. G. Ko, S. S. Shin, U. S. Choi, Y. S. Park, J. W. Woo. Gelation of chitin and chitosan dispersed suspensions under electric field: effect of degree of deacetylation [J]. ACS Appl. Mater. Interfaces, 2011, 3: 1289-1298.

[29] W. J. Wen, X. X. Huang, P. Sheng. Electrorheological fluids: structures and mechanisms [J]. Soft Matter, 2008, 4: 200-210.

[30] B. X. Wang, Z. Rozynek, J. O. Fossum, K. D. Knudsen, Y. D. Yu. Guided self-assembly of nanostructured titanium oxide [J]. Nanotechnology, 2012, 23: 075706.

[31] B. X. Wang, M. Zhou, Z. Rozynek, J. O. Fossum. Electrorheological properties of organically modified nanolayered laponite: influence of intercalation, adsorption and wettability [J]. J. Mater. Chem., 2009, 19: 1816-1828.

[32] B. X. Wang, X. P. Zhao. Wettability of a bionic nano-papilla particle and its high electrorheological effect [J]. Adv. Funct. Mater., 2005, 15: 1815-1820.

[33] B. X. Wang, Y. C. Yin, C. J. Liu, S. S. Yu, K. Z. Chen. Synthesis of flower-like $BaTiO_3$/Fe_3O_4 hierarchical structure particles and their electrorheological and magnetic properties [J]. Dalton Trans., 2013, 42: 10042-10055.

[34] Y. C. Yin, C. J. Liu, B. X. Wang, S. S. Yu, K. Z. Chen. The synthesis and properties of bifunctional and intelligent Fe_3O_4 @ titanium oxide core/shell nanoparticles [J]. Dalton Trans., 2013, 42: 7233-7240.

[35] B. X. Wang, C. J. Liu, Y. C. Yin, S. S. Yu, K. Z. Chen. Double template assisting synthesized core-shell structured titania/polyaniline nanocomposite and its smart electrorheological response [J]. Compos. Sci. Technol., 2013, 86: 89-100.

[36] Y. S. Liu, J. G. Guan, Z. D. Xiao, Z. G. Sun, H. R. Ma. Chromium doped barium titanyl oxalate nano-sandwich particles: a facile synthesis and structure enhanced electrorheological properties [J].

Mater. Chem. Phys. , 2010, 122: 73-78.

[37] J. G. Cao, J. P. Huang, L. W. Zhou. Structure of electrorheological fluids under an electric field and a shear flow: experiment and computer simulation [J]. J. Phys. Chem. B, 2006, 110: 11635-11639.

[38] B. J. Park, F. F. Fang, H. J. Choi. Magnetorheology: materials and application [J] . Soft Matter, 2010, 6: 5246-5253.

[39] M. T. Lopez-Lopez, P. Kuzhir, G. Bossis. Magnetorheology of fiber suspensions. I. Experimental [J]. J. Rheol. , 2009, 53: 115-126.

[40] Y. M. Shkel, D. J. Klingenberg. Magnetorheology and magnetostriction of isolated chains of nonlinear magnetizable spheres [J]. J. Rheol. , 2001, 45: 351-368.

[41] M. T. Lopez-Lopez, A. Y. Zubarev, G. Bossis. Repulsive force between two attractive dipoles, mediated by nanoparticles inside a ferrofluid [J]. Soft Matter, 2010, 6: 4346-4349.

[42] M. Machovsky, M. Mrlík, Ivo Kuritka, V. Pavlínek, V. Babayan. Novel synthesis of core - shell urchin-like ZnO coated carbonyl iron microparticles and their magnetorheological activity [J]. RSC Adv. , 2014, 4: 996-1003.

[43] M. Stenick, V. Pavlinek, P. Saha, N. V. Blinova, J. Stejskal, O. Quadrat. Effect of hydrophilicity of polyaniline particles on their electrorheology: steady flow and dynamic behaviour [J] . J. Colloid Interface Sci. , 2010, 346: 236-240.

[44] M. Machovsky, M. Mrlík, I. Kuritka, V. Pavlínek, V. Babayan. Novel synthesis of core-shell urchin-like ZnO coated carbonyl iron microparticles and their magnetorheological activity [J]. RSC Adv. , 2014, 4: 996-1003.

[45] F. F. Fang, Y. D. Liu, H. J. Choi. Electrorheological and magnetorheological response of polypyrrole/magnetite nanocomposite particles [J]. Colloid Polym. Sci. , 2013, 291: 1781-1786.

[46] A. Krzton-Maziopa, H. Wycislik, J. Plocharski. Study of electrorheological properties of poly (p-phenylene) dispersions [J]. J. Rheol. , 2005, 49 (6): 1177-1192.

[47] J. H. Wei, J. Shi, J. G. Guan, R. Z. Yuan. Synthesis and electrorheological effect of PAn-BaTiO$_3$ nanocomposite [J]. J. Mater. Sci. , 2004, 39 (10): 3457-3460.

[48] Q. Cheng, V. Pavlinek, Y. He, C. Li, P. Saha. Electrorheological characteristics of polyaniline/titanate composite nanotube suspensions [J]. Colloid Polym. Sci. , 2009, 287 (4): 435-441.

[49] Y. Cheng, K. Wu, F. Liu, J. Guo, X. Liu, G. Xu, P. Cui. Facile approach to large-scale synthesis of 1D calcium and titanium precipitate (CTP) with high electrorheo - logical activity [J] . ACS Appl. Mater. Interfaces , 2010, 2: 621-625.

[50] X. P. Zhao, J. B. Yin. Preparation and electrorheological characteristics of rare - earth - doped TiO$_2$ suspensions [J]. Chem. Mater. , 2002, 14: 2258-2263.

[51] J. B. Yin, X. P. Zhao. Preparation and enhanced electrorheological activity of TiO$_2$ doped with chromium ion [J]. Chem. Mater. , 2004, 16: 321-328.

[52] J. B. Yin, X. P. Zhao. Preparation and electrorheological activity of mesoporous rare-earth-doped TiO$_2$ [J]. Chem. Mater. , 2002, 14: 4633-4640.

[53] H. Block, J. P. Kelly, A. Qin, T. Watson. Materials and mechanisms in electrorheology [J]. Langmuir, 1990, 6 (1): 6-14.

[54] D. J. Klingenberg, C. F. Zukoski. Studies on the steady-shear behavior of electrorheological suspensions [J]. Langmuir, 1990, 6: 15-24.

[55] Q. Cheng, V. Pavlinek, A. Lengalova, C. Li, Y. He, P. Saha. Conducting polypyrrole confined in ordered mesoporous silica SBA-15 channels: preparation and its electrorheology [J]. Micropor. Mesopor.

Mater., 2006, 93: 263-269.

[56] J. Y. Hong, E. Kwon, J. Jang. Electro-responsive and dielectric characteristics of graphene sheets decorated with TiO_2 nanorods [J]. J. Mater. Chem. A, 2013, 1: 117-121.

[57] F. F. Fang, Y. D. Liu, S. Lee II., H. J. Choi. Well controlled core/shell type polymeric microspheres coated with conducting polyaniline: fabrication and electrorheology [J]. RSC Adv., 2011, 1: 1026-1032.

[58] J. H. Wu, G. J. Xu, Y. C. Cheng, F. H. Liu, J. J. Guo, P. Cui. The influence of high dielectric constant core on the activity of core-shell structure electrorheological fluid [J]. J. Colloid Interface Sci., 2012, 378: 36-43.

[59] J. B. Yin, X. P. Zhao. Enhanced electrorheological activity of mesoporous Cr-doped TiO_2 from activated pore wall and high surface area [J]. J. Phys. Chem. B, 2006, 110: 12916-12925.

[60] Z. B. Wang, X. F. Song, B. X. Wang, X. L. Tian, C. C. Hao, K. Z. Chen, Bionic cactus-like titanium oxide microspheres and its smart electrorheological activity [J]. Chem. Eng. J., 2014, 256: 268-279.

Enhanced Dielectric Performance of Amorphous Calcium Copper Titanate/Polyimide Hybrid Film*

1 Synthesis of *a*-CCTO and CCTO Ceramics

In this study, a-CCTO ceramics were prepared using sol-gel technology and $Ca(NO_3)_2 \cdot 4H_2O$ ($\geqslant 99\%$, 7.0845g), $Cu(NO_3)_2 \cdot 3H_2O$ ($\geqslant 98\%$, 21.7440g), $[CH_3(CH_2)_3O]_4Ti$ ($\geqslant 98\%$, 40.9mL) and ethylene glycol monomethyl ether ($C_3H_8O_2$, $\geqslant 99\%$, 160mL) as solvent. CCTO sol (0.15mol/L) preparation was the first step. Pre-calculated amounts of $Ca(NO_3)_2 \cdot 4H_2O$ and $Cu(NO_3)_2 \cdot 3H_2O$ were mixed and dissolved in the solvent with heating (60℃) and stirring for 30min to yield a baby blue solution, upon which the solution was cooled to room temperature. Subsequently, $[CH_3(CH_2)_3O]_4Ti$ was added to the stirred solution and the reaction allowed to continue for 1h at room temperature to obtain a transparent blue sol with the chemical composition $CaCu_3Ti_4O_{12}$. The resulting sol was stored for 24h and was then kindled to obtain black gel powders. The prepared powders were milled using an agate mortar and a small amount of powder was cold pressed into disks of 10mm in diameter and 0.8mm in thickness under a pressure of 14MPa for 1.5min. Finally, the obtained disks and gel powders were sintered at 300℃ in an air atmosphere and heated at 5℃/min and then furnace-cooled to room temperature. The a-CCTO disks were used to evaluate the dielectric properties. The prepared powders were ball-milled (600r/min) for 4h in a planetary mill using an agate container and these were used as a-CCTO fillers. Crystalline $CaCu_3Ti_4O_{12}$ disks and powders were prepared using the same method apart from sintering at 1050℃.

2 Characterization of *a*-CCTO and CCTO Ceramics

The structures of the a-CCTO and CCTO ceramic powders were characterized by X-ray powder diffraction using a Philips X'Pert diffractometer with Cu K_α radiation operated at 40kV and 40mA. To study the dielectric properties of the a-CCTO and CCTO ceramics, aluminum was evaporated onto both sides of the disks as electrodes. The dielectric properties of the ceramics were determined using an impedance analyzer (Agilent 4294A) at a signal strength of 0.5 Vrms and the frequency ranged from 10^2Hz to 10^5Hz at room temperature.

---

* Copartner: Chi Qingguo, Sun Jia, Zhang Changhai, Liu Gang, Lin Jiaqi, Wang Yuning, Wang Xuan. Reprinted from *Journal of Materials Chemistry C*, 2013, 2 (1): 172-177.

3 X-ray Diffraction Characterization of a-CCTO and CCTO Ceramics

XRD patterns of the a-CCTO and CCTO ceramic powders are shown in Fig. 1. For the CCTO ceramic, the diffraction pattern could be indexed to a body-centered cubic perovskite-related structure of space group Im3 and the major peaks matched those in the Powder Diffraction File database (PDF 75-2188). No detectable secondary phase was observed. For the a-CCTO ceramic, no diffraction peak was detected. The reason for this is that the low sintering temperature of 300℃ cannot generate the ordered crystal lattice.

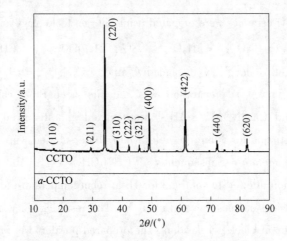

Fig. 1　X-ray powder diffraction patterns of the a-CCTO and CCTO ceramics

4 Dielectric Properties of the a-CCTO and CCTO Ceramics

The frequency dependence of the dielectric permittivity and the loss in a-CCTO and CCTO ceramics are shown in Fig. 2 - Fig. 4. In Fig. 2, the CCTO ceramic maintains a high dielectric permittivity of 10^5 and the loss of CCTO in Fig. 3 decreases when the frequency is less than 1kHz while it increases when the frequency exceeds 10kHz. Two dielectric relaxations are thus observed for the CCTO ceramic. The dielectric behavior of CCTO is still controversial[1-3]. Many models accept the internal barrier layer capacitance (IBLC) structure that is composed of semiconducting grains and insulating grain boundaries[4-6], which can be explained by impedance spectroscopy (IS) and the giant dielectric phenomenon is attributed to the grain boundary layer capacitance. As shown in Fig. 4, the grain resistance (R_g) of CCTO is the nonzero intercept on the Z'-axis at the high frequency end (17Ω). The boundary resistance (R_{gb}) at the low frequency is calculated by extrapolation and is about $2 \times 10^4 Ω$. R_{gb} is much larger than R_g, suggesting that CCTO contains semiconducting grains and insulating grain boundaries. Therefore, the IBLC model can explain the dielectric mechanism of the prepared CCTO.

By contrast, the dielectric permittivity of a-CCTO decreases rapidly with an increase in frequency as follows: 3×10^4 (1kHz), 4×10^3 (10kHz) and 6×10^2 (100kHz), and this is much lower than that of CCTO. However, at low frequency, the permittivity is even higher than that of CCTO at 100Hz. High permittivity is generally caused by polarization and different types of polarization present the different frequency dependence and show various dynamic behaviors in the time domain. a-CCTO has characteristic structure defects, impurity ions, vacancies and a high defect density because of the larger surface area of the nanosized particles. Dipolar polarization is always associated with the presence of either permanent orientable dipoles or dipolar effects caused by the above-mentioned defects[7]. Therefore, dipolar relaxation may be the dielectric mechanism for a-CCTO at low frequency. Fig. 4 shows that the impedance characteristic of a-CCTO is not a semi-circle, indicating that the IBLC model is not suitable for a-CCTO. As shown in Fig. 3, a-CCTO has very high loss. The higher defect density contributes to the higher concentrations of electrons. When an electric field is applied, the leakage current will be enhanced, resulting in higher loss.

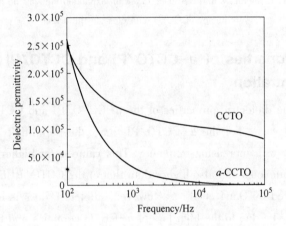

Fig. 2 Dependence of dielectric permittivity on the frequency of a-CCTO and CCTO ceramics at room temperature

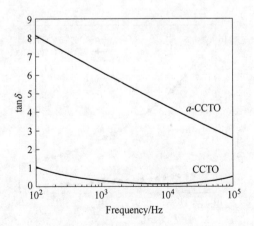

Fig. 3 Dependence of tanδ on the frequency of a-CCTO and CCTO ceramics at room temperature

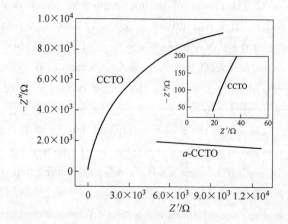

Fig. 4 Impedance complex plane plots for a-CCTO and CCTO ceramics at room temperature and the inset shows an expanded view of the high frequency of CCTO data close to the origin

5 Dielectric Properties of a-CCTO/PI and CCTO/PI Hybrid Films at High Concentration

Fig. 5–Fig. 7 show the dielectric properties of the a-CCTO/PI and CCTO/PI hybrid films at a concentration of 20 vol%. For the a-CCTO/PI film, the permittivity is 13 at 100Hz and this decreases rapidly with increasing frequency. This value is far higher than that of the CCTO/PI film at all frequencies and also higher than that of the CCTO/PI film at a concentration of 20 vol% as prepared by Dang et al[8]. However, dielectric loss is high (nearly 0.15 at 100Hz) and this may be due to the high loss of a-CCTO ceramics and the severe agglomeration phenomenon in the film at a concentration of 20 vol%. In Fig. 7, the conductivity of the a-CCTO/PI film remains low, indicating the good insulation property of the a-CCTO/PI film.

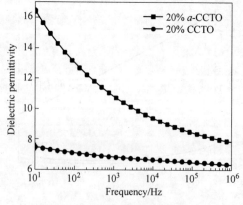

Fig. 5 Dependence of dielectric permittivity on the frequency of the a-CCTO/PI and CCTO/PI hybrid films at a concentration of 20 vol% and at room temperature

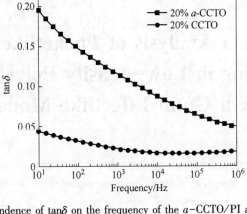

Fig. 6 Dependence of tanδ on the frequency of the a-CCTO/PI and CCTO/PI hybrid films at a concentration of 20 vol% and at room temperature

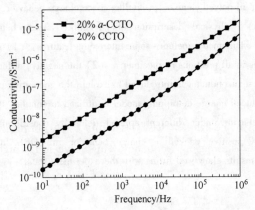

Fig. 7 Dependence of conductivity on the frequency of the a-CCTO/PI and CCTO/PI hybrid films at a concentration of 20 vol% and at room temperature

References

[1] Y. Zhu, J. C. Zheng, L. Wu, A. I. Frenkel, J. Hanson, P. Northrup, W. Ku. Phys. Rev. Lett., 2007, 99: 037602.
[2] J. L. Zhang, P. Zheng, C. L. Wang, M. L. Zhao, J. C. Li, J. F. Wang. Appl. Phys. Lett., 2005, 87: 142901.
[3] S. F. Shao, J. L. Zhang, P. Zheng, W. L. Zhong, C. L. Wang. J. Appl. Phys., 2006, 99: 084106.
[4] B. Shri Prakash, K. B. R. Varma. J. Mater. Sci., 2007, 42: 7467-7477.
[5] T. B. Adams, D. C. Sinclair, A. R. West. Adv. Mater., 2002, 14: 1321-1323.
[6] M. Li, Z. J. Shen, M. Nygren, A. Feteira, D. C. Sinclair, A. R. West. J. Appl. Phys., 2009, 106: 104106.
[7] L. Fang, M R. Shen, F. A. Zheng, Z. Y. Li, J. Yang. J. Appl. Phys., 2008, 104: 164110.
[8] Z. M. Dang, T. Zhou, S. H. Yao, J. H. Yuan, J. W. Zha, H. T. Song, J. Y. Li. Adv. Mater., 2009, 21: 2077-2082.

Numerical Analysis of Packetlike Charge Behavior in Low-density Polyethylene by a Gunn Effectlike Model*

Abstract Under some conditions, charges may transport like an isolated packet in polyethylene. It has been demonstrated that many factors, such as applied field strength, temperature, and material itself, influence on formation and migration of space charge packet, which cause many difficulties in understanding the general mechanism of the phenomenon. In this paper, based on the analysis about the influences of charge injection, carriers' migration, and the interaction between the free charge and trap in polyethylene on packetlike space charge behavior, a new physical model is established to give a physical description of packetlike charge behavior in low density polyethylene (LDPE). This model includes some interesting features: (1) it gives an exact calculation of charge changes in all positions of specimens; (2) the negative differential mobility mechanism of Gunn effect in semiconductor is introduced to explain the generating process of space charge packet; (3) field-induced charge detrapping model is utilized to simulate the diversity of packetlike charge packet behavior under different applied fields. By considering such a model, we simulate two kinds of positive packetlike charge behavior in LDPE from different research groups. The simulated results show well fitting with the experiment data.

1 Introduction

With excellent insulating properties, low dielectric loss, and good mechanical performance, polyethylene (PE) has been a preferred insulation material in a wide variety of high voltage applications. Many studies indicate that excessive charges accumulate in PE after long-standing operation under high voltage and the so-called space charge leads to deviations in the electric field distribution, possibly causing failures by high local stresses[1,2]. Therefore, the mechanisms of space charge formation and transport in polymeric insulations have been investigated by many researchers. With the development of space charge measuring techniques, such as pressure wave propagation (PWP) method and pulsed electroacoustic method, one can observe directly space charge in polymeric insulations and its dynamics. When applied field exceeds a threshold value, packetlike charge behaviors of space charge accumulation and migration are found in low density PE (LDPE) and cross-linked PE (XLPE). The packetlike space charges demonstrate the differences in threshold field, charge polarity, and transport process, depending on material properties. For instance, Hozumi et al.[3] observed the

---

* Copartner: Junfeng Xia, Yewen Zhang, Feihu Zheng, Zhenlian An. Reprinted from *Journal of Applied Physics*, 2011, 109, 034101.

positive packetlike charge behavior in XLPE when the applied field exceeded 100MV/m, while See[4] found that no space charge packet was formed in XLPE until the local field reached 140MV/m. Kon et al.[5] observed the negative space charge packet in XLPE. Matsui[6] discovered the positive charge packet in LDPE under high dc fields (>100MV/m), and our group observed the positive space charge packets in LDPE specimens under a relatively low dc electric field of 50MV/m[7]. In addition, space charge packet behavior was also reported for a LDPE/MgO nanocomposite sample[8]. Some space charge packet behaviors caused insulation breakdown due to the serious deviation of local field accompanied with the packet movement[6,9].

Various models have been proposed to give a reasonable explanation of packetlike charge behaviors for different cases. Kaneko proposed a simulation model to explain the charge packet behaviors in XLPE, which attributed the formation and movement of packetlike charge to charge dissociation of impurity. It was assumed that acceptor levels in material had strong field dependence. Captured holes were excited to hopping levels and migrated toward the cathode when the local field reached a threshold value, and the ionized acceptors left behind by hole migration formed the negative space charge packet[10]. The experimental data of See showed the positive packet was equal to the extra amount of negative charge left near to the anode after the positive packet had left that region, which provided good experimental evidence to Kaneko's model.

On the other hand, LDPE are usually considered to be additive-free and the space charges in LDPE are mainly caused by charge injection from electrodes rather than dissociation of impurities. To explain the charge packet behavior in LDPE, Matsui et al.[11] considered that charge packet was formed in the interface of lower field region and higher field region, since in lower field regions traps were easily filled up and carrier velocity was faster than that in higher field region. Based on this supposition, they gave a good explanation of their experiment results under high applied field[6]. However, this model cannot be used to explain the charge packet behavior observed under much lower applied field[7].

In this paper, synthetically considering charge injection, migration, and trap modulation of carrier mobility, the model is proposed to give an interpretation of packetlike space charge behaviors in LDPE under different applied fields. Numerical simulations are performed over a range of low and high applied fields. The simulation results fit well with the observed packetlike space charge behaviors.

2 Theoretical Analyses on Charge Behaviors in PE

Although PE has the simple chemical composition, an accurate description about the charge transport and trapping processes in PE is still very difficult due to the very complex physical structure and morphology. Short-range order and long-range disorder in structure make its electronic band structure significantly different from that of an ideal PE crystal. Therefore, simplifications of band structure, charge injection, and charge migration have to be made to ensure feasibility of the simulation. Moreover, PE is supposed to be additive-free, thus dipolar process and impurity ionization are not considered and charge in PE comes only from the electrode.

2.1 Surface states-modified charge injection

It has been found that classical Schottky model is not always obeyed even for metal-semiconductor interfaces due to the influence of interface states. Especially for most polymeric dielectrics which contain large numbers of surface states, Schottky emission model cannot provide a correct description of charge injection from electrode into dielectric since charge trapped in the surface states will strongly affect the subsequent charge injection from electrode and cause the deviation of injection current from Schottky emission model. This is demonstrated by many conduction current measurements[3-8,12]. Dissado and his partners measured conduction current in PE under high dc voltage and found the deviation of conduction current from Schottky emission model, that conduction current appeared and increased dramatically only when the applied field exceeded a threshold field[13]. Zeller introduced a field-limited space-charge model (FLSC) to explain the different field-dependent injection phenomenon[14].

Based on a similar consideration to the FLSC model, in this paper, surface states of PE are assumed to locate in a narrow surface region with a thickness of d_0, where free charge density $n_{c_{ex}}$ and trapped charge density $n_{t_{ex}}$ are regarded as uniform at high field, and change rate of the free charge (electron or hole) density $n_{c_{ex}}$ is given as

$$\frac{dn_{c_{ex}}}{dt} = an_{t_{ex}} + (\beta - \gamma)n_{c_{ex}} - \frac{j_0' - j_0}{d_0} \tag{1}$$

where α and γ are the field induced detrapping and trapping rates of the trapped charge and free charge, respectively, and β is the ionization rate of polar molecular and additive impacted by the free charge. j_0 is current density generated from the charge injection at electrode, which is still considered to follow the Schottky law

$$j_0 \propto \exp\left(-\frac{\phi}{kT}\right) \exp(B_{stt} E^{1/2}) \tag{2}$$

where ϕ is the work function difference between electrode and dielectric, B_{stt} is the Schottky emission coefficient, and E is the interface electric field which is considered to be uniform in the narrow region. j_0' is current density originated from the charge extraction from the narrow surface region to the bulk, i.e., the surface states-modified injection current, can be expressed as:

$$j_0' = \mu n_{c_{ex}} E \tag{3}$$

where μ is the carrier mobility in the narrow region.

In the charge injection model, the following things are assumed or considered. α is zero at low field and has a value if applied field exceeds a threshold value E_0, β is zero for PE to be simulated in this paper due to its nonpolarity and additive free[14]. γ is a constant by considering its less dependence of applied field, and μ is constant in the narrow region. Taking the hole injection for instance, as shown in Fig. 1 (a), when the applied field is a low field less than the threshold E_0, a part of the charge injected at electrode are trapped by the surface traps and cannot detrap, and the other migrate through the narrow region into the bulk. Therefore, the Eq. (1) can be simplified as:[15]

$$\frac{dn_{c_{ex}}}{dt} = -\gamma n_{c_{ex}} - \frac{j'_0 - j_0}{d_0} \quad (4)$$

Combining Eq. (4) with Eq. (3), j'_0 can be expressed as:

$$j'_0 = \frac{j_0}{1 + \frac{\gamma d_0}{\mu E}} \left\{ 1 - \exp\left[-\left(\gamma + \frac{\mu E}{d_0}\right) \right] t \right\} \quad (5)$$

Since μ is very small for PE, $\gamma \gg \mu E/d_0$ can be considered. For the case of a stable charge injection after a long time of the stress application, from expression (5), the stable-state j'_0 at low field ($E<E_c$) can be expressed as

$$j''_0 = \frac{\mu E}{\mu E + \gamma d_0} j_0 \quad (6)$$

and it is much smaller than j_0. Actually, in the stable-state case, j_0 almost approaches to zero due to the decrease in interface field or the charge accumulation in the narrow surface region in the early stage of the stress application.

When the applied field exceeds the threshold field E_0, the trapped charge can release from the trap, as shown in the Fig. 1 (b). After a dynamic balance is achieved between charge trapping and detrapping in the narrow surface region, the stable state form of Eq. (1) is

$$\frac{dn_{c_{ex}}}{dt} = -\frac{j'_0 - j_0}{d_0} \quad (7)$$

From Eq. (7), combined with Eq. (3), the stable-state j'_0 at high field ($E \geq E_c$) is of the form

$$j'_0 = \left[1 - \exp\left(-\frac{\mu E}{d_0} t\right) \right] j_0 \quad (8)$$

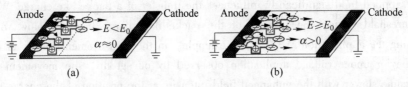

Fig. 1 Schematic illustration of charge injection at anode. Only the anode injection is concerned. The surface states of PE are assumed to locate in the narrow surface region near the anode, the interfaces of the region are shown as dashed lines. The traps in the interface are represented by fold lines: (a) when the electric field is lower than threshold field ($E<E_0$), the field induced detrapping rate $\alpha \approx 0$ and the actual charge injected into bulk decreases dramatically; (b) when the electric field is higher than threshold field ($E \geq E_0$), the field induced detrapping rate $\alpha > 0$ and most charge can be injected into the bulk

2.2 Dependence of carrier velocity on applied field

Without the impurity ionization and without regard to the carrier diffusion, the one-dimensional transport behaviors of carriers in PE can be described by the transport equation

$$j_{(e,h)}(x,t) = \mu_{(e,h)}(x,t) n_{\text{cin}(e,h)}(x,t) E(x,t)$$
$$= v_{(e,h)}(x,t) n_{\text{cin}(e,h)}(x,t) \quad (9)$$

the continuity equation

$$\frac{\partial n_{\text{cin}(e,h)}(x,t)}{\partial t} + \frac{\partial j_{(e,h)}(x,t)}{\partial x} = s(x,t) \quad (10)$$

and the Poisson's equation

$$\frac{\partial E(x,t)}{\partial x} = \frac{n_{\text{cin}(h)}(x,t) + n_{\text{tin}(h)}(x,t) - n_{\text{cin}(e)}(x,t) - n_{\text{tin}(e)}(x,t)}{\varepsilon} \quad (11)$$

where x and t are the coordinates in the direction of sample thickness from anode to the cathode and the time, j is the current density, n_{cin} and n_{tin} are the bulk density of free charge and trapped charge. The subscript "e" and "h" refers to electron and hole, μ and v are carrier mobility and migration velocity, E is the local field, and s is the source term representing the local change in charge density due to trapping, detrapping and recombination.

Charge transport in polymeric materials is usually described by a hopping model, all the injected charges move incoherently from site to site by getting over a potential barrier[16]. However, the transport model cannot lead to the formation of a packetlike charge in the bulk. Therefore, an alternative mechanism is proposed that the carriers in conduction band or valence band will be trapped by traps and then detrapped from the shallow or deep trap sites, and the trap-modulated carrier motion can be described by an effective mobility[17,18]. For shallow traps, the effective mobility is generally expressed as[19]

$$\mu_{\text{eff}} = \mu_b \exp\left(-\frac{W'}{kT}\right) \quad (12)$$

where μ_b and W' are the band mobility and the depth of a shallow trap. However, it has been found that applied field significantly influences the transfer of a packetlike charge. When it exceeds a threshold value, the transfer of the packetlike charge becomes slow with further strengthening the applied field.[6,20,21] For example, in the measurement results of packetlike charge behavior under voltage application observed by our group, the movement of charge packet became slower with the enhanced field intensity at the position of the charge packet[7]. Fig. 2 shows the variation tendency of the migration velocity of charge packet versus the field strength at the position of charge packet. It can be found that the migration velocity of charge packet is directly proportional with field when the field is relative low. However, when the field is above 50kV/mm, the speed of charge packet is adversely decreased with the increasing field. This feature is also observed by other group[11] and is difficult to be explained by using Eq. (12). It may result from a mechanism based on negative differential mobility (NDM).[9,24] Here a velocity-field characteristic relation for carriers, as indicated in Fig. 3, is supposed. In this case, when applied field exceeds the threshold value E_1, the carrier velocity will decrease rather than increase with the field and the derivative of velocity versus electric field is negative. Matsui et al. suggest that trap filling gives a high mobility for carriers that are retained at low fields. However, there is no evidence for such trap filling space charge. A better justification given in Ref. 24 shows that saturation of charge recombination centers will also give a conductivity discontinuity boundary. A detailed discussion about the possible physical originals of NDM is given in Ref. 25. By taking this hypothesis, the difference in carrier velocity caused by field distortion forces the charge to form a packet and the increasing field at the packet front slows down the charge packet as it crosses the sample. More detailed analysis about the relationship between NDM of carriers and charge packet behavior are presented in Sec. 3.

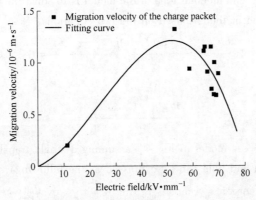

Fig. 2 (Color online) Relationship between the migration velocity of charge packet and the local field (Ref. 22)

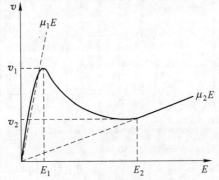

Fig. 3 Velocity-field characteristic in LDPE under assumption of NDM (Ref. 21)

In this study, considering that positive space charge packet is generally observed in LDPE, we assume only the migration process of holes exhibit the NDM feature. The follow linear approximations are adopted to simplify simulation:

$$v_h(x, t) = \begin{cases} \mu_{h1} E(x, t) & E(x, t) < E_1 \\ \dfrac{\mu_{h2} E_2 - \mu_{h1} E_1}{E_2 - E_1} E(x, t) + \dfrac{(\mu_{h1} - \mu_{h2}) E_1 E_2}{E_2 - E_1} & E_1 \leqslant E(x, t) \leqslant E_2 \\ \mu_{h2} E(x, t) & E(x, t) > E_2 \end{cases} \quad (13)$$

where E_1 and E_2 are the threshold fields for the initiation and termination of NDM, and μ_{h1}, μ_{h2} are constant migration mobility in the corresponding field strength regions. For electron, its effective mobility μ_e is considered to still comply with the Eq. (12), the relationship between velocity and local field is depicted as:

$$v_e(x, t) = \mu_e E(x, t) \tag{14}$$

2.3 Charge dynamics in PE

Charge trapping, detrapping and recombination in bulk significantly affect the charge accumulation and migration in PE. In this paper, we adopt a model[19,23] developed by Le Roy to describe the processes. The fundamental idea of the model is to solve the continuity Eq. (10) by using a two-step splitting method, based on the two equations:

$$\frac{\partial n_{cin(e, h)}(x, t)}{\partial t} + \frac{\partial j_{(e, h)}(x, t)}{\partial x} = 0 \tag{15}$$

and

$$\frac{\partial n_{cin(e, h)}(x, t)}{\partial t} = s \tag{16}$$

As illustrated by the process model in Fig. 4, assuming a single trap level, the source item s in Eq. (16) for electron and hole can be expressed as the followings, respectively.

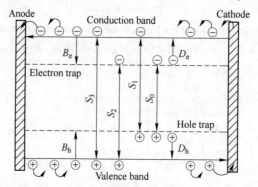

Fig. 4 Schematic representation of the conduction and trapping process (Ref. 19)

$$s_1 = -S_1 n_{cin(e)} n_{ht} - S_3 n_{cin(e)} n_{cin(h)} - B_e n_{cin(e)}\left(1 - \frac{n_{et}}{N_e}\right) + D_e n_{et}$$

$$s_2 = -S_2 n_{et} n_{cin(h)} - S_3 n_{cin(e)} n_{cin(h)} - B_h n_{cin(h)}\left(1 - \frac{n_{ht}}{N_h}\right) + D_h n_{ht} \tag{17}$$

where $n_{cin(e)}$ and $n_{cin(h)}$ are electron and hole carrier densities, n_{et} and n_{ht} are the trapped electron and hole densities, S_i are the recombination coefficients between all the charges including the free and trapped ones, N_e and N_h are the electron and hole trap densities, B_e and B_h or D_e and D_h are trapping or detrapping coefficients of electron and hole, respectively. The detrapping coefficients can be expressed as

$$D_e = v_e \exp\left(\frac{-U_e}{kT}\right)$$

$$D_\text{h} = v_\text{h} \exp\left(\frac{-U_\text{h}}{kT}\right) \tag{18}$$

where v_e and v_h or U_e and U_h are the attempt to escape frequencies or trap depths of electron and hole, and T is the temperature. According to the effect of field on the barrier for charge hopping, the Eq. (18) should be rewritten as:

$$D_\text{e} = v_\text{e} \exp\left(\frac{-U_\text{e}}{kT}\right) \exp\left(\frac{eaE}{kT}\right)$$

$$D_\text{h} = v_\text{h} \exp\left(\frac{-U_\text{h}}{kT}\right) \exp\left(\frac{eaE}{kT}\right) \tag{19}$$

where e is the electron charge and a is half the hopping distance.

3 Physical Model of Packetlike Charge Behavior

3.1 Formation of packetlike charge

In our model, formation of packetlike charge or charge accumulation in a region is easy to understand due to the difference in amount between the charges injected into and extracted from the region, and the pure injection charge leads to charge accumulation in the region. A significant charge accumulation or packetlike charge is considered to be closely related with the field dependence of migration velocity of carriers in our model. This can be described by a onedimensional model, as shown in Fig. 5. We define the interface position of anode as $x=0$ and the interface position of cathode as $x=d$, the direction from anode to cathode is the positive direction, where d is the thickness of the specimen. When an electric field is applied to the specimen, positive charge will accumulate near the anode due to charge captured in the surface lay-

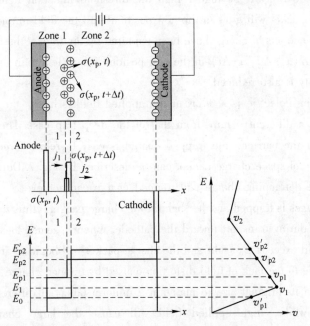

Fig. 5 Graphic illustration of charge packet's generating process

er of LDPE. The amount of accumulated charge is defined as $\delta(x_p, t)$, where x_p is the position of accumulation. According to Poisson's equation, the specimen can be divided into two zones with different field: the areas behind and ahead of the charge packet are respectively defined as zone 1 and 2. Obviously, the electric field E_{p2} in zone 2 is higher than the electric field E_{p1} in zone 1. If the applied field sufficiently exceeds the threshold field E_1 under which NDM of hole appears, as shown by the in velocityfield curve in Fig. 5, the migration velocity v_{p1} of hole in zone 1 will be greater than the migration velocity v_{p2} in zone 2. As a result, the injection current density j_1 exceed the extraction current density j_2, which results in a further charge accumulation. With the increasing of the charges, the field difference between zone 1 and 2 are also enlarged. After a time interval of Δt, the field in zone 1 is reduced to a smaller value than the injection threshold field E_0. The current density j_1 will reduce rapidly due to a lack of injected charge and the formed charge packet $\delta(x_p, t+\Delta t)$ will move to the cathode with a velocity v'_{p2}.

3.2 Migration of packetlike charge

The packet charge will be partially trapped by charge traps during its migration toward the cathode, which is closely associated with the dielectric properties and applied field. If the trap level in dielectric is deep or the applied field is low, charge will be difficult to release from the traps once captured. As illustrated in Fig. 6, in this case, after a time interval Δt, the packet $\sigma(x_p, t)$ moves a short distance Δx_0 from the position x_p, and a part of the packet charge denoted by the shade areas are trapped on the way, thus the packet charge decreases as denoted by the dotted bar. By the combined action of the trapped charge and packetlike charge, the injection field at anode E_{s1} will be higher than the threshold injection field E_0. As mentioned above; the charge packet will grow in the new position until the field in anode falls back to E_0 due to the NDM. Since lots of charge have been captured by the traps, the magnitude of charge packet denoted by $\sigma(x_p+\Delta x, t+\Delta t)$ in the new position is still less than its original size, and its migration velocity is also reduced.

If the trap level in dielectric is shallow or the applied field is high, the transport of charge packet will display a different feature from that of the deep trap case. The high applied field would greatly lower the barrier, the trapped charge is easy to release from the traps. In this case, the migration of space charge packet can be described by Fig. 7. During the migration of charge packet, the detrapping charge and trapped charge can achieve a dynamic equilibrium and only a few charges is trapped and left behind the charge packet, thus the packet charge almost is unchanged during transport toward the cathode. When it comes to a new position, the anode interface field exceeds E_0 again and the charge packet will begin to grow as the deep trap case. However, due to the lack of field distortion caused by trapped charge, the charge packet becomes larger than its original size to maintain a uniform potential difference between anode and cathode. Meanwhile, high applied field will cause the large charge injection from electrode, therefore, the formed charge packet will induce a larger field distortion. If the NDM

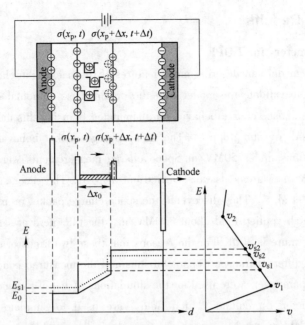

Fig. 6 Graphic illustration of migration process of charge packet in deep traps

effect is significant enough, the migration velocity of the packet charge will decrease dramatically. When the charge packet moves a certain distance, its migration velocity may decrease to a very low value, so that it seems to "stop" in the specimen. Since the higher field will make the migration velocity reduce more rapidly, the maximum migration depth of the charge packet is inversely proportional to the applied fields.

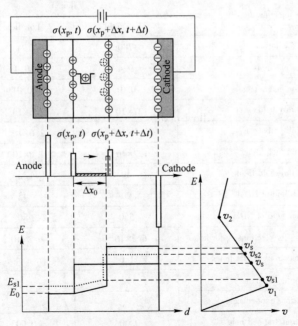

Fig. 7 Graphic illustration of migration process of charge packet in shallow traps

4 Simulation Results

4.1 Model parameters for LDPE

Although the above model can describe many features of the packetlike charge behaviors, our ultimate purpose is to validate the model with the obtained experimental data. In this paper, two kinds of reported space charge behaviors are simulated by using this model. The first one is derived from the work by our group[7]. The space charge packet behavior was generated in 1mm thick LDPE films under 50MV/m. Space charge measurements were performed by the PWP technique, the measurements were carried out at 313K. The second one is derived from the work by Matsui et al.[11] They discovered the space charge packet in another type of LDPE under a relatively high applied field about 330MV/m, the thickness of sample is 130μm and the measured temperature is 300K. For the reasons that these two kinds of space charge packet behaviors exhibited different transport characteristics and the measured condition were also different, two sets of parameters were used for the simulations. A list of parameters is presented in Table 1. The parameters in column "high field" are used to simulate the charge packet behavior under 330MV/m, and the parameters in column "low field" are used to simulate the charge packet behavior under 50MV/m. Some of the parameters, such as the trapping and detrapping parameters are taken from correlative literatures.[16,19,23] The asterisks parameters such as negative mobility threshold fields and corresponding velocities are estimated from the experiment results. No charge is supposed to exist in the specimen before field application.

Table 1 Definition of parameters

Symbol charge injection density	Value		Units
	High field	Low field	
$J(0)$ for holes	780	94	pA/m^2
$J(d)$ for electrons	9.4	9.4	pA/m^2
θ attenuation coefficient	0.01	0.01	
μ_{h1} hole mobility below E_{h1}	1.7×10^{-12}	1.6×10^{-13}	m^2/Vs
μ_{h2} hole mobility above E_{h2}	0.2×10^{-13}	2.0×10^{-14}	m^2/Vs
μ_e electron mobility	1.7×10^{-12}	1.6×10^{-14}	m^2/Vs
E_0 injection threshold field	40	35	MV/m
E_{h1} activated field of NDM	90	45	MV/m
E_{h2} upper limit field of NDM	550	80	MV/m
Detrapping frequency① v_e for electrons v_h for holes	6.2×10^{12}	6.2×10^{12}	s^{-1}
Trap level U_e for electrons U_h for holes	1.0	1.4	eV
Recombination coefficients①			
S_0 trapped electron/trapped hole			
S_1 mobile electron/trapped hole	0.005	0.005	m^3/Cs
S_2 trapped electron/mobile hole			

Continued Table 1

Symbol charge injection density	Value		Units
	High field	Low field	
S_3 mobile electron/mobile hole	0	0	m³/Cs
Trapping coefficients① B_e for electrons B_h for holes	0.008	0.008	s⁻¹
Deep trap densities① N_e for electrons N_h for holes	10	10	C/m³

①References 16, 19 and 23.

The numerical method used in model is to divide the specimen into small layers along the direction of applied field. In each small element layer, the local field and charge density are regarded as uniform distribution. By giving an initial applied field and charge density, the field distribution can be figured out by resolving the Poisson equation with a discretization method, and then the charge distribution after a short time Δt can be obtained according to the transport equation. By this means, if we divide the layers small enough, the charge migration in all positions of specimen can be calculated automatically.

Since the measurement results are obtained with a spatial resolution of about several micrometers width, to compare the simulated charge distribution with the measured one, the simulation output signal is calculated by convoluting a Gaussian distribution with the calculated data, which has the same width with the pulse width used in the measurement.

4.2 Simulation under low dc applied field

Fig. 8 (a) shows the measured distribution of space charge under relatively low dc electric field of 50MV/m[7]. It can be obviously observed that a positive charge packet migrates from the anode to cathode. In the course of movement, the packetlike charge gradually decays. When it reaches the cathode, the charge packet is neutralized with the counter charges on the electrode. In order to simulate such a transport feature, we choose a low NDM formation threshold field and deep trap level. Fig. 8 (b) shows the simulation profiles of charge distribution. After applying the field to the specimen, a positive packet is formed near the anode after about 70s. The packet's profiles and migration trails are very similar with the measured one. By comparing the Figs. 8 (a) and 8 (b), it is found that the charge packet decays during its movement and the trapped charges gradually accumulate in the charge packet trail. The profile of trapped charges is stable, that is to say, the decrease in charge packet is caused by that partial charge of charge packet are trapped by deep traps as analyzed in Sec. 3.2. Figs. 9 (a) and 9 (b) show the electric field distribution calculated from the charge profiles shown in Figs. 8 (a) and 8 (b). Both the experiment results and the simulation results indicate that the captured charge, together with the charge packet, induce a significant distortion of local field. The field near the anode keeps the same value no matter where the packet charge locates in, which means the existence of a charge injection threshold field as mentioned in Sec. 3.2. The local field gradually increases up to the rear edge of the packet and is sharply enhanced in the position of charge packet observed. The field at the front of the packet increases during the process of charge packet migration. According to the NDM behavior, charge packet will get slow during the transportation. Fig. 10 shows the calculated average velocity of space charge packet in experiment and simulation. Both results show that the speed of charge packet decreases during the movement.

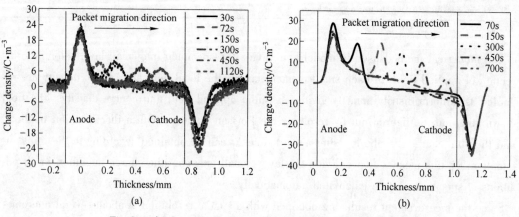

Fig. 8 (Color online) Space charge behavior under 50MV/m

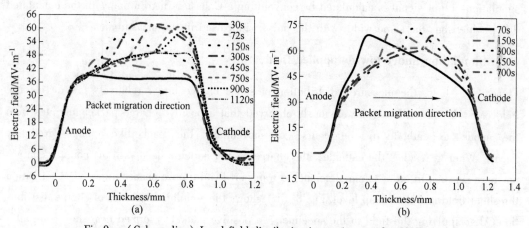

Fig. 9 (Color online) Local field distribution in specimen under 50MV/m

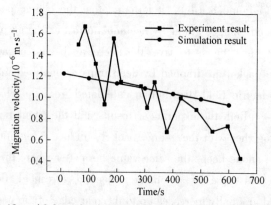

Fig. 10 (Color online) Migration velocity of the charge packet

4.3 Simulation under high dc applied field

Fig. 11 (a) shows a typical experimental result measured by Matsui et al.[11] under an initial field of 330MV/m. As shown in the figure, the injected charge from the anode is very significant. The packetlike charge is increasing when it moves toward the cathode. The movement of the packet is gradually getting slow and finally it nearly "stops" in the middle of bulk. Then the specimen begins to breakdown after a short time. Fig. 12 (a) depicts the electric field distribution during the transportation of the charge packet, which shows a significant distortion of the field. The field near anode maintains a low level of 50MV/m, while the maximum electric field near the cathode reaches nearly 520MV/m, such a high field is closely related to the breakdown strength of PE. Matsui et al. gave a model based on the negative differential resistance and fitted well with their results. In their model they proposed some simple assumptions without detailed explanation of the physical meanings and no trapping mechanism is considered. So Matsui's model has difficulty to describe a decayed charge packet like the experiment results shown in the Fig. 8 (a). In this paper, their experimental results are reproduced by simulation with our model to give a comparison between the two models.

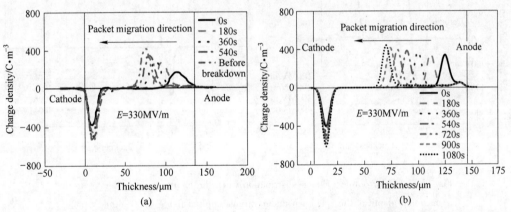

Fig. 11 (Color online) Space charge behavior under 330MV/m

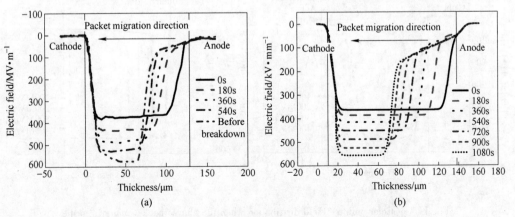

Fig. 12 (Color online) Field distribution in specimen under 330MV/m

In order to simulate this packetlike behavior, we choose a higher injected current density and greater value of NDM formation and termination threshold fields as well as shallower trapping level in our simulation. Figs. 11 (b) and 12 (b) present our simulated results. The decrease in velocity of charge packet in our simulation is not as big as in the measured one, and the maximum field in the simulation is relatively lower. However, the other features are very close to each other.

Figs. 13 (a) and 13 (b) show the measured and simulated charge packet behaviors under different high field when the packet moves to the maximum depth of the specimen. Figs. 14 (a) and 14 (b) are the field distributions corresponding to the Figs. 13 (a) and 13 (b). The simulated profiles are quite similar with the experiment one. They both indicate that the maximum distance of charge packet is inverse to the applied field. In addition, the fields at electrodes seem to be independent of the initial applied field, respectively 50MV/m and 520MV/m. They approach E_0 and E_{h2} in our simulation, respectively (see Table 1). These simulation results are also similar to the data calculated by using Matsui's model proposed in Ref. 6.

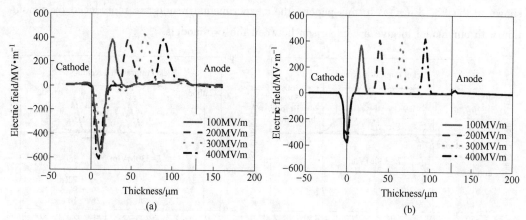

Fig. 13 (Color online) Charge distribution when the charge packet migrates to the maximum depth of the specimen under various applied fields (100–400MV/m)

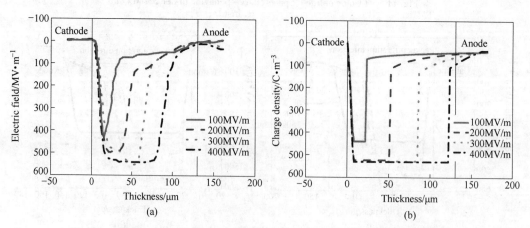

Fig. 14 (Color online) Field distribution when the charge packet migrates to the maximum depth of the specimen under various applied fields (100–400MV/m)

5 Conclusion

A physical model on the basis of the Gunn effect is proposed to give a primary explanation about the mechanism of space charge packet in LDPE as follows: (1) the charge of packet comes from the electrode injection. The injection process will occur above a threshold E_0. (2) NDM causes the formation of space charge packet. (3) Different trap level and distribution will affect the migration mode of the space charge packet. Various positive space charge behaviors under different applied field in LDPE are numerical simulated based on this model, while most simulation parameters are evaluated from the experimental condition and results. The simulation results show a good fitting with experiment data.

Acknowledgments

The project is supported by the National Natural Science Foundation of China (Grant Nos. 50537040 and 50807040) and the National Program on Key Basic Research Project (973 Program) (Grant No. 2009CB724505).

References

[1] Y. Zhang, J. Lewiner, C. Alquie, N. Hampton. IEEE Trans. Dielectr. Electr. Insul., 1996, 3, 778.
[2] A. Bradwell, R. Cooper, B. Varlow. Proc. Inst. Electr. Eng., 1971, 118, 247.
[3] N. Hozumi, H. Suzuki, T. Okamoto. IEEE Trans. Dielectr. Electr. Insul., 1998, 5, 82.
[4] Also see, L. A. Dissado, J. C. Fothergill. IEEE Trans. Dielectr. Electr. Insul., 2001, 8, 959.
[5] H. Kon, Y. Suzuoki, T. Mizutani, N. Yoshifuji. IEEE Trans. Dielectr. Electr. Insul., 1996, 3, 380.
[6] K. Matsui, Y. Tanaka, T. Takada, T. Fukao, K. Fukunaga. IEEE Trans. Dielectr. Electr. Insul., 2005, 12, 406.
[7] F. Zheng, Y. Zhang, B. Gong, J. Zhu, C. Wu. Sci. China, Ser. E: Technol. Sci., 2005, 48, 354.
[8] Y. Hayase, H. Aoyama, K. Matsui, Y. Tanaka, T. Takada, Y. Murata. Trans. Inst. Electr. Eng. Jpn., Part A, 2007, 126, 1084.
[9] J. P. Jones, J. P. Llewellyn, T. J. Lewis. IEEE Trans. Dielectr. Electr. Insul., 2005, 12, 951.
[10] K. Kaneko, T. Mizutani. IEEE Trans. Dielectr. Electr. Insul., 1999, 6, 152.
[11] K. Matsui, Y. Tanaka, T. Takada, T. Maeno. IEEE Trans. Dielectr. Electr. Insul., 2008, 15, 841.
[12] N. Hozumi, H. Suzuki, T. Okamoto. IEEE Trans. Dielectr. Electr. Insul., 1994, 1, 1068.
[13] L. A. Dissado, C. Laurent, G. C. Montanari, P. H. F. Morshuis. IEEE Trans. Dielectr. Electr. Insul., 2005, 12, 612.
[14] H. R. Zeller. IEEE Trans. Electr. Insul., 1987, 22, 115.
[15] J. Xia, Y. Zhang, F. Zheng, Q. Lei. Acta Phys. Sin., 2009, 58, 8529 (in Chinese).
[16] F. Boufayed, G. Le Roy, G. Teyssedre, C. Laurent, P. Segur, E. Cooper, L. A. Dissado, G. C. Montanari. Proceedings of the IEEE Eighth International Conference on Solid Dielectrics, Toulouse, France, 5-9 July 2004: 562-566 (IEEE Service Center, Piscataway, NJ).
[17] M. Meunier, N. Quirke, A. Aslanides. Proceedings of the IEEE International Conference on Electrical Insulation and Dielectric Phenomena, Victoria, BC, 15-18 October 2000: 21-24 (IEEE Service Center, Piscataway, NJ).

[18] J. C. Fothergill, L. A. Dissado. Space Charge in Solid Dielectrics, Leicester: The Dielectrics Society, 1998.
[19] S. Le Roy, P. Segur, G. Teyssedre, C. Laurent. J. Phys. D: Appl. Phys., 2004, 37, 298.
[20] T. J. Lewis. IEEE Trans. Dielectr. Electr. Insul., 2002, 9, 717.
[21] G. Damamme, C. L. Gressus, A. S. D. Reggi. IEEE Trans. Dielectr. Electr. Insul., 1997, 4, 558.
[22] J. Xia, Y. Zhang, F. Zheng, C. Xiao. Proceedings of the IEEE Eighth International Conference on Properties and Applications of Dielectric Materials, Bali, Indonesia, 26-30 June 2006: 147-149 (IEEE Service Center, Piscataway, NJ).
[23] F. Boufayed, G. Teyssedre, C. Laurent. J. Appl. Phys., 2006, 100, 104105.
[24] K. C. Kao, W. Hwang. Electrical Transport in Solids, International Series in the Science of the Solid State (Pergamon, Oxford, UK, 1981).
[25] L. A. Dissado. Proceedings of the IEEE International Conference on Solid Dielectrics, Potsdam, Germany, 4-9 July, 2010: 1-6 (IEEE Service Center, Piscataway, NJ).

Stepwise Electric Field Induced Charging Current and Its Correlation with Space Charge Formation in LDPE/ZnO Nanocomposite*

Abstract This study intends to establish the correlation between charging current under stepwise increased electric field and space charge formation in low density polyethylene (LDPE) and LDPE/ZnO nanocomposites. By applying stepwise increased electric field, the charging current and space charge distribution were measured as a function of time under 10, 30 and 50kV/mm, respectively. The results show that homopolar space charge formation induces increasing charging current with time, while heteropolar space charge formation induces decaying charging current and excellent space charge suppression is accompanied by constant charging current with time. The abundant deep trapping states introduced by nanofillers dominate both the lower steady charging current and space charge suppression in the nanocomposite. The results indicate that charging current behavior induced by stepwise increased electric field is extremely informative and is feasible to be a direct method for rough estimation of space charge formation and suppression in polymer dielectrics. Addition of ZnO nanofillers suppresses space charge accumulation in LDPE, indicating LDPE/ZnO nanocomposite is a potential insulation material for high voltage direction current cables.

Key words stepwise increased electric field, charging current, space charge, nanodielectrics, LDPE/ZnO

1 Introduction

Space charge accumulation in polymer dielectrics can sometimes promote ageing processes and bring an electrical apparatus to early failure due to electric field distortion and other harmful space charge effects [1-6]. It has become a major obstacle for the development of high voltage direct current (HVDC) cables with polyethylene (PE) insulations [7-10]. Space charge is known to generally arise from charge carrier injection by electrodes and impurity ionization in the bulk of PE. To suppress space charge accumulation and considering their origins, both bulk and surface modifications of PE and modification of semiconducting electrode materials have been extensively investigated. Bulk modifications are complemented by incorporating organic or inorganic additives, graft polymerization and blending of other polymers with PE, etc. Tanaka et al. [11] have studied the effect of industrial antioxidant additive on the morphology and space charge accumulation under varied temperatures in PE and found that extensive spherulite structures diminished and more electronic space charges accumulated in PE with antioxidant additive. Lin et al. reported that blending LDPE with 0.5% HDPE decreased

---

* Copartner: Tian Fuqiang, Yao Jiangyi, Li Peng, Wang Yi, Wu Mingli. Reprinted from *IEEE Fransaction on Dielectrics and Electrical Insulation*, 2015, 22 (2): 1232-1239.

the spherulite size and the amount of accumulated space charges[12]. It has also been confirmed that grafted or functionalized PE with polar groups had excellent capability to suppress carrier injection and homopolar space charge formation [13-16]. Similar behaviors have also been found in PE with blocking layer of high dielectric constant materials and in surface fluorated PE [17-19]. Researches by U. H. Nilsson et al. indicate that both the type of polymer and type of carbon black in semiconducting screen materials in HVDC cable are important for space charge suppression [20].

With the advent of nanodielectrics [21], various types of nanosized fillers have been widely used to improve the space charge properties among other electrical properties of PE[22-26]. Nanofillers are expected to introduce deep trapping states at the interface zones between fillers and polymer matrix[27-29] or forming deep potential well under high electric field by induced filler dipoles at high electric field [23], which are supposed to play a dominant role in shaping charge transport and space charge behavior in nanocomposite dielectrics[30-32]. Although nanodielectrics is attracting much attentions as superior electrical insulations possibly with good space charge suppression capability and meantime high electric strength, low electric conductivity, excellent electric treeing and corona resistant ability and so on compared to other modification methods, little work has been down on the correlation between space charge behavior and other experiments, and further researches are required to confirm mechanisms of space charge suppression in PE based nanocomposite dielectrics. Furthermore, in view of the complex system and high cost of present method for space charge characterization (e. g. pulsed electro-acoustic method-PEA), simple and practically effective method is meaningful for rough evaluation and monitor of space charge behavior in HVDC power cable insulations.

Charging current is a direct reflection of charge transport process and is hopeful to provide profound insight into the physical process of charge transport. Generally, conduction current may arise from rapid absorption process due to dipolar orientation or ionic polarization (bound charges), free ionic charge accumulation at structural/electrical inhomogeneities and trapping of injected electrons or holes from the electrodes [33]. Since the absorption process can be completed in a much shorter period than charge transport process, so charging current components due to these two processes can be readily separated. However, charging current is often obtained under low and fixed electric field and it often just shows normally exponential or power-law decay with time due to rapid absorption process and weak ionic space charge formation[34,35]. The component arises from charge injection from electrodes is obscured in this situation.

In this paper, stepwise increased electric field was applied for the conduction current measurement, which makes the absorption process and weak ionic space charge formation saturated rapidly at low electric field and high field charging current providing important information on space charge formation due to charge injection. Moreover, assisted by direct space charge distribution measurement, then we intend to establish the correlation between space charge formation and conduction current flow with time at high electric field in low density polyethylene (LDPE) and its nanocomposites. Furthermore, the mechanisms of space charge suppression and conduction current behavior will also be proposed in view of the trapping states introduced in the nanocomposite. We choose zinc oxide (ZnO) as the filler because ZnO is an important wide band-gap semiconducting material with good UV absorption capabilities and electron affinity energy, which are expected to affect charge transport, aging and breakdown behavior of the nanocomposites.

2 Experimental Procedures

2.1 Materials

The nanocomposites with filler content 0.1%, 0.5%, 1%, 5% and 7% (referred to as N0.1, N0.5, N1, N5 and N7, respectively) were prepared by melt blending method. The ZnO nanoparticles have an average particle size of about 30-50nm. The preparation process of the nanocomposites and the filler dispersion have been reported in detail in other papers by the authors[25,28]. All samples of 100-200μm thick were evaporated with Al electrodes on both sides with a diameter of 20mm.

2.2 Charging current measurement

Charging current was measured by a picoammeter EST122 and a data acquisition system under stepwise increased electric field. It was firstly tested under DC 10kV/mm for 1h, and then under 30kV/mm for 1h and 50kV/mm for 1h, respectively.

2.3 Space charge distribution measurement

Space charge distribution was measured by pulsed electroacoustic (PEA) device under DC 10kV/mm for 30min, 30kV/mm for 30min, and subsequently 50kV/mm for 1h at room temperature in succession. The PEA device has been described in detail by Takada etc[36,37].

2.4 Isothermal discharge current (IDC) measurement

The trap level distributions in LDPE and LDPE/ZnO nanocomposites are determined from the modified isothermal discharge current method, which has been presented in detail in the published papers by the authors[38]. We only show the experimental process here. The specimen was firstly polarized at 323K with a negative dc electric field of 30kV/mm for 40min. Then at a constant temperature 323K, the discharge current generated by the detrapped electrons was measured immediately after the specimen was short-circuited.

In order to confirm the repeatability of the experimental results, two different samples are used for all the tests for each kind of the material.

3 Results and Discussion

3.1 Stepwise electric field induced conduction current

Fig. 1-Fig. 3 show the charging current of LDPE and LDPE/ZnO nanocomposites under 10kV/

mm, 30kV/mm, 50kV/mm. As a significant feature, charging current in the nanocomposites (except N0.1 under 50kV/mm) is much lower than that in LDPE. Sample N0.5 has the lowest charging current, which is less than 1/10 of that in LDPE. What is noteworthy is that interesting changes of the charging current behavior appear under stepwise increased electric field. Under 10kV/mm, the charging current of the nanocomposite decays with time for about 600s at the beginning stage and then reaches steady state. In contrast, the charging current of LDPE decays for 3600s and the steady state is not reached. Under 30kV/mm, the charging current of LDPE and N5 decays with time, while it shows a significant increase with time instead of monotonous decrease in N0.1 and N1. Moreover, the charging current of N0.5 and N7 remains nearly a steady value with time after it decays for the initial 300s. Similar charging current behaviors but with more strongly marked tendency are observed under 50kV/mm. The charging current shows a remarkable increase in N0.1 and N1 and a weak increase in N0.5, while it exhibits a significant decrease in LDPE and N5 and keeps a steady value with time for N7.

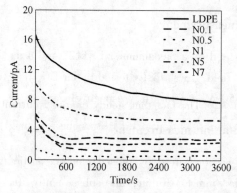

Fig. 1 Charging current of LDPE and LDPE/ZnO nanocomposites under 10kV/mm

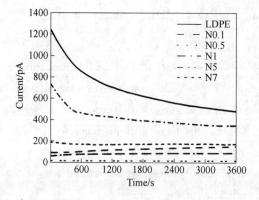

Fig. 2 Charging current of LDPE and LDPE/ZnO nanocomposites under 30kV/mm

As mentioned earlier, the rapid decay of the charging current in LDPE and the nanocomposite during the initial period under low electric field (as shown in Fig. 1 under 10kV/mm) should be ascribed to absorption process, while the further slow current decay and the current

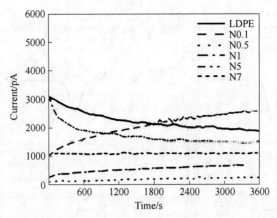

Fig. 3 Charging current of LDPE and LDPE/ZnO nanocomposites under 50kV/mm

decay at high electric field should be related to charge transport dominated by ionic charge carriers resulting from impurity ionization. After hopping for a period, ions may be localized around structural distortion sites or electrode interfaces forming space charges, inducing a decay current in the external circuit. The contribution of injected charge transport to charging current under 10kV/mm can be excluded considering that electric field is not strong enough to make charge injection significant as will be confirmed later by PEA measurement results shown in Fig. 4. Montanari et al. have reported that the threshold electric field for charge injection into PE is about 10-15kV/mm[3,39]. The fact that steady charging current is reached faster and its value is lower in the nanocomposites than in LDPE can be explained as follows. Polymer chain movement in the nanocomposites is suppressed due to the steric hindrance effect of nanofillers, which further limits ions to move over a much shorter range than in LDPE due to the difficulty in the formation of free space for ion transport[40]. In other words, ionization and ion transport are weakened by nanofillers. Therefore, ion transport is saturated and steady charging current is reached more rapidly in nanocomposites after electric field application and the charging current is lower than that in LDPE as well. Low conductivity due to reduced ion mobility has also been found in epoxy nanocomposites [41,42]. It has been reported that nanofillers may introduce ion traps or suppress molecular chain to reduce charging current. On the other hand, nanofillers may introduce impurities to increase conductivity oppositely[43]. Therefore, the charging current behavior of nanocomposites is determined by two opposite effects. This may be the reason why N0.5 has the lowest charging current than the other nanocomposites. Under further stepwise increased electric field, the charging current should be related to charge transport originated from impurity ions and injected charges due to the fast saturation of absorption process.

3.2 Space charge distributions

Fig. 4-Fig. 6 show space charge distributions of LDPE and the nanocomposites under stepwise increased electric field from 10kV/mm, 30kV/mm to 50kV/mm, respectively. Under 10kV/

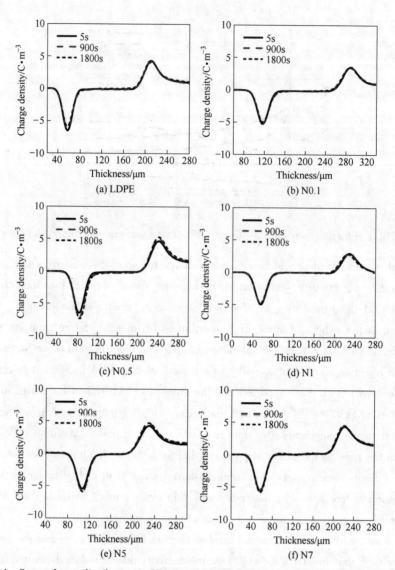

Fig. 4 Space charge distribution in LDPE and LDPE/ZnO nanocomposites under 10kV/mm

mm, no observable space charges accumulate in both LDPE and the nanocomposites. Under 30kV/mm, a few heterocharges accumulate around the cathode in LDPE and N5 soon after the electric field is applied and increase with time. Evident homopolar space charge accumulation due to both electron and hole injection are observed in N0.1 and N1 after 900s. Much less space charge accumulation can be observed in N0.5 and N7. Under 50kV/mm, a few electrons and holes are nearly symmetrically injected into LDPE forming homopolar space charges immediately after the electric field application and a large number of homopolar and heteropolar space charges are observed after 900s. The heterocharges locate around the cathode, while the injected electrons move quickly from the cathode toward the anode with time with a gradually increasing number. In N0.1 and N1, both electrons and holes are injected with increasing quantity but move very slowly and locate near the electrodes as compared to LDPE. In

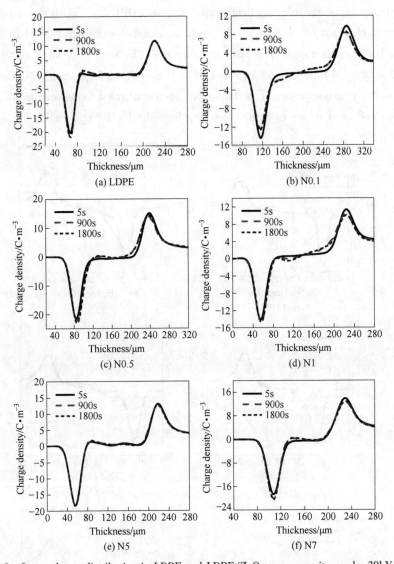

Fig. 5 Space charge distribution in LDPE and LDPE/ZnO nanocomposites under 30kV/mm

N0.5, a few electrons are injected but locate very close to the cathode and no injected holes are observed. No observable heterocharges accumulate in N0.1, N0.5 and N1. In N5, only a few heterocharges accumulate around the cathode. Much fewer space charges can be observed in N7, indicating effective suppression of space charge formation. On the whole, heteropolar space charge accumulation has been largely mitigated by nanofillers. Furthermore, injected charge carriers move much slower in the nanocomposites and are nearly localized and locate very close to the electrodes compared to that in LDPE.

3.3 Trap level distributions

Fig. 7 shows the trap level distribution in LDPE and the nanocomposites. The trap levels for both LDPE and the nanocomposites are in the range 0.80–1.05eV with a density peak around

0.94eV, which can be regarded as deep trap levels in LDPE[44]. This is consistent very well with the results obtained by M. Ieda et al., who assigned the deep trap level in LDPE to be 0.92eV[45]. The trap level density increases in the order LDPE < N7 < N0.5 and the trap density of N0.5 is about 4 times that of LDPE. This indicates that a large number of deep traps are introduced in the nanocomposites. The traps have been confirmed to be originated from the interface region and are cavities in nature resulting from the local chain conformation[28].

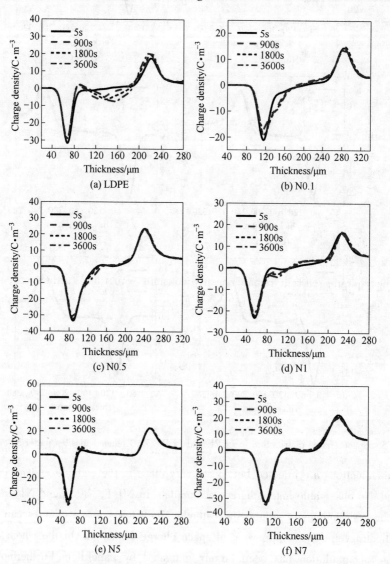

Fig. 6 Space charge distribution in LDPE and LDPE/ZnO nanocomposites under 50kV/mm

3.4 The correlation between charging current and space charge formation

Interestingly, the stepwise electric field induced charging current behavior as shown in Fig. 2 and Fig. 3 is closely related to the space charge formation shown in Fig. 5 and Fig. 6. For example, significant homopolar space charges accumulate in N0.1 and N1 under 30 and 50kV/mm

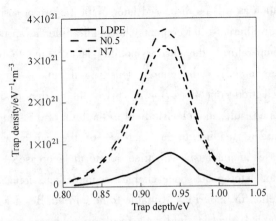

Fig. 7　Trap level distribution in LDPE and LDPE/ZnO nanocomposites

and correspondingly, the charging current increases anomalously in these materials as shown in Fig. 2 and Fig. 3. This also shows a good correspondence in N0.5 under 50kV/mm, in which the accumulation of a few homopolar space charges very close to the cathode electrode due to electron injection as shown in Fig. 6 is corresponded by weak increase of the charging current with time as shown in Fig. 3. The current decay in LDPE under 30kV/mm and N5 under 30 and 50kV/mm is corresponded by evident heteropolar space charge accumulation. No significant space charges are formed in N0.5 under 30kV/mm and N7 under 30 and 50kV/mm and thus the charging current remains nearly constant with time. Furthermore, the charging current changes almost synchronize with the changes of space charge accumulation. For instance, the steady current is not reached in N0.1 and N1 even after 3600s and correspondingly, the steady state of space charge distribution has not reached after 3600s under 50kV/mm. In addition, the larger changes of the charging current with time are correlated with the larger changes of the space charge distribution.

Generally, homopolar space charge formation is often ascribed to electronic charge injection from electrodes and is determined by the balance of charge injection from the electrode and charge transport in the bulk, while heteropolar charges are expected to due to ionization of impurities[46-48], which has been confirmed by Y. Tanaka et al. by using suppression layer for charge injection[49]. Although it is also possible for homopolar space charge to be formed if positive/negative ions are extracted into the cathode/anode electrodes while homopolar ions remain, transport of ions into electrodes is much more difficult compared to electronic charge injection since mass transfer is involved in ion extraction. Another supporting fact is that steady heteropolar ionic charges can easily accumulate around the electrodes in many polymer dielectrics, since this cannot happen if ions can be effectively extracted into the electrodes[50,51]. Besides impurities in LDPE matrix, nanofillers can also introduce ionizable impurities, whose effect become more significant with increasing filler contents and aggregation of fillers. On the other hand, incorporating of nanofillers into LDPE matrix can introduce a large number of deep traps, which can contribute to suppression of charge injection from electrodes and also heteropolar space charge formation as will be discussed later. With the two opposite effect of nanofillers, the nanocomposites with different filler contents show quite different space charge behavior.

Under a constant temperature, the carrier mobility is expected to be constant. Hence the charging current is determined by the charge density and bulk electric field. For homopolar space charges due to electrode injection, the density of the carriers available to be transported increases with time. As a result, the electric field in the bulk of the sample increases according to the Poisson's equation, leading to an increase of the carrier velocity. Therefore, the charging current increases anomalously with time due to the increase of carrier density and its velocity. In contrast, for heteropolar space charge accumulation, ionization tends to saturated as a result of the reduction in impurities available to be ionized. Besides, the ionic heteropolar charges screen the applied electric field and result in a decrease of electric field in the bulk. Both of the two factors lead to the current decay with time when heteropolar space charges are formed. Obviously, only steady charging current flows and the current keeps constant in case of no space charge formation. Although it cannot be observed directly from the present experiment due to the short of test time as shown in Fig. 3 and Fig. 6, it is reasonable to expect that charging current should show a slow decay in the initial stage and then show a gradual increase with time when both heteropolar and homopolar space charges are formed in succession. Therefore, the increasing, decreasing and constant charging current flow can be a direct indication of homopolar, heteropolar and no space charge formation, respectively. Charging current measurement under stepwise increased electric field hereby can be used to roughly evaluate space charge formation in polymer dielectrics for power cables and other electrical equipment. This is meaningful since charging current measurement can be performed much more easily than PEA and other methods for space charge characterization.

3.5 Effect of deep trapping states on charging current and space charge suppression

The slower movement of injected charges in the nanocomposites compared to LDPE is correlated with the lower charging current and larger trap level density in the nanocomposites as shown in Fig. 8. The introduced abundant deep trapping states in the nanocomposites dominate both the charge transport and space charge formation processes. Charge carriers are easily localized in the trapping states, leading to the decrease of the carrier mobility and thus the decrease of the charging current. This is confirmed by the exact correspondence between the charging current and trap level density, which shows that the higher trap level density results in lower charging current. This is also supported by the slower transport of charge carriers in the nanocomposites compared to LDPE as shown by dynamic space charge distributions in Fig. 4 – Fig. 6. Moreover, the increase in the density of trapping states leads to the injected charges to be quickly trapped around the injection contact forming an intensified charge accumulation layer, which in turns reduces the interface electric field or increases the potential barrier for further charge injection and consequentially leads to the decrease of injection current and injected charge carries. Thus homopolar space charge accumulation in the bulk is readily

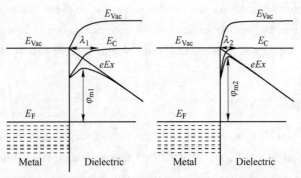

Fig. 8 Charge injection potential barrier (φ_m) changes with the charge accumulation depth (λ). $\lambda_1 = 2\lambda_2$

suppressed. The physical model can be further analyzed in view of the relation between trap characteristics and charge injection potential. For charge injection from electrodes into an insulator with abundant trapping states, the charge accumulation depth λ is related to the trap density N_t and trap depth E_t as described by[25], where k is the Boltzmann

$$\lambda = \frac{\pi}{2}\left(\frac{2kT\varepsilon_r\varepsilon_0}{e^2 N_t}\right)^{\frac{1}{2}} \exp\left(\frac{\psi_i - \chi - E_t}{2kT}\right) \tag{1}$$

constant, T is temperature, ε_0 is the vacuum dielectric permittivity, ε_r is the relative permittivity of the dielectric, e is the electron charge quantity, ψ_i is the work function of the dielectric, χ is the electron affinity of the dielectric. As can be seen clearly from equation (1), λ decreases with increase of N_t and E_t. As shown in Fig. 7, N_t in the nanocomposite is about 4 times that in LDPE with E_t generally the same. So λ in the nanocomposite should be half of that in LDPE according to equation (1). The decrease of λ in the nanocomposite significantly increases the potential barrier φ_m for charge injection as shown in Fig. 8. Therefore, the charge injection can be effectively suppressed in the nanocomposite by the introduced abundant deep trapping states. On the other hand, the suppression of charge injection can also be explained in view of the decrease of interface electric field due to the screen effect of the intensified trapped charge layer according to the Poisson's equation. This leads to the decrease of the injection current as showed by the Schottky emission formula[52],

$$j_{in} = AT^2 \exp\left(-\frac{e\varphi_m}{kT}\right) \exp\left(\frac{e}{kT}\sqrt{\frac{eE(0, t)}{4\pi\varepsilon_r\varepsilon_0}}\right) \tag{2}$$

where j_{in} is the injection current density, A is a constant, φ_m is the potential barrier for electron injection and $E(0, t)$ is the interface electric field. For instance, if the interface electric field in LDPE and the nanocomposite are 36kV/mm and 9kV/mm, respectively, then the injection current density in the nanocomposite is about 1/20 of that in LDPE at room temperature according to equation (2). The extremely decreased injection current results in the space charge suppression in the LDPE/ZnO nanocomposites with abundant introduced deep trapping states. In addition, as a result of the lower carrier mobility due to the introduced trapping states and the reduced molecular motions due to the sterically hindered effect of the nanofillers as stated earlier, ions due to impurity ionization are limited to move in a much localized region, i. e. the ionization is weakened. This results in the suppression of heteropolar space charge formation[53-60].

4 Conclusions

The correlation between charging current with time under stepwise increased electric field and space charge formation in LDPE and LDPE/ZnO nanocomposites is established. The effect of nanofillers on the charging current and space charge suppression is discussed and the corresponding mechanisms are proposed in view of the effects of deep trapping states introduced by nanofillers on charge injection and transport process. The following conclusions can be drawn.

(1) Charging current under stepwise-increased electric field is closely related to space charge formation. Homopolar space charge formation induces increasing charging current with time, while heteropolar space charge formation induces decaying charging current and excellent space charge suppression is accompanied by constant charging current with time. Thus charging current under stepwise increased electric field is extremely informative and is qualified to be a direct method for rough estimation of space charge formation and suppression in polymer dielectrics.

(2) Addition of ZnO nanofillers significantly decreases the steady state charging current and charge mobility in LDPE. The lower charge current and slower movement of injected charges in the nanocomposites compared to LDPE result from the abundant deep trapping states introduced by nanofillers.

(3) Addition of ZnO nanofillers significantly suppresses both homopolar and heteropolar space charge accumulation in LDPE, indicating that LDPE/ZnO nanocomposite can be a potential insulation material for high voltage DC cables. The increase in the density of deep trapping states in the nanocomposites increases the potential barrier for charge injection from electrode, resulting in the suppression of homopolar space charge formation.

Acknowledgements

This work is supported by "the Fundamental Research Funds for the Central Universities (KEJB14021536)" and "Beijing Outstanding Doctoral Thesis Project (352026535)".

References

[1] L. A. Dissado, G. Mazzanti, G. C. Montanari. The role of trapped space charges in the electrical aging of insulating materials [J]. IEEE Trans. Dielectr. Electr. Insul., 1997.

[2] G. C. Montanari, P. H. F. Morshuis. Space charge phenomenology in polymeric insulating materials [J]. IEEE Trans. Dielectr. Electr. Insul., 2005, 12: 754-767.

[3] G. C. Montanari. Bringing an insulation to failure: the role of space charge [J]. IEEE Trans. Dielectr. Electr. Insul., 2011, 18: 339-364.

[4] T. Tanaka. Space charge injected via interfaces and tree initiation in polymers [J]. IEEE Trans. Dielectr. Electr. Insul., 2001, 8: 733-743.

[5] A. Bradwell, R. Cooper, B. Varlow. Conduction in polythene with strong electric fields and the effect of prestressing on the electric strength [J]. Proc. Inst. Electr. Eng., 1971, 118: 247-254.

[6] K. Matsui, Y. Tanaka, T. Takada, T. Fukao, K. Fukunaga, T. Maeno. Space charge behavior in low-density polyethylene at pre-breakdown [J]. IEEE Trans. Dielectr. Electr. Insul., 2005, 12: 406-415.

[7] T. L. Hanley, R. P. Burford, R. J. Fleming, K. W. Barber. A general review of polymeric insulation for use in HVDC cables [J]. IEEE Electr. Insul. Mag., 2003, 19 (1): 13-24.

[8] D. Fabiani, G. C. Montanari, C. Laurent, G. Teyssedre, P. H. F. Morshuis, R. Bodega. Polymeric HVDC cable design and space charge accumulation. Part 1: Insulation/semicon interface [J]. IEEE Electr. Insul. Mag., 2007, 23 (6): 11-19.

[9] S. Delpino, D. Fabiani, G. C. Montanari, C. Laurent, G. Teyssedre, P. H. F. Morshuis, et al. Polymeric HVDC cable design and space charge accumulation. Part 2: Insulation interfaces [J]. IEEE Electr. Insul. Mag., 2008, 24 (1): 14-24.

[10] D. Fabiani, G. C. Montanari, C. Laurent, G. Tayssedre, P. H. F. Morshuis, R. Bodega. HVDC cable design and space charge accumulation. Part 3: Effect of temperature gradient [J]. IEEE Electr. Insul. Mag., 2008, 24 (2): 5-14.

[11] Y. Tanaka, G. Chen, Y. Zhao, A. E. Davies, A. S. Vaughan, T. Takada. Effect of additives on morphology and space charge accumulation in low density polyethylene [J]. IEEE Trans. Dielectr. Electr. Insul., 2003, 10: 148-154.

[12] Y. Lin, W. Du, D. Tu, W. Zhong, Q. Du. Space charge distribution and crystalline structure in low density polyethylene (LDPE) blended with high density polyethylene (HDPE) [J]. Polym. Int'l., 2005, 54: 465-470.

[13] R. Gadessaud, B. Aladenize, P. Tran, H. Janah, P. Mirebeau, D. Acroute. High and very high voltage DC power cable [P]. US Patent, No. 20010030053 A1, 2001.

[14] A. Smedberg, U. Nilsson, A. Campus, H. Schild, M. Huber, B. Voigt. Process for producing a polymer and a polymer for wire and cable applications [P]. US Patent, No. 0168427 A1, 2011.

[15] G. Perego, E. Albizzati. Electrical cable for high voltage direct current transmission, and insulating composition [P]. US Patent, No. 8257782 B2, 2001.

[16] S. Wang, M. Fujita, G. Tanimoto, F. Ajda, Y. Fujiwara. Development of insulation material for DC cables – space charge properties of metallocene catalyzed polyethylene [J]. IEEE Int'l. Sympos. Electr. Insul., 657-660.

[17] Z. An, C. Liu, X. Chen, F. Zheng, Y. Zhang. Correlation between space charge accumulation in polyethylene and its fluorinated surface layer characteristics [J]. J. Phys. D: Appl. Phys., 2011, 45: 35302.

[18] Z. An, C. Liu, X. Chen, F. Zheng, Y. Zhang. Influence of oxygen impurity in fluorinating mixtures on charge blocking properties of fluorinated surface layer of polyethylene [J]. IEEE Trans. Dielectr. Electr. Insul., 2013, 20: 303-310.

[19] Z. An, C. Liu, X. Chen, F. Zheng, Y. Zhang. Correlation between space charge accumulation in polyethylene and its fluorinated surface layer characteristics [J]. J. Phys. D: Appl. Phys., 2012, 45: 35302.

[20] U. H. Nilsson, J. O. Bostro M. Influence of the semiconductive material on space charge build-up in extruded HVDC cables [J]. IEEE Int'l. Sympos. Electr. Insul. (ISEI), 2010: 1-4.

[21] T. J. Lewis. Nanometric dielectrics [J]. IEEE Trans. Dielectr. Electr. Insul., 1994, 1: 812-825.

[22] T. Tanaka. Dielectric nanocomposites with insulating properties [J]. IEEE Trans. Dielectr. Electr.

Insul. , 2005, 12: 914-928.

[23] T. Takada, Y. Hayase, Y. Tanaka, T. Okamoto. Space Charge Trapping in Electrical Potential Well Caused by Permanent and Induced Dipoles for LDPE/MgO Nanocomposite [J]. IEEE Trans. Dielectr. Electr. Insul. , 2008, 15: 152-160.

[24] R. J. Fleming, A. Ammala, S. B. Lang, P. S. Casey. Conductivity and space charge in LDPE containing nano-and micro-sized ZnO particles [J]. IEEE Trans. Dielectr. Electr. Insul. , 2008, 15: 118-126.

[25] F. Tian, Q. Lei, X. Wang, Y. Wang. Investigation of the Electrical Properties of LDPE/ZnO Nanocomposite Dielectrics [J]. IEEE Trans. Dielectr. Electr. Insul. , 2012, 19: 763-769.

[26] Z. Lv, X. Wang, K. Wu, X. Chen, Y. Cheng, L. A. Dissado. Dependence of charge accumulation on sample thickness in Nano-SiO_2 doped LDPE [J]. IEEE Trans. Dielectr. Electr. Insul. , 2013, 20: 337-345.

[27] T. Tanaka, M. Kozako, N. Fuse, Y. Ohki. Proposal of a multi-core model for polymer nanocomposite dielectrics [J]. IEEE Trans. Dielectr. Electr. Insul. , 2005, 12: 669-681.

[28] T. Fuqiang, L. Qingquan, W. Xuan, W. Yi. Effect of Deep Trapping States on Space Charge Suppression in Polyethylene/ZnO Nanocomposite [J]. Appl. Phys. Lett. , 2011, 99: 142903.

[29] M. Roy, J. K. Nelson, R. K. Mac Crone, L. S. Schadler. Candidate mechanisms controlling the electrical characteristics of silica/XLPE nanodielectrics [J]. J. Mater. Sci. , 2007, 42: 3789-3799.

[30] J. K. Nelson, J. C. Fothergill. Internal charge behaviour of nanocomposites [J]. Nanotechnology, 2004, 15: 586-595.

[31] M. Roy, J. K. Nelson, R. K. Mac Crone, L. S. Schadler, C. W. Reed, R. Keefe. Polymer nanocomposite dielectrics-The role of the interface [J]. IEEE Trans. Dielectr. Electr. Insul. , 2005, 12: 629-643.

[32] T. J. Lewis. Interfaces: nanometric dielectrics [J]. J. Phys. D: Appl. Phys. , 2005, 38: 202-212.

[33] D. K. Das-Gupta. Polarization phenomena in synthetic polymeric insulators [J]. IEEE Conf. Conduction Breakdown Solid Dielectr. , 1992: 1-5.

[34] R. Lovell. Decaying and steady currents in an epoxy polymer at high electric fields [J]. J. Phys. D: Appl. Phys. , 1974, 7: 1518-1530.

[35] Y. Wang. Slow decay of space -charge - limited current in CdS [J]. J. Phys. D: Appl. Phys. , 1994, 75: 332-336.

[36] T. Maeno, K. Fukunaga. High-resolution PEA charge distribution measurement system [J]. IEEE Trans. Dielectr. Electr. Insul. , 1996, 3: 754-757.

[37] K. Matsui, Y. Tanaka, T. Takada, T. Fukao, T. Maeno. High-Sensitivity PEA System with Dual-Polarity Pulse Generator [J]. Electr. Eng. Jap. , 2009, 166: 1-7.

[38] L. Qingquan, T. Fuqiang, Y. Chun, H. Lijuan, W. Yi. Modified isothermal discharge current theory and its application in the determination of trap level distribution in polyimide films [J]. J. Electr. , 2010, 68: 243-248.

[39] G. C. Montanari. The electrical degradation threshold of polyethylene investigated by space charge and conduction current measurements [J]. IEEE Trans. Dielectr. Electr. Insul. , 2000, 7: 309-315.

[40] T. Miyamoto, K. Shibayama. Free-volume model for ionic conductivity in polymers [J]. J. Appl. Phys. , 1973, 44: 5372-5376.

[41] S. Singha, M. J. Thomas. Dielectric properties of epoxy nanocomposites [J]. IEEE Trans. Dielectr. Electr. Insul. , 2008, 15: 12-23.

[42] N. Tagami, M. Hyuga, Y. Ohki, T. Tanaka, T. Imai, M. Harada, et al. Comparison of dielectric properties between epoxy composites with nanosized clay fillers modified by primary amine and tertiary amine

[J]. IEEE Trans. Dielectr. Electr. Insul. , 2010, 17: 214-220.

[43] J. K. Nelson. Dielectric Polymer Nanocomposites [M]. New York: Springer Verlag Press, 2010.

[44] X. Wang, N. Yoshimura, Y. Tanaka, K. Murata, T. Takada. Space charge characteristics in cross-linking polyethylene under electrical stress from dc to power frequency [J]. J. Phys. D: Appl. Phys. , 1998, 31: 2057-2064.

[45] M. Ieda. Electrical conduction and carrier traps in polymeric materials [J]. IEEE Trans. Dielectr. Electr. Insul. , 1984, 19: 162-178.

[46] M. Ieda. Carrier Injection, Space Charge and Electrical Breakdown in Insulating Polymers [J]. IEEE Trans. Dielectr. Electr. Insul. , 1987, 22: 261-267.

[47] N. H. Ahmed, N. N. Srinivas, D. E. Co. Review of space charge measurements in dielectrics [J]. IEEE Trans. Dielectr. Electr. Insul. , 1997, 4: 644-656.

[48] R. J. Fleming. Space charge in polymers, particularly polyethylene [J]. Brazilian J. Phys. , 1999, 29: 280-294.

[49] Y. Tanaka, Y. Li, T. Takada, M. Ikeda. Space charge distribution in low-density polyethylene with charge-injection suppression layers [J]. J. Phys. D: Appl. Phys. , 1995, 28: 1232-1238.

[50] X. Chen, X. Wang, K. Wu, Z. R. Peng, Y. H. Cheng, D. M. Tu. Effect of voltage reversal on space charge and transient field in LDPE films under temperature gradient [J]. IEEE Trans. Dielectr. Electr. Insul. , 2012, 19: 140-149.

[51] F. Magraner, A. García-Bernabé, M. Gil, P. Llovera, S. J. Dodd, L. A. Dissado. Space charge measurements on different epoxy resin-alumina nanocomposites [J]. IEEE Int'l. Conf. Solid Dielectr. , 2010: 1-4.

[52] K. Kaneko, T. Mizutani, Y. Suzuoki. Computer simulation on formation of space charge packets in XLPE films [J]. IEEE Trans. Dielectr. Electr. Insul. , 1999, 6: 152-158.

[53] E. R. Neagu. Charge-Carrier injection and extraction at metal—Dielectric contact under an applied electric field [J]. Ind. J. Pure & Appl. Phys. , 2008, 46: 809.

[54] E. R. Neagu, J. N. Marat-Mendes. Anomalous transient currents in low-density polyethylene [J]. Jap. J. Appl. Phys. , 2001, 40: 810-812.

[55] T. Mizutani. Space charge measurement techniques and space charge in polyethylene [J]. IEEE Trans. Dielectr. Electr. Insul. , 1994, 1: 923-933.

[56] H. M. Banford, R. A. Fouracre, G. Chen, D. J. Tedford. Electrical conduction in irradiated low-density polyethylene [J]. Int'l. J. Rad. Applic. Instr. Part C. Rad. Phys. Chem. , 1992, 40: 401-410.

[57] I. Kitani, Y. Tsuji, K. Arii. Analysis of anomalous discharge current in low-density polyethylene [J]. Jap. J. Appl. Phys. , 1984, 23: 855-860.

[58] D. D. Gupta, R. S. Brockley. A study of absorption currents' in low-density polyethylene [J]. J. Phys. D: Appl. Phys. , 1978, 11: 955.

[59] B. Andress, P. Fischer, P. Röhl. Anomalous photocurrent transients in polyethylene: A thermal effect [J]. Progr. Colloid & Polymer Sci. , 1977, 62: 141-148.

[60] Y. Hayase, Y. Tanaka, T. Takada, Y. Murata, Y. Sekiguchi, C. C. Reddy. Space charge suppression effect of nano-size fillers added to polymeric materials [J]. J. Phys. : Conf. Series, 2009, 183: 12004.

The Application of Low Frequency Dielectric Spectroscopy to Analyze the Electrorheological Behavior of Monodisperse Yolk-shell SiO_2/TiO_2 Nanospheres[*]

Abstract Monodisperse SiO_2/TiO_2 yolk-shell nanospheres (YSNSs) with different SiO_2 core sizes were fabricated and adopted as dispersing materials for electrorheological (ER) fluids to investigate the influence of the gradual structural change of disperse particles on ER properties. The results showed that the ER performance of the YSNS-based ER fluid prominently enhanced with the decrease of SiO_2 core size, which was attributed to the enhancement of electric field force between YSNSs. Combined with the analysis of dielectric spectroscopy, it was found that the increase of permittivity at low frequency ($10^{-2}-10^0$ Hz) was due to the increase of polarized charges caused by secondary polarization (P_{sp}). Moreover, the number of P_{sp} closely related to the distributing change of polarized particles in ER fluid was a critical factor to assess the ER performance. Additionally, a parameter K (the absolute value of the slope of permittivity curves at 0.01Hz) could be utilized to characterize the efficiency of structural evolution of polarized particles in ER fluid. Compared with the ER performance, it could be concluded that the value of $\Delta\varepsilon'_{(100Hz-100kHz)}$ just demonstrated the initial intensity of the interface polarization in the ER fluid as the electric field was applied, which ignored the distributing evolution of polarized disperse particles in ER fluid. The polarizability $\Delta\varepsilon'_{(0.01Hz-100kHz)}$ obtained in the frequency range of $10^{-2}-10^5$ Hz should be more suitable for analyzing the system of ER fluid. The relationships between polarizability of disperse particles, parameter K and ER properties were discussed in detail.

1 Introduction

Electrorheological (ER) fluid, a kind of smart field-responsive suspension with electrically tunable rheology, consists of polarized nanoparticles or microparticles as a disperse phase and insulating oil as a dispersing medium[1-4]. Upon exposure to an electric field, the suspended particles are polarized and attracted to each other to form a chain structure between the electrodes[5,6]. These fluids have attracted considerable attention in various fields because of their distinguishing features, such as low power consumption, fast response time, reversibility, and simple mechanics[7-11]. However, until now, there are still several limitations for commercialization of ER fluids because of relatively low polarization force[12-14]. In order to overcome

---

[*] Copartner: Guo Xiaosong, Chen Yulu, Li Dong, Li Guicun, Xin Meng, Zhao Mei, Yang Chen, Hao Chuncheng. Reprinted from *Soft Matter*, 2015, 12 (2): 546-554.

the poor ER effect, much effort has been made to improve the ER performance, such as doping ions, changing the morphology, and designing the complex structure[15-18]. In addition, the mass of the disperse material often leads to sedimentation problems, which greatly reduce the ER efficiency by disturbing the formation of fibril-like structures. To overcome this limitation and facilitate commercialization, various types of materials have been introduced as ER materials, such as polymer/inorganic hybrid materials and the hollow structured materials[19-23].

Among these various materials, the hollow structured materials have recently received considerable attention from researchers because of their high polarization force and high dispersity, which enables the ER fluids to exhibit high performance. For instance, Sung et al. employed polyaniline hollow particles with low-density as ER materials to reduce the sedimentation problem[24]. Cheng et al. improved the ER performance of hollow structures with a large surface area by growing a TiO_2 branch on the TiO_2 hollow sphere[25]. Recently, Jang et al. adopted double-shell SiO_2/TiO_2 hollow nanoparticles as dispersing materials for electrorheological (ER) fluids and found that the ER properties significantly enhanced by increasing the number of shells[26]. Although many hollow structured materials as the ER disperse phase have been proposed, the influence of hollow structure on ER performance is still ambiguous. Therefore, thorough research is required to clarify the influence of hollow structure on ER activities for a better understanding of the mechanism underlying the ER effect.

Herein, SiO_2/TiO_2 yolk-shell nanospheres (YSNSs) with different sizes of SiO_2 cores were simply obtained by the etching method to obtain gradual structural changes from yolk-shell to hollow structure for studying the influence of the structural change of disperse particles on the ER activity. The dielectric parameters of YSNS-based ER fluids were investigated in order to gain further insight into the relationship between the structural change and the ER activity. Furthermore, the anti-sedimentation property of the prepared ER fluids was also measured. The relationships between particle density, antisedimentation property, dielectric properties and ER behavior were analyzed.

2 Experimental

2.1 Materials

Ethyl silicate (TEOS, 28%) was purchased from Tianjin Bodi Chemical Industry Co., Ltd. of China, Ammonia solution (NH_3, 25%-28%) and Ethyl alcohol (99.7%) were purchased from Laiyang Fine Chemical Plant of China, Hydroxypropyl cellulose (HPC, M_w = 100000) was purchased from Alfa Aesar. Titanium tetrabutyl titanate (TBOT, 98%) was purchased from Jiangsu Qiangshen Functional Chemical Co., Ltd. of China, Sodium hydroxide (NaOH, 96%), hydrochloric acid (HCl, 96%) and Polydimethyl siloxane fluid (viscosity (η) = (486.5±24.3) mPa·s, and specific density (ρ) = 0.966-0.974 g/cm^3 at 25℃) were purchased from Tianjin Damao Chemical Reagent Factory of China. Low-Density Polyethylene

(LDPE) was purchased from Borealis. All the reagents were used as received, without further purification.

2.2 Synthesis of the controllable SiO_2 template

Colloidal silica templates were prepared through a modified Stöber method[27]. Briefly, Tetraethyl orthosilicate (2mL) was mixed with the de-ionized water (9mL), ethanol (80mL) and an aqueous solution of ammonia (28%, 7mL). After stirring at 40℃ for 24 h, the white precipitate was obtained by centrifugation, followed by washing with water and ethanol three times, and then dried at 80℃ overnight.

2.3 Preparation of the SiO_2/TiO_2 core-shell nanosphere

The above silica particles were well dispersed in a mixture of hydroxypropyl cellulose (HPC, 0.3g), ethanol (100mL) and de-ionized water (0.48mL) by ultrasonic treatment to get a uniform solution. After stirring for 30min, tetrabutyl titanate (TBOT, 4mL) in 20mL of ethanol was added slowly to the mixture. After injection, the temperature was increased to 85℃ and the mixture was stirred at 900r/min under refluxing conditions for 100min. The precipitate was isolated by centrifugation, washed with ethanol, dried at 100℃ for 4h.

2.4 Preparation of SiO_2/TiO_2 yolk-shell nanospheres

The above core/shell composite products were re-dispersed in 80mL of water under sonication. Then, different amounts of 2.5M NaOH solution were added and stirred for 6h at 50℃ for partly removing the silica core to obtain yolk-shell nanoarchitectures. The YSNS products were isolated by centrifugation, washed with de-ionized water and ethanol, dried under vacuum, dispersed in de-ionized water (150mg/10mL), mixed with an aqueous HCl solution, and stirred for 2h. The resulting precipitates were finally isolated by centrifugation and washed 3 times with de-ionized water, dried at 100℃ overnight.

2.5 Preparation of YSNS-4/LDPE composites

LDPE and YSNS-4 particles were dried for 8h at 80℃ and 100℃, respectively, before melt compounding. LDPE pellets and were melt-blended at 110℃ and 65r/min for 3min, using a two-roller mixer (RM-200C, HAPRO Rheometer). Then, YSNS-4 particles and LDPE (weight ratio = 1:9) were mixed under strenuous stirring for 7min. The obtained YSNS-4/LDPE composite was inserted between two steel boards (150mm×150mm×2.2mm) and molded into a 1mm-thick sheet (sample) by the hot-press method (25T/50T). The hot-press was performed at 10MPa and 150℃ for 3min. The sample under the steel boards was cooled in air after the hot-press. The cooling time from 150℃ to room temperature was 45min.

2.6 Characterization

The XRD analysis (Rigaku D/MAX-2500/PC diffractometer) was performed with Cu-Kα irradiation (λ = 1.54178Å). The surface morphology of the particles was observed by field-emission scanning electron microscopy (FESEM, JEOL JSM-6700F). Transmission electron microscopy (TEM) measurement was performed on a JEOL JEM-2100F instrument with 200kV accelerated voltage. The dielectric properties were measured using broad band dielectric spectroscopy equipment (Novocontrol Concept 40).

2.7 Investigation of electrorheological (ER) properties

The ER suspensions of the YSNS in silicone oil were obtained as follows: the obtained yolk-shell nanospheres were dried in a vacuum oven at 80℃ for 12h. The dried particles were then dispersed in silicone oil [Tianjin Bodi chemical limited company, Tianjin, China; dielectric constant (ε) = 2.72-2.78, viscosity (η) = (486.5±24.3) mPa·s, and specific density (ρ) = 0.966-0.974 g/cm^3 at 25℃] to form the ER fluids (10% particle concentration). The concentration of the ER fluids was denoted as the ratio of the nanoparticle weight to the total weight of the ER fluid. Finally, the obtained ER fluids were further heated at 80℃ for 12h to remove residual water, which may influence the ER behavior. The ER properties of the suspensions were measured by an electrorheometer (HAAKE Rheo Stress 6000, Thermo Scientific, Germany) with a parallel-plate system (PP ER35), and a WYZ-020 DC highvoltage generator (0-5kV, 0-1mA). The gap distance between two plates was 1.00mm and the ER fluid was placed in that space. The steady-flow curves of shear stress-shear rate were measured by the controlled shear rate (CSR) mode at room temperature.

3 Results and Discussion

Template-mediated syntheses were utilized to synthesize SiO_2/TiO_2 yolk-shell nanostructures[28]. The synthesis of these materials typically follows several sequential steps (Fig.1): (1) preparation of the SiO_2 template; (2) depositing the nanoscale TiO_2 shell layers by slow hydrolysis-condensation kinetics using a sol-gel precursor to form core-shell nanospheres (CSNSs); (3) amorphous SiO_2/TiO_2 YSNSs were obtained by partially etching the silica with NaOH. The size of the SiO_2 core could be modified through varying the amount of NaOH.

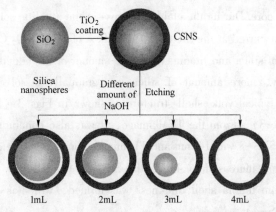

Fig. 1 Schematic illustration showing the general strategy for the synthesis of ST YSNS

3.1 Structure and morphology

The size, distribution and microstructure of SiO_2, SiO_2/TiO_2 CSNSs and SiO_2/TiO_2 YSNSs were determined by SEM (Fig. 2). The SiO_2 particles prepared by the Stoeber method in this work were spherical and smooth as shown in Fig. 2 (a) with a mean particle size of 190nm. In contrast, after coating with an additional layer of the titania, the surfaces of nanospheres became relatively rough and textured, and the size of particles slightly increased [Fig. 2 (b)], indicating the formation of core-shell structured SiO_2/TiO_2 nanocomposites. It can be seen from Fig. 2 (c) that the structural integrity of the shell maintained well after etching with 3mL of 2.5M NaOH solution. The inset of Fig. 2 (c) shows the formation of voids at the interface of the shell layer, demonstrating that the silica core was etched.

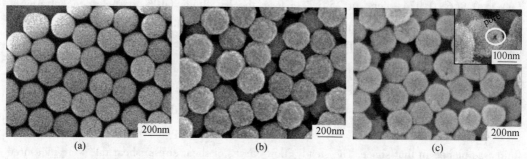

Fig. 2 SEM images of (a) SiO_2 particles; (b) TiO_2-coated SiO_2 nanospheres; (c) SiO_2/TiO_2 YSNSs obtained by etching the silica with 3mL of NaOH. The inset shows a broken shell of SiO_2/TiO_2 YSNS after etching process

For studying the formation process of the YSNS, the morphology and microstructure of the yolk-shell products were also characterized by TEM analysis as shown in Fig. 3. All YSNSs showed a spherical form, good dispersity and narrow size distribution after chemical etching of the SiO_2 templates. The size of the SiO_2 core could be controlled by varying the amount of NaOH. Fig. 3 (a) shows the TEM image of the obtained product with ~164nm silica core which was etched with 1mL of NaOH solution (denoted as YSNS-1), indicating the dissolution of the SiO_2 core. During the etching process in the alkaline solution, a prior etching process preferentially occurred at the SiO_2-TiO_2 interface of SiO_2/TiO_2 CSNS due to the different etching behaviors of silica and titania. When the amount of the added NaOH increased to 2 and 3mL, respectively, more amount of silica was gradually dissolved during the etching process, generating a typical yolk-shell structure as shown in Figs. 3 (b) and (c) (denoted as YSNS-2 and YSNS-3). From the TEM image, it was also concluded that the silica core size of YSNS-2 and YSNS-3 was 142nm and 114nm, respectively. Eventually, as the amount of added NaOH solution increased to 4mL, the SiO_2 core was totally dissolved and hollow nanospheres with ~12nm titania shell thickness was formed, which is clearly seen in Fig. 3 (d) (denoted as YSNS-4).

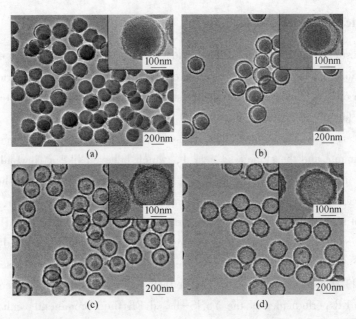

Fig. 3 TEM images show the morphology evolution of SiO_2/TiO_2 yolk-shell nanospheres after etching at 50℃ for 5h with different amounts of 2.5M NaOH
(a) 1mL; (b) 2mL; (c) 3mL; (d) 4mL.
The insets provide magnified views of four kinds of SiO_2/TiO_2 YSNS

Fig. 4 shows the X-ray diffraction patterns of the synthesized YSNSs with cores of different sizes. No characteristic peak was detected, indicating that both SiO_2 and TiO_2 were amorphous. The broad peak at around 23° gradually shifted to 26° (the broad peak of amorphous TiO_2) upon increasing the amount of NaOH solution, which was attributed to the decrease of the silica content in SiO_2/TiO_2 composites. Upon increasing the content of titania, the broad peak of amorphous TiO_2 at 26° became more prominent. These results were consistent with TEM analysis.

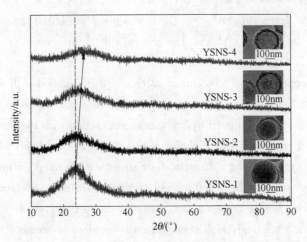

Fig. 4 X-ray diffraction patterns of various YSNSs

3.2 Rheological behavior of ER fluids

In order to investigate the influence of the gradual structural change of YSNSs on ER performances, the various YSNS-based ER fluids were prepared by dispersing the dried YSNS particles in silicone oil. The flow curves of shear-stress as a function of shear rate under various electric fields for YSNSs with different SiO_2 core size based ER fluids are plotted in Fig. 5. Without an electric field, the shear stress of all ER fluids almost enhanced linearly with increasing shear rate and the slope was near 1, which behaved like a Newtonian fluid[29,30]. While external electric fields were applied, a dramatic increase in the shear stress was observed and each suspension exhibited a plateau in the low-shear-rate region, demonstrating the formation of a chainlike structure among the polarized particles and showed typical characteristics of Bingham fluid behavior[31-33]. As the electric field strength increased, the values of shear stress increased due to the increase in electric field-induced interactions of particles.

Although all suspensions showed ER effects, the difference between them was significant. The ER performance of the YSNS-based ER fluid prominently enhanced with decreasing SiO_2 core size and the suspension of YSNS-4 represented the highest shear stress under the same electric field strength. For instance, at 3.0kV/mm and $1.0s^{-1}$, the shear stress of YSNS-4 suspension was 432Pa, which was twice higher than that of the YSNS-3 suspension, eight times larger than that of YSNS-2 suspension and 15 times as large as that of YSNS-1 suspension, respectively. At 3.0kV/mm and $100s^{-1}$, the shear stress of YSNS-1, YSNS-2, YSNS-3 and YSNS-4 based ER fluid was 121Pa, 170Pa, 311Pa and 609Pa, respectively. Besides shear stress, ER efficiency is another parameter used for evaluating the change in ER behavior of fluids. The ER efficiency can be defined as $[(\tau_E-\tau_0)/\tau_0]$, in which τ_0 is the shear stress under zero electric field strength and τ_E is the shear stress under different external electric field strengths[34]. Here, at 3kV/mm and $1.0s^{-1}$, the ER efficiency for the suspension of YSNSs-1, YSNSs-2, YSNSs-3 and YSNSs-4 was 3.2, 5.1, 20.6 and 57.9, respectively. All these results showed that the ER performance of the YSNS-based ER fluid prominently enhanced with decreasing SiO_2 core size, which was attributed to the increase of electric field force between the polarized YSNSs. The reason will be further analyzed below.

It was also found in Fig. 5 that the shear stress decreased to a minimum value as a function of shear rate after the appearance of a maximum value and then climbed with the increase of shear rate, indicating that the electric field-induced electrostatic interaction between YSNSs could not overcome the shear field-induced hydrodynamic interaction with increasing shear rate and, as a consequence, the broken particle chains were not able to completely rebuild[35,36]. Moreover, the shear rate, at which the maximum shear stress was obtained (arrows in Fig. 5, denoted as $\dot{r}_{mss}$), increased with the electric field strength[37]. As the electric field strength increased, the electric field-induced electrostatic interaction between microspheres was enhanced. Therefore, a relatively high shear rate was required to promote hydrodynamic interaction in order to break particle chains. Meanwhile, it could be found that under the same electric field strength, the value of $\dot{r}_{mss}$ increased with the decrease of silica core size, which also confirmed that the electric field-induced electrostatic interaction between nanospheres was enhanced upon decreasing the size of the SiO_2 core. As shown in Fig. 5 (d), the stable flow curve and the widest plateau level of shear stress versus shear rate reflected that the electric field-induced electrostatic interaction between YSNS-4 particles was so strong that it could effectively rebuild particle chains in the wide shear rate range. The stable flow curves in a wide shear rate region are useful for technological applications. Shear viscosities of various YSNS-based fluids were also evaluated as the function of shear rate (Fig. S1, ESI❶). It was confirmed that various YSNS-based ER fluids showed typical shear thinning behavior with increasing shear rate[38,39].

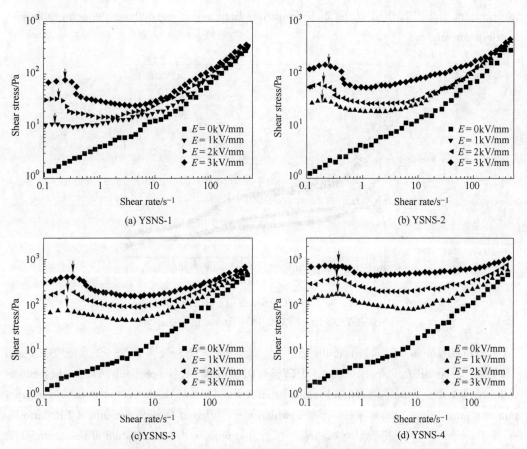

Fig. 5 Shear stress as a function of shear rate under various electric fields:
(a) YSNS-1; (b) YSNS-2; (c) YSNS-3; (d) YSNS-4 based ER fluids

3.3 Dielectric properties of ER fluids

To gain more insight into the dependence of ER activity with dielectric properties, the permit-

---

❶ Electronic supplementary information (ESI) available. See DOI: 10.1039/c5sm02024g.

tivity (ε') was investigated using broadband dielectric spectroscopy (Fig. 6). Previous studies have reported that the large $\Delta\varepsilon'$ in the frequency range of 10^2–10^5 Hz ($\Delta\varepsilon'_{100Hz-100kHz}$) indicated strong polarizability at the interface between disperse particles and silicone oil, which had a positive influence on the ER performance. Usually, $\Delta\varepsilon'_{100Hz-100kHz}$ were obtained by two ways: (1) $\Delta\varepsilon' = \varepsilon'_{100Hz} - \varepsilon'_{100kHz}$ (ε'_{100Hz} and ε'_{100kHz} are the values of ε' corresponding to the frequency of 10^2Hz and 10^5Hz, respectively)[40,41]. (2) The dielectric spectral data (10^2–10^5Hz) are fit using the Cole-Cole equation[42]:

$$\varepsilon^* = \varepsilon' + i\varepsilon'' = \varepsilon'_\infty + \frac{\varepsilon'_0 - \varepsilon'_\infty}{1 + (i\omega\tau)^{1-\alpha}}$$

where ε_0 is the dielectric constant of an ER fluid at the low frequency limit, ε_∞ is the dielectric constant of an ER fluid at the high-frequency limit and $\varepsilon'_0 - \varepsilon'_\infty$ reflects the achievable dielectric polarizability.

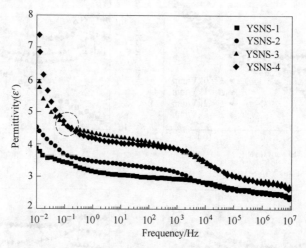

Fig. 6 Permittivity (ε') as a function of electric field frequency for four kinds of YSNS based ER fluids (10wt% in silicone oil)

Determined achievable polarizability $\Delta\varepsilon'_{100Hz-100kHz}$ for YSNS-1, YSNS-2, YSNS-3 and YSNS-4 based ER fluids were 0.34, 0.67, 1.01 and 0.93, respectively. The highest polarizability of YSNS-3 based ER fluid implied that it should have the largest electrostatic interaction and provide the highest yield stress, which were different from the results of ER performance. Therefore, using the value of $\Delta\varepsilon'_{100Hz-100kHz}$ to appraise the polarization of the particles in ER fluid was flawed, which was caused by the negligence of the distributing change of polarized disperse particles in ER fluid. The mechanism will be further analyzed below.

It is well-known that the intensity of the electric field for the dielectric test is much lower than that used in the ER test. As a result, compared with the ER test, the mobility of polarized particles in the dielectric test process is relatively low. Hence, the influence of the distributing change of disperse particles in ER fluid on the polarization of particles is more easily monitored by the dielectric test, which can be embodied by the variation of permittivity. Fig. 7 shows the schematic illustration of the relationship between permittivity and polarization behavior of YSNS-4 in ER fluid. It can be seen from Fig. 7 (a) that no interface polarization in the ER fluid occurred without an electric field. When the electric field was applied, the dispersed particles were polarized instantly. At high-frequency, there was not enough time for the polarized particles to transfer to another location. As a result, the distribution of particles still remained in the original disorder state [Fig. 7 (b)]. Compared with high-frequency, at low frequency, the polarized particles had relatively long time to form the chain-like structures along the electric field direction. The structural evolution from disorder to relative order in the ER fluid would reduce the polarized particle distance (d_P) along the electric field direction, which further induced secondary polarization and the increase of polarized charge [seen in Fig. 7 (c)]. The increase of polarized charges could further result in the enhancement of permittivity. Consequently, the permittivity of ER fluid was closely related to the distribution of polarized disperse particles in ER fluid.

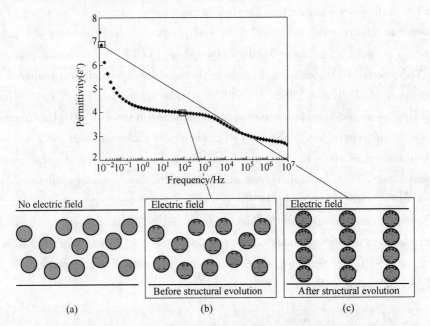

Fig. 7 The schematic illustration of the relationship between permittivity
and polarization behavior of YSNS-4 based ER fluid
(a) before the dielectrictest; (b) during the high-frequency dielectric test;
(c) during the low frequency dielectric test

While a strong DC electric field was applied, the dispersed particles in ER fluid could translocate to form the chain-like structures immediately, resulting in further increase of the permittivity of the ER fluid. As a consequence, it could be deduced that $\Delta \varepsilon'_{0.01Hz-100kHz}$ obtained in the frequency range of 10^{-2}-10^5 Hz was more suitable for analyzing the polarizability of ER system. At low shear rates, the hydrodynamic interaction was so small that it was unable to overcome the interparticle electrostatic interaction and, as a result, the particle chains could be well maintained and the suspension approximately behaved as an elastic solid. While the shear rate increased continually, the shear field-induced hydrodynamic interaction would start to destroy the particle chains, resulting in the increase of average distance between polarized particles along the electric field direction. The polarized charges at the interface of particles due to secondary polarization (P_{sp}) decreased with the increase of d_P, which induced the decrease of electrostatic interaction between particles. Consequently, the suspension displayed a maximum value of shear stress and a plateau level of shear stress versus shear rate corresponding to a balanced situation where the particle chains are continuously broken and rebuilt by competition between electrostatic interaction and hydrodynamic interaction. At high shear rates, the destruction of particle chains became more serious and the average distance between polarized particles would further increase, inducing significant reduction of the P_{sp}. As a result, the effect of electrostatic interaction significantly decreased with the increase of d_P and the hydrodynamic interaction dominated the fluid flow. This phenomenon was called shear-thinning behavior.

In order to further demonstrate that the distributing change of disperse particles in ER fluid from disorder to relative order in the ER fluid would induce the enhancement of permittivity at low frequency, the YSNS-4/Low-Density Polyethylene (LDPE) solid composite in which the disperse YSNS remained stationary and remained in the disordered state was prepared. The dielectric spectrum of LDPE and YSNS-4/LDPE composite is shown in Fig. 8 (a). The permittivity of LDPE exhibited almost no variation with frequency in the 10^{-2}-10^5 Hz. Compared with LDPE, the permittivity of the YSNS-4/LDPE composite increased with the decrease of frequency in the range of 10^{-2}-10^5 Hz, which was due to the interface polarization, and no further enhancement of the permittivity was observed in the low frequency range of 10^{-2}-10^0 Hz. Interestingly, unlike YSNS-4/LDPE composites, the permittivity curves of the YSNS-4 based ER fluid showed a significant enhancement in 10^{-2}-10^0 Hz. Therefore, it could be further concluded that the enhancement of the permittivity of the YSNS-4 based ER in the low frequency (10^{-2}-10^0 Hz) was due to the distributing change of disperse particles in ER fluid from disorder to relative order.

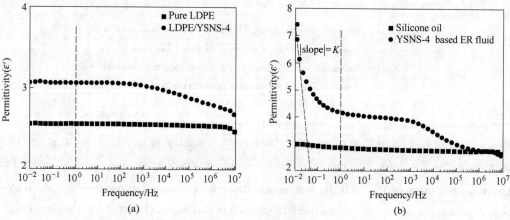

LDPE and YSNS-4/LDPE composite (a) and silicone oil and YSNS-4 based ER fluid (b)

Fig. 8 The permittivity curves of

In conclusion, the value of $\Delta\varepsilon'$ ($\varepsilon'_{100Hz}-\varepsilon'_{100kHz}$ or $\varepsilon'_0-\varepsilon'_\infty$ obtained from the Cole–Cole equation) which is usually used to characterize the value of achievable polarizability just demonstrated the instant intensity of the interface polarization in the ER fluid which reflected the immediate response of materials to the electric field. If the dispersed particles remained static in the silicone oil, the value of $\Delta\varepsilon'_{100Hz-100kHz}$ could represent the polarization of the ER fluid. However, in the ER fluid-system, the dispersed particles in ER fluid could trend to form the chain-like structures immediately. As a consequence, it could be deduced that $\Delta\varepsilon'_{0.01Hz-100kHz}$ obtained in the frequency range of $10^{-2}-10^5$ Hz should be more accurate for analysing polarizability in the system of ER fluid. The polarizability $\Delta\varepsilon'_{0.01Hz-100kHz}$ and other physical parameters for various YSNS-based ER fluids are listed in Table 1. The $\Delta\varepsilon'_{0.01Hz-100kHz}$ of YSNS based ER fluid enhanced with decreasing SiO_2 core size, which implied that YSNSs with smaller SiO_2 core based ER fluid should have more number of P_{sp}. Furthermore, the increase of P_{sp} would induce the enhancement of electric fieldinduced electrostatic interaction between particles. Hence, the YSNSs with smaller SiO_2 core based ER fluid showed the larger shear stress under the same testing conditions.

Through the above analysis, it could be concluded that the P_{sp} took an important role in the ER performance. The number of P_{sp} was closely related to the distribution of dispersed particles in ER fluid. Thus, the ability to maintain the chainlike structure was significantly important for the ER system and a method to characterize the ability should be required.

When dielectric spectroscopy equipment tested the data point at 10^{-2} Hz, the period of the alternating electric field was 100s. Thus, it could be concluded that the direction of the external electric field would remain unchanged in 50s, which was more than the relaxation time of interface polarization. After interface polarization completed, the polarized particles had long time to translocate to form the chain-like structures. While the electric field direction changed, the surface polarity of dispersed particles reversed immediately. The dispersed particles would continue to form the chain-like structures based on the previous half-cycle of the alternating electric field rather than come back to a disorder state, which was due to the viscosity of the medium. Thus, the behavior of dispersed particles in the low frequency dielectric test was similar to the electrorheological behavior under the DC electric field. Furthermore, the characteristic of the permittivity curve in the low frequency range could reflect the distribution change of polarized particles in the medium. Herein, the parameter K was used to quantify the absolute value of the slope of permittivity curves at 10^{-2} Hz [Fig. 8 (b)], which indicated the increment of permittivity per unit time. The increase of permittivity in the low frequency range was attributed to structural evolution from disorder to relative order. The permittivity curves of ER fluid with a larger K indicated that the ER fluid had higher efficiency of structural evolution. Consequently, the value of K could reflect the efficiency of order-to-disorder transition of dispersed particles in silicone oil. The values of K for various YSNS-based ER fluids are described in Table 1. It can be seen that the smaller SiO_2 core-YSNS based ER fluid exhibited a higher value of K, which was associated with higher efficiency of structural evolution. It is

Table 1 The relevant parameters for various YSNS-based ER fluids

Sample	Particle size/nm	Shell thickness/nm	$\varepsilon'_{0.01Hz}$	ε'_{100Hz}	ε'_{100kHz}	$\Delta\varepsilon'_{100Hz-100kHz}$	$\Delta\varepsilon'_{0.01Hz-100kHz}$	$K_{(0.01Hz)}$	Density /g·cm^{-3}
YSNS-1	211	12	3.89	2.99	2.65	0.34	1.24	0.41	2.42
YSNS-2	220	18	4.51	3.29	2.62	0.67	1.89	0.79	2.24
YSNS-3	225	22	6.01	4.08	3.07	1.01	2.94	1.36	2.12
YSNS-4	229	27	7.41	3.98	3.05	0.93	4.36	2.72	1.94

well known that the rheological behaviour of ER fluids is dominated by the completion between the electric field-induced electrostatic interaction between particles and the shear field-induced hydrodynamic interaction, which is a dynamic balancing state (breaking and rebuilding of particle chain structures). Thus, the ER fluid with a higher value of K had better structural recoverability to maintain the chain-like structures, which implied that the number of P_{sp} was more than the others, resulting in a larger dynamic yield stress (seen in Fig. S2, ESI and a wider plateau level of shear stress *versus* shear rate.

Additionally, it could be concluded that the polarizability $\Delta\varepsilon'_{100Hz-100kHz}$ of YSNS-3-based ER fluid was higher than that of YSNS-4, which might be caused by excessive etching, just indicating that the instant electrostatic interaction of YSNS-3 was larger than YSNS-4 while the electric field was applied. Thus, at this moment, the YSNS-3 based ER should have a higher efficiency of structural evolution than YSNS-4 based ER, which seemed to contradict with the dielectric results ($K_{YSNS-4} > K_{YSNS-3}$). In fact, YSNS-4 had a relatively low density (shown in the Table 1) so that the mass of individual particles was smaller. Though the YSNS-3 had larger electrostatic interaction, it was possible for YSNS-4 to have higher efficiency of structural evolution because of its larger mobility. As a result, the permittivity of the YSNS-4 based ER fluid exceeded that of the YSNS-3 based ER fluid at low frequency (dashed circles shown in Fig. 6), which was attributed to the higher efficiency of structural evolution of YSNS-4 based ER fluid.

The schematic illustration for explanation on the effect of YSNS with different core sizes on electrostatic interaction is provided in Fig. 9. When an external electric field was applied in the ER fluid, the polarized particles formed a fibrillar structure along the electric field direction. Meanwhile, the mass of YSNSs decreased with the SiO_2 core size. As a result, the number of YSNSs with smaller SiO_2 cores dispersed in ER fluid (10wt% particle concentration) is larger than that of YSNSs with larger ones, resulting in a smaller d_P and a more number of particle chains. For YSNS based ER systems, the influence of polarization behavior of the SiO_2 core on global polarization of the ER fluid was ignored, attributing to two reasons. One reason was that under an applied DC electric field, the electric field inside the TiO_2 shell was shielded by the interfacial polarization of the TiO_2 shell, which resulted in weak polarization of the SiO_2 core. The other reason is that the permittivity of SiO_2 was much lower than that of TiO_2. The interfacial charge on the surface of the SiO_2 core which was caused by polarization could not affect the polarization of the TiO_2 shell. Therefore, the polarization of the TiO_2 shell played a more important role in electrostatic interaction than polarization of the SiO_2 core. Combining the above analysis, the YSNS with a smaller SiO_2 core should have more number of P_{sp} because of its smaller d_P, resulting in the YSNS with a smaller SiO_2 core having larger electrostatic interaction. Consequently, the YSNS with a smaller SiO_2 core based ER fluid represented higher shear stress, which was ascribed to the larger polarization force and a more number of particle chains. Once the shear rate increased to some extent, shear field-induced hydrodynamic interaction would destroy particle chains, which induced the increase of average distance between polarized particles along the electric field direction. As a result of its higher efficiency of structural evolution, the YSNS with a smaller SiO_2 core based ER fluid had a better ability to maintain the chain-like structure, which was associated with a smaller average d_P and a more number of P_{sp}. Hence, in the shearing process, the electrostatic interaction between YSNS increased with the size of the SiO_2 core and the YSNS-4 based ER fluid displayed the largest dynamic yield stress and the widest plateau level.

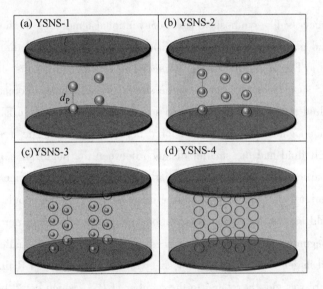

Fig. 9 Schematic illustration showing dispersion of various YSNSs in silicone oil between two parallel plates

The sedimentation ratio test at room temperature was used to characterize the suspended stability of ER fluid[43]. In order to accelerate the settling velocity, ethanol was chosen as the dispersing medium. The sedimentation ratio was defined by the height percentage of the particle-rich phase relative to the total suspension height. From Fig. 10, it could be seen that the antisettling property was improved as the diameter of the SiO_2 core decreased. The YSNS-4 exhibited an outstanding anti-sedimentation property because of its relatively low density and the sedimentation ratio was maintained above 0.63 even after 15 days.

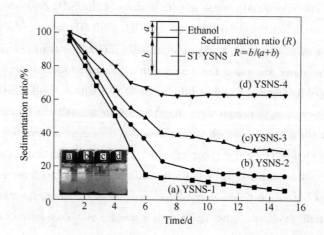

Fig. 10 Sedimentation ratio as a function of ageing time for various YSNS based ER fluids at particle concentrations of 10wt%

4 Conclusions

YSNS had been successfully synthesized *via* a conventional templating method which combined sol-gel coating and partial etching processes. The influence of the gradual structural change of disperse particles on ER properties was examined. The rheological results showed that the ER properties of YSNS suspensions improved as the size of the silica core decreased and the hollow TiO_2-based ER fluid represented highest yield stress. The improvement in ER activities was attributed to the enhancement of polarization force between particles. The YSNS with a smaller SiO_2 core based ER fluid had the smaller distance between the polarized particles (d_p) and a more number of particle chains. Thus, the polarized charges at the interface of particles due to secondary polarization (P_{sp}) increased with the decrease of d_p, which could be concluded that the smaller d_p could induce the largest polarization force because of more number of P_{sp}. Consequently, at the beginning of the shearing process, the YSNS with a smaller SiO_2 core based ER fluid exhibited larger yield stress. At low shear rate, the ability of ER fluid to maintain the chain-like structure was closely related to the number of P_{sp}, which could be evaluated by the absolute value of the slope of permittivity curves (K). The YSNS with a smaller SiO_2 core based ER fluid had a better ability to maintain the chain-like structures, resulting in more number of P_{sp}. Therefore, the YSNS with a smaller SiO_2 core based ER fluid should have a larger dynamic yield stress and a wider plateau level. Meanwhile, it was found that the value of $\Delta\varepsilon'_{100Hz-100kHz}$ just demonstrated the initial intensity of the interface polarization in the ER fluid as the electric field was applied and the polarizability $\Delta\varepsilon'_{0.01Hz-100kHz}$ obtained in the frequency range of $10^{-2}-10^5$ Hz was more suitable for analyzing the system of ER fluid, which was attributed to the structural evolution of polarized particles in ER fluid. This result was important in expanding the application of the dielectric spectrum in the field of ER.

Acknowledgements

This work was supported by National Natural Science Foundation of China (no. 51407098), Natural Science Foundation of Shandong Province of China (ZR2014EEM006), the Science-Technology Foundation for Middle aged and Young Scientist of Shandong Province, China (no. BS2014CL018), Development Program in Science and Technology of Qingdao (no. 14-2-4-50-jch), A Project of Shandong Province Higher Educational Science and Technology Program (no. J14LA14).

References

[1] T. Hao. Adv. Mater., 2001, 13: 1847-1857.
[2] T. C. Halsey. Science, 1992, 258: 761-766.
[3] W. J. Wen, X. X. Huang, S. H. Yang, K. Q. Lu. Nat. Mater., 2003, 2: 727-730.
[4] L. Y. Liu, X. X. Huang, C. Shen, Z. Y. Liu, J. Shi, W. J. Wen, P. Sheng. Appl. Phys. Lett., 2005, 87: 104106.
[5] M. Grzelczak, J. Vermant, E. M. Furst, L. M. Liz-Marzán. ACS Nano, 2010, 4: 3591-3605.
[6] K. Negita, Y. Misono, T. Yamaguchi, J. Shinagawa. J. Colloid Interface Sci., 2008, 321: 452-458.
[7] W. L. Zhang, Y. D. Liu, H. J. Choi, S. G. Kim. ACS Appl. Mater. Interfaces, 2012, 4: 2267-2272.
[8] W. Wen, X. Huang, P. Sheng. Soft Matter, 2008, 4: 200-210.
[9] J. Y. Hong, J. Jang. Soft Matter, 2010, 6: 4669-4671.
[10] J. Y. Hong, E. Lee, J. Jang. J. Mater. Chem. A, 2013, 1: 117-121.
[11] Y. M. Han, P. S. Kang, K. G. Sung, S. B. Choi. J. Intell. Mater. Syst. Struct., 2007, 18 (12): 1149-1154.
[12] S. Z. Ma, F. H. Liao, S. X. Li, M. Y. Xu, J. R. Li, S. H. Zhang, S. M. Chen, R. L. Huang, S. Gao. J. Mater. Chem., 2003, 13: 3096-3102.
[13] P. Tan, W. J. Tian, X. F. Wu, J. Y. Huang, L. W. Zhou, J. P. Huang. J. Phys. Chem. B, 2009, 113 (27): 9092-9097.
[14] S. Chen, X. Huang, N. F. Van der Vegt, W. Wen, P. Sheng. Phys. Rev. Lett., 2010, 105 (4): 046001.
[15] J. B. Yin, X. P. Zhao. Chem. Mater., 2004, 16: 321-328.
[16] T. Plachy, M. Mrlik, Z. Kozakova, P. Suly, M. Sedlacik, V. Pavlinek, I. Kuritka. ACS Appl. Mater. Interfaces, 2015, 7 (6): 3725-3731.
[17] K. Tang, Y. L. Shang, J. R. Li, J. Wang, S. H. Zhang. J. Alloys Compd., 2006, 418: 111-115.
[18] M. Sedlacik, M. Mrlik, Z. Kozakova, V. Pavlinek, I. Kuritka. Colloid Polym. Sci., 2013, 291 (5): 1105-1111.
[19] H. Hu, X. Wang, J. Wang, F. Liu, M. Zhang, C. Xu. Appl. Surf. Sci., 2011, 257: 2637-2642.
[20] R. Shen, X. Z. Wang, Y. Lu, D. Wang, G. Sun, Z. X. Cao, K. Q. Lu, Adv. Mater., 2009, 21: 4631-4635.
[21] Y. C. Cheng, X. H. Liu, J. J. Guo, F. H. Liu, Z. X. Li, G. J. Xu, P. Cui. Nanotechnology, 2009, 20: 055604.
[22] J. B. Yin, X. A. Xia, L. Q. Xiang, X. P. Zhao. J. Mater. Chem., 2010, 20: 7096-7099.
[23] J. H. Wu, F. H. Liu, J. J. Guo, P. Cui, G. J. Xu, Y. C. Cheng. Colloids Surf., A, 2012, 410: 136-143.

[24] B. H. Sung, U. S. Choi, H. G. Jang, Y. S. Park. Colloids Surf., A, 2006, 274: 37-42.
[25] Q. Cheng, V. Pavlinek, Y. He, Y. Yan, C. Li, P. Saha. Colloid Polym. Sci., 2011, 289: 799-805.
[26] S. G. Lee, J. S. Lee, S. H. Hwang, J. Y. Yun, J. Jang, ACS Nano, 2015, 9: 4939-4949.
[27] W. Stöber, A. Fink, E. Bohn. J. Colloid Interface Sci., 1968, 26: 62-69.
[28] J. B. Joo, I. Lee, M. Dahl, G. D. Moon, F. Zaera, Y. D. Yin. Adv. Funct. Mater., 2013, 23: 4246-4254.
[29] K. Y. Shin, S. Lee, S. Hong, J. Jang. ACS Appl. Mater. Interfaces, 2014, 6: 5531-5537.
[30] I. S. Sim, J. W. Kim, H. J. Choi, C. A. Kim, M. S. Jhon. Chem. Mater., 2001, 13: 1243-1247.
[31] T. C. Halsey. Adv. Mater., 1993, 5: 711-718.
[32] J. Y. Hong, M. Choi, C. Kim, J. Jang. J. Colloid Interface Sci., 2010, 347: 177-182.
[33] Y. Z. Dong, J. B. Yin, X. P. Zhao. J. Mater. Chem. A, 2014, 2: 9812-9819.
[34] J. B. Yin, Y. J. Shui, Y. Z. Dong, X. P. Zhao. Nanotechnology, 2014, 25: 045702.
[35] M. S. Cho, J. W. Kim, H. J. Choi, M. S. Jhon. Polym. Adv. Technol., 2005, 16: 352-356.
[36] Y. Y. Song, H. Hildebrand, P. Schmuki, Surf. Sci., 2010, 604: 346-353.
[37] J. Y. Hong, J. Jang. Soft Matter, 2012, 8: 7348-7350.
[38] M. Mrlik, M. Sedlacik, V. Pavlinek, P. Bober, M. Trchova, J. Stejskal, P. Saha. Colloid Polym. Sci., 2013, 291: 2079-2086.
[39] M. Sedlacik, M. Mrlik, V. Pavlinek, P. Saha, O. Quadrat. Colloid Polym. Sci., 2012, 290: 41-48.
[40] H. Block, J. P. Kelly, A. Qin, T. Wastson. Langmuir, 1990, 6: 6-14.
[41] J. B. Yin, X. P. Zhao. J. Phys. Chem. B, 2006, 110: 12916-12925.
[42] H. J. Choi, C. H. Hong, M. S. Jhon. Int. J. Mod. Phys. B, 2007, 21: 4974-4980.
[43] C. M. Yoon, S. Lee, S. H. Hong, J. Jang. J. Colloid Interface Sci., 2015, 438: 14-21.

Flexible Self-healing Nanocomposites for Recoverable Motion Sensor*

Abstract The recoverable motion sensor with high sensitivity was made based on flexible self-healing nanocomposites. The preparation of these nanocomposites involved incorporating surface-modified $CaCu_3Ti_4O_{12}$ (S-CCTO) nanoparticles in self-healing polymer matrix based on dynamic Diels-Alder (DA) adducts. The dependences of electric and dielectric properties of the resultant composites on volume fractions of filler and frequency were investigated. It is found that composites present a high dielectric permittivity of 93 at 100Hz with 17 vol% filler, approximately 36 times higher than that of pure film. These results agree well with the percolation theory. Furthermore, the hybrid film recovers its capacitance well following a cut and the self-healing process based on DA and retro-DA (r-DA) reaction. We herein show that a polymer matrix based on dynamic DA adducts can be used to make self-healing high-K polymer nanocomposites and recoverable motion sensors. This work may lead to new opportunities for the design and fabrication of various next-generation wearable sensor devices.

Key words self-healing, high dielectric permittivity, percolation simulation, recoverable motion sensor, Diels-Alder reaction

1 Introduction

Flexible and sensitive motion sensors are now being heavily researched thanks to their potential applications such as rehabilitation/personal health monitoring, sport performance monitoring, and entertainment fields[1-8]. The ability to cover movable and arbitrarily shaped objects could be exploited in the development of wearable devices. These devices can be embedded into clothes and garments or even attached directly to the skin to monitor body motions, thus offering new opportunities for real-time health and wellness monitoring[9-15]. The main methods of fabricating flexible motion sensors rely on graphene sheets, carbon nanotubes, or silver nanowires on the flexible substrate, in which the sensors respond to the mechanical deformations by changes in resistance or capacitance[16-22]. In such devices, the functional materials themselves are directly exposed to strain and therefore stretched. Given this design, however, it is possible that these functional materials will become susceptible to structure fractures under bending, stretching, or any damage by accident. Such failure could not only severely limit the reliability and lifetime of the devices but also result in safety hazards[23]. Thus, the self-healing property for motion sensors, allowing them to repair themselves after damage, is im-

---

* Copartner: Yang Yang, Zhu Benpeng, Yin Di, Wei Jianhong, Wang Ziyu, Xiong Rui, Shi Jing, Liu Zhengyou. Reprinted from *Nano Energy*, 2015, 17: 1-9.

portant. Especially promising are sensors with the capability to restore configuration integrity and electrical properties after mechanical damage.

There are three main methods for creating self-healing polymeric materials: the storage of healing agents (hollow fibers, microcapsules), reversible covalent bond formation with external stimuli (Diels-Aider, or DA, reaction, disulfide groups, and thiols), and the construction of healing materials by noncovalent bonds[24-30]. As our report shows, the advantages of dynamic covalent bonds (DA adducts) under thermo-stimuli could provide high stability for self-healing materials. Polymer/ceramic nanoparticle-based high-K dielectric materials will enable the capacitance, and thus the sensitivity of the sensor. $CaCu_3Ti_4O_{12}$ (CCTO) has attracted considerable attention for its giant dielectric permittivity over a wide range of temperatures, from 100K to 500K, and has substantially contributed to the increment of composites' dielectric permittivity[31-34].

Here we introduce a new type of recoverable motion sensor that can retain the sensibility of self-healing polymer nanocomposites. The self-healing polymer matrix selected for the composite is a copolymer network based on two monomers (1, 1'-(methylene di-4, 1-phenylene) bismalei-mide, or MDPB, and 2, 2'-(Thiodimethylene) difuran, or TDF), the chemical structures of which are shown in Fig. 1. MDPB and TDF are cross-copolymerized through a reversible Diels-Aider cycloaddition reaction to form the healable network. With the maleimide groups coating on the surface-modified CCTO (S-CCTO), they not only can improve compatibility but also offer an excellent debonding and bonding process between polymer matrix and S-CCTO through DA and r-DA reaction upon thermo-stimuli (Fig. 1). Because the DA reaction is reversible, furan and maleimide groups can couple again under heating to reform the broken bonds. We investigated the influence of S-CCTO on the dielectric properties of MT and its self-healing property. Adjustable dielectric properties were found and they fit well with the percolation theory due to the microstructure change. With single-walled carbon nanotube (SWNT) sprayed on the surface as electrodes, a mechanically and electrically self-healing finger motion sensor was fabricated. This sensor can recover its sensitivity following a cut and self-healing process. This work may lend itself to new design and fabrication options for an assortment of next-generation wearable sensor devices.

2 Experimental Section

2.1 Surface modification of CCTO nanoparticle

CCTO nanoparticles were prepared using the precursor oxalate route[26], which gives homogeneous nanosized products at a relatively low temperature (700℃) and in a short duration (two hours). The surface-modification process of CCTO is discussed (Supporting information, Fig. 1).

2.2 Preparation of MT and MT/S-CCTO hybrid film

The monomers 1, 1'-(methylene di-4, 1-phenylene) bismaleimide, or MDPB, and 2,

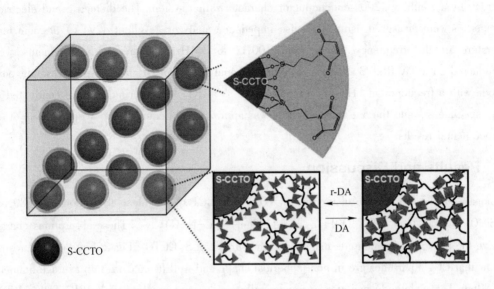

Fig. 1 Schematic representation of the MT/S-CCTO hybrid film and the
DA (65℃), r-DA (105℃) reaction process with the changes of temperature

2′- (Thiodimethylene) difuran, or TDF, commercially available from Sigma Aldrich, were used as received. Hybrid films were prepared via in-situ polymerization, and SWNT film was sprayed on the surface as electrodes (Supporting information, Fig. 2). As a result, MT/S-CCTO hybrid films with thickness of 100μm were obtained. Fig. 1 shows the DA and r-DA reaction of pure MT film. After undergoing heat at 105℃ for 30min, enough energy is generated to provoke the r-DA reaction, which leads to a different property of the hybrid film.

2.3 Materials characterization

FTIR spectra were collected by using a FT/IR 420 Fourier Transform Infrared Spectrometer to study the polymerization process and the cycle of DA and r-DA reactions of furan with maleimide. X-ray diffraction (XRD) measurements of these composites were carried out by using a D8 diffractometer. The microstructure of CCTO nanoparticles and fractured cross-surface morphology of the composites were examined using scanning electron microscopy (SEM, HITACHI S-4800) as well as transmission electron microscope (TEM, JEM-2010). The intensity versus potential (I-V curve) measurements of the SWNT sprayed on the film were recorded by a Keithley 4200 semiconductor characterization system. The dielectric and electrical properties were measured using a precise impedance analyzer (Agilent 4294A) at room temperature in the frequency range from 100Hz to 1MHz. Mechanical measurements were conducted on a TA RSA 3 dynamic mechanical analyzer (DMA) using dynamic single point mode with a frequency of 1Hz and a strain of 0.1% at RT. All experiments were conducted on five specimens, and the one that we chose was approximately equal to the average value of the experimental results.

3 Results and Discussion

Comparison of FTIR spectra of product CCTO and S-CCTO show clear absorptions at 1080cm^{-1} (Si-O-C), 1170cm^{-1} (Si-O-Si), and 1130cm^{-1} (C-N-C)[35,36]. These absorptions characterize the presence of maleimide moieties on the surface of S-CCTO [Fig. 2 (a)]. TEM results show that CCTO particles are in non-spherical shape and well faceted with an average diameter of 80nm. The maleimide moieties are chemically similar and reactive to MDPB-TDF (MT), which enhance compatibility between the polymer matrix and filler in the preparation of nano-

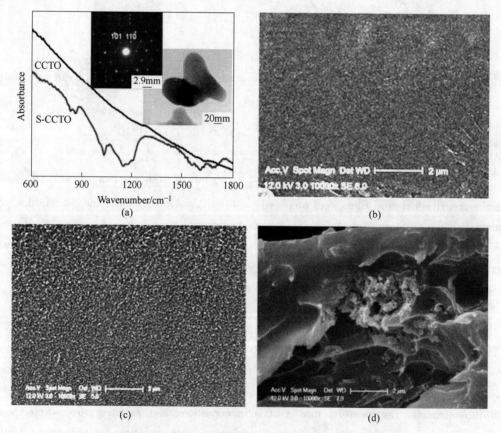

Fig. 2 FTIR spectrum of CCTO and surface modified CCTO (S-CCTO)
(inset shows TEM images and diffraction pattern of CCTO) (a); Fracture surface of
hybrid film MT/S-CCTO with filler fraction of 5 vol% (b); 17 vol% (c) and 30 vol% (d)

composites[37]. FTIR spectrum shows that the striking phenomenon during the heating and cooling cycle is the up and down switch of the intensity of the absorption peak at 1182cm^{-1}. The changes of absorption peak at 1182cm^{-1} are attributed to the bonding and debonding of the DA adduct (C—O—C) upon thermo stimuli (Supporting information, Fig. 3). A comparison of the fracture surfaces of 5 vol% and 17 vol% filler [Fig. 2 (b) and Fig. 2 (c)] demonstrates that the composite of MT/S-CCTO is smooth and self-connected into a continuous network, which is attributable to chemical groups added on the surface. It is important for both the improvement of dielectric properties and the performance of the motion sensor that filler distribution is homogenous. When further increasing the volume fraction to 30 vol%, S-CCTO aggregates to form large clusters, and more layered swells and pores emerge on the cross surface [Fig. 2 (d)]. The XRD patterns of MT and MT/S-CCTO composites demonstrate that S-CCTO nanoparticle is phase pure and the films are composites of MT and S-CCTO nanoparticle (Supporting information, Fig. 4 (a)). The EDS patterns of several spots on the cross surface of the hybrid film are investigated and there is not much difference, which reveals the homogeneous distribution of S-CCTO in MT matrix (Supporting information, Fig. 4 (b)).

The dielectric permittivity (ε_{eff}) of MT/S-CCTO composites as a function of filler content at room temperature is shown in Fig. 3 (a). Initially, the value of ε_{eff} increases with the increment of S-CCTO, reaching its highest value of 93 with 17 vol% filler. We present in this paper the simulation of ε_{eff} with filler loading, which aligned well with the percolation theory [Fig. 3 (b)]. The relationship between ε_{eff} and f_{s-CCTO} can be expressed by the power law as follows: $\varepsilon_{eff} \propto \varepsilon_m (f_c - f_{s-CCTO})^{-s}$, for $f_{s-CCTO} < f_c$, where ε_m is the dielectric permittivity of MT matrix, f_c is the percolation threshold and s is the critical exponent. The best fit gives $f_c = 19$ vol%, $s = 1.17$ [Fig. 3 (b) inset]. The percolation threshold is a little higher than the universal value ($f_{uni} = 16vol\%$), which can be attributed to surface modification of CCTO filler[38]. It can be seen that ε_{eff} is enhanced from 46 to 93 when f_{s-CCTO} increases from 15 vol% to 17vol%. This large enhancement of ε_{eff} near the percolation threshold can be explained by the interfacial polarization (namely the Maxwell-Wagner-Sillars, or MWS effect) between the large interface areas that exists in the composites[39]. The accumulation of charge carriers at the interface will enhance polarization and a very high dielectric permittivity under electric field[40]. To estimate the effect interfacial polarization, we fit the dielectric constant and frequency to Eq. $\varepsilon_{eff} \propto \omega^{u-1}$, where ω is the angular frequency (equal to $2\pi f$) and u is a critical exponent, always between 0 and 1. Fitting the dielectric constant data of three-phase composites yields $u = 0.98$ [Fig. 3 (c)]. The vicinity of that figure to the theoretical value $u = 0.7$ indicates the effective infuence of MWS polarization on the dielectric response in the hybrid film[41]. Another important application parameter is dielectric loss ($\tan \delta$). As shown in Fig. 3 (d), for MT/S-CCTO composites, the dielectric loss increases with frequency at low filler content and decreases with frequency at high filler content. Chemical groups on the surface of CCTO nanoparticles will prevent them from directly connecting with each other, effectively blocking the formation of conductive paths and leakage current[42,43]. Hence, the value of $\tan \delta$ is only 0.09 at 100Hz

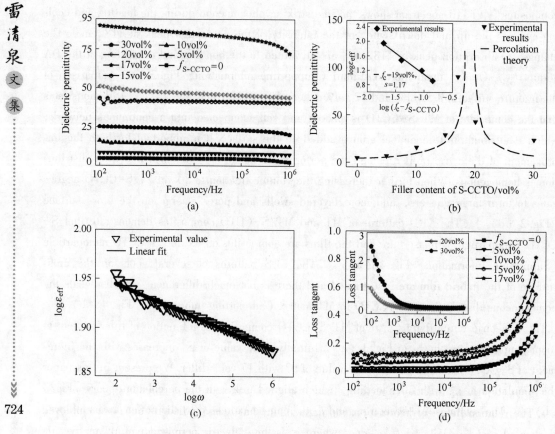

Fig. 3 (a) Dependence of dielectric permittivity of the MT/S-CCTO composites on frequency at room temperature; (b) Comparison of experimental and theoretical dielectric permittivities of MT/S-CCTO composites as a function of volume fraction of fillers; (c) Linear fit of the MWS effect with dielectric permittivity; (d) Dependence of loss tangent on frequency at room temperature

when $f_{\text{s-CCTO}}$ = 17vol%. However, the dielectric loss climbs as high as 2.5 at 100Hz for MT/S-CCTO composites with 30vol% filler loading, which is attributed to filler agglomeration.

The electrodes were fabricated by spreading single-walled carbon nanotube (SWNT) onto both surfaces of polymer nanocomposites. The results show homogeneous distribution of nanotubes on the surface that leads to the required conductivity as electrodes (Supporting information, Fig. 2). Once subjected to mechanical damage, the self-healing composite layer moves laterally, which brings the separated areas of the SWNT layer into contact and enables restoration of the device's configuration and conductivity[44-46]. We also investigated healing capability with respect to the electrical conductivity for as-prepared electrodes. The surface resistance across the damage was measured for MT/S-CCTO (17vol%) before cut and after self-healing. The results show that the resistance gains a good recovery attributed to the reconnection of SWNT film by the connection of healing substrate (Supporting information, Fig. 5). In order to monitor the conductive behavior of an electrode in tandem circuit, we employed a commercially available light-emitting diode (LED) bulb. As shown in Fig. 4 (a), the electrode was cut with a razor blade, immediately extinguishing the lighting LED. After heating this film at 105℃ for 30min, the two halves of the bifurcated electrode were brought together, and the bulb lit up again in the manner of original, intact SWNT films. The healing process can be clearly seen from optical micrographs as shown in Fig. 4 (c). The freshly cut crack, 50μm wide, appears as a dark stripe; after ten minutes of heating, the edges of the crack become light colored and the width of the crack decreases. During this process, sufficient energy is produced for the r-DA reaction, and thus for the broken DA adducts to reform and release the compression in the film (Fig. 1). After 30min, the crack is completely healed, as indicated by areas on the crack recovering and dark areas disappearing.

The changes of capacitance of hybrid film following the process of being cut and then healing are shown in Fig. 4 (c). A surface cut is ensued by a drop in capacitance. Next we observe the capacitance increasing with the increase of time; together with optical images, this indicates that both mechanical and electrical healing are achieved. Fig. 4 (d) shows the capacitance and loss tangent with healing cycles. Capacitance retention ratio is about 89% and 82% after the 5th and 10th healing, respectively, indicating highly restorable capacitance behavior. Due to structural damage, the loss tangent increases with healing cycles, possibly attributable to the imperfect joint of the electrodes compared with the original hybrid film.

Fig. 5 (a) shows that the capacitance and loss tangent increase as the bending angle increases. The relation between deformation and capacitance has been studied by Suo; we employed the model of ideal dielectric elastomers, which assumes that volume and permittivity remain constant as the elastomers deform[47,48]. When a dielectric sheet is stretched by factors λ_1 and λ_2 in its plane, the thickness of the sheet scales by factor $\lambda_3 = 1/\lambda_1\lambda_2$, and the capacitance C of the dielectric scales as $C = C_0(\lambda_1\lambda_2)^2$, where C_0 is the capacitance of the dielectric in the undeformed state. Characterized by the current-voltage ($I-V$) measurement, the electrodes' reliability of conductivities throughout the bending and self-healing process is very important. As shown in Fig. 5 (b), the $I-V$ curves of the original, bent, as well as healed electrodes are all linear and non-hysteretic, indicating their excellent conductive properties. The potential for application in flexible electronics is demonstrated in the continued closeness of curves of the original and bent (90°) electrodes. More importantly, the resistance is still in a low range, even after the 10th cutting and healing; this is beneficial in light of recoverable motion sensor (Fig. 5). Such healable electrical conductivity should result from the lateral movement of the underlying self-healing composition layer, which brings separated areas of the SWNT layer into contact, as schematically shown in Fig. 4 (b).

The mechanical properties of as prepared nanocomposites show that the modulus is 0.56MPa and maximum elongation is 105% for the hybrid film with 17vol% loading. Together with the dielectric and healing properties, it is chosen as a recoverable motion sensor (Supporting information, Fig. 6). Taking advantage of capacitance and flexibility changes, we applied the composite in human motion detection, which could easily take the form of wearable devices at-

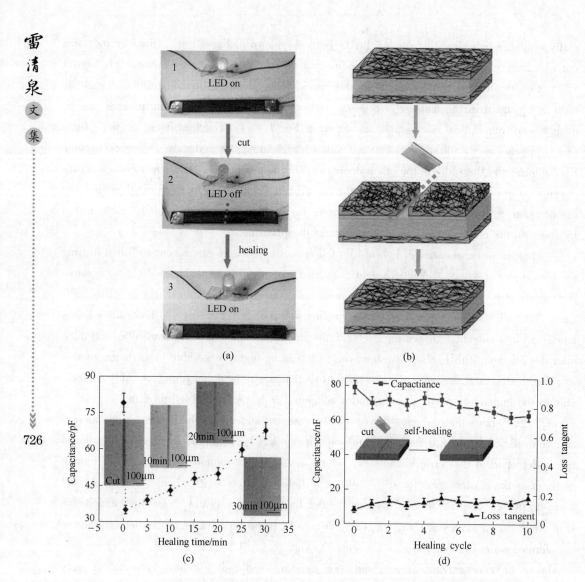

Fig. 4 The self-healing of electrical conductivity of the as-prepared
SWNT films spread on self-healing substrates.

(a) Optical images of as-prepared SWNT films spread on self-healing substrates in a circuit with an yellow LED bulb (a1) the original; (a2) after cutting; (a3) after healing. (b) Schematic representation of self-healing capabilities of electrical conductivity of as-prepared SWNT films sprayed on self-healing substrates. (c) Capacitance changes with healing time of the hybrid film, the optical images show the healing process. (d) Capacitance and loss tangent changes with the healing cycles

tached to the body or clothing. These devices could be, for instance, utilized for measuring joint angles; this could be achieved by mounting the changes of capacitance on the body joints (e.g., finger joints, wrist joints, etc.)[49]. Along with the self-healing property, sensitivity can be recovered after a surface cut and the healing process. Fig. 5 (c) shows the motion detection of a finger joint where a hybrid film was attached to the index finger and then capacitance changes by the downward and upward movements of the finger were measured. When the

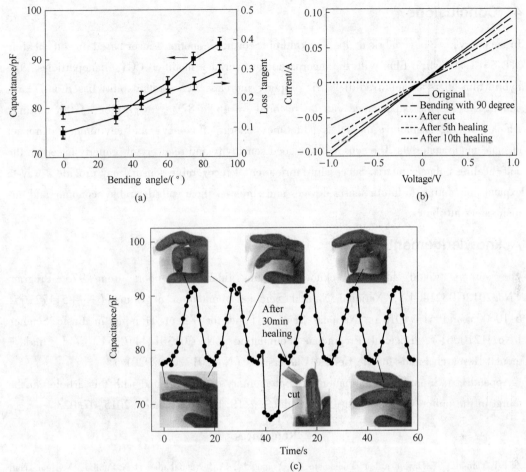

Fig. 5 (a) Capacitance and loss tangent changes with bending angle for the MT/S-CCTO hybrid films with SWNT electrodes; (b) Current-voltage curves of SWNT films spread on self-healing substrates under bending (an inward 90° bending angle), cutting, and after healing for different times; (c) Finger motion detection and self healing property based on this composite, stable, sensitive response to the bending with an excellent recoverable manner

finger moves downward (the bending radius is 1cm), the film accommodates the resultant strain by increasing capacitance. When the finger is straight, capacitance drops to its original value. We noticed that capacitance dropped to a low level after we cut the surface. However, after heated at 105℃ for 30min, the capacitance increased to its original value and retained its recovered sensitivity to the bend angle of the finger. This is attributed to the self-healing property of the film that contributed to the recovery of the cracks as well as the dielectric property. The mechanical healing results show that after 10th cut-healing process, the modulus recovers to 0.51MPa (91% recovery) and maximum elongation decreases from 105% for original hybrid film to 86% (Supporting information, Fig. 7). The results show that the hybrid film possesses both electrical and mechanical self-healing properties, which are important for the usage as motion sensor.

4 Conclusions

In summary, we have fabricated a new kind of recoverable motion sensor based on self-healing MT/S-CCTO hybrid film. With the incorporation of surface-modified CCTO nanoparticles, the hybrid film offers an improved dielectric property and capacitance retainability based on DA reaction. The specific capacitance can be restored by up to 82%, even after a 10th cutting, which will help to improve the safety, lifetime, energy efficiency, and environmental impact of man-made materials. The sensor shows good sensitivity and recovery of property based on the self-healing polymer matrix. Successful fabrication of recoverable sensors may provide a way to expand the lifetime of future sensor devices and empower them with desirable economic and human safety attributes.

Acknowledgements

The authors would like to acknowledge the financial support from 973 Program (No. 2012CB821404), National Natural Science Foundation of China (Nos. 51172166, 61106005 and 61371016), National Science Fund for Talent Training in Basic Science (No. J1210061), Doctoral Programme Foundation (No. 20130141110054) and Fundamental Research Funds for the Central Universities (No. 2012202020201).

Appendix A. Supporting information: Supplementary data associated with this article can be found in the online version at http://dx.doi.org/10.1016/j.nanoen.2015.07.023.

References

[1] T. Yamada, Y. Hayamizu, Y. Yamamoto, Y. Yomogida, A. I. Najafabadi, D. N. Futaba, K. Hata. Nat. Nanotechnol, 2011, 6: 296-301.

[2] X. S. Meng, H. Y. Li, G. Zhu, Z. L Wang. Nano Energy, 2015, 12: 606-611.

[3] M. Kaltenbrunner, T. Sekitani, J. Reeder, T. Yokota, K. Kuribara, T. Tokuhara, M. Drack, R. Schwodiaure, I. Graz, S. B. Gogenea, S. Bauer, T. Someya. Nature, 2013, 499: 458-463.

[4] J. Chun, N. R. Kang, J. Y. Kim, M. S. Noh, C. Y. Kang, D. Choi, S. W. Kim, Z. L. Wang, J. M. Baik. Nano Energy, 2015, 11: 1-10.

[5] G. Schwartz, B. C. K. Tee, J. Mei, A. L. Appleton, D. H. Kim, H. Wang, Z. Bao. Nat. Commun., 2013, 4: 1859.

[6] D. J. Lipomi, M. Vosgueritchian, B. C. K. Tee, S. L. Hellstrom, J. A. Lee, C. H. Fox, Z. Bao. Nat. Nanotechnol, 2011, 6: 788-792.

[7] H. Zhang, Y. Yang, T. C. Hou, Y. Su, C. Hu, Z. L. Wang. Nano Energy, 2013, 2: 1019-1024.

[8] P. K. Yang, Z. H. Lin, K. C. Pradel, L. Lin, X. Li, X. Wen, J. H. He, Z. L. Wang. ACS Nano, 2015, 9: 901-907.

[9] S. Xu, Y. Zhang, L. Jia, K. E. Mathewson, K. I. Jang, J. Kim, H. Fu, X. Huang, P. Chava, R. Wang, S. Bhole, L. Wang, Y. J. Na, Y. Guan, M. Flavin, Z. Han, Y. Huang. J. A. Rogers. Science, 2014, 344: 70-74.

[10] C. Dagdeviren, Y. Su, P. Joe, R. Yona, Y. Liu, Y. S. Kim, Y. Huang, A. R. Damadoran, J. Xia,

L. W. Martin, Y. Huang, J. A. Rogers. Nat. Commun. , 2014, 5: 4496.

[11] T. Sekitani, T. Yokota, U. Zschieschang, H. Klauk, S. Baure, K. Takeuchi, M. Takamiya, T. Sakurai, T. Someya. Science, 2009, 326: 1516-1519.

[12] S. Bauer. Nature, 2013, 12: 871-872.

[13] D. J. Lipomi, M. Vosgueritchian, B. C. Tee, S. L. Hellstrom, J. A. Lee, C. H. Fox, Z. Bao. Nat. Nanotechnol, 2011, 6: 788-792.

[14] S. Lee, R. Hinchet, Y. Lee, Y. Yang, Z. H. Lin, G. Ardila, L. Montes, M. Mouis, Z. L. Wang. Adv. Funct. Mater. , 2014, 24: 1163-1168.

[15] X. S. Meng, H. Y. Li, G. Zhu, Z. L. Wang. Nano Energy, 2015, 12: 606-611.

[16] J. Zhang, J. Liu, R. Zhuang, E. Mäder, G. Heinrich, S. Gao. Adv. Mater. , 2011, 23: 3392-3397.

[17] S. Wang, L. Lin, Z. L. Wang. Nano Energy, 2015, 11: 436-462.

[18] X. Xiao, L Yuan, J. Zhong, T. Ding, Y. Liu, T. Cai, Y. Rong, H. Han, J. Zhou, Z. L. Wang. Adv. Mater. , 2011, 23: 5440-5444.

[19] P. Bai, G. Zhu, Q. Jing, J. Yang, J. Chen, Y. Su, J. Ma, G. Zhang, Z. L. Wang. Adv. Funt. Mater. , 2014, 24: 5807-5813.

[20] C. B. Han, C. Zhang, X. H. Li, L Zhang, T. Zhou, W. Hu, Z. L. Wang. Nano Energy, 2014, 9: 325-333.

[21] K. Takei, T. Takahashi, J. C. Ho, H. Ko, A. G. Gillies, P. W. Leu, R. S. Fearing, A. Javey. Nat. Mater. , 2010, 9: 821-826.

[22] J. Chen, G. Zhu, W. Yang, Q. Jing, Peng Bai, Y. Yang, T. C. Hou, Z. L. Wang. Adv. Mater. , 2013, 25: 6094-6099.

[23] L. Huang, N. Yi, Y. Wu, Y. Zhang, Q. Zhang, Y. Huang, Y. Ma, Y. Chen. Adv. Mater. , 2013, 25: 2224-2228.

[24] X. Chen, M. A. Dam, A. Ono, A. Mal, H. Shen, S. R. Nutt, K. Sheran, F. Wudl. Science, 2002, 295: 1698-1702.

[25] P. Cordier, F. Tournilhac, C. S. Ziakovic, L. Leibler. Nature, 2008, 451: 977-980.

[26] M. Zhang, D. Xu, X. Yan, J. Chen, S. Dong, B. Zheng, F. Huang. Angew. Chem. Int. Ed. , 2012, 51: 7011-7015.

[27] S. Benight, C. Wang, J. B. H. Tok, Z. Bao. Prog. Polym. Sci. , 2013, 38: 1961-1977.

[28] S. Bode, L. Zedler, F. H. Schacher, B. Dietzek, M. Schmitt, J. Popp, M. D. Hager, U. S. Schubert. Adv. Mater. , 2013, 25: 1634-1638.

[29] K. S. Toohey, N. R. Sottos, J. A. Lewis, J. S. Moore, S. R. White. Nat. Mater. , 2007, 6: 581-585.

[30] B. C. K. Tee, C. Wang, R. Allen, Z. Bao. Nat. Nanotechnol. , 2012, 7: 825-832.

[31] C. C. Homes, T. Vogt, S. M. Shapiro, S. Wakimoto, A. P. Ramirez. Science, 2001, 293: 673-676.

[32] Z. M. Dang, D. Xie, C. Y. Shi. Appl. Phys. Lett. , 2007, 91: 222902.

[33] Y. Yang, B. P. Zhu, Z. H. Lu, Z. Y. Wang, C. L. Fei, D. Yi, R. Xiong, J. Shi, Q. G. Chi, Q. Q. Lei. Appl. Phys. Lett. , 2013, 102: 042904.

[34] Y. Yang, Z. Y. Wang, Y. Ding, Z. H. Lu, H. Liang Sun, Y. Li, Jian Hong Wei, R. Xiong, J. Shi, Q. Q. Lei. APL Mater. , 2013, 1: 050701.

[35] A. M. Shanmugharaj, J. H. Bae, K. Y. Lee, W. H. Noh, S. H. Lee, S. H. Ryu. Compos. Sci. Technol. , 2007, 67: 1813-1822.

[36] J. Kathi, K. Y. Rhee. J. Mater. Sci. , 2008, 43: 33-37.

[37] A. W. Kevin, A. S. Billy. Carbon, 2011, 49: 24-36.

[38] K. Kim, W. Zhu, X. Qu, C. Aaronson, W. R. McCall, S. Chen, D. J. Sirbuly. ACS Nano, 2014, 8: 9799-9806.
[39] C. W. Nan, Y. Shen, J. Ma. Annu. Rev. Mater. Res., 2010, 40: 131-151.
[40] M. Panda, V. Srinivasl, A. K. Thakuret. Appl. Phys. Lett., 2008, 93: 242908.
[41] L. Wang, Z. M. Dang. Appl. Phys. Lett., 2005, 87: 042903.
[42] T. W. Dakin. IEEE Electr. Insul. Mag., 2006, 22: 11-28.
[43] J. K. Yuan, W. L. Li, S. H. Yao, Y. Q. Lin, A. Sylvestre, J. Bai. Appl. Phys. Lett., 2011, 98: 032901.
[44] H. Wang, B. Zhu, W. Jiang, Y. Yang, W. R. Leow, H. Wang. X. Chen, Adv. Mater., 2014, 26: 3638-3642.
[45] Y. Li, S. Chen, M. Wu, J. Sun. Adv. Materg., 2012, 24: 4578-4582.
[46] Y. Li, S. Chen, M. Wu, J. Sun. Appl. Mater. Interfaces, 2014, 6: 16409-16415.
[47] J. Y. Sun, C. Keplinger, G. M. Whitesides, Z. G. Suo. Adv. Mater., 2014, 26: 7608-7614.
[48] X. H. Zhao, W. Hong, Z. G. Suo. Phys. Rev. B, 2007, 76: 134113.
[49] Y. Hu, Z. L. Wang. Nano Energy, 2015, 14: 3-14.

Enhanced Dielectric Performance of Three Phase Percolative Composites Based on Thermoplastic-ceramic Composites and Surface Modified Carbon Nanotube*

Abstract Three-phase composites were prepared by embedding $CaCu_3Ti_4O_{12}$ (CCTO) nanoparticles and Multiwalled Carbon Nanotube (MWNT) into polyimide (PI) matrix via in-situ polymerization. The dependences of electric and dielectric properties of the resultant composites on volume fractions of filler and frequency were investigated. The dielectric permittivity of PI/CCTO-surface modified MWNT (MWNT-S) composite reached as high as 252 at 100Hz at 0.1 vol.% filler (MWNT-S), which is about 63 times higher than that of pure PI. Also the dielectric loss is only 0.02 at 100Hz. The results are in good agreement with the percolation theory. It is shown that embedding high aspect ratio MWNT-S in PI/CCTO composites is an effective means to enhance the dielectric permittivity and reduce the percolation threshold. The dielectric properties of the composites will meet the practical requirements for the application in high dielectric constant capacitors and high energy density materials.

Polymeric nanocomposites with high dielectric permittivity and low dielectric loss have attracted great attention in recent years because of their unique combination of mechanical flexibility and tunable dielectric properties used as high-k gate dielectrics, capacitor dielectrics, and electroactive materials[1-7]. Polymer/ferroelectric ceramic composites and polymer/conductive filler percolative dielectric composites are two kinds of research concentrations that are widely studied. The biggest problem of dispersing ferroelectric ceramic powders such as $Pb(Zr,Ti)O_3$ (PZT) and $BaTiO_3$(BT) into polymer matrix is that the dielectric permittivity is still very low (ε<50) with even high filler loading[8-11]. High loss tangent due to insulator-conductor transition by using conductive fillers restricts its practical application and further development[12]. To overcome these problems, conductive materials, ceramic has been incorporated into the polymer matrix to fabricate three phase composites[13-15].

This work reports the excellent dielectric properties of three phase percolative composites based on thermoplasticceramic composites (polyimide (PI) + $CaCu_3Ti_4O_{12}$ (CCTO)) and multiwalled carbon nanotube (MWNT). Pure and surface modified MWNT (MWNT-S) was used for comparison. CCTO has attracted much attention for its giant dielectric permittivity over a wide temperature range and made great contribution to the increment of composites' dielectric

---

* Copartner: Yang Yang, Sun Haoliang, Zhu Benpeng, Wang Ziyu, Wei Jianhong, Xiong Rui, Shi Jing, Liu Zheng you. Reprinted from Applied Physics Letters, 2015, 106 (1): 012902-012902-5.

permittivity[16-18]. Carbon nanotubes have been chosen as an excellent candidate for acquiring high dielectric constant polymer matrix composites[7]. Surface modification and the incorporation of third component (CCTO) into composites would help to realize the uniform dispersion of MWNT. Adjustable dielectric properties were observed by employing the threephase system due to the microstructure change.

CCTO nanoparticles were prepared by the precursor oxalate route[19]. MWNT was purchased from Xfnano company. MWNT was immersed in a mixture of HNO_3/H_2SO_4 (1 : 3) for 2h at 80℃ in an ultrasound bath to get MWNT-S. Three phase hybrid films were prepared by in-situ polymerization. MWNT and CCTO powders were premixed in an organic solvent Dimethylacetamide (DMAc) prior to the final mixing with monomers of polyimide (1, 2, 4, 5-benzenetetracarboxylic anhydride and 4, 4′-nxydianiline). As a result, black PI/ CCTO-MWNT and PI/CCTO-MWNT-S hybrid films with thickness of 40μm were obtained. X-ray diffraction (XRD) measurements of these composites were carried out by using a D8 diffractometer. The microstructure of CCTO nanoparticles and fractured cross-surface morphology of the composites were examined by scanning electron microscopy (SEM, HITACHI S-4800) and Transmission electron microscope (TEM, JEM-2010). The dielectric and electrical properties were measured using a precise impedance analyzer (Agilent 4294 A) at room temperature in the frequency range from 100Hz to 1MHz.

The X-ray diffraction patterns in Fig. 1 (a) show defined strong peak at $2\theta = 27°$, corresponding to (002) plane of the MWNT. The positions and relative intensities of diffraction peaks of CCTO nanoparticles are the same as our previous reports[18,20]. A broad peak could be observed at $2\theta = 20°$ for pure PI, which is attributed to the regularity of polymer chains[21]. However, upon increasing the concentration of MWNT filler, the peak moves to lower scale and the intensity decreases, indicating that the averaged interplanar distance of polymer matrix increases due to the incorporation of CCTO and MWNT (interplanar distance d was calculated according to the formula: $d = \lambda/2 \sin\theta$, $\lambda = 1.5406$Å).

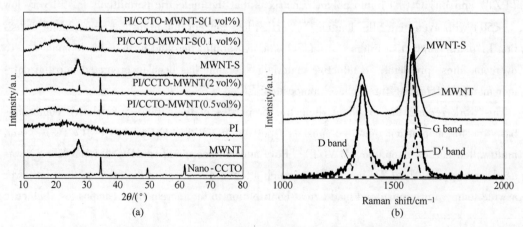

Fig. 1 XRD pattern of CCTO, MWNT, MWNT-S, and hybrid films (a) and
Raman spectra of MWNT and MWNT-S (surface treated by acid) (b)

As can be observed in Raman spectrum [Fig. 1 (b)], the characteristic peaks of MWNT, named the D band at 1330cm^{-1} and the G band at 1580cm^{-1}, are identified. D' band appearing as a shoulder to the G band at 1622cm^{-1} arising from a double resonance process similar to the D band[22]. The ratio $I_{D/G}$ value increases from 0.48 for MWNT to 0.78 for MWNT-S as expected. This imply that acid treatments do not totally damage the structural ordering of MWNT but decrease the symmetry due to the introduction of functional groups on the surface[23]. TEM morphology of MWNT and MWNT-S is shown in Fig. 2 (a) and Fig. 2 (b). There are no bundles of MWNT-S due to the surface treatment. The black arrows show the defect generation of MWNT-S, which is in accordance with the Raman results. The comparison of fracture surface of 0.5 vol.% filler [Fig. 2 (e)] demonstrates that the composite of PI/CCTO-MWNT-S is smooth. While there are aggregations on the surface for PI/CCTO-MWNT composites, this is attributed to the addition of carboxyl and hydroxyl groups by surface modification that improves the compatibility with polyimide matrix[24]. When further increasing the volume fraction to 2 vol.%, nanotubes and CCTO aggregate to form large clusters and more layered swells and pores emerge on the cross surface [Fig. 2 (d) and Fig. 2 (f)].

Fig. 3 presents AC conductivity (σ_{eff}) of these composites. It can be observed that the value slowly increases for PI/CCTO-MWNT composites when $f_{MWNT} < 1$ vol.%. As further increasing the filler to 2 vol.%, an obvious insulatorsemiconductor transition is observed, which indicates the formation of conductive paths in the composite [Fig. 3 (a)]. However, for PI/CCTO-MWNT-S composites, the transition is observed at a much lower loading (0.5 vol.%) [Fig. 3 (b)]. This is attributed to the chemical bonds introduced as dispersion aids to make uniform conductive nanotube-filled polymer composites[25]. According to the percolation theory, the relationship between σ_{eff} and f_{MWNT-S} follows the power law:

$$\sigma_{eff} \propto \sigma_m (f_c - f_{MWNT-S})^{-s} \text{ for } f_{MWNT-S} \leqslant f_c \tag{1}$$

where σ_m is the conductivity of PI/CCTO composites, f_c is the percolation threshold, and s is the critical exponent in the insulating region. The best fit of the conductivity data to the double-log plot of the power law yields: $f_c = 0.11$ vol.% and $s = 3.12$ [see the top left inset in Fig. 3 (c)]. As f_{MWNT-S} approached f_c, the percolation threshold power law can be expressed as follows:

$$\sigma_{eff} \propto (2\pi\nu)^{\mu} \text{ as } f_{MWNT} \to f_c \tag{2}$$

where ν is the frequency and μ is a critical exponent. The data for the PI/CCTO-MWNT-S composite with $f_c = 0.11$ vol.% give $\mu = 0.987$, which is slightly higher than that of normal value ($\mu_{uni} = 0.70$), these can be attributed to the three-phase structure of the composites. The conductivity increases with the increment of concentration of MWNT-S filler. This phenomena can be illuminated by the formation of conductive paths. Namely, more conductive network was formed with the increment of MWNT-S content, which corresponds to the continuous increase of conductivity.

The dielectric permittivity of PI/CCTO-MWNT and PI/CCTO-MWNT-S composites as a function of filler content at room temperature is shown in Fig. 4. Initially, the value of

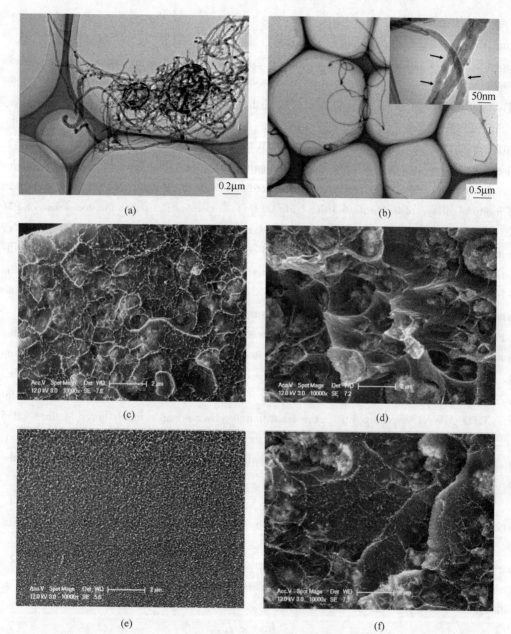

Fig. 2 TEM images of (a) MWNT and (b) MWNT-S (black arrow: defect generation).
SEM morphology of the fractured cross-surface of (c) PI/CCTO-MWNT (0.5 vol.%),
(d) PI/CCTO-MWNT (2 vol.%), (e) PI/CCTO-MWNT-S (0.5 vol.%), and (f) PI/CCTO-MWNT-S (2 vol.%) hybrid films (there is 5 vol.% content of CCTO in all of these composites)

dielectric permittivity (ε_{eff}) increases with the increment of MWNT and reaches the highest value of 45 with 0.5 vol.% filler. While for PI/CCTO-MWNT-S composites, it can be seen that ε_{eff} is enhanced from 66 to 252 when f_{MWNT-S} increases from 0.05 vol.% to 0.1 vol.%. This large enhancement of ε_{eff} near the percolation threshold can be explained by the interfacial polarization between the large interface area exist in the composites[13,26].

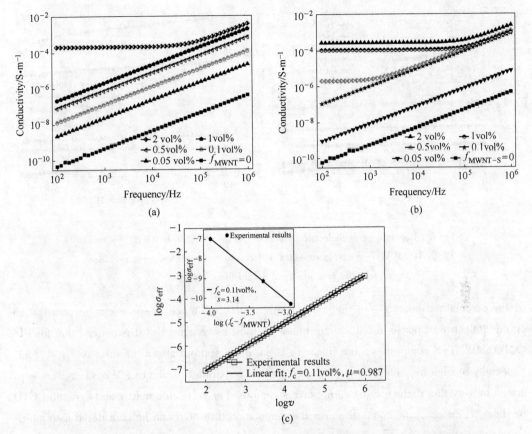

Fig. 3 Dependence of AC conductivity of PI/CCTO-MWNT (a) and PI/CCTO-MWNT-S; (b) composites on frequency; (c) Best fit of AC conductivity of the PI/CCTO-MWNT-S composite with 0.1 vol.% of MWNT-S to Eq. (2), top-left inset shows the best fit of the AC conductivity to Eq. (1)

The model of the interfacial polarization, which arises from the significant blockage of charge carriers at internal interfaces (namely, the (Maxwell-Wagner-Sillars) MWS effect) because the existence of a large number of interfaces between MWNT, CCTO, and polyimide matrix. A large number of interfaces become available since many conducting MWNTs are isolated and covered by insulating ceramic CCTO particles and thin polymer matrix. Because of the large electrical conductivity difference between the polymer matrix and the fillers, charge carriers from the electrode and the impurities of composites can migrate and accumulate at the interface if an electric field is applied[27]. The migration and accumulation processes of the charge carriers can cause large polarization and a very high dielectric permittivity.

To estimate the effect of interfacial polarization, we fit the dielectric constant and frequency to equation $\varepsilon_{eff} \propto \omega^{u-1}$, where ω is the angular frequency (equal to $2\pi f$) and u is a critical exponent, always between 0 and 1. Fitting the dielectric constant data of three-phase composites with f_{MWNT} = 0.53 vol.% and f_{MWNT-S} = 0.11 vol.% yields u = 0.9 and 0.85, respectively, [inset of Fig. 4 (a)], which are in neighborhood of the theoretical value u = 0.7 predicated

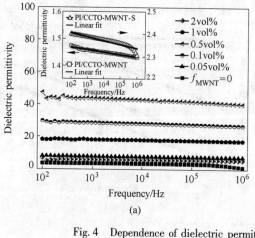 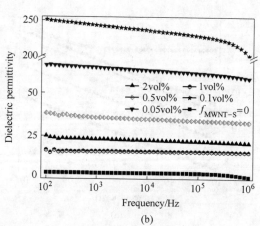

Fig. 4 Dependence of dielectric permittivity of the PI/CCTO-MWNT (a) and PI/CCTO-MWNT-S (b) composites on frequency at room temperature. Linear fit of dielectric permittivity of hybrid films [inset of (a)]

by the percolation theory[28,29], indicating the effective influence of space charge polarization on the dielectric response in both three-phase composites systems. But it is noticed that for PI/CCTO-MWNT-S composites, the linear fit is not quite appropriate in the inset of Fig. 4 (a). Especially at high frequency range, a large number of parallel conducting MWNT-S were separated by very thin dielectric insulating layers composed of polyimide matrix and ceramic CCTO particles. Therefore, the composite near the percolation threshold can be considered as a multilayer capacitor possessing large electrode areas and high charge storage ability, which induced the abrupt increase of capacitance[30].

We present here the simulation of dielectric permittivity using the percolation theory (Fig. 5)[31]. In accordance with the results of conductivity, the percolation threshold for MWNT and MWNT-S in the composites is 0.53 vol.% and 0.11 vol.%, respectively. The percolation thresholds are much lower than the universal value (f_{uni} = 16 vol.%), which can be attributed to the large aspect ratio of MWNT[32-34]. This low percolation threshold of MWNT-S is quite beneficial in maintaining low density and the flexibility of polymeric composites. The relationship between ε_{eff} and f_{MWNT-S} can also be expressed by the power law as follows:

$$\varepsilon_{eff} \propto \varepsilon_m (f_c - f_{MWNT-S})^{-s} \text{ for } f_{MWNT-S} < f_c$$

where ε_m is the dielectric permittivity of PI/CCTO matrix and s is the critical exponent. The best fit of the dielectric permittivity to equation gives f_c = 0.11vol.%, s = 1.64 [see the top right of Fig. 5 (b)].

The dielectric loss (tan δ) is another important parameter for dielectric application. As shown in Fig. 5, for PI/CCTO-MWNT-S composites, the dielectric loss increases with frequency at low filler content and decreases with frequency at high filler content. It is generally believed that the high frequency process is mainly associated with dipolar relaxation, whereas at lower frequencies, the contributions of interfacial polarization and conductivity are significant[35,36].

For PI/CCTO-MWNT and PI/CCTO-MWNT-S composites, the values of tan δ at room temperature gradually increase with the increment of filler content, resulting from the progressive formation of conductive paths, which could give rise to current leakage, so that the dielectric loss increases. However, near the percolation threshold, CCTO nanoparticles and insulating PI matrix will prevent the MWNT from directly connecting with each other, and the formation of conductive paths and leakage current will be blocked effectively. Hence, the value of tan δ is only 0.02 at 100Hz when f_{MWNT-S} = 0.1 vol.%, which is quite suitable for dielectric application[30]. The energy loss due to consumption of a dielectric material can be determined by the following equation: $W = \pi \varepsilon \xi^2 f \tan \delta$, where ξ is the electric field strength and f is the frequency. Thus, a low dielectric loss is preferred in order to reduce the energy loss from a dielectric material, particularly for high frequency applications[37]. On the other hand, when f_{MWNT-S} reaches 1 vol.% and 2 vol.%, the dielectric loss abruptly increased to high values. The increment of dielectric loss is attributed to the conduction path formed for the filler above the percolation threshold.

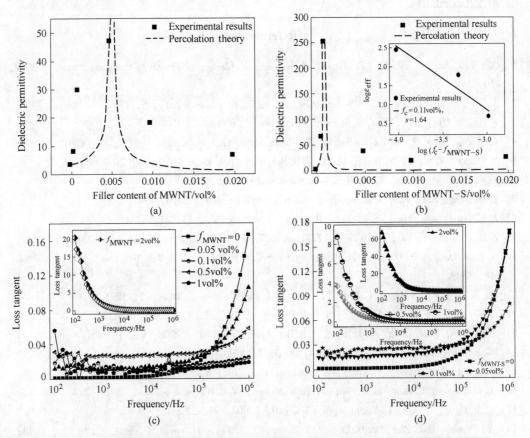

Fig. 5 Comparison of experimental and theoretical dielectric permittivities of PI/CCTO-MWNT (a) and PI/CCTO-MWNT-S (b) composites as a function of volume fraction of fillers. Dependence of dielectric loss of the PI/CCTO-MWNT (c) and PI/CCTO-MWNT-S (d) composites on frequency at room temperature

In summary, two types of three phase composites with high dielectric permittivity were prepared by in situ polymerization. The results show that the improvement of dielectric properties of PI/CCTO-MWNT-S composites is better than that of PI/CCTO-MWNT composites. This is attributed to improve interfacial interaction and the homogeneous distribution of MWNT-S in PI matrix due to the surface modification process. The composites exhibit remarkably enhanced dielectric permittivity and low dielectric loss (0.02) with 0.1 vol.% MWNT-S filler. Meanwhile, the composite possesses weak frequency dependence. The easy processability, flexibility, and excellent dielectric behavior make three phases composites attractive as potential candidates for practical applications in high charge-storage capacitors and embedded devices in electronic industry.

The authors would like to acknowledge the financial support from 973 Program (Grant No. 2012CB821404), Chinese National Foundation of Natural Science (Grant Nos. 51172166 and 61106005), National Science Fund for Talent Training in Basic Science (Grant No. J1210061), and Fundamental Research Funds for the Central Universities (Grant No. 2012202020201).

References

[1] Q. M. Zhang, H. F. Li, P. Martin, F. Xia, Z. Y. Cheng, H. S. Xu, C. Huang. Nature, 2002, 419, 284.

[2] S. Luo, S. Yu, R. Sun, C. P. Wong. ACS Appl. Mater. Interfaces, 2011, 6, 176.

[3] F. He, S. Lau, H. L. Chan, J. T. Fan, Adv. Mater., 2009, 21, 710.

[4] C. Huang, Q. M. Zhang, G. deBotton, K. Bhattacharya. Appl. Phys. Lett., 2004, 84, 4391.

[5] Y. Zhang, Y. Wang, Y. Deng, M. Li, J. B. Bai. ACS Appl. Mater. Interfaces, 2012, 4, 65.

[6] Z. M. Dang, Y. H. Lin, C. W. Nan. Adv. Mater., 2003, 15, 1625.

[7] Z. M. Dang, S. H. Yao, J. K. Yuan, J. B. Bai. J. Phys. Chem. C, 2010, 114, 13204.

[8] Z. M. Dang, J. K. Yuan, S. H. Yao, R. J. Liao. Adv. Mater., 2013, 25, 6334.

[9] Z. M. Dang, J. K. Yuan, J. W. Zha, T. Zhou, S. T. Li, G. H. Hu. Prog. Mater. Sci., 2012, 57, 660.

[10] Z. M. Dang, Y. Q. Lin, H. P. Xu, C. Y. Shi, S. T. Li, J. B. Bai. Adv. Funct. Mater., 2008, 18, 1509.

[11] L. Y. Xie, X. Y. Huang, C. Wu, P. K. Jiang, J. Mater. Chem., 2011, 21, 5897.

[12] Z. M. Dang, Y. F. Yu, H. P. Xu, J. B. Bai. Compos. Sci. Technol., 2008, 68, 171.

[13] S. H. Yao, Z. M. Dang, M. J. Jiang, J. B. Bai. Appl. Phys. Lett., 2008, 93, 182905.

[14] G. S. Wang. ACS Appl. Mater. Interfaces, 2010, 2, 1290.

[15] Y. Deng, Y. J. Zhang, Y. Xiang, G. S. Wang, H. B. Xu. J. Mater. Chem., 2009, 19, 2058.

[16] C. C. Homes, T. Vogt, S. M. Shapiro, S. Wakimoto, A. P. Ramirez. Science, 2001, 293, 673.

[17] Z. M. Dang, D. Xie, C. Y. Shi. Appl. Phys. Lett., 2007, 91, 222902.

[18] Y. Yang, B. P. Zhu, Z. H. Lu, Z. Y. Wang, C. L. Fei, D. Yin, R. Xiong, J. Shi, Q. G. Chi, Q. Q. Lei. Appl. Phys. Lett., 2013, 102, 042904.

[19] P. Thomas, K. Dwarakanath, K. B. R. Varma, T. R. N. Kutty. J. Phys. Chem. Solids, 2008, 69, 2594.

[20] A. P. Ramirez, M. A. Subramanian, M. Gardel, G. Blumberg, D. Li, T. Vogt, S. M. Shapiro. Solid State Commun., 2000, 115, 217.

[21] Z. M. Dang, T. Zhou, S. H. Yao, J. K. Yuan, J. W. Zha, H. T. Song, J. Y. Li, Q. Chen, W. T. Yang, J. B. Bai. Adv. Mater. , 2009, 21, 2077.
[22] V. Likodimos, T. A. Steriotis, S. K. Papageorgiou, G. E. Romanos, R. R. N. Marques, R. P. Rocha, J. L. Faria, M. F. R. Pereira, J. L. Figueiredo, A. M. T. Silva et al. , Carbon, 2014, 69, 311.
[23] V. Dasyuk, M. Kalyva, K. Papagelis, J. Parthenios, D. Tasis, A. Siokou, I. Kallitsis, C. Galiotis. Carbon, 2008, 46, 833.
[24] K. A. Wepasnick, B. A. Smith, K. E. Schrote, H. K. Wilson, S. R. Diegelmann, D. H. Fairbrother. Carbon, 2011, 49, 24.
[25] L. Liu, J. C. Grunlan. Adv. Funct. Mater. , 2007, 17, 2343.
[26] F. A. He, K. H. Lam, J. T. Fan, L. W. Chan, Polym. Test. , 2013, 32, 927.
[27] Y. Li, X. Y. Huang, Z. W. Hu, P. K. Jiang, S. T. Li, T. Tanaka. ACS Appl. Mater. Interfaces, 2011, 3, 4396.
[28] L. Wang, Z. M. Dang. Appl. Phys. Lett. , 2005, 87, 042903.
[29] Y. Yang, Z. Y. Wang, Y. Ding, Z. H. Lu, H. L. Sun, Y. Li, J. H. Wei, R. Xiong, J. Shi, Z. Y. Liu, et al. APL Mater. , 2013, 1, 050701.
[30] J. K. Yuan, W. L. Li, S. H. Yao, Y. Q. Lin, A. Sylvestre, J. B. Bai. Appl. Phys. Lett. , 2011, 98, 032901.
[31] M. Panda, V. Srinivas, A. K. Thakur. Appl. Phys. Lett. , 2008, 92, 132905.
[32] J. C. Grunlan, A. R. Mehrabi, M. V. Bannon, J. L. Bahr. Adv. Mater. , 2004, 16, 150.
[33] Y. Shen, Y. H. Lin, C. W. Nan. Adv. Funct. Mater. , 2007, 17, 2405.
[34] L. Qi, B. I. Lee, S. Chen, W. D. Samuels, G. J. Exarhos. Adv. Mater. , 2005, 17, 1777.
[35] T. W. Dakin. IEEE Electr. Insul. Mag. , 2006, 22, 11.
[36] A. Moliton. Applied Electromagnetism and Materials, New York: Springer, 2007.
[37] F. Deng, Q. S. Zheng, L. F. Wang, C. W. Nan. Appl. Phys. Lett. , 2007, 90, 021914.

Evolutions of Surface Characteristics and Electrical Properties of the Fluorinated Epoxy Resin during Ultraviolet Irradiation[*]

Abstract The photoinduced evolutions of surface physicochemical characteristics and electrical properties of the fluorinated epoxy resin have been investigated. Cured epoxy resin sheets were surface fluorinated in a laboratory vessel using a F_2/N_2 mixture with 12.5% F_2 by volume at 0.1MPa and 95℃ for 30min. The fluorinated epoxy sample together with the unfluorinated (original) one for a comparison were exposed to ultraviolet (UV) radiation with wavelengths of 320 to 390nm. During UV exposure, the evolution of surface physicochemical characteristics was investigated by attenuated total reflectance Fourier transform infrared spectroscopy, scanning electron microscopy, X-ray energy dispersive spectroscopy, and the sessile drop technique. The corresponding evolution of surface electrical properties was evaluated by measurements of surface potential decay and surface conductivity. These results have shown that the crosslinking reaction rather than photodegradation occurred for the fluorinated sample, compared to a continuous degradation of the original sample during the UV exposure. These results also indicate that surface conduction and its sensitivity to humidity increased very significantly with UV exposure time for the original sample, while the opposite changes in surface conduction and its moisture sensitivity with the exposure time were found for the fluorinated sample. A relationship between the evolutions of surface electrical properties and surface physicochemical characteristics has been established.

Key words epoxy resins, surface fluorination, UV degradation, physicochemical characteristics, electrical properties

1 Introduction

Epoxy resins are one of the most important matrix materials for the preparation of composite materials, and mineral filled epoxy resins are widely used as insulating, encapsulating, and structural materials in power, electronic and aerospace industries, due to their good mechanical and thermal properties and some technological advantages. For example, in power industry, there are many epoxy products for indoor and outdoor insulation. These insulators are subjected to environmental, electrical, thermal and mechanical stresses in service, and the combined stress causes aging of the material and deterioration of the insulation.

UV radiation as an environmental factor is one of the critical problems for outdoor application of polymeric materials, because it can break chemical bonds in polymers and causes their degradation. The general features of polymer degradation are the formation of oxidation products,

---

[*] Copartner: An Zhenlian, Yin Qianqian, Xiao Huanhuan, Xie Danli, Zheng Feihu, Zhang Yewen. Reprinted from IEEE Transactions on Dielectrics and Electrical Insulation, 2015, 22 (2): 1124-1133.

chain scission, and crosslinking[1,2]. Therefore, physical properties of polymers are changed by the degradation, such as crosslinking density, glass transition temperature, modulus and hardness[2-5]. There are many investigations on UV degradation of polymers[6-13]. For epoxy polymers, these investigations have indicated that cycloaliphatic epoxy resins are much more stable against UV irradiation in comparison with aromatic epoxy resins under the same irradiation conditions[11], which is because aromatic structures have a strong absorption of UV radiation[11]. The photodegradation of aromatic epoxy resins mainly involves the phenoxy part[9-13]. In addition, the types and structures of curing agents have influences on the photodegradation[13]. Accelerated aging tests and field tests and experiences have also indicated that cycloaliphatic epoxy insulators can withstand the combined outdoor stress, and aromatic epoxy resins cannot be applied for outdoor electrical insulation due to the insufficient UV, weather and tracking resistances[14,15] although their UV resistance can be improved by adding UV stabilizers[16].

UV radiation also frequently exists in indoor or enclosed high voltage equipments due to the occurrence of electrical discharges. A typical example for such high voltage equipments is gas-insulated switchgears (GIS), which are widely used in the electric power industry. Surfaces of the spacers to support the high voltage conductors in GIS are known to be the most vulnerable area, on which because electric charges are easily accumulated, especially under direct current high voltage. The accumulated charge would distort the electric field and reduce the flashover voltage along the spacer surfaces[17-19]. For practical gas-insulated systems, the electric charge is considered to mainly come from the gas phase[20-22]. Field emission from protrusions and/or conductive particles on the electrode and spacer and field emission at the triple junction of electrode-insulator-gas, due to local field enhancement, are considered to be the main sources of charge carriers in the gas. The spacers in GIS are usually made of aromatic epoxy resins with alumina and/or silica fillers, although the aromatic epoxy resins cannot be applied for outdoor electrical insulation. This is because aromatic epoxy resins can provide better mechanical and thermal properties that are required to support the high voltage conductors, and the combined stress in the gas-insulated system is distinctly different from the outdoor case.

In order to suppress charge accumulation on the spacer surfaces, in recent years we have systematically studied the modulation of surface electrical properties of the aromatic epoxy resins by direct fluorination. The results obtained have shown that the charge accumulation can be suppressed due to an intrinsic increase in surface conductivity, depending on the direct fluorination conditions[23-25]. Electrical discharges in GIS are accompanied by formation of SF_6 decomposition products and generation of heat as well as the emission of UV radiation. It has been reported that surface insulation properties of epoxy spacers would be reduced by the corrosive decomposition products, such as F_2, S_2F_{10}, SF_4 and S_2F_2, particularly when silica is used as filler[26]. We can expect good corrosion resistance to the corrosive decomposition products for the fluorinated epoxy surface layer although this needs to be verified in future work, but cannot predict how UV radiation influences the fluorinated epoxy surface layer or its electrical properties and physicochemical characteristics.

Therefore, as a continuation of previous work[23-25], in this work we investigate the evolutions of physicochemical characteristics and electrical properties of the fluorinated epoxy surface layer with UV exposure time, and try to establish a relationship between the evolutions of surface electrical properties and physicochemical characteristics. In addition, a corresponding investigation on the unfluorinated (original) epoxy resin was also performed for a comparison.

2 Experimental

2.1 Sample preparation and fluorination

The same types of resin raw materials as those used previously[23], but from a different batch, were used to prepare epoxy resin samples in this study. They were diglycidyl ether of bisphenol-A (DGEBA) with epoxy values of 0.51 to 0.54mol/100g, methyltetrahydrophthalic anhydride (MTHPA) as a hardener, and 2, 4, 6 - tris (dimethylaminomethyl) phenol as an accelerator, purchased from Shanghai Resin Co., Ltd., China. They were mixed with a weight mixture ratio of 100 : 80 : 1, degassed under vacuum, and then cast in a vertical steel mold. The epoxy resin sheets were cured at 120℃ for 2h in a vacuum oven, then post-cured at 150℃ for 3h, and slowly cooled down to room temperature. The sample preparation was similar to that for the previous study[23]. Surface fluorination of the cured epoxy resin sheets was performed in a laboratory stainless vessel using a F_2/N_2 mixture with 12.5% F_2 by volume at 0.1MPa and 95℃ for 30min.

2.2 Ultraviolet irradiation

The original and surface fluorinated samples were simultaneously exposed to UV radiation from a 400W metal halide type lamp (Sunray 400 SM, Uvitron International), with wavelengths of 320 to 390nm and a peak wavelength of 365nm. They were placed on a rotating plate at a distance of 17.5cm below the lamp, in a ventilated box. This ensured a homogeneous irradiance of 286W/m^2 for all the samples. The temperature inside the box during UV irradiation was 60℃. The samples were removed at specific time intervals for characterization and measurement during 210h of UV irradiation.

2.3 Characterization of sample surface layers

Chemical modifications of the sample surface layers due to fluorination and/or UV radiation were characterized by attenuated total reflectance Fourier transform infrared spectroscopy (ATR-FTIR, Thermo Nicolet Nexus 670). ATR-FTIR spectra were recorded at a resolution of 4cm^{-1}, and all spectra presented were the average of 128 scans. A germanium crystal and an incident angle of 45° were used for the ATR-FTIR measurements. Surfaces and cross sections of the original and fluorinated samples, prior to UV exposure and after 210h of UV exposure, were imaged using scanning electron microscope (SEM, XL30FEG, Philips). The cross-section samples were prepared by cryogenic fracture in liquid nitrogen, and the purpose of the cross section observation was to determine the thicknesses of the fluorinated and/or degraded layers. Prior to the imaging, the samples were sputter coated with a thin layer of gold to mitigate sample charging and damage from the electron beam. In addition to the imaging, X-ray energy dispersive spectroscopy (EDS) was performed on the surface samples at an accelerating voltage of 10kV to obtain the information on compositions of the sample surface layers. In addition, to evaluate the evolution of surface wettability with UV exposure time, contact angles of water droplets on the samples were measured with the sessile drop technique using a contact angle measuring instrument (OCA15, Dataphysics Instruments).

2.4 Measurements of surface electrical properties

Measurements of surface potential decay and surface conductivity of the samples were performed at room temperature during 210h of UV irradiation, at a very low relative humidity (RH, estimated to be 0.02%) and at 45% RH, in a grounded stainless steel chamber. The low humidity was achieved by evacuating the chamber and filling it with high purity nitrogen gas, and the 45% RH level was obtained by introducing an appropriate amount of moisture supplied by a humidifier into the chamber. The pressure in the chamber was maintained at 0.1MPa during the measuring process.

For the surface potential decay measurements, as shown in Fig. 1, the epoxy samples (48mm in diameter) metallized on one side, mounted in a holder, were first charged on their free surfaces using a grid-controlled corona charger. After the charging, they were rapidly transferred to the underside of a non-contacting probe to determine their surface potentials. The sample transfer time was controlled to be 5s. The surface potentials were measured by an electrostatic voltmeter (Monroe 244A) which transmits data to a computer through an electrometer (Keithley 6514). For surface conductivity measurements, the epoxy samples (75mm in di-

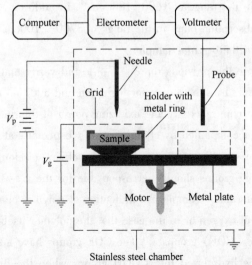

Fig. 1 Schematic illustration of the experimental setup for corona charging and surface potential measurement

ameter) were electroded by evaporating a thin layer of aluminium on the surfaces. One surface of the epoxy samples was given a smaller circular inner electrode surrounded by a ring electrode, and the opposite surface was coated with a single continuous film. Surface conductivity was measured using an insulation measuring device (ZC-90G, Shanghai Taiou Electronics Co., Ltd., China) at 500V DC.

3 Results and Discussion

3.1 Physicochemical characteristics of the fluorinated surface layer

In the previous work we have characterized the epoxy surface layers fluorinated at different temperatures for different times using ATR-FTIR and SEM[23-25]. These results have indicated that fluorination led to substantial changes in physicochemical characteristics of the epoxy surface layer, depending on fluorination conditions. To evaluate the initial physicochemical characteristics of the fluorinated surface layer in this study, the fluorinated sample together with the original sample for a comparison, prior to UV exposure, were first investigated using ATR-FTIR, SEM, and EDS techniques.

Fig. 2 shows the ATR-FTIR spectra of the original and fluorinated epoxy samples, where they are split into two parts for ease of viewing. The typical absorption characteristics[27,28] of the anhydride-cured epoxy resin can be observed in the spectrum of the original sample. Compared to the original sample, in the spectrum of the fluorinated sample we can see a significant reduction or even disappearance of the main absorptions for aromatic groups at $3026cm^{-1}$, $1608cm^{-1}$, $1508cm^{-1}$, and $827cm^{-1}$, aromatic and aliphatic ether groups at $1290cm^{-1}$, $1232cm^{-1}$, and $1042cm^{-1}$, aliphatic groups at $2963cm^{-1}$, $2928cm^{-1}$, $2874cm^{-1}$, $1456cm^{-1}$, and $1178cm^{-1}$, and ester groups at $1730cm^{-1}$. At the same time we see a strong C-F absorption band appearing over the wide range of $940-1340cm^{-1}$ and a new C=O absorption band in the range of $1600-1880cm^{-1}$. In addition, in the spectrum we can still observe the O—H absorption band in the range of $3700-3100cm^{-1}$, but with some differences compared to that of the original sample.

The results are similar to the previous reports[23-25], and verify that fluorine has been introduced into the surface layer by substitution for hydrogen and addition to carbon-carbon double bonds. Because of the extreme reactivity and oxidizing power of fluorine gas, direct fluorination of polymers is generally accompanied by chain scission, especially at higher reaction temperatures[29]. The new oxygen-containing groups formed by chain scission and the fluorides of the original oxygen-containing groups should be responsible for the C=O and O—H absorptions in the spectrum of the fluorinated sample. An indication of polymer chain scission during fluorination, in the presence of oxygen or in the case that the polymer itself contains oxygen, is the formation of acid fluoride (COF) groups[29]. The COF groups have a strong absorption around $1856cm^{-1}$, and would be hydrolyzed into COOH groups when the fluorinated polymer is exposed to atmospheric moisture[29]. Indeed, in the spectrum of the fluorinated sample we can still see the absorption of COF groups, although the fluorinated epoxy sample had been exposed to air for several days before the ATR-FTIR analysis was performed. In addition, the broad absorption band around 2550cm^{-1} in the spectrum, assigned to carboxylic acid dimers[11], is also evidence for the formation of COF groups.

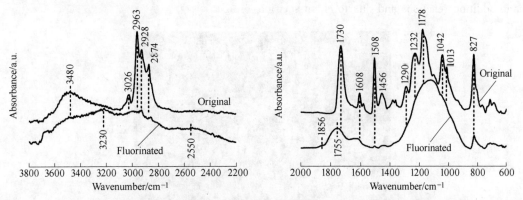

Fig. 2 ATR-FTIR spectra of the original and surface fluorinated epoxy samples prior to UV exposure, the spectra are shifted along the vertical axis to avoid overlapping

SEM cross-section image of the fluorinated epoxy sample in Fig. 3 clearly shows the fluorinated layer with a thickness of 1.28μm, which appears brighter than the unfluorinated inner layer due to a higher secondary electron emission coefficient. The fluorinated layer thickness falls in the ATR-FTIR sampling depth range of 0.5 to 2.5μm (3700-700cm^{-1})[12]. We thus can see the absorptions corresponding to the original sample at lower wavenumbers in the spectrum of the fluorinated sample in Fig. 2, and while it is difficult to discern them at higher wavenumbers.

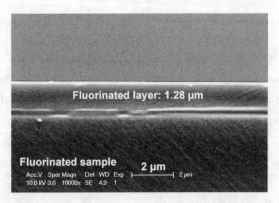

Fig. 3 SEM cross-section image of the surface fluorinated epoxy sample prior to UV exposure

SEM surface image of the fluorinated sample in Fig. 4 shows a roughened surface with cracks, compared to the fairly smooth surface of the original sample. The surface roughening behavior is similar to previous reports on the fluorination of epoxy resins at elevated temperatures[24,25], but where fluorination at room temperature did not lead to the formation of major morphological features. Surface roughening of polymers by direct fluorination or by CF_4 plasma fluorination have been reported, where different mechanisms for the roughening behavior were proposed[30,31]. For the epoxy resin samples, we have proposed that the surface cracking at elevated fluorination temperatures was due to a rapid increase in molecular volume by substitution and addition reactions and due to chain scission[24].

Fig. 4　SEM surface images of the original and surface fluorinated samples prior to UV exposure

Information on elemental composition of the fluorinated layer is shown in Fig. 5. We can see a strong fluorine signal and the significantly reduced carbon and oxygen signals in the EDS spectrum of the fluorinated sample, compared to the spectrum of the original sample. The decrease in the amount of carbon or oxygen in the sampling depth of EDS is largely due to the incorporation of fluorine into the surface layer, although there may also be a loss of carbon and oxygen due to the formation of volatile products by chain scission during the fluorination. The element analysis results in Fig. 5 further indication. That the F/C and O/C atomic number ratios of the fluorinated sample are 0.77 and 0.18 in the sampling depth of EDS, compared to the O/C atomic number ratio of 0.20 of the original sample. This means that the fluorinated layer has a high degree of fluorination, in accordance with the ATR-FTIR result in Fig. 2, although the degree of fluorination cannot be accurately determined by the two methods. The smaller O/C atomic number ratio of the fluorinated sample than the original sample is due to the substitution of fluorine for hydroxyl groups and the probable formation of oxygen – containing volatile products during the fluorination.

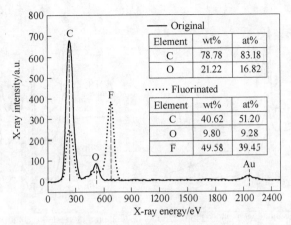

Fig. 5 EDS spectra and element analysis results of the original and surface fluorinated samples prior to UV exposure

3.2 Physicochemical evolution during ultraviolet irradiation

Photodegradation of the DGEBA/MTHPA system studied in this paper has been reported[11,12]. It has been proposed that chain scission occurred during UV irradiation not only at the bonds directly linked to the benzene ring but also at the bonds in its vicinity, and the hardener part would also be attacked. The degradation was considered to start from the weak points and propagate through the network, leading to the formation of various degradation products, such as alcohols, carboxylic acid, phenols, quinones, benzophenone, conjugated ketones, lactones or peroxyesters, and hydroperoxide[11,12].

As a reference, Fig. 6 shows the evolution of ATR-FTIR spectrum of the original sample with UV exposure time. We can see a considerable decrease for most of the absorptions after the first 24h of UV exposure. At the same time we observe an increase in O—H absorption in the range of 3700–3100cm^{-1} and the appearance of a broad band around 2550cm^{-1}. We can also see the broadened C=O absorption band with a small peak shift to lower wavenumbers. Such significant changes, somewhat similar to the changes due to fluorination in Fig. 2, are evidence of rapid photodegradation of the original sample in the initial stage of UV exposure. However, it is difficult to observe further changes for most of the absorptions during the subsequent exposure up to 210h, except for a slight decrease of the O—H absorption around 3480cm^{-1} and an enhancement of the shoulder around 1787cm^{-1}. The evolution of ATR-FTIR spectrum is similar to the previous report on the DGEBA/MTHPA system[12], thus similar degradation products can be suggested in this study.

The evolution of ATR-FTIR spectrum of the fluorinated sample with UV exposure time is shown in Fig. 7. Obviously different from the original sample, only a small change occurred for most of the absorptions of the fluorinated sample even after 210h of UV exposure. However, a significant decrease in the O—H absorption (especially around 3480cm^{-1}) is observed after the first 24h of UV exposure, accompanied by a corresponding reduction in the absorption of

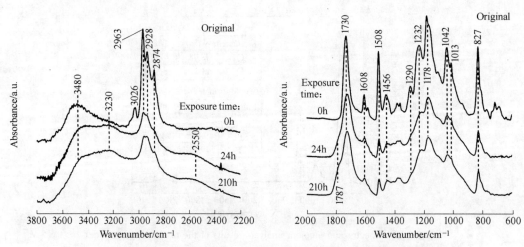

Fig. 6 ATR-FTIR spectrum of the original epoxy sample *versus* UV exposure time, the spectra are shifted along the vertical axis to avoid overlapping

carboxylic acid dimmers around 2550cm^{-1}. The initial UV exposure also led to a change in the C=O absorption, as clearly shown in Fig. 7 by multiplying the absorbance with 3. These changes continue during the subsequent exposure, but with a very slow speed. The decrease in the absorption of OH groups and carboxylic acid dimmers and the change in the C=O absorption (especially the increase in the ester absorption at 1730cm^{-1}) suggest that the preferred photochemical reaction for the fluorinated sample is crosslinking, such as the esterification reaction between the OH and COOH groups.

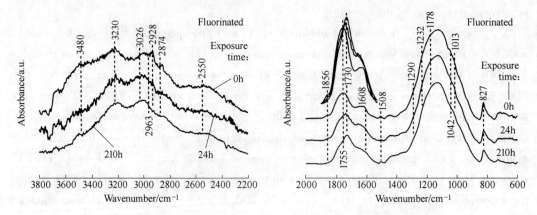

Fig. 7 ATR-FTIR spectrum of the surface fluorinated epoxy sample *versus* UV exposure time, the spectra are shifted along the vertical axis to avoid overlapping

The degraded layer thicknesses of polymers are generally estimated by the nondestructive sampling techniques of ATR-FTIR and photoacoustic spectroscopy FTIR[32,33] or by the destructive sampling micro-FTIR technique[11]. These thicknesses differ from study to study, depending on the radiation dose and wavelength and the polymer itself. However, to the best of our knowledge, direct information on the layer thickness seems not to have been reported. By SEM cross-section imaging, we have obtained direct information on the degraded layer of the original epoxy sample irradiated for 210h. As shown in Fig. 8, the layer has a thickness of 254nm and appears brighter than the inner layer due to its higher secondary electron emission coefficient, similar to the fluorinated layer in Fig. 3. Such a degraded layer with a thickness of several hundred nanometers has been suggested for the DGEBA/MTHPA system irradiated for a dose similar to this study, by a careful ATR-FTIR analysis[12]. However, we did not observe obvious changes in either the surface morphology of the original sample or both the surface morphology and the fluorinated layer thickness of the fluorinated sample after 210h of UV exposure.

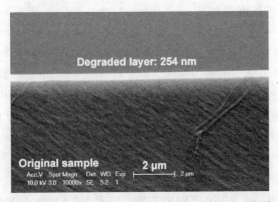

Fig. 8　SEM cross-section image of the original epoxy sample after 210h of UV exposure

Fig. 9 shows EDS spectra and corresponding element analysis results of the original and fluorinated epoxy samples after 210h of UV exposure, where the EDS spectra prior to UV exposure in Fig. 5 are given again for a comparison. For the original sample, we can note that the carbon signal or amount in the sampling depth of EDS is obviously decreased after the UV exposure, and while the oxygen signal or amount is almost unchanged. The corresponding element analysis results in Fig. 9 further indicate that the O/C atomic number ratio of the original sample increa-

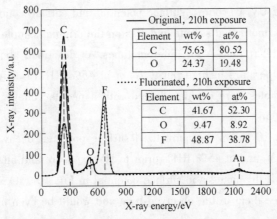

Fig. 9　EDS spectra of the original and surface fluorinated epoxy samples after 210h of
UV exposure, the EDS spectra in Fig. 5 are shown again for a comparison

ses from 0.20 prior to UV exposure to 0.24 after the UV exposure. It needs to be pointed out that there is no inconsistency between the thin degraded layer and its significant contribution to the EDS spectrum or the ATR-FTIR spectrum. This is because the degraded surface layer has a larger contributing factor than the inner layer, due to the attenuation of both the incident electron beam and the characteristic X-rays or the infrared radiation, although the sampling depth of EDS or ATR-FTIR is larger than the degraded layer thickness. The decrease in carbon amount in the degraded layer is undoubtedly due to the formation of volatile species by the decomposition of the degradation products during UV exposure, and the almost unchanged amount of oxygen is a result of the balance between the introduced amount of oxygen and its loss amount due to volatile species.

Compared with the original sample, for the fluorinated sample we cannot observe any change in the carbon signal or amount after the same UV exposure. This indicates that volatile carbon-containing species were not formed during the UV exposure, thus implying that no or little chain scission occurred. However, we can see a small decrease in both the oxygen and fluorine signals or their amounts in the sampling depth. The formation of water by the esterification reaction as suggested by the ATR-FTIR results in Fig. 7 and its volatilization during the UV exposure should be responsible for the small decrease in the amount of oxygen. The small decrease in the amount of fluorine must be due to a release of hydrogen fluoride from the fluorinated layer during the UV exposure, which was by-product of the fluorination and the hydrolysis of COF groups and remained in the fluorinated layer prior to UV exposure. Therefore, these results suggest that such a fluorinated layer tends to be more stable in both composition and structure, rather than degrades during UV exposure.

3.3 Evolution of surface electrical properties during ultraviolet irradiation

The effect of photodegradation on surface electrical properties has been reported on the DGEBA/MTHPA system, and surface conduction and its sensitivity to humidity were found to increase very significantly with UV exposure time[34]. To explore the evolution of surface electrical properties during UV exposure, surface potential and surface conductivity measurements were performed on the fluorinated sample and also on the original sample for a comparison after they were exposed to UV radiation for different times. As described above, all measurements were done at room temperature in high purity N_2 or at 45% RH. Prior to the surface potential measurement, the samples were corona charged with a needle voltage of -10kV and a grid voltage of -2kV for 5min.

As a reference, Fig. 10 shows the normalized surface potential decay curves of the original sample in high purity N_2 and at 45% RH, prior to UV exposure and after 24h, 48h, 110h or 210h of UV exposure. If the changes in surface potential in Fig. 10 (a) were not magnified, it would be difficult to see them in the observed time and would be even more impossible to distinguish them. However, compared to the very slow decay in high purity N_2 whatever the exposure time, the potential decay at 45% RH of the original sample after UV exposure becomes very rapid as shown in Fig. 10 (b), and moreover the decay rate obviously increases with UV exposure time. This indicates that the intrinsic change in surface conduction of the original sample due to UV exposure is not significant, but surface conduction becomes highly sensitive to the humidity and significantly increases with UV exposure time. The latter is in accordance with the previous report[34].

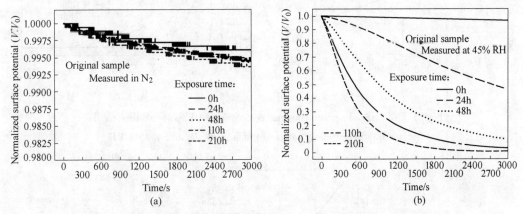

Fig. 10 Normalized surface potential decay *versus* UV exposure time for the original epoxy sample in high purity N_2 and at 45% RH

As shown in Fig. 11, the fluorinated sample prior to UV exposure shows a rapid potential decay even in high purity N_2 [the 0h curve in Fig. 11 (a)] and the decay becomes much more rapid at 45% RH [the 0h curve in Fig. 11 (b)]. This indicates that the fluorination led to an intrinsic increase in surface conduction of the epoxy sample and the surface conduction is very sensitive to humidity, in agreement with the previous results[23-25]. However, an opposite change in potential decay characteristics with UV exposure time is observed in Fig. 11 for the fluorinated sample to the change for the original sample (in Fig. 10). The potential decay rate of the fluorinated sample, whether in high purity N_2 or at 45% RH, significantly decreases rather than increases with UV exposure time. The decreasing decay rate in high purity N_2 indicates that the change in surface conduction of the fluorinated sample due to UV exposure is intrinsic, similar to the change due to the fluorination. The opposite evolution of surface conduction of the fluorinated sample and the original sample is further confirmed by the surface conductivity measurements in high purity N_2 and at 45% RH. The measurement results in Fig. 12 clearly indicate a decrease or increase in surface conductivity for the fluorinated sample or the original sample with UV exposure time, and a significant effect of humidity on surface conductivity.

We have proposed that the intrinsic increase in surface conduction of epoxy resins by direct fluorination is mainly due to the structural changes caused by substitution and addition reactions and especially by chain scission, which introduce a large amount of physical defects in the surface layer[23]. In addition, the intrinsic decrease in surface conduction of the fluorinated sample by UV irradiation should be mainly attributed to the crosslinking reaction suggested by

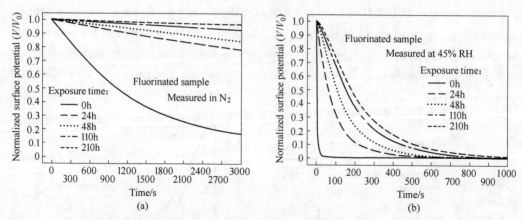

Fig. 11 Normalized surface potential decay versus UV exposure time for the surface fluorinated epoxy sample in high purity N_2 and at 45% RH

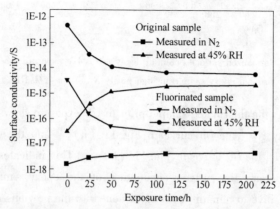

Fig. 12 Surface conductivity versus UV exposure time for the original and surface fluorinated epoxy samples in high purity N_2 and at 45% RH

the ATR-FTIR results in Fig. 7. Indeed, as shown in Table 1, the water contact angle on the fluorinated sample significantly increases from the initial 8.3° to 72.1° with the exposure time of the sample before the contact angle was measured, in accordance with the fact that the crosslinking reaction would reduce the surface polarity. In addition, much smaller water contact angle of the fluorinated sample prior to UV exposure than the original sample is due to the introduction of polar groups (e.g. CHF groups) and the formation of highly polar groups by chain scission in the surface layer, in accordance with the previous results[23,24].

While it is open to discuss the almost unchanged intrinsic surface conduction of the original sample after UV irradiation, the increase in surface conduction at 45% RH with UV exposure time is obviously due to a corresponding increase in water adsorption on the surface. This is confirmed by the decrease in water contact angle from the initial 102.5° to 17.8° with the exposure time, as shown in Table 1, contrary to the increase for the fluorinated sample. The decrease in water contact angle or increase in surface hydrophility of the original sample with UV exposure time is associated with not only the initial introduction of oxygen into the surface layer but also the continuous degradation that led to the increase of polar groups.

Table 1 Water Contact Angle versus UV Exposure Time for the
Original and Surface Fluorinated Epoxy Samples

Exposure time/h	Water contact angle/ (°)	
	Original sample	Fluorinated sample
0	102.5	8.3
24	75.0	30.9
48	48.6	42.6
110	20.5	67.5
210	17.8	72.1

4 Conclusions

This work has shown that crosslinking reaction is the dominant photochemical process for the fluorinated epoxy sample during UV exposure, compared to the continuous degradation of the original epoxy sample. The crosslinking reaction caused an undesired decrease in surface conduction of the fluorinated epoxy sample. However, such a fluorinated surface layer tends to be more stable in both composition and structure during UV exposure and thus exhibits good resistance to UV degradation. The decrease in surface conduction should be inevitable, but should be related to the initial physicochemical characteristics (prior to UV exposure) of the fluorinated surface layer and thus to fluorination conditions. This needs to be investigated in future work. In addition, the thermal stability, corona aging properties and corrosion resistance of such a fluorinated surface layer also need to be investigated or verified for possible applications of the surface modification method in modulating surface properties of the epoxy spacers. This work also shows that the photochemical or degradation process of polymers can be evaluated in more detail by measuring the electrical properties, compared to the compositional and structural analysis, such as the ATR-FTIR technique.

Acknowledgment

This work was supported by the National Natural Science Foundation of China (grant number: 51277132) and State Key Laboratory of Electrical Insulation and Power Equipment (EIPE14209).

References

[1] J. F. Rabek. Polymer photodegradation: Mechanisms and experimental methods [M]. New York: Chapman & Hall, 1995.
[2] X. Gu, C. A. Michaels, P. L. Drzal, J. Jasmin, D. Martin, T. Nguyen, J. W. Martin. Probing photodegradation beneath the surface: a depth profiling study of UV-degraded polymeric coatings with microchemical imaging and nanoindentation [J]. J. Coat. Technol. Res., 2007, 4: 389-399.

[3] L. W. Hill, H. M. Korzeniowski, M. Ojungaandrew, R. C. Wilson. Accelerated clearcoat weathering studied by dynamic-mechanical analysis [J]. Prog. Org. Coat., 1994, 24: 147-173.

[4] P. Delobelle, L. Guilot, C. Dubois, L. Monney. Photo - oxidation effects on mechanical properties of epoxy matrixes: Young's modulus and hardness analyses by nano - indentation [J]. Polym. Degrad. Stab., 2002, 77: 465-475.

[5] T. C. Nguyen, Y. Bai, X. L. Zhao, R. Al - Mahaidi. Effects of ultraviolet radiation and associated elevated temperature on mechanical performance of steel/CFRP double strap joints [J]. Compos. Struct., 2012, 94: 3563-3573.

[6] D. Rosu, L. Rosu, F. Mustata, C. D. Varganici. Effect of UV radiation on some semi-interpenetrating polymer networks based on polyurethane and epoxy resin [J]. Polym. Degrad. Stab., 2012, 97: 1261-1269.

[7] A. Rivaton, L. Moreau, J. L. Gardette. Photo-oxidation of phenoxy resins at long and short wavelengths I. Identification of the photoproducts [J]. Polym. Degrad. Stab., 1997, 58: 321-332.

[8] A. Rivaton, L. Moreau, J. L. Gardette. Photo-oxidation of phenoxy resins at long and short wavelengths II. Mechanisms of formation of photoproducts [J]. Polym. Degrad. Stab., 1997, 58: 333-339.

[9] N. Grassie, M. I. Guy, N. H. Tennent. Degradation of epoxy polymers. Part 5 Photo-degradation of bisphenol A diglycidyl ether cured with ethylene diamine [J]. Polym. Degrad. Stab., 1986, 14: 209-216.

[10] B. Mailhot, S. Morlat-Therias, M. Ouahioune, J L. Gardette. Study of the degradation of an epoxy/amine resin, 1 photo-and thermo-chemical mechanisms [J]. Macromol. Chem. Physic., 2005, 206: 575-584.

[11] V. Ollier-Dureault, B. Gosse. Photo-oxidation of anhydridecured epoxies: FTIR study of the modifications of the chemical structure [J]. J. Appl. Polym. Sci., 1998, 70: 1221-1237.

[12] L. Monney, R. Belali, J. Vebrel, C. Dubois, A. Chambaudet. Photochemical degradation study of an epoxy material by IRATR spectroscopy [J]. Polym. Degrad. Stab., 1998, 62: 353-359.

[13] F. Delor-Jestin, D. Drouin, P. Y. Cheval, J. Lacoste. Thermal and photochemical ageing of epoxy resin-Influence of curing agents [J]. Polym. Degrad. Stab., 2006, 91: 1247-1255.

[14] H. Janssen, J. M. Seifert, H. C. Käner. Interfacial phenomena in composite high voltage insulation [J]. IEEE Trans. Dielectr. Electr. Insul., 1999, 6: 651-659.

[15] R. S. Gorur, J. Montesinos. Electrical performance of cycloaliphatic epoxy materials and insulators for outdoor use [J]. IEEE Trans. Power Delivery, 2000, 15: 1274-1278.

[16] J. C. Huang, Y. P. Chu, M. Wei, R. D. Deanin. Comparison of epoxy resins for applications in light-emitting diodes [J]. Adv. Polym. Technol., 2004, 23: 298-306.

[17] A. Ponsonby, O. Farish. GIS barrier modeling and the effects of surface charge [J]. Int'l. Sympos. High Voltage Eng., 1999: 248-252.

[18] X. Jun, I. D. Chalmers. The influence of surface charge upon flash-over of particle-contaminated insulators in SF_6 under impulse-voltage conditions [J]. J. Phys. D: Appl. Phys., 1997, 30: 1055-1063.

[19] S. Tenbohlem, G. Schrocher. The influence of surface charge on lightning impulse breakdown of spacers in SF_6 [J]. IEEE Trans. Dielectr. Electr. Insul., 2000, 7: 241-246.

[20] H. Fujinami, T. Takuma, M. Yashima, T. Kawamoto. Mechanism and effect of DC charge accumulation on SF_6 gas insulated spacer [J]. IEEE Trans. Power Delivery, 1989, 4: 1765-1772.

[21] T. Nitta, K. Nakanishi. Charge accumulation on insulating spacers for HVDC GIS [J]. IEEE Trans. Electr. Insul., 1991, 26: 418-427.

[22] Q. Wang, G. Zhang, X. Wang. Characteristics and mechanisms of surface charge accumulation on a

cone-type insulator under DC voltage [J]. IEEE Trans. Dielectr. Electr. Insul., 2012, 19: 150-155.

[23] Y. Liu, Z. An, Q. Yin, F. Zheng, Y. Zhang, Q. Lei. Rapid potential decay on surface fluorinated epoxy resin samples [J]. J. Appl. Phys., 2013, 113: 164105.

[24] Y. Liu, Z. An, Q. Yin, F. Zheng, Q. Lei, Y. Zhang. Characteristics and electrical properties of epoxy resin surface layers fluorinated at different temperatures [J]. IEEE Trans. Dielectr. Electr. Insul., 2013, 20: 1859-1868.

[25] Z. An, Q. Yin, Y. Liu, F. Zheng, Q. Lei, Yewen Zhang. Modulation of surface electrical properties of epoxy resin insulator by changing fluorination temperature and time [J]. IEEE Trans. Dielectr. Electr. Insul., 2015, 22 (1): 526-534.

[26] M. Miyashita, T. Minagawa, K. Inami, H. Itoh, H. Koyama, E. Nagao. Influence of surface resistivity on flashover properties of epoxy insulator in arc-decomposed SF6 gas [J]. IEEE Int'l. Conf. Properties Appl. Dielectr. Materials (ICPADM), 2006: 103-106.

[27] G. C. Stevens. Cure kinetics of a low epoxide/hydroxyl group-ratio bisphenol A epoxy resin-anhydride system by infrared absorption spectroscopy [J]. J. Appl. Polym. Sci., 1981, 26: 4259-4278.

[28] G. C. Stevens. Cure kinetics of a high epoxide/hydroxyl group-ratio bisphenol A epoxy resin-anhydride system by infrared absorption spectroscopy [J]. J. Appl. Polym. Sci., 1981, 26: 4279-4297.

[29] A. P. Kharitonov. Direct fluorination of polymers -From fundamental research to industrial applications [J]. Prog. Org. Coat., 2008, 61: 192-204.

[30] V. G. Nazarov, A. P. Kondratov, V. P. Stolyarov, L. A. Evlampieva, V. A. Baranov, M. V. Gagarin. Morphology of the surface layer of polymers modified by gaseous fluorine [J]. Polym. Sci. Ser. A, 2006, 48: 1164-1170.

[31] I. Woodward, W. C. E. Schofield, V. Roucoules, J. P. S. Badyal. Super-hydrophobic surfaces produced by plasma fluorination of polybutadiene films [J]. Langmuir, 2003, 19: 3432-3438.

[32] J. G. Bokria, S. Schlick. Spatial Effects in the Photodegradation of Poly (acrylonitrile-butadiene-styrene): A Study by ATR-FTIR [J]. Polymer, 2002, 43: 3239-3246.

[33] L. Gonon, J. Mallegol, S. Commereuc, V. Verney. Step-scan FTIR and photoacoustic detection to assess depth profile of photooxidized polymer [J]. Vibrat. Spectrosc., 2001, 26: 43-49.

[34] V. Ollier-Dureault, B. Gosse. Photo-oxidation and electrical aging of anhydride-cured epoxy resins [J]. IEEE Trans. Dielectr. Electr. Insul., 1998, 5: 935-943.

High Performance of Polyimide/CaCu$_3$Ti$_4$O$_{12}$@ Ag Hybrid Films with Enhanced Dielectric Permittivity and Low Dielectric Loss[*]

Abstract This work reports the excellent dielectric properties of polyimide (PI) embedded with CaCu$_3$Ti$_4$O$_{12}$ (CCTO) / Ag nanoparticles (CCTO@Ag). By functionalizing the surface of CCTO nanoparticles with Ag coating, the dielectric permittivity of PI/CCTO@Ag composites is significantly increased to 103 (100Hz) at 3 vol% filler loading. The enhancement of dielectric permittivity is attributed to the increment of conductivity of the interlayer between CCTO and PI by Ag, which enhances the space charge polarization and Maxwell-Wagner-Sillars (MWS) effect. The experimental results fit well with percolation theory. Moreover, the low loss (0.018 at 100Hz) achieved is attributed to the blockage of charge transfer by insulating polyimide chains. It is shown that the electrical field distortion is significantly improved by decorating the surface of CCTO nanoparticles with Ag using Comsol Multiphysics. This plays an important role in the enhancement of the dielectric properties.

1 Introduction

Novel materials for embedded passive applications are in great and urgent demand, and for this polymer-based materials with easy processability and tunable properties have been attractive. Especially, polymeric nanocomposites associated with a high dielectric permittivity (high k), low dielectric loss and easy processability have been in increasing demand in high-charge storage capacitors and high-speed integrated circuits[1-8]. Many efforts have been devoted to this research and the main methods are processing "two-phase" composites including ceramic (Pb(Zr, Ti)O$_3$(PZT) and BaTiO$_3$(BT), etc.)/polymer and conductive fillers (silver, nickel, etc.)/polymer composites[9-11]. The biggest problem is that the dielectric losses are always high due to the high content of ceramic and the insulator-conductor transition for two kinds of composites[12-24]. So the main purpose is to substantially raise the dielectric permittivity of the composites while retaining a low loss tangent. To do this, surfactant treatments of a filler by a coupling agent or by decorating with insulating or conducting particles have recently become a research focus[25]. It is proved that the fabrication of an inorganic/metal structure will reduce the loss tangent while maintaining improvement of the dielectric permittivity[21,26-28]. The increment of conductivity of the interlayer between the filler and polymer matrix by conducting particles promotes the space charge polarization and polarization reverse speed, which will certainly enhance the dielectric permittivity and retain a low loss tangent. Ca-

---

[*] Copartner: Yang Yang, Sun Haoliang, Yin Di, Lu Zhizhong, Wei Jianhong, Xiong Rui, Shi Jing, Wang Ziyu, Liu Zhengyou. Reprinted from *Journal of Material Chemistry A*, 2015, 3 (9): 4916-4921.

$Cu_3Ti_4O_{12}$ (CCTO) has attracted much attention for its high dielectric permittivity over a wide temperature range from 100K to 500K[29,30]. The large high dielectric permittivity of CCTO will make a great contribution to the increment of composites' dielectric permittivity even with a low concentration[11,31-33]. In this letter, we propose a way to improve the dielectric permittivity of PI while maintaining a low loss tangent. Surface-functionalized CCTO nanoparticles with an Ag coating are used as fillers. The ultralow dielectric loss of PI makes it most suitable as a polymer matrix to process the potential polymer/ceramic composite[34].

2 Experimental

CCTO nanoparticles were prepared by the precursor oxalate route[35]. The deposition of Ag nanoparticles on a CCTO surface was performed by a modified seeding method[36]. $SnCl_2$ (anhydrous), $AgNO_3$, sodium hydroxide (NaOH) and NH_4OH were purchased from Sinopharm Chemical Reagent Co., Ltd. and used as received. 0.1g of CCTO spheres was dispersed by ultrasonication for 30min in a 50mL water solution of 2% sodium hydroxide. Then the pretreated CCTO nanoparticles were added into a 50mL mixed solution of $SnCl_2$ (0.053M) and HCl (0.01M) to induce the adsorption of Sn^{2+} ions on the surface. The colloid was then rinsed five times with water and moved into a 50mL high Ag concentration solution of ammoniacal silver nitrate (0.27M) for pre-deposition of sliver nuclei. After 30min, this solution was rinsed and added into a low silver concentration liquor of 2mL ethanol solution of formaldehyde (0.025M), 2mL aqueous solution of ammoniacal silver nitrate (0.05M) and 10mL ethanol. The mixture was airproofed and shaken for 17h while the silver nanoparticles gradually grew uniformly and connected to each other (Fig. 1).

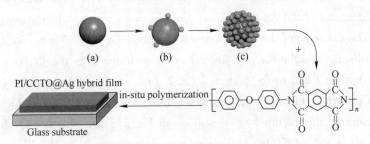

Fig. 1 Schematic images of the in situ polymerization process and the resulting spheres during different coating steps

(a) original CCTO spheres; (b) reduced silver nuclei (red spheres) on the surface; (c) formed silver layer with a dense and uniform structure

PI/CCTO@Ag hybrid films were prepared by *in situ* polymerization. The required amount of CCTO@Ag powder, 4,4'-diaminodiphenyl ether (ODA), and N,N'-dimethylacetamide (DMAc) were placed in a clean three-necked round-bottom flask, followed by ultrasonication for 30min. The ODA was then dissolved in DMAc and a uniform suspension was formed. Afterwards, pyromellitic dianhydride (PMDA) was added to the system, and the mixture was stirred for 4h at room temperature. Subsequently, the mixture was cast onto a piece of clean glass plate, and thermally imidized at 60℃, 100℃, 200℃, and 300℃ for 1h, respectively. As a result, brown PI/CCTO@Ag hybrid films with a thickness of 40μm were obtained. X-ray diffraction (XRD) measurements were carried out by using a D8 diffractometer. The microstructure of CCTO nanoparticles and the fractured cross-surface morphology of the composites were examined by scanning electron microscopy (SEM, HITACHI S-4800) and transmission electron microscopy (TEM, JEM-2010). The dielectric properties were measured using a precise impedance analyzer (Agilent 4294A) at room temperature in the frequency range from 100Hz to 1MHz.

3 Results and Discussion

The X-ray diffraction patterns of pure PI and PI/CCTO@Ag nanocomposites are shown in Fig. 2 (a). The results for the hybrid films show four well-defined strong peaks at $2\theta =$ 38.1°, 44.3°, 64.5° and 77.6°, corresponding to the (111), (200), (220) and (311) planes of the face-centered cubic (fcc) Ag phase (JCPDS no. 4-0783), respectively. The diameter of the Ag nanoparticles on the surface is estimated to be 36nm using the Scherrer equation: $d = k\lambda/(\beta\cos\theta)$ (where 2θ is the diffraction angle, k is a constant of 0.9, β is the full width at half-maximum of the reflection peak and λ is the X-ray wavelength). The positions and relative intensities of the diffraction peaks of the CCTO nano-particles are in good agreement with the Portable Document Format (PDF) card of CCTO from International Center for Diffraction Data (ICDD card 70-0609), and no impurity phase was detected[31,37]. The images in Fig. 2 (b) show that CCTO has a non-spherical shape and is well faceted with an average diameter of 80nm. The bright-field image indicates CCTO is uniformly coated with Ag particles. The diameter of the Ag particle is estimated to be 36nm, which agrees well with the XRD results. The diameter of the CCTO particle is estimated to be 36nm, which agrees well with XRD results. Besides the Ca, Cu and Ti peaks resulting from the CCTO particles, only the Ag peak could be found in the pattern [Fig. 2 (c)]. Together with the combination of the diffraction pattern in Fig. 2 (c), this means that an Ag coating layer of high purity is obtained. The images of the fractured cross-surface in Fig. 2 (d) –Fig. 2 (f) show that when the concentration is low, CCTO@Ag is homogeneously dispersed in the PI matrix to form a random composite. At a high filler loading, the voiding (porosity) occurs due to the agglomeration and imperfect packing of the fillers and to solvent evaporation.

Fig. 3 shows the dependence of dielectric permittivity (ε) (a) and the loss tangent ($\tan\delta$) (b) on frequency with different volume fractions in the frequency range of 100Hz to 1MHz at room temperature. It was found that both ε and $\tan\delta$ increase gradually with filler content. The hybrid film has the largest dielectric permittivity of 103 (100Hz) when the content of CCTO@Ag is 3 vol%. Dielectric loss stays at a low level (0.018 at 100Hz) at the same loading [Fig. 3 (b)]. In comparison with pure PI ($\varepsilon = 3.5$), the dielectric permittivity of the composite is nearly 30 times higher. It is shown that the incorporation of conducting fillers in the polymer matrix will result in an increase in dielectric permittivity[38]. Besides, the remarkable enhancement of dielectric permittivity is attributed to the enhancement of the Maxwell-Wagner-Sillars (MWS) effect[39]. That is, the increment of conductivity of the interlayer between CCTO and PI by Ag enhances the space charge polarization and MWS effect, which play a very important role in improving the dielectric permittivity[40,41]. Thus, owing to the MWS effect, much charge is blocked at the interfaces between the filler and polymer matrix, which makes a remarkable contribution to the increment of the dielectric permittivity.

To estimate the effect of interfacial polarization, we fit the dielectric constant and frequency to the eq. $\varepsilon_{eff} \propto \omega^{s-1}$, where ω is the angular frequency (equal to $2\pi f$) and s is a critical exponent, always between 0 and 1. Fitting the dielectric constant data of three-phase composites with $f_{CCTO@Ag} = 3.2$ vol% yields $s = 0.9$ [Fig. 3 (a) inset]. This value is in the neighborhood of the theoretical value $s = 0.7$ predicted by percolation theory, indicating the effective influence of space charge polarization on the dielectric response in the composites. That is to say, the MWS polarization plays a significant role in obtaining high ε_{eff} as more interfaces are introduced after the third phase of Ag on the surface of CCTO, especially when the filler content approaches the percolation threshold. The drop in the dielectric permittivity at a high filler loading is attributed to the agglomeration of the filler in the polymer matrix [Fig. 2 (f)]. It can be observed that there is a frequency dependence of dielectric permittivity as well as dielectric loss in all of these composites. At high frequency, the dipole fails to respond rapidly to the change of field and dipole polarization decreases, so the dielectric permittivity tends to decrease.

To clarify the mechanisms of the composites' dielectric properties, percolation theory is put forward to predict the dielectric permittivity of the composite at 100Hz and room temperature. The variation of the dielectric permittivity in the neighborhood of the percolation threshold is given by the power law, $\varepsilon = \varepsilon_1 \mid (f_c-f)/f_c \mid^{-q}$ (where ε_1 is the dielectric permittivity of the polyimide, f is the volume fraction of filler, f_c is the percolation threshold)[42]. Fig. 4 (a) shows that experimental results fit well with percolation theory when f is below the percolation threshold (the fitting parameters f_c and q are 3.2 vol% and 1.1, respectively). The linear fit of the log value of dielectric permittivity and volume fraction also indicates that the dielectric property fits well with percolation theory below the percolation threshold [Fig. 4 (a) inset][42]. The universal values of the percolation threshold f_c and critical exponent q are $f_c \sim$ 16%-20% and $q \sim 0.8-1$ for two-phase random media. The critical exponent is a normal value and the decrease of the percolation threshold is attributed to the conductive Ag particles on the surface[42]. These results indicate that the properties of the polymer nanocomposites are not only determined by the raw fillers but also should be ascribed to the process conditions and physicochemical characteristics of the nanocomposites[41-44]. Understanding these results could help us to choose the proper process conditions and modifications of the raw fillers to obtain the desired properties.

In order to present proof of the low value of the percolation threshold, AC conductivity of

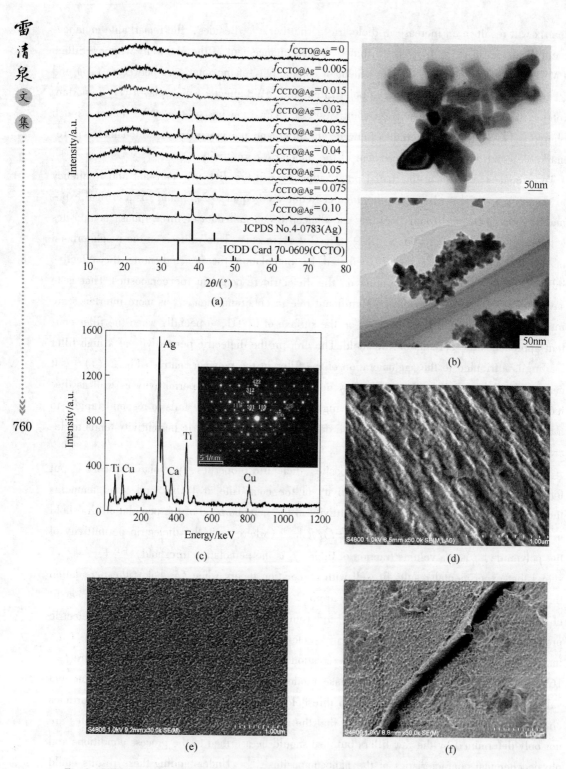

Fig. 2 XRD pattern of PI/CCTO@Ag hybrid films (a); TEM images of CCTO (b top) and CCTO@Ag (b bottom); EDX analysis of CCTO@Ag (inner part: diffraction pattern (white for CCTO and red for Ag)) (c); SEM morphology of the fractured cross-surface of (d) pure PI, (e) the PI/CCTO@Ag (3vol%) hybrid film, and (f) the PI/CCTO@Ag (10 vol%) hybrid film

pure PI and PI/CCTO@Ag composites with different concentrations of filler are presented in Fig. 4 (b). It can be observed that the value of conductivity slowly increases for PI/CCTO@Ag composites when $f_{CCTO@Ag}$ < 3 vol%. With a further increase of the filler to 4 vol% (higher than the percolation threshold), an obvious insulator-semiconductor transition is observed, which indicates the formation of conductive paths in the composite. This is attributed to the Ag nanoparticles on the surface that promote the charge transfer. The low filler content at the percolation threshold is quite important for the homogeneity of PI/CCTO@Ag composites.

The energy loss due to the consumption of a dielectric material can be determined by the following equation: $W = \pi \varepsilon \xi^2 f \tan\delta$, where ξ is the electric field strength and f is the frequency. In order to reduce the energy loss, a low loss tangent is preferred, especially at a high frequency, in high-energy devices[27]. The loss tangent measured at a certain frequency includes polarization loss and conduction loss. The conduction loss is caused by the charge flow through the composites, which depends on the electric conductivity of the composites. It can be seen from Fig. 4 (b) that the conductivity of filler loading below 3 vol% remains at a low level, and thus the polarization loss plays a dominant role in these composites. The absorbed insulating polymer chains can act as the dielectric barrier governing the tunneling conduction and make it impossible for complete contacts to be realized between nanoparticle clusters[41,45,46]. At a higher filler loading (>4 vol%), the sharp increase of dielectric loss [Fig. 3 (b)] is ascribed to the conduction loss, which is attributed to the high conductivity [Fig. 4 (b)]. Thus, conduction loss plays a dominant role in the loss tangent at high filler loading[46].

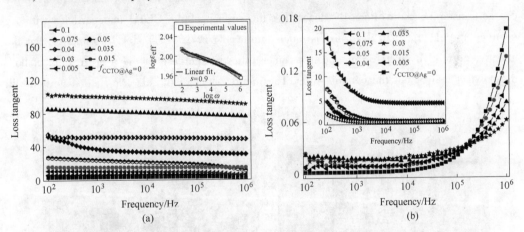

Fig. 3　Dependence of dielectric permittivity (ε) and loss tangent on the frequency of PI/CCTO@Ag hybrid films with different $f_{CCTO@Ag}$ at room temperature

(the scatter symbols in b represent the same filler loading as in a)

Dang reported that the homogeneity is mainly determined by the difference in the dielectric permittivity of the two phases[12]. In order to find the degree of dielectric homogeneity of our composites, we numerically simulated the electric field distortion in PI/CCTO and PI/CCTO@Ag composites using Comsol Multiphysics. The results show that when embedding CCTO nanoparticles (d = 80nm) in the polyimide matrix, these particles with high permittivity act as

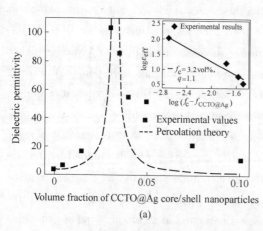 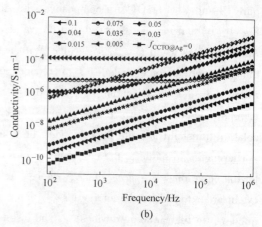

Fig. 4 Comparison of experimental and theoretical dielectric permittivities of PI/CCTO@Ag nanocomposites as a function of the volume fraction of CCTO@Ag fillers at 100Hz and room temperature (a); dependence of AC conductivity of PI/CCTO@Ag composites on frequency (b)

electrical defect centers. Such defect centers effectively distort the distribution of the electric field and make the local electric field in the matrix much higher than the average one [Fig. 5 (a)]. The main drawback of this is that the effective permittivity in these composite comes from the increase in the average field of the polymer matrix which is not beneficial to the enhancement of the dielectric permittivity[47,48]. Also, the electric field distortion will promote the charge transfer between fillers. By decorating the surface of the CCTO nanoparticles with Ag coating, the electric field distortion is much improved [Fig. 5 (b)]. This implies that the effective permittivity in these composites comes from the increase in the average field of both the polymer matrix and the ceramic filler. The improvement in the electric field distortion will

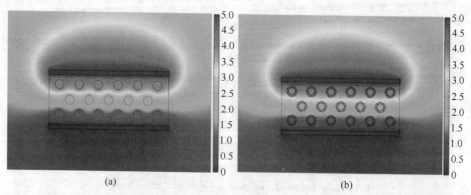

Fig. 5 The outline contours of electrical potential in different materials: (a) PI/CCTO (3 vol%); (b) PI/CCTO@Ag (3 vol%, with Ag nanoparticles (diameter: 36nm) on the surface of the CCTO). This simulation is done in a capacitor with two parallel plate-like electrodes and a dielectric polymer nanocomposite filled with spherical ceramic CCTO nanoparticles (the circles between the two electrodes) and CCTO nanoparticles coated with Ag; the unit of voltage is V

make the dipoles better aligned along the field direction and so the interfacial polarization can be enhanced and the dielectric permittivity can be increased. Besides, charge transfer is suppressed by the insulating polymer matrix leading to a low dielectric loss.

The inclusion of CCTO nanoparticles not only leads to a high dielectric permittivity in the composite due to the large permittivity of the particles and MWS polarization but also results in a high dielectric loss due to the pores and electric field distortion[21,49,50]. In comparison, by decorating the surface of the CCTO nanoparticles with an Ag coating, the remarkable enhancement of dielectric permittivity is achieved by enhancement of the MWS effect. Moreover, we have proved that, although the Ag particles on the surface of CCTO are the conductor, the low loss (0.018 at 100Hz) achieved is attributed to the improvement in electric distortion and the blockage of charge transfer by the insulating polyimide chains. The low percolation threshold leads to good mechanical properties and material processibility. The easy processibility, good flexibility, and excellent dielectric behavior make PI/CCTO@Ag composites attractive as potential candidates for practical applications in high charge-storage capacitors and embedded devices in the electronic industry.

Acknowledgements

The authors would like to acknowledge the financial support from 973 Program (no. 2012 CB821404), Chinese National Foundation of Natural Science (nos 51172166 and 61106005), National Science Fund for Talent Training in Basic Science (no. J1210061), Doctoral Programme Foundation (no. 20130141110054) and Fundamental Research Funds for the Central Universities (no. 2012202020201).

References

[1] Q. M. Zhang, H. Li, M. Poh, C. Huang. Nature, 2002, 419: 284-287.
[2] M. Arbatti, X. B. Shan, Z. Y. Cheng. Adv. Mater., 2007, 19: 1369-1372.
[3] Y. Zhang, Y. Wang, M. Li, J. Bai. ACS Appl. Mater. Interfaces, 2012, 4: 65-68.
[4] J. M. P. Alaboson, Q. H. Wang, J. D. Emery, M. C. Hersam. ACS Nano, 2011, 5: 5223-5232.
[5] Y. Shen, Y. Lin, M. Li, C. W. Nan. Adv. Mater., 2007, 19: 1418-1422.
[6] C. Huang, Q. M. Zhang, J. Su. Appl. Phys. Lett., 2003, 82: 3502-3504.
[7] K. Deshmukh, G. M. Joshi. RSC Adv., 2014, 4: 37954-37963.
[8] R. Ulrich. IEEE Trans. Adv. Packag., 2004, 27: 326-331.
[9] Z. M. Dang, Y. Q. Lin, H. P. Xu. Adv. Funct. Mater., 2008, 18: 1509-1517.
[10] Z. M. Dang, H. Y. Wang, H. P. Xu. Appl. Phys. Lett., 2006, 89: 112902.
[11] W. H. Yang, S. H. Yu, R. Sun. Acta Mater., 2011, 59: 5593-5602.
[12] Z. M. Dang, Y. J. Kai, S. H. Yao, R. J. Liao. Adv. Mater., 2013, 25: 6334-6365.
[13] J. X. Lu, K. S. Moon, C. P. Wong. J. Mater. Chem., 2008, 18: 4821-4826.
[14] Z. M. Dang, Y. Shen, C. W. Nan. Appl. Phys. Lett., 2002, 81: 4814-4816.
[15] H. W. Choi, Y. W. Heo, J. H. Lee. J. J. Kim. Appl. Phys. Lett., 2006, 89: 132910.
[16] J. Xu, M. Wong, C. P. Wong. Proceedings of the 54th IEEE Electronic Components and Technology

Conference, 2004, 1: 536-541.

[17] I. R. Abothu, P. M. Raj, D. Balaraman, V. Govind. Proceedings of the 54th IEEE Electronic Components and Technology Conference, 2004, 2: 514-520.

[18] J. X. Lu, K. S. Moon, J. W. Xu, C. P. Wong. J. Mater. Chem., 2006, 16: 1543-1548.

[19] Y. J. Li, M. Xu, J. Q. Feng, Z. M. Dang. Appl. Phys. Lett., 2006, 89: 072902.

[20] Y. Shen, Y. H. Lin, C. W. Nan. Adv. Funct. Mater., 2007, 17: 2405-2410.

[21] L. Qi, B. I. Lee, S. Chen, W. D. Samuels. Adv. Mater., 2005, 17: 1777-1781.

[22] S. H. Yao, Z. M. Dang, M. J. Jiang, J. B. S. Luo, S. Yu, R. Sun, C. P. Wong. ACS Appl. Mater. Interfaces, 2011, 6: 176-182.

[23] Y. Li, X. Y. Huang, Z. W. Hu, P. K. Jiang. ACS Appl. Mater. Interfaces, 2011, 3: 4396-4403.

[24] G. S. Wang. ACS Appl. Mater. Interfaces, 2010, 2: 1290-1293.

[25] T. Zhou, J. W. Zha, R. Y. Cui, B. H. Fan. ACS Appl. Mater. Interfaces, 2011, 3: 2184-2188.

[26] K. C. Li, H. Wang, F. Xiang, W. H. Liu. Appl. Phys. Lett., 2009, 95: 202904.

[27] S. Luo, S. Yu, R. Sun, C. P. Wong. ACS Appl. Mater. Interfaces, 2011, 6: 176-182.

[28] L. Xie, X. Huang, B. W. Li, C. Zhi, T. Tanka, P. Jiang, Phys. Chem. Phys., 2013, 15: 17560-17569.

[29] J. Wu, C. W. Nan, Y. H. Lin, Y. Deng. Phys. Rev. Lett., 2002, 89: 217601.

[30] C. C. Homes, T. Vogt, S. M. Shapiro, A. P. Ramirez. Science, 2001, 293: 673-676.

[31] Z. M. Dang, T. Zhou, S. H. Yao, J. B. Bai. Adv. Mater., 2009, 21: 2077-2082.

[32] Y. Yang, B. P. Zhu, R. Xiong, J. Shi. Appl. Phys. Lett., 2013, 102: 042904.

[33] Y. Yang, R. Xiong, J. Shi, Z. Y. Liu. APL Mater., 2013, 1: 050701.

[34] J. A. Kreuz, J. R. Edman. Adv. Mater., 1998, 10: 1229-1232.

[35] P. Thomas, K. Dwarakanatha, K. B. R. Varmab, T. R. N. Kutty. J. Phys. Chem. Solids, 2008, 69: 2594-2604.

[36] Y. Kobayashi, V. S. Maceira, L. L. Marzan. Chem. Mater., 2001, 13: 1630-1633.

[37] A. P. Ramireza, M. A. Subramanianb, M. Gardela, S. M. Shapiroet. Solid State Commun., 2000, 115: 217-220.

[38] R. W. Sillars. J. Inst. Eng., 1937, 80: 139-155.

[39] C. W. Nan, Y. Shen, J. Ma. Annu. Rev. Mater. Res., 2010, 40: 131-151.

[40] M. Panda, V. Srinivas, A. K. Thakuret. Appl. Phys. Lett., 2008, 93: 242908.

[41] X. Y. Huang, P. K. Jiang, L. Y. Xie. Appl. Phys. Lett., 2009, 95: 242901.

[42] C. W. Nan, Prog. Mater. Sci., 1993, 37: 1-116.

[43] X. Y. Huang, C. Kim, P. K. Jiang, Z. Li. J. Appl. Phys., 2009, 105: 014105.

[44] L. F. Hakim, J. F. Portman, M. D. Casper, A. W. Weimer. Powder Technol., 2005, 160: 149-160.

[45] J. Park, W. Lu. Appl. Phys. Lett., 2007, 91: 053113.

[46] I. Balberg, D. Azulay, D. Toker, O. Millo. Int. J. Mod. Phys. B, 2004, 18: 2091-2121.

[47] L. An, S. A. Boggs, J. P. Calame. IEEE Electr. Insul. Mag., 2008, 24: 5-10.

[48] J. Y. Li, L. Zhang, S. Ducharme. Appl. Phys. Lett., 2007, 90: 132901.

[49] H. Stoyanov, D. M. Carthy, M. Kollosche, G. Kofod. Appl. Phys. Lett., 2009, 94: 232905.

[50] C. Huang, Q. Zhang. Adv. Funct. Mater., 2004, 14: 501-506.

附录

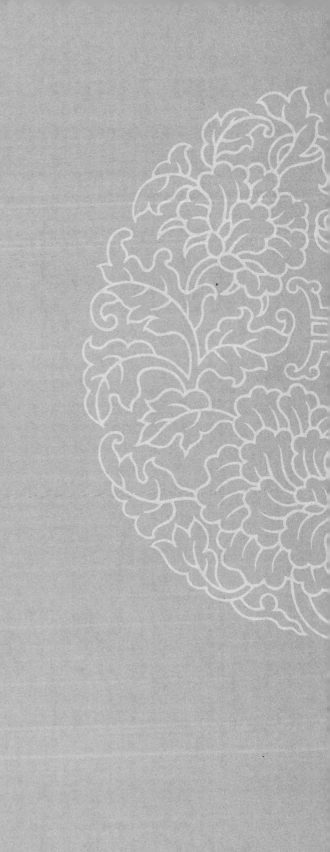

院士手迹

(此时题 在现代化学及研究中新材料及材料 新知
[新材料在新技术中的应用] 的应用)

一 电子显示器件 (electronic display device)

一、概述

当代新材料技术不断临新的突破，例如高温超导体（高Tc），纳米材料，先进复合材料，先进陶瓷材料，智能材料，生态环境材料，光电信息材料，碳60（新型碳），生物应用材料，以及分子原子人为设计材料等领域正处于高速发展之中，充满了挑战与机遇，即发展与突破道路。

电子显示器件，即人们所谓的人-机界面（man-machine interface），它将来自各种电子装置的信息，通过人的视觉传递给人；因此它能与人交换信息，进行人机对话，具有电子工具的功能。

下边主要介绍几种常用电子显示装置的材料及基本原理，初介绍整个系统。

— 阴极射线管（Braun管）显示器（cathode ray tube CRT）
— 等离子显示板（plasma display panel，PDP）
主动发光型（发光型）— 电致发光显示器（electroluminescent display ELD）
— 场致发光显示器（field emission display FED）
— 真空荧光显示器（vacuum fluorescent display VFD）
电子显示器件 — 发光二极管显示器（light emitting diode LED）

```
                    ┌─ 液晶显示器 (liquid Crystal display  LCD)
                    ├─ 电化学显示器 (electrochemical display  ECD)
  ─非主动发光 ─┼─ 电泳成像显示器 (electrophoretic image display  EPID)
    (受光型)    ├─ 悬浮颗粒显示器 (Suspended particle display  SPD)
                    └─ 旋转球显示器 (twisting ball display  TBD)
```

二、显示原理、基本结构及构成材料

1. 各类发光激发光 (辐射跃迁)

当原子、分子受到外界因素（电、力、辐射、热，等
吸收外界能量）从基态跃迁到激发态（亚稳态），出后
(低能)(初态)
再迅回到基（初）态，或者以辐射的形式释放能量
（光子），称为辐射跃迁，或者以非辐射（热）形式
释放能量，称为非辐射跃迁。一般非辐射跃迁
越活跃，当然会影响发光效率。

$$M_0(A) \xrightarrow{h\nu} M_0^*(A^*) \to M + h\nu$$

电子 Stocks 位移。 $\lambda_a > \lambda_b$

$$M(A) + h\nu_a \to M^+(A^+) + e \to M(A) + h\nu_b$$

$$M(A) + \Delta E \to M^+(A^+) + e \to M(A) + h\nu$$

2. 分子激发的单重态及三重态

一个给定轨道上最多相互自旋量子数为$\pm\frac{1}{2}$
的两个电子。当只有一个电子时，$S = \frac{1}{2}$, 或 $S = -\frac{1}{2}$, 成为自由基。

治性很大，电子激发态的多重度为 $2S+1$，这里 S 是所有电子自旋的代数和，$S=\Sigma S_i$。如果，由于轨道内(基态的)的电子数成对相消(偶数化之)，$S=0$，则称为激发单重(线)态。用 S_n，n 表示化键轨道有 n 个，n 愈大，能量愈高，$n=0$，S_0 为基态。

荧光 (fluorescence) 定是由最低激发的单线态 (S_1) 到基态 (S_0) 的发射光谱。$S_1 \to S_0 + h\nu$
$S_n \to S_1$ 称为内转换。

特征：在吸收光后，速率大，发光时间很短(可测定荧的持续时间)，约 $10^{-10} \sim 10^{-6}$ s。

若轨道内(态)的电子自旋量子数 $S=\Sigma S_i=1$，自旋方向相同，为多重度 $2S+1=3$ 称为三线态。由于在三线态，电子自旋太成对，因此 $S_0 \to T_1$ 是禁戒跃迁。只有通过 $S_1 \xrightarrow[系间窜跃]{} T_1 \to T_0$。因此发生磷光 (phosphorescence)，其发光寿命长 $10^{-3} \sim 10^2$ s。

因此，吸收光谱 $S_0 \to S_1$，$T_1 \to T_n$；

发射光谱 $T_1 \to S_0$，$S_2 \to S_1 \to S_0$

无辐射跃迁 $S_1 \leadsto S_0$，$S_2 \leadsto T_1$，$T_1 \leadsto S_0$。

3. 光致发光。由吸收光 (紫外光、可见光、红外光) 产生激发分子。

4. X-ray 荧光。由于吸收高能光子(X-, γ-射线)产生激发分子。

5. 阴极发光，由于吸收高能电子而产生激发分子。

6. 粒子致发光，由α-粒子或离子产生激发分子。

7. 声致发光，声冲击波产生激发分子。

8. 电致发光，将电场注入电子-空穴，复合发光。(LED)

9. 碰撞（力增）发光，碰撞激发分子。致冷发光分子(ELD)

10. 化学发光，由化学反应能量产生激发分子。

11. 生物发光，由生化反应能量产生激发分子。

四、非主动型发光：

1. LCD，利用施加电压后向列液晶的旋光性、双折射率、二色性、光散射性等光学性能的变化。

2. ECD，利用电化学的氧化还原反应，发生可逆的发光、消色现象。

3. EPID，利用悬浮体分散粒子的电泳现象。

4. SPD，利用取向粒子所发生的光吸收、光散射以及缩光现象。

5. PDP，利用惰性气体(He, Ar, 等)放电产生的发光现象；惰性气体放电也可产生的

第　　页

紫外光线激发荧光体而产生的发光现象—光致发光。源于某些复合诱导发光，以直接或间接方式）

6. ELD. 电场直接激发荧光体而产生的发光现象（电致发光）.

7. LED. 由于注入少数载流子（少子 minority）发生复合而诱导的发光.

8. CRT. 高能电子束激发荧光体而产生的发光（阴极射线发光.

5. 主要材料

1. LCD. 向列型（丝状相：nematic）液晶，例如，氰，层列（近晶）相（smectic）型液晶（氰联二苯）；胆甾相（cholesteric）液晶，例如，脂肪酸胆甾醇（呈螺旋状结构）

2. 液晶分类：热致液晶（thermotropic L.C）要求在一定温度范围处于液晶相，长棒分子，长宽比约4–8.

溶质液晶（lyotropic L.C）是溶液中溶质分子浓度处于一定范围内时出现液晶相

基本概念. 11. 光偏振性　光是一种电磁波，横波，（波的）传播方向与电磁（场的）振动方向垂直的一种空间

20×20=400　偏振是指

液晶是介于固体相与液体相的中间状态，称为软物质 soft matter

取向，光波的电振动相对于传播方向具有不对称性的光称为偏振光。依据Maxwell电磁场理论，波的电磁矢量E、H皆垂直于光的传播方向。E头在任振动面内有无种振动状态，称为光的偏振态，有五种：自然光（无偏振）、平面(直线)偏振光、部分偏振光、圆偏振光与椭圆偏振光。(每间均匀)(对称分布)(是一步间名位移)(完全)

双折射(birefringence / refringence) 当阳光通过各向异性媒质时，除反射光外，一般还存在两条折射光线。一条折射光始终在入射平面内，且满足折射定律 ($n_1 \sin\theta_1 = n_2 \sin\theta_2$)，称为寻常(o)光；另一条不仅不在入射面内，不满足折射定律，称为非寻常(e)光。

二色性。例如电气石是一种典型的二色性晶体(dichroic crystals)，它能强烈吸收o光，而少吸收e光。

旋光性(optical rotation)。平面(直线)偏振光沿晶体光轴(双折射晶体沿一个特定方向，即不发生折射的方向)传播时，其振动面发生旋转的性质。

外加电场、磁场、液敌及应力作用使分子若云发生再排列，从而各种光学性质发生变化。

散射光，液晶分子相对电场取向不同，对光散射强度不同，则改变入射光的透射强度．

导电高分子材料及应用

自从七十年代日本白川英树合成聚乙炔，以及七十年代末 Su, Schrieffer, Heeger 提出的孤立子 polaron, bipolaron 模型 (Soliton) 以来，导电高分子从理论及实用上引起人们的广泛注意。现简单介绍一下功能高分子材料分类。

电荷移动型：导电高分子，光导电高分子。

光响应型：光响应型，非线性光学材料。

滂(介)电型：高分子顺铁电、压电、热释电体，高分子液晶，高分子顺铁电液晶。

磁响应型：高分子顺磁体。

相变及构象变化型。

高分子功能器件。

一、光功能高分子。

现代信息社会，由于信息量大，需要进行光的传输、图象表示、记录、记忆、光处理

1. 光功能器件

迄今不开光功能器件。如利用折射率变化、折射率配、折射率空间周期调制。光投仿（光环变）（光开关、光记忆），此处以光学，旋光仿反控制（光开关、电开关），离子液晶；2. 等皮选，A.（利用）含有十海5泳体转变型通过撑架一胺苯（也能学）可逆色变。例如聚酯哈赤→青，聚哌啶、黄←福←青（主要缺点 寿命够为 10^6 ~ 10^7 循环，实用要求 10^8 cycle.）；光致 M-I 型，光记录、光记忆；迫合空（光致与电致 M-I 型），可以迅速改变电压极性，反复书写与消去。B. 异构体 如聚乙炔的 cis 和 trans, 由于光、射线可导致 cis - trans 以异构化，因而造成吸收谱的变化改变。所以，利用光异构化可以岁作光记录 但由于室温下, PA 可自动从 cis - trans 改变, 因此要取选某种（较拥挤）异构化。例如聚苯撑乙炔, cis 与 trans 两种异构式均，样 cis 的 PPA 进行热处理时, 我可以看到可见光内吸收谱的至峰变化, 因此可以在加热时光密写。不论 cis 与 trans,

而且也可以利用杆、线团(团)、烟炱等的变化变化、制作多种光功能高分子。C₁长烷烃侧链的单电子给体、例如、聚噻吩层了或长链烷烃的醚侧链，就变成可溶可熔。聚3-烷基噻吩在溶液中的吸收光谱随温度变化较明显。于溶液吸收迪，吸收峰移向高能(短波长)，这明于溶液吸收升高下降，E_g增加。势阱壁垒随浓度改变，是由于分子分子间链的构象变化引起。例如杆-线团转换，或会伴浓度下共轭长放大至(之色，高温时小轭黄色。为分子主链会构象改变，侧链轭卷也可以构象改变，分子π立链德南变改变、均会引起吸收谱改变。溶融引起吸收谱改变，不仅是之分子溶液，而且也可以在为分子基体(matrix)肽实到。如在聚苯乙烯、聚丙烯腈，等为分子基体中加入聚3-烷基噻吩就可分形成透明模，且随温改变α，可在红-黄间改变(称为热色效应 thermochromism。 p-3AT 热色效应是由于倒装现象改变，引起主锂的扭曲，使节数共轭长度变化到致。

高分子电池，它引出二次电池：

$(CH)_x / LiClO_4 /$ 碳酸丙烯酸酯 $/ Li$ （正极/电解质/溶媒/负极）.

正极的充放电反应（掺杂 $y \leq 0.06$）

$$(CH)_x + xy ClO_4^- - xy\bar{e} \underset{放}{\overset{充}{\rightleftharpoons}} [CH^{+y}(ClO_4^-)_y]_x$$

负极上

$$xy Li^+ + xy e^- \underset{放}{\overset{充}{\rightleftharpoons}} xy Li$$

整体反应

$$(CH)_x + xy Li^+ ClO_4^- \underset{放}{\overset{充}{\rightleftharpoons}} [CH^{+y}(ClO_4^-)_y]_x + xy Li$$

当 $y = 0.06$ 时，从标准氧还表得起电势 3.7 伏.

燃料电池：如果连续地输给氧化剂与还原剂，使能够连电极上发生电解反应，从而直接取出电能的电池称为燃料电池。最典型的是以铂极作催媒电极，利用 H_2 与 O_2 合成水的反应，由氧还表可得起电势为 1.23 伏.

现以举电池为例介绍燃料电池的催媒电极。

教材专用稿纸

将导电聚合物浸在具有氧化能力的浓硫酸或浓硝酸中就会造成化学掺杂。如：

（聚噻吩）

$$4(C_4H_2S)_x + 5xyH_2SO_4 \rightarrow 4[(C_4H_2S)^{+2y}(SO_4^{2-})_y]_x + H_2S + 4H_2O \quad (1)$$

这时，PT几乎完全被掺杂（y~0.33，33%）。

将PT膜涂在Pt电极上，对电极用铅板，并一齐浸入浓硫酸中，可得PT的初始电势为+0.86V。最后正极反应变成（即发生阴离子SO_4^{2-}掺杂的脱掺过程）：

$$[(C_4H_2S)^{+2y}(SO_4^{2-})_y]_x + 2xye^- \rightarrow (C_4H_2S)_x + xySO_4^{2-} \quad (2)$$

负极反应

$$xyPb + 2xye^- + xySO_4^{2-} \rightarrow xyPbSO_4 \quad (3)$$

因此，在负极上析出（$PbSO_4$），或者变成离子（Pb^{2+}）溶出。因此，正极上的化学反应和电解反应为

$$5H_2SO_4 + 8e^- \rightarrow H_2S + 4H_2O + 4SO_4^{2-} \quad (4)$$

而PT本身并未发生反应，故起催化电极的作用。总体反应为

$$5H_2SO_4 + 4Pb \rightarrow 4PbSO_4 + H_2S + 4H_2O \quad (5)$$

20×17=340

构成了铅的氧化反应

哈尔滨电工学院

上面用Pb作负极，当然也能以用H_2等燃料来替换。

还可以用掺杂炔化能媒电极，加适量酸化学掺杂，即

$$4(CH)_x + 4xy HBF_4 + xy O_2 \rightarrow 4[CH^{+y}(BF_4^-)_y]_x + 2xy H_2O \quad (1)$$

$$8(CH)_x + 9xy HClO_4 \rightarrow 8[CH^{+y}(ClO_4^-)_y]_x + HCl + 4xy H_2O \quad (2)$$

在(1)式，HBF_4本身没有氧化力，由外部注入O_2而帮助阴离子掺杂。其结果等于进行电化学掺杂。以(1)式右边加在正极，$H_2 - 2e^- \rightarrow 2H^+$ 并供其与氧化电极相对立，于是正极上

$$4[CH^{+y}(BF_4^-)_y]_x + 4xy e^- \rightarrow 4(CH)_x + 4xy BF_4^-$$

整个反应为

$$H_2 + O_2/2 \rightarrow H_2O.$$

以上均举以之为水溶解媒电池正极能媒电极的例子。除了PA、PPT外，还可用其他共电子分子。

光化学电池：如果染料离分子与电解液接触，一般会发生极数势。因此，光照射时也起

散势使电子与空穴穿过电场，从而构成光伏打效应。这事实就是光化学电池的原理。PT为半电极，电解液是$Pb(ClO_4)_2$，铅板为对电极，构成光化学电池，开路电压为0.8V，短路电流I_s为$0.2 mA/cm^2$，满效率约15%。

由光照射生成的电子-空穴对因扩散而分离，电子使电解液中的铅离子还原，由PT膜表面脱离出中性铅。

$$2(C_4H_2S)_x \xrightarrow{h\nu} 2(C_4H_2S)_x^{+y} + 2xy\,e^- \quad (1)$$

$$xy\,Pb^{2+} + 2xy\,e^- \longrightarrow xy\,Pb^0 \quad (2)$$

另外，接通外回路将电阻接入电子，在透明电极ITO的表面再结合。

$$2(C_4H_2S)_x^{+y} + 2xy\,e^- \longrightarrow 2(C_4H_2S)_x \quad (3)$$

在负极进行Pb的氧化反应。

$$xy\,Pb^0 - 2xy\,e^- \longrightarrow xy\,Pb^{2+} \quad (4)$$

因此，当电池连续发光照射时，就引起两坐电极电位的光致降低，它起着接着电池型太阳能电

地 电极的作用.

另外几件感器 Sensors

1. 气体 sensor

高分子与气体接触时，其电导率（ε, σ, μ）及吸收谱与振动谱学性质均会发生变化，以此作成气体 sensors。吸附气体可作为掺杂剂。高分子 gas-sensors 能无机材料所没有。例如 I₂, Br₂, Cl₂, BF₃, AsF₅ 均可为掺杂剂。而 PA, PT, PPr 对 NOₓ 是灵敏的。由于聚焦 NO, γ 可上升2个量级。可以单独用半导子 SO, 也可以与 M, 无机半导体，异种半导分子组合构成二极管 (diode) FET.

不仅 γ 变化，电容 C 也变，光学谱也变，均可以检测 gas 的存在。

2. 湿度 sensors.

毛发湿度计就是利用高分子中摘变化。湿敏扣包括 电解质，高分子, 陶瓷, 固体电解质

3. 温敏 sensors.

利用(1) PN 下究子, (2) ε-T 关系, (3) 热释电性

压电体，铁电体；(4) 热电势，(5) 以学能优超比。(译料)

光 sensors

光 sensors 是利用光的异构化（构象）反应，如 PA 的 cis-trans，或 PA 的某一酰基构。

压电及 ~~热辐~~ 应变 sensors

如 PVDF；PZT 的导纳其共振频率与光谱随压力及拉伸亚慕变化，故可作压力及应变传感器。

离子 sensors

对电子等 ... 能够选择性地进行离子传导与 ... 效应，故可以作为离子敏感件。如例 测 PH 值，离子电极为膜型（固体膜、液体膜、高分子膜）电极。

生物 sensors

包括酶类、抗原、抗体、免疫反应生物 Sensors
所谓生物 sensor 是利用固定化的生物介媒与体物质或生物等的识别体与特定的化学物理反应构成的，并报选择性测定生成或消耗的化学物质。

并将其转换成电信号作为基本原理。

导电高分子水凝胶发光特性强烈地依赖于它的分子结构，链的结构、溶液及各种环境条件如pH、溶剂、外来分子、压力等。引入烷烃侧例基，会明显改变为PT(polythiophene)修饰为(P3-AT)。通过掺杂会引起 $\pi-\pi$ 跃迁，使电导率提高数个数量级，且吸收及ESR谱发生明显改变。氧气场地的改变溶液及侧基也放将双重影响。PAT的应用

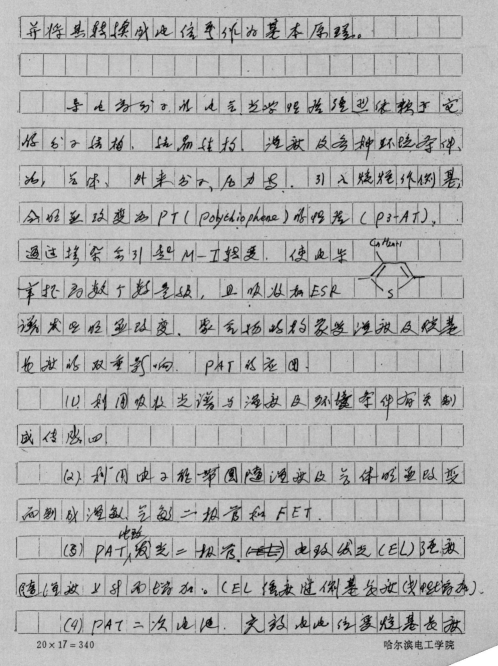

(1) 利用吸收光谱与溶液及环境条件有关制成传感器。

(2) 利用电子能带图随溶液及气体发生改变而制成溶液、气敏二极管和FET。

(3) PAT发光二极管(电致)电致发光(EL)强度随偏致U升而增加。(EL强度逆例基长度增加)

(4) PAT二次电池。实验电池经烷基长致

好皇著影响.

(5) 光记录

(6) 光催化：例如，利用 p3AT 可制作 光滑化剂 使 CO_2 固定于水杨酸上（约苯甲氢基苯甲酸），$HOC_6H_4CO_2H$ 跟著查反应式之与 p3-AT 的能态，了解此反应方式为.

[化学反应机理示意图，包含以下内容：
CO_2 → $\overset{O}{\underset{O}{C}}$
OH ← e⁻ from p3AT → O·
½ H_2 +
H⁺ from p3AT
苯环反应中间体
产物：水杨酸 (含 OH, CO_2H)]

哈尔滨电工学院